环境影响评价管理手册

（2018 版）

生态环境部环境影响评价司　编

中国环境出版集团·北京

图书在版编目（CIP）数据

环境影响评价管理手册：2018版/生态环境部环境影响评价司编. —北京：中国环境出版集团，2018.8

ISBN 978-7-5111-3637-4

Ⅰ. ①环…　Ⅱ. ①生…　Ⅲ. ①环境影响—评价—中国—手册　Ⅳ. ①X820.3-62

中国版本图书馆CIP数据核字（2018）第088624号

出 版 人　武德凯
责任编辑　李兰兰
责任校对　任　丽
封面设计　宋　瑞

更多信息，请关注中国环境出版集团第一分社

出版发行　中国环境出版集团
（100062　北京市东城区广渠门内大街16号）
网　　址：http://www.cesp.com.cn
电子邮箱：bjgl@cesp.com.cn
联系电话：010-67112765（编辑管理部）
010-67112735（第一分社）
发行热线：010-67125803，010-67113405（传真）

印　　刷　北京中科印刷有限公司
经　　销　各地新华书店
版　　次　2018年8月第1版
印　　次　2018年8月第1次印刷
开　　本　787×1092　1/16
印　　张　45
字　　数　1400千字
定　　价　98.00元

前 言

近年来，环境影响评价工作深入贯彻落实党中央国务院关于生态文明建设和生态环境保护的各项决策部署，紧紧围绕改善环境质量这一核心，充分发挥源头预防环境污染和生态破坏作用，不断推动高质量发展，相关的法律、法规、规章和制度体系也不断健全和完善。

为适应形势发展需要，帮助广大从事环境影响评价工作人员及时熟悉和掌握政策要求，提高工作水平，我们较为全面系统地收集了与环境影响评价工作密切相关的法律、法规、规章和规范性文件等，组织汇编了《环境影响评价管理手册（2018版）》。本手册可作为各级环境影响评价管理人员的工具书，也可供环境影响评价单位、技术评估机构和相关单位人员在开展业务工作时使用。

在本手册汇编出版过程中，环境保护部环境工程评估中心给予了大力支持，在此表示衷心感谢！

手册中有缺漏和错误之处，敬请读者批评指正。

目　录

第一章　相关法律、行政法规

第二章　中共中央、国务院相关规范性文件

第三章 相关部门规章与规范性文件

第一章

相关法律、行政法规

中华人民共和国环境保护法

中华人民共和国主席令

第九号

《中华人民共和国环境保护法》已由中华人民共和国第十二届全国人民代表大会常务委员会第八次会议于2014年4月24日修订通过，现将修订后的《中华人民共和国环境保护法》公布，自2015年1月1日起施行。

中华人民共和国主席　习近平

2014年4月24日

（1989年12月26日第七届全国人民代表大会常务委员会第十一次会议通过2014年4月24日第十二届全国人民代表大会常务委员会第八次会议修订）

第一章　总　则

第一条　为保护和改善环境，防治污染和其他公害，保障公众健康，推进生态文明建设，促进经济社会可持续发展，制定本法。

第二条　本法所称环境，是指影响人类生存和发展的各种天然的和经过人工改造的自然因素的总体，包括大气、水、海洋、土地、矿藏、森林、草原、湿地、野生生物、自然遗迹、人文遗迹、自然保护区、风景名胜区、城市和乡村等。

第三条　本法适用于中华人民共和国领域和中华人民共和国管辖的其他海域。

第四条　保护环境是国家的基本国策。

国家采取有利于节约和循环利用资源、保护和改善环境、促进人与自然和谐的经济、技术政策和措施，使经济社会发展与环境保护相协调。

第五条　环境保护坚持保护优先、预防为主、综合治理、公众参与、损害担责的原则。

第六条　一切单位和个人都有保护环境的义务。

地方各级人民政府应当对本行政区域的环境质量负责。

企业事业单位和其他生产经营者应当防止、减少环境污染和生态破坏，对所造成的损害依法承担责任。

公民应当增强环境保护意识，采取低碳、节俭的生活方式，自觉履行环境保护义务。

第七条　国家支持环境保护科学技术研究、开发和应用，鼓励环境保护产业发展，促进环境保护信息化建设，提高环境保护科学技术水平。

第八条　各级人民政府应当加大保护和改善环境、防治污染和其他公害的财政投入，提高财政资金的使用效益。

第九条　各级人民政府应当加强环境保护宣传和普及工作，鼓励基层群众性自治组织、社会组织、环境保护志愿者开展环境保护法律法规和环境保护知识的宣传，营造保护环境的良好风气。

教育行政部门、学校应当将环境保护知识纳入学校教育内容，培养学生的环境保护意识。

新闻媒体应当开展环境保护法律法规和环境保护知识的宣传，对环境违法行为进行舆论监督。

第十条 国务院环境保护主管部门，对全国环境保护工作实施统一监督管理；县级以上地方人民政府环境保护主管部门，对本行政区域环境保护工作实施统一监督管理。

县级以上人民政府有关部门和军队环境保护部门，依照有关法律的规定对资源保护和污染防治等环境保护工作实施监督管理。

第十一条 对保护和改善环境有显著成绩的单位和个人，由人民政府给予奖励。

第十二条 每年6月5日为环境日。

第二章 监督管理

第十三条 县级以上人民政府应当将环境保护工作纳入国民经济和社会发展规划。

国务院环境保护主管部门会同有关部门，根据国民经济和社会发展规划编制国家环境保护规划，报国务院批准并公布实施。

县级以上地方人民政府环境保护主管部门会同有关部门，根据国家环境保护规划的要求，编制本行政区域的环境保护规划，报同级人民政府批准并公布实施。

环境保护规划的内容应当包括生态保护和污染防治的目标、任务、保障措施等，并与主体功能区规划、土地利用总体规划和城乡规划等相衔接。

第十四条 国务院有关部门和省、自治区、直辖市人民政府组织制定经济、技术政策，应当充分考虑对环境的影响，听取有关方面和专家的意见。

第十五条 国务院环境保护主管部门制定国家环境质量标准。

省、自治区、直辖市人民政府对国家环境质量标准中未作规定的项目，可以制定地方环境质量标准；对国家环境质量标准中已作规定的项目，可以制定严于国家环境质量标准的地方环境质量标准。地方环境质量标准应当报国务院环境保护主管部门备案。

国家鼓励开展环境基准研究。

第十六条 国务院环境保护主管部门根据国家环境质量标准和国家经济、技术条件，制定国家污染物排放标准。

省、自治区、直辖市人民政府对国家污染物排放标准中未作规定的项目，可以制定地方污染物排放标准；对国家污染物排放标准中已作规定的项目，可以制定严于国家污染物排放标准的地方污染物排放标准。地方污染物排放标准应当报国务院环境保护主管部门备案。

第十七条 国家建立、健全环境监测制度。国务院环境保护主管部门制定监测规范，会同有关部门组织监测网络，统一规划国家环境质量监测站（点）的设置，建立监测数据共享机制，加强对环境监测的管理。

有关行业、专业等各类环境质量监测站（点）的设置应当符合法律法规规定和监测规范的要求。

监测机构应当使用符合国家标准的监测设备，遵守监测规范。监测机构及其负责人对监测数据的真实性和准确性负责。

第十八条 省级以上人民政府应当组织有关部门或者委托专业机构，对环境状况进行调查、评价，建立环境资源承载能力监测预警机制。

第十九条 编制有关开发利用规划，建设对环境有影响的项目，应当依法进行环境影响评价。

未依法进行环境影响评价的开发利用规划，不得组织实施；未依法进行环境影响评价的建设项目，不得开工建设。

第二十条 国家建立跨行政区域的重点区域、流域环境污染和生态破坏联合防治协调机制，实行统一规划、统一标准、统一监测、统一的防治措施。

前款规定以外的跨行政区域的环境污染和生态破坏的防治，由上级人民政府协调解决，或者由有关地方人民政府协商解决。

第二十一条　国家采取财政、税收、价格、政府采购等方面的政策和措施，鼓励和支持环境保护技术装备、资源综合利用和环境服务等环境保护产业的发展。

第二十二条　企业事业单位和其他生产经营者，在污染物排放符合法定要求的基础上，进一步减少污染物排放的，人民政府应当依法采取财政、税收、价格、政府采购等方面的政策和措施予以鼓励和支持。

第二十三条　企业事业单位和其他生产经营者，为改善环境，依照有关规定转产、搬迁、关闭的，人民政府应当予以支持。

第二十四条　县级以上人民政府环境保护主管部门及其委托的环境监察机构和其他负有环境保护监督管理职责的部门，有权对排放污染物的企业事业单位和其他生产经营者进行现场检查。被检查者应当如实反映情况，提供必要的资料。实施现场检查的部门、机构及其工作人员应当为被检查者保守商业秘密。

第二十五条　企业事业单位和其他生产经营者违反法律法规规定排放污染物，造成或者可能造成严重污染的，县级以上人民政府环境保护主管部门和其他负有环境保护监督管理职责的部门，可以查封、扣押造成污染物排放的设施、设备。

第二十六条　国家实行环境保护目标责任制和考核评价制度。县级以上人民政府应当将环境保护目标完成情况纳入对本级人民政府负有环境保护监督管理职责的部门及其负责人和下级人民政府及其负责人的考核内容，作为对其考核评价的重要依据。考核结果应当向社会公开。

第二十七条　县级以上人民政府应当每年向本级人民代表大会或者人民代表大会常务委员会报告环境状况和环境保护目标完成情况，对发生的重大环境事件应当及时向本级人民代表大会常务委员会报告，依法接受监督。

第三章　保护和改善环境

第二十八条　地方各级人民政府应当根据环境保护目标和治理任务，采取有效措施，改善环境质量。

未达到国家环境质量标准的重点区域、流域的有关地方人民政府，应当制定限期达标规划，并采取措施按期达标。

第二十九条　国家在重点生态功能区、生态环境敏感区和脆弱区等区域划定生态保护红线，实行严格保护。

各级人民政府对具有代表性的各种类型的自然生态系统区域，珍稀、濒危的野生动植物自然分布区域，重要的水源涵养区域，具有重大科学文化价值的地质构造、著名溶洞和化石分布区、冰川、火山、温泉等自然遗迹，以及人文遗迹、古树名木，应当采取措施予以保护，严禁破坏。

第三十条　开发利用自然资源，应当合理开发，保护生物多样性，保障生态安全，依法制定有关生态保护和恢复治理方案并予以实施。

引进外来物种以及研究、开发和利用生物技术，应当采取措施，防止对生物多样性的破坏。

第三十一条　国家建立、健全生态保护补偿制度。

国家加大对生态保护地区的财政转移支付力度。有关地方人民政府应当落实生态保护补偿资金，确保其用于生态保护补偿。

国家指导受益地区和生态保护地区人民政府通过协商或者按照市场规则进行生态保护补偿。

第三十二条　国家加强对大气、水、土壤等的保护，建立和完善相应的调查、监测、评估和修复制度。

第三十三条　各级人民政府应当加强对农业环境的保护，促进农业环境保护新技术的使用，加强对农业污染源的监测预警，统筹有关部门采取措施，防治土壤污染和土地沙化、盐渍化、贫瘠化、石漠化、地面沉降以及防治植被破坏、水土流失、水体富营养化、水源枯竭、种源灭绝等生态失调现象，推广植物病虫害的综合防治。

县级、乡级人民政府应当提高农村环境保护公共服务水平，推动农村环境综合整治。

第三十四条 国务院和沿海地方各级人民政府应当加强对海洋环境的保护。向海洋排放污染物、倾倒废弃物，进行海岸工程和海洋工程建设，应当符合法律法规规定和有关标准，防止和减少对海洋环境的污染损害。

第三十五条 城乡建设应当结合当地自然环境的特点，保护植被、水域和自然景观，加强城市园林、绿地和风景名胜区的建设与管理。

第三十六条 国家鼓励和引导公民、法人和其他组织使用有利于保护环境的产品和再生产品，减少废弃物的产生。

国家机关和使用财政资金的其他组织应当优先采购和使用节能、节水、节材等有利于保护环境的产品、设备和设施。

第三十七条 地方各级人民政府应当采取措施，组织对生活废弃物的分类处置、回收利用。

第三十八条 公民应当遵守环境保护法律法规，配合实施环境保护措施，按照规定对生活废弃物进行分类放置，减少日常生活对环境造成的损害。

第三十九条 国家建立、健全环境与健康监测、调查和风险评估制度；鼓励和组织开展环境质量对公众健康影响的研究，采取措施预防和控制与环境污染有关的疾病。

第四章 防治污染和其他公害

第四十条 国家促进清洁生产和资源循环利用。

国务院有关部门和地方各级人民政府应当采取措施，推广清洁能源的生产和使用。

企业应当优先使用清洁能源，采用资源利用率高、污染物排放量少的工艺、设备以及废弃物综合利用技术和污染物无害化处理技术，减少污染物的产生。

第四十一条 建设项目中防治污染的设施，应当与主体工程同时设计、同时施工、同时投产使用。防治污染的设施应当符合经批准的环境影响评价文件的要求，不得擅自拆除或者闲置。

第四十二条 排放污染物的企业事业单位和其他生产经营者，应当采取措施，防治在生产建设或者其他活动中产生的废气、废水、废渣、医疗废物、粉尘、恶臭气体、放射性物质以及噪声、振动、光辐射、电磁辐射等对环境的污染和危害。

排放污染物的企业事业单位，应当建立环境保护责任制度，明确单位负责人和相关人员的责任。

重点排污单位应当按照国家有关规定和监测规范安装使用监测设备，保证监测设备正常运行，保存原始监测记录。

严禁通过暗管、渗井、渗坑、灌注或者篡改、伪造监测数据，或者不正常运行防治污染设施等逃避监管的方式违法排放污染物。

第四十三条 排放污染物的企业事业单位和其他生产经营者，应当按照国家有关规定缴纳排污费。排污费应当全部专项用于环境污染防治，任何单位和个人不得截留、挤占或者挪作他用。

依照法律规定征收环境保护税的，不再征收排污费。

第四十四条 国家实行重点污染物排放总量控制制度。重点污染物排放总量控制指标由国务院下达，省、自治区、直辖市人民政府分解落实。企业事业单位在执行国家和地方污染物排放标准的同时，应当遵守分解落实到本单位的重点污染物排放总量控制指标。

对超过国家重点污染物排放总量控制指标或者未完成国家确定的环境质量目标的地区，省级以上人民政府环境保护主管部门应当暂停审批其新增重点污染物排放总量的建设项目环境影响评价文件。

第四十五条 国家依照法律规定实行排污许可管理制度。

实行排污许可管理的企业事业单位和其他生产经营者应当按照排污许可证的要求排放污染物；未取得排污许可证的，不得排放污染物。

第四十六条 国家对严重污染环境的工艺、设备和产品实行淘汰制度。任何单位和个人不得生产、销售或者转移、使用严重污染环境的工艺、设备和产品。

禁止引进不符合我国环境保护规定的技术、设备、材料和产品。

第四十七条 各级人民政府及其有关部门和企业事业单位，应当依照《中华人民共和国突发事件应对法》的规定，做好突发环境事件的风险控制、应急准备、应急处置和事后恢复等工作。

县级以上人民政府应当建立环境污染公共监测预警机制，组织制定预警方案；环境受到污染，可能影响公众健康和环境安全时，依法及时公布预警信息，启动应急措施。

企业事业单位应当按照国家有关规定制定突发环境事件应急预案，报环境保护主管部门和有关部门备案。在发生或者可能发生突发环境事件时，企业事业单位应当立即采取措施处理，及时通报可能受到危害的单位和居民，并向环境保护主管部门和有关部门报告。

突发环境事件应急处置工作结束后，有关人民政府应当立即组织评估事件造成的环境影响和损失，并及时将评估结果向社会公布。

第四十八条 生产、储存、运输、销售、使用、处置化学物品和含有放射性物质的物品，应当遵守国家有关规定，防止污染环境。

第四十九条 各级人民政府及其农业等有关部门和机构应当指导农业生产经营者科学种植和养殖，科学合理施用农药、化肥等农业投入品，科学处置农用薄膜、农作物秸秆等农业废弃物，防止农业面源污染。

禁止将不符合农用标准和环境保护标准的固体废物、废水施入农田。施用农药、化肥等农业投入品及进行灌溉，应当采取措施，防止重金属和其他有毒有害物质污染环境。

畜禽养殖场、养殖小区、定点屠宰企业等的选址、建设和管理应当符合有关法律法规规定。从事畜禽养殖和屠宰的单位和个人应当采取措施，对畜禽粪便、尸体和污水等废弃物进行科学处置，防止污染环境。

县级人民政府负责组织农村生活废弃物的处置工作。

第五十条 各级人民政府应当在财政预算中安排资金，支持农村饮用水水源地保护、生活污水和其他废弃物处理、畜禽养殖和屠宰污染防治、土壤污染防治和农村工矿污染治理等环境保护工作。

第五十一条 各级人民政府应当统筹城乡建设污水处理设施及配套管网，固体废物的收集、运输和处置等环境卫生设施，危险废物集中处置设施、场所以及其他环境保护公共设施，并保障其正常运行。

第五十二条 国家鼓励投保环境污染责任保险。

第五章 信息公开和公众参与

第五十三条 公民、法人和其他组织依法享有获取环境信息、参与和监督环境保护的权利。

各级人民政府环境保护主管部门和其他负有环境保护监督管理职责的部门，应当依法公开环境信息、完善公众参与程序，为公民、法人和其他组织参与和监督环境保护提供便利。

第五十四条 国务院环境保护主管部门统一发布国家环境质量、重点污染源监测信息及其他重大环境信息。省级以上人民政府环境保护主管部门定期发布环境状况公报。

县级以上人民政府环境保护主管部门和其他负有环境保护监督管理职责的部门，应当依法公开环境质量、环境监测、突发环境事件以及环境行政许可、行政处罚、排污费的征收和使用情况等信息。

县级以上地方人民政府环境保护主管部门和其他负有环境保护监督管理职责的部门，应当将企业事业单位和其他生产经营者的环境违法信息记入社会诚信档案，及时向社会公布违法者名单。

第五十五条 重点排污单位应当如实向社会公开其主要污染物的名称、排放方式、排放浓度和总量、超标排放情况，以及防治污染设施的建设和运行情况，接受社会监督。

第五十六条 对依法应当编制环境影响报告书的建设项目，建设单位应当在编制时向可能受影响的公众说明情况，充分征求意见。

负责审批建设项目环境影响评价文件的部门在收到建设项目环境影响报告书后，除涉及国家秘密和商业秘密的事项外，应当全文公开；发现建设项目未充分征求公众意见的，应当责成建设单位征求公众意见。

第五十七条 公民、法人和其他组织发现任何单位和个人有污染环境和破坏生态行为的，有权向环境保护主管部门或者其他负有环境保护监督管理职责的部门举报。

公民、法人和其他组织发现地方各级人民政府、县级以上人民政府环境保护主管部门和其他负有环境保护监督管理职责的部门不依法履行职责的，有权向其上级机关或者监察机关举报。

接受举报的机关应当对举报人的相关信息予以保密，保护举报人的合法权益。

第五十八条 对污染环境、破坏生态，损害社会公共利益的行为，符合下列条件的社会组织可以向人民法院提起诉讼：

（一）依法在设区的市级以上人民政府民政部门登记；

（二）专门从事环境保护公益活动连续五年以上且无违法记录。

符合前款规定的社会组织向人民法院提起诉讼，人民法院应当依法受理。

提起诉讼的社会组织不得通过诉讼牟取经济利益。

第六章 法律责任

第五十九条 企业事业单位和其他生产经营者违法排放污染物，受到罚款处罚，被责令改正，拒不改正的，依法作出处罚决定的行政机关可以自责令改正之日的次日起，按照原处罚数额按日连续处罚。

前款规定的罚款处罚，依照有关法律法规按照防治污染设施的运行成本、违法行为造成的直接损失或者违法所得等因素确定的规定执行。

地方性法规可以根据环境保护的实际需要，增加第一款规定的按日连续处罚的违法行为的种类。

第六十条 企业事业单位和其他生产经营者超过污染物排放标准或者超过重点污染物排放总量控制指标排放污染物的，县级以上人民政府环境保护主管部门可以责令其采取限制生产、停产整治等措施；情节严重的，报经有批准权的人民政府批准，责令停业、关闭。

第六十一条 建设单位未依法提交建设项目环境影响评价文件或者环境影响评价文件未经批准，擅自开工建设的，由负有环境保护监督管理职责的部门责令停止建设，处以罚款，并可以责令恢复原状。

第六十二条 违反本法规定，重点排污单位不公开或者不如实公开环境信息的，由县级以上地方人民政府环境保护主管部门责令公开，处以罚款，并予以公告。

第六十三条 企业事业单位和其他生产经营者有下列行为之一，尚不构成犯罪的，除依照有关法律法规规定予以处罚外，由县级以上人民政府环境保护主管部门或者其他有关部门将案件移送公安机关，对其直接负责的主管人员和其他直接责任人员，处十日以上十五日以下拘留；情节较轻的，处五日以上十日以下拘留：

（一）建设项目未依法进行环境影响评价，被责令停止建设，拒不执行的；

（二）违反法律规定，未取得排污许可证排放污染物，被责令停止排污，拒不执行的；

（三）通过暗管、渗井、渗坑、灌注或者篡改、伪造监测数据，或者不正常运行防治污染设施等逃避监管的方式违法排放污染物的；

（四）生产、使用国家明令禁止生产、使用的农药，被责令改正，拒不改正的。

第六十四条 因污染环境和破坏生态造成损害的，应当依照《中华人民共和国侵权责任法》的有关规定承担侵权责任。

第六十五条 环境影响评价机构、环境监测机构以及从事环境监测设备和防治污染设施维护、运营的机构，在有关环境服务活动中弄虚作假，对造成的环境污染和生态破坏负有责任的，除依照有关法律法规规定予以处罚外，还应当与造成环境污染和生态破坏的其他责任者承担连带责任。

第六十六条 提起环境损害赔偿诉讼的时效期间为三年，从当事人知道或者应当知道其受到损害时起计算。

第六十七条 上级人民政府及其环境保护主管部门应当加强对下级人民政府及其有关部门环境保护工作的监督。发现有关工作人员有违法行为，依法应当给予处分的，应当向其任免机关或者监察机关提出处分建议。

依法应当给予行政处罚，而有关环境保护主管部门不给予行政处罚的，上级人民政府环境保护主管部门可以直接作出行政处罚的决定。

第六十八条 地方各级人民政府、县级以上人民政府环境保护主管部门和其他负有环境保护监督管理职责的部门有下列行为之一的，对直接负责的主管人员和其他直接责任人员给予记过、记大过或者降级处分；造成严重后果的，给予撤职或者开除处分，其主要负责人应当引咎辞职：

（一）不符合行政许可条件准予行政许可的；

（二）对环境违法行为进行包庇的；

（三）依法应当作出责令停业、关闭的决定而未作出的；

（四）对超标排放污染物、采用逃避监管的方式排放污染物、造成环境事故以及不落实生态保护措施造成生态破坏等行为，发现或者接到举报未及时查处的；

（五）违反本法规定，查封、扣押企业事业单位和其他生产经营者的设施、设备的；

（六）篡改、伪造或者指使篡改、伪造监测数据的；

（七）应当依法公开环境信息而未公开的；

（八）将征收的排污费截留、挤占或者挪作他用的；

（九）法律法规规定的其他违法行为。

第六十九条 违反本法规定，构成犯罪的，依法追究刑事责任。

第七章 附 则

第七十条 本法自2015年1月1日起施行。

中华人民共和国环境影响评价法

中华人民共和国主席令

第四十八号

《全国人民代表大会常务委员会关于修改〈中华人民共和国节约能源法〉等六部法律的决定》已由中华人民共和国第十二届全国人民代表大会常务委员会第二十一次会议于2016年7月2日通过，现予公布。

《全国人民代表大会常务委员会关于修改〈中华人民共和国节约能源法〉等六部法律的决定》对《中华人民共和国节约能源法》《中华人民共和国水法》《中华人民共和国防洪法》《中华人民共和国职业病防治法》《中华人民共和国航道法》所作的修改，自公布之日起施行；对《中华人民共和国环境影响评价法》所作的修改，自2016年9月1日起施行。

中华人民共和国主席　习近平

2016年7月2日

（2002年10月28日第九届全国人民代表大会常务委员会第三十次会议通过　根据2016年7月2日第十二届全国人民代表大会常务委员会第二十一次会议《关于修改〈中华人民共和国节约能源法〉等六部法律的决定》修正）

第一章　总　则

第一条　为了实施可持续发展战略，预防因规划和建设项目实施后对环境造成不良影响，促进经济、社会和环境的协调发展，制定本法。

第二条　本法所称环境影响评价，是指对规划和建设项目实施后可能造成的环境影响进行分析、预测和评估，提出预防或者减轻不良环境影响的对策和措施，进行跟踪监测的方法与制度。

第三条　编制本法第九条所规定的范围内的规划，在中华人民共和国领域和中华人民共和国管辖的其他海域内建设对环境有影响的项目，应当依照本法进行环境影响评价。

第四条　环境影响评价必须客观、公开、公正，综合考虑规划或者建设项目实施后对各种环境因素及其所构成的生态系统可能造成的影响，为决策提供科学依据。

第五条　国家鼓励有关单位、专家和公众以适当方式参与环境影响评价。

第六条　国家加强环境影响评价的基础数据库和评价指标体系建设，鼓励和支持对环境影响评价的方法、技术规范进行科学研究，建立必要的环境影响评价信息共享制度，提高环境影响评价的科学性。

国务院环境保护行政主管部门应当会同国务院有关部门，组织建立和完善环境影响评价的基础数据库和评价指标体系。

第二章　规划的环境影响评价

第七条　国务院有关部门、设区的市级以上地方人民政府及其有关部门，对其组织编制的土地利用的有关规划，区域、流域、海域的建设、开发利用规划，应当在规划编制过程中组织进行环境影响评价，编写该规划有关环境影响的篇章或者说明。

规划有关环境影响的篇章或者说明，应当对规划实施后可能造成的环境影响作出分析、预测和评估，提出预防或者减轻不良环境影响的对策和措施，作为规划草案的组成部分一并报送规划审批机关。

未编写有关环境影响的篇章或者说明的规划草案，审批机关不予审批。

第八条 国务院有关部门、设区的市级以上地方人民政府及其有关部门，对其组织编制的工业、农业、畜牧业、林业、能源、水利、交通、城市建设、旅游、自然资源开发的有关专项规划（以下简称专项规划），应当在该专项规划草案上报审批前，组织进行环境影响评价，并向审批该专项规划的机关提出环境影响报告书。

前款所列专项规划中的指导性规划，按照本法第七条的规定进行环境影响评价。

第九条 依照本法第七条、第八条的规定进行环境影响评价的规划的具体范围，由国务院环境保护行政主管部门会同国务院有关部门规定，报国务院批准。

第十条 专项规划的环境影响报告书应当包括下列内容：

（一）实施该规划对环境可能造成影响的分析、预测和评估；

（二）预防或者减轻不良环境影响的对策和措施；

（三）环境影响评价的结论。

第十一条 专项规划的编制机关对可能造成不良环境影响并直接涉及公众环境权益的规划，应当在该规划草案报送审批前，举行论证会、听证会，或者采取其他形式，征求有关单位、专家和公众对环境影响报告书草案的意见。但是，国家规定需要保密的情形除外。

编制机关应当认真考虑有关单位、专家和公众对环境影响报告书草案的意见，并应当在报送审查的环境影响报告书中附具对意见采纳或者不采纳的说明。

第十二条 专项规划的编制机关在报批规划草案时，应当将环境影响报告书一并附送审批机关审查；未附送环境影响报告书的，审批机关不予审批。

第十三条 设区的市级以上人民政府在审批专项规划草案，作出决策前，应当先由人民政府指定的环境保护行政主管部门或者其他部门召集有关部门代表和专家组成审查小组，对环境影响报告书进行审查。审查小组应当提出书面审查意见。

参加前款规定的审查小组的专家，应当从按照国务院环境保护行政主管部门的规定设立的专家库内的相关专业的专家名单中，以随机抽取的方式确定。

由省级以上人民政府有关部门负责审批的专项规划，其环境影响报告书的审查办法，由国务院环境保护行政主管部门会同国务院有关部门制定。

第十四条 审查小组提出修改意见的，专项规划的编制机关应当根据环境影响报告书结论和审查意见对规划草案进行修改完善，并对环境影响报告书结论和审查意见的采纳情况作出说明；不采纳的，应当说明理由。设区的市级以上人民政府或者省级以上人民政府有关部门在审批专项规划草案时，应当将环境影响报告书结论以及审查意见作为决策的重要依据。

在审批中未采纳环境影响报告书结论以及审查意见的，应当作出说明，并存档备查。

第十五条 对环境有重大影响的规划实施后，编制机关应当及时组织环境影响的跟踪评价，并将评价结果报告审批机关；发现有明显不良环境影响的，应当及时提出改进措施。

第三章 建设项目的环境影响评价

第十六条 国家根据建设项目对环境的影响程度，对建设项目的环境影响评价实行分类管理。建设单位应当按照下列规定组织编制环境影响报告书、环境影响报告表或者填报环境影响登记表（以下统称环境影响评价文件）：

（一）可能造成重大环境影响的，应当编制环境影响报告书，对产生的环境影响进行全面评价；

（二）可能造成轻度环境影响的，应当编制环境影响报告表，对产生的环境影响进行分析或者专项评价；

（三）对环境影响很小、不需要进行环境影响评价的，应当填报环境影响登记表。

建设项目的环境影响评价分类管理名录，由国务院环境保护行政主管部门制定并公布。

第十七条 建设项目的环境影响报告书应当包括下列内容：

（一）建设项目概况；

（二）建设项目周围环境现状；

（三）建设项目对环境可能造成影响的分析、预测和评估；

（四）建设项目环境保护措施及其技术、经济论证；

（五）建设项目对环境影响的经济损益分析；

（六）对建设项目实施环境监测的建议；

（七）环境影响评价的结论。

环境影响报告表和环境影响登记表的内容和格式，由国务院环境保护行政主管部门制定。

第十八条 建设项目的环境影响评价，应当避免与规划的环境影响评价相重复。作为一项整体建设项目的规划，按照建设项目进行环境影响评价，不进行规划的环境影响评价。已经进行了环境影响评价的规划包含具体建设项目的，规划的环境影响评价结论应当作为建设项目环境影响评价的重要依据，建设项目环境影响评价的内容应当根据规划的环境影响评价审查意见予以简化。

第十九条 接受委托为建设项目环境影响评价提供技术服务的机构，应当经国务院环境保护行政主管部门考核审查合格后，颁发资质证书，按照资质证书规定的等级和评价范围，从事环境影响评价服务，并对评价结论负责。为建设项目环境影响评价提供技术服务的机构的资质条件和管理办法，由国务院环境保护行政主管部门制定。

国务院环境保护行政主管部门对已取得资质证书的为建设项目环境影响评价提供技术服务的机构的名单，应当予以公布。

为建设项目环境影响评价提供技术服务的机构，不得与负责审批建设项目环境影响评价文件的环境保护行政主管部门或者其他有关审批部门存在任何利益关系。

第二十条 环境影响评价文件中的环境影响报告书或者环境影响报告表，应当由具有相应环境影响评价资质的机构编制。

任何单位和个人不得为建设单位指定对其建设项目进行环境影响评价的机构。

第二十一条 除国家规定需要保密的情形外，对环境可能造成重大影响、应当编制环境影响报告书的建设项目，建设单位应当在报批建设项目环境影响报告书前，举行论证会、听证会，或者采取其他形式，征求有关单位、专家和公众的意见。

建设单位报批的环境影响报告书应当附具对有关单位、专家和公众的意见采纳或者不采纳的说明。

第二十二条 建设项目的环境影响报告书、报告表，由建设单位按照国务院的规定报有审批权的环境保护行政主管部门审批。

海洋工程建设项目的海洋环境影响报告书的审批，依照《中华人民共和国海洋环境保护法》的规定办理。

审批部门应当自收到环境影响报告书之日起六十日内，收到环境影响报告表之日起三十日内，分别作出审批决定并书面通知建设单位。

国家对环境影响登记表实行备案管理。

审核、审批建设项目环境影响报告书、报告表以及备案环境影响登记表，不得收取任何费用。

第二十三条 国务院环境保护行政主管部门负责审批下列建设项目的环境影响评价文件：

（一）核设施、绝密工程等特殊性质的建设项目；

（二）跨省、自治区、直辖市行政区域的建设项目；

（三）由国务院审批的或者由国务院授权有关部门审批的建设项目。

前款规定以外的建设项目的环境影响评价文件的审批权限，由省、自治区、直辖市人民政府规定。

建设项目可能造成跨行政区域的不良环境影响，有关环境保护行政主管部门对该项目的环境影响评价结论有争议的，其环境影响评价文件由共同的上一级环境保护行政主管部门审批。

第二十四条　建设项目的环境影响评价文件经批准后，建设项目的性质、规模、地点、采用的生产工艺或者防治污染、防止生态破坏的措施发生重大变动的，建设单位应当重新报批建设项目的环境影响评价文件。

建设项目的环境影响评价文件自批准之日起超过五年，方决定该项目开工建设的，其环境影响评价文件应当报原审批部门重新审核；原审批部门应当自收到建设项目环境影响评价文件之日起十日内，将审核意见书面通知建设单位。

第二十五条　建设项目的环境影响评价文件未依法经审批部门审查或者审查后未予批准的，建设单位不得开工建设。

第二十六条　建设项目建设过程中，建设单位应当同时实施环境影响报告书、环境影响报告表以及环境影响评价文件审批部门审批意见中提出的环境保护对策措施。

第二十七条　在项目建设、运行过程中产生不符合经审批的环境影响评价文件的情形的，建设单位应当组织环境影响的后评价，采取改进措施，并报原环境影响评价文件审批部门和建设项目审批部门备案；原环境影响评价文件审批部门也可以责成建设单位进行环境影响的后评价，采取改进措施。

第二十八条　环境保护行政主管部门应当对建设项目投入生产或者使用后所产生的环境影响进行跟踪检查，对造成严重环境污染或者生态破坏的，应当查清原因、查明责任。对属于为建设项目环境影响评价提供技术服务的机构编制不实的环境影响评价文件的，依照本法第三十二条的规定追究其法律责任；属于审批部门工作人员失职、渎职，对依法不应批准的建设项目环境影响评价文件予以批准的，依照本法第三十四条的规定追究其法律责任。

第四章　法律责任

第二十九条　规划编制机关违反本法规定，未组织环境影响评价，或者组织环境影响评价时弄虚作假或者有失职行为，造成环境影响评价严重失实的，对直接负责的主管人员和其他直接责任人员，由上级机关或者监察机关依法给予行政处分。

第三十条　规划审批机关对依法应当编写有关环境影响的篇章或者说明而未编写的规划草案，依法应当附送环境影响报告书而未附送的专项规划草案，违法予以批准的，对直接负责的主管人员和其他直接责任人员，由上级机关或者监察机关依法给予行政处分。

第三十一条　建设单位未依法报批建设项目环境影响报告书、报告表，或者未依照本法第二十四条的规定重新报批或者报请重新审核环境影响报告书、报告表，擅自开工建设的，由县级以上环境保护行政主管部门责令停止建设，根据违法情节和危害后果，处建设项目总投资额百分之一以上百分之五以下的罚款，并可以责令恢复原状；对建设单位直接负责的主管人员和其他直接责任人员，依法给予行政处分。

建设项目环境影响报告书、报告表未经批准或者未经原审批部门重新审核同意，建设单位擅自开工建设的，依照前款的规定处罚、处分。

建设单位未依法备案建设项目环境影响登记表的，由县级以上环境保护行政主管部门责令备案，处五万元以下的罚款。

海洋工程建设项目的建设单位有本条所列违法行为的，依照《中华人民共和国海洋环境保护法》的规定处罚。

第三十二条 接受委托为建设项目环境影响评价提供技术服务的机构在环境影响评价工作中不负责任或者弄虚作假，致使环境影响评价文件失实的，由授予环境影响评价资质的环境保护行政主管部门降低其资质等级或者吊销其资质证书，并处所收费用一倍以上三倍以下的罚款；构成犯罪的，依法追究刑事责任。

第三十三条 负责审核、审批、备案建设项目环境影响评价文件的部门在审批、备案中收取费用的，由其上级机关或者监察机关责令退还；情节严重的，对直接负责的主管人员和其他直接责任人员依法给予行政处分。

第三十四条 环境保护行政主管部门或者其他部门的工作人员徇私舞弊，滥用职权，玩忽职守，违法批准建设项目环境影响评价文件的，依法给予行政处分；构成犯罪的，依法追究刑事责任。

第五章 附 则

第三十五条 省、自治区、直辖市人民政府可以根据本地的实际情况，要求对本辖区的县级人民政府编制的规划进行环境影响评价。具体办法由省、自治区、直辖市参照本法第二章的规定制定。

第三十六条 军事设施建设项目的环境影响评价办法，由中央军事委员会依照本法的原则制定。

第三十七条 本法自 2003 年 9 月 1 日起施行。

中华人民共和国大气污染防治法

中华人民共和国主席令

第三十一号

《中华人民共和国大气污染防治法》已由中华人民共和国第十二届全国人民代表大会常务委员会第十六次会议于2015年8月29日修订通过，现将修订后的《中华人民共和国大气污染防治法》公布，自2016年1月1日起施行。

中华人民共和国主席　习近平

2015年8月29日

（1987年9月5日第六届全国人民代表大会常务委员会第二十二次会议通过　根据1995年8月29日第八届全国人民代表大会常务委员会第十五次会议《关于修改〈中华人民共和国大气污染防治法〉的决定》修正　2000年4月29日第九届全国人民代表大会常务委员会第十五次会议第一次修订　2015年8月29日第十二届全国人民代表大会常务委员会第十六次会议第二次修订）

第一章　总　则

第一条　为保护和改善环境，防治大气污染，保障公众健康，推进生态文明建设，促进经济社会可持续发展，制定本法。

第二条　防治大气污染，应当以改善大气环境质量为目标，坚持源头治理，规划先行，转变经济发展方式，优化产业结构和布局，调整能源结构。

防治大气污染，应当加强对燃煤、工业、机动车船、扬尘、农业等大气污染的综合防治，推行区域大气污染联合防治，对颗粒物、二氧化硫、氮氧化物、挥发性有机物、氨等大气污染物和温室气体实施协同控制。

第三条　县级以上人民政府应当将大气污染防治工作纳入国民经济和社会发展规划，加大对大气污染防治的财政投入。

地方各级人民政府应当对本行政区域的大气环境质量负责，制定规划，采取措施，控制或者逐步削减大气污染物的排放量，使大气环境质量达到规定标准并逐步改善。

第四条　国务院环境保护主管部门会同国务院有关部门，按照国务院的规定，对省、自治区、直辖市大气环境质量改善目标、大气污染防治重点任务完成情况进行考核。省、自治区、直辖市人民政府制定考核办法，对本行政区域内地方大气环境质量改善目标、大气污染防治重点任务完成情况实施考核。考核结果应当向社会公开。

第五条　县级以上人民政府环境保护主管部门对大气污染防治实施统一监督管理。

县级以上人民政府其他有关部门在各自职责范围内对大气污染防治实施监督管理。

第六条　国家鼓励和支持大气污染防治科学技术研究，开展对大气污染来源及其变化趋势的分析，推广先进适用的大气污染防治技术和装备，促进科技成果转化，发挥科学技术在大气污染防治中的支撑作用。

第七条 企业事业单位和其他生产经营者应当采取有效措施，防止、减少大气污染，对所造成的损害依法承担责任。

公民应当增强大气环境保护意识，采取低碳、节俭的生活方式，自觉履行大气环境保护义务。

第二章 大气污染防治标准和限期达标规划

第八条 国务院环境保护主管部门或者省、自治区、直辖市人民政府制定大气环境质量标准，应当以保障公众健康和保护生态环境为宗旨，与经济社会发展相适应，做到科学合理。

第九条 国务院环境保护主管部门或者省、自治区、直辖市人民政府制定大气污染物排放标准，应当以大气环境质量标准和国家经济、技术条件为依据。

第十条 制定大气环境质量标准、大气污染物排放标准，应当组织专家进行审查和论证，并征求有关部门、行业协会、企业事业单位和公众等方面的意见。

第十一条 省级以上人民政府环境保护主管部门应当在其网站上公布大气环境质量标准、大气污染物排放标准，供公众免费查阅、下载。

第十二条 大气环境质量标准、大气污染物排放标准的执行情况应当定期进行评估，根据评估结果对标准适时进行修订。

第十三条 制定燃煤、石油焦、生物质燃料、涂料等含挥发性有机物的产品、烟花爆竹以及锅炉等产品的质量标准，应当明确大气环境保护要求。

制定燃油质量标准，应当符合国家大气污染物控制要求，并与国家机动车船、非道路移动机械大气污染物排放标准相互衔接，同步实施。

前款所称非道路移动机械，是指装配有发动机的移动机械和可运输工业设备。

第十四条 未达到国家大气环境质量标准城市的人民政府应当及时编制大气环境质量限期达标规划，采取措施，按照国务院或者省级人民政府规定的期限达到大气环境质量标准。

编制城市大气环境质量限期达标规划，应当征求有关行业协会、企业事业单位、专家和公众等方面的意见。

第十五条 城市大气环境质量限期达标规划应当向社会公开。直辖市和设区的市的大气环境质量限期达标规划应当报国务院环境保护主管部门备案。

第十六条 城市人民政府每年在向本级人民代表大会或者其常务委员会报告环境状况和环境保护目标完成情况时，应当报告大气环境质量限期达标规划执行情况，并向社会公开。

第十七条 城市大气环境质量限期达标规划应当根据大气污染防治的要求和经济、技术条件适时进行评估、修订。

第三章 大气污染防治的监督管理

第十八条 企业事业单位和其他生产经营者建设对大气环境有影响的项目，应当依法进行环境影响评价、公开环境影响评价文件；向大气排放污染物的，应当符合大气污染物排放标准，遵守重点大气污染物排放总量控制要求。

第十九条 排放工业废气或者本法第七十八条规定名录中所列有毒有害大气污染物的企业事业单位、集中供热设施的燃煤热源生产运营单位以及其他依法实行排污许可管理的单位，应当取得排污许可证。排污许可的具体办法和实施步骤由国务院规定。

第二十条 企业事业单位和其他生产经营者向大气排放污染物的，应当依照法律法规和国务院环境保护主管部门的规定设置大气污染物排放口。

禁止通过偷排、篡改或者伪造监测数据、以逃避现场检查为目的的临时停产、非紧急情况下开启应急排放通道、不正常运行大气污染防治设施等逃避监管的方式排放大气污染物。

第二十一条　国家对重点大气污染物排放实行总量控制。

重点大气污染物排放总量控制目标，由国务院环境保护主管部门在征求国务院有关部门和各省、自治区、直辖市人民政府意见后，会同国务院经济综合主管部门报国务院批准并下达实施。

省、自治区、直辖市人民政府应当按照国务院下达的总量控制目标，控制或者削减本行政区域的重点大气污染物排放总量。

确定总量控制目标和分解总量控制指标的具体办法，由国务院环境保护主管部门会同国务院有关部门规定。省、自治区、直辖市人民政府可以根据本行政区域大气污染防治的需要，对国家重点大气污染物之外的其他大气污染物排放实行总量控制。

国家逐步推行重点大气污染物排污权交易。

第二十二条　对超过国家重点大气污染物排放总量控制指标或者未完成国家下达的大气环境质量改善目标的地区，省级以上人民政府环境保护主管部门应当会同有关部门约谈该地区人民政府的主要负责人，并暂停审批该地区新增重点大气污染物排放总量的建设项目环境影响评价文件。约谈情况应当向社会公开。

第二十三条　国务院环境保护主管部门负责制定大气环境质量和大气污染源的监测和评价规范，组织建设与管理全国大气环境质量和大气污染源监测网，组织开展大气环境质量和大气污染源监测，统一发布全国大气环境质量状况信息。

县级以上地方人民政府环境保护主管部门负责组织建设与管理本行政区域大气环境质量和大气污染源监测网，开展大气环境质量和大气污染源监测，统一发布本行政区域大气环境质量状况信息。

第二十四条　企业事业单位和其他生产经营者应当按照国家有关规定和监测规范，对其排放的工业废气和本法第七十八条规定名录中所列有毒有害大气污染物进行监测，并保存原始监测记录。其中，重点排污单位应当安装、使用大气污染物排放自动监测设备，与环境保护主管部门的监控设备联网，保证监测设备正常运行并依法公开排放信息。监测的具体办法和重点排污单位的条件由国务院环境保护主管部门规定。

重点排污单位名录由设区的市级以上地方人民政府环境保护主管部门按照国务院环境保护主管部门的规定，根据本行政区域的大气环境承载力、重点大气污染物排放总量控制指标的要求以及排污单位排放大气污染物的种类、数量和浓度等因素，商有关部门确定，并向社会公布。

第二十五条　重点排污单位应当对自动监测数据的真实性和准确性负责。环境保护主管部门发现重点排污单位的大气污染物排放自动监测设备传输数据异常，应当及时进行调查。

第二十六条　禁止侵占、损毁或者擅自移动、改变大气环境质量监测设施和大气污染物排放自动监测设备。

第二十七条　国家对严重污染大气环境的工艺、设备和产品实行淘汰制度。

国务院经济综合主管部门会同国务院有关部门确定严重污染大气环境的工艺、设备和产品淘汰期限，并纳入国家综合性产业政策目录。

生产者、进口者、销售者或者使用者应当在规定期限内停止生产、进口、销售或者使用列入前款规定目录中的设备和产品。工艺的采用者应当在规定期限内停止采用列入前款规定目录中的工艺。

被淘汰的设备和产品，不得转让给他人使用。

第二十八条　国务院环境保护主管部门会同有关部门，建立和完善大气污染损害评估制度。

第二十九条　环境保护主管部门及其委托的环境监察机构和其他负有大气环境保护监督管理职责的部门，有权通过现场检查监测、自动监测、遥感监测、远红外摄像等方式，对排放大气污染物的企业事业单位和其他生产经营者进行监督检查。被检查者应当如实反映情况，提供必要的资料。实施检查的部门、机构及其工作人员应当为被检查者保守商业秘密。

第三十条 企业事业单位和其他生产经营者违反法律法规规定排放大气污染物，造成或者可能造成严重大气污染，或者有关证据可能灭失或者被隐匿的，县级以上人民政府环境保护主管部门和其他负有大气环境保护监督管理职责的部门，可以对有关设施、设备、物品采取查封、扣押等行政强制措施。

第三十一条 环境保护主管部门和其他负有大气环境保护监督管理职责的部门应当公布举报电话、电子邮箱等，方便公众举报。

环境保护主管部门和其他负有大气环境保护监督管理职责的部门接到举报的，应当及时处理并对举报人的相关信息予以保密；对实名举报的，应当反馈处理结果等情况，查证属实的，处理结果依法向社会公开，并对举报人给予奖励。

举报人举报所在单位的，该单位不得以解除、变更劳动合同或者其他方式对举报人进行打击报复。

第四章 大气污染防治措施

第一节 燃煤和其他能源污染防治

第三十二条 国务院有关部门和地方各级人民政府应当采取措施，调整能源结构，推广清洁能源的生产和使用；优化煤炭使用方式，推广煤炭清洁高效利用，逐步降低煤炭在一次能源消费中的比重，减少煤炭生产、使用、转化过程中的大气污染物排放。

第三十三条 国家推行煤炭洗选加工，降低煤炭的硫分和灰分，限制高硫分、高灰分煤炭的开采。新建煤矿应当同步建设配套的煤炭洗选设施，使煤炭的硫分、灰分含量达到规定标准；已建成的煤矿除所采煤炭属于低硫分、低灰分或者根据已达标排放的燃煤电厂要求不需要洗选的以外，应当限期建成配套的煤炭洗选设施。

禁止开采含放射性和砷等有毒有害物质超过规定标准的煤炭。

第三十四条 国家采取有利于煤炭清洁高效利用的经济、技术政策和措施，鼓励和支持洁净煤技术的开发和推广。

国家鼓励煤矿企业等采用合理、可行的技术措施，对煤层气进行开采利用，对煤矸石进行综合利用。从事煤层气开采利用的，煤层气排放应当符合有关标准规范。

第三十五条 国家禁止进口、销售和燃用不符合质量标准的煤炭，鼓励燃用优质煤炭。

单位存放煤炭、煤矸石、煤渣、煤灰等物料，应当采取防燃措施，防止大气污染。

第三十六条 地方各级人民政府应当采取措施，加强民用散煤的管理，禁止销售不符合民用散煤质量标准的煤炭，鼓励居民燃用优质煤炭和洁净型煤，推广节能环保型炉灶。

第三十七条 石油炼制企业应当按照燃油质量标准生产燃油。

禁止进口、销售和燃用不符合质量标准的石油焦。

第三十八条 城市人民政府可以划定并公布高污染燃料禁燃区，并根据大气环境质量改善要求，逐步扩大高污染燃料禁燃区范围。高污染燃料的目录由国务院环境保护主管部门确定。

在禁燃区内，禁止销售、燃用高污染燃料；禁止新建、扩建燃用高污染燃料的设施，已建成的，应当在城市人民政府规定的期限内改用天然气、页岩气、液化石、油气、电或者其他清洁能源。

第三十九条 城市建设应当统筹规划，在燃煤供热地区，推进热电联产和集中供热。在集中供热管网覆盖地区，禁止新建、扩建分散燃煤供热锅炉；已建成的不能达标排放的燃煤供热锅炉，应当在城市人民政府规定的期限内拆除。

第四十条 县级以上人民政府质量监督部门应当会同环境保护主管部门对锅炉生产、进口、销售和使用环节执行环境保护标准或者要求的情况进行监督检查；不符合环境保护标准或者要求的，不得生产、进口、销售和使用。

第四十一条 燃煤电厂和其他燃煤单位应当采用清洁生产工艺，配套建设除尘、脱硫、脱硝等装置，或者采取技术改造等其他控制大气污染物排放的措施。

国家鼓励燃煤单位采用先进的除尘、脱硫、脱硝、脱汞等大气污染物协同控制的技术和装置，减少大气污染物的排放。

第四十二条　电力调度应当优先安排清洁能源发电上网。

第二节　工业污染防治

第四十三条　钢铁、建材、有色金属、石油、化工等企业生产过程中排放粉尘、硫化物和氮氧化物的，应当采用清洁生产工艺，配套建设除尘、脱硫、脱硝等装置，或者采取技术改造等其他控制大气污染物排放的措施。

第四十四条　生产、进口、销售和使用含挥发性有机物的原材料和产品的，其挥发性有机物含量应当符合质量标准或者要求。

国家鼓励生产、进口、销售和使用低毒、低挥发性有机溶剂。

第四十五条　产生含挥发性有机物废气的生产和服务活动，应当在密闭空间或者设备中进行，并按照规定安装、使用污染防治设施；无法密闭的，应当采取措施减少废气排放。

第四十六条　工业涂装企业应当使用低挥发性有机物含量的涂料，并建立台账，记录生产原料、辅料的使用量、废弃量、去向以及挥发性有机物含量。台账保存期限不得少于三年。

第四十七条　石油、化工以及其他生产和使用有机溶剂的企业，应当采取措施对管道、设备进行日常维护、维修，减少物料泄漏，对泄漏的物料应当及时收集处理。

储油储气库、加油加气站、原油成品油码头、原油成品油运输船舶和油罐车、气罐车等，应当按照国家有关规定安装油气回收装置并保持正常使用。

第四十八条　钢铁、建材、有色金属、石油、化工、制药、矿产开采等企业，应当加强精细化管理，采取集中收集处理等措施，严格控制粉尘和气态污染物的排放。

工业生产企业应当采取密闭、围挡、遮盖、清扫、洒水等措施，减少内部物料的堆存、传输、装卸等环节产生的粉尘和气态污染物的排放。

第四十九条　工业生产、垃圾填埋或者其他活动产生的可燃性气体应当回收利用，不具备回收利用条件的，应当进行污染防治处理。

可燃性气体回收利用装置不能正常作业的，应当及时修复或者更新。在回收利用装置不能正常作业期间确需排放可燃性气体的，应当将排放的可燃性气体充分燃烧或者采取其他控制大气污染物排放的措施，并向当地环境保护主管部门报告，按照要求限期修复或者更新。

第三节　机动车船等污染防治

第五十条　国家倡导低碳、环保出行，根据城市规划合理控制燃油机动车保有量，大力发展城市公共交通，提高公共交通出行比例。

国家采取财政、税收、政府采购等措施推广应用节能环保型和新能源机动车船、非道路移动机械，限制高油耗、高排放机动车船、非道路移动机械的发展，减少化石能源的消耗。

省、自治区、直辖市人民政府可以在条件具备的地区，提前执行国家机动车大气污染物排放标准中相应阶段排放限值，并报国务院环境保护主管部门备案。

城市人民政府应当加强并改善城市交通管理，优化道路设置，保障人行道和非机动车道的连续、畅通。

第五十一条　机动车船、非道路移动机械不得超过标准排放大气污染物。

禁止生产、进口或者销售大气污染物排放超过标准的机动车船、非道路移动机械。

第五十二条　机动车、非道路移动机械生产企业应当对新生产的机动车和非道路移动机械进行排放检验。经检验合格的，方可出厂销售。检验信息应当向社会公开。

省级以上人民政府环境保护主管部门可以通过现场检查、抽样检测等方式，加强对新生产、销售机动车和非道路移动机械大气污染物排放状况的监督检查。工业、质量监督、工商行政管理等有关部门予以配合。

第五十三条 在用机动车应当按照国家或者地方的有关规定，由机动车排放检验机构定期对其进行排放检验。经检验合格的，方可上道路行驶。未经检验合格的，公安机关交通管理部门不得核发安全技术检验合格标志。

县级以上地方人民政府环境保护主管部门可以在机动车集中停放地、维修地对在用机动车的大气污染物排放状况进行监督抽测；在不影响正常通行的情况下，可以通过遥感监测等技术手段对在道路上行驶的机动车的大气污染物排放状况进行监督抽测，公安机关交通管理部门予以配合。

第五十四条 机动车排放检验机构应当依法通过计量认证，使用经依法检定合格的机动车排放检验设备，按照国务院环境保护主管部门制定的规范，对机动车进行排放检验，并与环境保护主管部门联网，实现检验数据实时共享。机动车排放检验机构及其负责人对检验数据的真实性和准确性负责。

环境保护主管部门和认证认可监督管理部门应当对机动车排放检验机构的排放检验情况进行监督检查。

第五十五条 机动车生产、进口企业应当向社会公布其生产、进口机动车车型的排放检验信息、污染控制技术信息和有关维修技术信息。

机动车维修单位应当按照防治大气污染的要求和国家有关技术规范对在用机动车进行维修，使其达到规定的排放标准。交通运输、环境保护主管部门应当依法加强监督管理。

禁止机动车所有人以临时更换机动车污染控制装置等弄虚作假的方式通过机动车排放检验。禁止机动车维修单位提供该类维修服务。禁止破坏机动车车载排放诊断系统。

第五十六条 环境保护主管部门应当会同交通运输、住房城乡建设、农业行政、水行政等有关部门对非道路移动机械的大气污染物排放状况进行监督检查，排放不合格的，不得使用。

第五十七条 国家倡导环保驾驶，鼓励燃油机动车驾驶人在不影响道路通行且需停车三分钟以上的情况下熄灭发动机，减少大气污染物的排放。

第五十八条 国家建立机动车和非道路移动机械环境保护召回制度。

生产、进口企业获知机动车、非道路移动机械排放大气污染物超过标准，属于设计、生产缺陷或者不符合规定的环境保护耐久性要求的，应当召回；未召回的，由国务院质量监督部门会同国务院环境保护主管部门责令其召回。

第五十九条 在用重型柴油车、非道路移动机械未安装污染控制装置或者污染控制装置不符合要求，不能达标排放的，应当加装或者更换符合要求的污染控制装置。

第六十条 在用机动车排放大气污染物超过标准的，应当进行维修；经维修或者采用污染控制技术后，大气污染物排放仍不符合国家在用机动车排放标准的，应当强制报废。其所有人应当将机动车交售给报废机动车回收拆解企业，由报废机动车回收拆解企业按照国家有关规定进行登记、拆解、销毁等处理。

国家鼓励和支持高排放机动车船、非道路移动机械提前报废。

第六十一条 城市人民政府可以根据大气环境质量状况，划定并公布禁止使用高排放非道路移动机械的区域。

第六十二条 船舶检验机构对船舶发动机及有关设备进行排放检验。经检验符合国家排放标准的，船舶方可运营。

第六十三条 内河和江海直达船舶应当使用符合标准的普通柴油。远洋船舶靠港后应当使用符合大气污染物控制要求的船舶用燃油。

新建码头应当规划、设计和建设岸基供电设施；已建成的码头应当逐步实施岸基供电设施改造。船舶靠港后应当优先使用岸电。

第六十四条 国务院交通运输主管部门可以在沿海海域划定船舶大气污染物排放控制区，进入排放控制区的船舶应当符合船舶相关排放要求。

第六十五条 禁止生产、进口、销售不符合标准的机动车船、非道路移动机械用燃料；禁止向汽车和摩托车销售普通柴油以及其他非机动车用燃料；禁止向非道路移动机械、内河和江海直达船舶销售渣油和重油。

第六十六条 发动机油、氮氧化物还原剂、燃料和润滑油添加剂以及其他添加剂的有害物质含量和其他大气环境保护指标，应当符合有关标准的要求，不得损害机动车船污染控制装置效果和耐久性，不得增加新的大气污染物排放。

第六十七条 国家积极推进民用航空器的大气污染防治，鼓励在设计、生产、使用过程中采取有效措施减少大气污染物排放。

民用航空器应当符合国家规定的适航标准中的有关发动机排出物要求。

第四节 扬尘污染防治

第六十八条 地方各级人民政府应当加强对建设施工和运输的管理，保持道路清洁，控制料堆和渣土堆放，扩大绿地、水面、湿地和地面铺装面积，防治扬尘污染。

住房城乡建设、市容环境卫生、交通运输、国土资源等有关部门，应当根据本级人民政府确定的职责，做好扬尘污染防治工作。

第六十九条 建设单位应当将防治扬尘污染的费用列入工程造价，并在施工承包合同中明确施工单位扬尘污染防治责任。施工单位应当制定具体的施工扬尘污染防治实施方案。

从事房屋建筑、市政基础设施建设、河道整治以及建筑物拆除等施工单位，应当向负责监督管理扬尘污染防治的主管部门备案。

施工单位应当在施工工地设置硬质围挡，并采取覆盖、分段作业、择时施工、洒水抑尘、冲洗地面和车辆等有效防尘降尘措施。建筑土方、工程渣土、建筑垃圾应当及时清运；在场地内堆存的，应当采用密闭式防尘网遮盖。工程渣土、建筑垃圾应当进行资源化处理。

施工单位应当在施工工地公示扬尘污染防治措施、负责人、扬尘监督管理主管部门等信息。

暂时不能开工的建设用地，建设单位应当对裸露地面进行覆盖；超过三个月的，应当进行绿化、铺装或者遮盖。

第七十条 运输煤炭、垃圾、渣土、砂石、土方、灰浆等散装、流体物料的车辆应当采取密闭或者其他措施防止物料遗撒造成扬尘污染，并按照规定路线行驶。

装卸物料应当采取密闭或者喷淋等方式防治扬尘污染。

城市人民政府应当加强道路、广场、停车场和其他公共场所的清扫保洁管理，推行清洁动力机械化清扫等低尘作业方式，防治扬尘污染。

第七十一条 市政河道以及河道沿线、公共用地的裸露地面以及其他城镇裸露地面，有关部门应当按照规划组织实施绿化或者透水铺装。

第七十二条 贮存煤炭、煤矸石、煤渣、煤灰、水泥、石灰、石膏、砂土等易产生扬尘的物料应当密闭；不能密闭的，应当设置不低于堆放物高度的严密围挡，并采取有效覆盖措施防治扬尘污染。

码头、矿山、填埋场和消纳场应当实施分区作业，并采取有效措施防治扬尘污染。

第五节 农业和其他污染防治

第七十三条 地方各级人民政府应当推动转变农业生产方式，发展农业循环经济，加大对废弃物综合处理的支持力度，加强对农业生产经营活动排放大气污染物的控制。

第七十四条 农业生产经营者应当改进施肥方式，科学合理施用化肥并按照国家有关规定使用农药，减少氨、挥发性有机物等大气污染物的排放。

禁止在人口集中地区对树木、花草喷洒剧毒、高毒农药。

第七十五条 畜禽养殖场、养殖小区应当及时对污水、畜禽粪便和尸体等进行收集、贮存、清运和无害化处理，防止排放恶臭气体。

第七十六条 各级人民政府及其农业行政等有关部门应当鼓励和支持采用先进适用技术，对秸秆、落叶等进行肥料化、饲料化、能源化、工业原料化、食用菌基料化等综合利用，加大对秸秆还田、收集一体化农业机械的财政补贴力度。

县级人民政府应当组织建立秸秆收集、贮存、运输和综合利用服务体系，采用财政补贴等措施支持农村集体经济组织、农民专业合作经济组织、企业等开展秸秆收集、贮存、运输和综合利用服务。

第七十七条 省、自治区、直辖市人民政府应当划定区域，禁止露天焚烧秸秆、落叶等产生烟尘污染的物质。

第七十八条 国务院环境保护主管部门应当会同国务院卫生行政部门，根据大气污染物对公众健康和生态环境的危害和影响程度，公布有毒有害大气污染物名录，实行风险管理。

排放前款规定名录中所列有毒有害大气污染物的企业事业单位，应当按照国家有关规定建设环境风险预警体系，对排放口和周边环境进行定期监测，评估环境风险，排查环境安全隐患，并采取有效措施防范环境风险。

第七十九条 向大气排放持久性有机污染物的企业事业单位和其他生产经营者以及废弃物焚烧设施的运营单位，应当按照国家有关规定，采取有利于减少持久性有机污染物排放的技术方法和工艺，配备有效的净化装置，实现达标排放。

第八十条 企业事业单位和其他生产经营者在生产经营活动中产生恶臭气体的，应当科学选址，设置合理的防护距离，并安装净化装置或者采取其他措施，防止排放恶臭气体。

第八十一条 排放油烟的餐饮服务业经营者应当安装油烟净化设施并保持正常使用，或者采取其他油烟净化措施，使油烟达标排放，并防止对附近居民的正常生活环境造成污染。

禁止在居民住宅楼、未配套设立专用烟道的商住综合楼以及商住综合楼内与居住层相邻的商业楼层内新建、改建、扩建产生油烟、异味、废气的餐饮服务项目。

任何单位和个人不得在当地人民政府禁止的区域内露天烧烤食品或者为露天烧烤食品提供场地。

第八十二条 禁止在人口集中地区和其他依法需要特殊保护的区域内焚烧沥青、油毡、橡胶、塑料、皮革、垃圾以及其他产生有毒有害烟尘和恶臭气体的物质。

禁止生产、销售和燃放不符合质量标准的烟花爆竹。任何单位和个人不得在城市人民政府禁止的时段和区域内燃放烟花爆竹。

第八十三条 国家鼓励和倡导文明、绿色祭祀。

火葬场应当设置除尘等污染防治设施并保持正常使用，防止影响周边环境。

第八十四条 从事服装干洗和机动车维修等服务活动的经营者，应当按照国家有关标准或者要求设置异味和废气处理装置等污染防治设施并保持正常使用，防止影响周边环境。

第八十五条 国家鼓励、支持消耗臭氧层物质替代品的生产和使用，逐步减少直至停止消耗臭氧层物质的生产和使用。

国家对消耗臭氧层物质的生产、使用、进出口实行总量控制和配额管理。具体办法由国务院规定。

第五章 重点区域大气污染联合防治

第八十六条 国家建立重点区域大气污染联防联控机制，统筹协调重点区域内大气污染防治工作。

国务院环境保护主管部门根据主体功能区划、区域大气环境质量状况和大气污染传输扩散规律，划定国家大气污染防治重点区域，报国务院批准。

重点区域内有关省、自治区、直辖市人民政府应当确定牵头的地方人民政府，定期召开联席会议，按照统一规划、统一标准、统一监测、统一的防治措施的要求，开展大气污染联合防治，落实大气污染防治目标责任。国务院环境保护主管部门应当加强指导、督促。

省、自治区、直辖市可以参照第一款规定划定本行政区域的大气污染防治重点区域。

第八十七条 国务院环境保护主管部门会同国务院有关部门、国家大气污染防治重点区域内有关省、自治区、直辖市人民政府，根据重点区域经济社会发展和大气环境承载力，制定重点区域大气污染联合防治行动计划，明确控制目标，优化区域经济布局，统筹交通管理，发展清洁能源，提出重点防治任务和措施，促进重点区域大气环境质量改善。

第八十八条 国务院经济综合主管部门会同国务院环境保护主管部门，结合国家大气污染防治重点区域产业发展实际和大气环境质量状况，进一步提高环境保护、能耗、安全、质量等要求。

重点区域内有关省、自治区、直辖市人民政府应当实施更严格的机动车大气污染物排放标准，统一在用机动车检验方法和排放限值，并配套供应合格的车用燃油。

第八十九条 编制可能对国家大气污染防治重点区域的大气环境造成严重污染的有关工业园区、开发区、区域产业和发展等规划，应当依法进行环境影响评价。规划编制机关应当与重点区域内有关省、自治区、直辖市人民政府或者有关部门会商。

重点区域内有关省、自治区、直辖市建设可能对相邻省、自治区、直辖市大气环境质量产生重大影响的项目，应当及时通报有关信息，进行会商。

会商意见及其采纳情况作为环境影响评价文件审查或者审批的重要依据。

第九十条 国家大气污染防治重点区域内新建、改建、扩建用煤项目的，应当实行煤炭的等量或者减量替代。

第九十一条 国务院环境保护主管部门应当组织建立国家大气污染防治重点区域的大气环境质量监测、大气污染源监测等相关信息共享机制，利用监测、模拟以及卫星、航测、遥感等新技术分析重点区域内大气污染来源及其变化趋势，并向社会公开。

第九十二条 国务院环境保护主管部门和国家大气污染防治重点区域内有关省、自治区、直辖市人民政府可以组织有关部门开展联合执法、跨区域执法、交叉执法。

第六章 重污染天气应对

第九十三条 国家建立重污染天气监测预警体系。

国务院环境保护主管部门会同国务院气象主管机构等有关部门、国家大气污染防治重点区域内有关省、自治区、直辖市人民政府，建立重点区域重污染天气监测预警机制，统一预警分级标准。可能发生区域重污染天气的，应当及时向重点区域内有关省、自治区、直辖市人民政府通报。

省、自治区、直辖市、设区的市人民政府环境保护主管部门会同气象主管机构等有关部门建立本行政区域重污染天气监测预警机制。

第九十四条 县级以上地方人民政府应当将重污染天气应对纳入突发事件应急管理体系。

省、自治区、直辖市、设区的市人民政府以及可能发生重污染天气的县级人民政府，应当制定重污染天气应急预案，向上一级人民政府环境保护主管部门备案，并向社会公布。

第九十五条 省、自治区、直辖市、设区的市人民政府环境保护主管部门应当会同气象主管机构建立会商机制，进行大气环境质量预报。可能发生重污染天气的，应当及时向本级人民政府报告。省、自治区、直辖市、设区的市人民政府依据重污染天气预报信息，进行综合研判，确定预警等级并及时发出预警。预警等级根据情况变化及时调整。任何单位和个人不得擅自向社会发布重污染天气预报预警信息。

预警信息发布后，人民政府及其有关部门应当通过电视、广播、网络、短信等途径告知公众采取健康防护措施，指导公众出行和调整其他相关社会活动。

第九十六条 县级以上地方人民政府应当依据重污染天气的预警等级，及时启动应急预案，根据应急需要可以采取责令有关企业停产或者限产、限制部分机动车行驶、禁止燃放烟花爆竹、停止工地土石方作业和建筑物拆除施工、停止露天烧烤、停止幼儿园和学校组织的户外活动、组织开展人工影响天气作业等应急措施。

应急响应结束后，人民政府应当及时开展应急预案实施情况的评估，适时修改完善应急预案。

第九十七条 发生造成大气污染的突发环境事件，人民政府及其有关部门和相关企业事业单位，应当依照《中华人民共和国突发事件应对法》《中华人民共和国环境保护法》的规定，做好应急处置工作。环境保护主管部门应当及时对突发环境事件产生的大气污染物进行监测，并向社会公布监测信息。

第七章 法律责任

第九十八条 违反本法规定，以拒绝进入现场等方式拒不接受环境保护主管部门及其委托的环境监察机构或者其他负有大气环境保护监督管理职责的部门的监督检查，或者在接受监督检查时弄虚作假的，由县级以上人民政府环境保护主管部门或者其他负有大气环境保护监督管理职责的部门责令改正，处二万元以上二十万元以下的罚款；构成违反治安管理行为的，由公安机关依法予以处罚。

第九十九条 违反本法规定，有下列行为之一的，由县级以上人民政府环境保护主管部门责令改正或者限制生产、停产整治，并处十万元以上一百万元以下的罚款；情节严重的，报经有批准权的人民政府批准，责令停业、关闭：

（一）未依法取得排污许可证排放大气污染物的；

（二）超过大气污染物排放标准或者超过重点大气污染物排放总量控制指标排放大气污染物的；

（三）通过逃避监管的方式排放大气污染物的。

第一百条 违反本法规定，有下列行为之一的，由县级以上人民政府环境保护主管部门责令改正，处二万元以上二十万元以下的罚款；拒不改正的，责令停产整治：

（一）侵占、损毁或者擅自移动、改变大气环境质量监测设施或者大气污染物排放自动监测设备的；

（二）未按照规定对所排放的工业废气和有毒有害大气污染物进行监测并保存原始监测记录的；

（三）未按照规定安装、使用大气污染物排放自动监测设备或者未按照规定与环境保护主管部门的监控设备联网，并保证监测设备正常运行的；

（四）重点排污单位不公开或者不如实公开自动监测数据的；

（五）未按照规定设置大气污染物排放口的。

第一百零一条 违反本法规定，生产、进口、销售或者使用国家综合性产业政策目录中禁止的设备和产品，采用国家综合性产业政策目录中禁止的工艺，或者将淘汰的设备和产品转让给他人使用的，由县级以上人民政府经济综合主管部门、出入境检验检疫机构按照职责责令改正，没收违法所得，并处货值金额一倍以上三倍以下的罚款；拒不改正的，报经有批准权的人民政府批准，责令停业、关闭。进口行为构成走私的，由海关依法予以处罚。

第一百零二条 违反本法规定，煤矿未按照规定建设配套煤炭洗选设施的，由县级以上人民政府能源主管部门责令改正，处十万元以上一百万元以下的罚款；拒不改正的，报经有批准权的人民政府批准，责令停业、关闭。

违反本法规定，开采含放射性和砷等有毒有害物质超过规定标准的煤炭的，由县级以上人民政府按照国务院规定的权限责令停业、关闭。

第一百零三条 违反本法规定，有下列行为之一的，由县级以上地方人民政府质量监督、工商行政管理部门按照职责责令改正，没收原材料、产品和违法所得，并处货值金额一倍以上三倍以下的罚款：

（一）销售不符合质量标准的煤炭、石油焦的；

（二）生产、销售挥发性有机物含量不符合质量标准或者要求的原材料和产品的；

（三）生产、销售不符合标准的机动车船和非道路移动机械用燃料、发动机油、氮氧化物还原剂、燃料和润滑油添加剂以及其他添加剂的；

（四）在禁燃区内销售高污染燃料的。

第一百零四条 违反本法规定，有下列行为之一的，由出入境检验检疫机构责令改正，没收原材料、产品和违法所得，并处货值金额一倍以上三倍以下的罚款；构成走私的，由海关依法予以处罚：

（一）进口不符合质量标准的煤炭、石油焦的；

（二）进口挥发性有机物含量不符合质量标准或者要求的原材料和产品的；

（三）进口不符合标准的机动车船和非道路移动机械用燃料、发动机油、氮氧化物还原剂、燃料和润滑油添加剂以及其他添加剂的。

第一百零五条 违反本法规定，单位燃用不符合质量标准的煤炭、石油焦的，由县级以上人民政府环境保护主管部门责令改正，处货值金额一倍以上三倍以下的罚款。

第一百零六条 违反本法规定，使用不符合标准或者要求的船舶用燃油的，由海事管理机构、渔业主管部门按照职责处一万元以上十万元以下的罚款。

第一百零七条 违反本法规定，在禁燃区内新建、扩建燃用高污染燃料的设施，或者未按照规定停止燃用高污染燃料，或者在城市集中供热管网覆盖地区新建、扩建分散燃煤供热锅炉，或者未按照规定拆除已建成的不能达标排放的燃煤供热锅炉的，由县级以上地方人民政府环境保护主管部门没收燃用高污染燃料的设施，组织拆除燃煤供热锅炉，并处二万元以上二十万元以下的罚款。

违反本法规定，生产、进口、销售或者使用不符合规定标准或者要求的锅炉，由县级以上人民政府质量监督、环境保护主管部门责令改正，没收违法所得，并处二万元以上二十万元以下的罚款。

第一百零八条 违反本法规定，有下列行为之一的，由县级以上人民政府环境保护主管部门责令改正，处二万元以上二十万元以下的罚款；拒不改正的，责令停产整治：

（一）产生含挥发性有机物废气的生产和服务活动，未在密闭空间或者设备中进行，未按照规定安装、使用污染防治设施，或者未采取减少废气排放措施的；

（二）工业涂装企业未使用低挥发性有机物含量涂料或者未建立、保存台账的；

（三）石油、化工以及其他生产和使用有机溶剂的企业，未采取措施对管道、设备进行日常维护、维修，减少物料泄漏或者对泄漏的物料未及时收集处理的；

（四）储油储气库、加油加气站和油罐车、气罐车等，未按照国家有关规定安装并正常使用油气回收装置的；

（五）钢铁、建材、有色金属、石油、化工、制药、矿产开采等企业，未采取集中收集处理、密闭、围挡、遮盖、清扫、洒水等措施，控制、减少粉尘和气态污染物排放的；

（六）工业生产、垃圾填埋或者其他活动中产生的可燃性气体未回收利用，不具备回收利用条件未进行防治污染处理，或者可燃性气体回收利用装置不能正常作业，未及时修复或者更新的。

第一百零九条 违反本法规定，生产超过污染物排放标准的机动车、非道路移动机械的，由省级以上人民政府环境保护主管部门责令改正，没收违法所得，并处货值金额一倍以上三倍以下的罚款，没收销毁无法达到污染物排放标准的机动车、非道路移动机械；拒不改正的，责令停产整治，并由国务院机动车生产主管部门责令停止生产该车型。

违反本法规定，机动车、非道路移动机械生产企业对发动机、污染控制装置弄虚作假、以次充好，冒充排放检验合格产品出厂销售的，由省级以上人民政府环境保护主管部门责令停产整治，没收违法所得，并处货值金额一倍以上三倍以下的罚款，没收销毁无法达到污染物排放标准的机动车、非道路移动机械，并由国务院机动车生产主管部门责令停止生产该车型。

第一百一十条 违反本法规定，进口、销售超过污染物排放标准的机动车、非道路移动机械的，由县级以上人民政府工商行政管理部门、出入境检验检疫机构按照职责没收违法所得，并处货值金额一倍以上三倍以下的罚款，没收销毁无法达到污染物排放标准的机动车、非道路移动机械；进口行为构成走私的，由海关依法予以处罚。

违反本法规定，销售的机动车、非道路移动机械不符合污染物排放标准的，销售者应当负责修理、更换、退货；给购买者造成损失的，销售者应当赔偿损失。

第一百一十一条 违反本法规定，机动车生产、进口企业未按照规定向社会公布其生产、进口机动车车型的排放检验信息或者污染控制技术信息的，由省级以上人民政府环境保护主管部门责令改正，处五万元以上五十万元以下的罚款。

违反本法规定，机动车生产、进口企业未按照规定向社会公布其生产、进口机动车车型的有关维修技术信息的，由省级以上人民政府交通运输主管部门责令改正，处五万元以上五十万元以下的罚款。

第一百一十二条 违反本法规定，伪造机动车、非道路移动机械排放检验结果或者出具虚假排放检验报告的，由县级以上人民政府环境保护主管部门没收违法所得，并处十万元以上五十万元以下的罚款；情节严重的，由负责资质认定的部门取消其检验资格。

违反本法规定，伪造船舶排放检验结果或者出具虚假排放检验报告的，由海事管理机构依法予以处罚。

违反本法规定，以临时更换机动车污染控制装置等弄虚作假的方式通过机动车排放检验或者破坏机动车车载排放诊断系统的，由县级以上人民政府环境保护主管部门责令改正，对机动车所有人处五千元的罚款；对机动车维修单位处每辆机动车五千元的罚款。

第一百一十三条 违反本法规定，机动车驾驶人驾驶排放检验不合格的机动车上道路行驶的，由公安机关交通管理部门依法予以处罚。

第一百一十四条 违反本法规定，使用排放不合格的非道路移动机械，或者在用重型柴油车、非道路移动机械未按照规定加装、更换污染控制装置的，由县级以上人民政府环境保护等主管部门按照职责责令改正，处五千元的罚款。

违反本法规定，在禁止使用高排放非道路移动机械的区域使用高排放非道路移动机械的，由城市人民政府环境保护等主管部门依法予以处罚。

第一百一十五条 违反本法规定，施工单位有下列行为之一的，由县级以上人民政府住房城乡建设等主管部门按照职责责令改正，处一万元以上十万元以下的罚款；拒不改正的，责令停工整治：

（一）施工工地未设置硬质密闭围挡，或者未采取覆盖、分段作业、择时施工、洒水抑尘、冲洗地面和车辆等有效防尘降尘措施的；

（二）建筑土方、工程渣土、建筑垃圾未及时清运，或者未采用密闭式防尘网遮盖的。

违反本法规定，建设单位未对暂时不能开工的建设用地的裸露地面进行覆盖，或者未对超过三个月不能开工的建设用地的裸露地面进行绿化、铺装或者遮盖的，由县级以上人民政府住房城乡建设等主管部门依照前款规定予以处罚。

第一百一十六条 违反本法规定，运输煤炭、垃圾、渣土、砂石、土方、灰浆等散装、流体物料的车辆，未采取密闭或者其他措施防止物料遗撒的，由县级以上地方人民政府确定的监督管理部门责令改正，处二千元以上二万元以下的罚款；拒不改正的，车辆不得上道路行驶。

第一百一十七条 违反本法规定，有下列行为之一的，由县级以上人民政府环境保护等主管部门按照职责责令改正，处一万元以上十万元以下的罚款；拒不改正的，责令停工整治或者停业整治：

（一）未密闭煤炭、煤矸石、煤渣、煤灰、水泥、石灰、石膏、砂土等易产生扬尘的物料的；

（二）对不能密闭的易产生扬尘的物料，未设置不低于堆放物高度的严密围挡，或者未采取有效覆盖措施防治扬尘污染的；

（三）装卸物料未采取密闭或者喷淋等方式控制扬尘排放的；

（四）存放煤炭、煤矸石、煤渣、煤灰等物料，未采取防燃措施的；

（五）码头、矿山、填埋场和消纳场未采取有效措施防治扬尘污染的；

（六）排放有毒有害大气污染物名录中所列有毒有害大气污染物的企业事业单位，未按照规定建设环境风险预警体系或者对排放口和周边环境进行定期监测、排查环境安全隐患并采取有效措施防范环境风险的；

（七）向大气排放持久性有机污染物的企业事业单位和其他生产经营者以及废弃物焚烧设施的运营单位，未按照国家有关规定采取有利于减少持久性有机污染物排放的技术方法和工艺，配备净化装置的；

（八）未采取措施防止排放恶臭气体的。

第一百一十八条　违反本法规定，排放油烟的餐饮服务业经营者未安装油烟净化设施、不正常使用油烟净化设施或者未采取其他油烟净化措施，超过排放标准排放油烟的，由县级以上地方人民政府确定的监督管理部门责令改正，处五千元以上五万元以下的罚款；拒不改正的，责令停业整治。

违反本法规定，在居民住宅楼、未配套设立专用烟道的商住综合楼、商住综合楼内与居住层相邻的商业楼层内新建、改建、扩建产生油烟、异味、废气的餐饮服务项目的，由县级以上地方人民政府确定的监督管理部门责令改正；拒不改正的，予以关闭，并处一万元以上十万元以下的罚款。

违反本法规定，在当地人民政府禁止的时段和区域内露天烧烤食品或者为露天烧烤食品提供场地的，由县级以上地方人民政府确定的监督管理部门责令改正，没收烧烤工具和违法所得，并处五百元以上二万元以下的罚款。

第一百一十九条　违反本法规定，在人口集中地区对树木、花草喷洒剧毒、高毒农药，或者露天焚烧秸秆、落叶等产生烟尘污染的物质的，由县级以上地方人民政府确定的监督管理部门责令改正，并可以处五百元以上二千元以下的罚款。

违反本法规定，在人口集中地区和其他依法需要特殊保护的区域内，焚烧沥青、油毡、橡胶、塑料、皮革、垃圾以及其他产生有毒有害烟尘和恶臭气体的物质的，由县级人民政府确定的监督管理部门责令改正，对单位处一万元以上十万元以下的罚款，对个人处五百元以上二千元以下的罚款。

违反本法规定，在城市人民政府禁止的时段和区域内燃放烟花爆竹的，由县级以上地方人民政府确定的监督管理部门依法予以处罚。

第一百二十条　违反本法规定，从事服装干洗和机动车维修等服务活动，未设置异味和废气处理装置等污染防治设施并保持正常使用，影响周边环境的，由县级以上地方人民政府环境保护主管部门责令改正，处二千元以上二万元以下的罚款；拒不改正的，责令停业整治。

第一百二十一条　违反本法规定，擅自向社会发布重污染天气预报预警信息，构成违反治安管理行为的，由公安机关依法予以处罚。

违反本法规定，拒不执行停止工地土石方作业或者建筑物拆除施工等重污染天气应急措施的，由县级以上地方人民政府确定的监督管理部门处一万元以上十万元以下的罚款。

第一百二十二条　违反本法规定，造成大气污染事故的，由县级以上人民政府环境保护主管部门依照本条第二款的规定处以罚款；对直接负责的主管人员和其他直接责任人员可以处上一年度从本企业事业单位取得收入百分之五十以下的罚款。

对造成一般或者较大大气污染事故的，按照污染事故造成直接损失的一倍以上三倍以下计算罚款；对造成重大或者特大大气污染事故的，按照污染事故造成的直接损失的三倍以上五倍以下计算罚款。

第一百二十三条　违反本法规定，企业事业单位和其他生产经营者有下列行为之一，受到罚款处罚，被责令改正，拒不改正的，依法作出处罚决定的行政机关可以自责令改正之日的次日起，按照原处罚数额按日连续处罚：

（一）未依法取得排污许可证排放大气污染物的；

（二）超过大气污染物排放标准或者超过重点大气污染物排放总量控制指标排放大气污染物的；

（三）通过逃避监管的方式排放大气污染物的；

（四）建筑施工或者贮存易产生扬尘的物料未采取有效措施防治扬尘污染的。

第一百二十四条 违反本法规定，对举报人以解除、变更劳动合同或者其他方式打击报复的，应当依照有关法律的规定承担责任。

第一百二十五条 排放大气污染物造成损害的，应当依法承担侵权责任。

第一百二十六条 地方各级人民政府、县级以上人民政府环境保护主管部门和其他负有大气环境保护监督管理职责的部门及其工作人员滥用职权、玩忽职守、徇私舞弊、弄虚作假的，依法给予处分。

第一百二十七条 违反本法规定，构成犯罪的，依法追究刑事责任。

第八章 附 则

第一百二十八条 海洋工程的大气污染防治，依照《中华人民共和国海洋环境保护法》的有关规定执行。

第一百二十九条 本法自2016年1月1日起施行。

中华人民共和国水污染防治法

中华人民共和国主席令

第七十号

《全国人民代表大会常务委员会关于修改〈中华人民共和国水污染防治法〉的决定》已由中华人民共和国第十二届全国人民代表大会常务委员会第二十八次会议于2017年6月27日通过，现予公布，自2018年1月1日起施行。

中华人民共和国主席 习近平

2017年6月27日

（1984年5月11日第六届全国人民代表大会常务委员会第五次会议通过 根据1996年5月15日第八届全国人民代表大会常务委员会第十九次会议《关于修改〈中华人民共和国水污染防治法〉的决定》第一次修正 2008年2月28日第十届全国人民代表大会常务委员会第三十二次会议修订 根据2017年6月27日第十二届全国人民代表大会常务委员会第二十八次会议《关于修改〈中华人民共和国水污染防治法〉的决定》第二次修正）

第一章 总 则

第一条 为了保护和改善环境，防治水污染，保护水生态，保障饮用水安全，维护公众健康，推进生态文明建设，促进经济社会可持续发展，制定本法。

第二条 本法适用于中华人民共和国领域内的江河、湖泊、运河、渠道、水库等地表水体以及地下水体的污染防治。

海洋污染防治适用《中华人民共和国海洋环境保护法》。

第三条 水污染防治应当坚持预防为主、防治结合、综合治理的原则，优先保护饮用水水源，严格控制工业污染、城镇生活污染，防治农业面源污染，积极推进生态治理工程建设，预防、控制和减少水环境污染和生态破坏。

第四条 县级以上人民政府应当将水环境保护工作纳入国民经济和社会发展规划。

地方各级人民政府对本行政区域的水环境质量负责，应当及时采取措施防治水污染。

第五条 省、市、县、乡建立河长制，分级分段组织领导本行政区域内江河、湖泊的水资源保护、水域岸线管理、水污染防治、水环境治理等工作。

第六条 国家实行水环境保护目标责任制和考核评价制度，将水环境保护目标完成情况作为对地方人民政府及其负责人考核评价的内容。

第七条 国家鼓励、支持水污染防治的科学技术研究和先进适用技术的推广应用，加强水环境保护的宣传教育。

第八条 国家通过财政转移支付等方式，建立健全对位于饮用水水源保护区区域和江河、湖泊、水库上游地区的水环境生态保护补偿机制。

第九条 县级以上人民政府环境保护主管部门对水污染防治实施统一监督管理。

交通主管部门的海事管理机构对船舶污染水域的防治实施监督管理。

县级以上人民政府水行政、国土资源、卫生、建设、农业、渔业等部门以及重要江河、湖泊的流域水资源保护机构，在各自的职责范围内，对有关水污染防治实施监督管理。

第十条 排放水污染物，不得超过国家或者地方规定的水污染物排放标准和重点水污染物排放总量控制指标。

第十一条 任何单位和个人都有义务保护水环境，并有权对污染损害水环境的行为进行检举。

县级以上人民政府及其有关主管部门对在水污染防治工作中做出显著成绩的单位和个人给予表彰和奖励。

第二章　水污染防治的标准和规划

第十二条 国务院环境保护主管部门制定国家水环境质量标准。

省、自治区、直辖市人民政府可以对国家水环境质量标准中未作规定的项目，制定地方标准，并报国务院环境保护主管部门备案。

第十三条 国务院环境保护主管部门会同国务院水行政主管部门和有关省、自治区、直辖市人民政府，可以根据国家确定的重要江河、湖泊流域水体的使用功能以及有关地区的经济、技术条件，确定该重要江河、湖泊流域的省界水体适用的水环境质量标准，报国务院批准后施行。

第十四条 国务院环境保护主管部门根据国家水环境质量标准和国家经济、技术条件，制定国家水污染物排放标准。

省、自治区、直辖市人民政府对国家水污染物排放标准中未作规定的项目，可以制定地方水污染物排放标准；对国家水污染物排放标准中已作规定的项目，可以制定严于国家水污染物排放标准的地方水污染物排放标准。地方水污染物排放标准须报国务院环境保护主管部门备案。

向已有地方水污染物排放标准的水体排放污染物的，应当执行地方水污染物排放标准。

第十五条 国务院环境保护主管部门和省、自治区、直辖市人民政府，应当根据水污染防治的要求和国家或者地方的经济、技术条件，适时修订水环境质量标准和水污染物排放标准。

第十六条 防治水污染应当按流域或者按区域进行统一规划。国家确定的重要江河、湖泊的流域水污染防治规划，由国务院环境保护主管部门会同国务院经济综合宏观调控、水行政等部门和有关省、自治区、直辖市人民政府编制，报国务院批准。

前款规定外的其他跨省、自治区、直辖市江河、湖泊的流域水污染防治规划，根据国家确定的重要江河、湖泊的流域水污染防治规划和本地实际情况，由有关省、自治区、直辖市人民政府环境保护主管部门会同同级水行政等部门和有关市、县人民政府编制，经有关省、自治区、直辖市人民政府审核，报国务院批准。

省、自治区、直辖市内跨县江河、湖泊的流域水污染防治规划，根据国家确定的重要江河、湖泊的流域水污染防治规划和本地实际情况，由省、自治区、直辖市人民政府环境保护主管部门会同同级水行政等部门编制，报省、自治区、直辖市人民政府批准，并报国务院备案。

经批准的水污染防治规划是防治水污染的基本依据，规划的修订须经原批准机关批准。

县级以上地方人民政府应当根据依法批准的江河、湖泊的流域水污染防治规划，组织制定本行政区域的水污染防治规划。

第十七条 有关市、县级人民政府应当按照水污染防治规划确定的水环境质量改善目标的要求，制定限期达标规划，采取措施按期达标。

有关市、县级人民政府应当将限期达标规划报上一级人民政府备案，并向社会公开。

第十八条 市、县级人民政府每年在向本级人民代表大会或者其常务委员会报告环境状况和环境保护目标完成情况时，应当报告水环境质量限期达标规划执行情况，并向社会公开。

第三章 水污染防治的监督管理

第十九条 新建、改建、扩建直接或者间接向水体排放污染物的建设项目和其他水上设施，应当依法进行环境影响评价。

建设单位在江河、湖泊新建、改建、扩建排污口的，应当取得水行政主管部门或者流域管理机构同意；涉及通航、渔业水域的，环境保护主管部门在审批环境影响评价文件时，应当征求交通、渔业主管部门的意见。

建设项目的水污染防治设施，应当与主体工程同时设计、同时施工、同时投入使用。水污染防治设施应当符合经批准或者备案的环境影响评价文件的要求。

第二十条 国家对重点水污染物排放实施总量控制制度。

重点水污染物排放总量控制指标，由国务院环境保护主管部门在征求国务院有关部门和各省、自治区、直辖市人民政府意见后，会同国务院经济综合宏观调控部门报国务院批准并下达实施。

省、自治区、直辖市人民政府应当按照国务院的规定削减和控制本行政区域的重点水污染物排放总量。具体办法由国务院环境保护主管部门会同国务院有关部门规定。

省、自治区、直辖市人民政府可以根据本行政区域水环境质量状况和水污染防治工作的需要，对国家重点水污染物之外的其他水污染物排放实行总量控制。

对超过重点水污染物排放总量控制指标或者未完成水环境质量改善目标的地区，省级以上人民政府环境保护主管部门应当会同有关部门约谈该地区人民政府的主要负责人，并暂停审批新增重点水污染物排放总量的建设项目的环境影响评价文件。约谈情况应当向社会公开。

第二十一条 直接或者间接向水体排放工业废水和医疗污水以及其他按照规定应当取得排污许可证方可排放的废水、污水的企业事业单位和其他生产经营者，应当取得排污许可证；城镇污水集中处理设施的运营单位，也应当取得排污许可证。排污许可证应当明确排放水污染物的种类、浓度、总量和排放去向等要求。排污许可的具体办法由国务院规定。

禁止企业事业单位和其他生产经营者无排污许可证或者违反排污许可证的规定向水体排放前款规定的废水、污水。

第二十二条 向水体排放污染物的企业事业单位和其他生产经营者，应当按照法律、行政法规和国务院环境保护主管部门的规定设置排污口；在江河、湖泊设置排污口的，还应当遵守国务院水行政主管部门的规定。

第二十三条 实行排污许可管理的企业事业单位和其他生产经营者应当按照国家有关规定和监测规范，对所排放的水污染物自行监测，并保存原始监测记录。重点排污单位还应当安装水污染物排放自动监测设备，与环境保护主管部门的监控设备联网，并保证监测设备正常运行。具体办法由国务院环境保护主管部门规定。

应当安装水污染物排放自动监测设备的重点排污单位名录，由设区的市级以上地方人民政府环境保护主管部门根据本行政区域的环境容量、重点水污染物排放总量控制指标的要求以及排污单位排放水污染物的种类、数量和浓度等因素，商同级有关部门确定。

第二十四条 实行排污许可管理的企业事业单位和其他生产经营者应当对监测数据的真实性和准确性负责。

环境保护主管部门发现重点排污单位的水污染物排放自动监测设备传输数据异常，应当及时进行调查。

第二十五条 国家建立水环境质量监测和水污染物排放监测制度。国务院环境保护主管部门负责制定水环境监测规范，统一发布国家水环境状况信息，会同国务院水行政等部门组织监测网络。

第二十六条 国家确定的重要江河、湖泊流域的水资源保护工作机构负责监测其所在流域的省界水体的水环境质量状况，并将监测结果及时报国务院环境保护主管部门和国务院水行政主管部门；有经国务院批准成立的流域水资源保护领导机构的，应当将监测结果及时报告流域水资源保护领导机构。

第二十七条 国务院有关部门和县级以上地方人民政府开发、利用和调节、调度水资源时，应当统筹兼顾，维持江河的合理流量和湖泊、水库以及地下水体的合理水位，保障基本生态用水，维护水体的生态功能。

第二十八条 国务院环境保护主管部门应当会同国务院水行政等部门和有关省、自治区、直辖市人民政府，建立重要江河、湖泊的流域水环境保护联合协调机制，实行统一规划、统一标准、统一监测、统一的防治措施。

第二十九条 国务院环境保护主管部门和省、自治区、直辖市人民政府环境保护主管部门应当会同同级有关部门根据流域生态环境功能需要，明确流域生态环境保护要求，组织开展流域环境资源承载能力监测、评价，实施流域环境资源承载能力预警。

县级以上地方人民政府应当根据流域生态环境功能需要，组织开展江河、湖泊、湿地保护与修复，因地制宜建设人工湿地、水源涵养林、沿河沿湖植被缓冲带和隔离带等生态环境治理与保护工程，整治黑臭水体，提高流域环境资源承载能力。

从事开发建设活动，应当采取有效措施，维护流域生态环境功能，严守生态保护红线。

第三十条 环境保护主管部门和其他依照本法规定行使监督管理权的部门，有权对管辖范围内的排污单位进行现场检查，被检查的单位应当如实反映情况，提供必要的资料。检查机关有义务为被检查的单位保守在检查中获取的商业秘密。

第三十一条 跨行政区域的水污染纠纷，由有关地方人民政府协商解决，或者由其共同的上级人民政府协调解决。

第四章 水污染防治措施

第一节 一般规定

第三十二条 国务院环境保护主管部门应当会同国务院卫生主管部门，根据对公众健康和生态环境的危害和影响程度，公布有毒有害水污染物名录，实行风险管理。

排放前款规定名录中所列有毒有害水污染物的企业事业单位和其他生产经营者，应当对排污口和周边环境进行监测，评估环境风险，排查环境安全隐患，并公开有毒有害水污染物信息，采取有效措施防范环境风险。

第三十三条 禁止向水体排放油类、酸液、碱液或者剧毒废液。

禁止在水体清洗装贮过油类或者有毒污染物的车辆和容器。

第三十四条 禁止向水体排放、倾倒放射性固体废物或者含有高放射性和中放射性物质的废水。

向水体排放含低放射性物质的废水，应当符合国家有关放射性污染防治的规定和标准。

第三十五条 向水体排放含热废水，应当采取措施，保证水体的水温符合水环境质量标准。

第三十六条 含病原体的污水应当经过消毒处理；符合国家有关标准后，方可排放。

第三十七条 禁止向水体排放、倾倒工业废渣、城镇垃圾和其他废弃物。

禁止将含有汞、镉、砷、铬、铅、氰化物、黄磷等的可溶性剧毒废渣向水体排放、倾倒或者直接埋入地下。

存放可溶性剧毒废渣的场所，应当采取防水、防渗漏、防流失的措施。

第三十八条 禁止在江河、湖泊、运河、渠道、水库最高水位线以下的滩地和岸坡堆放、存贮固体废弃物和其他污染物。

第三十九条 禁止利用渗井、渗坑、裂隙、溶洞，私设暗管，篡改、伪造监测数据，或者不正常运行水污染防治设施等逃避监管的方式排放水污染物。

第四十条 化学品生产企业以及工业集聚区、矿山开采区、尾矿库、危险废物处置场、垃圾填埋场等的运营、管理单位，应当采取防渗漏等措施，并建设地下水水质监测井进行监测，防止地下水污染。

加油站等的地下油罐应当使用双层罐或者采取建造防渗池等其他有效措施，并进行防渗漏监测，防止地下水污染。

禁止利用无防渗漏措施的沟渠、坑塘等输送或者存贮含有毒污染物的废水、含病原体的污水和其他废弃物。

第四十一条 多层地下水的含水层水质差异大的，应当分层开采；对已受污染的潜水和承压水，不得混合开采。

第四十二条 兴建地下工程设施或者进行地下勘探、采矿等活动，应当采取防护性措施，防止地下水污染。

报废矿井、钻井或者取水井等，应当实施封井或者回填。

第四十三条 人工回灌补给地下水，不得恶化地下水质。

第二节 工业水污染防治

第四十四条 国务院有关部门和县级以上地方人民政府应当合理规划工业布局，要求造成水污染的企业进行技术改造，采取综合防治措施，提高水的重复利用率，减少废水和污染物排放量。

第四十五条 排放工业废水的企业应当采取有效措施，收集和处理产生的全部废水，防止污染环境。含有毒有害水污染物的工业废水应当分类收集和处理，不得稀释排放。

工业集聚区应当配套建设相应的污水集中处理设施，安装自动监测设备，与环境保护主管部门的监控设备联网，并保证监测设备正常运行。

向污水集中处理设施排放工业废水的，应当按照国家有关规定进行预处理，达到集中处理设施处理工艺要求后方可排放。

第四十六条 国家对严重污染水环境的落后工艺和设备实行淘汰制度。

国务院经济综合宏观调控部门会同国务院有关部门，公布限期禁止采用的严重污染水环境的工艺名录和限期禁止生产、销售、进口、使用的严重污染水环境的设备名录。

生产者、销售者、进口者或者使用者应当在规定的期限内停止生产、销售、进口或者使用列入前款规定的设备名录中的设备。工艺的采用者应当在规定的期限内停止采用列入前款规定的工艺名录中的工艺。

依照本条第二款、第三款规定被淘汰的设备，不得转让给他人使用。

第四十七条 国家禁止新建不符合国家产业政策的小型造纸、制革、印染、染料、炼焦、炼硫、炼砷、炼汞、炼油、电镀、农药、石棉、水泥、玻璃、钢铁、火电以及其他严重污染水环境的生产项目。

第四十八条 企业应当采用原材料利用效率高、污染物排放量少的清洁工艺，并加强管理，减少水污染物的产生。

第三节 城镇水污染防治

第四十九条 城镇污水应当集中处理。

县级以上地方人民政府应当通过财政预算和其他渠道筹集资金，统筹安排建设城镇污水集中处理设施及配套管网，提高本行政区域城镇污水的收集率和处理率。

国务院建设主管部门应当会同国务院经济综合宏观调控、环境保护主管部门，根据城乡规划和水污染防治规划，组织编制全国城镇污水处理设施建设规划。县级以上地方人民政府组织建设、经济综合宏观调控、环境保护、水行政等部门编制本行政区域的城镇污水处理设施建设规划。县级以上地方人民政府建设主管部门应当按照城镇污水处理设施建设规划，组织建设城镇污水集中处理设施及配套管网，并加强对城镇污水集中处理设施运营的监督管理。

城镇污水集中处理设施的运营单位按照国家规定向排污者提供污水处理的有偿服务，收取污水处理费用，保证污水集中处理设施的正常运行。收取的污水处理费用应当用于城镇污水集中处理设施的建设运行和污泥处理处置，不得挪作他用。

城镇污水集中处理设施的污水处理收费、管理以及使用的具体办法，由国务院规定。

第五十条 向城镇污水集中处理设施排放水污染物，应当符合国家或者地方规定的水污染物排放标准。

城镇污水集中处理设施的运营单位，应当对城镇污水集中处理设施的出水水质负责。

环境保护主管部门应当对城镇污水集中处理设施的出水水质和水量进行监督检查。

第五十一条 城镇污水集中处理设施的运营单位或者污泥处理处置单位应当安全处理处置污泥，保证处理处置后的污泥符合国家标准，并对污泥的去向等进行记录。

第四节 农业和农村水污染防治

第五十二条 国家支持农村污水、垃圾处理设施的建设，推进农村污水、垃圾集中处理。

地方各级人民政府应当统筹规划建设农村污水、垃圾处理设施，并保障其正常运行。

第五十三条 制定化肥、农药等产品的质量标准和使用标准，应当适应水环境保护要求。

第五十四条 使用农药，应当符合国家有关农药安全使用的规定和标准。

运输、存贮农药和处置过期失效农药，应当加强管理，防止造成水污染。

第五十五条 县级以上地方人民政府农业主管部门和其他有关部门，应当采取措施，指导农业生产者科学、合理地施用化肥和农药，推广测土配方施肥技术和高效低毒低残留农药，控制化肥和农药的过量使用，防止造成水污染。

第五十六条 国家支持畜禽养殖场、养殖小区建设畜禽粪便、废水的综合利用或者无害化处理设施。

畜禽养殖场、养殖小区应当保证其畜禽粪便、废水的综合利用或者无害化处理设施正常运转，保证污水达标排放，防止污染水环境。

畜禽散养密集区所在地县、乡级人民政府应当组织对畜禽粪便污水进行分户收集、集中处理利用。

第五十七条 从事水产养殖应当保护水域生态环境，科学确定养殖密度，合理投饵和使用药物，防止污染水环境。

第五十八条 农田灌溉用水应当符合相应的水质标准，防止污染土壤、地下水和农产品。

禁止向农田灌溉渠道排放工业废水或者医疗污水。向农田灌溉渠道排放城镇污水以及未综合利用的畜禽养殖废水、农产品加工废水的，应当保证其下游最近的灌溉取水点的水质符合农田灌溉水质标准。

第五节 船舶水污染防治

第五十九条 船舶排放含油污水、生活污水，应当符合船舶污染物排放标准。从事海洋航运的船舶进入内河和港口的，应当遵守内河的船舶污染物排放标准。

船舶的残油、废油应当回收，禁止排入水体。

禁止向水体倾倒船舶垃圾。

船舶装载运输油类或者有毒货物，应当采取防止溢流和渗漏的措施，防止货物落水造成水污染。

进入中华人民共和国内河的国际航线船舶排放压载水的，应当采用压载水处理装置或者采取其他等效措施，对压载水进行灭活等处理。禁止排放不符合规定的船舶压载水。

第六十条 船舶应当按照国家有关规定配置相应的防污设备和器材，并持有合法有效的防止水域环境污染的证书与文书。

船舶进行涉及污染物排放的作业，应当严格遵守操作规程，并在相应的记录簿上如实记载。

第六十一条 港口、码头、装卸站和船舶修造厂所在地市、县级人民政府应当统筹规划建设船舶污染物、废弃物的接收、转运及处理处置设施。

港口、码头、装卸站和船舶修造厂应当备有足够的船舶污染物、废弃物的接收设施。从事船舶污染物、废弃物接收作业，或者从事装载油类、污染危害性货物船舱清洗作业的单位，应当具备与其运营规模相适应的接收处理能力。

第六十二条 船舶及有关作业单位从事有污染风险的作业活动，应当按照有关法律法规和标准，采取有效措施，防止造成水污染。海事管理机构、渔业主管部门应当加强对船舶及有关作业活动的监督管理。

船舶进行散装液体污染危害性货物的过驳作业，应当编制作业方案，采取有效的安全和污染防治措施，并报作业地海事管理机构批准。

禁止采取冲滩方式进行船舶拆解作业。

第五章 饮用水水源和其他特殊水体保护

第六十三条 国家建立饮用水水源保护区制度。饮用水水源保护区分为一级保护区和二级保护区；必要时，可以在饮用水水源保护区外围划定一定的区域作为准保护区。

饮用水水源保护区的划定，由有关市、县人民政府提出划定方案，报省、自治区、直辖市人民政府批准；跨市、县饮用水水源保护区的划定，由有关市、县人民政府协商提出划定方案，报省、自治区、直辖市人民政府批准；协商不成的，由省、自治区、直辖市人民政府环境保护主管部门会同同级水行政、国土资源、卫生、建设等部门提出划定方案，征求同级有关部门的意见后，报省、自治区、直辖市人民政府批准。

跨省、自治区、直辖市的饮用水水源保护区，由有关省、自治区、直辖市人民政府商有关流域管理机构划定；协商不成的，由国务院环境保护主管部门会同同级水行政、国土资源、卫生、建设等部门提出划定方案，征求国务院有关部门的意见后，报国务院批准。

国务院和省、自治区、直辖市人民政府可以根据保护饮用水水源的实际需要，调整饮用水水源保护区的范围，确保饮用水安全。有关地方人民政府应当在饮用水水源保护区的边界设立明确的地理界标和明显的警示标志。

第六十四条 在饮用水水源保护区内，禁止设置排污口。

第六十五条 禁止在饮用水水源一级保护区内新建、改建、扩建与供水设施和保护水源无关的建设项目；已建成的与供水设施和保护水源无关的建设项目，由县级以上人民政府责令拆除或者关闭。

禁止在饮用水水源一级保护区内从事网箱养殖、旅游、游泳、垂钓或者其他可能污染饮用水水体的活动。

第六十六条 禁止在饮用水水源二级保护区内新建、改建、扩建排放污染物的建设项目；已建成的排放污染物的建设项目，由县级以上人民政府责令拆除或者关闭。

在饮用水水源二级保护区内从事网箱养殖、旅游等活动的，应当按照规定采取措施，防止污染饮用水水体。

第六十七条 禁止在饮用水水源准保护区内新建、扩建对水体污染严重的建设项目；改建建设项目，不得增加排污量。

第六十八条 县级以上地方人民政府应当根据保护饮用水水源的实际需要，在准保护区内采取工程措施或者建造湿地、水源涵养林等生态保护措施，防止水污染物直接排入饮用水水体，确保饮用水安全。

第六十九条 县级以上地方人民政府应当组织环境保护等部门，对饮用水水源保护区、地下水型饮用水源的补给区及供水单位周边区域的环境状况和污染风险进行调查评估，筛查可能存在的污染风险因素，并采取相应的风险防范措施。

饮用水水源受到污染可能威胁供水安全的，环境保护主管部门应当责令有关企业事业单位和其他生产经营者采取停止排放水污染物等措施，并通报饮用水供水单位和供水、卫生、水行政等部门；跨行政区域的，还应当通报相关地方人民政府。

第七十条 单一水源供水城市的人民政府应当建设应急水源或者备用水源，有条件的地区可以开展区域联网供水。

县级以上地方人民政府应当合理安排、布局农村饮用水水源，有条件的地区可以采取城镇供水管网延伸或者建设跨村、跨乡镇联片集中供水工程等方式，发展规模集中供水。

第七十一条 饮用水供水单位应当做好取水口和出水口的水质检测工作。发现取水口水质不符合饮用水水源水质标准或者出水口水质不符合饮用水卫生标准的，应当及时采取相应措施，并向所在地市、县级人民政府供水主管部门报告。供水主管部门接到报告后，应当通报环境保护、卫生、水行政等部门。

饮用水供水单位应当对供水水质负责，确保供水设施安全可靠运行，保证供水水质符合国家有关标准。

第七十二条 县级以上地方人民政府应当组织有关部门监测、评估本行政区域内饮用水水源、供水单位供水和用户水龙头出水的水质等饮用水安全状况。

县级以上地方人民政府有关部门应当至少每季度向社会公开一次饮用水安全状况信息。

第七十三条 国务院和省、自治区、直辖市人民政府根据水环境保护的需要，可以规定在饮用水水源保护区内，采取禁止或者限制使用含磷洗涤剂、化肥、农药以及限制种植养殖等措施。

第七十四条 县级以上人民政府可以对风景名胜区水体、重要渔业水体和其他具有特殊经济文化价值的水体划定保护区，并采取措施，保证保护区的水质符合规定用途的水环境质量标准。

第七十五条 在风景名胜区水体、重要渔业水体和其他具有特殊经济文化价值的水体的保护区内，不得新建排污口。在保护区附近新建排污口，应当保证保护区水体不受污染。

第六章 水污染事故处置

第七十六条 各级人民政府及其有关部门，可能发生水污染事故的企业事业单位，应当依照《中华人民共和国突发事件应对法》的规定，做好突发水污染事故的应急准备、应急处置和事后恢复等工作。

第七十七条 可能发生水污染事故的企业事业单位，应当制定有关水污染事故的应急方案，做好应急准备，并定期进行演练。

生产、储存危险化学品的企业事业单位，应当采取措施，防止在处理安全生产事故过程中产生的可能严重污染水体的消防废水、废液直接排入水体。

第七十八条 企业事业单位发生事故或者其他突发性事件，造成或者可能造成水污染事故的，应当立即启动本单位的应急方案，采取隔离等应急措施，防止水污染物进入水体，并向事故发生地的县级以上地方人民政府或者环境保护主管部门报告。环境保护主管部门接到报告后，应当及时向本级人民政府报告，并抄送有关部门。

造成渔业污染事故或者渔业船舶造成水污染事故的，应当向事故发生地的渔业主管部门报告，接受调查处理。其他船舶造成水污染事故的，应当向事故发生地的海事管理机构报告，接受调查处理；给渔业造成损害的，海事管理机构应当通知渔业主管部门参与调查处理。

第七章 法律责任

第七十九条 市、县级人民政府应当组织编制饮用水安全突发事件应急预案。

饮用水供水单位应当根据所在地饮用水安全突发事件应急预案，制定相应的突发事件应急方案，报所在地市、县级人民政府备案，并定期进行演练。

饮用水水源发生水污染事故，或者发生其他可能影响饮用水安全的突发性事件，饮用水供水单位应当采取应急处理措施，向所在地市、县级人民政府报告，并向社会公开。有关人民政府应当根据情况及时启动应急预案，采取有效措施，保障供水安全。

第八十条　环境保护主管部门或者其他依照本法规定行使监督管理权的部门，不依法作出行政许可或者办理批准文件的，发现违法行为或者接到对违法行为的举报后不予查处的，或者有其他未依照本法规定履行职责的行为的，对直接负责的主管人员和其他直接责任人员依法给予处分。

第八十一条　以拖延、围堵、滞留执法人员等方式拒绝、阻挠环境保护主管部门或者其他依照本法规定行使监督管理权的部门的监督检查，或者在接受监督检查时弄虚作假的，由县级以上人民政府环境保护主管部门或者其他依照本法规定行使监督管理权的部门责令改正，处二万元以上二十万元以下的罚款。

第八十二条　违反本法规定，有下列行为之一的，由县级以上人民政府环境保护主管部门责令限期改正，处二万元以上二十万元以下的罚款；逾期不改正的，责令停产整治：

（一）未按照规定对所排放的水污染物自行监测，或者未保存原始监测记录的；

（二）未按照规定安装水污染物排放自动监测设备，未按照规定与环境保护主管部门的监控设备联网，或者未保证监测设备正常运行的；

（三）未按照规定对有毒有害水污染物的排污口和周边环境进行监测，或者未公开有毒有害水污染物信息的。

第八十三条　违反本法规定，有下列行为之一的，由县级以上人民政府环境保护主管部门责令改正或者责令限制生产、停产整治，并处十万元以上一百万元以下的罚款；情节严重的，报经有批准权的人民政府批准，责令停业、关闭：

（一）未依法取得排污许可证排放水污染物的；

（二）超过水污染物排放标准或者超过重点水污染物排放总量控制指标排放水污染物的；

（三）利用渗井、渗坑、裂隙、溶洞，私设暗管，篡改、伪造监测数据，或者不正常运行水污染防治设施等逃避监管的方式排放水污染物的；

（四）未按照规定进行预处理，向污水集中处理设施排放不符合处理工艺要求的工业废水的。

第八十四条　在饮用水水源保护区内设置排污口的，由县级以上地方人民政府责令限期拆除，处十万元以上五十万元以下的罚款；逾期不拆除的，强制拆除，所需费用由违法者承担，处五十万元以上一百万元以下的罚款，并可以责令停产整治。

除前款规定外，违反法律、行政法规和国务院环境保护主管部门的规定设置排污口的，由县级以上地方人民政府环境保护主管部门责令限期拆除，处二万元以上十万元以下的罚款；逾期不拆除的，强制拆除，所需费用由违法者承担，处十万元以上五十万元以下的罚款；情节严重的，可以责令停产整治。

未经水行政主管部门或者流域管理机构同意，在江河、湖泊新建、改建、扩建排污口的，由县级以上人民政府水行政主管部门或者流域管理机构依据职权，依照前款规定采取措施、给予处罚。

第八十五条　有下列行为之一的，由县级以上地方人民政府环境保护主管部门责令停止违法行为，限期采取治理措施，消除污染，处以罚款；逾期不采取治理措施的，环境保护主管部门可以指定有治理能力的单位代为治理，所需费用由违法者承担：

（一）向水体排放油类、酸液、碱液的；

（二）向水体排放剧毒废液，或者将含有汞、镉、砷、铬、铅、氰化物、黄磷等的可溶性剧毒废渣向水体排放、倾倒或者直接埋入地下的；

（三）在水体清洗装贮过油类、有毒污染物的车辆或者容器的；

（四）向水体排放、倾倒工业废渣、城镇垃圾或者其他废弃物，或者在江河、湖泊、运河、渠道、水库最高水位线以下的滩地、岸坡堆放、存贮固体废弃物或者其他污染物的；

（五）向水体排放、倾倒放射性固体废物或者含有高放射性、中放射性物质的废水的；

（六）违反国家有关规定或者标准，向水体排放含低放射性物质的废水、热废水或者含病原体的污水的；

（七）未采取防渗漏等措施，或者未建设地下水水质监测井进行监测的；

（八）加油站等的地下油罐未使用双层罐或者采取建造防渗池等其他有效措施，或者未进行防渗漏监测的；

（九）未按照规定采取防护性措施，或者利用无防渗漏措施的沟渠、坑塘等输送或者存贮含有毒污染物的废水、含病原体的污水或者其他废弃物的。

有前款第三项、第四项、第六项、第七项、第八项行为之一的，处二万元以上二十万元以下的罚款。有前款第一项、第二项、第五项、第九项行为之一的，处十万元以上一百万元以下的罚款；情节严重的，报经有批准权的人民政府批准，责令停业、关闭。

第八十六条 违反本法规定，生产、销售、进口或者使用列入禁止生产、销售、进口、使用的严重污染水环境的设备名录中的设备，或者采用列入禁止采用的严重污染水环境的工艺名录中的工艺的，由县级以上人民政府经济综合宏观调控部门责令改正，处五万元以上二十万元以下的罚款；情节严重的，由县级以上人民政府经济综合宏观调控部门提出意见，报请本级人民政府责令停业、关闭。

第八十七条 违反本法规定，建设不符合国家产业政策的小型造纸、制革、印染、染料、炼焦、炼硫、炼砷、炼汞、炼油、电镀、农药、石棉、水泥、玻璃、钢铁、火电以及其他严重污染水环境的生产项目的，由所在地的市、县人民政府责令关闭。

第八十八条 城镇污水集中处理设施的运营单位或者污泥处理处置单位，处理处置后的污泥不符合国家标准，或者对污泥去向等未进行记录的，由城镇排水主管部门责令限期采取治理措施，给予警告；造成严重后果的，处十万元以上二十万元以下的罚款；逾期不采取治理措施的，城镇排水主管部门可以指定有治理能力的单位代为治理，所需费用由违法者承担。

第八十九条 船舶未配置相应的防污染设备和器材，或者未持有合法有效的防止水域环境污染的证书与文书的，由海事管理机构、渔业主管部门按照职责分工责令限期改正，处二千元以上二万元以下的罚款；逾期不改正的，责令船舶临时停航。

船舶进行涉及污染物排放的作业，未遵守操作规程或者未在相应的记录簿上如实记载的，由海事管理机构、渔业主管部门按照职责分工责令改正，处二千元以上二万元以下的罚款。

第九十条 违反本法规定，有下列行为之一的，由海事管理机构、渔业主管部门按照职责分工责令停止违法行为，处一万元以上十万元以下的罚款；造成水污染的，责令限期采取治理措施，消除污染，处二万元以上二十万元以下的罚款；逾期不采取治理措施的，海事管理机构、渔业主管部门按照职责分工可以指定有治理能力的单位代为治理，所需费用由船舶承担：

（一）向水体倾倒船舶垃圾或者排放船舶的残油、废油的；

（二）未经作业地海事管理机构批准，船舶进行散装液体污染危害性货物的过驳作业的；

（三）船舶及有关作业单位从事有污染风险的作业活动，未按照规定采取污染防治措施的；

（四）以冲滩方式进行船舶拆解的；

（五）进入中华人民共和国内河的国际航线船舶，排放不符合规定的船舶压载水的。

第九十一条 有下列行为之一的，由县级以上地方人民政府环境保护主管部门责令停止违法行为，处十万元以上五十万元以下的罚款；并报经有批准权的人民政府批准，责令拆除或者关闭：

（一）在饮用水水源一级保护区内新建、改建、扩建与供水设施和保护水源无关的建设项目的；

（二）在饮用水水源二级保护区内新建、改建、扩建排放污染物的建设项目的；

（三）在饮用水水源准保护区内新建、扩建对水体污染严重的建设项目，或者改建建设项目增加排污量的。

在饮用水水源一级保护区内从事网箱养殖或者组织进行旅游、垂钓或者其他可能污染饮用水水体的活动的，由县级以上地方人民政府环境保护主管部门责令停止违法行为，处二万元以上十万元以下的罚款。个人在饮用水水源一级保护区内游泳、垂钓或者从事其他可能污染饮用水水体的活动的，由县级以上地方人民政府环境保护主管部门责令停止违法行为，可以处五百元以下的罚款。

第九十二条　饮用水供水单位供水水质不符合国家规定标准的，由所在地市、县级人民政府供水主管部门责令改正，处二万元以上二十万元以下的罚款；情节严重的，报经有批准权的人民政府批准，可以责令停业整顿；对直接负责的主管人员和其他直接责任人员依法给予处分。

第九十三条　企业事业单位有下列行为之一的，由县级以上人民政府环境保护主管部门责令改正；情节严重的，处二万元以上十万元以下的罚款：

（一）不按照规定制定水污染事故的应急方案的；

（二）水污染事故发生后，未及时启动水污染事故的应急方案，采取有关应急措施的。

第九十四条　企业事业单位违反本法规定，造成水污染事故的，除依法承担赔偿责任外，由县级以上人民政府环境保护主管部门依照本条第二款的规定处以罚款，责令限期采取治理措施，消除污染；未按照要求采取治理措施或者不具备治理能力的，由环境保护主管部门指定有治理能力的单位代为治理，所需费用由违法者承担；对造成重大或者特大水污染事故的，还可以报经有批准权的人民政府批准，责令关闭；对直接负责的主管人员和其他直接责任人员可以处上一年度从本单位取得的收入百分之五十以下的罚款；有《中华人民共和国环境保护法》第六十三条规定的违法排放水污染物等行为之一，尚不构成犯罪的，由公安机关对直接负责的主管人员和其他直接责任人员处十日以上十五日以下的拘留；情节较轻的，处五日以上十日以下的拘留。

对造成一般或者较大水污染事故的，按照水污染事故造成的直接损失的百分之二十计算罚款；对造成重大或者特大水污染事故的，按照水污染事故造成的直接损失的百分之三十计算罚款。

造成渔业污染事故或者渔业船舶造成水污染事故的，由渔业主管部门进行处罚；其他船舶造成水污染事故的，由海事管理机构进行处罚。

第九十五条　企业事业单位和其他生产经营者违法排放水污染物，受到罚款处罚，被责令改正的，依法作出处罚决定的行政机关应当组织复查，发现其继续违法排放水污染物或者拒绝、阻挠复查的，依照《中华人民共和国环境保护法》的规定按日连续处罚。

第九十六条　因水污染受到损害的当事人，有权要求排污方排除危害和赔偿损失。

由于不可抗力造成水污染损害的，排污方不承担赔偿责任；法律另有规定的除外。

水污染损害是由受害人故意造成的，排污方不承担赔偿责任。水污染损害是由受害人重大过失造成的，可以减轻排污方的赔偿责任。

水污染损害是由第三人造成的，排污方承担赔偿责任后，有权向第三人追偿。

第九十七条　因水污染引起的损害赔偿责任和赔偿金额的纠纷，可以根据当事人的请求，由环境保护主管部门或者海事管理机构、渔业主管部门按照职责分工调解处理；调解不成的，当事人可以向人民法院提起诉讼。当事人也可以直接向人民法院提起诉讼。

第九十八条　因水污染引起的损害赔偿诉讼，由排污方就法律规定的免责事由及其行为与损害结果之间不存在因果关系承担举证责任。

第九十九条　因水污染受到损害的当事人人数众多的，可以依法由当事人推选代表人进行共同诉讼。

环境保护主管部门和有关社会团体可以依法支持因水污染受到损害的当事人向人民法院提起诉讼。

国家鼓励法律服务机构和律师为水污染损害诉讼中的受害人提供法律援助。

第一百条　因水污染引起的损害赔偿责任和赔偿金额的纠纷，当事人可以委托环境监测机构提供监测数据。环境监测机构应当接受委托，如实提供有关监测数据。

第一百零一条　违反本法规定，构成犯罪的，依法追究刑事责任。

第八章　附　则

第一百零二条　本法中下列用语的含义：

（一）水污染，是指水体因某种物质的介入，而导致其化学、物理、生物或者放射性等方面特性的改变，从而影响水的有效利用，危害人体健康或者破坏生态环境，造成水质恶化的现象。

（二）水污染物，是指直接或者间接向水体排放的，能导致水体污染的物质。

（三）有毒污染物，是指那些直接或者间接被生物摄入体内后，可能导致该生物或者其后代发病、行为反常、遗传异变、生理机能失常、机体变形或者死亡的污染物。

（四）污泥，是指污水处理过程中产生的半固态或者固态物质。

（五）渔业水体，是指划定的鱼虾类的产卵场、索饵场、越冬场、洄游通道和鱼虾贝藻类的养殖场的水体。

第一百零三条　本法自 2018 年 1 月 1 日起施行。

中华人民共和国环境噪声污染防治法

中华人民共和国主席令

第七十七号

《中华人民共和国环境噪声污染防治法》已由中华人民共和国第八届全国人民代表大会常务委员会第二十次会议于1996年10月29日通过，现予公布，自1997年3月1日起施行。

中华人民共和国主席　江泽民

1996年10月29日

第一章　总　则

第一条　为防治环境噪声污染，保护和改善生活环境，保障人体健康，促进经济和社会发展，制定本法。

第二条　本法所称环境噪声，是指在工业生产、建筑施工、交通运输和社会生活中所产生的干扰周围生活环境的声音。

本法所称环境噪声污染，是指所产生的环境噪声超过国家规定的环境噪声排放标准，并干扰他人正常生活、工作和学习的现象。

第三条　本法适用于中华人民共和国领域内环境噪声污染的防治。

因从事本职生产、经营工作受到噪声危害的防治，不适用本法。

第四条　国务院和地方各级人民政府应当将环境噪声污染防治工作纳入环境保护规划，并采取有利于声环境保护的经济、技术政策和措施。

第五条　地方各级人民政府在制定城乡建设规划时，应当充分考虑建设项目和区域开发、改造所产生的噪声对周围生活环境的影响，统筹规划，合理安排功能区和建设布局，防止或者减轻环境噪声污染。

第六条　国务院环境保护行政主管部门对全国环境噪声污染防治实施统一监督管理。

县级以上地方人民政府环境保护行政主管部门对本行政区域内的环境噪声污染防治实施统一监督管理。

各级公安、交通、铁路、民航等主管部门和港务监督机构，根据各自的职责，对交通运输和社会生活噪声污染防治实施监督管理。

第七条　任何单位和个人都有保护声环境的义务，并有权对造成环境噪声污染的单位和个人进行检举和控告。

第八条　国家鼓励、支持环境噪声污染防治的科学研究、技术开发，推广先进的防治技术和普及防治环境噪声污染的科学知识。

第九条　对在环境噪声污染防治方面成绩显著的单位和个人，由人民政府给予奖励。

第二章　环境噪声污染防治的监督管理

第十条　国务院环境保护行政主管部门分别不同的功能区制定国家声环境质量标准。

县级以上地方人民政府根据国家声环境质量标准，划定本行政区域内各类声环境质量标准的适用区域，并进行管理。

第十一条 国务院环境保护行政主管部门根据国家声环境质量标准和国家经济、技术条件，制定国家环境噪声排放标准。

第十二条 城市规划部门在确定建设布局时，应当依据国家声环境质量标准和民用建筑隔声设计规范，合理划定建筑物与交通干线的防噪声距离，并提出相应的规划设计要求。

第十三条 新建、改建、扩建的建设项目，必须遵守国家有关建设项目环境保护管理的规定。

建设项目可能产生环境噪声污染的，建设单位必须提出环境影响报告书，规定环境噪声污染的防治措施，并按照国家规定的程序报环境保护行政主管部门批准。

环境影响报告书中，应当有该建设项目所在地单位和居民的意见。

第十四条 建设项目的环境噪声污染防治设施必须与主体工程同时设计、同时施工、同时投产使用。

建设项目在投入生产或者使用之前，其环境噪声污染防治设施必须经原审批环境影响报告书的环境保护行政主管部门验收；达不到国家规定要求的，该建设项目不得投入生产或者使用。

第十五条 产生环境噪声污染的企业事业单位，必须保持防治环境噪声污染的设施的正常使用；拆除或者闲置环境噪声污染防治设施的，必须事先报经所在地的县级以上地方人民政府环境保护行政主管部门批准。

第十六条 产生环境噪声污染的单位，应当采取措施进行治理，并按照国家规定缴纳超标准排污费。

征收的超标准排污费必须用于污染的防治，不得挪作他用。

第十七条 对于在噪声敏感建筑物集中区域内造成严重环境噪声污染的企业事业单位，限期治理。

被限期治理的单位必须按期完成治理任务。限期治理由县级以上人民政府按照国务院规定的权限决定。

对小型企业事业单位的限期治理，可以由县级以上人民政府在国务院规定的权限内授权其环境保护行政主管部门决定。

第十八条 国家对环境噪声污染严重的落后设备实行淘汰制度。

国务院经济综合主管部门应当会同国务院有关部门公布限期禁止生产、禁止销售、禁止进口的环境噪声污染严重的设备名录。

生产者、销售者或者进口者必须在国务院经济综合主管部门会同国务院有关部门规定的期限内分别停止生产、销售或者进口列入前款规定的名录中的设备。

第十九条 在城市范围内从事生产活动确需排放偶发性强烈噪声的，必须事先向当地公安机关提出申请，经批准后方可进行。当地公安机关应当向社会公告。

第二十条 国务院环境保护行政主管部门应当建立环境噪声监测制度，制定监测规范，并会同有关部门组织监测网络。

环境噪声监测机构应当按照国务院环境保护行政主管部门的规定报送环境噪声监测结果。

第二十一条 县级以上人民政府环境保护行政主管部门和其他环境噪声污染防治工作的监督管理部门、机构，有权依据各自的职责对管辖范围内排放环境噪声的单位进行现场检查。被检查的单位必须如实反映情况，并提供必要的资料。检查部门、机构应当为被检查的单位保守技术秘密和业务秘密。

检查人员进行现场检查，应当出示证件。

第三章　工业噪声污染防治

第二十二条 本法所称工业噪声，是指在工业生产活动中使用固定的设备时产生的干扰周围生活环境的声音。

第二十三条 在城市范围内向周围生活环境排放工业噪声的，应当符合国家规定的工业企业厂界环境噪声排放标准。

第二十四条 在工业生产中因使用固定的设备造成环境噪声污染的工业企业，必须按照国务院环境保护行政主管部门的规定，向所在地的县级以上地方人民政府环境保护行政主管部门申报拥有的造成环境噪声污染的设备的种类、数量以及在正常作业条件下所发出的噪声值和防治环境噪声污染的设施情况，并提供防治噪声污染的技术资料。

造成环境噪声污染的设备的种类、数量、噪声值和防治设施有重大改变的，必须及时申报，并采取应有的防治措施。

第二十五条 产生环境噪声污染的工业企业，应当采取有效措施，减轻噪声对周围生活环境的影响。

第二十六条 国务院有关主管部门对可能产生环境噪声污染的工业设备，应当根据声环境保护的要求和国家的经济、技术条件，逐步在依法制定的产品的国家标准、行业标准中规定噪声限值。

前款规定的工业设备运行时发出的噪声值，应当在有关技术文件中予以注明。

第四章 建筑施工噪声污染防治

第二十七条 本法所称建筑施工噪声，是指在建筑施工过程中产生的干扰周围生活环境的声音。

第二十八条 在城市市区范围内向周围生活环境排放建筑施工噪声的，应当符合国家规定的建筑施工场界环境噪声排放标准。

第二十九条 在城市市区范围内，建筑施工过程中使用机械设备，可能产生环境噪声污染的，施工单位必须在工程开工十五日以前向工程所在地县级以上地方人民政府环境保护行政主管部门申报该工程的项目名称、施工场所和期限、可能产生的环境噪声值以及所采取的环境噪声污染防治措施的情况。

第三十条 在城市市区噪声敏感建筑物集中区域内，禁止夜间进行产生环境噪声污染的建筑施工作业，但抢修、抢险作业和因生产工艺上要求或者特殊需要必须连续作业的除外。

因特殊需要必须连续作业的，必须有县级以上人民政府或者其有关主管部门的证明。

前款规定的夜间作业，必须公告附近居民。

第五章 交通运输噪声污染防治

第三十一条 本法所称交通运输噪声，是指机动车辆、铁路机车、机动船舶、航空器等交通运输工具在运行时所产生的干扰周围生活环境的声音。

第三十二条 禁止制造、销售或者进口超过规定的噪声限值的汽车。

第三十三条 在城市市区范围内行使的机动车辆的消声器和喇叭必须符合国家规定的要求。机动车辆必须加强维修和保养，保持技术性能良好，防治环境噪声污染。

第三十四条 机动车辆在城市市区范围内行驶，机动船舶在城市市区的内河航道航行，铁路机车驶经或者进入城市市区、疗养区时，必须按照规定使用声响装置。

警车、消防车、工程抢险车、救护车等机动车辆安装、使用警报器，必须符合国务院公安部门的规定；在执行非紧急任务时，禁止使用警报器。

第三十五条 城市人民政府公安机关可以根据本地城市市区区域声环境保护的需要，划定禁止机动车辆行驶和禁止其使用声响装置的路段和时间，并向社会公告。

第三十六条 建设经过已有的噪声敏感建筑物集中区域的高速公路和城市高架、轻轨道路，有可能造成环境噪声污染的，应当设置声屏障或者采取其他有效的控制环境噪声污染的措施。

第三十七条 在已有的城市交通干线的两侧建设噪声敏感建筑物的，建设单位应当按照国家规定间隔一定距离，并采取减轻、避免交通噪声影响的措施。

第三十八条 在车站、铁路编组站、港口、码头、航空港等地指挥作业时使用广播喇叭的，应当控制音量，减轻噪声对周围生活环境的影响。

第三十九条 穿越城市居民区、文教区的铁路，因铁路机车运行造成环境噪声污染的，当地城市人民政府应当组织铁路部门和其他有关部门，制定减轻环境噪声污染的规划。铁路部门和其他有关部门应当按照规划的要求，采取有效措施，减轻环境噪声污染。

第四十条 除起飞、降落或者依法规定的情形以外，民用航空器不得飞越城市市区上空。城市人民政府应当在航空器起飞、降落的净空周围划定限制建设噪声敏感建筑物的区域；在该区域内建设噪声敏感建筑物的，建设单位应当采取减轻、避免航空器运行时产生的噪声影响的措施。民航部门应当采取有效措施，减轻环境噪声污染。

第六章 社会生活噪声污染防治

第四十一条 本法所称社会生活噪声，是指人为活动所产生的除工业噪声、建筑施工噪声和交通运输噪声之外的干扰周围生活环境的声音。

第四十二条 在城市市区噪声敏感建筑物集中区域内，因商业经营活动中使用固定设备造成环境噪声污染的商业企业，必须按照国务院环境保护行政主管部门的规定，向所在地的县级以上地方人民政府环境保护行政主管部门申报拥有的造成环境噪声污染的设备的状况和防治环境噪声污染的设施的情况。

第四十三条 新建营业性文化娱乐场所的边界噪声必须符合国家规定的环境噪声排放标准；不符合国家规定的环境噪声排放标准的，文化行政主管部门不得核发文化经营许可证，工商行政管理部门不得核发营业执照。

经营中的文化娱乐场所，其经营管理者必须采取有效措施，使其边界噪声不超过国家规定的环境噪声排放标准。

第四十四条 禁止在商业经营活动中使用高音广播喇叭或者采用其他发出高噪声的方法招揽顾客。

在商业经营活动中使用空调器、冷却塔等可能产生环境噪声污染的设备、设施的，其经营管理者应当采取措施，使其边界噪声不超过国家规定的环境噪声排放标准。

第四十五条 禁止任何单位、个人在城市市区噪声敏感建设物集中区域内使用高音广播喇叭。

在城市市区街道、广场、公园等公共场所组织娱乐、集会等活动，使用音响器材可能产生干扰周围生活环境的过大音量的，必须遵守当地公安机关的规定。

第四十六条 使用家用电器、乐器或者进行其他家庭室内娱乐活动时，应当控制音量或者采取其他有效措施，避免对周围居民造成环境噪声污染。

第四十七条 在已竣工交付使用的住宅楼进行室内装修活动，应当限制作业时间，并采取其他有效措施，以减轻、避免对周围居民造成环境噪声污染。

第七章 法律责任

第四十八条 违反本法第十四条的规定，建设项目中需要配套建设的环境噪声污染防治设施没有建成或者没有达到国家规定的要求，擅自投入生产或者使用的，由批准该建设项目的环境影响报告书的环境保护行政主管部门责令停止生产或者使用，可以并处罚款。

第四十九条 违反本法规定，拒报或者谎报规定的环境噪声排放申报事项的，县级以上地方人民政府环境保护行政主管部门可以根据不同情节，给予警告或者处以罚款。

第五十条 违反本法第十五条的规定，未经环境保护行政主管部门批准，擅自拆除或者闲置环境噪声污染防治设施，致使环境噪声排放超过规定标准的，由县级以上地方人民政府环境保护行政主管部门责令改正，并处罚款。

第五十一条 违反本法第十六条的规定，不按照国家规定缴纳超标准排污费的，县级以上地方人民政府环境保护行政主管部门可以根据不同情节，给予警告或者处以罚款。

第五十二条 违反本法第十七条的规定，对经限期治理逾期未完成治理任务的企业事业单位，除依照国家规定加收超标准排污费外，可以根据所造成的危害后果处以罚款，或者责令停业、搬迁、关闭。

前款规定的罚款由环境保护行政主管部门决定。责令停业、搬迁、关闭由县级以上人民政府按照国务院规定的权限决定。

第五十三条 违反本法第十八条的规定，生产、销售、进口禁止生产、销售、进口的设备的，由县级以上人民政府经济综合主管部门责令改正；情节严重的，由县级以上人民政府经济综合主管部门提出意见，报请同级人民政府按照国务院规定的权限责令停业、关闭。

第五十四条 违反本法第十九条的规定，未经当地公安机关批准，进行产生偶发性强烈噪声活动的，由公安机关根据不同情节给予警告或者处以罚款。

第五十五条 排放环境噪声的单位违反本法第二十一条的规定，拒绝环境保护行政主管部门或者其他依照本法规定行使环境噪声监督管理权的部门、机构现场检查或者在被检查时弄虚作假的，环境保护行政主管部门或者其他依照本法规定行使环境噪声监督管理权的监督管理部门、机构可以根据不同情节，给予警告或者处以罚款。

第五十六条 建筑施工单位违反本法第三十条第一款的规定，在城市市区噪声敏感建筑的集中区域内，夜间进行禁止进行的产生环境噪声污染的建筑施工作业的，由工程所在地县级以上地方人民政府环境保护行政主管部门责令改正，可以并处罚款。

第五十七条 违反本法第三十四条的规定，机动车辆不按照规定使用声响装置的，由当地公安机关根据不同情节给予警告或者处以罚款。

机动船舶有前款违法行为的，由港务监督机构根据不同情节给予警告或者处以罚款。

铁路机车有第一款违法行为的，由铁路主管部门对有关责任人员给予行政处分。

第五十八条 违反本法规定，有下列行为之一的，由公安机关给予警告，可以并处罚款：

（一）在城市市区噪声敏感建筑物集中区域内使用高音广播喇叭；

（二）违反当地公安机关的规定，在城市市区街道、广场、公园等公共场所组织娱乐、集会等活动，使用音响器材，产生干扰周围生活环境的过大音量的；

（三）未按本法第四十六条和第四十七条规定采取措施，从家庭室内发出严重干扰周围居民生活的环境噪声的。

第五十九条 违反本法第四十三条第二款、第四十四条第二款的规定，造成环境噪声污染的，由县级以上地方人民政府环境保护行政主管部门责令改正，可以并处罚款。

第六十条 违反本法第四十四条第一款的规定，造成环境噪声污染的，由公安机关责令改正，可以并处罚款。

省级以上人民政府依法决定由县级以上地方人民政府环境保护行政主管部门行使前款规定的行政处罚权的，从其决定。

第六十一条 受到环境噪声污染危害的单位和个人，有权要求加害人排除危害；造成损失的，依法赔偿损失。

赔偿责任和赔偿金额的纠纷，可以根据当事人的请求，由环境保护行政主管部门或者其他环境噪声污染防治工作的监督管理部门、机构调解处理；调解不成的，当事人可以向人民法院起诉。当事人也可以直接向人民法院起诉。

第六十二条 环境噪声污染防治监督管理人员滥用职权、玩忽职守、徇私舞弊的，由其所在单位或者上级主管机关给予行政处分；构成犯罪的，依法追究刑事责任。

第八章 附 则

第六十三条 本法中下列用语的含义是：

（一）“噪声排放”是指噪声源向周围生活环境辐射噪声。

（二）“噪声敏感建筑物”是指医院、学校、机关、科研单位、住宅等需要保持安静的建筑物。

（三）“噪声敏感建筑物集中区域”是指医疗区、文教科研区和以机关或者居民住宅为主的区域。

（四）“夜间”是指晚二十二点至晨六点之间的期间。

（五）“机动车辆”是指汽车和摩托车。

第六十四条 本法自1997年3月1日起施行。1989年9月26日国务院发布的《中华人民共和国环境噪声污染防治条例》同时废止。

中华人民共和国固体废物污染环境防治法

中华人民共和国主席令

第五十七号

《全国人民代表大会常务委员会关于修改〈中华人民共和国对外贸易法〉等十二部法律的决定》已由中华人民共和国第十二届全国人民代表大会常务委员会第二十四次会议于2016年11月7日通过，现予公布，自公布之日起施行。

中华人民共和国主席　习近平

2016年11月7日

（1995年10月30日第八届全国人民代表大会常务委员会第十六次会议通过　2004年12月29日第十届全国人民代表大会常务委员会第十三次会议修订　根据2013年6月29日第十二届全国人民代表大会常务委员会第三次会议《关于修改〈中华人民共和国文物保护法〉等十二部法律的决定》第一次修正　根据2015年4月24日第十二届全国人民代表大会常务委员会第十四次会议《关于修改〈中华人民共和国港口法〉等七部法律的决定》第二次修正　根据2016年11月7日第十二届全国人民代表大会常务委员会第二十四次会议《关于修改〈中华人民共和国对外贸易法〉等十二部法律的决定》第三次修正）

第一章　总　则

第一条　为了防治固体废物污染环境，保障人体健康，维护生态安全，促进经济社会可持续发展，制定本法。

第二条　本法适用于中华人民共和国境内固体废物污染环境的防治。

固体废物污染海洋环境的防治和放射性固体废物污染环境的防治不适用本法。

第三条　国家对固体废物污染环境的防治，实行减少固体废物的产生量和危害性、充分合理利用固体废物和无害化处置固体废物的原则，促进清洁生产和循环经济发展。

国家采取有利于固体废物综合利用活动的经济、技术政策和措施，对固体废物实行充分回收和合理利用。

国家鼓励、支持采取有利于保护环境的集中处置固体废物的措施，促进固体废物污染环境防治产业发展。

第四条　县级以上人民政府应当将固体废物污染环境防治工作纳入国民经济和社会发展计划，并采取有利于固体废物污染环境防治的经济、技术政策和措施。

国务院有关部门、县级以上地方人民政府及其有关部门组织编制城乡建设、土地利用、区域开发、产业发展等规划，应当统筹考虑减少固体废物的产生量和危害性、促进固体废物的综合利用和无害化处置。

第五条　国家对固体废物污染环境防治实行污染者依法负责的原则。

产品的生产者、销售者、进口者、使用者对其产生的固体废物依法承担污染防治责任。

第六条　国家鼓励、支持固体废物污染环境防治的科学研究、技术开发、推广先进的防治技术和普及固体废物污染环境防治的科学知识。

各级人民政府应当加强防治固体废物污染环境的宣传教育，倡导有利于环境保护的生产方式和生活方式。

第七条 国家鼓励单位和个人购买、使用再生产品和可重复利用产品。

第八条 各级人民政府对在固体废物污染环境防治工作以及相关的综合利用活动中作出显著成绩的单位和个人给予奖励。

第九条 任何单位和个人都有保护环境的义务，并有权对造成固体废物污染环境的单位和个人进行检举和控告。

第十条 国务院环境保护行政主管部门对全国固体废物污染环境的防治工作实施统一监督管理。国务院有关部门在各自的职责范围内负责固体废物污染环境防治的监督管理工作。

县级以上地方人民政府环境保护行政主管部门对本行政区域内固体废物污染环境的防治工作实施统一监督管理。县级以上地方人民政府有关部门在各自的职责范围内负责固体废物污染环境防治的监督管理工作。

国务院建设行政主管部门和县级以上地方人民政府环境卫生行政主管部门负责生活垃圾清扫、收集、贮存、运输和处置的监督管理工作。

第二章 固体废物污染环境防治的监督管理

第十一条 国务院环境保护行政主管部门会同国务院有关行政主管部门根据国家环境质量标准和国家经济、技术条件，制定国家固体废物污染环境防治技术标准。

第十二条 国务院环境保护行政主管部门建立固体废物污染环境监测制度，制定统一的监测规范，并会同有关部门组织监测网络。大、中城市人民政府环境保护行政主管部门应当定期发布固体废物的种类、产生量、处置状况等信息。

第十三条 建设产生固体废物的项目以及建设贮存、利用、处置固体废物的项目，必须依法进行环境影响评价，并遵守国家有关建设项目环境保护管理的规定。

第十四条 建设项目的环境影响评价文件确定需要配套建设的固体废物污染环境防治设施，必须与主体工程同时设计、同时施工、同时投入使用。固体废物污染环境防治设施必须经原审批环境影响评价文件的环境保护行政主管部门验收合格后，该建设项目方可投入生产或者使用。对固体废物污染环境防治设施的验收应当与对主体工程的验收同时进行。

第十五条 县级以上人民政府环境保护行政主管部门和其他固体废物污染环境防治工作的监督管理部门，有权依据各自的职责对管辖范围内与固体废物污染环境防治有关的单位进行现场检查。被检查的单位应当如实反映情况，提供必要的资料。检查机关应当为被检查的单位保守技术秘密和业务秘密。

检查机关进行现场检查时，可以采取现场监测、采集样品、查阅或者复制与固体废物污染环境防治相关的资料等措施。检查人员进行现场检查，应当出示证件。

第三章 固体废物污染环境的防治

第一节 一般规定

第十六条 产生固体废物的单位和个人，应当采取措施，防止或者减少固体废物对环境的污染。

第十七条 收集、贮存、运输、利用、处置固体废物的单位和个人，必须采取防扬散、防流失、防渗漏或者其他防止污染环境的措施；不得擅自倾倒、堆放、丢弃、遗撒固体废物。

禁止任何单位或者个人向江河、湖泊、运河、渠道、水库及其最高水位线以下的滩地和岸坡等法律、法规规定禁止倾倒、堆放废弃物的地点倾倒、堆放固体废物。

第十八条　产品和包装物的设计、制造，应当遵守国家有关清洁生产的规定。国务院标准化行政主管部门应当根据国家经济和技术条件、固体废物污染环境防治状况以及产品的技术要求，组织制定有关标准，防止过度包装造成环境污染。

生产、销售、进口依法被列入强制回收目录的产品和包装物的企业，必须按照国家有关规定对该产品和包装物进行回收。

第十九条　国家鼓励科研、生产单位研究、生产易回收利用、易处置或者在环境中可降解的薄膜覆盖物和商品包装物。

使用农用薄膜的单位和个人，应当采取回收利用等措施，防止或者减少农用薄膜对环境的污染。

第二十条　从事畜禽规模养殖应当按照国家有关规定收集、贮存、利用或者处置养殖过程中产生的畜禽粪便，防止污染环境。

禁止在人口集中地区、机场周围、交通干线附近以及当地人民政府划定的区域露天焚烧秸秆。

第二十一条　对收集、贮存、运输、处置固体废物的设施、设备和场所，应当加强管理和维护，保证其正常运行和使用。

第二十二条　在国务院和国务院有关主管部门及省、自治区、直辖市人民政府划定的自然保护区、风景名胜区、饮用水水源保护区、基本农田保护区和其他需要特别保护的区域内，禁止建设工业固体废物集中贮存、处置的设施、场所和生活垃圾填埋场。

第二十三条　转移固体废物出省、自治区、直辖市行政区域贮存、处置的，应当向固体废物移出地的省、自治区、直辖市人民政府环境保护行政主管部门提出申请。移出地的省、自治区、直辖市人民政府环境保护行政主管部门应当商经接受地的省、自治区、直辖市人民政府环境保护行政主管部门同意后，方可批准转移该固体废物出省、自治区、直辖市行政区域。未经批准的，不得转移。

第二十四条　禁止中华人民共和国境外的固体废物进境倾倒、堆放、处置。

第二十五条　禁止进口不能用作原料或者不能以无害化方式利用的固体废物；对可以用作原料的固体废物实行限制进口和非限制进口分类管理。

国务院环境保护行政主管部门会同国务院对外贸易主管部门、国务院经济综合宏观调控部门、海关总署、国务院质量监督检验检疫部门制定、调整并公布禁止进口、限制进口和非限制进口的固体废物目录。

禁止进口列入禁止进口目录的固体废物。进口列入限制进口目录的固体废物，应当经国务院环境保护行政主管部门会同国务院对外贸易主管部门审查许可。

进口的固体废物必须符合国家环境保护标准，并经质量监督检验检疫部门检验合格。

进口固体废物的具体管理办法，由国务院环境保护行政主管部门会同国务院对外贸易主管部门、国务院经济综合宏观调控部门、海关总署、国务院质量监督检验检疫部门制定。

第二十六条　进口者对海关将其所进口的货物纳入固体废物管理范围不服的，可以依法申请行政复议，也可以向人民法院提起行政诉讼。

第二节　工业固体废物污染环境的防治

第二十七条　国务院环境保护行政主管部门应当会同国务院经济综合宏观调控部门和其他有关部门对工业固体废物对环境的污染作出界定，制定防治工业固体废物污染环境的技术政策，组织推广先进的防治工业固体废物污染环境的生产工艺和设备。

第二十八条　国务院经济综合宏观调控部门应当会同国务院有关部门组织研究、开发和推广减少工业固体废物产生量和危害性的生产工艺和设备，公布限期淘汰产生严重污染环境的工业固体废物的落后生产工艺、落后设备的名录。

生产者、销售者、进口者、使用者必须在国务院经济综合宏观调控部门会同国务院有关部门规定的期限内分别停止生产、销售、进口或者使用列入前款规定的名录中的设备。生产工艺的采用者必须在国务院经济综合宏观调控部门会同国务院有关部门规定的期限内停止采用列入前款规定的名录中的工艺。

列入限期淘汰名录被淘汰的设备，不得转让给他人使用。

第二十九条 县级以上人民政府有关部门应当制定工业固体废物污染环境防治工作规划，推广能够减少工业固体废物产生量和危害性的先进生产工艺和设备，推动工业固体废物污染环境防治工作。

第三十条 产生工业固体废物的单位应当建立、健全污染环境防治责任制度，采取防治工业固体废物污染环境的措施。

第三十一条 企业事业单位应当合理选择和利用原材料、能源和其他资源，采用先进的生产工艺和设备，减少工业固体废物产生量，降低工业固体废物的危害性。

第三十二条 国家实行工业固体废物申报登记制度。

产生工业固体废物的单位必须按照国务院环境保护行政主管部门的规定，向所在地县级以上地方人民政府环境保护行政主管部门提供工业固体废物的种类、产生量、流向、贮存、处置等有关资料。

前款规定的申报事项有重大改变的，应当及时申报。

第三十三条 企业事业单位应当根据经济、技术条件对其产生的工业固体废物加以利用；对暂时不利用或者不能利用的，必须按照国务院环境保护行政主管部门的规定建设贮存设施、场所，安全分类存放，或者采取无害化处置措施。

建设工业固体废物贮存、处置的设施、场所，必须符合国家环境保护标准。

第三十四条 禁止擅自关闭、闲置或者拆除工业固体废物污染环境防治设施、场所；确有必要关闭、闲置或者拆除的，必须经所在地县级以上地方人民政府环境保护行政主管部门核准，并采取措施，防止污染环境。

第三十五条 产生工业固体废物的单位需要终止的，应当事先对工业固体废物的贮存、处置的设施、场所采取污染防治措施，并对未处置的工业固体废物作出妥善处置，防止污染环境。

产生工业固体废物的单位发生变更的，变更后的单位应当按照国家有关环境保护的规定对未处置的工业固体废物及其贮存、处置的设施、场所进行安全处置或者采取措施保证该设施、场所安全运行。变更前当事人对工业固体废物及其贮存、处置的设施、场所的污染防治责任另有约定的，从其约定；但是，不得免除当事人的污染防治义务。

对本法施行前已经终止的单位未处置的工业固体废物及其贮存、处置的设施、场所进行安全处置的费用，由有关人民政府承担；但是，该单位享有的土地使用权依法转让的，应当由土地使用权受让人承担处置费用。当事人另有约定的，从其约定；但是，不得免除当事人的污染防治义务。

第三十六条 矿山企业应当采取科学的开采方法和选矿工艺，减少尾矿、矸石、废石等矿业固体废物的产生量和贮存量。

尾矿、矸石、废石等矿业固体废物贮存设施停止使用后，矿山企业应当按照国家有关环境保护规定进行封场，防止造成环境污染和生态破坏。

第三十七条 拆解、利用、处置废弃电器产品和废弃机动车船，应当遵守有关法律、法规的规定，采取措施，防止污染环境。

第三节 生活垃圾污染环境的防治

第三十八条 县级以上人民政府应当统筹安排建设城乡生活垃圾收集、运输、处置设施，提高生活垃圾的利用率和无害化处置率，促进生活垃圾收集、处置的产业化发展，逐步建立和完善生活垃圾污染环境防治的社会服务体系。

第三十九条 县级以上地方人民政府环境卫生行政主管部门应当组织对城市生活垃圾进行清扫、收集、运输和处置，可以通过招标等方式选择具备条件的单位从事生活垃圾的清扫、收集、运输和处置。

第四十条 对城市生活垃圾应当按照环境卫生行政主管部门的规定，在指定的地点放置，不得随意倾倒、抛撒或者堆放。

第四十一条 清扫、收集、运输、处置城市生活垃圾，应当遵守国家有关环境保护和环境卫生管理的规定，防止污染环境。

第四十二条 对城市生活垃圾应当及时清运，逐步做到分类收集和运输，并积极开展合理利用和实施无害化处置。

第四十三条 城市人民政府应当有计划地改进燃料结构，发展城市煤气、天然气、液化气和其他清洁能源。

城市人民政府有关部门应当组织净菜进城，减少城市生活垃圾。

城市人民政府有关部门应当统筹规划，合理安排收购网点，促进生活垃圾的回收利用工作。

第四十四条 建设生活垃圾处置的设施、场所，必须符合国务院环境保护行政主管部门和国务院建设行政主管部门规定的环境保护和环境卫生标准。

禁止擅自关闭、闲置或者拆除生活垃圾处置的设施、场所；确有必要关闭、闲置或者拆除的，必须经所在地的市、县级人民政府环境卫生行政主管部门商所在地环境保护行政主管部门同意后核准，并采取措施，防止污染环境。

第四十五条 从生活垃圾中回收的物质必须按照国家规定的用途或者标准使用，不得用于生产可能危害人体健康的产品。

第四十六条 工程施工单位应当及时清运工程施工过程中产生的固体废物，并按照环境卫生行政主管部门的规定进行利用或者处置。

第四十七条 从事公共交通运输的经营单位，应当按照国家有关规定，清扫、收集运输过程中产生的生活垃圾。

第四十八条 从事城市新区开发、旧区改建和住宅小区开发建设的单位，以及机场、码头、车站、公园、商店等公共设施、场所的经营管理单位，应当按照国家有关环境卫生的规定，配套建设生活垃圾收集设施。

第四十九条 农村生活垃圾污染环境防治的具体办法，由地方性法规规定。

第四章 危险废物污染环境防治的特别规定

第五十条 危险废物污染环境的防治，适用本章规定；本章未作规定的，适用本法其他有关规定。

第五十一条 国务院环境保护行政主管部门应当会同国务院有关部门制定国家危险废物名录，规定统一的危险废物鉴别标准、鉴别方法和识别标志。

第五十二条 对危险废物的容器和包装物以及收集、贮存、运输、处置危险废物的设施、场所，必须设置危险废物识别标志。

第五十三条 产生危险废物的单位，必须按照国家有关规定制定危险废物管理计划，并向所在地县级以上地方人民政府环境保护行政主管部门申报危险废物的种类、产生量、流向、贮存、处置等有关资料。

前款所称危险废物管理计划应当包括减少危险废物产生量和危害性的措施以及危险废物贮存、利用、处置措施。危险废物管理计划应当报产生危险废物的单位所在地县级以上地方人民政府环境保护行政主管部门备案。

本条规定的申报事项或者危险废物管理计划内容有重大改变的，应当及时申报。

第五十四条 国务院环境保护行政主管部门会同国务院经济综合宏观调控部门组织编制危险废物集中处置设施、场所的建设规划，报国务院批准后实施。

县级以上地方人民政府应当依据危险废物集中处置设施、场所的建设规划组织建设危险废物集中处置设施、场所。

第五十五条 产生危险废物的单位，必须按照国家有关规定处置危险废物，不得擅自倾倒、堆放；不处置的，由所在地县级以上地方人民政府环境保护行政主管部门责令限期改正；逾期不处置或者处置不符合国家有关规定的，由所在地县级以上地方人民政府环境保护行政主管部门指定单位按照国家有关规定代为处置，处置费用由产生危险废物的单位承担。

第五十六条 以填埋方式处置危险废物不符合国务院环境保护行政主管部门规定的，应当缴纳危险废物排污费。危险废物排污费征收的具体办法由国务院规定。

危险废物排污费用于污染环境的防治，不得挪作他用。

第五十七条 从事收集、贮存、处置危险废物经营活动的单位，必须向县级以上人民政府环境保护行政主管部门申请领取经营许可证；从事利用危险废物经营活动的单位，必须向国务院环境保护行政主管部门或者省、自治区、直辖市人民政府环境保护行政主管部门申请领取经营许可证。具体管理办法由国务院规定。

禁止无经营许可证或者不按照经营许可证规定从事危险废物收集、贮存、利用、处置的经营活动。

禁止将危险废物提供或者委托给无经营许可证的单位从事收集、贮存、利用、处置的经营活动。

第五十八条 收集、贮存危险废物，必须按照危险废物特性分类进行。禁止混合收集、贮存、运输、处置性质不相容而未经安全性处置的危险废物。

贮存危险废物必须采取符合国家环境保护标准的防护措施，并不得超过一年；确需延长期限的，必须报经原批准经营许可证的环境保护行政主管部门批准；法律、行政法规另有规定的除外。

禁止将危险废物混入非危险废物中贮存。

第五十九条 转移危险废物的，必须按照国家有关规定填写危险废物转移联单。跨省、自治区、直辖市转移危险废物的，应当向危险废物移出地省、自治区、直辖市人民政府环境保护行政主管部门申请。移出地省、自治区、直辖市人民政府环境保护行政主管部门应当商经接受地省、自治区、直辖市人民政府环境保护行政主管部门同意后，方可批准转移该危险废物。未经批准的，不得转移。

转移危险废物途经移出地、接受地以外行政区域的，危险废物移出地设区的市级以上地方人民政府环境保护行政主管部门应当及时通知沿途经过的设区的市级以上地方人民政府环境保护行政主管部门。

第六十条 运输危险废物，必须采取防止污染环境的措施，并遵守国家有关危险货物运输管理的规定。

禁止将危险废物与旅客在同一运输工具上载运。

第六十一条 收集、贮存、运输、处置危险废物的场所、设施、设备和容器、包装物及其他物品转作他用时，必须经过消除污染的处理，方可使用。

第六十二条 产生、收集、贮存、运输、利用、处置危险废物的单位，应当制定意外事故的防范措施和应急预案，并向所在地县级以上地方人民政府环境保护行政主管部门备案；环境保护行政主管部门应当进行检查。

第六十三条 因发生事故或者其他突发性事件，造成危险废物严重污染环境的单位，必须立即采取措施消除或者减轻对环境的污染危害，及时通报可能受到污染危害的单位和居民，并向所在地县级以上地方人民政府环境保护行政主管部门和有关部门报告，接受调查处理。

第六十四条 在发生或者有证据证明可能发生危险废物严重污染环境、威胁居民生命财产安全时，县级以上地方人民政府环境保护行政主管部门或者其他固体废物污染环境防治工作的监督管理部门必须立即向本级人民政府和上一级人民政府有关行政主管部门报告，由人民政府采取防止或者减轻危害的有效措施。有关人民政府可以根据需要责令停止导致或者可能导致环境污染事故的作业。

第六十五条 重点危险废物集中处置设施、场所的退役费用应当预提，列入投资概算或者经营成本。具体提取和管理办法，由国务院财政部门、价格主管部门会同国务院环境保护行政主管部门规定。

第六十六条 禁止经中华人民共和国过境转移危险废物。

第五章 法律责任

第六十七条 县级以上人民政府环境保护行政主管部门或者其他固体废物污染环境防治工作的监督管理部门违反本法规定，有下列行为之一的，由本级人民政府或者上级人民政府有关行政主管部门责令改正，对负有责任的主管人员和其他直接责任人员依法给予行政处分；构成犯罪的，依法追究刑事责任：

（一）不依法作出行政许可或者办理批准文件的；

（二）发现违法行为或者接到对违法行为的举报后不予查处的；

（三）有不依法履行监督管理职责的其他行为的。

第六十八条 违反本法规定，有下列行为之一的，由县级以上人民政府环境保护行政主管部门责令停止违法行为，限期改正，处以罚款：

（一）不按照国家规定申报登记工业固体废物，或者在申报登记时弄虚作假的；

（二）对暂时不利用或者不能利用的工业固体废物未建设贮存的设施、场所安全分类存放，或者未采取无害化处置措施的；

（三）将列入限期淘汰名录被淘汰的设备转让给他人使用的；

（四）擅自关闭、闲置或者拆除工业固体废物污染环境防治设施、场所的；

（五）在自然保护区、风景名胜区、饮用水水源保护区、基本农田保护区和其他需要特别保护的区域内，建设工业固体废物集中贮存、处置的设施、场所和生活垃圾填埋场的；

（六）擅自转移固体废物出省、自治区、直辖市行政区域贮存、处置的；

（七）未采取相应防范措施，造成工业固体废物扬散、流失、渗漏或者造成其他环境污染的；

（八）在运输过程中沿途丢弃、遗撒工业固体废物的。

有前款第一项、第八项行为之一的，处五千元以上五万元以下的罚款；有前款第二项、第三项、第四项、第五项、第六项、第七项行为之一的，处一万元以上十万元以下的罚款。

第六十九条 违反本法规定，建设项目需要配套建设的固体废物污染环境防治设施未建成、未经验收或者验收不合格，主体工程即投入生产或者使用的，由审批该建设项目环境影响评价文件的环境保护行政主管部门责令停止生产或者使用，可以并处十万元以下的罚款。

第七十条 违反本法规定，拒绝县级以上人民政府环境保护行政主管部门或者其他固体废物污染环境防治工作的监督管理部门现场检查的，由执行现场检查的部门责令限期改正；拒不改正或者在检查时弄虚作假的，处二千元以上二万元以下的罚款。

第七十一条 从事畜禽规模养殖未按照国家有关规定收集、贮存、处置畜禽粪便，造成环境污染的，由县级以上地方人民政府环境保护行政主管部门责令限期改正，可以处五万元以下的罚款。

第七十二条 违反本法规定，生产、销售、进口或者使用淘汰的设备，或者采用淘汰的生产工艺的，由县级以上人民政府经济综合宏观调控部门责令改正；情节严重的，由县级以上人民政府经济综合宏观调控部门提出意见，报请同级人民政府按照国务院规定的权限决定停业或者关闭。

第七十三条 尾矿、矸石、废石等矿业固体废物贮存设施停止使用后，未按照国家有关环境保护规定进行封场的，由县级以上地方人民政府环境保护行政主管部门责令限期改正，可以处五万元以上二十万元以下的罚款。

第七十四条 违反本法有关城市生活垃圾污染环境防治的规定，有下列行为之一的，由县级以上地方人民政府环境卫生行政主管部门责令停止违法行为，限期改正，处以罚款：

（一）随意倾倒、抛撒或者堆放生活垃圾的；

（二）擅自关闭、闲置或者拆除生活垃圾处置设施、场所的；

（三）工程施工单位不及时清运施工过程中产生的固体废物，造成环境污染的；

（四）工程施工单位不按照环境卫生行政主管部门的规定对施工过程中产生的固体废物进行利用或者处置的；

（五）在运输过程中沿途丢弃、遗撒生活垃圾的。

单位有前款第一项、第三项、第五项行为之一的，处五千元以上五万元以下的罚款；有前款第二项、第四项行为之一的，处一万元以上十万元以下的罚款。个人有前款第一项、第五项行为之一的，处二百元以下的罚款。

第七十五条 违反本法有关危险废物污染环境防治的规定，有下列行为之一的，由县级以上人民政府环境保护行政主管部门责令停止违法行为，限期改正，处以罚款：

（一）不设置危险废物识别标志的；

（二）不按照国家规定申报登记危险废物，或者在申报登记时弄虚作假的；

（三）擅自关闭、闲置或者拆除危险废物集中处置设施、场所的；

（四）不按照国家规定缴纳危险废物排污费的；

（五）将危险废物提供或者委托给无经营许可证的单位从事经营活动的；

（六）不按照国家规定填写危险废物转移联单或者未经批准擅自转移危险废物的；

（七）将危险废物混入非危险废物中贮存的；

（八）未经安全性处置，混合收集、贮存、运输、处置具有不相容性质的危险废物的；

（九）将危险废物与旅客在同一运输工具上载运的；

（十）未经消除污染的处理将收集、贮存、运输、处置危险废物的场所、设施、设备和容器、包装物及其他物品转作他用的；

（十一）未采取相应防范措施，造成危险废物扬散、流失、渗漏或者造成其他环境污染的；

（十二）在运输过程中沿途丢弃、遗撒危险废物的；

（十三）未制定危险废物意外事故防范措施和应急预案的。

有前款第一项、第二项、第七项、第八项、第九项、第十项、第十一项、第十二项、第十三项行为之一的，处一万元以上十万元以下的罚款；有前款第三项、第五项、第六项行为之一的，处二万元以上二十万元以下的罚款；有前款第四项行为的，限期缴纳，逾期不缴纳的，处应缴纳危险废物排污费金额一倍以上三倍以下的罚款。

第七十六条 违反本法规定，危险废物产生者不处置其产生的危险废物又不承担依法应当承担的处置费用的，由县级以上地方人民政府环境保护行政主管部门责令限期改正，处代为处置费用一倍以上三倍以下的罚款。

第七十七条 无经营许可证或者不按照经营许可证规定从事收集、贮存、利用、处置危险废物经营活动的，由县级以上人民政府环境保护行政主管部门责令停止违法行为，没收违法所得，可以并处违法所得三倍以下的罚款。

不按照经营许可证规定从事前款活动的，还可以由发证机关吊销经营许可证。

第七十八条 违反本法规定，将中华人民共和国境外的固体废物进境倾倒、堆放、处置的，进口属于禁止进口的固体废物或者未经许可擅自进口属于限制进口的固体废物用作原料的，由海关责令退运该固体废物，可以并处十万元以上一百万元以下的罚款；构成犯罪的，依法追究刑事责任。进口者不明的，由承运人承担退运该固体废物的责任，或者承担该固体废物的处置费用。

逃避海关监管将中华人民共和国境外的固体废物运输进境，构成犯罪的，依法追究刑事责任。

第七十九条 违反本法规定，经中华人民共和国过境转移危险废物的，由海关责令退运该危险废物，可以并处五万元以上五十万元以下的罚款。

第八十条 对已经非法入境的固体废物，由省级以上人民政府环境保护行政主管部门依法向海关提出处理意见，海关应当依照本法第七十八条的规定作出处罚决定；已经造成环境污染的，由省级以上人民政府环境保护行政主管部门责令进口者消除污染。

第八十一条　违反本法规定，造成固体废物严重污染环境的，由县级以上人民政府环境保护行政主管部门按照国务院规定的权限决定限期治理；逾期未完成治理任务的，由本级人民政府决定停业或者关闭。

第八十二条　违反本法规定，造成固体废物污染环境事故的，由县级以上人民政府环境保护行政主管部门处二万元以上二十万元以下的罚款；造成重大损失的，按照直接损失的百分之三十计算罚款，但是最高不超过一百万元，对负有责任的主管人员和其他直接责任人员，依法给予行政处分；造成固体废物污染环境重大事故的，并由县级以上人民政府按照国务院规定的权限决定停业或者关闭。

第八十三条　违反本法规定，收集、贮存、利用、处置危险废物，造成重大环境污染事故，构成犯罪的，依法追究刑事责任。

第八十四条　受到固体废物污染损害的单位和个人，有权要求依法赔偿损失。

赔偿责任和赔偿金额的纠纷，可以根据当事人的请求，由环境保护行政主管部门或者其他固体废物污染环境防治工作的监督管理部门调解处理；调解不成的，当事人可以向人民法院提起诉讼。当事人也可以直接向人民法院提起诉讼。

国家鼓励法律服务机构对固体废物污染环境诉讼中的受害人提供法律援助。

第八十五条　造成固体废物污染环境的，应当排除危害，依法赔偿损失，并采取措施恢复环境原状。

第八十六条　因固体废物污染环境引起的损害赔偿诉讼，由加害人就法律规定的免责事由及其行为与损害结果之间不存在因果关系承担举证责任。

第八十七条　固体废物污染环境的损害赔偿责任和赔偿金额的纠纷，当事人可以委托环境监测机构提供监测数据。环境监测机构应当接受委托，如实提供有关监测数据。

第六章　附　则

第八十八条　本法下列用语的含义：

（一）固体废物，是指在生产、生活和其他活动中产生的丧失原有利用价值或者虽未丧失利用价值但被抛弃或者放弃的固态、半固态和置于容器中的气态的物品、物质以及法律、行政法规规定纳入固体废物管理的物品、物质。

（二）工业固体废物，是指在工业生产活动中产生的固体废物。

（三）生活垃圾，是指在日常生活中或者为日常生活提供服务的活动中产生的固体废物以及法律、行政法规规定视为生活垃圾的固体废物。

（四）危险废物，是指列入国家危险废物名录或者根据国家规定的危险废物鉴别标准和鉴别方法认定的具有危险特性的固体废物。

（五）贮存，是指将固体废物临时置于特定设施或者场所中的活动。

（六）处置，是指将固体废物焚烧和用其他改变固体废物的物理、化学、生物特性的方法，达到减少已产生的固体废物数量、缩小固体废物体积、减少或者消除其危险成分的活动，或者将固体废物最终置于符合环境保护规定要求的填埋场的活动。

（七）利用，是指从固体废物中提取物质作为原材料或者燃料的活动。

第八十九条　液态废物的污染防治，适用本法；但是，排入水体的废水的污染防治适用有关法律，不适用本法。

第九十条　中华人民共和国缔结或者参加的与固体废物污染环境防治有关的国际条约与本法有不同规定的，适用国际条约的规定；但是，中华人民共和国声明保留的条款除外。

第九十一条　本法自2005年4月1日起施行。

中华人民共和国海洋环境保护法

（1982 年 8 月 23 日第五届全国人民代表大会常务委员会第二十四次会议通过　1999 年 12 月 25 日第九届全国人民代表大会常务委员会第十三次会议修订　根据 2013 年 12 月 28 日第十二届全国人民代表大会常务委员会第六次会议《关于修改〈中华人民共和国海洋环境保护法〉等七部法律的决定》第一次修正　根据 2016 年 11 月 7 日第十二届全国人民代表大会常务委员会第二十四次会议《关于修改〈中华人民共和国海洋环境保护法〉的决定》第二次修正　根据 2017 年 11 月 4 日第十二届全国人民代表大会常务委员会第三十次会议《关于修改〈中华人民共和国会计法〉等十一部法律的决定》第三次修正）

第一章　总　则

第一条　为了保护和改善海洋环境，保护海洋资源，防治污染损害，维护生态平衡，保障人体健康，促进经济和社会的可持续发展，制定本法。

第二条　本法适用于中华人民共和国内水、领海、毗连区、专属经济区、大陆架以及中华人民共和国管辖的其他海域。

在中华人民共和国管辖海域内从事航行、勘探、开发、生产、旅游、科学研究及其他活动，或者在沿海陆域内从事影响海洋环境活动的任何单位和个人，都必须遵守本法。

在中华人民共和国管辖海域以外，造成中华人民共和国管辖海域污染的，也适用本法。

第三条　国家在重点海洋生态功能区、生态环境敏感区和脆弱区等海域划定生态保护红线，实行严格保护。

国家建立并实施重点海域排污总量控制制度，确定主要污染物排海总量控制指标，并对主要污染源分配排放控制数量。具体办法由国务院制定。

第四条　一切单位和个人都有保护海洋环境的义务，并有权对污染损害海洋环境的单位和个人，以及海洋环境监督管理人员的违法失职行为进行监督和检举。

第五条　国务院环境保护行政主管部门作为对全国环境保护工作统一监督管理的部门，对全国海洋环境保护工作实施指导、协调和监督，并负责全国防治陆源污染物和海岸工程建设项目对海洋污染损害的环境保护工作。

国家海洋行政主管部门负责海洋环境的监督管理，组织海洋环境的调查、监测、监视、评价和科学研究，负责全国防治海洋工程建设项目和海洋倾倒废弃物对海洋污染损害的环境保护工作。

国家海事行政主管部门负责所辖港区水域内非军事船舶和港区水域外非渔业、非军事船舶污染海洋环境的监督管理，并负责污染事故的调查处理；对在中华人民共和国管辖海域航行、停泊和作业的外国籍船舶造成的污染事故登轮检查处理。船舶污染事故给渔业造成损害的，应当吸收渔业行政主管部门参与调查处理。

国家渔业行政主管部门负责渔港水域内非军事船舶和渔港水域外渔业船舶污染海洋环境的监督管理，负责保护渔业水域生态环境工作，并调查处理前款规定的污染事故以外的渔业污染事故。

军队环境保护部门负责军事船舶污染海洋环境的监督管理及污染事故的调查处理。

沿海县级以上地方人民政府行使海洋环境监督管理权的部门的职责，由省、自治区、直辖市人民政府根据本法及国务院有关规定确定。

第六条　环境保护行政主管部门、海洋行政主管部门和其他行使海洋环境监督管理权的部门，根据职责分工依法公开海洋环境相关信息；相关排污单位应当依法公开排污信息。

第二章 海洋环境监督管理

第七条 国家海洋行政主管部门会同国务院有关部门和沿海省、自治区、直辖市人民政府根据全国海洋主体功能区规划，拟定全国海洋功能区划，报国务院批准。

沿海地方各级人民政府应当根据全国和地方海洋功能区划，保护和科学合理地使用海域。

第八条 国家根据海洋功能区划制定全国海洋环境保护规划和重点海域区域性海洋环境保护规划。

毗邻重点海域的有关沿海省、自治区、直辖市人民政府及行使海洋环境监督管理权的部门，可以建立海洋环境保护区域合作组织，负责实施重点海域区域性海洋环境保护规划、海洋环境污染的防治和海洋生态保护工作。

第九条 跨区域的海洋环境保护工作，由有关沿海地方人民政府协商解决，或者由上级人民政府协调解决。

跨部门的重大海洋环境保护工作，由国务院环境保护行政主管部门协调；协调未能解决的，由国务院作出决定。

第十条 国家根据海洋环境质量状况和国家经济、技术条件，制定国家海洋环境质量标准。

沿海省、自治区、直辖市人民政府对国家海洋环境质量标准中未作规定的项目，可以制定地方海洋环境质量标准。

沿海地方各级人民政府根据国家和地方海洋环境质量标准的规定和本行政区近岸海域环境质量状况，确定海洋环境保护的目标和任务，并纳入人民政府工作计划，按相应的海洋环境质量标准实施管理。

第十一条 国家和地方水污染物排放标准的制定，应当将国家和地方海洋环境质量标准作为重要依据之一。在国家建立并实施排污总量控制制度的重点海域，水污染物排放标准的制定，还应当将主要污染物排海总量控制指标作为重要依据。

排污单位在执行国家和地方水污染物排放标准的同时，应当遵守分解落实到本单位的主要污染物排海总量控制指标。

对超过主要污染物排海总量控制指标的重点海域和未完成海洋环境保护目标、任务的海域，省级以上人民政府环境保护行政主管部门、海洋行政主管部门，根据职责分工暂停审批新增相应种类污染物排放总量的建设项目环境影响报告书（表）。

第十二条 直接向海洋排放污染物的单位和个人，必须按照国家规定缴纳排污费。依照法律规定缴纳环境保护税的，不再缴纳排污费。

向海洋倾倒废弃物，必须按照国家规定缴纳倾倒费。

根据本法规定征收的排污费、倾倒费，必须用于海洋环境污染的整治，不得挪作他用。具体办法由国务院规定。

第十三条 国家加强防治海洋环境污染损害的科学技术的研究和开发，对严重污染海洋环境的落后生产工艺和落后设备，实行淘汰制度。

企业应当优先使用清洁能源，采用资源利用率高、污染物排放量少的清洁生产工艺，防止对海洋环境的污染。

第十四条 国家海洋行政主管部门按照国家环境监测、监视规范和标准，管理全国海洋环境的调查、监测、监视，制定具体的实施办法，会同有关部门组织全国海洋环境监测、监视网络，定期评价海洋环境质量，发布海洋巡航监视通报。

依照本法规定行使海洋环境监督管理权的部门分别负责各自所辖水域的监测、监视。

其他有关部门根据全国海洋环境监测网的分工，分别负责对入海河口、主要排污口的监测。

第十五条 国务院有关部门应当向国务院环境保护行政主管部门提供编制全国环境质量公报所必需

的海洋环境监测资料。

环境保护行政主管部门应当向有关部门提供与海洋环境监督管理有关的资料。

第十六条 国家海洋行政主管部门按照国家制定的环境监测、监视信息管理制度，负责管理海洋综合信息系统，为海洋环境保护监督管理提供服务。

第十七条 因发生事故或者其他突发性事件，造成或者可能造成海洋环境污染事故的单位和个人，必须立即采取有效措施，及时向可能受到危害者通报，并向依照本法规定行使海洋环境监督管理权的部门报告，接受调查处理。

沿海县级以上地方人民政府在本行政区域近岸海域的环境受到严重污染时，必须采取有效措施，解除或者减轻危害。

第十八条 国家根据防止海洋环境污染的需要，制定国家重大海上污染事故应急计划。

国家海洋行政主管部门负责制定全国海洋石油勘探开发重大海上溢油应急计划，报国务院环境保护行政主管部门备案。

国家海事行政主管部门负责制定全国船舶重大海上溢油污染事故应急计划，报国务院环境保护行政主管部门备案。

沿海可能发生重大海洋环境污染事故的单位，应当依照国家的规定，制定污染事故应急计划，并向当地环境保护行政主管部门、海洋行政主管部门备案。

沿海县级以上地方人民政府及其有关部门在发生重大海上污染事故时，必须按照应急计划解除或者减轻危害。

第十九条 依照本法规定行使海洋环境监督管理权的部门可以在海上实行联合执法，在巡航监视中发现海上污染事故或者违反本法规定的行为时，应当予以制止并调查取证，必要时有权采取有效措施，防止污染事态的扩大，并报告有关主管部门处理。

依照本法规定行使海洋环境监督管理权的部门，有权对管辖范围内排放污染物的单位和个人进行现场检查。被检查者应当如实反映情况，提供必要的资料。

检查机关应当为被检查者保守技术秘密和业务秘密。

第三章 海洋生态保护

第二十条 国务院和沿海地方各级人民政府应当采取有效措施，保护红树林、珊瑚礁、滨海湿地、海岛、海湾、入海河口、重要渔业水域等具有典型性、代表性的海洋生态系统，珍稀、濒危海洋生物的天然集中分布区，具有重要经济价值的海洋生物生存区域及有重大科学文化价值的海洋自然历史遗迹和自然景观。

对具有重要经济、社会价值的已遭到破坏的海洋生态，应当进行整治和恢复。

第二十一条 国务院有关部门和沿海省级人民政府应当根据保护海洋生态的需要，选划、建立海洋自然保护区。

国家级海洋自然保护区的建立，须经国务院批准。

第二十二条 凡具有下列条件之一的，应当建立海洋自然保护区：

（一）典型的海洋自然地理区域、有代表性的自然生态区域，以及遭受破坏但经保护能恢复的海洋自然生态区域；

（二）海洋生物物种高度丰富的区域，或者珍稀、濒危海洋生物物种的天然集中分布区域；

（三）具有特殊保护价值的海域、海岸、岛屿、滨海湿地、入海河口和海湾等；

（四）具有重大科学文化价值的海洋自然遗迹所在区域；

（五）其他需要予以特殊保护的区域。

第二十三条 凡具有特殊地理条件、生态系统、生物与非生物资源及海洋开发利用特殊需要的区域，可以建立海洋特别保护区，采取有效的保护措施和科学的开发方式进行特殊管理。

第二十四条 国家建立健全海洋生态保护补偿制度。

开发利用海洋资源，应当根据海洋功能区划合理布局，严格遵守生态保护红线，不得造成海洋生态环境破坏。

第二十五条 引进海洋动植物物种，应当进行科学论证，避免对海洋生态系统造成危害。

第二十六条 开发海岛及周围海域的资源，应当采取严格的生态保护措施，不得造成海岛地形、岸滩、植被以及海岛周围海域生态环境的破坏。

第二十七条 沿海地方各级人民政府应当结合当地自然环境的特点，建设海岸防护设施、沿海防护林、沿海城镇园林和绿地，对海岸侵蚀和海水入侵地区进行综合治理。

禁止毁坏海岸防护设施、沿海防护林、沿海城镇园林和绿地。

第二十八条 国家鼓励发展生态渔业建设，推广多种生态渔业生产方式，改善海洋生态状况。

新建、改建、扩建海水养殖场，应当进行环境影响评价。

海水养殖应当科学确定养殖密度，并应当合理投饵、施肥，正确使用药物，防止造成海洋环境的污染。

第四章 防治陆源污染物对海洋环境的污染损害

第二十九条 向海域排放陆源污染物，必须严格执行国家或者地方规定的标准和有关规定。

第三十条 入海排污口位置的选择，应当根据海洋功能区划、海水动力条件和有关规定，经科学论证后，报设区的市级以上人民政府环境保护行政主管部门备案。

环境保护行政主管部门应当在完成备案后十五个工作日内将入海排污口设置情况通报海洋、海事、渔业行政主管部门和军队环境保护部门。

在海洋自然保护区、重要渔业水域、海滨风景名胜区和其他需要特别保护的区域，不得新建排污口。

在有条件的地区，应当将排污口深海设置，实行离岸排放。设置陆源污染物深海离岸排放排污口，应当根据海洋功能区划、海水动力条件和海底工程设施的有关情况确定，具体办法由国务院规定。

第三十一条 省、自治区、直辖市人民政府环境保护行政主管部门和水行政主管部门应当按照水污染防治有关法律的规定，加强入海河流管理，防治污染，使入海河口的水质处于良好状态。

第三十二条 排放陆源污染物的单位，必须向环境保护行政主管部门申报拥有的陆源污染物排放设施、处理设施和在正常作业条件下排放陆源污染物的种类、数量和浓度，并提供防治海洋环境污染方面的有关技术和资料。

排放陆源污染物的种类、数量和浓度有重大改变的，必须及时申报。

第三十三条 禁止向海域排放油类、酸液、碱液、剧毒废液和高、中水平放射性废水。

严格限制向海域排放低水平放射性废水；确需排放的，必须严格执行国家辐射防护规定。

严格控制向海域排放含有不易降解的有机物和重金属的废水。

第三十四条 含病原体的医疗污水、生活污水和工业废水必须经过处理，符合国家有关排放标准后，方能排入海域。

第三十五条 含有机物和营养物质的工业废水、生活污水，应当严格控制向海湾、半封闭海及其他自净能力较差的海域排放。

第三十六条 向海域排放含热废水，必须采取有效措施，保证邻近渔业水域的水温符合国家海洋环境质量标准，避免热污染对水产资源的危害。

第三十七条 沿海农田、林场施用化学农药，必须执行国家农药安全使用的规定和标准。

沿海农田、林场应当合理使用化肥和植物生长调节剂。

第三十八条 在岸滩弃置、堆放和处理尾矿、矿渣、煤灰渣、垃圾和其他固体废物的，依照《中华人民共和国固体废物污染环境防治法》的有关规定执行。

第三十九条 禁止经中华人民共和国内水、领海转移危险废物。

经中华人民共和国管辖的其他海域转移危险废物的，必须事先取得国务院环境保护行政主管部门的书面同意。

第四十条 沿海城市人民政府应当建设和完善城市排水管网，有计划地建设城市污水处理厂或者其他污水集中处理设施，加强城市污水的综合整治。

建设污水海洋处置工程，必须符合国家有关规定。

第四十一条 国家采取必要措施，防止、减少和控制来自大气层或者通过大气层造成的海洋环境污染损害。

第五章 防治海岸工程建设项目对海洋环境的污染损害

第四十二条 新建、改建、扩建海岸工程建设项目，必须遵守国家有关建设项目环境保护管理的规定，并把防治污染所需资金纳入建设项目投资计划。

在依法划定的海洋自然保护区、海滨风景名胜区、重要渔业水域及其他需要特别保护的区域，不得从事污染环境、破坏景观的海岸工程项目建设或者其他活动。

第四十三条 海岸工程建设项目单位，必须对海洋环境进行科学调查，根据自然条件和社会条件，合理选址，编制环境影响报告书（表）。在建设项目开工前，将环境影响报告书（表）报环境保护行政主管部门审查批准。

环境保护行政主管部门在批准环境影响报告书（表）之前，必须征求海洋、海事、渔业行政主管部门和军队环境保护部门的意见。

第四十四条 海岸工程建设项目的环境保护设施，必须与主体工程同时设计、同时施工、同时投产使用。环境保护设施应当符合经批准的环境影响评价报告书（表）的要求。

第四十五条 禁止在沿海陆域内新建不具备有效治理措施的化学制浆造纸、化工、印染、制革、电镀、酿造、炼油、岸边冲滩拆船以及其他严重污染海洋环境的工业生产项目。

第四十六条 兴建海岸工程建设项目，必须采取有效措施，保护国家和地方重点保护的野生动植物及其生存环境和海洋水产资源。

严格限制在海岸采挖砂石。露天开采海滨砂矿和从岸上打井开采海底矿产资源，必须采取有效措施，防止污染海洋环境。

第六章 防治海洋工程建设项目对海洋环境的污染损害

第四十七条 海洋工程建设项目必须符合全国海洋主体功能区规划、海洋功能区划、海洋环境保护规划和国家有关环境保护标准。海洋工程建设项目单位应当对海洋环境进行科学调查，编制海洋环境影响报告书（表），并在建设项目开工前，报海洋行政主管部门审查批准。

海洋行政主管部门在批准海洋环境影响报告书（表）之前，必须征求海事、渔业行政主管部门和军队环境保护部门的意见。

第四十八条 海洋工程建设项目的环境保护设施，必须与主体工程同时设计、同时施工、同时投产使用。环境保护设施未经海洋行政主管部门验收，或者经验收不合格的，建设项目不得投入生产或者使用。

拆除或者闲置环境保护设施，必须事先征得海洋行政主管部门的同意。

第四十九条 海洋工程建设项目，不得使用含超标准放射性物质或者易溶出有毒有害物质的材料。

第五十条 海洋工程建设项目需要爆破作业时，必须采取有效措施，保护海洋资源。

海洋石油勘探开发及输油过程中，必须采取有效措施，避免溢油事故的发生。

第五十一条 海洋石油钻井船、钻井平台和采油平台的含油污水和油性混合物，必须经过处理达标后排放；残油、废油必须予以回收，不得排放入海。经回收处理后排放的，其含油量不得超过国家规定的标准。

钻井所使用的油基泥浆和其他有毒复合泥浆不得排放入海。水基泥浆和无毒复合泥浆及钻屑的排放，必须符合国家有关规定。

第五十二条 海洋石油钻井船、钻井平台和采油平台及其有关海上设施，不得向海域处置含油的工业垃圾。处置其他工业垃圾，不得造成海洋环境污染。

第五十三条 海上试油时，应当确保油气充分燃烧，油和油性混合物不得排放入海。

第五十四条 勘探开发海洋石油，必须按有关规定编制溢油应急计划，报国家海洋行政主管部门的海区派出机构备案。

第七章 防治倾倒废弃物对海洋环境的污染损害

第五十五条 任何单位未经国家海洋行政主管部门批准，不得向中华人民共和国管辖海域倾倒任何废弃物。

需要倾倒废弃物的单位，必须向国家海洋行政主管部门提出书面申请，经国家海洋行政主管部门审查批准，发给许可证后，方可倾倒。

禁止中华人民共和国境外的废弃物在中华人民共和国管辖海域倾倒。

第五十六条 国家海洋行政主管部门根据废弃物的毒性、有毒物质含量和对海洋环境影响程度，制定海洋倾倒废弃物评价程序和标准。

向海洋倾倒废弃物，应当按照废弃物的类别和数量实行分级管理。

可以向海洋倾倒的废弃物名录，由国家海洋行政主管部门拟定，经国务院环境保护行政主管部门提出审核意见后，报国务院批准。

第五十七条 国家海洋行政主管部门按照科学、合理、经济、安全的原则选划海洋倾倒区，经国务院环境保护行政主管部门提出审核意见后，报国务院批准。

临时性海洋倾倒区由国家海洋行政主管部门批准，并报国务院环境保护行政主管部门备案。

国家海洋行政主管部门在选划海洋倾倒区和批准临时性海洋倾倒区之前，必须征求国家海事、渔业行政主管部门的意见。

第五十八条 国家海洋行政主管部门监督管理倾倒区的使用，组织倾倒区的环境监测，对经确认不宜继续使用的倾倒区，国家海洋行政主管部门应当予以封闭，终止在该倾倒区的一切倾倒活动，并报国务院备案。

第五十九条 获准倾倒废弃物的单位，必须按照许可证注明的期限及条件，到指定的区域进行倾倒。废弃物装载之后，批准部门应当予以核实。

第六十条 获准倾倒废弃物的单位，应当详细记录倾倒的情况，并在倾倒后向批准部门作出书面报告。倾倒废弃物的船舶必须向驶出港的海事行政主管部门作出书面报告。

第六十一条 禁止在海上焚烧废弃物。

禁止在海上处置放射性废弃物或者其他放射性物质。废弃物中的放射性物质的豁免浓度由国务院制定。

第八章 防治船舶及有关作业活动对海洋环境的污染损害

第六十二条 在中华人民共和国管辖海域，任何船舶及相关作业不得违反本法规定向海洋排放污染物、废弃物和压载水、船舶垃圾及其他有害物质。

从事船舶污染物、废弃物、船舶垃圾接收、船舶清舱、洗舱作业活动的，必须具备相应的接收处理能力。

第六十三条 船舶必须按照有关规定持有防止海洋环境污染的证书与文书，在进行涉及污染物排放及操作时，应当如实记录。

第六十四条 船舶必须配置相应的防污设备和器材。

载运具有污染危害性货物的船舶，其结构与设备应当能够防止或者减轻所载货物对海洋环境的污染。

第六十五条 船舶应当遵守海上交通安全法律、法规的规定，防止因碰撞、触礁、搁浅、火灾或者爆炸等引起的海难事故，造成海洋环境的污染。

第六十六条 国家完善并实施船舶油污损害民事赔偿责任制度；按照船舶油污损害赔偿责任由船东和货主共同承担风险的原则，建立船舶油污保险、油污损害赔偿基金制度。

实施船舶油污保险、油污损害赔偿基金制度的具体办法由国务院规定。

第六十七条 载运具有污染危害性货物进出港口的船舶，其承运人、货物所有人或者代理人，必须事先向海事行政主管部门申报。经批准后，方可进出港口、过境停留或者装卸作业。

第六十八条 交付船舶装运污染危害性货物的单证、包装、标志、数量限制等，必须符合对所装货物的有关规定。

需要船舶装运污染危害性不明的货物，应当按照有关规定事先进行评估。

装卸油类及有毒有害货物的作业，船岸双方必须遵守安全防污操作规程。

第六十九条 港口、码头、装卸站和船舶修造厂必须按照有关规定备有足够的用于处理船舶污染物、废弃物的接收设施，并使该设施处于良好状态。

装卸油类的港口、码头、装卸站和船舶必须编制溢油污染应急计划，并配备相应的溢油污染应急设备和器材。

第七十条 船舶及有关作业活动应当遵守有关法律法规和标准，采取有效措施，防止造成海洋环境污染。海事行政主管部门等有关部门应当加强对船舶及有关作业活动的监督管理。

船舶进行散装液体污染危害性货物的过驳作业，应当事先按照有关规定报经海事行政主管部门批准。

第七十一条 船舶发生海难事故，造成或者可能造成海洋环境重大污染损害的，国家海事行政主管部门有权强制采取避免或者减少污染损害的措施。

对在公海上因发生海难事故，造成中华人民共和国管辖海域重大污染损害后果或者具有污染威胁的船舶、海上设施，国家海事行政主管部门有权采取与实际的或者可能发生的损害相称的必要措施。

第七十二条 所有船舶均有监视海上污染的义务，在发现海上污染事故或者违反本法规定的行为时，必须立即向就近的依照本法规定行使海洋环境监督管理权的部门报告。

民用航空器发现海上排污或者污染事件，必须及时向就近的民用航空空中交通管制单位报告。接到报告的单位，应当立即向依照本法规定行使海洋环境监督管理权的部门通报。

第九章 法律责任

第七十三条 违反本法有关规定，有下列行为之一的，由依照本法规定行使海洋环境监督管理权的部门责令停止违法行为、限期改正或者责令采取限制生产、停产整治等措施，并处以罚款；拒不改正的，依法作出处罚决定的部门可以自责令改正之日的次日起，按照原罚款数额按日连续处罚；情节严重的，报经有批准权的人民政府批准，责令停业、关闭：

（一）向海域排放本法禁止排放的污染物或者其他物质的；

（二）不按照本法规定向海洋排放污染物，或者超过标准、总量控制指标排放污染物的；

（三）未取得海洋倾倒许可证，向海洋倾倒废弃物的；

（四）因发生事故或者其他突发性事件，造成海洋环境污染事故，不立即采取处理措施的。

有前款第（一）、（三）项行为之一的，处三万元以上二十万元以下的罚款；有前款第（二）、（四）

项行为之一的，处二万元以上十万元以下的罚款。

第七十四条 违反本法有关规定，有下列行为之一的，由依照本法规定行使海洋环境监督管理权的部门予以警告，或者处以罚款：

（一）不按照规定申报，甚至拒报污染物排放有关事项，或者在申报时弄虚作假的；

（二）发生事故或者其他突发性事件不按照规定报告的；

（三）不按照规定记录倾倒情况，或者不按照规定提交倾倒报告的；

（四）拒报或者谎报船舶载运污染危害性货物申报事项的。

有前款第（一）、（三）项行为之一的，处二万元以下的罚款；有前款第（二）、（四）项行为之一的，处五万元以下的罚款。

第七十五条 违反本法第十九条第二款的规定，拒绝现场检查，或者在被检查时弄虚作假的，由依照本法规定行使海洋环境监督管理权的部门予以警告，并处二万元以下的罚款。

第七十六条 违反本法规定，造成珊瑚礁、红树林等海洋生态系统及海洋水产资源、海洋保护区破坏的，由依照本法规定行使海洋环境监督管理权的部门责令限期改正和采取补救措施，并处一万元以上十万元以下的罚款；有违法所得的，没收其违法所得。

第七十七条 违反本法第三十条第一款、第三款规定设置入海排污口的，由县级以上地方人民政府环境保护行政主管部门责令其关闭，并处二万元以上十万元以下的罚款。

海洋、海事、渔业行政主管部门和军队环境保护部门发现入海排污口位置违反本法第三十条第一款、第三款规定的，应当通报环境保护行政主管部门依照前款规定予以处罚。

第七十八条 违反本法第三十九条第二款的规定，经中华人民共和国管辖海域，转移危险废物的，由国家海事行政主管部门责令非法运输该危险废物的船舶退出中华人民共和国管辖海域，并处五万元以上五十万元以下的罚款。

第七十九条 海岸工程建设项目未依法进行环境影响评价的，依照《中华人民共和国环境影响评价法》的规定处理。

第八十条 违反本法第四十四条的规定，海岸工程建设项目未建成环境保护设施，或者环境保护设施未达到规定要求即投入生产、使用的，由环境保护行政主管部门责令其停止生产或者使用，并处二万元以上十万元以下的罚款。

第八十一条 违反本法第四十五条的规定，新建严重污染海洋环境的工业生产建设项目的，按照管理权限，由县级以上人民政府责令关闭。

第八十二条 违反本法第四十七条第一款的规定，进行海洋工程建设项目的，由海洋行政主管部门责令其停止施工，根据违法情节和危害后果，处建设项目总投资额百分之一以上百分之五以下的罚款，并可以责令恢复原状。

违反本法第四十八条的规定，海洋工程建设项目未建成环境保护设施、环境保护设施未达到规定要求即投入生产、使用的，由海洋行政主管部门责令其停止生产、使用，并处五万元以上二十万元以下的罚款。

第八十三条 违反本法第四十九条的规定，使用含超标准放射性物质或者易溶出有毒有害物质材料的，由海洋行政主管部门处五万元以下的罚款，并责令其停止该建设项目的运行，直到消除污染危害。

第八十四条 违反本法规定进行海洋石油勘探开发活动，造成海洋环境污染的，由国家海洋行政主管部门予以警告，并处二万元以上二十万元以下的罚款。

第八十五条 违反本法规定，不按照许可证的规定倾倒，或者向已经封闭的倾倒区倾倒废弃物的，由海洋行政主管部门予以警告，并处三万元以上二十万元以下的罚款；对情节严重的，可以暂扣或者吊销许可证。

第八十六条 违反本法第五十五条第三款的规定，将中华人民共和国境外废弃物运进中华人民共和国管辖海域倾倒的，由国家海洋行政主管部门予以警告，并根据造成或者可能造成的危害后果，处十万元以上一百万元以下的罚款。

第八十七条 违反本法规定，有下列行为之一的，由依照本法规定行使海洋环境监督管理权的部门予以警告，或者处以罚款：

（一）港口、码头、装卸站及船舶未配备防污设施、器材的；

（二）船舶未持有防污证书、防污文书，或者不按照规定记载排污记录的；

（三）从事水上和港区水域拆船、旧船改装、打捞和其他水上、水下施工作业，造成海洋环境污染损害的；

（四）船舶载运的货物不具备防污适运条件的。

有前款第（一）、（四）项行为之一的，处二万元以上十万元以下的罚款；有前款第（二）项行为的，处二万元以下的罚款；有前款第（三）项行为的，处五万元以上二十万元以下的罚款。

第八十八条 违反本法规定，船舶、石油平台和装卸油类的港口、码头、装卸站不编制溢油应急计划的，由依照本法规定行使海洋环境监督管理权的部门予以警告，或者责令限期改正。

第八十九条 造成海洋环境污染损害的责任者，应当排除危害，并赔偿损失；完全由于第三者的故意或者过失，造成海洋环境污染损害的，由第三者排除危害，并承担赔偿责任。

对破坏海洋生态、海洋水产资源、海洋保护区，给国家造成重大损失的，由依照本法规定行使海洋环境监督管理权的部门代表国家对责任者提出损害赔偿要求。

第九十条 对违反本法规定，造成海洋环境污染事故的单位，除依法承担赔偿责任外，由依照本法规定行使海洋环境监督管理权的部门依照本条第二款的规定处以罚款；对直接负责的主管人员和其他直接责任人员可以处上一年度从本单位取得收入百分之五十以下的罚款；直接负责的主管人员和其他直接责任人员属于国家工作人员的，依法给予处分。

对造成一般或者较大海洋环境污染事故的，按照直接损失的百分之二十计算罚款；对造成重大或者特大海洋环境污染事故的，按照直接损失的百分之三十计算罚款。

对严重污染海洋环境、破坏海洋生态，构成犯罪的，依法追究刑事责任。

第九十一条 完全属于下列情形之一，经过及时采取合理措施，仍然不能避免对海洋环境造成污染损害的，造成污染损害的有关责任者免予承担责任：

（一）战争；

（二）不可抗拒的自然灾害；

（三）负责灯塔或者其他助航设备的主管部门，在执行职责时的疏忽，或者其他过失行为。

第九十二条 对违反本法第十二条有关缴纳排污费、倾倒费规定的行政处罚，由国务院规定。

第九十三条 海洋环境监督管理人员滥用职权、玩忽职守、徇私舞弊，造成海洋环境污染损害的，依法给予行政处分；构成犯罪的，依法追究刑事责任。

第十章 附 则

第九十四条 本法中下列用语的含义是：

（一）海洋环境污染损害，是指直接或者间接地把物质或者能量引入海洋环境，产生损害海洋生物资源、危害人体健康、妨害渔业和海上其他合法活动、损害海水使用素质和减损环境质量等有害影响。

（二）内水，是指我国领海基线向内陆一侧的所有海域。

（三）滨海湿地，是指低潮时水深浅于六米的水域及其沿岸浸湿地带，包括水深不超过六米的永久性水域、潮间带（或洪泛地带）和沿海低地等。

（四）海洋功能区划，是指依据海洋自然属性和社会属性，以及自然资源和环境特定条件，界定海洋利用的主导功能和使用范畴。

（五）渔业水域，是指鱼虾类的产卵场、索饵场、越冬场、洄游通道和鱼虾贝藻类的养殖场。

（六）油类，是指任何类型的油及其炼制品。

（七）油性混合物，是指任何含有油分的混合物。

（八）排放，是指把污染物排入海洋的行为，包括泵出、溢出、泄出、喷出和倒出。

（九）陆地污染源（简称陆源），是指从陆地向海域排放污染物，造成或者可能造成海洋环境污染的场所、设施等。

（十）陆源污染物，是指由陆地污染源排放的污染物。

（十一）倾倒，是指通过船舶、航空器、平台或者其他载运工具，向海洋处置废弃物和其他有害物质的行为，包括弃置船舶、航空器、平台及其辅助设施和其他浮动工具的行为。

（十二）沿海陆域，是指与海岸相连，或者通过管道、沟渠、设施，直接或者间接向海洋排放污染物及其相关活动的一带区域。

（十三）海上焚烧，是指以热摧毁为目的，在海上焚烧设施上，故意焚烧废弃物或者其他物质的行为，但船舶、平台或者其他人工构造物正常操作中，所附带发生的行为除外。

第九十五条 涉及海洋环境监督管理的有关部门的具体职权划分，本法未作规定的，由国务院规定。

第九十六条 中华人民共和国缔结或者参加的与海洋环境保护有关的国际条约与本法有不同规定的，适用国际条约的规定；但是，中华人民共和国声明保留的条款除外。

第九十七条 本法自2000年4月1日起施行。

中华人民共和国放射性污染防治法

中华人民共和国主席令

第六号

《中华人民共和国放射性污染防治法》已由中华人民共和国第十届全国人民代表大会常务委员会第三次会议于2003年6月28日通过，现予公布，自2003年10月1日起施行。

中华人民共和国主席　胡锦涛

2003年6月28日

第一章　总　则

第一条　为了防治放射性污染，保护环境，保障人体健康，促进核能、核技术的开发与和平利用，制定本法。

第二条　本法适用于中华人民共和国领域和管辖的其他海域在核设施选址、建造、运行、退役和核技术、铀（钍）矿、伴生放射性矿开发利用过程中发生的放射性污染的防治活动。

第三条　国家对放射性污染的防治，实行预防为主、防治结合、严格管理、安全第一的方针。

第四条　国家鼓励、支持放射性污染防治的科学研究和技术开发利用，推广先进的放射性污染防治技术。

国家支持开展放射性污染防治的国际交流与合作。

第五条　县级以上人民政府应当将放射性污染防治工作纳入环境保护规划。

县级以上人民政府应当组织开展有针对性的放射性污染防治宣传教育，使公众了解放射性污染防治的有关情况和科学知识。

第六条　任何单位和个人有权对造成放射性污染的行为提出检举和控告。

第七条　在放射性污染防治工作中作出显著成绩的单位和个人，由县级以上人民政府给予奖励。

第八条　国务院环境保护行政主管部门对全国放射性污染防治工作依法实施统一监督管理。

国务院卫生行政部门和其他有关部门依据国务院规定的职责，对有关的放射性污染防治工作依法实施监督管理。

第二章　放射性污染防治的监督管理

第九条　国家放射性污染防治标准由国务院环境保护行政主管部门根据环境安全要求、国家经济技术条件制定。国家放射性污染防治标准由国务院环境保护行政主管部门和国务院标准化行政主管部门联合发布。

第十条　国家建立放射性污染监测制度。国务院环境保护行政主管部门会同国务院其他有关部门组织环境监测网络，对放射性污染实施监测管理。

第十一条　国务院环境保护行政主管部门和国务院其他有关部门，按照职责分工，各负其责，互通信息，密切配合，对核设施、铀（钍）矿开发利用中的放射性污染防治进行监督检查。

县级以上地方人民政府环境保护行政主管部门和同级其他有关部门，按照职责分工，各负其责，互通信息，密切配合，对本行政区域内核技术利用、伴生放射性矿开发利用中的放射性污染防治进行监督检查。

监督检查人员进行现场检查时，应当出示证件。被检查的单位必须如实反映情况，提供必要的资料。监督检查人员应当为被检查单位保守技术秘密和业务秘密。对涉及国家秘密的单位和部位进行检查时，应当遵守国家有关保守国家秘密的规定，依法办理有关审批手续。

第十二条 核设施营运单位、核技术利用单位、铀（钍）矿和伴生放射性矿开发利用单位，负责本单位放射性污染的防治，接受环境保护行政主管部门和其他有关部门的监督管理，并依法对其造成的放射性污染承担责任。

第十三条 核设施营运单位、核技术利用单位、铀（钍）矿和伴生放射性矿开发利用单位，必须采取安全与防护措施，预防发生可能导致放射性污染的各类事故，避免放射性污染危害。

核设施营运单位、核技术利用单位、铀（钍）矿和伴生放射性矿开发利用单位，应当对其工作人员进行放射性安全教育、培训，采取有效的防护安全措施。

第十四条 国家对从事放射性污染防治的专业人员实行资格管理制度；对从事放射性污染监测工作的机构实行资质管理制度。

第十五条 运输放射性物质和含放射源的射线装置，应当采取有效措施，防止放射性污染。具体办法由国务院规定。

第十六条 放射性物质和射线装置应当设置明显的放射性标识和中文警示说明。生产、销售、使用、贮存、处置放射性物质和射线装置的场所，以及运输放射性物质和含放射源的射线装置的工具，应当设置明显的放射性标志。

第十七条 含有放射性物质的产品，应当符合国家放射性污染防治标准；不符合国家放射性污染防治标准的，不得出厂和销售。

使用伴生放射性矿渣和含有天然放射性物质的石材做建筑和装修材料，应当符合国家建筑材料放射性核素控制标准。

第三章 核设施的放射性污染防治

第十八条 核设施选址，应当进行科学论证，并按照国家有关规定办理审批手续。在办理核设施选址审批手续前，应当编制环境影响报告书，报国务院环境保护行政主管部门审查批准；未经批准，有关部门不得办理核设施选址批准文件。

第十九条 核设施营运单位在进行核设施建造、装料、运行、退役等活动前，必须按照国务院有关核设施安全监督管理的规定，申请领取核设施建造、运行许可证和办理装料、退役等审批手续。

核设施营运单位领取有关许可证或者批准文件后，方可进行相应的建造、装料、运行、退役等活动。

第二十条 核设施营运单位应当在申请领取核设施建造、运行许可证和办理退役审批手续前编制环境影响报告书，报国务院环境保护行政主管部门审查批准；未经批准，有关部门不得颁发许可证和办理批准文件。

第二十一条 与核设施相配套的放射性污染防治设施，应当与主体工程同时设计、同时施工、同时投入使用。

放射性污染防治设施应当与主体工程同时验收；验收合格的，主体工程方可投入生产或者使用。

第二十二条 进口核设施，应当符合国家放射性污染防治标准；没有相应的国家放射性污染防治标准的，采用国务院环境保护行政主管部门指定的国外有关标准。

第二十三条 核动力厂等重要核设施外围地区应当划定规划限制区。规划限制区的划定和管理办法，由国务院规定。

第二十四条 核设施营运单位应当对核设施周围环境中所含的放射性核素的种类、浓度以及核设施流出物中的放射性核素总量实施监测，并定期向国务院环境保护行政主管部门和所在地省、自治区、直辖市人民政府环境保护行政主管部门报告监测结果。

国务院环境保护行政主管部门负责对核动力厂等重要核设施实施监督性监测，并根据需要对其他核设施的流出物实施监测。监督性监测系统的建设、运行和维护费用由财政预算安排。

第二十五条 核设施营运单位应当建立健全安全保卫制度，加强安全保卫工作，并接受公安部门的监督指导。

核设施营运单位应当按照核设施的规模和性质制定核事故场内应急计划，做好应急准备。

出现核事故应急状态时，核设施营运单位必须立即采取有效的应急措施控制事故，并向核设施主管部门和环境保护行政主管部门、卫生行政部门、公安部门以及其他有关部门报告。

第二十六条 国家建立健全核事故应急制度。

核设施主管部门、环境保护行政主管部门、卫生行政部门、公安部门以及其他有关部门，在本级人民政府的组织领导下，按照各自的职责依法做好核事故应急工作。

中国人民解放军和中国人民武装警察部队按照国务院、中央军事委员会的有关规定在核事故应急中实施有效的支援。

第二十七条 核设施营运单位应当制定核设施退役计划。

核设施的退役费用和放射性废物处置费用应当预提，列入投资概算或者生产成本。核设施的退役费用和放射性废物处置费用的提取和管理办法，由国务院财政部门、价格主管部门会同国务院环境保护行政主管部门、核设施主管部门规定。

第四章 核技术利用的放射性污染防治

第二十八条 生产、销售、使用放射性同位素和射线装置的单位，应当按照国务院有关放射性同位素与射线装置放射防护的规定申请领取许可证，办理登记手续。

转让、进口放射性同位素和射线装置的单位以及装备有放射性同位素的仪表的单位，应当按照国务院有关放射性同位素与射线装置放射防护的规定办理有关手续。

第二十九条 生产、销售、使用放射性同位素和加速器、中子发生器以及含放射源的射线装置的单位，应当在申请领取许可证前编制环境影响评价文件，报省、自治区、直辖市人民政府环境保护行政主管部门审查批准；未经批准，有关部门不得颁发许可证。

国家建立放射性同位素备案制度。具体办法由国务院规定。

第三十条 新建、改建、扩建放射工作场所的放射防护设施，应当与主体工程同时设计、同时施工、同时投入使用。

放射防护设施应当与主体工程同时验收；验收合格的，主体工程方可投入生产或者使用。

第三十一条 放射性同位素应当单独存放，不得与易燃、易爆、腐蚀性物品等一起存放，其贮存场所应当采取有效的防火、防盗、防射线泄漏的安全防护措施，并指定专人负责保管。贮存、领取、使用、归还放射性同位素时，应当进行登记、检查，做到账物相符。

第三十二条 生产、使用放射性同位素和射线装置的单位，应当按照国务院环境保护行政主管部门的规定对其产生的放射性废物进行收集、包装、贮存。

生产放射源的单位，应当按照国务院环境保护行政主管部门的规定回收和利用废旧放射源；使用放射源的单位，应当按照国务院环境保护行政主管部门的规定将废旧放射源交回生产放射源的单位或者送交专门从事放射性固体废物贮存、处置的单位。

第三十三条 生产、销售、使用、贮存放射源的单位，应当建立健全安全保卫制度，指定专人负责，落实安全责任制，制定必要的事故应急措施。发生放射源丢失、被盗和放射性污染事故时，有关单位和个人必须立即采取应急措施，并向公安部门、卫生行政部门和环境保护行政主管部门报告。

公安部门、卫生行政部门和环境保护行政主管部门接到放射源丢失、被盗和放射性污染事故报告后，应当报告本级人民政府，并按照各自的职责立即组织采取有效措施，防止放射性污染蔓延，减少事故损失。当地人民政府应当及时将有关情况告知公众，并做好事故的调查、处理工作。

第五章 铀（钍）矿和伴生放射性矿开发利用的放射性污染防治

第三十四条 开发利用或者关闭铀（钍）矿的单位，应当在申请领取采矿许可证或者办理退役审批手续前编制环境影响报告书，报国务院环境保护行政主管部门审查批准。

开发利用伴生放射性矿的单位，应当在申请领取采矿许可证前编制环境影响报告书，报省级以上人民政府环境保护行政主管部门审查批准。

第三十五条 与铀（钍）矿和伴生放射性矿开发利用建设项目相配套的放射性污染防治设施，应当与主体工程同时设计、同时施工、同时投入使用。

放射性污染防治设施应当与主体工程同时验收；验收合格的，主体工程方可投入生产或者使用。

第三十六条 铀（钍）矿开发利用单位应当对铀（钍）矿的流出物和周围的环境实施监测，并定期向国务院环境保护行政主管部门和所在地省、自治区、直辖市人民政府环境保护行政主管部门报告监测结果。

第三十七条 对铀（钍）矿和伴生放射性矿开发利用过程中产生的尾矿，应当建造尾矿库进行贮存、处置；建造的尾矿库应当符合放射性污染防治的要求。

第三十八条 铀（钍）矿开发利用单位应当制定铀（钍）矿退役计划。铀矿退役费用由国家财政预算安排。

第六章 放射性废物管理

第三十九条 核设施营运单位、核技术利用单位、铀（钍）矿和伴生放射性矿开发利用单位，应当合理选择和利用原材料，采用先进的生产工艺和设备，尽量减少放射性废物的产生量。

第四十条 向环境排放放射性废气、废液，必须符合国家放射性污染防治标准。

第四十一条 产生放射性废气、废液的单位向环境排放符合国家放射性污染防治标准的放射性废气、废液，应当向审批环境影响评价文件的环境保护行政主管部门申请放射性核素排放量，并定期报告排放计量结果。

第四十二条 产生放射性废液的单位，必须按照国家放射性污染防治标准的要求，对不得向环境排放的放射性废液进行处理或者贮存。

产生放射性废液的单位，向环境排放符合国家放射性污染防治标准的放射性废液，必须采用符合国务院环境保护行政主管部门规定的排放方式。

禁止利用渗井、渗坑、天然裂隙、溶洞或者国家禁止的其他方式排放放射性废液。

第四十三条 低、中水平放射性固体废物在符合国家规定的区域实行近地表处置。

高水平放射性固体废物实行集中的深地质处置。

α放射性固体废物依照前款规定处置。

禁止在内河水域和海洋上处置放射性固体废物。

第四十四条 国务院核设施主管部门会同国务院环境保护行政主管部门根据地质条件和放射性固体废物处置的需要，在环境影响评价的基础上编制放射性固体废物处置场所选址规划，报国务院批准后实施。

有关地方人民政府应当根据放射性固体废物处置场所选址规划，提供放射性固体废物处置场所的建设用地，并采取有效措施支持放射性固体废物的处置。

第四十五条 产生放射性固体废物的单位，应当按照国务院环境保护行政主管部门的规定，对其产生的放射性固体废物进行处理后，送交放射性固体废物处置单位处置，并承担处置费用。

放射性固体废物处置费用收取和使用管理办法，由国务院财政部门、价格主管部门会同国务院环境保护行政主管部门规定。

第四十六条 设立专门从事放射性固体废物贮存、处置的单位，必须经国务院环境保护行政主管部门审查批准，取得许可证。具体办法由国务院规定。

禁止未经许可或者不按照许可的有关规定从事贮存和处置放射性固体废物的活动。

禁止将放射性固体废物提供或者委托给无许可证的单位贮存和处置。

第四十七条 禁止将放射性废物和被放射性污染的物品输入中华人民共和国境内或者经中华人民共和国境内转移。

第七章 法律责任

第四十八条 放射性污染防治监督管理人员违反法律规定，利用职务上的便利收受他人财物、谋取其他利益，或者玩忽职守，有下列行为之一的，依法给予行政处分；构成犯罪的，依法追究刑事责任：

（一）对不符合法定条件的单位颁发许可证和办理批准文件的；

（二）不依法履行监督管理职责的；

（三）发现违法行为不予查处的。

第四十九条 违反本法规定，有下列行为之一的，由县级以上人民政府环境保护行政主管部门或者其他有关部门依据职权责令限期改正，可以处二万元以下罚款：

（一）不按照规定报告有关环境监测结果的；

（二）拒绝环境保护行政主管部门和其他有关部门进行现场检查，或者被检查时不如实反映情况和提供必要资料的。

第五十条 违反本法规定，未编制环境影响评价文件，或者环境影响评价文件未经环境保护行政主管部门批准，擅自进行建造、运行、生产和使用等活动的，由审批环境影响评价文件的环境保护行政主管部门责令停止违法行为，限期补办手续或者恢复原状，并处一万元以上二十万元以下罚款。

第五十一条 违反本法规定，未建造放射性污染防治设施、放射防护设施，或者防治防护设施未经验收合格，主体工程即投入生产或者使用的，由审批环境影响评价文件的环境保护行政主管部门责令停止违法行为，限期改正，并处五万元以上二十万元以下罚款。

第五十二条 违反本法规定，未经许可或者批准，核设施营运单位擅自进行核设施的建造、装料、运行、退役等活动的，由国务院环境保护行政主管部门责令停止违法行为，限期改正，并处二十万元以上五十万元以下罚款；构成犯罪的，依法追究刑事责任。

第五十三条 违反本法规定，生产、销售、使用、转让、进口、贮存放射性同位素和射线装置以及装备有放射性同位素的仪表的，由县级以上人民政府环境保护行政主管部门或者其他有关部门依据职权责令停止违法行为，限期改正；逾期不改正的，责令停产停业或者吊销许可证；有违法所得的，没收违法所得；违法所得十万元以上的，并处违法所得一倍以上五倍以下罚款；没有违法所得或者违法所得不足十万元的，并处一万元以上十万元以下罚款；构成犯罪的，依法追究刑事责任。

第五十四条 违反本法规定，有下列行为之一的，由县级以上人民政府环境保护行政主管部门责令停止违法行为，限期改正，处以罚款；构成犯罪的，依法追究刑事责任：

（一）未建造尾矿库或者不按照放射性污染防治的要求建造尾矿库，贮存、处置铀（钍）矿和伴生放射性矿的尾矿的；

（二）向环境排放不得排放的放射性废气、废液的；

（三）不按照规定的方式排放放射性废液，利用渗井、渗坑、天然裂隙、溶洞或者国家禁止的其他方式排放放射性废液的；

（四）不按照规定处理或者贮存不得向环境排放的放射性废液的；

（五）将放射性固体废物提供或者委托给无许可证的单位贮存和处置的。

有前款第（一）项、第（二）项、第（三）项、第（五）项行为之一的，处十万元以上二十万元以下罚款；有前款第（四）项行为的，处一万元以上十万元以下罚款。

第五十五条　违反本法规定，有下列行为之一的，由县级以上人民政府环境保护行政主管部门或者其他有关部门依据职权责令限期改正；逾期不改正的，责令停产停业，并处二万元以上十万元以下罚款；构成犯罪的，依法追究刑事责任：

（一）不按照规定设置放射性标识、标志、中文警示说明的；

（二）不按照规定建立健全安全保卫制度和制定事故应急计划或者应急措施的；

（三）不按照规定报告放射源丢失、被盗情况或者放射性污染事故的。

第五十六条　产生放射性固体废物的单位，不按照本法第四十五条的规定对其产生的放射性固体废物进行处置的，由审批该单位立项环境影响评价文件的环境保护行政主管部门责令停止违法行为，限期改正；逾期不改正的，指定有处置能力的单位代为处置，所需费用由产生放射性固体废物的单位承担，可以并处二十万元以下罚款；构成犯罪的，依法追究刑事责任。

第五十七条　违反本法规定，有下列行为之一的，由省级以上人民政府环境保护行政主管部门责令停产停业或者吊销许可证；有违法所得的，没收违法所得；违法所得十万元以上的，并处违法所得一倍以上五倍以下罚款；没有违法所得或者违法所得不足十万元的，并处五万元以上十万元以下罚款；构成犯罪的，依法追究刑事责任：

（一）未经许可，擅自从事贮存和处置放射性固体废物活动的；

（二）不按照许可的有关规定从事贮存和处置放射性固体废物活动的。

第五十八条　向中华人民共和国境内输入放射性废物和被放射性污染的物品，或者经中华人民共和国境内转移放射性废物和被放射性污染的物品的，由海关责令退运该放射性废物和被放射性污染的物品，并处五十万元以上一百万元以下罚款；构成犯罪的，依法追究刑事责任。

第五十九条　因放射性污染造成他人损害的，应当依法承担民事责任。

第八章　附　则

第六十条　军用设施、装备的放射性污染防治，由国务院和军队的有关主管部门依照本法规定的原则和国务院、中央军事委员会规定的职责实施监督管理。

第六十一条　劳动者在职业活动中接触放射性物质造成的职业病的防治，依照《中华人民共和国职业病防治法》的规定执行。

第六十二条　本法中下列用语的含义：

（一）放射性污染，是指由于人类活动造成物料、人体、场所、环境介质表面或者内部出现超过国家标准的放射性物质或者射线。

（二）核设施，是指核动力厂（核电厂、核热电厂、核供汽供热厂等）和其他反应堆（研究堆、实验堆、临界装置等）；核燃料生产、加工、贮存和后处理设施；放射性废物的处理和处置设施等。

（三）核技术利用，是指密封放射源、非密封放射源和射线装置在医疗、工业、农业、地质调查、科学研究和教学等领域中的使用。

（四）放射性同位素，是指某种发生放射性衰变的元素中具有相同原子序数但质量不同的核素。

（五）放射源，是指除研究堆和动力堆核燃料循环范畴的材料以外，永久密封在容器中或者有严密包层并呈固态的放射性材料。

（六）射线装置，是指X线机、加速器、中子发生器以及含放射源的装置。

（七）伴生放射性矿，是指含有较高水平天然放射性核素浓度的非铀矿（如稀土矿和磷酸盐矿等）。

（八）放射性废物，是指含有放射性核素或者被放射性核素污染，其浓度或者比活度大于国家确定的清洁解控水平，预期不再使用的废弃物。

第六十三条　本法自2003年10月1日起施行。

中华人民共和国清洁生产促进法

中华人民共和国主席令

第五十四号

《全国人民代表大会常务委员会关于修改〈中华人民共和国清洁生产促进法〉的决定》已由中华人民共和国第十一届全国人民代表大会常务委员会第二十五次会议于2012年2月29日通过，现予公布，自2012年7月1日起施行。

中华人民共和国主席　胡锦涛

2012年2月29日

（2002年6月29日第九届全国人民代表大会常务委员会第二十八次会议通过　根据2012年2月29日第十一届全国人民代表大会常务委员会第二十五次会议《关于修改〈中华人民共和国清洁生产促进法〉的决定》修正）

第一章　总　则

第一条　为了促进清洁生产，提高资源利用效率，减少和避免污染物的产生，保护和改善环境，保障人体健康，促进经济与社会可持续发展，制定本法。

第二条　本法所称清洁生产，是指不断采取改进设计、使用清洁的能源和原料、采用先进的工艺技术与设备、改善管理、综合利用等措施，从源头削减污染，提高资源利用效率，减少或者避免生产、服务和产品使用过程中污染物的产生和排放，以减轻或者消除对人类健康和环境的危害。

第三条　在中华人民共和国领域内，从事生产和服务活动的单位以及从事相关管理活动的部门依照本法规定，组织、实施清洁生产。

第四条　国家鼓励和促进清洁生产。国务院和县级以上地方人民政府，应当将清洁生产促进工作纳入国民经济和社会发展规划、年度计划以及环境保护、资源利用、产业发展、区域开发等规划。

第五条　国务院清洁生产综合协调部门负责组织、协调全国的清洁生产促进工作。国务院环境保护、工业、科学技术、财政部门和其他有关部门，按照各自的职责，负责有关的清洁生产促进工作。

县级以上地方人民政府负责领导本行政区域内的清洁生产促进工作。县级以上地方人民政府确定的清洁生产综合协调部门负责组织、协调本行政区域内的清洁生产促进工作。县级以上地方人民政府其他有关部门，按照各自的职责，负责有关的清洁生产促进工作。

第六条　国家鼓励开展有关清洁生产的科学研究、技术开发和国际合作，组织宣传、普及清洁生产知识，推广清洁生产技术。

国家鼓励社会团体和公众参与清洁生产的宣传、教育、推广、实施及监督。

第二章　清洁生产的推行

第七条　国务院应当制定有利于实施清洁生产的财政税收政策。

国务院及其有关部门和省、自治区、直辖市人民政府，应当制定有利于实施清洁生产的产业政策、技术开发和推广政策。

第八条　国务院清洁生产综合协调部门会同国务院环境保护、工业、科学技术部门和其他有关部门，根据国民经济和社会发展规划及国家节约资源、降低能源消耗、减少重点污染物排放的要求，编制国家清洁生产推行规划，报经国务院批准后及时公布。

国家清洁生产推行规划应当包括：推行清洁生产的目标、主要任务和保障措施，按照资源能源消耗、污染物排放水平确定开展清洁生产的重点领域、重点行业和重点工程。

国务院有关行业主管部门根据国家清洁生产推行规划确定本行业清洁生产的重点项目，制定行业专项清洁生产推行规划并组织实施。

县级以上地方人民政府根据国家清洁生产推行规划、有关行业专项清洁生产推行规划，按照本地区节约资源、降低能源消耗、减少重点污染物排放的要求，确定本地区清洁生产的重点项目，制定推行清洁生产的实施规划并组织落实。

第九条　中央预算应当加强对清洁生产促进工作的资金投入，包括中央财政清洁生产专项资金和中央预算安排的其他清洁生产资金，用于支持国家清洁生产推行规划确定的重点领域、重点行业、重点工程实施清洁生产及其技术推广工作，以及生态脆弱地区实施清洁生产的项目。中央预算用于支持清洁生产促进工作的资金使用的具体办法，由国务院财政部门、清洁生产综合协调部门会同国务院有关部门制定。

县级以上地方人民政府应当统筹地方财政安排的清洁生产促进工作的资金，引导社会资金，支持清洁生产重点项目。

第十条　国务院和省、自治区、直辖市人民政府的有关部门，应当组织和支持建立促进清洁生产信息系统和技术咨询服务体系，向社会提供有关清洁生产方法和技术、可再生利用的废物供求以及清洁生产政策等方面的信息和服务。

第十一条　国务院清洁生产综合协调部门会同国务院环境保护、工业、科学技术、建设、农业等有关部门定期发布清洁生产技术、工艺、设备和产品导向目录。

国务院清洁生产综合协调部门、环境保护部门和省、自治区、直辖市人民政府负责清洁生产综合协调的部门、环境保护部门会同同级有关部门，组织编制重点行业或者地区的清洁生产指南，指导实施清洁生产。

第十二条　国家对浪费资源和严重污染环境的落后生产技术、工艺、设备和产品实行限期淘汰制度。国务院有关部门按照职责分工，制定并发布限期淘汰的生产技术、工艺、设备以及产品的名录。

第十三条　国务院有关部门可以根据需要批准设立节能、节水、废物再生利用等环境与资源保护方面的产品标志，并按照国家规定制定相应标准。

第十四条　县级以上人民政府科学技术部门和其他有关部门，应当指导和支持清洁生产技术和有利于环境与资源保护的产品的研究、开发以及清洁生产技术的示范和推广工作。

第十五条　国务院教育部门，应当将清洁生产技术和管理课程纳入有关高等教育、职业教育和技术培训体系。

县级以上人民政府有关部门组织开展清洁生产的宣传和培训，提高国家工作人员、企业经营管理者和公众的清洁生产意识，培养清洁生产管理和技术人员。

新闻出版、广播影视、文化等单位和有关社会团体，应当发挥各自优势做好清洁生产宣传工作。

第十六条　各级人民政府应当优先采购节能、节水、废物再生利用等有利于环境与资源保护的产品。

各级人民政府应当通过宣传、教育等措施，鼓励公众购买和使用节能、节水、废物再生利用等有利于环境与资源保护的产品。

第十七条　省、自治区、直辖市人民政府负责清洁生产综合协调的部门、环境保护部门，根据促进清洁生产工作的需要，在本地区主要媒体上公布未达到能源消耗控制指标、重点污染物排放控制指标的企业的名单，为公众监督企业实施清洁生产提供依据。

列入前款规定名单的企业，应当按照国务院清洁生产综合协调部门、环境保护部门的规定公布能源消耗或者重点污染物产生、排放情况，接受公众监督。

第三章　清洁生产的实施

第十八条　新建、改建和扩建项目应当进行环境影响评价，对原料使用、资源消耗、资源综合利用以及污染物产生与处置等进行分析论证，优先采用资源利用率高以及污染物产生量少的清洁生产技术、工艺和设备。

第十九条　企业在进行技术改造过程中，应当采取以下清洁生产措施：

（一）采用无毒、无害或者低毒、低害的原料，替代毒性大、危害严重的原料；

（二）采用资源利用率高、污染物产生量少的工艺和设备，替代资源利用率低、污染物产生量多的工艺和设备；

（三）对生产过程中产生的废物、废水和余热等进行综合利用或者循环使用；

（四）采用能够达到国家或者地方规定的污染物排放标准和污染物排放总量控制指标的污染防治技术。

第二十条　产品和包装物的设计，应当考虑其在生命周期中对人类健康和环境的影响，优先选择无毒、无害、易于降解或者便于回收利用的方案。

企业对产品的包装应当合理，包装的材质、结构和成本应当与内装产品的质量、规格和成本相适应，减少包装性废物的产生，不得进行过度包装。

第二十一条　生产大型机电设备、机动运输工具以及国务院工业部门指定的其他产品的企业，应当按照国务院标准化部门或者其授权机构制定的技术规范，在产品的主体构件上注明材料成分的标准牌号。

第二十二条　农业生产者应当科学地使用化肥、农药、农用薄膜和饲料添加剂，改进种植和养殖技术，实现农产品的优质、无害和农业生产废物的资源化，防止农业环境污染。

禁止将有毒、有害废物用作肥料或者用于造田。

第二十三条　餐饮、娱乐、宾馆等服务性企业，应当采用节能、节水和其他有利于环境保护的技术和设备，减少使用或者不使用浪费资源、污染环境的消费品。

第二十四条　建筑工程应当采用节能、节水等有利于环境与资源保护的建筑设计方案、建筑和装修材料、建筑构配件及设备。

建筑和装修材料必须符合国家标准。禁止生产、销售和使用有毒、有害物质超过国家标准的建筑和装修材料。

第二十五条　矿产资源的勘查、开采，应当采用有利于合理利用资源、保护环境和防止污染的勘查、开采方法和工艺技术，提高资源利用水平。

第二十六条　企业应当在经济技术可行的条件下对生产和服务过程中产生的废物、余热等自行回收利用或者转让给有条件的其他企业和个人利用。

第二十七条　企业应当对生产和服务过程中的资源消耗以及废物的产生情况进行监测，并根据需要对生产和服务实施清洁生产审核。

有下列情形之一的企业，应当实施强制性清洁生产审核：

（一）污染物排放超过国家或者地方规定的排放标准，或者虽未超过国家或者地方规定的排放标准，但超过重点污染物排放总量控制指标的；

（二）超过单位产品能源消耗限额标准构成高耗能的；

（三）使用有毒、有害原料进行生产或者在生产中排放有毒、有害物质的。

污染物排放超过国家或者地方规定的排放标准的企业，应当按照环境保护相关法律的规定治理。

实施强制性清洁生产审核的企业，应当将审核结果向所在地县级以上地方人民政府负责清洁生产综合协调的部门、环境保护部门报告，并在本地区主要媒体上公布，接受公众监督，但涉及商业秘密的除外。

县级以上地方人民政府有关部门应当对企业实施强制性清洁生产审核的情况进行监督，必要时可以组织对企业实施清洁生产的效果进行评估验收，所需费用纳入同级政府预算。承担评估验收工作的部门或者单位不得向被评估验收企业收取费用。

实施清洁生产审核的具体办法，由国务院清洁生产综合协调部门、环境保护部门会同国务院有关部门制定。

第二十八条 本法第二十七条第二款规定以外的企业，可以自愿与清洁生产综合协调部门和环境保护部门签订进一步节约资源、削减污染物排放量的协议。该清洁生产综合协调部门和环境保护部门应当在本地区主要媒体上公布该企业的名称以及节约资源、防治污染的成果。

第二十九条 企业可以根据自愿原则，按照国家有关环境管理体系等认证的规定，委托经国务院认证认可监督管理部门认可的认证机构进行认证，提高清洁生产水平。

第四章 鼓励措施

第三十条 国家建立清洁生产表彰奖励制度。对在清洁生产工作中做出显著成绩的单位和个人，由人民政府给予表彰和奖励。

第三十一条 对从事清洁生产研究、示范和培训，实施国家清洁生产重点技术改造项目和本法第二十八条规定的自愿节约资源、削减污染物排放量协议中载明的技术改造项目，由县级以上人民政府给予资金支持。

第三十二条 在依照国家规定设立的中小企业发展基金中，应当根据需要安排适当数额用于支持中小企业实施清洁生产。

第三十三条 依法利用废物和从废物中回收原料生产产品的，按照国家规定享受税收优惠。

第三十四条 企业用于清洁生产审核和培训的费用，可以列入企业经营成本。

第五章 法律责任

第三十五条 清洁生产综合协调部门或者其他有关部门未依照本法规定履行职责的，对直接负责的主管人员和其他直接责任人员依法给予处分。

第三十六条 违反本法第十七条第二款规定，未按照规定公布能源消耗或者重点污染物产生、排放情况的，由县级以上地方人民政府负责清洁生产综合协调的部门、环境保护部门按照职责分工责令公布，可以处十万元以下的罚款。

第三十七条 违反本法第二十一条规定，未标注产品材料的成分或者不如实标注的，由县级以上地方人民政府质量技术监督部门责令限期改正；拒不改正的，处以五万元以下的罚款。

第三十八条 违反本法第二十四条第二款规定，生产、销售有毒、有害物质超过国家标准的建筑和装修材料的，依照产品质量法和有关民事、刑事法律的规定，追究行政、民事、刑事法律责任。

第三十九条 违反本法第二十七条第二款、第四款规定，不实施强制性清洁生产审核或者在清洁生产审核中弄虚作假的，或者实施强制性清洁生产审核的企业不报告或者不如实报告审核结果的，由县级以上地方人民政府负责清洁生产综合协调的部门、环境保护部门按照职责分工责令限期改正；拒不改正的，处以五万元以上五十万元以下的罚款。

违反本法第二十七条第五款规定，承担评估验收工作的部门或者单位及其工作人员向被评估验收企业收取费用的，不如实评估验收或者在评估验收中弄虚作假的，或者利用职务上的便利谋取利益的，对直接负责的主管人员和其他直接责任人员依法给予处分；构成犯罪的，依法追究刑事责任。

第六章 附 则

第四十条 本法自 2003 年 1 月 1 日起施行。

中华人民共和国循环经济促进法

中华人民共和国主席令

第四号

《中华人民共和国循环经济促进法》已由中华人民共和国第十一届全国人民代表大会常务委员会第四次会议于2008年8月29日通过，现予公布，自2009年1月1日起施行。

中华人民共和国主席　胡锦涛

2008年8月29日

第一章　总　则

第一条　为了促进循环经济发展，提高资源利用效率，保护和改善环境，实现可持续发展，制定本法。

第二条　本法所称循环经济，是指在生产、流通和消费等过程中进行的减量化、再利用、资源化活动的总称。

本法所称减量化，是指在生产、流通和消费等过程中减少资源消耗和废物产生。

本法所称再利用，是指将废物直接作为产品或者经修复、翻新、再制造后继续作为产品使用，或者将废物的全部或者部分作为其他产品的部件予以使用。

本法所称资源化，是指将废物直接作为原料进行利用或者对废物进行再生利用。

第三条　发展循环经济是国家经济社会发展的一项重大战略，应当遵循统筹规划、合理布局，因地制宜、注重实效，政府推动、市场引导，企业实施、公众参与的方针。

第四条　发展循环经济应当在技术可行、经济合理和有利于节约资源、保护环境的前提下，按照减量化优先的原则实施。

在废物再利用和资源化过程中，应当保障生产安全，保证产品质量符合国家规定的标准，并防止产生再次污染。

第五条　国务院循环经济发展综合管理部门负责组织协调、监督管理全国循环经济发展工作；国务院环境保护等有关主管部门按照各自的职责负责有关循环经济的监督管理工作。

县级以上地方人民政府循环经济发展综合管理部门负责组织协调、监督管理本行政区域的循环经济发展工作；县级以上地方人民政府环境保护等有关主管部门按照各自的职责负责有关循环经济的监督管理工作。

第六条　国家制定产业政策，应当符合发展循环经济的要求。

县级以上人民政府编制国民经济和社会发展规划及年度计划，县级以上人民政府有关部门编制环境保护、科学技术等规划，应当包括发展循环经济的内容。

第七条　国家鼓励和支持开展循环经济科学技术的研究、开发和推广，鼓励开展循环经济宣传、教育、科学知识普及和国际合作。

第八条　县级以上人民政府应当建立发展循环经济的目标责任制，采取规划、财政、投资、政府采购等措施，促进循环经济发展。

第九条 企业事业单位应当建立健全管理制度，采取措施，降低资源消耗，减少废物的产生量和排放量，提高废物的再利用和资源化水平。

第十条 公民应当增强节约资源和保护环境意识，合理消费，节约资源。

国家鼓励和引导公民使用节能、节水、节材和有利于保护环境的产品及再生产品，减少废物的产生量和排放量。

公民有权举报浪费资源、破坏环境的行为，有权了解政府发展循环经济的信息并提出意见和建议。

第十一条 国家鼓励和支持行业协会在循环经济发展中发挥技术指导和服务作用。县级以上人民政府可以委托有条件的行业协会等社会组织开展促进循环经济发展的公共服务。

国家鼓励和支持中介机构、学会和其他社会组织开展循环经济宣传、技术推广和咨询服务，促进循环经济发展。

第二章 基本管理制度

第十二条 国务院循环经济发展综合管理部门会同国务院环境保护等有关主管部门编制全国循环经济发展规划，报国务院批准后公布施行。设区的市级以上地方人民政府循环经济发展综合管理部门会同本级人民政府环境保护等有关主管部门编制本行政区域循环经济发展规划，报本级人民政府批准后公布施行。

循环经济发展规划应当包括规划目标、适用范围、主要内容、重点任务和保障措施等，并规定资源产出率、废物再利用和资源化率等指标。

第十三条 县级以上地方人民政府应当依据上级人民政府下达的本行政区域主要污染物排放、建设用地和用水总量控制指标，规划和调整本行政区域的产业结构，促进循环经济发展。

新建、改建、扩建建设项目，必须符合本行政区域主要污染物排放、建设用地和用水总量控制指标的要求。

第十四条 国务院循环经济发展综合管理部门会同国务院统计、环境保护等有关主管部门建立和完善循环经济评价指标体系。

上级人民政府根据前款规定的循环经济主要评价指标，对下级人民政府发展循环经济的状况定期进行考核，并将主要评价指标完成情况作为对地方人民政府及其负责人考核评价的内容。

第十五条 生产列入强制回收名录的产品或者包装物的企业，必须对废弃的产品或者包装物负责回收；对其中可以利用的，由各该生产企业负责利用；对因不具备技术经济条件而不适合利用的，由各该生产企业负责无害化处置。

对前款规定的废弃产品或者包装物，生产者委托销售者或者其他组织进行回收的，或者委托废物利用或者处置企业进行利用或者处置的，受托方应当依照有关法律、行政法规的规定和合同的约定负责回收或者利用、处置。

对列入强制回收名录的产品和包装物，消费者应当将废弃的产品或者包装物交给生产者或者其委托回收的销售者或者其他组织。

强制回收的产品和包装物的名录及管理办法，由国务院循环经济发展综合管理部门规定。

第十六条 国家对钢铁、有色金属、煤炭、电力、石油加工、化工、建材、建筑、造纸、印染等行业年综合能源消费量、用水量超过国家规定总量的重点企业，实行能耗、水耗的重点监督管理制度。

重点能源消费单位的节能监督管理，依照《中华人民共和国节约能源法》的规定执行。

重点用水单位的监督管理办法，由国务院循环经济发展综合管理部门会同国务院有关部门规定。

第十七条 国家建立健全循环经济统计制度，加强资源消耗、综合利用和废物产生的统计管理，并将主要统计指标定期向社会公布。

国务院标准化主管部门会同国务院循环经济发展综合管理和环境保护等有关主管部门建立健全循

环经济标准体系，制定和完善节能、节水、节材和废物再利用、资源化等标准。

国家建立健全能源效率标识等产品资源消耗标识制度。

第三章　减量化

第十八条　国务院循环经济发展综合管理部门会同国务院环境保护等有关主管部门，定期发布鼓励、限制和淘汰的技术、工艺、设备、材料和产品名录。

禁止生产、进口、销售列入淘汰名录的设备、材料和产品，禁止使用列入淘汰名录的技术、工艺、设备和材料。

第十九条　从事工艺、设备、产品及包装物设计，应当按照减少资源消耗和废物产生的要求，优先选择采用易回收、易拆解、易降解、无毒无害或者低毒低害的材料和设计方案，并应当符合有关国家标准的强制性要求。

对在拆解和处置过程中可能造成环境污染的电器电子等产品，不得设计使用国家禁止使用的有毒有害物质。禁止在电器电子等产品中使用的有毒有害物质名录，由国务院循环经济发展综合管理部门会同国务院环境保护等有关主管部门制定。

设计产品包装物应当执行产品包装标准，防止过度包装造成资源浪费和环境污染。

第二十条　工业企业应当采用先进或者适用的节水技术、工艺和设备，制定并实施节水计划，加强节水管理，对生产用水进行全过程控制。

工业企业应当加强用水计量管理，配备和使用合格的用水计量器具，建立水耗统计和用水状况分析制度。

新建、改建、扩建建设项目，应当配套建设节水设施。节水设施应当与主体工程同时设计、同时施工、同时投产使用。

国家鼓励和支持沿海地区进行海水淡化和海水直接利用，节约淡水资源。

第二十一条　国家鼓励和支持企业使用高效节油产品。

电力、石油加工、化工、钢铁、有色金属和建材等企业，必须在国家规定的范围和期限内，以洁净煤、石油焦、天然气等清洁能源替代燃料油，停止使用不符合国家规定的燃油发电机组和燃油锅炉。

内燃机和机动车制造企业应当按照国家规定的内燃机和机动车燃油经济性标准，采用节油技术，减少石油产品消耗量。

第二十二条　开采矿产资源，应当统筹规划，制定合理的开发利用方案，采用合理的开采顺序、方法和选矿工艺。采矿许可证颁发机关应当对申请人提交的开发利用方案中的开采回采率、采矿贫化率、选矿回收率、矿山水循环利用率和土地复垦率等指标依法进行审查；审查不合格的，不予颁发采矿许可证。采矿许可证颁发机关应当依法加强对开采矿产资源的监督管理。

矿山企业在开采主要矿种的同时，应当对具有工业价值的共生和伴生矿实行综合开采、合理利用；对必须同时采出而暂时不能利用的矿产以及含有有用组分的尾矿，应当采取保护措施，防止资源损失和生态破坏。

第二十三条　建筑设计、建设、施工等单位应当按照国家有关规定和标准，对其设计、建设、施工的建筑物及构筑物采用节能、节水、节地、节材的技术工艺和小型、轻型、再生产品。有条件的地区，应当充分利用太阳能、地热能、风能等可再生能源。

国家鼓励利用无毒无害的固体废物生产建筑材料，鼓励使用散装水泥，推广使用预拌混凝土和预拌砂浆。

禁止损毁耕地烧砖。在国务院或者省、自治区、直辖市人民政府规定的期限和区域内，禁止生产、销售和使用黏土砖。

第二十四条　县级以上人民政府及其农业等主管部门应当推进土地集约利用，鼓励和支持农业生产者采用节水、节肥、节药的先进种植、养殖和灌溉技术，推动农业机械节能，优先发展生态农业。

在缺水地区，应当调整种植结构，优先发展节水型农业，推进雨水集蓄利用，建设和管护节水灌溉设施，提高用水效率，减少水的蒸发和漏失。

第二十五条 国家机关及使用财政性资金的其他组织应当厉行节约、杜绝浪费，带头使用节能、节水、节地、节材和有利于保护环境的产品、设备和设施，节约使用办公用品。国务院和县级以上地方人民政府管理机关事务工作的机构会同本级人民政府有关部门制定本级国家机关等机构的用能、用水定额指标，财政部门根据该定额指标制定支出标准。

城市人民政府和建筑物的所有者或者使用者，应当采取措施，加强建筑物维护管理，延长建筑物使用寿命。对符合城市规划和工程建设标准，在合理使用寿命内的建筑物，除为了公共利益的需要外，城市人民政府不得决定拆除。

第二十六条 餐饮、娱乐、宾馆等服务性企业，应当采用节能、节水、节材和有利于保护环境的产品，减少使用或者不使用浪费资源、污染环境的产品。

本法施行后新建的餐饮、娱乐、宾馆等服务性企业，应当采用节能、节水、节材和有利于保护环境的技术、设备和设施。

第二十七条 国家鼓励和支持使用再生水。在有条件使用再生水的地区，限制或者禁止将自来水作为城市道路清扫、城市绿化和景观用水使用。

第二十八条 国家在保障产品安全和卫生的前提下，限制一次性消费品的生产和销售。具体名录由国务院循环经济发展综合管理部门会同国务院财政、环境保护等有关主管部门制定。

对列入前款规定名录中的一次性消费品的生产和销售，由国务院财政、税务和对外贸易等主管部门制定限制性的税收和出口等措施。

第四章 再利用和资源化

第二十九条 县级以上人民政府应当统筹规划区域经济布局，合理调整产业结构，促进企业在资源综合利用等领域进行合作，实现资源的高效利用和循环使用。

各类产业园区应当组织区内企业进行资源综合利用，促进循环经济发展。

国家鼓励各类产业园区的企业进行废物交换利用、能量梯级利用、土地集约利用、水的分类利用和循环使用，共同使用基础设施和其他有关设施。

新建和改造各类产业园区应当依法进行环境影响评价，并采取生态保护和污染控制措施，确保本区域的环境质量达到规定的标准。

第三十条 企业应当按照国家规定，对生产过程中产生的粉煤灰、煤矸石、尾矿、废石、废料、废气等工业废物进行综合利用。

第三十一条 企业应当发展串联用水系统和循环用水系统，提高水的重复利用率。

企业应当采用先进技术、工艺和设备，对生产过程中产生的废水进行再生利用。

第三十二条 企业应当采用先进或者适用的回收技术、工艺和设备，对生产过程中产生的余热、余压等进行综合利用。

建设利用余热、余压、煤层气以及煤矸石、煤泥、垃圾等低热值燃料的并网发电项目，应当依照法律和国务院的规定取得行政许可或者报送备案。电网企业应当按照国家规定，与综合利用资源发电的企业签订并网协议，提供上网服务，并全额收购并网发电项目的上网电量。

第三十三条 建设单位应当对工程施工中产生的建筑废物进行综合利用；不具备综合利用条件的，应当委托具备条件的生产经营者进行综合利用或者无害化处置。

第三十四条 国家鼓励和支持农业生产者和相关企业采用先进或者适用技术，对农作物秸秆、畜禽粪便、农产品加工业副产品、废农用薄膜等进行综合利用，开发利用沼气等生物质能源。

第三十五条 县级以上人民政府及其林业主管部门应当积极发展生态林业，鼓励和支持林业生产者和相关企业采用木材节约和代用技术，开展林业废弃物和次小薪材、沙生灌木等综合利用，提高木材综合利用率。

第三十六条 国家支持生产经营者建立产业废物交换信息系统，促进企业交流产业废物信息。

企业对生产过程中产生的废物不具备综合利用条件的，应当提供给具备条件的生产经营者进行综合利用。

第三十七条 国家鼓励和推进废物回收体系建设。

地方人民政府应当按照城乡规划，合理布局废物回收网点和交易市场，支持废物回收企业和其他组织开展废物的收集、储存、运输及信息交流。

废物回收交易市场应当符合国家环境保护、安全和消防等规定。

第三十八条 对废电器电子产品、报废机动车船、废轮胎、废铅酸电池等特定产品进行拆解或者再利用，应当符合有关法律、行政法规的规定。

第三十九条 回收的电器电子产品，经过修复后销售的，必须符合再利用产品标准，并在显著位置标识为再利用产品。

回收的电器电子产品，需要拆解和再生利用的，应当交售给具备条件的拆解企业。

第四十条 国家支持企业开展机动车零部件、工程机械、机床等产品的再制造和轮胎翻新。

销售的再制造产品和翻新产品的质量必须符合国家规定的标准，并在显著位置标识为再制造产品或者翻新产品。

第四十一条 县级以上人民政府应当统筹规划建设城乡生活垃圾分类收集和资源化利用设施，建立和完善分类收集和资源化利用体系，提高生活垃圾资源化率。

县级以上人民政府应当支持企业建设污泥资源化利用和处置设施，提高污泥综合利用水平，防止产生再次污染。

第五章　激励措施

第四十二条 国务院和省、自治区、直辖市人民政府设立发展循环经济的有关专项资金，支持循环经济的科技研究开发、循环经济技术和产品的示范与推广、重大循环经济项目的实施、发展循环经济的信息服务等。具体办法由国务院财政部门会同国务院循环经济发展综合管理等有关主管部门制定。

第四十三条 国务院和省、自治区、直辖市人民政府及其有关部门应当将循环经济重大科技攻关项目的自主创新研究、应用示范和产业化发展列入国家或者省级科技发展规划和高技术产业发展规划，并安排财政性资金予以支持。

利用财政性资金引进循环经济重大技术、装备的，应当制定消化、吸收和创新方案，报有关主管部门审批并由其监督实施；有关主管部门应当根据实际需要建立协调机制，对重大技术、装备的引进和消化、吸收、创新实行统筹协调，并给予资金支持。

第四十四条 国家对促进循环经济发展的产业活动给予税收优惠，并运用税收等措施鼓励进口先进的节能、节水、节材等技术、设备和产品，限制在生产过程中耗能高、污染重的产品的出口。具体办法由国务院财政、税务主管部门制定。

企业使用或者生产列入国家清洁生产、资源综合利用等鼓励名录的技术、工艺、设备或者产品的，按照国家有关规定享受税收优惠。

第四十五条 县级以上人民政府循环经济发展综合管理部门在制定和实施投资计划时，应当将节能、节水、节地、节材、资源综合利用等项目列为重点投资领域。

对符合国家产业政策的节能、节水、节地、节材、资源综合利用等项目，金融机构应当给予优先贷款等信贷支持，并积极提供配套金融服务。

对生产、进口、销售或者使用列入淘汰名录的技术、工艺、设备、材料或者产品的企业，金融机构不得提供任何形式的授信支持。

第四十六条 国家实行有利于资源节约和合理利用的价格政策，引导单位和个人节约和合理使用水、电、气等资源性产品。

国务院和省、自治区、直辖市人民政府的价格主管部门应当按照国家产业政策，对资源高消耗行业中的限制类项目，实行限制性的价格政策。

对利用余热、余压、煤层气以及煤矸石、煤泥、垃圾等低热值燃料的并网发电项目，价格主管部门按照有利于资源综合利用的原则确定其上网电价。

省、自治区、直辖市人民政府可以根据本行政区域经济社会发展状况，实行垃圾排放收费制度。收取的费用专项用于垃圾分类、收集、运输、贮存、利用和处置，不得挪作他用。

国家鼓励通过以旧换新、押金等方式回收废物。

第四十七条 国家实行有利于循环经济发展的政府采购政策。使用财政性资金进行采购的，应当优先采购节能、节水、节材和有利于保护环境的产品及再生产品。

第四十八条 县级以上人民政府及其有关部门应当对在循环经济管理、科学技术研究、产品开发、示范和推广工作中做出显著成绩的单位和个人给予表彰和奖励。

企业事业单位应当对在循环经济发展中做出突出贡献的集体和个人给予表彰和奖励。

第六章 法律责任

第四十九条 县级以上人民政府循环经济发展综合管理部门或者其他有关主管部门发现违反本法的行为或者接到对违法行为的举报后不予查处，或者有其他不依法履行监督管理职责行为的，由本级人民政府或者上一级人民政府有关主管部门责令改正，对直接负责的主管人员和其他直接责任人员依法给予处分。

第五十条 生产、销售列入淘汰名录的产品、设备的，依照《中华人民共和国产品质量法》的规定处罚。

使用列入淘汰名录的技术、工艺、设备、材料的，由县级以上地方人民政府循环经济发展综合管理部门责令停止使用，没收违法使用的设备、材料，并处五万元以上二十万元以下的罚款；情节严重的，由县级以上人民政府循环经济发展综合管理部门提出意见，报请本级人民政府按照国务院规定的权限责令停业或者关闭。

违反本法规定，进口列入淘汰名录的设备、材料或者产品的，由海关责令退运，可以处十万元以上一百万元以下的罚款。进口者不明的，由承运人承担退运责任，或者承担有关处置费用。

第五十一条 违反本法规定，对在拆解或者处置过程中可能造成环境污染的电器电子等产品，设计使用列入国家禁止使用名录的有毒有害物质的，由县级以上地方人民政府产品质量监督部门责令限期改正；逾期不改正的，处二万元以上二十万元以下的罚款；情节严重的，由县级以上地方人民政府产品质量监督部门向本级工商行政管理部门通报有关情况，由工商行政管理部门依法吊销营业执照。

第五十二条 违反本法规定，电力、石油加工、化工、钢铁、有色金属和建材等企业未在规定的范围或者期限内停止使用不符合国家规定的燃油发电机组或者燃油锅炉的，由县级以上地方人民政府循环经济发展综合管理部门责令限期改正；逾期不改正的，责令拆除该燃油发电机组或者燃油锅炉，并处五万元以上五十万元以下的罚款。

第五十三条 违反本法规定，矿山企业未达到经依法审查确定的开采回采率、采矿贫化率、选矿回收率、矿山水循环利用率和土地复垦率等指标的，由县级以上人民政府地质矿产主管部门责令限期改正，处五万元以上五十万元以下的罚款；逾期不改正的，由采矿许可证颁发机关依法吊销采矿许可证。

第五十四条 违反本法规定，在国务院或者省、自治区、直辖市人民政府规定禁止生产、销售、使用黏土砖的期限或者区域内生产、销售或者使用黏土砖的，由县级以上地方人民政府指定的部门责令限期改正；有违法所得的，没收违法所得；逾期继续生产、销售的，由地方人民政府工商行政管理部门依法吊销营业执照。

第五十五条 违反本法规定，电网企业拒不收购企业利用余热、余压、煤层气以及煤矸石、煤泥、垃圾等低热值燃料生产的电力的，由国家电力监管机构责令限期改正；造成企业损失的，依法承担赔偿责任。

第五十六条 违反本法规定，有下列行为之一的，由地方人民政府工商行政管理部门责令限期改正，可以处五千元以上五万元以下的罚款；逾期不改正的，依法吊销营业执照；造成损失的，依法承担赔偿责任：

（一）销售没有再利用产品标识的再利用电器电子产品的；

（二）销售没有再制造或者翻新产品标识的再制造或者翻新产品的。

第五十七条 违反本法规定，构成犯罪的，依法追究刑事责任。

第七章 附 则

第五十八条 本法自 2009 年 1 月 1 日起施行。

中华人民共和国野生动物保护法

中华人民共和国主席令

第四十七号

《中华人民共和国野生动物保护法》已由中华人民共和国第十二届全国人民代表大会常务委员会第二十一次会议于2016年7月2日修订通过，现将修订后的《中华人民共和国野生动物保护法》公布，自2017年1月1日起施行。

中华人民共和国主席　习近平

2016年7月2日

（1988年11月8日第七届全国人民代表大会常务委员会第四次会议通过　根据2004年8月28日第十届全国人民代表大会常务委员会第十一次会议《关于修改〈中华人民共和国野生动物保护法〉的决定》第一次修正　根据2009年8月27日第十一届全国人民代表大会常务委员会第十次会议《关于修改部分法律的决定》第二次修正　2016年7月2日第十二届全国人民代表大会常务委员会第二十一次会议修订）

第一章　总　则

第一条　为了保护野生动物，拯救珍贵、濒危野生动物，维护生物多样性和生态平衡，推进生态文明建设，制定本法。

第二条　在中华人民共和国领域及管辖的其他海域，从事野生动物保护及相关活动，适用本法。

本法规定保护的野生动物，是指珍贵、濒危的陆生、水生野生动物和有重要生态、科学、社会价值的陆生野生动物。

本法规定的野生动物及其制品，是指野生动物的整体（含卵、蛋）、部分及其衍生物。

珍贵、濒危的水生野生动物以外的其他水生野生动物的保护，适用《中华人民共和国渔业法》等有关法律的规定。

第三条　野生动物资源属于国家所有。

国家保障依法从事野生动物科学研究、人工繁育等保护及相关活动的组织和个人的合法权益。

第四条　国家对野生动物实行保护优先、规范利用、严格监管的原则，鼓励开展野生动物科学研究，培育公民保护野生动物的意识，促进人与自然和谐发展。

第五条　国家保护野生动物及其栖息地。县级以上人民政府应当制定野生动物及其栖息地相关保护规划和措施，并将野生动物保护经费纳入预算。

国家鼓励公民、法人和其他组织依法通过捐赠、资助、志愿服务等方式参与野生动物保护活动，支持野生动物保护公益事业。

本法规定的野生动物栖息地，是指野生动物野外种群生息繁衍的重要区域。

第六条　任何组织和个人都有保护野生动物及其栖息地的义务。禁止违法猎捕野生动物、破坏野生动物栖息地。

任何组织和个人都有权向有关部门和机关举报或者控告违反本法的行为。野生动物保护主管部门和其他有关部门、机关对举报或者控告，应当及时依法处理。

第七条 国务院林业、渔业主管部门分别主管全国陆生、水生野生动物保护工作。

县级以上地方人民政府林业、渔业主管部门分别主管本行政区域内陆生、水生野生动物保护工作。

第八条 各级人民政府应当加强野生动物保护的宣传教育和科学知识普及工作，鼓励和支持基层群众性自治组织、社会组织、企业事业单位、志愿者开展野生动物保护法律法规和保护知识的宣传活动。

教育行政部门、学校应当对学生进行野生动物保护知识教育。

新闻媒体应当开展野生动物保护法律法规和保护知识的宣传，对违法行为进行舆论监督。

第九条 在野生动物保护和科学研究方面成绩显著的组织和个人，由县级以上人民政府给予奖励。

第二章 野生动物及其栖息地保护

第十条 国家对野生动物实行分类分级保护。

国家对珍贵、濒危的野生动物实行重点保护。国家重点保护的野生动物分为一级保护野生动物和二级保护野生动物。国家重点保护野生动物名录，由国务院野生动物保护主管部门组织科学评估后制定，并每五年根据评估情况确定对名录进行调整。国家重点保护野生动物名录报国务院批准公布。

地方重点保护野生动物，是指国家重点保护野生动物以外，由省、自治区、直辖市重点保护的野生动物。地方重点保护野生动物名录，由省、自治区、直辖市人民政府组织科学评估后制定、调整并公布。

有重要生态、科学、社会价值的陆生野生动物名录，由国务院野生动物保护主管部门组织科学评估后制定、调整并公布。

第十一条 县级以上人民政府野生动物保护主管部门，应当定期组织或者委托有关科学研究机构对野生动物及其栖息地状况进行调查、监测和评估，建立健全野生动物及其栖息地档案。

对野生动物及其栖息地状况的调查、监测和评估应当包括下列内容：

（一）野生动物野外分布区域、种群数量及结构；

（二）野生动物栖息地的面积、生态状况；

（三）野生动物及其栖息地的主要威胁因素；

（四）野生动物人工繁育情况等其他需要调查、监测和评估的内容。

第十二条 国务院野生动物保护主管部门应当会同国务院有关部门，根据野生动物及其栖息地状况的调查、监测和评估结果，确定并发布野生动物重要栖息地名录。

省级以上人民政府依法划定相关自然保护区域，保护野生动物及其重要栖息地，保护、恢复和改善野生动物生存环境。对不具备划定相关自然保护区域条件的，县级以上人民政府可以采取划定禁猎（渔）区、规定禁猎（渔）期等其他形式予以保护。

禁止或者限制在相关自然保护区域内引入外来物种、营造单一纯林、过量施洒农药等人为干扰、威胁野生动物生息繁衍的行为。

相关自然保护区域，依照有关法律法规的规定划定和管理。

第十三条 县级以上人民政府及其有关部门在编制有关开发利用规划时，应当充分考虑野生动物及其栖息地保护的需要，分析、预测和评估规划实施可能对野生动物及其栖息地保护产生的整体影响，避免或者减少规划实施可能造成的不利后果。

禁止在相关自然保护区域建设法律法规规定不得建设的项目。机场、铁路、公路、水利水电、围堰、围填海等建设项目的选址选线，应当避让相关自然保护区域、野生动物迁徙洄游通道；无法避让的，应当采取修建野生动物通道、过鱼设施等措施，消除或者减少对野生动物的不利影响。

建设项目可能对相关自然保护区域、野生动物迁徙洄游通道产生影响的，环境影响评价文件的审批部门在审批环境影响评价文件时，涉及国家重点保护野生动物的，应当征求国务院野生动物保护主管部门意见；涉及地方重点保护野生动物的，应当征求省、自治区、直辖市人民政府野生动物保护主管部门意见。

第十四条 各级野生动物保护主管部门应当监视、监测环境对野生动物的影响。由于环境影响对野生动物造成危害时，野生动物保护主管部门应当会同有关部门进行调查处理。

第十五条 国家或者地方重点保护野生动物受到自然灾害、重大环境污染事故等突发事件威胁时，当地人民政府应当及时采取应急救助措施。

县级以上人民政府野生动物保护主管部门应当按照国家有关规定组织开展野生动物收容救护工作。

禁止以野生动物收容救护为名买卖野生动物及其制品。

第十六条 县级以上人民政府野生动物保护主管部门、兽医主管部门，应当按照职责分工对野生动物疫源疫病进行监测，组织开展预测、预报等工作，并按照规定制定野生动物疫情应急预案，报同级人民政府批准或者备案。

县级以上人民政府野生动物保护主管部门、兽医主管部门、卫生主管部门，应当按照职责分工负责与人畜共患传染病有关的动物传染病的防治管理工作。

第十七条 国家加强对野生动物遗传资源的保护，对濒危野生动物实施抢救性保护。

国务院野生动物保护主管部门应当会同国务院有关部门制定有关野生动物遗传资源保护和利用规划，建立国家野生动物遗传资源基因库，对原产我国的珍贵、濒危野生动物遗传资源实行重点保护。

第十八条 有关地方人民政府应当采取措施，预防、控制野生动物可能造成的危害，保障人畜安全和农业、林业生产。

第十九条 因保护本法规定保护的野生动物，造成人员伤亡、农作物或者其他财产损失的，由当地人民政府给予补偿。具体办法由省、自治区、直辖市人民政府制定。有关地方人民政府可以推动保险机构开展野生动物致害赔偿保险业务。

有关地方人民政府采取预防、控制国家重点保护野生动物造成危害的措施以及实行补偿所需经费，由中央财政按照国家有关规定予以补助。

第三章 野生动物管理

第二十条 在相关自然保护区域和禁猎（渔）区、禁猎（渔）期内，禁止猎捕以及其他妨碍野生动物生息繁衍的活动，但法律法规另有规定的除外。

野生动物迁徙洄游期间，在前款规定区域外的迁徙洄游通道内，禁止猎捕并严格限制其他妨碍野生动物生息繁衍的活动。迁徙洄游通道的范围以及妨碍野生动物生息繁衍活动的内容，由县级以上人民政府或者其野生动物保护主管部门规定并公布。

第二十一条 禁止猎捕、杀害国家重点保护野生动物。

因科学研究、种群调控、疫源疫病监测或者其他特殊情况，需要猎捕国家一级保护野生动物的，应当向国务院野生动物保护主管部门申请特许猎捕证；需要猎捕国家二级保护野生动物的，应当向省、自治区、直辖市人民政府野生动物保护主管部门申请特许猎捕证。

第二十二条 猎捕非国家重点保护野生动物的，应当依法取得县级以上地方人民政府野生动物保护主管部门核发的狩猎证，并且服从猎捕量限额管理。

第二十三条 猎捕者应当按照特许猎捕证、狩猎证规定的种类、数量、地点、工具、方法和期限进行猎捕。

持枪猎捕的，应当依法取得公安机关核发的持枪证。

第二十四条 禁止使用毒药、爆炸物、电击或者电子诱捕装置以及猎套、猎夹、地枪、排铳等工具进行猎捕，禁止使用夜间照明行猎、歼灭性围猎、捣毁巢穴、火攻、烟熏、网捕等方法进行猎捕，但因科学研究确需网捕、电子诱捕的除外。

前款规定以外的禁止使用的猎捕工具和方法，由县级以上地方人民政府规定并公布。

第二十五条 国家支持有关科学研究机构因物种保护目的人工繁育国家重点保护野生动物。

前款规定以外的人工繁育国家重点保护野生动物实行许可制度。人工繁育国家重点保护野生动物的，应当经省、自治区、直辖市人民政府野生动物保护主管部门批准，取得人工繁育许可证，但国务院对批准机关另有规定的除外。

人工繁育国家重点保护野生动物应当使用人工繁育子代种源，建立物种系谱、繁育档案和个体数据。因物种保护目的确需采用野外种源的，适用本法第二十一条和第二十三条的规定。

本法所称人工繁育子代，是指人工控制条件下繁殖出生的子代个体且其亲本也在人工控制条件下出生。

第二十六条 人工繁育国家重点保护野生动物应当有利于物种保护及其科学研究，不得破坏野外种群资源，并根据野生动物习性确保其具有必要的活动空间和生息繁衍、卫生健康条件，具备与其繁育目的、种类、发展规模相适应的场所、设施、技术，符合有关技术标准和防疫要求，不得虐待野生动物。

省级以上人民政府野生动物保护主管部门可以根据保护国家重点保护野生动物的需要，组织开展国家重点保护野生动物放归野外环境工作。

第二十七条 禁止出售、购买、利用国家重点保护野生动物及其制品。

因科学研究、人工繁育、公众展示展演、文物保护或者其他特殊情况，需要出售、购买、利用国家重点保护野生动物及其制品的，应当经省、自治区、直辖市人民政府野生动物保护主管部门批准，并按照规定取得和使用专用标识，保证可追溯，但国务院对批准机关另有规定的除外。

实行国家重点保护野生动物及其制品专用标识的范围和管理办法，由国务院野生动物保护主管部门规定。

出售、利用非国家重点保护野生动物的，应当提供狩猎、进出口等合法来源证明。

出售本条第二款、第四款规定的野生动物的，还应当依法附有检疫证明。

第二十八条 对人工繁育技术成熟稳定的国家重点保护野生动物，经科学论证，纳入国务院野生动物保护主管部门制定的人工繁育国家重点保护野生动物名录。对列入名录的野生动物及其制品，可以凭人工繁育许可证，按照省、自治区、直辖市人民政府野生动物保护主管部门核验的年度生产数量直接取得专用标识，凭专用标识出售和利用，保证可追溯。

对本法第十条规定的国家重点保护野生动物名录进行调整时，根据有关野外种群保护情况，可以对前款规定的有关人工繁育技术成熟稳定野生动物的人工种群，不再列入国家重点保护野生动物名录，实行与野外种群不同的管理措施，但应当依照本法第二十五条第二款和本条第一款的规定取得人工繁育许可证和专用标识。

第二十九条 利用野生动物及其制品的，应当以人工繁育种群为主，有利于野外种群养护，符合生态文明建设的要求，尊重社会公德，遵守法律法规和国家有关规定。

野生动物及其制品作为药品经营和利用的，还应当遵守有关药品管理的法律法规。

第三十条 禁止生产、经营使用国家重点保护野生动物及其制品制作的食品，或者使用没有合法来源证明的非国家重点保护野生动物及其制品制作的食品。

禁止为食用非法购买国家重点保护的野生动物及其制品。

第三十一条 禁止为出售、购买、利用野生动物或者禁止使用的猎捕工具发布广告。禁止为违法出售、购买、利用野生动物制品发布广告。

第三十二条 禁止网络交易平台、商品交易市场等交易场所，为违法出售、购买、利用野生动物及其制品或者禁止使用的猎捕工具提供交易服务。

第三十三条 运输、携带、寄递国家重点保护野生动物及其制品、本法第二十八条第二款规定的野生动物及其制品出县境的，应当持有或者附有本法第二十一条、第二十五条、第二十七条或者第二十八条规定的许可证、批准文件的副本或者专用标识，以及检疫证明。

运输非国家重点保护野生动物出县境的，应当持有狩猎、进出口等合法来源证明，以及检疫证明。

第三十四条 县级以上人民政府野生动物保护主管部门应当对科学研究、人工繁育、公众展示展演等利用野生动物及其制品的活动进行监督管理。

县级以上人民政府其他有关部门，应当按照职责分工对野生动物及其制品出售、购买、利用、运输、寄递等活动进行监督检查。

第三十五条 中华人民共和国缔结或者参加的国际公约禁止或者限制贸易的野生动物或者其制品名录，由国家濒危物种进出口管理机构制定、调整并公布。

进出口列入前款名录的野生动物或者其制品的，出口国家重点保护野生动物或者其制品的，应当经国务院野生动物保护主管部门或者国务院批准，并取得国家濒危物种进出口管理机构核发的允许进出口证明书。依法实施进出境检疫。海关凭允许进出口证明书、检疫证明按照规定办理通关手续。

涉及科学技术保密的野生动物物种的出口，按照国务院有关规定办理。

列入本条第一款名录的野生动物，经国务院野生动物保护主管部门核准，在本法适用范围内可以按照国家重点保护的野生动物管理。

第三十六条 国家组织开展野生动物保护及相关执法活动的国际合作与交流；建立防范、打击野生动物及其制品的走私和非法贸易的部门协调机制，开展防范、打击走私和非法贸易行动。

第三十七条 从境外引进野生动物物种的，应当经国务院野生动物保护主管部门批准。从境外引进列入本法第三十五条第一款名录的野生动物，还应当依法取得允许进出口证明书。依法实施进境检疫。海关凭进口批准文件或者允许进出口证明书以及检疫证明按照规定办理通关手续。

从境外引进野生动物物种的，应当采取安全可靠的防范措施，防止其进入野外环境，避免对生态系统造成危害。确需将其放归野外的，按照国家有关规定执行。

第三十八条 任何组织和个人将野生动物放生至野外环境，应当选择适合放生地野外生存的当地物种，不得干扰当地居民的正常生活、生产，避免对生态系统造成危害。随意放生野生动物，造成他人人身、财产损害或者危害生态系统的，依法承担法律责任。

第三十九条 禁止伪造、变造、买卖、转让、租借特许猎捕证、狩猎证、人工繁育许可证及专用标识，出售、购买、利用国家重点保护野生动物及其制品的批准文件，或者允许进出口证明书、进出口等批准文件。

前款规定的有关许可证书、专用标识、批准文件的发放情况，应当依法公开。

第四十条 外国人在我国对国家重点保护野生动物进行野外考察或者在野外拍摄电影、录像，应当经省、自治区、直辖市人民政府野生动物保护主管部门或者其授权的单位批准，并遵守有关法律法规规定。

第四十一条 地方重点保护野生动物和其他非国家重点保护野生动物的管理办法，由省、自治区、直辖市人民代表大会或者其常务委员会制定。

第四章 法律责任

第四十二条 野生动物保护主管部门或者其他有关部门、机关不依法作出行政许可决定，发现违法行为或者接到对违法行为的举报不予查处或者不依法查处，或者有滥用职权等其他不依法履行职责的行为的，由本级人民政府或者上级人民政府有关部门、机关责令改正，对负有责任的主管人员和其他直接责任人员依法给予记过、记大过或者降级处分；造成严重后果的，给予撤职或者开除处分，其主要负责人应当引咎辞职；构成犯罪的，依法追究刑事责任。

第四十三条 违反本法第十二条第三款、第十三条第二款规定的，依照有关法律法规的规定处罚。

第四十四条 违反本法第十五条第三款规定，以收容救护为名买卖野生动物及其制品的，由县级以上人民政府野生动物保护主管部门没收野生动物及其制品、违法所得，并处野生动物及其制品价值二倍以上十倍以下的罚款，将有关违法信息记入社会诚信档案，向社会公布；构成犯罪的，依法追究刑事责任。

第四十五条 违反本法第二十条、第二十一条、第二十三条第一款、第二十四条第一款规定，在相关自然保护区域、禁猎（渔）区、禁猎（渔）期猎捕国家重点保护野生动物，未取得特许猎捕证、未按照特许猎捕证规定猎捕、杀害国家重点保护野生动物，或者使用禁用的工具、方法猎捕国家重点保护野生动物的，由县级以上人民政府野生动物保护主管部门、海洋执法部门或者有关保护区域管理机构按照职责分工没收猎获物、猎捕工具和违法所得，吊销特许猎捕证，并处猎获物价值二倍以上十倍以下的罚款；没有猎获物的，并处一万元以上五万元以下的罚款；构成犯罪的，依法追究刑事责任。

第四十六条 违反本法第二十条、第二十二条、第二十三条第一款、第二十四条第一款规定，在相关自然保护区域、禁猎（渔）区、禁猎（渔）期猎捕非国家重点保护野生动物，未取得狩猎证、未按照狩猎证规定猎捕非国家重点保护野生动物，或者使用禁用的工具、方法猎捕非国家重点保护野生动物的，由县级以上地方人民政府野生动物保护主管部门或者有关保护区域管理机构按照职责分工没收猎获物、猎捕工具和违法所得，吊销狩猎证，并处猎获物价值一倍以上五倍以下的罚款；没有猎获物的，并处二千元以上一万元以下的罚款；构成犯罪的，依法追究刑事责任。

违反本法第二十三条第二款规定，未取得持枪证持枪猎捕野生动物，构成违反治安管理行为的，由公安机关依法给予治安管理处罚；构成犯罪的，依法追究刑事责任。

第四十七条 违反本法第二十五条第二款规定，未取得人工繁育许可证繁育国家重点保护野生动物或者本法第二十八条第二款规定的野生动物的，由县级以上人民政府野生动物保护主管部门没收野生动物及其制品，并处野生动物及其制品价值一倍以上五倍以下的罚款。

第四十八条 违反本法第二十七条第一款和第二款、第二十八条第一款、第三十三条第一款规定，未经批准、未取得或者未按照规定使用专用标识，或者未持有、未附有人工繁育许可证、批准文件的副本或者专用标识出售、购买、利用、运输、携带、寄递国家重点保护野生动物及其制品或者本法第二十八条第二款规定的野生动物及其制品的，由县级以上人民政府野生动物保护主管部门或者工商行政管理部门按照职责分工没收野生动物及其制品和违法所得，并处野生动物及其制品价值二倍以上十倍以下的罚款；情节严重的，吊销人工繁育许可证、撤销批准文件、收回专用标识；构成犯罪的，依法追究刑事责任。

违反本法第二十七条第四款、第三十三条第二款规定，未持有合法来源证明出售、利用、运输非国家重点保护野生动物的，由县级以上地方人民政府野生动物保护主管部门或者工商行政管理部门按照职责分工没收野生动物，并处野生动物价值一倍以上五倍以下的罚款。

违反本法第二十七条第五款、第三十三条规定，出售、运输、携带、寄递有关野生动物及其制品未持有或者未附有检疫证明的，依照《中华人民共和国动物防疫法》的规定处罚。

第四十九条 违反本法第三十条规定，生产、经营使用国家重点保护野生动物及其制品或者没有合法来源证明的非国家重点保护野生动物及其制品制作食品，或者为食用非法购买国家重点保护的野生动物及其制品的，由县级以上人民政府野生动物保护主管部门或者工商行政管理部门按照职责分工责令停止违法行为，没收野生动物及其制品和违法所得，并处野生动物及其制品价值二倍以上十倍以下的罚款；构成犯罪的，依法追究刑事责任。

第五十条 违反本法第三十一条规定，为出售、购买、利用野生动物及其制品或者禁止使用的猎捕工具发布广告的，依照《中华人民共和国广告法》的规定处罚。

第五十一条 违反本法第三十二条规定，为违法出售、购买、利用野生动物及其制品或者禁止使用的猎捕工具提供交易服务的，由县级以上人民政府工商行政管理部门责令停止违法行为，限期改正，没收违法所得，并处违法所得二倍以上五倍以下的罚款；没有违法所得的，处一万元以上五万元以下的罚款；构成犯罪的，依法追究刑事责任。

第五十二条 违反本法第三十五条规定，进出口野生动物或者其制品的，由海关、检验检疫、公安机关、海洋执法部门依照法律、行政法规和国家有关规定处罚；构成犯罪的，依法追究刑事责任。

第五十三条 违反本法第三十七条第一款规定，从境外引进野生动物物种的，由县级以上人民政府野生动物保护主管部门没收所引进的野生动物，并处五万元以上二十五万元以下的罚款；未依法实施进境检疫的，依照《中华人民共和国进出境动植物检疫法》的规定处罚；构成犯罪的，依法追究刑事责任。

第五十四条 违反本法第三十七条第二款规定，将从境外引进的野生动物放归野外环境的，由县级以上人民政府野生动物保护主管部门责令限期捕回，处一万元以上五万元以下的罚款；逾期不捕回的，由有关野生动物保护主管部门代为捕回或者采取降低影响的措施，所需费用由被责令限期捕回者承担。

第五十五条 违反本法第三十九条第一款规定，伪造、变造、买卖、转让、租借有关证件、专用标识或者有关批准文件的，由县级以上人民政府野生动物保护主管部门没收违法证件、专用标识、有关批准文件和违法所得，并处五万元以上二十五万元以下的罚款；构成违反治安管理行为的，由公安机关依法给予治安管理处罚；构成犯罪的，依法追究刑事责任。

第五十六条 依照本法规定没收的实物，由县级以上人民政府野生动物保护主管部门或者其授权的单位按照规定处理。

第五十七条 本法规定的猎获物价值、野生动物及其制品价值的评估标准和方法，由国务院野生动物保护主管部门制定。

第五章 附 则

第五十八条 本法自 2017 年 1 月 1 日起施行。

建设项目环境保护管理条例

中华人民共和国国务院令

第 682 号

《国务院关于修改〈建设项目环境保护管理条例〉的决定》已经 2017 年 6 月 21 日国务院第 177 次常务会议通过，现予公布，自 2017 年 10 月 1 日起施行。

总　理　李克强

2017 年 7 月 16 日

（1998 年 11 月 29 日中华人民共和国国务院令第 253 号发布　根据 2017 年 7 月 16 日《国务院关于修改〈建设项目环境保护管理条例〉的决定》修订）

第一章　总　则

第一条　为了防止建设项目产生新的污染、破坏生态环境，制定本条例。

第二条　在中华人民共和国领域和中华人民共和国管辖的其他海域内建设对环境有影响的建设项目，适用本条例。

第三条　建设产生污染的建设项目，必须遵守污染物排放的国家标准和地方标准；在实施重点污染物排放总量控制的区域内，还必须符合重点污染物排放总量控制的要求。

第四条　工业建设项目应当采用能耗物耗小、污染物产生量少的清洁生产工艺，合理利用自然资源，防止环境污染和生态破坏。

第五条　改建、扩建项目和技术改造项目必须采取措施，治理与该项目有关的原有环境污染和生态破坏。

第二章　环境影响评价

第六条　国家实行建设项目环境影响评价制度。

第七条　国家根据建设项目对环境的影响程度，按照下列规定对建设项目的环境保护实行分类管理：

（一）建设项目对环境可能造成重大影响的，应当编制环境影响报告书，对建设项目产生的污染和对环境的影响进行全面、详细的评价；

（二）建设项目对环境可能造成轻度影响的，应当编制环境影响报告表，对建设项目产生的污染和对环境的影响进行分析或者专项评价；

（三）建设项目对环境影响很小，不需要进行环境影响评价的，应当填报环境影响登记表。

建设项目环境影响评价分类管理名录，由国务院环境保护行政主管部门在组织专家进行论证和征求有关部门、行业协会、企事业单位、公众等意见的基础上制定并公布。

第八条　建设项目环境影响报告书，应当包括下列内容：

（一）建设项目概况；

（二）建设项目周围环境现状；

（三）建设项目对环境可能造成影响的分析和预测；

（四）环境保护措施及其经济、技术论证；

（五）环境影响经济损益分析；

（六）对建设项目实施环境监测的建议；

（七）环境影响评价结论。

建设项目环境影响报告表、环境影响登记表的内容和格式，由国务院环境保护行政主管部门规定。

第九条　依法应当编制环境影响报告书、环境影响报告表的建设项目，建设单位应当在开工建设前将环境影响报告书、环境影响报告表报有审批权的环境保护行政主管部门审批；建设项目的环境影响评价文件未依法经审批部门审查或者审查后未予批准的，建设单位不得开工建设。

环境保护行政主管部门审批环境影响报告书、环境影响报告表，应当重点审查建设项目的环境可行性、环境影响分析预测评估的可靠性、环境保护措施的有效性、环境影响评价结论的科学性等，并分别自收到环境影响报告书之日起 60 日内、收到环境影响报告表之日起 30 日内，作出审批决定并书面通知建设单位。

环境保护行政主管部门可以组织技术机构对建设项目环境影响报告书、环境影响报告表进行技术评估，并承担相应费用；技术机构应当对其提出的技术评估意见负责，不得向建设单位、从事环境影响评价工作的单位收取任何费用。

依法应当填报环境影响登记表的建设项目，建设单位应当按照国务院环境保护行政主管部门的规定将环境影响登记表报建设项目所在地县级环境保护行政主管部门备案。

环境保护行政主管部门应当开展环境影响评价文件网上审批、备案和信息公开。

第十条　国务院环境保护行政主管部门负责审批下列建设项目环境影响报告书、环境影响报告表：

（一）核设施、绝密工程等特殊性质的建设项目；

（二）跨省、自治区、直辖市行政区域的建设项目；

（三）国务院审批的或者国务院授权有关部门审批的建设项目。

前款规定以外的建设项目环境影响报告书、环境影响报告表的审批权限，由省、自治区、直辖市人民政府规定。

建设项目造成跨行政区域环境影响，有关环境保护行政主管部门对环境影响评价结论有争议的，其环境影响报告书或者环境影响报告表由共同上一级环境保护行政主管部门审批。

第十一条　建设项目有下列情形之一的，环境保护行政主管部门应当对环境影响报告书、环境影响报告表作出不予批准的决定：

（一）建设项目类型及其选址、布局、规模等不符合环境保护法律法规和相关法定规划；

（二）所在区域环境质量未达到国家或者地方环境质量标准，且建设项目拟采取的措施不能满足区域环境质量改善目标管理要求；

（三）建设项目采取的污染防治措施无法确保污染物排放达到国家和地方排放标准，或者未采取必要措施预防和控制生态破坏；

（四）改建、扩建和技术改造项目，未针对项目原有环境污染和生态破坏提出有效防治措施；

（五）建设项目的环境影响报告书、环境影响报告表的基础资料数据明显不实，内容存在重大缺陷、遗漏，或者环境影响评价结论不明确、不合理。

第十二条　建设项目环境影响报告书、环境影响报告表经批准后，建设项目的性质、规模、地点、采用的生产工艺或者防治污染、防止生态破坏的措施发生重大变动的，建设单位应当重新报批建设项目环境影响报告书、环境影响报告表。

建设项目环境影响报告书、环境影响报告表自批准之日起满 5 年，建设项目方开工建设的，其环境影响报告书、环境影响报告表应当报原审批部门重新审核。原审批部门应当自收到建设项目环境影响报告书、环境影响报告表之日起10日内，将审核意见书面通知建设单位；逾期未通知的，视为审核同意。

审核、审批建设项目环境影响报告书、环境影响报告表及备案环境影响登记表，不得收取任何费用。

第十三条 建设单位可以采取公开招标的方式，选择从事环境影响评价工作的单位，对建设项目进行环境影响评价。

任何行政机关不得为建设单位指定从事环境影响评价工作的单位，进行环境影响评价。

第十四条 建设单位编制环境影响报告书，应当依照有关法律规定，征求建设项目所在地有关单位和居民的意见。

第三章 环境保护设施建设

第十五条 建设项目需要配套建设的环境保护设施，必须与主体工程同时设计、同时施工、同时投产使用。

第十六条 建设项目的初步设计，应当按照环境保护设计规范的要求，编制环境保护篇章，落实防治环境污染和生态破坏的措施以及环境保护设施投资概算。

建设单位应当将环境保护设施建设纳入施工合同，保证环境保护设施建设进度和资金，并在项目建设过程中同时组织实施环境影响报告书、环境影响报告表及其审批部门审批决定中提出的环境保护对策措施。

第十七条 编制环境影响报告书、环境影响报告表的建设项目竣工后，建设单位应当按照国务院环境保护行政主管部门规定的标准和程序，对配套建设的环境保护设施进行验收，编制验收报告。

建设单位在环境保护设施验收过程中，应当如实查验、监测、记载建设项目环境保护设施的建设和调试情况，不得弄虚作假。

除按照国家规定需要保密的情形外，建设单位应当依法向社会公开验收报告。

第十八条 分期建设、分期投入生产或者使用的建设项目，其相应的环境保护设施应当分期验收。

第十九条 编制环境影响报告书、环境影响报告表的建设项目，其配套建设的环境保护设施经验收合格，方可投入生产或者使用；未经验收或者验收不合格的，不得投入生产或者使用。

前款规定的建设项目投入生产或者使用后，应当按照国务院环境保护行政主管部门的规定开展环境影响后评价。

第二十条 环境保护行政主管部门应当对建设项目环境保护设施设计、施工、验收、投入生产或者使用情况，以及有关环境影响评价文件确定的其他环境保护措施的落实情况，进行监督检查。

环境保护行政主管部门应当将建设项目有关环境违法信息记入社会诚信档案，及时向社会公开违法者名单。

第四章 法律责任

第二十一条 建设单位有下列行为之一的，依照《中华人民共和国环境影响评价法》的规定处罚：

（一）建设项目环境影响报告书、环境影响报告表未依法报批或者报请重新审核，擅自开工建设；

（二）建设项目环境影响报告书、环境影响报告表未经批准或者重新审核同意，擅自开工建设；

（三）建设项目环境影响登记表未依法备案。

第二十二条 违反本条例规定，建设单位编制建设项目初步设计未落实防治环境污染和生态破坏的措施以及环境保护设施投资概算，未将环境保护设施建设纳入施工合同，或者未依法开展环境影响后评价的，由建设项目所在地县级以上环境保护行政主管部门责令限期改正，处5万元以上20万元以下的罚款；逾期不改正的，处20万元以上100万元以下的罚款。

违反本条例规定，建设单位在项目建设过程中未同时组织实施环境影响报告书、环境影响报告表及其审批部门审批决定中提出的环境保护对策措施的，由建设项目所在地县级以上环境保护行政主管部门责令限期改正，处20万元以上100万元以下的罚款；逾期不改正的，责令停止建设。

第二十三条　违反本条例规定，需要配套建设的环境保护设施未建成、未经验收或者验收不合格，建设项目即投入生产或者使用，或者在环境保护设施验收中弄虚作假的，由县级以上环境保护行政主管部门责令限期改正，处20万元以上100万元以下的罚款；逾期不改正的，处100万元以上200万元以下的罚款；对直接负责的主管人员和其他责任人员，处5万元以上20万元以下的罚款；造成重大环境污染或者生态破坏的，责令停止生产或者使用，或者报经有批准权的人民政府批准，责令关闭。

违反本条例规定，建设单位未依法向社会公开环境保护设施验收报告的，由县级以上环境保护行政主管部门责令公开，处5万元以上20万元以下的罚款，并予以公告。

第二十四条　违反本条例规定，技术机构向建设单位、从事环境影响评价工作的单位收取费用的，由县级以上环境保护行政主管部门责令退还所收费用，处所收费用1倍以上3倍以下的罚款。

第二十五条　从事建设项目环境影响评价工作的单位，在环境影响评价工作中弄虚作假的，由县级以上环境保护行政主管部门处所收费用1倍以上3倍以下的罚款。

第二十六条　环境保护行政主管部门的工作人员徇私舞弊、滥用职权、玩忽职守，构成犯罪的，依法追究刑事责任；尚不构成犯罪的，依法给予行政处分。

第五章　附　则

第二十七条　流域开发、开发区建设、城市新区建设和旧区改建等区域性开发，编制建设规划时，应当进行环境影响评价。具体办法由国务院环境保护行政主管部门会同国务院有关部门另行规定。

第二十八条　海洋工程建设项目的环境保护管理，按照国务院关于海洋工程环境保护管理的规定执行。

第二十九条　军事设施建设项目的环境保护管理，按照中央军事委员会的有关规定执行。

第三十条　本条例自发布之日起施行。

规划环境影响评价条例

中华人民共和国国务院令

第 559 号

《规划环境影响评价条例》已经 2009 年 8 月 12 日国务院第 76 次常务会议通过，现予公布，自 2009 年 10 月 1 日起施行。

总　理　温家宝

2009 年 8 月 17 日

第一章　总　则

第一条　为了加强对规划的环境影响评价工作，提高规划的科学性，从源头预防环境污染和生态破坏，促进经济、社会和环境的全面协调可持续发展，根据《中华人民共和国环境影响评价法》，制定本条例。

第二条　国务院有关部门、设区的市级以上地方人民政府及其有关部门，对其组织编制的土地利用的有关规划和区域、流域、海域的建设、开发利用规划（以下称综合性规划），以及工业、农业、畜牧业、林业、能源、水利、交通、城市建设、旅游、自然资源开发的有关专项规划（以下称专项规划），应当进行环境影响评价。

依照本条第一款规定应当进行环境影响评价的规划的具体范围，由国务院环境保护主管部门会同国务院有关部门拟订，报国务院批准后执行。

第三条　对规划进行环境影响评价，应当遵循客观、公开、公正的原则。

第四条　国家建立规划环境影响评价信息共享制度。

县级以上人民政府及其有关部门应当对规划环境影响评价所需资料实行信息共享。

第五条　规划环境影响评价所需的费用应当按照预算管理的规定纳入财政预算，严格支出管理，接受审计监督。

第六条　任何单位和个人对违反本条例规定的行为或者对规划实施过程中产生的重大不良环境影响，有权向规划审批机关、规划编制机关或者环境保护主管部门举报。有关部门接到举报后，应当依法调查处理。

第二章　评　价

第七条　规划编制机关应当在规划编制过程中对规划组织进行环境影响评价。

第八条　对规划进行环境影响评价，应当分析、预测和评估以下内容：

（一）规划实施可能对相关区域、流域、海域生态系统产生的整体影响；

（二）规划实施可能对环境和人群健康产生的长远影响；

（三）规划实施的经济效益、社会效益与环境效益之间以及当前利益与长远利益之间的关系。

第九条　对规划进行环境影响评价，应当遵守有关环境保护标准以及环境影响评价技术导则和技术规范。

规划环境影响评价技术导则由国务院环境保护主管部门会同国务院有关部门制定；规划环境影响评价技术规范由国务院有关部门根据规划环境影响评价技术导则制定，并抄送国务院环境保护主管部门备案。

第十条 编制综合性规划，应当根据规划实施后可能对环境造成的影响，编写环境影响篇章或者说明。

编制专项规划，应当在规划草案报送审批前编制环境影响报告书。编制专项规划中的指导性规划，应当依照本条第一款规定编写环境影响篇章或者说明。

本条第二款所称指导性规划是指以发展战略为主要内容的专项规划。

第十一条 环境影响篇章或者说明应当包括下列内容：

（一）规划实施对环境可能造成影响的分析、预测和评估。主要包括资源环境承载能力分析、不良环境影响的分析和预测以及与相关规划的环境协调性分析。

（二）预防或者减轻不良环境影响的对策和措施。主要包括预防或者减轻不良环境影响的政策、管理或者技术等措施。

环境影响报告书除包括上述内容外，还应当包括环境影响评价结论。主要包括规划草案的环境合理性和可行性，预防或者减轻不良环境影响的对策和措施的合理性和有效性，以及规划草案的调整建议。

第十二条 环境影响篇章或者说明、环境影响报告书（以下称环境影响评价文件），由规划编制机关编制或者组织规划环境影响评价技术机构编制。规划编制机关应当对环境影响评价文件的质量负责。

第十三条 规划编制机关对可能造成不良环境影响并直接涉及公众环境权益的专项规划，应当在规划草案报送审批前，采取调查问卷、座谈会、论证会、听证会等形式，公开征求有关单位、专家和公众对环境影响报告书的意见。但是，依法需要保密的除外。

有关单位、专家和公众的意见与环境影响评价结论有重大分歧的，规划编制机关应当采取论证会、听证会等形式进一步论证。

规划编制机关应当在报送审查的环境影响报告书中附具对公众意见采纳与不采纳情况及其理由的说明。

第十四条 对已经批准的规划在实施范围、适用期限、规模、结构和布局等方面进行重大调整或者修订的，规划编制机关应当依照本条例的规定重新或者补充进行环境影响评价。

第三章 审 查

第十五条 规划编制机关在报送审批综合性规划草案和专项规划中的指导性规划草案时，应当将环境影响篇章或者说明作为规划草案的组成部分一并报送规划审批机关。未编写环境影响篇章或者说明的，规划审批机关应当要求其补充；未补充的，规划审批机关不予审批。

第十六条 规划编制机关在报送审批专项规划草案时，应当将环境影响报告书一并附送规划审批机关审查；未附送环境影响报告书的，规划审批机关应当要求其补充；未补充的，规划审批机关不予审批。

第十七条 设区的市级以上人民政府审批的专项规划，在审批前由其环境保护主管部门召集有关部门代表和专家组成审查小组，对环境影响报告书进行审查。审查小组应当提交书面审查意见。

省级以上人民政府有关部门审批的专项规划，其环境影响报告书的审查办法，由国务院环境保护主管部门会同国务院有关部门制定。

第十八条 审查小组的专家应当从依法设立的专家库内相关专业的专家名单中随机抽取。但是，参与环境影响报告书编制的专家，不得作为该环境影响报告书审查小组的成员。

审查小组中专家人数不得少于审查小组总人数的二分之一；少于二分之一的，审查小组的审查意见无效。

第十九条 审查小组的成员应当客观、公正、独立地对环境影响报告书提出书面审查意见，规划审批机关、规划编制机关、审查小组的召集部门不得干预。

审查意见应当包括下列内容：

（一）基础资料、数据的真实性；

（二）评价方法的适当性；

（三）环境影响分析、预测和评估的可靠性；

（四）预防或者减轻不良环境影响的对策和措施的合理性和有效性；

（五）公众意见采纳与不采纳情况及其理由的说明的合理性；

（六）环境影响评价结论的科学性。

审查意见应当经审查小组四分之三以上成员签字同意。审查小组成员有不同意见的，应当如实记录和反映。

第二十条 有下列情形之一的，审查小组应当提出对环境影响报告书进行修改并重新审查的意见：

（一）基础资料、数据失实的；

（二）评价方法选择不当的；

（三）对不良环境影响的分析、预测和评估不准确、不深入，需要进一步论证的；

（四）预防或者减轻不良环境影响的对策和措施存在严重缺陷的；

（五）环境影响评价结论不明确、不合理或者错误的；

（六）未附具对公众意见采纳与不采纳情况及其理由的说明，或者不采纳公众意见的理由明显不合理的；

（七）内容存在其他重大缺陷或者遗漏的。

第二十一条 有下列情形之一的，审查小组应当提出不予通过环境影响报告书的意见：

（一）依据现有知识水平和技术条件，对规划实施可能产生的不良环境影响的程度或者范围不能作出科学判断的；

（二）规划实施可能造成重大不良环境影响，并且无法提出切实可行的预防或者减轻对策和措施的。

第二十二条 规划审批机关在审批专项规划草案时，应当将环境影响报告书结论以及审查意见作为决策的重要依据。

规划审批机关对环境影响报告书结论以及审查意见不予采纳的，应当逐项就不予采纳的理由作出书面说明，并存档备查。有关单位、专家和公众可以申请查阅；但是，依法需要保密的除外。

第二十三条 已经进行环境影响评价的规划包含具体建设项目的，规划的环境影响评价结论应当作为建设项目环境影响评价的重要依据，建设项目环境影响评价的内容可以根据规划环境影响评价的分析论证情况予以简化。

第四章 跟踪评价

第二十四条 对环境有重大影响的规划实施后，规划编制机关应当及时组织规划环境影响的跟踪评价，将评价结果报告规划审批机关，并通报环境保护等有关部门。

第二十五条 规划环境影响的跟踪评价应当包括下列内容：

（一）规划实施后实际产生的环境影响与环境影响评价文件预测可能产生的环境影响之间的比较分析和评估；

（二）规划实施中所采取的预防或者减轻不良环境影响的对策和措施有效性的分析和评估；

（三）公众对规划实施所产生的环境影响的意见；

（四）跟踪评价的结论。

第二十六条 规划编制机关对规划环境影响进行跟踪评价，应当采取调查问卷、现场走访、座谈会等形式征求有关单位、专家和公众的意见。

第二十七条　规划实施过程中产生重大不良环境影响的，规划编制机关应当及时提出改进措施，向规划审批机关报告，并通报环境保护等有关部门。

第二十八条　环境保护主管部门发现规划实施过程中产生重大不良环境影响的，应当及时进行核查。经核查属实的，向规划审批机关提出采取改进措施或者修订规划的建议。

第二十九条　规划审批机关在接到规划编制机关的报告或者环境保护主管部门的建议后，应当及时组织论证，并根据论证结果采取改进措施或者对规划进行修订。

第三十条　规划实施区域的重点污染物排放总量超过国家或者地方规定的总量控制指标的，应当暂停审批该规划实施区域内新增该重点污染物排放总量的建设项目的环境影响评价文件。

第五章　法律责任

第三十一条　规划编制机关在组织环境影响评价时弄虚作假或者有失职行为，造成环境影响评价严重失实的，对直接负责的主管人员和其他直接责任人员，依法给予处分。

第三十二条　规划审批机关有下列行为之一的，对直接负责的主管人员和其他直接责任人员，依法给予处分：

（一）对依法应当编写而未编写环境影响篇章或者说明的综合性规划草案和专项规划中的指导性规划草案，予以批准的；

（二）对依法应当附送而未附送环境影响报告书的专项规划草案，或者对环境影响报告书未经审查小组审查的专项规划草案，予以批准的。

第三十三条　审查小组的召集部门在组织环境影响报告书审查时弄虚作假或者滥用职权，造成环境影响评价严重失实的，对直接负责的主管人员和其他直接责任人员，依法给予处分。

审查小组的专家在环境影响报告书审查中弄虚作假或者有失职行为，造成环境影响评价严重失实的，由设立专家库的环境保护主管部门取消其入选专家库的资格并予以公告；审查小组的部门代表有上述行为的，依法给予处分。

第三十四条　规划环境影响评价技术机构弄虚作假或者有失职行为，造成环境影响评价文件严重失实的，由国务院环境保护主管部门予以通报，处所收费用 1 倍以上 3 倍以下的罚款；构成犯罪的，依法追究刑事责任。

第六章　附　则

第三十五条　省、自治区、直辖市人民政府可以根据本地的实际情况，要求本行政区域内的县级人民政府对其组织编制的规划进行环境影响评价。具体办法由省、自治区、直辖市参照《中华人民共和国环境影响评价法》和本条例的规定制定。

第三十六条　本条例自 2009 年 10 月 1 日起施行。

企业投资项目核准和备案管理条例

中华人民共和国国务院令

第 673 号

《企业投资项目核准和备案管理条例》已经 2016 年 10 月 8 日国务院第 149 次常务会议通过，现予公布，自 2017 年 2 月 1 日起施行。

总　理　李克强

2016 年 11 月 30 日

第一条　为了规范政府对企业投资项目的核准和备案行为，加快转变政府的投资管理职能，落实企业投资自主权，制定本条例。

第二条　本条例所称企业投资项目（以下简称项目），是指企业在中国境内投资建设的固定资产投资项目。

第三条　对关系国家安全、涉及全国重大生产力布局、战略性资源开发和重大公共利益等项目，实行核准管理。具体项目范围以及核准机关、核准权限依照政府核准的投资项目目录执行。政府核准的投资项目目录由国务院投资主管部门会同国务院有关部门提出，报国务院批准后实施，并适时调整。国务院另有规定的，依照其规定。

对前款规定以外的项目，实行备案管理。除国务院另有规定的，实行备案管理的项目按照属地原则备案，备案机关及其权限由省、自治区、直辖市和计划单列市人民政府规定。

第四条　除涉及国家秘密的项目外，项目核准、备案通过国家建立的项目在线监管平台（以下简称在线平台）办理。

核准机关、备案机关以及其他有关部门统一使用在线平台生成的项目代码办理相关手续。

国务院投资主管部门会同有关部门制定在线平台管理办法。

第五条　核准机关、备案机关应当通过在线平台列明与项目有关的产业政策，公开项目核准的办理流程、办理时限等，并为企业提供相关咨询服务。

第六条　企业办理项目核准手续，应当向核准机关提交项目申请书；由国务院核准的项目，向国务院投资主管部门提交项目申请书。项目申请书应当包括下列内容：

（一）企业基本情况；

（二）项目情况，包括项目名称、建设地点、建设规模、建设内容等；

（三）项目利用资源情况分析以及对生态环境的影响分析；

（四）项目对经济和社会的影响分析。

企业应当对项目申请书内容的真实性负责。

法律、行政法规规定办理相关手续作为项目核准前置条件的，企业应当提交已经办理相关手续的证明文件。

第七条　项目申请书由企业自主组织编制，任何单位和个人不得强制企业委托中介服务机构编制项目申请书。

核准机关应当制定并公布项目申请书示范文本，明确项目申请书编制要求。

第八条 由国务院有关部门核准的项目，企业可以通过项目所在地省、自治区、直辖市和计划单列市人民政府有关部门（以下称地方人民政府有关部门）转送项目申请书，地方人民政府有关部门应当自收到项目申请书之日起5个工作日内转送核准机关。

由国务院核准的项目，企业通过地方人民政府有关部门转送项目申请书的，地方人民政府有关部门应当在前款规定的期限内将项目申请书转送国务院投资主管部门，由国务院投资主管部门审核后报国务院核准。

第九条 核准机关应当从下列方面对项目进行审查：

（一）是否危害经济安全、社会安全、生态安全等国家安全；

（二）是否符合相关发展建设规划、技术标准和产业政策；

（三）是否合理开发并有效利用资源；

（四）是否对重大公共利益产生不利影响。

项目涉及有关部门或者项目所在地地方人民政府职责的，核准机关应当书面征求其意见，被征求意见单位应当及时书面回复。

核准机关委托中介服务机构对项目进行评估的，应当明确评估重点；除项目情况复杂的，评估时限不得超过30个工作日。评估费用由核准机关承担。

第十条 核准机关应当自受理申请之日起20个工作日内，作出是否予以核准的决定；项目情况复杂或者需要征求有关单位意见的，经本机关主要负责人批准，可以延长核准期限，但延长的期限不得超过40个工作日。核准机关委托中介服务机构对项目进行评估的，评估时间不计入核准期限。

核准机关对项目予以核准的，应当向企业出具核准文件；不予核准的，应当书面通知企业并说明理由。由国务院核准的项目，由国务院投资主管部门根据国务院的决定向企业出具核准文件或者不予核准的书面通知。

第十一条 企业拟变更已核准项目的建设地点，或者拟对建设规模、建设内容等作较大变更的，应当向核准机关提出变更申请。核准机关应当自受理申请之日起20个工作日内，作出是否同意变更的书面决定。

第十二条 项目自核准机关作出予以核准决定或者同意变更决定之日起2年内未开工建设，需要延期开工建设的，企业应当在2年期限届满的30个工作日前，向核准机关申请延期开工建设。核准机关应当自受理申请之日起20个工作日内，作出是否同意延期开工建设的决定。开工建设只能延期一次，期限最长不得超过1年。国家对项目延期开工建设另有规定的，依照其规定。

第十三条 实行备案管理的项目，企业应当在开工建设前通过在线平台将下列信息告知备案机关：

（一）企业基本情况；

（二）项目名称、建设地点、建设规模、建设内容；

（三）项目总投资额；

（四）项目符合产业政策的声明。

企业应当对备案项目信息的真实性负责。

备案机关收到本条第一款规定的全部信息即为备案；企业告知的信息不齐全的，备案机关应当指导企业补正。

企业需要备案证明的，可以要求备案机关出具或者通过在线平台自行打印。

第十四条 已备案项目信息发生较大变更的，企业应当及时告知备案机关。

第十五条 备案机关发现已备案项目属于产业政策禁止投资建设或者实行核准管理的，应当及时告知企业予以纠正或者依法办理核准手续，并通知有关部门。

第十六条 核准机关、备案机关以及依法对项目负有监督管理职责的其他有关部门应当加强事中事后监管，按照谁审批谁监管、谁主管谁监管的原则，落实监管责任，采取在线监测、现场核查等方式，加强对项目实施的监督检查。

企业应当通过在线平台如实报送项目开工建设、建设进度、竣工的基本信息。

第十七条 核准机关、备案机关以及依法对项目负有监督管理职责的其他有关部门应当建立项目信息共享机制，通过在线平台实现信息共享。

企业在项目核准、备案以及项目实施中的违法行为及其处理信息，通过国家社会信用信息平台向社会公示。

第十八条 实行核准管理的项目，企业未依照本条例规定办理核准手续开工建设或者未按照核准的建设地点、建设规模、建设内容等进行建设的，由核准机关责令停止建设或者责令停产，对企业处项目总投资额1‰以上5‰以下的罚款；对直接负责的主管人员和其他直接责任人员处2万元以上5万元以下的罚款，属于国家工作人员的，依法给予处分。

以欺骗、贿赂等不正当手段取得项目核准文件，尚未开工建设的，由核准机关撤销核准文件，处项目总投资额1‰以上5‰以下的罚款；已经开工建设的，依照前款规定予以处罚；构成犯罪的，依法追究刑事责任。

第十九条 实行备案管理的项目，企业未依照本条例规定将项目信息或者已备案项目的信息变更情况告知备案机关，或者向备案机关提供虚假信息的，由备案机关责令限期改正；逾期不改正的，处2万元以上5万元以下的罚款。

第二十条 企业投资建设产业政策禁止投资建设项目的，由县级以上人民政府投资主管部门责令停止建设或者责令停产并恢复原状，对企业处项目总投资额 5‰以上 10‰以下的罚款；对直接负责的主管人员和其他直接责任人员处5万元以上10万元以下的罚款，属于国家工作人员的，依法给予处分。法律、行政法规另有规定的，依照其规定。

第二十一条 核准机关、备案机关及其工作人员在项目核准、备案工作中玩忽职守、滥用职权、徇私舞弊的，对负有责任的领导人员和直接责任人员依法给予处分；构成犯罪的，依法追究刑事责任。

第二十二条 事业单位、社会团体等非企业组织在中国境内投资建设的固定资产投资项目适用本条例，但通过预算安排的固定资产投资项目除外。

第二十三条 国防科技工业企业在中国境内投资建设的固定资产投资项目核准和备案管理办法，由国务院国防科技工业管理部门根据本条例的原则另行制定。

第二十四条 本条例自2017年2月1日起施行。

中华人民共和国自然保护区条例

（1994 年 10 月 9 日中华人民共和国国务院令第 167 号发布　根据 2011 年 1 月 8 日国务院令第 588 号《国务院关于废止和修改部分行政法规的决定》修订　根据 2017 年 10 月 7 日国务院令第 687 号《国务院关于修改部分行政法规的决定》修订）

第一章　总　则

第一条　为了加强自然保护区的建设和管理，保护自然环境和自然资源，制定本条例。

第二条　本条例所称自然保护区，是指对有代表性的自然生态系统、珍稀濒危野生动植物物种的天然集中分布区、有特殊意义的自然遗迹等保护对象所在的陆地、陆地水体或者海域，依法划出一定面积予以特殊保护和管理的区域。

第三条　凡在中华人民共和国领域和中华人民共和国管辖的其他海域内建设和管理自然保护区，必须遵守本条例。

第四条　国家采取有利于发展自然保护区的经济、技术政策和措施，将自然保护区的发展规划纳入国民经济和社会发展计划。

第五条　建设和管理自然保护区，应当妥善处理与当地经济建设和居民生产、生活的关系。

第六条　自然保护区管理机构或者其行政主管部门可以接受国内外组织和个人的捐赠，用于自然保护区的建设和管理。

第七条　县级以上人民政府应当加强对自然保护区工作的领导。

一切单位和个人都有保护自然保护区内自然环境和自然资源的义务，并有权对破坏、侵占自然保护区的单位和个人进行检举、控告。

第八条　国家对自然保护区实行综合管理与分部门管理相结合的管理体制。

国务院环境保护行政主管部门负责全国自然保护区的综合管理。

国务院林业、农业、地质矿产、水利、海洋等有关行政主管部门在各自的职责范围内，主管有关的自然保护区。

县级以上地方人民政府负责自然保护区管理的部门的设置和职责，由省、自治区、直辖市人民政府根据当地具体情况确定。

第九条　对建设、管理自然保护区以及在有关的科学研究中做出显著成绩的单位和个人，由人民政府给予奖励。

第二章　自然保护区的建设

第十条　凡具有下列条件之一的，应当建立自然保护区：

（一）典型的自然地理区域、有代表性的自然生态系统区域以及已经遭受破坏但经保护能够恢复的同类自然生态系统区域；

（二）珍稀、濒危野生动植物物种的天然集中分布区域；

（三）具有特殊保护价值的海域、海岸、岛屿、湿地、内陆水域、森林、草原和荒漠；

（四）具有重大科学文化价值的地质构造、著名溶洞、化石分布区、冰川、火山、温泉等自然遗迹；

（五）经国务院或者省、自治区、直辖市人民政府批准，需要予以特殊保护的其他自然区域。

第十一条 自然保护区分为国家级自然保护区和地方级自然保护区。

在国内外有典型意义、在科学上有重大国际影响或者有特殊科学研究价值的自然保护区，列为国家级自然保护区。

除列为国家级自然保护区的外，其他具有典型意义或者重要科学研究价值的自然保护区列为地方级自然保护区。地方级自然保护区可以分级管理，具体办法由国务院有关自然保护区行政主管部门或者省、自治区、直辖市人民政府根据实际情况规定，报国务院环境保护行政主管部门备案。

第十二条 国家级自然保护区的建立，由自然保护区所在的省、自治区、直辖市人民政府或者国务院有关自然保护区行政主管部门提出申请，经国家级自然保护区评审委员会评审后，由国务院环境保护行政主管部门进行协调并提出审批建议，报国务院批准。

地方级自然保护区的建立，由自然保护区所在的县、自治县、市、自治州人民政府或者省、自治区、直辖市人民政府有关自然保护区行政主管部门提出申请，经地方级自然保护区评审委员会评审后，由省、自治区、直辖市人民政府环境保护行政主管部门进行协调并提出审批建议，报省、自治区、直辖市人民政府批准，并报国务院环境保护行政主管部门和国务院有关自然保护区行政主管部门备案。

跨两个以上行政区域的自然保护区的建立，由有关行政区域的人民政府协商一致后提出申请，并按照前两款规定的程序审批。

建立海上自然保护区，须经国务院批准。

第十三条 申请建立自然保护区，应当按照国家有关规定填报建立自然保护区申报书。

第十四条 自然保护区的范围和界线由批准建立自然保护区的人民政府确定，并标明区界，予以公告。

确定自然保护区的范围和界线，应当兼顾保护对象的完整性和适度性，以及当地经济建设和居民生产、生活的需要。

第十五条 自然保护区的撤销及其性质、范围、界线的调整或者改变，应当经原批准建立自然保护区的人民政府批准。

任何单位和个人，不得擅自移动自然保护区的界标。

第十六条 自然保护区按照下列方法命名：

国家级自然保护区：自然保护区所在地地名加“国家级自然保护区”。

地方级自然保护区：自然保护区所在地地名加“地方级自然保护区”。

有特殊保护对象的自然保护区，可以在自然保护区所在地地名后加特殊保护对象的名称。

第十七条 国务院环境保护行政主管部门应当会同国务院有关自然保护区行政主管部门，在对全国自然环境和自然资源状况进行调查和评价的基础上，拟订国家自然保护区发展规划，经国务院计划部门综合平衡后，报国务院批准实施。

自然保护区管理机构或者该自然保护区行政主管部门应当组织编制自然保护区的建设规划，按照规定的程序纳入国家的、地方的或者部门的投资计划，并组织实施。

第十八条 自然保护区可以分为核心区、缓冲区和实验区。

自然保护区内保存完好的天然状态的生态系统以及珍稀、濒危动植物的集中分布地，应当划为核心区，禁止任何单位和个人进入；除依照本条例第二十七条的规定经批准外，也不允许进入从事科学研究活动。

核心区外围可以划定一定面积的缓冲区，只准进入从事科学研究观测活动。

缓冲区外围划为实验区，可以进入从事科学试验、教学实习、参观考察、旅游以及驯化、繁殖珍稀、濒危野生动植物等活动。

原批准建立自然保护区的人民政府认为必要时，可以在自然保护区的外围划定一定面积的外围保护地带。

第三章 自然保护区的管理

第十九条 全国自然保护区管理的技术规范和标准，由国务院环境保护行政主管部门组织国务院有关自然保护区行政主管部门制定。

国务院有关自然保护区行政主管部门可以按照职责分工，制定有关类型自然保护区管理的技术规范，报国务院环境保护行政主管部门备案。

第二十条 县级以上人民政府环境保护行政主管部门有权对本行政区域内各类自然保护区的管理进行监督检查；县级以上人民政府有关自然保护区行政主管部门有权对其主管的自然保护区的管理进行监督检查。被检查的单位应当如实反映情况，提供必要的资料。检查者应当为被检查的单位保守技术秘密和业务秘密。

第二十一条 国家级自然保护区，由其所在地的省、自治区、直辖市人民政府有关自然保护区行政主管部门或者国务院有关自然保护区行政主管部门管理。地方级自然保护区，由其所在地的县级以上地方人民政府有关自然保护区行政主管部门管理。

有关自然保护区行政主管部门应当在自然保护区内设立专门的管理机构，配备专业技术人员，负责自然保护区的具体管理工作。

第二十二条 自然保护区管理机构的主要职责是：

（一）贯彻执行国家有关自然保护的法律、法规和方针、政策；

（二）制定自然保护区的各项管理制度，统一管理自然保护区；

（三）调查自然资源并建立档案，组织环境监测，保护自然保护区内的自然环境和自然资源；

（四）组织或者协助有关部门开展自然保护区的科学研究工作；

（五）进行自然保护的宣传教育；

（六）在不影响保护自然保护区的自然环境和自然资源的前提下，组织开展参观、旅游等活动。

第二十三条 管理自然保护区所需经费，由自然保护区所在地的县级以上地方人民政府安排。国家对国家级自然保护区的管理，给予适当的资金补助。

第二十四条 自然保护区所在地的公安机关，可以根据需要在自然保护区设置公安派出机构，维护自然保护区内的治安秩序。

第二十五条 在自然保护区内的单位、居民和经批准进入自然保护区的人员，必须遵守自然保护区的各项管理制度，接受自然保护区管理机构的管理。

第二十六条 禁止在自然保护区内进行砍伐、放牧、狩猎、捕捞、采药、开垦、烧荒、开矿、采石、挖沙等活动；但是，法律、行政法规另有规定的除外。

第二十七条 禁止任何人进入自然保护区的核心区。因科学研究的需要，必须进入核心区从事科学研究观测、调查活动的，应当事先向自然保护区管理机构提交申请和活动计划，并经自然保护区管理机构批准；其中，进入国家级自然保护区核心区的，应当经省、自治区、直辖市人民政府有关自然保护区行政主管部门批准。

自然保护区核心区内原有居民确有必要迁出的，由自然保护区所在地的地方人民政府予以妥善安置。

第二十八条 禁止在自然保护区的缓冲区开展旅游和生产经营活动。因教学科研的目的，需要进入自然保护区的缓冲区从事非破坏性的科学研究、教学实习和标本采集活动的，应当事先向自然保护区管理机构提交申请和活动计划，经自然保护区管理机构批准。

从事前款活动的单位和个人，应当将其活动成果的副本提交自然保护区管理机构。

第二十九条 在自然保护区的实验区内开展参观、旅游活动的，由自然保护区管理机构编制方案，方案应当符合自然保护区管理目标。

在自然保护区组织参观、旅游活动的，应当严格按照前款规定的方案进行，并加强管理；进入自然保护区参观、旅游的单位和个人，应当服从自然保护区管理机构的管理。

严禁开设与自然保护区保护方向不一致的参观、旅游项目。

第三十条 自然保护区的内部未分区的，依照本条例有关核心区和缓冲区的规定管理。

第三十一条 外国人进入自然保护区，应当事先向自然保护区管理机构提交活动计划，并经自然保护区管理机构批准；其中，进入国家级自然保护区的，应当经省、自治区、直辖市环境保护、海洋、渔业等有关自然保护区行政主管部门按照各自职责批准。

进入自然保护区的外国人，应当遵守有关自然保护区的法律、法规和规定，未经批准，不得在自然保护区内从事采集标本等活动。

第三十二条 在自然保护区的核心区和缓冲区内，不得建设任何生产设施。在自然保护区的实验区内，不得建设污染环境、破坏资源或者景观的生产设施；建设其他项目，其污染物排放不得超过国家和地方规定的污染物排放标准。在自然保护区的实验区内已经建成的设施，其污染物排放超过国家和地方规定的排放标准的，应当限期治理；造成损害的，必须采取补救措施。

在自然保护区的外围保护地带建设的项目，不得损害自然保护区内的环境质量；已造成损害的，应当限期治理。

限期治理决定由法律、法规规定的机关作出，被限期治理的企业事业单位必须按期完成治理任务。

第三十三条 因发生事故或者其他突然性事件，造成或者可能造成自然保护区污染或者破坏的单位和个人，必须立即采取措施处理，及时通报可能受到危害的单位和居民，并向自然保护区管理机构、当地环境保护行政主管部门和自然保护区行政主管部门报告，接受调查处理。

第四章 法律责任

第三十四条 违反本条例规定，有下列行为之一的单位和个人，由自然保护区管理机构责令其改正，并可以根据不同情节处以100元以上5 000元以下的罚款：

（一）擅自移动或者破坏自然保护区界标的；

（二）未经批准进入自然保护区或者在自然保护区内不服从管理机构管理的；

（三）经批准在自然保护区的缓冲区内从事科学研究、教学实习和标本采集的单位和个人，不向自然保护区管理机构提交活动成果副本的。

第三十五条 违反本条例规定，在自然保护区进行砍伐、放牧、狩猎、捕捞、采药、开垦、烧荒、开矿、采石、挖沙等活动的单位和个人，除可以依照有关法律、行政法规规定给予处罚的以外，由县级以上人民政府有关自然保护区行政主管部门或者其授权的自然保护区管理机构没收违法所得，责令停止违法行为，限期恢复原状或者采取其他补救措施；对自然保护区造成破坏的，可以处以300元以上1万元以下的罚款。

第三十六条 自然保护区管理机构违反本条例规定，拒绝环境保护行政主管部门或者有关自然保护区行政主管部门监督检查，或者在被检查时弄虚作假的，由县级以上人民政府环境保护行政主管部门或者有关自然保护区行政主管部门给予300元以上3 000元以下的罚款。

第三十七条 自然保护区管理机构违反本条例规定，有下列行为之一的，由县级以上人民政府有关自然保护区行政主管部门责令限期改正；对直接责任人员，由其所在单位或者上级机关给予行政处分：

（一）开展参观、旅游活动未编制方案或者编制的方案不符合自然保护区管理目标的；

（二）开设与自然保护区保护方向不一致的参观、旅游项目的；

（三）不按照编制的方案开展参观、旅游活动的；

（四）违法批准人员进入自然保护区的核心区，或者违法批准外国人进入自然保护区的；

（五）有其他滥用职权、玩忽职守、徇私舞弊行为的。

第三十八条 违反本条例规定，给自然保护区造成损失的，由县级以上人民政府有关自然保护区行政主管部门责令赔偿损失。

第三十九条　妨碍自然保护区管理人员执行公务的，由公安机关依照《中华人民共和国治安管理处罚法》的规定给予处罚；情节严重，构成犯罪的，依法追究刑事责任。

第四十条　违反本条例规定，造成自然保护区重大污染或者破坏事故，导致公私财产重大损失或者人身伤亡的严重后果，构成犯罪的，对直接负责的主管人员和其他直接责任人员依法追究刑事责任。

第四十一条　自然保护区管理人员滥用职权、玩忽职守、徇私舞弊，构成犯罪的，依法追究刑事责任；情节轻微，尚不构成犯罪的，由其所在单位或者上级机关给予行政处分。

第五章　附　则

第四十二条　国务院有关自然保护区行政主管部门可以根据本条例，制定有关类型自然保护区的管理办法。

第四十三条　各省、自治区、直辖市人民政府可以根据本条例，制定实施办法。

第四十四条　本条例自 1994 年 12 月 1 日起施行。

风景名胜区条例

中华人民共和国国务院令

第474号

《风景名胜区条例》已经2006年9月6日国务院第149次常务会议通过，现予公布，自2006年12月1日起施行。

总　理　温家宝

2006年9月19日

第一章　总　则

第一条　为了加强对风景名胜区的管理，有效保护和合理利用风景名胜资源，制定本条例。

第二条　风景名胜区的设立、规划、保护、利用和管理，适用本条例。

本条例所称风景名胜区，是指具有观赏、文化或者科学价值，自然景观、人文景观比较集中，环境优美，可供人们游览或者进行科学、文化活动的区域。

第三条　国家对风景名胜区实行科学规划、统一管理、严格保护、永续利用的原则。

第四条　风景名胜区所在地县级以上地方人民政府设置的风景名胜区管理机构，负责风景名胜区的保护、利用和统一管理工作。

第五条　国务院建设主管部门负责全国风景名胜区的监督管理工作。国务院其他有关部门按照国务院规定的职责分工，负责风景名胜区的有关监督管理工作。

省、自治区人民政府建设主管部门和直辖市人民政府风景名胜区主管部门，负责本行政区域内风景名胜区的监督管理工作。省、自治区、直辖市人民政府其他有关部门按照规定的职责分工，负责风景名胜区的有关监督管理工作。

第六条　任何单位和个人都有保护风景名胜资源的义务，并有权制止、检举破坏风景名胜资源的行为。

第二章　设　立

第七条　设立风景名胜区，应当有利于保护和合理利用风景名胜资源。

新设立的风景名胜区与自然保护区不得重合或者交叉；已设立的风景名胜区与自然保护区重合或者交叉的，风景名胜区规划与自然保护区规划应当相协调。

第八条　风景名胜区划分为国家级风景名胜区和省级风景名胜区。

自然景观和人文景观能够反映重要自然变化过程和重大历史文化发展过程，基本处于自然状态或者保持历史原貌，具有国家代表性的，可以申请设立国家级风景名胜区；具有区域代表性的，可以申请设立省级风景名胜区。

第九条　申请设立风景名胜区应当提交包含下列内容的有关材料：

（一）风景名胜资源的基本状况；

（二）拟设立风景名胜区的范围以及核心景区的范围；

（三）拟设立风景名胜区的性质和保护目标；

（四）拟设立风景名胜区的游览条件；

（五）与拟设立风景名胜区内的土地、森林等自然资源和房屋等财产的所有权人、使用权人协商的内容和结果。

第十条　设立国家级风景名胜区，由省、自治区、直辖市人民政府提出申请，国务院建设主管部门会同国务院环境保护主管部门、林业主管部门、文物主管部门等有关部门组织论证，提出审查意见，报国务院批准公布。

设立省级风景名胜区，由县级人民政府提出申请，省、自治区人民政府建设主管部门或者直辖市人民政府风景名胜区主管部门，会同其他有关部门组织论证，提出审查意见，报省、自治区、直辖市人民政府批准公布。

第十一条　风景名胜区内的土地、森林等自然资源和房屋等财产的所有权人、使用权人的合法权益受法律保护。

申请设立风景名胜区的人民政府应当在报请审批前，与风景名胜区内的土地、森林等自然资源和房屋等财产的所有权人、使用权人充分协商。

因设立风景名胜区对风景名胜区内的土地、森林等自然资源和房屋等财产的所有权人、使用权人造成损失的，应当依法给予补偿。

第三章　规　划

第十二条　风景名胜区规划分为总体规划和详细规划。

第十三条　风景名胜区总体规划的编制，应当体现人与自然和谐相处、区域协调发展和经济社会全面进步的要求，坚持保护优先、开发服从保护的原则，突出风景名胜资源的自然特性、文化内涵和地方特色。

风景名胜区总体规划应当包括下列内容：

（一）风景资源评价；

（二）生态资源保护措施、重大建设项目布局、开发利用强度；

（三）风景名胜区的功能结构和空间布局；

（四）禁止开发和限制开发的范围；

（五）风景名胜区的游客容量；

（六）有关专项规划。

第十四条　风景名胜区应当自设立之日起2年内编制完成总体规划。总体规划的规划期一般为20年。

第十五条　风景名胜区详细规划应当根据核心景区和其他景区的不同要求编制，确定基础设施、旅游设施、文化设施等建设项目的选址、布局与规模，并明确建设用地范围和规划设计条件。

风景名胜区详细规划，应当符合风景名胜区总体规划。

第十六条　国家级风景名胜区规划由省、自治区人民政府建设主管部门或者直辖市人民政府风景名胜区主管部门组织编制。

省级风景名胜区规划由县级人民政府组织编制。

第十七条　编制风景名胜区规划，应当采用招标等公平竞争的方式选择具有相应资质等级的单位承担。

风景名胜区规划应当按照经审定的风景名胜区范围、性质和保护目标，依照国家有关法律、法规和技术规范编制。

第十八条　编制风景名胜区规划，应当广泛征求有关部门、公众和专家的意见；必要时，应当进行听证。

风景名胜区规划报送审批的材料应当包括社会各界的意见以及意见采纳的情况和未予采纳的理由。

第十九条 国家级风景名胜区的总体规划，由省、自治区、直辖市人民政府审查后，报国务院审批。

国家级风景名胜区的详细规划，由省、自治区人民政府建设主管部门或者直辖市人民政府风景名胜区主管部门报国务院建设主管部门审批。

第二十条 省级风景名胜区的总体规划，由省、自治区、直辖市人民政府审批，报国务院建设主管部门备案。

省级风景名胜区的详细规划，由省、自治区人民政府建设主管部门或者直辖市人民政府风景名胜区主管部门审批。

第二十一条 风景名胜区规划经批准后，应当向社会公布，任何组织和个人有权查阅。

风景名胜区内的单位和个人应当遵守经批准的风景名胜区规划，服从规划管理。

风景名胜区规划未经批准的，不得在风景名胜区内进行各类建设活动。

第二十二条 经批准的风景名胜区规划不得擅自修改。确需对风景名胜区总体规划中的风景名胜区范围、性质、保护目标、生态资源保护措施、重大建设项目布局、开发利用强度以及风景名胜区的功能结构、空间布局、游客容量进行修改的，应当报原审批机关批准；对其他内容进行修改的，应当报原审批机关备案。

风景名胜区详细规划确需修改的，应当报原审批机关批准。

政府或者政府部门修改风景名胜区规划对公民、法人或者其他组织造成财产损失的，应当依法给予补偿。

第二十三条 风景名胜区总体规划的规划期届满前 2 年，规划的组织编制机关应当组织专家对规划进行评估，作出是否重新编制规划的决定。在新规划批准前，原规划继续有效。

第四章 保 护

第二十四条 风景名胜区内的景观和自然环境，应当根据可持续发展的原则，严格保护，不得破坏或者随意改变。

风景名胜区管理机构应当建立健全风景名胜资源保护的各项管理制度。

风景名胜区内的居民和游览者应当保护风景名胜区的景物、水体、林草植被、野生动物和各项设施。

第二十五条 风景名胜区管理机构应当对风景名胜区内的重要景观进行调查、鉴定，并制定相应的保护措施。

第二十六条 在风景名胜区内禁止进行下列活动：

（一）开山、采石、开矿、开荒、修坟立碑等破坏景观、植被和地形地貌的活动；

（二）修建储存爆炸性、易燃性、放射性、毒害性、腐蚀性物品的设施；

（三）在景物或者设施上刻画、涂污；

（四）乱扔垃圾。

第二十七条 禁止违反风景名胜区规划，在风景名胜区内设立各类开发区和在核心景区内建设宾馆、招待所、培训中心、疗养院以及与风景名胜资源保护无关的其他建筑物；已经建设的，应当按照风景名胜区规划，逐步迁出。

第二十八条 在风景名胜区内从事本条例第二十六条、第二十七条禁止范围以外的建设活动，应当经风景名胜区管理机构审核后，依照有关法律、法规的规定办理审批手续。

在国家级风景名胜区内修建缆车、索道等重大建设工程，项目的选址方案应当报国务院建设主管部门核准。

第二十九条 在风景名胜区内进行下列活动，应当经风景名胜区管理机构审核后，依照有关法律、法规的规定报有关主管部门批准：

（一）设置、张贴商业广告；

（二）举办大型游乐等活动；

（三）改变水资源、水环境自然状态的活动；

（四）其他影响生态和景观的活动。

第三十条　风景名胜区内的建设项目应当符合风景名胜区规划，并与景观相协调，不得破坏景观、污染环境、妨碍游览。

在风景名胜区内进行建设活动的，建设单位、施工单位应当制定污染防治和水土保持方案，并采取有效措施，保护好周围景物、水体、林草植被、野生动物资源和地形地貌。

第三十一条　国家建立风景名胜区管理信息系统，对风景名胜区规划实施和资源保护情况进行动态监测。

国家级风景名胜区所在地的风景名胜区管理机构应当每年向国务院建设主管部门报送风景名胜区规划实施和土地、森林等自然资源保护的情况；国务院建设主管部门应当将土地、森林等自然资源保护的情况，及时抄送国务院有关部门。

第五章　利用和管理

第三十二条　风景名胜区管理机构应当根据风景名胜区的特点，保护民族民间传统文化，开展健康有益的游览观光和文化娱乐活动，普及历史文化和科学知识。

第三十三条　风景名胜区管理机构应当根据风景名胜区规划，合理利用风景名胜资源，改善交通、服务设施和游览条件。

风景名胜区管理机构应当在风景名胜区内设置风景名胜区标志和路标、安全警示等标牌。

第三十四条　风景名胜区内宗教活动场所的管理，依照国家有关宗教活动场所管理的规定执行。

风景名胜区内涉及自然资源保护、利用、管理和文物保护以及自然保护区管理的，还应当执行国家有关法律、法规的规定。

第三十五条　国务院建设主管部门应当对国家级风景名胜区的规划实施情况、资源保护状况进行监督检查和评估。对发现的问题，应当及时纠正、处理。

第三十六条　风景名胜区管理机构应当建立健全安全保障制度，加强安全管理，保障游览安全，并督促风景名胜区内的经营单位接受有关部门依据法律、法规进行的监督检查。

禁止超过允许容量接纳游客和在没有安全保障的区域开展游览活动。

第三十七条　进入风景名胜区的门票，由风景名胜区管理机构负责出售。门票价格依照有关价格的法律、法规的规定执行。

风景名胜区内的交通、服务等项目，应当由风景名胜区管理机构依照有关法律、法规和风景名胜区规划，采用招标等公平竞争的方式确定经营者。

风景名胜区管理机构应当与经营者签订合同，依法确定各自的权利和义务。经营者应当缴纳风景名胜资源有偿使用费。

第三十八条　风景名胜区的门票收入和风景名胜资源有偿使用费，实行收支两条线管理。

风景名胜区的门票收入和风景名胜资源有偿使用费应当专门用于风景名胜资源的保护和管理以及风景名胜区内财产的所有权人、使用权人损失的补偿。具体管理办法，由国务院财政部门、价格主管部门会同国务院建设主管部门等有关部门制定。

第三十九条　风景名胜区管理机构不得从事以盈利为目的的经营活动，不得将规划、管理和监督等行政管理职能委托给企业或者个人行使。

风景名胜区管理机构的工作人员，不得在风景名胜区内的企业兼职。

第六章 法律责任

第四十条 违反本条例的规定，有下列行为之一的，由风景名胜区管理机构责令停止违法行为、恢复原状或者限期拆除，没收违法所得，并处50万元以上100万元以下的罚款：

（一）在风景名胜区内进行开山、采石、开矿等破坏景观、植被、地形地貌的活动的；

（二）在风景名胜区内修建储存爆炸性、易燃性、放射性、毒害性、腐蚀性物品的设施的；

（三）在核心景区内建设宾馆、招待所、培训中心、疗养院以及与风景名胜资源保护无关的其他建筑物的。

县级以上地方人民政府及其有关主管部门批准实施本条第一款规定的行为的，对直接负责的主管人员和其他直接责任人员依法给予降级或者撤职的处分；构成犯罪的，依法追究刑事责任。

第四十一条 违反本条例的规定，在风景名胜区内从事禁止范围以外的建设活动，未经风景名胜区管理机构审核的，由风景名胜区管理机构责令停止建设、限期拆除，对个人处2万元以上5万元以下的罚款，对单位处20万元以上50万元以下的罚款。

第四十二条 违反本条例的规定，在国家级风景名胜区内修建缆车、索道等重大建设工程，项目的选址方案未经国务院建设主管部门核准，县级以上地方人民政府有关部门核发选址意见书的，对直接负责的主管人员和其他直接责任人员依法给予处分；构成犯罪的，依法追究刑事责任。

第四十三条 违反本条例的规定，个人在风景名胜区内进行开荒、修坟立碑等破坏景观、植被、地形地貌的活动的，由风景名胜区管理机构责令停止违法行为、限期恢复原状或者采取其他补救措施，没收违法所得，并处1 000元以上1万元以下的罚款。

第四十四条 违反本条例的规定，在景物、设施上刻画、涂污或者在风景名胜区内乱扔垃圾的，由风景名胜区管理机构责令恢复原状或者采取其他补救措施，处50元的罚款；刻画、涂污或者以其他方式故意损坏国家保护的文物、名胜古迹的，按照治安管理处罚法的有关规定予以处罚；构成犯罪的，依法追究刑事责任。

第四十五条 违反本条例的规定，未经风景名胜区管理机构审核，在风景名胜区内进行下列活动的，由风景名胜区管理机构责令停止违法行为、限期恢复原状或者采取其他补救措施，没收违法所得，并处5万元以上10万元以下的罚款；情节严重的，并处10万元以上20万元以下的罚款：

（一）设置、张贴商业广告的；

（二）举办大型游乐等活动的；

（三）改变水资源、水环境自然状态的活动的；

（四）其他影响生态和景观的活动。

第四十六条 违反本条例的规定，施工单位在施工过程中，对周围景物、水体、林草植被、野生动物资源和地形地貌造成破坏的，由风景名胜区管理机构责令停止违法行为、限期恢复原状或者采取其他补救措施，并处2万元以上10万元以下的罚款；逾期未恢复原状或者采取有效措施的，由风景名胜区管理机构责令停止施工。

第四十七条 违反本条例的规定，国务院建设主管部门、县级以上地方人民政府及其有关主管部门有下列行为之一的，对直接负责的主管人员和其他直接责任人员依法给予处分；构成犯罪的，依法追究刑事责任：

（一）违反风景名胜区规划在风景名胜区内设立各类开发区的；

（二）风景名胜区自设立之日起未在2年内编制完成风景名胜区总体规划的；

（三）选择不具有相应资质等级的单位编制风景名胜区规划的；

（四）风景名胜区规划批准前批准在风景名胜区内进行建设活动的；

（五）擅自修改风景名胜区规划的；

（六）不依法履行监督管理职责的其他行为。

第四十八条　违反本条例的规定，风景名胜区管理机构有下列行为之一的，由设立该风景名胜区管理机构的县级以上地方人民政府责令改正；情节严重的，对直接负责的主管人员和其他直接责任人员给予降级或者撤职的处分；构成犯罪的，依法追究刑事责任：

（一）超过允许容量接纳游客或者在没有安全保障的区域开展游览活动的；

（二）未设置风景名胜区标志和路标、安全警示等标牌的；

（三）从事以盈利为目的的经营活动的；

（四）将规划、管理和监督等行政管理职能委托给企业或者个人行使的；

（五）允许风景名胜区管理机构的工作人员在风景名胜区内的企业兼职的；

（六）审核同意在风景名胜区内进行不符合风景名胜区规划的建设活动的；

（七）发现违法行为不予查处的。

第四十九条　本条例第四十条第一款、第四十一条、第四十三条、第四十四条、第四十五条、第四十六条规定的违法行为，依照有关法律、行政法规的规定，有关部门已经予以处罚的，风景名胜区管理机构不再处罚。

第五十条　本条例第四十条第一款、第四十一条、第四十三条、第四十四条、第四十五条、第四十六条规定的违法行为，侵害国家、集体或者个人的财产的，有关单位或者个人应当依法承担民事责任。

第五十一条　依照本条例的规定，责令限期拆除在风景名胜区内违法建设的建筑物、构筑物或者其他设施的，有关单位或者个人必须立即停止建设活动，自行拆除；对继续进行建设的，作出责令限期拆除决定的机关有权制止。有关单位或者个人对责令限期拆除决定不服的，可以在接到责令限期拆除决定之日起 15 日内，向人民法院起诉；期满不起诉又不自行拆除的，由作出责令限期拆除决定的机关依法申请人民法院强制执行，费用由违法者承担。

第七章　附　则

第五十二条　本条例自 2006 年 12 月 1 日起施行。1985 年 6 月 7 日国务院发布的《风景名胜区管理暂行条例》同时废止。

中华人民共和国水生野生动物保护实施条例

（1993年9月17日国务院批准　1993年10月5日农业部令第1号发布施行　2011年1月8日国务院令第588号公布第一次修改　2013年12月7日国务院令第645号公布第二次修改）

第一章　总　则

第一条　根据《中华人民共和国野生动物保护法》（以下简称《野生动物保护法》）的规定，制定本条例。

第二条　本条例所称水生野生动物，是指珍贵、濒危的水生野生动物；所称水生野生动物产品，是指珍贵、濒危的水生野生动物的任何部分及其衍生物。

第三条　国务院渔业行政主管部门主管全国水生野生动物管理工作。

县级以上地方人民政府渔业行政主管部门主管本行政区域内水生野生动物管理工作。

《野生动物保护法》和本条例规定的渔业行政主管部门的行政处罚权，可以由其所属的渔政监督管理机构行使。

第四条　县级以上各级人民政府及其有关主管部门应当鼓励、支持有关科研单位、教学单位开展水生野生动物科学研究工作。

第五条　渔业行政主管部门及其所属的渔政监督管理机构，有权对《野生动物保护法》和本条例的实施情况进行监督检查，被检查的单位和个人应当给予配合。

第二章　水生野生动物保护

第六条　国务院渔业行政主管部门和省、自治区、直辖市人民政府渔业行政主管部门，应当定期组织水生野生动物资源调查，建立资源档案，为制定水生野生动物资源保护发展规划、制定和调整国家和地方重点保护水生野生动物名录提供依据。

第七条　渔业行政主管部门应当组织社会各方面力量，采取有效措施，维护和改善水生野生动物的生存环境，保护和增殖水生野生动物资源。

禁止任何单位和个人破坏国家重点保护的和地方重点保护的水生野生动物生息繁衍的水域、场所和生存条件。

第八条　任何单位和个人对侵占或者破坏水生野生动物资源的行为，有权向当地渔业行政主管部门或者其所属的渔政监督管理机构检举和控告。

第九条　任何单位和个人发现受伤、搁浅和因误入港湾、河汊而被困的水生野生动物时，应当及时报告当地渔业行政主管部门或者其所属的渔政监督管理机构，由其采取紧急救护措施；也可以要求附近具备救护条件的单位采取紧急救护措施，并报告渔业行政主管部门。已经死亡的水生野生动物，由渔业行政主管部门妥善处理。

捕捞作业时误捕水生野生动物的，应当立即无条件放生。

第十条　因保护国家重点保护的和地方重点保护的水生野生动物受到损失的，可以向当地人民政府渔业行政主管部门提出补偿要求。经调查属实并确实需要补偿的，由当地人民政府按照省、自治区、直辖市人民政府有关规定给予补偿。

第十一条　国务院渔业行政主管部门和省、自治区、直辖市人民政府，应当在国家重点保护的和地方重点保护的水生野生动物的主要生息繁衍的地区和水域，划定水生野生动物自然保护区，加强对国家和地方重点保护水生野生动物及其生存环境的保护管理，具体办法由国务院另行规定。

第三章　水生野生动物管理

第十二条　禁止捕捉、杀害国家重点保护的水生野生动物。

有下列情形之一，确需捕捉国家重点保护的水生野生动物的，必须申请特许捕捉证：

（一）为进行水生野生动物科学考察、资源调查，必须捕捉的；

（二）为驯养繁殖国家重点保护的水生野生动物，必须从自然水域或者场所获取种源的；

（三）为承担省级以上科学研究项目或者国家医药生产任务，必须从自然水域或者场所获取国家重点保护的水生野生动物的；

（四）为宣传、普及水生野生动物知识或者教学、展览的需要，必须从自然水域或者场所获取国家重点保护的水生野生动物的；

（五）因其他特殊情况，必须捕捉的。

第十三条　申请特许捕捉证的程序：

（一）需要捕捉国家一级保护水生野生动物的，必须附具申请人所在地和捕捉地的省、自治区、直辖市人民政府渔业行政主管部门签署的意见，向国务院渔业行政主管部门申请特许捕捉证；

（二）需要在本省、自治区、直辖市捕捉国家二级保护水生野生动物的，必须附具申请人所在地的县级人民政府渔业行政主管部门签署的意见，向省、自治区、直辖市人民政府渔业行政主管部门申请特许捕捉证；

（三）需要跨省、自治区、直辖市捕捉国家二级保护水生野生动物的，必须附具申请人所在地的省、自治区、直辖市人民政府渔业行政主管部门签署的意见，向捕捉地的省、自治区、直辖市人民政府渔业行政主管部门申请特许捕捉证。

动物园申请捕捉国家一级保护水生野生动物的，在向国务院渔业行政主管部门申请特许捕捉证前，须经国务院建设行政主管部门审核同意；申请捕捉国家二级保护水生野生动物的，在向申请人所在地的省、自治区、直辖市人民政府渔业行政主管部门申请特许捕捉证前，须经同级人民政府建设行政主管部门审核同意。

负责核发特许捕捉证的部门接到申请后，应当自接到申请之日起三个月内作出批准或者不批准的决定。

第十四条　有下列情形之一的，不予发放特许捕捉证：

（一）申请人有条件以合法的非捕捉方式获得国家重点保护的水生野生动物的种源、产品或者达到其目的的；

（二）捕捉申请不符合国家有关规定，或者申请使用的捕捉工具、方法以及捕捉时间、地点不当的；

（三）根据水生野生动物资源现状不宜捕捉的。

第十五条　取得特许捕捉证的单位和个人，必须按照特许捕捉证规定的种类、数量、地点、期限、工具和方法进行捕捉，防止误伤水生野生动物或者破坏其生存环境。捕捉作业完成后，应当及时向捕捉地的县级人民政府渔业行政主管部门或者其所属的渔政监督管理机构申请查验。

县级人民政府渔业行政主管部门或者其所属的渔政监督管理机构对在本行政区域内捕捉国家重点保护的水生野生动物的活动，应当进行监督检查，并及时向批准捕捉的部门报告监督检查结果。

第十六条　外国人在中国境内进行有关水生野生动物科学考察、标本采集、拍摄电影、录像等活动的，必须经国家重点保护的水生野生动物所在地的省、自治区、直辖市人民政府渔业行政主管部门批准。

第十七条　驯养繁殖国家一级保护水生野生动物的，应当持有国务院渔业行政主管部门核发的驯养繁殖许可证；驯养繁殖国家二级保护水生野生动物的，应当持有省、自治区、直辖市人民政府渔业行政主管部门核发的驯养繁殖许可证。

动物园驯养繁殖国家重点保护的水生野生动物的，渔业行政主管部门可以委托同级建设行政主管部门核发驯养繁殖许可证。

第十八条 禁止出售、收购国家重点保护的水生野生动物或者其产品。因科学研究、驯养繁殖、展览等特殊情况，需要出售、收购、利用国家一级保护水生野生动物或者其产品的，必须向省、自治区、直辖市人民政府渔业行政主管部门提出申请，经其签署意见后，报国务院渔业行政主管部门批准；需要出售、收购、利用国家二级保护水生野生动物或者其产品的，必须向省、自治区、直辖市人民政府渔业行政主管部门提出申请，并经其批准。

第十九条 县级以上各级人民政府渔业行政主管部门和工商行政管理部门，应当对水生野生动物或者其产品的经营利用建立监督检查制度，加强对经营利用水生野生动物或者其产品的监督管理。

对进入集贸市场的水生野生动物或者其产品，由工商行政管理部门进行监督管理，渔业行政主管部门给予协助；在集贸市场以外经营水生野生动物或者其产品，由渔业行政主管部门、工商行政管理部门或者其授权的单位进行监督管理。

第二十条 运输、携带国家重点保护的水生野生动物或者其产品出县境的，应当凭特许捕捉证或者驯养繁殖许可证，向县级人民政府渔业行政主管部门提出申请，报省、自治区、直辖市人民政府渔业行政主管部门或者其授权的单位批准。动物园之间因繁殖动物，需要运输国家重点保护的水生野生动物的，可以由省、自治区、直辖市人民政府渔业行政主管部门授权同级建设行政主管部门审批。

第二十一条 交通、铁路、民航和邮政企业对没有合法运输证明的水生野生动物或者其产品，应当及时通知有关主管部门处理，不得承运、收寄。

第二十二条 从国外引进水生野生动物的，应当向省、自治区、直辖市人民政府渔业行政主管部门提出申请，经省级以上人民政府渔业行政主管部门指定的科研机构进行科学论证后，报国务院渔业行政主管部门批准。

第二十三条 出口国家重点保护的水生野生动物或者其产品的，进出口中国参加的国际公约所限制进出口的水生野生动物或者其产品的，必须经进出口单位或者个人所在地的省、自治区、直辖市人民政府渔业行政主管部门审核，报国务院渔业行政主管部门批准；属于贸易性进出口活动的，必须由具有有关商品进出口权的单位承担。

动物园因交换动物需要进出口前款所称水生野生动物的，在国务院渔业行政主管部门批准前，应当经国务院建设行政主管部门审核同意。

第二十四条 利用水生野生动物或者其产品举办展览等活动的经济收益，主要用于水生野生动物保护事业。

第四章　奖励和惩罚

第二十五条 有下列事迹之一的单位和个人，由县级以上人民政府或者其渔业行政主管部门给予奖励：

（一）在水生野生动物资源调查、保护管理、宣传教育、开发利用方面有突出贡献的；

（二）严格执行野生动物保护法规，成绩显著的；

（三）拯救、保护和驯养繁殖水生野生动物取得显著成效的；

（四）发现违反水生野生动物保护法律、法规的行为，及时制止或者检举有功的；

（五）在查处破坏水生野生动物资源案件中作出重要贡献的；

（六）在水生野生动物科学研究中取得重大成果或者在应用推广有关的科研成果中取得显著效益的；

（七）在基层从事水生野生动物保护管理工作五年以上并取得显著成绩的；

（八）在水生野生动物保护管理工作中有其他特殊贡献的。

第二十六条　非法捕杀国家重点保护的水生野生动物的，依照刑法有关规定追究刑事责任；情节显著轻微危害不大的，或者犯罪情节轻微不需要判处刑罚的，由渔业行政主管部门没收捕获物、捕捉工具和违法所得，吊销特许捕捉证，并处以相当于捕获物价值十倍以下的罚款，没有捕获物的处以一万元以下的罚款。

第二十七条　违反野生动物保护法律、法规，在水生野生动物自然保护区破坏国家重点保护的或者地方重点保护的水生野生动物主要生息繁衍场所，依照《野生动物保护法》第三十四条的规定处以罚款的，罚款幅度为恢复原状所需费用的三倍以下。

第二十八条　违反野生动物保护法律、法规，出售、收购、运输、携带国家重点保护的或者地方重点保护的水生野生动物或者其产品的，由工商行政管理部门或者其授权的渔业行政主管部门没收实物和违法所得，可以并处相当于实物价值十倍以下的罚款。

第二十九条　伪造、倒卖、转让驯养繁殖许可证，依照《野生动物保护法》第三十七条的规定处以罚款的，罚款幅度为五千元以下。伪造、倒卖、转让特许捕捉证或者允许进出口证明书，依照《野生动物保护法》第三十七条的规定处以罚款的，罚款幅度为五万元以下。

第三十条　违反野生动物保护法规，未取得驯养繁殖许可证或者超越驯养繁殖许可证规定范围，驯养繁殖国家重点保护的水生野生动物的，由渔业行政主管部门没收违法所得，处三千元以下的罚款，可以并处没收水生野生动物、吊销驯养繁殖许可证。

第三十一条　外国人未经批准在中国境内对国家重点保护的水生野生动物进行科学考察、标本采集、拍摄电影、录像的，由渔业行政主管部门没收考察、拍摄的资料以及所获标本，可以并处五万元以下的罚款。

第三十二条　有下列行为之一，尚不构成犯罪，应当给予治安管理处罚的，由公安机关依照《中华人民共和国治安管理处罚法》的规定予以处罚：

（一）拒绝、阻碍渔政检查人员依法执行职务的；

（二）偷窃、哄抢或者故意损坏野生动物保护仪器设备或者设施的。

第三十三条　依照野生动物保护法规的规定没收的实物，按照国务院渔业行政主管部门的有关规定处理。

第五章　附　则

第三十四条　本条例由国务院渔业行政主管部门负责解释。

第三十五条　本条例自发布之日起施行。

危险化学品安全管理条例

（2002 年 1 月 26 日中华人民共和国国务院令第 344 号公布　2011 年 2 月 16 日国务院第 144 次常务会议修订通过　根据 2013 年 12 月 4 日国务院令第 645 号《国务院关于修改部分行政法规的决定》修订）

第一章　总　则

第一条　为了加强危险化学品的安全管理，预防和减少危险化学品事故，保障人民群众生命财产安全，保护环境，制定本条例。

第二条　危险化学品生产、储存、使用、经营和运输的安全管理，适用本条例。

废弃危险化学品的处置，依照有关环境保护的法律、行政法规和国家有关规定执行。

第三条　本条例所称危险化学品，是指具有毒害、腐蚀、爆炸、燃烧、助燃等性质，对人体、设施、环境具有危害的剧毒化学品和其他化学品。

危险化学品目录，由国务院安全生产监督管理部门会同国务院工业和信息化、公安、环境保护、卫生、质量监督检验检疫、交通运输、铁路、民用航空、农业主管部门，根据化学品危险特性的鉴别和分类标准确定、公布，并适时调整。

第四条　危险化学品安全管理，应当坚持安全第一、预防为主、综合治理的方针，强化和落实企业的主体责任。

生产、储存、使用、经营、运输危险化学品的单位（以下统称危险化学品单位）的主要负责人对本单位的危险化学品安全管理工作全面负责。

危险化学品单位应当具备法律、行政法规规定和国家标准、行业标准要求的安全条件，建立、健全安全管理规章制度和岗位安全责任制度，对从业人员进行安全教育、法制教育和岗位技术培训。从业人员应当接受教育和培训，考核合格后上岗作业；对有资格要求的岗位，应当配备依法取得相应资格的人员。

第五条　任何单位和个人不得生产、经营、使用国家禁止生产、经营、使用的危险化学品。

国家对危险化学品的使用有限制性规定的，任何单位和个人不得违反限制性规定使用危险化学品。

第六条　对危险化学品的生产、储存、使用、经营、运输实施安全监督管理的有关部门（以下统称负有危险化学品安全监督管理职责的部门），依照下列规定履行职责：

（一）安全生产监督管理部门负责危险化学品安全监督管理综合工作，组织确定、公布、调整危险化学品目录，对新建、改建、扩建生产、储存危险化学品（包括使用长输管道输送危险化学品，下同）的建设项目进行安全条件审查，核发危险化学品安全生产许可证、危险化学品安全使用许可证和危险化学品经营许可证，并负责危险化学品登记工作。

（二）公安机关负责危险化学品的公共安全管理，核发剧毒化学品购买许可证、剧毒化学品道路运输通行证，并负责危险化学品运输车辆的道路交通安全管理。

（三）质量监督检验检疫部门负责核发危险化学品及其包装物、容器（不包括储存危险化学品的固定式大型储罐，下同）生产企业的工业产品生产许可证，并依法对其产品质量实施监督，负责对进出口危险化学品及其包装实施检验。

（四）环境保护主管部门负责废弃危险化学品处置的监督管理，组织危险化学品的环境危害性鉴定和环境风险程度评估，确定实施重点环境管理的危险化学品，负责危险化学品环境管理登记和新化学物质环境管理登记；依照职责分工调查相关危险化学品环境污染事故和生态破坏事件，负责危险化学品事故现场的应急环境监测。

（五）交通运输主管部门负责危险化学品道路运输、水路运输的许可以及运输工具的安全管理，对危险化学品水路运输安全实施监督，负责危险化学品道路运输企业、水路运输企业驾驶人员、船员、装卸管理人员、押运人员、申报人员、集装箱装箱现场检查员的资格认定。铁路监管部门负责危险化学品铁路运输及其运输工具的安全管理。民用航空主管部门负责危险化学品航空运输以及航空运输企业及其运输工具的安全管理。

（六）卫生主管部门负责危险化学品毒性鉴定的管理，负责组织、协调危险化学品事故受伤人员的医疗卫生救援工作。

（七）工商行政管理部门依据有关部门的许可证件，核发危险化学品生产、储存、经营、运输企业营业执照，查处危险化学品经营企业违法采购危险化学品的行为。

（八）邮政管理部门负责依法查处寄递危险化学品的行为。

第七条 负有危险化学品安全监督管理职责的部门依法进行监督检查，可以采取下列措施：

（一）进入危险化学品作业场所实施现场检查，向有关单位和人员了解情况，查阅、复制有关文件、资料；

（二）发现危险化学品事故隐患，责令立即消除或者限期消除；

（三）对不符合法律、行政法规、规章规定或者国家标准、行业标准要求的设施、设备、装置、器材、运输工具，责令立即停止使用；

（四）经本部门主要负责人批准，查封违法生产、储存、使用、经营危险化学品的场所，扣押违法生产、储存、使用、经营、运输的危险化学品以及用于违法生产、使用、运输危险化学品的原材料、设备、运输工具；

（五）发现影响危险化学品安全的违法行为，当场予以纠正或者责令限期改正。

负有危险化学品安全监督管理职责的部门依法进行监督检查，监督检查人员不得少于 2 人，并应当出示执法证件；有关单位和个人对依法进行的监督检查应当予以配合，不得拒绝、阻碍。

第八条 县级以上人民政府应当建立危险化学品安全监督管理工作协调机制，支持、督促负有危险化学品安全监督管理职责的部门依法履行职责，协调、解决危险化学品安全监督管理工作中的重大问题。

负有危险化学品安全监督管理职责的部门应当相互配合、密切协作，依法加强对危险化学品的安全监督管理。

第九条 任何单位和个人对违反本条例规定的行为，有权向负有危险化学品安全监督管理职责的部门举报。负有危险化学品安全监督管理职责的部门接到举报，应当及时依法处理；对不属于本部门职责的，应当及时移送有关部门处理。

第十条 国家鼓励危险化学品生产企业和使用危险化学品从事生产的企业采用有利于提高安全保障水平的先进技术、工艺、设备以及自动控制系统，鼓励对危险化学品实行专门储存、统一配送、集中销售。

第二章 生产、储存安全

第十一条 国家对危险化学品的生产、储存实行统筹规划、合理布局。

国务院工业和信息化主管部门以及国务院其他有关部门依据各自职责，负责危险化学品生产、储存的行业规划和布局。

地方人民政府组织编制城乡规划，应当根据本地区的实际情况，按照确保安全的原则，规划适当区域专门用于危险化学品的生产、储存。

第十二条 新建、改建、扩建生产、储存危险化学品的建设项目（以下简称建设项目），应当由安全生产监督管理部门进行安全条件审查。

建设单位应当对建设项目进行安全条件论证，委托具备国家规定的资质条件的机构对建设项目进行安全评价，并将安全条件论证和安全评价的情况报告报建设项目所在地设区的市级以上人民政府安全生产监督管理部门；安全生产监督管理部门应当自收到报告之日起45日内作出审查决定，并书面通知建设单位。具体办法由国务院安全生产监督管理部门制定。

新建、改建、扩建储存、装卸危险化学品的港口建设项目，由港口行政管理部门按照国务院交通运输主管部门的规定进行安全条件审查。

第十三条 生产、储存危险化学品的单位，应当对其铺设的危险化学品管道设置明显标志，并对危险化学品管道定期检查、检测。

进行可能危及危险化学品管道安全的施工作业，施工单位应当在开工的 7 日前书面通知管道所属单位，并与管道所属单位共同制定应急预案，采取相应的安全防护措施。管道所属单位应当指派专门人员到现场进行管道安全保护指导。

第十四条 危险化学品生产企业进行生产前，应当依照《安全生产许可证条例》的规定，取得危险化学品安全生产许可证。

生产列入国家实行生产许可证制度的工业产品目录的危险化学品的企业，应当依照《中华人民共和国工业产品生产许可证管理条例》的规定，取得工业产品生产许可证。

负责颁发危险化学品安全生产许可证、工业产品生产许可证的部门，应当将其颁发许可证的情况及时向同级工业和信息化主管部门、环境保护主管部门和公安机关通报。

第十五条 危险化学品生产企业应当提供与其生产的危险化学品相符的化学品安全技术说明书，并在危险化学品包装（包括外包装件）上粘贴或者拴挂与包装内危险化学品相符的化学品安全标签。化学品安全技术说明书和化学品安全标签所载明的内容应当符合国家标准的要求。

危险化学品生产企业发现其生产的危险化学品有新的危险特性的，应当立即公告，并及时修订其化学品安全技术说明书和化学品安全标签。

第十六条 生产实施重点环境管理的危险化学品的企业，应当按照国务院环境保护主管部门的规定，将该危险化学品向环境中释放等相关信息向环境保护主管部门报告。环境保护主管部门可以根据情况采取相应的环境风险控制措施。

第十七条 危险化学品的包装应当符合法律、行政法规、规章的规定以及国家标准、行业标准的要求。

危险化学品包装物、容器的材质以及危险化学品包装的型式、规格、方法和单件质量（重量），应当与所包装的危险化学品的性质和用途相适应。

第十八条 生产列入国家实行生产许可证制度的工业产品目录的危险化学品包装物、容器的企业，应当依照《中华人民共和国工业产品生产许可证管理条例》的规定，取得工业产品生产许可证；其生产的危险化学品包装物、容器经国务院质量监督检验检疫部门认定的检验机构检验合格，方可出厂销售。

运输危险化学品的船舶及其配载的容器，应当按照国家船舶检验规范进行生产，并经海事管理机构认定的船舶检验机构检验合格，方可投入使用。

对重复使用的危险化学品包装物、容器，使用单位在重复使用前应当进行检查；发现存在安全隐患的，应当维修或者更换。使用单位应当对检查情况作出记录，记录的保存期限不得少于 2 年。

第十九条 危险化学品生产装置或者储存数量构成重大危险源的危险化学品储存设施（运输工具加油站、加气站除外），与下列场所、设施、区域的距离应当符合国家有关规定：

（一）居住区以及商业中心、公园等人员密集场所；

（二）学校、医院、影剧院、体育场（馆）等公共设施；

（三）饮用水源、水厂以及水源保护区；

（四）车站、码头（依法经许可从事危险化学品装卸作业的除外）、机场以及通信干线、通信枢纽、铁路线路、道路交通干线、水路交通干线、地铁风亭以及地铁站出入口；

（五）基本农田保护区、基本草原、畜禽遗传资源保护区、畜禽规模化养殖场（养殖小区）、渔业水域以及种子、种畜禽、水产苗种生产基地；

（六）河流、湖泊、风景名胜区、自然保护区；

（七）军事禁区、军事管理区；

（八）法律、行政法规规定的其他场所、设施、区域。

已建的危险化学品生产装置或者储存数量构成重大危险源的危险化学品储存设施不符合前款规定的，由所在地设区的市级人民政府安全生产监督管理部门会同有关部门监督其所属单位在规定期限内进行整改；需要转产、停产、搬迁、关闭的，由本级人民政府决定并组织实施。

储存数量构成重大危险源的危险化学品储存设施的选址，应当避开地震活动断层和容易发生洪灾、地质灾害的区域。

本条例所称重大危险源，是指生产、储存、使用或者搬运危险化学品，且危险化学品的数量等于或者超过临界量的单元（包括场所和设施）。

第二十条 生产、储存危险化学品的单位，应当根据其生产、储存的危险化学品的种类和危险特性，在作业场所设置相应的监测、监控、通风、防晒、调温、防火、灭火、防爆、泄压、防毒、中和、防潮、防雷、防静电、防腐、防泄漏以及防护围堤或者隔离操作等安全设施、设备，并按照国家标准、行业标准或者国家有关规定对安全设施、设备进行经常性维护、保养，保证安全设施、设备的正常使用。

生产、储存危险化学品的单位，应当在其作业场所和安全设施、设备上设置明显的安全警示标志。

第二十一条 生产、储存危险化学品的单位，应当在其作业场所设置通信、报警装置，并保证处于适用状态。

第二十二条 生产、储存危险化学品的企业，应当委托具备国家规定的资质条件的机构，对本企业的安全生产条件每 3 年进行一次安全评价，提出安全评价报告。安全评价报告的内容应当包括对安全生产条件存在的问题进行整改的方案。

生产、储存危险化学品的企业，应当将安全评价报告以及整改方案的落实情况报所在地县级人民政府安全生产监督管理部门备案。在港区内储存危险化学品的企业，应当将安全评价报告以及整改方案的落实情况报港口行政管理部门备案。

第二十三条 生产、储存剧毒化学品或者国务院公安部门规定的可用于制造爆炸物品的危险化学品（以下简称易制爆危险化学品）的单位，应当如实记录其生产、储存的剧毒化学品、易制爆危险化学品的数量、流向，并采取必要的安全防范措施，防止剧毒化学品、易制爆危险化学品丢失或者被盗；发现剧毒化学品、易制爆危险化学品丢失或者被盗的，应当立即向当地公安机关报告。

生产、储存剧毒化学品、易制爆危险化学品的单位，应当设置治安保卫机构，配备专职治安保卫人员。

第二十四条 危险化学品应当储存在专用仓库、专用场地或者专用储存室（以下统称专用仓库）内，并由专人负责管理；剧毒化学品以及储存数量构成重大危险源的其他危险化学品，应当在专用仓库内单独存放，并实行双人收发、双人保管制度。

危险化学品的储存方式、方法以及储存数量应当符合国家标准或者国家有关规定。

第二十五条 储存危险化学品的单位应当建立危险化学品出入库核查、登记制度。

对剧毒化学品以及储存数量构成重大危险源的其他危险化学品，储存单位应当将其储存数量、储存地点以及管理人员的情况，报所在地县级人民政府安全生产监督管理部门（在港区内储存的，报港口行政管理部门）和公安机关备案。

第二十六条 危险化学品专用仓库应当符合国家标准、行业标准的要求，并设置明显的标志。储存剧毒化学品、易制爆危险化学品的专用仓库，应当按照国家有关规定设置相应的技术防范设施。

储存危险化学品的单位应当对其危险化学品专用仓库的安全设施、设备定期进行检测、检验。

第二十七条 生产、储存危险化学品的单位转产、停产、停业或者解散的，应当采取有效措施，及时、妥善处置其危险化学品生产装置、储存设施以及库存的危险化学品，不得丢弃危险化学品；处置方案应当报所在地县级人民政府安全生产监督管理部门、工业和信息化主管部门、环境保护主管部门和公安机关备案。安全生产监督管理部门应当会同环境保护主管部门和公安机关对处置情况进行监督检查，发现未依照规定处置的，应当责令其立即处置。

第三章　使用安全

第二十八条 使用危险化学品的单位，其使用条件（包括工艺）应当符合法律、行政法规的规定和国家标准、行业标准的要求，并根据所使用的危险化学品的种类、危险特性以及使用量和使用方式，建立、健全使用危险化学品的安全管理规章制度和安全操作规程，保证危险化学品的安全使用。

第二十九条 使用危险化学品从事生产并且使用量达到规定数量的化工企业（属于危险化学品生产企业的除外，下同），应当依照本条例的规定取得危险化学品安全使用许可证。

前款规定的危险化学品使用量的数量标准，由国务院安全生产监督管理部门会同国务院公安部门、农业主管部门确定并公布。

第三十条 申请危险化学品安全使用许可证的化工企业，除应当符合本条例第二十八条的规定外，还应当具备下列条件：

（一）有与所使用的危险化学品相适应的专业技术人员；

（二）有安全管理机构和专职安全管理人员；

（三）有符合国家规定的危险化学品事故应急预案和必要的应急救援器材、设备；

（四）依法进行了安全评价。

第三十一条 申请危险化学品安全使用许可证的化工企业，应当向所在地设区的市级人民政府安全生产监督管理部门提出申请，并提交其符合本条例第三十条规定条件的证明材料。设区的市级人民政府安全生产监督管理部门应当依法进行审查，自收到证明材料之日起45日内作出批准或者不予批准的决定。予以批准的，颁发危险化学品安全使用许可证；不予批准的，书面通知申请人并说明理由。

安全生产监督管理部门应当将其颁发危险化学品安全使用许可证的情况及时向同级环境保护主管部门和公安机关通报。

第三十二条 本条例第十六条关于生产实施重点环境管理的危险化学品的企业的规定，适用于使用实施重点环境管理的危险化学品从事生产的企业；第二十条、第二十一条、第二十三条第一款、第二十七条关于生产、储存危险化学品的单位的规定，适用于使用危险化学品的单位；第二十二条关于生产、储存危险化学品的企业的规定，适用于使用危险化学品从事生产的企业。

第四章　经营安全

第三十三条 国家对危险化学品经营（包括仓储经营，下同）实行许可制度。未经许可，任何单位和个人不得经营危险化学品。

依法设立的危险化学品生产企业在其厂区范围内销售本企业生产的危险化学品，不需要取得危险化学品经营许可。

依照《中华人民共和国港口法》的规定取得港口经营许可证的港口经营人，在港区内从事危险化学品仓储经营，不需要取得危险化学品经营许可。

第三十四条 从事危险化学品经营的企业应当具备下列条件：

（一）有符合国家标准、行业标准的经营场所，储存危险化学品的，还应当有符合国家标准、行业标准的储存设施；

（二）从业人员经过专业技术培训并经考核合格；

（三）有健全的安全管理规章制度；

（四）有专职安全管理人员；

（五）有符合国家规定的危险化学品事故应急预案和必要的应急救援器材、设备；

（六）法律、法规规定的其他条件。

第三十五条 从事剧毒化学品、易制爆危险化学品经营的企业，应当向所在地设区的市级人民政府安全生产监督管理部门提出申请，从事其他危险化学品经营的企业，应当向所在地县级人民政府安全生产监督管理部门提出申请（有储存设施的，应当向所在地设区的市级人民政府安全生产监督管理部门提出申请）。申请人应当提交其符合本条例第三十四条规定条件的证明材料。设区的市级人民政府安全生产监督管理部门或者县级人民政府安全生产监督管理部门应当依法进行审查，并对申请人的经营场所、储存设施进行现场核查，自收到证明材料之日起30日内作出批准或者不予批准的决定。予以批准的，颁发危险化学品经营许可证；不予批准的，书面通知申请人并说明理由。

设区的市级人民政府安全生产监督管理部门和县级人民政府安全生产监督管理部门应当将其颁发危险化学品经营许可证的情况及时向同级环境保护主管部门和公安机关通报。

申请人持危险化学品经营许可证向工商行政管理部门办理登记手续后，方可从事危险化学品经营活动。法律、行政法规或者国务院规定经营危险化学品还需要经其他有关部门许可的，申请人向工商行政管理部门办理登记手续时还应当持相应的许可证件。

第三十六条 危险化学品经营企业储存危险化学品的，应当遵守本条例第二章关于储存危险化学品的规定。危险化学品商店内只能存放民用小包装的危险化学品。

第三十七条 危险化学品经营企业不得向未经许可从事危险化学品生产、经营活动的企业采购危险化学品，不得经营没有化学品安全技术说明书或者化学品安全标签的危险化学品。

第三十八条 依法取得危险化学品安全生产许可证、危险化学品安全使用许可证、危险化学品经营许可证的企业，凭相应的许可证件购买剧毒化学品、易制爆危险化学品。民用爆炸物品生产企业凭民用爆炸物品生产许可证购买易制爆危险化学品。

前款规定以外的单位购买剧毒化学品的，应当向所在地县级人民政府公安机关申请取得剧毒化学品购买许可证；购买易制爆危险化学品的，应当持本单位出具的合法用途说明。

个人不得购买剧毒化学品（属于剧毒化学品的农药除外）和易制爆危险化学品。

第三十九条 申请取得剧毒化学品购买许可证，申请人应当向所在地县级人民政府公安机关提交下列材料：

（一）营业执照或者法人证书（登记证书）的复印件；

（二）拟购买的剧毒化学品品种、数量的说明；

（三）购买剧毒化学品用途的说明；

（四）经办人的身份证明。

县级人民政府公安机关应当自收到前款规定的材料之日起3日内，作出批准或者不予批准的决定。予以批准的，颁发剧毒化学品购买许可证；不予批准的，书面通知申请人并说明理由。

剧毒化学品购买许可证管理办法由国务院公安部门制定。

第四十条 危险化学品生产企业、经营企业销售剧毒化学品、易制爆危险化学品，应当查验本条例第三十八条第一款、第二款规定的相关许可证件或者证明文件，不得向不具有相关许可证件或者证明文件的单位销售剧毒化学品、易制爆危险化学品。对持剧毒化学品购买许可证购买剧毒化学品的，应当按照许可证载明的品种、数量销售。

禁止向个人销售剧毒化学品（属于剧毒化学品的农药除外）和易制爆危险化学品。

第四十一条 危险化学品生产企业、经营企业销售剧毒化学品、易制爆危险化学品，应当如实记录购买单位的名称、地址、经办人的姓名、身份证号码以及所购买的剧毒化学品、易制爆危险化学品的品种、数量、用途。销售记录以及经办人的身份证明复印件、相关许可证件复印件或者证明文件的保存期限不得少于 1 年。

剧毒化学品、易制爆危险化学品的销售企业、购买单位应当在销售、购买后 5 日内，将所销售、购买的剧毒化学品、易制爆危险化学品的品种、数量以及流向信息报所在地县级人民政府公安机关备案，并输入计算机系统。

第四十二条 使用剧毒化学品、易制爆危险化学品的单位不得出借、转让其购买的剧毒化学品、易制爆危险化学品；因转产、停产、搬迁、关闭等确需转让的，应当向具有本条例第三十八条第一款、第二款规定的相关许可证件或者证明文件的单位转让，并在转让后将有关情况及时向所在地县级人民政府公安机关报告。

第五章 运输安全

第四十三条 从事危险化学品道路运输、水路运输的，应当分别依照有关道路运输、水路运输的法律、行政法规的规定，取得危险货物道路运输许可、危险货物水路运输许可，并向工商行政管理部门办理登记手续。

危险化学品道路运输企业、水路运输企业应当配备专职安全管理人员。

第四十四条 危险化学品道路运输企业、水路运输企业的驾驶人员、船员、装卸管理人员、押运人员、申报人员、集装箱装箱现场检查员应当经交通运输主管部门考核合格，取得从业资格。具体办法由国务院交通运输主管部门制定。

危险化学品的装卸作业应当遵守安全作业标准、规程和制度，并在装卸管理人员的现场指挥或者监控下进行。水路运输危险化学品的集装箱装箱作业应当在集装箱装箱现场检查员的指挥或者监控下进行，并符合积载、隔离的规范和要求；装箱作业完毕后，集装箱装箱现场检查员应当签署装箱证明书。

第四十五条 运输危险化学品，应当根据危险化学品的危险特性采取相应的安全防护措施，并配备必要的防护用品和应急救援器材。

用于运输危险化学品的槽罐以及其他容器应当封口严密，能够防止危险化学品在运输过程中因温度、湿度或者压力的变化发生渗漏、洒漏；槽罐以及其他容器的溢流和泄压装置应当设置准确、起闭灵活。

运输危险化学品的驾驶人员、船员、装卸管理人员、押运人员、申报人员、集装箱装箱现场检查员，应当了解所运输的危险化学品的危险特性及其包装物、容器的使用要求和出现危险情况时的应急处置方法。

第四十六条 通过道路运输危险化学品的，托运人应当委托依法取得危险货物道路运输许可的企业承运。

第四十七条 通过道路运输危险化学品的，应当按照运输车辆的核定载质量装载危险化学品，不得超载。

危险化学品运输车辆应当符合国家标准要求的安全技术条件，并按照国家有关规定定期进行安全技术检验。

危险化学品运输车辆应当悬挂或者喷涂符合国家标准要求的警示标志。

第四十八条 通过道路运输危险化学品的，应当配备押运人员，并保证所运输的危险化学品处于押运人员的监控之下。

运输危险化学品途中因住宿或者发生影响正常运输的情况，需要较长时间停车的，驾驶人员、押运人员应当采取相应的安全防范措施；运输剧毒化学品或者易制爆危险化学品的，还应当向当地公安机关报告。

第四十九条　未经公安机关批准，运输危险化学品的车辆不得进入危险化学品运输车辆限制通行的区域。危险化学品运输车辆限制通行的区域由县级人民政府公安机关划定，并设置明显的标志。

第五十条　通过道路运输剧毒化学品的，托运人应当向运输始发地或者目的地县级人民政府公安机关申请剧毒化学品道路运输通行证。

申请剧毒化学品道路运输通行证，托运人应当向县级人民政府公安机关提交下列材料：

（一）拟运输的剧毒化学品品种、数量的说明；

（二）运输始发地、目的地、运输时间和运输路线的说明；

（三）承运人取得危险货物道路运输许可、运输车辆取得营运证以及驾驶人员、押运人员取得上岗资格的证明文件；

（四）本条例第三十八条第一款、第二款规定的购买剧毒化学品的相关许可证件，或者海关出具的进出口证明文件。

县级人民政府公安机关应当自收到前款规定的材料之日起 7 日内，作出批准或者不予批准的决定。予以批准的，颁发剧毒化学品道路运输通行证；不予批准的，书面通知申请人并说明理由。

剧毒化学品道路运输通行证管理办法由国务院公安部门制定。

第五十一条　剧毒化学品、易制爆危险化学品在道路运输途中丢失、被盗、被抢或者出现流散、泄漏等情况的，驾驶人员、押运人员应当立即采取相应的警示措施和安全措施，并向当地公安机关报告。公安机关接到报告后，应当根据实际情况立即向安全生产监督管理部门、环境保护主管部门、卫生主管部门通报。有关部门应当采取必要的应急处置措施。

第五十二条　通过水路运输危险化学品的，应当遵守法律、行政法规以及国务院交通运输主管部门关于危险货物水路运输安全的规定。

第五十三条　海事管理机构应当根据危险化学品的种类和危险特性，确定船舶运输危险化学品的相关安全运输条件。

拟交付船舶运输的化学品的相关安全运输条件不明确的，货物所有人或者代理人应当委托相关技术机构进行评估，明确相关安全运输条件并经海事管理机构确认后，方可交付船舶运输。

第五十四条　禁止通过内河封闭水域运输剧毒化学品以及国家规定禁止通过内河运输的其他危险化学品。

前款规定以外的内河水域，禁止运输国家规定禁止通过内河运输的剧毒化学品以及其他危险化学品。

禁止通过内河运输的剧毒化学品以及其他危险化学品的范围，由国务院交通运输主管部门会同国务院环境保护主管部门、工业和信息化主管部门、安全生产监督管理部门，根据危险化学品的危险特性、危险化学品对人体和水环境的危害程度以及消除危害后果的难易程度等因素规定并公布。

第五十五条　国务院交通运输主管部门应当根据危险化学品的危险特性，对通过内河运输本条例第五十四条规定以外的危险化学品（以下简称通过内河运输危险化学品）实行分类管理，对各类危险化学品的运输方式、包装规范和安全防护措施等分别作出规定并监督实施。

第五十六条　通过内河运输危险化学品，应当由依法取得危险货物水路运输许可的水路运输企业承运，其他单位和个人不得承运。托运人应当委托依法取得危险货物水路运输许可的水路运输企业承运，不得委托其他单位和个人承运。

第五十七条　通过内河运输危险化学品，应当使用依法取得危险货物适装证书的运输船舶。水路运输企业应当针对所运输的危险化学品的危险特性，制定运输船舶危险化学品事故应急救援预案，并为运输船舶配备充足、有效的应急救援器材和设备。

通过内河运输危险化学品的船舶，其所有人或者经营人应当取得船舶污染损害责任保险证书或者财务担保证明。船舶污染损害责任保险证书或者财务担保证明的副本应当随船携带。

第五十八条 通过内河运输危险化学品，危险化学品包装物的材质、型式、强度以及包装方法应当符合水路运输危险化学品包装规范的要求。国务院交通运输主管部门对单船运输的危险化学品数量有限制性规定的，承运人应当按照规定安排运输数量。

第五十九条 用于危险化学品运输作业的内河码头、泊位应当符合国家有关安全规范，与饮用水取水口保持国家规定的距离。有关管理单位应当制定码头、泊位危险化学品事故应急预案，并为码头、泊位配备充足、有效的应急救援器材和设备。

用于危险化学品运输作业的内河码头、泊位，经交通运输主管部门按照国家有关规定验收合格后方可投入使用。

第六十条 船舶载运危险化学品进出内河港口，应当将危险化学品的名称、危险特性、包装以及进出港时间等事项，事先报告海事管理机构。海事管理机构接到报告后，应当在国务院交通运输主管部门规定的时间内作出是否同意的决定，通知报告人，同时通报港口行政管理部门。定船舶、定航线、定货种的船舶可以定期报告。

在内河港口内进行危险化学品的装卸、过驳作业，应当将危险化学品的名称、危险特性、包装和作业的时间、地点等事项报告港口行政管理部门。港口行政管理部门接到报告后，应当在国务院交通运输主管部门规定的时间内作出是否同意的决定，通知报告人，同时通报海事管理机构。

载运危险化学品的船舶在内河航行，通过过船建筑物的，应当提前向交通运输主管部门申报，并接受交通运输主管部门的管理。

第六十一条 载运危险化学品的船舶在内河航行、装卸或者停泊，应当悬挂专用的警示标志，按照规定显示专用信号。

载运危险化学品的船舶在内河航行，按照国务院交通运输主管部门的规定需要引航的，应当申请引航。

第六十二条 载运危险化学品的船舶在内河航行，应当遵守法律、行政法规和国家其他有关饮用水水源保护的规定。内河航道发展规划应当与依法经批准的饮用水水源保护区划定方案相协调。

第六十三条 托运危险化学品的，托运人应当向承运人说明所托运的危险化学品的种类、数量、危险特性以及发生危险情况的应急处置措施，并按照国家有关规定对所托运的危险化学品妥善包装，在外包装上设置相应的标志。

运输危险化学品需要添加抑制剂或者稳定剂的，托运人应当添加，并将有关情况告知承运人。

第六十四条 托运人不得在托运的普通货物中夹带危险化学品，不得将危险化学品匿报或者谎报为普通货物托运。

任何单位和个人不得交寄危险化学品或者在邮件、快件内夹带危险化学品，不得将危险化学品匿报或者谎报为普通物品交寄。邮政企业、快递企业不得收寄危险化学品。

对涉嫌违反本条第一款、第二款规定的，交通运输主管部门、邮政管理部门可以依法开拆查验。

第六十五条 通过铁路、航空运输危险化学品的安全管理，依照有关铁路、航空运输的法律、行政法规、规章的规定执行。

第六章 危险化学品登记与事故应急救援

第六十六条 国家实行危险化学品登记制度，为危险化学品安全管理以及危险化学品事故预防和应急救援提供技术、信息支持。

第六十七条 危险化学品生产企业、进口企业，应当向国务院安全生产监督管理部门负责危险化学品登记的机构（以下简称危险化学品登记机构）办理危险化学品登记。

危险化学品登记包括下列内容：

（一）分类和标签信息；

（二）物理、化学性质；

（三）主要用途；

（四）危险特性；

（五）储存、使用、运输的安全要求；

（六）出现危险情况的应急处置措施。

对同一企业生产、进口的同一品种的危险化学品，不进行重复登记。危险化学品生产企业、进口企业发现其生产、进口的危险化学品有新的危险特性的，应当及时向危险化学品登记机构办理登记内容变更手续。

危险化学品登记的具体办法由国务院安全生产监督管理部门制定。

第六十八条　危险化学品登记机构应当定期向工业和信息化、环境保护、公安、卫生、交通运输、铁路、质量监督检验检疫等部门提供危险化学品登记的有关信息和资料。

第六十九条　县级以上地方人民政府安全生产监督管理部门应当会同工业和信息化、环境保护、公安、卫生、交通运输、铁路、质量监督检验检疫等部门，根据本地区实际情况，制定危险化学品事故应急预案，报本级人民政府批准。

第七十条　危险化学品单位应当制定本单位危险化学品事故应急预案，配备应急救援人员和必要的应急救援器材、设备，并定期组织应急救援演练。

危险化学品单位应当将其危险化学品事故应急预案报所在地设区的市级人民政府安全生产监督管理部门备案。

第七十一条　发生危险化学品事故，事故单位主要负责人应当立即按照本单位危险化学品应急预案组织救援，并向当地安全生产监督管理部门和环境保护、公安、卫生主管部门报告；道路运输、水路运输过程中发生危险化学品事故的，驾驶人员、船员或者押运人员还应当向事故发生地交通运输主管部门报告。

第七十二条　发生危险化学品事故，有关地方人民政府应当立即组织安全生产监督管理、环境保护、公安、卫生、交通运输等有关部门，按照本地区危险化学品事故应急预案组织实施救援，不得拖延、推诿。

有关地方人民政府及其有关部门应当按照下列规定，采取必要的应急处置措施，减少事故损失，防止事故蔓延、扩大：

（一）立即组织营救和救治受害人员，疏散、撤离或者采取其他措施保护危害区域内的其他人员；

（二）迅速控制危害源，测定危险化学品的性质、事故的危害区域及危害程度；

（三）针对事故对人体、动植物、土壤、水源、大气造成的现实危害和可能产生的危害，迅速采取封闭、隔离、洗消等措施；

（四）对危险化学品事故造成的环境污染和生态破坏状况进行监测、评估，并采取相应的环境污染治理和生态修复措施。

第七十三条　有关危险化学品单位应当为危险化学品事故应急救援提供技术指导和必要的协助。

第七十四条　危险化学品事故造成环境污染的，由设区的市级以上人民政府环境保护主管部门统一发布有关信息。

第七章　法律责任

第七十五条　生产、经营、使用国家禁止生产、经营、使用的危险化学品的，由安全生产监督管理部门责令停止生产、经营、使用活动，处 20 万元以上 50 万元以下的罚款，有违法所得的，没收违法所得；构成犯罪的，依法追究刑事责任。

有前款规定行为的，安全生产监督管理部门还应当责令其对所生产、经营、使用的危险化学品进行无害化处理。

违反国家关于危险化学品使用的限制性规定使用危险化学品的，依照本条第一款的规定处理。

第七十六条 未经安全条件审查，新建、改建、扩建生产、储存危险化学品的建设项目的，由安全生产监督管理部门责令停止建设，限期改正；逾期不改正的，处50万元以上100万元以下的罚款；构成犯罪的，依法追究刑事责任。

未经安全条件审查，新建、改建、扩建储存、装卸危险化学品的港口建设项目的，由港口行政管理部门依照前款规定予以处罚。

第七十七条 未依法取得危险化学品安全生产许可证从事危险化学品生产，或者未依法取得工业产品生产许可证从事危险化学品及其包装物、容器生产的，分别依照《安全生产许可证条例》《中华人民共和国工业产品生产许可证管理条例》的规定处罚。

违反本条例规定，化工企业未取得危险化学品安全使用许可证，使用危险化学品从事生产的，由安全生产监督管理部门责令限期改正，处10万元以上20万元以下的罚款；逾期不改正的，责令停产整顿。

违反本条例规定，未取得危险化学品经营许可证从事危险化学品经营的，由安全生产监督管理部门责令停止经营活动，没收违法经营的危险化学品以及违法所得，并处10万元以上20万元以下的罚款；构成犯罪的，依法追究刑事责任。

第七十八条 有下列情形之一的，由安全生产监督管理部门责令改正，可以处5万元以下的罚款；拒不改正的，处5万元以上10万元以下的罚款；情节严重的，责令停产停业整顿：

（一）生产、储存危险化学品的单位未对其铺设的危险化学品管道设置明显的标志，或者未对危险化学品管道定期检查、检测的；

（二）进行可能危及危险化学品管道安全的施工作业，施工单位未按照规定书面通知管道所属单位，或者未与管道所属单位共同制定应急预案、采取相应的安全防护措施，或者管道所属单位未指派专门人员到现场进行管道安全保护指导的；

（三）危险化学品生产企业未提供化学品安全技术说明书，或者未在包装（包括外包装件）上粘贴、拴挂化学品安全标签的；

（四）危险化学品生产企业提供的化学品安全技术说明书与其生产的危险化学品不相符，或者在包装（包括外包装件）粘贴、拴挂的化学品安全标签与包装内危险化学品不相符，或者化学品安全技术说明书、化学品安全标签所载明的内容不符合国家标准要求的；

（五）危险化学品生产企业发现其生产的危险化学品有新的危险特性不立即公告，或者不及时修订其化学品安全技术说明书和化学品安全标签的；

（六）危险化学品经营企业经营没有化学品安全技术说明书和化学品安全标签的危险化学品的；

（七）危险化学品包装物、容器的材质以及包装的型式、规格、方法和单件质量（重量）与所包装的危险化学品的性质和用途不相适应的；

（八）生产、储存危险化学品的单位未在作业场所和安全设施、设备上设置明显的安全警示标志，或者未在作业场所设置通信、报警装置的；

（九）危险化学品专用仓库未设专人负责管理，或者对储存的剧毒化学品以及储存数量构成重大危险源的其他危险化学品未实行双人收发、双人保管制度的；

（十）储存危险化学品的单位未建立危险化学品出入库核查、登记制度的；

（十一）危险化学品专用仓库未设置明显标志的；

（十二）危险化学品生产企业、进口企业不办理危险化学品登记，或者发现其生产、进口的危险化学品有新的危险特性不办理危险化学品登记内容变更手续的。

从事危险化学品仓储经营的港口经营人有前款规定情形的，由港口行政管理部门依照前款规定予以处罚。储存剧毒化学品、易制爆危险化学品的专用仓库未按照国家有关规定设置相应的技术防范设施的，由公安机关依照前款规定予以处罚。

生产、储存剧毒化学品、易制爆危险化学品的单位未设置治安保卫机构、配备专职治安保卫人员的，依照《企业事业单位内部治安保卫条例》的规定处罚。

第七十九条 危险化学品包装物、容器生产企业销售未经检验或者经检验不合格的危险化学品包装物、容器的，由质量监督检验检疫部门责令改正，处 10 万元以上 20 万元以下的罚款，有违法所得的，没收违法所得；拒不改正的，责令停产停业整顿；构成犯罪的，依法追究刑事责任。

将未经检验合格的运输危险化学品的船舶及其配载的容器投入使用的，由海事管理机构依照前款规定予以处罚。

第八十条 生产、储存、使用危险化学品的单位有下列情形之一的，由安全生产监督管理部门责令改正，处 5 万元以上 10 万元以下的罚款；拒不改正的，责令停产停业整顿直至由原发证机关吊销其相关许可证件，并由工商行政管理部门责令其办理经营范围变更登记或者吊销其营业执照；有关责任人员构成犯罪的，依法追究刑事责任：

（一）对重复使用的危险化学品包装物、容器，在重复使用前不进行检查的；

（二）未根据其生产、储存的危险化学品的种类和危险特性，在作业场所设置相关安全设施、设备，或者未按照国家标准、行业标准或者国家有关规定对安全设施、设备进行经常性维护、保养的；

（三）未依照本条例规定对其安全生产条件定期进行安全评价的；

（四）未将危险化学品储存在专用仓库内，或者未将剧毒化学品以及储存数量构成重大危险源的其他危险化学品在专用仓库内单独存放的；

（五）危险化学品的储存方式、方法或者储存数量不符合国家标准或者国家有关规定的；

（六）危险化学品专用仓库不符合国家标准、行业标准的要求的；

（七）未对危险化学品专用仓库的安全设施、设备定期进行检测、检验的。

从事危险化学品仓储经营的港口经营人有前款规定情形的，由港口行政管理部门依照前款规定予以处罚。

第八十一条 有下列情形之一的，由公安机关责令改正，可以处 1 万元以下的罚款；拒不改正的，处 1 万元以上 5 万元以下的罚款：

（一）生产、储存、使用剧毒化学品、易制爆危险化学品的单位不如实记录生产、储存、使用的剧毒化学品、易制爆危险化学品的数量、流向的；

（二）生产、储存、使用剧毒化学品、易制爆危险化学品的单位发现剧毒化学品、易制爆危险化学品丢失或者被盗，不立即向公安机关报告的；

（三）储存剧毒化学品的单位未将剧毒化学品的储存数量、储存地点以及管理人员的情况报所在地县级人民政府公安机关备案的；

（四）危险化学品生产企业、经营企业不如实记录剧毒化学品、易制爆危险化学品购买单位的名称、地址、经办人的姓名、身份证号码以及所购买的剧毒化学品、易制爆危险化学品的品种、数量、用途，或者保存销售记录和相关材料的时间少于 1 年的；

（五）剧毒化学品、易制爆危险化学品的销售企业、购买单位未在规定的时限内将所销售、购买的剧毒化学品、易制爆危险化学品的品种、数量以及流向信息报所在地县级人民政府公安机关备案的；

（六）使用剧毒化学品、易制爆危险化学品的单位依照本条例规定转让其购买的剧毒化学品、易制爆危险化学品，未将有关情况向所在地县级人民政府公安机关报告的。

生产、储存危险化学品的企业或者使用危险化学品从事生产的企业未按照本条例规定将安全评价报告以及整改方案的落实情况报安全生产监督管理部门或者港口行政管理部门备案，或者储存危险化学品的单位未将其剧毒化学品以及储存数量构成重大危险源的其他危险化学品的储存数量、储存地点以及管理人员的情况报安全生产监督管理部门或者港口行政管理部门备案的，分别由安全生产监督管理部门或者港口行政管理部门依照前款规定予以处罚。

生产实施重点环境管理的危险化学品的企业或者使用实施重点环境管理的危险化学品从事生产的企业未

按照规定将相关信息向环境保护主管部门报告的，由环境保护主管部门依照本条第一款的规定予以处罚。

第八十二条 生产、储存、使用危险化学品的单位转产、停产、停业或者解散，未采取有效措施及时、妥善处置其危险化学品生产装置、储存设施以及库存的危险化学品，或者丢弃危险化学品的，由安全生产监督管理部门责令改正，处5万元以上10万元以下的罚款；构成犯罪的，依法追究刑事责任。

生产、储存、使用危险化学品的单位转产、停产、停业或者解散，未依照本条例规定将其危险化学品生产装置、储存设施以及库存危险化学品的处置方案报有关部门备案的，分别由有关部门责令改正，可以处1万元以下的罚款；拒不改正的，处1万元以上5万元以下的罚款。

第八十三条 危险化学品经营企业向未经许可违法从事危险化学品生产、经营活动的企业采购危险化学品的，由工商行政管理部门责令改正，处10万元以上20万元以下的罚款；拒不改正的，责令停业整顿直至由原发证机关吊销其危险化学品经营许可证，并由工商行政管理部门责令其办理经营范围变更登记或者吊销其营业执照。

第八十四条 危险化学品生产企业、经营企业有下列情形之一的，由安全生产监督管理部门责令改正，没收违法所得，并处10万元以上20万元以下的罚款；拒不改正的，责令停产停业整顿直至吊销其危险化学品安全生产许可证、危险化学品经营许可证，并由工商行政管理部门责令其办理经营范围变更登记或者吊销其营业执照：

（一）向不具有本条例第三十八条第一款、第二款规定的相关许可证件或者证明文件的单位销售剧毒化学品、易制爆危险化学品的；

（二）不按照剧毒化学品购买许可证载明的品种、数量销售剧毒化学品的；

（三）向个人销售剧毒化学品（属于剧毒化学品的农药除外）、易制爆危险化学品的。

不具有本条例第三十八条第一款、第二款规定的相关许可证件或者证明文件的单位购买剧毒化学品、易制爆危险化学品，或者个人购买剧毒化学品（属于剧毒化学品的农药除外）、易制爆危险化学品的，由公安机关没收所购买的剧毒化学品、易制爆危险化学品，可以并处5 000元以下的罚款。

使用剧毒化学品、易制爆危险化学品的单位出借或者向不具有本条例第三十八条第一款、第二款规定的相关许可证件的单位转让其购买的剧毒化学品、易制爆危险化学品，或者向个人转让其购买的剧毒化学品（属于剧毒化学品的农药除外）、易制爆危险化学品的，由公安机关责令改正，处10万元以上20万元以下的罚款；拒不改正的，责令停产停业整顿。

第八十五条 未依法取得危险货物道路运输许可、危险货物水路运输许可，从事危险化学品道路运输、水路运输的，分别依照有关道路运输、水路运输的法律、行政法规的规定处罚。

第八十六条 有下列情形之一的，由交通运输主管部门责令改正，处5万元以上10万元以下的罚款；拒不改正的，责令停产停业整顿；构成犯罪的，依法追究刑事责任：

（一）危险化学品道路运输企业、水路运输企业的驾驶人员、船员、装卸管理人员、押运人员、申报人员、集装箱装箱现场检查员未取得从业资格上岗作业的；

（二）运输危险化学品，未根据危险化学品的危险特性采取相应的安全防护措施，或者未配备必要的防护用品和应急救援器材的；

（三）使用未依法取得危险货物适装证书的船舶，通过内河运输危险化学品的；

（四）通过内河运输危险化学品的承运人违反国务院交通运输主管部门对单船运输的危险化学品数量的限制性规定运输危险化学品的；

（五）用于危险化学品运输作业的内河码头、泊位不符合国家有关安全规范，或者未与饮用水取水口保持国家规定的安全距离，或者未经交通运输主管部门验收合格投入使用的；

（六）托运人不向承运人说明所托运的危险化学品的种类、数量、危险特性以及发生危险情况的应急处置措施，或者未按照国家有关规定对所托运的危险化学品妥善包装并在外包装上设置相应标志的；

（七）运输危险化学品需要添加抑制剂或者稳定剂，托运人未添加或者未将有关情况告知承运人的。

第八十七条 有下列情形之一的，由交通运输主管部门责令改正，处10万元以上20万元以下的罚款，有违法所得的，没收违法所得；拒不改正的，责令停产停业整顿；构成犯罪的，依法追究刑事责任：

（一）委托未依法取得危险货物道路运输许可、危险货物水路运输许可的企业承运危险化学品的；

（二）通过内河封闭水域运输剧毒化学品以及国家规定禁止通过内河运输的其他危险化学品的；

（三）通过内河运输国家规定禁止通过内河运输的剧毒化学品以及其他危险化学品的；

（四）在托运的普通货物中夹带危险化学品，或者将危险化学品谎报或者匿报为普通货物托运的。

在邮件、快件内夹带危险化学品，或者将危险化学品谎报为普通物品交寄的，依法给予治安管理处罚；构成犯罪的，依法追究刑事责任。

邮政企业、快递企业收寄危险化学品的，依照《中华人民共和国邮政法》的规定处罚。

第八十八条 有下列情形之一的，由公安机关责令改正，处5万元以上10万元以下的罚款；构成违反治安管理行为的，依法给予治安管理处罚；构成犯罪的，依法追究刑事责任：

（一）超过运输车辆的核定载质量装载危险化学品的；

（二）使用安全技术条件不符合国家标准要求的车辆运输危险化学品的；

（三）运输危险化学品的车辆未经公安机关批准进入危险化学品运输车辆限制通行的区域的；

（四）未取得剧毒化学品道路运输通行证，通过道路运输剧毒化学品的。

第八十九条 有下列情形之一的，由公安机关责令改正，处1万元以上5万元以下的罚款；构成违反治安管理行为的，依法给予治安管理处罚：

（一）危险化学品运输车辆未悬挂或者喷涂警示标志，或者悬挂或者喷涂的警示标志不符合国家标准要求的；

（二）通过道路运输危险化学品，不配备押运人员的；

（三）运输剧毒化学品或者易制爆危险化学品途中需要较长时间停车，驾驶人员、押运人员不向当地公安机关报告的；

（四）剧毒化学品、易制爆危险化学品在道路运输途中丢失、被盗、被抢或者发生流散、泄露等情况，驾驶人员、押运人员不采取必要的警示措施和安全措施，或者不向当地公安机关报告的。

第九十条 对发生交通事故负有全部责任或者主要责任的危险化学品道路运输企业，由公安机关责令消除安全隐患，未消除安全隐患的危险化学品运输车辆，禁止上道路行驶。

第九十一条 有下列情形之一的，由交通运输主管部门责令改正，可以处1万元以下的罚款；拒不改正的，处1万元以上5万元以下的罚款：

（一）危险化学品道路运输企业、水路运输企业未配备专职安全管理人员的；

（二）用于危险化学品运输作业的内河码头、泊位的管理单位未制定码头、泊位危险化学品事故应急救援预案，或者未为码头、泊位配备充足、有效的应急救援器材和设备的。

第九十二条 有下列情形之一的，依照《中华人民共和国内河交通安全管理条例》的规定处罚：

（一）通过内河运输危险化学品的水路运输企业未制定运输船舶危险化学品事故应急救援预案，或者未为运输船舶配备充足、有效的应急救援器材和设备的；

（二）通过内河运输危险化学品的船舶的所有人或者经营人未取得船舶污染损害责任保险证书或者财务担保证明的；

（三）船舶载运危险化学品进出内河港口，未将有关事项事先报告海事管理机构并经其同意的；

（四）载运危险化学品的船舶在内河航行、装卸或者停泊，未悬挂专用的警示标志，或者未按照规定显示专用信号，或者未按照规定申请引航的。

未向港口行政管理部门报告并经其同意，在港口内进行危险化学品的装卸、过驳作业的，依照《中华人民共和国港口法》的规定处罚。

第九十三条 伪造、变造或者出租、出借、转让危险化学品安全生产许可证、工业产品生产许可证，或者使用伪造、变造的危险化学品安全生产许可证、工业产品生产许可证的，分别依照《安全生产许可证条例》《中华人民共和国工业产品生产许可证管理条例》的规定处罚。

伪造、变造或者出租、出借、转让本条例规定的其他许可证，或者使用伪造、变造的本条例规定的其他许可证的，分别由相关许可证的颁发管理机关处 10 万元以上 20 万元以下的罚款，有违法所得的，没收违法所得；构成违反治安管理行为的，依法给予治安管理处罚；构成犯罪的，依法追究刑事责任。

第九十四条 危险化学品单位发生危险化学品事故，其主要负责人不立即组织救援或者不立即向有关部门报告的，依照《生产安全事故报告和调查处理条例》的规定处罚。

危险化学品单位发生危险化学品事故，造成他人人身伤害或者财产损失的，依法承担赔偿责任。

第九十五条 发生危险化学品事故，有关地方人民政府及其有关部门不立即组织实施救援，或者不采取必要的应急处置措施减少事故损失，防止事故蔓延、扩大的，对直接负责的主管人员和其他直接责任人员依法给予处分；构成犯罪的，依法追究刑事责任。

第九十六条 负有危险化学品安全监督管理职责的部门的工作人员，在危险化学品安全监督管理工作中滥用职权、玩忽职守、徇私舞弊，构成犯罪的，依法追究刑事责任；尚不构成犯罪的，依法给予处分。

第八章 附 则

第九十七条 监控化学品、属于危险化学品的药品和农药的安全管理，依照本条例的规定执行；法律、行政法规另有规定的，依照其规定。

民用爆炸物品、烟花爆竹、放射性物品、核能物质以及用于国防科研生产的危险化学品的安全管理，不适用本条例。

法律、行政法规对燃气的安全管理另有规定的，依照其规定。

危险化学品容器属于特种设备的，其安全管理依照有关特种设备安全的法律、行政法规的规定执行。

第九十八条 危险化学品的进出口管理，依照有关对外贸易的法律、行政法规、规章的规定执行；进口的危险化学品的储存、使用、经营、运输的安全管理，依照本条例的规定执行。

危险化学品环境管理登记和新化学物质环境管理登记，依照有关环境保护的法律、行政法规、规章的规定执行。危险化学品环境管理登记，按照国家有关规定收取费用。

第九十九条 公众发现、捡拾的无主危险化学品，由公安机关接收。公安机关接收或者有关部门依法没收的危险化学品，需要进行无害化处理的，交由环境保护主管部门组织其认定的专业单位进行处理，或者交由有关危险化学品生产企业进行处理。处理所需费用由国家财政负担。

第一百条 化学品的危险特性尚未确定的，由国务院安全生产监督管理部门、国务院环境保护主管部门、国务院卫生主管部门分别负责组织对该化学品的物理危险性、环境危害性、毒理特性进行鉴定。根据鉴定结果，需要调整危险化学品目录的，依照本条例第三条第二款的规定办理。

第一百零一条 本条例施行前已经使用危险化学品从事生产的化工企业，依照本条例规定需要取得危险化学品安全使用许可证的，应当在国务院安全生产监督管理部门规定的期限内，申请取得危险化学品安全使用许可证。

第一百零二条 本条例自 2011 年 12 月 1 日起施行。

中华人民共和国防治海岸工程建设项目污染损害海洋环境管理条例

（1990年6月25日中华人民共和国国务院令第62号公布　根据2007年9月25日《国务院令关于修改〈中华人民共和国防治海岸工程建设项目污染损害海洋环境管理条例〉的决定》第一次修订　根据2017年3月1日《国务院关于修改和废止部分行政法规的决定》第二次修订）

第一条　为加强海岸工程建设项目的环境保护管理，严格控制新的污染，保护和改善海洋环境，根据《中华人民共和国海洋环境保护法》，制定本条例。

第二条　本条例所称海岸工程建设项目，是指位于海岸或者与海岸连接，工程主体位于海岸线向陆一侧，对海洋环境产生影响的新建、改建、扩建工程项目。具体包括：

（一）港口、码头、航道、滨海机场工程项目；

（二）造船厂、修船厂；

（三）滨海火电站、核电站、风电站；

（四）滨海物资存储设施工程项目；

（五）滨海矿山、化工、轻工、冶金等工业工程项目；

（六）固体废弃物、污水等污染物处理处置排海工程项目；

（七）滨海大型养殖场；

（八）海岸防护工程、砂石场和入海河口处的水利设施；

（九）滨海石油勘探开发工程项目；

（十）国务院环境保护主管部门会同国家海洋主管部门规定的其他海岸工程项目。

第三条　本条例适用于在中华人民共和国境内兴建海岸工程建设项目的一切单位和个人。

拆船厂建设项目的环境保护管理，依照《防止拆船污染环境管理条例》执行。

第四条　建设海岸工程建设项目，应当符合所在经济区的区域环境保护规划的要求。

第五条　国务院环境保护主管部门，主管全国海岸工程建设项目的环境保护工作。

沿海县级以上地方人民政府环境保护主管部门，主管本行政区域内的海岸工程建设项目的环境保护工作。

第六条　新建、改建、扩建海岸工程建设项目，应当遵守国家有关建设项目环境保护管理的规定。

第七条　海岸工程建设项目的建设单位，应当依法编制环境影响报告书（表），报环境保护主管部门审批。

环境保护主管部门在批准海岸工程建设项目的环境影响报告书（表）之前，应当征求海洋、海事、渔业主管部门和军队环境保护部门的意见。

禁止在天然港湾有航运价值的区域、重要苗种基地和养殖场所及水面、滩涂中的鱼、虾、蟹、贝、藻类的自然产卵场、繁殖场、索饵场及重要的洄游通道围海造地。

第八条　海岸工程建设项目环境影响报告书的内容，除按有关规定编制外，还应当包括：

（一）所在地及其附近海域的环境状况；

（二）建设过程中和建成后可能对海洋环境造成的影响；

（三）海洋环境保护措施及其技术、经济可行性论证结论；

（四）建设项目海洋环境影响评价结论。

海岸工程建设项目环境影响报告表，应当参照前款规定填报。

第九条 禁止兴建向中华人民共和国海域及海岸转嫁污染的中外合资经营企业、中外合作经营企业和外资企业；海岸工程建设项目引进技术和设备，应当有相应的防治污染措施，防止转嫁污染。

第十条 在海洋特别保护区、海上自然保护区、海滨风景游览区、盐场保护区、海水浴场、重要渔业水域和其他需要特殊保护的区域内不得建设污染环境、破坏景观的海岸工程建设项目；在其区域外建设海岸工程建设项目的，不得损害上述区域的环境质量。法律法规另有规定的除外。

第十一条 承担海岸工程建设项目环境影响评价的单位，应当依法取得《建设项目环境影响评价资质证书》，按照证书中规定的范围承担评价任务。

第十二条 海岸工程建设项目竣工验收时，建设项目的环境保护设施，应当经环境保护主管部门验收合格后，该建设项目方可正式投入生产或者使用。

第十三条 县级以上人民政府环境保护主管部门，按照项目管理权限，可以会同有关部门对海岸工程建设项目进行现场检查，被检查者应当如实反映情况、提供资料。检查者有责任为被检查者保守技术秘密和业务秘密。法律法规另有规定的除外。

第十四条 设置向海域排放废水设施的，应当合理利用海水自净能力，选择好排污口的位置。采用暗沟或者管道方式排放的，出水管口位置应当在低潮线以下。

第十五条 建设港口、码头，应当设置与其吞吐能力和货物种类相适应的防污设施。

港口、油码头、化学危险品码头，应当配备海上重大污染损害事故应急设备和器材。

现有港口、码头未达到前两款规定要求的，由环境保护主管部门会同港口、码头主管部门责令其限期设置或者配备。

第十六条 建设岸边造船厂、修船厂，应当设置与其性质、规模相适应的残油、废油接收处理设施，含油废水接收处理设施，拦油、收油、消油设施，工业废水接收处理设施，工业和船舶垃圾接收处理设施等。

第十七条 建设滨海核电站和其他核设施，应当严格遵守国家有关核环境保护和放射防护的规定及标准。

第十八条 建设岸边油库，应当设置含油废水接收处理设施，库场地面冲刷废水的集接、处理设施和事故应急设施；输油管线和储油设施应当符合国家关于防渗漏、防腐蚀的规定。

第十九条 建设滨海矿山，在开采、选矿、运输、贮存、冶炼和尾矿处理等过程中，应当按照有关规定采取防止污染损害海洋环境的措施。

第二十条 建设滨海垃圾场或者工业废渣填埋场，应当建造防护堤坝和场底封闭层，设置渗液收集、导出、处理系统和可燃性气体防爆装置。

第二十一条 修筑海岸防护工程，在入海河口处兴建水利设施、航道或者综合整治工程，应当采取措施，不得损害生态环境及水产资源。

第二十二条 兴建海岸工程建设项目，不得改变、破坏国家和地方重点保护的野生动植物的生存环境。不得兴建可能导致重点保护的野生动植物生存环境污染和破坏的海岸工程建设项目；确需兴建的，应当征得野生动植物行政主管部门同意，并由建设单位负责组织采取易地繁育等措施，保证物种延续。

在鱼、虾、蟹、贝类的洄游通道建闸、筑坝，对渔业资源有严重影响的，建设单位应当建造过鱼设施或者采取其他补救措施。

第二十三条 集体所有制单位或者个人在全民所有的水域、海涂，建设构不成基本建设项目的养殖工程的，应当在县级以上地方人民政府规划的区域内进行。

集体所有制单位或者个人零星经营性采挖砂石，应当在县级以上地方人民政府指定的区域内采挖。

第二十四条 禁止在红树林和珊瑚礁生长的地区，建设毁坏红树林和珊瑚礁生态系统的海岸工程建设项目。

第二十五条 兴建海岸工程建设项目，应当防止导致海岸非正常侵蚀。

禁止在海岸保护设施管理部门规定的海岸保护设施的保护范围内从事爆破、采挖砂石、取土等危害海岸保护设施安全的活动。非经国务院授权的有关主管部门批准，不得占用或者拆除海岸保护设施。

第二十六条 未持有经审核和批准的环境影响报告书（表），兴建海岸工程建设项目的，依照《中华人民共和国海洋环境保护法》第八十条的规定予以处罚。

第二十七条 拒绝、阻挠环境保护主管部门进行现场检查，或者在被检查时弄虚作假的，由县级以上人民政府环境保护主管部门依照《中华人民共和国海洋环境保护法》第七十五条的规定予以处罚。

第二十八条 海岸工程建设项目的环境保护设施未建成或者未达到规定要求，该项目即投入生产、使用的，依照《中华人民共和国海洋环境保护法》第八十一条的规定予以处罚。

第二十九条 环境保护主管部门工作人员滥用职权、玩忽职守、徇私舞弊的，由其所在单位或者上级主管机关给予行政处分；构成犯罪的，依法追究刑事责任。

第三十条 本条例自1990年8月1日起施行。

防治海洋工程建设项目污染损害海洋环境管理条例

（2006年9月9日国务院令第475号发布 根据2017年3月1日《国务院关于修改和废止部分行政法规的决定》修订）

第一章 总 则

第一条 为了防治和减轻海洋工程建设项目（以下简称海洋工程）污染损害海洋环境，维护海洋生态平衡，保护海洋资源，根据《中华人民共和国海洋环境保护法》，制定本条例。

第二条 在中华人民共和国管辖海域内从事海洋工程污染损害海洋环境防治活动，适用本条例。

第三条 本条例所称海洋工程，是指以开发、利用、保护、恢复海洋资源为目的，并且工程主体位于海岸线向海一侧的新建、改建、扩建工程。具体包括：

（一）围填海、海上堤坝工程；

（二）人工岛、海上和海底物资储藏设施、跨海桥梁、海底隧道工程；

（三）海底管道、海底电（光）缆工程；

（四）海洋矿产资源勘探开发及其附属工程；

（五）海上潮汐电站、波浪电站、温差电站等海洋能源开发利用工程；

（六）大型海水养殖场、人工鱼礁工程；

（七）盐田、海水淡化等海水综合利用工程；

（八）海上娱乐及运动、景观开发工程；

（九）国家海洋主管部门会同国务院环境保护主管部门规定的其他海洋工程。

第四条 国家海洋主管部门负责全国海洋工程环境保护工作的监督管理，并接受国务院环境保护主管部门的指导、协调和监督。沿海县级以上地方人民政府海洋主管部门负责本行政区域毗邻海域海洋工程环境保护工作的监督管理。

第五条 海洋工程的选址和建设应当符合海洋功能区划、海洋环境保护规划和国家有关环境保护标准，不得影响海洋功能区的环境质量或者损害相邻海域的功能。

第六条 国家海洋主管部门根据国家重点海域污染物排海总量控制指标，分配重点海域海洋工程污染物排海控制数量。

第七条 任何单位和个人对海洋工程污染损害海洋环境、破坏海洋生态等违法行为，都有权向海洋主管部门进行举报。

接到举报的海洋主管部门应当依法进行调查处理，并为举报人保密。

第二章 环境影响评价

第八条 国家实行海洋工程环境影响评价制度。

海洋工程的环境影响评价，应当以工程对海洋环境和海洋资源的影响为重点进行综合分析、预测和评估，并提出相应的生态保护措施，预防、控制或者减轻工程对海洋环境和海洋资源造成的影响和破坏。

海洋工程环境影响报告书应当依据海洋工程环境影响评价技术标准及其他相关环境保护标准编制。编制环境影响报告书应当使用符合国家海洋主管部门要求的调查、监测资料。

第九条 海洋工程环境影响报告书应当包括下列内容：

（一）工程概况；

（二）工程所在海域环境现状和相邻海域开发利用情况；

（三）工程对海洋环境和海洋资源可能造成影响的分析、预测和评估；

（四）工程对相邻海域功能和其他开发利用活动影响的分析及预测；

（五）工程对海洋环境影响的经济损益分析和环境风险分析；

（六）拟采取的环境保护措施及其经济、技术论证；

（七）公众参与情况；

（八）环境影响评价结论。

海洋工程可能对海岸生态环境产生破坏的，其环境影响报告书中应当增加工程对近岸自然保护区等陆地生态系统影响的分析和评价。

第十条 新建、改建、扩建海洋工程的建设单位，应当委托具有相应环境影响评价资质的单位编制环境影响报告书，报有核准权的海洋主管部门核准。

海洋主管部门在核准海洋工程环境影响报告书前，应当征求海事、渔业主管部门和军队环境保护部门的意见；必要时，可以举行听证会。其中，围填海工程必须举行听证会。

第十一条 下列海洋工程的环境影响报告书，由国家海洋主管部门核准：

（一）涉及国家海洋权益、国防安全等特殊性质的工程；

（二）海洋矿产资源勘探开发及其附属工程；

（三）50公顷以上的填海工程，100公顷以上的围海工程；

（四）潮汐电站、波浪电站、温差电站等海洋能源开发利用工程；

（五）由国务院或者国务院有关部门审批的海洋工程。

前款规定以外的海洋工程的环境影响报告书，由沿海县级以上地方人民政府海洋主管部门根据沿海省、自治区、直辖市人民政府规定的权限核准。

海洋工程可能造成跨区域环境影响并且有关海洋主管部门对环境影响评价结论有争议的，该工程的环境影响报告书由其共同的上一级海洋主管部门核准。

第十二条 海洋主管部门应当自收到海洋工程环境影响报告书之日起60个工作日内，作出是否核准的决定，书面通知建设单位。

需要补充材料的，应当及时通知建设单位，核准期限从材料补齐之日起重新计算。

第十三条 海洋工程环境影响报告书核准后，工程的性质、规模、地点、生产工艺或者拟采取的环境保护措施等发生重大改变的，建设单位应当委托具有相应环境影响评价资质的单位重新编制环境影响报告书，报原核准该工程环境影响报告书的海洋主管部门核准；海洋工程自环境影响报告书核准之日起超过5年方开工建设的，应当在工程开工建设前，将该工程的环境影响报告书报原核准该工程环境影响报告书的海洋主管部门重新核准。

第十四条 建设单位可以采取招标方式确定海洋工程的环境影响评价单位。其他任何单位和个人不得为海洋工程指定环境影响评价单位。

第十五条 从事海洋工程环境影响评价的单位和有关技术人员，应当按照国务院环境保护主管部门的规定，取得相应的资质证书和资格证书。

国务院环境保护主管部门在颁发海洋工程环境影响评价单位的资质证书前，应当征求国家海洋主管部门的意见。

第三章 海洋工程的污染防治

第十六条 海洋工程的环境保护设施应当与主体工程同时设计、同时施工、同时投产使用。

第十七条 海洋工程的初步设计，应当按照环境保护设计规范和经核准的环境影响报告书的要求，编制环境保护篇章，落实环境保护措施和环境保护投资概算。

第十八条 建设单位应当在海洋工程投入运行之日30个工作日前，向原核准该工程环境影响报告书的海洋主管部门申请环境保护设施的验收；海洋工程投入试运行的，应当自该工程投入试运行之日起60个工作日内，向原核准该工程环境影响报告书的海洋主管部门申请环境保护设施的验收。

分期建设、分期投入运行的海洋工程，其相应的环境保护设施应当分期验收。

第十九条 海洋主管部门应当自收到环境保护设施验收申请之日起30个工作日内完成验收；验收不合格的，应当限期整改。

海洋工程需要配套建设的环境保护设施未经海洋主管部门验收或者经验收不合格的，该工程不得投入运行。

建设单位不得擅自拆除或者闲置海洋工程的环境保护设施。

第二十条 海洋工程在建设、运行过程中产生不符合经核准的环境影响报告书的情形的，建设单位应当自该情形出现之日起20个工作日内组织环境影响的后评价，根据后评价结论采取改进措施，并将后评价结论和采取的改进措施报原核准该工程环境影响报告书的海洋主管部门备案；原核准该工程环境影响报告书的海洋主管部门也可以责成建设单位进行环境影响的后评价，采取改进措施。

第二十一条 严格控制围填海工程。禁止在经济生物的自然产卵场、繁殖场、索饵场和鸟类栖息地进行围填海活动。

围填海工程使用的填充材料应当符合有关环境保护标准。

第二十二条 建设海洋工程，不得造成领海基点及其周围环境的侵蚀、淤积和损害，危及领海基点的稳定。

进行海上堤坝、跨海桥梁、海上娱乐及运动、景观开发工程建设的，应当采取有效措施防止对海岸的侵蚀或者淤积。

第二十三条 污水离岸排放工程排污口的设置应当符合海洋功能区划和海洋环境保护规划，不得损害相邻海域的功能。

污水离岸排放不得超过国家或者地方规定的排放标准。在实行污染物排海总量控制的海域，不得超过污染物排海总量控制指标。

第二十四条 从事海水养殖的养殖者，应当采取科学的养殖方式，减少养殖饵料对海洋环境的污染。因养殖污染海域或者严重破坏海洋景观的，养殖者应当予以恢复和整治。

第二十五条 建设单位在海洋固体矿产资源勘探开发工程的建设、运行过程中，应当采取有效措施，防止污染物大范围悬浮扩散，破坏海洋环境。

第二十六条 海洋油气矿产资源勘探开发作业中应当配备油水分离设施、含油污水处理设备、排油监控装置、残油和废油回收设施、垃圾粉碎设备。

海洋油气矿产资源勘探开发作业中所使用的固定式平台、移动式平台、浮式储油装置、输油管线及其他辅助设施，应当符合防渗、防漏、防腐蚀的要求；作业单位应当经常检查，防止发生漏油事故。

前款所称固定式平台和移动式平台，是指海洋油气矿产资源勘探开发作业中所使用的钻井船、钻井平台、采油平台和其他平台。

第二十七条 海洋油气矿产资源勘探开发单位应当办理有关污染损害民事责任保险。

第二十八条 海洋工程建设过程中需要进行海上爆破作业的，建设单位应当在爆破作业前报告海洋主管部门，海洋主管部门应当及时通报海事、渔业等有关部门。

进行海上爆破作业，应当设置明显的标志、信号，并采取有效措施保护海洋资源。在重要渔业水域进行炸药爆破作业或者进行其他可能对渔业资源造成损害的作业活动的，应当避开主要经济类鱼虾的产卵期。

第二十九条 海洋工程需要拆除或者改作他用的，应当报原核准该工程环境影响报告书的海洋主管部门批准。拆除或者改变用途后可能产生重大环境影响的，应当进行环境影响评价。

海洋工程需要在海上弃置的，应当拆除可能造成海洋环境污染损害或者影响海洋资源开发利用的部分，并按照有关海洋倾倒废弃物管理的规定进行。

海洋工程拆除时，施工单位应当编制拆除的环境保护方案，采取必要的措施，防止对海洋环境造成污染和损害。

第四章 污染物排放管理

第三十条 海洋油气矿产资源勘探开发作业中产生的污染物的处置，应当遵守下列规定：

（一）含油污水不得直接或者经稀释排放入海，应当经处理符合国家有关排放标准后再排放；

（二）塑料制品、残油、废油、油基泥浆、含油垃圾和其他有毒有害残液残渣，不得直接排放或者弃置入海，应当集中储存在专门容器中，运回陆地处理。

第三十一条 严格控制向水基泥浆中添加油类，确需添加的，应当如实记录并向原核准该工程环境影响报告书的海洋主管部门报告添加油的种类和数量。禁止向海域排放含油量超过国家规定标准的水基泥浆和钻屑。

第三十二条 建设单位在海洋工程试运行或者正式投入运行后，应当如实记录污染物排放设施、处理设备的运转情况及其污染物的排放、处置情况，并按照国家海洋主管部门的规定，定期向原核准该工程环境影响报告书的海洋主管部门报告。

第三十三条 县级以上人民政府海洋主管部门，应当按照各自的权限核定海洋工程排放污染物的种类、数量，根据国务院价格主管部门和财政部门制定的收费标准确定排污者应当缴纳的排污费数额。

排污者应当到指定的商业银行缴纳排污费。

第三十四条 海洋油气矿产资源勘探开发作业中应当安装污染物流量自动监控仪器，对生产污水、机舱污水和生活污水的排放进行计量。

第三十五条 禁止向海域排放油类、酸液、碱液、剧毒废液和高、中水平放射性废水；严格限制向海域排放低水平放射性废水，确需排放的，应当符合国家放射性污染防治标准。

严格限制向大气排放含有毒物质的气体，确需排放的，应当经过净化处理，并不得超过国家或者地方规定的排放标准；向大气排放含放射性物质的气体，应当符合国家放射性污染防治标准。

严格控制向海域排放含有不易降解的有机物和重金属的废水；其他污染物的排放应当符合国家或者地方标准。

第三十六条 海洋工程排污费全额纳入财政预算，实行“收支两条线”管理，并全部专项用于海洋环境污染防治。具体办法由国务院财政部门会同国家海洋主管部门制定。

第五章 污染事故的预防和处理

第三十七条 建设单位应当在海洋工程正式投入运行前制定防治海洋工程污染损害海洋环境的应急预案，报原核准该工程环境影响报告书的海洋主管部门和有关主管部门备案。

第三十八条 防治海洋工程污染损害海洋环境的应急预案应当包括以下内容：

（一）工程及其相邻海域的环境、资源状况；

（二）污染事故风险分析；

（三）应急设施的配备；

（四）污染事故的处理方案。

第三十九条 海洋工程在建设、运行期间，由于发生事故或者其他突发性事件，造成或者可能造成海洋环境污染事故时，建设单位应当立即向可能受到污染的沿海县级以上地方人民政府海洋主管部门或者其他有关主管部门报告，并采取有效措施，减轻或者消除污染，同时通报可能受到危害的单位和个人。

沿海县级以上地方人民政府海洋主管部门或者其他有关主管部门接到报告后，应当按照污染事故分级规定及时向县级以上人民政府和上级有关主管部门报告。县级以上人民政府和有关主管部门应当按照各自的职责，立即派人赶赴现场，采取有效措施，消除或者减轻危害，对污染事故进行调查处理。

第四十条 在海洋自然保护区内进行海洋工程建设活动，应当按照国家有关海洋自然保护区的规定执行。

第六章 监督检查

第四十一条 县级以上人民政府海洋主管部门负责海洋工程污染损害海洋环境防治的监督检查，对违反海洋污染防治法律、法规的行为进行查处。

县级以上人民政府海洋主管部门的监督检查人员应当严格按照法律、法规规定的程序和权限进行监督检查。

第四十二条 县级以上人民政府海洋主管部门依法对海洋工程进行现场检查时，有权采取下列措施：

（一）要求被检查单位或者个人提供与环境保护有关的文件、证件、数据以及技术资料等，进行查阅或者复制；

（二）要求被检查单位负责人或者相关人员就有关问题作出说明；

（三）进入被检查单位的工作现场进行监测、勘查、取样检验、拍照、摄像；

（四）检查各项环境保护设施、设备和器材的安装、运行情况；

（五）责令违法者停止违法活动，接受调查处理；

（六）要求违法者采取有效措施，防止污染事态扩大。

第四十三条 县级以上人民政府海洋主管部门的监督检查人员进行现场执法检查时，应当出示规定的执法证件。用于执法检查、巡航监视的公务飞机、船舶和车辆应当有明显的执法标志。

第四十四条 被检查单位和个人应当如实提供材料，不得拒绝或者阻碍监督检查人员依法执行公务。

有关单位和个人对海洋主管部门的监督检查工作应当予以配合。

第四十五条 县级以上人民政府海洋主管部门对违反海洋污染防治法律、法规的行为，应当依法作出行政处理决定；有关海洋主管部门不依法作出行政处理决定的，上级海洋主管部门有权责令其依法作出行政处理决定或者直接作出行政处理决定。

第七章 法律责任

第四十六条 建设单位违反本条例规定，有下列行为之一的，由负责核准该工程环境影响报告书的海洋主管部门责令停止建设、运行，限期补办手续，并处5万元以上20万元以下的罚款：

（一）环境影响报告书未经核准，擅自开工建设的；

（二）海洋工程环境保护设施未申请验收或者经验收不合格即投入运行的。

第四十七条 建设单位违反本条例规定，有下列行为之一的，由原核准该工程环境影响报告书的海洋主管部门责令停止建设、运行，限期补办手续，并处5万元以上20万元以下的罚款：

（一）海洋工程的性质、规模、地点、生产工艺或者拟采取的环境保护措施发生重大改变，未重新编制环境影响报告书报原核准该工程环境影响报告书的海洋主管部门核准的；

（二）自环境影响报告书核准之日起超过5年，海洋工程方开工建设，其环境影响报告书未重新报原核准该工程环境影响报告书的海洋主管部门核准的；

（三）海洋工程需要拆除或者改作他用时，未报原核准该工程环境影响报告书的海洋主管部门批准或者未按要求进行环境影响评价的。

第四十八条 建设单位违反本条例规定，有下列行为之一的，由原核准该工程环境影响报告书的海洋主管部门责令限期改正；逾期不改正的，责令停止运行，并处1万元以上10万元以下的罚款：

（一）擅自拆除或者闲置环境保护设施的；

（二）未在规定时间内进行环境影响后评价或者未按要求采取整改措施的。

第四十九条 建设单位违反本条例规定，有下列行为之一的，由县级以上人民政府海洋主管部门责令停止建设、运行，限期恢复原状；逾期未恢复原状的，海洋主管部门可以指定具有相应资质的单位代为恢复原状，所需费用由建设单位承担，并处恢复原状所需费用1倍以上2倍以下的罚款：

（一）造成领海基点及其周围环境被侵蚀、淤积或者损害的；

（二）违反规定在海洋自然保护区内进行海洋工程建设活动的。

第五十条 建设单位违反本条例规定，在围填海工程中使用的填充材料不符合有关环境保护标准的，由县级以上人民政府海洋主管部门责令限期改正；逾期不改正的，责令停止建设、运行，并处5万元以上20万元以下的罚款；造成海洋环境污染事故，直接负责的主管人员和其他直接责任人员构成犯罪的，依法追究刑事责任。

第五十一条 建设单位违反本条例规定，有下列行为之一的，由原核准该工程环境影响报告书的海洋主管部门责令限期改正；逾期不改正的，处1万元以上5万元以下的罚款：

（一）未按规定报告污染物排放设施、处理设备的运转情况或者污染物的排放、处置情况的；

（二）未按规定报告其向水基泥浆中添加油的种类和数量的；

（三）未按规定将防治海洋工程污染损害海洋环境的应急预案备案的；

（四）在海上爆破作业前未按规定报告海洋主管部门的；

（五）进行海上爆破作业时，未按规定设置明显标志、信号的。

第五十二条 建设单位违反本条例规定，进行海上爆破作业时未采取有效措施保护海洋资源的，由县级以上人民政府海洋主管部门责令限期改正；逾期未改正的，处1万元以上10万元以下的罚款。

建设单位违反本条例规定，在重要渔业水域进行炸药爆破或者进行其他可能对渔业资源造成损害的作业，未避开主要经济类鱼虾产卵期的，由县级以上人民政府海洋主管部门予以警告、责令停止作业，并处5万元以上20万元以下的罚款。

第五十三条 海洋油气矿产资源勘探开发单位违反本条例规定向海洋排放含油污水，或者将塑料制品、残油、废油、油基泥浆、含油垃圾和其他有毒有害残液残渣直接排放或者弃置入海的，由国家海洋主管部门或者其派出机构责令限期清理，并处2万元以上20万元以下的罚款；逾期未清理的，国家海洋主管部门或者其派出机构可以指定有相应资质的单位代为清理，所需费用由海洋油气矿产资源勘探开发单位承担；造成海洋环境污染事故，直接负责的主管人员和其他直接责任人员构成犯罪的，依法追究刑事责任。

第五十四条 海水养殖者未按规定采取科学的养殖方式，对海洋环境造成污染或者严重影响海洋景观的，由县级以上人民政府海洋主管部门责令限期改正；逾期不改正的，责令停止养殖活动，并处清理污染或者恢复海洋景观所需费用1倍以上2倍以下的罚款。

第五十五条 建设单位未按本条例规定缴纳排污费的，由县级以上人民政府海洋主管部门责令限期缴纳；逾期拒不缴纳的，处应缴纳排污费数额2倍以上3倍以下的罚款。

第五十六条 违反本条例规定，造成海洋环境污染损害的，责任者应当排除危害，赔偿损失。完全由于第三者的故意或者过失造成海洋环境污染损害的，由第三者排除危害，承担赔偿责任。

违反本条例规定，造成海洋环境污染事故，直接负责的主管人员和其他直接责任人员构成犯罪的，依法追究刑事责任。

第五十七条 海洋主管部门的工作人员违反本条例规定，有下列情形之一的，依法给予行政处分；构成犯罪的，依法追究刑事责任：

（一）未按规定核准海洋工程环境影响报告书的；

（二）未按规定验收环境保护设施的；

（三）未按规定对海洋环境污染事故进行报告和调查处理的；

（四）未按规定征收排污费的；

（五）未按规定进行监督检查的。

第八章 附 则

第五十八条 船舶污染的防治按照国家有关法律、行政法规的规定执行。

第五十九条 本条例自2006年11月1日起施行。

医疗废物管理条例

（2003 年 6 月 16 日中华人民共和国国务院令第 380 号公布 根据 2011 年 1 月 8 日《国务院关于废止和修改部分行政法规的决定》修订）

第一章 总 则

第一条 为了加强医疗废物的安全管理，防止疾病传播，保护环境，保障人体健康，根据《中华人民共和国传染病防治法》和《中华人民共和国固体废物污染环境防治法》，制定本条例。

第二条 本条例所称医疗废物，是指医疗卫生机构在医疗、预防、保健以及其他相关活动中产生的具有直接或者间接感染性、毒性以及其他危害性的废物。

医疗废物分类目录，由国务院卫生行政主管部门和环境保护行政主管部门共同制定、公布。

第三条 本条例适用于医疗废物的收集、运送、贮存、处置以及监督管理等活动。

医疗卫生机构收治的传染病病人或者疑似传染病病人产生的生活垃圾，按照医疗废物进行管理和处置。

医疗卫生机构废弃的麻醉、精神、放射性、毒性等药品及其相关的废物的管理，依照有关法律、行政法规和国家有关规定、标准执行。

第四条 国家推行医疗废物集中无害化处置，鼓励有关医疗废物安全处置技术的研究与开发。

县级以上地方人民政府负责组织建设医疗废物集中处置设施。

国家对边远贫困地区建设医疗废物集中处置设施给予适当的支持。

第五条 县级以上各级人民政府卫生行政主管部门，对医疗废物收集、运送、贮存、处置活动中的疾病防治工作实施统一监督管理；环境保护行政主管部门，对医疗废物收集、运送、贮存、处置活动中的环境污染防治工作实施统一监督管理。

县级以上各级人民政府其他有关部门在各自的职责范围内负责与医疗废物处置有关的监督管理工作。

第六条 任何单位和个人有权对医疗卫生机构、医疗废物集中处置单位和监督管理部门及其工作人员的违法行为进行举报、投诉、检举和控告。

第二章 医疗废物管理的一般规定

第七条 医疗卫生机构和医疗废物集中处置单位，应当建立、健全医疗废物管理责任制，其法定代表人为第一责任人，切实履行职责，防止因医疗废物导致传染病传播和环境污染事故。

第八条 医疗卫生机构和医疗废物集中处置单位，应当制定与医疗废物安全处置有关的规章制度和在发生意外事故时的应急方案；设置监控部门或者专（兼）职人员，负责检查、督促、落实本单位医疗废物的管理工作，防止违反本条例的行为发生。

第九条 医疗卫生机构和医疗废物集中处置单位，应当对本单位从事医疗废物收集、运送、贮存、处置等工作的人员和管理人员，进行相关法律和专业技术、安全防护以及紧急处理等知识的培训。

第十条 医疗卫生机构和医疗废物集中处置单位，应当采取有效的职业卫生防护措施，为从事医疗废物收集、运送、贮存、处置等工作的人员和管理人员，配备必要的防护用品，定期进行健康检查；必要时，对有关人员进行免疫接种，防止其受到健康损害。

第十一条 医疗卫生机构和医疗废物集中处置单位，应当依照《中华人民共和国固体废物污染环境防治法》的规定，执行危险废物转移联单管理制度。

第十二条 医疗卫生机构和医疗废物集中处置单位，应当对医疗废物进行登记，登记内容应当包括医疗废物的来源、种类、重量或者数量、交接时间、处置方法、最终去向以及经办人签名等项目。登记资料至少保存 3 年。

第十三条 医疗卫生机构和医疗废物集中处置单位，应当采取有效措施，防止医疗废物流失、泄漏、扩散。

发生医疗废物流失、泄漏、扩散时，医疗卫生机构和医疗废物集中处置单位应当采取减少危害的紧急处理措施，对致病人员提供医疗救护和现场救援；同时向所在地的县级人民政府卫生行政主管部门、环境保护行政主管部门报告，并向可能受到危害的单位和居民通报。

第十四条 禁止任何单位和个人转让、买卖医疗废物。

禁止在运送过程中丢弃医疗废物；禁止在非贮存地点倾倒、堆放医疗废物或者将医疗废物混入其他废物和生活垃圾。

第十五条 禁止邮寄医疗废物。

禁止通过铁路、航空运输医疗废物。

有陆路通道的，禁止通过水路运输医疗废物；没有陆路通道必须经水路运输医疗废物的，应当经设区的市级以上人民政府环境保护行政主管部门批准，并采取严格的环境保护措施后，方可通过水路运输。

禁止将医疗废物与旅客在同一运输工具上载运。

禁止在饮用水水源保护区的水体上运输医疗废物。

第三章 医疗卫生机构对医疗废物的管理

第十六条 医疗卫生机构应当及时收集本单位产生的医疗废物，并按照类别分置于防渗漏、防锐器穿透的专用包装物或者密闭的容器内。

医疗废物专用包装物、容器，应当有明显的警示标识和警示说明。

医疗废物专用包装物、容器的标准和警示标识的规定，由国务院卫生行政主管部门和环境保护行政主管部门共同制定。

第十七条 医疗卫生机构应当建立医疗废物的暂时贮存设施、设备，不得露天存放医疗废物；医疗废物暂时贮存的时间不得超过 2 天。

医疗废物的暂时贮存设施、设备，应当远离医疗区、食品加工区和人员活动区以及生活垃圾存放场所，并设置明显的警示标识和防渗漏、防鼠、防蚊蝇、防蟑螂、防盗以及预防儿童接触等安全措施。

医疗废物的暂时贮存设施、设备应当定期消毒和清洁。

第十八条 医疗卫生机构应当使用防渗漏、防遗撒的专用运送工具，按照本单位确定的内部医疗废物运送时间、路线，将医疗废物收集、运送至暂时贮存地点。

运送工具使用后应当在医疗卫生机构内指定的地点及时消毒和清洁。

第十九条 医疗卫生机构应当根据就近集中处置的原则，及时将医疗废物交由医疗废物集中处置单位处置。

医疗废物中病原体的培养基、标本和菌种、毒种保存液等高危险废物，在交医疗废物集中处置单位处置前应当就地消毒。

第二十条 医疗卫生机构产生的污水、传染病病人或者疑似传染病病人的排泄物，应当按照国家规定严格消毒；达到国家规定的排放标准后，方可排入污水处理系统。

第二十一条 不具备集中处置医疗废物条件的农村，医疗卫生机构应当按照县级人民政府卫生行政主管部门、环境保护行政主管部门的要求，自行就地处置其产生的医疗废物。自行处置医疗废物的，应当符合下列基本要求：

（一）使用后的一次性医疗器具和容易致人损伤的医疗废物，应当消毒并作毁形处理；

（二）能够焚烧的，应当及时焚烧；

（三）不能焚烧的，消毒后集中填埋。

第四章　医疗废物的集中处置

第二十二条　从事医疗废物集中处置活动的单位，应当向县级以上人民政府环境保护行政主管部门申请领取经营许可证；未取得经营许可证的单位，不得从事有关医疗废物集中处置的活动。

第二十三条　医疗废物集中处置单位，应当符合下列条件：

（一）具有符合环境保护和卫生要求的医疗废物贮存、处置设施或者设备；

（二）具有经过培训的技术人员以及相应的技术工人；

（三）具有负责医疗废物处置效果检测、评价工作的机构和人员；

（四）具有保证医疗废物安全处置的规章制度。

第二十四条　医疗废物集中处置单位的贮存、处置设施，应当远离居（村）民居住区、水源保护区和交通干道，与工厂、企业等工作场所有适当的安全防护距离，并符合国务院环境保护行政主管部门的规定。

第二十五条　医疗废物集中处置单位应当至少每 2 天到医疗卫生机构收集、运送一次医疗废物，并负责医疗废物的贮存、处置。

第二十六条　医疗废物集中处置单位运送医疗废物，应当遵守国家有关危险货物运输管理的规定，使用有明显医疗废物标识的专用车辆。医疗废物专用车辆应当达到防渗漏、防遗撒以及其他环境保护和卫生要求。

运送医疗废物的专用车辆使用后，应当在医疗废物集中处置场所内及时进行消毒和清洁。

运送医疗废物的专用车辆不得运送其他物品。

第二十七条　医疗废物集中处置单位在运送医疗废物过程中应当确保安全，不得丢弃、遗撒医疗废物。

第二十八条　医疗废物集中处置单位应当安装污染物排放在线监控装置，并确保监控装置处于正常运行状态。

第二十九条　医疗废物集中处置单位处置医疗废物，应当符合国家规定的环境保护、卫生标准、规范。

第三十条　医疗废物集中处置单位应当按照环境保护行政主管部门和卫生行政主管部门的规定，定期对医疗废物处置设施的环境污染防治和卫生学效果进行检测、评价。检测、评价结果存入医疗废物集中处置单位档案，每半年向所在地环境保护行政主管部门和卫生行政主管部门报告一次。

第三十一条　医疗废物集中处置单位处置医疗废物，按照国家有关规定向医疗卫生机构收取医疗废物处置费用。

医疗卫生机构按照规定支付的医疗废物处置费用，可以纳入医疗成本。

第三十二条　各地区应当利用和改造现有固体废物处置设施和其他设施，对医疗废物集中处置，并达到基本的环境保护和卫生要求。

第三十三条　尚无集中处置设施或者处置能力不足的城市，自本条例施行之日起，设区的市级以上城市应当在 1 年内建成医疗废物集中处置设施；县级市应当在 2 年内建成医疗废物集中处置设施。县（旗）医疗废物集中处置设施的建设，由省、自治区、直辖市人民政府规定。

在尚未建成医疗废物集中处置设施期间，有关地方人民政府应当组织制定符合环境保护和卫生要求的医疗废物过渡性处置方案，确定医疗废物收集、运送、处置方式和处置单位。

第五章 监督管理

第三十四条 县级以上地方人民政府卫生行政主管部门、环境保护行政主管部门，应当依照本条例的规定，按照职责分工，对医疗卫生机构和医疗废物集中处置单位进行监督检查。

第三十五条 县级以上地方人民政府卫生行政主管部门，应当对医疗卫生机构和医疗废物集中处置单位从事医疗废物的收集、运送、贮存、处置中的疾病防治工作，以及工作人员的卫生防护等情况进行定期监督检查或者不定期的抽查。

第三十六条 县级以上地方人民政府环境保护行政主管部门，应当对医疗卫生机构和医疗废物集中处置单位从事医疗废物收集、运送、贮存、处置中的环境污染防治工作进行定期监督检查或者不定期的抽查。

第三十七条 卫生行政主管部门、环境保护行政主管部门应当定期交换监督检查和抽查结果。在监督检查或者抽查中发现医疗卫生机构和医疗废物集中处置单位存在隐患时，应当责令立即消除隐患。

第三十八条 卫生行政主管部门、环境保护行政主管部门接到对医疗卫生机构、医疗废物集中处置单位和监督管理部门及其工作人员违反本条例行为的举报、投诉、检举和控告后，应当及时核实，依法作出处理，并将处理结果予以公布。

第三十九条 卫生行政主管部门、环境保护行政主管部门履行监督检查职责时，有权采取下列措施：

（一）对有关单位进行实地检查，了解情况，现场监测，调查取证；

（二）查阅或者复制医疗废物管理的有关资料，采集样品；

（三）责令违反本条例规定的单位和个人停止违法行为；

（四）查封或者暂扣涉嫌违反本条例规定的场所、设备、运输工具和物品；

（五）对违反本条例规定的行为进行查处。

第四十条 发生因医疗废物管理不当导致传染病传播或者环境污染事故，或者有证据证明传染病传播或者环境污染的事故有可能发生时，卫生行政主管部门、环境保护行政主管部门应当采取临时控制措施，疏散人员，控制现场，并根据需要责令暂停导致或者可能导致传染病传播或者环境污染事故的作业。

第四十一条 医疗卫生机构和医疗废物集中处置单位，对有关部门的检查、监测、调查取证，应当予以配合，不得拒绝和阻碍，不得提供虚假材料。

第六章 法律责任

第四十二条 县级以上地方人民政府未依照本条例的规定，组织建设医疗废物集中处置设施或者组织制定医疗废物过渡性处置方案的，由上级人民政府通报批评，责令限期建成医疗废物集中处置设施或者组织制定医疗废物过渡性处置方案；并可以对政府主要领导人、负有责任的主管人员，依法给予行政处分。

第四十三条 县级以上各级人民政府卫生行政主管部门、环境保护行政主管部门或者其他有关部门，未按照本条例的规定履行监督检查职责，发现医疗卫生机构和医疗废物集中处置单位的违法行为不及时处理，发生或者可能发生传染病传播或者环境污染事故时未及时采取减少危害措施，以及有其他玩忽职守、失职、渎职行为的，由本级人民政府或者上级人民政府有关部门责令改正，通报批评；造成传染病传播或者环境污染事故的，对主要负责人、负有责任的主管人员和其他直接责任人员依法给予降级、撤职、开除的行政处分；构成犯罪的，依法追究刑事责任。

第四十四条 县级以上人民政府环境保护行政主管部门，违反本条例的规定发给医疗废物集中处置单位经营许可证的，由本级人民政府或者上级人民政府环境保护行政主管部门通报批评，责令收回违法发给的证书；并可以对主要负责人、负有责任的主管人员和其他直接责任人员依法给予行政处分。

第四十五条 医疗卫生机构、医疗废物集中处置单位违反本条例规定，有下列情形之一的，由县级以上地方人民政府卫生行政主管部门或者环境保护行政主管部门按照各自的职责责令限期改正，给予警告；逾期不改正的，处2 000元以上5 000元以下的罚款：

（一）未建立、健全医疗废物管理制度，或者未设置监控部门或者专（兼）职人员的；

（二）未对有关人员进行相关法律和专业技术、安全防护以及紧急处理等知识培训的；

（三）未对从事医疗废物收集、运送、贮存、处置等工作的人员和管理人员采取职业卫生防护措施的；

（四）未对医疗废物进行登记或者未保存登记资料的；

（五）对使用后的医疗废物运送工具或者运送车辆未在指定地点及时进行消毒和清洁的；

（六）未及时收集、运送医疗废物的；

（七）未定期对医疗废物处置设施的环境污染防治和卫生学效果进行检测、评价，或者未将检测、评价效果存档、报告的。

第四十六条 医疗卫生机构、医疗废物集中处置单位违反本条例规定，有下列情形之一的，由县级以上地方人民政府卫生行政主管部门或者环境保护行政主管部门按照各自的职责责令限期改正，给予警告，可以并处5 000元以下的罚款；逾期不改正的，处5 000元以上3万元以下的罚款：

（一）贮存设施或者设备不符合环境保护、卫生要求的；

（二）未将医疗废物按照类别分置于专用包装物或者容器的；

（三）未使用符合标准的专用车辆运送医疗废物或者使用运送医疗废物的车辆运送其他物品的；

（四）未安装污染物排放在线监控装置或者监控装置未处于正常运行状态的。

第四十七条 医疗卫生机构、医疗废物集中处置单位有下列情形之一的，由县级以上地方人民政府卫生行政主管部门或者环境保护行政主管部门按照各自的职责责令限期改正，给予警告，并处5 000元以上1万元以下的罚款；逾期不改正的，处1万元以上3万元以下的罚款；造成传染病传播或者环境污染事故的，由原发证部门暂扣或者吊销执业许可证件或者经营许可证件；构成犯罪的，依法追究刑事责任：

（一）在运送过程中丢弃医疗废物，在非贮存地点倾倒、堆放医疗废物或者将医疗废物混入其他废物和生活垃圾的；

（二）未执行危险废物转移联单管理制度的；

（三）将医疗废物交给未取得经营许可证的单位或者个人收集、运送、贮存、处置的；

（四）对医疗废物的处置不符合国家规定的环境保护、卫生标准、规范的；

（五）未按照本条例的规定对污水、传染病病人或者疑似传染病病人的排泄物，进行严格消毒，或者未达到国家规定的排放标准，排入污水处理系统的；

（六）对收治的传染病病人或者疑似传染病病人产生的生活垃圾，未按照医疗废物进行管理和处置的。

第四十八条 医疗卫生机构违反本条例规定，将未达到国家规定标准的污水、传染病病人或者疑似传染病病人的排泄物排入城市排水管网的，由县级以上地方人民政府建设行政主管部门责令限期改正，给予警告，并处5 000元以上1万元以下的罚款；逾期不改正的，处1万元以上3万元以下的罚款；造成传染病传播或者环境污染事故的，由原发证部门暂扣或者吊销执业许可证件；构成犯罪的，依法追究刑事责任。

第四十九条 医疗卫生机构、医疗废物集中处置单位发生医疗废物流失、泄漏、扩散时，未采取紧急处理措施，或者未及时向卫生行政主管部门和环境保护行政主管部门报告的，由县级以上地方人民政府卫生行政主管部门或者环境保护行政主管部门按照各自的职责责令改正，给予警告，并处1万元以上3万元以下的罚款；造成传染病传播或者环境污染事故的，由原发证部门暂扣或者吊销执业许可证件或者经营许可证件；构成犯罪的，依法追究刑事责任。

第五十条 医疗卫生机构、医疗废物集中处置单位，无正当理由，阻碍卫生行政主管部门或者环境保护行政主管部门执法人员执行公务，拒绝执法人员进入现场，或者不配合执法部门的检查、监测、调查取证的，由县级以上地方人民政府卫生行政主管部门或者环境保护行政主管部门按照各自的职责责令改正，给予警告；拒不改正的，由原发证部门暂扣或者吊销执业许可证件或者经营许可证件；触犯《中华人民共和国治安管理处罚法》，构成违反治安管理行为的，由公安机关依法予以处罚；构成犯罪的，依法追究刑事责任。

第五十一条 不具备集中处置医疗废物条件的农村，医疗卫生机构未按照本条例的要求处置医疗废物的，由县级人民政府卫生行政主管部门或者环境保护行政主管部门按照各自的职责责令限期改正，给予警告；逾期不改正的，处 1 000 元以上 5 000 元以下的罚款；造成传染病传播或者环境污染事故的，由原发证部门暂扣或者吊销执业许可证件；构成犯罪的，依法追究刑事责任。

第五十二条 未取得经营许可证从事医疗废物的收集、运送、贮存、处置等活动的，由县级以上地方人民政府环境保护行政主管部门责令立即停止违法行为，没收违法所得，可以并处违法所得 1 倍以下的罚款。

第五十三条 转让、买卖医疗废物，邮寄或者通过铁路、航空运输医疗废物，或者违反本条例规定通过水路运输医疗废物的，由县级以上地方人民政府环境保护行政主管部门责令转让、买卖双方、邮寄人、托运人立即停止违法行为，给予警告，没收违法所得；违法所得 5 000 元以上的，并处违法所得 2 倍以上 5 倍以下的罚款；没有违法所得或者违法所得不足 5 000 元的，并处 5 000 元以上 2 万元以下的罚款。

承运人明知托运人违反本条例的规定运输医疗废物，仍予以运输的，或者承运人将医疗废物与旅客在同一工具上载运的，按照前款的规定予以处罚。

第五十四条 医疗卫生机构、医疗废物集中处置单位违反本条例规定，导致传染病传播或者发生环境污染事故，给他人造成损害的，依法承担民事赔偿责任。

第七章 附 则

第五十五条 计划生育技术服务、医学科研、教学、尸体检查和其他相关活动中产生的具有直接或者间接感染性、毒性以及其他危害性废物的管理，依照本条例执行。

第五十六条 军队医疗卫生机构医疗废物的管理由中国人民解放军卫生主管部门参照本条例制定管理办法。

第五十七条 本条例自公布之日起施行。

第二章

中共中央、国务院相关规范性文件

关于加强环境保护重点工作的意见

（国发〔2011〕35号）

各省、自治区、直辖市人民政府，国务院各部委、各直属机构：

多年来，我国积极实施可持续发展战略，将环境保护放在重要的战略位置，不断加大解决环境问题的力度，取得了明显成效。但由于产业结构和布局仍不尽合理，污染防治水平仍然较低，环境监管制度尚不完善等原因，环境保护形势依然十分严峻。为深入贯彻落实科学发展观，加快推动经济发展方式转变，提高生态文明建设水平，现就加强环境保护重点工作提出如下意见：

一、全面提高环境保护监督管理水平

（一）严格执行环境影响评价制度。凡依法应当进行环境影响评价的重点流域、区域开发和行业发展规划以及建设项目，必须严格履行环境影响评价程序，并把主要污染物排放总量控制指标作为新改扩建项目环境影响评价审批的前置条件。环境影响评价过程要公开透明，充分征求社会公众意见。建立健全规划环境影响评价和建设项目环境影响评价的联动机制。对环境影响评价文件未经批准即擅自开工建设、建设过程中擅自做出重大变更、未经环境保护验收即擅自投产等违法行为，要依法追究管理部门、相关企业和人员的责任。

（二）继续加强主要污染物总量减排。完善减排统计、监测和考核体系，鼓励各地区实施特征污染物排放总量控制。对造纸、印染和化工行业实行化学需氧量和氨氮排放总量控制。加强污水处理设施、污泥处理处置设施、污水再生利用设施和垃圾渗滤液处理设施建设。对现有污水处理厂进行升级改造。完善城镇污水收集管网，推进雨、污分流改造。强化城镇污水、垃圾处理设施运行监管。对电力行业实行二氧化硫和氮氧化物排放总量控制，继续加强燃煤电厂脱硫，全面推行燃煤电厂脱硝，新建燃煤机组应同步建设脱硫脱硝设施。对钢铁行业实行二氧化硫排放总量控制，强化水泥、石化、煤化工等行业二氧化硫和氮氧化物治理。在大气污染联防联控重点区域开展煤炭消费总量控制试点。开展机动车船尾气氮氧化物治理。提高重点行业环境准入和排放标准。促进农业和农村污染减排，着力抓好规模化畜禽养殖污染防治。

（三）强化环境执法监管。抓紧推动制定和修订相关法律法规，为环境保护提供更加完备、有效的法制保障。健全执法程序，规范执法行为，建立执法责任制。加强环境保护日常监管和执法检查。继续开展整治违法排污企业保障群众健康环保专项行动，对环境法律法规执行和环境问题整改情况进行后督察。建立建设项目全过程环境监管制度以及农村和生态环境监察制度。完善跨行政区域环境执法合作机制和部门联动执法机制。依法处置环境污染和生态破坏事件。执行流域、区域、行业限批和挂牌督办等督查制度。对未完成环保目标任务或发生重特大突发环境事件负有责任的地方政府领导进行约谈，落实整改措施。推行生产者责任延伸制度。深化企业环境监督员制度，实行资格化管理。建立健全环境保护举报制度，广泛实行信息公开，加强环境保护的社会监督。

（四）有效防范环境风险和妥善处置突发环境事件。完善以预防为主的环境风险管理制度，实行环境应急分级、动态和全过程管理，依法科学妥善处置突发环境事件。建设更加高效的环境风险管理和应急救援体系，提高环境应急监测处置能力。制定切实可行的环境应急预案，配备必要的应急救援物资和装备，加强环境应急管理、技术支撑和处置救援队伍建设，定期组织培训和演练。开展重点流域、区域环境与健康调查研究。全力做好污染事件应急处置工作，及时准确发布信息，减少人民群众生命财产损失和生态环境损害。健全责任追究制度，严格落实企业环境安全主体责任，强化地方政府环境安全监管责任。

二、着力解决影响科学发展和损害群众健康的突出环境问题

（五）切实加强重金属污染防治。对重点防控的重金属污染地区、行业和企业进行集中治理。合理调整涉重金属企业布局，严格落实卫生防护距离，坚决禁止在重点防控区域新改扩建增加重金属污染物排放总量的项目。加强重金属相关企业的环境监管，确保达标排放。对造成污染的重金属污染企业，加大处罚力度，采取限期整治措施，仍然达不到要求的，依法关停取缔。规范废弃电器电子产品的回收处理活动，建设废旧物品回收体系和集中加工处理园区。积极妥善处理重金属污染历史遗留问题。

（六）严格化学品环境管理。对化学品项目布局进行梳理评估，推动石油、化工等项目科学规划和合理布局。对化学品生产经营企业进行环境隐患排查，对海洋、江河湖泊沿岸化工企业进行综合整治，强化安全保障措施。把环境风险评估作为危险化学品项目评估的重要内容，提高化学品生产的环境准入条件和建设标准，科学确定并落实化学品建设项目环境安全防护距离。依法淘汰高毒、难降解、高环境危害的化学品，限制生产和使用高环境风险化学品。推行工业产品生态设计。健全化学品全过程环境管理制度。加强持久性有机污染物排放重点行业监督管理。建立化学品环境污染责任终身追究制和全过程行政问责制。

（七）确保核与辐射安全。以运行核设施为监管重点，强化对新建、扩建核设施的安全审查和评估，推进老旧核设施退役和放射性废物治理。加强对核材料、放射性物品生产、运输、贮存等环节的安全管理和辐射防护，促进铀矿和伴生放射性矿环境保护。强化放射源、射线装置、高压输变电及移动通信工程等辐射环境管理。完善核与辐射安全审评方法，健全辐射环境监测监督体系，推动国家核与辐射安全监管技术研发基地建设，构建监管技术支撑平台。

（八）深化重点领域污染综合防治。严格饮用水水源保护区划分与管理，定期开展水质全分析，实施水源地环境整治、恢复和建设工程，提高水质达标率。开展地下水污染状况调查、风险评估、修复示范。继续推进重点流域水污染防治，完善考核机制。加强鄱阳湖、洞庭湖、洪泽湖等湖泊污染治理。加大对水质良好或生态脆弱湖泊的保护力度。禁止在可能造成生态严重失衡的地方进行围填海活动，加强入海河流污染治理与入海排污口监督管理，重点改善渤海和长江、黄河、珠江等河口海域环境质量。修订环境空气质量标准，增加大气污染物监测指标，改进环境质量评价方法。健全重点区域大气污染联防联控机制，实施多种污染物协同控制，严格控制挥发性有机污染物排放。加强恶臭、噪声和餐饮油烟污染控制。加大城市生活垃圾无害化处理力度。加强工业固体废物污染防治，强化危险废物和医疗废物管理。被污染场地再次进行开发利用的，应进行环境评估和无害化治理。推行重点企业强制性清洁生产审核。推进污染企业环境绩效评估，严格上市企业环保核查。深入开展城市环境综合整治和环境保护模范城市创建活动。

（九）大力发展环保产业。加大政策扶持力度，扩大环保产业市场需求。鼓励多渠道建立环保产业发展基金，拓宽环保产业发展融资渠道。实施环保先进适用技术研发应用、重大环保技术装备及产品产业化示范工程。着重发展环保设施社会化运营、环境咨询、环境监理、工程技术设计、认证评估等环境服务业。鼓励使用环境标志、环保认证和绿色印刷产品。开展污染减排技术攻关，实施水体污染控制与治理等科技重大专项。制定环保产业统计标准。加强环境基准研究，推进国家环境保护重点实验室、工程技术中心建设。加强高等院校环境学科和专业建设。

（十）加快推进农村环境保护。实行农村环境综合整治目标责任制。深化“以奖促治”和“以奖代

补”政策，扩大连片整治范围，集中整治存在突出环境问题的村庄和集镇，重点治理农村土壤和饮用水水源地污染。继续开展土壤环境调查，进行土壤污染治理与修复试点示范。推动环境保护基础设施和服务向农村延伸，加强农村生活垃圾和污水处理设施建设。发展生态农业和有机农业，科学使用化肥、农药和农膜，切实减少面源污染。严格农作物秸秆禁烧管理，推进农业生产废弃物资源化利用。加强农村人畜粪便和农药包装无害化处理。加大农村地区工矿企业污染防治力度，防止污染向农村转移。开展农业和农村环境统计。

（十一）加大生态保护力度。国家编制环境功能区划，在重要生态功能区、陆地和海洋生态环境敏感区、脆弱区等区域划定生态红线，对各类主体功能区分别制定相应的环境标准和环境政策。加强青藏高原生态屏障、黄土高原—川滇生态屏障、东北森林带、北方防沙带和南方丘陵山地带以及大江大河重要水系的生态环境保护。推进生态修复，让江河湖泊等重要生态系统休养生息。强化生物多样性保护，建立生物多样性监测、评估与预警体系以及生物遗传资源获取与惠益共享制度，有效防范物种资源丧失和流失。加强自然保护区综合管理。开展生态系统状况评估。加强矿产、水电、旅游资源开发和交通基础设施建设中的生态保护。推进生态文明建设试点，进一步开展生态示范创建活动。

三、改革创新环境保护体制机制

（十二）继续推进环境保护历史性转变。坚持在发展中保护，在保护中发展，不断强化并综合运用法律、经济、技术和必要的行政手段，以改革创新为动力，积极探索代价小、效益好、排放低、可持续的环境保护新道路，建立与我国国情相适应的环境保护宏观战略体系、全面高效的污染防治体系、健全的环境质量评价体系、完善的环境保护法规政策和科技标准体系、完备的环境管理和执法监督体系、全民参与的社会行动体系。

（十三）实施有利于环境保护的经济政策。把环境保护列入各级财政年度预算并逐步增加投入。适时增加同级环保能力建设经费安排。加大对重点流域水污染防治的投入力度，完善重点流域水污染防治专项资金管理办法。完善中央财政转移支付制度，加大对中西部地区、民族自治地方和重点生态功能区环境保护的转移支付力度。加快建立生态补偿机制和国家生态补偿专项资金，扩大生态补偿范围。积极推进环境税费改革，研究开征环境保护税。对生产符合下一阶段标准车用燃油的企业，在消费税政策上予以优惠。制定和完善环境保护综合名录。对“高污染、高环境风险”产品，研究调整进出口关税政策。支持符合条件的企业发行债券用于环境保护项目。加大对符合环保要求和信贷原则的企业和项目的信贷支持。建立企业环境行为信用评价制度。健全环境污染责任保险制度，开展环境污染强制责任保险试点。严格落实燃煤电厂烟气脱硫电价政策，制定脱硝电价政策。对可再生能源发电、余热发电和垃圾焚烧发电实行优先上网等政策支持。对高耗能、高污染行业实行差别电价，对污水处理、污泥无害化处理设施、非电力行业脱硫脱硝和垃圾处理设施等鼓励类企业实行政策优惠。按照污泥、垃圾和医疗废物无害化处置的要求，完善收费标准，推进征收方式改革。推行排污许可证制度，开展排污权有偿使用和交易试点，建立国家排污权交易中心，发展排污权交易市场。

（十四）不断增强环境保护能力。全面推进监测、监察、宣教、信息等环境保护能力标准化建设。完善地级以上城市空气质量、重点流域、地下水、农产品产地国家重点监控点位和自动监测网络，扩大监测范围，建设国家环境监测网。推进环境专用卫星建设及其应用，提高遥感监测能力。加强污染源自动监控系统建设、监督管理和运行维护。开展全民环境宣传教育行动计划，培育壮大环保志愿者队伍，引导和支持公众及社会组织开展环保活动。增强环境信息基础能力、统计能力和业务应用能力。建设环境信息资源中心，加强物联网在污染源自动监控、环境质量实时监测、危险化学品运输等领域的研发应用，推动信息资源共享。

（十五）健全环境管理体制和工作机制。构建环境保护工作综合决策机制。完善环境监测和督查体制机制，加强国家环境监察职能。继续实行环境保护部门领导干部双重管理体制。鼓励有条件的地区开展环境保护体制综合改革试点。结合地方人民政府机构改革和乡镇机构改革，探索实行设区城市环境保护派出机构监管模式，完善基层环境管理体制。加强核与辐射安全监管职能和队伍建设。实施生态环境保护人才发展中长期规划。

（十六）强化对环境保护工作的领导和考核。地方各级人民政府要切实把环境保护放在全局工作的突出位置，列入重要议事日程，明确目标任务，完善政策措施，组织实施国家重点环保工程。制定生态文明建设的目标指标体系，纳入地方各级人民政府绩效考核，考核结果作为领导班子和领导干部综合考核评价的重要内容，作为干部选拔任用、管理监督的重要依据，实行环境保护一票否决制。对未完成目标任务考核的地方实施区域限批，暂停审批该地区除民生工程、节能减排、生态环境保护和基础设施建设以外的项目，并追究有关领导责任。

各地区、各部门要加强协调配合，明确责任、分工和进度要求，认真落实本意见。环境保护部要会同有关部门加强对本意见落实情况的监督检查，重大情况向国务院报告。

国务院

2011 年 10 月 17 日

关于印发大气污染防治行动计划的通知

（国发〔2013〕37 号）

各省、自治区、直辖市人民政府，国务院各部委、各直属机构：

现将《大气污染防治行动计划》印发给你们，请认真贯彻执行。

国务院

2013 年 9 月 10 日

大气污染防治行动计划

大气环境保护事关人民群众根本利益，事关经济持续健康发展，事关全面建成小康社会，事关实现中华民族伟大复兴中国梦。当前，我国大气污染形势严峻，以可吸入颗粒物（PM_{10}）、细颗粒物（$PM_{2.5}$）为特征污染物的区域性大气环境问题日益突出，损害人民群众身体健康，影响社会和谐稳定。随着我国工业化、城镇化的深入推进，能源资源消耗持续增加，大气污染防治压力继续加大。为切实改善空气质量，制定本行动计划。

总体要求：以邓小平理论、“三个代表”重要思想、科学发展观为指导，以保障人民群众身体健康为出发点，大力推进生态文明建设，坚持政府调控与市场调节相结合、全面推进与重点突破相配合、区域协作与属地管理相协调、总量减排与质量改善相同步，形成政府统领、企业施治、市场驱动、公众参与的大气污染防治新机制，实施分区域、分阶段治理，推动产业结构优化、科技创新能力增强、经济增长质量提高，实现环境效益、经济效益与社会效益多赢，为建设美丽中国而奋斗。

奋斗目标：经过五年努力，全国空气质量总体改善，重污染天气较大幅度减少；京津冀、长三角、珠三角等区域空气质量明显好转。力争再用五年或更长时间，逐步消除重污染天气，全国空气质量明显改善。

具体指标：到 2017 年，全国地级及以上城市可吸入颗粒物浓度比 2012 年下降 10%以上，优良天数逐年提高；京津冀、长三角、珠三角等区域细颗粒物浓度分别下降 25%、20%、15%左右，其中北京市细颗粒物年均浓度控制在 60 微克/立方米左右。

一、加大综合治理力度，减少多污染物排放

（一）加强工业企业大气污染综合治理。全面整治燃煤小锅炉。加快推进集中供热、“煤改气”“煤改电”工程建设，到 2017 年，除必要保留的以外，地级及以上城市建成区基本淘汰每小时 10 蒸吨及以下的燃煤锅炉，禁止新建每小时 20 蒸吨以下的燃煤锅炉；其他地区原则上不再新建每小时 10 蒸吨以下的燃煤锅炉。在供热供气管网不能覆盖的地区，改用电、新能源或洁净煤，推广应用高效节能环保型锅炉。在化工、造纸、印染、制革、制药等产业集聚区，通过集中建设热电联产机组逐步淘汰分散燃煤锅炉。

加快重点行业脱硫、脱硝、除尘改造工程建设。所有燃煤电厂、钢铁企业的烧结机和球团生产设备、石油炼制企业的催化裂化装置、有色金属冶炼企业都要安装脱硫设施，每小时 20 蒸吨及以上的燃煤锅炉

要实施脱硫。除循环流化床锅炉以外的燃煤机组均应安装脱硝设施，新型干法水泥窑要实施低氮燃烧技术改造并安装脱硝设施。燃煤锅炉和工业窑炉现有除尘设施要实施升级改造。

推进挥发性有机物污染治理。在石化、有机化工、表面涂装、包装印刷等行业实施挥发性有机物综合整治，在石化行业开展“泄漏检测与修复”技术改造。限时完成加油站、储油库、油罐车的油气回收治理，在原油成品油码头积极开展油气回收治理。完善涂料、胶黏剂等产品挥发性有机物限值标准，推广使用水性涂料，鼓励生产、销售和使用低毒、低挥发性有机溶剂。

京津冀、长三角、珠三角等区域要于2015年年底前基本完成燃煤电厂、燃煤锅炉和工业窑炉的污染治理设施建设与改造，完成石化企业有机废气综合治理。

（二）深化面源污染治理。综合整治城市扬尘。加强施工扬尘监管，积极推进绿色施工，建设工程施工现场应全封闭设置围挡墙，严禁敞开式作业，施工现场道路应进行地面硬化。渣土运输车辆应采取密闭措施，并逐步安装卫星定位系统。推行道路机械化清扫等低尘作业方式。大型煤堆、料堆要实现封闭储存或建设防风抑尘设施。推进城市及周边绿化和防风防沙林建设，扩大城市建成区绿地规模。

开展餐饮油烟污染治理。城区餐饮服务经营场所应安装高效油烟净化设施，推广使用高效净化型家用吸油烟机。

（三）强化移动源污染防治。加强城市交通管理。优化城市功能和布局规划，推广智能交通管理，缓解城市交通拥堵。实施公交优先战略，提高公共交通出行比例，加强步行、自行车交通系统建设。根据城市发展规划，合理控制机动车保有量，北京、上海、广州等特大城市要严格限制机动车保有量。通过鼓励绿色出行、增加使用成本等措施，降低机动车使用强度。

提升燃油品质。加快石油炼制企业升级改造，力争在2013年年底前，全国供应符合国家第四阶段标准的车用汽油，在2014年年底前，全国供应符合国家第四阶段标准的车用柴油，在2015年年底前，京津冀、长三角、珠三角等区域内重点城市全面供应符合国家第五阶段标准的车用汽、柴油，在2017年年底前，全国供应符合国家第五阶段标准的车用汽、柴油。加强油品质量监督检查，严厉打击非法生产、销售不合格油品行为。

加快淘汰黄标车和老旧车辆。采取划定禁行区域、经济补偿等方式，逐步淘汰黄标车和老旧车辆。到2015年，淘汰2005年年底前注册营运的黄标车，基本淘汰京津冀、长三角、珠三角等区域内的500万辆黄标车。到2017年，基本淘汰全国范围的黄标车。

加强机动车环保管理。环保、工业和信息化、质检、工商等部门联合加强新生产车辆环保监管，严厉打击生产、销售环保不达标车辆的违法行为；加强在用机动车年度检验，对不达标车辆不得发放环保合格标志，不得上路行驶。加快柴油车车用尿素供应体系建设。研究缩短公交车、出租车强制报废年限。鼓励出租车每年更换高效尾气净化装置。开展工程机械等非道路移动机械和船舶的污染控制。

加快推进低速汽车升级换代。不断提高低速汽车（三轮汽车、低速货车）节能环保要求，减少污染排放，促进相关产业和产品技术升级换代。自2017年起，新生产的低速货车执行与轻型载货车同等的节能与排放标准。

大力推广新能源汽车。公交、环卫等行业和政府机关要率先使用新能源汽车，采取直接上牌、财政补贴等措施鼓励个人购买。北京、上海、广州等城市每年新增或更新的公交车中新能源和清洁燃料车的比例达到60%以上。

二、调整优化产业结构，推动产业转型升级

（四）严控“两高”行业新增产能。修订高耗能、高污染和资源性行业准入条件，明确资源能源节约和污染物排放等指标。有条件的地区要制定符合当地功能定位、严于国家要求的产业准入目录。严格控制“两高”行业新增产能，新、改、扩建项目要实行产能等量或减量置换。

（五）加快淘汰落后产能。结合产业发展实际和环境质量状况，进一步提高环保、能耗、安全、质量等标准，分区域明确落后产能淘汰任务，倒逼产业转型升级。

按照《部分工业行业淘汰落后生产工艺装备和产品指导目录（2010 年本）》《产业结构调整指导目录（2011 年本）（修正）》的要求，采取经济、技术、法律和必要的行政手段，提前一年完成钢铁、水泥、电解铝、平板玻璃等 21 个重点行业的“十二五”落后产能淘汰任务。2015 年再淘汰炼铁 1 500 万吨、炼钢 1 500 万吨、水泥（熟料及粉磨能力）1 亿吨、平板玻璃 2 000 万重量箱。对未按期完成淘汰任务的地区，严格控制国家安排的投资项目，暂停对该地区重点行业建设项目办理审批、核准和备案手续。2016 年、2017 年，各地区要制定范围更宽、标准更高的落后产能淘汰政策，再淘汰一批落后产能。

对布局分散、装备水平低、环保设施差的小型工业企业进行全面排查，制定综合整改方案，实施分类治理。

（六）压缩过剩产能。加大环保、能耗、安全执法处罚力度，建立以节能环保标准促进“两高”行业过剩产能退出的机制。制定财政、土地、金融等扶持政策，支持产能过剩“两高”行业企业退出、转型发展。发挥优强企业对行业发展的主导作用，通过跨地区、跨所有制企业兼并重组，推动过剩产能压缩。严禁核准产能严重过剩行业新增产能项目。

（七）坚决停建产能严重过剩行业违规在建项目。认真清理产能严重过剩行业违规在建项目，对未批先建、边批边建、越权核准的违规项目，尚未开工建设的，不准开工；正在建设的，要停止建设。地方人民政府要加强组织领导和监督检查，坚决遏制产能严重过剩行业盲目扩张。

三、加快企业技术改造，提高科技创新能力

（八）强化科技研发和推广。加强灰霾、臭氧的形成机理、来源解析、迁移规律和监测预警等研究，为污染治理提供科学支撑。加强大气污染与人群健康关系的研究。支持企业技术中心、国家重点实验室、国家工程实验室建设，推进大型大气光化学模拟仓、大型气溶胶模拟仓等科技基础设施建设。

加强脱硫、脱硝、高效除尘、挥发性有机物控制、柴油机（车）排放净化、环境监测，以及新能源汽车、智能电网等方面的技术研发，推进技术成果转化应用。加强大气污染治理先进技术、管理经验等方面的国际交流与合作。

（九）全面推行清洁生产。对钢铁、水泥、化工、石化、有色金属冶炼等重点行业进行清洁生产审核，针对节能减排关键领域和薄弱环节，采用先进适用的技术、工艺和装备，实施清洁生产技术改造；到 2017 年，重点行业排污强度比 2012 年下降 30%以上。推进非有机溶剂型涂料和农药等产品创新，减少生产和使用过程中挥发性有机物排放。积极开发缓释肥料新品种，减少化肥施用过程中氨的排放。

（十）大力发展循环经济。鼓励产业集聚发展，实施园区循环化改造，推进能源梯级利用、水资源循环利用、废物交换利用、土地节约集约利用，促进企业循环式生产、园区循环式发展、产业循环式组合，构建循环型工业体系。推动水泥、钢铁等工业窑炉、高炉实施废物协同处置。大力发展机电产品再制造，推进资源再生利用产业发展。到 2017 年，单位工业增加值能耗比 2012 年降低 20%左右，在 50%以上的各类国家级园区和 30%以上的各类省级园区实施循环化改造，主要有色金属品种以及钢铁的循环再生比重达到 40%左右。

（十一）大力培育节能环保产业。着力把大气污染治理的政策要求有效转化为节能环保产业发展的市场需求，促进重大环保技术装备、产品的创新开发与产业化应用。扩大国内消费市场，积极支持新业态、新模式，培育一批具有国际竞争力的大型节能环保企业，大幅增加大气污染治理装备、产品、服务产业产值，有效推动节能环保、新能源等战略性新兴产业发展。鼓励外商投资节能环保产业。

四、加快调整能源结构，增加清洁能源供应

（十二）控制煤炭消费总量。制定国家煤炭消费总量中长期控制目标，实行目标责任管理。到2017年，煤炭占能源消费总量比重降低到65%以下。京津冀、长三角、珠三角等区域力争实现煤炭消费总量负增长，通过逐步提高接受外输电比例、增加天然气供应、加大非化石能源利用强度等措施替代燃煤。

京津冀、长三角、珠三角等区域新建项目禁止配套建设自备燃煤电站。耗煤项目要实行煤炭减量替代。除热电联产外，禁止审批新建燃煤发电项目；现有多台燃煤机组装机容量合计达到30万千瓦以上的，可按照煤炭等量替代的原则建设为大容量燃煤机组。

（十三）加快清洁能源替代利用。加大天然气、煤制天然气、煤层气供应。到2015年，新增天然气干线管输能力1 500亿立方米以上，覆盖京津冀、长三角、珠三角等区域。优化天然气使用方式，新增天然气应优先保障居民生活或用于替代燃煤；鼓励发展天然气分布式能源等高效利用项目，限制发展天然气化工项目；有序发展天然气调峰电站，原则上不再新建天然气发电项目。

制定煤制天然气发展规划，在满足最严格的环保要求和保障水资源供应的前提下，加快煤制天然气产业化和规模化步伐。

积极有序发展水电，开发利用地热能、风能、太阳能、生物质能，安全高效发展核电。到2017年，运行核电机组装机容量达到5 000万千瓦，非化石能源消费比重提高到13%。

京津冀区域城市建成区、长三角城市群、珠三角区域要加快现有工业企业燃煤设施天然气替代步伐；到2017年，基本完成燃煤锅炉、工业窑炉、自备燃煤电站的天然气替代改造任务。

（十四）推进煤炭清洁利用。提高煤炭洗选比例，新建煤矿应同步建设煤炭洗选设施，现有煤矿要加快建设与改造；到2017年，原煤入选率达到70%以上。禁止进口高灰分、高硫分的劣质煤炭，研究出台煤炭质量管理办法。限制高硫石油焦的进口。

扩大城市高污染燃料禁燃区范围，逐步由城市建成区扩展到近郊。结合城中村、城乡接合部、棚户区改造，通过政策补偿和实施峰谷电价、季节性电价、阶梯电价、调峰电价等措施，逐步推行以天然气或电替代煤炭。鼓励北方农村地区建设洁净煤配送中心，推广使用洁净煤和型煤。

（十五）提高能源使用效率。严格落实节能评估审查制度。新建高耗能项目单位产品（产值）能耗要达到国内先进水平，用能设备达到一级能效标准。京津冀、长三角、珠三角等区域，新建高耗能项目单位产品（产值）能耗要达到国际先进水平。

积极发展绿色建筑，政府投资的公共建筑、保障性住房等要率先执行绿色建筑标准。新建建筑要严格执行强制性节能标准，推广使用太阳能热水系统、地源热泵、空气源热泵、光伏建筑一体化、“热—电—冷”三联供等技术和装备。

推进供热计量改革，加快北方采暖地区既有居住建筑供热计量和节能改造；新建建筑和完成供热计量改造的既有建筑逐步实行供热计量收费。加快热力管网建设与改造。

五、严格节能环保准入，优化产业空间布局

（十六）调整产业布局。按照主体功能区规划要求，合理确定重点产业发展布局、结构和规模，重大项目原则上布局在优化开发区和重点开发区。所有新、改、扩建项目，必须全部进行环境影响评价；未通过环境影响评价审批的，一律不准开工建设；违规建设的，要依法进行处罚。加强产业政策在产业转移过程中的引导与约束作用，严格限制在生态脆弱或环境敏感地区建设“两高”行业项目。加强对各类产业发展规划的环境影响评价。

在东部、中部和西部地区实施差别化的产业政策，对京津冀、长三角、珠三角等区域提出更高的节

能环保要求。强化环境监管，严禁落后产能转移。

（十七）强化节能环保指标约束。提高节能环保准入门槛，健全重点行业准入条件，公布符合准入条件的企业名单并实施动态管理。严格实施污染物排放总量控制，将二氧化硫、氮氧化物、烟粉尘和挥发性有机物排放是否符合总量控制要求作为建设项目环境影响评价审批的前置条件。

京津冀、长三角、珠三角区域以及辽宁中部、山东、武汉及其周边、长株潭、成渝、海峡西岸、山西中北部、陕西关中、甘宁、乌鲁木齐城市群等“三区十群”中的47个城市，新建火电、钢铁、石化、水泥、有色、化工等企业以及燃煤锅炉项目要执行大气污染物特别排放限值。各地区可根据环境质量改善的需要，扩大特别排放限值实施的范围。

对未通过能评、环评审查的项目，有关部门不得审批、核准、备案，不得提供土地，不得批准开工建设，不得发放生产许可证、安全生产许可证、排污许可证，金融机构不得提供任何形式的新增授信支持，有关单位不得供电、供水。

（十八）优化空间格局。科学制定并严格实施城市规划，强化城市空间管制要求和绿地控制要求，规范各类产业园区和城市新城、新区设立和布局，禁止随意调整和修改城市规划，形成有利于大气污染物扩散的城市和区域空间格局。研究开展城市环境总体规划试点工作。

结合化解过剩产能、节能减排和企业兼并重组，有序推进位于城市主城区的钢铁、石化、化工、有色金属冶炼、水泥、平板玻璃等重污染企业环保搬迁、改造，到2017年基本完成。

六、发挥市场机制作用，完善环境经济政策

（十九）发挥市场机制调节作用。本着“谁污染、谁负责，多排放、多负担，节能减排得收益、获补偿”的原则，积极推行激励与约束并举的节能减排新机制。

分行业、分地区对水、电等资源类产品制定企业消耗定额。建立企业“领跑者”制度，对能效、排污强度达到更高标准的先进企业给予鼓励。

全面落实“合同能源管理”的财税优惠政策，完善促进环境服务业发展的扶持政策，推行污染治理设施投资、建设、运行一体化特许经营。完善绿色信贷和绿色证券政策，将企业环境信息纳入征信系统。严格限制环境违法企业贷款和上市融资。推进排污权有偿使用和交易试点。

（二十）完善价格税收政策。根据脱硝成本，结合调整销售电价，完善脱硝电价政策。现有火电机组采用新技术进行除尘设施改造的，要给予价格政策支持。实行阶梯式电价。

推进天然气价格形成机制改革，理顺天然气与可替代能源的比价关系。

按照合理补偿成本、优质优价和污染者付费的原则合理确定成品油价格，完善对部分困难群体和公益性行业成品油价格改革补贴政策。

加大排污费征收力度，做到应收尽收。适时提高排污收费标准，将挥发性有机物纳入排污费征收范围。

研究将部分“两高”行业产品纳入消费税征收范围。完善“两高”行业产品出口退税政策和资源综合利用税收政策。积极推进煤炭等资源税从价计征改革。符合税收法律法规规定，使用专用设备或建设环境保护项目的企业以及高新技术企业，可以享受企业所得税优惠。

（二十一）拓宽投融资渠道。深化节能环保投融资体制改革，鼓励民间资本和社会资本进入大气污染防治领域。引导银行业金融机构加大对大气污染防治项目的信贷支持。探索排污权抵押融资模式，拓展节能环保设施融资、租赁业务。

地方人民政府要对涉及民生的“煤改气”项目、黄标车和老旧车辆淘汰、轻型载货车替代低速货车等加大政策支持力度，对重点行业清洁生产示范工程给予引导性资金支持。要将空气质量监测站点建设及其运行和监管经费纳入各级财政预算予以保障。

在环境执法到位、价格机制理顺的基础上，中央财政统筹整合主要污染物减排等专项，设立大气污染防治专项资金，对重点区域按治理成效实施“以奖代补”；中央基本建设投资也要加大对重点区域大气污染防治的支持力度。

七、健全法律法规体系，严格依法监督管理

（二十二）完善法律法规标准。加快大气污染防治法修订步伐，重点健全总量控制、排污许可、应急预警、法律责任等方面的制度，研究增加对恶意排污、造成重大污染危害的企业及其相关负责人追究刑事责任的内容，加大对违法行为的处罚力度。建立健全环境公益诉讼制度。研究起草环境税法草案，加快修改环境保护法，尽快出台机动车污染防治条例和排污许可证管理条例。各地区可结合实际，出台地方性大气污染防治法规、规章。

加快制（修）订重点行业排放标准以及汽车燃料消耗量标准、油品标准、供热计量标准等，完善行业污染防治技术政策和清洁生产评价指标体系。

（二十三）提高环境监管能力。完善国家监察、地方监管、单位负责的环境监管体制，加强对地方人民政府执行环境法律法规和政策的监督。加大环境监测、信息、应急、监察等能力建设力度，达到标准化建设要求。

建设城市站、背景站、区域站统一布局的国家空气质量监测网络，加强监测数据质量管理，客观反映空气质量状况。加强重点污染源在线监控体系建设，推进环境卫星应用。建设国家、省、市三级机动车排污监管平台。到2015年，地级及以上城市全部建成细颗粒物监测点和国家直管的监测点。

（二十四）加大环保执法力度。推进联合执法、区域执法、交叉执法等执法机制创新，明确重点，加大力度，严厉打击环境违法行为。对偷排偷放、屡查屡犯的违法企业，要依法停产关闭。对涉嫌环境犯罪的，要依法追究刑事责任。落实执法责任，对监督缺位、执法不力、徇私枉法等行为，监察机关要依法追究有关部门和人员的责任。

（二十五）实行环境信息公开。国家每月公布空气质量最差的10个城市和最好的10个城市的名单。各省（区、市）要公布本行政区域内地级及以上城市空气质量排名。地级及以上城市要在当地主要媒体及时发布空气质量监测信息。

各级环保部门和企业要主动公开新建项目环境影响评价、企业污染物排放、治污设施运行情况等环境信息，接受社会监督。涉及群众利益的建设项目，应充分听取公众意见。建立重污染行业企业环境信息强制公开制度。

八、建立区域协作机制，统筹区域环境治理

（二十六）建立区域协作机制。建立京津冀、长三角区域大气污染防治协作机制，由区域内省级人民政府和国务院有关部门参加，协调解决区域突出环境问题，组织实施环评会商、联合执法、信息共享、预警应急等大气污染防治措施，通报区域大气污染防治工作进展，研究确定阶段性工作要求、工作重点和主要任务。

（二十七）分解目标任务。国务院与各省（区、市）人民政府签订大气污染防治目标责任书，将目标任务分解落实到地方人民政府和企业。将重点区域的细颗粒物指标、非重点地区的可吸入颗粒物指标作为经济社会发展的约束性指标，构建以环境质量改善为核心的目标责任考核体系。

国务院制定考核办法，每年初对各省（区、市）上年度治理任务完成情况进行考核；2015年进行中期评估，并依据评估情况调整治理任务；2017年对行动计划实施情况进行终期考核。考核和评估结果经国务院同意后，向社会公布，并交由干部主管部门，按照《关于建立促进科学发展的党政领导班子和领

导干部考核评价机制的意见》《地方党政领导班子和领导干部综合考核评价办法（试行）》《关于开展政府绩效管理试点工作的意见》等规定，作为对领导班子和领导干部综合考核评价的重要依据。

（二十八）实行严格责任追究。对未通过年度考核的，由环保部门会同组织部门、监察机关等部门约谈省级人民政府及其相关部门有关负责人，提出整改意见，予以督促。

对因工作不力、履职缺位等导致未能有效应对重污染天气的，以及干预、伪造监测数据和没有完成年度目标任务的，监察机关要依法依纪追究有关单位和人员的责任，环保部门要对有关地区和企业实施建设项目环评限批，取消国家授予的环境保护荣誉称号。

九、建立监测预警应急体系，妥善应对重污染天气

（二十九）建立监测预警体系。环保部门要加强与气象部门的合作，建立重污染天气监测预警体系。到2014年，京津冀、长三角、珠三角区域要完成区域、省、市级重污染天气监测预警系统建设；其他省（区、市）、副省级市、省会城市于2015年年底前完成。要做好重污染天气过程的趋势分析，完善会商研判机制，提高监测预警的准确度，及时发布监测预警信息。

（三十）制定完善应急预案。空气质量未达到规定标准的城市应制定和完善重污染天气应急预案并向社会公布；要落实责任主体，明确应急组织机构及其职责、预警预报及响应程序、应急处置及保障措施等内容，按不同污染等级确定企业限产停产、机动车和扬尘管控、中小学校停课以及可行的气象干预等应对措施。开展重污染天气应急演练。

京津冀、长三角、珠三角等区域要建立健全区域、省、市联动的重污染天气应急响应体系。区域内各省（区、市）的应急预案，应于2013年年底前报环境保护部备案。

（三十一）及时采取应急措施。将重污染天气应急响应纳入地方人民政府突发事件应急管理体系，实行政府主要负责人负责制。要依据重污染天气的预警等级，迅速启动应急预案，引导公众做好卫生防护。

十、明确政府企业和社会的责任，动员全民参与环境保护

（三十二）明确地方政府统领责任。地方各级人民政府对本行政区域内的大气环境质量负总责，要根据国家的总体部署及控制目标，制定本地区的实施细则，确定工作重点任务和年度控制指标，完善政策措施，并向社会公开；要不断加大监管力度，确保任务明确、项目清晰、资金保障。

（三十三）加强部门协调联动。各有关部门要密切配合、协调力量、统一行动，形成大气污染防治的强大合力。环境保护部要加强指导、协调和监督，有关部门要制定有利于大气污染防治的投资、财政、税收、金融、价格、贸易、科技等政策，依法做好各自领域的相关工作。

（三十四）强化企业施治。企业是大气污染治理的责任主体，要按照环保规范要求，加强内部管理，增加资金投入，采用先进的生产工艺和治理技术，确保达标排放，甚至达到“零排放”；要自觉履行环境保护的社会责任，接受社会监督。

（三十五）广泛动员社会参与。环境治理，人人有责。要积极开展多种形式的宣传教育，普及大气污染防治的科学知识。加强大气环境管理专业人才培养。倡导文明、节约、绿色的消费方式和生活习惯，引导公众从自身做起、从点滴做起、从身边的小事做起，在全社会树立起“同呼吸、共奋斗”的行为准则，共同改善空气质量。

我国仍然处于社会主义初级阶段，大气污染防治任务繁重艰巨，要坚定信心、综合治理，突出重点、逐步推进，重在落实、务求实效。各地区、各有关部门和企业要按照本行动计划的要求，紧密结合实际，狠抓贯彻落实，确保空气质量改善目标如期实现。

关于进一步加强自然保护区管理工作的通知

（国办发〔1998〕111号）

各省、自治区、直辖市人民政府，国务院各部委、各直属机构：

改革开放以来，我国自然保护区事业得到较快发展，各地区、各有关部门重视保护自然环境和自然资源，加强自然保护区的保护、管理和建设工作，初步形成了类型比较齐全、分布比较合理的全国自然保护区网络。但也存在不少问题，主要表现在：一些地方、部门和单位对自然保护区工作的重要性缺乏认识，片面强调眼前和局部利益；管理机构不健全，人员不足，全国1/3的自然保护区尚未建立管理机构，基本处于批而不建，建而不管的状态；部分自然保护区未明确划界，土地纠纷增多，侵占或改变自然保护区土地现状的情况日趋严重；部分自然保护区内部人口增加，居民点扩大，过度砍伐林木、盲目开垦土地现象严重，一些自然保护区名存实亡；资金投入严重不足，制约了自然保护区事业的发展，许多自然保护区的管理工作仅维持在简单的看护水平上。为保障自然保护区事业的健康发展，必须采取有效措施，切实解决自然保护区“批而不建、建而不管、管而不力”等问题，经国务院同意，现就进一步加强自然保护区保护、管理和建设工作有关问题通知如下：

一、建立自然保护区，加强对有代表性的自然生态系统、珍稀濒危野生动植物物种和有特殊意义的自然遗迹的保护，是保护自然环境、自然资源和生物多样性的有效措施，是社会经济可持续发展的客观要求。各地区、各有关部门要进一步提高认识，强化管理，正确处理好眼前利益和长远利益、局部利益和全局利益的关系，牢固树立可持续发展的思想，始终把保护自然环境和自然资源放在自然保护区工作的首位，坚持严格保护、科学管理、合理利用、持续发展的原则，促进自然保护区事业的健康发展。

二、自然保护区的性质、范围和界线，任何部门、单位及个人不得随意改变。各地人民政府要按照《中华人民共和国自然保护区条例》（以下简称《条例》）规定，抓紧进行标明区界、予以公告的工作。对范围和界线尚未批准确定的自然保护区，应按照《条例》规定尽快确定。

三、各地区、各部门不得以任何名义和方式出让和变相出让自然保护区土地及其他资源。禁止在自然保护区内进行砍伐、放牧、狩猎、捕捞、采药、开垦、烧荒、开矿、采石沙等活动；禁止任何人进入自然保护区核心区；禁止在自然保护区缓冲区开展旅游和生产经营活动。在自然保护区的核心区、缓冲区从事科学研究及在实验区开展旅游和生产经营活动，应严格按《条例》有关规定执行。要严格控制自然保护区内的各项建设活动，确有必要的建设项目，要严格按照有关规定履行审批手续。自然保护区的核心区和缓冲区，不得建设任何生产设施。

四、各地区、各有关部门要采取有效措施，多方筹措资金，加大对自然保护区的资金投入。各地人民政府要把自然保护区管理经费、科学研究经费及必要的建设所需资金纳入当地国民经济和社会发展计划，切实予以安排。各有关部门要积极支持自然保护区的科研和管理工作，在政策和经费上积极给予支持和帮助。对国家级自然保护区的管理，国家给予适当的资金补助。

五、各地人民政府要按照《条例》规定，切实加强对自然保护区工作的领导，组织协调好有关方面的关系，建立健全精干高效的管理机构，严格执法，规范管理。同时要加强对管理人员的培训，提高管理和科研水平。对管理混乱，保护工作不力的，要采取坚决措施予以整顿，限期改变面貌。对资源遭受严重破坏，已不具备自然保护区条件的，原批准机关要依照有关规定撤销其命名，并依法追究有关负责人和直接责任人的责任。国家环境保护总局要按照《条例》规定，会同有关部门进一步加强对全国自然保护区工作的指导和监督检查。国务院责成国家环境保护总局会同有关部门监督检查本通知的贯彻执行情况。

1998 年 8 月 4 日

关于加强环境监管执法的通知

（国办发〔2014〕56号）

各省、自治区、直辖市人民政府，国务院各部委、各直属机构：

近年来，各地区、各部门不断加大工作力度，环境监管执法工作取得一定成效。但一些地方监管执法不到位等问题仍然十分突出，环境违法违规案件高发频发，人民群众反映强烈。为贯彻落实党的十八届四中全会精神和党中央、国务院有关决策部署，加快解决影响科学发展和损害群众健康的突出环境问题，着力推进环境质量改善，经国务院同意，现就加强环境监管执法有关要求通知如下：

一、严格依法保护环境，推动监管执法全覆盖

有效解决环境法律法规不健全、监管执法缺位问题。完善环境监管法律法规，落实属地责任，全面排查整改各类污染环境、破坏生态和环境隐患问题，不留监管死角、不存执法盲区，向污染宣战。

（一）加快完善环境法律法规标准。用严格的法律制度保护生态环境，抓紧制（修）订土壤环境保护、大气污染防治、环境影响评价、排污许可、环境监测等方面的法律法规，强化生产者环境保护的法律责任，大幅度提高违法成本。加快完善重金属、挥发性有机物、危险废物、持久性有机污染物、放射性污染物质等领域环境标准，提高重点行业环境准入门槛。鼓励各地根据环境质量目标，制定和实施地方性法规和更严格的污染物排放标准。通过落实环保法律法规，约束产业转移行为，倒逼经济转型升级。

（二）全面实施行政执法与刑事司法联动。各级环境保护部门和公安机关要建立联动执法联席会议、常设联络员和重大案件会商督办等制度，完善案件移送、联合调查、信息共享和奖惩机制，坚决克服有案不移、有案难移、以罚代刑现象，实现行政处罚和刑事处罚无缝衔接。移送和立案工作要接受人民检察院法律监督。发生重大环境污染事件等紧急情况时，要迅速启动联合调查程序，防止证据灭失。公安机关要明确机构和人员负责查处环境犯罪，对涉嫌构成环境犯罪的，要及时依法立案侦查。人民法院在审理环境资源案件中，需要环境保护技术协助的，各级环境保护部门应给予必要支持。

（三）抓紧开展环境保护大检查。2015年底前，地方各级人民政府要组织开展一次环境保护全面排查，重点检查所有排污单位污染排放状况，各类资源开发利用活动对生态环境影响情况，以及建设项目环境影响评价制度、“三同时”（防治污染设施与主体工程同时设计、同时施工、同时投产使用）制度执行情况等，依法严肃查处、整改存在的问题，结果向上一级人民政府报告，并向社会公开。环境保护部等有关部门要加强督促、检查和指导，建立定期调度工作机制，组织对各地检查情况进行抽查，重要情况及时报告国务院。

（四）着力强化环境监管。各市、县级人民政府要将本行政区域划分为若干环境监管网格，逐一明确监管责任人，落实监管方案；监管网格划分方案要于2015年底前报上一级人民政府备案，并向社会公开。各省、市、县级人民政府要确定重点监管对象，划分监管等级，健全监管档案，采取差别化监管措施；乡镇人民政府、街道办事处要协助做好相关工作。各省级环境保护部门要加强巡查，每年按一定比例对国家重点监控企业进行抽查，指导市、县级人民政府落实网格化管理措施。市、县两级环境保护部门承担日常环境监管执法责任，要加大现场检查、随机抽查力度。环境保护重点区域、流域地方政府要强化协同监管，开展联合执法、区域执法和交叉执法。

二、对各类环境违法行为“零容忍”，加大惩治力度

坚决纠正执法不到位、整改不到位问题。坚持重典治乱，铁拳铁规治污，采取综合手段，始终保持严厉打击环境违法的高压态势。

（五）重拳打击违法排污。对偷排偷放、非法排放有毒有害污染物、非法处置危险废物、不正常使用防治污染设施、伪造或篡改环境监测数据等恶意违法行为，依法严厉处罚；对拒不改正的，依法予以行政拘留；对涉嫌犯罪的，一律迅速移送司法机关。对负有连带责任的环境服务第三方机构，应予以追责。建立环境信用评价制度，将环境违法企业列入“黑名单”并向社会公开，将其环境违法行为纳入社会信用体系，让失信企业一次违法、处处受限。对污染环境、破坏生态等损害公众环境权益的行为，鼓励社会组织、公民依法提起公益诉讼和民事诉讼。

（六）全面清理违法违规建设项目。对违反建设项目环境影响评价制度和“三同时”制度，越权审批但尚未开工建设的项目，一律不得开工；未批先建、边批边建，资源开发以采代探的项目，一律停止建设或依法依规予以取缔；环保设施和措施落实不到位擅自投产或运行的项目，一律责令限期整改。各地要于 2016 年底前完成清理整改任务。

（七）坚决落实整改措施。对依法作出的行政处罚、行政命令等具体行政行为的执行情况，实施执法后督察。对未完成停产整治任务擅自生产的，依法责令停业关闭，拆除主体设备，使其不能恢复生产。对拒不改正的，要依法采取强制执行措施。对非诉执行案件，环境保护、工商、供水、供电等部门和单位要配合人民法院落实强制措施。

三、积极推行“阳光执法”，严格规范和约束执法行为

坚决纠正不作为、乱作为问题。健全执法责任制，规范行政裁量权，强化对监管执法行为的约束。

（八）推进执法信息公开。地方环境保护部门和其他负有环境监管职责的部门，每年要发布重点监管对象名录，定期公开区域环境质量状况，公开执法检查依据、内容、标准、程序和结果。每月公布群众举报投诉重点环境问题处理情况、违法违规单位及其法定代表人名单和处理、整改情况。

（九）开展环境执法稽查。完善国家环境监察制度，加强对地方政府及其有关部门落实环境保护法律法规、标准、政策、规划情况的监督检查，协调解决跨省域重大环境问题。研究在环境保护部设立环境监察专员制度。自 2015 年起，市级以上环境保护部门要对下级环境监管执法工作进行稽查。省级环境保护部门每年要对本行政区域内 30%以上的市（地、州、盟）和 5%以上的县（市、区、旗），市级环境保护部门每年要对本行政区域内 30%以上的县（市、区、旗）开展环境稽查。稽查情况通报当地人民政府。

（十）强化监管责任追究。对网格监管不履职的，发现环境违法行为或者接到环境违法行为举报后查处不及时的，不依法对环境违法行为实施处罚的，对涉嫌犯罪案件不移送、不受理或推诿执法等监管不作为行为，监察机关要依法依纪追究有关单位和人员的责任。国家工作人员充当保护伞包庇、纵容环境违法行为或对其查处不力，涉嫌职务犯罪的，要及时移送人民检察院。实施生态环境损害责任终身追究，建立倒查机制，对发生重特大突发环境事件，任期内环境质量明显恶化，不顾生态环境盲目决策、造成严重后果，利用职权干预、阻碍环境监管执法的，要依法依纪追究有关领导和责任人的责任。

四、明确各方职责任务，营造良好执法环境

有效解决职责不清、责任不明和地方保护问题。切实落实政府、部门、企业和个人等各方面的责任，

充分发挥社会监督作用。

（十一）强化地方政府领导责任。县级以上地方各级人民政府对本行政区域环境监管执法工作负领导责任，要建立环境保护部门对环境保护工作统一监督管理的工作机制，明确各有关部门和单位在环境监管执法中的责任，形成工作合力。切实提升基层环境执法能力，支持环境保护等部门依法独立进行环境监管和行政执法。2015 年 6 月底前，地方各级人民政府要全面清理、废除阻碍环境监管执法的“土政策”，并将清理情况向上一级人民政府报告。审计机关在开展党政主要领导干部经济责任审计时，要对地方政府主要领导干部执行环境保护法律法规和政策、落实环境保护目标责任制等情况进行审计。

（十二）落实社会主体责任。支持各类社会主体自我约束、自我管理。各类企业、事业单位和社会组织应当按照环境保护法律法规标准的规定，严格规范自身环境行为，落实物资保障和资金投入，确保污染防治、生态保护、环境风险防范等措施落实到位。重点排污单位要如实向社会公开其污染物排放状况和防治污染设施的建设运行情况。制定财政、税收和环境监管等激励政策，鼓励企业建立良好的环境信用。

（十三）发挥社会监督作用。环境保护人人有责，要充分发挥“12369”环保举报热线和网络平台作用，畅通公众表达渠道，限期办理群众举报投诉的环境问题。健全重大工程项目社会稳定风险评估机制，探索实施第三方评估。邀请公民、法人和其他组织参与监督环境执法，实现执法全过程公开。

五、增强基层监管力量，提升环境监管执法能力

加快解决环境监管执法队伍基础差、能力弱等问题。加强环境监察队伍和能力建设，为推进环境监管执法工作提供有力支撑。

（十四）加强执法队伍建设。建立重心下移、力量下沉的法治工作机制，加强市、县级环境监管执法队伍建设，具备条件的乡镇（街道）及工业集聚区要配备必要的环境监管人员。大力提高环境监管队伍思想政治素质、业务工作能力、职业道德水准，2017 年底前，现有环境监察执法人员要全部进行业务培训和职业操守教育，经考试合格后持证上岗；新进人员，坚持“凡进必考”，择优录取。研究建立符合职业特点的环境监管执法队伍管理制度和有利于监管执法的激励制度。

（十五）强化执法能力保障。推进环境监察机构标准化建设，配备调查取证等监管执法装备，保障基层环境监察执法用车。2017 年底前，80%以上的环境监察机构要配备使用便携式手持移动执法终端，规范执法行为。强化自动监控、卫星遥感、无人机等技术监控手段运用。健全环境监管执法经费保障机制，将环境监管执法经费纳入同级财政全额保障范围。

各地区、各有关部门要充分认识进一步加强环境监管执法的重要意义，切实强化组织领导，认真抓好工作落实。环境保护部要会同有关部门加强对本通知落实情况的监督检查，重大情况及时向国务院报告。

国务院办公厅

2014 年 11 月 12 日

关于印发精简审批事项规范中介服务实行企业投资项目网上并联核准制度工作方案的通知

（国办发〔2014〕59 号）

各省、自治区、直辖市人民政府，国务院各部委、各直属机构：

《精简审批事项规范中介服务实行企业投资项目网上并联核准制度的工作方案》已经国务院同意，现印发你们，请认真贯彻执行。

国务院办公厅

2014 年 12 月 10 日

精简审批事项规范中介服务实行企业投资项目网上并联核准制度的工作方案

一、改革的必要性

2013 年以来，为落实国务院关于加快转变政府职能、简政放权的工作部署，发展改革委会同有关方面通过修订政府核准的投资项目目录大幅减少核准事项，通过修订核准办法努力提高办事效率，通过探索建立纵横联动协管机制加强事中事后监管，改革成效逐步显现。但是，企业投资项目核准仍然存在前置审批手续繁杂、效率低下，依附于前置审批的中介服务行为不规范、收费不合理等突出问题，根本原因是政府管理理念转变滞后，职能转变不到位，仍然习惯于以事前审批代替事中事后监管。因此，深化改革企业投资项目核准制度势在必行，刻不容缓。

二、改革目标和重点任务

按照实现“精简审批事项、网上并联办理、强化协同监管”的目标，改革的重点任务包括：一是精简与项目核准相关的行政审批事项；二是实行项目核准与其他行政审批网上并联办理；三是规范中介服务行为；四是建设投资项目在线审批监管平台，构建纵横联动协管体系。

三、重点工作任务及进度安排

（一）清理。清理原则：一是属于企业经营自主权的事项，一律不再作为前置条件。二是对法律法规没有明确规定为前置条件的，一律不再作为前置审批。三是对法律法规明确规定为前置条件的，除确有必要外，都要通过修改法律法规，一律不再作为前置审批。四是核准机关能够用征求相关部门意见方式解决的事项或者能够通过后续监管解决的事项，一律不再作为前置审批。五是除特殊需要并具有法律法规依据外，有关部门一律不得设定强制性中介服务，不得指定中介机构。

有关部门要按照上述原则，分别清理本系统正在实施的前置审批及中介服务（包括名称、依据、内容、流程、时限等），提出精简审批事项、规范中介服务的意见，对确需保留在项目开工前完成的审批事项及中介服务（包括设定强制性中介服务、指定中介机构）作出说明，于2014年底前报送发展改革委、中央编办。

对属于企业经营自主权的前置手续，由发展改革委、中央编办确认后于2014年底前公布取消。

（二）确认。发展改革委、中央编办组织专家逐项审核，确认取消、整合、保留的审批事项及中介服务，以及需要修改的法律、行政法规和规章、规范性文件，于2015年1月底前送法制办和有关部门。

（三）修法。一是法制办提出修改相关行政法规的建议，于2015年6月底前按程序报批。二是法制办于2015年6月底前报国务院，由国务院提请全国人大常委会修改相关法律。如果暂时不能修法，由国务院向全国人大常委会建议暂停执行相关法律条款，同时抓紧推进修法程序。三是地方人民政府提请地方人大常委会修改相关地方性法规。

（四）公布。一是对没有法律法规依据的部门规章、规范性文件设定的前置审批及中介服务，有关部门于2015年2月底前通过修改部门规章、规范性文件予以取消。二是视工作进展情况，及时公布法律、行政法规和地方性法规的修改决定。三是对依据法律法规制定的部门规章、规范性文件所设定的前置审批及中介服务，有关部门根据修改后的法律法规对规章、规范性文件进行修改并公布。四是上述工作完成后，中央编办、发展改革委组织有关部门和地方，统一制定并公布保留的审批事项及其强制性中介服务事项目录。

（五）立法。发展改革委会同有关部门研究起草政府核准和备案投资项目管理条例，于2015年6月底前报国务院，实行新的网上并联核准制度，主要内容包括：

一是精简前置审批。只保留规划选址、用地预审（用海预审）两项前置审批，其他审批事项实行并联办理。对重特大项目，也应将环评（海洋环评）审批作为前置条件，由发展改革委商环境保护部、海洋局于2014年底前研究提出重特大项目的具体范围。

二是优化审批程序。其他确需保留在项目开工前完成的审批事项，与项目核准实行并联办理。对于在同一阶段同一部门实施的多个审批事项予以整合，“一次受理、一并办理”。各有关部门都要按照公开透明的要求，制定发布工作规则、办事指南，并公开受理情况、办理过程、审批结果等，主动接受社会监督。

三是规范中介服务。确立中介机构的市场主体地位，企业自主选择中介服务。编制行政审批所需申请文本等工作，企业可按照要求自行完成，也可自主委托中介机构开展，行政机关不得干预。行政机关委托开展的评估评审等中介服务，要通过竞争方式选择中介机构，一律由行政机关支付服务费用并纳入部门预算，严格限定完成时限。中介机构要不断提高服务能力和水平。有关部门要进一步规范中介服务市场秩序，对中介机构出具假报告、假认证等违法违规行为要依法严肃查处，造成严重后果的，要依法从严惩处。

四是加强纵横联动，确保监管到位。坚持“各负其责、依法监管”的原则，建立纵横联动协管体系，将工作重心从事前审批转向事中事后监管。企业依法取得审批手续后，按照批准的建设方案，自行决定开工建设。结合企业信用信息公示系统，建立投资项目建设信息在线报告制度。对于未依法取得审批手续即开工建设的，有关部门要依法查处。建立企业和中介机构信用档案制度，向社会公开有关信息，将企业和中介机构信用记录纳入国家统一的信用信息平台。

（六）建网。“先横后纵”，在政府外网上部署建设投资项目在线审批监管平台。核准机关受理申请后生成的项目代码，作为整个项目建设周期唯一的身份标识，并与社会信用体系对接。

一是实现中央层面“横向联通”。发展改革委会同相关部门加快建设中央层面的投资项目在线审批监管平台。有关部门根据新的核准制度要求，建立健全本部门在线审批监管平台，与投资项目在线审批监管平台联接，尽快实现“信息共享”，2015 年 6 月底前开始试运行。发展改革委要会同有关部门通过这一平台，及时发布区域性、行业性发展规划和宏观政策、产业调控、国土、环保等方面信息，引导企业投资行为，接受社会监督。

二是实现全国范围“纵向贯通”。尽快确立满足保密要求的统一接口标准，协调有关部门按照统一标准分别建立本系统的在线审批监管平台并适时联通，形成覆盖全国的投资项目在线审批监管平台，加快实现“网上办理”，2015 年底前开始试运行。

三是依托在线审批监管平台，实现纵横协同监管。投资项目在线审批监管平台设置电子监察功能，全程跟踪、及时预警、严肃问责。企业凭项目代码可实时查询办理情况，实现外部监督。

四、组织落实

发展改革委会同有关部门组成制度、技术专门工作小组，抓紧推动重点工作任务的落实。

附件：企业投资项目核准的前置审批事项及设定依据一览表

附件

企业投资项目核准的前置审批事项及设定依据一览表

序号	前置条件	负责部门	设定依据
一、法律明确规定为核准前置条件（5 项）			
1	选址意见书	城乡规划主管部门	《中华人民共和国城乡规划法》 第三十六条：按照国家规定需要有关部门批准或者核准的建设项目，以划拨方式提供国有土地使用权的，建设单位在报送有关部门批准或者核准前，应当向城乡规划主管部门申请核发选址意见书。 前款规定以外的建设项目不需要申请选址意见书。
2	节能审查意见	节能管理部门	《中华人民共和国节约能源法》 第十五条：国家实行固定资产投资项目节能评估和审查制度。不符合强制性节能标准的项目，依法负责项目审批或者核准的机关不得批准或者核准建设；建设单位不得开工建设；已经建成的，不得投入生产、使用。具体办法由国务院管理节能工作的部门会同国务院有关部门制定。 《公共机构节能条例》 第二十条第二款：国务院和县级以上地方各级人民政府负责审批或者核准固定资产投资项目的部门，应当严格控制公共机构建设项目的建设规模和标准，统筹兼顾节能投资和效益，对建设项目进行节能评估和审查；未通过节能评估和审查的项目，不得批准或者核准建设。
3	洪水影响评价	水行政主管部门	《中华人民共和国防洪法》 第三十三条第一款：在洪泛区、蓄滞洪区内建设非防洪建设项目，应当就洪水对建设项目可能产生的影响和建设项目对防洪可能产生的影响作出评价，编制洪水影响评价报告，提出防御措施。建设项目可行性研究报告按照国家规定的基本建设程序报请批准时，应当附具有关水行政主管部门审查批准的洪水影响评价报告。
4	环境影响评价审批文件	环境保护行政主管部门	《中华人民共和国环境影响评价法》 第二十五条：建设项目的环境影响评价文件未经法律规定的审批部门审查或者审查后未予批准的，该项目审批部门不得批准其建设，建设单位不得开工建设。

序号	前置条件	负责部门	设定依据
5	海洋环境影响评价意见	海洋行政主管部门	《中华人民共和国海洋环境保护法》 第四十七条：海洋工程建设项目必须符合海洋功能区划、海洋环境保护规划和国家有关环境保护标准，在可行性研究阶段，编报海洋环境影响报告书，由海洋行政主管部门核准，并报环境保护行政主管部门备案，接受环境保护行政主管部门监督。海洋行政主管部门在核准海洋环境影响报告书之前，必须征求海事、渔业行政主管部门和军队环境保护部门的意见。 《中华人民共和国防治海岸工程建设项目污染损害海洋环境管理条例》 第七条第一款：海岸工程建设项目的建设单位，应当在可行性研究阶段，编制环境影响报告书（表），按照环境保护法律法规的规定，经有关部门预审后，报环境保护主管部门审批。
二、法律作出相关规定但未明确为核准前置条件（11 项）			
1	水土保持方案审核	水行政主管部门	《中华人民共和国水土保持法》 第二十六条：依法应当编制水土保持方案的生产建设项目，生产建设单位未编制水土保持方案或者水土保持方案未经水行政主管部门批准的，生产建设项目不得开工建设。
2	压覆矿产资源批复	国务院有关部门	《中华人民共和国矿产资源法》 第三十三条：在建设铁路、工厂、水库、输油管道、输电线路和各种大型建筑物或者建筑群之前，建设单位必须向所在省、自治区、直辖市地质矿产主管部门了解拟建工程所在地区的矿产资源分布和开采情况。非经国务院授权的部门批准，不得压覆重要矿床。 《中华人民共和国矿产资源法实施细则》 第三十五条：建设单位在建设铁路、公路、工厂、水库、输油管道、输电线路和各种大型建筑物前，必须向所在地的省、自治区、直辖市人民政府地质矿产主管部门了解拟建工程所在地区的矿产资源分布情况，并在建设项目设计任务书报请审批时附具地质矿产主管部门的证明。在上述建设项目与重要矿床的开采发生矛盾时，由国务院有关主管部门或者省、自治区、直辖市人民政府提出方案，经国务院地质矿产主管部门提出意见后，报国务院计划行政主管部门决定。
3	气候可行性论证审批	气象主管机构	《中华人民共和国气象法》 第三十四条第一款：各级气象主管机构应当组织对城市规划、国家重点建设工程、重大区域性经济开发项目和大型太阳能、风能等气候资源开发利用项目进行气候可行性论证。
4	文物保护意见	相关人民政府、文物行政主管部门	《中华人民共和国文物保护法》 第二十条第一款、第二款、第三款： 建设工程选址，应当尽可能避开不可移动文物；因特殊情况不能避开的，对文物保护单位应当尽可能实施原址保护。 实施原址保护的，建设单位应当事先确定保护措施，根据文物保护单位的级别报相应的文物行政部门批准，并将保护措施列入可行性研究报告或者设计任务书。 无法实施原址保护，必须迁移异地保护或者拆除的，应当报省、自治区、直辖市人民政府批准；迁移或者拆除省级文物保护单位的，批准前须征得国务院文物行政部门同意。全国重点文物保护单位不得拆除；需要迁移的，须由省、自治区、直辖市人民政府报国务院批准。 第二十条第五款：本条规定的原址保护、迁移、拆除所需费用，由建设单位列入建设工程预算。 第二十九条：进行大型基本建设工程，建设单位应当事先报请省、自治区、直辖市人民政府文物行政部门组织从事考古发掘的单位在工程范围内有可能埋藏文物的地方进行考古调查、勘探。
5	安全预评价	安全监管部门	《中华人民共和国安全生产法》 第二十九条：矿山、金属冶炼建设项目和用于生产、储存、装卸危险物品的建设项目，应当按照国家有关规定进行安全评价。 《建设项目安全设施“三同时”监督管理暂行办法》（安全监管总局令第 36 号） 第九条第一款：生产经营单位应当委托具有相应资质的安全评价机构，对其建设项目进行安全预评价，并编制安全预评价报告。

序号	前置条件	负责部门	设定依据
5	安全预评价	安全监管部门	《危险化学品建设项目安全监督管理办法》（安全监管总局令第 45 号） 第九条：建设单位应当在建设项目的可行性研究阶段，委托具备相应资质的安全评价机构对建设项目进行安全评价。 安全评价机构应当根据有关安全生产法律、法规、规章和国家标准、行业标准，对建设项目进行安全评价，出具建设项目安全评价报告。安全评价报告应当符合《危险化学品建设项目安全评价细则》的要求。
6	地震安全性评价	地震工作主管部门	《中华人民共和国防震减灾法》 第三十五条第二款、第三款： 重大建设工程和可能发生严重次生灾害的建设工程，应当按照国务院有关规定进行地震安全性评价，并按照经审定的地震安全性评价报告所确定的抗震设防要求进行抗震设防。建设工程的地震安全性评价单位应当按照国家有关标准进行地震安全性评价，并对地震安全性评价报告的质量负责。 前款规定以外的建设工程，应当按照地震烈度区划图或者地震动参数区划图所确定的抗震设防要求进行抗震设防；对学校、医院等人员密集场所的建设工程，应当按照高于当地房屋建筑的抗震设防要求进行设计和施工，采取有效措施，增强抗震设防能力。
7	贯彻国防要求	国务院有关部门和军队有关部门	《中华人民共和国国防动员法》 第二十一条：根据国防动员的需要，与国防密切相关的建设项目和重要产品应当贯彻国防要求，具备国防功能。 第二十二条：与国防密切相关的建设项目和重要产品目录，由国务院经济发展综合管理部门会同国务院其他有关部门以及军队有关部门拟定，报国务院、中央军事委员会批准。 列入目录的建设项目和重要产品，其军事需求由军队有关部门提出；建设项目审批、核准和重要产品设计定型时，县级以上人民政府有关主管部门应当按照规定征求军队有关部门的意见。
8	军事设施保护意见	主管军事机关	《中华人民共和国军事设施保护法》 第二十八条：未经国务院和中央军事委员会批准或者国务院和中央军事委员会授权的机关批准，不得拆除、移动边防、海防管控设施，不得在边防、海防管控设施上搭建、设置民用设施。在边防、海防管控设施周边安排建设项目，不得危害边防、海防管控设施安全和使用效能。 《中华人民共和国军事设施保护法实施办法》 第十六条：在作战工程安全保护范围内，禁止开山采石、采矿、爆破，禁止采伐林木；修筑建筑物、构筑物、道路和进行农田水利基本建设，应当征得作战工程管理单位的上级主管军事机关和当地军事设施保护委员会同意，并不得影响作战工程的安全保密和使用效能。 第二十三条：在军用机场净空保护区域内建设高大建筑物、构筑物或者其他设施的，建设单位必须在申请立项前书面征求军用机场管理单位的军级以上主管军事机关的意见；未征求军事机关意见或者建设项目设计高度超过军用机场净空保护标准的，国务院有关部门、地方人民政府有关部门不予办理建设许可手续。 第三十六条：各级人民政府有关部门审批和验收军用电磁环境保护范围内的建设项目，应当审查发射、辐射电磁信号设备和电磁障碍物的状况，以及征求军事机关意见的情况；未征求军事机关意见或者不符合国家电磁环境保护标准的，不予办理建设或者使用许可手续。
9	农业灌排影响意见书	水行政主管部门、流域管理机构	《中华人民共和国农业法》 第十九条第一款：各级人民政府和农业生产经营组织应当加强农田水利设施建设，建立健全农田水利设施的管理制度，节约用水，发展节水型农业，严格依法控制非农业建设占用灌溉水源，禁止任何组织和个人非法占用或者毁损农田水利设施。 《中华人民共和国水法》 第三十五条：从事工程建设，占用农业灌溉水源、灌排工程设施，或者对原有灌溉用水、供水水源有不利影响的，建设单位应当采取相应的补救措施；造成损失的，依法给予补偿。 《国务院对确需保留的行政审批项目设定行政许可的决定》 国务院决定对确需保留的行政审批项目设定行政许可的目录 第 170 项：占用农业灌溉水源、灌排工程设施审批

序号	前置条件	负责部门	设定依据
10	海域使用预审意见	海洋行政主管部门	《中华人民共和国海域使用管理法》 第十六条第一款：单位和个人可以向县级以上人民政府海洋行政主管部门申请使用海域。 第十七条：县级以上人民政府海洋行政主管部门依据海洋功能区划，对海域使用申请进行审核，并依照本法和省、自治区、直辖市人民政府的规定，报有批准权的人民政府批准。 海洋行政主管部门审核海域使用申请，应当征求同级有关部门的意见。
11	水源地审批	水行政主管部门	《中华人民共和国水污染防治法》 第五十八条：禁止在饮用水水源一级保护区内新建、改建、扩建与供水设施和保护水源无关的建设项目；已建成的与供水设施和保护水源无关的建设项目，由县级以上人民政府责令拆除或者关闭。 禁止在饮用水水源一级保护区内从事网箱养殖、旅游、游泳、垂钓或者其他可能污染饮用水水体的活动。 第五十九条：禁止在饮用水水源二级保护区内新建、改建、扩建排放污染物的建设项目；已建成的排放污染物的建设项目，由县级以上人民政府责令拆除或者关闭。 在饮用水水源二级保护区内从事网箱养殖、旅游等活动的，应当按照规定采取措施，防止污染饮用水水体。
三、行政法规明确规定为核准前置条件（5项）			
1	用地预审意见	土地行政主管部门	《中华人民共和国土地管理法实施条例》 第二十二条第一款第一项：建设项目可行性研究论证时，由土地行政主管部门对建设项目用地有关事项进行审查，提出建设项目用地预审报告；可行性研究报告报批时，必须附具土地行政主管部门出具的建设项目用地预审报告。 《中华人民共和国土地管理法》 第五十二条：建设项目可行性研究论证时，土地行政主管部门可以根据土地利用总体规划、土地利用年度计划和建设用地标准，对建设用地有关事项进行审查，并提出意见。
2	取水申请批准文件	水行政主管部门	《取水许可和水资源费征收管理条例》 第二十一条：取水申请经审批机关批准，申请人方可兴建取水工程或者设施。需由国家审批、核准的建设项目，未取得取水申请批准文件的，项目主管部门不得审批、核准该建设项目。 《中华人民共和国水法》 第七条：国家对水资源依法实行取水许可制度和有偿使用制度。但是，农村集体经济组织及其成员使用本集体经济组织的水塘、水库中的水的除外。国务院水行政主管部门负责全国取水许可制度和水资源有偿使用制度的组织实施。
3	移民安置规划及审核意见	移民管理机构	《大中型水利水电工程建设征地补偿和移民安置条例》 第十条第二款：大中型水利水电工程的移民安置规划，按照审批权限经省、自治区、直辖市人民政府移民管理机构或者国务院移民管理机构审核后，由项目法人或者项目主管部门报项目审批或者核准部门，与可行性研究报告或者项目申请报告一并审批或者核准。 第十五条第二款、第三款： 经批准的移民安置规划是组织实施移民安置工作的基本依据，应当严格执行，不得随意调整或者修改；确需调整或者修改的，应当依照本条例第十条的规定重新报批。 未编制移民安置规划或者移民安置规划未经审核的大中型水利水电工程建设项目，有关部门不得批准或者核准其建设，不得为其办理用地等有关手续。
4	地质灾害危险性评估	国土资源主管部门	《地质灾害防治条例》 第二十一条第一款：在地质灾害易发区内进行工程建设应当在可行性研究阶段进行地质灾害危险性评估，并将评估结果作为可行性研究报告的组成部分；可行性研究报告未包含地质灾害危险性评估结果的，不得批准其可行性研究报告。
5	河道影响审批	河道主管部门	《中华人民共和国河道管理条例》 第十一条第一款：修建开发水利、防治水害、整治河道的各类工程和跨河、穿河、穿堤、临河的桥梁、码头、道路、渡口、管道、缆线等建筑物及设施，建设单位必须按照河道管理权限，将工程建设方案报送河道主管机关审查同意后，方可按照基本建设程序履行审批手续。

序号	前置条件	负责部门	设定依据
四、行政法规作出相关规定但未明确为核准前置条件（7 项）			
1	民用机场安全环境保护意见	民用航空管理机构	《民用机场管理条例》 第四十七条：县级以上地方人民政府审批民用机场净空保护区域内的建设项目，应当书面征求民用机场所在地地区民用航空管理机构的意见。
2	涉及国家安全事项的建设项目审批	各级国家安全机关	《国务院对确需保留的行政审批项目设定行政许可的决定》 国务院决定对确需保留的行政审批项目设定行政许可的目录 第 66 项：涉及国家安全事项的建设项目审批
3	宗教影响意见	宗教事务部门	《宗教事务条例》 第二十五条：有关单位和个人在宗教活动场所内改建或者新建建筑物、设立商业服务网点、举办陈列展览、拍摄电影电视片，应当事先征得该宗教活动场所和所在地的县级以上地方人民政府宗教事务部门同意。
4	风景名胜区保护审核	风景名胜区管理机构	《风景名胜区条例》 第二十八条：在风景名胜区内从事本条例第二十六条、第二十七条禁止范围以外的建设活动，应当经风景名胜区管理机构审核后，依照有关法律、法规的规定办理审批手续。 在国家级风景名胜区内修建缆车、索道等重大建设工程，项目的选址方案应当报国务院建设主管部门核准。
5	通航安全意见	海事管理机构	《中华人民共和国内河交通安全管理条例》 第二十五条：在内河通航水域或者岸线上进行下列可能影响通航安全的作业或者活动的，应当在进行作业或者活动前报海事管理机构批准： （一）勘探、采掘、爆破； （二）构筑、设置、维修、拆除水上水下构筑物或者设施； （三）架设桥梁、索道； （四）铺设、检修、拆除水上水下电缆或者管道； （五）设置系船浮筒、浮趸、缆桩等设施； （六）航道建设，航道、码头前沿水域疏浚； （七）举行大型群众性活动、体育比赛。 进行前款所列作业或者活动，需要进行可行性研究的，在进行可行性研究时应当征求海事管理机构的意见；依照法律、行政法规的规定，需经其他有关部门审批的，还应当依法办理有关审批手续。 《中华人民共和国海上交通安全法》 第二十二条第一款：未经主管机关批准，不得在港区、锚地、航道、通航密集区以及主管机关公布的航路内设置、构筑设施或者进行其他有碍航行安全的活动。
6	自然保护区审核意见	自然保护区主管机构	《中华人民共和国自然保护区条例》 第三十二条第一款、第二款： 在自然保护区的核心区和缓冲区内，不得建设任何生产设施。在自然保护区的实验区内，不得建设污染环境、破坏资源或者景观的生产设施；建设其他项目，其污染物排放不得超过国家和地方规定的污染物排放标准。在自然保护区的实验区内已经建成的设施，其污染物排放超过国家和地方规定的排放标准的，应当限期治理；造成损害的，必须采取补救措施。 在自然保护区的外围保护地带建设的项目，不得损害自然保护区内的环境质量；已造成损害的，应当限期治理。
7	海岸工程建设项目环评审核批复	环境保护行政主管部门	《中华人民共和国防治海岸工程建设项目污染损害海洋环境管理条例》 第六条：新建、改建、扩建海岸工程建设项目，应当遵守国家有关建设项目环境保护管理的规定。 第七条第一款：海岸工程建设项目的建设单位，应当在可行性研究阶段，编制环境影响报告书（表），按照环境保护法律法规的规定，经有关部门预审后，报环境保护主管部门审批。

序号	前置条件	负责部门	设定依据
五、部门规章明确规定为核准前置条件（2项）			
1	水工程建设规划同意书	水行政主管部门	《水工程建设规划同意书制度管理办法（试行）》（水利部令第31号） 第四条第一款、第二款： 水工程的（预）可行性研究报告（项目申请报告、备案材料）在报请审批（核准、备案）时，应当附具流域管理机构或者县级以上地方人民政府水行政主管部门审查签署的水工程建设规划同意书。 对只编制项目建议书的水工程，应当在项目建议书报请审批时附具流域管理机构或者县级以上地方人民政府水行政主管部门审查签署的水工程建设规划同意书。
2	水资源论证报告书审查	水行政主管部门	《建设项目水资源论证管理办法》（水利部、国家计委令第15号） 第二条：对于直接从江河、湖泊或地下取水并需申请取水许可证的新建、改建、扩建的建设项目（以下简称建设项目），建设项目业主单位（以下简称业主单位）应当按照本办法的规定进行建设项目水资源论证，编制建设项目水资源论证报告书。 第十一条：业主单位在向计划主管部门报送建设项目可行性研究报告时，应当提交水行政主管部门或流域管理机构对其取水许可（预）申请提出的书面审查意见，并附具经审定的建设项目水资源论证报告书。 未提交取水许可（预）申请的书面审查意见及经审定的建设项目水资源论证报告书的，建设项目不予批准。 《中华人民共和国水法》 第二十三条第二款：国民经济和社会发展规划以及城市总体规划的编制、重大建设项目的布局，应当与当地水资源条件和防洪要求相适应，并进行科学论证；在水资源不足的地区，应当对城市规模和建设耗水量大的工业、农业和服务业项目加以限制。

生态文明体制改革总体方案

（中发〔2015〕25号）

为加快建立系统完整的生态文明制度体系，加快推进生态文明建设，增强生态文明体制改革的系统性、整体性、协同性，制定本方案。

一、生态文明体制改革的总体要求

（一）生态文明体制改革的指导思想。全面贯彻党的十八大和十八届二中、三中、四中全会精神，以邓小平理论、“三个代表”重要思想、科学发展观为指导，深入贯彻落实习近平总书记系列重要讲话精神，按照党中央、国务院决策部署，坚持节约资源和保护环境基本国策，坚持节约优先、保护优先、自然恢复为主方针，立足我国社会主义初级阶段的基本国情和新的阶段性特征，以建设美丽中国为目标，以正确处理人与自然关系为核心，以解决生态环境领域突出问题为导向，保障国家生态安全，改善环境质量，提高资源利用效率，推动形成人与自然和谐发展的现代化建设新格局。

（二）生态文明体制改革的理念。树立尊重自然、顺应自然、保护自然的理念，生态文明建设不仅影响经济持续健康发展，也关系政治和社会建设，必须放在突出地位，融入经济建设、政治建设、文化建设、社会建设各方面和全过程。

树立发展和保护相统一的理念，坚持发展是硬道理的战略思想，发展必须是绿色发展、循环发展、低碳发展，平衡好发展和保护的关系，按照主体功能定位控制开发强度，调整空间结构，给子孙后代留下天蓝、地绿、水净的美好家园，实现发展与保护的内在统一、相互促进。

树立绿水青山就是金山银山的理念，清新空气、清洁水源、美丽山川、肥沃土地、生物多样性是人类生存必需的生态环境，坚持发展是第一要务，必须保护森林、草原、河流、湖泊、湿地、海洋等自然生态。

树立自然价值和自然资本的理念，自然生态是有价值的，保护自然就是增值自然价值和自然资本的过程，就是保护和发展生产力，就应得到合理回报和经济补偿。

树立空间均衡的理念，把握人口、经济、资源环境的平衡点推动发展，人口规模、产业结构、增长速度不能超出当地水土资源承载能力和环境容量。

树立山水林田湖是一个生命共同体的理念，按照生态系统的整体性、系统性及其内在规律，统筹考虑自然生态各要素、山上山下、地上地下、陆地海洋以及流域上下游，进行整体保护、系统修复、综合治理，增强生态系统循环能力，维护生态平衡。

（三）生态文明体制改革的原则。坚持正确改革方向，健全市场机制，更好发挥政府的主导和监管作用，发挥企业的积极性和自我约束作用，发挥社会组织和公众的参与和监督作用。

坚持自然资源资产的公有性质，创新产权制度，落实所有权，区分自然资源资产所有者权利和管理者权力，合理划分中央地方事权和监管职责，保障全体人民分享全民所有自然资源资产收益。

坚持城乡环境治理体系统一，继续加强城市环境保护和工业污染防治，加大生态环境保护工作对农村地区的覆盖，建立健全农村环境治理体制机制，加大对农村污染防治设施建设和资金投入力度。

坚持激励和约束并举，既要形成支持绿色发展、循环发展、低碳发展的利益导向机制，又要坚持源头严防、过程严管、损害严惩、责任追究，形成对各类市场主体的有效约束，逐步实现市场化、法治化、制度化。

坚持主动作为和国际合作相结合，加强生态环境保护是我们的自觉行为，同时要深化国际交流和务实合作，充分借鉴国际上的先进技术和体制机制建设有益经验，积极参与全球环境治理，承担并履行好同发展中大国相适应的国际责任。

坚持鼓励试点先行和整体协调推进相结合，在党中央、国务院统一部署下，先易后难、分步推进，成熟一项推出一项。支持各地区根据本方案确定的基本方向，因地制宜，大胆探索、大胆试验。

（四）生态文明体制改革的目标。到 2020 年，构建起由自然资源资产产权制度、国土空间开发保护制度、空间规划体系、资源总量管理和全面节约制度、资源有偿使用和生态补偿制度、环境治理体系、环境治理和生态保护市场体系、生态文明绩效评价考核和责任追究制度等八项制度构成的产权清晰、多元参与、激励约束并重、系统完整的生态文明制度体系，推进生态文明领域国家治理体系和治理能力现代化，努力走向社会主义生态文明新时代。

构建归属清晰、权责明确、监管有效的自然资源资产产权制度，着力解决自然资源所有者不到位、所有权边界模糊等问题。

构建以空间规划为基础、以用途管制为主要手段的国土空间开发保护制度，着力解决因无序开发、过度开发、分散开发导致的优质耕地和生态空间占用过多、生态破坏、环境污染等问题。

构建以空间治理和空间结构优化为主要内容，全国统一、相互衔接、分级管理的空间规划体系，着力解决空间性规划重叠冲突、部门职责交叉重复、地方规划朝令夕改等问题。

构建覆盖全面、科学规范、管理严格的资源总量管理和全面节约制度，着力解决资源使用浪费严重、利用效率不高等问题。

构建反映市场供求和资源稀缺程度、体现自然价值和代际补偿的资源有偿使用和生态补偿制度，着力解决自然资源及其产品价格偏低、生产开发成本低于社会成本、保护生态得不到合理回报等问题。

构建以改善环境质量为导向，监管统一、执法严明、多方参与的环境治理体系，着力解决污染防治能力弱、监管职能交叉、权责不一致、违法成本过低等问题。

构建更多运用经济杠杆进行环境治理和生态保护的市场体系，着力解决市场主体和市场体系发育滞后、社会参与度不高等问题。

构建充分反映资源消耗、环境损害和生态效益的生态文明绩效评价考核和责任追究制度，着力解决发展绩效评价不全面、责任落实不到位、损害责任追究缺失等问题。

二、健全自然资源资产产权制度

（五）建立统一的确权登记系统。坚持资源公有、物权法定，清晰界定全部国土空间各类自然资源资产的产权主体。对水流、森林、山岭、草原、荒地、滩涂等所有自然生态空间统一进行确权登记，逐步划清全民所有和集体所有之间的边界，划清全民所有、不同层级政府行使所有权的边界，划清不同集体所有者的边界。推进确权登记法治化。

（六）建立权责明确的自然资源产权体系。制定权利清单，明确各类自然资源产权主体权利。处理好所有权与使用权的关系，创新自然资源全民所有权和集体所有权的实现形式，除生态功能重要的外，可推动所有权和使用权相分离，明确占有、使用、收益、处分等权利归属关系和权责，适度扩大使用权的出让、转让、出租、抵押、担保、入股等权能。明确国有农场、林场和牧场土地所有者与使用者权能。全面建立覆盖各类全民所有自然资源资产的有偿出让制度，严禁无偿或低价出让。统筹规划，加强自然资源资产交易平台建设。

（七）健全国家自然资源资产管理体制。按照所有者和监管者分开和一件事情由一个部门负责的原则，整合分散的全民所有自然资源资产所有者职责，组建对全民所有的矿藏、水流、森林、山岭、草原、荒地、海域、滩涂等各类自然资源统一行使所有权的机构，负责全民所有自然资源的出让等。

（八）探索建立分级行使所有权的体制。对全民所有的自然资源资产，按照不同资源种类和在生态、经济、国防等方面的重要程度，研究实行中央和地方政府分级代理行使所有权职责的体制，实现效率和公平相统一。分清全民所有中央政府直接行使所有权、全民所有地方政府行使所有权的资源清单和空间范围。中央政府主要对石油天然气、贵重稀有矿产资源、重点国有林区、大江大河大湖和跨境河流、生态功能重要的湿地草原、海域滩涂、珍稀野生动植物种和部分国家公园等直接行使所有权。

（九）开展水流和湿地产权确权试点。探索建立水权制度，开展水域、岸线等水生态空间确权试点，遵循水生态系统性、整体性原则，分清水资源所有权、使用权及使用量。在甘肃、宁夏等地开展湿地产权确权试点。

三、建立国土空间开发保护制度

（十）完善主体功能区制度。统筹国家和省级主体功能区规划，健全基于主体功能区的区域政策，根据城市化地区、农产品主产区、重点生态功能区的不同定位，加快调整完善财政、产业、投资、人口流动、建设用地、资源开发、环境保护等政策。

（十一）健全国土空间用途管制制度。简化自上而下的用地指标控制体系，调整按行政区和用地基数分配指标的做法。将开发强度指标分解到各县级行政区，作为约束性指标，控制建设用地总量。将用途管制扩大到所有自然生态空间，划定并严守生态红线，严禁任意改变用途，防止不合理开发建设活动对生态红线的破坏。完善覆盖全部国土空间的监测系统，动态监测国土空间变化。

（十二）建立国家公园体制。加强对重要生态系统的保护和永续利用，改革各部门分头设置自然保护区、风景名胜区、文化自然遗产、地质公园、森林公园等的体制，对上述保护地进行功能重组，合理界定国家公园范围。国家公园实行更严格保护，除不损害生态系统的原住民生活生产设施改造和自然观光科研教育旅游外，禁止其他开发建设，保护自然生态和自然文化遗产原真性、完整性。加强对国家公园试点的指导，在试点基础上研究制定建立国家公园体制总体方案。构建保护珍稀野生动植物的长效机制。

（十三）完善自然资源监管体制。将分散在各部门的有关用途管制职责，逐步统一到一个部门，统一行使所有国土空间的用途管制职责。

四、建立空间规划体系

（十四）编制空间规划。整合目前各部门分头编制的各类空间性规划，编制统一的空间规划，实现规划全覆盖。空间规划是国家空间发展的指南、可持续发展的空间蓝图，是各类开发建设活动的基本依据。空间规划分为国家、省、市县（设区的市空间规划范围为市辖区）三级。研究建立统一规范的空间规划编制机制。鼓励开展省级空间规划试点。编制京津冀空间规划。

（十五）推进市县“多规合一”。支持市县推进“多规合一”，统一编制市县空间规划，逐步形成一个市县一个规划、一张蓝图。市县空间规划要统一土地分类标准，根据主体功能定位和省级空间规划要求，划定生产空间、生活空间、生态空间，明确城镇建设区、工业区、农村居民点等的开发边界，以及耕地、林地、草原、河流、湖泊、湿地等的保护边界，加强对城市地下空间的统筹规划。加强对市县“多规合一”试点的指导，研究制定市县空间规划编制指引和技术规范，形成可复制、能推广的经验。

（十六）创新市县空间规划编制方法。探索规范化的市县空间规划编制程序，扩大社会参与，增强规划的科学性和透明度。鼓励试点地区进行规划编制部门整合，由一个部门负责市县空间规划的编制，可成立由专业人员和有关方面代表组成的规划评议委员会。规划编制前应当进行资源环境承载能力评价，以评价结果作为规划的基本依据。规划编制过程中应当广泛征求各方面意见，全文公布规划草案，充分听取当地居民意见。规划经评议委员会论证通过后，由当地人民代表大会审议通过，并报上级政府部门备案。规划成果应当包括规划文本和较高精度的规划图，并在网络和其他本地媒体公布。鼓励当地居民对规划执行进行监督，对违反规划的开发建设行为进行举报。当地人民代表大会及其常务委员会定期听取空间规划执行情况报告，对当地政府违反规划行为进行问责。

五、完善资源总量管理和全面节约制度

（十七）完善最严格的耕地保护制度和土地节约集约利用制度。完善基本农田保护制度，划定永久基本农田红线，按照面积不减少、质量不下降、用途不改变的要求，将基本农田落地到户、上图入库，实行严格保护，除法律规定的国家重点建设项目选址确实无法避让外，其他任何建设不得占用。加强耕地质量等级评定与监测，强化耕地质量保护与提升建设。完善耕地占补平衡制度，对新增建设用地占用耕地规模实行总量控制，严格实行耕地占一补一、先补后占、占优补优。实施建设用地总量控制和减量化管理，建立节约集约用地激励和约束机制，调整结构，盘活存量，合理安排土地利用年度计划。

（十八）完善最严格的水资源管理制度。按照节水优先、空间均衡、系统治理、两手发力的方针，健全用水总量控制制度，保障水安全。加快制定主要江河流域水量分配方案，加强省级统筹，完善省市县三级取用水总量控制指标体系。建立健全节约集约用水机制，促进水资源使用结构调整和优化配置。完善规划和建设项目水资源论证制度。主要运用价格和税收手段，逐步建立农业灌溉用水量控制和定额管理、高耗水工业企业计划用水和定额管理制度。在严重缺水地区建立用水定额准入门槛，严格控制高耗水项目建设。加强水产品产地保护和环境修复，控制水产养殖，构建水生动植物保护机制。完善水功能区监督管理，建立促进非常规水源利用制度。

（十九）建立能源消费总量管理和节约制度。坚持节约优先，强化能耗强度控制，健全节能目标责任制和奖励制。进一步完善能源统计制度。健全重点用能单位节能管理制度，探索实行节能自愿承诺机制。完善节能标准体系，及时更新用能产品能效、高耗能行业能耗限额、建筑物能效等标准。合理确定全国能源消费总量目标，并分解落实到省级行政区和重点用能单位。健全节能低碳产品和技术装备推广机制，定期发布技术目录。强化节能评估审查和节能监察。加强对可再生能源发展的扶持，逐步取消对化石能源的普遍性补贴。逐步建立全国碳排放总量控制制度和分解落实机制，建立增加森林、草原、湿地、海洋碳汇的有效机制，加强应对气候变化国际合作。

（二十）建立天然林保护制度。将所有天然林纳入保护范围。建立国家用材林储备制度。逐步推进国有林区政企分开，完善以购买服务为主的国有林场公益林管护机制。完善集体林权制度，稳定承包权，拓展经营权能，健全林权抵押贷款和流转制度。

（二十一）建立草原保护制度。稳定和完善草原承包经营制度，实现草原承包地块、面积、合同、证书“四到户”，规范草原经营权流转。实行基本草原保护制度，确保基本草原面积不减少、质量不下降、用途不改变。健全草原生态保护补奖机制，实施禁牧休牧、划区轮牧和草畜平衡等制度。加强对草原征用使用审核审批的监管，严格控制草原非牧使用。

（二十二）建立湿地保护制度。将所有湿地纳入保护范围，禁止擅自征用占用国际重要湿地、国家重要湿地和湿地自然保护区。确定各类湿地功能，规范保护利用行为，建立湿地生态修复机制。

（二十三）建立沙化土地封禁保护制度。将暂不具备治理条件的连片沙化土地划为沙化土地封禁保护区。建立严格保护制度，加强封禁和管护基础设施建设，加强沙化土地治理，增加植被，合理发展沙产业，完善以购买服务为主的管护机制，探索开发与治理结合新机制。

（二十四）健全海洋资源开发保护制度。实施海洋主体功能区制度，确定近海海域海岛主体功能，

引导、控制和规范各类用海用岛行为。实行围填海总量控制制度，对围填海面积实行约束性指标管理。建立自然岸线保有率控制制度。完善海洋渔业资源总量管理制度，严格执行休渔禁渔制度，推行近海捕捞限额管理，控制近海和滩涂养殖规模。健全海洋督察制度。

（二十五）健全矿产资源开发利用管理制度。建立矿产资源开发利用水平调查评估制度，加强矿产资源查明登记和有偿计时占用登记管理。建立矿产资源集约开发机制，提高矿区企业集中度，鼓励规模化开发。完善重要矿产资源开采回采率、选矿回收率、综合利用率等国家标准。健全鼓励提高矿产资源利用水平的经济政策。建立矿山企业高效和综合利用信息公示制度，建立矿业权人“黑名单”制度。完善重要矿产资源回收利用的产业化扶持机制。完善矿山地质环境保护和土地复垦制度。

（二十六）完善资源循环利用制度。建立健全资源产出率统计体系。实行生产者责任延伸制度，推动生产者落实废弃产品回收处理等责任。建立种养业废弃物资源化利用制度，实现种养业有机结合、循环发展。加快建立垃圾强制分类制度。制定再生资源回收目录，对复合包装物、电池、农膜等低值废弃物实行强制回收。加快制定资源分类回收利用标准。建立资源再生产品和原料推广使用制度，相关原材料消耗企业要使用一定比例的资源再生产品。完善限制一次性用品使用制度。落实并完善资源综合利用和促进循环经济发展的税收政策。制定循环经济技术目录，实行政府优先采购、贷款贴息等政策。

六、健全资源有偿使用和生态补偿制度

（二十七）加快自然资源及其产品价格改革。按照成本、收益相统一的原则，充分考虑社会可承受能力，建立自然资源开发使用成本评估机制，将资源所有者权益和生态环境损害等纳入自然资源及其产品价格形成机制。加强对自然垄断环节的价格监管，建立定价成本监审制度和价格调整机制，完善价格决策程序和信息公开制度。推进农业水价综合改革，全面实行非居民用水超计划、超定额累进加价制度，全面推行城镇居民用水阶梯价格制度。

（二十八）完善土地有偿使用制度。扩大国有土地有偿使用范围，扩大招拍挂出让比例，减少非公益性用地划拨，国有土地出让收支纳入预算管理。改革完善工业用地供应方式，探索实行弹性出让年限以及长期租赁、先租后让、租让结合供应。完善地价形成机制和评估制度，健全土地等级价体系，理顺与土地相关的出让金、租金和税费关系。建立有效调节工业用地和居住用地合理比价机制，提高工业用地出让地价水平，降低工业用地比例。探索通过土地承包经营、出租等方式，健全国有农用地有偿使用制度。

（二十九）完善矿产资源有偿使用制度。完善矿业权出让制度，建立符合市场经济要求和矿业规律的探矿权采矿权出让方式，原则上实行市场化出让，国有矿产资源出让收支纳入预算管理。理清有偿取得、占用和开采中所有者、投资者、使用者的产权关系，研究建立矿产资源国家权益金制度。调整探矿权采矿权使用费标准、矿产资源最低勘查投入标准。推进实现全国统一的矿业权交易平台建设，加大矿业权出让转让信息公开力度。

（三十）完善海域海岛有偿使用制度。建立海域、无居民海岛使用金征收标准调整机制。建立健全海域、无居民海岛使用权招拍挂出让制度。

（三十一）加快资源环境税费改革。理顺自然资源及其产品税费关系，明确各自功能，合理确定税收调控范围。加快推进资源税从价计征改革，逐步将资源税扩展到占用各种自然生态空间，在华北部分地区开展地下水征收资源税改革试点。加快推进环境保护税立法。

（三十二）完善生态补偿机制。探索建立多元化补偿机制，逐步增加对重点生态功能区转移支付，完善生态保护成效与资金分配挂钩的激励约束机制。制定横向生态补偿机制办法，以地方补偿为主，中央财政给予支持。鼓励各地区开展生态补偿试点，继续推进新安江水环境补偿试点，推动在京津冀水源涵养区、广西广东九洲江、福建广东汀江－韩江等开展跨地区生态补偿试点，在长江流域水环境敏感地

区探索开展流域生态补偿试点。

（三十三）完善生态保护修复资金使用机制。按照山水林田湖系统治理的要求，完善相关资金使用管理办法，整合现有政策和渠道，在深入推进国土江河综合整治的同时，更多用于青藏高原生态屏障、黄土高原－川滇生态屏障、东北森林带、北方防沙带、南方丘陵山地带等国家生态安全屏障的保护修复。

（三十四）建立耕地草原河湖休养生息制度。编制耕地、草原、河湖休养生息规划，调整严重污染和地下水严重超采地区的耕地用途，逐步将25度以上不适宜耕种且有损生态的陡坡地退出基本农田。建立巩固退耕还林还草、退牧还草成果长效机制。开展退田还湖还湿试点，推进长株潭地区土壤重金属污染修复试点、华北地区地下水超采综合治理试点。

七、建立健全环境治理体系

（三十五）完善污染物排放许可制。尽快在全国范围建立统一公平、覆盖所有固定污染源的企业排放许可制，依法核发排污许可证，排污者必须持证排污，禁止无证排污或不按许可证规定排污。

（三十六）建立污染防治区域联动机制。完善京津冀、长三角、珠三角等重点区域大气污染防治联防联控协作机制，其他地方要结合地理特征、污染程度、城市空间分布以及污染物输送规律，建立区域协作机制。在部分地区开展环境保护管理体制创新试点，统一规划、统一标准、统一环评、统一监测、统一执法。开展按流域设置环境监管和行政执法机构试点，构建各流域内相关省级涉水部门参加、多形式的流域水环境保护协作机制和风险预警防控体系。建立陆海统筹的污染防治机制和重点海域污染物排海总量控制制度。完善突发环境事件应急机制，提高与环境风险程度、污染物种类等相匹配的突发环境事件应急处置能力。

（三十七）建立农村环境治理体制机制。建立以绿色生态为导向的农业补贴制度，加快制定和完善相关技术标准和规范，加快推进化肥、农药、农膜减量化以及畜禽养殖废弃物资源化和无害化，鼓励生产使用可降解农膜。完善农作物秸秆综合利用制度。健全化肥农药包装物、农膜回收贮运加工网络。采取财政和村集体补贴、住户付费、社会资本参与的投入运营机制，加强农村污水和垃圾处理等环保设施建设。采取政府购买服务等多种扶持措施，培育发展各种形式的农业面源污染治理、农村污水垃圾处理市场主体。强化县乡两级政府的环境保护职责，加强环境监管能力建设。财政支农资金的使用要统筹考虑增强农业综合生产能力和防治农村污染。

（三十八）健全环境信息公开制度。全面推进大气和水等环境信息公开、排污单位环境信息公开、监管部门环境信息公开，健全建设项目环境影响评价信息公开机制。健全环境新闻发言人制度。引导人民群众树立环保意识，完善公众参与制度，保障人民群众依法有序行使环境监督权。建立环境保护网络举报平台和举报制度，健全举报、听证、舆论监督等制度。

（三十九）严格实行生态环境损害赔偿制度。强化生产者环境保护法律责任，大幅度提高违法成本。健全环境损害赔偿方面的法律制度、评估方法和实施机制，对违反环保法律法规的，依法严惩重罚；对造成生态环境损害的，以损害程度等因素依法确定赔偿额度；对造成严重后果的，依法追究刑事责任。

（四十）完善环境保护管理制度。建立和完善严格监管所有污染物排放的环境保护管理制度，将分散在各部门的环境保护职责调整到一个部门，逐步实行城乡环境保护工作由一个部门进行统一监管和行政执法的体制。有序整合不同领域、不同部门、不同层次的监管力量，建立权威统一的环境执法体制，充实执法队伍，赋予环境执法强制执行的必要条件和手段。完善行政执法和环境司法的衔接机制。

八、健全环境治理和生态保护市场体系

（四十一）培育环境治理和生态保护市场主体。采取鼓励发展节能环保产业的体制机制和政策措施。

废止妨碍形成全国统一市场和公平竞争的规定和做法，鼓励各类投资进入环保市场。能由政府和社会资本合作开展的环境治理和生态保护事务，都可以吸引社会资本参与建设和运营。通过政府购买服务等方式，加大对环境污染第三方治理的支持力度。加快推进污水垃圾处理设施运营管理单位向独立核算、自主经营的企业转变。组建或改组设立国有资本投资运营公司，推动国有资本加大对环境治理和生态保护等方面的投入。支持生态环境保护领域国有企业实行混合所有制改革。

（四十二）推行用能权和碳排放权交易制度。结合重点用能单位节能行动和新建项目能评审查，开展项目节能量交易，并逐步改为基于能源消费总量管理下的用能权交易。建立用能权交易系统、测量与核准体系。推广合同能源管理。深化碳排放权交易试点，逐步建立全国碳排放权交易市场，研究制定全国碳排放权交易总量设定与配额分配方案。完善碳交易注册登记系统，建立碳排放权交易市场监管体系。

（四十三）推行排污权交易制度。在企业排污总量控制制度基础上，尽快完善初始排污权核定，扩大涵盖的污染物覆盖面。在现行以行政区为单元层层分解机制基础上，根据行业先进排污水平，逐步强化以企业为单元进行总量控制、通过排污权交易获得减排收益的机制。在重点流域和大气污染重点区域，合理推进跨行政区排污权交易。扩大排污权有偿使用和交易试点，将更多条件成熟地区纳入试点。加强排污权交易平台建设。制定排污权核定、使用费收取使用和交易价格等规定。

（四十四）推行水权交易制度。结合水生态补偿机制的建立健全，合理界定和分配水权，探索地区间、流域间、流域上下游、行业间、用水户间等水权交易方式。研究制定水权交易管理办法，明确可交易水权的范围和类型、交易主体和期限、交易价格形成机制、交易平台运作规则等。开展水权交易平台建设。

（四十五）建立绿色金融体系。推广绿色信贷，研究采取财政贴息等方式加大扶持力度，鼓励各类金融机构加大绿色信贷的发放力度，明确贷款人的尽职免责要求和环境保护法律责任。加强资本市场相关制度建设，研究设立绿色股票指数和发展相关投资产品，研究银行和企业发行绿色债券，鼓励对绿色信贷资产实行证券化。支持设立各类绿色发展基金，实行市场化运作。建立上市公司环保信息强制性披露机制。完善对节能低碳、生态环保项目的各类担保机制，加大风险补偿力度。在环境高风险领域建立环境污染强制责任保险制度。建立绿色评级体系以及公益性的环境成本核算和影响评估体系。积极推动绿色金融领域各类国际合作。

（四十六）建立统一的绿色产品体系。将目前分头设立的环保、节能、节水、循环、低碳、再生、有机等产品统一整合为绿色产品，建立统一的绿色产品标准、认证、标识等体系。完善对绿色产品研发生产、运输配送、购买使用的财税金融支持和政府采购等政策。

九、完善生态文明绩效评价考核和责任追究制度

（四十七）建立生态文明目标体系。研究制定可操作、可视化的绿色发展指标体系。制定生态文明建设目标评价考核办法，把资源消耗、环境损害、生态效益纳入经济社会发展评价体系。根据不同区域主体功能定位，实行差异化绩效评价考核。

（四十八）建立资源环境承载能力监测预警机制。研究制定资源环境承载能力监测预警指标体系和技术方法，建立资源环境监测预警数据库和信息技术平台，定期编制资源环境承载能力监测预警报告，对资源消耗和环境容量超过或接近承载能力的地区，实行预警提醒和限制性措施。

（四十九）探索编制自然资源资产负债表。制定自然资源资产负债表编制指南，构建水资源、土地资源、森林资源等的资产和负债核算方法，建立实物量核算账户，明确分类标准和统计规范，定期评估自然资源资产变化状况。在市县层面开展自然资源资产负债表编制试点，核算主要自然资源实物量账户并公布核算结果。

（五十）对领导干部实行自然资源资产离任审计。在编制自然资源资产负债表和合理考虑客观自然

因素基础上，积极探索领导干部自然资源资产离任审计的目标、内容、方法和评价指标体系。以领导干部任期内辖区自然资源资产变化状况为基础，通过审计，客观评价领导干部履行自然资源资产管理责任情况，依法界定领导干部应当承担的责任，加强审计结果运用。在内蒙古呼伦贝尔市、浙江湖州市、湖南娄底市、贵州赤水市、陕西延安市开展自然资源资产负债表编制试点和领导干部自然资源资产离任审计试点。

（五十一）建立生态环境损害责任终身追究制。实行地方党委和政府领导成员生态文明建设一岗双责制。以自然资源资产离任审计结果和生态环境损害情况为依据，明确对地方党委和政府领导班子主要负责人、有关领导人员、部门负责人的追责情形和认定程序。区分情节轻重，对造成生态环境损害的，予以诫勉、责令公开道歉、组织处理或党纪政纪处分，对构成犯罪的依法追究刑事责任。对领导干部离任后出现重大生态环境损害并认定其需要承担责任的，实行终身追责。建立国家环境保护督察制度。

十、生态文明体制改革的实施保障

（五十二）加强对生态文明体制改革的领导。各地区各部门要认真学习领会中央关于生态文明建设和体制改革的精神，深刻认识生态文明体制改革的重大意义，增强责任感、使命感、紧迫感，认真贯彻党中央、国务院决策部署，确保本方案确定的各项改革任务加快落实。各有关部门要按照本方案要求抓紧制定单项改革方案，明确责任主体和时间进度，密切协调配合，形成改革合力。

（五十三）积极开展试点试验。充分发挥中央和地方两个积极性，鼓励各地区按照本方案的改革方向，从本地实际出发，以解决突出生态环境问题为重点，发挥主动性，积极探索和推动生态文明体制改革，其中需要法律授权的按法定程序办理。将各部门自行开展的综合性生态文明试点统一为国家试点试验，各部门要根据各自职责予以指导和推动。

（五十四）完善法律法规。制定完善自然资源资产产权、国土空间开发保护、国家公园、空间规划、海洋、应对气候变化、耕地质量保护、节水和地下水管理、草原保护、湿地保护、排污许可、生态环境损害赔偿等方面的法律法规，为生态文明体制改革提供法治保障。

（五十五）加强舆论引导。面向国内外，加大生态文明建设和体制改革宣传力度，统筹安排、正确解读生态文明各项制度的内涵和改革方向，培育普及生态文化，提高生态文明意识，倡导绿色生活方式，形成崇尚生态文明、推进生态文明建设和体制改革的良好氛围。

（五十六）加强督促落实。中央全面深化改革领导小组办公室、经济体制和生态文明体制改革专项小组要加强统筹协调，对本方案落实情况进行跟踪分析和督促检查，正确解读和及时解决实施中遇到的问题，重大问题要及时向党中央、国务院请示报告。

党政领导干部生态环境损害责任追究办法（试行）

（中办发〔2015〕45号）

第一条　为贯彻落实党的十八大和十八届三中、四中全会精神，加快推进生态文明建设，健全生态文明制度体系，强化党政领导干部生态环境和资源保护职责，根据有关党内法规和国家法律法规，制定本办法。

第二条　本办法适用于县级以上地方各级党委和政府及其有关工作部门的领导成员，中央和国家机关有关工作部门领导成员；上列工作部门的有关机构领导人员。

第三条　地方各级党委和政府对本地区生态环境和资源保护负总责，党委和政府主要领导成员承担主要责任，其他有关领导成员在职责范围内承担相应责任。

中央和国家机关有关工作部门、地方各级党委和政府的有关工作部门及其有关机构领导人员按照职责分别承担相应责任。

第四条　党政领导干部生态环境损害责任追究，坚持依法依规、客观公正、科学认定、权责一致、终身追究的原则。

第五条　有下列情形之一的，应当追究相关地方党委和政府主要领导成员的责任：

（一）贯彻落实中央关于生态文明建设的决策部署不力，致使本地区生态环境和资源问题突出或者任期内生态环境状况明显恶化的；

（二）作出的决策与生态环境和资源方面政策、法律法规相违背的；

（三）违反主体功能区定位或者突破资源环境生态红线、城镇开发边界，不顾资源环境承载能力盲目决策造成严重后果的；

（四）作出的决策严重违反城乡、土地利用、生态环境保护等规划的；

（五）地区和部门之间在生态环境和资源保护协作方面推诿扯皮，主要领导成员不担当、不作为，造成严重后果的；

（六）本地区发生主要领导成员职责范围内的严重环境污染和生态破坏事件，或者对严重环境污染和生态破坏（灾害）事件处置不力的；

（七）对公益诉讼裁决和资源环境保护督察整改要求执行不力的；

（八）其他应当追究责任的情形。

有上述情形的，在追究相关地方党委和政府主要领导成员责任的同时，对其他有关领导成员及相关部门领导成员依据职责分工和履职情况追究相应责任。

第六条　有下列情形之一的，应当追究相关地方党委和政府有关领导成员的责任：

（一）指使、授意或者放任分管部门对不符合主体功能区定位或者生态环境和资源方面政策、法律法规的建设项目审批（核准）、建设或者投产（使用）的；

（二）对分管部门违反生态环境和资源方面政策、法律法规行为监管失察、制止不力甚至包庇纵容的；

（三）未正确履行职责，导致应当依法由政府责令停业、关闭的严重污染环境的企业事业单位或者其他生产经营者未停业、关闭的；

（四）对严重环境污染和生态破坏事件组织查处不力的；

（五）其他应当追究责任的情形。

第七条 有下列情形之一的，应当追究政府有关工作部门领导成员的责任：

（一）制定的规定或者采取的措施与生态环境和资源方面政策、法律法规相违背的；

（二）批准开发利用规划或者进行项目审批（核准）违反生态环境和资源方面政策、法律法规的；

（三）执行生态环境和资源方面政策、法律法规不力，不按规定对执行情况进行监督检查，或者在监督检查中敷衍塞责的；

（四）对发现或者群众举报的严重破坏生态环境和资源的问题，不按规定查处的；

（五）不按规定报告、通报或者公开环境污染和生态破坏（灾害）事件信息的；

（六）对应当移送有关机关处理的生态环境和资源方面的违纪违法案件线索不按规定移送的；

（七）其他应当追究责任的情形。

有上述情形的，在追究政府有关工作部门领导成员责任的同时，对负有责任的有关机构领导人员追究相应责任。

第八条 党政领导干部利用职务影响，有下列情形之一的，应当追究其责任：

（一）限制、干扰、阻碍生态环境和资源监管执法工作的；

（二）干预司法活动，插手生态环境和资源方面具体司法案件处理的；

（三）干预、插手建设项目，致使不符合生态环境和资源方面政策、法律法规的建设项目得以审批（核准）、建设或者投产（使用）的；

（四）指使篡改、伪造生态环境和资源方面调查和监测数据的；

（五）其他应当追究责任的情形。

第九条 党委及其组织部门在地方党政领导班子成员选拔任用工作中，应当按规定将资源消耗、环境保护、生态效益等情况作为考核评价的重要内容，对在生态环境和资源方面造成严重破坏负有责任的干部不得提拔使用或者转任重要职务。

第十条 党政领导干部生态环境损害责任追究形式有：诫勉、责令公开道歉；组织处理，包括调离岗位、引咎辞职、责令辞职、免职、降职等；党纪政纪处分。

组织处理和党纪政纪处分可以单独使用，也可以同时使用。

追责对象涉嫌犯罪的，应当及时移送司法机关依法处理。

第十一条 各级政府负有生态环境和资源保护监管职责的工作部门发现有本办法规定的追责情形的，必须按照职责依法对生态环境和资源损害问题进行调查，在根据调查结果依法作出行政处罚决定或者其他处理决定的同时，对相关党政领导干部应负责任和处理提出建议，按照干部管理权限将有关材料及时移送纪检监察机关或者组织（人事）部门。需要追究党纪政纪责任的，由纪检监察机关按照有关规定办理；需要给予诫勉、责令公开道歉和组织处理的，由组织（人事）部门按照有关规定办理。

负有生态环境和资源保护监管职责的工作部门、纪检监察机关、组织（人事）部门应当建立健全生态环境和资源损害责任追究的沟通协作机制。

司法机关在生态环境和资源损害等案件处理过程中发现有本办法规定的追责情形的，应当向有关纪检监察机关或者组织（人事）部门提出处理建议。

负责作出责任追究决定的机关和部门，一般应当将责任追究决定向社会公开。

第十二条 实行生态环境损害责任终身追究制。对违背科学发展要求、造成生态环境和资源严重破坏的，责任人不论是否已调离、提拔或者退休，都必须严格追责。

第十三条 政府负有生态环境和资源保护监管职责的工作部门、纪检监察机关、组织（人事）部门对发现本办法规定的追责情形应当调查而未调查，应当移送而未移送，应当追责而未追责的，追究有关责任人员的责任。

第十四条 受到责任追究的人员对责任追究决定不服的，可以向作出责任追究决定的机关和部门提出书面申诉。作出责任追究决定的机关和部门应当依据有关规定受理并作出处理。

申诉期间，不停止责任追究决定的执行。

第十五条 受到责任追究的党政领导干部，取消当年年度考核评优和评选各类先进的资格。

受到调离岗位处理的，至少一年内不得提拔；单独受到引咎辞职、责令辞职和免职处理的，至少一年内不得安排职务，至少两年内不得担任高于原任职务层次的职务；受到降职处理的，至少两年内不得提升职务。同时受到党纪政纪处分和组织处理的，按照影响期长的规定执行。

第十六条 乡（镇、街道）党政领导成员的生态环境损害责任追究，参照本办法有关规定执行。

第十七条 各省、自治区、直辖市党委和政府可以依据本办法制定实施细则。国务院负有生态环境和资源保护监管职责的部门应当制定落实本办法的具体制度和措施。

第十八条 本办法由中央组织部、监察部负责解释。

第十九条 本办法自 2015 年 8 月 9 日起施行。

关于规范国务院部门行政审批行为改进行政审批有关工作的通知

（国发〔2015〕6号）

国务院各部委、各直属机构：

为深化行政审批制度改革，规范行政审批行为，改进行政审批工作，解决审批环节多、时间长、随意性大、公开透明度不够等问题，进一步提高政府工作效率和为人民群众服务水平，现就有关工作通知如下：

一、总体要求

以邓小平理论、“三个代表”重要思想、科学发展观为指导，认真贯彻落实党的十八大、十八届二中、三中、四中全会精神和党中央、国务院决策部署，加快转变政府职能，坚持依法行政，推进简政放权、放管结合，规范行政审批行为、提高审批效率，激发市场社会活力、营造公平竞争环境，减少权力寻租空间、消除滋生腐败土壤，确保行政审批在法治轨道运行，进一步提升政府公信力和执行力，建设创新政府、廉洁政府和法治政府。

——坚持依法审批。严格落实行政许可法和有关法律法规，规范行政审批受理、审查、决定、送达等各环节，确保行政审批全过程依法有序进行。

——坚持公开公正。依法全面公开行政审批信息，切实保障申请人知情权，规范行政裁量权，实行“阳光审批”。

——坚持便民高效。减少审批环节，简化审批程序，优化审批流程，依法限时办结，进一步缩短办理时间，加快审批进程，提高审批效率。

——坚持严格问责。加强对行政审批行为的监管，建立健全监督机制，严肃查处违法违纪审批行为，严格责任追究。

二、规范行政审批行为

（一）全面实行“一个窗口”受理。承担行政审批职能的部门要将审批事项集中到“一个窗口”受理，申请量大的要安排专门场所，积极推行网上集中预受理和预审查，创造条件推进网上审批。选派业务骨干或职能处室负责人承担窗口受理工作，制定服务规范并张贴在醒目处，对窗口人员仪容举止、工作纪律、文明用语等作出要求，不断提升窗口服务质量。

（二）推行受理单制度。各有关部门对申请材料符合规定的，要予以受理并出具受理单；对申请材料不齐全或者不符合法定形式的，要当场或者在五个工作日内一次性书面告知申请人需要补正的全部内容。依法应当先经下级行政机关审查后报国务院部门决定的行政审批，不得要求申请人重复提供申请材料。

（三）实行办理时限承诺制。各有关部门要依法依规明确办理时限，在法定期限内对申请事项作出决定，不得以任何理由自行延长审批时限；依法可延长审批时限的，要按程序办理。建立审批时限预警制，针对审批事项办理进度，实行分级预警提醒。提高审批效率，对政府鼓励的事项建立“绿色通道”，进一步压缩审批时限。对批准的事项，要在法定期限内向申请人送达批准文书；不予批准的，要在法定期限内出具书面决定并告知理由。

（四）编制服务指南。各有关部门要对承担的每项行政审批事项编制服务指南，列明设定依据、申请条件、申请材料、基本流程、审批时限、收费依据及标准、审批决定证件、年检要求、注意事项等内容，并附示范文本以及常见错误示例，做到具体翔实、一目了然，内容发生变更时要及时修订。服务指南摆放要方便申请人取用，并在部门网站显著位置公布，提供电子文档下载服务。

（五）制定审查工作细则。各有关部门要对承担的审批事项制定审查工作细则，逐项细化明确审查环节、审查内容、审查标准、审查要点、注意事项及不当行为需要承担的后果等，严格规范行政裁量权。审查人员要遵守行政审批规定，严格按细则办事，不得擅自增设或减少审批条件、随意抬高或降低审批门槛。

（六）探索改进跨部门审批等工作。对于多部门共同审批事项，进行流程再造，明确一个牵头部门，实行“一个窗口”受理、“一站式”审批；相关部门收到牵头部门的征求意见函后，应当及时研究，按时答复。确需实行并联审批的，不得互为前置条件。探索构建国务院部门网上统一监控和查询平台，推进国务院部门间、中央与地方间信息资源共享，加快实现网上受理、审批、公示、查询、投诉等。探索实行行政审批绩效管理，健全规范审批行为相关考核制度，定期对经办人员进行培训、考核、检查和评定。探索优化内部审批流程，减少审查环节，有条件的部门要将分散在多个内设机构的审批事项相对集中，将一般事项审批权限下放给窗口审查人员，提高窗口办结率。对国务院部门审批事项，法律法规未明确需由地方初审或审核的，逐步由国务院部门直接受理。

三、强化监督问责

（一）主动公开行政审批信息。除涉及国家秘密、商业秘密或个人隐私外，各有关部门要主动公开本部门行政审批事项目录及有关信息，及时、准确公开行政审批的受理、进展情况和结果等，实行“阳光审批”。

（二）依法保障申请人知情权。各有关部门要切实履行告知义务，通过设立咨询台、在线应询、热线电话、电子邮箱等方式，及时提供全程咨询服务，确保申请人知情权。对申请人提出的是否受理、进展情况、未予批准原因等问题，要有问必答、耐心说明；难以即时答复的，要明确答复期限；未予批准的，要在决定书中告知申请人依法享有申请行政复议或提起行政诉讼的权利。

（三）强化监督检查。建立健全内部监督机制，明确各层级监督责任，重点检查申请人知情权落实情况、审批时限执行情况、违规操作及不当行为情况等。建立健全申请人评议制度，向社会公布本部门举报投诉电话、电子邮箱等，主动接受社会监督。

（四）严格责任追究。对违反行政审批相关规定、失职渎职的经办人员，依法依纪严肃处理，并追究有关负责人的责任；造成重大损失或影响的，追究部门负责人的责任。涉嫌犯罪的，移送司法机关查处。

四、加强组织领导

（一）高度重视。规范行政审批行为、改进行政审批工作，是简政放权、推进政府职能转变的重要内容，是转变政风、密切联系群众的重要举措。各有关部门要把这项工作列入重要议事日程，主要负责同志亲自负责、专题研究，精心组织、扎实推进，以实实在在的改革成效取信于民。

（二）建立机制。各有关部门要建立相应工作机制，制定工作计划，明确责任分工，形成工作合力。国务院审改办要加强与部门的沟通联系，做好指导协调和服务工作，及时跟踪了解进展情况，定期向国务院报告。

（三）狠抓落实。各有关部门要在2015年6月底前将本部门制定的行政审批事项服务指南、审查工作细则及受理单样表等送国务院审改办备案。每季度初，各有关部门将上季度行政审批事项按时办结情况书面送国务院审改办。每年1月底前，各有关部门将上年度工作落实情况书面送国务院审改办，报国务院同意后予以通报。对各有关部门落实情况，国务院将适时组织督查。

各省、自治区、直辖市人民政府可参照本通知要求，结合实际，研究制定本地区规范行政审批行为、改进行政审批工作的意见或办法。

国务院

2015年1月19日

关于印发水污染防治行动计划的通知

（国发〔2015〕17号）

各省、自治区、直辖市人民政府，国务院各部委、各直属机构：

现将《水污染防治行动计划》印发给你们，请认真贯彻执行。

国务院

2015年4月2日

水污染防治行动计划

水环境保护事关人民群众切身利益，事关全面建成小康社会，事关实现中华民族伟大复兴中国梦。当前，我国一些地区水环境质量差、水生态受损重、环境隐患多等问题十分突出，影响和损害群众健康，不利于经济社会持续发展。为切实加大水污染防治力度，保障国家水安全，制定本行动计划。

总体要求：全面贯彻党的十八大和十八届二中、三中、四中全会精神，大力推进生态文明建设，以改善水环境质量为核心，按照"节水优先、空间均衡、系统治理、两手发力"原则，贯彻"安全、清洁、健康"方针，强化源头控制，水陆统筹、河海兼顾，对江河湖海实施分流域、分区域、分阶段科学治理，系统推进水污染防治、水生态保护和水资源管理。坚持政府市场协同，注重改革创新；坚持全面依法推进，实行最严格环保制度；坚持落实各方责任，严格考核问责；坚持全民参与，推动节水洁水人人有责，形成"政府统领、企业施治、市场驱动、公众参与"的水污染防治新机制，实现环境效益、经济效益与社会效益多赢，为建设"蓝天常在、青山常在、绿水常在"的美丽中国而奋斗。

工作目标：到2020年，全国水环境质量得到阶段性改善，污染严重水体较大幅度减少，饮用水安全保障水平持续提升，地下水超采得到严格控制，地下水污染加剧趋势得到初步遏制，近岸海域环境质量稳中趋好，京津冀、长三角、珠三角等区域水生态环境状况有所好转。到2030年，力争全国水环境质量总体改善，水生态系统功能初步恢复。到本世纪中叶，生态环境质量全面改善，生态系统实现良性循环。

主要指标：到2020年，长江、黄河、珠江、松花江、淮河、海河、辽河等七大重点流域水质优良（达到或优于Ⅲ类）比例总体达到70%以上，地级及以上城市建成区黑臭水体均控制在10%以内，地级及以上城市集中式饮用水水源水质达到或优于Ⅲ类比例总体高于93%，全国地下水质量极差的比例控制在15%左右，近岸海域水质优良（一、二类）比例达到70%左右。京津冀区域丧失使用功能（劣于Ⅴ类）的水体断面比例下降15个百分点左右，长三角、珠三角区域力争消除丧失使用功能的水体。

到2030年，全国七大重点流域水质优良比例总体达到75%以上，城市建成区黑臭水体总体得到消除，城市集中式饮用水水源水质达到或优于Ⅲ类比例总体为95%左右。

一、全面控制污染物排放

（一）狠抓工业污染防治。取缔"十小"企业。全面排查装备水平低、环保设施差的小型工业企业。

2016 年底前，按照水污染防治法律法规要求，全部取缔不符合国家产业政策的小型造纸、制革、印染、染料、炼焦、炼硫、炼砷、炼油、电镀、农药等严重污染水环境的生产项目。（环境保护部牵头，工业和信息化部、国土资源部、能源局等参与，地方各级人民政府负责落实。以下均需地方各级人民政府落实，不再列出）

专项整治十大重点行业。制定造纸、焦化、氮肥、有色金属、印染、农副食品加工、原料药制造、制革、农药、电镀等行业专项治理方案，实施清洁化改造。新建、改建、扩建上述行业建设项目实行主要污染物排放等量或减量置换。2017 年底前，造纸行业力争完成纸浆无元素氯漂白改造或采取其他低污染制浆技术，钢铁企业焦炉完成干熄焦技术改造，氮肥行业尿素生产完成工艺冷凝液水解解析技术改造，印染行业实施低排水染整工艺改造，制药（抗生素、维生素）行业实施绿色酶法生产技术改造，制革行业实施铬减量化和封闭循环利用技术改造。（环境保护部牵头，工业和信息化部等参与）

集中治理工业集聚区水污染。强化经济技术开发区、高新技术产业开发区、出口加工区等工业集聚区污染治理。集聚区内工业废水必须经预处理达到集中处理要求，方可进入污水集中处理设施。新建、升级工业集聚区应同步规划、建设污水、垃圾集中处理等污染治理设施。2017 年底前，工业集聚区应按规定建成污水集中处理设施，并安装自动在线监控装置，京津冀、长三角、珠三角等区域提前一年完成；逾期未完成的，一律暂停审批和核准其增加水污染物排放的建设项目，并依照有关规定撤销其园区资格。（环境保护部牵头，科技部、工业和信息化部、商务部等参与）

（二）强化城镇生活污染治理。加快城镇污水处理设施建设与改造。现有城镇污水处理设施，要因地制宜进行改造，2020 年底前达到相应排放标准或再生利用要求。敏感区域（重点湖泊、重点水库、近岸海域汇水区域）城镇污水处理设施应于 2017 年底前全面达到一级 A 排放标准。建成区水体水质达不到地表水Ⅳ类标准的城市，新建城镇污水处理设施要执行一级 A 排放标准。按照国家新型城镇化规划要求，到 2020 年，全国所有县城和重点镇具备污水收集处理能力，县城、城市污水处理率分别达到 85%、95%左右。京津冀、长三角、珠三角等区域提前一年完成。（住房城乡建设部牵头，发展改革委、环境保护部等参与）

全面加强配套管网建设。强化城中村、老旧城区和城乡接合部污水截流、收集。现有合流制排水系统应加快实施雨污分流改造，难以改造的，应采取截流、调蓄和治理等措施。新建污水处理设施的配套管网应同步设计、同步建设、同步投运。除干旱地区外，城镇新区建设均实行雨污分流，有条件的地区要推进初期雨水收集、处理和资源化利用。到 2017 年，直辖市、省会城市、计划单列市建成区污水基本实现全收集、全处理，其他地级城市建成区于 2020 年底前基本实现。（住房城乡建设部牵头，发展改革委、环境保护部等参与）

推进污泥处理处置。污水处理设施产生的污泥应进行稳定化、无害化和资源化处理处置，禁止处理处置不达标的污泥进入耕地。非法污泥堆放点一律予以取缔。现有污泥处理处置设施应于 2017 年底前基本完成达标改造，地级及以上城市污泥无害化处理处置率应于 2020 年底前达到 90%以上。（住房城乡建设部牵头，发展改革委、工业和信息化部、环境保护部、农业部等参与）

（三）推进农业农村污染防治。防治畜禽养殖污染。科学划定畜禽养殖禁养区，2017 年底前，依法关闭或搬迁禁养区内的畜禽养殖场（小区）和养殖专业户，京津冀、长三角、珠三角等区域提前一年完成。现有规模化畜禽养殖场（小区）要根据污染防治需要，配套建设粪便污水贮存、处理、利用设施。散养密集区要实行畜禽粪便污水分户收集、集中处理利用。自 2016 年起，新建、改建、扩建规模化畜禽养殖场（小区）要实施雨污分流、粪便污水资源化利用。（农业部牵头，环境保护部参与）

控制农业面源污染。制定实施全国农业面源污染综合防治方案。推广低毒、低残留农药使用补助试点经验，开展农作物病虫害绿色防控和统防统治。实行测土配方施肥，推广精准施肥技术和机具。完善高标准农田建设、土地开发整理等标准规范，明确环保要求，新建高标准农田要达到相关环保要求。敏感区域和大中型灌区，要利用现有沟、塘、窖等，配置水生植物群落、格栅和透水坝，建设生态沟渠、污水净化塘、地表径流集蓄池等设施，净化农田排水及地表径流。到2020年，测土配方施肥技术推广覆盖率达到90%以上，化肥利用率提高到40%以上，农作物病虫害统防统治覆盖率达到40%以上；京津冀、长三角、珠三角等区域提前一年完成。（农业部牵头，发展改革委、工业和信息化部、国土资源部、环境保护部、水利部、质检总局等参与）

调整种植业结构与布局。在缺水地区试行退地减水。地下水易受污染地区要优先种植需肥需药量低、环境效益突出的农作物。地表水过度开发和地下水超采问题较严重，且农业用水比重较大的甘肃、新疆（含新疆生产建设兵团）、河北、山东、河南等五省（区），要适当减少用水量较大的农作物种植面积，改种耐旱作物和经济林；2018年底前，对3 300万亩灌溉面积实施综合治理，退减水量37亿立方米以上。（农业部、水利部牵头，发展改革委、国土资源部等参与）

加快农村环境综合整治。以县级行政区域为单元，实行农村污水处理统一规划、统一建设、统一管理，有条件的地区积极推进城镇污水处理设施和服务向农村延伸。深化"以奖促治"政策，实施农村清洁工程，开展河道清淤疏浚，推进农村环境连片整治。到2020年，新增完成环境综合整治的建制村13万个。（环境保护部牵头，住房城乡建设部、水利部、农业部等参与）

（四）加强船舶港口污染控制。积极治理船舶污染。依法强制报废超过使用年限的船舶。分类分级修订船舶及其设施、设备的相关环保标准。2018年起投入使用的沿海船舶、2021年起投入使用的内河船舶执行新的标准；其他船舶于2020年底前完成改造，经改造仍不能达到要求的，限期予以淘汰。航行于我国水域的国际航线船舶，要实施压载水交换或安装压载水灭活处理系统。规范拆船行为，禁止冲滩拆解。（交通运输部牵头，工业和信息化部、环境保护部、农业部、质检总局等参与）

增强港口码头污染防治能力。编制实施全国港口、码头、装卸站污染防治方案。加快垃圾接收、转运及处理处置设施建设，提高含油污水、化学品洗舱水等接收处置能力及污染事故应急能力。位于沿海和内河的港口、码头、装卸站及船舶修造厂，分别于2017年底前和2020年底前达到建设要求。港口、码头、装卸站的经营人应制定防治船舶及其有关活动污染水环境的应急计划。（交通运输部牵头，工业和信息化部、住房城乡建设部、农业部等参与）

二、推动经济结构转型升级

（五）调整产业结构。依法淘汰落后产能。自2015年起，各地要依据部分工业行业淘汰落后生产工艺装备和产品指导目录、产业结构调整指导目录及相关行业污染物排放标准，结合水质改善要求及产业发展情况，制定并实施分年度的落后产能淘汰方案，报工业和信息化部、环境保护部备案。未完成淘汰任务的地区，暂停审批和核准其相关行业新建项目。（工业和信息化部牵头，发展改革委、环境保护部等参与）

严格环境准入。根据流域水质目标和主体功能区规划要求，明确区域环境准入条件，细化功能分区，实施差别化环境准入政策。建立水资源、水环境承载能力监测评价体系，实行承载能力监测预警，已超过承载能力的地区要实施水污染物削减方案，加快调整发展规划和产业结构。到2020年，组织完成市、县域水资源、水环境承载能力现状评价。（环境保护部牵头，住房城乡建设部、水利部、海洋局等参与）

（六）优化空间布局。合理确定发展布局、结构和规模。充分考虑水资源、水环境承载能力，以水定城、以水定地、以水定人、以水定产。重大项目原则上布局在优化开发区和重点开发区，并符合城乡规划和土地利用总体规划。鼓励发展节水高效现代农业、低耗水高新技术产业以及生态保护型旅游业，严格控制缺水地区、水污染严重地区和敏感区域高耗水、高污染行业发展，新建、改建、扩建重点行业建设项目实行主要污染物排放减量置换。七大重点流域干流沿岸，要严格控制石油加工、化学原料和化学制品制造、医药制造、化学纤维制造、有色金属冶炼、纺织印染等项目环境风险，合理布局生产装置及危险化学品仓储等设施。（发展改革委、工业和信息化部牵头，国土资源部、环境保护部、住房城乡建

设部、水利部等参与）

推动污染企业退出。城市建成区内现有钢铁、有色金属、造纸、印染、原料药制造、化工等污染较重的企业应有序搬迁改造或依法关闭。（工业和信息化部牵头，环境保护部等参与）

积极保护生态空间。严格城市规划蓝线管理，城市规划区范围内应保留一定比例的水域面积。新建项目一律不得违规占用水域。严格水域岸线用途管制，土地开发利用应按照有关法律法规和技术标准要求，留足河道、湖泊和滨海地带的管理和保护范围，非法挤占的应限期退出。（国土资源部、住房城乡建设部牵头，环境保护部、水利部、海洋局等参与）

（七）推进循环发展。加强工业水循环利用。推进矿井水综合利用，煤炭矿区的补充用水、周边地区生产和生态用水应优先使用矿井水，加强洗煤废水循环利用。鼓励钢铁、纺织印染、造纸、石油石化、化工、制革等高耗水企业废水深度处理回用。（发展改革委、工业和信息化部牵头，水利部、能源局等参与）

促进再生水利用。以缺水及水污染严重地区城市为重点，完善再生水利用设施，工业生产、城市绿化、道路清扫、车辆冲洗、建筑施工以及生态景观等用水，要优先使用再生水。推进高速公路服务区污水处理和利用。具备使用再生水条件但未充分利用的钢铁、火电、化工、制浆造纸、印染等项目，不得批准其新增取水许可。自 2018 年起，单体建筑面积超过 2 万平方米的新建公共建筑，北京市 2 万平方米、天津市 5 万平方米、河北省 10 万平方米以上集中新建的保障性住房，应安装建筑中水设施。积极推动其他新建住房安装建筑中水设施。到 2020 年，缺水城市再生水利用率达到 20%以上，京津冀区域达到 30%以上。（住房城乡建设部牵头，发展改革委、工业和信息化部、环境保护部、交通运输部、水利部等参与）

推动海水利用。在沿海地区电力、化工、石化等行业，推行直接利用海水作为循环冷却等工业用水。在有条件的城市，加快推进淡化海水作为生活用水补充水源。（发展改革委牵头，工业和信息化部、住房城乡建设部、水利部、海洋局等参与）

三、着力节约保护水资源

（八）控制用水总量。实施最严格水资源管理。健全取用水总量控制指标体系。加强相关规划和项目建设布局水资源论证工作，国民经济和社会发展规划以及城市总体规划的编制、重大建设项目的布局，应充分考虑当地水资源条件和防洪要求。对取用水总量已达到或超过控制指标的地区，暂停审批其建设项目新增取水许可。对纳入取水许可管理的单位和其他用水大户实行计划用水管理。新建、改建、扩建项目用水要达到行业先进水平，节水设施应与主体工程同时设计、同时施工、同时投运。建立重点监控用水单位名录。到 2020 年，全国用水总量控制在 6 700 亿立方米以内。（水利部牵头，发展改革委、工业和信息化部、住房城乡建设部、农业部等参与）

严控地下水超采。在地面沉降、地裂缝、岩溶塌陷等地质灾害易发区开发利用地下水，应进行地质灾害危险性评估。严格控制开采深层承压水，地热水、矿泉水开发应严格实行取水许可和采矿许可。依法规范机井建设管理，排查登记已建机井，未经批准的和公共供水管网覆盖范围内的自备水井，一律予以关闭。编制地面沉降区、海水入侵区等区域地下水压采方案。开展华北地下水超采区综合治理，超采区内禁止工农业生产及服务业新增取用地下水。京津冀区域实施土地整治、农业开发、扶贫等农业基础设施项目，不得以配套打井为条件。2017 年底前，完成地下水禁采区、限采区和地面沉降控制区范围划定工作，京津冀、长三角、珠三角等区域提前一年完成。（水利部、国土资源部牵头，发展改革委、工业和信息化部、财政部、住房城乡建设部、农业部等参与）

（九）提高用水效率。建立万元国内生产总值水耗指标等用水效率评估体系，把节水目标任务完成情况纳入地方政府政绩考核。将再生水、雨水和微咸水等非常规水源纳入水资源统一配置。到 2020 年，全国万元国内生产总值用水量、万元工业增加值用水量比 2013 年分别下降 35%、30%以上。（水利部牵

头，发展改革委、工业和信息化部、住房城乡建设部等参与）

抓好工业节水。制定国家鼓励和淘汰的用水技术、工艺、产品和设备目录，完善高耗水行业取用水定额标准。开展节水诊断、水平衡测试、用水效率评估，严格用水定额管理。到 2020 年，电力、钢铁、纺织、造纸、石油石化、化工、食品发酵等高耗水行业达到先进定额标准。（工业和信息化部、水利部牵头，发展改革委、住房城乡建设部、质检总局等参与）

加强城镇节水。禁止生产、销售不符合节水标准的产品、设备。公共建筑必须采用节水器具，限期淘汰公共建筑中不符合节水标准的水嘴、便器水箱等生活用水器具。鼓励居民家庭选用节水器具。对使用超过 50 年和材质落后的供水管网进行更新改造，到 2017 年，全国公共供水管网漏损率控制在 12%以内；到 2020 年，控制在 10%以内。积极推行低影响开发建设模式，建设滞、渗、蓄、用、排相结合的雨水收集利用设施。新建城区硬化地面，可渗透面积要达到 40%以上。到 2020 年，地级及以上缺水城市全部达到国家节水型城市标准要求，京津冀、长三角、珠三角等区域提前一年完成。（住房城乡建设部牵头，发展改革委、工业和信息化部、水利部、质检总局等参与）

发展农业节水。推广渠道防渗、管道输水、喷灌、微灌等节水灌溉技术，完善灌溉用水计量设施。在东北、西北、黄淮海等区域，推进规模化高效节水灌溉，推广农作物节水抗旱技术。到 2020 年，大型灌区、重点中型灌区续建配套和节水改造任务基本完成，全国节水灌溉工程面积达到 7 亿亩左右，农田灌溉水有效利用系数达到 0.55 以上。（水利部、农业部牵头，发展改革委、财政部等参与）

（十）科学保护水资源。完善水资源保护考核评价体系。加强水功能区监督管理，从严核定水域纳污能力。（水利部牵头，发展改革委、环境保护部等参与）

加强江河湖库水量调度管理。完善水量调度方案。采取闸坝联合调度、生态补水等措施，合理安排闸坝下泄水量和泄流时段，维持河湖基本生态用水需求，重点保障枯水期生态基流。加大水利工程建设力度，发挥好控制性水利工程在改善水质中的作用。（水利部牵头，环境保护部参与）

科学确定生态流量。在黄河、淮河等流域进行试点，分期分批确定生态流量（水位），作为流域水量调度的重要参考。（水利部牵头，环境保护部参与）

四、强化科技支撑

（十一）推广示范适用技术。加快技术成果推广应用，重点推广饮用水净化、节水、水污染治理及循环利用、城市雨水收集利用、再生水安全回用、水生态修复、畜禽养殖污染防治等适用技术。完善环保技术评价体系，加强国家环保科技成果共享平台建设，推动技术成果共享与转化。发挥企业的技术创新主体作用，推动水处理重点企业与科研院所、高等学校组建产学研技术创新战略联盟，示范推广控源减排和清洁生产先进技术。（科技部牵头，发展改革委、工业和信息化部、环境保护部、住房城乡建设部、水利部、农业部、海洋局等参与）

（十二）攻关研发前瞻技术。整合科技资源，通过相关国家科技计划（专项、基金）等，加快研发重点行业废水深度处理、生活污水低成本高标准处理、海水淡化和工业高盐废水脱盐、饮用水微量有毒污染物处理、地下水污染修复、危险化学品事故和水上溢油应急处置等技术。开展有机物和重金属等水环境基准、水污染对人体健康影响、新型污染物风险评价、水环境损害评估、高品质再生水补充饮用水水源等研究。加强水生态保护、农业面源污染防治、水环境监控预警、水处理工艺技术装备等领域的国际交流合作。（科技部牵头，发展改革委、工业和信息化部、国土资源部、环境保护部、住房城乡建设部、水利部、农业部、卫生计生委等参与）

（十三）大力发展环保产业。规范环保产业市场。对涉及环保市场准入、经营行为规范的法规、规章和规定进行全面梳理，废止妨碍形成全国统一环保市场和公平竞争的规定和做法。健全环保工程设计、建设、运营等领域招投标管理办法和技术标准。推进先进适用的节水、治污、修复技术和装备产业化发

展。（发展改革委牵头，科技部、工业和信息化部、财政部、环境保护部、住房城乡建设部、水利部、海洋局等参与）

加快发展环保服务业。明确监管部门、排污企业和环保服务公司的责任和义务，完善风险分担、履约保障等机制。鼓励发展包括系统设计、设备成套、工程施工、调试运行、维护管理的环保服务总承包模式、政府和社会资本合作模式等。以污水、垃圾处理和工业园区为重点，推行环境污染第三方治理。（发展改革委、财政部牵头，科技部、工业和信息化部、环境保护部、住房城乡建设部等参与）

五、充分发挥市场机制作用

（十四）理顺价格税费。加快水价改革。县级及以上城市应于2015年底前全面实行居民阶梯水价制度，具备条件的建制镇也要积极推进。2020年底前，全面实行非居民用水超定额、超计划累进加价制度。深入推进农业水价综合改革。（发展改革委牵头，财政部、住房城乡建设部、水利部、农业部等参与）

完善收费政策。修订城镇污水处理费、排污费、水资源费征收管理办法，合理提高征收标准，做到应收尽收。城镇污水处理收费标准不应低于污水处理和污泥处理处置成本。地下水水资源费征收标准应高于地表水，超采地区地下水水资源费征收标准应高于非超采地区。（发展改革委、财政部牵头，环境保护部、住房城乡建设部、水利部等参与）

健全税收政策。依法落实环境保护、节能节水、资源综合利用等方面税收优惠政策。对国内企业为生产国家支持发展的大型环保设备，必需进口的关键零部件及原材料，免征关税。加快推进环境保护税立法、资源税税费改革等工作。研究将部分高耗能、高污染产品纳入消费税征收范围。（财政部、税务总局牵头，发展改革委、工业和信息化部、商务部、海关总署、质检总局等参与）

（十五）促进多元融资。引导社会资本投入。积极推动设立融资担保基金，推进环保设备融资租赁业务发展。推广股权、项目收益权、特许经营权、排污权等质押融资担保。采取环境绩效合同服务、授予开发经营权益等方式，鼓励社会资本加大水环境保护投入。（人民银行、发展改革委、财政部牵头，环境保护部、住房城乡建设部、银监会、证监会、保监会等参与）

增加政府资金投入。中央财政加大对属于中央事权的水环境保护项目支持力度，合理承担部分属于中央和地方共同事权的水环境保护项目，向欠发达地区和重点地区倾斜；研究采取专项转移支付等方式，实施“以奖代补”。地方各级人民政府要重点支持污水处理、污泥处理处置、河道整治、饮用水水源保护、畜禽养殖污染防治、水生态修复、应急清污等项目和工作。对环境监管能力建设及运行费用分级予以必要保障。（财政部牵头，发展改革委、环境保护部等参与）

（十六）建立激励机制。健全节水环保“领跑者”制度。鼓励节能减排先进企业、工业集聚区用水效率、排污强度等达到更高标准，支持开展清洁生产、节约用水和污染治理等示范。（发展改革委牵头，工业和信息化部、财政部、环境保护部、住房城乡建设部、水利部等参与）

推行绿色信贷。积极发挥政策性银行等金融机构在水环境保护中的作用，重点支持循环经济、污水处理、水资源节约、水生态环境保护、清洁及可再生能源利用等领域。严格限制环境违法企业贷款。加强环境信用体系建设，构建守信激励与失信惩戒机制，环保、银行、证券、保险等方面要加强协作联动，于2017年底前分级建立企业环境信用评价体系。鼓励涉重金属、石油化工、危险化学品运输等高环境风险行业投保环境污染责任保险。（人民银行牵头，工业和信息化部、环境保护部、水利部、银监会、证监会、保监会等参与）

实施跨界水环境补偿。探索采取横向资金补助、对口援助、产业转移等方式，建立跨界水环境补偿机制，开展补偿试点。深化排污权有偿使用和交易试点。（财政部牵头，发展改革委、环境保护部、水利部等参与）

六、严格环境执法监管

（十七）完善法规标准。健全法律法规。加快水污染防治、海洋环境保护、排污许可、化学品环境管理等法律法规制修订步伐，研究制定环境质量目标管理、环境功能区划、节水及循环利用、饮用水水源保护、污染责任保险、水功能区监督管理、地下水管理、环境监测、生态流量保障、船舶和陆源污染防治等法律法规。各地可结合实际，研究起草地方性水污染防治法规。（法制办牵头，发展改革委、工业和信息化部、国土资源部、环境保护部、住房城乡建设部、交通运输部、水利部、农业部、卫生计生委、保监会、海洋局等参与）

完善标准体系。制修订地下水、地表水和海洋等环境质量标准，城镇污水处理、污泥处理处置、农田退水等污染物排放标准。健全重点行业水污染物特别排放限值、污染防治技术政策和清洁生产评价指标体系。各地可制定严于国家标准的地方水污染物排放标准。（环境保护部牵头，发展改革委、工业和信息化部、国土资源部、住房城乡建设部、水利部、农业部、质检总局等参与）

（十八）加大执法力度。所有排污单位必须依法实现全面达标排放。逐一排查工业企业排污情况，达标企业应采取措施确保稳定达标；对超标和超总量的企业予以“黄牌”警示，一律限制生产或停产整治；对整治仍不能达到要求且情节严重的企业予以“红牌”处罚，一律停业、关闭。自2016年起，定期公布环保“黄牌”、“红牌”企业名单。定期抽查排污单位达标排放情况，结果向社会公布。（环境保护部负责）

完善国家督查、省级巡查、地市检查的环境监督执法机制，强化环保、公安、监察等部门和单位协作，健全行政执法与刑事司法衔接配合机制，完善案件移送、受理、立案、通报等规定。加强对地方人民政府和有关部门环保工作的监督，研究建立国家环境监察专员制度。（环境保护部牵头，工业和信息化部、公安部、中央编办等参与）

严厉打击环境违法行为。重点打击私设暗管或利用渗井、渗坑、溶洞排放、倾倒含有毒有害污染物废水、含病原体污水，监测数据弄虚作假，不正常使用水污染物处理设施，或者未经批准拆除、闲置水污染物处理设施等环境违法行为。对造成生态损害的责任者严格落实赔偿制度。严肃查处建设项目环境影响评价领域越权审批、未批先建、边批边建、久试不验等违法违规行为。对构成犯罪的，要依法追究刑事责任。（环境保护部牵头，公安部、住房城乡建设部等参与）

（十九）提升监管水平。完善流域协作机制。健全跨部门、区域、流域、海域水环境保护议事协调机制，发挥环境保护区域督查派出机构和流域水资源保护机构作用，探索建立陆海统筹的生态系统保护修复机制。流域上下游各级政府、各部门之间要加强协调配合、定期会商，实施联合监测、联合执法、应急联动、信息共享。京津冀、长三角、珠三角等区域要于2015年底前建立水污染防治联动协作机制。建立严格监管所有污染物排放的水环境保护管理制度。（环境保护部牵头，交通运输部、水利部、农业部、海洋局等参与）

完善水环境监测网络。统一规划设置监测断面（点位）。提升饮用水水源水质全指标监测、水生生物监测、地下水环境监测、化学物质监测及环境风险防控技术支撑能力。2017年底前，京津冀、长三角、珠三角等区域、海域建成统一的水环境监测网。（环境保护部牵头，发展改革委、国土资源部、住房城乡建设部、交通运输部、水利部、农业部、海洋局等参与）

提高环境监管能力。加强环境监测、环境监察、环境应急等专业技术培训，严格落实执法、监测等人员持证上岗制度，加强基层环保执法力量，具备条件的乡镇（街道）及工业园区要配备必要的环境监管力量。各市、县应自2016年起实行环境监管网格化管理。（环境保护部负责）

七、切实加强水环境管理

（二十）强化环境质量目标管理。明确各类水体水质保护目标，逐一排查达标状况。未达到水质目标要求的地区要制定达标方案，将治污任务逐一落实到汇水范围内的排污单位，明确防治措施及达标时限，方案报上一级人民政府备案，自 2016 年起，定期向社会公布。对水质不达标的区域实施挂牌督办，必要时采取区域限批等措施。（环境保护部牵头，水利部参与）

（二十一）深化污染物排放总量控制。完善污染物统计监测体系，将工业、城镇生活、农业、移动源等各类污染源纳入调查范围。选择对水环境质量有突出影响的总氮、总磷、重金属等污染物，研究纳入流域、区域污染物排放总量控制约束性指标体系。（环境保护部牵头，发展改革委、工业和信息化部、住房城乡建设部、水利部、农业部等参与）

（二十二）严格环境风险控制。防范环境风险。定期评估沿江河湖库工业企业、工业集聚区环境和健康风险，落实防控措施。评估现有化学物质环境和健康风险，2017 年底前公布优先控制化学品名录，对高风险化学品生产、使用进行严格限制，并逐步淘汰替代。（环境保护部牵头，工业和信息化部、卫生计生委、安全监管总局等参与）

稳妥处置突发水环境污染事件。地方各级人民政府要制定和完善水污染事故处置应急预案，落实责任主体，明确预警预报与响应程序、应急处置及保障措施等内容，依法及时公布预警信息。（环境保护部牵头，住房城乡建设部、水利部、农业部、卫生计生委等参与）

（二十三）全面推行排污许可。依法核发排污许可证。2015 年底前，完成国控重点污染源及排污权有偿使用和交易试点地区污染源排污许可证的核发工作，其他污染源于 2017 年底前完成。（环境保护部负责）

加强许可证管理。以改善水质、防范环境风险为目标，将污染物排放种类、浓度、总量、排放去向等纳入许可证管理范围。禁止无证排污或不按许可证规定排污。强化海上排污监管，研究建立海上污染排放许可证制度。2017 年底前，完成全国排污许可证管理信息平台建设。（环境保护部牵头，海洋局参与）

八、全力保障水生态环境安全

（二十四）保障饮用水水源安全。从水源到水龙头全过程监管饮用水安全。地方各级人民政府及供水单位应定期监测、检测和评估本行政区域内饮用水水源、供水厂出水和用户水龙头水质等饮水安全状况，地级及以上城市自 2016 年起每季度向社会公开。自 2018 年起，所有县级及以上城市饮水安全状况信息都要向社会公开。（环境保护部牵头，发展改革委、财政部、住房城乡建设部、水利部、卫生计生委等参与）

强化饮用水水源环境保护。开展饮用水水源规范化建设，依法清理饮用水水源保护区内违法建筑和排污口。单一水源供水的地级及以上城市应于 2020 年底前基本完成备用水源或应急水源建设，有条件的地方可以适当提前。加强农村饮用水水源保护和水质检测。（环境保护部牵头，发展改革委、财政部、住房城乡建设部、水利部、卫生计生委等参与）

防治地下水污染。定期调查评估集中式地下水型饮用水水源补给区等区域环境状况。石化生产存贮销售企业和工业园区、矿山开采区、垃圾填埋场等区域应进行必要的防渗处理。加油站地下油罐应于 2017 年底前全部更新为双层罐或完成防渗池设置。报废矿井、钻井、取水井应实施封井回填。公布京津冀等区域内环境风险大、严重影响公众健康的地下水污染场地清单，开展修复试点。（环境保护部牵头，财政部、国土资源部、住房城乡建设部、水利部、商务部等参与）

（二十五）深化重点流域污染防治。编制实施七大重点流域水污染防治规划。研究建立流域水生态环境功能分区管理体系。对化学需氧量、氨氮、总磷、重金属及其他影响人体健康的污染物采取针对性措施，加大整治力度。汇入富营养化湖库的河流应实施总氮排放控制。到2020年，长江、珠江总体水质达到优良，松花江、黄河、淮河、辽河在轻度污染基础上进一步改善，海河污染程度得到缓解。三峡库区水质保持良好，南水北调、引滦入津等调水工程确保水质安全。太湖、巢湖、滇池富营养化水平有所好转。白洋淀、乌梁素海、呼伦湖、艾比湖等湖泊污染程度减轻。环境容量较小、生态环境脆弱，环境风险高的地区，应执行水污染物特别排放限值。各地可根据水环境质量改善需要，扩大特别排放限值实施范围。（环境保护部牵头，发展改革委、工业和信息化部、财政部、住房城乡建设部、水利部等参与）

加强良好水体保护。对江河源头及现状水质达到或优于Ⅲ类的江河湖库开展生态环境安全评估，制定实施生态环境保护方案。东江、滦河、千岛湖、南四湖等流域于2017年底前完成。浙闽片河流、西南诸河、西北诸河及跨界水体水质保持稳定。（环境保护部牵头，外交部、发展改革委、财政部、水利部、林业局等参与）

（二十六）加强近岸海域环境保护。实施近岸海域污染防治方案。重点整治黄河口、长江口、闽江口、珠江口、辽东湾、渤海湾、胶州湾、杭州湾、北部湾等河口海湾污染。沿海地级及以上城市实施总氮排放总量控制。研究建立重点海域排污总量控制制度。规范入海排污口设置，2017年底前全面清理非法或设置不合理的入海排污口。到2020年，沿海省（区、市）入海河流基本消除劣于Ⅴ类的水体。提高涉海项目准入门槛。（环境保护部、海洋局牵头，发展改革委、工业和信息化部、财政部、住房城乡建设部、交通运输部、农业部等参与）

推进生态健康养殖。在重点河湖及近岸海域划定限制养殖区。实施水产养殖池塘、近海养殖网箱标准化改造，鼓励有条件的渔业企业开展海洋离岸养殖和集约化养殖。积极推广人工配合饲料，逐步减少冰鲜杂鱼饲料使用。加强养殖投入品管理，依法规范、限制使用抗生素等化学药品，开展专项整治。到2015年，海水养殖面积控制在220万公顷左右。（农业部负责）

严格控制环境激素类化学品污染。2017年底前完成环境激素类化学品生产使用情况调查，监控评估水源地、农产品种植区及水产品集中养殖区风险，实施环境激素类化学品淘汰、限制、替代等措施。（环境保护部牵头，工业和信息化部、农业部等参与）

（二十七）整治城市黑臭水体。采取控源截污、垃圾清理、清淤疏浚、生态修复等措施，加大黑臭水体治理力度，每半年向社会公布治理情况。地级及以上城市建成区应于2015年底前完成水体排查，公布黑臭水体名称、责任人及达标期限；于2017年底前实现河面无大面积漂浮物，河岸无垃圾，无违法排污口；于2020年底前完成黑臭水体治理目标。直辖市、省会城市、计划单列市建成区要于2017年底前基本消除黑臭水体。（住房城乡建设部牵头，环境保护部、水利部、农业部等参与）

（二十八）保护水和湿地生态系统。加强河湖水生态保护，科学划定生态保护红线。禁止侵占自然湿地等水源涵养空间，已侵占的要限期予以恢复。强化水源涵养林建设与保护，开展湿地保护与修复，加大退耕还林、还草、还湿力度。加强滨河（湖）带生态建设，在河道两侧建设植被缓冲带和隔离带。加大水生野生动植物类自然保护区和水产种质资源保护区保护力度，开展珍稀濒危水生生物和重要水产种质资源的就地和迁地保护，提高水生生物多样性。2017年底前，制定实施七大重点流域水生生物多样性保护方案。（环境保护部、林业局牵头，财政部、国土资源部、住房城乡建设部、水利部、农业部等参与）

保护海洋生态。加大红树林、珊瑚礁、海草床等滨海湿地、河口和海湾典型生态系统，以及产卵场、索饵场、越冬场、洄游通道等重要渔业水域的保护力度，实施增殖放流，建设人工鱼礁。开展海洋生态补偿及赔偿等研究，实施海洋生态修复。认真执行围填海管制计划，严格围填海管理和监督，重点海湾、海洋自然保护区的核心区及缓冲区、海洋特别保护区的重点保护区及预留区、重点河口区域、重要滨海湿地区域、重要砂质岸线及沙源保护海域、特殊保护海岛及重要渔业海域禁止实施围填海，生态脆弱敏感区、自净能力差的海域严格限制围填海。严肃查处违法围填海行为，追究相关人员责任。将自然海岸线保护纳入沿海地方政府政绩考核。到2020年，全国自然岸线保有率不低于35%（不包括海岛岸线）。（环境保护部、海洋局牵头，发展改革委、财政部、农业部、林业局等参与）

九、明确和落实各方责任

（二十九）强化地方政府水环境保护责任。各级地方人民政府是实施本行动计划的主体，要于2015年底前分别制定并公布水污染防治工作方案，逐年确定分流域、分区域、分行业的重点任务和年度目标。要不断完善政策措施，加大资金投入，统筹城乡水污染治理，强化监管，确保各项任务全面完成。各省（区、市）工作方案报国务院备案。（环境保护部牵头，发展改革委、财政部、住房城乡建设部、水利部等参与）

（三十）加强部门协调联动。建立全国水污染防治工作协作机制，定期研究解决重大问题。各有关部门要认真按照职责分工，切实做好水污染防治相关工作。环境保护部要加强统一指导、协调和监督，工作进展及时向国务院报告。（环境保护部牵头，发展改革委、科技部、工业和信息化部、财政部、住房城乡建设部、水利部、农业部、海洋局等参与）

（三十一）落实排污单位主体责任。各类排污单位要严格执行环保法律法规和制度，加强污染治理设施建设和运行管理，开展自行监测，落实治污减排、环境风险防范等责任。中央企业和国有企业要带头落实，工业集聚区内的企业要探索建立环保自律机制。（环境保护部牵头，国资委参与）

（三十二）严格目标任务考核。国务院与各省（区、市）人民政府签订水污染防治目标责任书，分解落实目标任务，切实落实"一岗双责"。每年分流域、分区域、分海域对行动计划实施情况进行考核，考核结果向社会公布，并作为对领导班子和领导干部综合考核评价的重要依据。（环境保护部牵头，中央组织部参与）

将考核结果作为水污染防治相关资金分配的参考依据。（财政部、发展改革委牵头，环境保护部参与）

对未通过年度考核的，要约谈省级人民政府及其相关部门有关负责人，提出整改意见，予以督促；对有关地区和企业实施建设项目环评限批。对因工作不力、履职缺位等导致未能有效应对水环境污染事件的，以及干预、伪造数据和没有完成年度目标任务的，要依法依纪追究有关单位和人员责任。对不顾生态环境盲目决策，导致水环境质量恶化，造成严重后果的领导干部，要记录在案，视情节轻重，给予组织处理或党纪政纪处分，已经离任的也要终身追究责任。（环境保护部牵头，监察部参与）

十、强化公众参与和社会监督

（三十三）依法公开环境信息。综合考虑水环境质量及达标情况等因素，国家每年公布最差、最好的10个城市名单和各省（区、市）水环境状况。对水环境状况差的城市，经整改后仍达不到要求的，取消其环境保护模范城市、生态文明建设示范区、节水型城市、园林城市、卫生城市等荣誉称号，并向社会公告。（环境保护部牵头，发展改革委、住房城乡建设部、水利部、卫生计生委、海洋局等参与）

各省（区、市）人民政府要定期公布本行政区域内各地级市（州、盟）水环境质量状况。国家确定的重点排污单位应依法向社会公开其产生的主要污染物名称、排放方式、排放浓度和总量、超标排放情况，以及污染防治设施的建设和运行情况，主动接受监督。研究发布工业集聚区环境友好指数、重点行业污染物排放强度、城市环境友好指数等信息。（环境保护部牵头，发展改革委、工业和信息化部等参与）

（三十四）加强社会监督。为公众、社会组织提供水污染防治法规培训和咨询，邀请其全程参与重要环保执法行动和重大水污染事件调查。公开曝光环境违法典型案件。健全举报制度，充分发挥"12369"

环保举报热线和网络平台作用。限期办理群众举报投诉的环境问题，一经查实，可给予举报人奖励。通过公开听证、网络征集等形式，充分听取公众对重大决策和建设项目的意见。积极推行环境公益诉讼。（环境保护部负责）

（三十五）构建全民行动格局。树立“节水洁水，人人有责”的行为准则。加强宣传教育，把水资源、水环境保护和水情知识纳入国民教育体系，提高公众对经济社会发展和环境保护客观规律的认识。依托全国中小学节水教育、水土保持教育、环境教育等社会实践基地，开展环保社会实践活动。支持民间环保机构、志愿者开展工作。倡导绿色消费新风尚，开展环保社区、学校、家庭等群众性创建活动，推动节约用水，鼓励购买使用节水产品和环境标志产品。（环境保护部牵头，教育部、住房城乡建设部、水利部等参与）

我国正处于新型工业化、信息化、城镇化和农业现代化快速发展阶段，水污染防治任务繁重艰巨。各地区、各有关部门要切实处理好经济社会发展和生态文明建设的关系，按照“地方履行属地责任、部门强化行业管理”的要求，明确执法主体和责任主体，做到各司其职，恪尽职守，突出重点，综合整治，务求实效，以抓铁有痕、踏石留印的精神，依法依规狠抓贯彻落实，确保全国水环境治理与保护目标如期实现，为实现“两个一百年”奋斗目标和中华民族伟大复兴中国梦做出贡献。

关于印发 2015 年推进简政放权放管结合转变政府职能工作方案的通知

（国发〔2015〕29 号）

各省、自治区、直辖市人民政府，国务院各部委、各直属机构：

国务院批准《2015 年推进简政放权放管结合转变政府职能工作方案》，现予印发，请认真贯彻落实。

国务院

2015 年 5 月 12 日

2015 年推进简政放权放管结合转变政府职能工作方案

党的十八大和十八届二中、三中、四中全会对全面深化改革、加快转变政府职能作出了部署，提出了要求。两年多来，国务院把简政放权作为全面深化改革的“先手棋”和转变政府职能的“当头炮”，采取了一系列重大改革措施，有效释放了市场活力，激发了社会创造力，扩大了就业，促进了对外开放，推动了政府管理创新，取得了积极成效。2015 年是全面深化改革的关键之年，是全面推进依法治国的开局之年，也是稳增长调结构的紧要之年，简政放权、放管结合和转变政府职能的任务更加紧迫、更加艰巨。为把这项改革向纵深推进，在重要领域和关键环节继续取得突破性进展，促进经济社会持续平稳健康发展，制定本方案。

一、总体要求

（一）指导思想。

全面贯彻党的十八大和十八届二中、三中、四中全会精神，按照“四个全面”战略布局，落实中央经济工作会议部署和《政府工作报告》确定的任务要求，紧扣打造“双引擎”、实现“双中高”，主动适应和引领经济发展新常态，协同推进简政放权、放管结合、优化服务，坚持民意为先、问题导向，重点围绕阻碍创新发展的“堵点”、影响干事创业的“痛点”和市场监管的“盲点”，拿出硬措施，打出组合拳，在放权上求实效，在监管上求创新，在服务上求提升，在深化行政管理体制改革，建设法治政府、创新政府、廉洁政府和服务型政府方面迈出坚实步伐，促进政府治理能力现代化。

（二）工作目标。

2015 年，推进简政放权、放管结合和转变政府职能工作，要适应改革发展新形势、新任务，从重数量向提高含金量转变，从“给群众端菜”向“让群众点菜”转变，从分头分层级推进向纵横联动、协同并进转变，从减少审批向放权、监管、服务并重转变，统筹推进行政审批、投资审批、职业资格、收费管理、商事制度、教科文卫体等领域改革，着力解决跨领域、跨部门、跨层级的重大问题。继续取消含金量高的行政审批事项，彻底取消非行政许可审批类别，大力简化投资审批，实现“三证合一”“一照一码”，全面清理并取消一批收费项目和资质资格认定，出台一批规范行政权力运行、提高行政审批效率的制度和措施，推出一批创新监管、改进服务的举措，为企业松绑减负，为创业创新清障搭台，为稳增长、促改革、调结构、惠民生提供有力支撑，培育经济社会发展新动力。

二、主要任务

（一）深入推进行政审批改革。

全面清理中央指定地方实施的行政审批事项，公布清单、锁定底数，今年取消 200 项以上。全面清理和取消国务院部门非行政许可审批事项，不再保留“非行政许可审批”这一审批类别。继续取消和下放国务院部门行政审批事项，进一步提高简政放权的含金量。基本完成省级政府工作部门、依法承担行政职能事业单位权力清单的公布工作。研究建立国务院部门权力清单和责任清单制度，开展编制权力清单和责任清单的试点工作。严格落实规范行政审批行为的有关法规、文件要求，国务院部门所有行政审批事项都要逐项公开审批流程，压缩并明确审批时限，约束自由裁量权，以标准化促进规范化。研究提出指导规范国务院部门证照管理的工作方案，对增加企业负担的证照进行清理规范。清理规范国务院部门行政审批中介服务，公布保留的国务院部门行政审批中介服务事项清单，破除垄断，规范收费，加强监管。对国务院已取消下放的行政审批事项，要严肃纪律、严格执行，彻底放、放到位，及时纠正明放暗留、变相审批、弄虚作假等行为。

（二）深入推进投资审批改革。

按照《政府核准的投资项目目录（2014 年本）》，进一步取消下放投资审批权限。制定并公开企业投资项目核准及强制性中介服务事项目录清单，简化投资项目报建手续，大幅减少申报材料，压缩前置审批环节并公开审批时限。制订《政府核准和备案投资项目管理条例》。推进落实企业投资项目网上并联核准制度，加快建设信息共享、覆盖全国的投资项目在线审批监管平台。创新投资管理方式，抓紧建立协同监管机制，推动国务院有关部门主动协同放权、落实限时办结制度，督促地方抓紧制定细化、可操作的工作方案和配套措施。打破信息孤岛，加快信息资源开放共享，推动有关部门间横向联通，促进中央与地方纵向贯通，实现“制度+技术”的有效监管。

（三）深入推进职业资格改革。

进一步清理和取消职业资格许可认定，年内基本完成减少职业资格许可认定任务。指导督促地方做好取消本地区职业资格许可认定工作。研究建立国家职业资格目录清单管理制度，加强对新设职业资格的管理。研究制订职业资格设置管理和职业技能开发有关规定。加强对职业资格实施的监管，完善职业资格考试和鉴定制度，着力解决“挂证”“助考”“考培挂钩”等问题。制定行业组织承接水平评价类职业资格具体认定工作管理办法，推进水平评价类职业资格具体认定工作由行业协会等组织承担。加快完成国家职业分类大典修订工作，编制国家职业资格规划，形成与我国经济社会发展和人才队伍建设相适应的职业资格框架体系。

（四）深入推进收费清理改革。

坚决取缔违规设立的收费基金项目，凡没有法律法规依据、越权设立的，一律取消；凡擅自提高征收标准、扩大征收范围的，一律停止执行。清理规范按规定权限设立的收费基金，取消政府提供普遍公共服务或体现一般性管理职能的行政事业性收费；取消政策效应不明显、不适应市场经济发展需要的政府性基金；对收费超过服务成本，以及有较大收支结余的政府性基金，降低征收标准；整合重复设置的收费基金；依法将具有税收性质的收费基金并入相应的税种。清理规范具有强制垄断性的经营服务性收费，凡没有法定依据的行政审批中介服务项目及收费一律取消；不得将政府职责范围内的事项交由事业单位或中介组织承担并收费。整顿规范行业协会商会收费，坚决制止强制企业入会并收取会费，以及强制企业付费参加各类会议、培训、展览、评比表彰和强制赞助捐赠等行为；严禁行业协会商会依靠代行政府职能擅自设立收费项目。清理规范后保留的行政事业性收费、政府性基金和实行政府定价的经营服务性收费，实行收费目录清单管理，公布全国性、中央部门和单位及省级收费目录清单。开展收费监督检查，查处乱收费行为。

（五）深入推进商事制度改革。

推进工商营业执照、组织机构代码证、税务登记证“三证合一”，年内出台推进“三证合一”登记制度改革的意见，实现“一照一码”。全面清理涉及注册资本登记制度改革的部门规章和规范性文件。制定落实“先照后证”改革严格执行工商登记前置审批事项的意见。公开决定保留的前置审批事项目录。加快推进与“先照后证”改革相配套的管理规定修订工作。总结自由贸易试验区外商投资企业备案管理工作经验，加快在全国推进外商投资审批体制改革，进一步简化外商投资企业设立程序。建设小微企业名录，建立支持小微企业发展的信息互联互通机制，实现政策集中公示、扶持申请导航、享受扶持信息公示等。推进企业信用信息公示“全国一张网”建设。加快推进“信用中国”网站和统一的信用信息共享交换平台建设。继续创新优化登记方式，研究制定进一步放宽新注册企业场所登记条件限制的指导意见，指导督促地方制定出台、修改完善住所（经营场所）管理规定。组织开展企业名称登记管理改革试点。修订《企业经营范围登记管理规定》。简化和完善注销流程，开展个体工商户、未开业企业、无债权债务企业简易注销登记试点。制定进一步推进电子营业执照试点工作的意见，建设全国统一的电子营业执照系统。研究制定全国企业登记全程电子化实施方案。

（六）深入推进教科文卫体领域相关改革。

适应互联网、大数据等技术日新月异的趋势，围绕打造大众创业、万众创新和增加公共产品、公共服务“双引擎”，研究推进教科文卫体领域创新管理和服务的意见，尤其是对新技术、新业态、新模式，既解决“门槛过高”问题，又解决“无路可走”问题，主动开拓为企业和群众服务的新形式、新途径，营造良好的创业创新环境。落实好教科文卫体领域取消下放的行政审批事项，逐项检查中途截留、变相审批、随意新设、明减暗增等落实不到位的行为并加以整改。研究加强对教科文卫体领域取消下放行政审批事项的事中事后监管措施，逐项检查事中事后监管措施是否及时跟上、有力有效，是否存在监管漏洞和衔接缝隙，对发现的问题逐项整改。对教科文卫体领域现有行政审批事项进行全面梳理，再取消下放一批行政审批事项，协调研究解决工作中的重点难点问题。

（七）深入推进监管方式创新，着力优化政府服务。

按照简政放权、依法监管、公正透明、权责一致、社会共治原则，根据各地区各部门探索实践，积极借鉴国外成熟做法，转变监管理念，创新监管方式，提升监管效能，为各类市场主体营造公平竞争发展环境，使市场和社会既充满活力又规范有序。研究制订“先照后证”改革后加强事中事后监管的意见，开展加强对市场主体服务和监管的试点工作。抓紧建立统一的综合监管平台，推进综合执法。推进社会信用体系建设，建立信息披露和诚信档案制度、失信联合惩戒机制和黑名单制度。指导各地实施企业经营异常名录、严重违法企业名单等相关制度，构建跨部门执法联动响应及失信约束机制。积极运用大数据、云计算、物联网等信息化手段，探索实行“互联网+监管”新模式。推行随机抽查、告知承诺、举报奖励等办法，畅通群众投诉举报渠道，充分调动社会监督力量，落实企业首负责任，形成政府监管、企业自治、行业自律、社会监督的新格局。

以创业创新需求为导向，切实提高公共服务的针对性和实效性，为大众创业、万众创新提供全方位的服务，为人民群众提供公平、可及的服务。搭建为市场主体服务的公共平台，形成集聚效应，实现服务便利化、集约化、高效化。发展知识产权代理、法律、咨询、培训等服务，构建全链条的知识产权服务体系。提供有效管用的信息和数据，为市场主体创业创新和开拓市场提供信息服务。开展法律咨询服务，积极履行政府法律援助责任。加强就业指导和职业教育，做好大学生创业就业服务。制订完善人才政策，营造引智聚才的良好环境，为市场主体提供人力资源服务。创新公共服务提供方式，引入市场机制，凡是企业和社会组织有积极性、适合承担的，通过委托、承包、采购等方式尽可能发挥社会力量作用；确需政府参与的，也要更多采取政府和社会力量合作方式。政府要履行好保基本的兜底责任，切实保障困难群众的基本生活，消除影响群众干事创业的后顾之忧。

（八）进一步强化改革保障机制。

地方各级政府要抓紧建立简政放权放管结合职能转变工作推进机制。要按照国务院总体部署和要求，守土有责、守土尽责，强化责任、积极跟进，搞好衔接、上下联动。要树立问题导向，积极探索，主动作为，明确改革重点，推出有力措施，切实解决本地区企业和群众反映强烈的问题，增强改革的针对性和有效性。

国务院推进职能转变协调小组（以下简称协调小组）要切实发挥统筹指导和督促落实作用。要加强改革进展、典型做法、意见建议的沟通交流。针对改革中的重点难点问题和前瞻性、长远性问题，进行深入调研，提出对策建议。对出台的重大改革措施，组织开展第三方评估。加大督查力度，对重大改革措施的落实情况进行专项督促检查。抓住典型案例，推动解决社会反映强烈的问题。配合各项改革，做好法律法规起草、修订、审核、清理等工作。对简政放权、放管结合和转变政府职能事项进行专家评估，客观公正地提出意见建议。从建设法治政府、创新政府、廉洁政府和服务型政府的高度，加强理论研究，发挥决策咨询作用。

三、工作要求

（一）加强组织领导。各地区、各部门主要负责同志和协调小组各专题组、功能组组长要高度重视，勇于担当，切实担负起推进本地区本领域简政放权、放管结合、转变政府职能改革的重任。要切实提高推进改革的效率，根据本方案要求，及时组织制定工作方案并限期出台改革文件，明确时间表、路线图和成果形式，将任务逐项分解到位、落实到人。对主动作为的要激励，对落实不力的要问责，以抓铁有痕、踏石留印的作风，务求有进展、有突破、有实效。

（二）加强统筹协调。各地区、各部门和协调小组各专题组、功能组要牢固树立大局意识和全局观念，密切协作、协调联动、相互借鉴，勇于探索创新，敢于率先突破。各地区、各部门负责推动解决属于本地区本领域的问题；协调小组各专题组要发挥牵头作用，协调解决好跨部门跨领域的问题；协调小组办公室和各功能组要加强沟通协调和支持保障，形成工作合力，确保各项改革整体推进。

（三）加强地方指导。国务院各部门和协调小组各专题组、功能组要注重对地方改革的跟踪指导，搭建经验交流推广的平台。及时研究解决“接、放、管”和服务中的重点难点问题，为地方推进改革扫除障碍。加强对地方政府简政放权、放管结合、职能转变工作的考核，完善考评机制，切实推动基层政府职能转变，着力解决“最后一公里”问题。

（四）加强舆论引导。要及时发布权威改革信息，回应社会关切，引导社会预期。加强改革举措的解读宣传，凝聚改革共识，形成推动改革的良好舆论氛围。

附件：任务分工和进度安排表

附件

任务分工和进度安排表

序号	工作任务	责任单位	时间进度
一、深入推进行政审批改革			
1*	全面清理中央指定地方实施的行政审批事项，公布清单，今年取消200项以上。	国务院审改办（协调小组行政审批改革组组长单位）牵头	6月底前将清单上报国务院，12月底前完成

序号	工作任务	责任单位	时间进度
2	全面完成国务院部门非行政许可审批事项清理和取消工作。	国务院审改办牵头	5月底前完成
3*	分两批取消和下放国务院部门行政审批事项，进一步提高简政放权的含金量。	国务院审改办牵头	12月底前完成
4	拟订地方政府工作部门权力清单和责任清单工作手册，基本完成省级政府工作部门、依法承担行政职能事业单位权力清单的公布工作。	国务院审改办牵头	12月底前完成
5	研究建立国务院部门权力清单和责任清单制度，开展编制权力清单和责任清单的试点工作。	国务院审改办牵头	11月底前完成
6*	规范国务院部门行政审批行为，逐项公开审批流程，压缩并明确审批时限，约束自由裁量权，以标准化促进规范化。	国务院审改办牵头	全年工作
7	研究提出指导规范国务院部门证照管理的工作方案，对增加企业负担的证照进行清理规范。	国务院审改办牵头	12月底前完成
8	清理规范国务院部门行政审批中介服务，公布保留的国务院部门行政审批中介服务事项清单，破除垄断，规范收费，加强监管。	国务院审改办牵头	全年工作
9	对国务院已取消下放的行政审批事项，要严肃纪律、严格执行，彻底放、放到位，及时纠正明放暗留、变相审批、弄虚作假等行为。	国务院审改办牵头	全年工作
二、深入推进投资审批改革			
10	按照《政府核准的投资项目目录（2014年本）》，进一步取消下放投资审批权限。	发展改革委（协调小组投资审批改革组组长单位）牵头	12月底前完成
11*	制订并公开企业投资项目核准及强制性中介服务事项目录清单。	发展改革委牵头	12月底前完成
12	进一步简化、整合投资项目报建手续。	发展改革委牵头	12月底前完成
13	制订《政府核准和备案投资项目管理条例》。	发展改革委牵头	6月底前提出草案报国务院
14	创新投资管理方式，抓紧建立协同监管机制，推动国务院有关部门主动协同放权、落实限时办结制度，督促地方抓紧制定细化、可操作的工作方案和配套措施。	发展改革委牵头	12月底前完成
15*	加快建设信息共享、覆盖全国的投资项目在线审批监管平台，推进落实企业投资项目网上并联核准制度。加快信息资源开放共享，打破信息孤岛，推动有关部门间横向联通、促进中央与地方纵向贯通，实现“制度+技术”的有效监管。	发展改革委牵头	6月底前实现横向联通，12月底前实现纵向贯通
三、深入推进职业资格改革			
16*	分两批清理和取消职业资格许可认定，年内基本完成减少职业资格许可认定任务。指导督促地方做好取消本地区职业资格许可认定工作。	人力资源社会保障部（协调小组职业资格改革组组长单位）牵头	6月底前完成第一批，12月底前完成第二批
17	研究建立国家职业资格目录清单管理制度。	人力资源社会保障部牵头	12月底前完成
18	研究制订职业资格设置管理和职业技能开发有关规定。	人力资源社会保障部牵头	12月底前完成
19	加强对职业资格实施的监管，进一步细化职业资格考试、鉴定工作管理规定，着力解决“挂证”“助考”“考培挂钩”等问题。	人力资源社会保障部牵头	12月底前完成
20	制定行业组织承接水平评价类职业资格具体认定工作管理办法，推进水平评价类职业资格具体认定工作由行业协会等组织承担。	人力资源社会保障部牵头	12月底前完成
21	修订国家职业分类大典。	人力资源社会保障部牵头	6月底前完成
22	加强国家职业资格框架体系和国家职业资格规划研究工作。	人力资源社会保障部牵头	9月底前启动

序号	工作任务	责任单位	时间进度
四、深入推进收费清理改革			
23	制定出台开展收费专项清理规范工作的通知。	财政部（协调小组收费清理改革组组长单位）牵头	5月底前完成
24	坚决取缔违规设立的收费基金项目。凡没有法律法规依据、越权设立的收费基金项目，一律取消；凡擅自提高征收标准、扩大征收范围的，一律停止执行。	财政部牵头	全年工作
25*	清理规范按规定权限设立的收费基金。取消政府提供普遍公共服务或体现一般性管理职能的行政事业性收费。取消政策效应不明显、不适应市场经济发展需要的政府性基金。对收费超过服务成本，以及有较大收支结余的政府性基金，降低征收标准。整合重复设置的收费基金。依法将具有税收性质的收费基金并入相应的税种。	财政部牵头	全年工作
26*	清理规范具有强制垄断性的经营服务性收费。凡没有法定依据的行政审批中介服务项目及收费一律取消。不得将政府职责范围内的事项交由事业单位或中介组织承担并收费。	财政部牵头	全年工作
27	指导和督促中央部门对本部门、本系统、所属事业单位、主管的行业协会商会及举办的企业的涉企收费进行全面清理，公布取消、调整和规范全国性及中央部门和单位收费的政策措施。	财政部牵头	9月底前完成
28	编制并公布全国性及中央部门和单位收费目录清单。（其中，行政审批中介服务收费目录清单在国务院审改办会同有关部门公布的中介服务事项清单基础上公布）	财政部牵头	9月底前完成
29	指导和督促各省级人民政府开展本地区收费基金清理规范工作，由省级人民政府公布取消、调整和规范本地区收费基金的政策措施。公布省级收费目录清单。（其中，省级经营服务性收费目录清单在修订政府定价目录基础上公布）	财政部牵头	8月底前完成
30	开展收费监督检查，查处乱收费行为。	财政部牵头	全年工作
五、深入推进商事制度改革			
31*	制定推进“三证合一”登记制度改革的意见，实现“一照一码”。	工商总局（协调小组商事制度改革组组长单位）牵头	6月底前出台推进“三证合一”登记制度改革意见，12月底前实现“一照一码”
32	全面清理涉及注册资本登记制度改革的部门规章和规范性文件。	工商总局牵头	5月底前完成
33	制定落实“先照后证”改革严格执行工商登记前置审批事项的意见。公开决定保留的前置审批事项目录。加快推进与“先照后证”改革相配套的管理规定修订工作。	工商总局牵头	6月底前完成
34	总结自由贸易试验区外商投资企业备案管理工作经验，加快在全国推进外商投资审批体制改革，进一步简化外商投资企业设立程序。	工商总局牵头	全年工作
35	制定《小微企业名录建设工作方案》，建立支持小微企业发展的信息互联互通机制。	工商总局牵头	12月底前完成
36*	推进企业信用信息公示“全国一张网”建设。指导各地实施企业经营异常名录相关制度，构建跨部门执法联动响应及失信约束机制。	工商总局牵头	全年工作
37	指导督促各地制定出台、修改完善住所（经营场所）管理规定。	工商总局牵头	6月底前完成
38	组织开展企业名称登记管理改革试点。	工商总局牵头	5月底前启动

序号	工作任务	责任单位	时间进度
39	修订《企业经营范围登记管理规定》。	工商总局牵头	8月底前完成
40	开展个体工商户、未开业企业、无债权债务企业简易注销登记试点工作。	工商总局牵头	6月底前启动
41	制定进一步推进电子营业执照试点工作的意见，出台电子营业执照技术方案。	工商总局牵头	6月底前完成
42	统筹推进企业登记全程电子化，制定全国企业登记全程电子化实施方案。	工商总局牵头	10月底前完成
43	开展运用大数据加强对市场主体服务和监管的相关试点工作。	工商总局牵头	5月底前完成
六、深入推进教科文卫体领域相关改革			
44*	研究推进教科文卫体领域创新管理和服务的意见。围绕打造大众创业、万众创新和增加公共产品、公共服务“双引擎”，主动开拓为企业和群众服务的新形式、新途径，营造良好的创业创新环境。	教育部、科技部、文化部、卫生计生委、新闻出版广电总局、体育总局（协调小组教科文卫体改革组成员单位）分别负责	全年工作
45	落实好教科文卫体领域取消下放的行政审批事项。逐项检查中途截留、变相审批、随意新设、明减暗增等落实不到位的行为并督促整改。	教育部、科技部、文化部、卫生计生委、新闻出版广电总局、体育总局分别负责	各有关部门于6月底前完成自查；协调小组教科文卫体改革组组织核查，12月底前完成
46	研究加强对教科文卫体领域取消下放行政审批事项的事中事后监管措施。逐项检查事中事后监管措施是否及时跟上、有力有效，是否存在监管漏洞和衔接缝隙，对发现的问题逐项整改。	教育部、科技部、文化部、卫生计生委、新闻出版广电总局、体育总局分别负责	各有关部门于8月中旬前完成自查；协调小组教科文卫体改革组组织核查，12月底前完成
47	对教科文卫体领域现有行政审批事项进行全面梳理，逐项分析研究哪些确需保留，哪些应该取消或下放。再取消下放一批教科文卫体领域行政审批事项，为促进大众创业、万众创新和增加公共产品、公共服务清障搭台。	教育部、科技部、文化部、卫生计生委、新闻出版广电总局、体育总局分别负责	按照协调小组行政审批改革组的计划和要求完成
七、深入推进监管方式创新，着力优化政府服务			
48	研究制订“先照后证”改革后加强事中事后监管的意见。	工商总局牵头	5月底前完成
49	制定出台做好企业公示信息抽查工作的有关规定。开展工商部门公示企业信息情况检查和企业年报信息、即时信息公示情况抽查，开展企业年报公示信息抽查试点。	工商总局牵头	5月底前完成
50	制定《严重违法企业名单管理暂行办法》。	工商总局牵头	12月底前完成
51	与相关部门签署失信企业协同监管和联合惩戒合作备忘录。	工商总局牵头	6月底前完成
52*	大力推行随机抽查、告知承诺、综合执法、信息披露、举报奖励、诚信档案等办法，在维护市场秩序促进公平竞争方面取得明显突破。	各有关部门按职责分工负责	全年工作
53	切实提高政府公共服务的针对性和实效性。以创业创新需求为导向，搞好法律、政策、信息、技术、标准、人才等方面的服务，为创业创新搭台助力。	各有关部门按职责分工负责	全年工作
八、进一步强化改革保障机制			
54	地方各级政府要抓紧建立简政放权放管结合职能转变工作推进机制。	协调小组办公室、督查组负责指导督促	6月底前完成
55	加强改革进展、典型做法、意见建议的沟通交流。	协调小组办公室牵头	全年工作
56	针对改革中的重点难点问题和前瞻性、长远性问题，进行深入调研，提出对策建议。	协调小组办公室牵头	全年工作
57	对出台的重大改革措施，组织开展第三方评估。	协调小组办公室牵头，各专题组按业务分工负责	全年工作
58	开展“深化行政审批制度改革，加大简政放权、放管结合力度”督查。	协调小组督查组牵头	10月底前完成

序号	工作任务	责任单位	时间进度
59	开展投资项目核准权限下放工作等专项督查。	协调小组督查组牵头	5月底前完成
60	对国务院部门2014年取消下放行政审批事项的落实情况开展督促检查。	协调小组督查组牵头	全年工作
61	抓住典型案例加强督查，推动解决社会反映强烈的问题。	协调小组督查组牵头	全年工作
62	配合各项改革，做好法律审核和法律法规清理修订工作。	协调小组法制组牵头	全年工作
63	抓紧审查或组织起草当前改革发展急需的法律、行政法规草案。	协调小组法制组牵头	全年工作
64	对简政放权、放管结合和转变政府职能事项进行专家评估，客观公正地提出意见建议。	协调小组专家组牵头	全年工作
65	从建设法治政府、创新政府、廉洁政府和服务型政府的高度，加强理论研究，发挥决策咨询作用。	协调小组专家组牵头	全年工作

注：协调小组办公室要对以上工作任务完成情况进行督办，其中标“*”号者为重点督办事项。牵头部门和各专题组、功能组组长单位要及时向协调小组办公室报送工作进展情况。

关于钢铁行业化解过剩产能实现脱困发展的意见

（国发〔2016〕6号）

各省、自治区、直辖市人民政府，国务院各部委、各直属机构：

钢铁产业是国民经济的重要基础原材料产业，投资拉动作用大、吸纳就业能力强、产业关联度高，为我国经济社会发展作出了重要贡献。近年来，随着经济下行压力加大，钢材市场需求回落，钢铁行业快速发展过程中积累的矛盾和问题逐渐暴露，其中产能过剩问题尤为突出，钢铁企业生产经营困难加剧、亏损面和亏损额不断扩大。为贯彻落实党中央、国务院关于推进结构性改革、抓好去产能任务的决策部署，进一步化解钢铁行业过剩产能、推动钢铁企业实现脱困发展，现提出以下意见：

一、总体要求

（一）指导思想。全面贯彻党的十八大和十八届三中、四中、五中全会以及中央经济工作会议精神，按照“五位一体”总体布局和“四个全面”战略布局，牢固树立和贯彻落实创新、协调、绿色、开放、共享的发展理念，着眼于推动钢铁行业供给侧结构性改革，坚持市场倒逼、企业主体，地方组织、中央支持，突出重点、依法依规，综合运用市场机制、经济手段和法治办法，因地制宜、分类施策、标本兼治，积极稳妥化解过剩产能，建立市场化调节产能的长效机制，促进钢铁行业结构优化、脱困升级、提质增效。

（二）基本原则。

坚持市场倒逼、企业主体。健全公平开放透明的市场规则，强化市场竞争机制和倒逼机制，提高有效供给能力，引导消费结构升级。发挥企业主体作用，保障企业自主决策权。

坚持地方组织、中央支持。加强政策引导，完善体制机制，规范政府行为，取消政府对市场的不当干预和对企业的地方保护。发挥中央和地方两个积极性，积极有序化解过剩产能，确保社会稳定。

坚持突出重点、依法依规。整体部署、重点突破，统筹推进各地区开展化解过剩产能工作，产钢重点省份和工作基础较好的地区率先取得突破。强化法治意识，依法依规化解过剩产能，切实保障企业和职工的合法权益，落实好各项就业和社会保障政策，处置好企业资产债务。

（三）工作目标。在近年来淘汰落后钢铁产能的基础上，从2016年开始，用5年时间再压减粗钢产能1亿～1.5亿吨，行业兼并重组取得实质性进展，产业结构得到优化，资源利用效率明显提高，产能利用率趋于合理，产品质量和高端产品供给能力显著提升，企业经济效益好转，市场预期明显向好。

二、主要任务

（四）严禁新增产能。严格执行《国务院关于化解产能严重过剩矛盾的指导意见》（国发〔2013〕41号），各地区、各部门不得以任何名义、任何方式备案新增产能的钢铁项目，各相关部门和机构不得办理土地供应、能评、环评审批和新增授信支持等相关业务。对违法违规建设的，要严肃问责。已享受奖补资金和有关政策支持的退出产能不得用于置换。

（五）化解过剩产能。

1. 依法依规退出。严格执行环保、能耗、质量、安全、技术等法律法规和产业政策，达不到标准要求的钢铁产能要依法依规退出。

——环保方面：严格执行环境保护法，对污染物排放达不到《钢铁工业水污染物排放标准》《钢铁烧结、球团工业大气污染物排放标准》《炼铁工业大气污染物排放标准》《炼钢工业大气污染物排放标准》《轧钢工业大气污染物排放标准》等要求的钢铁产能，实施按日连续处罚；情节严重的，报经有批准权的人民政府批准，责令停业、关闭。

——能耗方面：严格执行节约能源法，对达不到《粗钢生产主要工序单位产品能源消耗限额》等强制性标准要求的钢铁产能，应在 6 个月内进行整改，确需延长整改期限的可提出不超过 3 个月的延期申请，逾期未整改或未达到整改要求的，依法关停退出。

——质量方面：严格执行产品质量法，对钢材产品质量达不到强制性标准要求的，依法查处并责令停产整改，在 6 个月内未整改或未达到整改要求的，依法关停退出。

——安全方面：严格执行安全生产法，对未达到企业安全生产标准化三级、安全条件达不到《炼铁安全规程》《炼钢安全规程》《工业企业煤气安全规程》等标准要求的钢铁产能，要立即停产整改，在 6 个月内未整改或整改后仍不合格的，依法关停退出。

——技术方面：按照《产业结构调整指导目录（2011 年本）（修正）》的有关规定，立即关停并拆除 400 立方米及以下炼铁高炉、30 吨及以下炼钢转炉、30 吨及以下炼钢电炉等落后生产设备。对生产地条钢的企业，要立即关停，拆除设备，并依法处罚。

2. 引导主动退出。完善激励政策，鼓励企业通过主动压减、兼并重组、转型转产、搬迁改造、国际产能合作等途径，退出部分钢铁产能。

——企业主动压减产能。鼓励有条件的企业根据市场情况和自身发展需要，调整企业发展战略，尽快退出已停产的产能。鼓励钢铁产能规模较大的重点地区支持属地企业主动承担更多的压减任务。

——兼并重组压减产能。鼓励有条件的钢铁企业实施跨行业、跨地区、跨所有制减量化兼并重组，重点推进产钢大省的企业实施兼并重组，退出部分过剩产能。

——转产搬迁压减产能。对不符合所在城市发展规划的城市钢厂，不具备搬迁价值和条件的，鼓励其实施转型转产；具备搬迁价值和条件的，支持其实施减量、环保搬迁。

——国际产能合作转移产能。鼓励有条件的企业结合“一带一路”建设，通过开展国际产能合作转移部分产能，实现互利共赢。

3. 拆除相应设备。钢铁产能退出须拆除相应冶炼设备。具备拆除条件的应立即拆除；暂不具备拆除条件的设备，应立即断水、断电，拆除动力装置，封存冶炼设备，企业向社会公开承诺不再恢复生产，同时在省级人民政府或省级主管部门网站公示，接受社会监督，并限时拆除。

（六）严格执法监管。强化环保执法约束作用，全面调查钢铁行业环保情况，严格依法处置环保不达标的钢铁企业，进一步完善钢铁行业主要污染物在线监控体系，覆盖所有钢铁企业。加大能源消耗执法检查力度，全面调查钢铁行业能源消耗情况，严格依法处置生产工序单位产品能源消耗不达标的钢铁企业。加强产品质量管理执法，全面调查钢铁生产许可获证企业生产状况和生产条件，严厉打击无证生产等违法行为。对因工艺装备落后、环保和能耗不达标被依法关停的企业，注销生产许可证；对重组“僵尸企业”、实施减量化重组的企业办理生产许可证的，优化程序，简化办理。严格安全生产监督执法，全面调查钢铁行业安全生产情况，及时公布钢铁企业安全生产不良记录“黑名单”信息，依法查处不具备安全生产条件的钢铁企业。加大信息公开力度，依法公开监测信息，接受社会公众监督。

（七）推动行业升级。

1. 推进智能制造。引导钢铁制造业与“互联网+”融合发展，与大众创业、万众创新紧密结合，实施钢铁企业智能制造示范工程，制定钢铁生产全流程“两化融合”解决方案。提升企业研发、生产和服务的智能化水平，建设一批智能制造示范工厂。推广以互联网订单为基础，满足客户多品种小批量的个性化、柔性化产品定制新模式。

2．提升品质品牌。树立质量标杆，升级产品标准，加强品牌建设，全面提升主要钢铁产品的质量稳定性和性能一致性，形成一批具有较大国际影响力的企业品牌和产品品牌。

3．研发高端品种。加强钢铁行业生产加工与下游用钢行业需求对接，引导钢铁企业按照“先期研发介入、后续跟踪改进”的模式，重点推进高速铁路、核电、汽车、船舶与海洋工程等领域重大技术装备所需高端钢材品种的研发和推广应用。

4．促进绿色发展。实施节能环保改造升级，开展环保、节能对标活动，加快企业能源管理信息系统建设。所有钢铁企业实现环保节能稳定达标，全行业污染物排放总量稳步下降。

5．扩大市场消费。推广应用钢结构建筑，结合棚户区改造、危房改造和抗震安居工程实施，开展钢结构建筑推广应用试点，大幅提高钢结构应用比例。稳定重点用钢行业消费，促进钢铁企业与下游用户合作，推进钢材在汽车、机械装备、电力、船舶等领域扩大应用和升级。

三、政策措施

（八）加强奖补支持。设立工业企业结构调整专项奖补资金，按规定统筹对地方化解过剩产能中的人员分流安置给予奖补，引导地方综合运用兼并重组、债务重组和破产清算等方式，加快处置“僵尸企业”，实现市场出清。使用专项奖补资金要结合地方任务完成进度（主要与退出产能挂钩）、困难程度、安置职工情况等因素，对地方实行梯级奖补，由地方政府统筹用于符合要求企业的职工安置。具体办法由相关部门另行制定。

（九）完善税收政策。加快铁矿石资源税从价计征改革，推动扩大增值税抵扣范围。将营改增范围扩大到建筑业等领域。钢铁企业利用余压余热发电，按规定享受资源综合利用增值税优惠政策。统筹研究钢铁企业利用余压余热发电适用资源综合利用企业所得税优惠政策问题。落实公平税赋政策，取消加工贸易项下进口钢材保税政策。

（十）加大金融支持。

1．落实有保有控的金融政策，对化解过剩产能、实施兼并重组以及有前景、有效益的钢铁企业，按照风险可控、商业可持续原则加大信贷支持力度，支持各类社会资本参与钢铁企业并购重组；对违规新增钢铁产能的企业停止贷款。

2．运用市场化手段妥善处置企业债务和银行不良资产，落实金融机构呆账核销的财税政策，完善金融机构加大抵债资产处置力度的财税支持政策。研究完善不良资产批量转让政策，支持银行加快不良资产处置进度，支持银行向金融资产管理公司打包转让不良资产，提高不良资产处置效率。

3．支持社会资本参与企业并购重组。鼓励保险资金等长期资金创新产品和投资方式，参与企业并购重组，拓展并购资金来源。完善并购资金退出渠道，加快发展相关产权的二级交易市场，提高资金使用效率。

4．严厉打击企业逃废银行债务行为，依法保护债权人合法权益。地方政府建立企业金融债务重组和不良资产处置协调机制，组织协调相关部门支持金融机构做好企业金融债务重组和不良资产处置工作。

（十一）做好职工安置。要把职工安置作为化解过剩产能工作的重中之重，通过企业主体作用与社会保障相结合，多措并举做好职工安置。安置计划不完善、资金保障不到位以及未经职工代表大会或全体职工讨论通过的职工安置方案，不得实施。

1．挖掘企业内部潜力。充分发挥企业主体作用，采取协商薪酬、灵活工时、培训转岗等方式，稳定现有工作岗位，缓解职工分流压力。支持创业平台建设和职工自主创业，积极培育适应钢铁企业职工特点的创业创新载体，扩大返乡创业试点范围，提升创业服务孵化能力，培育接续产业集群，引导职工就地就近创业就业。

2．对符合条件的职工实行内部退养。对距离法定退休年龄5年以内的职工经自愿选择、企业同意并签订协议后，依法变更劳动合同，企业为其发放生活费并缴纳基本养老保险费和基本医疗保险费。职工在达到法定退休年龄前，不得领取基本养老金。

3．依法依规解除、终止劳动合同。企业确需与职工解除劳动关系的，应依法支付经济补偿，偿还拖欠的职工在岗期间工资和补缴社会保险费用，并做好社会保险关系转移接续手续等工作。企业主体消亡时，依法与职工终止劳动合同，对于距离法定退休年龄5年以内的职工，可以由职工自愿选择领取经济补偿金，或由单位一次性预留为其缴纳至法定退休年龄的社会保险费和基本生活费，由政府指定的机构代发基本生活费、代缴基本养老保险费和基本医疗保险费。

4．做好再就业帮扶。通过技能培训、职业介绍等方式，促进失业人员再就业或自主创业。对就业困难人员，要加大就业援助力度，通过开发公益性岗位等多种方式予以帮扶。对符合条件的失业人员按规定发放失业保险金，符合救助条件的应及时纳入社会救助范围，保障其基本生活。

（十二）盘活土地资源。钢铁产能退出后的划拨用地，可以依法转让或由地方政府收回，地方政府收回原划拨土地使用权后的土地出让收入，可按规定通过预算安排支付产能退出企业职工安置费用。钢铁产能退出后的工业用地，在符合城乡规划的前提下，可用于转产发展第三产业，地方政府收取的土地出让收入，可按规定通过预算安排用于职工安置和债务处置；其中转产为生产性服务业等国家鼓励发展行业的，可在5年内继续按原用途和土地权利类型使用土地。

四、组织实施

（十三）加强组织领导。相关部门要建立化解钢铁过剩产能和脱困升级工作协调机制，加强综合协调，制定实施细则，督促任务落实，统筹推进各项工作。各有关省级人民政府要成立领导小组，任务重的市、县和重点企业要建立相应领导机构和工作推进机制。各有关省级人民政府、国务院国资委分别对本地区、有关中央企业化解钢铁过剩产能工作负总责，要根据本意见研究提出产能退出总规模、分企业退出规模及时间表，据此制订实施方案及配套政策，报送国家发展改革委、工业和信息化部。国家发展改革委、工业和信息化部根据全国化解钢铁过剩产能的目标任务和时间要求，综合平衡，并与各有关地区、国务院国资委进行协调，将化解过剩产能任务落实到位。各有关省级人民政府、国务院国资委据此制定实施方案并组织实施，同时报国务院备案。

（十四）强化监督检查。建立健全目标责任制，把各地区化解过剩产能目标落实情况列为落实中央重大决策部署监督检查的重要内容，加强对化解过剩产能工作全过程的监督检查。各地区要将化解过剩产能任务年度完成情况向社会公示，建立举报制度。强化考核机制，引入第三方机构对各地区任务完成情况进行评估，对未完成任务的地方和企业要予以问责。国务院相关部门要适时组织开展专项督查。

（十五）做好行业自律。充分发挥行业协会熟悉行业、贴近企业的优势，及时反映企业诉求，反馈政策落实情况，引导和规范企业做好自律工作。引入相关中介、评级、征信机构参与标准确认、公示监督等工作。化解钢铁过剩产能标准和结果向社会公示，加强社会监督，实施守信激励、失信惩戒。

（十六）加强宣传引导。要通过报刊、广播、电视、互联网等方式，广泛深入宣传化解钢铁过剩产能的重要意义和经验做法，加强政策解读，回应社会关切，形成良好的舆论环境。

国务院

2016年2月1日

关于煤炭行业化解过剩产能实现脱困发展的意见

（国发〔2016〕7号）

各省、自治区、直辖市人民政府，国务院各部委、各直属机构：

煤炭是我国主体能源。煤炭产业是国民经济基础产业，涉及面广、从业人员多，关系经济发展和社会稳定大局。近年来，受经济增速放缓、能源结构调整等因素影响，煤炭需求大幅下降，供给能力持续过剩，供求关系严重失衡，导致企业效益普遍下滑，市场竞争秩序混乱，安全生产隐患加大，对经济发展、职工就业和社会稳定造成了不利影响。为贯彻落实党中央、国务院关于推进结构性改革、抓好去产能任务的决策部署，进一步化解煤炭行业过剩产能、推动煤炭企业实现脱困发展，现提出以下意见：

一、总体要求

（一）指导思想。全面贯彻党的十八大和十八届三中、四中、五中全会以及中央经济工作会议精神，按照“五位一体”总体布局和“四个全面”战略布局，牢固树立和贯彻落实创新、协调、绿色、开放、共享的发展理念，着眼于推动煤炭行业供给侧结构性改革，坚持市场倒逼、企业主体，地方组织、中央支持，综合施策、标本兼治，因地制宜、分类处置，将积极稳妥化解过剩产能与结构调整、转型升级相结合，实现煤炭行业扭亏脱困升级和健康发展。

（二）基本原则。

市场倒逼与政府支持相结合。充分发挥市场机制作用和更好发挥政府引导作用，用法治化和市场化手段化解过剩产能。企业承担化解过剩产能的主体责任，地方政府负责制定落实方案并组织实施，中央给予资金奖补和政策支持。

化解产能与转型升级相结合。严格控制新增产能，切实淘汰落后产能，有序退出过剩产能，探索保留产能与退出产能适度挂钩。通过化解过剩产能，促进企业优化组织结构、技术结构、产品结构，创新体制机制，提升综合竞争力，推动煤炭行业转型升级。

整体推进与重点突破相结合。在重点产煤省份和工作基础较好的地区率先突破，为整体推进探索有益经验。以做好职工安置为重点，挖掘企业内部潜力，做好转岗分流工作，落实好各项就业和社会保障政策，保障职工合法权益，处理好企业资产债务。

（三）工作目标。在近年来淘汰落后煤炭产能的基础上，从2016年开始，用3至5年的时间，再退出产能5亿吨左右、减量重组5亿吨左右，较大幅度压缩煤炭产能，适度减少煤矿数量，煤炭行业过剩产能得到有效化解，市场供需基本平衡，产业结构得到优化，转型升级取得实质性进展。

二、主要任务

（四）严格控制新增产能。从2016年起，3年内原则上停止审批新建煤矿项目、新增产能的技术改造项目和产能核增项目；确需新建煤矿的，一律实行减量置换。在建煤矿项目应按一定比例与淘汰落后产能和化解过剩产能挂钩，已完成淘汰落后产能和化解过剩产能任务的在建煤矿项目应由省级人民政府有关部门予以公告。

（五）加快淘汰落后产能和其他不符合产业政策的产能。安全监管总局等部门确定的 13 类落后小煤矿，以及开采范围与自然保护区、风景名胜区、饮用水水源保护区等区域重叠的煤矿，要尽快依法关闭退出。产能小于 30 万吨/年且发生重大及以上安全生产责任事故的煤矿，产能 15 万吨/年及以下且发生较大及以上安全生产责任事故的煤矿，以及采用国家明令禁止使用的采煤方法、工艺且无法实施技术改造的煤矿，要在 1 至 3 年内淘汰。

（六）有序退出过剩产能。

1．属于以下情况的，通过给予政策支持等综合措施，引导相关煤矿有序退出。

——安全方面：煤与瓦斯突出、水文地质条件极其复杂、具有强冲击地压等灾害隐患严重，且在现有技术条件下难以有效防治的煤矿；开采深度超过《煤矿安全规程》规定的煤矿；达不到安全质量标准化三级的煤矿。

——质量和环保方面：产品质量达不到《商品煤质量管理暂行办法》要求的煤矿。开采范围与依法划定、需特别保护的相关环境敏感区重叠的煤矿。

——技术和资源规模方面：非机械化开采的煤矿；晋、蒙、陕、宁等 4 个地区产能小于 60 万吨/年，冀、辽、吉、黑、苏、皖、鲁、豫、甘、青、新等 11 个地区产能小于 30 万吨/年，其他地区产能小于 9 万吨/年的煤矿；开采技术和装备列入《煤炭生产技术与装备政策导向（2014 年版）》限制目录且无法实施技术改造的煤矿；与大型煤矿井田平面投影重叠的煤矿。

——其他方面：长期亏损、资不抵债的煤矿；长期停产、停建的煤矿；资源枯竭、资源赋存条件差的煤矿；不承担社会责任、长期欠缴税款和社会保障费用的煤矿；其他自愿退出的煤矿。

2．对有序退出范围内属于满足林区、边远山区居民生活用煤需要或承担特殊供应任务的煤矿，经省级人民政府批准，可以暂时保留。保留的煤矿原则上要实现机械化开采。

3．探索实行煤炭行业“存去挂钩”。除工艺先进、生产效率高、资源利用率高、安全保障能力强、环境保护水平高、单位产品能源消耗低的先进产能外，对其他保留产能探索实行“存去挂钩”，通过重新确定产能、实行减量生产等多种手段压减部分现有产能。

（七）推进企业改革重组。稳妥推动具备条件的国有煤炭企业发展混合所有制经济，完善现代企业制度，提高国有资本配置和运行效率。鼓励大型煤炭企业兼并重组中小型企业，培育一批大型煤炭企业集团，进一步提高安全、环保、能耗、工艺等办矿标准和生产水平。利用 3 年时间，力争单一煤炭企业生产规模全部达到 300 万吨/年以上。

（八）促进行业调整转型。鼓励发展煤电一体化，引导大型火电企业与煤炭企业之间参股。火电企业参股的煤炭企业产能超过该火电企业电煤实际消耗量的一定比例时，在发电量计划上给予该火电企业奖励。加快研究制定商品煤系列标准和煤炭清洁利用标准。鼓励发展煤炭洗选加工转化，提高产品附加值；按照《现代煤化工建设项目环境准入条件（试行）》，有序发展现代煤化工。鼓励利用废弃的煤矿工业广场及其周边地区，发展风电、光伏发电和现代农业。加快煤层气产业发展，合理确定煤层气勘查开采区块，建立煤层气、煤炭协调开发机制，处理好煤炭、煤层气矿业权重叠地区资源开发利用问题，对一定期限内规划建井开采的区域，按照煤层气开发服务于煤炭开发的原则，采取合作或调整煤层气矿业权范围等方式，优先保证煤炭开发需要，并有效利用煤层气资源。开展低浓度瓦斯采集、提纯和利用技术攻关，提高煤矿瓦斯利用率。

（九）严格治理不安全生产。进一步加大煤矿安全监管监察工作力度，开展安全生产隐患排查治理，对存在重大安全隐患的煤矿责令停产整顿。严厉打击证照不全、数据资料造假等违法生产行为，对安全监控系统不能有效运行、煤与瓦斯突出矿井未按规定落实区域防突措施、安全费用未按要求提取使用、不具备安全生产条件的煤矿，一律依法依规停产整顿。

（十）严格控制超能力生产。全面实行煤炭产能公告和依法依规生产承诺制度，督促煤矿严格按公告产能组织生产，对超能力生产的煤矿，一律责令停产整改。引导企业实行减量化生产，从 2016 年开始，按全年作业时间不超过 276 个工作日重新确定煤矿产能，原则上法定节假日和周日不安排生产。对于生产特定煤种、与下游企业机械化连续供应以及有特殊安全要求的煤矿企业，可在 276 个工作日总量内实行适度弹性工作日制度，但应制定具体方案，并向当地市级以上煤炭行业管理部门、行业自律组织及指定的征信机构备案，自觉接受行业监管和社会监督。

（十一）严格治理违法违规建设。对基本建设手续不齐全的煤矿，一律责令停工停产，对拒不停工停产、擅自组织建设生产的，依法实施关闭。强化事中事后监管，建立和完善煤炭生产要素采集、登记、公告与核查制度，落实井下生产布局和技术装备管理规定，达不到国家规定要求的煤矿一律停产并限期整改，整改后仍达不到要求的，限期退出。有关部门要联合惩戒煤矿违法违规建设生产行为。

（十二）严格限制劣质煤使用。完善煤炭产业发展规划，停止核准高硫高灰煤项目，依法依规引导已核准的项目暂缓建设、正在建设的项目压缩规模、已投产的项目限制产量。落实商品煤质量管理有关规定，加大对京津冀、长三角、珠三角等地区销售使用劣质散煤情况的检查力度。按照有关规定继续限制劣质煤进口。

三、政策措施

（十三）加强奖补支持。设立工业企业结构调整专项奖补资金，按规定统筹对地方化解煤炭过剩产能中的人员分流安置给予奖补，引导地方综合运用兼并重组、债务重组和破产清算等方式，加快处置“僵尸企业”，实现市场出清。使用专项奖补资金要结合地方任务完成进度、困难程度、安置职工情况等因素，对地方实行梯级奖补，由地方政府统筹用于符合要求企业的职工安置。具体办法由相关部门另行制定。

（十四）做好职工安置。要把职工安置作为化解过剩产能工作的重中之重，坚持企业主体作用与社会保障相结合，细化措施方案，落实保障政策，维护职工合法权益。安置计划不完善、资金保障不到位以及未经职工代表大会或全体职工讨论通过的职工安置方案，不得实施。

1．挖掘企业内部潜力。采取协商薪酬、灵活工时、培训转岗等方式，稳定现有工作岗位，对采取措施不裁员或少裁员的生产经营困难企业，通过失业保险基金发放稳岗补贴。支持创业平台建设和职工自主创业，积极培育适应煤矿职工特点的创业创新载体，将返乡创业试点范围扩大到矿区，通过加大专项建设基金投入等方式，提升创业服务孵化能力，培育接续产业集群，引导职工就地就近创业就业。

2．对符合条件的职工实行内部退养。对距离法定退休年龄 5 年以内的职工经自愿选择、企业同意并签订协议后，依法变更劳动合同，企业为其发放生活费并缴纳基本养老保险费和基本医疗保险费。职工在达到法定退休年龄前，不得领取基本养老金。

3．依法依规解除、终止劳动合同。企业确需与职工解除劳动关系的，应依法支付经济补偿，偿还拖欠的职工在岗期间工资和补缴社会保险费用，并做好社会保险关系转移接续手续等工作。企业主体消亡时，依法与职工终止劳动合同，对于距离法定退休年龄 5 年以内的职工，可以由职工自愿选择领取经济补偿金，或由单位一次性预留为其缴纳至法定退休年龄的社会保险费和基本生活费，由政府指定的机构代发基本生活费、代缴基本养老保险费和基本医疗保险费。

4．做好再就业帮扶。通过技能培训、职业介绍等方式，促进失业人员再就业或自主创业。对就业困难人员，要加大就业援助力度，通过开发公益性岗位等多种方式予以帮扶。对符合条件的失业人员按规定发放失业保险金，符合救助条件的应及时纳入社会救助范围，保障其基本生活。

（十五）加大金融支持。

1．金融机构对经营遇到困难但经过深化改革、加强内部管理仍能恢复市场竞争力的骨干煤炭企业，要加强金融服务，保持合理融资力度，不搞“一刀切”。支持企业通过发债替代高成本融资，降低资金成本。

2．运用市场化手段妥善处置企业债务和银行不良资产，落实金融机构呆账核销的财税政策，完善金融机构加大抵债资产处置力度的财税支持政策。研究完善不良资产批量转让政策，支持银行加快不良资产处置进度，支持银行向金融资产管理公司打包转让不良资产，提高不良资产处置效率。

3．支持社会资本参与企业并购重组，鼓励保险资金等长期资金创新产品和投资方式，参与企业并购重组，拓展并购资金来源。完善并购资金退出渠道，加快发展相关产权的二级交易市场，提高资金使用效率。

4．严厉打击企业逃废银行债务行为，依法保护债权人合法权益。地方政府建立企业金融债务重组和不良资产处置协调机制，组织协调相关部门支持金融机构做好企业金融债务重组和不良资产处置工作。

（十六）盘活土地资源。支持退出煤矿用好存量土地，促进矿区更新改造和土地再开发利用。煤炭产能退出后的划拨用地，可以依法转让或由地方政府收回。地方政府收回原划拨土地使用权后的出让收入，可按规定通过预算安排用于支付产能退出企业职工安置费用。对用地手续完备的腾让土地，转产为生产性服务业等国家鼓励发展行业的，可在5年内继续按原用途和土地权利类型使用土地。

（十七）鼓励技术改造。鼓励和支持煤矿企业实施机械化、自动化改造，重点创新煤炭地质保障与高效建井关键技术，煤炭无人和无害化、无煤柱自成巷开采技术，推广保水充填开采、智能开采和特殊煤层开采等绿色智慧矿山关键技术，提升大型煤炭开采先进装备制造水平。

（十八）其他支持政策。加快推进国有煤炭企业分离办社会职能，尽快移交“三供一业”（供水、供电、供热和物业管理），解决政策性破产遗留问题。支持煤炭企业按规定缓缴采矿权价款。支持煤炭企业以采矿权抵押贷款，增加周转资金。改进国有煤炭企业业绩考核机制，根据市场变化情况科学合理确定企业经营业绩考核目标。调整完善煤炭出口政策，鼓励优势企业扩大对外出口。严格执行反不正当竞争法、反垄断法，严肃查处违法违规竞争行为，维护公平竞争市场秩序。

四、组织实施

（十九）加强组织领导。相关部门要建立化解煤炭过剩产能和脱困升级工作协调机制，加强综合协调，制定实施细则，督促任务落实，统筹推进各项工作。各有关省级人民政府对本地区化解煤炭过剩产能工作负总责，要成立领导小组，任务重的市、县和重点企业要建立相应领导机构和工作推进机制。国务院国资委牵头组织实施中央企业化解煤炭过剩产能工作。各有关省级人民政府、国务院国资委要根据本意见研究提出产能退出总规模、分企业退出规模及时间表，据此制订实施方案及配套政策，报送国家发展改革委。

（二十）强化监督检查。建立健全目标责任制，把各地区化解过剩产能目标落实情况列为落实中央重大决策部署监督检查的重要内容，加强对化解过剩产能工作全过程的监督检查。各地区要将化解过剩产能任务年度完成情况向社会公示，建立举报制度。强化考核机制，引入第三方机构对各地区任务完成情况进行评估，对未完成任务的地方和企业要予以问责。国务院相关部门要适时组织开展专项督查。

（二十一）做好行业自律。行业协会要引导煤炭企业依法经营、理性竞争，在“信用中国”网站和全国企业信用信息公示系统上公示企业依法依规生产承诺书，引入相关中介、评级、征信机构参与标准确认、公示监督等工作。化解煤炭过剩产能标准和结果向社会公示，加强社会监督，实施守信激励、失信惩戒。

（二十二）加强宣传引导。要通过报刊、广播、电视、互联网等方式，广泛深入宣传化解煤炭过剩产能的重要意义和经验做法，加强政策解读，回应社会关切，形成良好的舆论环境。

国务院

2016年2月1日

关于印发土壤污染防治行动计划的通知

（国发〔2016〕31 号）

各省、自治区、直辖市人民政府，国务院各部委、各直属机构：

现将《土壤污染防治行动计划》印发给你们，请认真贯彻执行。

国务院

2016 年 5 月 28 日

土壤污染防治行动计划

土壤是经济社会可持续发展的物质基础，关系人民群众身体健康，关系美丽中国建设，保护好土壤环境是推进生态文明建设和维护国家生态安全的重要内容。当前，我国土壤环境总体状况堪忧，部分地区污染较为严重，已成为全面建成小康社会的突出短板之一。为切实加强土壤污染防治，逐步改善土壤环境质量，制定本行动计划。

总体要求：全面贯彻党的十八大和十八届三中、四中、五中全会精神，按照“五位一体”总体布局和“四个全面”战略布局，牢固树立创新、协调、绿色、开放、共享的新发展理念，认真落实党中央、国务院决策部署，立足我国国情和发展阶段，着眼经济社会发展全局，以改善土壤环境质量为核心，以保障农产品质量和人居环境安全为出发点，坚持预防为主、保护优先、风险管控，突出重点区域、行业和污染物，实施分类别、分用途、分阶段治理，严控新增污染、逐步减少存量，形成政府主导、企业担责、公众参与、社会监督的土壤污染防治体系，促进土壤资源永续利用，为建设“蓝天常在、青山常在、绿水常在”的美丽中国而奋斗。

工作目标：到 2020 年，全国土壤污染加重趋势得到初步遏制，土壤环境质量总体保持稳定，农用地和建设用地土壤环境安全得到基本保障，土壤环境风险得到基本管控。到 2030 年，全国土壤环境质量稳中向好，农用地和建设用地土壤环境安全得到有效保障，土壤环境风险得到全面管控。到本世纪中叶，土壤环境质量全面改善，生态系统实现良性循环。

主要指标：到 2020 年，受污染耕地安全利用率达到 90%左右，污染地块安全利用率达到 90%以上。到 2030 年，受污染耕地安全利用率达到 95%以上，污染地块安全利用率达到 95%以上。

一、开展土壤污染调查，掌握土壤环境质量状况

（一）深入开展土壤环境质量调查。在现有相关调查基础上，以农用地和重点行业企业用地为重点，开展土壤污染状况详查，2018 年底前查明农用地土壤污染的面积、分布及其对农产品质量的影响；2020 年底前掌握重点行业企业用地中的污染地块分布及其环境风险情况。制定详查总体方案和技术规定，开

展技术指导、监督检查和成果审核。建立土壤环境质量状况定期调查制度，每 10 年开展 1 次。（环境保护部牵头，财政部、国土资源部、农业部、国家卫生计生委等参与，地方各级人民政府负责落实。以下均需地方各级人民政府落实，不再列出）

（二）建设土壤环境质量监测网络。统一规划、整合优化土壤环境质量监测点位，2017 年底前，完成土壤环境质量国控监测点位设置，建成国家土壤环境质量监测网络，充分发挥行业监测网作用，基本形成土壤环境监测能力。各省（区、市）每年至少开展 1 次土壤环境监测技术人员培训。各地可根据工作需要，补充设置监测点位，增加特征污染物监测项目，提高监测频次。2020 年底前，实现土壤环境质量监测点位所有县（市、区）全覆盖。（环境保护部牵头，国家发展改革委、工业和信息化部、国土资源部、农业部等参与）

（三）提升土壤环境信息化管理水平。利用环境保护、国土资源、农业等部门相关数据，建立土壤环境基础数据库，构建全国土壤环境信息化管理平台，力争 2018 年底前完成。借助移动互联网、物联网等技术，拓宽数据获取渠道，实现数据动态更新。加强数据共享，编制资源共享目录，明确共享权限和方式，发挥土壤环境大数据在污染防治、城乡规划、土地利用、农业生产中的作用。（环境保护部牵头，国家发展改革委、教育部、科技部、工业和信息化部、国土资源部、住房城乡建设部、农业部、国家卫生计生委、国家林业局等参与）

二、推进土壤污染防治立法，建立健全法规标准体系

（四）加快推进立法进程。配合完成土壤污染防治法起草工作。适时修订污染防治、城乡规划、土地管理、农产品质量安全相关法律法规，增加土壤污染防治有关内容。2016 年底前，完成农药管理条例修订工作，发布污染地块土壤环境管理办法、农用地土壤环境管理办法。2017 年底前，出台农药包装废弃物回收处理、工矿用地土壤环境管理、废弃农膜回收利用等部门规章。到 2020 年，土壤污染防治法律法规体系基本建立。各地可结合实际，研究制定土壤污染防治地方性法规。（国务院法制办、环境保护部牵头，工业和信息化部、国土资源部、住房城乡建设部、农业部、国家林业局等参与）

（五）系统构建标准体系。健全土壤污染防治相关标准和技术规范。2017 年底前，发布农用地、建设用地土壤环境质量标准；完成土壤环境监测、调查评估、风险管控、治理与修复等技术规范以及环境影响评价技术导则制修订工作；修订肥料、饲料、灌溉用水中有毒有害物质限量和农用污泥中污染物控制等标准，进一步严格污染物控制要求；修订农膜标准，提高厚度要求，研究制定可降解农膜标准；修订农药包装标准，增加防止农药包装废弃物污染土壤的要求。适时修订污染物排放标准，进一步明确污染物特别排放限值要求。完善土壤中污染物分析测试方法，研制土壤环境标准样品。各地可制定严于国家标准的地方土壤环境质量标准。（环境保护部牵头，工业和信息化部、国土资源部、住房城乡建设部、水利部、农业部、质检总局、国家林业局等参与）

（六）全面强化监管执法。明确监管重点。重点监测土壤中镉、汞、砷、铅、铬等重金属和多环芳烃、石油烃等有机污染物，重点监管有色金属矿采选、有色金属冶炼、石油开采、石油加工、化工、焦化、电镀、制革等行业，以及产粮（油）大县、地级以上城市建成区等区域。（环境保护部牵头，工业和信息化部、国土资源部、住房城乡建设部、农业部等参与）

加大执法力度。将土壤污染防治作为环境执法的重要内容，充分利用环境监管网格，加强土壤环境日常监管执法。严厉打击非法排放有毒有害污染物、违法违规存放危险化学品、非法处置危险废物、不正常使用污染治理设施、监测数据弄虚作假等环境违法行为。开展重点行业企业专项环境执法，对严重污染土壤环境、群众反映强烈的企业进行挂牌督办。改善基层环境执法条件，配备必要的土壤污染快速检测等执法装备。对全国环境执法人员每 3 年开展 1 轮土壤污染防治专业技术培训。提高突发环境事件

应急能力，完善各级环境污染事件应急预案，加强环境应急管理、技术支撑、处置救援能力建设。（环境保护部牵头，工业和信息化部、公安部、国土资源部、住房城乡建设部、农业部、安全监管总局、国家林业局等参与）

三、实施农用地分类管理，保障农业生产环境安全

（七）划定农用地土壤环境质量类别。按污染程度将农用地划为三个类别，未污染和轻微污染的划为优先保护类，轻度和中度污染的划为安全利用类，重度污染的划为严格管控类，以耕地为重点，分别采取相应管理措施，保障农产品质量安全。2017 年底前，发布农用地土壤环境质量类别划分技术指南。以土壤污染状况详查结果为依据，开展耕地土壤和农产品协同监测与评价，在试点基础上有序推进耕地土壤环境质量类别划定，逐步建立分类清单，2020 年底前完成。划定结果由各省级人民政府审定，数据上传全国土壤环境信息化管理平台。根据土地利用变更和土壤环境质量变化情况，定期对各类别耕地面积、分布等信息进行更新。有条件的地区要逐步开展林地、草地、园地等其他农用地土壤环境质量类别划定等工作。（环境保护部、农业部牵头，国土资源部、国家林业局等参与）

（八）切实加大保护力度。各地要将符合条件的优先保护类耕地划为永久基本农田，实行严格保护，确保其面积不减少、土壤环境质量不下降，除法律规定的重点建设项目选址确实无法避让外，其他任何建设不得占用。产粮（油）大县要制定土壤环境保护方案。高标准农田建设项目向优先保护类耕地集中的地区倾斜。推行秸秆还田、增施有机肥、少耕免耕、粮豆轮作、农膜减量与回收利用等措施。继续开展黑土地保护利用试点。农村土地流转的受让方要履行土壤保护的责任，避免因过度施肥、滥用农药等掠夺式农业生产方式造成土壤环境质量下降。各省级人民政府要对本行政区域内优先保护类耕地面积减少或土壤环境质量下降的县（市、区），进行预警提醒并依法采取环评限批等限制性措施。（国土资源部、农业部牵头，国家发展改革委、环境保护部、水利部等参与）

防控企业污染。严格控制在优先保护类耕地集中区域新建有色金属冶炼、石油加工、化工、焦化、电镀、制革等行业企业，现有相关行业企业要采用新技术、新工艺，加快提标升级改造步伐。（环境保护部、国家发展改革委牵头，工业和信息化部参与）

（九）着力推进安全利用。根据土壤污染状况和农产品超标情况，安全利用类耕地集中的县（市、区）要结合当地主要作物品种和种植习惯，制定实施受污染耕地安全利用方案，采取农艺调控、替代种植等措施，降低农产品超标风险。强化农产品质量检测。加强对农民、农民合作社的技术指导和培训。2017 年底前，出台受污染耕地安全利用技术指南。到 2020 年，轻度和中度污染耕地实现安全利用的面积达到 4 000 万亩。（农业部牵头，国土资源部等参与）

（十）全面落实严格管控。加强对严格管控类耕地的用途管理，依法划定特定农产品禁止生产区域，严禁种植食用农产品；对威胁地下水、饮用水水源安全的，有关县（市、区）要制定环境风险管控方案，并落实有关措施。研究将严格管控类耕地纳入国家新一轮退耕还林还草实施范围，制定实施重度污染耕地种植结构调整或退耕还林还草计划。继续在湖南长株潭地区开展重金属污染耕地修复及农作物种植结构调整试点。实行耕地轮作休耕制度试点。到 2020 年，重度污染耕地种植结构调整或退耕还林还草面积力争达到 2 000 万亩。（农业部牵头，国家发展改革委、财政部、国土资源部、环境保护部、水利部、国家林业局参与）

（十一）加强林地草地园地土壤环境管理。严格控制林地、草地、园地的农药使用量，禁止使用高毒、高残留农药。完善生物农药、引诱剂管理制度，加大使用推广力度。优先将重度污染的牧草地集中区域纳入禁牧休牧实施范围。加强对重度污染林地、园地产出食用农（林）产品质量检测，发现超标的，要采取种植结构调整等措施。（农业部、国家林业局负责）

四、实施建设用地准入管理，防范人居环境风险

（十二）明确管理要求。建立调查评估制度。2016 年底前，发布建设用地土壤环境调查评估技术规定。自 2017 年起，对拟收回土地使用权的有色金属冶炼、石油加工、化工、焦化、电镀、制革等行业企业用地，以及用途拟变更为居住和商业、学校、医疗、养老机构等公共设施的上述企业用地，由土地使用权人负责开展土壤环境状况调查评估；已经收回的，由所在地市、县级人民政府负责开展调查评估。自 2018 年起，重度污染农用地转为城镇建设用地的，由所在地市、县级人民政府负责组织开展调查评估。调查评估结果向所在地环境保护、城乡规划、国土资源部门备案。（环境保护部牵头，国土资源部、住房城乡建设部参与）

分用途明确管理措施。自 2017 年起，各地要结合土壤污染状况详查情况，根据建设用地土壤环境调查评估结果，逐步建立污染地块名录及其开发利用的负面清单，合理确定土地用途。符合相应规划用地土壤环境质量要求的地块，可进入用地程序。暂不开发利用或现阶段不具备治理修复条件的污染地块，由所在地县级人民政府组织划定管控区域，设立标识，发布公告，开展土壤、地表水、地下水、空气环境监测；发现污染扩散的，有关责任主体要及时采取污染物隔离、阻断等环境风险管控措施。（国土资源部牵头，环境保护部、住房城乡建设部、水利部等参与）

（十三）落实监管责任。地方各级城乡规划部门要结合土壤环境质量状况，加强城乡规划论证和审批管理。地方各级国土资源部门要依据土地利用总体规划、城乡规划和地块土壤环境质量状况，加强土地征收、收回、收购以及转让、改变用途等环节的监管。地方各级环境保护部门要加强对建设用地土壤环境状况调查、风险评估和污染地块治理与修复活动的监管。建立城乡规划、国土资源、环境保护等部门间的信息沟通机制，实行联动监管。（国土资源部、环境保护部、住房城乡建设部负责）

（十四）严格用地准入。将建设用地土壤环境管理要求纳入城市规划和供地管理，土地开发利用必须符合土壤环境质量要求。地方各级国土资源、城乡规划等部门在编制土地利用总体规划、城市总体规划、控制性详细规划等相关规划时，应充分考虑污染地块的环境风险，合理确定土地用途。（国土资源部、住房城乡建设部牵头，环境保护部参与）

五、强化未污染土壤保护，严控新增土壤污染

（十五）加强未利用地环境管理。按照科学有序原则开发利用未利用地，防止造成土壤污染。拟开发为农用地的，有关县（市、区）人民政府要组织开展土壤环境质量状况评估；不符合相应标准的，不得种植食用农产品。各地要加强纳入耕地后备资源的未利用地保护，定期开展巡查。依法严查向沙漠、滩涂、盐碱地、沼泽地等非法排污、倾倒有毒有害物质的环境违法行为。加强对矿山、油田等矿产资源开采活动影响区域内未利用地的环境监管，发现土壤污染问题的，要及时督促有关企业采取防治措施。推动盐碱地土壤改良，自 2017 年起，在新疆生产建设兵团等地开展利用燃煤电厂脱硫石膏改良盐碱地试点。（环境保护部、国土资源部牵头，国家发展改革委、公安部、水利部、农业部、国家林业局等参与）

（十六）防范建设用地新增污染。排放重点污染物的建设项目，在开展环境影响评价时，要增加对土壤环境影响的评价内容，并提出防范土壤污染的具体措施；需要建设的土壤污染防治设施，要与主体工程同时设计、同时施工、同时投产使用；有关环境保护部门要做好有关措施落实情况的监督管理工作。自 2017 年起，有关地方人民政府要与重点行业企业签订土壤污染防治责任书，明确相关措施和责任，责任书向社会公开。（环境保护部负责）

（十七）强化空间布局管控。加强规划区划和建设项目布局论证，根据土壤等环境承载能力，合理确定区域功能定位、空间布局。鼓励工业企业集聚发展，提高土地节约集约利用水平，减少土壤污

染。严格执行相关行业企业布局选址要求，禁止在居民区、学校、医疗和养老机构等周边新建有色金属冶炼、焦化等行业企业；结合推进新型城镇化、产业结构调整和化解过剩产能等，有序搬迁或依法关闭对土壤造成严重污染的现有企业。结合区域功能定位和土壤污染防治需要，科学布局生活垃圾处理、危险废物处置、废旧资源再生利用等设施和场所，合理确定畜禽养殖布局和规模。（国家发展改革委牵头，工业和信息化部、国土资源部、环境保护部、住房城乡建设部、水利部、农业部、国家林业局等参与）

六、加强污染源监管，做好土壤污染预防工作

（十八）严控工矿污染。加强日常环境监管。各地要根据工矿企业分布和污染排放情况，确定土壤环境重点监管企业名单，实行动态更新，并向社会公布。列入名单的企业每年要自行对其用地进行土壤环境监测，结果向社会公开。有关环境保护部门要定期对重点监管企业和工业园区周边开展监测，数据及时上传全国土壤环境信息化管理平台，结果作为环境执法和风险预警的重要依据。适时修订国家鼓励的有毒有害原料（产品）替代品目录。加强电器电子、汽车等工业产品中有害物质控制。有色金属冶炼、石油加工、化工、焦化、电镀、制革等行业企业拆除生产设施设备、构筑物和污染治理设施，要事先制定残留污染物清理和安全处置方案，并报所在地县级环境保护、工业和信息化部门备案；要严格按照有关规定实施安全处理处置，防范拆除活动污染土壤。2017 年底前，发布企业拆除活动污染防治技术规定。（环境保护部、工业和信息化部负责）

严防矿产资源开发污染土壤。自 2017 年起，内蒙古、江西、河南、湖北、湖南、广东、广西、四川、贵州、云南、陕西、甘肃、新疆等省（区）矿产资源开发活动集中的区域，执行重点污染物特别排放限值。全面整治历史遗留尾矿库，完善覆膜、压土、排洪、堤坝加固等隐患治理和闭库措施。有重点监管尾矿库的企业要开展环境风险评估，完善污染治理设施，储备应急物资。加强对矿产资源开发利用活动的辐射安全监管，有关企业每年要对本矿区土壤进行辐射环境监测。（环境保护部、安全监管总局牵头，工业和信息化部、国土资源部参与）

加强涉重金属行业污染防控。严格执行重金属污染物排放标准并落实相关总量控制指标，加大监督检查力度，对整改后仍不达标的企业，依法责令其停业、关闭，并将企业名单向社会公开。继续淘汰涉重金属重点行业落后产能，完善重金属相关行业准入条件，禁止新建落后产能或产能严重过剩行业的建设项目。按计划逐步淘汰普通照明白炽灯。提高铅酸蓄电池等行业落后产能淘汰标准，逐步退出落后产能。制定涉重金属重点工业行业清洁生产技术推行方案，鼓励企业采用先进适用生产工艺和技术。2020 年重点行业的重点重金属排放量要比 2013 年下降 10%。（环境保护部、工业和信息化部牵头，国家发展改革委参与）

加强工业废物处理处置。全面整治尾矿、煤矸石、工业副产石膏、粉煤灰、赤泥、冶炼渣、电石渣、铬渣、砷渣以及脱硫、脱硝、除尘产生固体废物的堆存场所，完善防扬散、防流失、防渗漏等设施，制定整治方案并有序实施。加强工业固体废物综合利用。对电子废物、废轮胎、废塑料等再生利用活动进行清理整顿，引导有关企业采用先进适用加工工艺、集聚发展，集中建设和运营污染治理设施，防止污染土壤和地下水。自 2017 年起，在京津冀、长三角、珠三角等地区的部分城市开展污水与污泥、废气与废渣协同治理试点。（环境保护部、国家发展改革委牵头，工业和信息化部、国土资源部参与）

（十九）控制农业污染。合理使用化肥农药。鼓励农民增施有机肥，减少化肥使用量。科学施用农药，推行农作物病虫害专业化统防统治和绿色防控，推广高效低毒低残留农药和现代植保机械。加强农药包装废弃物回收处理，自 2017 年起，在江苏、山东、河南、海南等省份选择部分产粮（油）大县和蔬菜产业重点县开展试点；到 2020 年，推广到全国 30%的产粮（油）大县和所有蔬菜产业重点县。

推行农业清洁生产，开展农业废弃物资源化利用试点，形成一批可复制、可推广的农业面源污染防治技术模式。严禁将城镇生活垃圾、污泥、工业废物直接用作肥料。到2020年，全国主要农作物化肥、农药使用量实现零增长，利用率提高到40%以上，测土配方施肥技术推广覆盖率提高到90%以上。（农业部牵头，国家发展改革委、环境保护部、住房城乡建设部、供销合作总社等参与）

加强废弃农膜回收利用。严厉打击违法生产和销售不合格农膜的行为。建立健全废弃农膜回收贮运和综合利用网络，开展废弃农膜回收利用试点；到2020年，河北、辽宁、山东、河南、甘肃、新疆等农膜使用量较高省份力争实现废弃农膜全面回收利用。（农业部牵头，国家发展改革委、工业和信息化部、公安部、工商总局、供销合作总社等参与）

强化畜禽养殖污染防治。严格规范兽药、饲料添加剂的生产和使用，防止过量使用，促进源头减量。加强畜禽粪便综合利用，在部分生猪大县开展种养业有机结合、循环发展试点。鼓励支持畜禽粪便处理利用设施建设，到2020年，规模化养殖场、养殖小区配套建设废弃物处理设施比例达到75%以上。（农业部牵头，国家发展改革委、环境保护部参与）

加强灌溉水水质管理。开展灌溉水水质监测。灌溉用水应符合农田灌溉水水质标准。对因长期使用污水灌溉导致土壤污染严重、威胁农产品质量安全的，要及时调整种植结构。（水利部牵头，农业部参与）

（二十）减少生活污染。建立政府、社区、企业和居民协调机制，通过分类投放收集、综合循环利用，促进垃圾减量化、资源化、无害化。建立村庄保洁制度，推进农村生活垃圾治理，实施农村生活污水治理工程。整治非正规垃圾填埋场。深入实施“以奖促治”政策，扩大农村环境连片整治范围。推进水泥窑协同处置生活垃圾试点。鼓励将处理达标后的污泥用于园林绿化。开展利用建筑垃圾生产建材产品等资源化利用示范。强化废氧化汞电池、镍镉电池、铅酸蓄电池和含汞荧光灯管、温度计等含重金属废物的安全处置。减少过度包装，鼓励使用环境标志产品。（住房城乡建设部牵头，国家发展改革委、工业和信息化部、财政部、环境保护部参与）

七、开展污染治理与修复，改善区域土壤环境质量

（二十一）明确治理与修复主体。按照“谁污染，谁治理”原则，造成土壤污染的单位或个人要承担治理与修复的主体责任。责任主体发生变更的，由变更后继承其债权、债务的单位或个人承担相关责任；土地使用权依法转让的，由土地使用权受让人或双方约定的责任人承担相关责任。责任主体灭失或责任主体不明确的，由所在地县级人民政府依法承担相关责任。（环境保护部牵头，国土资源部、住房城乡建设部参与）

（二十二）制定治理与修复规划。各省（区、市）要以影响农产品质量和人居环境安全的突出土壤污染问题为重点，制定土壤污染治理与修复规划，明确重点任务、责任单位和分年度实施计划，建立项目库，2017年底前完成。规划报环境保护部备案。京津冀、长三角、珠三角地区要率先完成。（环境保护部牵头，国土资源部、住房城乡建设部、农业部等参与）

（二十三）有序开展治理与修复。确定治理与修复重点。各地要结合城市环境质量提升和发展布局调整，以拟开发建设居住、商业、学校、医疗和养老机构等项目的污染地块为重点，开展治理与修复。在江西、湖北、湖南、广东、广西、四川、贵州、云南等省份污染耕地集中区域优先组织开展治理与修复；其他省份要根据耕地土壤污染程度、环境风险及其影响范围，确定治理与修复的重点区域。到2020年，受污染耕地治理与修复面积达到1 000万亩。（国土资源部、农业部、环境保护部牵头，住房城乡建设部参与）

强化治理与修复工程监管。治理与修复工程原则上在原址进行，并采取必要措施防止污染土壤挖掘、堆存等造成二次污染；需要转运污染土壤的，有关责任单位要将运输时间、方式、线路和污染土壤数量、去向、最终处置措施等，提前向所在地和接收地环境保护部门报告。工程施工期间，责任单位要设立公

告牌，公开工程基本情况、环境影响及其防范措施；所在地环境保护部门要对各项环境保护措施落实情况进行检查。工程完工后，责任单位要委托第三方机构对治理与修复效果进行评估，结果向社会公开。实行土壤污染治理与修复终身责任制，2017年底前，出台有关责任追究办法。（环境保护部牵头，国土资源部、住房城乡建设部、农业部参与）

（二十四）监督目标任务落实。各省级环境保护部门要定期向环境保护部报告土壤污染治理与修复工作进展；环境保护部要会同有关部门进行督导检查。各省（区、市）要委托第三方机构对本行政区域各县（市、区）土壤污染治理与修复成效进行综合评估，结果向社会公开。2017年底前，出台土壤污染治理与修复成效评估办法。（环境保护部牵头，国土资源部、住房城乡建设部、农业部参与）

八、加大科技研发力度，推动环境保护产业发展

（二十五）加强土壤污染防治研究。整合高等学校、研究机构、企业等科研资源，开展土壤环境基准、土壤环境容量与承载能力、污染物迁移转化规律、污染生态效应、重金属低积累作物和修复植物筛选，以及土壤污染与农产品质量、人体健康关系等方面基础研究。推进土壤污染诊断、风险管控、治理与修复等共性关键技术研究，研发先进适用装备和高效低成本功能材料（药剂），强化卫星遥感技术应用，建设一批土壤污染防治实验室、科研基地。优化整合科技计划（专项、基金等），支持土壤污染防治研究。（科技部牵头，国家发展改革委、教育部、工业和信息化部、国土资源部、环境保护部、住房城乡建设部、农业部、国家卫生计生委、国家林业局、中科院等参与）

（二十六）加大适用技术推广力度。建立健全技术体系。综合土壤污染类型、程度和区域代表性，针对典型受污染农用地、污染地块，分批实施200个土壤污染治理与修复技术应用试点项目，2020年底前完成。根据试点情况，比选形成一批易推广、成本低、效果好的适用技术。（环境保护部、财政部牵头，科技部、国土资源部、住房城乡建设部、农业部等参与）

加快成果转化应用。完善土壤污染防治科技成果转化机制，建成以环保为主导产业的高新技术产业开发区等一批成果转化平台。2017年底前，发布鼓励发展的土壤污染防治重大技术装备目录。开展国际合作研究与技术交流，引进消化土壤污染风险识别、土壤污染物快速检测、土壤及地下水污染阻隔等风险管控先进技术和管理经验。（科技部牵头，国家发展改革委、教育部、工业和信息化部、国土资源部、环境保护部、住房城乡建设部、农业部、中科院等参与）

（二十七）推动治理与修复产业发展。放开服务性监测市场，鼓励社会机构参与土壤环境监测评估等活动。通过政策推动，加快完善覆盖土壤环境调查、分析测试、风险评估、治理与修复工程设计和施工等环节的成熟产业链，形成若干综合实力雄厚的龙头企业，培育一批充满活力的中小企业。推动有条件的地区建设产业化示范基地。规范土壤污染治理与修复从业单位和人员管理，建立健全监督机制，将技术服务能力弱、运营管理水平低、综合信用差的从业单位名单通过企业信用信息公示系统向社会公开。发挥“互联网+”在土壤污染治理与修复全产业链中的作用，推进大众创业、万众创新。（国家发展改革委牵头，科技部、工业和信息化部、国土资源部、环境保护部、住房城乡建设部、农业部、商务部、工商总局等参与）

九、发挥政府主导作用，构建土壤环境治理体系

（二十八）强化政府主导。完善管理体制。按照“国家统筹、省负总责、市县落实”原则，完善土壤环境管理体制，全面落实土壤污染防治属地责任。探索建立跨行政区域土壤污染防治联动协作机制。（环境保护部牵头，国家发展改革委、科技部、工业和信息化部、财政部、国土资源部、住房城乡建设部、农业部等参与）

加大财政投入。中央和地方各级财政加大对土壤污染防治工作的支持力度。中央财政整合重金属污染防治专项资金等，设立土壤污染防治专项资金，用于土壤环境调查与监测评估、监督管理、治理与修复等工作。各地应统筹相关财政资金，通过现有政策和资金渠道加大支持，将农业综合开发、高标准农田建设、农田水利建设、耕地保护与质量提升、测土配方施肥等涉农资金，更多用于优先保护类耕地集中的县（市、区）。有条件的省（区、市）可对优先保护类耕地面积增加的县（市、区）予以适当奖励。统筹安排专项建设基金，支持企业对涉重金属落后生产工艺和设备进行技术改造。（财政部牵头，国家发展改革委、工业和信息化部、国土资源部、环境保护部、水利部、农业部等参与）

完善激励政策。各地要采取有效措施，激励相关企业参与土壤污染治理与修复。研究制定扶持有机肥生产、废弃农膜综合利用、农药包装废弃物回收处理等企业的激励政策。在农药、化肥等行业，开展环保领跑者制度试点。（财政部牵头，国家发展改革委、工业和信息化部、国土资源部、环境保护部、住房城乡建设部、农业部、税务总局、供销合作总社等参与）

建设综合防治先行区。2016 年底前，在浙江省台州市、湖北省黄石市、湖南省常德市、广东省韶关市、广西壮族自治区河池市和贵州省铜仁市启动土壤污染综合防治先行区建设，重点在土壤污染源头预防、风险管控、治理与修复、监管能力建设等方面进行探索，力争到 2020 年先行区土壤环境质量得到明显改善。有关地方人民政府要编制先行区建设方案，按程序报环境保护部、财政部备案。京津冀、长三角、珠三角等地区可因地制宜开展先行区建设。（环境保护部、财政部牵头，国家发展改革委、国土资源部、住房城乡建设部、农业部、国家林业局等参与）

（二十九）发挥市场作用。通过政府和社会资本合作（PPP）模式，发挥财政资金撬动功能，带动更多社会资本参与土壤污染防治。加大政府购买服务力度，推动受污染耕地和以政府为责任主体的污染地块治理与修复。积极发展绿色金融，发挥政策性和开发性金融机构引导作用，为重大土壤污染防治项目提供支持。鼓励符合条件的土壤污染治理与修复企业发行股票。探索通过发行债券推进土壤污染治理与修复，在土壤污染综合防治先行区开展试点。有序开展重点行业企业环境污染强制责任保险试点。（国家发展改革委、环境保护部牵头，财政部、人民银行、银监会、证监会、保监会等参与）

（三十）加强社会监督。推进信息公开。根据土壤环境质量监测和调查结果，适时发布全国土壤环境状况。各省（区、市）人民政府定期公布本行政区域各地级市（州、盟）土壤环境状况。重点行业企业要依据有关规定，向社会公开其产生的污染物名称、排放方式、排放浓度、排放总量，以及污染防治设施建设和运行情况。（环境保护部牵头，国土资源部、住房城乡建设部、农业部等参与）

引导公众参与。实行有奖举报，鼓励公众通过“12369”环保举报热线、信函、电子邮件、政府网站、微信平台等途径，对乱排废水、废气，乱倒废渣、污泥等污染土壤的环境违法行为进行监督。有条件的地方可根据需要聘请环境保护义务监督员，参与现场环境执法、土壤污染事件调查处理等。鼓励种粮大户、家庭农场、农民合作社以及民间环境保护机构参与土壤污染防治工作。（环境保护部牵头，国土资源部、住房城乡建设部、农业部等参与）

推动公益诉讼。鼓励依法对污染土壤等环境违法行为提起公益诉讼。开展检察机关提起公益诉讼改革试点的地区，检察机关可以以公益诉讼人的身份，对污染土壤等损害社会公共利益的行为提起民事公益诉讼；也可以对负有土壤污染防治职责的行政机关，因违法行使职权或者不作为造成国家和社会公共利益受到侵害的行为提起行政公益诉讼。地方各级人民政府和有关部门应当积极配合司法机关的相关案件办理工作和检察机关的监督工作。（最高人民检察院、最高人民法院牵头，国土资源部、环境保护部、住房城乡建设部、水利部、农业部、国家林业局等参与）

（三十一）开展宣传教育。制定土壤环境保护宣传教育工作方案。制作挂图、视频，出版科普读物，利用互联网、数字化放映平台等手段，结合世界地球日、世界环境日、世界土壤日、世界粮食日、全国土地日等主题宣传活动，普及土壤污染防治相关知识，加强法律法规政策宣传解读，营造保护土壤环境的良好社会氛围，推动形成绿色发展方式和生活方式。把土壤环境保护宣传教育融入党政机关、学校、工厂、社区、农村等的环境宣传和培训工作。鼓励支持有条件的高等学校开设土壤环境专门课程。（环境保护部牵头，中央宣传部、教育部、国土资源部、住房城乡建设部、农业部、新闻出版广电总局、国家网信办、国家粮食局、中国科协等参与）

十、加强目标考核，严格责任追究

（三十二）明确地方政府主体责任。地方各级人民政府是实施本行动计划的主体，要于2016年底前分别制定并公布土壤污染防治工作方案，确定重点任务和工作目标。要加强组织领导，完善政策措施，加大资金投入，创新投融资模式，强化监督管理，抓好工作落实。各省（区、市）工作方案报国务院备案。（环境保护部牵头，国家发展改革委、财政部、国土资源部、住房城乡建设部、农业部等参与）

（三十三）加强部门协调联动。建立全国土壤污染防治工作协调机制，定期研究解决重大问题。各有关部门要按照职责分工，协同做好土壤污染防治工作。环境保护部要抓好统筹协调，加强督促检查，每年2月底前将上年度工作进展情况向国务院报告。（环境保护部牵头，国家发展改革委、科技部、工业和信息化部、财政部、国土资源部、住房城乡建设部、水利部、农业部、国家林业局等参与）

（三十四）落实企业责任。有关企业要加强内部管理，将土壤污染防治纳入环境风险防控体系，严格依法依规建设和运营污染治理设施，确保重点污染物稳定达标排放。造成土壤污染的，应承担损害评估、治理与修复的法律责任。逐步建立土壤污染治理与修复企业行业自律机制。国有企业特别是中央企业要带头落实。（环境保护部牵头，工业和信息化部、国务院国资委等参与）

（三十五）严格评估考核。实行目标责任制。2016年底前，国务院与各省（区、市）人民政府签订土壤污染防治目标责任书，分解落实目标任务。分年度对各省（区、市）重点工作进展情况进行评估，2020年对本行动计划实施情况进行考核，评估和考核结果作为对领导班子和领导干部综合考核评价、自然资源资产离任审计的重要依据。（环境保护部牵头，中央组织部、审计署参与）

评估和考核结果作为土壤污染防治专项资金分配的重要参考依据。（财政部牵头，环境保护部参与）

对年度评估结果较差或未通过考核的省（区、市），要提出限期整改意见，整改完成前，对有关地区实施建设项目环评限批；整改不到位的，要约谈有关省级人民政府及其相关部门负责人。对土壤环境问题突出、区域土壤环境质量明显下降、防治工作不力、群众反映强烈的地区，要约谈有关地市级人民政府和省级人民政府相关部门主要负责人。对失职渎职、弄虚作假的，区分情节轻重，予以诫勉、责令公开道歉、组织处理或党纪政纪处分；对构成犯罪的，要依法追究刑事责任，已经调离、提拔或者退休的，也要终身追究责任。（环境保护部牵头，中央组织部、监察部参与）

我国正处于全面建成小康社会决胜阶段，提高环境质量是人民群众的热切期盼，土壤污染防治任务艰巨。各地区、各有关部门要认清形势，坚定信心，狠抓落实，切实加强污染治理和生态保护，如期实现全国土壤污染防治目标，确保生态环境质量得到改善、各类自然生态系统安全稳定，为建设美丽中国、实现“两个一百年”奋斗目标和中华民族伟大复兴的中国梦做出贡献。

关于发布《政府核准的投资项目目录（2016 年本）》的通知

（国发〔2016〕72 号）

各省、自治区、直辖市人民政府，国务院各部委、各直属机构：

为贯彻落实《中共中央 国务院关于深化投融资体制改革的意见》，进一步加大简政放权、放管结合、优化服务改革力度，使市场在资源配置中起决定性作用，更好发挥政府作用，切实转变政府投资管理职能，加强和改进宏观调控，确立企业投资主体地位，激发市场主体扩大合理有效投资和创新创业的活力，现发布《政府核准的投资项目目录（2016 年本）》，并就有关事项通知如下：

一、企业投资建设本目录内的固定资产投资项目，须按照规定报送有关项目核准机关核准。企业投资建设本目录外的项目，实行备案管理。事业单位、社会团体等投资建设的项目，按照本目录执行。

原油、天然气（含煤层气）开发项目由具有开采权的企业自行决定，并报国务院行业管理部门备案。具有开采权的相关企业应依据相关法律法规，坚持统筹规划，合理开发利用资源，避免资源无序开采。

二、法律、行政法规和国家制定的发展规划、产业政策、总量控制目标、技术政策、准入标准、用地政策、环保政策、用海用岛政策、信贷政策等是企业开展项目前期工作的重要依据，是项目核准机关和国土资源、环境保护、城乡规划、海洋管理、行业管理等部门以及金融机构对项目进行审查的依据。

发展改革部门要会同有关部门抓紧编制完善相关领域专项规划，为各地区做好项目核准工作提供依据。

环境保护部门应根据项目对环境的影响程度实行分级分类管理，对环境影响大、环境风险高的项目严格环评审批，并强化事中事后监管。

三、要充分发挥发展规划、产业政策和准入标准对投资活动的规范引导作用。把发展规划作为引导投资方向，稳定投资运行，规范项目准入，优化项目布局，合理配置资金、土地、能源、人力等资源的重要手段。完善产业结构调整指导目录、外商投资产业指导目录等，为企业投资活动提供依据和指导。构建更加科学、更加完善、更具可操作性的行业准入标准体系，强化节地节能节水、环境、技术、安全等市场准入标准。完善行业宏观调控政策措施和部门间协调机制，形成工作合力，促进相关行业有序发展。

四、对于钢铁、电解铝、水泥、平板玻璃、船舶等产能严重过剩行业的项目，要严格执行《国务院关于化解产能严重过剩矛盾的指导意见》（国发〔2013〕41 号），各地方、各部门不得以其他任何名义、任何方式备案新增产能项目，各相关部门和机构不得办理土地（海域、无居民海岛）供应、能评、环评审批和新增授信支持等相关业务，并合力推进化解产能严重过剩矛盾各项工作。

对于煤矿项目，要严格执行《国务院关于煤炭行业化解过剩产能实现脱困发展的意见》（国发〔2016〕7 号）要求，从 2016 年起 3 年内原则上停止审批新建煤矿项目、新增产能的技术改造项目和产能核增项目；确需新建煤矿的，一律实行减量置换。

严格控制新增传统燃油汽车产能，原则上不再核准新建传统燃油汽车生产企业。积极引导新能源汽车健康有序发展，新建新能源汽车生产企业须具有动力系统等关键技术和整车研发能力，符合《新建纯电动乘用车企业管理规定》等相关要求。

五、项目核准机关要改进完善管理办法，切实提高行政效能，认真履行核准职责，严格按照规定权限、程序和时限等要求进行审查。有关部门要密切配合，按照职责分工，相应改进管理办法，依法加强对投资活动的管理。

六、按照谁审批谁监管、谁主管谁监管的原则，落实监管责任，注重发挥地方政府就近就便监管作用，行业管理部门和环境保护、质量监督、安全监管等部门专业优势，以及投资主管部门综合监管职能，实现协同监管。投资项目核准、备案权限下放后，监管责任要同步下移。地方各级政府及其有关部门要积极探索创新监管方式方法，强化事中事后监管，切实承担起监管职责。

七、按照规定由国务院核准的项目，由国家发展改革委审核后报国务院核准。核报国务院及国务院投资主管部门核准的项目，事前须征求国务院行业管理部门的意见。

八、由地方政府核准的项目，各省级政府可以根据本地实际情况，按照下放层级与承接能力相匹配的原则，具体划分地方各级政府管理权限，制定本行政区域内统一的政府核准投资项目目录。基层政府承接能力要作为政府管理权限划分的重要因素，不宜简单地“一放到底”。对于涉及本地区重大规划布局、重要资源开发配置的项目，应充分发挥省级部门在政策把握、技术力量等方面的优势，由省级政府核准，原则上不下放到地市级政府、一律不得下放到县级及以下政府。

九、对取消核准改为备案管理的项目，项目备案机关要加强发展规划、产业政策和准入标准把关，行业管理部门与城乡规划、土地管理、环境保护、安全监管等部门要按职责分工加强对项目的指导和约束。

十、法律、行政法规和国家有专门规定的，按照有关规定执行。商务主管部门按国家有关规定对外商投资企业的设立和变更、国内企业在境外投资开办企业（金融企业除外）进行审核或备案管理。

十一、本目录自发布之日起执行，《政府核准的投资项目目录（2014 年本）》即行废止。

国务院

2016 年 12 月 12 日

政府核准的投资项目目录（2016 年本）

一、农业水利

农业：涉及开荒的项目由省级政府核准。

水利工程：涉及跨界河流、跨省（区、市）水资源配置调整的重大水利项目由国务院投资主管部门核准，其中库容 10 亿立方米及以上或者涉及移民 1 万人及以上的水库项目由国务院核准。其余项目由地方政府核准。

二、能源

水电站：在跨界河流、跨省（区、市）河流上建设的单站总装机容量 50 万千瓦及以上项目由国务院投资主管部门核准，其中单站总装机容量 300 万千瓦及以上或者涉及移民 1 万人及以上的项目由国务院核准。其余项目由地方政府核准。

抽水蓄能电站：由省级政府按照国家制定的相关规划核准。

火电站（含自备电站）：由省级政府核准，其中燃煤燃气火电项目应在国家依据总量控制制定的建设规划内核准。

热电站（含自备电站）：由地方政府核准，其中抽凝式燃煤热电项目由省级政府在国家依据总量控制制定的建设规划内核准。

风电站：由地方政府在国家依据总量控制制定的建设规划及年度开发指导规模内核准。

核电站：由国务院核准。

电网工程：涉及跨境、跨省（区、市）输电的±500 千伏及以上直流项目，涉及跨境、跨省（区、市）输电的 500 千伏、750 千伏、1 000 千伏交流项目，由国务院投资主管部门核准，其中±800 千伏及以上直流项目和 1 000 千伏交流项目报国务院备案；不涉及跨境、跨省（区、市）输电的±500 千伏及以上直流项目和 500 千伏、750 千伏、1 000 千伏交流项目由省级政府按照国家制定的相关规划核准，其余项目由地方政府按照国家制定的相关规划核准。

煤矿：国家规划矿区内新增年生产能力 120 万吨及以上煤炭开发项目由国务院行业管理部门核准，其中新增年生产能力 500 万吨及以上的项目由国务院投资主管部门核准并报国务院备案；国家规划矿区内的其余煤炭开发项目和一般煤炭开发项目由省级政府核准。国家规定禁止建设或列入淘汰退出范围的项目，不得核准。

煤制燃料：年产超过 20 亿立方米的煤制天然气项目、年产超过 100 万吨的煤制油项目，由国务院投资主管部门核准。

液化石油气接收、存储设施（不含油气田、炼油厂的配套项目）：由地方政府核准。

进口液化天然气接收、储运设施：新建（含异地扩建）项目由国务院行业管理部门核准，其中新建接收储运能力 300 万吨及以上的项目由国务院投资主管部门核准并报国务院备案。其余项目由省级政府核准。

输油管网（不含油田集输管网）：跨境、跨省（区、市）干线管网项目由国务院投资主管部门核准，其中跨境项目报国务院备案。其余项目由地方政府核准。

输气管网（不含油气田集输管网）：跨境、跨省（区、市）干线管网项目由国务院投资主管部门核准，其中跨境项目报国务院备案。其余项目由地方政府核准。

炼油：新建炼油及扩建一次炼油项目由省级政府按照国家批准的相关规划核准。未列入国家批准的相关规划的新建炼油及扩建一次炼油项目，禁止建设。

变性燃料乙醇：由省级政府核准。

三、交通运输

新建（含增建）铁路：列入国家批准的相关规划中的项目，中国铁路总公司为主出资的由其自行决定并报国务院投资主管部门备案，其他企业投资的由省级政府核准；地方城际铁路项目由省级政府按照国家批准的相关规划核准，并报国务院投资主管部门备案；其余项目由省级政府核准。

公路：国家高速公路网和普通国道网项目由省级政府按照国家批准的相关规划核准，地方高速公路项目由省级政府核准，其余项目由地方政府核准。

独立公（铁）路桥梁、隧道：跨境项目由国务院投资主管部门核准并报国务院备案。国家批准的相关规划中的项目，中国铁路总公司为主出资的由其自行决定并报国务院投资主管部门备案，其他企业投资的由省级政府核准；其余独立铁路桥梁、隧道及跨 10 万吨级及以上航道海域、跨大江大河（现状或规划为一级及以上通航段）的独立公路桥梁、隧道项目，由省级政府核准，其中跨长江干线航道的项目应符合国家批准的相关规划。其余项目由地方政府核准。

煤炭、矿石、油气专用泊位：由省级政府按国家批准的相关规划核准。

集装箱专用码头：由省级政府按国家批准的相关规划核准。

内河航运：跨省（区、市）高等级航道的千吨级及以上航电枢纽项目由省级政府按国家批准的相关规划核准，其余项目由地方政府核准。

民航：新建运输机场项目由国务院、中央军委核准，新建通用机场项目、扩建军民合用机场（增建跑道除外）项目由省级政府核准。

四、信息产业

电信：国际通信基础设施项目由国务院投资主管部门核准；国内干线传输网（含广播电视网）以及其他涉及信息安全的电信基础设施项目，由国务院行业管理部门核准。

五、原材料

稀土、铁矿、有色矿山开发：由省级政府核准。

石化：新建乙烯、对二甲苯（PX）、二苯基甲烷二异氰酸酯（MDI）项目由省级政府按照国家批准的石化产业规划布局方案核准。未列入国家批准的相关规划的新建乙烯、对二甲苯（PX）、二苯基甲烷二异氰酸酯（MDI）项目，禁止建设。

煤化工：新建煤制烯烃、新建煤制对二甲苯（PX）项目，由省级政府按照国家批准的相关规划核准。新建年产超过 100 万吨的煤制甲醇项目，由省级政府核准。其余项目禁止建设。

稀土：稀土冶炼分离项目、稀土深加工项目由省级政府核准。

黄金：采选矿项目由省级政府核准。

六、机械制造

汽车：按照国务院批准的《汽车产业发展政策》执行。其中，新建中外合资轿车生产企业项目，由国务院核准；新建纯电动乘用车生产企业（含现有汽车企业跨类生产纯电动乘用车）项目，由国务院投资主管部门核准；其余项目由省级政府核准。

七、轻工

烟草：卷烟、烟用二醋酸纤维素及丝束项目由国务院行业管理部门核准。

八、高新技术

民用航空航天：干线支线飞机、6 吨/9 座及以上通用飞机和 3 吨及以上直升机制造、民用卫星制造、民用遥感卫星地面站建设项目，由国务院投资主管部门核准；6 吨/9 座以下通用飞机和 3 吨以下直升机制造项目由省级政府核准。

九、城建

城市快速轨道交通项目：由省级政府按照国家批准的相关规划核准。

城市道路桥梁、隧道：跨 10 万吨级及以上航道海域、跨大江大河（现状或规划为一级及以上通航段）的项目由省级政府核准。

其他城建项目：由地方政府自行确定实行核准或者备案。

十、社会事业

主题公园：特大型项目由国务院核准，其余项目由省级政府核准。

旅游：国家级风景名胜区、国家自然保护区、全国重点文物保护单位区域内总投资 5 000 万元及以上旅游开发和资源保护项目，世界自然和文化遗产保护区内总投资 3 000 万元及以上项目，由省级政府核准。

其他社会事业项目：按照隶属关系由国务院行业管理部门、地方政府自行确定实行核准或者备案。

十一、外商投资

《外商投资产业指导目录》中总投资（含增资）3 亿美元及以上限制类项目，由国务院投资主管部门核准，其中总投资（含增资）20 亿美元及以上项目报国务院备案。《外商投资产业指导目录》中总投资（含增资）3 亿美元以下限制类项目，由省级政府核准。

前款规定之外的属于本目录第一至十条所列项目，按照本目录第一至十条的规定执行。

十二、境外投资

涉及敏感国家和地区、敏感行业的项目，由国务院投资主管部门核准。

前款规定之外的中央管理企业投资项目和地方企业投资 3 亿美元及以上项目报国务院投资主管部门备案。

关于划定并严守生态保护红线的若干意见

（厅字〔2017〕2号）

生态空间是指具有自然属性、以提供生态服务或生态产品为主体功能的国土空间，包括森林、草原、湿地、河流、湖泊、滩涂、岸线、海洋、荒地、荒漠、戈壁、冰川、高山冻原、无居民海岛等。生态保护红线是指在生态空间范围内具有特殊重要生态功能、必须强制性严格保护的区域，是保障和维护国家生态安全的底线和生命线，通常包括具有重要水源涵养、生物多样性维护、水土保持、防风固沙、海岸生态稳定等功能的生态功能重要区域，以及水土流失、土地沙化、石漠化、盐渍化等生态环境敏感脆弱区域。党中央、国务院高度重视生态环境保护，作出一系列重大决策部署，推动生态环境保护工作取得明显进展。但是，我国生态环境总体仍比较脆弱，生态安全形势十分严峻。划定并严守生态保护红线，是贯彻落实主体功能区制度、实施生态空间用途管制的重要举措，是提高生态产品供给能力和生态系统服务功能、构建国家生态安全格局的有效手段，是健全生态文明制度体系、推动绿色发展的有力保障。现就划定并严守生态保护红线提出以下意见。

一、总体要求

（一）指导思想。全面贯彻党的十八大和十八届三中、四中、五中、六中全会精神，深入贯彻习近平总书记系列重要讲话精神和治国理政新理念新思想新战略，紧紧围绕统筹推进“五位一体”总体布局和协调推进“四个全面”战略布局，牢固树立新发展理念，认真落实党中央、国务院决策部署，以改善生态环境质量为核心，以保障和维护生态功能为主线，按照山水林田湖系统保护的要求，划定并严守生态保护红线，实现一条红线管控重要生态空间，确保生态功能不降低、面积不减少、性质不改变，维护国家生态安全，促进经济社会可持续发展。

（二）基本原则

——科学划定，切实落地。落实环境保护法等相关法律法规，统筹考虑自然生态整体性和系统性，开展科学评估，按生态功能重要性、生态环境敏感性与脆弱性划定生态保护红线，并落实到国土空间，系统构建国家生态安全格局。

——坚守底线，严格保护。牢固树立底线意识，将生态保护红线作为编制空间规划的基础。强化用途管制，严禁任意改变用途，杜绝不合理开发建设活动对生态保护红线的破坏。

——部门协调，上下联动。加强部门间沟通协调，国家层面做好顶层设计，出台技术规范和政策措施，地方党委和政府落实划定并严守生态保护红线的主体责任，上下联动、形成合力，确保划得实、守得住。

（三）总体目标。2017年年底前，京津冀区域、长江经济带沿线各省（直辖市）划定生态保护红线；2018年年底前，其他省（自治区、直辖市）划定生态保护红线；2020年年底前，全面完成全国生态保护红线划定，勘界定标，基本建立生态保护红线制度，国土生态空间得到优化和有效保护，生态功能保持稳定，国家生态安全格局更加完善。到2030年，生态保护红线布局进一步优化，生态保护红线制度有效实施，生态功能显著提升，国家生态安全得到全面保障。

二、划定生态保护红线

依托“两屏三带”为主体的陆地生态安全格局和“一带一链多点”的海洋生态安全格局，采取国家指导、地方组织，自上而下和自下而上相结合，科学划定生态保护红线。

（四）明确划定范围。环境保护部、国家发展改革委会同有关部门，于2017年6月底前制定并发布生态保护红线划定技术规范，明确水源涵养、生物多样性维护、水土保持、防风固沙等生态功能重要区域，以及水土流失、土地沙化、石漠化、盐渍化等生态环境敏感脆弱区域的评价方法，识别生态功能重要区域和生态环境敏感脆弱区域的空间分布。将上述两类区域进行空间叠加，划入生态保护红线，涵盖所有国家级、省级禁止开发区域，以及有必要严格保护的其他各类保护地等。

（五）落实生态保护红线边界。按照保护需要和开发利用现状，主要结合以下几类界线将生态保护红线边界落地：自然边界，主要是依据地形地貌或生态系统完整性确定的边界，如林线、雪线、流域分界线，以及生态系统分布界线等；自然保护区、风景名胜区等各类保护地边界；江河、湖库，以及海岸等向陆域（或向海）延伸一定距离的边界；全国土地调查、地理国情普查等明确的地块边界。将生态保护红线落实到地块，明确生态系统类型、主要生态功能，通过自然资源统一确权登记明确用地性质与土地权属，形成生态保护红线全国“一张图”。在勘界基础上设立统一规范的标识标牌，确保生态保护红线落地准确、边界清晰。

（六）有序推进划定工作。环境保护部、国家发展改革委会同有关部门提出各省（自治区、直辖市）生态保护红线空间格局和分布意见，做好跨省域的衔接与协调，指导各地划定生态保护红线；明确生态保护红线可保护的湿地、草原、森林等生态系统数量，并与生态安全预警监测体系做好衔接。各省（自治区、直辖市）要按照相关要求，建立划定生态保护红线责任制和协调机制，明确责任部门，组织专门力量，制定工作方案，全面论证、广泛征求意见，有序推进划定工作，形成生态保护红线。环境保护部、国家发展改革委会同有关部门组织对各省（自治区、直辖市）生态保护红线进行技术审核并提出意见，报国务院批准后由各省（自治区、直辖市）政府发布实施。在各省（自治区、直辖市）生态保护红线基础上，环境保护部、国家发展改革委会同有关部门进行衔接、汇总，形成全国生态保护红线，并向社会发布。鉴于海洋国土空间的特殊性，国家海洋局根据本意见制定相关技术规范，组织划定并审核海洋国土空间的生态保护红线，纳入全国生态保护红线。

三、严守生态保护红线

落实地方各级党委和政府主体责任，强化生态保护红线刚性约束，形成一整套生态保护红线管控和激励措施。

（七）明确属地管理责任。地方各级党委和政府是严守生态保护红线的责任主体，要将生态保护红线作为相关综合决策的重要依据和前提条件，履行好保护责任。各有关部门要按照职责分工，加强监督管理，做好指导协调、日常巡护和执法监督，共守生态保护红线。建立目标责任制，把保护目标、任务和要求层层分解，落到实处。创新激励约束机制，对生态保护红线保护成效突出的单位和个人予以奖励；对造成破坏的，依法依规予以严肃处理。根据需要设置生态保护红线管护岗位，提高居民参与生态保护积极性。

（八）确立生态保护红线优先地位。生态保护红线划定后，相关规划要符合生态保护红线空间管控要求，不符合的要及时进行调整。空间规划编制要将生态保护红线作为重要基础，发挥生态保护红线对于国土空间开发的底线作用。

（九）实行严格管控。生态保护红线原则上按禁止开发区域的要求进行管理。严禁不符合主体功能定位的各类开发活动，严禁任意改变用途。生态保护红线划定后，只能增加、不能减少，因国家重大基础设施、重大民生保障项目建设等需要调整的，由省级政府组织论证，提出调整方案，经环境保护部、国家发展改革委会同有关部门提出审核意见后，报国务院批准。因国家重大战略资源勘查需要，在不影响主体功能定位的前提下，经依法批准后予以安排勘查项目。

（十）加大生态保护补偿力度。财政部会同有关部门加大对生态保护红线的支持力度，加快健全生态保护补偿制度，完善国家重点生态功能区转移支付政策。推动生态保护红线所在地区和受益地区探索建立横向生态保护补偿机制，共同分担生态保护任务。

（十一）加强生态保护与修复。实施生态保护红线保护与修复，作为山水林田湖生态保护和修复工程的重要内容。以县级行政区为基本单元建立生态保护红线台账系统，制定实施生态系统保护与修复方案。优先保护良好生态系统和重要物种栖息地，建立和完善生态廊道，提高生态系统完整性和连通性。分区分类开展受损生态系统修复，采取以封禁为主的自然恢复措施，辅以人工修复，改善和提升生态功能。选择水源涵养和生物多样性维护为主导生态功能的生态保护红线，开展保护与修复示范。有条件的地区，可逐步推进生态移民，有序推动人口适度集中安置，降低人类活动强度，减小生态压力。按照陆海统筹、综合治理的原则，开展海洋国土空间生态保护红线的生态整治修复，切实强化生态保护红线及周边区域污染联防联治，重点加强生态保护红线内入海河流综合整治。

（十二）建立监测网络和监管平台。环境保护部、国家发展改革委、国土资源部会同有关部门建设和完善生态保护红线综合监测网络体系，充分发挥地面生态系统、环境、气象、水文水资源、水土保持、海洋等监测站点和卫星的生态监测能力，布设相对固定的生态保护红线监控点位，及时获取生态保护红线监测数据。建立国家生态保护红线监管平台。依托国务院有关部门生态环境监管平台和大数据，运用云计算、物联网等信息化手段，加强监测数据集成分析和综合应用，强化生态气象灾害监测预警能力建设，全面掌握生态系统构成、分布与动态变化，及时评估和预警生态风险，提高生态保护红线管理决策科学化水平。实时监控人类干扰活动，及时发现破坏生态保护红线的行为，对监控发现的问题，通报当地政府，由有关部门依据各自职能组织开展现场核查，依法依规进行处理。2017 年年底前完成国家生态保护红线监管平台试运行。各省（自治区、直辖市）应依托国家生态保护红线监管平台，加强能力建设，建立本行政区监管体系，实施分层级监管，及时接收和反馈信息，核查和处理违法行为。

（十三）开展定期评价。环境保护部、国家发展改革委会同有关部门建立生态保护红线评价机制。从生态系统格局、质量和功能等方面，建立生态保护红线生态功能评价指标体系和方法。定期组织开展评价，及时掌握全国、重点区域、县域生态保护红线生态功能状况及动态变化，评价结果作为优化生态保护红线布局、安排县域生态保护补偿资金和实行领导干部生态环境损害责任追究的依据，并向社会公布。

（十四）强化执法监督。各级环境保护部门和有关部门要按照职责分工加强生态保护红线执法监督。建立生态保护红线常态化执法机制，定期开展执法督查，不断提高执法规范化水平。及时发现和依法处罚破坏生态保护红线的违法行为，切实做到有案必查、违法必究。有关部门要加强与司法机关的沟通协调，健全行政执法与刑事司法联动机制。

（十五）建立考核机制。环境保护部、国家发展改革委会同有关部门，根据评价结果和目标任务完成情况，对各省（自治区、直辖市）党委和政府开展生态保护红线保护成效考核，并将考核结果纳入生态文明建设目标评价考核体系，作为党政领导班子和领导干部综合评价及责任追究、离任审计的重要参考。

（十六）严格责任追究。对违反生态保护红线管控要求、造成生态破坏的部门、地方、单位和有关责任人员，按照有关法律法规和《党政领导干部生态环境损害责任追究办法（试行）》等规定实行责任追究。对推动生态保护红线工作不力的，区分情节轻重，予以诫勉、责令公开道歉、组织处理或党纪政纪处分，构成犯罪的依法追究刑事责任。对造成生态环境和资源严重破坏的，要实行终身追责，责任人不论是否已调离、提拔或者退休，都必须严格追责。

四、强化组织保障

（十七）加强组织协调。建立由环境保护部、国家发展改革委牵头的生态保护红线管理协调机制，明确地方和部门责任。各地要加强组织协调，强化监督执行，形成加快划定并严守生态保护红线的工作格局。

（十八）完善政策机制。加快制定有利于提升和保障生态功能的土地、产业、投资等配套政策。推动生态保护红线有关立法，各地要因地制宜，出台相应的生态保护红线管理地方性法规。研究市场化、社会化投融资机制，多渠道筹集保护资金，发挥资金合力。

（十九）促进共同保护。环境保护部、国家发展改革委会同有关部门定期发布生态保护红线监控、评价、处罚和考核信息，各地及时准确发布生态保护红线分布、调整、保护状况等信息，保障公众知情权、参与权和监督权。加大政策宣传力度，发挥媒体、公益组织和志愿者作用，畅通监督举报渠道。

本意见实施后，其他有关生态保护红线的政策规定要按照本意见要求进行调整或废止。各地要抓紧制定实施方案，明确目标任务、责任分工和时间要求，确保各项要求落到实处。

第三章

相关部门规章与规范性文件

一、综　合

环境影响评价审查专家库管理办法

（国家环境保护总局令　第16号）

《环境影响评价审查专家库管理办法》已经2003年6月17日国家环境保护总局第11次局务会议审议通过，现予公布，自2003年9月1日起施行。

局　长　解振华

2003年8月20日

第一条　为了加强对环境影响评价审查专家库的管理，保证审查活动的公平、公正，根据《中华人民共和国环境影响评价法》，制定本办法。

第二条　本办法适用于环境影响评价审查专家库（以下简称专家库）的设立和管理。

第三条　专家库分为国家库和地方库。

国家库由国家环境保护总局设立和管理。地方库由设区的市级以上地方人民政府环境保护行政主管部门设立和管理。

第四条　专家库应当具备下列条件：

（一）满足环境影响评价审查的专家专业、行业分类；

（二）具备随机抽取专家的必要设施和管理系统软件；

（三）设有负责日常管理和设施维护的机构和人员。

第五条　入选专家库的专家，应当具备下列条件：

（一）在本专业或者本行业有较深造诣，熟悉本专业或者本行业的国内外情况和动态；

（二）坚持原则，作风正派，能够认真、客观公正、廉洁地履行职责；

（三）熟悉国家有关法律、法规和政策，掌握环境影响评价审查技术规范和要求；

（四）具有高级专业技术职称，从事相关专业领域工作五年以上；

（五）身体健康，能够承担审查工作。

第六条　专家入选专家库，采取个人申请或者单位推荐方式向设立专家库的环境保护行政主管部门（以下简称设立部门）提出申请。采取推荐方式的，单位应当事先征得被推荐人同意。

个人申请书和单位推荐书应当附有符合本办法规定条件的证明材料。

第七条　设立部门应当公布专家库入选需求信息与条件；对申请人或者被推荐人进行遴选，根据需要征求有关行业主管部门及其他有关部门或者专家的意见；对符合条件的申请人或者被推荐人，决定入选专家库，并予以公布。

对特殊需要的专家，经设立部门认可，可直接入选专家库。

第八条　确定参加专项规划环境影响报告书审查小组的专家，应当根据所涉及的专业、行业，从专家库内的专家名单中随机抽取。

第九条　参加审查小组的专家应当本着科学求实和负责的态度认真履行职责，在规定的期限内客观、公正地提出审查意见，并对审查结论负责。

参加审查小组的专家与为环境影响评价提供技术服务的机构存在利益关系，可能影响审查公正性的情况时，应当主动提出回避。

第十条 参加审查小组的专家有权根据审查小组的分工和要求，独立发表意见，不受任何单位或者个人的干预。

第十一条 设立部门应当为入选专家库的专家建立档案。

设立部门应对专家库实行动态管理，每2年进行一次调整，并公布调整结果。

第十二条 入选专家库的专家有下列情形之一的，由设立部门予以警告；情节严重的，取消其入选专家库资格，并予以公告：

（一）不负责任，弄虚作假，或者其他不客观、公正履行审查职责的；

（二）无正当理由，不按要求参加审查工作两次以上的；

（三）与为环境影响评价提供技术服务的机构存在利益关系，可能影响审查公正性的情况，未主动提出回避的；

（四）泄露在审查过程中知悉的技术秘密、商业秘密以及其他不宜公开的情况的；

（五）收受他人的财物或者其他好处的，影响客观、公正履行审查职责的。

有前款规定情形，违反国家有关法律、行政法规的，依法追究法律责任。

第十三条 本办法自2003年9月1日起施行。

建设项目环境影响评价行为准则与廉政规定

（国家环境保护总局令　第30号）

《建设项目环境影响评价行为准则与廉政规定》已于2005年11月2日由国家环境保护总局2005年第二十一次局务会议通过，现予公布，自2006年1月1日起施行。

国家环境保护总局局长　解振华

2005年11月23日

第一章　总　则

第一条　为规范建设项目环境影响评价行为，加强建设项目环境影响评价管理和廉政建设，保证建设项目环境保护管理工作廉洁高效依法进行，制定本规定。

第二条　本规定适用于建设项目环境影响评价、技术评估、竣工环境保护验收监测或验收调查（以下简称“验收监测或调查”）工作，以及建设项目环境影响评价文件审批和建设项目竣工环境保护验收的行为。

第三条　承担建设项目环境影响评价、技术评估、验收监测或调查工作的单位和个人，以及环境保护行政主管部门及其工作人员，应当遵守国家有关法律、法规、规章、政策和本规定的要求，坚持廉洁、独立、客观、公正的原则，并自觉接受有关方面的监督。

第二章　行为准则

第四条　承担建设项目环境影响评价工作的机构（以下简称“评价机构”）或者其环境影响评价技术人员，应当遵守下列规定：

（一）评价机构及评价项目负责人应当对环境影响评价结论负责；

（二）建立严格的环境影响评价文件质量审核制度和质量保证体系，明确责任，落实环境影响评价质量保证措施，并接受环境保护行政主管部门的日常监督检查；

（三）不得为违反国家产业政策以及国家明令禁止建设的建设项目进行环境影响评价；

（四）必须依照有关的技术规范要求编制环境影响评价文件；

（五）应当严格执行国家和地方规定的收费标准，不得随意抬高或压低评价费用或者采取其他不正当竞争手段；

（六）评价机构应当按照相应环境影响评价资质等级、评价范围承担环境影响评价工作，不得无任何正当理由拒绝承担环境影响评价工作；

（七）不得转包或者变相转包环境影响评价业务，不得转让环境影响评价资质证书；

（八）应当为建设单位保守技术秘密和业务秘密；

（九）在环境影响评价工作中不得隐瞒真实情况、提供虚假材料、编造数据或者实施其他弄虚作假行为；

（十）应当按照环境保护行政主管部门的要求，参加其所承担环境影响评价工作的建设项目竣工环境保护验收工作，并如实回答验收委员会（组）提出的问题；

（十一）不得进行其他妨碍环境影响评价工作廉洁、独立、客观、公正的活动。

第五条 承担环境影响评价技术评估工作的单位（以下简称“技术评估机构”）或者其技术评估人员、评审专家等，应当遵守下列规定：

（一）技术评估机构及其主要负责人应当对环境影响评价文件的技术评估结论负责；

（二）应当以科学态度和方法，严格依照技术评估工作的有关规定和程序，实事求是，独立、客观、公正地对项目做出技术评估或者提出意见，并接受环境保护行政主管部门的日常监督检查；

（三）禁止索取或收受建设单位、评价机构或个人馈赠的财物或给予的其他不当利益，不得让建设单位、评价机构或个人报销应由评估机构或者其技术评估人员、评审专家个人负担的费用（按有关规定收取的咨询费等除外）；

（四）禁止向建设单位、评价机构或个人提出与技术评估工作无关的要求或暗示，不得接受邀请，参加旅游、社会营业性娱乐场所的活动以及任何赌博性质的活动；

（五）技术评估人员、评审专家不得以个人名义参加环境影响报告书编制工作或者对环境影响评价大纲和环境影响报告书提供咨询；承担技术评估工作时，与建设单位、评价机构或个人有直接利害关系的，应当回避；

（六）技术评估人员、评审专家不得泄露建设单位、评价机构或个人的技术秘密和业务秘密以及评估工作内情，不得擅自对建设单位、评价机构或个人作出与评估工作有关的承诺；

（七）技术评估人员在技术评估工作中，不得接受咨询费、评审费、专家费等相关费用；

（八）不得进行其他妨碍技术评估工作廉洁、独立、客观、公正的活动。

第六条 承担验收监测或调查工作的单位及其验收监测或调查人员，应当遵守下列规定：

（一）验收监测或调查单位及其主要负责人应当对建设项目竣工环境保护验收监测报告或验收调查报告结论负责；

（二）建立严格的质量审核制度和质量保证体系，严格按照国家有关法律法规规章、技术规范和技术要求，开展验收监测或调查工作和编制验收监测或验收调查报告，并接受环境保护行政主管部门的日常监督检查；

（三）验收监测报告或验收调查报告应当如实反映建设项目环境影响评价文件的落实情况及其效果；

（四）禁止泄露建设项目技术秘密和业务秘密；

（五）在验收监测或调查过程中不得隐瞒真实情况、提供虚假材料、编造数据或者实施其他弄虚作假行为；

（六）验收监测或调查收费应当严格执行国家和地方有关规定；

（七）不得在验收监测或调查工作中为个人谋取私利；

（八）不得进行其他妨碍验收监测或调查工作廉洁、独立、客观、公正的行为。

第七条 建设单位应当依法开展环境影响评价，办理建设项目环境影响评价文件的审批手续，接受并配合技术评估机构的评估、验收监测或调查单位的监测或调查，按要求提供与项目有关的全部资料和信息。

建设单位应当遵守下列规定：

（一）不得在建设项目环境影响评价、技术评估、验收监测或调查和环境影响评价文件审批及环境保护验收过程中隐瞒真实情况、提供虚假材料、编造数据或者实施其他弄虚作假行为；

（二）不得向组织或承担建设项目环境影响评价、技术评估、验收监测或调查和环境影响评价文件审批及环境保护验收工作的单位或个人馈赠或者许诺馈赠财物或给予其他不当利益；

（三）不得进行其他妨碍建设项目环境影响评价、技术评估、验收监测或调查和环境影响评价文件审批及环境保护验收工作廉洁、独立、客观、公正开展的活动。

第三章　廉政规定

第八条　环境保护行政主管部门应当坚持标本兼治、综合治理、惩防并举、注重预防的方针，建立健全教育、制度、监督并重的惩治和预防腐败体系。

环境保护行政主管部门的工作人员在环境影响评价文件审批和环境保护验收工作中应当遵循政治严肃、纪律严明、作风严谨、管理严格和形象严整的原则，在思想上、政治上、言论上、行动上与党中央保持一致，立党为公、执政为民，坚决执行廉政建设规定，开展反腐倡廉活动，严格依法行政，严格遵守组织纪律，密切联系群众，自觉维护公务员形象。

第九条　在建设项目环境影响评价文件审批及环境保护验收工作中，环境保护行政主管部门及其工作人员应当遵守下列规定：

（一）不得利用工作之便向任何单位指定评价机构，推销环保产品，引荐环保设计、环保设施运营单位，参与有偿中介活动；

（二）不得接受咨询费、评审费、专家费等一切相关费用；

（三）不得参加一切与建设项目环境影响评价文件审批及环境保护验收工作有关的，或由公款支付的宴请；

（四）不得利用工作之便吃、拿、卡、要，收取礼品、礼金、有价证券或物品，或以权谋私搞交易；

（五）不得参与用公款支付的一切娱乐消费活动，严禁参加不健康的娱乐活动；

（六）不得在接待来访或电话咨询中出现冷漠、生硬、蛮横、推诿等态度；

（七）不得有越权、渎职、徇私舞弊，或违反办事公平、公正、公开要求的行为；

（八）不得进行其他妨碍建设项目环境影响评价文件审批及环境保护验收工作廉洁、独立、客观、公正的活动。

第四章　监督检查与责任追究

第十条　环境保护行政主管部门按照建设项目环境影响评价文件的审批权限，对建设项目环境影响评价、技术评估、验收监测或调查工作进行监督检查。

驻环境保护行政主管部门的纪检监察部门对建设项目环境影响评价文件审批和环境保护验收工作，进行监督检查。

上一级环境保护行政主管部门应对下一级环境保护行政主管部门的建设项目环境影响评价文件审批和环境保护验收工作，进行监督检查。

第十一条　对建设项目环境影响评价、技术评估、验收监测或调查和建设项目环境影响评价文件审批、环境保护验收工作的监督检查工作，可以采取经常性监督检查和专项性监督检查的形式。

经常性监督检查是指对建设项目环境影响评价、技术评估、验收监测或调查和建设项目环境影响评价文件审批、环境保护验收工作进行全过程的监督检查。

专项性监督检查是指对建设项目环境影响评价、技术评估、验收监测或调查和建设项目环境影响评价文件审批、环境保护验收工作的某个环节或某类项目进行监督检查。

对于重大项目的环境影响评价、技术评估、验收监测或调查和建设项目环境影响评价文件审批、环境保护验收工作，应当采取专项性监督检查方式。

第十二条　任何单位和个人发现建设项目环境影响评价、技术评估、验收监测或调查和建设项目环境影响评价文件审批、环境保护验收工作中存在问题的，可以向环境保护行政主管部门或者纪检监察部门举报和投诉。

对举报或投诉，应当按照下列规定处理：

（一）对署名举报的，应当为举报人保密。在对反映的问题调查核实、依法做出处理后，应当将核实、处理结果告知举报人并听取意见。对捏造事实，进行诬告陷害的，应依据有关规定处理。

（二）对匿名举报的材料，有具体事实的，应当进行初步核实，并确定处理办法，对重要问题的处理结果，应当在适当范围内通报；没有具体事实的，可登记留存。

（三）对投诉人的投诉，应当严格按照信访工作的有关规定及时办理。

第十三条　环境保护行政主管部门对建设项目环境影响评价、技术评估、验收监测或调查和建设项目环境影响评价文件审批、环境保护验收工作进行监督检查时，可以采取下列方式：

（一）听取各方当事人的汇报或意见；

（二）查阅与活动有关的文件、合同和其他有关材料；

（三）向有关单位和个人调查核实；

（四）其他适当方式。

第十四条　评价机构违反本规定的，依照《环境影响评价法》、《建设项目环境保护管理条例》和《建设项目环境影响评价资质管理办法》以及其他有关法律法规的规定，视情节轻重，分别给予警告、通报批评、责令限期整改、缩减评价范围、降低资质等级或者取消评价资质，并采取适当方式向社会公布。

第十五条　技术评估机构违反本规定的，由环境保护行政主管部门责令改正，并根据情节轻重，给予警告、通报批评、宣布评估意见无效或者取消该技术评估机构承担评估任务的资格。

第十六条　验收监测或调查单位违反本规定的，按照《建设项目竣工环境保护验收管理办法》的有关规定予以处罚。

第十七条　从事环境影响评价、技术评估、验收监测或调查工作的人员违反本规定，依照国家法律法规规章或者其他有关规定给予行政处分或者纪律处分；非法收受财物的，按照国家有关规定没收、追缴或责令退还所收受财物；构成犯罪的，依法移送司法机关追究刑事责任。

其中，对取得环境影响评价工程师职业资格证书的人员，可以按照环境影响评价工程师职业资格管理的有关规定，予以通报批评、暂停业务或注销登记；对技术评估机构的评估人员或评估专家，可以取消其承担或参加技术评估工作的资格。

第十八条　建设单位违反本规定的，环境保护行政主管部门应当责令改正，并根据情节轻重，给予记录不良信用、给予警告、通报批评，并采取适当方式向社会公布。

第十九条　环境保护行政主管部门违反本规定的，按照《环境影响评价法》、《建设项目环境保护管理条例》和有关环境保护违法违纪行为处分办法以及其他有关法律法规规章的规定给予处理。

环境保护行政主管部门的工作人员违反本规定的，按照《环境影响评价法》、《建设项目环境保护管理条例》和有关环境保护违法违纪行为处分办法以及其他有关法律法规规章的规定给予行政处分；构成犯罪的，依法移送司法机关追究刑事责任。

第五章　附　则

第二十条　规划环境影响评价行为准则与廉政规定可参照本规定执行。

第二十一条　本规定自2006年1月1日起施行。

关于发布《环境影响评价从业人员职业道德规范（试行）》的公告

（环境保护部公告　2010 年第 50 号）

为规范环境影响评价从业人员职业行为，提高从业人员职业道德水准，促进行业健康有序发展，我部制定了《环境影响评价从业人员职业道德规范（试行）》，现予发布。

特此公告。

附件：环境影响评价从业人员职业道德规范（试行）

二〇一〇年六月十七日

附件：

环境影响评价从业人员职业道德规范（试行）

为进一步规范环境影响评价从业人员职业行为，提高从业人员职业道德水准，促进行业健康有序发展，根据《中华人民共和国环境影响评价法》、《建设项目环境保护管理条例》及有关法律法规和规章制度，制定本规范。

本规范所称从业人员是指在承担环境影响评价、技术评估、“三同时”环境监理、竣工环境保护验收监测或调查工作的单位从事相关工作的人员，包括环境影响评价工程师、建设项目环境影响评价岗位证书持有人员、技术评估人员、接受评估机构聘请从事评审工作的专家、验收监测人员、验收调查人员以及其他相关人员等。

环境影响评价从业人员应当自觉践行社会主义核心价值体系，遵行职业操守，规范日常行为，坚持做到依法遵规、公正诚信、忠于职守、服务社会、廉洁自律。

一、依法遵规

（一）自觉遵守法律法规，拥护党和国家制定的路线方针政策。

（二）遵守环保行政主管部门的相关规章和规范性文件，自觉接受管理部门、社会各界和人民群众的监督。

二、公正诚信

（三）不弄虚作假，不歪曲事实，不隐瞒真实情况，不编造数据信息，不给出有歧义或误导性的工作结论。积极阻止对其所做工作或由其指导完成工作的歪曲和误用。

（四）如实向建设单位介绍环评相关政策要求。对建设项目存在违反国家产业政策或者环保准入规定等情形的，要及时通告。

（五）不出借、出租个人有关资格证书、岗位证书，不以个人名义私自承接有关业务，不在本人未参与编制的有关技术文件中署名。

（六）为建设单位和所在单位保守技术和商业秘密，不得利用工作中知悉的信息谋取不正当利益。

三、忠于职守

（七）在维护社会公众合法环境权益的前提下，严格依照有关技术规范和规定开展从业活动。

（八）具备必要的专业知识与技能，不提供本人不能胜任的服务。从事环评文件编制的专业技术人员必须遵守相应的资质要求。

（九）技术评估、验收监测、验收调查人员、评审专家与建设单位、环评机构或有关人员存在直接利害关系的，应当在相关工作中予以回避。

四、服务社会

（十）在任何时候都必须把保护自然环境、人类健康安全置于所有地区、企业和个人利益之上，追求环境效益、社会效益、经济效益的和谐统一。

（十一）加强学习，积极参加相关专业培训教育和学术活动，不断提高工作水平和业务技能。

（十二）秉持勤奋的工作态度，严谨认真，提供高质量、高效率服务。

五、廉洁自律

（十三）不接受项目建设单位赠送的礼品、礼金和有价证券，不向环保行政主管部门管理人员赠送礼品、礼金和有价证券，也不邀请其参加可能影响公正执行公务的旅游、健身、娱乐等活动。

（十四）自觉维护所在单位及个人的职业形象，不从事有不良社会影响的活动。

（十五）加强同业人员间的交流与合作，形成良性竞争格局，尊重同行，不诋毁、贬低同行业其他单位及其从业人员。

关于印发《环境影响评价公众参与暂行办法》的通知

（环发〔2006〕28号）

各省、自治区、直辖市环境保护局（厅），解放军环境保护局，新疆生产建设兵团环境保护局：

为推进和规范环境影响评价活动中的公众参与，根据《环境影响评价法》、《行政许可法》、《全面推进依法行政实施纲要》和《国务院关于落实科学发展观加强环境保护的决定》等法律和法规性文件有关公开环境信息和强化社会监督的规定，我局制定了《环境影响评价公众参与暂行办法》。现发布施行。

附件：

环境影响评价公众参与暂行办法

第一章　总　则

第一条　为推进和规范环境影响评价活动中的公众参与，根据《环境影响评价法》、《行政许可法》、《全面推进依法行政实施纲要》和《国务院关于落实科学发展观加强环境保护的决定》等法律和法规性文件有关公开环境信息和强化社会监督的规定，制定本办法。

第二条　本办法适用于下列建设项目环境影响评价的公众参与：

（一）对环境可能造成重大影响、应当编制环境影响报告书的建设项目；

（二）环境影响报告书经批准后，项目的性质、规模、地点、采用的生产工艺或者防治污染、防止生态破坏的措施发生重大变动，建设单位应当重新报批环境影响报告书的建设项目；

（三）环境影响报告书自批准之日起超过五年方决定开工建设，其环境影响报告书应当报原审批机关重新审核的建设项目。

第三条　环境保护行政主管部门在审批或者重新审核建设项目环境影响报告书过程中征求公众意见的活动，适用本办法。

第四条　国家鼓励公众参与环境影响评价活动。

公众参与实行公开、平等、广泛和便利的原则。

第五条　建设单位或者其委托的环境影响评价机构在编制环境影响报告书的过程中，环境保护行政主管部门在审批或者重新审核环境影响报告书的过程中，应当依照本办法的规定，公开有关环境影响评价的信息，征求公众意见。但国家规定需要保密的情形除外。

建设单位可以委托承担环境影响评价工作的环境影响评价机构进行征求公众意见的活动。

第六条　按照国家规定应当征求公众意见的建设项目，建设单位或者其委托的环境影响评价机构应当按照环境影响评价技术导则的有关规定，在建设项目环境影响报告书中，编制公众参与篇章。

按照国家规定应当征求公众意见的建设项目，其环境影响报告书中没有公众参与篇章的，环境保护行政主管部门不得受理。

第二章　公众参与的一般要求

第一节　公开环境信息

第七条　建设单位或者其委托的环境影响评价机构、环境保护行政主管部门应当按照本办法的规定，采用便于公众知悉的方式，向公众公开有关环境影响评价的信息。

第八条　在《建设项目环境分类管理名录》规定的环境敏感区建设的需要编制环境影响报告书的项目，建设单位应当在确定了承担环境影响评价工作的环境影响评价机构后7日内，向公众公告下列信息：

（一）建设项目的名称及概要；

（二）建设项目的建设单位的名称和联系方式；

（三）承担评价工作的环境影响评价机构的名称和联系方式；

（四）环境影响评价的工作程序和主要工作内容；

（五）征求公众意见的主要事项；

（六）公众提出意见的主要方式。

第九条　建设单位或者其委托的环境影响评价机构在编制环境影响报告书的过程中，应当在报送环境保护行政主管部门审批或者重新审核前，向公众公告如下内容：

（一）建设项目情况简述；

（二）建设项目对环境可能造成影响的概述；

（三）预防或者减轻不良环境影响的对策和措施的要点；

（四）环境影响报告书提出的环境影响评价结论的要点；

（五）公众查阅环境影响报告书简本的方式和期限，以及公众认为必要时向建设单位或者其委托的环境影响评价机构索取补充信息的方式和期限；

（六）征求公众意见的范围和主要事项；

（七）征求公众意见的具体形式；

（八）公众提出意见的起止时间。

第十条　建设单位或者其委托的环境影响评价机构，可以采取以下一种或者多种方式发布信息公告：

（一）在建设项目所在地的公共媒体上发布公告；

（二）公开免费发放包含有关公告信息的印刷品；

（三）其他便利公众知情的信息公告方式。

第十一条　建设单位或其委托的环境影响评价机构，可以采取以下一种或者多种方式，公开便于公众理解的环境影响评价报告书的简本：

（一）在特定场所提供环境影响报告书的简本；

（二）制作包含环境影响报告书的简本的专题网页；

（三）在公共网站或者专题网站上设置环境影响报告书的简本的链接；

（四）其他便于公众获取环境影响报告书的简本的方式。

第二节　征求公众意见

第十二条　建设单位或者其委托的环境影响评价机构应当在发布信息公告、公开环境影响报告书的简本后，采取调查公众意见、咨询专家意见、座谈会、论证会、听证会等形式，公开征求公众意见。

建设单位或者其委托的环境影响评价机构征求公众意见的期限不得少于10日，并确保其公开的有关信息在整个征求公众意见的期限之内均处于公开状态。

环境影响报告书报送环境保护行政主管部门审批或者重新审核前，建设单位或者其委托的环境影响评价机构可以通过适当方式，向提出意见的公众反馈意见处理情况。

第十三条 环境保护行政主管部门应当在受理建设项目环境影响报告书后，在其政府网站或者采用其他便利公众知悉的方式，公告环境影响报告书受理的有关信息。

环境保护行政主管部门公告的期限不得少于10日，并确保其公开的有关信息在整个审批期限之内均处于公开状态。

环境保护行政主管部门根据本条第一款规定的方式公开征求意见后，对公众意见较大的建设项目，可以采取调查公众意见、咨询专家意见、座谈会、论证会、听证会等形式再次公开征求公众意见。

环境保护行政主管部门在作出审批或者重新审核决定后，应当在政府网站公告审批或者审核结果。

第十四条 公众可以在有关信息公开后，以信函、传真、电子邮件或者按照有关公告要求的其他方式，向建设单位或者其委托的环境影响评价机构、负责审批或者重新审核环境影响报告书的环境保护行政主管部门，提交书面意见。

第十五条 建设单位或者其委托的环境影响评价机构、环境保护行政主管部门，应当综合考虑地域、职业、专业知识背景、表达能力、受影响程度等因素，合理选择被征求意见的公民、法人或者其他组织。

被征求意见的公众必须包括受建设项目影响的公民、法人或者其他组织的代表。

第十六条 建设单位或者其委托的环境影响评价机构、环境保护行政主管部门应当将所回收的反馈意见的原始资料存档备查。

第十七条 建设单位或者其委托的环境影响评价机构，应当认真考虑公众意见，并在环境影响报告书中附具对公众意见采纳或者不采纳的说明。

环境保护行政主管部门可以组织专家咨询委员会，由其对环境影响报告书中有关公众意见采纳情况的说明进行审议，判断其合理性并提出处理建议。

环境保护行政主管部门在作出审批决定时，应当认真考虑专家咨询委员会的处理建议。

第十八条 公众认为建设单位或者其委托的环境影响评价机构对公众意见未采纳且未附具说明的，或者对公众意见未采纳的理由说明不成立的，可以向负责审批或者重新审核的环境保护行政主管部门反映，并附具明确具体的书面意见。

负责审批或者重新审核的环境保护行政主管部门认为必要时，可以对公众意见进行核实。

第三章 公众参与的组织形式

第一节 调查公众意见和咨询专家意见

第十九条 建设单位或者其委托的环境影响评价机构调查公众意见可以采取问卷调查等方式，并应当在环境影响报告书的编制过程中完成。

采取问卷调查方式征求公众意见的，调查内容的设计应当简单、通俗、明确、易懂，避免设计可能对公众产生明显诱导的问题。

问卷的发放范围应当与建设项目的影响范围相一致。

问卷的发放数量应当根据建设项目的具体情况，综合考虑环境影响的范围和程度、社会关注程度、组织公众参与所需要的人力和物力资源以及其他相关因素确定。

第二十条 建设单位或者其委托的环境影响评价机构咨询专家意见可以采用书面或者其他形式。

咨询专家意见包括向有关专家进行个人咨询或者向有关单位的专家进行集体咨询。

接受咨询的专家个人和单位应当对咨询事项提出明确意见，并以书面形式回复。对书面回复意见，个人应当签署姓名，单位应当加盖公章。

集体咨询专家时，有不同意见的，接受咨询的单位应当在咨询回复中载明。

第二节　座谈会和论证会

第二十一条　建设单位或者其委托的环境影响评价机构决定以座谈会或者论证会的方式征求公众意见的，应当根据环境影响的范围和程度、环境因素和评价因子等相关情况，合理确定座谈会或者论证会的主要议题。

第二十二条　建设单位或者其委托的环境影响评价机构应当在座谈会或者论证会召开 7 日前，将座谈会或者论证会的时间、地点、主要议题等事项，书面通知有关单位和个人。

第二十三条　建设单位或者其委托的环境影响评价机构应当在座谈会或者论证会结束后 5 日内，根据现场会议记录整理制作座谈会议纪要或者论证结论，并存档备查。

会议纪要或者论证结论应当如实记载不同意见。

第三节　听证会

第二十四条　建设单位或者其委托的环境影响评价机构（以下简称“听证会组织者”）决定举行听证会征求公众意见的，应当在举行听证会的10日前，在该建设项目可能影响范围内的公共媒体或者采用其他公众可知悉的方式，公告听证会的时间、地点、听证事项和报名办法。

第二十五条　希望参加听证会的公民、法人或者其他组织，应当按照听证会公告的要求和方式提出申请，并同时提出自己所持意见的要点。

听证会组织者应当按本办法第十五条的规定，在申请人中遴选参会代表，并在举行听证会的 5 日前通知已选定的参会代表。

听证会组织者选定的参加听证会的代表人数一般不得少于 15 人。

第二十六条　听证会组织者举行听证会，设听证主持人 1 名、记录员 1 名。

被选定参加听证会的组织的代表参加听证会时，应当出具该组织的证明，个人代表应当出具身份证明。

被选定参加听证会的代表因故不能如期参加听证会的，可以向听证会组织者提交经本人签名的书面意见。

第二十七条　参加听证会的人员应当如实反映对建设项目环境影响的意见，遵守听证会纪律，并保守有关技术秘密和业务秘密。

第二十八条　听证会必须公开举行。

个人或者组织可以凭有效证件按第二十四条所指公告的规定，向听证会组织者申请旁听公开举行的听证会。

准予旁听听证会的人数及人选由听证会组织者根据报名人数和报名顺序确定。准予旁听听证会的人数一般不得少于 15 人。

旁听人应当遵守听证会纪律。旁听者不享有听证会发言权，但可以在听证会结束后，向听证会主持人或者有关单位提交书面意见。

第二十九条　新闻单位采访听证会，应当事先向听证会组织者申请。

第三十条　听证会按下列程序进行：

（一）听证会主持人宣布听证事项和听证会纪律，介绍听证会参加人；

（二）建设单位的代表对建设项目概况作介绍和说明；

（三）环境影响评价机构的代表对建设项目环境影响报告书做说明；

（四）听证会公众代表对建设项目环境影响报告书提出问题和意见；

（五）建设单位或者其委托的环境影响评价机构的代表对公众代表提出的问题和意见进行解释和

说明；

（六）听证会公众代表和建设单位或者其委托的环境影响评价机构的代表进行辩论；

（七）听证会公众代表做最后陈述；

（八）主持人宣布听证结束。

第三十一条 听证会组织者对听证会应当制作笔录。

听证笔录应当载明下列事项：

（一）听证会主要议题；

（二）听证主持人和记录人员的姓名、职务；

（三）听证参加人的基本情况；

（四）听证时间、地点；

（五）建设单位或者其委托的环境影响评价机构的代表对环境影响报告书所作的概要说明；

（六）听证会公众代表对建设项目环境影响报告书提出的问题和意见；

（七）建设单位或者其委托的环境影响评价机构代表对听证会公众代表就环境影响报告书提出问题和意见所作的解释和说明；

（八）听证主持人对听证活动中有关事项的处理情况；

（九）听证主持人认为应笔录的其他事项。

听证结束后，听证笔录应当交参加听证会的代表审核并签字。无正当理由拒绝签字的，应当记入听证笔录。

第三十二条 审批或者重新审核环境影响报告书的环境保护行政主管部门决定举行听证会的，适用《环境保护行政许可听证暂行办法》的规定。《环境保护行政许可听证暂行办法》未作规定的，适用本办法有关听证会的规定。

第四章 公众参与规划环境影响评价的规定

第三十三条 根据《环境影响评价法》第八条和第十一条的规定，工业、农业、畜牧业、林业、能源、水利、交通、城市建设、旅游、自然资源开发的有关专项规划（以下简称“专项规划”）的编制机关，对可能造成不良环境影响并直接涉及公众环境权益的规划，应当在该规划草案报送审批前，举行论证会、听证会，或者采取其他形式，征求有关单位、专家和公众对环境影响报告书草案的意见。

第三十四条 专项规划的编制机关应当认真考虑有关单位、专家和公众对环境影响报告书草案的意见，并应当在报送审查的环境影响报告书中附具对意见采纳或者不采纳的说明。

第三十五条 环境保护行政主管部门根据《环境影响评价法》第十一条和《国务院关于落实科学发展观加强环境保护的决定》的规定，在召集有关部门专家和代表对开发建设规划的环境影响报告书中有关公众参与的内容进行审查时，应当重点审查以下内容：

（一）专项规划的编制机关在该规划草案报送审批前，是否依法举行了论证会、听证会，或者采取其他形式，征求了有关单位、专家和公众对环境影响报告书草案的意见；

（二）专项规划的编制机关是否认真考虑了有关单位、专家和公众对环境影响报告书草案的意见，并在报送审查的环境影响报告书中附具了对意见采纳或者不采纳的说明。

第三十六条 环境保护行政主管部门组织对开发建设规划的环境影响报告书提出审查意见时，应当就公众参与内容的审查结果提出处理建议，报送审批机关。

审批机关在审批中应当充分考虑公众意见以及前款所指审查意见中关于公众参与内容审查结果的处理建议；未采纳审查意见中关于公众参与内容的处理建议的，应当作出说明，并存档备查。

第三十七条 土地利用的有关规划、区域、流域、海域的建设、开发利用规划的编制机关，应当根据《环境影响评价法》第七条和《国务院关于落实科学发展观加强环境保护的决定》的有关规定，在规划编制过程中组织进行环境影响评价，编写该规划有关环境影响的篇章或者说明。

土地利用的有关规划、区域、流域、海域的建设、开发利用规划的编制机关，在组织进行规划环境影响评价的过程中，可以参照本办法征求公众意见。

第五章 附 则

第三十八条 公众参与环境影响评价的技术性规范，由《环境影响评价技术导则 公众参与》规定。

第三十九条 本办法关于期限的规定是指工作日，不含节假日。

第四十条 本办法自2006年3月18日起施行。

关于进一步加强环境影响评价管理防范环境风险的通知

（环发〔2012〕77号）

各省、自治区、直辖市环境保护厅（局），新疆生产建设兵团环境保护局，辽河保护区管理局，解放军环境保护局，各环境保护督查中心，相关企业集团：

为贯彻落实国务院《关于加强环境保护重点工作的意见》和《国家环境保护“十二五”规划》，进一步加强环境影响评价管理，明确企业环境风险防范主体责任，强化各级环保部门的环境监管，切实有效防范环境风险，现就有关事项通知如下：

一、充分认识防范环境风险的重要性，进一步加强环境影响评价管理

（一）提高认识，强化管理。各级环保部门要充分认识目前环境保护工作面临的新形势、新任务，以不断改善环境质量、解决突出环境问题为着眼点，按照“预防为主、防控结合”的原则，加强环境影响评价管理，督促企业认真落实环境风险防范和应急措施，全面提高环境保护监管水平，有效防范环境风险。

（二）突出重点，全程监管。对石油天然气开采、油气/液体化工仓储及运输、石化化工等重点行业建设项目，应进一步加强环境影响评价管理，针对环境影响评价文件编制与审批、工程设计与施工、试运行、竣工环保验收等各个阶段实施全过程监管，强化环境风险防范及应急管理要求。其他存在易燃易爆、有毒有害物质（如危险化学品、危险废物、挥发性有机物、重金属等）的建设项目，其环境管理工作可参照本通知执行。

（三）明确责任，强化落实。建设单位及其所属企业是环境风险防范的责任主体，应建立有效的环境风险防范与应急管理体系并不断完善。环评单位要加强环境风险评价工作，并对环境影响评价结论负责；环境监理单位要督促建设单位按环评及批复文件要求建设环境风险防范设施，并对环境监理报告结论负责；验收监测或验收调查单位要全面调查环境风险防范设施建设和应急措施落实情况，并对验收监测或验收调查结论负责。各级环保部门要严格建设项目环境影响评价审批和监管，在环境影响评价文件审批中对环境风险防范提出明确要求。

二、充分发挥规划环境影响评价的指导作用，源头防范环境风险

（四）石化化工建设项目原则上应进入依法合规设立、环保设施齐全的产业园区，并符合园区发展规划及规划环境影响评价要求。涉及港区、资源开采区和城市规划区的建设项目，应符合相关规划及规划环境影响评价的要求。

（五）产业园区应认真贯彻落实我部《关于加强产业园区规划环境影响评价有关工作的通知》（环发〔2011〕14号）要求，在规划环境影响评价中强化环境风险评价，优化园区选址及产业定位、布局、结构和规模，从区域角度防范环境风险。涉及重点行业建设项目的港区、资源开采区规划环境影响评价也应强化环境风险评价工作。

（六）已经开展战略环境影响评价工作的重点区域内的产业园区、港区、资源开采区等，其规划环境影响评价应以战略环境影响评价结论为指导和依据，并符合战略环境影响评价提出的布局、结构、规模及环境风险防范等要求。

三、严格建设项目环境影响评价管理，强化环境风险评价

（七）建设项目环境风险评价是相关项目环境影响评价的重要组成部分。新、改、扩建相关建设项目环境影响评价应按照相应技术导则要求，科学预测评价突发性事件或事故可能引发的环境风险，提出环境风险防范和应急措施。论证重点如下：

1．从环境风险源、扩散途径、保护目标三方面识别环境风险。环境风险识别应包括生产设施和危险物质的识别，有毒有害物质扩散途径的识别（如大气环境、水环境、土壤等）以及可能受影响的环境保护目标的识别。

2．科学开展环境风险预测。环境风险预测设定的最大可信事故应包括项目施工、营运等过程中生产设施发生火灾、爆炸，危险物质发生泄漏等事故，并充分考虑伴生/次生的危险物质等，从大气、地表水、海洋、地下水、土壤等环境方面考虑并预测评价突发环境事件对环境的影响范围和程度。

3．提出合理有效的环境风险防范和应急措施。结合风险预测结论，有针对性地提出环境风险防范和应急措施，并对措施的合理性和有效性进行充分论证。

（八）改、扩建相关建设项目应按照现行环境风险防范和管理要求，对现有工程的环境风险进行全面梳理和评价，针对可能存在的环境风险隐患，提出相应的补救或完善措施，并纳入改、扩建项目“三同时”验收内容。

（九）对存在较大环境风险的相关建设项目，应严格按照《环境影响评价公众参与暂行办法》（环发〔2006〕28号）做好环境影响评价公众参与工作。项目信息公示等内容中应包含项目实施可能产生的环境风险及相应的环境风险防范和应急措施。

（十）环境风险评价结论应作为相关建设项目环境影响评价文件结论的主要内容之一。无环境风险评价专章的相关建设项目环境影响评价文件不予受理；经论证，环境风险评价内容不完善的相关建设项目环境影响评价文件不予审批。

（十一）环保部门在相关建设项目环境影响评价文件审批中，对存在较大环境风险隐患的，应提出环境影响后评价的要求。相关建设项目的环境影响评价文件经批准后，环境风险防范设施发生重大变动的，建设单位应按《环境影响评价法》要求重新办理报批手续。

（十二）建设项目的环境风险防范设施和应急措施是企业环境风险防范与应急管理体系的组成部分，也是企业制定和完善突发环境事件应急预案的基础。企业突发环境事件应急预案的编制、评估、备案和实施等，应按我部《突发环境事件应急预案管理暂行办法》（环发〔2010〕113号）等相关规定执行。

四、加强建设项目“三同时”验收监管，严格落实环境风险防范和应急措施

（十三）建设项目设计阶段，应按照或参照《化工建设项目环境保护设计规范》（GB 50483）等国家标准和规范要求，设计有效防止泄漏物质、消防水、污染雨水等扩散至外环境的收集、导流、拦截、降污等环境风险防范设施。

（十四）相关建设项目应在其设计方案确定后、设计文件批复前，逐项对比防治污染、防止生态破坏以及防范环境风险设施的设计方案与环境影响评价文件及批复要求的相符性。建设单位应将上述环保设施在设计阶段的落实情况报环境影响评价文件审批部门备案，并抄报当地环保部门。对我部审批的建设项目，应同时抄报所在区域环境保护督查中心。

（十五）对存在较大环境风险隐患的相关建设项目，建设单位应委托环境监理单位开展环境监理工作，重点关注项目施工过程中各项防治污染、防止生态破坏以及防范环境风险设施的建设情况，未按要求落实的应及时纠正、补救。环境监理报告应作为试生产审查和环保验收的依据之一。

（十六）相关建设项目申请试生产时，建设单位应将项目设计阶段环保措施落实情况、环境监理报告和企业突发环境事件应急预案的备案材料一并提交。建设项目防治污染、防止生态破坏措施以及环境风险防范设施和应急措施不能满足环境影响评价文件及批复要求以及无《突发环境事件应急预案备案登记表》的，各级环保部门不得批准其投入试生产。

（十七）建设项目竣工环境保护验收监测或调查时，应对环境风险防范设施和应急措施的落实情况进行全面调查。相关建设项目验收监测或调查报告，应设环境风险防范设施和应急措施落实情况专章；无相关内容的，各级环保部门不得受理其验收申请。

（十八）各级环保部门应强化建设项目试生产和竣工环保验收管理，按照环境影响评价文件及批复要求，分别对各项环境风险防范设施和应急措施落实情况进行全面现场检查和重点核查。对不符合要求的建设项目，应提出限期整改要求；对逾期未完成整改要求的，应依法予以查处。

五、严格落实企业主体责任，不断提高企业环境风险防控能力

（十九）企业应建设并完善日常和应急监测系统，配备大气、水环境特征污染物监控设备，编制日常和应急监测方案，提高监控水平、应急响应速度和应急处理能力；建立完备的环境信息平台，定期向社会公布企业环境信息，接受公众监督。将企业突发环境事件应急预案演练和应急物资管理作为日常工作任务，不断提升环境风险防范应急保障能力。

（二十）企业应积极配合当地政府建设和完善项目所在园区（港区、资源开采区）环境风险预警体系、环境风险防控工程、环境应急保障体系。企业突发环境事件应急预案应与当地政府和相关部门以及周边企业、园区（港区、资源开采区）的应急预案相衔接，加强区域应急物资调配管理，构建区域环境风险联控机制。

六、自本通知印发之日起，原国家环境保护总局《关于防范环境风险加强环境影响评价管理的通知》（环发〔2005〕152号）废止。

二〇一二年七月三日

关于切实加强风险防范　严格环境影响评价管理的通知

（环发〔2012〕98 号）

各省、自治区、直辖市环境保护厅（局），新疆生产建设兵团环境保护局，辽河保护区管理局，解放军环境保护局：

近年来，各级环保部门在环境影响评价工作中严格准入把关，加大监管力度，扎实推进建设项目环境管理中的风险防范工作，对维护群众环境权益、促进社会和谐稳定发挥了积极作用。为进一步加强风险防范，严格环境影响评价管理，现就有关事项通知如下：

一、进一步提高对风险防范工作重要性的认识

风险防范是环境影响评价的重要目的之一，事关经济社会发展全局中的环境安全，事关人民群众的根本环境权益。目前，我国环境状况总体恶化的趋势尚未根本改变，环境压力继续加大，人民群众的环境诉求不断提高，由环境风险、污染事件等引发的群体性事件不断增多，风险防范已成为一项长期性工作，环境影响评价管理面临的形势十分严峻。各级环保部门要进一步深化对所面临风险压力的认识，进一步增强大局意识、责任意识和风险防范意识，进一步加强组织领导，强化各项工作措施，坚持预防为主，全力做好风险防范工作，不断提高环境影响评价管理工作质量。

二、组织开展建设项目环境风险排查，督促建设单位和相关方进行整改落实

（一）抓紧开展排查工作

各级环保部门要按照“范围要广、密度要大、深度要够”的要求，抓紧组织对 2008 年以来本部门审批、验收的可能引发环境风险和社会关注度较高的建设项目开展环境风险排查，其他有必要进行排查的建设项目可视辖区内项目情况自行确定。排查重点包括：

1．环境影响评价文件及审批文件。对照我部《关于进一步加强环境影响评价管理防范环境风险的通知》（环发〔2012〕77 号，以下简称《通知》）要求，核查环境影响评价文件是否设置了环境风险评价专章、环境风险评价内容是否完善，审批文件中环境风险防范设施和应急措施的相关要求是否完善。

2．竣工环境保护验收报告及验收意见。对照《通知》要求，核查验收报告是否设置了环境风险防范设施和应急措施的落实情况专章、对环境风险防范设施和应急措施的落实情况是否进行了全面调查、验收意见中环境风险防范设施和应急措施的相关要求是否完善。

3．规划调整控制、防护距离内居民搬迁、项目依托的公用环保设施或工程等工作，是否已按有关地方人民政府及相关部门承诺按期进行等。

4．批复和验收意见中有其他要求事项的，核查是否已明确责任主体和完成期限，了解目前的进展情况。

（二）对存在的问题进行督促整改

对排查中发现的问题，要及时提出整改要求，明确责任主体和完成时间，主要包括：

1．建设项目环境影响评价文件缺少环境风险评价专章或环境风险评价内容不完善的，应要求建设单位提出环境风险防范和应急措施，并报原环评审批部门备案；建设项目竣工环境保护验收报告缺少环境风险防范设施和应急措施的落实情况专章或落实情况调查不到位的，应要求建设单位限期补充完善。

2．环境影响评价文件批复和竣工环境保护验收意见要求不完善的，应提出补充建议，督促建设单位限期落实相关要求。根据环境管理工作需要，可要求建设单位对项目设计阶段环保措施落实情况、企业突发环境事件应急预案进行备案，开展环境监理工作。已投入试生产、尚未通过竣工环保验收的，如发现项目环境风险防范设施和应急措施不落实或落实不到位的，应及时予以纠正。

3．规划调整控制、防护距离内居民搬迁、项目依托的公用环保设施或工程等工作，未按有关地方人民政府及相关部门承诺按期进行的，应及时函告承诺主体，督促其尽快实施。

4．批复和验收意见中提出的其他要求，尚未得到落实的，应及时明确责任主体和完成期限。

5．一旦发现有可能引发公众关注的热点环境问题，应立即向相关地方人民政府和有关部门报告，配合做好相关工作。

请各省级环保部门组织本行政区域内省、地市和县三级环保部门的排查工作，并在排查结束后认真总结，于 2012 年 12 月 31 日前将总结报告报送我部。

三、进一步加大环境影响评价公众参与和政务信息公开力度，切实保障公众对环境保护的参与权、知情权和监督权

组织信息公告栏中，向公众公告项目的环境影响信息。环保部门在项目环境影响报告书的受理和审批中，要将公众参与情况作为审查重点，对公众参与的程序合法性、形式有效性、对象代表性、结果真实性等进行全面深入的审查；对其中公众提组织信息公告栏中，向公众公告项目的环境影响信息。环保部门在项目环境影响报告书的受理和审批中，要将公众参与情况作为审查重点，对公众参与的程序合法性、形式有效性、对象代表性、结果真实性等进行全面深入的审查；对其中公众提出的反对意见要高度关注，着重了解建设单位对公众所持反对意见的处理和落实情况。对存在公众参与范围过小、代表性差、原始材料缺失、程序不符合要求甚至弄虚作假等问题的项目环境影响报告书，一律不予受理和审批。

各级环保部门要按照《暂行办法》等文件的规定，进一步做好信息公开和征求公众意见等工作。需编制环境影响报告书的项目，报告书简本作为项目受理条件之一，与建设项目环境影响评价文件受理情况同时在具有审批权的环保部门网站上公布（涉密项目除外）。简本中必须论述项目建设产生的污染物排放量、可能造成的环境影响和拟采取的环境保护对策措施，对有关单位、专家和公众意见采纳或者不采纳的说明；可能产生环境风险的项目，在简本中还必须论述相应的环境风险和防范措施。对群众信访、投诉中涉及环境权益之外的其他方面诉求、反应强烈的，要及时与相关部门沟通，并向本级政府作出报告，配合做好有关工作。

四、进一步强化环境影响评价全过程监管

各级环保部门要按照我部《关于加强产业园区规划环境影响评价有关工作的通知》（环发〔2011〕14 号）等文件要求，以化工石化园区和其他排放持久性有机物、重金属等有毒有害物质的高风险产业园区为重点，进一步严格产业园区规划环评管理，强化规划环评和项目环评的联动机制。

化工石化、有色冶炼、制浆造纸等可能引发环境风险的项目，在符合国家产业政策和清洁生产水平要求、满足污染物排放标准以及污染物排放总量控制指标的前提下，必须在依法设立、环境保护基础设施齐全并经规划环评的产业园区内布设。在环境风险防控重点区域如居民集中区、医院和学校附近、重要水源涵养生态功能区等，以及因环境污染导致环境质量不能稳定达标的区域内，禁止新建或扩建可能引发环境风险的项目。

各级环保部门在环评受理和审批中，要重点关注环境敏感目标保护、所涉及环境敏感区的主管部门相关意见、规划调整控制、防护距离内的居民搬迁安置方案和项目依托的公用环保设施或工程是否可行、

是否存在环评违法行为等内容；对可能引发环境风险的项目，还要重点关注环境风险评价专章和环境风险防范措施；对水利水电、铁路、公路、机场、轨道交通、污水处理、垃圾处理处置、固废处理处置等社会关注度高的项目，还要重点关注选址选线是否具有环境优化空间。

进一步加强建设项目环评审批后的跟踪管理，督促建设单位同步落实各项污染防治、生态保护、环境风险防范设施和措施。对规划调整控制、防护距离内居民搬迁以及建设项目依托的公用环保设施或工程实施进展缓慢的，要督促建设单位配合有关部门协调解决。

严格试生产和验收管理。对环境风险防范措施不满足环境影响评价文件及批复要求，规划调整控制不到位、防护距离内居民搬迁未完成，建设项目依托的公用环保设施或工程未建成的建设项目，一律不得同意投入试生产。对投入试生产的建设项目要加强现场监管，尤其要督促建设单位对调试、试运行、开停车等阶段的非正常排放采取有效的处理措施，严防污染事故和污染扰民。对环境风险防范措施落实不到位的项目，环保投诉和信访问题突出、群众合理环境诉求未得到解决的项目，一律不予验收，并责令限期改正。

对“未批先建”、建设过程中擅自作出重大变更、“久拖不验”、“未验先投”等违法行为，要严格依法查处。企业建设项目环境违法问题严重的，对该企业及其上级集团实行环评限批。对区域内建设项目环境违法问题突出、引发群体性事件的地区，要约谈其政府负责人，提出改进工作的建议，督促当地政府依法履行职责，落实整改措施。

环境保护部

2012 年 8 月 7 日

关于印发《建设项目环境影响评价政府信息公开指南（试行）》的通知

（环办〔2013〕103号）

各省、自治区、直辖市环境保护厅（局），新疆生产建设兵团环境保护局：

为进一步加大环境影响评价（以下简称环评）信息公开力度，推进环评公众参与，维护公众环境权益，现将《建设项目环境影响评价政府信息公开指南（试行）》印发给你们，请认真贯彻执行。

附件：建设项目环境影响评价政府信息公开指南（试行）

环境保护部办公厅

2013年11月14日

附件

建设项目环境影响评价政府信息公开指南（试行）

为进一步保障公众对环境保护的参与权、知情权和监督权，加强环境影响评价工作的公开、透明，方便公民、法人和其他组织获取环境保护主管部门环境影响评价信息，加大环境影响评价公众参与公开力度，依据《环境影响评价法》、《政府信息公开条例》以及环境保护部《环境信息公开办法（试行）》，制定本指南。

环境影响评价政府信息指环境保护主管部门在履行环境影响评价文件审批、建设项目竣工环境保护验收和建设项目环境影响评价资质管理过程中制作或者获取的，以一定形式记录、保存的信息。

一、主动公开范围

（一）环境影响评价相关法律、法规、规章及管理程序。

（二）建设项目环境影响评价审批，包括：环境影响评价文件受理情况、拟作出的审批意见、作出的审批决定。

（三）建设项目竣工环境保护验收，包括：竣工环境保护验收申请受理情况、拟作出的验收意见、作出的验收决定。

（四）建设项目环境影响评价资质管理信息，包括：建设项目环境影响评价资质受理情况、审查情况、批准的建设项目环境影响评价资质、环境影响评价机构基本情况、业绩及人员信息。

公开环境影响评价信息，删除涉及国家秘密、商业秘密、个人隐私以及涉及国家安全、公共安全、经济安全和社会稳定等内容应按国家有关法律、法规规定执行。

二、主动公开方式

（一）各级环境保护主管部门应将主动公开的环境影响评价政府信息通过本部门政府网站公开。

（二）有条件的部门可采取其他多种公开方式，如通过行政服务大厅或服务窗口集中公开；通过电视、广播、报刊等传媒公开。

三、主动公开期限

属于主动公开的环境影响评价政府信息，应当自该信息形成或者变更之日起20个工作日内予以公开。法律、法规对环境影响评价政府信息公开的期限另有规定的，从其规定。

四、建设项目环境影响评价文件审批信息的主动公开内容

环境影响报告书、表项目的审批信息公开按下面要求执行，环境影响登记表项目的审批信息公开由地方各级环境保护主管部门根据实际情况自行确定。

（一）受理情况公开

各级环境保护主管部门在受理建设项目环境影响报告书、表后向社会公开受理情况，征求公众意见。公开内容包括：

1．项目名称；

2．建设地点；

3．建设单位；

4．环境影响评价机构；

5．受理日期；

6．环境影响报告书、表全本（除涉及国家秘密和商业秘密等内容外）；

7．公众反馈意见的联系方式。

建设单位在向环境保护主管部门提交建设项目环境影响报告书、表前，应依法主动公开建设项目环境影响报告书、表全本信息，并在提交环境影响报告书、表全本同时附删除的涉及国家秘密、商业秘密等内容及删除依据和理由说明报告。环境保护主管部门在受理建设项目环境影响报告书、表时，应对说明报告进行审核，依法公开环境影响报告书、表全本信息。

（二）拟作出审批意见公开

各级环境保护主管部门在对建设项目作出审批意见前，向社会公开拟作出的批准和不予批准环境影响报告书、表的意见，并告知申请人、利害关系人听证权利。公开内容包括：

拟批准环境评价报告书、表的项目

1．项目名称；

2．建设地点；

3．建设单位；

4．环境影响评价机构；

5．项目概况；

6．主要环境影响及预防或者减轻不良环境影响的对策和措施；

7．公众参与情况；

8．建设单位或地方政府所作出的相关环境保护措施承诺文件；

9．听证权利告知；

10．公众反馈意见的联系方式。

拟不予批准环境影响报告书、表的项目

1．项目名称；

2．建设地点；

3．建设单位；

4．环境影响评价机构；

5．项目概况；

6．公众参与情况；

7．拟不予批准的原因；

8．听证权利告知；

9．公众反馈意见的联系方式。

（三）作出审批决定公开

各级环境保护主管部门在对建设项目作出批准或不予批准环境影响评价报告书、表的审批决定后向社会公开审批情况，告知申请人、利害关系人行政复议与行政诉讼权利。公开内容包括：

1．文件名称、文号、时间及全文；

2．行政复议与行政诉讼权利告知；

3．公众反馈意见的联系方式。

五、建设项目竣工环境保护验收信息的主动公开内容

环境影响报告书、表项目的验收信息公开按下面要求执行，环境影响登记表项目的验收信息公开由地方各级环境保护主管部门根据实际情况自行确定。

（一）受理情况公开

各级环境保护主管部门在受理竣工环境保护验收申请后向社会公开受理情况。公开内容包括：

1．项目名称；

2．建设地点；

3．建设单位；

4．验收监测（调查）单位；

5．受理日期；

6．验收监测（调查）报告书、表全本（除涉及国家秘密和商业秘密等内容外）；

7．公众反馈意见的联系方式。

建设单位在向环境保护主管部门提交验收监测（调查）报告书、表前，应依法主动公开验收监测（调查）报告书、表全本，并在提交验收监测（调查）报告书、表全本同时附删除的涉及国家秘密、商业秘密等内容及删除依据和理由说明报告。环境保护主管部门在受理验收监测（调查）报告书、表时，应对说明报告进行审核，依法公开验收监测（调查）报告书、表全本信息。

（二）拟作出验收意见公开

各级环境保护主管部门在对建设项目作出验收意见前，向社会公开拟作出的验收合格和验收不合格的意见，告知申请人、利害关系人听证权利。公开内容包括：

拟验收合格的项目

1．项目名称；

2．建设地点；

3．建设单位；

4．验收监测（调查）单位；

5．项目概况；

6．环保措施落实情况；

7．公众参与情况；

8．听证权利告知；

9．公众反馈意见的联系方式。

拟验收不合格的项目

1．项目名称；

2．建设地点；

3．建设单位；

4．验收监测（调查）单位；

5．项目概况；

6．公众参与情况；

7．验收不合格的原因；

8．听证权利告知；

9．公众反馈意见的联系方式。

（三）作出验收决定公开

各级环境保护主管部门在对建设项目作出验收合格或验收不合格的审批决定后向社会公开审批情况，告知申请人、利害关系人行政复议与行政诉讼权利。公开内容包括：

1．文件名称、文号、时间及全文；

2．行政复议与行政诉讼权利告知；

3．公众反馈意见的联系方式。

六、建设项目环境影响评价资质管理信息主动公开内容

（一）资质受理情况公开

环境保护部在受理建设项目环境影响评价资质申请后向社会公开受理情况，征求公众意见。公开内容包括：

1．环境影响评价机构名称；

2．环境影响评价机构所在地；

3．资质证书编号；

4．申请事项；

5．公众反馈意见的联系方式。

（二）资质审查情况公开

环境保护部在批准建设项目环境影响评价资质前向社会公开审查情况，征求申请人和公众意见。公开内容包括：

1．环境影响评价机构名称；

2．环境影响评价机构所在地；

3．资质证书编号；

4．申请事项及相关业绩和人员情况；

5．环境影响评价机构基本情况；

6．审查意见；

7．公众反馈意见的联系方式。

（三）作出批准资质决定公开

环境保护部作出批准建设项目环境影响评价资质决定后向社会公开审批情况。公开内容包括：

1．环境影响评价机构名称；

2．资质证书编号；

3．批准的事项及内容；

4．领证地点、联系人及联系方式及相关事项。

（四）环境影响评价机构及人员管理信息公开

公开内容包括：

1．环境保护部对违规环境影响评价机构及人员的处理信息；

2．省级环境保护主管部门对环境影响评价机构年度考核结果；

3．环境保护部发布环境影响评价机构及人员信息，内容包括：机构名称、所在地、联系人及联系方式、机构基本情况、资质证书编号、评价范围、资质有效期；专职环境影响评价工程师（姓名、职业资格证书编号、类别、有效期）、岗位证书持有人员（姓名、岗位证书编号）；机构及人员诚信信息。

七、依申请公开

环境影响评价政府信息依申请公开按照国家和地方有关政府信息公开规定执行。

八、生效时间

本指南生效时间为 2014 年 1 月 1 日。我部 2012 年第 51 号公告同时废止。

关于切实加强环境影响评价监督管理工作的通知

（环办〔2013〕104号）

各省、自治区、直辖市环境保护厅（局），新疆生产建设兵团环境保护局，辽河保护区管理局，解放军环境保护局：

加强环境影响评价监督管理、规范环评行为，是保障环评制度有效执行的重要手段，是维护广大人民群众环境权益的必然要求，是深化环评审批制度改革和转变政府职能的重要保障。为贯彻落实党中央、国务院关于加快政府职能转变的决策部署，切实加强环境影响评价监督管理工作，进一步强化建设项目全过程监管，现就有关事项通知如下：

一、充分认识加强环评监督管理的重要性

（一）当前，我国工业化、城镇化快速发展，资源环境约束条件日益趋紧，一些地区环评监管不力、监管不到位、责任不明确、把关不严，一些不符合国家环保规定的建设项目盲目上马，环保“三同时”制度不落实，环评机构弄虚造假，不当的经济开发活动带来了严重的环境污染和生态破坏，甚至引发群体性事件。一些地区环评管理中重事前审批、轻事中事后监管，一些建设项目未批先建、擅自变更、未验先投、久试不验等环境违法行为突出，严重损害了环评制度的严肃性、权威性和有效性。依法开展环评监管，突出环评全过程监督管理，强化责任追究，加大信息公开和公众参与力度，对发挥环评源头预防环境污染和生态破坏的作用，促进经济和社会全面、协调、可持续发展意义十分重大。各级环保部门要认真贯彻落实党中央、国务院的决策部署，进一步增强责任意识，加强组织领导，切实加强环评监管工作，不断提高环评工作的管理水平。

二、强化环评全过程监督管理

（二）突出环评监管重点。要加强环评机构、从业人员的监管，规范环评从业行为。要加强严格执行国家法律法规、产业政策、环境标准的环评监管，做好规划环评与项目环评衔接，严把项目准入关。要加强涉及自然保护区、风景名胜区、饮用水水源保护区、学校、医院、居民集中区等环境敏感区建设项目的环评监管，合理优化产业布局。要加强火电、钢铁、水泥、冶金有色、石化化工、造纸、印染等重污染行业和水利水电、矿山开发、公路、铁路、机场、城市轨道交通、输变电等有显著生态影响建设项目的环评监管，注重环境质量改善和环境风险防范。要加强建设项目“三同时”和验收监管，落实事中事后监管各项措施。要加强公众参与的程序合法性、形式有效性、对象代表性、结果真实性的环评监管，维护公众环境权益。

（三）加大环评监管力度。各级环保部门要加强对技术评估单位的业务指导，建立健全技术评估专家库。要加强环评机构的日常监督和考核，建立环评机构和从业人员诚信档案并向社会公开诚信信息。对不具备相应资质等级和评价范围以及项目负责人不具备相应专业类别的环评文件不予受理；对未依法开展规划环评或与规划环评审查结论不一致的，一律不得受理规划所包含的建设项目环评文件。对不符合国家产业政策、法律明令禁止建设区域内的项目，污染物排放总量指标不落实、重点区域耗煤项目煤炭等量或减量替代方案不明确，“两高一资”以及拆分项目、环评文件编制质量较差的项目不予受理和批准。对未依法设立、环保基础设施不齐全和环境风险防范措施不落实的产业园区内项目要暂停受理。要在时

间上、质量上保证建设项目选址选线的环境可行性、产业结构调整的环境最优性、环境标准的可达性、环境风险的可控性和公众参与的有效性得到充分论证，防止片面强调服务和效率，人为缩减审批时限。对未落实“三同时”和竣工验收制度的建设项目不得允许投入运行。对存在公众参与范围过小、代表性差、原始材料缺失、程序不符合要求甚至弄虚作假等问题的项目，一律不予受理和批准。

（四）健全建设项目全过程监管长效机制。各级环保部门要坚持“依法、科学、公开、廉洁、高效”的原则，严格执行环境影响评价制度，落实监管职责。按照“谁审批、谁监管”原则，有审批权的环保部门或派出机构负责组织实施建设项目审批后的监督管理，并与所在地环保部门建立联动管理、协调和信息共享机制，探索建立国家、省、市、县四级环保部门联网的环评审批管理平台。要加强建设项目“三同时”制度执行情况的环评监管，上级环保部门要指导和督查地方“三同时”执行情况。各级环保部门要切实加强属地内建设项目“三同时”日常监督检查工作，将已验收的项目纳入日常监管范围，同时督促相关建设（运营）单位及时开展环境影响后评价，强化事中事后监管。

（五）强化建设项目“三同时”监督检查。加强建设项目环境保护“三同时”、竣工环保验收是加强环评事中事后监管的重要举措。要探索建立重大敏感项目环保设计文件备案制度。要开展涉及环境敏感区、重污染或环境风险大、施工期环境影响大、与群众环境权益密切相关和易污染扰民的建设项目环境监理工作。要督促发生重大变动未办理重新报批手续、环保措施滞后主体工程建设进度、施工期环保措施未落实、防护距离内居民搬迁和区域替代等进展缓慢、未按要求开展环境监理、久拖不验的建设项目及时整改，对存在重大环境违法行为的建设项目要及时调查取证或处罚。对确属分期建设、分期投产的建设项目，与已建工程配套的环保设施、措施必须同步落实。对未达到环评批复要求、公众意见集中强烈的建设项目，在整改到位之前一律不予通过环保验收。

三、查处违法违规行为

（六）严厉查处环评从业违规行为。对弄虚作假、出租和出借资质证书、超越资质等级或评价范围开展工作的环评机构一律取消资质。对环评文件质量较差、借用环评专职技术人员的环评机构一律从严处罚，直至取消资质。对出借、出租和转让环境影响评价工程师登记证或岗位证书的环评技术人员，一律予以注销登记，三年内不再予以登记。环评机构和从业人员具有不良诚信记录的，暂缓受理环评机构资质延续、范围调整和晋级申请等相关业务。

（七）有效遏制突出环评违法行为。对环评文件未经批准或重大变更未经审批，建设项目基本建成的；擅自在自然保护区、风景名胜区、饮用水水源保护区等环境敏感区内开工建设的，或者擅自开工建设造成重大环境污染或严重生态破坏的；建设项目需要配套建设的环境保护设施未建成、未经验收或验收不合格，主体工程即正式投产（运行）的突出违法行为，各级环保部门应当依法予以处罚，责令其停止建设或生产（运行），并向社会公开，同时对其中由国家行政机关任命的相关责任人员，及时移交纪检监察部门追究其党纪政纪责任，对涉嫌失职、渎职的管理人员依法追究其法律责任。

四、落实环评监管责任

（八）加大环评审批改革和职能转变的监督管理。各级环保部门要按照实事求是、依法依规、简化程序和强化监督的原则，切实加强环评宏观管理，突出全过程监管，强化信息公开，积极稳妥有序地推进环评审批改革和职能转变，该下放的环评审批权限要坚决下放，下放后该管的要坚决管住管好。要做好下放审批权限建设项目环评文件的审批和竣工环保验收工作的衔接，上级环保部门下放的项目审批权限不得再层层下放。要坚决遏制“两高一资”、低水平重复建设和产能过剩建设项目，其中，电力、石化、化工、焦炭、造纸、有色冶炼、矿山开发等可能造成较大环境影响或涉及环境敏感区的建设项目，原则上审批权限保持不变。省级环保部门不得审批未经规划环评并出具审查意见的城市轨道交通项目。环评审批权限下放后，凡在环评审批和建设项目环境管理中违法、违规，造成重大环境污染、生态破坏或者严重损害群众健康的环境问题，上级环保部门要责令其予以纠正，并视情况对下放审批权限予以收回。

（九）加强管理人员责任监管。对违反法定程序、超越法定权限作出的环评审批和竣工验收决定，上级环保部门应依法予以撤销，对编制质量差的环评文件作出审批的，追究相关行政人员责任。对技术把关不严的技术评估单位要及时整改，对存在徇私舞弊行为的评估专家要及时从专家库中清除，对涉及违法违规的评估机构、专家要进行责任追究。对违法现象突出、行政干预严重的地区，或者地方政府或其他相关部门在项目建设过程中责任不落实的，上一级环保部门要约谈地方政府和相关部门负责人，督促进行整改，问题严重的应采取区域限批。各级环保部门要进一步加强环评工作的监督指导，定期检查或不定期抽查环评管理情况，各级环保部门应向上一级环保部门报告年度建设项目环评及验收审批情况。对下放和调整的项目要有针对性地加强人员培训，做好工作衔接，确保下放管理层级落实到位，准入标准和要求不降低，监管力度不放松。

环境保护部办公厅

2013 年 11 月 15 日

关于落实大气污染防治行动计划严格环境影响评价准入的通知

（环办〔2014〕30 号）

各省（区、市）环境保护厅（局），新疆生产建设兵团环境保护局：

为贯彻落实《大气污染防治行动计划》，严格环境影响评价准入，促进环境空气质量改善，现将有关工作要求通知如下：

一、发挥规划环境影响评价的调控、引领和约束作用，做好与相关战略环境评价的衔接。以促进大气污染物减排，改善环境空气质量为重点，充分考虑大气环境承载力，进一步优化石化、火电、煤炭、钢铁、有色、水泥等重点产业、产业园区和城市总体规划的规模、布局、结构。依法科学开展规划环境影响评价，全面分析评估规划实施后对重点区域环境空气质量的影响，对环境影响评价结论达不到区域环境质量标准要求的规划，应当对规划内容提出优化调整建议，并采取有效的环境影响减缓控制措施。

严格落实规划与建设项目环境影响评价的联动机制。凡未开展或未完成规划环境影响评价的，各级环境保护行政主管部门不得受理规划所含建设项目的环境影响评价报批申请。规划环境影响评价结论应当作为审批建设项目环境影响评价文件的依据。

二、实行重点区域、重点产业规划环境影响评价会商机制。京津冀及周边地区、长三角地区编制的以石化、化工、有色、钢铁、建材等为主导的国家级产业园区规划，山西省、内蒙古自治区编制的煤电基地规划，其规划环境影响报告书应当进行区域内省际会商；珠三角地区重点产业和产业园区规划的环境影响报告书应当进行省内会商。

规划编制机关在向环境保护行政主管部门报送环境影响报告书前，应当以书面形式征求相关地方政府或有关部门的意见，并根据会商参与各方提出的意见，对规划及规划环境影响报告书内容进行修改完善。环境保护行政主管部门在召集审查规划环境影响报告书时，应当邀请参与会商的地方政府或有关部门代表参加审查小组，会商意见及采纳情况作为审查的重要依据。省级重点产业和产业园区规划的环境影响报告书参照上述方式进行会商。

三、严格把好建设项目环境影响评价审批准入关口

（一）严格控制“两高”行业新增产能，不得受理钢铁、水泥、电解铝、平板玻璃、船舶等产能严重过剩行业新增产能的项目。产能严重过剩行业建设项目和城市主城区钢铁、石化、化工、有色、水泥、平板玻璃等重污染企业环保搬迁项目须实行产能的等量或减量置换。

（二）不得受理城市建成区、地级及以上城市规划区、京津冀、长三角、珠三角地区除热电联产以外的燃煤发电项目，重点控制区除“上大压小”、热电联产以外的燃煤发电项目和京津冀、长三角、珠三角地区的自备燃煤发电项目；现有多台燃煤机组装机容量合计达到 30 万千瓦以上的，可按照煤炭等量替代的原则建设为大容量燃煤机组。

（三）不得受理地级及以上城市建成区每小时 20 蒸吨以下及其他地区每小时 10 蒸吨以下的燃煤锅炉项目。

（四）实行煤炭总量控制地区的燃煤项目，必须有明确的煤炭减量替代方案。新改扩建煤矿项目，必须配套煤炭洗选设施。

（五）排放二氧化硫、氮氧化物、烟粉尘和挥发性有机污染物的项目，必须落实相关污染物总量减排方案，上一年度环境空气质量相关污染物年平均浓度不达标的城市，应进行倍量削减替代。

四、强化建设项目大气污染源头控制和治理措施

（一）火电、钢铁、水泥、有色、石化、化工和燃煤锅炉项目，必须采用清洁生产工艺，配套建设高效脱硫、脱硝、除尘设施。

（二）重点控制区新建火电、钢铁、石化、水泥、有色、化工以及燃煤锅炉项目，必须执行大气污染物特别排放限值。

（三）石化、有机化工、表面涂装、包装印刷、原油成品油码头、储油库、加油站项目，必须采取严格的挥发性有机物排放控制措施。

（四）改扩建项目应当对现有工程实施清洁生产和污染防治升级改造。加快落后产能、工艺和设备淘汰，集中供热项目必须同步淘汰供热范围内的全部燃煤小锅炉。

（五）对涉及铅、汞、镉、苯并[*a*]芘、二噁英等有毒污染物排放的项目和执行《环境空气质量标准》（GB 3095—2012）的区域排放细颗粒物及其主要前体物的项目，应对相应污染物进行评价，并提出污染减排控制措施。

各级环境保护行政主管部门应当按照《环境影响评价政府信息公开工作指南（试行）》要求公开建设项目环境影响评价信息，加大公众参与力度，切实维护公众环境权益，发挥环境影响评价源头预防和控制作用，推动《大气污染防治行动计划》确定的目标任务得到落实。

环境保护部办公厅

2014 年 3 月 25 日

关于发布《重点环境管理危险化学品目录》的通知

（环办〔2014〕33号）

各省、自治区、直辖市环境保护厅（局），环境保护部各环境保护督查中心，新疆生产建设兵团环境保护局，辽河保护区管理局：

根据《危险化学品环境管理登记办法（试行）》（环境保护部令第 22 号），我部组织制订了《重点环境管理危险化学品目录》（见附件）。现印发给你们，请据此全面启动危险化学品环境管理登记工作。

附件：重点环境管理危险化学品目录

环境保护部办公厅

2014 年 4 月 3 日

附件

重点环境管理危险化学品目录

编　号	品　名	别　名	CAS 号
PHC001	1,2,3-三氯代苯	1,2,3-三氯苯	87-61-6
PHC002	1,2,4-三氯代苯	1,2,4-三氯苯	120-82-1
PHC003	1,2,4,5-四氯代苯		95-94-3
PHC004	1,2-二硝基苯	邻二硝基苯	528-29-0
PHC005	1,3-二硝基苯	间二硝基苯	99-65-0
PHC006	1-氯-2,4-二硝基苯	2,4-二硝基氯苯	97-00-7
PHC007	5-叔丁基-2,4,6-三硝基间二甲苯	二甲苯麝香；1-（1,1-二甲基乙基）-3,5-二甲基-2,4,6-三硝基苯	81-15-2
PHC008	五氯硝基苯	硝基五氯苯	82-68-8
PHC009	2-甲基苯胺	邻甲苯胺；2-氨基甲苯；邻氨基甲苯	95-53-4
PHC010	2-氯苯胺	邻氯苯胺；邻氨基氯苯	95-51-2
PHC011	壬基酚	壬基苯酚	25154-52-3
PHC012	支链-4-壬基酚		84852-15-3
PHC013	苯	纯苯	71-43-2
PHC014	六氯-1,3-丁二烯	六氯丁二烯；全氯-1,3-丁二烯	87-68-3
PHC015	氯乙烯[稳定的]	乙烯基氯	75-01-4
PHC016	萤蒽		206-44-0
PHC017	丙酮氰醇	丙酮合氰化氢；2-羟基异丁腈；氰丙醇	75-86-5
PHC018	精蒽		120-12-7
PHC019	粗蒽		
PHC020	环氧乙烷	氧化乙烯	75-21-8
PHC021	甲基肼	一甲肼；甲基联氨	60-34-4
PHC022	萘	粗萘；精萘；萘饼	91-20-3

编 号	品 名	别 名	CAS 号
PHC023	一氯丙酮	氯丙酮；氯化丙酮	78-95-5
PHC024	全氟辛基磺酸		1763-23-1
PHC025	全氟辛基磺酸铵		29081-56-9
PHC026	全氟辛基磺酸二癸二甲基铵		251099-16-8
PHC027	全氟辛基磺酸二乙醇铵		70225-14-8
PHC028	全氟辛基磺酸钾		2795-39-3
PHC029	全氟辛基磺酸锂		29457-72-5
PHC030	全氟辛基磺酸四乙基铵		56773-42-3
PHC031	全氟辛基磺酰氟		307-35-7
PHC032	六溴环十二烷		25637-99-4； 3194-55-6； 134237-50-6； 134237-51-7； 134237-52-8
PHC033	氰化钾	山奈钾	151-50-8
PHC034	氰化钠	山奈	143-33-9
PHC035	氰化镍钾	氰化钾镍	14220-17-8
PHC036	氯化氰	氰化氯；氯甲腈	506-77-4
PHC037	氰化银钾	银氰化钾	506-61-6
PHC038	氰化亚铜		544-92-3
PHC039	砷		7440-38-2
PHC040	砷化氢	砷化三氢；胂	7784-42-1
PHC041	砷酸		7778-39-4
PHC042	三氧化二砷	白砒；砒霜；亚砷酸酐	1327-53-3
PHC043	五氧化二砷	砷酸酐；五氧化砷；氧化砷	1303-28-2
PHC044	亚砷酸钠		7784-46-5
PHC045	硝酸钴	硝酸亚钴	10141-05-6
PHC046	硝酸镍	二硝酸镍	13138-45-9
PHC047	汞	水银	7439-97-6
PHC048	氯化汞	氯化高汞；二氯化汞；升汞	7487-94-7
PHC049	氯化铵汞	白降汞,氯化汞铵	10124-48-8
PHC050	硝酸汞	硝酸高汞	10045-94-0
PHC051	乙酸汞	乙酸高汞；醋酸汞	1600-27-7
PHC052	氧化汞	一氧化汞；黄降汞；红降汞	21908-53-2
PHC053	溴化亚汞	一溴化汞	10031-18-2
PHC054	乙酸苯汞		62-38-4
PHC055	硝酸苯汞		55-68-5
PHC056	重铬酸铵	红矾铵	7789-09-5
PHC057	重铬酸钾	红矾钾	7778-50-9
PHC058	重铬酸钠	红矾钠	10588-01-9
PHC059	三氧化铬[无水]	铬酸酐	1333-82-0
PHC060	四甲基铅		75-74-1
PHC061	四乙基铅	发动机燃料抗爆混合物	78-00-2
PHC062	乙酸铅	醋酸铅	301-04-2
PHC063	硅酸铅		10099-76-0； 11120-22-2
PHC064	氟化铅	二氟化铅	7783-46-2

编 号	品 名	别 名	CAS 号
PHC065	四氧化三铅	红丹；铅丹；铅橙	1314-41-6
PHC066	一氧化铅	氧化铅；黄丹	1317-36-8
PHC067	硫酸铅[含游离酸＞3%]		7446-14-2
PHC068	硝酸铅		10099-74-8
PHC069	二丁基二（十二酸）锡	二丁基二月桂酸锡；月桂酸二丁基锡	77-58-7
PHC070	二丁基氧化锡	氧化二丁基锡	818-08-6
PHC071	二氧化硒	亚硒酐	7446-08-4
PHC072	硒化镉		1306-24-7
PHC073	硒化铅		12069-00-0
PHC074	氟硼酸镉		14486-19-2
PHC075	碲化镉		1306-25-8
PHC076	1,1′-二甲基-4,4′-联吡啶阳离子	百草枯	4685-14-7
PHC077	*O-O*-二甲基-*S*-[1,2-双（乙氧基甲酰）乙基]二硫代磷酸酯	马拉硫磷	121-75-5
PHC078	双（*N,N*-二甲基甲硫酰）二硫化物	四甲基二硫代秋兰姆；四甲基硫代过氧化二碳酸二酰胺；福美双	137-26-8
PHC079	双（二甲基二硫代氨基甲酸）锌	福美锌	137-30-4
PHC080	*N*-（2,6-二乙基苯基）-*N*-甲氧基甲基-氯乙酰胺	甲草胺	15972-60-8
PHC081	*N*-（2-乙基-6-甲基苯基）-*N*-乙氧基甲基-氯乙酰胺	乙草胺	34256-82-1
PHC082	（1,4,5,6,7,7-六氯-8,9,10-三降冰片-5-烯-2,3-亚基双亚甲基）亚硫酸酯	1,2,3,4,7,7-六氯双环[2,2,1]庚烯-（2）-双羟甲基-5,6-亚硫酸酯；硫丹	115-29-7
PHC083	（RS）-α-氰基-3-苯氧基苄基（SR）-3-（2,2-二氯乙烯基）-2,2-二甲基环丙烷羧酸酯	氯氰菊酯	52315-07-8
PHC084	三苯基氢氧化锡	三苯基羟基锡	76-87-9

说　明

一、重点环境管理危险化学品的范围

符合下列条件之一的化学品，列入《重点环境管理危险化学品目录》（简称《重点目录》）：

（一）具有持久性、生物累积性和毒性的；

（二）生产使用量大或者用途广泛，且同时具有高的环境危害性和（或）健康危害性；

（三）属于需要实施重点环境管理的其他危险化学品，包括《关于持久性有机污染物的斯德哥尔摩公约》、《关于汞的水俣公约》管制的化学品等。

二、《重点目录》的制修订原则

环境保护部将根据危险化学品环境管理的需要，组织专家，根据《危险化学品环境管理登记办法（试行）》相关要求，对《重点目录》进行适时调整并公布。

三、《重点目录》各栏目的含义

（一）“编号”是指《重点目录》赋予每种危险化学品的唯一编号。

（二）“品名”是指根据《化学命名原则》（1980）确定的名称。

（三）“别名”是指除“品名”以外的其他名称，包括通用名、俗名等。

（四）“CAS 号”是指美国化学文摘社对化学品的唯一登记号。

关于印发《关于严格廉洁自律、禁止违规插手环评审批的规定》的通知

（环发〔2015〕43号）

各省、自治区、直辖市环境保护厅（局），新疆生产建设兵团环境保护局，辽河保护区管理局，机关各部门，各派出机构、直属单位：

为进一步规范领导干部廉洁从政行为，防止环保系统领导干部及其亲属违规插手环评审批或者开办公司承揽环评项目，根据有关廉政制度规定及中央巡视组反馈意见，我部制定了《关于严格廉洁自律、禁止违规插手环评审批的规定》，并经部党组会议审议通过。现印发给你们，请遵照执行。

附件：关于严格廉洁自律、禁止违规插手环评审批的规定

环境保护部

2015年3月24日

附件

关于严格廉洁自律、禁止违规插手环评审批的规定

第一条　为进一步规范领导干部廉洁从政行为，防止环保系统领导干部及其亲属违规插手环评审批，或者开办公司承揽环评项目，制定本规定。

第二条　本规定适用于环保系统行政机关副科级以上领导干部，企事业单位、社会团体相当于副科级以上领导干部。

第三条　本规定所称亲属指领导干部的父母、配偶、子女及其配偶，以及其他特定关系人。

第四条　本规定所指环评审批，包括按照《环境影响评价法》和《建设项目环境保护管理条例》等规定开展的建设项目环评审批、竣工环境保护验收及环评资质审批。

第五条　本规定所指违反规定插手环评审批，是指领导干部违反法律、法规、规章或者行政机关的决定、命令，利用职权或者职务上的影响，向环评审批、技术评估部门人员或者有关负责同志以指定、授意、暗示等方式提出要求，影响环评审批或者干扰正常的环境监管、执法活动的行为。

第六条　领导干部及其亲属严禁有以下行为：

（一）要求有关部门或者人员降低建设项目环评类别、拆分审批、超越审批权限审批环评文件；

（二）为建设单位指定或者推荐从事环评、验收调查工作的技术咨询机构；

（三）通过暗示、默许、同意或者要求相关单位或者人员违反审批程序；

（四）通过说情、批示、打招呼、强令等形式影响、干预有关单位和人员，降低审批、验收或者资质标准；

（五）开办公司或者参股承揽环评项目；

（六）其他违反规定插手环评审批的行为。

第七条 各级环境保护行政主管部门要依法依规、严格审查把关，健全集体决策的工作机制，减少自由裁量权，确保环评审批依法科学和民主决策，杜绝违法违规审批行为，有效防范任何形式插手审批行为对审批决策的影响。

第八条 各级环境保护行政主管部门应依法依规加强环评审批的监督管理，发现或者接到检举领导干部及其亲属插手环评审批的违纪违法行为或者线索，应当按照职责和权限，及时纠正和调查处理，同时将有关情况报告所在部门纪检监察机构。

发现涉及上级机关领导干部及其亲属违规插手环评审批，或者承揽环评项目的，应当记录在案并及时报告上级环保部门纪检监察机构。

第九条 领导干部违反本规定的，按照干部管理权限，视情节轻重依纪依法依规给予批评教育、党纪政纪处分或者组织处理，涉嫌犯罪的，移送司法机关追究法律责任。

第十条 各单位负责同志对其工作人员存在上述违规违纪行为不制止、不查处、不报告的，将严肃追究领导责任。

第十一条 本规定由环境保护部负责解释。

第十二条 本规定自发布之日起施行。

关于印发《建设项目环境影响评价信息公开机制方案》的通知

（环发〔2015〕162号）

各省、自治区、直辖市环境保护厅（局），新疆生产建设兵团环境保护局：

为贯彻落实《生态文明体制改革总体方案》，健全环境治理体系，完善建设项目环境影响评价信息公开机制，我部研究制定了《建设项目环境影响评价信息公开机制方案》，现印发给你们，请认真贯彻实施。

附件：建设项目环境影响评价信息公开机制方案

环境保护部

2015年12月10日

附件

建设项目环境影响评价信息公开机制方案

根据《生态文明体制改革总体方案》，为健全环境治理体系，完善环境信息公开制度，制定本方案。

一、总体要求

（一）指导思想。深入贯彻落实中共中央国务院《生态文明体制改革总体方案》和习近平总书记关于生态文明系列重要讲话精神，引导人民群众树立环境保护意识，保障公众依法有序行使环境保护知情权、参与权和监督权，加强环境影响评价工作的公开、透明，强化对建设单位的监督约束，推进环评“阳光审批”，实现建设项目环评信息的全过程、全覆盖公开，推进形成多方参与、全社会齐心共治的环境治理体系。

（二）基本原则

明确公开主体。建设单位是建设项目选址、建设、运营全过程环境信息公开的主体，是建设项目环境影响报告书（表）相关信息和审批后环境保护措施落实情况公开的主体；各级环境保护主管部门是建设项目环评政府信息公开的主体。

依法公开信息。依据《环境保护法》、《大气污染防治法》、《环境影响评价法》、《政府信息公开条例》以及《环境信息公开办法（试行）》、《企事业单位环境信息公开办法》等相关规定，信息公开主体依法依规公开建设项目环评信息，其中涉及国家秘密、商业秘密、个人隐私以及国家安全、公共安全、经济安全和社会稳定等内容，应当按国家有关法律、法规规定不予公开。

保障公众权益。通过健全建设项目环评信息公开机制，确保公众能够方便获取建设单位和环境保护主管部门建设项目环评信息，畅通公众参与和社会监督渠道，保障可能受建设项目环境影响的公众环境权益。

强化监督约束。健全环境保护主管部门内部环评信息监督机制，建立环境保护主管部门对建设单位环评信息公开约束机制，对未按相关规定履行环评信息公开义务的，依照相关规定追究其责任。

（三）主要目标。到 2016 年底，建立全过程、全覆盖的建设项目环评信息公开机制，保障公众对项目建设的环境影响知情权、参与权和监督权。

二、建立建设单位环评信息公开机制

（四）全面推进建设单位环评信息全过程公开。强化建设单位主体责任，明确建设单位既是建设项目环评公众参与和履行环境责任的主体，也是建设项目环评信息公开的主体，全面规范建设单位环评信息公开范围、公开时段、公开内容、公开程序、公开方式。

（五）公开环境影响报告书编制信息。根据建设项目环评公众参与相关规定，建设单位在建设项目环境影响报告书编制过程中，应当向社会公开建设项目的工程基本情况、拟定选址选线、周边主要保护目标的位置和距离、主要环境影响预测情况、拟采取的主要环境保护措施、公众参与的途经方式等。

（六）公开环境影响报告书（表）全本。根据《大气污染防治法》，建设单位在建设项目环境影响报告书（表）编制完成后，向环境保护主管部门报批前，应当向社会公开环境影响报告书（表）全本，其中对于编制环境影响报告书的建设项目还应一并公开公众参与情况说明。报批过程中，如对环境影响报告书（表）进一步修改，应及时公开最后版本。

（七）公开建设项目开工前的信息。建设项目开工建设前，建设单位应当向社会公开建设项目开工日期、设计单位、施工单位和环境监理单位、工程基本情况、实际选址选线、拟采取的环境保护措施清单和实施计划、由地方政府或相关部门负责配套的环境保护措施清单和实施计划等，并确保上述信息在整个施工期内均处于公开状态。

（八）公开建设项目施工过程中的信息。项目建设过程中，建设单位应当在施工中期向社会公开建设项目环境保护措施进展情况、施工期的环境保护措施落实情况、施工期环境监理情况、施工期环境监测结果等。

（九）公开建设项目建成后的信息。建设项目建成后，建设单位应当向社会公开建设项目环评提出的各项环境保护设施和措施执行情况、竣工环境保护验收监测和调查结果。对主要因排放污染物对环境产生影响的建设项目，投入生产或使用后，应当定期向社会特别是周边社区公开主要污染物排放情况。

三、健全环境保护主管部门环评信息公开机制

（十）全面推进环境保护主管部门环评信息全过程公开。各级环境保护主管部门应当通过本部门政府网站公开环评相关法律、法规、规章及审批指南，公开建设项目环评审批、竣工环境保护验收和环评资质的受理、审查和审批决定等政府信息。

（十一）公开建设项目环境影响报告书（表）受理信息。各级环境保护主管部门在受理建设项目环境影响报告书（表）后，应当向社会公开项目名称、建设地点、建设单位、环评机构、受理日期等受理情况，并公开环境影响报告书（表）全本（除涉及国家秘密和商业秘密等内容外）。

（十二）公开建设项目环境影响报告书（表）审查信息。各级环境保护主管部门在对建设项目环境影响报告书（表）进行审查时，应当向社会公开项目名称、建设地点、建设单位、环评机构、项目概况、主要环境影响和环境保护对策与措施、建设单位开展的公众参与情况、相关部门意见等，告知申请人和利害关系人听证权利。

（十三）公开建设项目环境影响报告书（表）审批信息。各级环境保护主管部门在对建设项目环境影响报告书（表）作出批准或不予批准的审批决定后，应当向社会公开文件名称、文号、时间等审批情况并公开审批决定全文，告知申请人和利害关系人行政复议与行政诉讼权利。

（十四）公开建设项目全过程监管信息。在项目建设过程中，环境保护主管部门发现建设项目存在“未批先建”、擅自发生重大变动、不落实“三同时”及违法建成投入生产或使用等违法情况，应当向社会公

开，同时公开对违法建设单位下达的限期整改、行政处罚等法律责任追究以及建设单位限期整改落实情况相关信息。建设项目投入生产或使用后，环境保护主管部门应当公开建设项目环竣工环境保护验收结果。

（十五）公开环评资质管理信息。环境保护部向社会全面公开环评机构和从业人员的资质审查情况、批准结果以及对违规行为的处理情况。环境保护部政府网站设立环评资质信息专栏，将所有环评机构和从业人员的资质信息和诚信记录全部公开。地方各级环境保护主管部门通过本部门政府网站建立环评机构和环评人员诚信记录系统，向社会公布日常考核和年度考核情况。

（十六）发布重要环评政策信息。建立与媒体沟通机制，积极宣传环评领域主要工作进展及成果，解读最新发布的环评管理政策。对涉及环评的敏感、突发、重大事件及时发声、积极引导、正面宣传、做好解释。

（十七）依法做好依申请信息公开。各级环境保护主管部门除公开上述环评政府信息之外，还应当按照国家和地方有关政府信息公开规定，对公民、法人和其他组织申请获取其他环评政府信息依法按程序办理。

四、建立健全环评信息公开监督约束机制

（十八）加快修订相关法规规章。修订《建设项目环境保护管理条例》，建立建设项目环境保护管理全过程信息公开机制。修订《环境信息公开办法（试行）》，进一步强化环评信息公开相关规定。修订《建设项目环境影响评价公众参与暂行办法》，规范环评公众参与的范围、时段、内容、程序、方式等。

（十九）强化信息公开的监督约束。健全环境保护主管部门内部监督机制，对未按相关规定公开环评政府信息的有关环境保护主管部门，依据《政府信息公开条例》《环境信息公开办法（试行）》等相关规定，追究其行政责任或其他法律责任。建立环境保护主管部门对建设单位环评信息公开的约束机制，对未按《环境保护法》等相关规定公开建设项目环评信息开展公众参与、未按《大气污染防治法》公开环境影响报告书（表）全本的建设单位，环境保护主管部门不予受理和审批其建设项目环境影响报告书（表）；对未按相关规定公开其他环评信息的建设单位，依据相关规定追究其法律责任。

（二十）积极回应社会监督。环境保护主管部门可通过官方网站、开通官方微博和微信公众号等多种形式发布建设项目环评信息，对于公众反映的建设项目重要环境问题或举报的环评违法问题，应当依法予以核实处理并反馈。建设单位可通过互联网或其他媒体形式建立建设项目环评信息发布平台，对于公众反映的建设项目有关环境问题，应当给予高度关注并妥善解决。在建设项目立项前期、环境影响报告书（表）编制期、施工期和建成运营期，建立与公众信息沟通和意见反馈机制，履行好社会责任和环境责任。

关于进一步加强环境影响评价违法项目责任追究的通知

（环办函〔2015〕389号）

各省、自治区、直辖市环境保护厅（局），新疆生产建设兵团环境保护局，解放军环境保护局，环境保护部各环境保护督查中心：

为整改落实中央巡视组反馈意见，有效遏制新出现的“未批先建”“擅自实施重大变动”等环境影响评价违法行为，进一步加强环境影响评价违法项目责任追究，根据《环境保护法》、《环境影响评价法》、《建设项目环境保护管理条例》和《环境保护违法违纪行为处分暂行规定》等相关要求，现将有关事项通知如下：

一、各级环境保护部门应当严格依法对存在“未批先建”“擅自实施重大变动”等环评违法行为的建设项目实施行政处罚。对于建设单位性质为国家机关、国有企事业单位，且有下列情形之一的，应当按照《环境保护违法违纪行为处分暂行规定》要求，移送同级纪检监察机关追究建设单位相关人员责任：

（一）环境影响评价文件未经批准或重大变动未经环评审批，建设项目基本建成的；

（二）环境影响评价文件未经批准或重大变动未经环评审批，擅自在自然保护区、风景名胜区、饮用水水源保护区等环境敏感区内开工建设的；

（三）环境影响评价文件未经批准或重大变动未经环评审批，擅自开工建设，造成了重大环境污染或严重生态破坏的；

（四）建设项目未依法进行环境影响评价，被责令停止建设，拒不执行的；

（五）建设项目需要配套建设的环境保护设施未建成、未经验收或验收不合格，主体工程正式投入生产或使用的。

在责任追究完成前，各级环境保护部门不得通过其环评审批或竣工环境保护验收。

二、各级环境保护部门收到建设项目环评审批、竣工环境保护验收申请时，应当首先对建设项目是否存在环评违法行为及其行政处罚、整改、责任追究等情况进行审查。对存在环评违法行为的建设项目，应当要求建设单位主动、如实在申请文件中说明相关情况。

三、对于未依法实施行政处罚、未按处罚要求整改到位的环评违法项目，一律不予受理其环评文件、竣工环境保护验收申请。

对于通过隐瞒环评违法行为进入环评审批或竣工环境保护验收流程的，一经发现，立即终止审批或验收程序，退回环评文件或验收申请，在环境保护部门网站对建设单位予以曝光。

对于通过欺骗、贿赂等不正当手段取得环评批复或通过竣工环境保护验收的，应当依法予以撤销。

四、对新发现的环评违法项目不及时予以查处的，对按规定应当移送纪检监察机关追究责任的环评违法项目不移送的，对未实施行政处罚、未按要求整改到位、未按规定追究责任的环评违法项目通过环评审批或竣工环境保护验收的，应当依纪依规追究相关环境保护部门工作人员责任。

五、环评违法项目的行政处罚和责任追究结果向社会公开，相关信息适时纳入社会诚信体系。

环境保护部办公厅

2015年3月18日

关于印发《"十三五"环境影响评价改革实施方案》的通知

（环环评〔2016〕95号）

各省、自治区、直辖市环境保护厅（局），新疆生产建设兵团环境保护局：

为充分发挥环境影响评价从源头预防环境污染和生态破坏的作用，推动实现"十三五"绿色发展和改善生态环境质量总体目标，我部研究制定了《"十三五"环境影响评价改革实施方案》，现印发给你们，请认真贯彻实施。

附件："十三五"环境影响评价改革实施方案

环境保护部

2016年7月15日

附件

"十三五"环境影响评价改革实施方案

为充分发挥环境影响评价从源头预防环境污染和生态破坏的作用，推动实现"十三五"绿色发展和改善生态环境质量总体目标，制定本方案。

一、总体思路

（一）指导思想

以改善环境质量为核心，以全面提高环评有效性为主线，以创新体制机制为动力，以"生态保护红线、环境质量底线、资源利用上线和环境准入负面清单"（以下简称"三线一单"）为手段，强化空间、总量、准入环境管理，划框子、定规则、查落实、强基础，不断改进和完善依法、科学、公开、廉洁、高效的环评管理体系。

（二）主要原则

坚持与相关重大改革任务相统筹。与排污许可制相融合，实现制度关联、目标措施一体。适应省以下环保机构监测监察执法垂直管理制度改革，调整优化分级审批和监管职责。落实行政审批改革和政府职能转变要求，统筹"放管服"。

坚持构建全链条无缝衔接预防体系。明确战略环评、规划环评、项目环评的定位、功能、相互关系和工作机制。战略环评重在协调区域或跨区域发展环境问题，划定红线，为"多规合一"和规划环评提供基础。规划环评重在优化行业的布局、规模、结构，拟定负面清单，指导项目环境准入。项目环评重在落实环境质量目标管理要求，优化环保措施，强化环境风险防控，做好与排污许可的衔接。

坚持问题导向补短板。针对规划环评落地难、项目环评"虚胖"、违法建设现象多发、"三同时"执行力不高、环评机构和人员水平参差不齐、公众参与不到位、不同层级环评管理沟通协调不够、基础支撑薄弱等问题，抓住基础性根本性原因，在重点领域取得实质性突破，加快形成科学合理、规范刚性的体制机制，强化落实执行。

坚持相关方共同参与共同落实。按照“党政同责”“一岗双责”要求，督促地方党委、政府和有关部门落实环保责任。落实建设单位的环保主体责任。提高各级环保部门管理能力，强化事中事后监管。深化环评信息公开，引导公众依法有序参与。鼓励支持各地区根据本方案，探索符合本地实际的环评改革措施。

（三）工作目标

制度日臻完善。源头严防、过程严管、违法严惩的环评管理制度更加完善，全社会环评守法意识不断提高，环评违法责任追究机制不断健全，规划“未评先批”“评而不用”、项目“未批先建”现象得到有效遏制，项目环评分类管理和分级审批更加科学，环评、“三同时”与排污许可管理有效衔接，夯实环评的制度基础。

机制更加合理。“三线一单”的管理机制逐步建立，规划环评和项目环评联动管理得到深化和规范，地方环评审批和监管能力不断提高，环评信息公开机制进一步强化，环评诚信体系不断完善，夯实环评的管理基础。

效能显著提高。战略和规划环评顶层设计更加完善，约束性得到加强，环评预警体系初步建立，基于环境容量和生态红线的开发建设预警开始发挥作用。项目环评管理重点进一步聚焦，“三同时”主体责任更加明确，排污许可普遍实施，夯实环评的执行基础。

保障科学有力。环评大数据系统初步建立，环评基础研究取得显著进展，导则规范体系进一步完善，评估队伍能力进一步提升，行业协会作用充分发挥，环评机构和人员管理更加规范，夯实环评的技术基础。

二、推动战略和规划环评“落地”

（四）推进战略环境评价

深入开展战略环评工作。制定落实“三线一单”的技术规范。完成京津冀、长三角、珠三角等三大地区战略环评，组织开展长江经济带和“一带一路”战略环评。完成连云港、鄂尔多斯等市域环评示范工作。

强化战略环评应用。健全成果应用落实机制，将生态保护红线作为空间管制要求，将环境质量底线和资源利用上线作为容量管控和环境准入要求。各级环保部门在编制有关区域和流域生态环保规划时，应充分吸收战略环评成果，强化生态空间保护，优化产业布局、规模、结构。

开展政策环境评价试点。完成新型城镇化、发展转型等重大政策环评试点研究，初步建立政策制定机关为主体、有关方面和专家充分参与的政策环评机制及技术框架体系。

（五）强化规划环境影响评价

强化规划环评的约束和指导作用。不断强化“三线一单”在优布局、控规模、调结构、促转型中的作用，以及对项目环境准入的强制约束作用。积极参与“多规合一”、京津冀空间规划编制。深入开展城市、新区等规划环评。开展流域综合规划环评，确定开发边界和开发强度。完成长江经济带重点产业园区规划环境影响跟踪评价与核查。健全与发展改革、工业和信息化、国土资源、城乡住房建设、交通运输、水利等部门协同推进规划环评机制。

推行规划环评清单式管理。根据改善环境质量目标，制定空间开发规划的生态空间清单和限制开发区域的用途管制清单。制定产业开发规划的产业、工艺环境准入清单。实现重点产业园区规划环评全覆盖，强化清单式管理。

严格规划环评违法责任追究。适时组织规划环评结论及审查意见落实情况核查，将地方政府及其有关部门规划环评工作开展情况纳入环境保护督察。研究建立规划环评违法责任调查移交机制，配合相关部门依法严肃追究有关党政领导干部责任。

强化规划环评公众参与。完善公众参与机制，落实规划编制机关主体责任，提高部门及专家参与的程度和水平，发挥媒体舆论科学引导作用。完善规划环评会商机制，对可能产生跨界环境影响的重大规划，指导规划编制机关实施跨行政区域环境影响会商，强化区域联防联控。

加强规划环评与项目环评联动。依法将规划环评作为规划所包含项目环评文件审批的刚性约束。对已采纳规划环评要求的规划所包含的建设项目，简化相应环评内容。对高质量完成规划环评、各类管理清单清晰可行的产业园区，试点降低园区内部分行业项目环评文件的类别。项目环评中发现规划实施造成重大不利环境影响的，应及时反馈规划编制机关。

三、提高建设项目环评效能

（六）改革管理方式

突出管理重点。重点把握选址选线环境论证、环境影响预测和环境风险防控等方面，剥离市场主体自主决策的内容以及依法由其他部门负责的事项。环评与选址意见、用地预审、水土保持等实施并联审批。涉及自然保护区、饮用水水源保护区、风景名胜区等法定保护区域的项目，在符合法律法规规定的前提下，不将主管部门意见作为环评审批的前置。对环境影响登记表实行告知性备案管理。

科学调整分级分类管理。合理划分审批权限，环境保护部主要负责审批涉及跨省（区、市）、可能产生重大环境影响或存在重大环境风险的建设项目环评文件；省级环保部门应结合垂直管理改革要求和地方承接能力，依法划分行政区域内环评分级审批权限。动态调整分类管理名录。对未列入分类管理名录且环境影响或环境风险较大的新兴产业，由省级环保部门确定其环评分类，报环境保护部备案；对未列入分类管理名录的其他项目，无须履行环评手续。

加强环评信息直报和监督指导。建立全国环评审批信息联网系统。强化环保部门环评管理联动。支持基层提高环评审批和监管能力，及时督促建设单位解决项目建设、运行中出现的环境问题。研究环评信息与建设单位环境信用以及其他企业信用信息连通。

（七）严格项目管理

提升环评管理人员综合素质。开展省、市、县三级环评工作人员轮训，优先安排西部地区轮训。建立全国性和区域性环评管理研讨平台，定期开展专题性、行业性业务交流。制定环评领域党风廉政责任清单，完善廉洁自律制度，严格执行环评权力运行监控机制。

优化环评审批。修订《国家环境保护总局建设项目环境影响评价文件审批程序规定》。建立健全国家、省、市三级环评审批原则框架体系。更新和补充项目环评重大变动清单。制定重点行业环境准入条件。

严格环境准入。在项目环评中建立“三线一单”约束机制，强化准入管理。建立项目环评审批与规划环评、现有项目环境管理、区域环境质量联动机制，强化改善环境质量目标管理。细化污染物排放方式、浓度和排放量，严格建设项目污染物排放要求。严格高能耗、高物耗、高水耗和产能过剩、低水平重复建设项目，以及涉及危险化学品、重金属和其他具有重大环境风险建设项目的环评审批。

开展关停、搬迁企业环境风险评估。对排放重金属、持久性有机污染物、危险废物、“致癌、致畸、致突变”化学污染物的有色金属冶炼、石油加工、化工、焦化、电镀、制革等重点企业，研究开展企业关停、搬迁的环境风险评估。

（八）提高公众参与有效性

探索更为有效和可操作的公众参与模式。制定《建设项目环境影响评价公众参与办法》，明确建设单位的主体责任。建立公参意见采纳反馈机制。将公参意见作为完善和强化建设项目环保措施的重要手段。加大惩处公参弄虚作假。建设单位编制公众参与说明，与环境影响报告书一并公开。

落实建设单位环评信息公开主体责任。推进建设项目选址、建设、运营全过程环境信息公开，建设项目环境影响报告书（表）相关信息和审批后环保措施落实情况公开。强化建设单位“三同时”信息公开制度。

强化环评宣传和舆论引导。建立反应迅速、组织科学、运转高效的环评媒体沟通和舆情应对机制。

推动企业、行业组织落实社会环境责任，加强与社区和公众的良性互动。广泛利用权威媒体和有影响力的新媒体等信息渠道，正面、科学加强舆论引导。发挥专家学者作用，通过既接地气又专业准确的讲解、实验演示、国内外对比等方式，答疑解惑。

积极化解环境社会风险。建立政府、部门、企业环境社会风险预防和化解机制。指导地方政府加强舆情研判和处置。环保部门应严格依法环评管理，加大环境违法查处力度。建设单位应畅通环评公众参与渠道，保障公众依法有序行使环境保护知情权、参与权和监督权。

四、不断强化事中事后监管

（九）创新“三同时”管理

取消环保竣工验收行政许可。建立环评、“三同时”和排污许可衔接的管理机制。对建设项目环评文件及其批复中污染物排放控制有关要求，在排污许可证中载明。将企业落实“三同时”作为申领排污许可证的前提。鼓励建设单位委托具备相应技术条件的第三方机构开展建设期环境监理。建设项目在投入生产或者使用前，建设单位应当依据环评文件及其审批意见，委托第三方机构编制建设项目环境保护设施竣工验收报告，向社会公开并向环保部门备案。

强化环境影响后评价。对长期性、累积性和不确定性环境影响突出，有重大环境风险或者穿越重要生态环境敏感区的重大项目，应开展环境影响后评价，落实建设项目后续环境管理。

（十）落实监管责任

强化属地管理及环保层级监督。落实《建设项目环境保护事中事后监督管理办法》，强化建设项目环境保护的属地管理，加强核设施等特殊领域中央政府直接监管。属地环保部门要按随机抽查制度要求，对“三同时”执行情况开展现场核查，对建设项目运营期环保要求落实情况进行监督检查，对发现的环境违法行为依法处罚。

严肃查处项目环评违法行为。按照国务院办公厅《关于加强环境监管执法的通知》完成违法违规建设项目清理，加大监管力度，坚决遏制新的“未批先建”违法行为，对违法项目严格依法处罚，建立投诉举报的快速响应和公开处理机制。对不符合环境准入要求或已造成严重环境污染和生态破坏的违法项目，责令恢复原状。督促地方政府和部门落实承诺事项。公开曝光查处的典型违法案例，配合有关部门严肃追究有关责任人员违法违纪责任。

五、开展重大环境影响预警

（十一）建立预警体系

建立基于大数据的环境影响预警体系。完善全国环评基础数据库。建设“智慧环评”综合监管平台，开发环评质量校核、分析统计、预测预警、信息公开、诚信记录等功能。研究制定预警指标体系、预警模型和技术方法，探索建立环境数据与经济社会发展数据以及土地、城市等空间管理数据的集成应用机制，实现“三线一单”监督性监测和预警。

（十二）开展预警试点

开展区域环境影响预警试点。以改善环境质量为目标，开展区域环境容量匡算和预警。开展长江经济带和京津冀协同发展战略环境影响预警。开展典型重点开发区域和优化开发区域资源环境承载预警试点。开展典型限制开发区域和禁止开发区域空间红线预警。

六、深化政府信息公开

（十三）健全环评政府信息公开机制

建立以各级环保部门政府网站为主渠道的环评政府信息公开机制。全面公开环评文件、申请受理情况、审查或审批意见。公开项目环评以及环评机构和人员有关违法违规及处罚情况，有关信息纳入环境诚信管理体系，并与银行、证券、保险、商务等部门联动。定期开展环评政府信息公开督察工作。

推动相关政府信息公开。推动地方政府和有关部门公开区域污染物削减和其他环保承诺落实情况，公开规划环评落实情况。推进规划编制和审批机关主动开展规划环评信息公开，编制重大敏感规划的环评信息公开预案。

七、营造公平公开的环评技术服务市场

（十四）规范环评市场秩序

推进环评技术服务市场化进程。加快完成环保系统环评机构脱钩，确保2016年年底前全部完成，到期未完成的一律取消资质。完成其他事业单位环评体制改革，资质到期后不予延续。

健全统一开放的环评市场。清理地方环保部门设置准入条件、限制外埠环评机构在本地承接环评业务等不当管理方式。支持行业协会等社会组织加强对环评机构和人员的行业自律管理。严厉打击出租、出借资质等扰乱市场秩序的违法行为。

（十五）强化环评机构和人员管理

严格环评资质管理。完善环评机构工作能力、人员专业结构等准入要求，改革环评工程师职业资格管理，研究提出以强化环评文件质量为重点的环评机构准入条件。支持环评机构做大做强，走专业化、规模化发展道路。建立健全退出机制，完善环评机构随机抽查制度和省级环保部门年度检查制度。强化质量监管，对环评文件质量低劣的，实行环评机构和人员双重责任追究。

加强诚信体系建设。制定《全国环评机构和环评工程师诚信管理办法》。在“智慧环评”综合监管平台中建立全国统一的环评机构和环评工程师诚信管理系统，将各级环保部门监管中发现的环评机构及人员违法违规行为和处罚情况及时纳入诚信记录，并向社会公开。对在多地出现不良诚信记录的环评机构和人员，限制或禁止从业范围从当地扩大至全国。

八、夯实技术支撑

（十六）优化技术导则体系

加强环评技术导则体系顶层设计。建立以改善环境质量为核心的源强、要素、专题技术导则体系。修订《环境影响评价技术导则　总纲》《规划环境影响评价技术导则　总纲》。建立技术导则实施效果评估与反馈机制，定期对现行技术导则的适用性、有效性、可操作性进行跟踪评估，并开展滚动修订。

（十七）加强技术评估队伍建设

发挥技术评估重要作用。编制环境影响报告书（表）的建设项目应开展技术评估。加强环评专家队伍建设，实现国家和地方专家库共享。改进技术评估方式、方法，完善专家随机抽取机制，建立专家信用档案。将技术评估相关事项纳入政府购买服务范围。

（十八）加大基础性科研力度

加强环评重大宏观政策、基础理论及技术方法研究。强化国家环评重点实验室能力建设。开展环境影响评价模型标准化建设。开展涉及改善环境质量的环评基础性问题及关键技术研究。加强环评领域前沿科学国际合作研究。引进国际先进环评技术方法并开展本地化应用。

广泛动员社会科研力量参与环评研究。强化人才培养机制，打造具有创新力和影响力的环评科研团队。联合技术能力强、研究基础好的高校和科研院所，建立国家环评技术研发和应用创新平台，全面推进环评技术创新、能力建设和应用示范工作。

关于以改善环境质量为核心加强环境影响评价管理的通知

（环环评〔2016〕150号）

各省、自治区、直辖市环境保护厅（局），新疆生产建设兵团环境保护局：

为适应以改善环境质量为核心的环境管理要求，切实加强环境影响评价（以下简称环评）管理，落实“生态保护红线、环境质量底线、资源利用上线和环境准入负面清单”（以下简称“三线一单”）约束，建立项目环评审批与规划环评、现有项目环境管理、区域环境质量联动机制（以下简称“三挂钩”机制），更好地发挥环评制度从源头防范环境污染和生态破坏的作用，加快推进改善环境质量，现就有关事项通知如下：

一、强化“三线一单”约束作用

（一）生态保护红线是生态空间范围内具有特殊重要生态功能必须实行强制性严格保护的区域。相关规划环评应将生态空间管控作为重要内容，规划区域涉及生态保护红线的，在规划环评结论和审查意见中应落实生态保护红线的管理要求，提出相应对策措施。除受自然条件限制、确实无法避让的铁路、公路、航道、防洪、管道、干渠、通讯、输变电等重要基础设施项目外，在生态保护红线范围内，严控各类开发建设活动，依法不予审批新建工业项目和矿产开发项目的环评文件。

（二）环境质量底线是国家和地方设置的大气、水和土壤环境质量目标，也是改善环境质量的基准线。有关规划环评应落实区域环境质量目标管理要求，提出区域或者行业污染物排放总量管控建议以及优化区域或行业发展布局、结构和规模的对策措施。项目环评应对照区域环境质量目标，深入分析预测项目建设对环境质量的影响，强化污染防治措施和污染物排放控制要求。

（三）资源是环境的载体，资源利用上线是各地区能源、水、土地等资源消耗不得突破的“天花板”。相关规划环评应依据有关资源利用上线，对规划实施以及规划内项目的资源开发利用，区分不同行业，从能源资源开发等量或减量替代、开采方式和规模控制、利用效率和保护措施等方面提出建议，为规划编制和审批决策提供重要依据。

（四）环境准入负面清单是基于生态保护红线、环境质量底线和资源利用上线，以清单方式列出的禁止、限制等差别化环境准入条件和要求。要在规划环评清单式管理试点的基础上，从布局选址、资源利用效率、资源配置方式等方面入手，制定环境准入负面清单，充分发挥负面清单对产业发展和项目准入的指导和约束作用。

二、建立“三挂钩”机制

（五）加强规划环评与建设项目环评联动。规划环评要探索清单式管理，在结论和审查意见中明确“三线一单”相关管控要求，并推动将管控要求纳入规划。规划环评要作为规划所包含项目环评的重要依据，对于不符合规划环评结论及审查意见的项目环评，依法不予审批。规划所包含项目的环评内容，应当根据规划环评结论和审查意见予以简化。

（六）建立项目环评审批与现有项目环境管理联动机制。对于现有同类型项目环境污染或生态破坏严重、环境违法违规现象多发，致使环境容量接近或超过承载能力的地区，在现有问题整改到位前，依法暂停审批该地区同类行业的项目环评文件。改建、扩建和技术改造项目，应对现有工程的环境保护措施及效果进行全面梳理；如现有工程已经造成明显环境问题，应提出有效的整改方案和“以新带老”措施。

（七）建立项目环评审批与区域环境质量联动机制。对环境质量现状超标的地区，项目拟采取的措施不能满足区域环境质量改善目标管理要求的，依法不予审批其环评文件。对未达到环境质量目标考核要求的地区，除民生项目与节能减排项目外，依法暂停审批该地区新增排放相应重点污染物的项目环评文件。严格控制在优先保护类耕地集中区域新建有色金属冶炼、石油加工、化工、焦化、电镀、制革等项目。

三、多措并举清理和查处环保违法违规项目

（八）各省级环保部门要落实“三个一批”（淘汰关闭一批、整顿规范一批、完善备案一批）的要求，加大“未批先建”项目清理工作的力度。要定期开展督查检查，确保2016年12月31日前全部完成清理工作。从2017年1月1日起，对“未批先建”项目，要严格依法予以处罚。对“久拖不验”的项目，要研究制定措施予以解决，对造成严重环境污染或生态破坏的项目，要依法予以查处；对拒不执行的要依法实施“按日计罚”。

四、“三管齐下”切实维护群众的环境权益

（九）严格建设项目全过程管理。加强对在建和已建重点项目的事中事后监管，严格依法查处和纠正建设项目违法违规行为，督促建设单位认真执行环保“三同时”制度。对建设项目环境保护监督管理信息和处罚信息要及时公开，强化对环保严重失信企业的惩戒机制，建立健全建设单位环保诚信档案和黑名单制度。

（十）深化信息公开和公众参与。推动地方政府及有关部门依法公开相关规划和项目选址等信息，在项目前期工作阶段充分听取公众意见。督促建设单位认真履行信息公开主体责任，完整客观地公开建设项目环评和验收信息，依法开展公众参与，建立公众意见收集、采纳和反馈机制。对建设单位在项目环评中未依法公开征求公众意见，或者对意见采纳情况未依法予以说明的，应当责成建设单位改正。

（十一）加强建设项目环境保护相关科普宣传。推动地方政府及有关部门、建设单位创新宣传方式，让建设项目环境保护知识进学校、进社区、进家庭。鼓励建设单位用“请进来、走出去”的方式，让广大人民群众切身感受建设项目环境保护的成功范例，增进了解和信任。对本地区出现的建设项目相关环境敏感突发事件，要协同有关部门主动发声，及时回应社会关切。

以改善环境质量为核心加强环评管理，是深化环评制度改革的重要举措，是今后相当一段时期环评领域的重点任务。各级环保部门要切实提高认识，高度重视，加强领导，明确责任，强化能力建设，抓好落实，创新管理的方式方法，不断把环评工作推向新的阶段。

环境保护部

2016年10月26日

关于落实《水污染防治行动计划》实施区域差别化环境准入的指导意见

（环环评〔2016〕190 号）

各省、自治区、直辖市环境保护厅（局）、发展改革委、住房城乡建设厅（建委）、水利（水务）厅（局），新疆生产建设兵团环境保护局、发展改革委、建设局、水利局：

为落实《水污染防治行动计划》严格环境准入的任务，指导地方根据流域水质目标和主体功能区规划要求，制定实施差别化的环境准入政策，提出以下指导意见。

一、充分认识实施区域差别化环境准入的意义

按照党中央、国务院对加快生态文明建设的部署，加快改善环境质量，优化国土空间开发格局，加大生态环境保护力度，是当前重要的工作任务。实施区域差别化环境准入政策，有利于从区域发展源头落实水质改善目标要求，是贯彻《水污染防治行动计划》的客观要求；有利于合理优化开发布局，控制区域开发强度，引导和约束各类开发行为，是强化政府空间管控的内在需要；有利于促进产业结构调整，提升产业绿色化水平，是推进供给侧结构性改革、更好发挥政府作用的重要手段，要积极做好贯彻实施。

二、总体要求

（一）指导思想

坚持以改善水环境质量为核心，以落实主体功能定位为主线，以水资源水环境承载能力为约束，以污染源防控为重点，鼓励地方因地制宜、分区施策，找准当地影响水质改善目标的短板，强化源头防控、严格环境准入，强化水功能区水质达标管理，加快实现水质改善目标，推进绿色发展。

（二）基本原则

保护优先，改善质量。改善区域、流域环境质量，实行最严格的源头环境保护制度，在环境保护与发展中，把保护放在优先位置。

明确功能，保障落地。根据有关规划、区划确定的流域水质改善目标，针对具体区域的主体功能、主导生态服务功能和水域水体功能，明确保护与发展定位，强化目标导向和问题导向，保障差别化准入要求落地。

结合实际，精准施策。加强区域内产业梳理和筛选，以影响水环境质量的行业为重点，把水质改善目标和主体功能区要求落实到具体行业，分解到具体准入条件上。

依法推进，政策协同。严格依法加强准入管理，强化禁止类、限制类环境准入的刚性约束。充分考虑城乡规划及其他空间性规划的空间管制和准入要求，共同引导规范区域开发建设活动，形成合力。

三、不同区域差别化环境准入的指导意见

（一）禁止开发区。对国家和地方划定的禁止开发区、生态保护红线等进行严格管理，依据相关法律法规和政策规划实施强制性严格保护。严禁不符合主体功能定位和主导生态功能的各类开发活动，区域内新建工业和矿产开发项目不予环境准入，重大线性基础设施项目应优先采取避让措施，强化生态修复

和补偿。

（二）限制开发的重点生态功能区。根据流域生态环境功能，细化主体功能区生态环境保护要求。以主导生态功能的恢复和保育为主要目标，在环境准入中坚持预防为主、保护优先。各类产业园区不得增加水污染物排放。新、改、扩建金属采选及加工、轻工、纺织品制造、废旧资源加工再生等行业的项目，其主要污染物及有毒有害污染物排放实施倍量或减量置换。各级各类水生生物保护区水域不新建排污口，涉及水生珍稀特有物种重要生境等河段严格水电环境准入。结合重点生态功能区产业准入负面清单，对其中的限制类产业提出严格的环境准入要求。

（三）限制开发的农产品主产区。以保护和恢复地力为主要目标，加强水和土壤污染的统筹防控。提高有色金属矿采选冶炼、石油开采及加工、化工、焦化、电镀、制革等行业环境准入要求，避免重金属、有机污染物与面源污染叠加，加剧水质改善难度。水库、灌溉、排涝等水利建设应发挥水资源的多种功能，协调好生活、生产和生态用水需求，降低对水生态和水环境的影响。不得进行自然生态系统的开荒以及侵占水面、湿地、林地、草地，控制化肥施用量，严格控制江河、湖泊、水库等水域新增人工养殖，防范水质富营养化。其他优先保护耕地集中区域可参照本区域要求强化准入管理。

（四）重点开发区。针对区域面临的水质达标、水资源开发程度及水生态保护的形势和压力，严控建设项目污染物排放，新、改、扩建项目主要水污染物及有毒有害污染物排放实施减量置换。内蒙古、江西、河南、湖北、湖南、广东、广西、四川、贵州、云南、陕西、甘肃、新疆等地矿产资源开发活动集中区域，矿产资源开发项目执行重点污染物特别排放限值。对城市存在黑臭水体的区域，应制定更为严格的减量置换措施。合理开发和科学配置水资源，控制水资源消耗总量和强度，加强水资源保护。严格水功能区管理监督，根据重要江河湖泊水功能区水质达标要求，落实污染物达标排放措施，切实监管入河湖排污口，严格控制入河湖排污总量。

冀中南地区。重点落实入园入区发展，新建项目生产工艺、水耗能耗物耗、产排污情况及环境管理等方面达到国际国内先进水平，考虑制定更严格的地方标准；对新建、扩建火电、钢铁、冶炼、水泥以及燃煤锅炉项目，原则上不予环境准入；严格挥发性有机物重点排放行业环境准入；严格区域用水总量管理，合理配置生活、生产和生态用水。

山西中部城市群以及呼包鄂榆、宁夏沿黄等黄河中上游地区。重点行业清洁生产水平、水资源利用效率应达到国际国内先进水平。在保护生态的前提下，科学布局煤化工产业，严格执行煤化工行业环境准入条件。对取用水总量已达到或超过控制指标的地区，暂停审批建设项目新增取水；在地下水超采区，禁止农业、工业建设项目和服务业新增取用地下水，并逐步削减超采量，实现地下水采补平衡。

哈长地区。重点提高石化、食品酿造、制药、制浆造纸等行业环境准入要求，严防饮用水和跨界水环境风险。

东陇海地区、江淮地区和长江中游地区。适时制定火电、钢铁、纺织、化工等产业的地方环境准入标准，严格涉危涉化建设项目环境准入，提高挥发性有机物重点排放行业环境准入要求；实施氮、磷总量控制，防范蓝藻水华爆发和水环境风险，确保饮用水安全。

海峡西岸经济区。资源环境效率应达到国际国内先进水平，加大沿海产业基地环保基础设施和环境风险防范体系建设力度，严格港口特别是危险品码头环境准入，防范近岸海域和海洋环境风险。

中原经济区。大力开展节水和治污，加大钢铁、冶金、化工、建材等产业的绿色改造、升级以及淘汰力度，对高耗水煤化工产业不予环境准入，推动加快改善环境质量。

北部湾地区。重点提高石化、冶金、能源、生物燃料、造纸等产业环境准入门槛，严控自然岸线占用。强化新建项目“以新带老”，着力降低入海污染物排放量。

成渝地区。进一步提高涉重金属和持久性有机污染物排放项目的环境准入要求，冶金、化工、造纸等产业主要污染物排放实施减量置换；严格限制江河上游石化产业环境准入，防范水环境风险。

黔中、滇中地区。进一步严格控制新、改、扩建项目化学需氧量、氨氮和重金属污染物排放量，大幅度提高煤炭、化工、钢铁、电力、造纸、水泥、食品加工等行业环境准入标准。涉及重要生境的河段，严格中小水电环境准入。

藏中南地区。重点提高矿产资源、水电基地开发环境准入要求，严格实施干、支流栖息地保护，确保生态屏障安全。

关中-天水地区、兰州-西宁地区、天山北坡地区。强化水环境、水生态、水资源对开发建设活动的约束，严格石化、冶金、盐化工等产业环境准入，加快淘汰落后产能，在地表水资源超载、地下水超采区，严格限制煤化工等高耗水产业环境准入。

（五）优化开发区。对确有必要的符合区域功能定位的建设项目，在污染治理水平、环境标准等方面执行最严格的准入条件，清洁生产达到国际先进水平。保护河口和海岸湿地，加强城市重点水源地保护。

环渤海地区。严格保护张家口-承德水源涵养区和滦河、洋河水源地，工业项目水污染物排放实施倍量削减，逐步淘汰搬迁现有污染企业，防范和治理富营养化。对水环境已超载的北三河、子牙河、黑龙港运东水系、京津中心城区、石家庄西部地区、衡水、沧州等区域，实施“以新带老”，有效削减水污染物排放，支撑京津冀地区环境质量改善。

长江三角洲地区。落实《长江经济带取水口排污口和应急水源布局规划》，沿江地区进一步严格石化、化工、印染、造纸等项目环境准入，对干流两岸一定范围内新建相关重污染项目不予环境准入，推进石化化工企业向尚有一定环境容量的沿海地区集中、绿色发展。对太湖流域新建原料化工、燃料、颜料及排放氮磷污染物的工业项目，不予环境准入；实施江、湖一体的氮、磷污染控制，防范和治理江、湖富营养化。严格沿江港口码头项目环境准入，强化环境风险防范措施。

珠江三角洲地区。新建项目应达到清洁生产国际先进水平；水环境质量超标地区，工业项目水污染物排放实施倍量削减，严防涉重金属环境风险。在地方已确定的供水通道敏感区内，对新建化学制浆、印染、鞣革、重化工、电镀、有色、冶炼等重污染项目，不予环境准入，其他区域应提高相应环境准入要求，主要污染物排放实施减量替代。汾江河、淡水河、石马河等重污染河流应制定更严格的流域排放标准。

四、保障措施

（一）地方要从落实《水污染防治行动计划》的高度认真做好工作部署，从责任主体、组织实施、工作进度、资金来源等方面明确实施差别化环境准入政策的各项保障措施。鼓励地方通过制定不同区域的开发建设管理目录、深化环境影响评价等多种方式，强化区域生态保护红线、环境质量底线、资源利用上线和环境准入负面清单的约束作用。涉及海洋主体功能的区域，其差别化环境准入政策另行制定。

（二）根据《水污染防治行动计划》统一部署，将地方制定实施区域差别化环境准入政策的落实情况纳入考核。对未完成水环境等环境质量改善任务的地区，督促收严环境准入要求，必要时采取约谈、区域限批等限制性措施。

（三）差别化环境准入政策一经确定，应当向社会公布，严格执行。加强企业自查、政府监督和事中事后监管，对各类建设项目环保要求落实情况，以及环境质量变化、污染物排放情况等实施动态监控，对未落实环境准入要求的建设项目依法严格处罚、督促整改，对问题严重的，依法关停或取缔。

（四）根据有关法律法规规定、环境保护要求以及区域环境质量变化情况等，区域差别化环境准入要求可适时进行调整。

环境保护部　发展改革委
住房城乡建设部　水利部
2016 年 12 月 27 日

二、规划环境影响评价

专项规划环境影响报告书审查办法

（国家环境保护部总局令　第18号）

根据《中华人民共和国环境影响评价法》，特制定《专项规划环境影响报告书审查办法》。现予公布，自发布之日起施行。

附件：专项规划环境影响报告书审查办法

2003年10月8日

附件：

专项规划环境影响报告书审查办法

第一条　为规范对专项规划环境影响报告书的审查，保障审查的客观性和公正性，根据《中华人民共和国环境影响评价法》，制定本办法。

第二条　符合下列条件的专项规划的环境影响报告书应当按照本办法规定进行审查：

（一）列入国务院规定应进行环境影响评价范围的；

（二）依法由省级以上人民政府有关部门负责审批的。

第三条　专项规划环境影响报告书的审查必须客观、公开、公正，从经济、社会和环境可持续发展的角度，综合考虑专项规划实施后对各种环境因素及其所构成的生态系统可能造成的影响。

第四条　专项规划编制机关在报批专项规划草案时，应依法将环境影响报告书一并附送审批机关；专项规划的审批机关在作出审批专项规划草案的决定前，应当将专项规划环境影响报告书送同级环境保护行政主管部门，由同级环境保护行政主管部门会同专项规划的审批机关对环境影响报告书进行审查。

第五条　环境保护行政主管部门应当自收到专项规划环境影响报告书之日起30日内，会同专项规划审批机关召集有关部门代表和专家组成审查小组，对专项规划环境影响报告书进行审查；审查小组应当提出书面审查意见。

第六条　参加审查小组的专家，应当从国务院环境保护行政主管部门规定设立的环境影响评价审查专家库内的相关专业、行业专家名单中，以随机抽取的方式确定。专家人数应当不少于审查小组总人数的二分之一。

第七条　审查意见应当包括下列内容：

（一）实施该专项规划对环境可能造成影响的分析、预测的合理性和准确性；

（二）预防或者减轻不良环境影响的对策和措施的可行性、有效性及调整建议；

（三）对专项规划环境影响评价报告书和评价结论的基本评价；

（四）从经济、社会和环境可持续发展的角度对专项规划的合理性、可行性的总体评价及改进建议。

审查意见应当如实、客观地记录专家意见，并由专家签字。

第八条　环境保护行政主管部门应在审查小组提出书面审查意见之日起10日内将审查意见提交专项规划审批机关。

专项规划审批机关应当将环境影响报告书结论及审查意见作为决策的重要依据。专项规划环境影响报告书未经审查，专项规划审批机关不得审批专项规划。在审批中未采纳审查意见的，应当作出说明，并存档备查。

第九条 专项规划环境影响报告书审查所需费用，从专项规划环境影响报告书编制费用中列支。

第十条 国家规定需要保密的专项规划环境影响报告书的审查，按有关规定执行。

第十一条 本办法自发布之日起施行。

关于印发《编制环境影响报告书的规划的具体范围（试行）》和《编制环境影响篇章或说明的规划的具体范围（试行）》的通知

（环发〔2004〕98号）

各省、自治区、直辖市人民政府，国务院各部委、各直属机构：

根据《中华人民共和国环境影响评价法》（以下简称《环评法》）第九条“依照本法第七条、第八条的规定进行环境影响评价的规划的具体范围，由国务院环境保护行政主管部门会同国务院有关部门规定，报国务院批准”的规定，我局会同有关部门制定了《编制环境影响报告书的规划的具体范围（试行）》和《编制环境影响篇章或说明的规划的具体范围（试行）》（以下统称《范围》）。《范围》已经国务院批准，现予发布。

《范围》吸收了国务院有关部委、直属机构，各省、自治区、直辖市人民政府提出的意见与建议。《直辖市及设区的市级城市总体规划》和《设区的市级以上商品林造林规划》暂按编制环境影响篇章或说明的意见执行。

现将《范围》印发给你们，请认真贯彻执行。

附件：

1．编制环境影响报告书的规划的具体范围（试行）

2．编制环境影响篇章或说明的规划的具体范围（试行）

附件1：

编制环境影响报告书的规划的具体范围（试行）

一、工业的有关专项规划

省级及设区的市级工业各行业规划

二、农业的有关专项规划

1．设区的市级以上种植业发展规划

2．省级及设区的市级渔业发展规划

3．省级及设区的市级乡镇企业发展规划

三、畜牧业的有关专项规划

1．省级及设区的市级畜牧业发展规划

2．省级及设区的市级草原建设、利用规划

四、能源的有关专项规划

1．油（气）田总体开发方案

2．设区的市级以上流域水电规划

五、水利的有关专项规划

1．流域、区域涉及江河、湖泊开发利用的水资源开发利用综合规划和供水、水力发电等专业规划

2．设区的市级以上跨流域调水规划

3．设区的市级以上地下水资源开发利用规划

六、交通的有关专项规划

1．流域（区域）、省级内河航运规划

2．国道网、省道网及设区的市级交通规划

3．主要港口和地区性重要港口总体规划

4．城际铁路网建设规划

5．集装箱中心站布点规划

6．地方铁路建设规划

七、城市建设的有关专项规划

直辖市及设区的市级城市专项规划

八、旅游的有关专项规划

省及设区的市级旅游区的发展总体规划

九、自然资源开发的有关专项规划

1．矿产资源：设区的市级以上矿产资源开发利用规划

2．土地资源：设区市级以上土地开发整理规划

3．海洋资源：设区的市级以上海洋自然资源开发利用规划

4．气候资源：气候资源开发利用规划

附件2：

编制环境影响篇章或说明的规划的具体范围（试行）

一、土地利用的有关规划

设区的市级以上土地利用总体规划

二、区域的建设、开发利用规划

国家经济区规划

三、流域的建设、开发利用规划

1．全国水资源战略规划

2．全国防洪规划

3．设区的市级以上防洪、治涝、灌溉规划

四、海域的建设、开发利用规划

设区的市级以上海域建设、开发利用规划

五、工业指导性专项规划

全国工业有关行业发展规划

六、农业指导性专项规划

1．设区的市级以上农业发展规划

2．全国乡镇企业发展规划

3．全国渔业发展规划

七、畜牧业指导性专项规划

1．全国畜牧业发展规划

2．全国草原建设、利用规划

八、林业指导性专项规划

1．设区的市级以上商品林造林规划（暂行）

2．设区的市级以上森林公园开发建设规划

九、能源指导性专项规划

1．设区的市级以上能源重点专项规划

2．设区的市级以上电力发展规划（流域水电规划除外）

3．设区的市级以上煤炭发展规划

4．油（气）发展规划

十、交通指导性专项规划

1．全国铁路建设规划

2．港口布局规划

3．民用机场总体规划

十一、城市建设指导性专项规划

1．直辖市及设区的市级城市总体规划（暂行）

2．设区的市级以上城镇体系规划

3．设区的市级以上风景名胜区总体规划

十二、旅游指导性专项规划

全国旅游区的总体发展规划

十三、自然资源开发指导性专项规划

设区的市级以上矿产资源勘查规划

关于进一步做好规划环境影响评价工作的通知

（环办〔2006〕109 号）

各省、自治区、直辖市环境保护局（厅）：

为认真贯彻落实《国务院关于落实科学发展观加强环境保护的决定》（国发〔2005〕39 号，以下简称《决定》）提出的深入开展规划环境影响评价工作的要求，促进环境优化经济增长，从决策源头上防止环境污染和生态破坏，有效地控制新增污染，现就进一步做好规划环境影响评价工作有关事项通知如下：

一、严格按照《编制环境影响报告书的规划的具体范围（试行）》和《编制环境影响篇章或说明的规划的具体范围（试行）》（环发〔2004〕98 号，以下简称《范围》）要求进行环境影响评价。鉴于规划的种类较多，名称不统一，各省级环保部门可根据《范围》规定，进一步明确本辖区需要进行环境影响评价的具体规划目录。

二、国务院及各省、自治区、直辖市人民政府批准设立的经济技术开发区、高新技术产业开发区、保税区、旅游度假区、边境经济合作区以及有关地方人民政府批准设立的各类工业园区，其区域开发规划应当进行环境影响评价，编制环境影响报告书。开发区及工业园区开发规划的环境影响报告书由批准设立该开发区及工业园区人民政府所属的环保部门负责组织审查。

三、规划的实施可能造成跨流域、海域、行政区域等重大环境影响的，环保部门在组织审查该规划环境影响评价文件时，应当征求上级环保部门的意见。

四、积极开展规划环境影响评价试点工作，将抓好规划环境影响评价试点作为“以点带面”推动规划环境影响评价工作的重要方式和方法。各地区应结合实际情况，于 2007 年底前组织抓好一批重点行业、重要专项规划的环境影响评价试点工作。

五、在正式编制规划环境影响报告书之前，承担编制任务的机构应首先编制规划环境影响评价实施方案，明确工作程序、技术路线、重点内容、进度安排及拟提交成果等事项。必要时，应经过专家咨询论证，作为编制环境影响报告书的依据。

六、规划环境影响报告书原则上应包含下列内容：

（一）规划内容概述；

（二）规划实施的环境资源制约因素分析；

（三）规划与相关政策、法律法规以及其他相关规划的协调性分析；

（四）规划实施可能造成的直接、间接或累积等不良环境影响的识别、分析、预测以及规划的环境资源承载力评估和论证；

（五）预防或减轻不良环境影响的对策及措施；

（六）公众参与以及对公众意见采纳与否的说明；

（七）对重大不良环境影响的跟踪评价计划；

（八）环境影响评价结论。

环境影响篇章或者说明原则上应当包括除上述第（一）项、第（七）项以外的其他内容。

化工石化开发区及工业园区开发规划的环境影响评价内容还应满足我局《关于加强环境影响评价管理防范环境风险的通知》（环发〔2005〕152 号）有关要求。

七、审查小组提出的规划环境影响报告书审查意见应包括下列内容：

（一）环境影响报告书对规划可能造成环境影响的分析、预测的科学性和准确性；

（二）环境影响报告书提出的预防或者减轻不良环境影响的对策和措施的可行性、有效性及调整建议；

（三）对环境影响报告书及评价结论的总体意见；

（四）对规划的环境合理性、可行性的总体评价以及优化调整意见；

（五）对规划包含的近期建设项目环境影响评价的指导意见。

审查意见应当如实、客观地记录审查小组成员的意见，并由审查小组成员签字。

八、规划环境影响评价所需费用原则上应从规划编制费用中列支，国家对此尚无统一的收费标准，目前可以参照《国家计委、国家环保总局关于规范环境影响咨询收费有关问题的通知》（计价格〔2002〕125号）执行。

各级环保部门要全面落实全国环境影响评价管理会议精神，按照本通知要求，抓好试点，规范管理，提高能力，努力开创规划环境影响评价工作新局面。

关于进一步规范专项规划环境影响报告书审查工作的通知

（环办〔2007〕140号）

各省、自治区、直辖市环境保护局（厅）：

自2003年10月实施《专项规划环境影响报告书审查办法》（国家环境保护总局第18号令）以来，地方各级环境保护行政主管部门切实加强了专项规划环境影响报告书的审查工作，有力地保障了审查的客观性和公正性。但近期以来，根据有关部门和地方的反映，我局发现专项规划环境影响报告书审查中仍然存在审查主体不清、审查程序不明和违规收费等问题，给规划环境影响评价工作顺利开展造成了不利影响。为了进一步规范专项规划环境影响报告书的审查工作，现就有关事项通知如下：

一、按照《环境影响评价法》和国务院《关于落实科学发展观加强环境保护的决定》（国发〔2005〕39号）的规定，各级环境保护行政主管部门负责召集有关部门代表和专家组成审查小组，对专项规划环境影响报告书进行审查，并提出审查意见。审查小组是专项规划环境影响报告书的唯一法定审查主体。

二、审查小组对专项规划环境影响报告书的审查，应当采取会议等形式进行，必要时可以进行现场踏勘。地方各级环境保护行政主管部门不得自行增加技术评估、专家论证等其他独立的审查环节，也不得以任何名义向规划编制机关以及评价单位收取审查费、评估费等任何费用。

三、参加审查小组的专家，应当从国务院环境保护行政主管部门规定设立的环境影响评价审查专家库内以随机抽取的方式确定，专家人数不得少于审查小组总人数的二分之一。审查意见应当真实、客观地反映审查小组成员的意见，有不同意见的应当如实加以记录。

四、地方各级环境保护行政主管部门应在审查小组提出书面审查意见之日起10个工作日内将审查意见提交给专项规划审批机关，作为专项规划审批机关决策的重要依据。地方各级环境保护行政主管部门在进行建设项目环境影响评价审批时，也应当充分考虑相关的专项规划环境影响报告书结论及审查意见。

关于学习贯彻《规划环境影响评价条例》加强规划环境影响评价工作的通知

（环发〔2009〕96号）

各省、自治区、直辖市环境保护厅（局），计划单列市环境保护局，新疆生产建设兵团环境保护局，解放军环境保护局：

2009年8月17日，国务院颁布了《规划环境影响评价条例》（国务院令第559号，以下简称《条例》），自2009年10月1日起施行。为深入学习贯彻《条例》，加强规划环境影响评价工作，现将有关要求通知如下：

一、全面深刻认识《条例》的重要意义

《条例》的颁布实施是我国环境立法的重大进展，标志着环境保护参与综合决策进入了新阶段。《条例》要求将区域、流域、海域生态系统整体影响作为规划环评的着力点，有利于从决策源头防止生产力布局、资源配置不合理造成的环境问题，是“预防为主”环境保护方针的重要抓手。《条例》将经济效益、社会效益与环境效益的统筹作为推进规划环评的关键点，有利于在机制体制层面促进经济、社会与环境的全面协调可持续发展，是推进生态文明建设和探索中国特色环保新道路的重要举措。《条例》将人群健康和长远环境影响作为推进规划环评的出发点，有利于更好地从源头解决关系民生的环境问题，维护人民群众的环境权益，是坚持以人为本、构建社会主义和谐社会的重要平台。

各级环保部门要深刻领会《条例》的精神内涵，将思想认识统一到落实科学发展观、建设生态文明和探索中国特色环境保护新道路的高度上来，准确把握规划环评在新形势下的历史任务，充分发挥规划环评从源头防治环境污染和生态破坏的重要作用，促进经济、社会、环境的全面协调可持续发展。

二、集中做好《条例》的宣贯工作

各级环保部门要在《条例》正式实施前后的一段时期内，集中做好《条例》的宣传贯彻工作。坚持全面普及与重点落实相结合，既要全面宣传《条例》的重要意义、主要内容、程序要求、法律责任等，又要重点完善贯彻《条例》的机制、能力、技术等相关工作。坚持近期集中宣传和远期完善机制相结合，既要抓好近期的集中宣传普及，在提高社会各部门和公众认识上下工夫，又要做好制度配套，在理顺管理程序、落实长效机制方面下工夫。坚持中央指导与地方推进相结合，既要按照统一部署加强对《条例》的宣传贯彻，又要充分发挥各级环保部门的积极性、主动性，上下形成合力共同推进《条例》的贯彻落实。

我部将分阶段组织《条例》的宣传贯彻工作：2009年8月到9月底，通过访谈、新闻发布等方式集中宣传。2009年10月到11月底，通过举办座谈会、培训班等具体措施和出台相关管理文件，进一步深化认识。2009年12月到2010年12月，通过修订配套实施细则、加强能力建设和加大重点领域管理力度等手段，深入贯彻落实《条例》。各级环保部门应根据上述工作安排，周密部署、层层落实，紧密结合各地管理工作实际，全面落实《条例》各项规定，从“完善机制、规范程序、严格管理、总结经验”等方面加强规划环评工作。

三、进一步加强规划环境影响评价工作

一是建立规划环评齐抓共管机制。积极推动建立与发改、规划、国土、交通、水利等部门的联动机制，推进规划环评早期介入、与规划编制互动。探索建立规划环境影响跟踪评价机制，有重点地选取开发区、工业园区等管理较成熟的领域，与有关部门联合推动开展跟踪评价试点，及时发现问题，总结经验，为“十二五”相关规划的编制提供指导。

二是进一步规范规划环评管理程序。各级环保部门应当对照《条例》规定，抓紧梳理现有规划环评管理的相关规定，进一步修订和细化评价、审查、跟踪评价等具体要求，切实担负起召集审查小组对专项规划环境影响报告书进行审查的职责。审查小组是专项规划环境影响报告书的唯一法定审查主体，其提出的审查意见应作为规划环评报告书修改完善和规划优化调整的依据。各级环保部门应依据审查意见对规划环评报告书的修改进行把关。

三是进一步细化需要进行环评的规划具体目录。2004 年，经国务院批准，原国家环保总局印发了《编制环境影响报告书的规划的具体范围（试行）》和《编制环境影响篇章或说明的规划的具体范围（试行）》（环发〔2004〕98 号，以下简称《范围》）。各级环保部门应严格落实《范围》要求，推进综合性规划和专项规划的环境影响评价工作。可以根据《范围》，结合本地区经济社会发展和编制工作实际，确定需要开展环评的具体规划目录。

四是完善规划环评与项目环评联动机制。按照《条例》规定，将规划环评结论作为规划所包含建设项目环评的重要依据，建立规划环评与项目环评的联动机制。未进行环境影响评价的规划所包含的建设项目，不予受理其环境影响评价文件。已经批准的规划在实施范围、适用期限、规模、结构和布局等方面进行重大调整或者修订的，应当重新或者补充进行环境影响评价，未开展环评的，不予受理其规划中建设项目的环境影响评价文件。已经开展了环境影响评价的规划，其包含的建设项目环境影响评价的内容可以根据规划环境影响评价的分析论证情况予以适当简化，简化的具体内容以及需要进一步深入评价的内容都应在审查意见中明确。

五是大力推进重点领域规划环评。切实加强区域、流域、海域规划环评，把区域、流域、海域生态系统的整体性、长期性环境影响作为评价的关键点。努力提高城市规划环评质量，把规划环评早期介入城市总体规划及有关建设规划编制，实现与规划的全过程互动作为切入点。不断强化矿产资源开发规划环评的实效性，把保障资源开发区域的生态服务功能作为落脚点。认真做好交通及重要基础设施规划环评，把协调好规划布局与重要生态环境敏感区的关系作为着力点。严格规范各类开发区及工业园区规划环评，把园区布局、产业结构和重要环保基础设施建设方案的环境合理性作为评价工作的重中之重。当前，要进一步加强对钢铁、水泥等产能过剩行业规划的环境影响评价。将区域产业规划环评作为受理审批区域内高耗能项目环评文件的前提，避免产能过剩、重复建设引发新的区域性环境问题。

六是进一步做好公众参与工作。规划环评中的公众参与要充分考虑规划及规划环评的特点，对于政策性、宏观性较强的规划，应更加关注规划涉及的有关部门、专家等专业意见；对于内容较为具体的开发建设规划，还应关注直接环境利益相关群体的意见。公众意见采纳情况及其相关理由的说明应作为审查意见的重要内容。

四、下一阶段相关工作要求

（一）各级环保部门应在《条例》正式实施前后，利用报刊、网络、广播、电视等渠道对政府及有关部门、社会公众广泛宣传《条例》。通过举办学习班、研讨班、座谈、讲座等多种形式，在本系统内掀起学习《条例》的热潮。

（二）2009 年 10 月 1 日前，各级环保部门应抓紧梳理需要进一步修订和组织制定的规划环评管理配套规定，积极做好有关修订和制定工作。

（三）各级环保部门要结合“十一五”期间规划环评实践经验和“十二五”各类规划的编制实际，主动与政府及有关部门沟通、协调，进一步细化《范围》，确定“十二五”期间开展环评的具体规划目录。请各省、自治区、直辖市环境保护厅（局）及时总结本辖区关于《范围》的执行情况，将有关总结和意见建议于2010年5月31日前报我部，作为依法修订《范围》的重要参考。

（四）请各省、自治区、直辖市环境保护厅（局）在2009年10月31日前，将辖区内国家级、省级开发区、工业园区规划环评的开展情况报我部。

（五）请各省、自治区、直辖市环境保护厅（局）在2009年12月31日前，将贯彻学习《条例》的阶段性总结报我部。

关于进一步加强港口总体规划环境影响评价工作的通知

（环办〔2010〕38号）

天津市、河北省、辽宁省、黑龙江省、上海市、江苏省、浙江省、安徽省、福建省、江西省、山东省、湖北省、湖南省、广东省、广西壮族自治区、海南省、重庆市、四川省环境保护厅（局），大连市、宁波市、厦门市、青岛市环境保护局，深圳市人居环境委员会：

为了贯彻落实《规划环境影响评价条例》（国务院令第559号，以下简称《条例》），从源头预防港口开发建设的环境污染和生态破坏，进一步加强和规范港口总体规划环境影响评价工作，现将有关要求通知如下：

一、按照《中华人民共和国港口法》、《中华人民共和国环境影响评价法》（以下简称《环评法》）以及经国务院批准的《编制环境影响报告书的规划的具体范围（试行）》（环发〔2004〕98号）的规定，主要港口、地区性重要港口总体规划应当进行环境影响评价，在规划草案报批前编制完成规划环境影响报告书。

二、根据《环评法》、《条例》以及《国务院关于落实科学发展观 加强环境保护的决定》（国发〔2005〕39号）的规定，港口总体规划环境影响报告书应当由环境保护部门按照相关规定组织审查。其中，全国主要港口（名录见附件）总体规划环境影响报告书由我部会同有关部门组织审查；地区性重要港口总体规划环境影响报告书应由省（区、市）环境保护部门组织审查；其他港口总体规划环境影响报告书应由港口所在地的市（县）环境保护部门组织审查。

三、港口总体规划环境影响报告书结论以及审查意见应当作为各级环境保护部门审批规划所包含建设项目环境影响评价文件的重要依据。建设项目环境影响评价的内容可以根据规划环境影响评价的分析论证情况予以适当简化。

四、各级环境保护部门应加强沟通与协调，督促规划编制机关做好规划环境影响评价工作。2009年10月1日之后组织编制的港口总体规划，规划编制机关应同步组织进行环境影响评价，编制环境影响报告书；2003年9月1日至2009年10月1日期间已经批准但尚未开展环境影响评价的港口总体规划，规划编制机关应尽快组织进行环境影响评价，于2010年6月30日前报审环境影响报告书；2003年9月1日之前已经批准的港口总体规划，规划编制机关应结合规划修编等工作，组织进行环境影响评价，编制环境影响报告书；对于规划范围、岸线利用规模和布局等发生重大变化的港口总体规划，规划编制机关应当重新组织编制环境影响报告书。

对于港口总体规划已经批准但尚未开展环境影响评价的，或者环境影响报告书尚未经环境保护部门组织审查的，各级环境保护部门暂不受理港口总体规划所包含的建设项目环境影响评价文件。

五、港口总体规划环境影响评价应重点做好以下工作：

（一）规划与相关政策、法律法规以及其他相关规划的协调性分析。重点分析港口总体规划与全国及地区港口布局规划、城市总体规划、海洋功能区划、近岸海域环境功能区划、水环境功能区划、流域综合治理规划等相关规划/区划的协调性。

（二）规划实施的资源环境制约因素分析。重点分析规划港口所在区域的土地、淡水、岸线等自然资源的分布与利用情况，港口所在区域的环境功能区划以及规划实施可能影响的自然保护区、渔业种质资源保护区、风景名胜区、水源保护区、珍稀动植物栖息地、滩涂与湿地、历史遗迹、居民聚居区等重要环境敏感区。

（三）规划实施可能造成的直接、间接或累积等不良生态环境影响的识别、分析和预测。重点分析岸线利用的生态环境适宜性；规划实施对海洋生态环境产生的不良影响；规划实施对自然保护区、渔业种质资源保护区等环境敏感区，红树林、滩涂与湿地等重要生态功能区的影响；根据规划港口的主要货种和性质，开展特征污染物的影响预测与分析。

（四）规划实施的环境风险分析。重点针对规划实施后带来的油品、危险化学品运输与储存、船舶数量的增加，分析可能带来的爆炸、火灾、水上溢油等风险事故的环境影响，明确提出环境风险的概率、危害及防范措施。

（五）规划草案的环境合理性和可行性分析，规划草案修改或完善的意见和建议。分析港口性质、港口规模、港口岸线利用、水陆域布局等方案的环境合理性，明确提出规划草案需要调整和完善的内容，以及规划实施过程中需要重点关注或解决的生态环境问题。

（六）预防或减轻不良环境影响的对策与措施。针对不同的环境要素和可能受到重大影响的保护目标提出有针对性的环境保护对策与措施。

（七）下一阶段项目环境影响评价的要求和跟踪评价计划。针对规划环境影响评价过程中发现的问题，提出下阶段项目环境影响评价的技术要求；提出规划实施不同阶段的跟踪监测和评价计划。

附件：全国主要港口名录

附件：

全国主要港口名录

一、沿海主要港口

大连港、营口港、秦皇岛港、天津港、烟台港、青岛港、日照港、连云港港、上海港、南通港、苏州港、镇江港、南京港、宁波港、舟山港、温州港、福州港、厦门港、汕头港、深圳港、广州港、珠海港、湛江港、防城港港、海口港。

二、内河主要港口

哈尔滨港、佳木斯港、济宁港、徐州港、无锡港、泸州港、重庆港、宜昌港、荆州港、武汉港、黄石港、长沙港、岳阳港、南昌港、九江港、芜湖港、安庆港、马鞍山港、合肥港、蚌埠港、杭州港、嘉兴港、湖州港、南宁港、贵港港、梧州港、肇庆港、佛山港。

关于印发《河流水电规划报告及规划环境影响报告书审查暂行办法》的通知

（发改能源〔2011〕2242 号）

各省、自治区、直辖市发展改革委、能源局、环境保护厅，水电水利规划设计总院：

为做好河流水电规划报告及规划环境影响报告书的审查工作，明确审查原则、审查程序和组织形式，保障审查的客观性、公正性和科学性，促进水电建设健康有序发展，国家发展改革委和环境保护部制定了《河流水电规划报告及规划环境影响报告书审查暂行办法》，现印发实施。

附件：河流水电规划报告及规划环境影响报告书审查暂行办法

国家发展改革委
环境保护部
二〇一一年十月十八日

附件：

河流水电规划报告及规划环境影响报告书审查暂行办法

第一章　总　则

第一条　为规范河流（河段）水电规划报告及规划环境影响报告书的审查工作，明确审查原则、审查程序和组织形式，保障审查的客观性、公正性和科学性，依据国家有关法律法规，结合水电规划的特点，制定本办法。

第二条　本办法适用于我国主要河流的水电规划。主要河流包括大型河流、跨国境河流和主要跨省界（含边界）河流，具体范围由国家发展改革委另行制定。

第三条　河流（河段）水电规划是水电开发建设的基本依据，必须贯彻全面协调、统筹兼顾、保护生态、发挥综合效益的原则，实现人与自然和谐相处，促进经济社会可持续发展。河流（河段）水电规划环境影响评价是水电规划工作的重要组成部分，应当对规划实施后可能造成的环境影响进行分析、预测和评估，提出预防或者减轻不良环境影响的对策和措施，并给出明确的环境影响评价结论。

第四条　国家发展改革委负责国家主要河流（河段）水电规划的安排、管理和审批工作。国家能源局负责水电规划的行业管理和组织实施工作。环境保护部会同国家发展改革委负责水电规划环境影响报告书的审查召集工作。

第五条　国家发展改革委委托中国水电工程顾问集团公司（以下简称中国水电顾问集团）负责招标确定大中型河流（河段）水电规划的编制单位和环境影响评价单位，以及规划编制工作协调和成果验收。

第六条　中国水电顾问集团应在河流（河段）水电规划工作完成后的 30 日内，将规划报告报国家发展改革委，并将规划环境影响报告书一并附送。同时，应将水电规划环境影响报告书报送环境保护部进行审查。

国家能源局可根据需要组织专家对水电规划报告技术方案先行进行审查。

第七条 河流水电规划报告及规划环境影响报告书审查工作应遵循全面、客观、公正、科学的原则。水电规划报告和水电规划环境影响报告书的结论及审查意见是规划审批决策的重要依据。

第二章 水电规划环境影响报告书审查

第八条 水电规划环境影响报告书的审查应依据国家有关环境保护的法律、法规和政策，从经济、社会和环境可持续发展的角度，结合流域环境特征和水电规划特点，全面评价规划实施后对相关区域、流域生态系统产生的整体影响，对环境、人群健康产生的直接和潜在影响，规划实施的经济效益、社会效益与环境效益的关系。

第九条 环境保护部会同国家发展改革委召集有关部门代表和专家组成审查小组，对国家主要河流（河段）水电规划环境影响报告书进行审查，提出书面审查意见。召集审查前，根据需要组织现场踏勘、专家咨询、座谈研讨等审查准备工作。

第十条 审查小组的专家从环境保护部依法设立的环境影响评价审查专家库内的相关专业、行业专家名单中随机抽取，应当包括环境影响评价、水文水资源、水环境、生态、生物多样性、地质环境、规划等方面的专家。审查小组中的专家人数不少于审查小组总人数的二分之一。

环境保护部对专家库内的专家进行动态管理，在更新和补充相关专业、行业专家名单时，征求国家发展改革委的意见。

第十一条 审查小组应当客观、公正、全面、科学、独立地对水电规划环境影响报告书提出审查意见。

审查意见应当包括下列内容：

（一）基础资料、数据的可靠性和代表性；

（二）评价方法的适用性和适当性；

（三）环境影响分析、预测和评估的合理性和可靠性；

（四）预防或者减轻不良环境影响的对策和措施的合理性和有效性；

（五）公众意见采纳情况及改进措施的有效性；

（六）环境影响评价结论的科学性；

（七）从社会、经济和环境可持续发展的角度对水电规划的合理性、可行性的总体评价与优化调整建议，及方案实施建议。

审查意见应当经审查小组四分之三以上成员签字同意，方可通过。审查小组成员有不同意见的，应当如实记录和反映。

第十二条 有下列情形之一的，审查小组应当提出不予通过环境影响报告书的意见：

（一）依据现有知识水平和技术条件，对规划实施可能产生的不良环境影响的程度或者范围不能做出科学判断的；

（二）规划实施可能造成重大不良环境影响，并且无法提出切实可行的预防或者减轻对策和措施的。

第十三条 环境影响报告书有下列情形之一的，审查小组应当建议退回修改：

（一）基础资料、数据失实的；

（二）评价方法选择不当的；

（三）对不良环境影响的分析、预测和评估不准确、不深入，需要进一步论证的；

（四）预防或者减轻不良环境影响的对策和措施存在严重缺陷的；

（五）环境影响评价结论不明确、不合理或者错误的；

（六）未附具对公众意见采纳与不采纳情况及其理由的说明，或者不采纳公众意见的理由明显不合理的；

（七）内容存在其他重大缺陷或者遗漏的。

第十四条　环境保护部在收到规划环境影响报告书后，商国家发展改革委在30 日内组织审查。中国水电顾问集团应依据审查意见组织有关单位，对水电规划报告和环境影响报告书进行补充、修改和完善，对审查意见采纳情况作出说明，并将有关材料上报国家发展改革委和环境保护部。

第十五条　国家发展改革委在审查和审批水电规划报告时，对环境影响报告书结论以及审查意见不予采纳的，应当逐项就不予采纳的理由作出书面说明，并存档备查。

第三章　水电规划报告审查

第十六条　水电规划报告的审查应依据国家有关法律、法规、政策和技术规范，按照水资源综合利用的要求，从经济社会发展需要、工程技术条件、水库淹没与移民安置、生态环境影响、工程投资以及发电效益、综合利用效益、社会效益等方面，综合比选各规划方案，全面分析水电规划实施的科学性、合理性、协调性和可行性。

第十七条　国家发展改革委商有关部门设立水电规划报告审查专家库。专家库成员应当包括水文泥沙、地质、水环境、水资源、水生生物、陆生生物、生态、动能经济、规划、移民、航运、水工、机电、施工、造价、电力系统、宏观经济、能源政策研究和管理等方面的专家。

第十八条　国家发展改革委负责召集有关部门代表、河流规划涉及的省级人民政府代表和审查专家组长组成审查领导小组，对审查中的重大问题进行协调。

国家发展改革委委托水电水利规划设计总院（以下简称水规总院）负责审查具体工作，由其组织成立审查专家组，提出审查意见。审查会召开前，水规总院应组织有关部门代表和专家进行现场查勘。

第十九条　参加审查的专家应当从专家库内相关专家名单中，综合考虑水电规划的专业要求，以随机抽取的方式确定。

第二十条　审查会议一般应包括大会汇报、专家和代表评审、大会审议等程序。专家评审可按专业分组进行。审查会议应充分听取和综合考虑各方意见。

第二十一条　水电规划报告审查意见应当包括下列内容：

（一）该河流（河段）开发任务的合理性和全面性；

（二）对水文、地质、水库淹没、移民安置、环境保护等开发条件的评价；

（三）从国民经济发展需要、水资源综合利用、工程技术条件、移民安置、环境影响等方面对推荐梯级开发方案的梯级布置、开发规模和开发方式的合理性、可行性的综合评价；

（四）对水电规划的环境影响评价结论及审查意见的采纳情况；

（五）规划实施方案和近期工程安排的合理性以及下步工作建议。

第二十二条　水电规划报告有下列情形之一的，不得予以通过：

（一）河流（河段）开发任务论证不正确或不全面，不能满足水资源综合利用的基本要求的；

（二）水文、地质、水库淹没和生态环境等基础资料不可靠，代表性差，不能够支撑规划方案的科学性和可靠性的；

（三）梯级布置方案存在重大安全隐患，没有有效的防范措施的；

（四）梯级布置方案不合理，经济性差，国民经济评价不可行的；

（五）没有开展规划环境影响评价工作或者规划环境影响报告书未经过审查的；

（六）报告不符合水电规划编制规程要求的。

第二十三条　审查会后，水规总院应在10 日内将审查情况及审查意见报国家发展改革委。

第二十四条　国家发展改革委根据国家能源建设和经济社会发展的需求，综合考虑规划成果、规划环评结论及其审查意见，按国家有关规定和要求对水电规划进行审批。

第四章　规划变更审查及后评价

第二十五条　已经批准的河流（河段）水电规划在实施范围、梯级布局、开发方式等方面进行重大调整或者修订的，该规划的编制单位应当按照本办法的规定重新审查和报批水电规划报告及水电规划环境影响报告书。

第二十六条　国家发展改革委委托水规总院负责组织对水电规划实施情况进行跟踪，并适时开展补充论证和跟踪评价工作。

第五章　罚　则

第二十七条　负责水电规划编制管理的单位应依有关法律法规及本办法规定，通过招标程序，科学、公正、合理确定规划编制单位和规划环评单位。相关单位的工作人员如有徇私舞弊情形的，应追究其行政责任；构成犯罪的，依法追究其刑事责任。

第二十八条　负责组织开展水电规划审查的单位，应依照法律法规规定开展审查组织工作。有下列情形之一的，国家发展改革委可以取消其委托，并依据有关规定做出相应处罚：

（一）水电规划审查工作有重大失误；

（二）水电规划审查成果质量低劣；

（三）审查过程中有违反本办法规定的行为；

（四）其他违反国家法律法规规定的行为。

第二十九条　审查专家应以科学、客观、公正的态度参加审查工作，在审查过程中不受任何干扰，独立、负责地发表观点和提出意见。对于违反职业道德、徇私舞弊和本办法规定或国家法律法规规定的，依据情节轻重对其提出批评或取消其专家资格。

第六章　附　则

第三十条　国家主要河流以外河流（河段）水电规划报告及规划环境影响报告书的审查，可参照本办法执行。

第三十一条　本办法由国家发展改革委、环境保护部负责解释。

第三十二条　本办法自发布之日起执行。

关于加强产业园区规划环境影响评价有关工作的通知

（环发〔2011〕14号）

各省、自治区、直辖市环境保护厅（局），新疆生产建设兵团环境保护局：

近年来，各类产业园区在促进经济发展、改善投资环境、引导产业集聚、引领科技创新等方面起到了重要的作用。但是，由于部分产业园区缺乏对产业布局、结构和规模与环境保护的统筹，少数园区环境保护监管不力，环境保护基础设施滞后，引发了区域性生态环境问题和环境隐患。为了从源头预防产业园区的环境污染和生态破坏，贯彻《规划环境影响评价条例》（国务院令第559号，以下简称《条例》），进一步加强和规范产业园区的规划环境影响评价工作，现将有关要求通知如下：

一、按照《中华人民共和国环境影响评价法》（以下简称《环评法》）、《中华人民共和国循环经济促进法》、《条例》以及《编制环境影响报告书的规划的具体范围（试行）》（环发〔2004〕98号）有关规定，国务院及省、自治区、直辖市人民政府批准设立的经济技术开发区、高新技术开发区、保税区、出口加工区、边境经济合作区等开发区以及设区的市级以上地方人民政府批准设立的各类产业集聚区、工业园区等产业园区，在新建、改造、升级时均应依法开展规划环境影响评价工作，编制开发建设规划的环境影响报告书。产业园区定位、范围、布局、结构、规模等发生重大调整或者修订的，应当及时重新开展规划环境影响评价工作。

二、产业园区开发建设规划的环境影响报告书由批准设立该产业园区人民政府所属的环境保护行政主管部门负责组织审查。各省（区、市）对于省级以下产业园区规划环境影响报告书审查另有规定的，按照地方有关规定执行。

三、产业园区规划的环境影响评价应体现“合理布局、统一监管、总量控制、集中治理”的原则，注重评估规划实施可能对区域生态系统产生的整体影响、对环境以及人群健康产生的长远影响，以及规划实施的经济效益、社会效益与环境效益之间以及当前利益与长远利益之间的协调。需重点做好以下工作：

（一）规划与相关政策、法律法规以及其他相关规划的协调性分析。重点分析规划与主体功能区划、区域发展规划、土地利用总体规划、城市总体规划、环境保护规划等相关规划的协调性。

（二）规划实施的资源环境制约因素分析。根据区域经济、社会和环境现状及规划方案，筛选和识别产业园区所在区域主要环境问题，可能影响的环境敏感目标和主要资源环境制约因素。

（三）资源环境承载力评估和环境影响预测分析。根据产业园区主导产业和区域资源环境特点，开展主要污染物的影响预测，分析规划实施可能造成的直接、间接或累积不良环境影响，论证规划实施的区域资源环境承载能力，提出产业园区污染物总量控制方案。

（四）公众参与。根据规划的具体内容和涉及的对象，采取调查问卷、座谈会、论证会、听证会等适当形式，对有关部门、专家和公众的意见进行调查，梳理和说明意见采纳与否情况。

（五）规划的环境合理性综合分析。从环境保护角度综合论证产业园区选址，产业定位、布局、结构和规模以及污染集中治理设施选址、工艺和规模、集中排放口位置及排放方式等的环境合理性。

（六）规划优化调整建议和预防或减缓不良环境影响的对策措施。在上述分析论证的基础上，提出规划的优化调整建议和预防或减缓不良环境影响的对策措施，以及规划包含的近期建设项目环境影响评价要求、跟踪评价计划和环境管理要求。

四、化工石化园区和其他排放挥发性有机物、重金属等有毒有害物质的高环境风险产业园区，应在规划环境影响评价中强化环境风险评价，根据风险识别、区域重大风险源分析和综合预测分析结果，评价产业布局、产业结构和规模、运输和贮存等可能对区域生态系统和人群健康的影响，提出园区环境风险防范对策建议和跟踪监测计划。对于环境风险隐患突出的化工石化园区，环境保护行政主管部门应责令园区管理部门限期整改。

五、实施五年以上的产业园区规划，规划编制部门应组织开展环境影响的跟踪评价，编制规划的跟踪环境影响报告书，由相应的环境保护行政主管部门组织审核。对规划实施过程中产生重大不良环境影响的，环境保护行政主管部门应当及时进行核查，并向规划审批机关提出采取改进措施或者修订规划的建议。

六、产业园区规划环境影响评价结论应作为审批入园建设项目环境影响评价的重要依据。入园建设项目环境影响评价的内容可以根据规划环境影响评价的分析论证情况适当简化，具体简化的内容应在规划环境影响报告书审查意见中予以明确。

七、产业园区规划环境影响评价提出的环境保护基础设施，包括污水集中处理、固体废物集中处置、集中供热、集中供气、风险应急等设施，应与园区同步规划、同步建设。污水集中处理和固体废物集中处理设施建设暂时滞后的，在加快环保设施建设的同时，必须采取临时性措施，确保入区建设项目污染物排放符合国家和地方规定的标准要求。产业园区污染物排放总量控制应纳入当地政府的污染物排放总量控制计划。产业园区污染集中治理设施建设滞后或不能稳定达标排放，造成环境污染的，环境保护行政主管部门应责令园区管理部门限期治理。

八、产业园区存在下列问题之一的，环境保护行政主管部门将暂停受理除污染治理、生态恢复建设和循环经济类以外的入园建设项目环境影响评价文件：

（一）未依法开展规划环境影响评价；

（二）环境风险隐患突出且未完成限期整改；

（三）未按期完成污染物排放总量控制计划；

（四）污染集中治理设施建设滞后或不能稳定达标排放，且未完成限期治理。

九、有关环境保护行政主管部门应切实加强对辖区内各类产业园区规划环境影响评价工作的监督和指导，依法做好规划环境影响报告书的审查。产业园区管理部门要加快推进环境基础设施建设，做到责任到位、措施到位、投入到位，要将各类产业园区规划环境影响评价、污染集中治理等工作纳入环境保护目标责任制考核，促进产业园区的全面协调可持续发展。

十、县级人民政府批准设立的各类产业园区规划环境影响评价工作依照各省（区、市）相关规定执行。其他类型开发建设园区的规划环境影响评价工作参照本通知要求执行。

十一、本通知自2011年3月1日起施行。

二〇一一年二月九日

关于进一步加强规划环境影响评价工作的通知

（环发〔2011〕99号）

各省、自治区、直辖市及新疆生产建设兵团环境保护厅（局）、发展和改革委员会，辽河保护区管理局：

国民经济和社会发展规划是政府履行经济调节、市场监管、社会管理和公共服务职责的重要依据，也是实施宏观调控的重要手段。加强规划环评工作，避免环境因素考虑不足而导致的生态环境问题，是加强国民经济和社会发展规划编制工作的重要内容，也是促进经济发展方式转变，实现经济社会全面协调可持续发展的必然要求。2009年10月1日起实施的《规划环境影响评价条例》（以下简称《条例》），进一步规范和严格了规划环境影响评价，对于在规划编制和审批决策过程中更加充分考虑环境因素，提高规划的科学性具有重大意义。

为贯彻落实《条例》，现就进一步加强规划环境影响评价工作的要求通知如下：

一、按照《条例》规定，编制区域、流域、海域的建设、开发利用规划等综合性规划，以及工业、农业、畜牧业、林业、能源、水利、交通、城市建设、旅游、自然资源开发等专项规划，应在编制过程中依法开展环境影响评价。应当进行环境影响评价的规划的具体范围，由环境保护部会同国务院有关部门拟定，报国务院批准后执行。

二、规划环境影响评价工作应在规划编制的过程中适时组织进行。规划编制机关在报送审批综合性规划草案和专项规划中的指导性规划草案时，应当将环境影响篇章或者说明作为规划草案的组成部分一并报送规划审批机关。未编写环境影响篇章或者说明的，规划审批机关应当要求其补充；未补充的，规划审批机关不予审批。规划编制机关在报送审批专项规划草案时，应当将环境影响报告书和其审查意见一并附送规划审批机关；未附送环境影响报告书和审查意见的，规划审批机关应当要求其补充；未补充的，规划审批机关不予审批。

三、发展改革部门在审批相关规划时，对于依法应开展环境影响评价而未开展的规划，应当要求规划编制机关补充环境影响评价；未补充的，不予审批其规划草案。在审批专项规划草案时，将环境影响报告书结论和审查意见作为规划审批决策的重要依据。对可能造成重大不良环境影响的规划方案，应根据环境影响评价的建议和结论及时进行优化调整。对规划实施后可能产生的重大不良环境影响，应根据编制机关的报告及时组织论证研究，提出改进的对策措施。

四、环境保护部门应当加强规划环境影响评价的技术指导，依法推进规划环境影响报告书的审查，为规划审批决策提供科学依据。已经开展环境影响评价的规划中包含具体建设项目的，规划环境影响评价结论作为审批项目环境影响评价的重要依据。建设项目环境影响评价的内容可以根据规划环评的分析论证情况适当简化，具体简化的内容应在审查意见中明确。对规划实施过程中产生重大不良环境影响的，应当及时进行核查，并向规划审批机关提出采取改进措施或者修订规划的建议。

五、各级环境保护和发展改革部门应进一步加强沟通和协调，做好规划编制与环评工作的有序衔接。发展改革部门要严格规划编制和审批的把关，环境保护部门要加强对规划环评的指导，共同推进规划与环评的相互配合和相互促进，不断提高规划环评工作的质量、效率和水平。

各级环境保护和发展改革部门要充分认识做好规划环境影响评价工作的重要意义，认真贯彻落实《条例》，不断总结经验，完善和规范规划编制和环评程序，更好地发挥规划环境影响评价在规划编制和审批决策中的重要作用，促进经济社会和环境的全面协调可持续发展。

二〇一一年八月十一日

关于进一步加强公路水路交通运输规划环境影响评价工作的通知

（环发〔2012〕49号）

各省、自治区、直辖市环境保护厅（局）、交通运输厅（局），新疆生产建设兵团环境保护局、交通运输局，辽河保护区管理局：

为深入贯彻落实《规划环境影响评价条例》（国务院令第559号）（以下简称《条例》）和《国务院关于加强环境保护重点工作的意见》（国发〔2011〕35号）（以下简称《意见》）要求，进一步规范和指导公路水路交通运输规划环境影响评价工作，促进“资源节约型、环境友好型”交通运输行业发展，现将有关要求通知如下：

一、严格执行规划环境影响评价制度

（一）交通运输行政主管部门在组织编制公路水路交通运输规划时，应根据《条例》和《意见》的要求，严格执行规划环境影响评价制度，同步组织开展规划环境影响评价工作。已批准的规划在实施范围、适用期限、规模、结构和布局等方面进行重大调整或修订的，应当重新或补充进行环境影响评价。

（二）交通运输部门在报送公路水路交通运输规划草案时，应将环境影响篇章或说明、环境影响报告书连同规划草案一并报送规划审批机关。未依法编写环境影响篇章或说明、环境影响报告书的，规划审批机关应当要求其补充；未补充的，规划审批机关不予审批。

二、公路水路交通运输规划环境影响评价的范围规定

（三）公路水路交通运输规划开展环境影响评价的具体范围，原则上按原国家环保总局《关于印发〈编制环境影响报告书的规划的具体范围（试行）〉和〈编制环境影响篇章或说明的规划的具体范围（试行）〉的通知》（环发〔2004〕98号）执行。

（四）需编写环境影响篇章或说明的公路水路交通运输规划主要包括：港口布局规划、航道布局规划、公路运输枢纽总体布局规划以及其他指导性的交通运输规划（即以发展战略为主要内容，提出预测性、参考性指标的一类规划）。

（五）需编制环境影响报告书的公路水路交通运输规划主要包括：综合交通运输体系规划、流域（区域）和省级内河航道建设规划、主要港口和地区性重要港口总体规划、公路运输枢纽总体规划、国（省）道公路网规划以及设区的城市综合交通体系规划等交通运输规划。

三、公路水路交通运输规划环境影响评价的基本要求

（六）综合交通运输体系规划环境影响评价，应立足当地资源环境特点，重点分析综合交通运输体系规划实施的环境制约因素，预测分析综合交通运输体系规划实施对区域资源环境的直接、间接和累积影响，并提出规划优化调整建议和减轻环境影响的针对性措施。

（七）国（省）道公路网规划、公路运输枢纽总体规划环境影响评价，应对规划实施后可能造成的环境影响进行分析、预测和评估，并结合生态功能区划、土地利用总体规划、声环境功能区划及其他相关

规划，按照“统筹规划、合理布局、保护生态、有序发展”的原则，科学合理地确定公路网、公路运输枢纽布局、规模和技术标准，优化交通运输资源配置，完善公路网络结构，从源头预防或减轻公路建设的生态环境影响。

（八）港口总体规划环境影响评价，应重点分析港口开发与海洋功能区划、环境功能区划、自然保护区等的协调性，综合判断港口开发对区域资源环境可能带来的不良影响，提出预防或减轻环境影响的对策措施，从源头避免港口开发建设的生态环境影响，促进港口发展与环境保护的全面协调可持续发展（港口总体规划环境影响评价具体要求参见附件一）。

（九）航道建设规划环境影响评价，要坚持合理利用资源，维护生态平衡；涉及航电枢纽建设的，要贯彻落实“生态优先、统筹考虑、适度开发、确保底线”基本原则，重点关注规划实施可能产生的重大生态环境影响，促进内河航运的健康可持续发展（航道建设规划环境影响评价具体要求参见附件二）。

四、加强公路水路交通运输规划环境影响报告书的审查

（十）省级以上人民政府交通运输行政主管部门审批或牵头审批的公路水路交通运输规划，由同级环境保护行政主管部门会同交通运输行政主管部门召集有关部门代表和专家组成审查小组，对环境影响报告书进行审查。审查小组提交书面审查意见。

（十一）设区的市级以上人民政府审批的公路水路交通运输规划，在审批前由其环境保护行政主管部门召集有关部门代表和专家组成审查小组，对环境影响报告书进行审查。审查小组提交书面审查意见。

（十二）审查意见应当包括如下内容：

1．基础资料、数据的真实性；

2．评价方法的适当性；

3．环境影响分析、预测和评估的可靠性；

4．预防或减轻环境影响的对策和措施的合理性和有效性；

5．公众意见采纳与不采纳及其理由的说明的合理性；

6．环境影响评价结论的科学性。

（十三）审查小组的专家应当从环境保护行政主管部门依法设立的环境影响评价审查专家库内的相关专业、行业专家名单中随机抽取，应当包括环评、交通环保、水环境、水生生态、陆生生态、大气环境、声环境、重金属、化学品环境管理、规划等方面的专家，专家人数不得少于审查小组总人数的1/2。

（十四）环境保护行政主管部门负责对环境影响评价审查专家库进行动态管理，在更新和补充涉及交通运输行业专家名单时，应征求交通运输行政主管部门的意见。

五、加强环境保护部门和交通运输部门的协调配合

（十五）交通运输行政主管部门要严格规划编制和规划审批，在审批规划草案时，应将环境影响报告书结论以及审查意见作为决策的重要依据。对环境影响报告书结论以及审查意见不予采纳的，应当逐项就不予采纳的理由作出书面说明，并存档备查。

（十六）环境保护行政主管部门要加强对公路水路交通运输规划环境影响评价工作的指导。落实规划环评和项目环评的联动机制。本通知下发之日起，未进行环境影响评价的规划所包含的建设项目，不予受理其环境影响评价文件；已经开展环境影响评价的规划，其包含的建设项目环境影响评价的内容可以根据规划环境影响评价的分析论证情况予以适当简化。

（十七）各级环境保护行政主管部门和交通运输行政主管部门要进一步加强沟通和协调，各司其职，各负其责，建立良好的部门合作机制，不断提高公路水路交通运输规划环境影响评价质量，促进交通运输行业的全面协调可持续发展。

附件：1. 港口总体规划环境影响评价技术要点

2. 内河高等级航道建设规划环境影响评价技术要点

二〇一二年五月三日

附件一：

港口总体规划环境影响评价技术要点

1 总体要求

1.1 适用范围

本技术要点规定了港口总体规划环境影响评价（以下简称“港口总体规划环评”）的一般性原则、技术方法、主要内容和要求，主要指导沿海港口、内河港口总体规划环评工作。

1.2 评价范围、时段

评价空间范围原则上以港口总体规划范围为基础，在综合考虑规划实施可能影响的范围、周边环境敏感区以及地理单元或生态系统完整性的基础上，合理确定外扩范围。

评价时段应与规划时段一致。由于当前的港口总体规划一般不包含分期实施计划，因此应重点针对规划期末的最终空间布置方案开展分析。

1.3 评价内容

港口总体规划环评的评价内容主要包括如下方面：

（1）概述港口总体规划与环境相关的主要内容，介绍规划包含的主要开发建设活动及其特点。

（2）调查和评价港口总体规划实施所依赖的环境条件，识别区域主要环境问题、环境敏感目标以及制约港口总体规划实施的主要资源环境要素。

（3）预测和评估港口总体规划实施对相关区域、水域生态产生的影响，分析规划实施对水环境、大气环境等造成的影响，包括直接影响、间接影响和累积影响，并预测可能带来的环境风险。

（4）预测和评估港口总体规划方案与相关政策和法规的符合性，与国家、地方、行业、海域或流域等相关规划和区划的协调性。

（5）预测和评估区域战略资源与环境容量对港口总体规划实施的承载能力。

（6）开展港口总体规划主要内容（包括港口规模、岸线利用布局、水陆域布置等）的环境合理性综合论证，从环境保护角度提出规划优化调整和实施保障建议。

（7）对港口发展提出环境管理建议，并拟定预防或减缓不良环境影响的对策措施。

（8）通过专家咨询、部门访谈、公众调查、媒体公示等多种形式开展规划环评的公众参与工作。

（9）制定港口总体规划实施的监测与跟踪评价计划。

1.4 评价原则

（1）突出宏观性原则。注重分析规划实施可能产生的宏观环境影响，突出整体性和累积性影响。

（2）全程参与原则。环境影响评价工作应与总体规划编制全程互动，体现环境保护参与综合决策的理念。在规划编制之初提供规划的主要资源环境制约因素及港口空间布局的原则框架，在规划编制过程中从生态环境角度参与不同规划方案的优化比选，并及时反馈各项优化建议，在规划方案确定后应提出对规划的优化调整和实施建议。全程开展公众参与，充分考虑相关部门、专家和利益相关方的意见。

（3）一致性原则。港口总体规划环评的层次、工作内容深度与港口总体规划保持一致。

（4）突出重点原则。应重点关注港口总体规划实施可能产生的突出环境问题和制约因素，对规划的重点港区、可能受影响的环境要素和环境敏感区开展有针对性的影响分析与评价。

1.5 评价程序

港口总体规划环评工作程序见下图。

2 评价重点内容

2.1 规划方案内容概述

2.1.1 规划内容概述

2.1.1.1 重点介绍内容

（1）港口地理位置、范围及规划年限；

（2）港口布局现状；

（3）港口性质和功能；

（4）港口吞吐量发展预测，包括分港区、分货类吞吐量预测；

（5）港口岸线利用规划，包括港口岸线起止位置、长度、现状、规划用途等；

（6）港口总体布置规划：港区划分、港区布置规划、水域布置规划等；

（7）港口配套设施规划：集疏运规划、给排水规划；

（8）港口的环境保护规划。

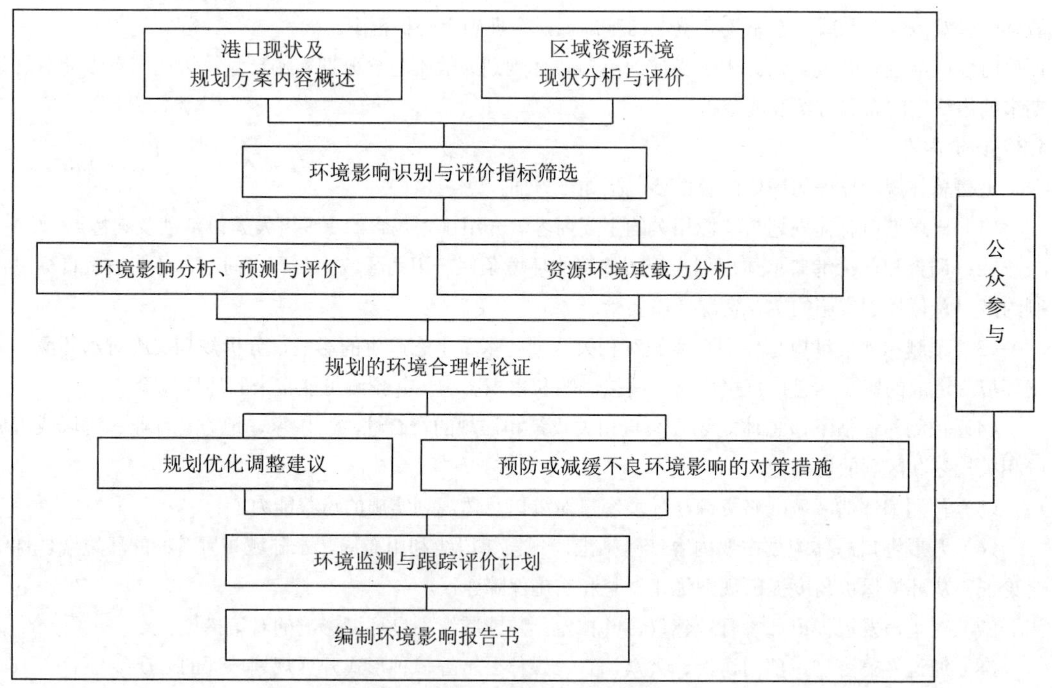

港口总体规划环评工作程序

2.1.1.2 简要介绍内容

（1）船型发展预测；

（2）港口设施和经营状况：码头泊位状况，近年来主要货种及其吞吐量；

（3）港口支持系统规划。

2.1.2 规划方案分析

岸线利用规划分析。岸线按照已利用、规划期新增、预留三类统计其位置、长度和功能，并重点明确规划用途为液体化工、大宗散货、修造船等可能对生态环境产生较大影响的岸线。

总体布置规划分析。分港区估算已建、规划期新增和预留的港口用地规模，其中对于规划期新增用地要分别统计占用的陆地、滩涂和水域面积；航道与锚地可按照保留、废弃、新建分类，其中新建的航道与锚地按性质分人工和天然两类。

此外，还应从货类组成、吞吐量规模、集疏运方式等角度，归纳总结港口总体规划的主要特点。

2.2　资源环境现状分析与评价

2.2.1　基本要求

针对港口所在区域的自然、社会、经济环境特征及港口发展特点，对规划区域的自然环境、社会概况、生态环境、环境敏感区、已建港口周边环境等进行调查与评价，并归纳规划可能面临的主要环境问题和资源环境制约因素。

2.2.2　自然环境、社会概况调查

2.2.2.1　海港

港口所处区域的自然环境、社会经济状况调查。自然环境状况包括地理位置、气象、水文、资源、地质、地貌等基本情况，其中资源包括土地资源、水资源、岸线资源、滩涂资源等内容；简要介绍社会经济状况，重点包括工业、服务业、渔业等的发展情况。

2.2.2.2　河港

港口所处区域的自然环境、社会经济状况调查。自然环境状况包括港口的地理位置、气象、水文、资源、地质、地貌等基本情况，其中水文状况包括水系、径流、水位等相关内容。简要介绍社会经济状况，重点包括工业、服务业、农业和渔业等的发展情况。

2.2.3　环境质量现状调查与评价

2.2.3.1　调查内容

（1）海港

重点调查区域海洋环境质量，重点调查规划新增港区或重点港区周边的水环境质量现状，关注与港航活动较为密切的污染因子（如石油类等）指标。评价区域海洋环境质量达标情况及其水质演变趋势，分析主要污染因子的超标原因。调查区域大气、声环境质量状况。

（2）河港

重点调查区域地表水环境质量，主要调查港口建设重点河段的水环境质量，并调查与规划期重点建设港区（作业区）临近的重点污染源分布及排放情况。评价区域水环境质量达标情况及其水质演变趋势，分析主要污染因子的超标原因。调查区域大气、声环境质量，特别是穿越居民密集区的航道噪声状况。

2.2.3.2　调查要求

调查或监测资料可以是当地年度统计资料，也可利用已通过审查的相关环境影响报告中的监测资料。环境现状资料既要有地域代表性也要有时效性，一般采用规划基准年之前三年内的有效环境监测数据，环境质量因子应包含港口的主要特征污染物。

2.2.4　生态环境现状调查与评价

2.2.4.1　水生生态系统调查

调查规划港口周边水域的营养状态，主要水生生物的种类、数量、优势种及分布；珍稀保护水生生物或重要经济鱼类产卵场、索饵场、越冬场（以下简称“三场”）和洄游通道的分布；水产养殖、渔业捕捞区域的范围、产量和主要品种等。

2.2.4.2　陆生生态系统调查

调查规划港口周边陆域的生态系统类型、植被类型、优势种等，有保护物种的要说明保护物种的种类、保护级别、分布和数量。

2.2.4.3　湿地生态系统调查

调查规划港口周边湿地生态系统结构、功能，调查湿地动植物的种类、数量、优势种以及分布，重点调查珍稀濒危、特有物种、关键种、土著种、建群种和重要经济物种等。

2.2.4.4 生态现状评价

分析影响区域内生态系统状况水平，评价生态系统结构和功能、生态系统面临的压力和存在的问题、生态系统的总体变化趋势等。当评价区域涉及敏感物种保护时，应重点分析该敏感物种生态学特征。

2.2.5 环境敏感区调查与评价

2.2.5.1 环境敏感区定义

环境敏感区分为特殊环境敏感区和重要环境敏感区。特殊环境敏感区指具有极重要的生态服务功能，为国家法律法规规定禁止开展建设活动的区域，包括自然保护区、世界文化和自然遗产地等。重要环境敏感区指具有相对重要的生态服务功能、生态系统较为脆弱或对人群健康具有重要作用的区域，包括海洋特别保护区、饮用水水源保护区、风景名胜区、森林公园、水产种质资源保护区、地质遗产地、基本农田保护区、居民集中区、重要湿地、珍稀野生动植物天然集中分布区、天然林（特别是红树林）、鱼类“三场”和洄游通道、天然渔场等。

2.2.5.2 调查内容

列表说明环境敏感区的位置、范围、保护级别、主要保护对象、主管部门和相应的保护要求等，绘制环境敏感区与港口空间布置规划的叠加专题图件，明确环境敏感区与港口、航道及锚地的距离、方位、水域关系等。

规划港口涉及特殊环境敏感区或重要环境敏感区时，应分析其生态环境现状、保护现状和存在的问题等。

2.2.6 回顾性影响分析

对已建成且运营时间较长的港口还应开展环境影响回顾性分析，回顾性分析主要内容包括：

（1）原港口码头的环评审批及验收情况；

（2）近三年港口码头布局、运输货种、吞吐量、航道、锚地和集疏运状况等；

（3）港口环境保护相关措施落实及相关设施运行状况，已采取的预防或减轻不良环境影响的对策、措施及其有效性，以及存在的主要环境问题。

（4）调查已建港口现状，明确既有港口工程对环境的主要影响，重点包括：

海港：港口运营对水质影响；港口开发对水陆域生态系统整体性及结构、功能的影响，对植被、渔业资源的影响；港口对临近环境敏感区的功能、生态完整性、生物多样性的影响。

河港：港口运营对水质、水文泥沙情势的影响；对饮用水源水质、水量及用水安全的影响；对水域、陆域生态系统整体性及结构、功能的影响，对植被、渔业资源的影响；港口对临近环境敏感区的功能、生态完整性、生物多样性的影响。

2.3 环境影响识别与评价指标筛选

2.3.1 环境影响识别与筛选

2.3.1.1 识别内容

（1）环境影响识别应包括影响因子识别、影响的空间范围、时间跨度和影响性质识别等方面，重点识别长期、直接、不可逆和累积的影响，并关注间接影响。

（2）识别港口发展面临的主要资源、环境制约因素，并识别规划实施可能造成的资源、环境影响，确定主要评价因子。

2.3.1.2 评价重点筛选

根据区域环境特征和港口总体规划的特点，从生态影响、污染物排放、资源利用、环境风险等角度，筛选规划港口在建设和运营阶段的长期、累积或重大的环境影响，可重点关注如下三方面：

（1）港口空间布置的合法性，即港口的水陆域布置与城市总体规划、生态或环境功能区划等重要规划的协调性；

（2）岸线利用规划对区域生态格局影响、新增岸线的生态环境合理性；

（3）港区和水域布置规划对区域生态环境的累积影响、与区域资源环境承载力的协调性等。

2.3.2　环境影响评价指标体系

2.3.2.1　指标组成

评价指标包括考核指标和控制指标。其中，考核指标根据规划方案测算，用于多角度评判规划方案的环境合理性；控制指标主要根据区域、行业的环境管理要求制订，用于指导提出减缓不良环境影响的措施。

2.3.2.2　建立原则

（1）科学性。评价指标的选取应符合客观实际与自然规律，符合相关政策、法规、标准的要求，能客观反映和评判港口总体规划的环境影响和发展特点；

（2）系统性。评价指标的选取要充分考虑港口开发对自然、社会和经济环境的影响，从资源、生态、环境质量、社会经济等多方面反映各系统之间相互联系和相互依赖的关系；

（3）可操作性。评价指标简洁实用，可获取、可测量、可调控，定性指标与定量指标相结合，便于客观判断；

（4）前瞻性。评价指标除反映行业一般水平外，还应具备反映港口可持续发展的更高要求。

2.4　环境影响分析、预测与评价

2.4.1　生态环境影响评价

2.4.1.1　评价岸线利用规划对区域生态格局的影响

分析规划区域内岸线用途在规划实施前后的整体变化，重点对比规划港口岸线长度在区域总岸线中的比重变化，统计新增港口岸线的原来用途，分析区域岸线利用方向和格局的改变程度，评价由此对海（河）岸带主导生态功能的改变及其对区域整体生态格局的影响。

2.4.1.2　评价港口总体布置规划对生态的影响

分析港区和水域布置规划改变水域、陆域利用类型的面积、范围和方式。从生态完整性的角度，预测评价规划对岸带生态系统组成、结构、功能及演变趋势的影响性质与程度，并关注对珍稀物种及其生境的扰动和影响程度，判断生态功能补偿的可能性、方式与预期的可恢复程度等。其中陆域生态影响重点评价土地利用类型改变的范围和程度及其带来的环境影响，水域生态主要评价水域围填、航道疏浚和锚地占地等对重要水生生物及其生境等方面的影响，估算港口、航道和锚地占用的水产养殖区、重要经济鱼类“三场”的面积，计算规划实施造成的渔产量、幼鱼和仔鱼损失量；对有传统渔场分布的区域，还应评价规划实施后水域布置及船舶流量的增加对渔业捕捞的影响。

2.4.1.3　评价规划实施对环境敏感区的影响

分析港口总体布置规划的合法性，说明港口、航道和锚地与环境敏感区的位置关系，并附位置关系图。涉及水陆域布置占用环境敏感区，需说明占用的位置、面积或穿越的线路长度等；其次分析规划实施后，在港口正常运营及风险事故情况时对环境敏感区的影响，预测规划实施引起的生境变化，如水动力变化、环境质量变化等的范围及其影响，分析其对环境敏感区的生态完整性、主要保护对象、生物多样性等的影响程度；对风景名胜区的影响分析需注重从功能、景观美学等角度开展。

2.4.1.4　评价港口运营后对区域环境的间接影响

评价港口总体规划实施后，带动的城市空间扩张、区域产业布局变化对区域环境产生的间接的、累积的影响，重点评价区域生态格局变化导致的环境累积性影响。

2.4.2　水环境影响评价

2.4.2.1　评价港口设施建设对水动力的影响

海港：预测沿海港口的规划设施引起的水动力条件改变，评价港口发展对整体海域水动力环境、海湾纳污能力等方面的影响，可根据海域污染物扩散条件推荐港口排污口的设置方案。

河港：预测内河港口码头设施和航道建设引起水文情势的变化，评价对流域及局部河段泥沙情势、水质净化能力的影响，提出港口排污口设置方案建议。

水动力影响分析应分析港口总体规划实施对区域水流、水位的改变，以及这种改变对环境容量、污染扩散和生物生境的影响范围和程度。

2.4.2.2 评价污染排放对水环境的影响

估算港口生活和生产污水、船舶污水在规划期的产生和排放量，重点估算含油污水、洗箱水、洗舱水等污水的产生量和排放量，计算 COD、石油类等特征污染物排放总量。

模拟规划实施后排放量较大重点港区的污染物扩散规律，预测其周边水环境能否达到相关功能区水质标准，如出现超标状况，还应计算超标范围和程度；评估港口的累积性污染物排放对区域水环境、水生生态和环境敏感区的影响。

2.4.3 大气环境影响评价

对于新建的大宗散货、油品港区（作业区），应重点开展大气环境影响评价，在船舶流量较大的河港评价船舶烟气排放造成的影响。

估算港口运营期的粉尘、油气等污染源产生量和排放量，模拟粉尘扩散、油气逸散的范围和影响程度，应重点关注不利气象条件下的环境污染超标范围和程度，采用类比分析和总量分析方法，说明规划实施对区域大气环境质量的影响，以及对港区周边居民区、重要生境等敏感环境区的影响。

2.4.4 其他环境影响评价

2.4.4.1 噪声

对于临近噪声敏感目标的港区（或作业区）、大型集装箱港区后方的集疏运通道、穿越居民集中区的内河航道需要开展噪声影响评价。预测港区、主要集疏运通道及较狭窄内河航道的噪声等级，评价声环境达标距离、达标率等。

2.4.4.2 固体废弃物

分港区预测港口与船舶固体废弃物的种类及其产生量，估算规划实施后港口固体废弃物产生总量，制定固体废弃物收集和处置方案，并评价其影响范围和影响程度。

2.4.4.3 社会经济

分析港口发展及其相关产业对区域发展的带动作用，预测由此带来的就业、转产转业、居民生活、区域经济的主要影响。

2.4.5 环境风险分析

2.4.5.1 识别与度量

根据历史事故的统计分析和对典型案例的研究，识别港口的环境危险源或事故源、危险类型、度量可能的危险程度。根据港口的主要货种，可选择油品泄漏、危险化学品泄漏、储罐爆炸等环境污染事故作为评价对象。

油品运输、大宗散货或集装箱港区（或作业区）所在区域及航道应重点开展溢油风险分析，液体化学品运输功能的港区（或作业区）应关注液体化学品泄漏风险，涉及油品、液体化学品、LNG 运输功能的港区（或作业区）应关注储罐爆炸风险评价。

2.4.5.2 分析与评价

（1）分析由于规划实施引起的风险事故发生概率和规模的变化；

（2）根据港口空间布局、环境敏感区分布、主要环境污染事故类型等综合分析，分析规划区域内污染事故高风险区分布情况；

（3）预测典型事故情景下环境污染事故的影响范围和危害程度，重点分析油品或化学品泄漏的漂移路径、污染范围（溢油扫海面积）、浓度等；评价对生态环境的危害范围和程度，重点关注对环境敏感区的影响；

（4）调查区域现有风险防范体系、应急设备条件，分析现有事故应急能力与规划实施后风险应急的适应程度。

2.5 资源环境承载能力分析与评价

2.5.1 岸线资源

评价区域对规划岸线的支撑能力。分析新增港口岸线的利用现状、规划港口岸线长度占城市岸线总长度的比例，评价区域岸线资源对港口的支撑能力。估算规划实施后岸线的利用效率，与类似条件港口和有关国家技术政策对比，评价岸线集约利用水平。

2.5.2 土地资源

开展港口土地资源的供需平衡分析。调查新增港口土地资源的利用现状，评价区域土地资源对港口的支撑能力。还应分析港口新增占地的原有土地利用类型，重点关注对耕地和生态用地的占用。估算规划实施后港口土地利用效率，与类似条件港口和有关国家技术政策对比，评价土地资源集约利用水平。

2.5.3 水资源

开展水资源供需平衡分析，评价区域供水能力能否满足港口用水需求，并评价港口发展对区域水资源的压力。估算水资源利用效率，重点关注位于水资源相对紧缺区域或耗水量较大的港区的水资源利用效率，提出资源集约利用的建议。

2.5.4 污染物总量控制

估算规划实施可能带来的大气和水特征污染物增量，评价其是否符合区域污染物总量控制要求。区域未制定行业或港区污染物总量控制指标，应根据测算结果提出港口的污染物总量控制指标，以供环保部门参考。

2.6 规划的环境合理性论证

从发展目标与规模、岸线利用规划、港口空间布置等方面入手，开展规划协调性分析，并在环境影响预测、资源支撑能力分析的基础上，综合论证港口总体规划的环境合理性；同时综合考虑前面的生态环境影响预测评价结论，汇总主要评价指标，并与相关要求和行业先进水平开展对比分析。

2.6.1 规划的协调性分析

（1）分析港口总体规划与相关政策、法律法规、城镇体系规划以及上一层次港口布局规划的符合性，重点分析与国家主体功能区规划、全国或省级港口布局规划等具有法定意义的已有规划（区划）的协调性，判别是否符合上层规划发展方向并与其相关功能定位一致；

（2）分析港口总体规划与区域同级规划的协调性

海港：重点分析港口总体规划与城市总体规划、土地利用总体规划、海洋功能区划、环境功能区划、环境保护规划、生态建设规划、渔业发展规划等相关规划（区划）的协调性。

河港：重点分析港口总体规划与城市总体规划、土地利用总体规划、水功能区划、环境功能区划、环境保护规划、生态建设规划、江河流域规划、区域水资源保护与利用规划、防洪规划等相关规划（区划）的协调性。

（3）评价内容

从规划目标、规模、功能定位、空间布置等方面分析港口总体规划与上述相关规划（区划）之间的协调关系，明确与上述相关规划（区划）的协调性结论，并提出解决差异性的方案建议。

2.6.2 规划发展目标与规模的环境合理性

根据生态环境影响、资源支撑能力等方面的预测结果，评价港口的发展规模，包括港口吞吐量和港口岸线长度，与区域资源环境承载力的协调性，港口发展格局和规模对区域主导生态功能的影响程度等。

2.6.3 岸线利用规划的环境合理性

根据港口建设和运营活动的特点和环境影响范围，综合评价规划岸线对敏感环境保护目标的影响，分析与海洋功能区划、环境功能区划、生态功能区划等的协调性，评价岸线利用规划环境合理性。

2.6.4 港口总体布置规划的环境合理性

结合规划协调性分析、环境影响预测评价和资源支撑能力分析等结果，评价规划港区划分、港区布置规划、水域布置规划的环境合理性，综合分析港区和水域布置规划对环境敏感目标、环境质量的影响范围和程度，空间布置与区域功能区划或规划是否相容等，判断港区和水域布置规划空间布局的环境合理性。对于方案较为详细的港区，还应评价其港区内部空间布置方案的环境合理性。

2.6.5 配套设施规划的环境合理性

分析集疏运、给排水方案等配套设施规划的布局、规模等对生态环境的影响范围和程度，评价其合理性与可行性。

2.7 公众参与

2.7.1 公众参与的时机、方式与对象

（1）公众参与贯穿港口总体规划环评工作的全过程。

（2）公众参与可选用以下方式：问卷调查、传媒公告、部门访谈、专家咨询、座谈会、论证会等。

（3）公众参与的对象包括：环保、海洋、水利、渔业、规划、国土、旅游等相关单位和部门，相关学科领域的专家和利益相关的公众等，参与者的确定应综合考虑代表性、专业性和广泛性。

（4）提供公众参与的时间、次数、方式、有效性，调查对象的覆盖范围、代表性、信息公开及告知的方式、公众意见及意见采纳情况等内容。

2.7.2 公众参与主要内容

向公众公开的信息主要包括：规划背景及主要内容；规划实施的主要资源环境制约因素；规划实施对环境质量、生态功能、环境敏感区及居民生活等的影响范围和程度；规划对渔业、海洋、水利等相关行业的影响；规划拟采取的环保对策措施等。但是，需要保密的规划除外。

另外，还应包括对公众参与意见的整理分析，以及对合理意见的采纳、对未采纳意见的说明情况。

2.8 规划优化调整建议与环境保护措施

2.8.1 规划优化调整建议

对与相关法律法规存在冲突、显著影响特殊敏感环境区、可能产生重大不良环境影响或存在较大环境风险隐患、港口发展引起的区域生态主导功能改变与城市发展方向不一致的规划方案，应提出规划优化调整建议，维护区域生态安全，避免港口总体规划实施产生不良环境影响。

2.8.2 规划实施建议

（1）针对港口总体规划与其他相关规划（区划）存在的差异，按照相关规划（区划）的管理规定，提出规划实施建议。

（2）针对港口总体规划实施过程中可能产生的环境问题，提出规划实施建议，如建设时序、需开展的研究专题、施工期的选择、工程结构、跟踪评价、施工方式、装卸工艺、预留岸线的功能与开发时机、临港工业准入条件等。

2.8.3 环境保护对策措施

2.8.3.1 生态环境

（1）生态影响的防护、恢复与补偿原则

按照避让、减缓、补偿和重建的次序提出生态保护与生态恢复的措施。涉及不可替代、极具保护价值、极敏感、被破坏后很难恢复的生态保护敏感目标时，必须提出可靠的避让措施或生境替代方案。

（2）替代方案

替代方案主要指避让特殊环境敏感区、珍稀濒危物种生境的港口布局和锚地选址、航道选线的方案。评价时应对替代方案进行生态可行性论证，确保其可行性、有效性。

（3）生态保护措施

生态保护措施应包括保护对象和目标、内容、规模，实施空间和时序等。从保护生态环境的角度对港口设施结构形式、施工时段、施工工艺等提出要求，减缓规划实施对生态的影响；制定生态恢复、修复和补偿措施方案。对建设期临时生境破坏提出生态恢复、修复的建议要求，并提出受影响生物生境的恢复和保护措施、对保护鱼类的影响可采取增殖放流、设置人工鱼礁等生态补偿措施。对可能具有重大、敏感生态影响的规划方案，需提出长期的生态监测、跟踪评价或专项论证等要求。

2.8.3.2 水环境

针对规划实施后污水的增量，结合港口与城市环境基础设施等相关规划，制定港口污水的污染控制目标，提出港口和船舶的各类污水接收处理、排污口设置等建议方案。结合水动力评价成果，从码头结构、运输货种等提出优化建议与保护措施。

2.8.3.3 大气环境

结合相关环境保护规划（区划），确定合理的大气环境污染控制和治理目标，重点针对散货码头的粉尘污染、液体化工码头的油气逸散等提出防护距离，必要时应提出布设防尘网等防治措施。

2.8.3.4 噪声

（1）提出营运期的噪声控制距离，对部分距离居民区较近的港口，需提出合理布置港区方案建议，降低港口噪声对居民生活的影响。

（2）内河港区还应提出营运期的噪声控制距离和沿线规划建设控制要求。

（3）提出集疏运道路的噪声控制距离和沿线规划建设控制要求，并研究优化集疏运方式的可行性。

2.8.3.5 固体废物

（1）针对航道和港池疏浚的泥沙、港口固体废物等提出相对明确的收集和处置方案，明确提出综合利用建议。

（2）按照国家有关规定、标准，明确船舶固体废物接收、储运相关设施要求。

（3）按照有关危险废物环境管理的法规和标准要求，明确提出危险废物处置建议。

2.8.3.6 环境风险

针对港口总体规划实施后环境风险事故形势，结合区域事故应急系统的现状和相关规划，提出具有针对性、可操作性的应急能力建设及风险防控措施方案，提出港口应急物资装备的建设方案建议。

2.8.3.7 其他措施建议

其他措施建议包括港口总体规划实施过程中清洁生产、节能减排建议以及港口的环境管理建议等。

2.9 环境监测与跟踪评价计划

制定港口总体规划实施过程中的环境监测与跟踪评价计划，对规划实施后的实际环境影响、环境质量变化趋势、环境保护措施落实情况和有效性进行监测和跟踪评价，并提出环境监测和跟踪评价实施主体。

提出对下一层次环评工作的要求，包括可以简化的内容及重点关注的内容。规划环评已论证的港口选址、功能定位、资源支撑能力等内容可适当简化，涉及重要环境敏感目标的应开展深入论证，或者组织开展专题论证。

2.10 困难与不确定性分析

分析在开展港口总体规划环评工作中遇到的困难和不确定性，及其可能对环境影响评价结论的准确性、完整性的影响，并提出相应的意见和建议。

2.11 执行总结

执行总结应包括以下内容：

（1）港口总体规划概述及分析

（2）港口环境现状及主要环境制约因素

（3）港口总体规划实施可能产生的环境影响

（4）港口总体规划方案环境合理性论证

（5）规划方案的优化调整建议与规划实施建议

（6）预防或减缓不良环境影响的对策措施

（7）规划与规划环评互动

（8）公众参与

（9）评价总体结论

3 其他要求

3.1 图件要求

3.1.1 一般原则

港口总体规划环评图件应遵循有效、实用、规范的原则，根据评价所表达的主题内容选择适当的成图精度和图件构成，充分反映出评价的规划要素、构成、空间分布以及水陆域布置与影响区域的空间作用关系、途径或规模。

3.1.2 图件构成

3.1.2.1 港口现状及规划图件

港口现状图（包括港区分布图及分港区现状图）、港口岸线利用规划图、港口总体布局规划图、各港区布置规划图、港口水域布置规划图、港口集疏运规划图等。

3.1.2.2 生态环境影响评价图件

绘制环境敏感区与港口空间布置规划的叠加专题图件，明确环境敏感区与港口、航道及锚地的方位、水域关系等。绘制水、大气等环境要素主要污染物扩散和风险影响范围图件。

3.1.2.3 规划协调性评价图件

（1）海港：绘制港口空间布置规划与城市总体规划、环境功能区划、海洋功能区划、生态建设规划等规划的叠加分析图件。

（2）河港：绘制港口空间布置规划与城市总体规划、土地利用规划、环境功能区划、水功能区划、生态建设规划等规划的叠加分析图件。

3.1.3 图件制作规范与要求

3.1.3.1 数据来源与要求

（1）数据来源包括：规划图件、已有图件资料、遥感信息等。

（2）图件基础数据来源应满足评价的时效要求，选择与评价基准时段相匹配的数据源。

3.1.3.2 制图精度

评价制图的尺度一般不低于规划的制图尺度，成图尺度应满足环境影响判别。涉及环境敏感区时，应相关提高成图精度，清晰判断港口、航道和锚地与环境敏感区的位置关系。

3.1.3.3 制图规范

遵循制图规范，应包括图名、比例尺、方向标/经纬度、图例、注记、成图时间等制图要素。

3.2 指标要求

下表为一般港口总体规划环境目标与评价指标库，在评价工作中可根据港口特征合理选择，并进行适当调整和补充。

港口总体规划环境目标与评价指标库

环境主题	评价指标		类型
生态环境	环境敏感区	分别位于特殊、重要环境敏感区的港口面积（公顷）	P
		分别位于特殊、重要环境敏感区岸线的长度（米）	P
		港口运营造成环境质量超标的环境敏感区面积（公顷）	P
		典型事故条件下受到影响的环境敏感区数量与面积	P

环境主题	评价指标		类型
生态环境	生态格局	规划实施造成的生态价值损失（万元/年）	P
		规划实施造成的初级生产力损失[克（干重）/平方米·年]	P
		规划实施造成的生物量损失[克（干重）/平方米·年]	P
		规划前后水陆交接带生态景观指数变化（如多样性、优势度、景观均匀度等）	P
		港区可绿化面积的绿化率	K
	渔业	占用养殖区面积（公顷）	P
		港口和航道规划造成的渔业损失估算（吨/年）	P
		受规划实施影响的主要渔业品种“三场”面积（公顷）	P
污染排放	水环境	港区污水排放总量（吨/年）	P
		船舶污水排放总量（吨/年）	P
		港口 COD 排放总量（吨/年）	P
		港口石油类排放总量（吨/年）	P
		船舶含油污水接收处理率	K
		规划实施引起的水环境质量超标面积（公顷）	P
		港区达标排放率（%）	K
		港区污水集中处理率（%）	K
		规划实施前后海湾纳潮量的变化	P
	大气环境	港界年平均 TSP 达标率（%）	P
		油气（非甲烷烃）最大落地浓度（毫克/立方米）	P
		油气（非甲烷烃）周界浓度（毫克/立方米）	P
		公路集疏运尾气 NO_2 排放总量（吨/年）	P
		港口有效综合防尘效率（%）	K
	噪声	港界噪声达标率（%）	P
		集疏运通道噪声达标距离（米）	P
	固体废弃物	固体废物产生总量（吨）	P
		港口固体废弃物收集处理率（%）	K
		船舶垃圾收集处理率（%）	K
	环境风险	规划后环境风险事故概率（%）	P
		溢油风险事故最大可信事故规模（吨）	P
		易爆品储罐爆炸安全距离（米）	P
		典型事故条件下溢油扫海面积（平方公里）	P
		典型事故条件下受影响岸线长度（米）	P
		典型事故条件下油膜登陆时间（小时）	P
		溢油事故综合控制清除能力（吨）	P
资源利用	岸线资源	单位岸线吞吐量（万 TEU/米或万吨/米）	P
		港口岸线占总岸线的比例（%）	P
	土地资源	单位吞吐量占地面积（平方米/万吨或平方米/万 TEU）	P
		规划占用农田保护区等特殊用地的面积（公顷）	P
		规划新增占地面积（公顷）	P
	水资源	单位吞吐量新鲜水耗（吨/万吨或吨/万 TEU）	P
		中水回用率（%）	K
社会环境	对产业结构调整的贡献		P
	对旅游业发展的影响		P
	对渔业生产、渔民生活的影响程度		P
	对城市发展格局的影响		P

其中：

指标类型 P：考核指标——根据规划方案测算得出，用于从不同角度评判规划方案的环境合理性；

指标类型 K：控制指标——根据区域、行业的环境管理要求得出，用于指导不良环境影响减缓措施的制定。

3.3 评价方法

3.3.1 现状调查

现状调查主要采用资料收集、遥感解译、专业判断等手段，资料不足时可通过现场监测进行补充。

3.3.2 环境影响识别

一般可采用核查表法、矩阵法、专业判断法、地理信息系统（GIS）支持下的叠图法等。

3.3.3 生态环境影响评价方法

3.3.3.1 生态影响

一般采取类比分析、生态服务价值法、生态机理分析、景观生态学分析、叠图法、数学模型、生态足迹分析等方法。

3.3.3.2 环境影响

一般可采用类比分析法、数学模型法、情景分析法、叠图法、趋势外推法、典型案例分析法、专业判断法、专家评估方法等。

3.3.3.3 环境风险

一般可采用类比分析法、数学模型法、情景分析法、叠图法、典型案例分析法、趋势外推法等。

3.3.3.4 资源支撑能力

一般可采用容量分析法、核查法、指数评价法、数学模型法、承载力指标体系分析法、情景分析法、专业判断法等。

4 报告书编制框架

1 总则

1.1 规划背景

1.2 评价编制依据

1.3 评价目的和原则

1.4 评价范围

1.5 评价标准

1.6 评价内容与评价重点

2 规划现状概述与分析

2.1 港口现状

2.2 规划方案概述

2.3 规划特点分析

3 区域资源环境现状

3.1 自然环境概况

3.2 与社会经济概况

3.3 环境质量现状

3.4 重要环境保护目标与环境敏感区

4 港口建设回顾性评价

4.1 港口建设情况回顾

4.2 港口建设的环境影响回顾性评价

4.3 港口建设存在的环境问题

5 环境影响识别与指标体系筛选

5.1 港口总体规划环境影响识别

5.2 规划总体实施主要环境影响、环境制约因素

5.3　评价目标及指标体系
6　环境影响预测与评价
6.1　生态影响预测与评价
6.2　水环境影响预测与评价
6.3　大气环境影响预测与评价
6.4　声环境影响预测与评价
6.5　固体废弃物影响评价
6.6　社会经济影响评价
6.7　环境风险评价
7　资源环境承载力分析
7.1　岸线资源承载力分析
7.2　土地资源承载力分析
7.3　水资源承载力分析
7.4　污染物总量控制
8　规划的环境合理性综合论证
8.1　规划协调性分析与评价
8.2　规划发展目标与规模的环境合理性
8.3　岸线利用规划的环境合理性
8.4　规划空间布局的环境合理性
8.5　配套设施规划的环境合理性
9　公众参与
9.1　公众参与形式、对象与内容
9.2　调查结果意见统计分析
9.3　对有关意见采纳情况的说明
10　规划优化调整与实施建议
10.1　规划优化调整建议
10.2　规划实施建议
11　预防或减缓不良环境影响的对策措施
11.1　生态保护方案
11.2　水污染防治方案
11.3　大气环境保护措施
11.4　环境噪声防治措施
11.5　固体废物防治措施
11.6　风险事故防控与应急措施
11.7　其他环保对策措施
12　环境监测与跟踪评价计划
12.1　环境监测的主要内容与实施方案
12.2　跟踪评价的主要内容及实施方案
12.3　对下阶段环评的建议
13　困难与不确定性
14　执行总结
14.1　港口总体规划概述及分析

14.2 港口环境现状及主要环境制约因素
14.3 港口总体规划实施可能产生的环境影响
14.4 港口总体规划方案的环境合理性论证
14.5 规划方案的优化调整建议与规划实施建议
14.6 预防或减缓不良环境影响的对策措施
14.7 规划与规划环评互动
14.8 公众参与
14.9 评价总体结论

附件二：

内河高等级航道建设规划环境影响评价技术要点

1 总体要求

1.1 适用范围

本技术要点规定了内河高等级航道建设规划环境影响评价（以下简称“航道整治规划环评”）的一般性原则、技术方法、主要内容和要求。

本技术要点主要适用于指导山区航道、平原航道、潮汐河口航道、运河以及这些航道上的航电枢纽、通航渠道、船闸等配套规划的环境影响评价工作。

1.2 评价范围、时段

评价范围原则上与规划范围相同，同时应结合规划的地理单元、生态系统完整性，重要生态敏感区分布等进行合理的划定。有生态联系和影响的区域要适当扩大评价范围，如：支流河口、航道规划上下游的部分河段。

评价时段应与基准年、规划水平年保持一致。

1.3 评价的主要内容

（1）航道规划内容概述；

（2）分析航道规划与有关法规、政策、规划的符合性、协调性；

（3）调查评价区的自然、社会、生态、环境条件，回顾性评价已有航道建设的环境影响，识别评价区域资源环境问题以及规划实施的制约因素，制订评价指标体系；

（4）分析评估规划对社会、经济的影响，对水文、泥沙情势、环境、生态、人居环境的影响，可能带来的环境风险；

（5）分析流域生态承载力水平，综合论证规划航道规模、布局的环境合理性，开展公众参与调查；提出避免或减缓环境和生态影响的规划调整建议，明确预防环境污染或减缓生态影响的对策措施，分析规划目标和评价指标的可达性；

（6）制订环境管理、监控与跟踪评价计划，明确规划包含的近期建设项目评价应重点关注的内容；

（7）总结规划的环境影响和可接受水平，以及规划实施的环境可行性。

1.4 评价的基本原则

（1）突出宏观性原则。注重分析规划实施可能产生的宏观环境影响，突出整体性和累积性影响。

（2）全程参与原则。环境影响评价工作应与总体规划编制全程互动，体现环境保护参与综合决策的理念。在规划编制之初提供规划的主要资源环境制约因素及空间布局的原则框架，在规划编制过程中从生态环境角度参与不同规划方案的优化比选，在规划方案确定后应提出对规划的优化调整和实施建议。全程开展公众参与，充分考虑相关部门、专家和利益相关方的意见。

（3）一致性原则。航道整治规划环评的层次、工作内容深度与航道整治方案保持一致。

（4）突出重点原则。应重点关注航道整治方案实施可能产生的突出环境问题和制约因素，对涉及的可能受影响的重点环境要素和重要环境敏感区开展有针对性的影响分析与评价。

1.5 评价程序

航道整治规划环评工作程序见下图。

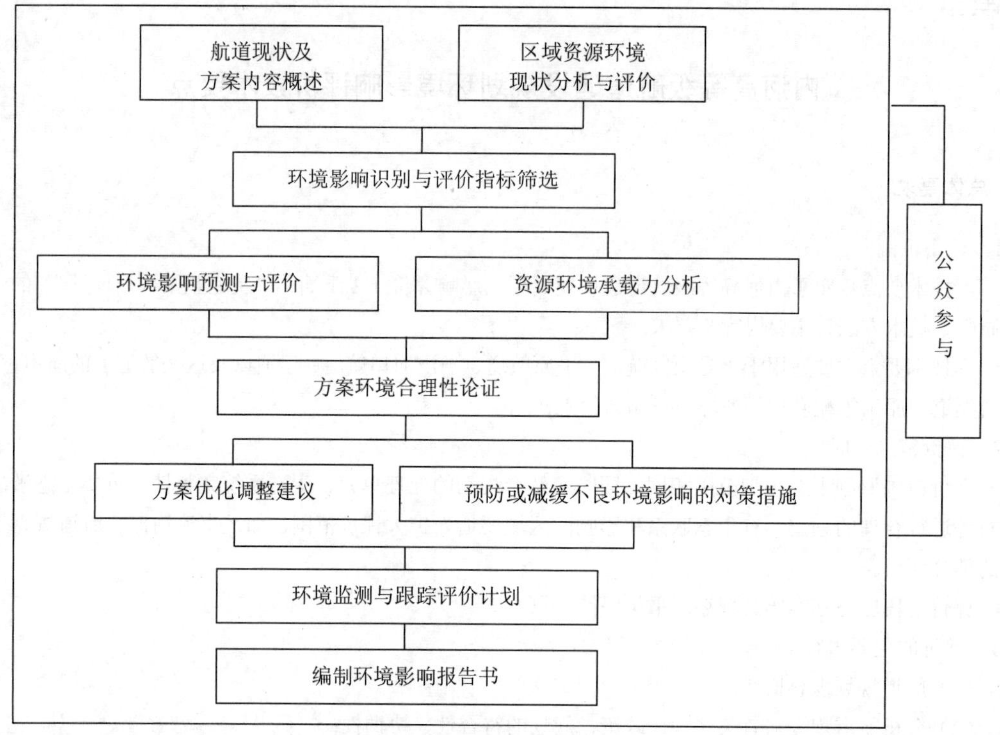

内河航道规划环评工作程序

2 评价重点内容

航道规划的编制和决策要从合理利用资源、维护生态平衡、保护自然环境出发，确保实现社会经济和环境可持续发展的目标。

2.1 航道现状及方案内容概述

2.1.1 航道现状

应阐述规划评价区域的航道现状，包括不同河段的航道等级、航道特点，与航道相关的拦河水利设施或航电枢纽的船闸设施现状，水力条件；描述流域综合运输体系发展现状、运力，运输船舶情况，总结航道已有的环境问题。

2.1.2 方案内容概述

（1）说明规划航道的地理范围、规划时段、主要规划目标和内容。应按照规划建设方案的分区（段）进行说明，如各段航道规划目标、航道等级、标准、建设方案、规划实施的预测运量水平等主要内容。如果有分期实施的，应有不同阶段实施的内容说明。

（2）重点描述航道建设思路和方案。按照规划的分段、分类情况，说明航道建设方案提出的整治区域及主要整治内容（疏浚、炸礁、护岸、护坡、护滩及筑坝等），各类整治措施的位置、范围、占用水陆域面积和主要工程量。

涉及航电枢纽的规划，应简要说明枢纽位置、布局、规模、蓄水位和淹没区情况、渠化航道里程、船闸等级、尺度、装机容量等基本内容，以及淹没区占地类型、面积、移民安置、施工分期进度安排、主要施工方式等内容。

（3）从区域经济发展、运输结构调整、船舶运量预测，结合航道现状条件，说明航道规划建设的必要性。

（4）航道整治范围、航道等级与国家和交通行业的规划要求一致；规划航道等级超前、规模和范围与上层次规划不一致的，要有相关的说明并附依据。

（5）结合航道现状和建设特点，初步判断识别规划可能产生的主要环境影响。

2.2　规划协调性分析

2.2.1　分析内容

从规划目标、规模、功能定位和开发时序等方面分析航道规划与有关的不同层次的社会发展规划、流域规划、主体功能区规划、城市和土地利用规划、交通规划、生态和环境保护规划、旅游发展规划和生态功能区划等的关系，说明航道规划的符合性、协调性；与环境保护等规划、重要生态敏感区和水源保护区等定位关系，应注意相关规划的时效性。

2.2.2　分析重点

（1）社会经济发展

重点说明与国家、区域（流域）、规划涉及省市的国民经济和社会发展规划相关的要素，明确规划航道等级和布局是否与区域社会经济发展战略相适应，是否满足相关产业政策及产业布局要求。

（2）交通行业发展规划

说明评价区域的交通行业发展规划情况，分析航道等级、规模、布局与上层规划的相符性，与同层、下层规划的协调性；是否满足国家有关内河航运等级规划要求；介绍与规划航道所衔接的上下游、支流航道情况，统筹考虑下层规划发展要求。

通过分析航道整治区段、航电枢纽规划位置及回水淹没区与沿江岸线资源、港口布局的关系，识别规划对港口、岸线规划的影响，提出控制性要求。关注与区域铁路、公路布局规划的协调性。

（3）流域综合开发规划

说明评价区域的水资源利用规划情况，流域梯级开发及规划情况；分析与水资源利用规划的相符性、协调性；说明航电枢纽规模、基流是否符合流域综合开发规划的要求，是否涉及流域规划提出的优先保护区域，统筹干支流开发利用规划。

（4）土地利用及城市总体规划

涉及航电枢纽的规划，应分析可能受淹没影响地区与城镇总体规划、土地利用规划的协调性。涉及洲滩整治、船闸扩建的规划，应说明规划建设区域现有土地利用性质。此外，规划还应简要说明相关基础设施规划，开展相符性分析；并采用叠图法，说明与城市总体规划和受影响区域的土地利用规划的关系。

（5）生态、环境保护规划/区划

说明航道建设与重要生态敏感区、饮用水水源保护区的关系。结合流域水污染防治规划、生态保护规划、城市环境保护总体规划，分析规划的水污染和生态影响特征。注意满足水环境容量、生态基流等流域规划要求。另外，应采用叠图法在规划相关的敏感区图件上标明航道规划与其位置关系，说明规划的符合性或冲突性。

2.2.3　规划协调性分析主要结论

总结规划协调性分析内容；对于存在的环境制约条件和规划的不协调因素，从规划层面提出满足协调性的方案原则。

2.3　资源环境现状分析与评价

2.3.1　基本要求

（1）结合航道建设特点，按照全面性、系统性原则，调查评价区域的社会、环境、资源和生态现状，归纳主要环境问题。

（2）概要描述评价区域的自然环境、资源利用等；重点说明规划区域水生生态和水质现状。

（3）航道规划涉及河段跨度一般较长，规划实施可能影响流域水系时空分布规律，应全面、综合制订环境质量调查方案。

（4）关注评价区域的环境特点，注意环境演变趋势以及规划可能带来的不利环境影响。

2.3.2 社会、自然概况调查内容

（1）说明规划航道涉及的行政区人口组成、社会、经济、产业发展现状水平，农业、渔业生产水平，沿江土地利用现状，交通运输现状，沿江城市、集中工业区、港口和重要跨越河道的管道、桥梁等分布情况，分析社会、经济和基础设施建设水平。

（2）归纳规划河段沿江重要景观、文物、旅游资源位置、分布及有关保护情况。

（3）简要说明航道沿江（区域）地形、地貌、地质、气象特征。

（4）说明水系分布特点，河流水文、泥沙特征，按照地理单元说明河段集水面积、水位、径流量、含沙量、输沙量及变化情况等。

（5）说明流域水资源分布和利用情况，已建水利设施造成的水文特征变化。

（6）说明与水生生态相关的洪、枯水流量的季节变化规律。

2.3.3 环境质量调查

（1）调查说明评价区所在水系的水环境功能区、主要饮用水水源保护区，给出法定的水环境功能区划图，采用叠图法标明规划与其的位置关系。根据航电枢纽、新（改、扩）建船闸工程等规划建设位置，进行上下游影响区域的污染源调查，调查主要污染源的分布状况。

（2）对控制断面、单元河段的地表水环境质量进行综合评价，重点分析航道建设区域的水环境现状质量。

（3）大气环境、声环境质量现状可利用航道规划所在地区的既有环境统计资料、项目环境影响报告书进行分析。

（4）涉及规划河段土壤、底泥等存在污染，且规划实施对土壤、底泥可能产生影响的，应开展环境现状质量监测和调查，说明主要污染因子、污染物分布区域和污染水平。

（5）利用规划流域行政区当地的年度统计资料、环境影响报告中的监测资料时，要注意资料的代表性和时效性，一般采用规划基准年之前（含基准年）连续三年的有效环境监测数据。

（6）规划期间进行监测调查，其调查方法应按照环境影响评价技术导则规定的调查标准和要求进行，并给出相关的调查或者监测点位布设图。

（7）通过环境质量现状评价和演变趋势分析，说明评价区主要环境问题、产生原因，针对主要环境问题制定的解决方案。

2.3.4 生态现状调查与评价

（1）对生态资料的调查和分析，定量和定性描述生态现状。可从生态系统层次上和生态因子层次上分别进行评价。生态评价因子（指标）的选取应具代表性和反映生态的特点，具有可操作性。

1）生态系统层次：按照评价区的地理单元、地形地貌特征，水系因枢纽阻隔的效应，进行水生生态系统判别（山区、平原、湖库、河口等），介绍生态系统现状，评价生态系统结构、状态和生态功能，以及存在的问题和原因。

2）生态因子层次：选取不同生态系统下有代表性的和可能有影响的生态因子进行评价。

水生生态：说明不同河段的水生生物的种类、数量、分布，重点说明鱼类种类组成、“三场”分布、重要经济鱼类资源情况及珍稀保护水生动物、鸟类现状及生境、鱼类“三场”的现状及生境，提供相关鱼类“三场”分布图件；涉及已建枢纽造成生态影响的，要有水生生态变化的调查统计结论，包括鱼类种类、“三场”变化及分布等。

陆生生态：说明航道整治涉及洲滩和岸坡、规划航电枢纽库区淹没区沿江植被类型、优势种，珍稀保护动植物的分布、种类、保护级别。提供有关土地利用现状和植被现状图件。

（2）重点介绍与航道直接相关的流域和重要生态敏感区的现状和存在的问题。

（3）评价区其他一般生态区域的调查应结合规划特征进行说明。

（4）现状分析与评价可采用综合指数法、叠图分析、生态学分析法（指示物种评价法、景观生态学评价等）、专业判断法等。

2.3.5 环境敏感区调查与分析

（1）城镇集中居民区主要因航电枢纽建设可能淹没的区域，以及运河开挖、船闸改建、扩建可能影响的区域，应说明集中居民区的环保基础设施现状。

（2）航道规划涉及自然保护区、世界文化和自然遗产地、饮用水水源保护区、风景名胜区、地质公园、水产种质资源保护区、鱼类产卵场、其他重要生态功能区等重要生态敏感区的，应说明敏感区的位置、范围，功能区划级别和范围，主要功能和环境保护要求，明确与规划航道的距离、方位、相对位置关系等。

（3）有关说明、图表应完整地反映重要生态敏感区与其周围的环境关系。

2.3.6 零方案分析

通过现状调查结果，从能源利用、生态和环境影响以及既有航道的环境风险、节能减排的环境效应等方面进行零方案分析，重点分析流域水环境和水生生态变化趋势。

2.3.7 航道建设回顾性影响评价

（1）航道建设环境影响回顾性评价主要包括：评价区已建或在建航道工程概况，已采取的预防和减缓环境影响的对策、措施及其效用，总结工程建设环境保护政策执行情况，环境管理水平，已实施项目的主要环境问题。

（2）通过调查已建和在建航道，阐述工程对环境的主要影响，主要包括：1）对流域水资源空间分布、水文、泥沙情势的影响；2）对流域生态系统结构、功能的影响；3）对重要生态敏感区的影响；4）对保护动植物资源、鱼类资源和鱼类栖息地的影响；5）对饮用水源水质及用水安全的影响。

（3）航电枢纽设施回顾性影响评价除上述内容外，还应调查分析如下内容：1）淹没区的人居环境、土地、景观文物的影响，水体富营养化水平；2）船舶污染物接收设施情况；3）枢纽辅助设施的污染物处置情况；4）过鱼设施、增殖放流设施及鱼类资源恢复情况，鱼类栖息地恢复情况；5）其他内容，如：地质环境变化、库区淤积水平等。

（4）总结已有航道建设、运行的影响以及流域性的累积性生态影响。

2.4 环境影响识别与评价指标筛选

2.4.1 环境影响识别

航道建设可能改变河道的自然环境特征，影响水生生态系统，带来水环境污染。开展环境影响识别过程中，可以采用核查表法、矩阵法、专业判断法、专家咨询（如德尔斐法等）、地理信息系统（GIS）支持下的叠图法等识别分析规划可能带来的环境影响。

（1）航道规划规模、布局的影响

水文、泥沙情势变化；土地、岸线功能占用及变化；局部景观生态的改变；水资源利用形式变化；水生生态系统、重要生态敏感区功能和结构变化；珍稀濒危动植物、野生动植物生境变化；生物多样性、珍稀物种和重要经济鱼类资源的影响；航道、航电枢纽设施建设影响饮用水水源保护区；航电枢纽提供清洁能源和渠化航道，促进区域经济发展，同时对其他基础设施可能产生影响；船舶运输量增加的能源消耗和环境污染；改变河道的行洪、泄洪能力。

（2）施工的环境影响

航道施工的生产废水及生活污水，以及其排放对水生生态的总体影响；施工行为对鱼类的影响；土壤、底泥等因施工可能诱发的水环境影响；施工噪声、扬尘及废气对人居环境的影响；施工陆域临时占地、水土流失对景观、植被的影响；施工建设对基础设施、船舶正常通航临时性影响。

（3）运营的环境影响

规划设施、船舶排放污水的环境累积效应；水生生态累积效应；区间物流能耗正面效应，船舶噪声、废气对人居环境的影响；航运环境风险。

2.4.2 环境保护目标

（1）根据环境保护政策和管理要求，航道的影响特征，提出适宜的生态、环境和人居保护目标，在水资源利用等方面实现协调发展的目标。

（2）规划的环境目标应达到评价区生态和环境保护规划指定的环境目标。

（3）可参考的环境保护规划目标：维护河流水功能，保障水质安全；维护流域生态完整性、生态系统结构和功能；规划范围内及其周边分布的特殊和重要敏感区、重要水源保护区、人口密集区等予以重点保护的对象，应达到相应的保护要求。

（4）其他参考的规划目标：与水资源利用、港口规划、防洪建设规划协调，保证通航畅通，促进流域（区域）经济全面可持续发展。

2.4.3 评价指标体系

结合环境主题、保护目标、保护要求制订评价指标体系，给出量化或非量化的指标，非量化的指标要有相应的参考控制要求。

（1）指标类型

评价指标包括考核指标和控制指标。其中，考核指标根据规划方案测算，用于多角度评判规划方案的环境合理性；控制指标主要根据区域、行业的环境管理要求制订，用于指导提出减缓不良环境影响的措施。

（2）指标原则

系统性。指标应符合环境保护政策、法规、标准的要求，考虑航道的主要环境影响，兼顾与自然、社会、资源、管理系统的关系；

可操作性。内容简洁，可获取、可测量、可调控，定性指标与定量指标相结合，便于客观判断和环境管理操作。

前瞻性。反映航道规划的可持续发展目标，具绿色水运理念。

（3）其他要求

根据影响特征和环境管理要求提出指标。依据有关环境指标及规划的影响分析结论，提出可量化或非量化的指标数值，并论述指标的可达性。

2.4.4 评价指标体系应用

本技术要点附录 B 为航道规划环境目标与评价指标库，涉及七个主要方面内容，可根据航道规划特征进行选择，并适当进行调整、补充和完善。

（1）社会发展和资源利用方面：航道运量水平、耕地占用率、重要岸线资源占用率、水资源利用、水能效益指标、能源消耗、矿产文物旅游资源保护水平、基础设施（防洪、通航、供水）保障率、搬迁安置区环保设施建设。

（2）生态保护方面：重要物种生境占用率、珍稀濒危和特有物种保护率、生物多样性指数，重要经济鱼类资源保护、河流健康度、生态景观或生态系统适宜度，环境地质灾害控制水平，水土流失控制水平。

（3）水环境方面：水环境功能区水质达标率，水环境容量，污染物排放总量，污水收集处理及达标排放率，饮用水水源保护区保护和供水安全保证率（包含底泥质量水平和达到水质安全的保证率），航电枢纽生态基流保证率。

（4）声环境方面：敏感目标声环境质量水平，船舶、航电枢纽噪声水平，航电枢纽厂界达标、船舶及航道两侧噪声防护控制。

（5）大气环境方面：航道所在区域船舶废气年排放量，污染因子排放标准控制要求，区域和敏感目标的质量标准。

（6）土壤、固体废物治理方面：评价区域受污染的土壤、底泥治理，固体废物收集处置率。

（7）环境管理方面：环境工程设计、施工及验收实施率、生态及环境保护设施维护水平，环境监控实行率，运行管理、环境风险应急系统制订。

2.5　环境影响预测与评价

2.5.1　社会影响和资源利用评价

（1）分析航运在流域综合运输体系中的地位与作用，地区经济社会发展对航运发展的要求，航道规划对流域和地区社会经济发展以及城市发展的影响。

（2）分析航道建设对沿江重要基础设施、岸线资源利用和临港产业的影响；流域综合开发的效应以及规划关联性影响。

（3）分析航道规划对景观、旅游、文物资源的影响。

（4）涉及航电枢纽的规划，分析其对提供清洁能源、促进社会经济发展的作用，对淹没区城镇、企业和基础设施的影响，农业土地利用、水库浸没、灌溉效益变化。涉及搬迁或移民安置的规划，分析人群健康、居民生活质量及生活方式影响。航电枢纽改变流域河段水资源时空分配，应分析水库联合调度运行水文情势变化，有取用水要求的，还应分析对取用水的影响，以及下泄流量的保证措施和调度运行的要求。

（5）结合流域规划、防洪规划分析航道规划建设对河道泄洪、行洪的影响。

（6）从评价区水运现有格局、经济发展要求及河段自然条件、整治方式等方面，说明建设项目安排时序的合理性。

2.5.2　环境影响评价

2.5.2.1　评价时段、区段的划分

（1）结合规划方案，进行施工及营运期的影响评价。

（2）按照航道所在地理单元和生态单元进行生态和环境影响评价，根据流域生态联系和影响特点进行综合评价。

2.5.2.2　水文、泥沙、水环境

（1）参照《环境影响评价技术导则　地表水环境》和《环境影响评价技术导则　水利水电工程》等要求和规定对河流的水文、泥沙情势以及水环境影响进行深入评价。

（2）采用数学模型和类比分析等方法，或者利用规划的水文、泥沙情势预测结论，分析说明规划实施后受影响河段水动力条件的变化情况，对水资源空间分配、水文、泥沙情势变化的影响，重点关注：1）航道整治工程应分析说明评价整治河段的流速、流量和泥沙冲淤变化。2）航电枢纽应说明建设前后库区、坝下游河段的水文情势的改变情况，如流量、流速和泥沙冲淤变化，库区泥沙淤积程度，对下游航道的影响，归纳分析河床演变情况。

（3）航电枢纽建设后，库区污染物稀释、扩散及降解能力有所变化，采用类比或者数学模型预测分析库区水质、水体富营养化、水环境容量及下泄水质变化，对下一梯级水质的影响，对库区及坝下城镇集中式饮用水源取水口的影响。

（4）采用类比或者数学模型预测分析航道整治、航电枢纽建设、船闸改建、扩建施工期对水环境、饮用水水源保护区的悬浮物影响水平。

（5）评价区有底泥或者土壤污染的，注意分析河道疏浚、开挖区域以及弃方处置对水环境、饮用水水源保护区的影响。

（6）采用负荷分析法、类比分析法估算规划实施后航行区间的船舶生活污水、含油废水的产生和排放量，船闸、枢纽的辅助设施污水排放量，说明评价区水环境功能区划及饮用水水源保护区的相关要求。

2.5.2.3 大气环境

（1）分析施工活动对人居环境影响的特征，类比说明这类污染的一般影响范围。

（2）采用负荷分析法估算船舶废气排放总量，根据气象条件及地形特征识别重点关注区域，说明规划实施的大气环境影响特征。

（3）结合节能减排有关政策，说明不同规划年限船舶的污染气体、温室气体排放水平，介绍主要预测参数及基础数据。

2.5.2.4 声环境

（1）分析施工场所、营地等施工单元对人居环境影响的一般规律和特征，如噪声影响距离，说明这类污染可能造成的影响范围；航电枢纽等施工场地应注意的选址要求。

（2）运河等河道宽度较窄的航道，应分析船舶噪声对航道两侧声环境质量和人居环境的影响。预测模型、预测参数及基础数据应符合航道实际。如集中居民区距离航道较近（如小于 200 m），预测并给出沿线评价范围内人居环境的受影响程度（声环境质量达标及超标状况），提出满足声环境功能区的要求。

2.5.2.5 土壤、固体废物

（1）评价区土壤、河道底泥有污染的，应分析疏浚、开挖弃土处置对土壤和地下水可能的影响，提出处置的环境保护要求和建议。

（2）航电枢纽淹没区土壤侵蚀分析。

（3）说明航道施工主要固体废物类型，一般处置要求；估算规划实施后船舶运营一般固体废物及危险废物的发生量情况，对固体废物的收集和处理提出要求。

2.5.3 生态影响

2.5.3.1 基本要求

（1）评价航道建设活动的影响因素一般包括：物理性作用影响因素，化学性作用影响因素，生物性作用影响因素。参照《环境影响评价技术导则　生态影响》要求，评价受影响的生态系统（如：湿地、河流、农业）、生态因子（表征各生态系统的评价因子，如：水生生物、植被、动物等）、重要生态敏感区。

（2）采取类比分析法、生态机理法、景观生态学分析法、叠图法、生态服务价值法、情景分析法、趋势分析法、专家评估法等方法，定性、定量分析相结合，突出重点，评价内容、深度支撑评价结论。

（3）着重从生物多样性保护角度，分析规划对特殊、重要生态敏感区、重要物种及其生境的影响，说明生物多样性水平变化情况。

2.5.3.2 生态系统的影响分析

（1）根据航道规划实施对河流水域的占用和扰动，分析河流生态系统结构特征的改变及由此引发的生态系统服务功能的变化方向与程度。分析工程对区域生态系统（水生生态系统、湿地生态系统、森林生态系统等）整体性及结构、功能的改变情况。

（2）评价航电枢纽规划阻隔效应对水生生态系统的持续性影响。

2.5.3.3 对具体生态因子的影响分析

（1）可按水域、陆域及水陆域交界的湿地及其对应的生态因子进行分析。

（2）综合分析航道整治对水域、河岸带的底质、植被的占用、破坏和扰动，临时工程对陆域的土地、植被的占用及扰动水平，应重点分析航道整治对鱼类（特别是珍稀保护鱼类、特有鱼类）及其生境（特别是“三场”）、植被等的影响，关注对水生生物物种多样性、自然景观、渔业资源等方面可能带来的影响。

（3）航电枢纽还应分析水库水域面积变化对陆生植被、动物、景观生态系统的影响；库区蓄水、坝体阻隔、流速变化对鱼类资源种类和分布、鱼类“三场”的影响。

2.5.3.4 对重要生态敏感区的影响分析

（1）通过分析航道与重要生态敏感区的空间位置关系、生境破坏程度、功能改变方式，评价规划对重要生态敏感区和保护对象的影响。

（2）涉及风景名胜区的规划，应重点分析景观美学和功能的影响。

2.5.3.5　其他生态影响分析

结合河流特点进行影响分析，如分析水土流失、地质灾害等生态问题。

2.5.3.6　生态累积影响和生态服务功能分析

（1）结合流域梯级枢纽、水资源利用，城市和工业发展规划，分析航道建设及船舶污染物排放对水生生态系统、生物生境、生物多样性的累积影响，对重要生态敏感区、保护动植物及生境的累积影响。

（2）分析船舶的污染排放、其他水利设施建设对生态系统的叠加影响。

（3）采用生态服务价值法、生态机理法、趋势分析法评价规划实施前后流域水生生态系统的生态服务功能变化，分析说明评价区生态系统的变化程度、可接受水平。

2.5.4　环境风险

2.5.4.1　评价要点

应对航道施工和运营环境风险进行判别，预测环境风险事故影响，提出风险控制要求，提升风险防范水平。

（1）合理进行船舶事故风险分类，突出航运水平提升后的环境风险评估。

（2）根据历史事故统计分析和对典型案例的研究，识别航道施工和运营期间的环境风险源或事故源、事故类型，判别事故风险区域和影响方式。

（3）预测分析船舶油品、危险化学品事故泄漏的环境污染影响和事故接受水平。

（4）提出风险防范的原则建议，防止航道、航电枢纽建设不当可能带来的污染风险事故。

（5）采用的评价方法：风险概率统计、数学规划法、事件树分析、包络分析法、层次分析法、数值模拟。

2.5.4.2　分析与评价

（1）航道环境风险现状及发展趋势分析

收集海事、航运部门的资料，按发生辖段或地理位置、原因、污染物种类分类统计航道所在流域船舶污染事故情况。分析既有船舶事故发生类型、区域、原因、特点，通航密度变化与水上事故关系。识别主要风险源、风险区域及可能受影响的环境敏感区。

（2）船舶风险识别、概率

一般船舶和液体化工、危险品船只航行因碰撞、搁浅，造成燃油或其他有毒有害物质泄漏，带来环境危害。说明航道施工和运行后的事故风险环节，给出事故风险原因分析示意图。结合现有和规划实施后的船舶流量分析事故概率。

（3）主要风险区域和防范区域

结合规划水路危险品运输量和主要货种，列出航道等级不足、航运繁忙的港区江段，主要危险品港区。给出高风险地区示意图。识别评价区的自然保护区、水产种质资源保护区、主要城市饮用水水源保护区等环境风险重点防范区。

（4）船舶环境风险危害评估

进行环境风险情景分析，对事故易发段及环境敏感区段进行环境风险危害程度的评估和排序。采用数学模型预测给出典型河段枯水期油膜漂移影响范围和危害程度。根据生态机理和水质标准要求，分析事故污染危害，可能受影响的城镇取水口，供工程实施参考。

2.5.4.3　应急预案评估分析

（1）现有应急预案水平分析

分析评价区现有事故应急防范体系，说明体系对目前的水域船舶环境风险是否可控。说明流域交通行业、流域、区域的环境风险应急预案事故风险控制水平。应急预案系统的操作可行性，应急资源布局。

船舶大型化、流量增大的情况下预案的有效性，应急设备材料的配置要求。

（2）航道建设期的事故应急措施水平和处置能力要求

施工期间各施工点的临时应急能力应使风险防范措施得到保证。

（3）规划实施后的应急要求

提出风险防范措施要求，保证应急体系的有效性和可靠性。严格危化品运输船舶的管理控制要求。

2.6 规划环境合理性论证

2.6.1 基本要求

在对规划的社会经济、环境、生态、环境风险影响分析的基础上，结合资源环境承载力分析，论证航道规划规模及布局的环境合理性。规划河流主导生态功能维持的水平，采取的缓解生态、资源和环境影响的原则措施建议。

评价方法一般可采用：容量分析法、承载力指标体系分析法、情景分析法、专业判断法等。

2.6.2 资源环境承载力分析

2.6.2.1 资源承载力

估算规划实施不同水平年船舶的燃油消耗总量，占规划地区的水平。涉及航电枢纽的规划，可以通过对流域水资源开发利用概况、水资源配置分析结论，说明规划实施后水资源变化情况，重点关注位于水资源紧缺和水环境容量不足的区域。

2.6.2.2 环境容量水平

根据估算的船舶大气环境和水污染物发生量，评价流域环境容量水平。

2.6.2.3 生态承载力

通过航道对流域水质、水文、河岸带和河流形态结构、水生态的影响分析，以及生态功能变化及累积影响的分析结论，说明规划对河流水域健康状况的综合影响以及生态承载能力水平。

2.6.3 规划环境合理性分析

（1）结合航道等级、船舶流量，以及国家有关节能减排政策、环境敏感区保护（如水源地保护、水文情势变化对取水口冲淤影响），从降低交通能源消耗、降低污染排放等方面进行航道规模的必要性和环境适宜性分析。

（2）从规划航道与重要生态敏感区、饮用水水源保护区、人居环境等环境敏感区的空间布局关系以及环境影响程度，总结判断航道规划布局的环境合理性。

（3）采取疏浚、炸礁、筑坝、护岸等方式提升航道等级的，重点从工程与重要水生生境、水源保护地关系等方面，说明施工强度、规模和布局的环境合理性。

（4）采取航电枢纽或依托水电梯级方式提升航道等级的，重点从枢纽建设对淹没区的社会、土地资源影响和水环境、流域生态影响结论，说明枢纽空间布局及建设规模的环境合理性。从流域角度论证建设时序及衔接方式的环境合理性。

（5）对于航电枢纽、船闸等，应有选址的合理性说明，对于施工行为，如施工场地、施工营地选址等在规划阶段提出选址要求，可不予以重点评价。

（6）规划应以保证生态安全、生物多样性水平以及维护水资源利用为原则。结合实施规模（如疏浚等工程的规模大小，航电枢纽回水区域等）及可能造成的不利影响，评价规划对环境敏感区和敏感生物的影响是否在可承受范围内。

2.7 公众参与

2.7.1 公众参与要求

公众参与贯穿航道整治规划环评工作的全过程，按照《环境影响评价公众参与暂行办法》（环发〔2006〕28 号）规定执行。明确列出公众参与的方式、对象。参与者的选择应综合考虑代表性、专业性和广泛性。

2.7.2　公众参与工作主要内容

（1）向公众公开的信息主要包括：规划背景及主要内容和规划目标；规划实施的主要资源环境制约因素；规划实施对环境质量、生态功能、环境敏感区及居民生活的影响；规划实施与渔业、水利、林业等相关行业规划的关系；规划拟采取的环保对策措施等；涉密内容除外。

（2）对公众参与意见整理分析，说明意见采纳情况，或不采纳的理由，说明环境影响评价报告的完善、修改内容。

（3）介绍调查对象的覆盖范围、代表性，信息公开及告知的方式、公众意见及解决措施等内容应满足相关要求。

2.8　方案优化调整建议与环境保护对策措施

2.8.1　方案优化调整建议

对与相关法律、法规要求冲突或者显著影响的重要生态敏感区、可能产生重大不良环境影响或存在较大环境风险隐患的规划方案，应提出方案优化调整建议，以保证区域生态安全，控制和减缓航道规划实施后的重大环境影响，从源头预防产生重大环境问题。在重点建设项目示意图上标识需进行调整的规划建设内容，在航道规划方案图上标识调整内容和有关建议。

2.8.2　规划实施建议

（1）针对航道规划与其他相关规划、区划在实施时序上的差异，对航道规划实施提出建议。

（2）针对可能存在的环境问题，提出如建设时序、工程布局、施工时段、环保控制要求等方面的建议。

2.8.3　环境保护对策措施

2.8.3.1　对航行船舶的准入条件提出原则性要求，达到影响最小化、排污减量化、资源节约化的目的。

2.8.3.2　针对规划实施对社会经济发展、基础设施、渔业和农业生产的不利影响，提出控制性要求及补救措施。

2.8.3.3　针对规划实施对水、大气、噪声、固体废物等带来的环境污染，结合相关流域和区域的环境保护规划确定合理的控制和治理目标，提出环境管理要求和防治对策。

（1）水环境及水资源利用方面

1. 结合水环境功能及敏感目标（如饮用水源取水口、鱼类“三场”、特殊水域等）分布，从选线、坝型运行方式、涉水施工时间及工艺等角度，提出保护地表水的措施及建议；对取水设施造成不利影响的，应提出补偿、防护措施要求。

2. 对设施、船舶污水排放提出防治措施，明确污染物排放要求。

3. 航电枢纽改变水文情势，提出调整下泄流量、改变运行方式等确保下游生态用水的措施及建议。

4. 提出船舶减少污水产生和排放的措施建议；航道、航电枢纽污染物接收或者处置的建议。

（2）大气环境方面

对施工期、运营期废气、粉尘提出治理和明确达标排放要求及管理要求，船舶运行降低燃油消耗和减少废气排放的措施建议。

（3）底泥、土壤、固体废物方面

1. 航电枢纽坝址、船闸扩建区等可能涉及受污染的底泥、土壤时，需要结合影响预测分析，提出规划的综合整治方案。

2. 受污染的土壤和底泥要有明确的处置建议，保护地下水的相关要求。

3. 按照有关环境管理的法规和标准要求处理、处置航道施工和运行期间的危险废物。

（4）声环境污染防治措施

对施工设施、营地噪声影响提出保护措施，如施工作业场远离居民区、优化施工布局等场地控制要求，使用低噪设备等减缓噪声不利影响。运河、航运枢纽和船闸等提出运营期规划声环境防护控制要求。

2.8.3.4 生态保护方案

为维护规划区域生态多样性和完整性，结合流域生态规划提出生态保护要求、生态修复或补偿方案，制订预防性措施、减缓措施、恢复及补偿措施。

（1）预防性措施

1．提出选址、选线及工程活动避开敏感区域、防止对敏感物种影响的措施；提出采用减少资源占用（主要为土地资源、水资源）的方案，如优化占地类型、岸坡防护、限制施工范围等。

2．提出选择合适的施工时段、时序和生态影响小的施工工艺措施要求，规避和降低施工对鱼类产卵的影响。

（2）减缓、恢复及补偿措施

1．对不同生态系统和受影响的重要物种提出针对性的保护措施。

2．提出航道整治施工期保护野生动物、珍稀物种及其生境（(包括鱼类“三场”）的措施；如疏浚、爆破、开挖、护岸和丁坝构筑等，重点从维护河流几何形态、基床结构、水文流态等方面提出减少生境破坏和减缓对物种影响的措施。

3．航电枢纽阻断洄游性鱼类通道、改变水文情势，提出采取修建过鱼设施，下泄流量满足生态基流和鱼类产卵需求的措施。从流域角度提出联合调度以满足生态流量的要求的措施。

4．结合影响程度和方式，提出建立野生保护动物栖息地保护、营造适宜鱼类产卵生境的措施建议。

5．结合流域水生生态保护和渔业资源保护规划，提出鱼类增殖、放流等措施建议。

6．提出节约土地资源，保护陆域植被尤其是珍稀保护植物的措施，施工临时占地恢复的措施要求，水土保持和水土流失区的生态恢复。

7．论证有关建议措施的技术可行性。

2.8.3.5 其他方面保护措施

结合预测分析，提出文物古迹、人群健康、基础设施等相关保护要求。

2.8.3.6 结合流域和区域事故应急系统的相关规划，提出具有针对性、可操作性的风险应急预案及防范措施建议。

2.8.4 环境保护措施的落实

提出落实环境保护规划措施的要求，建立环境保护方案的保证体系、环境保护制度建设；估算生态保护措施费用，提出技术保障建议。

2.8.5 规划指标可达性分析

通过对社会经济、环境和资源等指标分析，量化规划的环境保护目标，论述主要规划目标的可达性。

2.9 环境监测与跟踪评价计划

2.9.1 环境管理

明确与航道建设项目环境保护工作相关的机构、部门，各自的主要职责和任务。明确有关环境管理程序，保证规划实施过程中的环境保护工作得到落实。

2.9.2 环境监测

（1）提出社会经济政策因子（交通、经济发展、水资源利用规划等）、环境因子（自然保护区、水产种质资源保护区以及水生生态、水体类别，排污量、环境质量）监控时段和部门参与建议，提出规划修改或者其他保护性措施要求。

（2）提出环境和生态因子的监测原则要求。列出需要进行监测的环境和生态因子或指标清单，以及重点监测点分布要求。

2.9.3 跟踪评价

制定航道规划实施的跟踪评价计划要求，对规划实施的生态和环境影响、环境保护措施的有效性实行跟踪评价。对与航道建设关系密切的重要生态敏感区、水环境质量等，应提出开展生态和水质跟踪评价要求，用以分析航道建设和运营产生的影响和及时提出改进措施。

2.9.4　规划所包含近期建设项目的评价要求

提出规划所包含的近期航道建设项目环境影响评价的要求，包括可以简化的内容及重点关注的内容。重点关注重要生境调查、施工期环境影响、泥沙冲淤变化累积影响、环境敏感目标的影响评价、减缓生态影响和污染防治措施、生态补偿措施等内容。涉及重要环境敏感目标的应开展深入论证，或者组织开展专题论证。

2.10　困难与不确定性分析

（1）分析在开展航道整治规划环评工作中遇到的困难和规划不确定性内容，对环境影响评价结论的准确性、完整性的影响；提出环境保护措施的时效性要求。

（2）航道规划等级和布局位置存在差异的，应注意不同方案的最不利影响，以及防止这种影响的措施。

（3）对不确定因素提出采取加强监测、规划逐步实施、规划方案调整等措施，预防或减缓规划对生态和水质的不良影响。

2.11　执行总结

执行总结应包括以下内容：

（1）航道整治方案概述及分析

（2）航道环境现状及主要环境制约因素

（3）航道整治方案实施可能产生的环境影响

（4）航道整治方案的环境合理性论证

（5）公众参与

（6）航道整治方案的优化调整建议与规划实施建议

（7）预防或减缓不良环境影响的对策措施

（8）规划与规划环评互动

（9）评价总体结论

3　其他要求

3.1　有关技术规范、标准和导则

本要点内容引用了下列文件或其中的条款。本技术要点应在这些技术规定原则要求下，采取合适的技术方法完成评价工作。

HJ 2.2 环境影响评价技术导则　大气环境

HJ 2.3 环境影响评价技术导则　地面水环境

HJ 2.4 环境影响评价技术导则　声环境

HJ 19 环境影响评价技术导则　生态影响

HJ/T 88 环境影响评价技术导则　水利水电工程

HJ 130 规划环境影响评价技术导则　总纲

HJ 169 建设项目环境风险评价技术导则

HJ 192 生态环境状况评价技术规范

HJ 610 环境影响评价技术导则　地下水环境

JTJ 227 内河航运建设项目环境影响评价规范

JTJ 226 港口建设项目环境影响评价规范

3.2　图件要求

3.2.1　航道规划概述有关图件内容要求

评价图件包括地理位置图、航道现状图、航道规划建设方案布局图等，规划河段水系分布图、环境监测结果分布图。图件要求与有关内容描述相对应，同时能反映航道规划涉及的行政区域、规划航道起止点及沿江主要城镇分布的基本情况。

航道整治规划方案图应重点表征方案的布局、规模和主要工程量，如航道整治位置及主要施工方式。

航电枢纽规划应反映枢纽平面大体布置、回水淹没范围以及与上下游梯级的关系等基本情况。可按照航道规划方案，组合分区或者分开绘制。

3.2.2 现状生态制图的要求

收集的图件资料应有功能区边界范围，图件基础数据应满足生态影响评价的时效要求，选择与评价基准时段相匹配的数据源。当图件主体内容无显著变化时，制图数据源的时效要求可在无显著变化期内适当放宽，但需经现场勘验校核。

涉及自然保护区、饮用水水源保护区、水产种质资源保护区以及其他生态功能区等环境敏感区的，应有相应的功能区划范围分布图。其中，自然保护区和水产种质资源保护区的功能区划图件，应为相关主管部门正式公布的有效版本。必要时可以征询主管部门的意见，核对图件和资料的有效性及规划与其的关系。

3.2.3 影响分析的生态制图要求

（1）生态影响评价制图的成图精度应满足生态影响判别和生态保护措施的实施要求。

（2）生态影响评价成图应能准确、清晰地反映评价主题内容，成图比例不应低于《环境影响评价技术导则 生态影响》规范要求。当成图范围过大时，可采用点线面相结合的方式，分幅成图。

（3）成图要有图名、比例尺、方向标/经纬度、图例、注记等基本要素。

4 报告书的编制框架

4.1 报告书主要编制目录

1 总则

1.1 规划背景

1.2 评价编制过程

1.3 评价目的和原则

1.4 编制依据

1.5 评价范围

1.6 环境影响识别和评价重点

1.7 评价保护目标与评价指标体系

1.8 评价技术路线及评价方法

2 航道现状及方案内容概述

2.1 航道现状

2.2 规划目标、范围、时段、规划标准

2.3 规划建设思路和方案

2.4 规划必要性论述

2.5 规划运量预测

2.6 与航道规划相关的规划协调性分析

3 规划流域资源环境现状分析

3.1 规划的地理位置

3.2 社会经济概况

3.3 自然环境和资源概况

3.4　水资源利用现状

3.5　生态调查

3.6　环境质量调查

3.7　环境敏感区和特殊保护区

3.8　流域主要资源和环境问题及零方案分析

4　航道及相关设施建设回顾性评价

4.1　航道建设情况回顾

4.2　航道建设的环境影响回顾性评价

4.3　评价区水利设施建设对区域生态影响回顾

4.4　对现规划的借鉴意义

5　环境影响识别与指标体系筛选

5.1　规划的主要环境问题

5.2　环境影响识别

5.3　评价内容筛选

5.4　规划的环境目标和评价指标体系

6　环境影响预测与评价

6.1　生态影响预测与评价

6.2　水环境影响预测与评价

6.3　大气环境影响预测与评价

6.4　声环境影响预测与评价

6.5　土壤、固体废物影响预测与评价

6.6　社会影响预测与评价

6.7　其他环境要素影响预测与评价

6.8　环境风险预测与评价

7　资源环境承载力分析

7.1　环境承载力分析

7.2　资源承载力分析

7.3　生态承载力分析

8　方案的环境合理性综合论证

8.1　规划的环境协调性综合论证

8.2　规划布局的环境合理性分析

8.3　规划规模的环境合理性分析

9　公众参与

9.1　公众参与调查形式及内容

9.2　公众参与调查实施

9.3　公众参与意见及采纳情况

10　规划优化调整与实施建议

10.1　规划优化调整建议

10.2　规划实施建议

11　预防或减缓不良环境影响的对策措施

11.1　规划期间的环境保护工作重点

11.2　预防不良环境影响的措施

11.3 减缓不良环境影响的措施

11.4 环境风险防范措施

11.5 环境保护方案的保障体系

11.6 其他环保对策措施

12 环境监测与跟踪评价计划

12.1 环境管理

12.2 环境监控和监测

12.3 跟踪评价

12.4 对下阶段环评的建议

13 困难与不确定性

14 执行总结

14.1 航道整治方案概述及分析

14.2 航道环境现状及主要环境制约因素

14.3 航道整治方案实施可能产生的环境影响

14.4 航道整治方案的环境合理性论证

14.5 公众参与

14.6 航道整治方案的优化调整建议与规划实施建议

14.7 预防或减缓不良环境影响的对策措施

14.8 规划与规划环评互动

14.9 评价总体结论

4.2 主要附图

1．航道建设规划行政区域范围图

2．航道规划评价范围示意图

3．评价区域重要生态敏感区位置示意图

4．航道建设工程方案图

5．规划航道所在流域水系图

6．航道规划与港口、城市总体规划、其他基础设施关系图

7．航道建设规划与自然保护区、种质资源保护区、沿江生态功能区、饮用水水源保护区、水功能区等关系图，重要鱼类产卵场分布示意图

8．受影响河段植被类型和土地利用现状图

9．航道规划的生态、环境影响的预测分析结果图

10．航道规划沿江风险源位置示意和重点防范区域图

11．规划的优化调整建议图

12．规划主要环境保护措施建议图

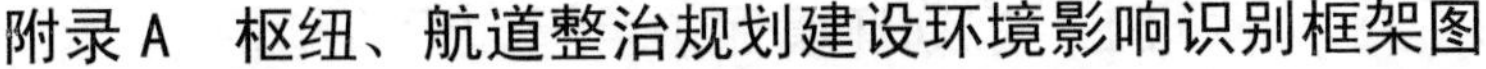

附录 A　枢纽、航道整治规划建设环境影响识别框架图

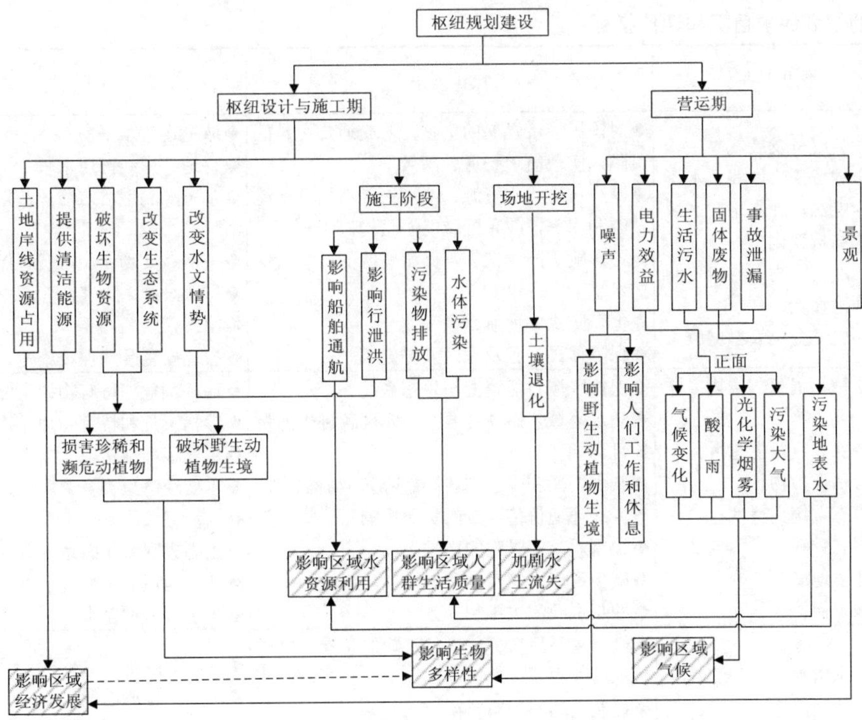

枢纽规划环境影响识别框架图

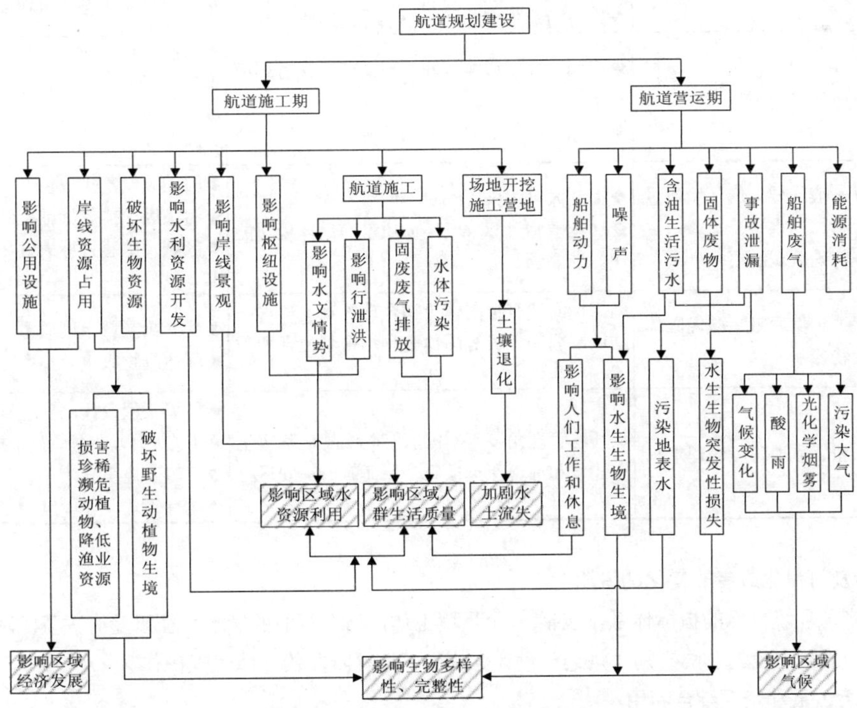

航道整治规划环境影响识别框架图

附录B 规划环境保护目标和评价指标

B.1 建议的规划保护目标和评价指标

环境主题	保护目标	保护要求	关注指标
社会发展和资源利用	◆社会经济发展 ◆土地资源、岸线、水资源、能源消耗水平、区域能源结构变化 ◆矿产、文物、旅游资源 ◆基础设施 ◆移民安置及人群健康	◆对国民经济发展的贡献，对交通货运量的贡献，实现航道畅通、高效 ◆减少耕地、水资源、能源消耗；提高水能资源利用率，改善区域能源结构 ◆不影响矿产、文物、旅游资源的开发与保护水平 ◆保障防洪、通航、供水安全 ◆保障移民安置及库区人群健康	◆航道运量水平 ◆耕地、岸线占用水平 ◆水资源利用及水能效益指标、能源消耗 ◆矿产、文物、旅游资源保护率 ◆基础设施（防洪、通航、供水）保障率 ◆搬迁安置区环保设施建设
生态环境	◆动植物资源，生物多样性 ◆特殊和重要生态区 ◆珍稀保护物种 ◆生态系统完整性 ◆生态景观 ◆环境地质 ◆水土保持	◆保护区域自然资源与生态系统 ◆满足区域生态功能要求，实现各种生态保护目标 ◆减少资源和生态破坏；减少对动物栖息地、有特殊环境价值区域的负面影响 ◆控制对沿岸景观的影响 ◆减少河岸土壤侵蚀和岸坡地质影响 ◆控制水土流失影响	◆珍稀濒危和特有物种生境占有率 ◆珍稀濒危和特有物种保护率 ◆生物多样性指数 ◆重要经济鱼类资源保护 ◆河流健康度 ◆生态景观或生态系统适宜度， ◆环境地质灾害控制水平 ◆水土流失控制水平
水环境	◆生态用水 ◆水体纳污能力 ◆水环境质量 ◆饮用水水源保护区	◆维持水环境质量。满足水功能和水环境质量标准要求 ◆控制水环境污染负荷 ◆维持水体自净及纳污能力 ◆保护饮用水源。确保城镇生活饮用水 ◆维持河流生态功能、下游生态需水	◆水功能区水质达标率、水环境容量 ◆污染物排放总量 ◆污水收集处理及达标排放率 ◆饮用水源安全保证率 ◆航电枢纽生态基流保证率
声环境	◆区域声环境质量	◆控制声环境影响区间，声功能区保持相应水平 ◆降低船舶、枢纽发电噪声源	◆敏感目标声环境质量水平 ◆船舶、航电枢纽噪声水平 ◆航电枢纽厂界达标、船舶及航道两侧噪声防护控制
大气环境	◆一般区域大气环境质量保持二类水平 ◆特殊区域的要求	◆控制大气污染 ◆环境敏感目标大气环境质量满足环境功能和标准要求	◆船舶废气年排放量 ◆污染因子排放标准控制要求 ◆区域及敏感目标大气环境质量标准
土壤固废	保证土壤质量，减轻固体废物影响	施工期间的有害固体废物合理处置 陆域及船舶垃圾等固体废物均得到处理和处置	◆受影响区域土壤质量 ◆固体废物收集处置率
环境保护管理	枢纽、航道环境管理水平	从环境管理角度落实国家有关法规，落实生态建设和环境保护措施，保证航道平安运行	◆环境工程设计、施工及验收实施率 ◆生态及环境保护设施维护水平 ◆环境监控实施率 ◆运行管理、环境风险应急系统

B.2 指标及可量化或者非量化的说明

提出实现环境目标的指标体系，包括 7 个环境主体，结合行业的影响特征以及有关资源环境特征而制定，便于规划阶段的影响判别，规划、设计、施工、运行阶段的环境管理操作。

B.2.1 社会发展和资源综合利用

（1）航道运量水平、航道保证率：与航道建设时序和社会经济总规模有关，航道通过综合整治应达到的运输水平率，是规划最重要的目标之一，是量化指标，需要通过采取各种有效措施，以保证“高效、畅通”航道的实现。

（2）耕地、岸线占用水平：要从节约土地、岸线资源合理配置出发，规划航道不影响现有其他岸线资源占用和降低耕地资源占用。特别是航电枢纽的淹没区，有相关的控制用地指标。

（3）水资源利用及水能效益、能源消耗：航道建设水资源利用的改变程度，要尽量不影响和破坏水资源利用设施，该指标可与流域规划的有关要求对比使用，以说明有关水资源利用水平的改变情况和水利设施影响情况。

（4）矿产、文物、旅游资源保护水平：规划航道应尽量保证资源不受到影响和破坏。

（5）基础设施（防洪、通航、供水）保障率：根据具体情况予以采用；

（6）搬迁移民安置区环保设施建设：航电枢纽规划中，应有一定的考虑和要求。

B.2.2　生态保护

（1）重要物种生境占用率：航道项目在无法采用替代方案避开重要保护区时，又要达到相应航道标准最低要求，提出的对重要生境水域占用的最高要求。其前提是不能破坏重要生境的生态功能结构，同时对已经占用和破坏生境采取的措施，对应相关费用也有要求。

（2）珍稀濒危物种保护率：该指标是环境保护工作中综合性指标，规划应满足有关珍稀濒危物种保护率要求，在各个阶段予以落实，是控制性指标。

（3）生物多样性指数：生物多样性指数不得低于现有的指标，重点是保护那些珍稀濒危物种，保证现有的生境功能不受到破坏，是流域综合保护的体现。

（4）重要经济鱼类资源水平：航道对水产种质资源保护区、鱼类“三场”等河流河岸、河床结构、水文情势等生境影响以及采取的不降低早期资源水平，增殖放流、生态补偿等，保证维护原有渔业资源水平不降低。

（5）河流健康度：应用河流水域生态评价指标体系，综合考虑水质、水生生态、水文、河岸带、河流形态结构与水域健康的关系，评价水域的健康状况。通过航道规划对河流产生的影响来综合评价规划实施对河流健康状况的影响，规划应以河流健康度不降低为原则。给出航道建设前后的健康度，判别河段的健康度水平。

（6）生态景观或生态系统适宜度水平：在实现尽量降低重要生境的占用、做好珍稀物种的保护，工程实施河段采取不降低生境多样性格局，实施重要渔业资源保护，保证河流健康的基本要求，达到生态适宜、构建“绿色”通道的目标。

（7）环境地质灾害控制水平：规划航电枢纽不至于造成坝址和淹没区两岸滑坡等地质灾害。

（8）水土流失控制水平：航电枢纽、航道整治造成水土流失，在建设期间需要做好水土保持，并达到当地的水土流失控制水平。

B.2.3　水环境

（1）区域水功能区达标率、水环境功能：航道建设控制河流水环境功能不受到影响和改变，水环境质量目标不会因项目的建设而降低。航电枢纽建设后，库区水环境容量发生改变，应保证库区和流域污染物排放不因水环境容量改变而造成水环境质量变化。

（2）污染物排放总量：污染因子有氨氮、COD_{Cr}、COD_{Mn}、石油类等，应降低河流行驶船舶的污染物排放总量，随着规划实施和船舶专业化大型化逐步实施，取而代之的将是清洁生产程度高的船舶，配套先进的环保设施及健全的环保制度。船舶污水主要污染因子为COD、SS和石油类等，尽管随着航道规模的逐步扩大，污染物排放总量将有所增加，但增加幅度远小于吞吐量的增加幅度；船舶污染物通过集中处理，改善现有船舶设施，排放总量将维持或者低于现有排放量。

（3）污水收集处理及达标排放率：提出枢纽、航道整治施工期间的保护要求。船舶通过港口、船闸采取规划的污染物接受处理措施后，降低水污染负荷，需要港口部门同时加大有关措施的执行力度。

（4）饮用水源安全保证率：应达到流域和水源地当地保护要求。航道建设中采取规划提出的污水处理措施，饮用水源安全得到保障，不因航道和枢纽建设造成对取水口及其水源保护区水质的影响。水环境质量目标不因项目的建设而降低。

（5）航电枢纽生态基流保证率：满足流域规划中生态基流的要求，同时在评价中提出保证实施的要求。

B.2.4 声环境

（1）敏感目标声环境质量水平：航电枢纽涉及区域、航道两岸区域的敏感目标一般应达到集中居民区、文教区的功能区声环境质量水平。

（2）船舶、航电枢纽设备噪声水平：通过船舶设施制造水平的提高，降低船舶和发电等设备的噪声，满足船舶自身的噪声标准要求，以保证环境目标的实现。

（3）航电枢纽厂界达标、船舶及航道两侧噪声防护控制：航电枢纽通过设施的噪声防护、合理布局，降噪措施，应达到相应的厂界声环境质量要求。航道建设后增加船舶运量，需要航行期间的保护措施使得声功能区维持现有水平，运河等两侧一定范围内敏感区如不能达到声环境质量标准，通过规划提出的防护控制建议来达到环境目标。施工期通过施工营地的合理选择和布局，避开邻近区的声敏感目标。

B.2.5 大气环境

（1）船舶废气年排放量：船舶大型化使得每吨每公里的油耗、船舶废气排放量均低于目前的水平；但货运量提高后，大气环境污染物排放总量将有所增加，但增加幅度远小于吞吐量的增加幅度；通过合理的控制措施，可进一步降低流域交通环境影响总体发生量。

（2）污染因子排放标准控制要求：通过提升船舶制造水平，合理船舶货运组织，提升船舶排放标准，降低污染因子单位排放量。

（3）区域及敏感目标大气环境质量标准：规划流域不因航道上船舶运行影响沿线区域敏感区区域的大气环境质量，一般应满足大气环境质量二类区标准。航道两侧的环境质量受控于地方发展水平，通过必要的污染防治措施维持有关标准。

B.2.6 土壤、固体废物处置

（1）受影响区域土壤质量：在航道整治疏浚、船闸改扩建开挖区域，如果涉及土壤污染物超标的情况，需要对这些底泥、土壤进行合理的处置，达到相应的标准，防止土壤污染造成的影响。

（2）固体废物处置率：船舶垃圾收集运城市固体废物处理系统。固体废物收集、处置率达到地方和行业要求，需要港口或者航电枢纽采取规划的污染物接收处理措施，加大有关措施的施行力度。

B.2.7 环境管理水平

（1）环境工程设计、施工及验收实施率：通过环境保护管理程序满足实施要求。

（2）生态及环境保护设施维护水平：运行航道中的环境保护设施应处于完好的状态。

（3）环境监控实施率：通过管理部门加强施工单位的施工环境监测、监理和运行期间的监控，实现环境保护管理要求。

（4）运行管理、环境风险应急系统制订：根据规划评价提出的原则管理框架，交通建设管理单位和航道部门建立完善的环境管理体系、管理机构体系，制订完善的施工和运营期间的应急系统编制，以满足运行阶段环境保护管理要求。船方、航道、港口和地方部门制订完善的船舶、码头和航道系统风险应急预案，控制事故风险率，降低事故风险的环境影响，多种体系的建立，以实现“平安”航道的目标。

附录 C 主要采用的技术方法

C.1 航道整治规划环评可采用的方法见表 C.1

表 C.1 航道整治规划环评主要采用的评价方法

评价环节	可采用的方式和方法
规划分析	核查表、叠图分析、矩阵分析、专家咨询（如德尔斐法等）、情景分析
环境现状调查与评价	现状调查：资料收集利用、环境监测、生态调查 现状分析与评价：综合指数法、叠图分析、生态学分析法（生态系统健康评价法、指示物种评价法、景观生态学评价等）
环境影响的识别与环境目标、评价指标的确定	核查表、矩阵分析、专业判断、专家咨询、叠图分析
环境要素影响预测与评价	类比分析、负荷分析（单位 GDP 物耗、能耗和污染物排放量等）、趋势分析、数值模拟、综合指数法、生态学分析法、生态服务价值法、叠图分析、情景分析
环境风险评价	风险概率统计、事件树分析、层次分析法、数值模拟
累积影响评价	矩阵分析、叠图分析、生态学分析法（如生态系统健康评价法、指示物种评价法、景观生态学评价等）
资源与环境承载力评估	容量分析法、承载力指标体系分析法、情景分析法、专业判断法

C.2 评价方法简介

以下给出航道整治规划环评主要采用的评价方法。在本技术要点 3.1 中，提出了引用的技术规范、导则，部分评价方法在这些技术文件规定中的附录已有描述，可参考采用。

C.2.1 叠图法

将一系列能反映区域特征包括自然环境条件、社会背景、经济状况等的专题地图叠放在一起，并将拟议规划实施及影响的范围、强度在图上表示出来，形成一张能综合反映规划环境影响空间特征的地图。叠图法适用于评价区域现状的综合分析，环境影响识别（尤其是影响范围）以及累积影响评价。能直观、形象、简明地表示各种单个影响和复合影响的空间分布。但无法在地图上表达“源”与“受体”的因果关系，因而无法综合评定环境影响的强度或环境因子的重要性。

C.2.2 情景分析法

将规划方案实施前后、不同时间和条件下的环境状况，按时间序列进行描绘的一种方式。可以用于规划的环境影响的识别、预测以及累积影响评价等环节。利用情景分析法，可以实现：①可以反映出不同的规划方案（经济活动）情景下的环境影响后果，以及一系列主要变化的过程，便于研究、比较和决策。②可以提醒评价人员注意开发行动中的某些活动或政策可能引起重大的后果和环境风险。③情景分析方法需与其他评价方法结合起来使用。因为情景分析法只是建立了一套进行环境影响评价的框架，分析每一情景下的环境影响还必须依赖于其他一些更为具体的评价方法，例如：环境数学模型、矩阵法或 GIS 等。④可根据环境效应强度和环境受体敏感性进行规划环境影响识别。

C.2.3 层次分析法

层次分析法是对较为复杂、较为模糊的问题作出决策的简易方法，适用于难于完全定量分析的问题。是一种简便、灵活而又实用的多准则决策方法。运用层次分析法建模，大体上按四个步骤进行：建立递阶层次结构模型；构造各层次的判断矩阵；层次单排序及一致性检验；层次总排序及一致性检验。

C.2.4 数学模型法

用数学模型定量表示环境系统、环境要素时空变化的过程和规律，比如大气或水体中污染物的输运和转化规律。环境数学模型包括大气扩散模型、水文与水动力模型、水质模型、沉积物迁移模型和物种栖息地模型等。环境数学模型适用于较低层次或者说是更接近项目层次的规划类型，如城市建设规划中的详细规划类型、国民经济与社会发展规划中的近期规划或年度计划、开发区建设规划、行业规划等。在航道整治规划环评过程中，数学模型法可将最优化分析与模拟（仿真）模型结合起来，量化分析因果关系，用于选择最佳的规划方案，确定多个污染或者其他影响源产生的累积影响，并能找到每一种影响源的最优控制水平。

主要的水质预测模型见本技术要点 3.1 引用导则的有关附录，主要包括《环境影响评价技术导则　地面水环境》《环境影响评价技术导则　声环境》《环境影响评价技术导则　生态影响》《环境影响评价技术导则　水利水电工程》等。

C.2.5 生物多样性评价方法

生物多样性通常用香农-威纳指数（Shannon-Wiener index）表征：

$$H=-\sum_{i=1}^{s} P_i \ln P_i$$

式中：H——样本的信息含量（彼得/个体）＝群落的多样性指数；

S——种数；

P_i——样本中属于第 i 种的个体比例。

C.2.6 水域健康分析

水域健康的特征指标，涵盖各河段的重点关注因子。特别关注生态完整性和生物多样性；在河流的上游地区，需要关注水利工程建设导致的流量变化，鱼类鱼道与栖息地的状况及沿岸植被状况；水质污染强度，水体含沙量和河岸稳定性；河岸的稳定性。

从流域管理角度出发，对各项一级指标采用打分的方法，建立模型，利用多层次分析方法进行分析，通过确定判断矩阵和层次分析法确定权值的程序来确定各项一级指标的权重值。根据健康水域各指标值乘以各级指标的权重得到河流水域的综合指标值（表 C.2）。

表 C.2　健康水域指标体系及指标标准值建议

<table>
<tr><th rowspan="2">一级指标</th><th rowspan="2">二级指标</th><th colspan="5">评分标准（分值）</th></tr>
<tr><th>很健康（5）</th><th>健康（4）</th><th>亚健康（3）</th><th>不健康（2）</th><th>极不健康（1）</th></tr>
<tr><td rowspan="2">河流水质</td><td>水质状况</td><td>Ⅰ类</td><td>Ⅱ类</td><td>Ⅲ类</td><td>Ⅳ类</td><td>Ⅴ类</td></tr>
<tr><td>水源水质达标率</td><td>>80%</td><td>60%～80%</td><td>40%～60%</td><td>20%～40%</td><td><20%</td></tr>
<tr><td rowspan="3">河流生态</td><td>生物多样性指数</td><td>>4</td><td>3～4</td><td>2～3</td><td>1～2</td><td>0～1</td></tr>
<tr><td>珍稀水生动物存活生境</td><td>优</td><td>良</td><td>中</td><td>差</td><td>恶劣</td></tr>
<tr><td>水生动物洄游情况</td><td>优</td><td>良</td><td>中</td><td>差</td><td>恶劣</td></tr>
<tr><td rowspan="3">河流形态结构</td><td>湿地状况</td><td>一级</td><td>二级</td><td>三级</td><td>四级</td><td>四级</td></tr>
<tr><td>河床稳定性</td><td>无明显冲淤</td><td colspan="3">中等程度冲淤</td><td>冲淤严重</td></tr>
<tr><td>河道连通性</td><td>>0.8</td><td>0.6～0.8</td><td>0.4～0.6</td><td>0.2～0.4</td><td><0.2</td></tr>
<tr><td rowspan="2">河道水文特征</td><td>年径流量变化状况</td><td><5%</td><td>5%～15%</td><td>15%～30%</td><td>30%～40%</td><td>>40%</td></tr>
<tr><td>输沙模数</td><td><100</td><td>100～1 000</td><td>1 000～5 000</td><td>5 000～15 000</td><td>>15 000</td></tr>
<tr><td rowspan="4">河岸带状况</td><td>植被覆盖率</td><td>>80%</td><td>60%～80%</td><td>40%～60%</td><td>20%～40%</td><td><20%</td></tr>
<tr><td>结构完整性</td><td colspan="2">多种植物（三个层次）</td><td>两个层次</td><td>一个层次</td><td>无植被</td></tr>
<tr><td>生态堤岸所占比例</td><td><20%</td><td>20%～40%</td><td>40%～60%</td><td>60%～80%</td><td>>80%</td></tr>
<tr><td>河岸稳定性</td><td>无明显侵蚀</td><td>少量侵蚀<20%</td><td>中度侵蚀20%～50%</td><td>极度侵蚀50%～80%</td><td>绝大部分侵蚀>80%</td></tr>
</table>

关于进一步加强水利规划环境影响评价工作的通知

(环发〔2014〕43号)

各省、自治区、直辖市环境保护厅(局)、水利(水务)厅(局),各计划单列市环境保护局、水利(水务)局,新疆生产建设兵团环境保护局、水利局,水利部各流域管理机构,辽河保护区管理局,解放军环境保护局:

为深入贯彻落实党的十八大精神,按照《中华人民共和国环境影响评价法》及《规划环境影响评价条例》要求,进一步规范和指导水利规划环境影响评价工作,有效保护水资源、水生态和水环境,推进生态文明建设,环境保护部、水利部决定进一步加强水利规划环境影响评价工作。现将有关要求通知如下:

一、严格执行规划环境影响评价制度

(一)水行政主管部门在组织编制有关水利规划时,应根据法律法规的要求,严格执行规划环境影响评价制度,同步组织开展规划环境影响评价工作。对已经批准的规划在实施范围、适用期限、规模、结构和布局等方面进行重大调整或修订的,应当依法重新或补充进行环境影响评价。

(二)规划编制单位在报送水利规划草案时,应将环境影响篇章或说明(作为规划草案的组成部分)、环境影响报告书一并报送规划审批机关。未依法编写环境影响篇章或说明、环境影响报告书的,规划审批机关应当要求其补充;未补充的,规划审批机关不予审批。

二、水利规划环境影响评价的范围规定

(三)需编写环境影响篇章或说明的水利规划包括:水资源战略(综合)规划及水中长期供求规划等涉及水利可持续发展的战略规划;水利发展规划;防洪、治涝、抗旱、灌溉、采砂管理等专业规划或专项规划。

(四)需编制环境影响报告书的水利规划包括:流域综合规划;水力发电、水资源开发利用(含供水)等专业规划;河口整治、水库建设、跨流域调水等专项规划。作为一项整体建设项目的水利规划,按照建设项目进行环境影响评价,不进行规划的环境影响评价,其具体范围的界定标准由水利部会同环境保护部制定发布后实施。

三、水利规划环境影响评价的基本要求

(五)水利规划环境影响评价,应当树立尊重自然、顺应自然、保护自然的生态文明理念,坚持节约优先、保护优先、自然恢复为主的方针,落实流域统筹、综合规划要求,促进干支流、上下游科学有序开发。

(六)水利规划环境影响评价,应当从经济、社会可持续发展、水资源可持续利用和维护流域生态安全的角度,全面评价规划实施可能对流域生态系统产生的整体影响、对环境及人群健康产生的长远影响,评价规划实施的经济效益、社会效益与环境效益之间以及当前利益与长远利益之间的关系。

(七)水利规划环境影响评价,应当依据国家有关法律法规,按照有关技术导则和规范的要求,结合自然环境特征和水利规划特点,重点分析与相关政策法规、全国主体功能区规划及其他相关功能区划等

的符合性；识别规划实施可能影响的自然保护区、风景名胜区、饮用水水源保护区、珍稀动植物生境、历史文化遗迹等重要环境敏感区及其他资源环境制约因素；预测规划实施可能对生态环境造成的直接、间接和累积性影响；提出预防或减轻不良环境影响的对策措施。编制环境影响报告书的，还应包括规划草案的环境合理性和可行性、预防或减轻不良环境影响的对策和措施的合理性和有效性，以及规划草案的调整建议等环境影响评价结论。

四、加强水利规划环境影响报告书的审查

（八）设区的市级以上人民政府审批的水利规划，在审批前由其环境保护行政主管部门召集有关部门代表和专家组成审查小组，对环境影响报告书进行审查。审查小组提交书面审查意见。

（九）省级以上人民政府水行政主管部门审批或牵头审批的水利规划，在审批前由同级环境保护行政主管部门会同水行政主管部门召集有关部门代表和专家组成审查小组，对环境影响报告书进行审查。审查小组提交书面审查意见。

（十）审查意见应当包括以下内容：

1．基础资料、数据的真实性；

2．评价方法的恰当性；

3．环境影响分析、预测和评估的可靠性；

4．预防或者减轻不良环境影响的对策和措施的合理性和有效性；

5．公众意见采纳与不采纳情况及其理由说明的合理性；

6．环境影响评价结论的科学性。

（十一）审查小组的专家应当从环境保护行政主管部门依法设立的专家库内的相关专业、行业专家名单中随机抽取，应当包括水资源、水环境、水生态、水利规划、陆生生态、环境风险等环评方面的专家，专家人数不得少于审查小组总人数的1/2。

（十二）环境保护行政主管部门负责对环境影响评价审查专家库进行动态更新，在更新和补充涉及水利行业专家名单时，应充分征求水行政主管部门的意见。

五、加强环境保护部门和水利部门的协调配合

（十三）水行政主管部门在审批规划草案时，应当将环境影响报告书结论以及审查意见作为规划审批决策的重要依据。对环境影响报告书结论以及审查意见不予采纳的，应当逐项对不予采纳的理由作出书面说明，并存档备查。

（十四）环境保护行政主管部门要加强对水利规划环境影响评价工作的指导，落实规划环评和项目环评的联动机制。自本通知下发之日起，未进行环境影响评价的规划所包含的建设项目，在受理其环境影响评价文件之前，应补充规划阶段的环境影响评价；已经进行环境影响评价的规划（包括本轮修编的七大流域综合规划）包含具体建设项目的，规划的环境影响评价结论应当作为建设项目环境影响评价的重要依据，建设项目环境影响评价内容可以根据规划环境影响评价的分析论证情况予以简化。

（十五）各级环境保护行政主管部门和水行政主管部门要进一步加强沟通和协调，各司其职，各负其责，建立有效的部门合作机制，实现环评与规划编制早期介入、全程互动，不断提高水利规划环境影响评价质量，促进水利事业全面协调可持续发展。

环境保护部

水利部

2014年3月21日

关于做好煤电基地规划环境影响评价工作的通知

（环办〔2014〕60号）

山西省、内蒙古自治区、陕西省、宁夏回族自治区、新疆维吾尔自治区环境保护厅，新疆生产建设兵团环境保护局：

按照《环境影响评价法》和《规划环境影响评价条例》要求，为贯彻落实《大气污染防治行动计划》，进一步做好煤电基地规划环境影响评价工作，以环境保护优化煤电基地发展，促进相关区域大气污染防治目标实现，现将有关要求通知如下：

一、强化煤电基地规划环境影响评价管理

（一）编制煤电基地规划，应严格依法做好环境影响评价，在规划草案报送前编制完成规划环境影响报告书，并报送负责召集审查的环境保护部门。煤电基地规划范围、布局、结构、规模等发生重大调整或修订的，应依法重新或补充进行规划环境影响评价。

（二）煤电基地规划环境影响评价应尽早介入，贯穿规划编制的全过程。环境影响报告书编制单位应及时将规划草案的资源环境制约、可能产生的环境问题和优化调整建议，反馈规划编制机关，在规划方案的制定完善中予以充分体现。

（三）煤电基地规划环境影响报告书和审查意见应与规划草案一并报送规划审批机关，作为规划决策和实施的重要依据。

（四）规划的环境影响评价结论应作为建设项目环境影响评价的重要依据，建设项目环境影响评价内容可以根据规划环境影响评价的分析论证情况予以简化。对未完成环境影响评价工作的规划，环境保护部门不予受理规划中建设项目的环境影响评价文件。

二、煤电基地规划环境影响评价的总体要求

（五）科学调控发展规模。坚持保护优先，依据区域资源环境承载能力，以确保生态环境质量不降低和大气污染防治目标实现为前提，深入论证煤电基地发展规模的环境合理性，推动煤电基地适度、有序发展。

（六）优化煤电基地发展布局。严格落实大气污染防治重点区域和重点控制区煤电准入要求，依据区域大气环境容量和地形、气象条件，避让、减缓对环境敏感目标的不利影响，优化电源点布局。

（七）统筹区域内相关产业结构。推进科学配置区域资源环境要素，有保有压，优化煤电上下游产业链条，提升相关产业资源环境效率，推动循环绿色发展。

三、煤电基地规划环境影响评价应重点做好的工作

（八）与相关规划等的协调性分析。应重点分析煤电基地规划与主体功能区规划、生态功能区划、环保政策和规划等在功能定位、开发原则和环境准入等方面的符合性。分析规划方案与其他相关规划在资源保护与利用、生态环境要求等方面的冲突与矛盾。论证规划方案规模、布局、结构、建设时序与区域

发展目标、定位的协调性，以外送为主的煤电基地还应重点分析与相关输电通道规划的协调性。

（九）区域生态环境现状分析和回顾性评价。应结合自然保护区、饮用水水源保护区等重要环境保护目标，重点说明近年来大气环境、地表水、地下水、土壤环境等区域生态环境现状与变化。通过分析区域内煤电和相关煤炭、有色、煤化工行业规划实施引发的生态环境演变趋势，准确识别区域突出的生态环境问题及其成因。说明相关战略环评成果、规划环评审查意见及有关项目环评批复的落实情况。

（十）资源环境承载力分析。应重点分析大气环境及水环境容量，深入开展生态承载力分析。立足煤电基地内主要用水行业现有和规划的各项水资源需求，依据水资源调配引发的生态环境影响分析水资源承载能力。根据所依托矿区的煤炭产能、产量与流向，核实煤炭资源承载能力。

（十一）环境影响预测和分析。应重点开展大气环境影响预测，综合考虑煤矿、煤电及区域相关产业排放的二氧化硫（SO_2）、氮氧化物（NO_x）、可吸入颗粒物（PM_{10}）、细颗粒物（$PM_{2.5}$）和汞等重金属及有毒有害化学物质对煤电基地大气环境的影响，分析其对周边重点城市的跨界影响。分析煤电及相关产业发展对区域防风固沙、水土保持、水源涵养、生物多样性保护等重要生态功能的影响，明确煤电基地开发是否会导致生态系统主导功能发生显著不良变化或丧失，是否会加剧现有生态环境问题。

（十二）规划优化调整建议。应以资源环境可承载为前提，从煤电基地规划规模和空间布局、外送电和自用电比例、下游产业发展方向及区域产业结构调整等方面提出规划草案的优化调整建议。对与环保政策要求存在明显冲突、将显著加剧或引发严重生态环境问题、建设规模缺乏必要性或无输电通道支撑、现状环境容量不足且区域削减措施滞后或效果不佳、现状水资源难以承载且供水存在较大不确定性等情况，均应明确提出规划规模调减和布局优化等建议。

（十三）预防或减缓不良环境影响的对策措施。应立足大气环境质量改善，提出煤电基地所在区域大气污染物削减方案、大气污染防控对策，以及受电区域控制煤电行业发展的政策建议。统筹制定煤电基地环境保护和生态修复方案，细化水资源循环利用方案，分类明确固体废物综合利用、处理处置的有效途径和方式。制定有针对性的跟踪评价方案，对煤电基地开发产生的实际环境影响、环境质量变化趋势、环境保护措施落实情况和有效性做好监测和评价。

四、开展重点区域煤电基地规划环评会商

（十四）山西省和内蒙古自治区编制的煤电基地规划环境影响报告书，应根据报告书结论建议开展京津冀及周边地区环评会商，形成会商意见，重点从减缓跨界影响的角度提出规划方案优化调整和加强区域联防联控等方面措施建议。

（十五）会商完成后，应根据会商情况修改完善煤电基地规划环境影响报告书，作为进一步优化规划草案和完善大气等污染防治对策措施的重要依据。环境保护部门在召集规划环境影响报告书审查时，应邀请参与会商的相关地方政府或部门代表参加，充分考虑会商意见的采纳情况。

环境保护部办公厅

2014 年 7 月 17 日

关于做好矿产资源规划环境影响评价工作的通知

（环发〔2015〕158号）

各省、自治区、直辖市环境保护厅（局）、国土资源厅（局），新疆生产建设兵团环境保护局、国土资源局：

为深入贯彻党的十八大和十八届二中、三中、四中全会精神，全面落实《环境影响评价法》及《规划环境影响评价条例》，进一步指导和规范矿产资源规划环境影响评价工作，切实统筹好资源开发与环境保护，大力推进生态文明建设，环境保护部、国土资源部现就做好矿产资源规划环境影响评价工作有关要求通知如下：

一、切实加强矿产资源规划环境影响评价工作

（一）认真落实规划环境影响评价制度。国土资源主管部门在组织编制有关矿产资源规划时，应根据法律法规要求，严格执行规划环境影响评价制度，同步组织开展规划环境影响评价工作。规划编制过程中，应坚持资源开发与环境保护协调发展，及时开展规划环境影响评价，充分吸纳规划环评提出的优化调整建议和减缓不利环境影响的对策措施，强化资源开发合理布局、节约集约利用和矿区生态保护。规划实施后，规划编制机关应当将规划环评的落实情况和实际效果等纳入规划评估重要内容；对于有重大环境影响的规划，规划编制机关应及时组织规划环境影响的跟踪评价，将评价结果报告规划审批机关，并通报相应环境保护部门。

（二）分类开展矿产资源规划环评工作。需编写环境影响篇章或说明的矿产资源规划包括：全国矿产资源规划，全国及省级地质勘查规划，设区的市级矿产资源总体规划，重点矿种等专项规划。需编制环境影响报告书的矿产资源规划包括：省级矿产资源总体规划，设区的市级以上矿产资源开发利用专项规划，国家规划矿区、大型规模以上矿产地开发利用规划。县级矿产资源规划原则上不开展规划环境影响评价，各省级人民政府有规定的按照其规定执行。

（三）环境影响篇章或者说明、环境影响报告书，可由规划编制机关编制，或者组织规划环境影响评价技术机构编制。规划编制机关应加强规划环评的财政经费保障和相关信息资料共享，对环境影响评价文件的质量负责。

二、准确把握矿产资源规划环境影响评价的基本要求

（四）总体要求。矿产资源规划环境影响评价，应符合《规划环境影响评价技术导则 总纲》（HJ 130—2014）和有关技术规范，立足于改善区域生态环境质量、促进资源绿色开发，完善规划环境目标和原则要求，分析规划实施的协调性和资源环境制约因素，预测规划实施对区域生态系统、水环境、土壤环境等的影响范围、程度和变化趋势，统筹做好规划和规划环评的信息公开与公众参与，优化规划的总量、布局、结构和时序安排，提出预防和减轻不良环境影响的政策、管理、技术等对策措施。

（五）全国矿产资源规划环境影响评价。应结合相关主体功能区规划、环境功能区划、生态功能区划、土地利用总体规划及其他相关规划，综合评判矿产资源开发布局与经济社会、生态环境功能格局的协调性、一致性；预测规划实施和资源开发对区域生态系统、环境质量等造成的重大影响，提出预防或减轻不良环境影响的对策措施；论证资源差别化管理政策和开发负面清单的合理性与有效性，从源头预防资

源开发带来的不利环境影响。

（六）省级矿产资源规划环境影响评价。应以资源环境承载能力为基础，科学评价矿产资源勘查开发总体布局与区域经济社会发展、生态安全格局的协调性、一致性；从经济社会可持续发展、矿产资源可持续利用和维护区域生态安全的角度，评价规划定位、目标、任务的环境合理性；重点识别规划实施可能影响的自然保护区、风景名胜区、饮用水水源保护区、地质公园、历史文化遗迹等重要环境敏感区及其他资源环境制约因素；结合本行政区重要环境保护目标，预测规划实施可能对区域生态系统产生的整体影响、对环境产生的长远影响；提出规划优化调整建议和减轻不良环境影响的对策措施。省级矿产资源总体规划环境影响评价技术要点由环境保护部会同国土资源部联合制定，另行印发。

（七）设区的市级矿产资源规划环境影响评价。主要是围绕沙石黏土及小型非金属矿等资源的开发利用与保护活动，评价规划部署与区域经济发展、民生改善和生态保护的协调性；预测规划实施和资源开发可能对生态环境造成的直接和间接影响；评价矿山地质环境治理恢复与矿区土地复垦重点项目安排的合理性，以及开采规划准入条件的有效性。

三、严格规范矿产资源规划环境影响报告书审查

（八）规划编制机关在报送矿产资源规划草案时，应将环境影响篇章或说明（作为规划草案的组成部分）、环境影响报告书一并报送规划审批机关。未依法编写环境影响篇章或说明、环境影响报告书的，规划审批机关应当要求其补充；未补充的，规划审批机关不予审批。已经批准的规划在实施范围、适用期限、规模、结构和布局等方面进行重大调整或修订的，应当依法重新或补充进行环境影响评价。

（九）需编制环境影响报告书的矿产资源规划，在审批前由同级环境保护部门会同规划审批机关，在收到报告书30日内召集有关部门代表和专家组成审查小组，对环境影响报告书进行审查；审查小组应提出书面审查意见。

（十）审查意见应当包括以下内容：

1．基础资料、数据的真实性；

2．评价方法的恰当性；

3．环境影响分析、预测和评估的可靠性；

4．预防或者减轻不良环境影响对策和措施的合理性和有效性；

5．公众意见采纳与不采纳情况及其理由说明的合理性；

6．环境影响评价结论的科学性。

（十一）审查小组的专家应当从环境保护部门依法设立的专家库内的相关专业、行业专家名单中随机抽取，应包括地质矿产、区域生态、环境保护、资源规划等方面的专家，专家人数不得少于审查小组总人数的1/2。环境保护部门对专家库进行动态管理，在更新和补充涉及矿产行业专家名单时，应充分征求国土资源主管部门的意见。

（十二）国土资源主管部门在审批规划草案时，应当将环境影响报告书结论以及审查意见作为规划审批决策的重要依据。对环境影响报告书结论以及审查意见不予采纳的，应当逐项对不予采纳的理由作出书面说明，存档备查并告知有关环境保护部门。

环境保护部

国土资源部

2015年12月7日

关于加强规划环境影响评价与建设项目环境影响评价联动工作的意见

（环发〔2015〕178 号）

各省、自治区、直辖市环境保护厅（局），新疆生产建设兵团环境保护局：

按照国务院简政放权、放管结合的总体部署，为落实《环境保护法》、《环境影响评价法》和《规划环境影响评价条例》有关规定，加强规划环境影响评价（以下简称规划环评）对建设项目环境影响评价（以下简称项目环评）工作的指导和约束，推动在项目环评审批及事中事后监督管理中落实规划环评成果，实现强化宏观指导、简化微观管理的目标，现就加强规划环评与项目环评联动工作，提出如下意见。

一、开展联动工作的总体要求

（一）切实加强规划环评工作，从决策源头预防环境污染，是创新管理方式，做好项目环评审批简政放权、加强事中事后监管的有效手段。加强规划环评与项目环评联动，是指进一步强化规划环评对项目环评的指导和约束作用，并在建设项目环境保护管理中落实规划环评的成果，切实发挥规划和项目环评预防环境污染和生态破坏的作用。

（二）加强规划环评与项目环评联动，必须以提高规划环评工作的质量为前提。各级环保部门在召集审查小组对规划环境影响报告书进行审查时，应将规划环评工作任务完成情况及规划环评结论的科学性作为审查的重点，充分关注规划环评结论对于建设项目环评的指导和约束作用。

（三）对于已经完成规划环评主要工作任务的重点领域规划，可以实施规划环评与规划所包含的项目环评的联动工作。经审查小组审查发现规划环评没有完成主要工作任务的，应采用适当方式建议有关部门对规划环评进行完善并经审查小组审查后方能开展联动工作。

（四）本意见所指重点领域的规划环评是指包含重大项目布局、结构、规模等的规划环评，暂限定于本意见（五）至（九）中所列的相关领域规划环评。对于具有指导意义的综合性规划，其规划环评原则上不作为与项目环评联动的依据。

二、重点领域规划环评的主要工作任务

（五）产业园区规划环评。应以推进区域环境质量改善以及做好园区环境风险防控为目标，在判别园区现有资源、环境重大问题的基础上，基于区域资源环境承载能力，针对园区规划方案，在主体功能区规划、城市总体规划尺度上判定园区选址、布局和主导产业选择的环境合理性，提出优化产业定位、布局、结构、规模以及重大环境基础设施建设方案的建议；提出园区污染物排放总量上限要求和环境准入条件，并结合城市或区域环境目标提出园区产业发展的负面清单。

（六）公路、铁路及轨道交通规划环评。目前主要包括城市轨道交通建设规划、区域城际铁路建设规划及国家和省级公路网规划等，其环评应结合线路走向及规模，从维护区域生态系统完整性和稳定性、协调与城镇生活空间布局关系的角度，论证线网规模、布局、敷设方式和重要站场的环境合理性，提出选址、选线及避让生态环境敏感目标和重要生态环境功能区等要求，明确生态环境保护的对策措施。

（七）港口、航道规划环评。应结合流域、海域资源环境承载能力，从维护生态系统安全、促进区域

岸线资源可持续利用、严守生态保护红线等角度，明确提出优化港口和航道功能与作业区布局方案，对规划所含或所涉及项目的布局、规模、结构、货种及建设时序等提出优化调整建议，明确预防和减缓不利环境影响的对策措施。

（八）矿产资源开发规划环评。应结合区域资源环境特征，主体功能区规划和生态保护红线管理等要求，从维护生态系统完整性和稳定性的角度，明确禁止开发的红线区域和规划实施的关键性制约因素，提出优化矿产资源开发的布局、规模、开发方式、建设时序等建议，合理确定开发方案，明确预防和减缓不利环境影响的对策措施。

（九）水利水电开发规划环评。应加强规划实施对区域、流域生态系统及生态环境敏感目标造成的长期累积性影响评价，提出区域资源环境要素的优化配置方案，结合生态保护红线和生态系统整体性保护要求，划定禁止或限制开发的红线区域、流域范围，控制开发强度，优化开发方案。

（十）重点领域的规划环境影响报告书，应结合具体规划特征和环评工作成果，在环评结论中提出对规划所包含的项目环评的指导意见。对于项目环评可以简化的内容，应提出合理的简化清单；对于需在项目环评阶段深入论证的，应提出论证的重点内容。

（十一）各级环保部门在召集审查重点领域规划环境影响报告书时，应将对项目环评的指导意见作为审查的重要内容，并在审查意见中给予明确。经审查小组认可的对项目环评的指导意见，可以作为开展规划环评与项目环评联动的依据。

三、加强项目环评对规划环评落实情况的联动反馈

（十二）各级环保部门在审批项目环评文件前，应认真分析项目涉及的规划及其环评情况，并将与规划环评结论及审查意见的符合性作为项目环评文件审批的重要依据。

（十三）对符合规划环评结论及审查意见要求的建设项目，其环评文件应按照规划环评的意见进行简化；对于明显不符合相关规划环评结论及审查意见的项目环评文件，各级环保部门应将与规划环评结论的符合性作为项目审批的依据之一；对于要求项目环评中深入论证的内容，应强化论证。

（十四）按照规划环评结论和审查意见，对于相关项目环评应简化的内容，可采用在项目环评文件中引用规划环评结论、减少环评文件内容或章节等方式实现。

（十五）对于在项目环评审查中，发现规划环境影响报告书经审查没有完成相应工作任务、不能为项目环评提供指导和约束的，或是发现相关规划在实施过程中产生重大不良影响的，或是规划环评结论与审查意见未得到有效落实的，有关单位和各级环保部门不得以规划已开展环评为理由，随意简化规划所包含项目环评的工作内容，甚至降低评价类别。环保部门可以向有关规划审批机关提出相关改进措施或建议。

（十六）关于重点产业园区项目环评的管理方式，我部将组织推动开展产业园区规划环评“清单管理”和与项目环评联动的试点工作，鼓励地方环保部门向我部申请组织开展试点，针对试点园区，稳步推进园区项目环评审批改革。

四、逐步健全推进联动工作的保障体系

（十七）各级环保部门应结合简政放权、放管结合的部署，进一步强化规划环评与项目环评的联动要求，明确联动前提，根据本意见提出的原则科学界定简化内容，逐步建立制度化的措施，既要防止重复评价，也要避免过度简化、随意简化。对于我部下放省级环保部门审批的项目环评，不得层层下放。

（十八）各级环保部门应建立规划环评及审查意见的数据库及管理应用平台，推动规划环评和项目环评信息共享，为加强规划环评和项目环评联动做好技术储备。

（十九）各级环保部门在推进规划环评与项目环评的联动工作中，应加强对相关环评机构、专家及评估单位的指导，防止在联动管理的各个环节出现不一致，影响工作效果。

（二十）各级环保部门应加强对联动工作的管理，对严重违反相关要求，如对明显不符合规划环评结论及审查意见的项目环评予以审批的，或者有关技术单位和人员应该简化项目环评内容而未简化的、不应该简化而随意简化的，应及时提出处理意见，追究相关单位及人员责任。

（二十一）各级环保部门要加强规划环评、项目环评与事中事后监督管理的有效衔接，在建设项目事中事后监管中严格落实规划环评结论和项目环评审批要求，上级环保部门要加强对下级环保部门事中事后监督管理工作的监督和指导，提升整个环境影响评价制度的管理效能。

环境保护部

2015 年 12 月 30 日

关于开展规划环境影响评价会商的指导意见（试行）

（环发〔2015〕179 号）

各省、自治区、直辖市环境保护厅（局），新疆生产建设兵团环境保护局：

按照《关于加快推进生态文明建设的指导意见》《生态文明体制改革总体方案》的部署要求和《大气污染防治法》的有关规定，为从规划决策的源头预防和减缓跨界不利环境影响，深入推进实施《大气污染防治行动计划》和《水污染防治行动计划》，在环境问题较为突出的区域、流域推进联防联控，推动环境质量改善，现就开展规划环境影响评价（以下称规划环评）会商工作提出如下指导意见：

一、明确参与会商各方职责

（一）会商主体。规划编制机关是依法组织开展规划环评和会商的主体，应在环境影响报告书报送审查前组织完成会商，并将会商意见与环境影响报告书一并报送环境保护主管部门（以下称环保部门）。

（二）会商对象。会商对象一般为会商范围内省（区、市）人民政府或者相关部门，由规划编制机关根据规划特点和可能产生的跨省（区、市）界环境影响情况具体确定。

（三）环保部门。环保部门协助指导规划编制机关组织开展规划环评会商，在召集审查过程中充分关注会商意见的采纳落实情况。

二、合理确定会商范围

（四）界定应开展会商的规划环评范围。位于京津冀、长三角、珠三角区域内的，主导产业包括石化、化工、有色冶炼、钢铁、水泥的国家级产业园区规划环境影响报告书；京津冀及周边地区的煤电基地规划环境影响报告书；国家级流域综合规划、水电开发规划环境影响报告书，应在规划环评编制阶段进行会商。

（五）确定规划环评会商对象。规划环境影响报告书应根据跨界环境影响分析预测，按不利影响大小程度对区域（流域）内及相邻的省（区、市）进行排序。国家级产业园区规划环评一般应会商受影响最大的省（区、市），跨界影响轻微的也可会商主要受影响的相邻地级城市；京津冀及周边地区的煤电基地规划环评应会商受影响最大的两个省（区、市）；流域综合规划环评、水电开发规划环评应会商规划涉及的所有省（区、市），也可根据需要适当扩大会商范围。

三、规范会商程序要求

（六）提高会商材料质量。会商材料包括规划环境影响报告书等相关文件。会商材料应采用科学合理的方法评价跨界环境影响的程度和范围，提出拟采取的规划优化调整方案，以及最大程度预防、减缓跨界影响的对策措施。对不同类型的规划，会商材料还可结合跨界影响和资源环境承载情况，提出禁止开发的生态空间红线、区域污染物行业排放总量、禁止新建的产业以及适宜发展产业的环境准入要求等，便于规划采纳和实施。

（七）规范会商流程和时限。规划编制机关应在启动会商时正式函告会商对象，受邀单位在收到函件之日起 5 个工作日内做出是否参与会商的决定并通知对方，同意参加会商的应明确联系人和联系方式。规划编制机关应在确定会商对象后 10 个工作日内确定会商形式并通知会商对象，向其提供会商材料。完成会商后应在 15 个工作日内形成会商意见。

（八）确定会商开展形式。规划编制机关可采取书面征求意见、召开座谈会、启动区域和流域污染防治协作机制等形式组织开展会商。

（九）明确会商意见内容。会商意见应聚焦跨界环境影响，明确说明规划实施可能产生环境影响的范围和程度；评价预防和减缓跨界环境影响对策措施的有效性；提出优化调整规划方案的具体建议，以及进一步完善和加强联防联控的措施建议。

四、充分发挥会商作用

（十）根据会商成果完善规划环境影响报告书。规划环境影响报告书应根据会商意见完善相关内容，说明会商意见采纳情况，不采纳的应逐项就不予采纳的理由作出书面说明；在此基础上提出有针对性的规划优化调整建议以及预防或减缓区域性流域性生态环境影响的对策措施。

（十一）根据会商成果提升规划科学性。规划编制机关应当将规划环境影响报告书结论、会商意见作为完善规划编制的重要依据，对规划草案进行优化调整，完善区域和流域污染联防联控的对策措施，并在规划实施中做好贯彻落实。

（十二）在审查管理时纳入会商意见。环保部门在召集规划环境影响报告书审查时，应邀请参与会商的代表参加审查会，并将会商意见作为审查意见的重要内容，推动优化开发布局、合理调控规模和转型升级发展，强化联防联控，维护和改善环境质量。

（十三）由省级环保部门召集审查的规划环评，可能造成跨区域（流域）环境影响的，鼓励开展会商工作。具体办法可参照本意见执行，也可制定相关办法确定具体会商区域、流域范围，会商对象，规划环评领域等，加强对会商工作的指导和规范。

环境保护部

2015 年 12 月 30 日

关于规划环境影响评价加强空间管制、总量管控和环境准入的指导意见（试行）

（环办环评〔2016〕14 号）

各省、自治区、直辖市环境保护厅（局），新疆生产建设兵团环境保护局：

按照《关于加快推进生态文明建设的意见》《生态文明体制改革总体方案》的总体部署，根据《环境保护法》《环境影响评价法》《规划环境影响评价条例》等规定，为进一步提升规划环境影响评价（以下简称规划环评）质量，充分发挥规划环评优化空间开发布局、推进区域（流域）环境质量改善以及推动产业转型升级的作用，现就规划环评加强空间管制、总量管控和环境准入，提出以下指导意见。

一、总体要求和适用范围

（一）规划环评应充分发挥优化空间开发布局、推进区域（流域）环境质量改善以及推动产业转型升级的作用，并在执行相关技术导则和技术规范的基础上，将空间管制、总量管控和环境准入作为评价成果的重要内容。

（二）加强空间管制，是指在明确并保护生态空间的前提下，提出优化生产空间和生活空间的意见和要求，推进构建有利于环境保护的国土空间开发格局。加强总量管控，是指应以推进环境质量改善为目标，明确区域（流域）及重点行业污染物排放总量上限，作为调控区域内产业规模和开发强度的依据。加强环境准入，是指在符合空间管制和总量管控要求的基础上，提出区域（流域）产业发展的环境准入条件，推动产业转型升级和绿色发展。

（三）规划环评工作要尽早介入规划编制，并将空间管制、总量管控和环境准入成果充分融入规划编制、决策和实施的全过程，切实发挥优化规划目标定位、功能分区、产业布局、开发规模和结构的作用，推进区域（流域）环境质量改善，维护生态安全。

（四）本指导意见适用于具有明确空间范围并涉及具体开发建设行为的规划环评。其他规划环评可根据规划特点有针对性地执行本指导意见的有关规定；区域战略环境评价可参照执行。

二、强化空间管制，优化空间开发格局

（五）规划环评应结合区域特征，从维护生态系统完整性的角度，识别并确定需要严格保护的生态空间，作为区域空间开发的底线，并据此优化相关生产空间和生活空间布局，强化开发边界管制。当生产、生活空间与生态空间发生冲突时，按照“优先保障生态空间，合理安排生活空间，集约利用生产空间”的原则，对规划空间布局提出优化调整意见，以保障生态空间性质不转换、面积不减少、功能不降低。

（六）应在生态空间明确的基础上，结合环境质量目标及环境风险防范要求，对规划提出的生产空间、生活空间布局的环境合理性进行论证，基于环境影响的范围和程度，对生产空间和生活空间布局提出优化调整建议，避免或减缓生产活动对人居环境和人群健康的不利影响。

（七）应在全面分析区域生态重要性和生态敏感性空间分布规律的基础上，结合区域经济发展规划、土地利用规划、城乡规划、生态环境保护规划等综合确定生态空间，并与全国和省级主体功能区规划、生态功能区划、水生态环境功能区划、生物多样性保护优先区域保护规划、自然保护区发展规划等相协

调。生态空间应包括重点生态功能区、生态敏感区、生态脆弱区、生物多样性保护优先区和自然保护区等法定禁止开发区域，以及其他对于维持生态系统结构和功能具有重要意义的区域。

（八）规划区域已经划定生态保护红线的，应将生态保护红线区作为生态空间的核心部分。同时，应根据规划特点、区域生态敏感性和环境保护要求，将其他需要重点保护的区域一并纳入生态空间。规划区域尚未划定生态保护红线的，要提出禁止开发和重点保护的生态空间，为划定生态保护红线提供参考依据。

（九）规划环评的空间管制成果，应包括生态空间分布图和优化后的生活空间、生产空间分布图，生产、生活、生态空间及其组成区块开发管制总图，以及其他必要的支撑性图件。有关图件应配套编制空间区块说明表，详细说明各空间区块的地理位置、面积、现状、保护对象、准入要求和管制措施等。

三、严格总量管控，推进环境质量改善

（十）根据规划区域及上下游、下风向等周边地区环境质量现状和目标，考虑气象条件、水文条件等相关因素，按照最不利条件分析并预留一定的安全余量，提出区域（流域）污染物排放总量控制上限的建议，作为区域（流域）污染物排放总量管控限值。综合分析环境质量改善目标、排放现状、减排成本和技术可行性，确定区域污染物排放总量削减的阶段性目标。

（十一）根据国家、地方环境质量改善目标及相关行业污染控制要求，结合现状环境污染特征和突出环境问题，确定纳入排放总量管控的主要污染物。一般应包括化学需氧量、氨氮、总磷/磷酸盐等水污染因子，二氧化硫、氮氧化物、挥发性有机物、烟粉尘等大气污染因子，以及其他与区域突出环境问题密切相关的主要特征污染因子。

（十二）针对重点控制污染物，逐一估算每个区域（流域）控制单元内各项污染物的总量管控限值。根据流域特征、水文情势、水质监测和断面设置等划定适当的水体控制单元；水体控制单元应与已有水（环境）功能区、水生态环境功能区相衔接。根据区域大气传输扩散条件、自然地形、土地利用和地表覆盖等划定适当的大气污染控制单元。估算污染物排放总量管控限值，应综合考虑污染源排放强度和特征、最不利排放位置、污染治理设施运行状况，以及环境监测水平、污染物排放监管能力等；还应选择较小的时间尺度开展估算，有条件的可采用以天为单位提出污染物排放总量管控限值。

（十三）综合考虑污染排放量、排放强度、特征污染物以及规划主导产业等，确定区域内纳入总量管控的重点行业。基于行业生产工艺水平、污染控制技术水平以及技术进步、污染控制成本等，筛选最佳适用技术（BAT），分析和测算重点行业的减排潜力。根据重点行业污染排放基数、减排潜力和技术经济等因素，提出该行业的污染物排放总量管控要求。

（十四）当区域环境质量现状超标或重点行业污染物排放已超出总量管控要求时，应根据环境质量改善目标，提出区域或者行业污染物减排任务，推动制定污染物减排方案以及加快淘汰落后产能、促进产业结构调整、提升技术工艺、加强节能节水控污等措施。必要时，可提出暂缓区域内新增相关污染物排放项目建设等建议，控制行业发展规模，推动环境质量改善。

（十五）对于区域（流域）内的产业发展，在满足环境质量目标的前提下，可以赋予地方在具体建设项目污染物排放总量分配上的主动权。在产业技术水平提高、清洁生产水平提高、区域污染治理水平提高的情况下，产业发展规模可以在污染物排放总量不突破上限的情况下适当扩大。

（十六）当规划区域环境目标、产业结构和生产力布局以及水文、气象条件等发生重大变化时，应动态调整区域行业污染物总量管控要求，结合规划和规划环评的修编或者跟踪评价对区域能够承载的污染物排放总量重新进行估算，不断完善相关总量管控要求。

四、明确环境准入，推动产业转型升级

（十七）在综合考虑规划空间管制要求、环境质量现状和目标等因素的基础上，论证区域产业发展定

位的环境合理性，提出环境准入负面清单和差别化环境准入条件，发挥对规划编制、产业发展和建设项目环境准入的指导作用。

（十八）根据区域资源禀赋和生态环境保护要求，选取单位面积（单位产值）的水耗、能耗、污染物排放量、环境风险等一项或多项指标，作为制定规划区域行业环境准入负面清单的否定性指标并确定其限值。如果规划拟发展的行业不满足上述指标的要求，应将其直接列入环境准入负面清单，禁止规划建设。

（十九）建立包括环境影响、资源消耗强度、土地利用效率、经济社会贡献等指标在内的评价指标体系，对重点行业进行综合评价。对规划区域资源环境影响突出、经济社会贡献偏小的行业原则上应列入禁止准入类。限制准入类行业应进一步结合区域环境保护目标和要求、资源环境承载能力、产业现状等确定。

（二十）根据环境保护政策规划、总量管控要求、清洁生产标准等，明确应限制或禁止的生产工艺或产品清单。通过列表的方式，提出规划范围内禁止准入及限制准入的行业清单、工艺清单、产品清单等环境负面清单，并说明清单制定的主要依据、标准和参考指标。

（二十一）当区域（流域）环境质量现状超标时，应在推动落实污染物减排方案的同时，根据环境质量改善目标，针对超标因子涉及的行业、工艺、产品等，提出更加严格的环境准入要求。

环境保护部办公厅

2016 年 2 月 24 日

关于印发《“生态保护红线、环境质量底线、资源利用上线和环境准入负面清单”编制技术指南（试行）》的通知

（环办环评〔2017〕99号）

各省、自治区、直辖市环境保护厅（局），新疆生产建设兵团环境保护局：

为贯彻落实习近平总书记重要讲话精神，指导各地加快建立“生态保护红线、环境质量底线、资源利用上线和环境准入负面清单”，依据《中华人民共和国环境保护法》《中华人民共和国环境影响评价法》及《生态文明体制改革总体方案》《“十三五”生态环境保护规划》《“十三五”环境影响评价改革实施方案》，我部组织制定了《“生态保护红线、环境质量底线、资源利用上线和环境准入负面清单”编制技术指南（试行）》，现印发给你们，请参照执行。

附件：“生态保护红线、环境质量底线、资源利用上线和环境准入负面清单”编制技术指南（试行）

环境保护部办公厅

2017年12月29日

附件

“生态保护红线、环境质量底线、资源利用上线和环境准入负面清单”编制技术指南（试行）

前 言

为深入贯彻党的十九大精神，全面落实以习近平同志为核心的党中央关于推进生态文明建设的一系列重大决策部署，指导各地加快建立“生态保护红线、环境质量底线、资源利用上线和环境准入负面清单”（以下简称“三线一单”）环境管控体系，依据《中华人民共和国环境保护法》、《中华人民共和国环境影响评价法》、《生态文明体制改革总体方案》、《“十三五”生态环境保护规划》及《“十三五”环境影响评价改革实施方案》，制定本技术指南。

本指南提出了“三线一单”编制的一般性原则、内容、程序、方法和要求。

本指南编制技术单位：环境保护部环境规划院、环境保护部环境工程评估中心、清华大学、北京师范大学。

本指南自发布之日起实施。

本指南由环境保护部解释。

1 总则

1.1 工作定位

以社会主义生态文明观为指导，坚持绿色发展理念，以改善环境质量为核心，以生态保护红线、环境质量底线、资源利用上线为基础，将行政区域划分为若干环境管控单元，在一张图上落实生态保护、环境质量目标管理、资源利用管控要求，按照环境管控单元编制环境准入负面清单，构建环境分区管控体系。通过编制“三线一单”，为战略和规划环评落地、项目环评审批提供硬约束，为其他环境管理工作提供空间管控依据，促进形成绿色发展方式和生产生活方式。

1.2 适用范围

本指南适用于地市级行政区域的“三线一单”编制工作，其他区域的“三线一单”编制工作，可参照执行。

1.3 术语和定义

生态空间：指具有自然属性、以提供生态服务或生态产品为主体功能的国土空间，包括森林、草原、湿地、河流、湖泊、滩涂、岸线、海洋、荒地、荒漠、戈壁、冰川、高山冻原、无居民海岛等区域，是保障区域生态系统稳定性、完整性，提供生态服务功能的主要区域。

生态保护红线：指在生态空间范围内具有特殊重要生态功能、必须强制性严格保护的区域，是保障和维护国家生态安全的底线和生命线，通常包括具有重要水源涵养、生物多样性维护、水土保持、防风固沙、海岸生态稳定等功能的生态功能重要区域，以及水土流失、土地沙化、石漠化、盐渍化等生态环境敏感脆弱区域。按照“生态功能不降低、面积不减少、性质不改变”的基本要求，实施严格管控。

环境质量底线：指按照水、大气、土壤环境质量不断优化的原则，结合环境质量现状和相关规划、功能区划要求，考虑环境质量改善潜力，确定的分区域分阶段环境质量目标及相应的环境管控、污染物排放控制等要求。

资源利用上线：指按照自然资源资产“只能增值、不能贬值”的原则，以保障生态安全和改善环境质量为目的，利用自然资源资产负债表，结合自然资源开发管控，提出的分区域分阶段的资源开发利用总量、强度、效率等上线管控要求。

环境管控单元：指集成生态保护红线及生态空间、环境质量底线、资源利用上线的管控区域，衔接行政边界，划定的环境综合管理单元。

环境准入负面清单：指基于环境管控单元，统筹考虑生态保护红线、环境质量底线、资源利用上线的管控要求，提出的空间布局、污染物排放、环境风险、资源开发利用等方面禁止和限制的环境准入要求。

1.4 基本原则

加强统筹衔接。衔接生态保护红线划定、相关污染防治规划和行动计划的实施以及环境质量目标管理、环境承载能力监测预警、空间规划、战略和规划环评等工作，统筹实施分区环境管控。

强化空间管控。集成生态保护红线及生态空间、环境质量底线、资源利用上线的环境管控要求，形成以环境管控单元为基础的空间管控体系。

突出差别准入。针对不同的环境管控单元，从空间布局约束、污染物排放管控、环境风险防控、资源利用效率等方面制定差异化的环境准入要求，促进精细化管理。

实施动态更新。随着绿色发展理念深化、生态文明建设推进、环境保护要求提升、社会经济技术进步等因素变化，“三线一单”相关管理要求逐步完善、动态更新，原则上更新周期为5年。

坚持因地制宜。各地区自然条件、城市建设和经济发展情况不一，生态环境管理基础和能力存在差异，各地区应在落实国家相关要求的前提下，因地制宜选择科学可行的技术方法，合理确定管控单元的空间尺度，制定符合地方实际情况的“三线一单”。

1.5 规范性引用文件

本指南引用下列文件的条款。凡不注明日期的引用文件，其有效版本适用于本指南。

《中华人民共和国环境保护法》

《中华人民共和国大气污染防治法》

《中华人民共和国水污染防治法》

《中华人民共和国环境影响评价法》

《中华人民共和国自然保护区条例》

《规划环境影响评价条例》

《建设项目环境保护管理条例》

《中共中央 国务院关于加快推进生态文明建设的意见》（中发〔2015〕12 号）

《中共中央 国务院关于印发〈生态文明体制改革总体方案〉的通知》（中发〔2015〕25 号）

《国务院关于印发〈大气污染防治行动计划〉的通知》（国发〔2013〕37 号）

《国务院关于印发〈水污染防治行动计划〉的通知》（国发〔2015〕17 号）

《国务院关于印发〈土壤污染防治行动计划〉的通知》（国发〔2016〕31 号）

《国务院关于印发〈“十三五”生态环境保护规划〉的通知》（国发〔2016〕65 号）

《中共中央办公厅 国务院办公厅关于印发〈党政领导干部生态环境损害责任追究办法（试行）〉的通知》（中办发〔2015〕45 号）

《中共中央办公厅 国务院办公厅关于印发〈省级空间规划试点方案〉的通知》（厅字〔2016〕51 号）

《中共中央办公厅 国务院办公厅印发〈关于划定并严守生态保护红线的若干意见〉的通知》（厅字〔2017〕2 号）

《中共中央办公厅 国务院办公厅关于建立资源环境承载能力监测预警长效机制的若干意见》（厅字〔2017〕25 号）

《中共中央办公厅 国务院办公厅关于印发〈生态环境损害赔偿制度改革方案〉的通知》（中办发〔2017〕68 号）

《国务院办公厅关于印发〈编制自然资源资产负债表试点方案〉的通知》（国办发〔2015〕82 号）

《国务院办公厅关于印发〈控制污染物排放许可制实施方案〉的通知》（国办发〔2016〕81 号）

《环境保护部 国家发展和改革委员会 住房和城乡建设部 水利部关于落实〈水污染防治行动计划〉实施区域差别化环境准入的指导意见》（环环评〔2016〕190 号）

《国家发展和改革委员会关于印发〈重点生态功能区产业准入负面清单编制实施办法〉的通知》（发改规划〔2016〕2205 号）

《环境保护部关于加强规划环境影响评价与建设项目环境影响评价联动工作的意见》（环发〔2015〕78 号）

《环境保护部关于规划环境影响评价加强空间管制、总量管控和环境准入的指导意见（试行）》（环办环评〔2016〕14 号）

《环境保护部关于印发〈“十三五”环境影响评价改革实施方案〉的通知》（环环评〔2016〕95 号）

《环境保护部关于以改善环境质量为核心加强环境影响评价管理的通知》（环环评〔2016〕150 号）

《环境保护部关于印发〈排污许可证管理暂行规定〉的通知》（环水体〔2016〕186 号）

《环境保护部关于做好环境影响评价制度与排污许可制衔接相关工作的通知》（环办环评〔2017〕84 号）

《环境保护部 国家发展和改革委员会关于印发〈生态保护红线划定指南〉的通知》（环办生态〔2017〕48 号）

《环境保护部关于印发〈水体达标方案编制技术指南〉的函》（环办污防函〔2016〕563 号）

《环境保护部 国家发展和改革委员会 水利部关于印发〈重点流域水污染防治规划（2016—2020 年）〉的通知》（环水体〔2017〕142 号）

《环境保护部关于印发〈重点流域水污染防治“十三五”规划编制技术大纲〉的函》（环办污防函〔2016〕107 号）

《环境保护部关于发布〈大气颗粒物来源解析技术指南（试行）〉的通知》（环发〔2013〕92 号）

《大气污染源优先控制分级技术指南（试行）》（环境保护部公告 2014 年第 55 号）

《污染地块土壤环境管理办法（试行）》（环境保护部令第 42 号）

《农用地土壤环境管理办法（试行）》（环境保护部 农业部令第 46 号）

《建设用地土壤环境调查评估技术指南》（环境保护部公告 2017 年第 72 号）

HJ 130 规划环境影响评价技术导则 总纲

GB/T 13923 基础地理信息要素分类与代码

CH/T 9004 地理信息公共平台基本规定

CH/T 9005 基础地理信息数据库基本规定

HJ 25.3 污染场地风险评估技术导则

HJ 25.4 污染场地土壤修复技术导则

2 主要任务与技术路线

2.1 主要任务

系统收集整理区域生态环境及经济社会等基础数据，开展综合分析评价，明确生态保护红线、环境质量底线、资源利用上线，确定环境管控单元，提出环境准入负面清单。

主要任务包括：

（1）开展基础分析，建立工作底图。收集整理基础地理、生态环境、国土开发等数据资料，对数据进行标准化处理和可靠性分析，建立基础数据库。对相关规划、区划、战略环评的宏观要求进行梳理分析。开展自然环境状况、资源能源禀赋、社会经济发展和城镇化形势等方面的综合分析，建立统一规范的工作底图。

（2）明确生态保护红线，识别生态空间。按照《生态保护红线划定指南》，识别需要严格保护的区域，划定并严守生态保护红线，落实生态空间用途分区和管控要求，形成生态空间与生态保护红线图。

（3）确立环境质量底线，测算污染物允许排放量。开展水、大气环境评价，明确各要素空间差异化的环境功能属性，合理确定分区域分阶段的环境质量目标，测算污染物允许排放量和控制情景，识别需要重点管控的区域，形成水环境质量底线、允许排放量及重点管控区图，大气环境质量底线、允许排放量及重点管控区图。开展土壤环境评价，合理确定土壤环境安全利用底线目标，形成土壤环境风险管控底线及土壤污染风险重点管控区图。

（4）确定资源利用上线，明确管控要求。从生态环境质量维护改善、自然资源资产“保值增值”等角度，开展自然资源开发利用强度评估，明确水、土地等重点资源开发利用和能源消耗的上线要求，形成自然资源资产负债表、土地资源重点管控区图，生态用水补给区图（可选），地下水开采重点管控区图（可选）、高污染燃料禁燃区图（可选）、其他自然资源重点管控区图（可选）。

（5）综合各类分区，确定环境管控单元。结合生态、大气、水、土壤等环境要素及自然资源的分区成果，衔接乡镇街道或区县行政边界，建立功能明确、边界清晰的环境管控单元，统一环境管控单元编码，实施分类管理，形成环境管控单元分类图。

（6）统筹分区管控要求，建立环境准入负面清单。基于环境管控单元，统筹生态保护红线、环境质量底线、资源利用上线的分区管控要求，明确空间布局约束、污染物排放管控、风险管控防控、资源开发利用效率等方面禁止和限制的环境准入要求，建立环境准入负面清单及相应治理要求。

（7）集成“三线一单”成果，建设信息管理平台。落实“三线一单”管控要求，集成开发数据管理、综合分析和应用服务等功能，实现“三线一单”信息共享及动态管理。

2.2 技术路线

具体的技术路线见图 1：

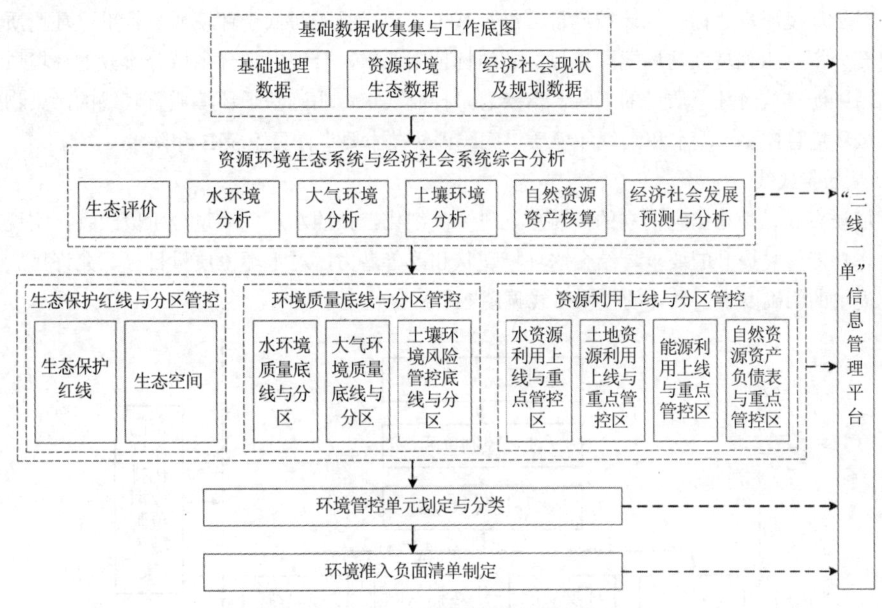

图 1 “三线一单”编制技术路线图

3 生态保护红线

3.1 工作要求

按照“生态功能不降低、面积不减少，性质不改变”的原则，根据《关于划定并严守生态保护红线的若干意见》《生态保护红线划定指南》要求，识别并明确生态空间，划定生态保护红线。

3.2 生态评价

利用地理国情普查、土地调查及变更数据，提取森林、湿地、草地等具有自然属性的国土空间。按照《生态保护红线划定指南》，开展区域生态系统服务功能重要性评估（水源涵养、水土保持、防风固沙、生物多样性维护）和生态环境敏感性评估（水土流失、土地沙化、石漠化、盐渍化），按照生态系统服务功能重要性依次划分为一般重要、重要和极重要 3 个等级，按照生态环境敏感性依次划分为一般敏感、敏感和极敏感 3 个等级，识别生态功能重要、生态环境敏感脆弱区域分布。

3.3 生态空间识别

综合考虑维护区域生态系统完整性、稳定性的要求，结合构建区域生态安全格局的需要，基于重要生态功能区、保护区和其他有必要实施保护的陆域、水域和海域，考虑农业空间和城镇空间，衔接土地利用和城镇开发边界，识别并明确生态空间。生态空间原则上按限制开发区域管理。

3.4 划定生态保护红线

已经划定生态保护红线的，严格落实生态保护红线方案和管控要求。尚未划定生态保护红线的，按照《生态保护红线划定指南》划定。生态保护红线原则上按照禁止开发区域的要求进行管理，严禁不符合主体功能定位的各类开发活动，严禁任意改变用途。

4 环境质量底线

4.1 工作要求

遵循环境质量不断优化的原则，确立环境质量底线。对于环境质量不达标区，环境质量只能改善不能恶化；对于环境质量达标区，环境质量应维持基本稳定，且不得低于环境质量标准。环境质量底线的确定，要充分衔接相关规划的环境质量目标和达标期限要求，合理确定分区域分阶段的环境质量底线目标。评估污染源排放对环境质量的影响，落实总量控制要求，明确基于环境质量底线的污染物排放控制和重点区域环境管控要求。水和大气环境质量底线评估技术要点详见附录 B 和附录 C。

4.2 水环境质量底线

水环境质量底线是将国家确立的控制单元进一步细化，按照水环境质量分阶段改善、实现功能区达标和水生态功能修复提升的要求，结合水环境现状和改善潜力，对水环境质量目标、允许排放量控制和空间管控提出的明确要求。具体的技术路线见图 2：

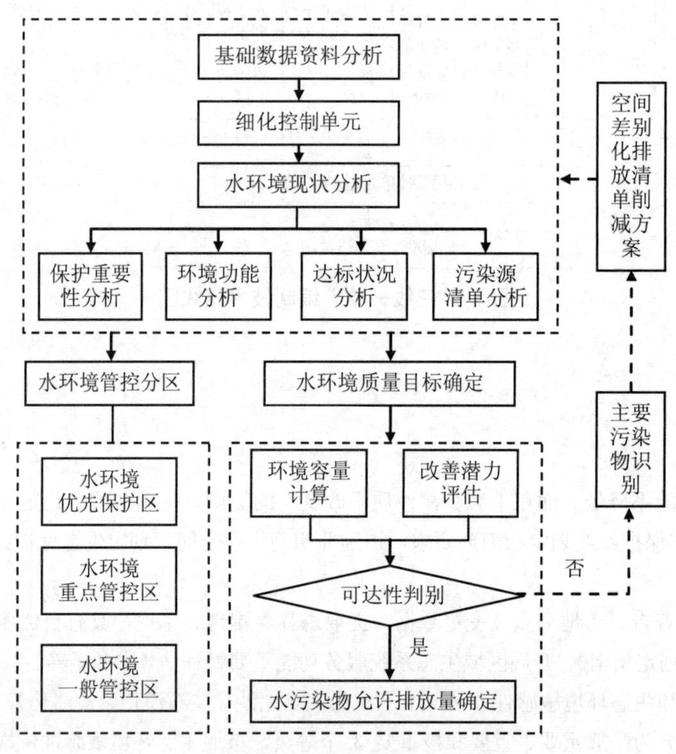

图 2 水环境质量底线确定技术路线图

4.2.1 水环境分析

水环境控制单元细化。参照《重点流域水污染防治“十三五”规划编制技术大纲》，在国家确定的控制单元基础上，与水（环境）功能区衔接，以乡镇街道为最小行政单位细化水环境控制单元，有条件的地方可以细化到村级边界，西部地区可以适当放宽到更大空间尺度。

水环境现状分析。分析地表水、地下水、近岸海域（沿海城市）等水环境质量现状和近年变化趋势，识别主要污染因子、特征污染因子以及水质维护关键制约因素。根据水文、水质及污染特征，以工业源、城镇生活源、面源、其他污染源等构成的全口径污染源排放清单为基础，分析各控制单元内相关污染源等对水环境质量的影响，确定各控制单元、流域、行政区的主要污染来源。

跨界影响分析。对于跨界水体，应分析流域上下游、左右岸的主要污染物传输通量的影响。

4.2.2　水环境质量目标确定

依据水（环境）功能区划，衔接国家、区域、流域及本地区的相关规划、行动计划对水环境质量的改善要求，确定一套覆盖全流域、落实到各控制断面、控制单元的分阶段水环境质量目标。对未纳入水（环境）功能区划的重要水体，考虑现状水质与水体功能要求，补充制定水环境质量目标。水环境质量目标应不低于国家和地方要求。

4.2.3　水污染物允许排放量测算

环境容量测算。以各控制单元水环境质量目标为约束，选择合适的模型方法，测算化学需氧量、氨氮等主要污染物以及存在超标风险的其他污染因子的环境容量。重点湖库汇水区、总磷超标的控制单元和沿海地区应对总氮、总磷进行测算。上游区域应考虑下游区域水质目标约束。入海河流应考虑近岸海域水质改善目标。

水环境质量改善潜力分析。以水环境质量目标为约束，考虑经济社会发展、产业结构调整、污染控制水平、环境管理水平等因素，构建不同的控制情景，测算存量源污染削减潜力和新增源污染排放量，分析分区域分阶段水环境质量改善潜力。

水污染物允许排放量测算与校核。基于水环境质量改善潜力，参考环境容量，综合考虑区域功能定位、经济发展特点与目标、技术可行性等因素，并预留一定的安全余量，综合测算水污染物允许排放量。各地可根据实际情况，结合排污许可证管理要求，进一步核算主要行业水污染物允许排放量。根据水环境质量现状与目标的差距，结合现状污染物排放情况，对允许排放量进行校核，允许排放量不应高于上级政府下达的同口径污染物排放总量指标。

4.2.4　水环境管控分区

将饮用水水源保护区、湿地保护区、江河源头、珍稀濒危水生生物及重要水产种质资源的产卵场、索饵场、越冬场、洄游通道、河湖及其生态缓冲带等所属的控制单元作为水环境优先保护区。

根据水环境评价和污染源分析结果，将以工业源为主的控制单元、以城镇生活源为主的超标控制单元和以农业源为主的超标控制单元作为水环境重点管控区。有地下水超标超载问题的地区，还需考虑地下水管控要求。

其余区域作为一般管控区。

4.3　大气环境质量底线

大气环境质量底线的确定，要按照分阶段改善和限期达标要求，根据区域大气环境和污染排放特点，考虑区域间污染传输影响，对大气环境质量改善潜力进行分析，对大气环境质量目标、允许排放量控制和空间管控提出的明确要求。具体的技术路线见图 3。

4.3.1　大气环境分析

大气环境现状分析。分析大气环境质量现状和近年变化趋势，识别主要污染因子、特征污染因子及影响大气环境质量改善的关键制约因素。依据城市大气环境特点选择合适的技术方法，定量估算不同排放源和污染物排放对城市环境空气中主要污染物浓度的贡献，确定大气污染物主要来源，筛选重点排放行业和排放源。

区域间传输影响分析。估算周边区域不同污染源对目标城市环境空气中主要污染物浓度的贡献，识别大气污染联防联控的重点区域和重点控制行业。

4.3.2　大气环境质量目标确定

衔接国家、区域、省域和本地区对区域大气环境质量改善的要求，结合大气环境功能区划，合理制定分区域分阶段环境空气质量目标。

4.3.3　大气污染物允许排放量测算

环境容量测算。根据典型年气象条件、污染特征及数据资料基础，合理选择模型方法，以环境空气质量目标为约束，测算二氧化硫、氮氧化物、颗粒物、挥发性有机物、氨等主要污染物环境容量，地方

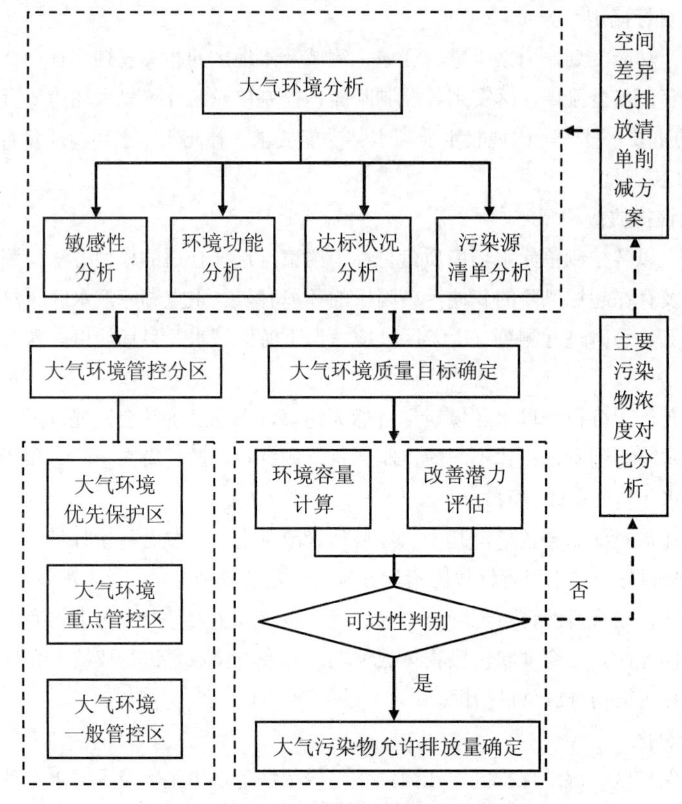

图 3 大气环境质量底线确定技术路线图

可结合实际增加特征污染物环境容量测算。

大气环境质量改善潜力评估。基于大气污染源排放清单，利用大气环境质量模型，考虑经济社会发展、产业结构调整、污染控制水平、环境管理水平等因素，以环境质量目标为约束，构建不同措施组合的控制情景，分析测算工业、生活、交通、港口船舶等存量源污染减排潜力和新增源污染排放量。评估不同控制情景下大气环境质量改善潜力。

大气污染物允许排放量测算和校核。基于大气环境质量改善潜力和环境质量目标可达性，参考环境容量，综合考虑经济发展特点与目标、技术可行性等因素，并预留一定的安全余量，测算全市、各区县主要大气污染物允许排放量，对重点工业园区污染排放给出管控要求。各地可根据实际情况，结合排污许可证管理要求，进一步核算主要行业大气污染物允许排放量。根据大气环境质量现状数据与目标的差异，结合现状污染物排放情况，对允许排放量进行校核，允许排放量不应高于上级政府下达的同口径污染物排放总量指标要求。

4.3.4 大气环境管控分区

将环境空气一类功能区作为大气环境优先保护区。

将环境空气二类功能区中的工业集聚区等高排放区域，上风向、扩散通道、环流通道等影响空气质量的布局敏感区域，静风或风速较小的弱扩散区域，城镇中心及集中居住、医疗、教育等受体敏感区域等作为大气环境重点管控区。

将环境空气二类功能区中的其余区域作为一般管控区。

4.4 土壤环境风险管控底线

土壤环境风险管控底线是根据土壤环境质量标准及土壤污染防治相关规划、行动计划要求，对受污染耕地及污染地块安全利用目标、空间管控提出的明确要求。具体的技术路线见图 4：

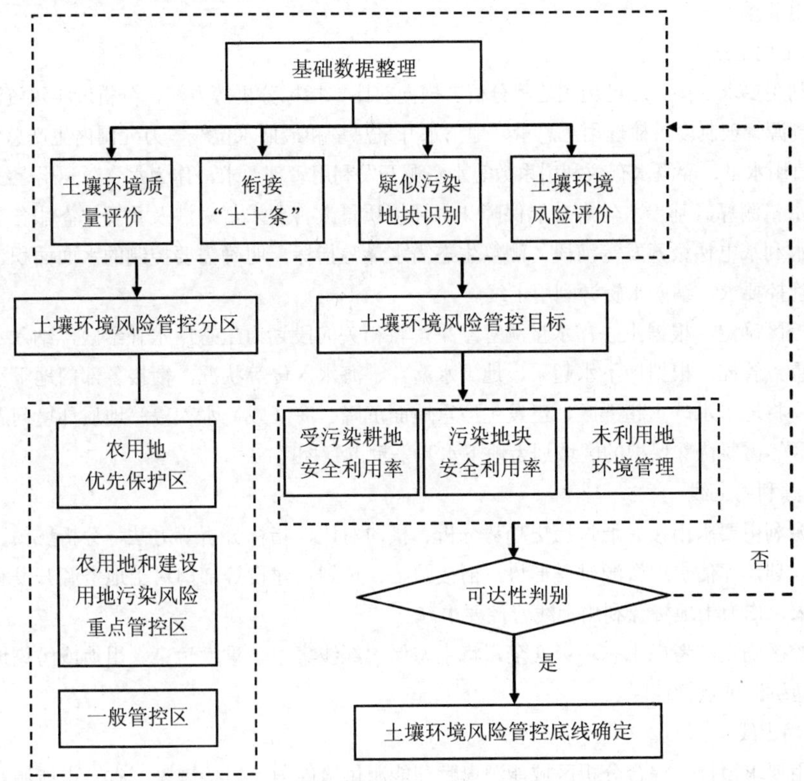

图 4　土壤环境风险管控底线确定技术路线图

4.4.1　土壤环境分析

利用国土、农业、环保等部门的土壤环境监测调查数据，并结合全国土壤污染状况详查，参照国家有关标准规范，对农用地、建设用地和未利用地土壤污染状况进行分析评价，确定土壤污染的潜在风险和严重风险区域。

4.4.2　土壤环境风险管控底线确定

衔接土壤环境质量标准及土壤污染防治相关规划、行动计划要求，以受污染耕地及污染地块安全利用为重点，确定土壤环境风险管控目标。

4.4.3　土壤污染风险管控分区

依据土壤环境分析结果，参照农用地土壤环境状况类别划分技术指南，农用地划分为优先保护类、安全利用类和严格管控类，将优先保护类农用地集中区作为农用地优先保护区，将农用地严格管控类和安全利用类区域作为农用地污染风险重点管控区。

筛选涉及有色金属冶炼、石油加工、化工、焦化、电镀、制革等行业生产经营活动和危险废物贮存、利用、处置活动的地块，识别疑似污染地块。基于疑似污染地块环境初步调查结果，建立污染地块名录，确定污染地块风险等级，明确优先管理对象，将污染地块纳入建设用地污染风险重点管控区。

其余区域纳入一般管控区。

5　资源利用上线

5.1　工作要求

以改善环境质量、保障生态安全为目的，确定水资源开发、土地资源利用、能源消耗的总量、强度、效率等要求。基于自然资源资产“保值增值”的基本原则，编制自然资源资产负债表，确定自然资源保护和开发利用要求。

5.2 水资源利用上线

水资源利用要求衔接。通过历史趋势分析、横向对比、指标分析等方法，分析近年水资源供需状况。衔接既有水资源管理制度，梳理用水总量、地下水开采总量和最低水位线、万元国内生产总值用水量、万元工业增加值用水量、灌溉水有效利用系数等水资源开发利用管理要求，作为水资源利用上线管控要求。

生态需水量测算。基于水生态功能保障和水环境质量改善要求，对涉及重要生态服务功能、断流、重度污染、水利水电梯级开发等河段，测算生态需水量等指标，明确需要控制的水面面积、生态水位、河湖岸线等管控要求，纳入水资源利用上线。

重点管控区确定。根据生态需水量测算结果，将相关河段划为生态用水补给区，纳入水资源重点管控区，实施重点管控。根据地下水超采、地下水漏斗、海水入侵等状况，衔接各部门地下水开采相关空间管控要求，将地下水严重超采区、已发生严重地面沉降、海（咸）水入侵等地质环境问题的区域，以及泉水涵养区等需要特殊保护的区域划为地下水开采重点管控区。

5.3 土地资源利用上线

土地资源利用要求衔接。通过历史趋势分析、横向对比、指标分析等方法，分析城镇、工业等土地利用现状和规划，评估土地资源供需形势。衔接国土、规划、建设等部门对土地资源开发利用总量及强度的管控要求，作为土地资源利用上线管控要求。

重点管控区确定。考虑生态环境安全，将生态保护红线集中、重度污染农用地或污染地块集中的区域确定为土地资源重点管控区。

5.4 能源利用上线

能源利用要求衔接。综合分析区域能源禀赋和能源供给能力，衔接国家、省、市能源利用相关政策与法规、能源开发利用规划、能源发展规划、节能减排规划，梳理能源利用总量、结构和利用效率要求，作为能源利用上线管控要求。

煤炭消费总量确定。已经下达或制定煤炭消费总量控制目标的城市，严格落实相关要求；尚未下达或制定煤炭消费总量控制目标的城市，以大气环境质量改善目标为约束，测算未来能源供需状况，采用污染排放贡献系数等方法，确定煤炭消费总量。

重点管控区确定。考虑大气环境质量改善要求，在人口密集、污染排放强度高的区域优先划定高污染燃料禁燃区，作为重点管控区。

5.5 自然资源资产核算及管控

自然资源资产核算。根据《编制自然资源资产负债表试点方案》，记录各区县行政单元区域内耕地、草地等土地资源面积数量和质量等级，天然林、人工林等林木资源面积数量和单位面积蓄积量，水库、湖泊等水资源总量、水质类别等自然资源资产期初、期末的实物量，核算自然资源资产数量和质量变动情况，编制自然资源资产负债表，构建各行政单元内自然资源资产数量增减和质量变化统计台账。

重点管控区确定。根据各区县耕地、草地、森林、水库、湖泊等自然资源核算结果，加强对数量减少、质量下降的自然资源开发管控。将自然资源数量减少、质量下降的区域作为自然资源重点管控区。

6 环境管控单元

6.1 工作要求

根据生态保护红线、生态空间、环境质量底线、资源利用上线的分区管控要求，衔接乡镇街道和区县行政边界，综合划定环境管控单元，实施分类管控。各地可根据自然环境特征、人口密度、开发强度、生态环境管理基础能力等因素，合理确定环境管控单元的空间尺度。

6.2 环境管控单元划定

将规划城镇建设区、乡镇街道、工业园区（集聚区）等边界与生态保护红线、生态空间、水环境管控分区、大气环境管控分区、土壤污染风险管控分区、资源利用上线管控分区等进行叠加。采用逐级聚类的方法，确定环境管控单元。

6.3　环境管控单元分类

分析各环境管控单元生态、水、大气、土壤等环境要素的区域功能及自然资源利用的保护、管控要求等，将环境管控单元划分为优先保护、重点管控和一般管控等三类（详见表1）。

优先保护单元：包括生态保护红线、水环境优先保护区、大气环境优先保护区、农用地优先保护区等，以生态环境保护为主，禁止或限制大规模的工业发展、矿产等自然资源开发和城镇建设。

重点管控单元：包括生态保护红线外的其他生态空间、城镇和工业园区（集聚区），人口密集、资源开发强度大、污染物排放强度高的区域，根据单元内水、大气、土壤、生态等环境要素的质量目标和管控要求，以及自然资源管控要求，综合确定准入、治理清单。

一般管控单元：包括除优先保护类和重点管控类之外的其他区域，执行区域生态环境保护的基本要求。

表1　环境管控单元分类

<table>
<tr><th rowspan="2">生态环境空间分区</th><th colspan="3">管控单元分类</th></tr>
<tr><th>优先保护</th><th>重点管控</th><th>一般管控</th></tr>
<tr><td>生态空间分区</td><td>生态保护红线</td><td>其他生态空间</td><td rowspan="15">其他区域</td></tr>
<tr><td rowspan="3">水环境管控分区</td><td rowspan="3">水环境优先保护区</td><td>水环境工业污染重点管控区</td></tr>
<tr><td>水环境城镇生活污染重点管控区</td></tr>
<tr><td>水环境农业污染重点管控区</td></tr>
<tr><td rowspan="4">大气环境管控分区</td><td rowspan="4">大气环境优先保护区</td><td>大气环境高排放重点管控区</td></tr>
<tr><td>大气环境布局敏感重点管控区</td></tr>
<tr><td>大气环境弱扩散重点管控区</td></tr>
<tr><td>大气环境受体敏感重点管控区</td></tr>
<tr><td rowspan="2">土壤污染风险管控分区</td><td rowspan="2">农用地优先保护区</td><td>农用地污染风险重点管控区</td></tr>
<tr><td>建设用地污染风险重点管控区</td></tr>
<tr><td rowspan="5">自然资源管控分区</td><td rowspan="5"></td><td>生态用水补给区</td></tr>
<tr><td>地下水开采重点管控区</td></tr>
<tr><td>土地资源重点管控区</td></tr>
<tr><td>高污染燃料禁燃区</td></tr>
<tr><td>自然资源重点管控区</td></tr>
</table>

7　环境准入负面清单

7.1　工作要求

根据环境管控单元涉及的生态保护红线、环境质量底线、资源利用上线的管控要求，从空间布局约束、污染物排放管控、环境风险防控、资源利用效率等方面，针对环境管控单元提出优化布局、调整结构、控制规模等调控策略及导向性的环境治理要求，分类明确禁止和限制的环境准入要求。

7.2　负面清单的编制

7.2.1　空间布局约束

对于各类优先保护单元以及生态保护红线以外的其他生态空间，应从环境功能维护、生态安全保障等角度出发，优先从空间布局上禁止或限制有损该单元生态环境功能的开发建设活动。

7.2.2　污染物排放管控

对于水环境重点管控区、大气环境重点管控区等管控单元，应加强污染排放控制，重点从污染物种类，排放量、强度和浓度上管控开发建设活动，提出主要污染物允许排放量、新增源减量置换和存量源污染治理等方面的环境准入要求。

7.2.3　环境风险防控

对于各类优先保护单元、水环境工业污染重点管控区、大气环境高排放重点管控区，以及建设用地和农用地污染风险重点管控区，应提出环境风险防控的准入要求。

7.2.4　资源利用效率要求

对于生态用水补给区、地下水开采重点管控区、高污染燃料禁燃区、自然资源重点管控区等管控单元，应针对区域内资源开发的突出问题，加严资源开发的总量、强度和效率等管控要求。

环境准入负面清单编制的具体要求详见表2。

表2　环境准入负面清单编制

管控类型	管控单元	编制指引
空间布局约束	生态保护红线	1．严禁不符合主体功能定位的各类开发活动。 2．严禁任意改变用途。 3．已经侵占生态保护红线的，应建立退出机制、制定治理方案及时间表。 4．结合地方实际，编制生态保护红线正面清单
	其他生态空间	1．避免开发建设活动损害其生态服务功能和生态产品质量。 2．已经侵占生态空间的，应建立退出机制、制定治理方案及时间表
	水环境优先保护区	1．避免开发建设活动对水资源、水环境、水生态造成损害。 2．保证河湖滨岸的连通性，不得建设破坏植被缓冲带的项目。 3．已经损害保护功能的，应建立退出机制、制定治理方案及时间表
	大气环境优先保护区	1．应在负面清单中明确禁止新建、改扩建排放大气污染物的工业企业。 2．制定大气污染物排放工业企业退出方案及时间表
	农用地优先保护区	1．严格控制新建有色金属冶炼、石油加工、化工、焦化、电镀、制革等具有有毒有害物质排放的行业企业。 2．应划定缓冲区域，禁止新增排放重金属和多环芳烃、石油烃等有机污染物的开发建设活动。 3．现有相关行业企业加快提标升级改造步伐，并应建立退出机制、制定治理方案及时间表
污染物排放管控	水环境工业污染重点管控区；水环境城镇生活污染重点管控区	1．应明确区域及重点行业的水污染物允许排放量。 2．对于水环境质量不达标的管控单元：应提出现有源水污染物排放削减计划和水环境容量增容方案；应对涉及水污染物排放的新建、改扩建项目提出倍量削减要求；应基于水质目标，提出废水循环利用和加严的水污染物排放控制要求。 3．对于未完成区域环境质量改善目标要求的管控单元：应提出暂停审批涉水污染物排放的建设项目等环境管理特别措施
	水环境农业污染重点管控区	1．应科学划定畜禽、水产养殖禁养区的范围，明确禁养区内畜禽、水产养殖退出机制。 2．应对新建、改扩建规模化畜禽养殖场（小区）提出雨污分流、粪便污水资源化利用等限制性准入条件。 3．对于水环境质量不达标的管控区，应提出农业面源整治要求
	大气环境布局敏感重点管控区；大气环境弱扩散重点管控区；大气环境受体敏感重点管控区	1．应明确区域大气污染物允许排放量及主要污染物排放强度，严格控制涉及大气污染物排放的工业项目准入。 2．提出区域大气污染物削减要求
	大气环境高排放重点管控区	1．应明确区域及重点行业的大气污染物允许排放量。 2．对于大气环境质量不达标的管控单元：应结合源清单提出现有源大气污染物排放削减计划；对涉及大气污染物排放的新建、改扩建项目应提出倍量削减要求；应基于大气环境目标提出加严的大气污染物排放控制要求。 3．对于未完成区域环境质量改善目标要求的：应提出暂停审批涉及大气污染物排放的建设项目环境准入等环境管理特别措施

管控类型	管控单元	编制指引
环境风险防控	各优先保护单元；水环境工业污染重点管控区；水环境城镇生活污染重点管控区；大气环境受体敏感重点管控区	针对涉及易导致环境风险的有毒有害和易燃易爆物质的生产、使用、排放、贮运等新建、改扩建项目：应明确提出禁止准入要求或限制性准入条件以及环境风险防控措施
	农用地污染风险重点管控区	1．分类实施严格管控：对于严格管控类，应禁止种植食用农产品；对于安全利用类，应制定安全利用方案，包括种植结构与种植方式调整、种植替代、降低农产品超标风险。 2．对于工矿企业污染影响突出、不达标的牧草地：应提出畜牧生产的管控限制要求。 3．禁止建设向农用水体排放含有毒、有害废水的项目
	建设用地污染风险重点管控区	1．应明确用途管理，防范人居环境风险。 2．制定涉重金属、持久性有机物等有毒有害污染物工业企业的准入条件。 3．污染地块经治理与修复，并符合相应规划用地土壤环境质量要求后，方可进入用地程序
资源开发效率要求	生态用水补给区	1．应明确管控区生态用水量（或水位、水面）。 2．对于新增取水的建设项目：应提出单位产品或单位产值的水耗、用水效率、再生水利用率等限制性准入条件。 3．对于取水总量已超过控制指标的地区：应提出禁止高耗水产业准入的要求
	地下水开采重点管控区	1．应划定地下水禁止开采或者限制开采区，禁止新增取用地下水。 2．应明确新建、改扩建项目单位产值水耗限值等用水效率水平。 3．对于高耗水行业：应提出禁止准入要求，建立现有企业退出机制并制定治理方案及时间表
	高污染燃料禁燃区	1．禁止新建、扩建采用非清洁燃料的项目和设施。 2．已建成的采用高污染燃料的项目和设施，应制定改用天然气、电或者其他清洁能源的时间表
	自然资源重点管控区	1．应明确提出对自然资源开发利用的管控要求，避免加剧自然资源资产数量减少、质量下降的开发建设行为。 2．应建立已有开发建设活动的退出机制并制定治理方案及时间表

8　主要成果与要求

8.1　工作要求

“三线一单”编制成果包括文本、图集、研究报告、信息管理平台等。

8.2　文本成果要求

包括生态环境基础，编制总则，生态保护红线，生态空间，大气、水、土壤的环境质量底线、污染物允许排放量和重点管控区，资源利用上线及重点管控区，环境管控单元，环境准入负面清单，“三线一单”信息管理平台等内容。

8.3　图集成果要求

包括范围图，生态空间与生态保护红线图，水环境质量底线、污染物允许排放量及重点管控区图，大气环境质量底线、污染物允许排放量及重点管控区图，土壤污染风险重点管控区图，生态用水补给区图（可选），地下水开采重点管控区图（可选），高污染燃料禁燃区图（可选），土地资源重点管控区图（可选），自然资源重点管控区图（可选），环境管控单元分类图等成果。采用A3图幅，工作底图制作及数据规范详见附录A。

8.4　研究报告成果要求

包括数据准备、区域概况、编制思路、要素分析评价以及“三线一单”划定的技术方法、过程、结果等研究性内容，应包含详实完整的研究过程的文字说明、图和表格。

8.5 数据共享及应用平台成果要求

环境保护部将建立“三线一单”数据共享平台，统一“三线一单”数据标准规范，提供数据接口，实现各地“三线一单”数据的集中管理、查询、展示和共享交换，并预留与相关业务管理平台接口。

各地环保主管部门探索建立“三线一单”数据应用平台。平台数据库应衔接基础数据库和工作底图，系统梳理“三线一单”成果数据，与环境保护部数据共享平台对接，实现数据动态交换，预留相关业务管理平台接口，将“三线一单”管控要求与环保日常管理工作结合，建设综合数据应用平台，集成数据管理与综合分析、智能分析与应用服务等功能，实现“三线一单”信息化管理。

数据应用平台的主要功能包括数据管理与综合分析、智能分析与应用服务。其中数据管理与综合分析应包括基础数据管理、成果管理、实时业务数据对接、数据综合查询及展示等功能，智能分析与应用服务应包括数据共享交换、智能分析支持、多类型用户服务、应用服务接口、业务管理互动等。

数据共享及应用平台建设内容和要求详见附录 D。

附录 A （规范性附录）工作底图制作要求

A.1 数据收集

A.1.1 基础地理信息数据

采用法定基础地理信息数据作为工作基础底图（优先采用 1∶1 万比例尺，无 1∶1 万比例尺的区域，可采用 1∶5 万或其他适当比例尺）。底图要素包括行政区划、地形地貌、数字高程、河流水系、道路交通、城区与乡村居民点、土地利用与土地覆盖等。

A.1.2 计划、区划、规划和方案数据

采用已发布且在有效期内的各类规划数据资料。主要包括：

（1）含研究范围的区域规划及专项规划资料：国家、省级和其他区域规划及专项规划的文本、图件、数据和其他资料；

（2）本市的规划、区划和方案资料：土地利用总体规划、城市总体规划、国民经济与社会发展规划、大气/水（环境）功能区划、大气/水/土壤污染防治行动计划实施方案、环境保护和生态建设规划、矿产资源规划、重点产业发展规划、生态功能区划、生态保护红线方案、交通规划、产业园区规划等各类数据资料。

A.1.3 资源利用数据

主要包括土地利用现状数据（含权属信息）、土地资源、林木资源、水文与水资源等的现状调查、功能区划和开发利用规划数据、图件或其他资料。

A.1.4 环境管理数据

主要包括环境质量监测数据、环境统计数据、污染源监测数据、污染源分布数据（工业源、农业源、生活源）、法定保护区等数据。

A.1.5 人口社会经济统计数据

主要包括人口、社会和经济发展等统计数据资料和其他各类相关的发展战略、政策、法律法规等文字资料。

A.1.6 资料现势性

原则上应使用可收集到的最新数据资料，现势性一般为编制时间的上一年度。分析评价等使用的同类统计数据和其他资料，一般应具有相同现势性。可收集利用的资料及数据清单见下表 A-1。

表 A-1　数据收集清单

类型	序号	名　称	来源	比例尺/分辨率/详细程度	现势性及其他说明	必需/可选
基础地理信息数据	1	基础地理要素数据	测绘地理信息行政主管部门	1∶10 000/1∶50 000	最新	必需
	2	坡度数据	测绘地理信息行政主管部门	10 米×10 米	利用数字高程模型计算生产	必需
	3	地表覆盖数据	测绘地理信息行政主管部门	1∶10 000	当年	必需
	4	高分辨率正射遥感影像数据	测绘地理信息行政主管部门	2.5 米×2.5 米	当年	可选
规划区划数据	5	全国/省级主体功能区规划	发改部门	矢量图、表	—	必需
	6	全国/省级/城市空间发展规划	发改部门/城建部门	矢量图、表	—	必需
	7	全国/省级/城市土地利用总体规划	国土部门	矢量图、表	最新	必需
	8	全国/省/市生态功能区划	环境保护部门	矢量图、表	最新	必需
	9	城市环境空气功能区划	环境保护部门	矢量图、表	最新	必需
	10	城市水（环境）功能区划	环境保护、水利部门	矢量图、表	最新	必需
	11	省/市大气、水、土污染防治行动计划实施方案	环境保护部门	—	最新	必需
	12	省/市环境保护和生态建设规划	环境保护部门	—	最新	必需
	13	重点流域水污染防治规划、重点区域大气污染防治规划	环境保护部门	—	最新	必需
	14	城市生态保护红线划定方案	环境保护部门	矢量图、清单	最新	必需
	15	城市总体规划	规划部门	矢量图	最新	必需
	16	城市矿产资源规划	国土资源部门	矢量图、表	最新	必需
	17	城市林业保护利用规划	林业部门	矢量图、表	最新	必需
	18	城市湿地保护规划	林业部门	矢量图、表	最新	必需
	19	城市国民经济与社会发展规划	发改部门	—	最新	必需
	20	城市产业发展规划	工信部门		最新	必需
资源现状数据	21	土地利用现状数据	国土资源部门	1∶10 000	当年	必需
	22	永久性基本农田	国土资源部门	1∶10 000	当年	必需
	23	草地资源调查数据	农业/林业部门	矢量图、表	最新	必需
	24	土壤类型图	农业部门	矢量图	最新	必需
	25	耕地质量数据	农业部门	矢量图、表	最新	必需
	26	林地一张图数据	林业部门	矢量图、表	最新	必需
	27	水土流失数据	水利部门	矢量图、表	最新	必需
	28	石漠化数据	发改部门	矢量图、表	最新	必需
	29	土地沙化数据	国土部门	矢量图、表	最新	必需
	30	土地盐渍化数据	国土部门	矢量图、表	最新	必需
环境管理数据	31	环境质量（水、气、土壤）监测数据	环境保护部门	表	最新	必需
	32	环境统计数据	环境保护部门	表	上一年	必需
	33	污染源普查数据	环境保护部门	表	最新	必需
	34	环境风险源数据	环境保护部门	表	上一年	必需

类型	序号	名　称	来源	比例尺/分辨率/详细程度	现势性及其他说明	必需/可选
环境管理数据	35	自然保护区	环境保护、林业、等部门	矢量图	最新	必需
	36	风景名胜区	住建部门	矢量图	最新	必需
	37	森林公园	林业部门	矢量图	最新	必需
	38	地质公园	国土资源部门	矢量图	最新	必需
	39	世界文化遗产	住建部门	矢量图	最新	必需
	40	水产种质资源保护区	农业部门	矢量图	最新	必需
	41	国家公园	发改、环保、林业等相关部门	矢量图	最新	必需
	42	湿地公园	林业部门	矢量图	最新	必需
	43	饮用水水源地保护区	环境保护部门	矢量图	最新	必需
	44	极小种群物种分布栖息地	林业部门	矢量图	最新	必需
人口社会经济统计数据	45	人口普查统计数据	公安、统计部门	到乡镇、街道	最新	必需
	46	城市统计年鉴	统计		近5年	必需
	47	工业园区相关数据资料（名称、位置、主要产业、近年经济水平）	发改、经信等部门	—	当年	必需
	48	地方法规和政策	法制办、政研室	—	最新	必需

A.2 数据整理

A.2.1 纸质资料整理

对纸质资料进行扫描与数字化录入处理，栅格图像扫描分辨率不低于200DPI。

A.2.2 空间数据预处理

配准或纠正：对于无空间参考的地图资料，以基础地理信息数据作为空间参考进行配准、纠正处理。栅格图分辨率不低于200DPI，图面信息应无损失。

坐标转换：对非CGCS2000空间基准的空间数据进行坐标转换，统一至CGCS2000。

格式转换：将空间数据格式转换为统一的地理信息数据格式。

数据拼接与裁切：对收集的空间数据根据情况进行拼接、提取或裁切处理，形成完整覆盖研究范围的数据。

A.2.3 统计数据处理

对近五年至十年的人口、社会、经济统计数据进行整理，并与乡镇街道行政区划单元相关联，形成基于乡镇街道行政单元的空间统计数据。

A.3 工作底图制作

A.3.1 数据规格

（1）数学基础

平面基准：采用2000国家大地坐标系（CGCS2000）。

高程基准：采用1985国家高程基准。

深度基准：采用理论深度基准面。

投影方式：一般情况下，底图数据采用地理坐标，坐标单位为度，保留6位小数。根据制图需要可采用高斯－克吕格投影，分带方式采用3°分带或6°分带，坐标单位为“米”，保留2位小数；涉及跨带的研究范围，应采用同一投影带。

（2）数据精度

工作底图数据的平面与高程精度应不低于所采用的数据源精度。依据影像补充采集或修正的数据采集精度应控制在 5 个像素以内。

（3）计量单位

数据整理应统一使用法定的计量单位，见下表 A-2。

表 A-2　数据计量单位

类　别	单　位	备　注
面积	平方米、公顷、平方千米	—
长度	米、千米	—
体积、容积	立方米	—
高程、深度	米	—
地理坐标	度	小数点后为十进制
温度	度	摄氏度

A.3.2　底图制作

（1）底图数据内容

根据底图数据作用，分为基础底图数据和评价底图数据二类。基础底图数据是在整个工作过程和成果表达中都需要使用到的通用性数据；评价底图数据主要用于支持开展“三线一单”过程中使用的数据。数据采用统一的地理信息数据格式，按要素类型分层存储。各类底图数据包含的内容和属性定义见下表 A-3。

表 A-3　底图数据内容

序号	类型	数据名称	数据层名	图层内容	几何类型
1	基础底图数据	行政区划单元	BOUA4	市级行政区	面
2			BOUA5	县级行政区	面
3			BOUA6	乡镇（街道）行政区	面
4			BOUA7	行政村	面
5			BOUL	行政区划与管理单元界线	线
6		地形地貌土壤地质数据	DEMR	数字高程模型	栅格
7			SLOP	坡度数据	栅格
8			AZMR	坡向数据	栅格
9			LDFA	地貌类型	面
10			LIMA	石灰岩分布	面
11			PEDA	土壤性状特征	面
12		水域	BASA	汇水流域	面
13			HYDA	水域（面）	面
14			HYDL	水域（线）	线
15		交通	LRDL	公路	线
16			LRDP	港口、机场、火车站	点
17		居民点	CTYP	城镇中心点	点
18		地名	AGNP	包括各类居民地、具有位置标识意义的重要单位、交通站场港口、纪念地和古迹、山川水体以及自然地域等的名称	点
19	评价底图数据	气候气象	ARNFR	年均降水量	栅格
20			AEVPR	年均潜在蒸发量	栅格
21			AWNDR	年均大风天数	栅格
22			AARDR	干燥度	栅格

序号	类型	数据名称	数据层名	图层内容	几何类型
23		气候气象	MRNFR	月均降水量	栅格
24			MTMPR	月均气温	栅格
25			MRHMR	月均相对湿度	栅格
26		环境功能分区	AZONA	环境空气功能区	面
27			WZONA	水环境功能区	面
28		污染物排放	PDLA	污染物排放量	面
29		土地覆盖现状类型	LUCA	土地覆盖现状类型	面
30		土地利用现状类型	DLMC	土地利用现状类型	面
31		水资源	WTRA	水资源量	面
32		生态系统服务功能重要性	SYHYZYX	水源涵养重要性	面
33			STBCZYX	水土保持重要性	面
34			FFGSZYX	防风固沙重要性	面
35			DYXWHZYX	生物多样性维护重要性	面
36		生态敏感性	STLSMGX	水土流失敏感性	面
37			TDSHMGX	土地沙化敏感性	面
38			SMHMGX	石漠化敏感性	面
39			TRYZHMGX	土壤盐渍化敏感性	面

（2）质量控制

数字工作底图编制成果的质量检查内容包括：

a）基本检查内容：检查空间数据的空间基准、位置精度、属性精度、逻辑一致性以及完整性是否符合要求。

b）重点检查内容：检查空间数据提取的准确性及各要素的符合性、现状数据提取与归类的正确性、外业核查的完整性。

（3）数据整合集成

数据整合与集成要求如下：

a）数据整合：需对内外业成果整合时，以外业核准结果为准，逐一对照核实，将各图层及相关属性项补充完整。

b）数据集成：将各类数据按照表 A-3 进行分层组织并入库，形成空间工作底图。

附录 B （规范性附录）水环境模拟评价要点

B.1 环境容量测算

以《全国水环境容量核定技术指南》和《水体达标方案编制技术指南》为主要依据，根据污染源、水文水质特征以及资料、技术条件，选择成熟简便并满足精度要求的方法，建立污染排放与水体水质之间的定量响应关系，测算化学需氧量、氨氮等主要污染物以及存在超标风险的污染因子的环境容量。重点湖库汇水区、总磷超标的控制单元和沿海地区应对总氮、总磷的环境容量进行测算。地方可根据需求增加对其他特征污染物的容量估算。

B.2 污染负荷模拟估算

B.2.1 非点源污染负荷模拟估算

非点源污染物类型主要有农村生活、农田径流、城市径流、畜禽养殖、矿山径流等，根据不同下垫面，侧重不同污染源类型的分析。非点源污染计算方法有经验统计法和模型估算法，地方可根据资料支撑情况和相关技术力量选择合适的方法。

（1）经验统计法

基于环境统计、城市统计数据，通过调查目标区域土地类型及相关农田、农村、城镇径流、畜禽养殖和矿山径流基础信息，结合实地调研补充，在分析区域水文基础上，应用现有面源污染产污计算方法等成果统计计算得出目标区域非点源污染入河负荷。不同类型面源污染估算方法详细参见《全国水环境容量核定技术指南》。

（2）模型估算法

主要包括以下四个步骤。

a）数据库建设

非点源污染模型数据库主要包括属性数据库和空间数据库。属性数据库主要包括气象数据、水文水质数据、土壤属性数据、水库、点源污染等。空间数据库主要包括遥感影像数据、土地利用图、植被盖度图、流域水系图、行政区划图、土壤类型图、DEM 等。

b）模型选择推荐

根据不同地形特征，不同地域特征来选择适用模型，详见表 B-1。

表 B-1 模型分类与选择

模型名称	应用尺度	参数形式	次暴雨/长期连续	主要研究对象
DR3M	城市	分布式	次暴雨	氮、磷、COD 等污染物
STORM	城市	分布式	次暴雨	总氮、总磷、BOD 和大肠杆菌等
SWMM	城市	分布式	次暴雨	总氮、总磷、COD 和 BOD 等
CREAMS	农田小区	集总	长期连续	氮、磷和农药等
EPIC	农田小区	分布式	长期连续	氮、磷和农药等
ANSWERS	流域	分布式	长期连续	氮、磷
AGNPS	流域	分布式	长期连续	农药、氮、磷和 COD 等
HSPF	流域	分布式	长期连续	氮、磷、COD 和 BOD、农药等
SWAT	流域	分布式	长期连续	氮、磷和农药等
PLOAD	流域	分布式	长期连续	总氮、总磷、BOD、COD 等
LS-NPS	城市与流域	半分布式	次暴雨与长期	氮、磷、COD

c）模型参数及获取方法

非点源污染模型涉及的参数一般分为 5 类：气象参数、下垫面地表参数、产汇流参数、植被生长参数和养分循环参数，详见表 B-2。

表 B-2 模型参数及获取方法

参数类型	指 标	获取途径
气象参数	降雨量、气温、太阳辐射、净辐射等	气象站观测或者遥感反演
下垫面地表参数	污染源强、叶面积指数、植被盖度、归一化植被指数、地表反照率、地表温度、坡度、土壤厚度、土壤含水量等	实地调查、遥感反演以及 DEM 提取

参数类型	指　　标	获取途径
产汇流参数	径流系数、地面冲刷系数、标准雨强、蓄水容量曲线的幂、深层蒸散发折算系数、壤中流出流系数等	文献法和模型率定
植被生长参数	最大光能利用率、光合有效辐射与太阳辐射的比例因子、冠层消光系数、植被生长最佳气温等	实地调查、文献法、模型率定
养分循环参数	施肥量、化肥中矿物质氮含量、化肥中氨氮含量、化肥中有机氮含量、化肥中矿物质磷含量、化肥中有机磷含量等	实地调查和文献法

d）污染负荷估算

结合区域岸边带建设、土地利用规划、水（环境）功能区划、水源地保护区划，应用所选择的模型和参数对非点源污染负荷进行估算。

B.2.2　点源污染负荷测算

按照《全国水环境容量核定技术指南》和《水体达标方案编制技术指南》中制定的污染物排放现状调查要求和推荐技术方法，基于统计年鉴、环统数据、污染源普查数据等资料，以控制单元等为单位，统计核算各类点源污染负荷。有条件地区应采用排污系数法与实测相结合的方法校核污染物产生量与排放量。

B.3　允许排放量核算

以水质目标为约束条件，采用已建立的污染排放与水质响应关系，计算主要污染物允许排放量。允许排放量核算结果需与相关环评和排污许可相衔接。不达标水体要根据地方实际情况，综合考虑现状排污格局、污染源可控性和经济技术可行性等因素，兼顾公平与效率，核算允许排放量。

B.4　河流上下游水质关系的确定

流域下游地表水环境受上游来水影响时，在计算中应在边界条件中设置上游来水水质影响；上下游水质关系，在管理上应遵循全国水（环境）功能区划相关规定。

B.5　主要污染物允许排放量校核

根据基准年污染物排放清单与预测年污染物排放清单，通过水环境质量模型，模拟不同污染排放情景下监测断面污染物浓度，将模拟得到的污染物预测浓度与水环境质量底线目标进行对比，判断预测主要污染物允许排放量是否满足底线目标管控要求。地方可根据每年的环境质量状况和上级环境保护主管部门下达总量控制指标，动态修正允许排放量。

附录C　（规范性附录）大气环境模拟评价要点

C.1　空气质量模型选择原则

结合城市污染类型、污染源，选择适合的空气质量模型划定大气环境质量底线。对于细颗粒物、臭氧等复合型污染突出的城市宜采用复杂模型；对于复合型污染不突出的城市可采用简易模型。

简易模型：模拟的物理过程较为简单，对于颗粒物，仅可粗略模拟一次污染源排放的颗粒物的扩散和干湿沉降，可采用《环境影响评价技术导则　大气环境》（HJ 2.2—2008）推荐的 CALPUFF 模型。

复杂模型：为第三代空气质量模型，采用多尺度网格嵌套模式，考虑实际大气中不同污染物之间的相互转换和相互影响，可较好模拟污染物在大气中的扩散、生成、转化、清除等过程。代表性模式有 Models-3/CMAQ、NAQPMS、CUACE、CAMx、WRF-Chem 等。主流模式特点详见表 C-1。

表 C-1　目前国内外主流模式的特点

模式名称	WRF-Chem	CMAQ	CUACE	NAQPMS	CAMx	CALPUFF
大气-环境在线耦合技术	有	有	有	有	无	无
套网格运行技术	有	有	有	有	有	无
数值同化功能	有	有	有	有	无	无
气溶胶辐射反馈机制	有	有	有	有	无	无
气象因素对污染贡献率	无	有	有	有	无	无
污染源示踪分析技术	无	有	无	有	有	有
复杂地形适应能力	有	有	有	有	有	无
起沙机制	无	无	有	有	无	无

C.2　空气质量模型运行重点要求

排放源清单建立。简易模型排放源清单的编制参照《环境影响评价技术导则　大气环境》（HJ 2.2—2008）空气质量模型使用说明中有关排放清单的编制要求。复杂模型应建立多化学组分（包括 SO_2、NO_x、CO、NH_3、EC、OC、PM_{10}、$PM_{2.5}$、VOCs 等，其中 VOCs 依据复杂模型所采用的化学反应机制进行污染物分配）、高空间分辨率（水平嵌套网格内层分辨率不低于 3 km×3 km）、高时间分辨率（反映各类排放源季、月、日、小时变化规律）的排放源清单。

排放源与环境质量响应关系建立。根据选定的空气质量模型要求，输入相应分辨率的地形高程、下垫面特征及环境参数。利用 MM5、WRF 等气象模式为空气质量模型系统提供三维气象要素场（水平方向嵌套网格内层分辨率不低于 3 km×3 km，垂直方向边界层内分层不少于 10 层）。利用全球模式或区域模式模拟结果、大气污染物环境背景值或实际监测资料作为模型运算初始条件和边界条件，非嵌套网格类型区域内层网格的边界条件可采用模型外层网格污染物浓度模拟结果。收集模拟区域内各类监测数据进行模型结果校验。采用复杂模型内置的敏感性评估模块、源追踪模块、源开关法等，模拟建立排放源与环境空气质量之间的对应关系，获得各地区各类污染源排放对环境浓度的贡献。

C.3　主要污染物允许排放量与环境质量的关系校核

根据基准年污染物排放清单与预测年污染物排放清单，通过空气质量模型模拟不同污染排放情景下监测点位所在网格的大气污染物浓度，计算相关响应因子（RRF）：

$$RRF_i = C_{mi\,预测年}/C_{mi\,基准年}$$

式中：RRF_i —— 第 i 种污染物的相关响应因子；

$C_{mi\,基准年}$ —— 在基准年污染物排放量情景下的第 i 种污染物的模拟浓度；

$C_{mi\,预测年}$ —— 在预测年污染物排放量情景下的第 i 种污染物的模拟浓度。

通过计算 RRF 与监测点位监测浓度的乘积，得到预测年污染物的预测浓度：

$$C_{i\,预测年}=RRF_i \times C_{oi\,基准年}$$

式中：$C_{i\,预测年}$ —— 第 i 种污染物的预测浓度；

$C_{oi\,基准年}$ —— 第 i 种污染物的监测浓度。

将计算得到的污染物预测浓度与大气环境质量底线目标进行对比，判断预测主要污染物允许排放量是否满足底线目标管控要求。

附录D （规范性附录）“三线一单”数据共享及应用平台功能要求

数据共享及应用平台建设包括环境保护部数据共享平台和地方环保主管部门数据应用平台两个层面。环境保护部数据共享平台主要实现各地“三线一单”数据的集中管理、查询、展示和共享交换，详细要求将结合平台开发进度另行发布。各地可根据环境信息化管理基础和需求，在满足数据共享要求的基础上，单独开发“三线一单”数据应用平台，或者将“三线一单”成果融入电子政务、智慧环保、地方环境信息中心平台。

D.1 数据与成果管理

D.1.1 基础数据管理

衔接“三线一单”工作底图，开发数据整合、汇总、标准化流程，建立相应的基础数据资源目录，纳入数据库实现统一存储和管理，形成大数据中心，并充分考虑各项数据的安全防护和权限管理措施。将“三线一单”文本、图集、研究报告成果数据和污染物排放清单、评价结果等关键过程数据入库，建立相应的“三线一单”成果目录。

D.1.2 “三线一单”成果管理

提炼“三线一单”各类空间管控要求数据，包括生态保护红线、生态空间、水环境质量底线、允许排放量与管控分区、大气环境质量底线、允许排放量与管控分区、土壤环境质量底线和土壤污染风险管控分区、资源利用上线与相关重点管控区、环境管控单元、环境准入负面清单等关键管理数据，构建相应的规则库、措施库和方案库，以备数据查询与智能分析等应用。并充分考虑各类成果数据的安全防护和权限管理措施。

D.2 实时业务数据对接

结合地方数字环保、数据中心、大数据建设等相关工作，梳理与“三线一单”成果相关的环保业务数据，建立环保业务数据资源目录和相应的数据接口，将“三线一单”数据和已有的数据源进行对接，实现“三线一单”基础数据的动态更新。主要的环保业务数据包括环境质量监测数据、污染源排放监测数据、建设项目环评审批数据、排污许可数据、减排项目数据等。

D.3 数据综合查询及展示

基于基础数据资源目录、“三线一单”成果目录和环保业务数据资源目录，提供各类数据的综合查询和可视化展示功能，支持多条件自定义组合的高效模糊查询，查询结果可快速导出数据文件，包括多查询结果的对比分析、叠加分析、时序分析等 GIS 分析功能。所有数据查询和操作均需考虑权限管理和安全保障措施。

D.4 智能研判分析

基于“三线一单”成果的规则库、措施库和方案库，提供空间冲突分析、项目准入分析、项目选址分析等智能分析功能，为建设项目环评审批、环境监察执法、排污许可证发放等提供支持。充分考虑不同业务管理对智能分析的需求差异和相应的权限管理措施。

D.5 “三线一单”成果更新

依据“三线一单”的修订更新，及时更新“三线一单”管控平台。同时结合相关法规制度、标准规范、规划区划、战略和规划环评成果及管控对策等，及时更新完善“三线一单”的管控要求。

D.6 管理应用互动

D.6.1 应用服务接口

根据实际业务应用的信息化建设情况，建设相应的应用服务接口，对外提供各类智能分析功能服务，与建设项目环评审批、环境监察执法、排污许可证管理等业务系统实现有机衔接，支持业务化运行。支持同步和异步服务交互模式、错误捕获、授权机制以及审计机制，记录相关访问的来源、时间、涉及数据范围、涉及功能操作、用户操作反馈等信息，提供对这些信息的查询和统计功能，完善安全防护和权限管理措施。

D.6.2 多类型用户服务

平台应为多种类型用户提供差别化的功能服务，用户包括但不限于政府管理人员、企事业单位、社会公众等，服务平台包括PC版、手机版等多种版本，推动“三线一单”成果的广泛应用，建立健全完善的数据安全防护和权限管理措施。

D.6.3 数据共享交换

地方的数据应用平台应具备与环境保护部数据共享平台数据对接功能，可实现数据动态交换。根据实际管理工作对“三线一单”数据共享的要求，基于Web Services技术，通过描述网络（network）服务或终端（endpoint）的XML，建设相应的数据交换接口，实现数据交换与共享，对外提供基础数据和成果数据的信息共享服务。

三、建设项目环境影响评价

国家环境保护总局建设项目环境影响评价文件审批程序规定

（国家环境保护总局令　第29号）

《国家环境保护总局建设项目环境影响评价文件审批程序规定》已于2005年10月27日由国家环境保护总局2005年第二十次局务会议通过，现予公布，自2006年1月1日起施行。

国家环境保护总局局长　解振华

2005年11月23日

第一章　总　则

第一条　为规范国家环境保护总局（以下简称“环保总局”）建设项目环境影响评价文件审批行为，提高审批行为的科学性和民主性，保护公民、法人和其他组织的合法权益，根据《中华人民共和国行政许可法》、《中华人民共和国环境影响评价法》和《国务院关于投资体制改革的决定》，制定本规定。

第二条　本规定所称建设项目环境影响评价文件，是指建设项目环境影响报告书、环境影响报告表和环境影响登记表的统称。

第三条　本规定适用于环保总局负责审批的建设项目环境影响评价文件的审批。

第四条　按照国家规定实行审批制的建设项目，建设单位应当在报送可行性研究报告前报批环境影响评价文件。

按照国家规定实行核准制的建设项目，建设单位应当在提交项目申请报告前报批环境影响评价文件。

按照国家规定实行备案制的建设项目，建设单位应当在办理备案手续后和开工前报批环境影响评价文件。

第五条　环保总局审批建设项目环境影响评价文件，遵循公开、公平、公正原则，做到便民和高效。

第二章　申请与受理

第六条　建设单位按照环保总局公布的《建设项目环境保护分类管理名录》的规定，组织编制环境影响报告书、环境影响报告表或者填报环境影响登记表。

其中，对按规定编制环境影响报告书或者环境影响报告表的建设项目，建设单位应当委托具备甲级环境影响评价资质的机构编制。

第七条　建设项目环境影响报告书主要包括下列内容：

（一）项目概况；

（二）周围环境现状；

（三）对环境可能造成影响的分析、预测和评估；

（四）环境保护措施及其技术、经济论证；

（五）对环境影响的经济损益分析；

（六）实施环境监测的建议；

（七）评价结论。

建设项目环境影响报告表和环境影响登记表，分别按照环保总局公布的内容、格式编制或填报。

第八条 依法需要环保总局审批的建设项目环境影响评价文件，建设单位应当向环保总局提出申请，提交下列材料，并对所有申报材料内容的真实性负责：

（一）建设项目环境影响评价文件报批申请书 1 份；

（二）建设项目环境影响评价文件文字版一式 8 份，电子版一式 2 份；

（三）建设项目建议书批准文件（审批制项目）或备案准予文件（备案制项目）1 份；

（四）依据有关法律法规规章应提交的其他文件。

第九条 环保总局对建设单位提出的申请和提交的材料，根据情况分别作出下列处理：

（一）申请材料齐全、符合法定形式的，予以受理，并出具受理回执；

（二）申请材料不齐全或不符合法定形式的，当场或在 5 日内一次告知建设单位需要补正的内容；

（三）按照审批权限规定不属于环保总局审批的申请事项，不予受理，并告知建设单位向有关机关申请。

第十条 环保总局在政府网站（网址：www.sepa.gov.cn）公布受理的建设项目信息。国家规定需要保密的除外。

第三章 审 查

第十一条 环保总局受理建设项目环境影响报告书后，认为需要进行技术评估的，由环境影响评估机构对环境影响报告书进行技术评估，组织专家评审。评估机构一般应在 30 日内提交评估报告，并对评估结论负责。

第十二条 环保总局主要从下列方面对建设项目环境影响评价文件进行审查：

（一）是否符合环境保护相关法律法规。建设项目涉及依法划定的自然保护区、风景名胜区、生活饮用水水源保护区及其他需要特别保护的区域的，应当符合国家有关法律法规关于该区域内建设项目环境管理的规定；依法需要征得有关机关同意的，建设单位应当事先取得该机关同意。

（二）是否符合国家产业政策和清洁生产标准或要求。

（三）建设项目选址、选线、布局是否符合区域、流域规划和城市总体规划。

（四）项目所在区域环境质量是否满足相应环境功能区划和生态功能区划标准或要求。

（五）拟采取的污染防治措施能否确保污染物排放达到国家和地方规定的排放标准，满足污染物总量控制要求；涉及可能产生放射性污染的，拟采取的防治措施能否有效预防和控制放射性污染。

（六）拟采取的生态保护措施能否有效预防和控制生态破坏。

第十三条 对环境可能造成重大影响、应当编制环境影响报告书的建设项目，可能严重影响项目所在地居民生活环境质量的建设项目，以及存在重大意见分歧的建设项目，环保总局可以举行听证会，听取有关单位、专家和公众的意见，并公开听证结果，说明对有关意见采纳或不采纳的理由。

第四章 批 准

第十四条 符合本规定第十二条所列条件，经审查通过的建设项目，环保总局作出予以批准的决定，并书面通知建设单位。

对不符合条件的建设项目，环保总局作出不予批准的决定，书面通知建设单位，并说明理由。

第十五条 环保总局在作出批准的决定前，在政府网站公示拟批准的建设项目目录，公示时间为 5 天。

作出批准决定后，在政府网站公告建设项目审批结果。

第十六条 建设项目的环境影响评价文件自批准之日起超过五年，方决定该项目开工建设的，其环境影响评价文件应当报环保总局重新审核。

环保总局从下列方面对环境影响评价文件进行重新审核：

（一）建设项目所在区域环境质量状况有无变化；

（二）原审批中适用的法律、法规、规章、标准有无变化。

若上述两方面均未发生变化，环保总局作出予以核准的决定，并书面通知建设单位。

第十七条　建设单位对审批或重新审核决定有异议的，可依法申请行政复议或提起行政诉讼。

第五章　期　限

第十八条　环保总局应当自收到环境影响报告书之日起 60 日内，收到环境影响报告表之日起 30 日内，收到环境影响登记表之日起 15 日内，根据审查结果，分别作出相应的审批决定并书面通知建设单位。

第十九条　重新审核的建设项目，环保总局应当自收到环境影响评价文件之日起 10 日内，将审核意见书面通知建设单位。

第二十条　依法需要进行听证、专家评审和技术评估的，所需时间不计算在本章规定的期限内。

第六章　附　则

第二十一条　依法应当由环保总局负责审批环境影响评价文件的建设项目，环保总局可以委托项目所在地的省、自治区、直辖市环境保护行政主管部门审批其环境影响评价文件。受托的环境保护行政主管部门按照委托权限审批建设项目环境影响评价文件，并将审批决定向环保总局备案。

第二十二条　地方各级环境保护行政主管部门可以根据本地的实际情况，参照本规定制定具体办法。

第二十三条　本规定自 2006 年 1 月 1 日起实施。

建设项目环境影响评价文件分级审批规定

（环境保护部令　第5号）

《建设项目环境影响评价文件分级审批规定》已于2008年12月11日修订通过，现予公布，自2009年3月1日起施行。

环境保护部部长　周生贤

2009年1月16日

第一条　为进一步加强和规范建设项目环境影响评价文件审批，提高审批效率，明确审批权责，根据《环境影响评价法》等有关规定，制定本规定。

第二条　建设对环境有影响的项目，不论投资主体、资金来源、项目性质和投资规模，其环境影响评价文件均应按照本规定确定分级审批权限。

有关海洋工程和军事设施建设项目的环境影响评价文件的分级审批，依据有关法律和行政法规执行。

第三条　各级环境保护部门负责建设项目环境影响评价文件的审批工作。

第四条　建设项目环境影响评价文件的分级审批权限，原则上按照建设项目的审批、核准和备案权限及建设项目对环境的影响性质和程度确定。

第五条　环境保护部负责审批下列类型的建设项目环境影响评价文件：

（一）核设施、绝密工程等特殊性质的建设项目；

（二）跨省、自治区、直辖市行政区域的建设项目；

（三）由国务院审批或核准的建设项目，由国务院授权有关部门审批或核准的建设项目，由国务院有关部门备案的对环境可能造成重大影响的特殊性质的建设项目。

第六条　环境保护部可以将法定由其负责审批的部分建设项目环境影响评价文件的审批权限，委托给该项目所在地的省级环境保护部门，并应当向社会公告。

受委托的省级环境保护部门，应当在委托范围内，以环境保护部的名义审批环境影响评价文件。

受委托的省级环境保护部门不得再委托其他组织或者个人。

环境保护部应当对省级环境保护部门根据委托审批环境影响评价文件的行为负责监督，并对该审批行为的后果承担法律责任。

第七条　环境保护部直接审批环境影响评价文件的建设项目的目录、环境保护部委托省级环境保护部门审批环境影响评价文件的建设项目的目录，由环境保护部制定、调整并发布。

第八条　第五条规定以外的建设项目环境影响评价文件的审批权限，由省级环境保护部门参照第四条及下述原则提出分级审批建议，报省级人民政府批准后实施，并抄报环境保护部。

（一）有色金属冶炼及矿山开发、钢铁加工、电石、铁合金、焦炭、垃圾焚烧及发电、制浆等对环境可能造成重大影响的建设项目环境影响评价文件由省级环境保护部门负责审批。

（二）化工、造纸、电镀、印染、酿造、味精、柠檬酸、酶制剂、酵母等污染较重的建设项目环境影响评价文件由省级或地级市环境保护部门负责审批。

（三）法律和法规关于建设项目环境影响评价文件分级审批管理另有规定的，按照有关规定执行。

第九条　建设项目可能造成跨行政区域的不良环境影响，有关环境保护部门对该项目的环境影响评价结论有争议的，其环境影响评价文件由共同的上一级环境保护部门审批。

第十条　下级环境保护部门超越法定职权、违反法定程序或者条件做出环境影响评价文件审批决定的，上级环境保护部门可以按照下列规定处理：

（一）依法撤销或者责令其撤销超越法定职权、违反法定程序或者条件做出的环境影响评价文件审批决定。

（二）对超越法定职权、违反法定程序或者条件做出环境影响评价文件审批决定的直接责任人员，建议由任免机关或者监察机关依照《环境保护违法违纪行为处分暂行规定》的规定，对直接责任人员，给予警告、记过或者记大过处分；情节较重的，给予降级处分；情节严重的，给予撤职处分。

第十一条　本规定自 2009 年 3 月 1 日起施行。2002 年 11 月 1 日原国家环境保护总局发布的《建设项目环境影响评价文件分级审批规定》（原国家环境保护总局令第 15 号）同时废止。

建设项目环境影响登记表备案管理办法

（环境保护部令　第41号）

《建设项目环境影响登记表备案管理办法》已于2016年11月2日由环境保护部部务会议审议通过，现予公布，自2017年1月1日起施行。

附件：建设项目环境影响登记表备案管理办法

环境保护部部长　陈吉宁

2016年11月16日

第一条　为规范建设项目环境影响登记表备案，依据《环境影响评价法》和《建设项目环境保护管理条例》，制定本办法。

第二条　本办法适用于按照《建设项目环境影响评价分类管理名录》规定应当填报环境影响登记表的建设项目。

第三条　填报环境影响登记表的建设项目，建设单位应当依照本办法规定，办理环境影响登记表备案手续。

第四条　填报环境影响登记表的建设项目应当符合法律法规、政策、标准等要求。

建设单位对其填报的建设项目环境影响登记表内容的真实性、准确性和完整性负责。

第五条　县级环境保护主管部门负责本行政区域内的建设项目环境影响登记表备案管理。

按照国家有关规定，县级环境保护主管部门被调整为市级环境保护主管部门派出分局的，由市级环境保护主管部门组织所属派出分局开展备案管理。

第六条　建设项目的建设地点涉及多个县级行政区域的，建设单位应当分别向各建设地点所在地的县级环境保护主管部门备案。

第七条　建设项目环境影响登记表备案采用网上备案方式。

对国家规定需要保密的建设项目，建设项目环境影响登记表备案采用纸质备案方式。

第八条　环境保护部统一布设建设项目环境影响登记表网上备案系统（以下简称网上备案系统）。

省级环境保护主管部门在本行政区域内组织应用网上备案系统，通过提供地址链接方式，向县级环境保护主管部门分配网上备案系统使用权限。

县级环境保护主管部门应当向社会公告网上备案系统地址链接信息。

各级环境保护主管部门应当将环境保护法律、法规、规章以及规范性文件中与建设项目环境影响登记表备案相关的管理要求，及时在其网站的网上备案系统中公开，为建设单位办理备案手续提供便利。

第九条　建设单位应当在建设项目建成并投入生产运营前，登录网上备案系统，在网上备案系统注册真实信息，在线填报并提交建设项目环境影响登记表。

第十条　建设单位在办理建设项目环境影响登记表备案手续时，应当认真查阅、核对《建设项目环境影响评价分类管理名录》，确认其备案的建设项目属于按照《建设项目环境影响评价分类管理名录》规定应当填报环境影响登记表的建设项目。

对按照《建设项目环境影响评价分类管理名录》规定应当编制环境影响报告书或者报告表的建设项

目，建设单位不得擅自降低环境影响评价等级，填报环境影响登记表并办理备案手续。

第十一条 建设单位填报建设项目环境影响登记表时，应当同时就其填报的环境影响登记表内容的真实、准确、完整作出承诺，并在登记表中的相应栏目由该建设单位的法定代表人或者主要负责人签署姓名。

第十二条 建设单位在线提交环境影响登记表后，网上备案系统自动生成备案编号和回执，该建设项目环境影响登记表备案即为完成。

建设单位可以自行打印留存其填报的建设项目环境影响登记表及建设项目环境影响登记表备案回执。

建设项目环境影响登记表备案回执是环境保护主管部门确认收到建设单位环境影响登记表的证明。

第十三条 建设项目环境影响登记表备案完成后，建设单位或者其法定代表人或者主要负责人在建设项目建成并投入生产运营前发生变更的，建设单位应当依照本办法规定再次办理备案手续。

第十四条 建设项目环境影响登记表备案完成后，建设单位应当严格执行相应污染物排放标准及相关环境管理规定，落实建设项目环境影响登记表中填报的环境保护措施，有效防治环境污染和生态破坏。

第十五条 建设项目环境影响登记表备案完成后，县级环境保护主管部门通过其网站的网上备案系统同步向社会公开备案信息，接受公众监督。对国家规定需要保密的建设项目，县级环境保护主管部门严格执行国家有关保密规定，备案信息不公开。

县级环境保护主管部门应当根据国务院关于加强环境监管执法的有关规定，将其完成备案的建设项目纳入有关环境监管网格管理范围。

第十六条 公民、法人和其他组织发现建设单位有以下行为的，有权向环境保护主管部门或者其他负有环境保护监督管理职责的部门举报：

（一）环境影响登记表存在弄虚作假的；

（二）有污染环境和破坏生态行为的；

（三）对按照《建设项目环境影响评价分类管理名录》规定应当编制环境影响报告书或者报告表的建设项目，建设单位擅自降低环境影响评价等级，填报环境影响登记表并办理备案手续的。

举报应当采取书面形式，有明确的被举报人，并提供相关事实和证据。

第十七条 环境保护主管部门或者其他负有环境保护监督管理职责的部门可以采取抽查、根据举报进行检查等方式，对建设单位遵守本办法规定的情况开展监督检查，并根据监督检查认定的事实，按照以下情形处理：

（一）构成行政违法的，依照有关环境保护法律法规和规定，予以行政处罚；

（二）构成环境侵权的，依法承担环境侵权责任；

（三）涉嫌构成犯罪的，依法移送司法机关。

第十八条 建设单位未依法备案建设项目环境影响登记表的，由县级环境保护主管部门根据《环境影响评价法》第三十一条第三款的规定，责令备案，处五万元以下的罚款。

第十九条 违反本办法规定，建设单位违反承诺，在填报建设项目环境影响登记表时弄虚作假，致使备案内容失实的，由县级环境保护主管部门将该建设单位违反承诺情况记入其环境信用记录，向社会公布。

第二十条 违反本办法规定，对按照《建设项目环境影响评价分类管理名录》应当编制环境影响报告书或者报告表的建设项目，建设单位擅自降低环境影响评价等级，填报环境影响登记表并办理备案手续，经查证属实的，县级环境保护主管部门认定建设单位已经取得的备案无效，向社会公布，并按照以下规定处理：

（一）未依法报批环境影响报告书或者报告表，擅自开工建设的，依照《环境保护法》第六十一条和《环境影响评价法》第三十一条第一款的规定予以处罚、处分。

（二）未依法报批环境影响报告书或者报告表，擅自投入生产或者经营的，分别依照《环境影响评价法》第三十一条第一款和《建设项目环境保护管理条例》的有关规定作出相应处罚。

第二十一条 对依照本办法第十八条、第二十条规定处理的建设单位，由县级环境保护主管部门将该建设单位违法失信信息记入其环境信用记录，向社会公布。

第二十二条 本办法自2017年1月1日起施行。

附

建设项目环境影响登记表

填报日期：

<table>
<tr><td>项目名称</td><td colspan="3"></td></tr>
<tr><td>建设地点</td><td></td><td>占地（建筑、营业）面积（m^2）</td><td></td></tr>
<tr><td>建设单位</td><td></td><td>法定代表人或者
主要负责人</td><td></td></tr>
<tr><td>联系人</td><td></td><td>联系电话</td><td></td></tr>
<tr><td>项目投资（万元）</td><td></td><td>环保投资（万元）</td><td></td></tr>
<tr><td>拟投入生产运营日期</td><td colspan="3"></td></tr>
<tr><td>项目性质</td><td colspan="3">□新建　□改建　□扩建</td></tr>
<tr><td>备案依据</td><td colspan="3">该项目属于《建设项目环境影响评价分类管理名录》中应当填报环境影响登记表的建设项目，属于第××类××项中××。</td></tr>
<tr><td>建设内容及规模</td><td colspan="3">□工业生产类项目□生态影响类项目□餐饮类项目□畜禽养殖类项目□核工业类项目（核设施的非放射性和非安全重要建设项目）□核技术利用类项目□电磁辐射类项目</td></tr>
<tr><td>主要环境影响</td><td>□废气
□废水：
□生活污水
□生产废水
□固废
□噪声
□生态影响
□辐射环境影响</td><td>采取的环保措施及排放去向</td><td>□无环保措施：
直接通过___排放至___。
□有环保措施：
□___采取___措施后通过___排放至___。
□其他措施：___。</td></tr>
<tr><td colspan="4">承诺：××（建设单位名称及法定代表人或者主要负责人姓名）承诺所填写各项内容真实、准确、完整，建设项目符合《建设项目环境影响登记表备案管理办法》的规定。如存在弄虚作假、隐瞒欺骗等情况及由此导致的一切后果由××（建设单位名称及法定代表人或者主要负责人姓名）承担全部责任。
法定代表人或者主要负责人签字：</td></tr>
<tr><td colspan="4">备案回执
该项目环境影响登记表已经完成备案，备案号：××××××。</td></tr>
</table>

填 表 说 明

1．填表人应当仔细阅读《建设项目环境影响登记表备案管理办法》，知晓相关的权利和义务。

2．建设项目符合《建设项目环境影响登记表备案管理办法》的规定。

3．建设单位自觉接受环境保护主管部门或者其他负有环境保护监督管理职责的部门的日常监督管理。

建设项目环境影响评价分类管理名录

（2017 年 6 月 29 日环境保护部令第 44 号公布　根据 2018 年 4 月 28 日生态环境部令第 1 号《关于修改〈建设项目环境影响评价分类管理名录〉部分内容的决定》修正）

第一条　为了实施建设项目环境影响评价分类管理，根据《中华人民共和国环境影响评价法》第十六条的规定，制定本名录。

第二条　根据建设项目特征和所在区域的环境敏感程度，综合考虑建设项目可能对环境产生的影响，对建设项目的环境影响评价实行分类管理。

建设单位应当按照本名录的规定，分别组织编制建设项目环境影响报告书、环境影响报告表或者填报环境影响登记表。

第三条　本名录所称环境敏感区是指依法设立的各级各类保护区域和对建设项目产生的环境影响特别敏感的区域，主要包括生态保护红线范围内或者其外的下列区域：

（一）自然保护区、风景名胜区、世界文化和自然遗产地、海洋特别保护区、饮用水水源保护区；

（二）基本农田保护区、基本草原、森林公园、地质公园、重要湿地、天然林、野生动物重要栖息地、重点保护野生植物生长繁殖地、重要水生生物的自然产卵场、索饵场、越冬场和洄游通道、天然渔场、水土流失重点防治区、沙化土地封禁保护区、封闭及半封闭海域；

（三）以居住、医疗卫生、文化教育、科研、行政办公等为主要功能的区域，以及文物保护单位。

第四条　建设单位应当严格按照本名录确定建设项目环境影响评价类别，不得擅自改变环境影响评价类别。

环境影响评价文件应当就建设项目对环境敏感区的影响作重点分析。

第五条　跨行业、复合型建设项目，其环境影响评价类别按其中单项等级最高的确定。

第六条　本名录未作规定的建设项目，其环境影响评价类别由省级生态环境主管部门根据建设项目的污染因子、生态影响因子特征及其所处环境的敏感性质和敏感程度提出建议，报生态环境部认定。

第七条　本名录由生态环境部负责解释，并适时修订公布。

第八条　本名录自 2017 年 9 月 1 日起施行。2015 年 4 月 9 日公布的原《建设项目环境影响评价分类管理名录》（环境保护部令第 33 号）同时废止。

项目类别 \ 环评类别		报告书	报告表	登记表	本栏目环境敏感区含义
一、畜牧业					
1	畜禽养殖场、养殖小区	年出栏生猪 5 000 头（其他畜禽种类折合猪的养殖规模）及以上；涉及环境敏感区的	—	其他	第三条（一）中的全部区域；第三条（三）中的全部区域
二、农副食品加工业					
2	粮食及饲料加工	含发酵工艺的	年加工 1 万吨及以上的	其他	
3	植物油加工	—	除单纯分装和调和外的	单纯分装或调和的	
4	制糖、糖制品加工	原糖生产	其他（单纯分装的除外）	单纯分装的	
5	屠宰	年屠宰生猪 10 万头、肉牛 1 万头、肉羊 15 万只、禽类 1 000 万只及以上	其他	—	
6	肉禽类加工	—	年加工 2 万吨及以上	其他	
7	水产品加工	—	鱼油提取及制品制造；年加工 10 万吨及以上的；涉及环境敏感区的	其他	第三条（一）中的全部区域；第三条（二）中的全部区域
8	淀粉、淀粉糖	含发酵工艺的	其他（单纯分装除外）	单纯分装的	
9	豆制品制造	—	除手工制作和单纯分装外的	手工制作或单纯分装的	
10	蛋品加工	—	—	全部	
三、食品制造业					
11	方便食品制造	—	除手工制作和单纯分装外的	手工制作或单纯分装的	
12	乳制品制造	—	除单纯分装外的	单纯分装的	
13	调味品、发酵制品制造	含发酵工艺的味精、柠檬酸、赖氨酸制造	其他（单纯分装的除外）	单纯分装的	
14	盐加工	—	全部	—	
15	饲料添加剂、食品添加剂制造	—	除单纯混合和分装外的	单纯混合或分装的	
16	营养食品、保健食品、冷冻饮品、食用冰制造及其他食品制造	—	除手工制作和单纯分装外的	手工制作或单纯分装的	
四、酒、饮料制造业					
17	酒精饮料及酒类制造	有发酵工艺的（以水果或水果汁为原料年生产能力 1 000 千升以下的除外）	其他（单纯勾兑的除外）	单纯勾兑的	
18	果菜汁类及其他软饮料制造	—	除单纯调制外的	单纯调制的	

项目类别 \ 环评类别		报告书	报告表	登记表	本栏目环境敏感区含义
五、烟草制品业					
19	卷烟	—	全部	—	
六、纺织业					
20	纺织品制造	有洗毛、染整、脱胶工段的；产生缫丝废水、精炼废水的	其他（编织物及其制品制造除外）	编织物及其制品制造	
七、纺织服装、服饰业					
21	服装制造	有湿法印花、染色、水洗工艺的	新建年加工100万件及以上	其他	
八、皮革、毛皮、羽毛及其制品和制鞋业					
22	皮革、毛皮、羽毛（绒）制品	制革、毛皮鞣制	其他	—	
23	制鞋业	—	使用有机溶剂的	其他	
九、木材加工和木、竹、藤、棕、草制品业					
24	锯材、木片加工、木制品制造	有电镀或喷漆工艺且年用油性漆量（含稀释剂）10吨及以上的	其他	—	
25	人造板制造	年产20万立方米及以上	其他	—	
26	竹、藤、棕、草制品制造	有喷漆工艺且年用油性漆量（含稀释剂）10吨及以上的	有化学处理工艺的；有喷漆工艺且年用油性漆量（含稀释剂）10吨以下的，或使用水性漆的	其他	
十、家具制造业					
27	家具制造	有电镀或喷漆工艺且年用油性漆量（含稀释剂）10吨及以上的	其他	—	
十一、造纸和纸制品业					
28	纸浆、溶解浆、纤维浆等制造；造纸（含废纸造纸）	全部	—	—	
29	纸制品制造	—	有化学处理工艺的	其他	
十二、印刷和记录媒介复制业					
30	印刷厂；磁材料制品	—	全部	—	
十三、文教、工美、体育和娱乐用品制造业					
31	文教、体育、娱乐用品制造	—	全部	—	
32	工艺品制造	有电镀或喷漆工艺且年用油性漆量（含稀释剂）10吨及以上的	有喷漆工艺且年用油性漆量（含稀释剂）10吨以下的，或使用水性漆的；有机加工的	其他	
十四、石油加工、炼焦业					
33	原油加工、天然气加工、油母页岩等提炼原油、煤制油、生物制油及其他石油制品	全部	—	—	

项目类别 \ 环评类别		报告书	报告表	登记表	本栏目环境敏感区含义
34	煤化工（含煤炭液化、气化）	全部	—	—	
35	炼焦、煤炭热解、电石	全部	—	—	
十五、化学原料和化学制品制造业					
36	基本化学原料制造；农药制造；涂料、染料、颜料、油墨及其类似产品制造；合成材料制造；专用化学品制造；炸药、火工及焰火产品制造；水处理剂等制造	除单纯混合和分装外的	单纯混合或分装的	—	
37	肥料制造	化学肥料（单纯混合和分装的除外）	其他	—	
38	半导体材料	全部	—	—	
39	日用化学品制造	除单纯混合和分装外的	单纯混合或分装的	—	
十六、医药制造业					
40	化学药品制造；生物、生化制品制造	全部	—	—	
41	单纯药品分装、复配	—	全部	—	
42	中成药制造、中药饮片加工	有提炼工艺的	其他	—	
43	卫生材料及医药用品制造	—	全部	—	
十七、化学纤维制造业					
44	化学纤维制造	除单纯纺丝外的	单纯纺丝	—	
45	生物质纤维素乙醇生产	全部	—	—	
十八、橡胶和塑料制品业					
46	轮胎制造、再生橡胶制造、橡胶加工、橡胶制品制造及翻新	轮胎制造；有炼化及硫化工艺的	其他	—	
47	塑料制品制造	人造革、发泡胶等涉及有毒原材料的；以再生塑料为原料的；有电镀或喷漆工艺且年用油性漆量（含稀释剂）10吨及以上的	其他	—	
十九、非金属矿物制品业					
48	水泥制造	全部	—	—	
49	水泥粉磨站	—	全部	—	
50	砼结构构件制造、商品混凝土加工	—	全部	—	
51	石灰和石膏制造、石材加工、人造石制造、砖瓦制造	—	全部	—	
52	玻璃及玻璃制品	平板玻璃制造	其他玻璃制造；以煤、油、天然气为燃料加热的玻璃制品制造	—	

项目类别 \ 环评类别		报告书	报告表	登记表	本栏目环境敏感区含义
53	玻璃纤维及玻璃纤维增强塑料制品	—	全部	—	
54	陶瓷制品	年产建筑陶瓷100万平方米及以上；年产卫生陶瓷150万件及以上；年产日用陶瓷250万件及以上	其他	—	
55	耐火材料及其制品	石棉制品	其他	—	
56	石墨及其他非金属矿物制品	含焙烧的石墨、碳素制品	其他	—	
57	防水建筑材料制造、沥青搅拌站、干粉砂浆搅拌站	—	全部	—	
二十、黑色金属冶炼和压延加工业					
58	炼铁、球团、烧结	全部	—	—	
59	炼钢	全部	—	—	
60	黑色金属铸造	年产10万吨及以上	其他	—	
61	压延加工	黑色金属年产50万吨及以上的冷轧	其他	—	
62	铁合金制造；锰、铬冶炼	全部	—	—	
二十一、有色金属冶炼和压延加工业					
63	有色金属冶炼（含再生有色金属冶炼）	全部	—	—	
64	有色金属合金制造	全部	—	—	
65	有色金属铸造	年产10万吨及以上	其他	—	
66	压延加工	—	全部	—	
二十二、金属制品业					
67	金属制品加工制造	有电镀或喷漆工艺且年用油性漆量（含稀释剂）10吨及以上的	其他（仅切割组装除外）	仅切割组装的	
68	金属制品表面处理及热处理加工	有电镀工艺的；使用有机涂层的（喷粉、喷塑和电泳除外）；有钝化工艺的热镀锌	其他	—	
二十三、通用设备制造业					
69	通用设备制造及维修	有电镀或喷漆工艺且年用油性漆量（含稀释剂）10吨及以上的	其他（仅组装的除外）	仅组装的	
二十四、专用设备制造业					
70	专用设备制造及维修	有电镀或喷漆工艺且年用油性漆量（含稀释剂）10吨及以上的	其他（仅组装的除外）	仅组装的	
二十五、汽车制造业					
71	汽车制造	整车制造（仅组装的除外）；发动机生产；有电镀或喷漆工艺且年用油性漆量（含稀释剂）10吨及以上的零部件生产	其他	—	
二十六、铁路、船舶、航空航天和其他运输设备制造业					

项目类别 \ 环评类别		报告书	报告表	登记表	本栏目环境敏感区含义
72	铁路运输设备制造及修理	机车、车辆、动车组制造；发动机生产；有电镀或喷漆工艺且年用油性漆量（含稀释剂）10吨及以上的零部件生产	其他	—	
73	船舶和相关装置制造及维修	有电镀或喷漆工艺且年用油性漆量（含稀释剂）10吨及以上的；拆船、修船厂	其他	—	
74	航空航天器制造	有电镀或喷漆工艺且年用油性漆量（含稀释剂）10吨及以上的	其他	—	
75	摩托车制造	整车制造（仅组装的除外）；发动机生产；有电镀或喷漆工艺且年用油性漆量（含稀释剂）10吨及以上的零部件生产	其他	—	
76	自行车制造	有电镀或喷漆工艺且年用油性漆量（含稀释剂）10吨及以上的	其他	—	
77	交通器材及其他交通运输设备制造	有电镀或喷漆工艺且年用油性漆量（含稀释剂）10吨及以上的	其他（仅组装的除外）	仅组装的	
二十七、电气机械和器材制造业					
78	电气机械及器材制造	有电镀或喷漆工艺且年用油性漆量（含稀释剂）10吨及以上的；铅蓄电池制造	其他（仅组装的除外）	仅组装的	
79	太阳能电池片	太阳能电池片生产	其他	—	
二十八、计算机、通信和其他电子设备制造业					
80	计算机制造	—	显示器件；集成电路；有分割、焊接、酸洗或有机溶剂清洗工艺的	其他	
81	智能消费设备制造	—	全部	—	
82	电子器件制造	—	显示器件；集成电路；有分割、焊接、酸洗或有机溶剂清洗工艺的	其他	
83	电子元件及电子专用材料制造	—	印刷电路板；电子专用材料；有分割、焊接、酸洗或有机溶剂清洗工艺的	—	
84	通信设备制造、广播电视设备制造、雷达及配套设备制造、非专业视听设备制造及其他电子设备制造	—	全部	—	

项目类别 \ 环评类别		报告书	报告表	登记表	本栏目环境敏感区含义
二十九、仪器仪表制造业					
85	仪器仪表制造	有电镀或喷漆工艺且年用油性漆量（含稀释剂）10吨及以上的	其他（仅组装的除外）	仅组装的	
三十、废弃资源综合利用业					
86	废旧资源（含生物质）加工、再生利用	废电子电器产品、废电池、废汽车、废电机、废五金、废塑料（除分拣清洗工艺的）、废油、废船、废轮胎等加工、再生利用	其他	—	
三十一、电力、热力生产和供应业					
87	火力发电（含热电）	除燃气发电工程外的	燃气发电	—	
88	综合利用发电	利用矸石、油页岩、石油焦等发电	单纯利用余热、余压、余气（含煤层气）发电	—	
89	水力发电	总装机1 000千瓦及以上；抽水蓄能电站；涉及环境敏感区的	其他	—	第三条（一）中的全部区域；第三条（二）中的重要水生生物的自然产卵场、索饵场、越冬场和洄游通道
90	生物质发电	生活垃圾、污泥发电	利用农林生物质、沼气发电、垃圾填埋气发电	—	
91	其他能源发电	海上潮汐电站、波浪电站、温差电站等；涉及环境敏感区的总装机容量5万千瓦及以上的风力发电	利用地热、太阳能热等发电；地面集中光伏电站（总容量大于6 000千瓦，且接入电压等级不小于10千伏）；其他风力发电	其他光伏发电	第三条（一）中的全部区域；第三条（二）中的重要水生生物的自然产卵场、索饵场、天然渔场；第三条（三）中的全部区域
92	热力生产和供应工程	燃煤、燃油锅炉总容量65吨/小时（不含）以上	其他（电热锅炉除外）	—	
三十二、燃气生产和供应业					
93	煤气生产和供应工程	煤气生产	煤气供应	—	
94	城市天然气供应工程	—	全部	—	
三十三、水的生产和供应业					
95	自来水生产和供应工程	—	全部	—	
96	生活污水集中处理	新建、扩建日处理10万吨及以上	其他	—	
97	工业废水处理	新建、扩建集中处理的	其他	—	
98	海水淡化、其他水处理和利用	—	全部	—	
三十四、环境治理业					
99	脱硫、脱硝、除尘、VOCs治理等工程	—	新建脱硫、脱硝、除尘	其他	
100	危险废物（含医疗废物）利用及处置	利用及处置的（单独收集、病死动物化尸窖（井）除外）	其他	—	
101	一般工业固体废物（含污泥）处置及综合利用	采取填埋和焚烧方式的	其他	—	

项目类别 \ 环评类别		报告书	报告表	登记表	本栏目环境敏感区含义
102	污染场地治理修复	—	全部	—	
三十五、公共设施管理业					
103	城镇生活垃圾转运站	—	全部	—	
104	城镇生活垃圾（含餐厨废弃物）集中处置	全部	—	—	
105	城镇粪便处置工程	—	日处理 50 吨及以上	其他	
三十六、房地产					
106	房地产开发、宾馆、酒店、办公用房、标准厂房等	—	涉及环境敏感区的；需自建配套污水处理设施的	其他	第三条（一）中的全部区域；第三条（二）中的基本农田保护区、基本草原、森林公园、地质公园、重要湿地、天然林、野生动物重要栖息地、重点保护野生植物生长繁殖地；第三条（三）中的文物保护单位，针对标准厂房增加第三条（三）中的以居住、医疗卫生、文化教育、科研、行政办公等为主要功能的区域
三十七、研究和试验发展					
107	专业实验室	P3、P4 生物安全实验室；转基因实验室	其他	—	
108	研发基地	含医药、化工类等专业中试内容的	其他	—	
三十八、专业技术服务业					
109	矿产资源地质勘查（含勘探活动和油气资源勘探）	—	除海洋油气勘探工程外的	海洋油气勘探工程	
110	动物医院	—	全部	—	
三十九、卫生					
111	医院、专科防治院（所、站）、社区医疗、卫生院（所、站）、血站、急救中心、妇幼保健院、疗养院等其他卫生机构	新建、扩建床位 500 张及以上的	其他（20 张床位以下的除外）	20 张床位以下的	
112	疾病预防控制中心	新建	其他	—	
四十、社会事业与服务业					
113	学校、幼儿园、托儿所、福利院、养老院	—	涉及环境敏感区的；有化学、生物等实验室的学校	其他（建筑面积 5 000 平方米以下的除外）	第三条（一）中的全部区域；第三条（二）中的基本农田保护区、基本草原、森林公园、地质公园、重要湿地、天然林、野生动物重要栖息地、重点保护野生植物生长繁殖地
114	批发、零售市场	—	涉及环境敏感区的	其他	第三条（一）中的全部区域；第三条（二）中的基本农田保护区、基本草原、森林公园、地质公园、重要湿地、天然林、野生动物重要栖息地、重点保护野生植物生长繁殖地；第三条（三）中的文物保护单位

项目类别 \ 环评类别		报告书	报告表	登记表	本栏目环境敏感区含义
115	餐饮、娱乐、洗浴场所	—	—	全部	
116	宾馆饭店及医疗机构衣物集中洗涤、餐具集中清洗消毒	—	需自建配套污水处理设施的	其他	
117	高尔夫球场、滑雪场、狩猎场、赛车场、跑马场、射击场、水上运动中心	高尔夫球场	其他	—	
118	展览馆、博物馆、美术馆、影剧院、音乐厅、文化馆、图书馆、档案馆、纪念馆、体育场、体育馆等	—	涉及环境敏感区的	其他	第三条（一）中的全部区域；第三条（二）中的基本农田保护区、基本草原、森林公园、地质公园、重要湿地、天然林、野生动物重要栖息地、重点保护野生植物生长繁殖地；第三条（三）中的文物保护单位
119	公园（含动物园、植物园、主题公园）	特大型、大型主题公园	其他（城市公园和植物园除外）	城市公园、植物园	
120	旅游开发	涉及环境敏感区的缆车、索道建设；海上娱乐及运动、海上景观开发	其他	—	第三条（一）中的全部区域；第三条（二）中的森林公园、地质公园、重要湿地、天然林、野生动物重要栖息地、重点保护野生植物生长繁殖地、重要水生生物的自然产卵场、索饵场、越冬场和洄游通道、封闭及半封闭海域；第三条（三）中的文物保护单位
121	影视基地建设	涉及环境敏感区的	其他	—	第三条（一）中的全部区域；第三条（二）中的基本草原、森林公园、地质公园、重要湿地、天然林、野生动物重要栖息地、重点保护野生植物生长繁殖地；第三条（三）中的全部区域
122	胶片洗印厂	—	全部	—	
123	驾驶员训练基地、公交枢纽、大型停车场、机动车检测场	—	涉及环境敏感区的	其他	第三条（一）中的全部区域；第三条（二）中的基本农田保护区、基本草原、森林公园、地质公园、重要湿地、天然林、野生动物重要栖息地、重点保护野生植物生长繁殖地；第三条（三）中的文物保护单位
124	加油、加气站	—	新建、扩建	其他	
125	洗车场	—	涉及环境敏感区的；危险化学品运输车辆清洗场	其他	第三条（一）中的全部区域；第三条（二）中的基本农田保护区、基本草原、森林公园、地质公园、重要湿地、天然林、野生动物重要栖息地、重点保护野生植物生长繁殖地；第三条（三）中的全部区域

项目类别 \ 环评类别		报告书	报告表	登记表	本栏目环境敏感区含义
126	汽车、摩托车维修场所	—	涉及环境敏感区的；有喷漆工艺的	其他	第三条（一）中的全部区域；第三条（三）中的全部区域
127	殡仪馆、陵园、公墓	—	殡仪馆；涉及环境敏感区的	其他	第三条（一）中的全部区域；第三条（二）中的基本农田保护区；第三条（三）中的全部区域
四十一、煤炭开采和洗选业					
128	煤炭开采	全部	—	—	
129	洗选、配煤	—	全部	—	
130	煤炭储存、集运	—	全部	—	
131	型煤、水煤浆生产	—	全部	—	
四十二、石油和天然气开采业					
132	石油、页岩油开采	石油开采新区块开发；页岩油开采	其他	—	
133	天然气、页岩气、砂岩气开采（含净化、液化）	新区块开发	其他	—	
134	煤层气开采（含净化、液化）	年生产能力1亿立方米及以上；涉及环境敏感区的	其他	—	第三条（一）中的全部区域；第三条（二）中的基本草原、水土流失重点防治区、沙化土地封禁保护区；第三条（三）中的全部区域
四十三、黑色金属矿采选业					
135	黑色金属矿采选（含单独尾矿库）	全部	—	—	
四十四、有色金属矿采选业					
136	有色金属矿采选（含单独尾矿库）	全部	—	—	
四十五、非金属矿采选业					
137	土砂石、石材开采加工	涉及环境敏感区的	其他	—	第三条（一）中的全部区域；第三条（二）中的基本草原、重要水生生物的自然产卵场、索饵场、越冬场和洄游通道、沙化土地封禁保护区、水土流失重点防治区
138	化学矿采选	全部	—	—	
139	采盐	井盐	湖盐、海盐	—	
140	石棉及其他非金属矿采选	全部	—	—	
四十六、水利					
141	水库	库容1 000万立方米及以上；涉及环境敏感区的	其他	—	第三条（一）中的全部区域；第三条（二）中的重要水生生物的自然产卵场、索饵场、越冬场和洄游通道
142	灌区工程	新建5万亩及以上；改造30万亩及以上	其他	—	
143	引水工程	跨流域调水；大中型河流引水；小型河流年总引水量占天然年径流量1～4及以上；涉及环境敏感区的	其他	—	第三条（一）中的全部区域；第三条（二）中的重要水生生物的自然产卵场、索饵场、越冬场和洄游通道

项目类别 \ 环评类别		报告书	报告表	登记表	本栏目环境敏感区含义
144	防洪治涝工程	新建大中型	其他（小型沟渠的护坡除外）	—	
145	河湖整治	涉及环境敏感区的	其他	—	第三条（一）中的全部区域；第三条（二）中的重要湿地、野生动物重要栖息地、重点保护野生植物生长繁殖地、重要水生生物的自然产卵场、索饵场、越冬场和洄游通道；第三条（三）中的文物保护单位
146	地下水开采	日取水量1万立方米及以上；涉及环境敏感区的	其他	—	第三条（一）中的全部区域；第三条（二）中的重要湿地
四十七、农业、林业、渔业					
147	农业垦殖	—	涉及环境敏感区的	其他	第三条（一）中的全部区域；第三条（二）中的基本草原、重要湿地、水土流失重点防治区
148	农产品基地项目（含药材基地）	—	涉及环境敏感区的	其他	第三条（一）中的全部区域；第三条（二）中的基本草原、重要湿地、水土流失重点防治区
149	经济林基地项目	—	原料林基地	其他	
150	淡水养殖	—	网箱、围网等投饵养殖；涉及环境敏感区的	其他	第三条（一）中的全部区域
151	海水养殖	—	用海面积300亩及以上；涉及环境敏感区的	其他	第三条（一）中的自然保护区、海洋特别保护区；第三条（二）中的重要湿地、野生动物重要栖息地、重点保护野生植物生长繁殖地、重要水生生物的自然产卵场、索饵场、天然渔场、封闭及半封闭海域
四十八、海洋工程					
152	海洋人工鱼礁工程	—	固体物质投放量5 000立方米及以上；涉及环境敏感区的	其他	第三条（一）中的自然保护区、海洋特别保护区；第三条（二）中的野生动物重要栖息地、重点保护野生植物生长繁殖地、重要水生生物的自然产卵场、索饵场、天然渔场、封闭及半封闭海域
153	围填海工程及海上堤坝工程	围填海工程；长度0.5公里及以上的海上堤坝工程；涉及环境敏感区的	其他	—	第三条（一）中的自然保护区、海洋特别保护区；第三条（二）中的重要湿地、野生动物重要栖息地、重点保护野生植物生长繁殖地、重要水生生物的自然产卵场、索饵场、天然渔场、封闭及半封闭海域
154	海上和海底物资储藏设施工程	全部	—	—	
155	跨海桥梁工程	全部	—	—	

项目类别 \ 环评类别		报告书	报告表	登记表	本栏目环境敏感区含义
156	海底隧道、管道、电（光）缆工程	长度 1.0 公里及以上的	其他	—	
四十九、交通运输业、管道运输业和仓储业					
157	等级公路（不含维护，不含改扩建四级公路）	新建 30 公里以上的三级及以上等级公路；新建涉及环境敏感区的 1 公里及以上的隧道；新建涉及环境敏感区的主桥长度 1 公里及以上的桥梁	其他（配套设施、不涉及环境敏感区的四级公路除外）	配套设施、不涉及环境敏感区的四级公路	第三条（一）中的全部区域；第三条（二）中的全部区域；第三条（三）中的全部区域
158	新建、增建铁路	新建、增建铁路（30 公里及以下铁路联络线和 30 公里及以下铁路专用线除外）；涉及环境敏感区的	30 公里及以下铁路联络线和 30 公里及以下铁路专用线	—	第三条（一）中的全部区域；第三条（二）中的全部区域；第三条（三）中的全部区域
159	改建铁路	200 公里及以上的电气化改造（线路和站场不发生调整的除外）	其他	—	
160	铁路枢纽	大型枢纽	其他	—	
161	机场	新建；迁建；飞行区扩建	其他	—	
162	导航台站、供油工程、维修保障等配套工程	—	供油工程；涉及环境敏感区的	其他	第三条（三）中的以居住、医疗卫生、文化教育、科研、行政办公等为主要功能的区域
163	油气、液体化工码头	新建；扩建	其他	—	
164	干散货（含煤炭、矿石）、件杂、多用途、通用码头	单个泊位 1 000 吨级及以上的内河港口；单个泊位 1 万吨级及以上的沿海港口；涉及环境敏感区的	其他	—	第三条（一）中的全部区域；第三条（二）中的重要水生生物的自然产卵场、索饵场、越冬场和洄游通道、天然渔场
165	集装箱专用码头	单个泊位 3 000 吨级及以上的内河港口；单个泊位 3 万吨级及以上的海港；涉及危险品、化学品的；涉及环境敏感区的	其他	—	第三条（一）中的全部区域；第三条（二）中的重要水生生物的自然产卵场、索饵场、越冬场和洄游通道、天然渔场
166	滚装、客运、工作船、游艇码头	涉及环境敏感区的	其他	—	第三条（一）中的全部区域；第三条（二）中的重要水生生物的自然产卵场、索饵场、越冬场和洄游通道、天然渔场
167	铁路轮渡码头	涉及环境敏感区的	其他	—	第三条（一）中的全部区域；第三条（二）中的重要水生生物的自然产卵场、索饵场、越冬场和洄游通道、天然渔场
168	航道工程、水运辅助工程	航道工程；涉及环境敏感区的防波堤、船闸、通航建筑物	其他	—	第三条（一）中的全部区域；第三条（二）中的重要水生生物的自然产卵场、索饵场、越冬场和洄游通道、天然渔场
169	航电枢纽工程	全部	—	—	
170	中心渔港码头	涉及环境敏感区的	其他	—	第三条（一）中的全部区域；第三条（二）中的重要水生生物的自然产卵场、索饵场、越冬场和洄游通道、天然渔场

项目类别 \ 环评类别		报告书	报告表	登记表	本栏目环境敏感区含义
171	城市轨道交通	全部	—	—	
172	城市道路（不含维护，不含支路）	—	新建快速路、干道	其他	
173	城市桥梁、隧道（不含人行天桥、人行地道）	—	全部	—	
174	长途客运站	—	新建	其他	
175	城镇管网及管廊建设（不含 1.6 兆帕及以下的天然气管道）	—	新建	其他	
176	石油、天然气、页岩气、成品油管线（不含城市天然气管线）	200 公里及以上；涉及环境敏感区的	其他	—	第三条（一）中的全部区域；第三条（二）中的基本农田保护区、地质公园、重要湿地、天然林；第三条（三）中的全部区域
177	化学品输送管线	全部	—	—	
178	油库（不含加油站的油库）	总容量 20 万立方米及以上；地下洞库	其他	—	
179	气库（含 LNG 库，不含加气站的气库）	地下气库	其他	—	
180	仓储（不含油库、气库、煤炭储存）	—	有毒、有害及危险品的仓储、物流配送项目	其他	
五十、核与辐射					
181	输变电工程	500 千伏及以上；涉及环境敏感区的 330 千伏及以上	其他（100 千伏以下除外）	—	第三条（一）中的全部区域；第三条（三）中的以居住、医疗卫生、文化教育、科研、行政办公等为主要功能的区域
182	广播电台、差转台	中波 50 千瓦及以上；短波 100 千瓦及以上；涉及环境敏感区的	其他	—	第三条（三）中的以居住、医疗卫生、文化教育、科研、行政办公等为主要功能的区域
183	电视塔台	涉及环境敏感区的 100 千瓦及以上的	其他	—	第三条（三）中的以居住、医疗卫生、文化教育、科研、行政办公等为主要功能的区域
184	卫星地球上行站	涉及环境敏感区的	其他	—	第三条（三）中的以居住、医疗卫生、文化教育、科研、行政办公等为主要功能的区域
185	雷达	涉及环境敏感区的	其他	—	第三条（三）中的以居住、医疗卫生、文化教育、科研、行政办公等为主要功能的区域
186	无线通讯	—	—	全部	
187	核动力厂（核电厂、核热电厂、核供汽供热厂等）；反应堆（研究堆、实验堆、临界装置等）；核燃料生产、加工、贮存、后处理；放射性废物贮存、处理或处置；上述项目的退役。放射性污染治理项目	新建、扩建（独立的放射性废物贮存设施除外）	主生产工艺或安全重要构筑物的重大变更，但源项不显著增加；次临界装置的新建、扩建；独立的放射性废物贮存设施	核设施控制区范围内新增的不带放射性的实验室、试验装置、维修车间、仓库、办公设施等	

项目类别 \ 环评类别		报告书	报告表	登记表	本栏目环境敏感区含义
188	铀矿开采、冶炼	新建、扩建及退役	其他	—	
189	铀矿地质勘探、退役治理	—	全部	—	
190	伴生放射性矿产资源的采选、冶炼及废渣再利用	新建、扩建	其他	—	
191	核技术利用建设项目（不含在已许可场所增加不超出已许可活动种类和不高于已许可范围等级的核素或射线装置）	生产放射性同位素的（制备 PET 用放射性药物的除外）；使用 I 类放射源的（医疗使用的除外）；销售（含建造）、使用 I 类射线装置的；甲级非密封放射性物质工作场所	制备 PET 用放射性药物的；医疗使用 I 类放射源的；使用 II 类、III类放射源的；生产、使用 II 类射线装置的；乙、丙级非密封放射性物质工作场所（医疗机构使用植入治疗用放射性粒子源的除外）；在野外进行放射性同位素示踪试验的	销售 I 类、II 类、III 类、IV类、V 类放射源的；使用IV类、V 类放射源的；医疗机构使用植入治疗用放射性粒子源的；销售非密封放射性物质的；销售 II 类射线装置的；生产、销售、使用III类射线装置的	
192	核技术利用项目退役	生产放射性同位素的（制备 PET 用放射性药物的除外）；甲级非密封放射性物质工作场所	制备 PET 用放射性药物的；乙级非密封放射性物质工作场所；水井式 γ 辐照装置；除水井式 γ 辐照装置外其他使用 I 类、II 类、III类放射源场所存在污染的；使用 I 类、II 类射线装置存在污染的	丙级非密封放射性物质工作场所；除水井式 γ 辐照装置外其他使用 I 类、II 类、III类放射源场所不存在污染的	

说明：（1）名录中涉及规模的，均指新增规模。

（2）单纯混合为不发生化学反应的物理混合过程；分装指由大包装变为小包装。

排污许可管理办法（试行）

（环境保护部令 第48号）

《排污许可管理办法（试行）》已于2017年11月6日由环境保护部部务会议审议通过，现予公布，自公布之日起施行。

环境保护部部长 李干杰

2018年1月10日

附件

排污许可管理办法

（试行）

第一章 总 则

第一条 为规范排污许可管理，根据《中华人民共和国环境保护法》《中华人民共和国水污染防治法》《中华人民共和国大气污染防治法》以及国务院办公厅印发的《控制污染物排放许可制实施方案》，制定本办法。

第二条 排污许可证的申请、核发、执行以及与排污许可相关的监管和处罚等行为，适用本办法。

第三条 环境保护部依法制定并公布固定污染源排污许可分类管理名录，明确纳入排污许可管理的范围和申领时限。

纳入固定污染源排污许可分类管理名录的企业事业单位和其他生产经营者（以下简称排污单位）应当按照规定的时限申请并取得排污许可证；未纳入固定污染源排污许可分类管理名录的排污单位，暂不需申请排污许可证。

第四条 排污单位应当依法持有排污许可证，并按照排污许可证的规定排放污染物。

应当取得排污许可证而未取得的，不得排放污染物。

第五条 对污染物产生量大、排放量大或者环境危害程度高的排污单位实行排污许可重点管理，对其他排污单位实行排污许可简化管理。

实行排污许可重点管理或者简化管理的排污单位的具体范围，依照固定污染源排污许可分类管理名录规定执行。实行重点管理和简化管理的内容及要求，依照本办法第十一条规定的排污许可相关技术规范、指南等执行。

设区的市级以上地方环境保护主管部门，应当将实行排污许可重点管理的排污单位确定为重点排污单位。

第六条 环境保护部负责指导全国排污许可制度实施和监督。各省级环境保护主管部门负责本行政区域排污许可制度的组织实施和监督。

排污单位生产经营场所所在地设区的市级环境保护主管部门负责排污许可证核发。地方性法规对核发权限另有规定的，从其规定。

第七条 同一法人单位或者其他组织所属、位于不同生产经营场所的排污单位，应当以其所属的法人单位或者其他组织的名义，分别向生产经营场所所在地有核发权的环境保护主管部门（以下简称核发环保部门）申请排污许可证。

生产经营场所和排放口分别位于不同行政区域时，生产经营场所所在地核发环保部门负责核发排污许可证，并应当在核发前，征求其排放口所在地同级环境保护主管部门意见。

第八条 依据相关法律规定，环境保护主管部门对排污单位排放水污染物、大气污染物等各类污染物的排放行为实行综合许可管理。

2015 年 1 月 1 日及以后取得建设项目环境影响评价审批意见的排污单位，环境影响评价文件及审批意见中与污染物排放相关的主要内容应当纳入排污许可证。

第九条 环境保护部对实施排污许可管理的排污单位及其生产设施、污染防治设施和排放口实行统一编码管理。

第十条 环境保护部负责建设、运行、维护、管理全国排污许可证管理信息平台。

排污许可证的申请、受理、审核、发放、变更、延续、注销、撤销、遗失补办应当在全国排污许可证管理信息平台上进行。排污单位自行监测、执行报告及环境保护主管部门监管执法信息应当在全国排污许可证管理信息平台上记载，并按照本办法规定在全国排污许可证管理信息平台上公开。

全国排污许可证管理信息平台中记录的排污许可证相关电子信息与排污许可证正本、副本依法具有同等效力。

第十一条 环境保护部制定排污许可证申请与核发技术规范、环境管理台账及排污许可证执行报告技术规范、排污单位自行监测技术指南、污染防治可行技术指南以及其他排污许可政策、标准和规范。

第二章 排污许可证内容

第十二条 排污许可证由正本和副本构成，正本载明基本信息，副本包括基本信息、登记事项、许可事项、承诺书等内容。

设区的市级以上地方环境保护主管部门可以根据环境保护地方性法规，增加需要在排污许可证中载明的内容。

第十三条 以下基本信息应当同时在排污许可证正本和副本中载明：

（一）排污单位名称、注册地址、法定代表人或者主要负责人、技术负责人、生产经营场所地址、行业类别、统一社会信用代码等排污单位基本信息；

（二）排污许可证有效期限、发证机关、发证日期、证书编号和二维码等基本信息。

第十四条 以下登记事项由排污单位申报，并在排污许可证副本中记录：

（一）主要生产设施、主要产品及产能、主要原辅材料等；

（二）产排污环节、污染防治设施等；

（三）环境影响评价审批意见、依法分解落实到本单位的重点污染物排放总量控制指标、排污权有偿使用和交易记录等。

第十五条 下列许可事项由排污单位申请，经核发环保部门审核后，在排污许可证副本中进行规定：

（一）排放口位置和数量、污染物排放方式和排放去向等，大气污染物无组织排放源的位置和数量；

（二）排放口和无组织排放源排放污染物的种类、许可排放浓度、许可排放量；

（三）取得排污许可证后应当遵守的环境管理要求；

（四）法律法规规定的其他许可事项。

第十六条 核发环保部门应当根据国家和地方污染物排放标准，确定排污单位排放口或者无组织排放源相应污染物的许可排放浓度。

排污单位承诺执行更加严格的排放浓度的，应当在排污许可证副本中规定。

第十七条 核发环保部门按照排污许可证申请与核发技术规范规定的行业重点污染物允许排放量核算方法，以及环境质量改善的要求，确定排污单位的许可排放量。

对于本办法实施前已有依法分解落实到本单位的重点污染物排放总量控制指标的排污单位，核发环保部门应当按照行业重点污染物允许排放量核算方法、环境质量改善要求和重点污染物排放总量控制指标，从严确定许可排放量。

2015 年 1 月 1 日及以后取得环境影响评价审批意见的排污单位，环境影响评价文件和审批意见确定的排放量严于按照本条第一款、第二款确定的许可排放量的，核发环保部门应当根据环境影响评价文件和审批意见要求确定排污单位的许可排放量。

地方人民政府依法制定的环境质量限期达标规划、重污染天气应对措施要求排污单位执行更加严格的重点污染物排放总量控制指标的，应当在排污许可证副本中规定。

本办法实施后，环境保护主管部门应当按照排污许可证规定的许可排放量，确定排污单位的重点污染物排放总量控制指标。

第十八条 下列环境管理要求由核发环保部门根据排污单位的申请材料、相关技术规范和监管需要，在排污许可证副本中进行规定：

（一）污染防治设施运行和维护、无组织排放控制等要求；

（二）自行监测要求、台账记录要求、执行报告内容和频次等要求；

（三）排污单位信息公开要求；

（四）法律法规规定的其他事项。

第十九条 排污单位在申请排污许可证时，应当按照自行监测技术指南，编制自行监测方案。

自行监测方案应当包括以下内容：

（一）监测点位及示意图、监测指标、监测频次；

（二）使用的监测分析方法、采样方法；

（三）监测质量保证与质量控制要求；

（四）监测数据记录、整理、存档要求等。

第二十条 排污单位在填报排污许可证申请时，应当承诺排污许可证申请材料是完整、真实和合法的；承诺按照排污许可证的规定排放污染物，落实排污许可证规定的环境管理要求，并由法定代表人或者主要负责人签字或者盖章。

第二十一条 排污许可证自作出许可决定之日起生效。首次发放的排污许可证有效期为三年，延续换发的排污许可证有效期为五年。

对列入国务院经济综合宏观调控部门会同国务院有关部门发布的产业政策目录中计划淘汰的落后工艺装备或者落后产品，排污许可证有效期不得超过计划淘汰期限。

第二十二条 环境保护主管部门核发排污许可证，以及监督检查排污许可证实施情况时，不得收取任何费用。

第三章 申请与核发

第二十三条 省级环境保护主管部门应当根据本办法第六条和固定污染源排污许可分类管理名录，确定本行政区域内负责受理排污许可证申请的核发环保部门、申请程序等相关事项，并向社会公告。

依据环境质量改善要求，部分地区决定提前对部分行业实施排污许可管理的，该地区省级环境保护主管部门应当报环境保护部备案后实施，并向社会公告。

第二十四条 在固定污染源排污许可分类管理名录规定的时限前已经建成并实际排污的排污单位，应当在名录规定时限申请排污许可证；在名录规定的时限后建成的排污单位，应当在启动生产设施或者在实际排污之前申请排污许可证。

第二十五条 实行重点管理的排污单位在提交排污许可申请材料前，应当将承诺书、基本信息以及拟申请的许可事项向社会公开。公开途径应当选择包括全国排污许可证管理信息平台等便于公众知晓的方式，公开时间不得少于五个工作日。

第二十六条 排污单位应当在全国排污许可证管理信息平台上填报并提交排污许可证申请，同时向核发环保部门提交通过全国排污许可证管理信息平台印制的书面申请材料。

申请材料应当包括：

（一）排污许可证申请表，主要内容包括：排污单位基本信息，主要生产设施、主要产品及产能、主要原辅材料，废气、废水等产排污环节和污染防治设施，申请的排放口位置和数量、排放方式、排放去向，按照排放口和生产设施或者车间申请的排放污染物种类、排放浓度和排放量，执行的排放标准；

（二）自行监测方案；

（三）由排污单位法定代表人或者主要负责人签字或者盖章的承诺书；

（四）排污单位有关排污口规范化的情况说明；

（五）建设项目环境影响评价文件审批文号，或者按照有关国家规定经地方人民政府依法处理、整顿规范并符合要求的相关证明材料；

（六）排污许可证申请前信息公开情况说明表；

（七）污水集中处理设施的经营管理单位还应当提供纳污范围、纳污排污单位名单、管网布置、最终排放去向等材料；

（八）本办法实施后的新建、改建、扩建项目排污单位存在通过污染物排放等量或者减量替代削减获得重点污染物排放总量控制指标情况的，且出让重点污染物排放总量控制指标的排污单位已经取得排污许可证的，应当提供出让重点污染物排放总量控制指标的排污单位的排污许可证完成变更的相关材料；

（九）法律法规规章规定的其他材料。

主要生产设施、主要产品产能等登记事项中涉及商业秘密的，排污单位应当进行标注。

第二十七条 核发环保部门收到排污单位提交的申请材料后，对材料的完整性、规范性进行审查，按照下列情形分别作出处理：

（一）依照本办法不需要取得排污许可证的，应当当场或者在五个工作日内告知排污单位不需要办理；

（二）不属于本行政机关职权范围的，应当当场或者在五个工作日内作出不予受理的决定，并告知排污单位向有核发权限的部门申请；

（三）申请材料不齐全或者不符合规定的，应当当场或者在五个工作日内出具告知单，告知排污单位需要补正的全部材料，可以当场更正的，应当允许排污单位当场更正；

（四）属于本行政机关职权范围，申请材料齐全、符合规定，或者排污单位按照要求提交全部补正申请材料的，应当受理。

核发环保部门应当在全国排污许可证管理信息平台上作出受理或者不予受理排污许可证申请的决定，同时向排污单位出具加盖本行政机关专用印章和注明日期的受理单或者不予受理告知单。

核发环保部门应当告知排污单位需要补正的材料，但逾期不告知的，自收到书面申请材料之日起即视为受理。

第二十八条 对存在下列情形之一的，核发环保部门不予核发排污许可证：

（一）位于法律法规规定禁止建设区域内的；

（二）属于国务院经济综合宏观调控部门会同国务院有关部门发布的产业政策目录中明令淘汰或者立即淘汰的落后生产工艺装备、落后产品的；

（三）法律法规规定不予许可的其他情形。

第二十九条　核发环保部门应当对排污单位的申请材料进行审核，对满足下列条件的排污单位核发排污许可证：

（一）依法取得建设项目环境影响评价文件审批意见，或者按照有关规定经地方人民政府依法处理、整顿规范并符合要求的相关证明材料；

（二）采用的污染防治设施或者措施有能力达到许可排放浓度要求；

（三）排放浓度符合本办法第十六条规定，排放量符合本办法第十七条规定；

（四）自行监测方案符合相关技术规范；

（五）本办法实施后的新建、改建、扩建项目排污单位存在通过污染物排放等量或者减量替代削减获得重点污染物排放总量控制指标情况的，出让重点污染物排放总量控制指标的排污单位已完成排污许可证变更。

第三十条　对采用相应污染防治可行技术的，或者新建、改建、扩建建设项目排污单位采用环境影响评价审批意见要求的污染治理技术的，核发环保部门可以认为排污单位采用的污染防治设施或者措施有能力达到许可排放浓度要求。

不符合前款情形的，排污单位可以通过提供监测数据予以证明。监测数据应当通过使用符合国家有关环境监测、计量认证规定和技术规范的监测设备取得；对于国内首次采用的污染治理技术，应当提供工程试验数据予以证明。

环境保护部依据全国排污许可证执行情况，适时修订污染防治可行技术指南。

第三十一条　核发环保部门应当自受理申请之日起二十个工作日内作出是否准予许可的决定。自作出准予许可决定之日起十个工作日内，核发环保部门向排污单位发放加盖本行政机关印章的排污许可证。

核发环保部门在二十个工作日内不能作出决定的，经本部门负责人批准，可以延长十个工作日，并将延长期限的理由告知排污单位。

依法需要听证、检验、检测和专家评审的，所需时间不计算在本条所规定的期限内。核发环保部门应当将所需时间书面告知排污单位。

第三十二条　核发环保部门作出准予许可决定的，须向全国排污许可证管理信息平台提交审核结果，获取全国统一的排污许可证编码。

核发环保部门作出准予许可决定的，应当将排污许可证正本以及副本中基本信息、许可事项及承诺书在全国排污许可证管理信息平台上公告。

核发环保部门作出不予许可决定的，应当制作不予许可决定书，书面告知排污单位不予许可的理由，以及依法申请行政复议或者提起行政诉讼的权利，并在全国排污许可证管理信息平台上公告。

第四章　实施与监管

第三十三条　禁止涂改排污许可证。禁止以出租、出借、买卖或者其他方式非法转让排污许可证。排污单位应当在生产经营场所内方便公众监督的位置悬挂排污许可证正本。

第三十四条　排污单位应当按照排污许可证规定，安装或者使用符合国家有关环境监测、计量认证规定的监测设备，按照规定维护监测设施，开展自行监测，保存原始监测记录。

实施排污许可重点管理的排污单位，应当按照排污许可证规定安装自动监测设备，并与环境保护主管部门的监控设备联网。

对未采用污染防治可行技术的，应当加强自行监测，评估污染防治技术达标可行性。

第三十五条　排污单位应当按照排污许可证中关于台账记录的要求，根据生产特点和污染物排放特点，按照排污口或者无组织排放源进行记录。记录主要包括以下内容：

（一）与污染物排放相关的主要生产设施运行情况；发生异常情况的，应当记录原因和采取的措施；

（二）污染防治设施运行情况及管理信息；发生异常情况的，应当记录原因和采取的措施；

（三）污染物实际排放浓度和排放量；发生超标排放情况的，应当记录超标原因和采取的措施；

（四）其他按照相关技术规范应当记录的信息。

台账记录保存期限不少于三年。

第三十六条 污染物实际排放量按照排污许可证规定的废气、污水的排污口、生产设施或者车间分别计算，依照下列方法和顺序计算：

（一）依法安装使用了符合国家规定和监测规范的污染物自动监测设备的，按照污染物自动监测数据计算；

（二）依法不需安装污染物自动监测设备的，按照符合国家规定和监测规范的污染物手工监测数据计算；

（三）不能按照本条第一项、第二项规定的方法计算的，包括依法应当安装而未安装污染物自动监测设备或者自动监测设备不符合规定的，按照环境保护部规定的产排污系数、物料衡算方法计算。

第三十七条 排污单位应当按照排污许可证规定的关于执行报告内容和频次的要求，编制排污许可证执行报告。

排污许可证执行报告包括年度执行报告、季度执行报告和月执行报告。

排污单位应当每年在全国排污许可证管理信息平台上填报、提交排污许可证年度执行报告并公开，同时向核发环保部门提交通过全国排污许可证管理信息平台印制的书面执行报告。书面执行报告应当由法定代表人或者主要负责人签字或者盖章。

季度执行报告和月执行报告至少应当包括以下内容：

（一）根据自行监测结果说明污染物实际排放浓度和排放量及达标判定分析；

（二）排污单位超标排放或者污染防治设施异常情况的说明。

年度执行报告可以替代当季度或者当月的执行报告，并增加以下内容：

（一）排污单位基本生产信息；

（二）污染防治设施运行情况；

（三）自行监测执行情况；

（四）环境管理台账记录执行情况；

（五）信息公开情况；

（六）排污单位内部环境管理体系建设与运行情况；

（七）其他排污许可证规定的内容执行情况等。

建设项目竣工环境保护验收报告中与污染物排放相关的主要内容，应当由排污单位记载在该项目验收完成当年排污许可证年度执行报告中。

排污单位发生污染事故排放时，应当依照相关法律法规规章的规定及时报告。

第三十八条 排污单位应当对提交的台账记录、监测数据和执行报告的真实性、完整性负责，依法接受环境保护主管部门的监督检查。

第三十九条 环境保护主管部门应当制定执法计划，结合排污单位环境信用记录，确定执法监管重点和检查频次。

环境保护主管部门对排污单位进行监督检查时，应当重点检查排污许可证规定的许可事项的实施情况。通过执法监测、核查台账记录和自动监测数据以及其他监控手段，核实排污数据和执行报告的真实性，判定是否符合许可排放浓度和许可排放量，检查环境管理要求落实情况。

环境保护主管部门应当将现场检查的时间、内容、结果以及处罚决定记入全国排污许可证管理信息平台，依法在全国排污许可证管理信息平台上公布监管执法信息、无排污许可证和违反排污许可证规定排污的排污单位名单。

第四十条　环境保护主管部门可以通过政府购买服务的方式，组织或者委托技术机构提供排污许可管理的技术支持。

技术机构应当对其提交的技术报告负责，不得收取排污单位任何费用。

第四十一条　上级环境保护主管部门可以对具有核发权限的下级环境保护主管部门的排污许可证核发情况进行监督检查和指导，发现属于本办法第四十九条规定违法情形的，上级环境保护主管部门可以依法撤销。

第四十二条　鼓励社会公众、新闻媒体等对排污单位的排污行为进行监督。排污单位应当及时公开有关排污信息，自觉接受公众监督。

公民、法人和其他组织发现排污单位有违反本办法行为的，有权向环境保护主管部门举报。

接受举报的环境保护主管部门应当依法处理，并按照有关规定对调查结果予以反馈，同时为举报人保密。

第五章　变更、延续、撤销

第四十三条　在排污许可证有效期内，下列与排污单位有关的事项发生变化的，排污单位应当在规定时间内向核发环保部门提出变更排污许可证的申请：

（一）排污单位名称、地址、法定代表人或者主要负责人等正本中载明的基本信息发生变更之日起三十个工作日内；

（二）因排污单位原因许可事项发生变更之日前三十个工作日内；

（三）排污单位在原场址内实施新建、改建、扩建项目应当开展环境影响评价的，在取得环境影响评价审批意见后，排污行为发生变更之日前三十个工作日内；

（四）新制修订的国家和地方污染物排放标准实施前三十个工作日内；

（五）依法分解落实的重点污染物排放总量控制指标发生变化后三十个工作日内；

（六）地方人民政府依法制定的限期达标规划实施前三十个工作日内；

（七）地方人民政府依法制定的重污染天气应急预案实施后三十个工作日内；

（八）法律法规规定需要进行变更的其他情形。

发生本条第一款第三项规定情形，且通过污染物排放等量或者减量替代削减获得重点污染物排放总量控制指标的，在排污单位提交变更排污许可申请前，出让重点污染物排放总量控制指标的排污单位应当完成排污许可证变更。

第四十四条　申请变更排污许可证的，应当提交下列申请材料：

（一）变更排污许可证申请；

（二）由排污单位法定代表人或者主要负责人签字或者盖章的承诺书；

（三）排污许可证正本复印件；

（四）与变更排污许可事项有关的其他材料。

第四十五条　核发环保部门应当对变更申请材料进行审查，作出变更决定的，在排污许可证副本中载明变更内容并加盖本行政机关印章，同时在全国排污许可证管理信息平台上公告；属于本办法第四十三条第一款第一项情形的，还应当换发排污许可证正本。

属于本办法第四十三条第一款规定情形的，排污许可证期限仍自原证书核发之日起计算；属于本办法第四十三条第二款情形的，变更后排污许可证期限自变更之日起计算。

属于本办法第四十三条第一款第一项情形的，核发环保部门应当自受理变更申请之日起十个工作日内作出变更决定；属于本办法第四十三条第一款规定的其他情形的，应当自受理变更申请之日起二十个工作日内作出变更许可决定。

第四十六条　排污单位需要延续依法取得的排污许可证的有效期的，应当在排污许可证届满三十个工作日前向原核发环保部门提出申请。

第四十七条 申请延续排污许可证的，应当提交下列材料：

（一）延续排污许可证申请；

（二）由排污单位法定代表人或者主要负责人签字或者盖章的承诺书；

（三）排污许可证正本复印件；

（四）与延续排污许可事项有关的其他材料。

第四十八条 核发环保部门应当按照本办法第二十九条规定对延续申请材料进行审查，并自受理延续申请之日起二十个工作日内作出延续或者不予延续许可决定。

作出延续许可决定的，向排污单位发放加盖本行政机关印章的排污许可证，收回原排污许可证正本，同时在全国排污许可证管理信息平台上公告。

第四十九条 有下列情形之一的，核发环保部门或者其上级行政机关，可以撤销排污许可证并在全国排污许可证管理信息平台上公告：

（一）超越法定职权核发排污许可证的；

（二）违反法定程序核发排污许可证的；

（三）核发环保部门工作人员滥用职权、玩忽职守核发排污许可证的；

（四）对不具备申请资格或者不符合法定条件的申请人准予行政许可的；

（五）依法可以撤销排污许可证的其他情形。

第五十条 有下列情形之一的，核发环保部门应当依法办理排污许可证的注销手续，并在全国排污许可证管理信息平台上公告：

（一）排污许可证有效期届满，未延续的；

（二）排污单位被依法终止的；

（三）应当注销的其他情形。

第五十一条 排污许可证发生遗失、损毁的，排污单位应当在三十个工作日内向核发环保部门申请补领排污许可证；遗失排污许可证的，在申请补领前应当在全国排污许可证管理信息平台上发布遗失声明；损毁排污许可证的，应当同时交回被损毁的排污许可证。

核发环保部门应当在收到补领申请后十个工作日内补发排污许可证，并在全国排污许可证管理信息平台上公告。

第六章 法律责任

第五十二条 环境保护主管部门在排污许可证受理、核发及监管执法中有下列行为之一的，由其上级行政机关或者监察机关责令改正，对直接负责的主管人员或者其他直接责任人员依法给予行政处分；构成犯罪的，依法追究刑事责任：

（一）符合受理条件但未依法受理申请的；

（二）对符合许可条件的不依法准予核发排污许可证或者未在法定时限内作出准予核发排污许可证决定的；

（三）对不符合许可条件的准予核发排污许可证或者超越法定职权核发排污许可证的；

（四）实施排污许可证管理时擅自收取费用的；

（五）未依法公开排污许可相关信息的；

（六）不依法履行监督职责或者监督不力，造成严重后果的；

（七）其他应当依法追究责任的情形。

第五十三条 排污单位隐瞒有关情况或者提供虚假材料申请行政许可的，核发环保部门不予受理或者不予行政许可，并给予警告。

第五十四条 违反本办法第四十三条规定，未及时申请变更排污许可证的；或者违反本办法第五十一条规定，未及时补办排污许可证的，由核发环保部门责令改正。

第五十五条 重点排污单位未依法公开或者不如实公开有关环境信息的，由县级以上环境保护主管部门责令公开，依法处以罚款，并予以公告。

第五十六条 违反本办法第三十四条，有下列行为之一的，由县级以上环境保护主管部门依据《中华人民共和国大气污染防治法》《中华人民共和国水污染防治法》的规定，责令改正，处二万元以上二十万元以下的罚款；拒不改正的，依法责令停产整治：

（一）未按照规定对所排放的工业废气和有毒有害大气污染物、水污染物进行监测，或者未保存原始监测记录的；

（二）未按照规定安装大气污染物、水污染物自动监测设备，或者未按照规定与环境保护主管部门的监控设备联网，或者未保证监测设备正常运行的。

第五十七条 排污单位存在以下无排污许可证排放污染物情形的，由县级以上环境保护主管部门依据《中华人民共和国大气污染防治法》《中华人民共和国水污染防治法》的规定，责令改正或者责令限制生产、停产整治，并处十万元以上一百万元以下的罚款；情节严重的，报经有批准权的人民政府批准，责令停业、关闭：

（一）依法应当申请排污许可证但未申请，或者申请后未取得排污许可证排放污染物的；

（二）排污许可证有效期限届满后未申请延续排污许可证，或者延续申请未经核发环保部门许可仍排放污染物的；

（三）被依法撤销排污许可证后仍排放污染物的；

（四）法律法规规定的其他情形。

第五十八条 排污单位存在以下违反排污许可证行为的，由县级以上环境保护主管部门依据《中华人民共和国环境保护法》《中华人民共和国大气污染防治法》《中华人民共和国水污染防治法》的规定，责令改正或者责令限制生产、停产整治，并处十万元以上一百万元以下的罚款；情节严重的，报经有批准权的人民政府批准，责令停业、关闭：

（一）超过排放标准或者超过重点大气污染物、重点水污染物排放总量控制指标排放水污染物、大气污染物的；

（二）通过偷排、篡改或者伪造监测数据、以逃避现场检查为目的的临时停产、非紧急情况下开启应急排放通道、不正常运行大气污染防治设施等逃避监管的方式排放大气污染物的；

（三）利用渗井、渗坑、裂隙、溶洞，私设暗管，篡改、伪造监测数据，或者不正常运行水污染防治设施等逃避监管的方式排放水污染物的；

（四）其他违反排污许可证规定排放污染物的。

第五十九条 排污单位违法排放大气污染物、水污染物，受到罚款处罚，被责令改正的，依法作出处罚决定的行政机关组织复查，发现其继续违法排放大气污染物、水污染物或者拒绝、阻挠复查的，作出处罚决定的行政机关可以自责令改正之日的次日起，依法按照原处罚数额按日连续处罚。

第六十条 排污单位发生本办法第三十五条第一款第二、三项或者第三十七条第四款第二项规定的异常情况，及时报告核发环保部门，且主动采取措施消除或者减轻违法行为危害后果的，县级以上环境保护主管部门应当依据《中华人民共和国行政处罚法》相关规定从轻处罚。

排污单位应当在相应季度执行报告或者月执行报告中记载本条第一款情况。

第七章 附 则

第六十一条 依照本办法首次发放排污许可证时，对于在本办法实施前已经投产、运营的排污单位，存在以下情形之一，排污单位承诺改正并提出改正方案的，环境保护主管部门可以向其核发排污许可证，并在排污许可证中记载其存在的问题，规定其承诺改正内容和承诺改正期限：

（一）在本办法实施前的新建、改建、扩建建设项目不符合本办法第二十九条第一项条件；

（二）不符合本办法第二十九条第二项条件。

对于不符合本办法第二十九条第一项条件的排污单位，由核发环保部门依据《建设项目环境保护管理条例》第二十三条，责令限期改正，并处罚款。

对于不符合本办法第二十九条第二项条件的排污单位，由核发环保部门依据《中华人民共和国大气污染防治法》第九十九条或者《中华人民共和国水污染防治法》第八十三条，责令改正或者责令限制生产、停产整治，并处罚款。

本条第二款、第三款规定的核发环保部门责令改正内容或者限制生产、停产整治内容，应当与本条第一款规定的排污许可证规定的改正内容一致；本条第二款、第三款规定的核发环保部门责令改正期限或者限制生产、停产整治期限，应当与本条第一款规定的排污许可证规定的改正期限的起止时间一致。

本条第一款规定的排污许可证规定的改正期限为三至六个月、最长不超过一年。

在改正期间或者限制生产、停产整治期间，排污单位应当按证排污，执行自行监测、台账记录和执行报告制度，核发环保部门应当按照排污许可证的规定加强监督检查。

第六十二条 本办法第六十一条第一款规定的排污许可证规定的改正期限到期，排污单位完成改正任务或者提前完成改正任务的，可以向核发环保部门申请变更排污许可证，核发环保部门应当按照本办法第五章规定对排污许可证进行变更。

本办法第六十一条第一款规定的排污许可证规定的改正期限到期，排污单位仍不符合许可条件的，由核发环保部门依据《中华人民共和国大气污染防治法》第九十九条或者《中华人民共和国水污染防治法》第八十三条或者《建设项目环境保护管理条例》第二十三条的规定，提出建议报有批准权的人民政府批准责令停业、关闭，并按照本办法第五十条规定注销排污许可证。

第六十三条 对于本办法实施前依据地方性法规核发的排污许可证，尚在有效期内的，原核发环保部门应当在全国排污许可证管理信息平台填报数据，获取排污许可证编码；已经到期的，排污单位应当按照本办法申请排污许可证。

第六十四条 本办法第十二条规定的排污许可证格式、第二十条规定的承诺书样本和本办法第二十六条规定的排污许可证申请表格式，由环境保护部制定。

第六十五条 本办法所称排污许可，是指环境保护主管部门根据排污单位的申请和承诺，通过发放排污许可证法律文书形式，依法依规规范和限制排污行为，明确环境管理要求，依据排污许可证对排污单位实施监管执法的环境管理制度。

第六十六条 本办法所称主要负责人是指依照法律、行政法规规定代表非法人单位行使职权的负责人。

第六十七条 涉及国家秘密的排污单位，其排污许可证的申请、受理、审核、发放、变更、延续、注销、撤销、遗失补办应当按照保密规定执行。

第六十八条 本办法自发布之日起施行。

建设项目环境保护设计规定

（国环字第 002 号）

第一章 总 则

第一条 根据《中华人民共和国环境保护法（试行）》及《建设项目环境保护管理办法》等制定本规定。

第二条 环境保护设计必须遵循国家有关环境保护法律、法规，合理开发和充分利用各种自然资源，严格控制环境污染，保护和改善生态环境。

第三条 本规定适用于中华人民共和国领域内的工业、交通、水利、农林、商业、卫生、文教、科研、旅游、市政、机场等对环境有影响的新建、扩建、改建和技术改造项目，包括区域开发建设项目以及中外合资、中外合作、外商独资的引进项目等一切建设项目（以下统称建设项目）。

第四条 本规定由建设项目的设计单位、建设单位负责执行。

第二章 各设计阶段的环境保护要求

第五条 环境保护设计必须按国家规定的设计程序进行，执行环境影响报告书（表）的编审制度，执行防治污染及其他公害的设施与主体工程同时设计、同时施工、同时投产的“三同时”制度。

第六条 项目建议书阶段：项目建议书中应根据建设项目的性质、规模、建设地区的环境现状等有关资料，对建设项目建成投产后可能造成的环境影响进行简要说明，其主要内容如下：

一、所在地区的环境现状；

二、可能造成的环境影响分析；

三、当地环保部门的意见和要求；

四、存在的问题。

第七条 可行性研究（设计任务书）阶段：按《建设项目环境保护管理办法》的规定，需编制环境影响报告书或填报环境影响报告表的建设项目，必须按该管理办法之附件一或附件二的要求编制环境影响报告书或填报环境影响报告表。

在可行性研究报告书中，应有环境保护的专门论述，其主要内容如下：

一、建设地区的环境现状；

二、主要污染源和主要污染物；

三、资源开发可能引起的生态变化；

四、设计采用的环境保护标准；

五、控制污染和生态变化的初步方案；

六、环境保护投资估算；

七、环境影响评价的结论或环境影响分析；

八、存在的问题及建议。

第八条 初步设计阶段：建设项目的初步设计必须有环境保护篇（章），具体落实环境影响报告书（表）及其审批意见所确定的各项环境保护措施。环境保护篇（章）应包含下列主要内容：

一、环境保护设计依据；

二、主要污染源和主要污染物的种类、名称、数量、浓度或强度及排放方式；

三、规划采用的环境保护标准；

四、环境保护工程设施及其简要处理工艺流程、预期效果；

五、对建设项目引起的生态变化所采取的防范措施；

六、绿化设计；

七、环境管理机构及定员；

八、环境监测机构；

九、环境保护投资概算；

十、存在的问题及建议。

第九条 施工图设计阶段：建设项目环境保护设施的施工图设计，必须按已批准的初步设计文件及其环境保护篇（章）所确定的各种措施和要求进行。

第三章 选址与总图布置

第十条 建设项目的选址或选线，必须全面考虑建设地区的自然环境和社会环境，对选址或选线地区的地理、地形、地质、水文、气象、名胜古迹、城乡规划、土地利用、工农业布局、自然保护区现状及其发展规划等因素进行调查研究，并在收集建设地区的大气、水体、土壤等基本环境要素背景资料的基础上进行综合分析论证，制定最佳的规划设计方案。

第十一条 凡排放有毒有害废水、废气、废渣（液）、恶臭、噪声、放射性元素等物质或因素的建设项目，严禁在城市规划确定的生活居住区、文教区、水源保护区、名胜古迹、风景游览区、温泉、疗养区和自然保护区等界区内选址。

铁路、公路等的选线，应尽量减轻对沿途自然生态的破坏和污染。

第十二条 排放有毒有害气体的建设项目应布置在生活居住区污染系数最小方位的上风侧；排放有毒有害废水的建设项目应布置在当地生活饮用水水源的下游；废渣堆置场地应与生活居住区及自然水体保持规定的距离。

第十三条 环境保护设施用地应与主体工程用地同时选定。

第十四条 产生有毒有害气体、粉尘、烟雾、恶臭、噪声等物质或因素的建设项目与生活居住区之间，应保持必要的卫生防护距离，并采取绿化措施。

第十五条 建设项目的总图布置，在满足主体工程需要的前提下，宜将污染危害最大的设施布置在远离非污染设施的地段，然后合理地确定其余设施的相应位置，尽可能避免互相影响和污染。

第十六条 新建项目的行政管理和生活设施，应布置在靠近生活居住区的一侧，并作为建设项目的非扩建端。

第十七条 建设项目的主要烟囱（排气筒），火炬设施，有毒有害原料、成品的贮存设施，装卸站等，宜布置在厂区常年主导风向的下风侧。

第十八条 新建项目应有绿化设计，其绿化覆盖率可根据建设项目的种类不同而异。城市内的建设项目应按当地有关绿化规划的要求执行。

第四章 污染防治

第一节 污染防治原则

第十九条 工艺设计应积极采用无毒无害或低毒低害的原料，采用不产生或少产生污染的新技术、新工艺、新设备，最大限度地提高资源、能源利用率，尽可能在生产过程中把污染物减少到最低限度。

第二十条　建设项目的供热、供电及供煤气的规划设计应根据条件尽量采用热电结合、集中供热或联片供热，集中供应民用煤气的建设方案。

第二十一条　环境保护工程设计应因地制宜地采用行之有效的治理和综合利用技术。

第二十二条　应采取各种有效措施，避免或抑制污染物的无组织排放。如：

一、设置专用容器或其他设施，用以回收采样、溢流、事故、检修时排出的物料或废弃物；

二、设备、管道等必须采取有效的密封措施，防止物料跑、冒、滴、漏；

三、粉状或散装物料的贮存、装卸、筛分、运输等过程应设置抑制粉尘飞扬的设施。

第二十三条　废弃物的输送及排放装置宜设置计量、采样及分析设施。

第二十四条　废弃物在处理或综合利用过程中，如有二次污染物产生，还应采取防止二次污染的措施。

第二十五条　建设项目产生的各种污染或污染因素，必须符合国家或省、自治区、直辖市颁布的排放标准和有关法规后，方可向外排放。

第二十六条　贮存、运输、使用放射性物质及放射性废弃物的处理，必须符合《放射性防护规定》和《放射性同位素工作卫生防护管理办法》等的要求。

第二节　废气、粉尘污染防治

第二十七条　凡在生产过程中产生有毒有害气体、粉尘、酸雾、恶臭、气溶胶等物质，宜设计成密闭的生产工艺和设备，尽可能避免敞开式操作。如需向外排放，还应设置除尘、吸收等净化设施。

第二十八条　各种锅炉、炉窑、冶炼等装置排放的烟气，必须设有除尘、净化设施。

第二十九条　含有易挥发物质的液体原料、成品、中间产品等贮存设施，应有防止挥发物质逸出的措施。

第三十条　开发和利用煤炭的建设项目，其设计应符合《关于防治煤烟型污染技术政策的规定》。

第三十一条　废气中所含的气体、粉尘及余能等，其中有回收利用价值的，应尽可能地回收利用；无利用价值的应采取妥善处理措施。

第三节　废水污染防治

第三十二条　建设项目的设计必须坚持节约用水的原则，生产装置排出的废水应合理回收重复利用。

第三十三条　废水的输送设计，应按清污分流的原则，根据废水的水质、水量、处理方法等因素，通过综合比较，合理划分废水输送系统。

第三十四条　工业废水和生活污水（含医院污水）的处理设计，应根据废水的水质、水量及其变化幅度、处理后的水质要求及地区特点等，确定最佳处理方法和流程。

第三十五条　拟定废水处理工艺时，应优先考虑利用废水、废气、废渣（液）等进行“以废治废”的综合治理。

第三十六条　废水中所含的各种物质，如固体物质、重金属及其化合物，易挥发性物体、酸或碱类、油类以及余能等，凡有利用价值的应考虑回收或综合利用。

第三十七条　工业废水和生活污水（含医院污水）排入城市排水系统时，其水质应符合有关排入城市下水道的水质标准的要求。

第三十八条　输送有毒有害或含有腐蚀性物质的废水的沟渠、地下管线检查井等，必须采取防渗漏和防腐蚀措施。

第三十九条　水质处理应选用无毒、低毒、高效或污染较轻的水处理药剂。

第四十条　对受纳水体造成热污染的排水，应采取防止热污染的措施。

第四十一条　原（燃）料露天堆场，应有防止雨水冲刷，物料流失而造成污染的措施。

第四十二条 经常受有害物质污染的装置、作业场所的墙壁和地面的冲洗水以及受污染的雨水，应排入相应的废水管网。

第四十三条 严禁采用渗井、渗坑、废矿井或用净水稀释等手段排放有毒有害废水。

第四节 废渣（液）污染防治

第四十四条 废渣（液）的处理设计应根据废渣液的数量、性质、并结合地区特点等，进行综合比较，确定其处理方法。对有利用价值的，应考虑采取回收或综合利用措施；对没有利用价值的，可采取无害化堆置或焚烧等处理措施。

第四十五条 废渣（液）的临时贮存，应根据排出量运输方式、利用或处理能力等情况，妥善设置堆场、贮罐等缓冲设施，不得任意堆放。

第四十六条 不同的废渣（液）宜分别单独贮存，以便管理和利用。两种或两种以上废渣（液）混合贮存时，应符合下列要求：

一、不产生有毒有害物质及其他有害化学反应；

二、有利于堆贮存或综合处理。

第四十七条 废渣（液）的输送设计，应有防止污染环境的措施。

一、输送含水量大的废渣和高浓液时，应采取措施避免沿途滴洒；

二、有毒有害废渣、易扬尘废渣的装卸和运输，应采取密闭和增湿等措施，防止发生污染和中毒事故。

第四十八条 生产装置及辅助设施、作业场所、污水处理设施等排出的各种废渣（液），必须收集并进行处理，不得采取任何方式排入自然水体或任意抛弃。

第四十九条 可燃质废渣（液）的焚烧处理，应符合下列要求：

一、焚烧所产生的有害气体必须有相应的净化处理设施；

二、焚烧后的残渣应有妥善的处理设施。

第五十条 含有可溶性剧毒废渣禁止直接埋入地下或排入地面水体。

设计此类废渣的堆埋场时，必须设有防水，防渗漏或防止扬散的措施；还须设置堆场雨水或渗出液的收集处理和采样监测设施。

第五十一条 一般工业废渣、废矿石、尾矿等，可设置堆场或尾矿坝进行堆存。但应设置防止粉尘飞扬、淋沥水与溢流水、自燃等各种危害的有效措施。

第五十二条 含有贵重金属的废渣宜视具体情况采取回收处理措施。

第五节 噪声控制

第五十三条 噪声控制应首先控制噪声源，选用低噪声的工艺和设备。必要时还应采取相应控制措施。

第五十四条 管道设计，应合理布置并采用正确的结构，防止产生振动和噪声。

第五十五条 总体布置应综合考虑声学因素，合理规划，利用地形、建筑物等阻挡噪声传播。并合理分隔吵闹区和安静区，避免或减少高噪声设备对安静区的影响。

第五十六条 建设项目产生的噪声对周围环境的影响应符合有关城市区域环境噪声标准的规定。

第五章 管理机构的设置

第五十七条 新建、扩建企业设置环境保护管理机构。环境保护管理机构的基本任务是负责组织、落实、监督本企业的环境保护工作。

第五十八条 环境保护管理机构的主要职责如下：

一、贯彻执行环境保护法规和标准；

二、组织制定和修改本单位的环境保护管理规章制度并监督执行；

三、制定并组织实施环境保护规划和计划；

四、领导和组织本单位的环境监测；

五、检查本单位环境保护设施的运行；

六、推广应用环境保护先进技术和经验；

七、组织开展本单位的环境保护专业技术培训，提高人员素质水平；

八、组织开展本单位的环境保护科研和学术交流。

第六章　监测机构的设置

第五十九条　对环境有影响的新建、扩建项目应根据建设项目的规模、性质、监测任务、监测范围设置必要的监测机构或相应的监测手段。

第六十条　环境监测的任务是：

一、定期监测建设项目排放的污染物是否符合国家或省、自治区、直辖市所规定的排放标准；

二、分析所排污染物的变化规律，为制定污染控制措施提供依据；

三、负责污染事故的监测及报告。

第六十一条　监测采样点要求布置合理，能准确反映污染物排放及附近环境质量情况。

监测分析方法，按国家有关规定执行。

第七章　环境保护设施及投资

第六十二条　环境保护设施按下列原则划分：

一、凡属污染治理和保护环境所需的装置、设备、监测手段和工程设施等均属环境保护设施。

二、生产需要又为环境保护服务的设施。

三、外排废弃物的运载设施，回收及综合利用设施，堆存场地的建设和征地费用列入生产投资；但为了保护环境所采取的防粉尘飞扬、防渗漏措施以及绿化设施所需的资金属环境保护投资。

四、凡有环境保护设施的建设项目均应列出环境保护设施的投资概算。

第八章　设计管理

第六十三条　各设计单位应有一名领导主管环境保护设计工作。对本单位所承担的建设项目的环境保护设计负全面领导责任。

第六十四条　各设计单位根据工作需要设置环境保护设计机构或专业人员，负责编制建设项目各阶段综合环境保护设计文件。

第六十五条　设计单位必须严格按国家有关环境保护规定做好以下工作：

一、承担或参与建设项目的环境影响评价；

二、接受设计任务书后，必须按环境影响报告书（表）及其审批意见所确定的各种措施开展初步设计，认真编制环境保护篇（章）；

三、严格执行“三同时”制度，做到防治污染及其他公害的设施与主体工程同时设计。

四、未经批准环境影响报告书（表）的建设项目，不得进行设计。

第六十六条　向外委托设计项目时，应同时向承担单位提出环境保护要求。

第六十七条　对没有污染防治方法或虽有方法但其工艺基础数据不全的建设项目不得开展设计；对有污染而没有防治措施的工程设计不得向外提供；对虽有治理措施，但不能满足国家或省、自治区、直辖市规定的排放标准的生产方法、工艺流程，不得用于设计。

第六十八条 因工程设计需要而开发研制的环境保护科研成果，必须通过技术鉴定，确认取得了工程放大的条件和设计数据时才能用于设计。

第九章 附 则

第六十九条 各设计单位的主管部门可根据本规定并结合本部门的特点，组织制订本行业的规定、报国务院环境保护委员会办公室备案。

第七十条 本规定由国务院环境保护委员会办公室负责解释。

第七十一条 本规定自颁布之日起执行。

饮用水水源保护区污染防治管理规定

（1989年7月10日环管字第201号公布 根据2010年12月22日环境保护部令第16号《关于废止、修改部分环保部门规章和规范性文件的决定》修订）

第一章 总 则

第一条 为保障人民身体健康和经济建设发展，必须保护好饮用水水源。根据《中华人民共和国水污染防治法》特制定本规定。

第二条 本规定适用于全国所有集中式供水的饮用水地表水源和地下水源的污染防治管理。

第三条 按照不同的水质标准和防护要求分级划分饮用水水源保护区。饮用水水源保护区一般划分为一级保护区和二级保护区，必要时可增设准保护区。各级保护区应有明确的地理界线。

第四条 饮用水水源各级保护区及准保护区均应规定明确的水质标准并限期达标。

第五条 饮用水水源保护区的设置和污染防治应纳入当地的经济和社会发展规划和水污染防治规划。跨地区的饮用水水源保护区的设置和污染治理应纳入有关流域、区域、城市的经济和社会发展规划和水污染防治规划。

第六条 跨地区的河流、湖泊、水库、输水渠道，其上游地区不得影响下游饮用水水源保护区对水质标准的要求。

第二章 饮用水地表水源保护区的划分和防护

第七条 饮用水地表水源保护区包括一定的水域和陆域，其范围应按照不同水域特点进行水质定量预测并考虑当地具体条件加以确定，保证在规划设计的水文条件和污染负荷下，供应规划水量时，保护区的水质能满足相应的标准。

第八条 在饮用水地表水源取水口附近划定一定的水域和陆域作为饮用水地表水源一级保护区。一级保护区的水质标准不得低于国家规定的《地表水环境质量标准》Ⅱ类标准，并须符合国家规定的《生活饮用水卫生标准》的要求。

第九条 在饮用水地表水源一级保护区外划定一定水域和陆域作为饮用水地表水源二级保护区。二级保护区的水质标准不得低于国家规定的《地表水环境质量标准》Ⅲ类标准，应保证一级保护区的水质能满足规定的标准。

第十条 根据需要可在饮用水地表水源二级保护区外划定一定的水域及陆域作为饮用水地表水源准保护区。准保护区的水质标准应保证二级保护区的水质能满足规定的标准。

第十一条 饮用水地表水源各级保护区及准保护区内均必须遵守下列规定：

一、禁止一切破坏水环境生态平衡的活动以及破坏水源林、护岸林、与水源保护相关植被的活动。

二、禁止向水域倾倒工业废渣、城市垃圾、粪便及其他废弃物。

三、运输有毒有害物质、油类、粪便的船舶和车辆一般不准进入保护区，必须进入者应事先申请并经有关部门批准、登记并设置防渗、防溢、防漏设施。

四、禁止使用剧毒和高残留农药，不得滥用化肥，不得使用炸药、毒品捕杀鱼类。

第十二条 饮用水地表水源各级保护区及准保护区内必须分别遵守下列规定：

一、一级保护区内

禁止新建、扩建与供水设施和保护水源无关的建设项目；

禁止向水域排放污水，已设置的排污口必须拆除；

不得设置与供水需要无关的码头，禁止停靠船舶；

禁止堆置和存放工业废渣、城市垃圾、粪便和其他废弃物；

禁止设置油库；

禁止从事种植、放养禽畜和网箱养殖活动；

禁止可能污染水源的旅游活动和其他活动。

二、二级保护区内

禁止新建、改建、扩建排放污染物的建设项目。；

原有排污口依法拆除或者关闭；

禁止设立装卸垃圾、粪便、油类和有毒物品的码头。

三、准保护区内

禁止新建、扩建对水体污染严重的建设项目；改建项目，不得增加排污量。

第三章 饮用水地下水源保护区的划分和防护

第十三条 饮用水地下水源保护区应根据饮用水水源地所处的地理位置、水文地质条件、供水的数量、开采方式和污染源的分布划定。

第十四条 饮用水地下水源保护区的水质均应达到国家规定的《生活饮用水卫生标准》的要求。

各级地下水源保护区的范围应根据当地的水文地质条件确定，并保证开采规划水量时能达到所要求的水质标准。

第十五条 饮用水地下水源一级保护区位于开采井的周围，其作用是保证集水有一定滞后时间，以防止一般病原菌的污染。直接影响开采井水质的补给区地段，必要时也可划为一级保护区。

第十六条 饮用水地下水源二级保护区位于饮用水地下水源一级保护区外，其作用是保证集水有足够的滞后时间，以防止病原菌以外的其他污染。

第十七条 饮用水地下水源准保护区位于饮用水地下水源二级保护区外的主要补给区，其作用是保护水源地的补给水源水量和水质。

第十八条 饮用水地下水源各级保护区及准保护区内均必须遵守下列规定：

一、禁止利用渗坑、渗井、裂隙、溶洞等排放污水和其他有害废弃物。

二、禁止利用透水层孔隙、裂隙、溶洞及废弃矿坑储存石油、天然气、放射性物质、有毒有害化工原料、农药等。

三、实行人工回灌地下水时不得污染当地地下水源。

第十九条 饮用水地下水源各级保护区及准保护区内必须遵守下列规定：

一、一级保护区内

禁止建设与取水设施无关的建筑物；

禁止从事农牧业活动；

禁止倾倒、堆放工业废渣及城市垃圾、粪便和其他有害废弃物；

禁止输送污水的渠道、管道及输油管道通过本区；

禁止建设油库；

禁止建立墓地。

二、二级保护区内

（一）对于潜水含水层地下水水源地

禁止建设化工、电镀、皮革、造纸、制浆、冶炼、放射性、印染、染料、炼焦、炼油及其他有严重污染的企业，已建成的要限期治理，转产或搬迁；

禁止设置城市垃圾、粪便和易溶、有毒有害废弃物堆放场和转运站，已有的上述场站要限期搬迁；

禁止利用未经净化的污水灌溉农田，已有的污灌农田要限期改用清水灌溉；

化工原料、矿物油类及有毒有害矿产品的堆放场所必须有防雨、防渗措施。

（二）对于承压含水层地下水水源地

禁止承压水和潜水的混合开采，作好潜水的止水措施。

三、准保护区内

禁止建设城市垃圾、粪便和易溶、有毒有害废弃物的堆放场站，因特殊需要设立转运站的，必须经有关部门批准，并采取防渗漏措施；

当补给源为地表水体时，该地表水体水质不应低于《地表水环境质量标准》Ⅲ类标准；

不得使用不符合《农田灌溉水质标准》的污水进行灌溉，合理使用化肥；

保护水源林，禁止毁林开荒，禁止非更新砍伐水源林。

第四章 饮用水水源保护区污染防治的监督管理

第二十条 各级人民政府的环境保护部门会同有关部门作好饮用水水源保护区的污染防治工作并根据当地人民政府的要求制定和颁布地方饮用水 水源保护区污染 防治管理规定。

第二十一条 饮用水水源保护区的划定，由有关市、县人民政府提出划定方案，报省、自治区、直辖市人民政府批准；跨市、县饮用水水源保护区的划定，由有关市、县人民政府协商提出划定方案，报省、自治区、直辖市人民政府批准；协商不成的，由省、自治区、直辖市人民政府环境保护主管部门会同同级水行政、国土资源、卫生、建设等部门提出划定方案，征求同级有关部门的意见后，报省、自治区、直辖市人民政府批准。

跨省、自治区、直辖市的饮用水水源保护区，由有关省、自治区、直辖市人民政府商有关流域管理机构划定；协商不成的，由国务院环境保护主管部门会同同级水行政、国土资源、卫生、建设等部门提出划定方案，征求国务院有关部门的意见后，报国务院批准。

国务院和省、自治区、直辖市人民政府可以根据保护饮用水水源的实际需要，调整饮用水水源保护区的范围，确保饮用水安全。

第二十二条 环境保护、水利、地质矿产、卫生、建设等部门应结合各自的职责，对饮用水 水源保护区污染 防治实施监督管理。

第二十三条 因突发性事故造成或可能造成饮用水水源污染时，事故责任者应立即采取措施消除污染并报告当地城市供水、卫生防疫、环境保护、水利、地质矿产等部门和本单位主管部门。由环境保护部门根据当地人民政府的要求组织有关部门调查处理，必要时经当地人民政府批准后采取强制性措施以减轻损失。

第五章 奖励与惩罚

第二十四条 对执行本规定保护饮用水水源有显著成绩和贡献的单位或个人给予表扬和奖励。奖励办法由市级以上（含市级）环境保护部门制定，报经当地人民政府批准实施。

第二十五条 对违反本规定的单位或个人，应根据《中华人民共和国水污染防治法》及其实施细则的有关规定进行处罚。

第六章 附 则

第二十六条 本规定由国家环境保护部门负责解释。

第二十七条 本规定自公布之日起实施。

关于改进规范投资项目核准行为加强协同监管的通知

（发改投资〔2013〕2662 号）

各省、自治区、直辖市及计划单列市、新疆生产建设兵团发展改革委、国土资源厅（局）、环境保护厅（局）、住房城乡建设厅（局、委）、银监局，国务院各部委、各直属机构：

根据党的十八届三中决定和十二届全国人大一次会议审议通过的《国务院机构改革和职能转变方案》精神，国务院发布了《政府核准的投资项目目录（2013 年本）》（简称"《目录》"），进一步缩小了政府对企业投资项目的核准范围，取消和下放了部分核准事项。为切实做好取消、下放后的规范核准和协同监管工作，各级发展改革、城乡规划、国土资源、环境保护等部门和金融机构要简化审核内容、优化流程、缩短时限、提高效率，实现放管并重、上下联动、纵横协管，现就有关事项通知如下：

一、切实落实管理责任

（一）充分落实企业投资自主权。对于取消核准改为备案的项目，由企业自主决策、自负盈亏、自担风险。各地方和有关部门要简化备案手续、推行网上备案，不得以任何名义变相审批。除不符合国家法律法规、产业政策禁止发展、需报政府核准的项目外，均应当予以及时备案。

（二）切实履行核准职责。按照国务院《目录》规定，对于下放地方政府核准的项目，省级政府可以根据本地实际情况明确省内各级地方政府的核准权限；《目录》规定由省级政府核准的项目，核准权限不得下放。各级项目核准机关要切实负起责任，严格按照国家规定履行核准手续。

（三）同步下放核准前置条件审批权限。对于取消核准或者下放核准权限的项目，各级政府有关部门要按照《国土资源部办公厅关于下放部分建设项目用地预审权限的通知》《环境保护部关于下放部分建设项目环境影响评价文件审批权限的公告》《国家发展改革委办公厅关于做好固定资产投资项目节能评估和审查同步取消和下放有关工作的通知》要求，依法受理申请人的申请，做好前置条件的办理工作。

（四）严格遵循国家化解产能过剩政策要求。按照《国务院关于化解产能严重过剩矛盾的指导意见》（国发〔2013〕41 号），对于钢铁、电解铝、水泥、平板玻璃、船舶等产能严重过剩行业，严禁建设新增产能项目。各地方、各部门不得以任何名义、任何方式核准、备案产能严重过剩行业新增产能项目，各相关部门不得为此类项目办理规划选址、土地（海域）供应、环评审批、节能评估审查等手续，金融机构不得提供贷款。

二、改进规范核准行为

（一）规范项目核准的前置条件。对于国家法律、行政法规没有明确规定作为项目核准前置条件的审批手续，一律放在核准后、开工前完成。对于国家法律、行政法规明确规定作为项目核准前置条件的审批手续，有关部门要按照"减少事前审查、加强事中事后监管"的原则，提出改进措施。同时，有关部门要按照便利、高效原则，对本部门实施的多个审批事项进行简化合并。

（二）简化项目核准的审查内容。按照转变职能和简政放权的要求，国家发展改革委将抓紧修订《企业投资项目核准暂行办法》、《外商投资项目核准暂行管理办法》和《境外投资项目核准暂行管理办法》，并相应调整《项目申请报告通用文本》。各级项目核准机关主要对企业投资项目是否符合国家法律法规、国家宏观调控政策、发展建设规划及准入标准，是否影响国家安全、生态安全以及社会稳定风险等方面进行审查。不再对项目的市场前景、经济效益、资金来源和产品技术方案等应由企业自主决策的内容进行审查。对外商投资项目和境外投资项目的核准内容，也要进行相应简化。

（三）缩短时限，提高效率。

1. 关于项目核准的办理。项目核准机关在收到项目申请报告后，对于申报材料不齐全或者不符合要求的，应在 5 个工作日内一次告知申报单位补正；受理项目申请报告后，如有必要，应在 4 个工作日内委托有关咨询机构进行评估；涉及行业管理部门职能的，应商请有关行业管理部门在 7 个工作日内出具书面审核意见；可能对公众利益构成重大影响的，应采取适当方式征求公众意见；原则上应在受理项目申请报告后 20 个工作日内作出是否核准的决定或向上级核准机关提出审核意见（不含委托咨询评估、征求公众意见所需时间），特殊情况可延长 10 个工作日。除核电、大型水利水电等特定项目外，坚决取消前期工作咨询复函等变相审批行为。

2. 关于选址意见书的办理。城乡规划部门核发选址意见书，应当依法受理申请人的申请。涉及商请有关行业管理部门提出意见的，有关行业管理部门应当在 7 个工作日内出具书面审核意见。可能对公共利益造成重大影响的，应当采取适当方式征求公众意见并视情况进行专家评审。简化风景名胜区重大建设项目选址核准程序。取消对项目设计多方案比选的要求，改进专家审查形式。

3. 关于用地预审意见的办理。按照国务院有关规定下放由地方政府核准的项目，以及省级政府按照规定具体划分由市县级政府核准的项目，其用地预审意见同步下放由核准项目的同级政府国土资源管理部门办理。全面实行网上申报制度。修订《建设项目用地预审管理办法》，简化审查内容，提高审批效率。

4. 关于环评审批文件的办理。适时提出修改有关法律、行政法规的建议，取消环评受理的部分前置条件。除依法设立的行政许可外，不再将非行政许可的各类生态保护区域行政主管部门意见作为环评审批要件。合理划分审批权限，修订《建设项目环境影响评价分类管理名录》，减少环境影响报告书（表）数量，改革环境影响登记表审批方式。对环评文件受理、审批和环保验收全过程公开。项目环评受理、环保验收实行网上申报。环评文件审批部门自收到环境影响报告书之日起 60 日内、收到环境影响报告表之日起 30 日内、收到环境影响登记表之日起 15 日内作出审批决定（不含委托评估、征求公众意见和进行专家评议所需时间）。

5. 关于节能审查意见的办理。各级节能审查机关要完善管理办法，简化审查内容，取消对项目概况、能源供应情况、项目选址方面的节能审查要求；优化评估审查流程，实现项目录入、委托、报批各环节在线完成，缩短审批时间；通过网上管理系统，实现节能登记备案网上办理。完善节能评估文件委托评审管理办法，规范管理，提高效率。明确时限要求，节能审查机关在收到项目节能评估文件后 2 个工作日内委托中介机构评审，对于申报材料不齐全或者不符合要求的应在 5 个工作日内一次告知申报单位补正。国家发展改革委将抓紧修订《固定资产投资项目节能评估和审查暂行办法》，进一步缩短节能审查机关出具审查意见的时限。

（四）提高中介机构的服务质量和效率。企业申请办理各项前置条件和申请核准，依法需要委托中介机构提供中介服务的，前置条件审批机关和项目核准机关作出决定前依法需要委托中介机构提出咨询评估和审查意见的，有关部门要根据职责分工，加强对相应中介机构的管理和监督，制定或修订中介服务管理规范，合理确定中介机构提供中介服务的质量和时限要求。受托中介机构要增强服务意识，恪守职业准则，切实提高服务质量和效率。

（五）加大信息公开力度。除保密事项外，项目核准机关和城乡规划、国土资源、环境保护、节能审查等前置条件审批机关要将申报受理情况、审批流程、审批标准、审批结果等在本部门门户网站上公开，接受社会监督。

三、建立纵横协管联动机制

（一）相应调整管理权限。对于已经和今后进一步取消核准或者下放核准权限的项目，有关部门要相应调整城乡规划、用地预审、环评审批、节能审查等相关前置条件的审批权限，使地方政府更加有力有效、就近就便地进行管理。

（二）规范金融机构审贷行为。对于依法核准或备案的项目，金融机构应当独立审查，依法依规对项目贷款申请作出决定。特别是对于取消核准或者下放核准权限的项目，在授信范围内金融机构不得以项目核准或者备案机关的层级较低为由，否决企业的贷款申请。各级金融监管部门要加强对金融机构的指导和监督。

（三）加强规划引导和市场监管。发展改革部门要会同有关部门加强发展战略、发展规划、产业政策、总量控制目标的制定和实施管理。城乡规划、国土资源、环境保护、行业管理等部门要强化标准的制定和监管。加强在线监测、项目稽察、执法检查等事中事后监管，坚持有法必依、执法必严、违法必究，严肃查处违法违规行为。地方政府要把市场监管重心下移，健全监管网络，严肃查处违法违规建设行为，切实把市场监管职能履行到位。

（四）建立部门联动机制。对于未取得规划选址、用地预审、环评审批、节能评估审查意见的项目，各级项目核准机关不得予以核准。对于未按规定取得核准、规划许可、环评审批、用地管理等相关文件的建筑工程项目，建设行政主管部门不得发放施工许可证。对于未依法履行开工前各项手续的项目，金融机构不得发放贷款。项目核准机关、城乡规划、国土资源、环境保护、金融监管等部门要将核准、审批结果及时互相抄送，加快完善本部门的信息系统，建立发展规划、产业政策、技术政策、准入标准、诚信记录等信息互通制度，及时通报对违法违规行为的查处情况，实现行政审批和市场监管的信息共享。

国家发展改革委
国 土 资 源 部
环 境 保 护 部
住房城乡建设部
银　　监　　会
2013 年 12 月 28 日

关于执行大气污染物特别排放限值的公告

（环境保护部公告 2013年第14号）

为进一步加强大气污染防治工作，根据国务院批复实施的《重点区域大气污染防治“十二五”规划》（以下简称《规划》）的相关规定，在重点控制区的火电、钢铁、石化、水泥、有色、化工等六大行业以及燃煤锅炉项目执行大气污染物特别排放限值。现将有关事项公告如下：

一、执行地区

执行大气污染物特别排放限值的地区为纳入《规划》的重点控制区，共涉及京津冀、长三角、珠三角等“三区十群”19个省（区、市）47个地级及以上城市（详见附件）。

二、执行时间

（一）新建项目

位于重点控制区的六大行业以及燃煤锅炉新建项目执行大气污染物特别排放限值，具体要求如下：

1．对于排放标准中已有特别排放限值要求的火电、钢铁行业，自2013年4月1日起，新受理的火电、钢铁环评项目执行大气污染物特别排放限值；

2．对于石化、化工、有色、水泥行业以及燃煤锅炉项目等目前没有特别排放限值的，待相应的排放标准修订完善并明确了特别排放限值后执行，执行时间与排放标准发布时间同步。

（二）现有企业

“十二五”期间，位于重点控制区47个城市主城区的火电、钢铁、石化行业现有企业以及燃煤锅炉项目执行大气污染物特别排放限值；“十三五”期间将特别排放限值的要求扩展到重点控制区的市域范围，具体要求如下：

1．火电行业燃煤机组自2014年7月1日起执行烟尘特别排放限值；

2．钢铁行业烧结（球团）设备机头自2015年1月1日起执行颗粒物特别排放限值；

3．石化行业、燃煤锅炉项目待相应的排放标准修订完善并明确了特别排放限值，按照标准规定的现有企业过渡期满后，分别执行挥发性有机物、烟尘特别排放限值，执行时间与新修订排放标准的现有企业同步。

三、有关要求

（一）重点控制区内各级环保部门要严格按照大气污染物特别排放限值要求，审批所有新建项目，按照“三同时”制度进行管理，确保满足特别排放限值要求。

（二）现有火电、钢铁企业不能达到大气污染物特别排放限值要求的，应根据超标情况制订限期治理措施，确保在规定时间内达到特别排放限值要求。限期治理后仍不能达标的，应限产限排或关停，并按相关规定进行处罚。

附件：重点控制区范围

环境保护部
2013 年 2 月 27 日

附件

重点控制区范围

区域名称	省 份	重 点 控 制 区
京津冀	北京市	北京市
	天津市	天津市
	河北省	石家庄市、唐山市、保定市、廊坊市
长三角	上海市	上海市
	江苏省	南京市、无锡市、常州市、苏州市、南通市、扬州市、镇江市、泰州市
	浙江省	杭州市、宁波市、嘉兴市、湖州市、绍兴市
珠三角	广东省	广州市、深圳市、珠海市、佛山市、江门市、肇庆市、惠州市、东莞市、中山市
辽宁中部城市群	辽宁省	沈阳市
山东城市群	山东省	济南市、青岛市、淄博市、潍坊市、日照市
武汉及其周边城市群	湖北省	武汉市
长株潭城市群	湖南省	长沙市
成渝城市群	重庆市	重庆市主城区
	四川省	成都市
海峡西岸城市群	福建省	福州市、三明市
山西中北部城市群	山西省	太原市
陕西关中城市群	陕西省	西安市、咸阳市
甘宁城市群	甘肃省	兰州市
	宁夏回族自治区	银川市
新疆乌鲁木齐城市群	新疆维吾尔自治区	乌鲁木齐市

关于发布《环境保护部审批环境影响评价文件的建设项目目录（2015年本）》的公告

（环境保护部公告　2015年第17号）

根据《中华人民共和国环境影响评价法》和国务院《政府核准的投资项目目录（2014年本）》，我部对环境保护部审批环境影响评价文件的建设项目目录进行了调整，现将《环境保护部审批环境影响评价文件的建设项目目录（2015年本）》予以公告。

省级环境保护部门应根据本公告，及时调整公告目录以外的建设项目环境影响评价文件审批权限，报省级人民政府批准并公告实施。其中，火电站、热电站、炼铁炼钢、有色冶炼、国家高速公路、汽车、大型主题公园等项目的环境影响评价文件由省级环境保护部门审批。

各级环境保护部门应当以改善环境质量、优化经济发展为目标，切实发挥规划环境影响评价的调控约束作用，落实污染物排放总量控制前置要求，严格建设项目环境影响评价管理。

建设项目竣工环境保护验收依照本公告目录执行，目录以外已由我部审批环境影响评价文件的建设项目，委托项目所在地省级环境保护部门办理竣工环境保护验收。

本公告自发布之日起实施，环境保护部公告2009年第7号及与本公告不一致的其他相关文件内容即行废止。

附件：环境保护部审批环境影响评价文件的建设项目目录（2015年本）

环境保护部

2015年3月13日

附件

环境保护部审批环境影响评价文件的建设项目目录

（2015年本）

一、水利

水库：在跨界河流、跨省（区、市）河流上建设的项目。

其他水事工程：涉及跨界河流、跨省（区、市）水资源配置调整的项目。

二、能源

水电站：在跨界河流、跨省（区、市）河流上建设的单站总装机容量50万千瓦及以上项目。

核电厂：全部（包括核电厂范围内的有关配套设施）。

电网工程：跨境、跨省（区、市）±500千伏及以上直流项目；跨境、跨省（区、市）500千伏、750

千伏、1 000 千伏交流项目。

煤矿：国家规划矿区内新增年生产能力 120 万吨及以上煤炭开发项目。

输油管网（不含油田集输管网）：跨境、跨省（区、市）干线管网项目。

输气管网（不含油气田集输管网）：跨境、跨省（区、市）干线管网项目。

三、交通运输

新建（含增建）铁路：跨省（区、市）项目和国家铁路网中的干线项目。

煤炭、矿石、油气专用泊位：在沿海（含长江南京及以下）新建年吞吐能力 1 000 万吨及以上项目。

集装箱专用码头：在沿海（含长江南京及以下）建设的年吞吐能力 100 万标准箱及以上项目。

内河航运：跨省（区、市）高等级航道的千吨级及以上航电枢纽项目。

民航：新建运输机场项目。

四、原材料

稀土、铁矿、有色矿山开发：稀土矿山开发项目。

石化：新建炼油及扩建一次炼油项目（不包括列入国务院批准的国家能源发展规划、石化产业规划布局方案的扩建项目）。

化工：年产超过 20 亿立方米的煤制天然气项目；年产超过 100 万吨的煤制油项目；年产超过 100 万吨的煤制甲醇项目；年产超过 50 万吨的煤经甲醇制烯烃项目。

五、社会事业

主题公园：特大型项目。

六、核与辐射

除核电厂外的核设施：全部（包括核设施范围内的有关科研实验室）。

放射性：铀（钍）矿及由国务院或国务院有关部门审批的伴生放射性矿开发利用项目。

电磁辐射设施：由国务院或国务院有关部门审批的电磁辐射设施及工程。

七、绝密工程

全部项目。

八、由国务院或国务院授权有关部门审批的其他编制环境影响报告书的项目。

关于印发《环境保护部建设项目环境影响评价文件内部审查程序规定（2016年本）》的通知

（环办环评〔2016〕62号）

机关有关部门，环境工程评估中心：

为进一步提高建设项目环境影响评价审批效率，我部对建设项目环境影响评价文件内部审查程序进行了优化，对分类目录进行了调整。新修订的《环境保护部建设项目环境影响评价文件内部审查程序规定（2016年本）》已经部领导审定同意，现予印发，请遵照执行。《关于印发〈环境保护部建设项目环境影响评价文件内部审查程序规定（修订）〉的通知》（环办〔2015〕84号）即行废止。

附件：环境保护部建设项目环境影响评价文件内部审查程序规定（2016年本）

环境保护部办公厅

2016年6月3日

附件

环境保护部建设项目环境影响评价文件内部审查程序规定（2016年本）

根据《环境保护部工作规则》，制定本规定。

本规定涉及的建设项目为涉核与辐射以外的建设项目。

按照环境保护部内部审查程序，根据环境影响程度和环境风险大小，将建设项目划分为A、B、C三类。其中A类项目需经司务会、部长专题会审查后报部常务会议审定。B类项目需经司务会审查后报部长专题会议审定。C类项目经司务会审查后，报分管部领导审批。批复文件由分管部领导签发。

一、报部常务会议审定的项目（A类项目）

（一）水利：涉及跨界河流、七大流域之间10亿立方米及以上水资源配置调整的项目。

（二）能源：在跨界河流、跨省（区、市）河流上建设的单站总装机容量300万千瓦及以上水电站项目。

（三）石化化工：新建炼油项目。

（四）部长专题会认为需要提交部常务会议审定的项目。

二、报部长专题会议审定的项目（B类项目）

（一）水利：在跨界河流、跨省（区、市）河流上建设的库容10亿立方米及以上水库项目；涉及跨界河流、七大流域之间10亿立方米以下水资源配置调整的项目。

（二）能源：在跨界河流、跨省（区、市）河流上建设的单站总装机容量 50 万千瓦至 300 万千瓦水电站项目；跨境、跨省（区、市）的干线输油、输气管网（不含油气田集输管网）项目。

（三）交通运输：涉及国家级自然保护区的铁路项目。

（四）石化化工：扩建一次炼油项目；年产超过 20 亿立方米的煤制天然气项目；年产超过 100 万吨的煤制油项目；年产超过 100 万吨的煤制甲醇项目；年产超过 50 万吨的煤经甲醇制烯烃项目。

（五）司务会认为需要提交部长专题会议审定的项目。

三、经司务会审查后报分管部长审批的项目（C 类项目）

（一）水利：在跨界河流、跨省（区、市）河流上建设的库容 10 亿立方米以下的水库项目。

（二）能源：国家规划矿区内新增年生产能力 120 万吨及以上煤炭开发项目。

（三）交通运输：不涉及国家级自然保护区的铁路项目；跨省（区、市）高等级航道的千吨级及以上航电枢纽项目；在沿海（含长江南京及以下）新建年吞吐能力 1 000 万吨及以上煤炭、矿石、油气专用泊位项目；在沿海（含长江南京及以下）建设的年吞吐能力 100 万标准箱及以上集装箱专用码头项目；新建运输机场项目。

（四）原材料：稀土矿山开发项目。

（五）社会事业：特大型主题公园项目。

（六）其他及变更项目。

关于启用《建设项目环评审批基础信息表》的通知

（环办环评函〔2017〕905号）

各省、自治区、直辖市环境保护厅（局），新疆生产建设兵团环境保护局：

为适应当前环评管理工作的需要，提高环评审批信息联网报送的有效性，新《建设项目环评审批基础信息表》（见附件）自2017年7月1日起启用，原《关于做好建设项目环境统计工作的通知》（环办〔2007〕141号）所附《建设项目环境保护审批登记表》同时废止。

特此通知。

附件：建设项目环评审批基础信息表

环境保护部办公厅

2017年6月12日

附件

建设项目环评审批基础信息表

填表单位（盖章）：　　　　　　　　填表人（签字）：　　　　　　　　项目经办人（签字）：

建设项目	项目名称					建设地点	下拉式选项（具体到县一级）（线性工程可多选）)
	项目代码[1]						
	建设内容、规模	建设内容：＿＿＿＿ 规模：＿＿＿＿ 计量单位：＿＿＿＿ 可增行				计划开工时间	点选日期
	项目建设周期					预计投产时间	点选日期
	环境影响评价行业类别	下拉式选项				国民经济行业类型[2]	下拉式选项（可选至二级）
	建设性质（下拉式）	□新建（迁建） □改、扩建 □技术改造				项目申请类别（下拉式）	□新报项目 □不予批准后再次申报项目 □超 5 年重新申报项目 □变动项目
	现有工程排污许可证编号（改、扩建项目）						
	规划环评开展情况	□不需开展 □已开展并通过审查				规划环评文件名	
	规划环评审查机关					规划环评审查意见文号	
	建设地点中心坐标[3]（非线性工程）	经度		纬度		环境影响评价文件类别（下拉式）	□环境影响报告书 □环境影响报告表
	建设地点坐标（线性工程）	起点经度		起点纬度		终点经度	终点纬度 ／ 工程长度 ／ 可增行
	总投资（万元）					环保投资（万元）	所占比例（%） ／ 自动计算
建设单位	单位名称	自动调出信息	法人代表	自动调出信息	评价单位	单位名称	下拉选择（连接库） ／ 证书编号 ／ 自动调出信息
	通信地址	自动调出信息	技术负责人	自动调出信息		通信地址	自动调出信息 ／ 联系电话 ／ 自动调出信息
	统一社会信用代码（组织机构代码）	自动调出信息	联系电话	自动调出信息		环评文件项目负责人	下拉选择（连接库）

污染物排放量		污染物	现有工程（已建+在建）①实际排放量（吨/年）	现有工程（已建+在建）②许可排放量（吨/年）	本工程（拟建成调整变更）③预测排放量（吨/年）	总体工程（已建+在建+拟建成调整变更）④“以新带老”削减量（吨/年）	⑤区域平衡替代本工程削减量[4]（吨/年）	⑥预测排放总量（吨/年）	⑦排放增减量（吨/年）	排放方式
污染物排放量	废水	废水量								□不排放 □间接排放： □市政管网 □集中式工业污水处理厂 □直接排放：受纳水体
		COD								
		氨氮								
		总磷								
		总氮								
	废气	废气量								—
		二氧化硫								—
		氮氧化物								—
		颗粒物								—
		挥发性有机物								—

注：1. 同级经济部门审批核发的唯一项目代码
2. 分类依据：国民经济行业分类（GB/T 4754—2011）
3. 对多点项目仅提供主体工程的中心坐标
4. 指该项目所在区域通过“区域平衡”专为本工程替代削减的量
5. ⑦=③-④-⑤，⑥=②-④+③

	生态保护目标 \ 影响及主要措施	名称	级别	主要保护对象（目标）	工程影响情况	是否占用	占用面积（hm^2）	生态防护措施
项目涉及保护区与风景名胜区的情况	自然保护区	（可增长）	国家级、省级、市级、县级（下拉）		核心区、缓冲区、实验区（下拉式）	是、否（下拉）		避让、减缓、补偿、重建（下拉多选）
	饮用水水源保护区（地表）	（可增长）	国家级、省级、市级、县级（下拉）	—	一级保护区、二级保护区、准保护区（下拉式）	是、否（下拉）		避让、减缓、补偿、重建（下拉多选）
	饮用水水源保护区（地下）	（可增长）	国家级、省级、市级、县级（下拉）	—	一级保护区、二级保护区、准保护区（下拉式）	是、否（下拉）		避让、减缓、补偿、重建（下拉多选）
	风景名胜区	（可增长）	国家级、省级、市级、县级（下拉）	—	核心景区、其他景区（下拉式）	是、否（下拉）		避让、减缓、补偿、重建（下拉多选）

项目信息二维码

对非涉密项目，为环评单位提供二维码生成器。信息均是经过压缩后的依据，方便数据交换

关于京津冀大气污染传输通道城市执行大气污染物特别排放限值的公告

（环境保护部公告　2018年第9号）

为贯彻落实党的十九大关于“打赢蓝天保卫战”“提高污染排放标准”的要求，切实加大京津冀及周边地区大气污染防治工作力度，依据《中华人民共和国环境保护法》《中华人民共和国大气污染防治法》，决定在京津冀大气污染传输通道城市执行大气污染物特别排放限值。现将有关事项公告如下：

一、执行地区

执行地区为京津冀大气污染传输通道城市行政区域。

京津冀大气污染传输通道城市包括北京市，天津市，河北省石家庄、唐山、廊坊、保定、沧州、衡水、邢台、邯郸市，山西省太原、阳泉、长治、晋城市，山东省济南、淄博、济宁、德州、聊城、滨州、菏泽市，河南省郑州、开封、安阳、鹤壁、新乡、焦作、濮阳市（以下简称“2+26”城市，含河北雄安新区、辛集市、定州市，河南巩义市、兰考县、滑县、长垣县、郑州航空港区）。

二、执行行业与时间

（一）新建项目。

1．对于国家排放标准中已规定大气污染物特别排放限值的行业以及锅炉，自2018年3月1日起，新受理环评的建设项目执行大气污染物特别排放限值。

2．对于目前国家排放标准中未规定大气污染物特别排放限值的行业，待相应排放标准制修订或修改后，新受理环评的建设项目执行相应大气污染物特别排放限值，执行时间与排放标准实施时间或标准修改单发布时间同步。

3．地方有更严格排放控制要求的，按地方要求执行。

（二）现有企业。

1．对于国家排放标准中已规定大气污染物特别排放限值的行业以及锅炉，执行要求如下：

火电、钢铁、石化、化工、有色（不含氧化铝）、水泥行业现有企业以及在用锅炉，自2018年10月1日起，执行二氧化硫、氮氧化物、颗粒物和挥发性有机物特别排放限值；

炼焦化学工业现有企业，自2019年10月1日起，执行二氧化硫、氮氧化物、颗粒物和挥发性有机物特别排放限值。

2．对于目前国家排放标准中未规定大气污染物特别排放限值的行业，待相应排放标准制修订或修改后，现有企业执行二氧化硫、氮氧化物、颗粒物和挥发性有机物特别排放限值。执行时间要求如下：

通过制修订排放标准规定大气污染物特别排放限值的，执行时间与排放标准中规定的现有企业实施时间同步；

通过标准修改单规定大气污染物特别排放限值的，执行时间按相应公告规定的时间执行。

3．地方有更严格排放控制要求的，按地方要求执行。

三、其他要求

（一）“2+26”城市各级环保部门要严格按照上述要求审批新建项目，确保满足大气污染物特别排放限值。

（二）“2+26”城市现有企业应采取有效措施，在规定期限内达到大气污染物特别排放限值。逾期仍达不到的，有关部门应严格按照《中华人民共和国环境保护法》《中华人民共和国大气污染防治法》等要求责令改正或限制生产、停产整治，并处以罚款；情节严重的，报经有批准权的人民政府批准，责令停业、关闭。

（三）2018 年 10 月 1 日前，“2+26”城市现有企业仍按《关于执行大气污染物特别排放限值的公告》（环境保护部公告 2013 年第 14 号）中的有关要求执行。

附件：已规定大气污染物特别排放限值的国家排放标准

环境保护部

2018 年 1 月 15 日

附件

已规定大气污染物特别排放限值的国家排放标准

序号	标　准　名　称	标　准　编　号
1	火电厂大气污染物排放标准	GB 13223—2011
2	铁矿采选工业污染物排放标准	GB 28661—2012
3	钢铁烧结、球团工业大气污染物排放标准	GB 28662—2012
4	炼铁工业大气污染物排放标准	GB 28663—2012
5	炼钢工业大气污染物排放标准	GB 28664—2012
6	轧钢工业大气污染物排放标准	GB 28665—2012
7	铁合金工业污染物排放标准	GB 28666—2012
8	炼焦化学工业污染物排放标准	GB 16171—2012
9	石油炼制工业污染物排放标准	GB 31570—2015
10	石油化学工业污染物排放标准	GB 31571—2015
11	合成树脂工业污染物排放标准	GB 31572—2015
12	烧碱、聚氯乙烯工业污染物排放标准	GB 15581—2016
13	硝酸工业污染物排放标准	GB 26131—2010
14	硫酸工业污染物排放标准	GB 26132—2010
15	无机化学工业污染物排放标准	GB 31573—2015
16	铝工业污染物排放标准	GB 25465—2010
	铝工业污染物排放标准修改单	环境保护部公告 2013 年第 79 号
17	铅、锌工业污染物排放标准	GB 25466—2010
	铅、锌工业污染物排放标准修改单	环境保护部公告 2013 年第 79 号
18	铜、镍、钴工业污染物排放标准	GB 25467—2010
	铜、镍、钴工业污染物排放标准修改单	环境保护部公告 2013 年第 79 号
19	镁、钛工业污染物排放标准	GB 25468—2010
	镁、钛工业污染物排放标准修改单	环境保护部公告 2013 年第 79 号
20	稀土工业污染物排放标准	GB 26451—2011
	稀土工业污染物排放标准修改单	环境保护部公告 2013 年第 79 号

序号	标 准 名 称	标 准 编 号
21	钒工业污染物排放标准	GB 26452—2011
	钒工业污染物排放标准修改单	环境保护部公告 2013 年第 79 号
22	锡、锑、汞工业污染物排放标准	GB 30770—2014
23	再生铜、铝、铅、锌工业污染物排放标准	GB 31574—2015
24	水泥工业大气污染物排放标准	GB 4915—2013
25	锅炉大气污染物排放标准	GB 13271—2014

关于加强涉及自然保护区、风景名胜区、文物保护单位等环境敏感区影视拍摄和大型实景演艺活动管理的通知

（环发〔2007〕22号）

各省、自治区、直辖市环保局（厅）、建设厅（委员会）、文化厅（局）、文物局：

近年来，一些影视制作和大型实景演艺活动，存在追求大投入、大制作、大场面的倾向，有的不惜以过度消耗资源和破坏生态环境为代价来换取高票房收入，这既有悖于建设资源节约型、环境友好型社会的目标，也不利于构建社会主义和谐社会。因影视拍摄导致自然保护区、风景名胜区、文物保护单位生态破坏与环境污染的问题日益突出，引起社会广泛关注。为有效保护生态环境、自然资源和人文景观，依法加强对上述活动的监督管理，现就有关事项通知如下：

一、各类影视制作和演出举办单位在影视拍摄和大型实景演艺活动中，应遵循节约资源和保护环境的理念，充分认识自然保护区、风景名胜区、文物保护单位是国家珍贵的、不可再生的自然和文化遗产。对因认识不足、管理不当、措施不力造成的影视拍摄和大型实景演艺活动破坏生态环境、自然景观和文物古迹的危害性予以足够重视。各级环保、建设、文化、文物主管部门要在各自职责范围内，依法加强对影视拍摄和大型实景演艺活动的监督管理。

二、在自然保护区核心区和缓冲区、风景名胜区核心景区内，禁止进行影视拍摄和大型实景演艺活动。在自然保护区实验区、风景名胜区核心景区以外范围、各级文物保护单位保护范围内，严格限制影视拍摄和大型实景演艺活动。因特殊情况，确需在上述限制类区域内搭建和设置布景棚、拍摄营地、舞台等临时性构筑物的，影视制作和演出举办单位，必须严格按照有关法律法规的规定，履行报批手续。

三、在限制类区域内进行影视拍摄和大型实景演艺活动，可能造成不利环境影响的，影视制作和演出举办单位应当依照《环境影响评价法》的规定，向所在地环保行政主管部门报批环境影响评价文件，提出预防或减轻不利环境影响的措施。经批准的环境影响评价文件作为准予摄制许可、备案和批准演出的依据。

在自然保护区实验区内进行影视拍摄和大型实景演艺活动，必须遵守《自然保护区条例》的规定，根据活动的内容、规模和影响特征，提出保护自然环境和自然资源的方案和措施，并经有关自然保护区行政主管部门审查同意。不得建设污染环境、破坏资源或景观的设施，不得损害自然保护区的环境质量。

在风景名胜区核心景区以外范围进行影视拍摄和大型实景演艺活动，必须遵守《风景名胜区条例》的规定，根据活动的内容、规模和影响特征，提出保护风景名胜资源的方案和措施，并经省级以上风景名胜区主管部门审查同意。不得进行任何形式的影响或破坏地形地貌和自然环境的活动。

在历史文化名城、名镇、名村的保护范围内进行影视摄制、举办大型实景演艺活动的，应当经县级以上地方人民政府城乡规划主管部门审核同意。不得对传统格局历史风貌或者历史建筑构成破坏性影响。

在文物保护单位保护范围内进行影视拍摄和大型实景演艺活动，必须遵守《文物保护法》《文物保护法实施条例》的规定，根据活动的内容、规模和影响特征，提出保护文物资源的方案和措施，并经文物行政部门审查同意。不得建设污染文物保护单位及其环境的设施，不得进行可能影响文物保护单位环境的活动。

四、涉及自然保护区实验区、风景名胜区核心景区以外范围、文物保护单位保护范围内的影视拍摄

和大型实景演艺活动经批准后方可实施。影视制作和演出举办单位在实施过程中，必须认真落实各项保护措施和要求，拍摄和演出活动结束后，应当及时拆除临时搭建和设置的布景棚、营地、舞台等构筑物，对生态环境进行恢复，并由所在地主管部门负责组织验收。

五、地方各级环保、建设、文物主管部门要加强对涉及自然保护区、风景名胜区、文物保护单位的影视拍摄和大型实景演艺活动的现场检查，督促责任单位落实各项污染防治和保护措施。未经许可，擅自在自然保护区实验区、风景名胜区核心景区以外范围、文物保护单位保护范围内进行影视拍摄和大型实景演艺活动的，由相关主管部门依法予以制止，限期恢复原状或采取其他补救措施，并处以罚款。造成环境污染和破坏，情节严重的，应依法追究有关单位和人员的责任。

环保总局
建设部
文化部
文物局
2007 年 2 月 7 日

关于进一步加强生物质发电项目环境影响评价管理工作的通知

（环发〔2008〕82号）

各省、自治区、直辖市环境保护局（厅）和发展改革委，解放军环境保护局，新疆生产建设兵团环境保护局：

自2006年6月原国家环保总局与国家发展和改革委员会印发《关于加强生物质发电项目环境影响评价管理工作的通知》（环发〔2006〕82号）以来，各地认真贯彻落实通知精神，不断加强生物质发电项目的环境影响评价管理工作。随着相关政策的不断调整与完善，为进一步加强和规范生物质发电项目的环境影响评价管理工作，现对有关内容调整如下：

一、根据《可再生能源法》、《可再生能源产业发展指导目录》、《可再生能源发电有关管理规定》和《可再生能源发电价格和费用分摊管理试行办法》，生物质发电项目主要为农林生物质直接燃烧和气化发电、生活垃圾（含污泥）焚烧发电和垃圾填埋气发电及沼气发电项目。

二、根据《国家鼓励的资源综合利用认定管理办法》，城市生活垃圾（含污泥）发电应当符合以下条件：垃圾焚烧炉建设及其运行符合国家或行业有关标准或规范；使用的垃圾数量及品质必须有保证。

现阶段，采用流化床焚烧炉处理生活垃圾作为生物质发电项目申报的，其掺烧常规燃料质量应控制在入炉总质量的20%以下。其他新建的生物质发电项目原则上不得掺烧常规燃料。国家鼓励对常规火电项目进行掺烧生物质的技术改造，当生物质掺烧量按照质量换算低于80%时，应按照常规火电项目进行管理。

三、建设生物质发电项目应充分结合当地特点和优势，合理规划和布局，防止盲目布点。生活垃圾焚烧发电项目建设，要以城市总体规划、土地利用规划及环境卫生专项规划（或城市生活垃圾集中处置规划等）为基础，确定合理的布局及建设规模；秸秆发电项目原则上应布置在农作物相对集中地区，要充分考虑秸秆产量和合理的运输范围；林木生物质发电项目原则上布置在重点林区；垃圾填埋气发电项目厂址应与垃圾填埋场统筹规划；沼气发电项目要与大型畜禽养殖场、城市生活污水处理工程、工业企业的废水处理工程配套建设。在采暖地区县级城镇周围建设的农林生物质发电项目，应尽量结合城镇集中供热，建设生物质热电联产工程。

四、生物质发电项目必须依法开展环境影响评价。除生活垃圾填埋气发电及沼气发电项目编制环境影响报告表外，其他生物质发电项目应编制环境影响报告书。生物质发电项目环境影响报告书（表）报项目所在省、自治区、直辖市环境保护行政主管部门审批。各省、自治区、直辖市环境保护行政主管部门应在审批完成后三个月内，将审批文件报国务院环境保护行政主管部门备案。

五、在生物质发电项目环境影响评价及审批工作中，应重点做好以下几项工作（具体技术要点详见附件）：

（一）切实做好生物质发电项目的选址和论证工作。根据区域总体规划、有关专项规划及生物质资源分布特点，深入论证生物质发电项目选址的可行性。一般不得在城市建成区新建生物质发电项目。

（二）做好污染预防、厂址周边环境保护和规划控制工作，应根据污染物排放情况，明确合理的防护距离要求，作为规划控制的依据，防止对周围环境敏感保护目标的不利影响。

（三）结合生物质发电项目的发展现状，明确严格的污染物治理措施，确保污染物排放符合国家和地方规定的排放标准。引进国外设备的，污染物排放限值应不低于引进国同类设备的排放限值。

（四）采用农林生物质、生活垃圾等作为原燃料的生物质发电项目，在环境影响评价中必须考虑原燃料收集、运输、贮存环节的环境影响。

（五）加强环境风险防范工作，在环境影响评价中必须考虑风险事故情况下的环境影响，督促企业落实风险防范应急预案，杜绝污染事故发生。

（六）依法做好公众参与环境影响评价工作。

附件：生物质发电项目环境影响评价文件审查的技术要点

环境保护部
发展改革委
能源局
2008 年 9 月 4 日

附件

生物质发电项目环境影响评价文件审查的技术要点

一、生活垃圾焚烧发电类项目

1．厂址选择

按照原建设部、国家环境保护总局、科技部《关于印发〈城市生活垃圾处理及污染防治技术政策〉的通知》（建城〔2000〕120 号）的要求，垃圾焚烧发电适用于进炉垃圾平均低位热值高于 5 000 千焦/千克、卫生填埋场地缺乏和经济发达的地区。

选址必须符合所在城市的总体规划、土地利用规划及环境卫生专项规划（或城市生活垃圾集中处置规划等）；应符合《城市环境卫生设施规划规范》（GB 50337—2003）、《生活垃圾焚烧处理工程技术规范》（CJJ 90—2002）对选址的要求。

除国家及地方法规、标准、政策禁止污染类项目选址的区域外，以下区域一般不得新建生活垃圾焚烧发电类项目：

（1）城市建成区；

（2）环境质量不能达到要求且无有效削减措施的区域；

（3）可能造成敏感区环境保护目标不能达到相应标准要求的区域。

2．技术和装备

焚烧设备应符合《当前国家鼓励发展的环保产业设备（产品目录）》（2007 年修订）关于固体废物焚烧设备的主要指标及技术要求。

（1）除采用流化床焚烧炉处理生活垃圾的发电项目，其掺烧常规燃料质量应控制在入炉总量的 20%以下外，采用其他焚烧炉的生活垃圾焚烧发电项目不得掺烧煤炭。必须配备垃圾与原煤给料记录装置。

（2）采用国外先进成熟技术和装备的，要同步引进配套的环保技术，在满足我国排放标准前提下，其污染物排放限值应达到引进设备配套污染控制设施的设计、运行值要求。

（3）有工业热负荷及采暖热负荷的城市或地区，生活垃圾焚烧发电项目应优先选用供热机组，以提高环保效益和社会效益。

3．污染物控制

（1）燃烧设备须达到《生活垃圾焚烧污染控制标准》（GB 18485—2001）规定的“焚烧炉技术要求”；采取有效污染控制措施，确保烟气中的SO_2、NO_x、HCl等酸性气体及其他常规烟气污染物达到《生活垃圾焚烧污染控制标准》（GB 18485—2001）表3“焚烧炉大气污染物排放限值”要求；对二噁英排放浓度应参照执行欧盟标准（现阶段为0.1 TEQ ng/m^3）；在大城市或对氮氧化物有特殊控制要求的地区建设生活垃圾焚烧发电项目，应加装必要的脱硝装置，其他地区须预留脱除氮氧化物空间；安装烟气自动连续监测装置；须对二噁英的辅助判别措施提出要求，对炉内燃烧温度、CO、含氧量等实施监测，并与地方环保部门联网，对活性炭施用量实施计量。

（2）酸碱废水、冷却水排污水及其他工业废水处理处置措施应合理可行；垃圾渗滤液处理应优先考虑回喷，不能回喷的应保证排水达到国家和地方的相关排放标准要求，应设置足够容积的垃圾渗滤液事故收集池；产生的污泥或浓缩液应在厂内自行焚烧处理、不得外运处置。

（3）焚烧炉渣与除尘设备收集的焚烧飞灰应分别收集、贮存、运输和处置。焚烧炉渣为一般工业固体废物，工程应设置相应的磁选设备，对金属进行分离回收，然后进行综合利用，或按《一般工业固体废物贮存、处置场污染控制标准》（GB 18599—2001）要求进行贮存、处置；焚烧飞灰属危险废物，应按《危险废物贮存污染控制标准》（GB 18597—2001）及《危险废物填埋污染控制标准》（GB 18598—2001）进行贮存、处置；积极鼓励焚烧飞灰的综合利用，但所用技术应确保二噁英的完全破坏和重金属的有效固定、在产品的生产过程和使用过程中不会造成二次污染。《生活垃圾填埋污染控制标准》（GB 16889—2007）实施后，焚烧炉渣和飞灰的处置也可按新标准执行。

（4）恶臭防治措施：垃圾卸料、垃圾输送系统及垃圾贮存池等采用密闭设计，垃圾贮存池和垃圾输送系统采用负压运行方式，垃圾渗滤液处理构筑物须加盖密封处理。在非正常工况下，须采取有效的除臭措施。

4．垃圾的收集、运输和贮存

鼓励倡导垃圾源头分类收集或分区收集，垃圾中转站产生的渗滤液不宜进入垃圾焚烧厂，以提高进厂垃圾热值；垃圾运输路线应合理，运输车须密闭且有防止垃圾渗滤液的滴漏措施，应采用符合《当前国家鼓励发展的环保产业设备（产品目录）》（2007年修订）主要指标及技术要求的后装压缩式垃圾运输车；对垃圾贮存坑和事故收集池底部及四壁采取防止垃圾渗滤液渗漏的措施；采取有效防止恶臭污染物外逸的措施。危险废物不得进入生活垃圾焚烧发电厂进行处理。

5．环境风险

环境影响报告书须设置环境风险影响评价专章，重点考虑二噁英和恶臭污染物的影响。事故及风险评价标准参照人体每日可耐受摄入量4 pg TEQ/kg执行，经呼吸进入人体的允许摄入量按每日可耐受摄入量10%执行。根据计算结果给出可能影响的范围，并制定环境风险防范措施及应急预案，杜绝环境污染事故的发生。

6．环境防护距离

根据正常工况下产生恶臭污染物（氨、硫化氢、甲硫醇、臭气等）无组织排放源强计算的结果并适当考虑环境风险评价结论，提出合理的环境防护距离，作为项目与周围居民区以及学校、医院等公共设施的控制间距，作为规划控制的依据。新改扩建项目环境防护距离不得小于300米。

7．污染物总量控制

工程新增的污染物排放量，须提出区域平衡方案，明确总量指标来源，实现 “增产减污”。

8．公众参与

须严格按照原国家环保总局颁发的《环境影响评价公众参与暂行办法》（环发〔2006〕28号）开展工作。公众参与的对象应包括受影响的公众代表、专家、技术人员、基层政府组织及相关受益公众的代表。应增加公众参与的透明度，适当组织座谈会、交流会使公众与相关人员进行沟通交流。应对公众意见进行归纳分析，对持不同意见的公众进行及时的沟通，反馈建设单位提出改进意见，最终对公众意见的采纳与否提出意见。对于环境敏感、争议较大的项目，地方各级政府要负责做好公众的解释工作，必要时召开听证会。

9．环境质量现状监测及影响预测

除环境影响评价导则的相关要求外，还应重点做好以下工作：

（1）现状监测：根据排放标准合理确定监测因子。在垃圾焚烧电厂试运行前，需在厂址全年主导风向下风向最近敏感点及污染物最大落地浓度点附近各设 1 个监测点进行大气中二噁英监测；在厂址区域主导风向的上、下风向各设 1 个土壤中二噁英监测点，下风向推荐选择在污染物浓度最大落地带附近的种植土壤。

（2）影响预测：在国家尚未制定二噁英环境质量标准前，对二噁英环境质量影响的评价参照日本年均浓度标准（0.6 pg TEQ/m^3）评价。加强恶臭污染物环境影响预测，根据导则要求采用长期气象条件，逐次、逐日进行计算，按有关环境评价标准给出最大达标距离，具备条件的也可按照同类工艺与规模的垃圾电厂的臭气浓度调查、监测类比来确定。

（3）日常监测：在垃圾焚烧电厂投运后，每年至少要对烟气排放及上述现状监测布点处进行一次大气及土壤中二噁英监测，以便及时了解掌握垃圾焚烧发电项目及其周围环境二噁英的情况。

10．用水

垃圾发电项目用水要符合国家用水政策。鼓励用城市污水处理厂中水，北方缺水地区限制取用地表水、严禁使用地下水。

二、农林生物质直接燃烧和气化发电类项目

1．农林生物质的范围

农林生物质的种类包括农作物的秸秆、壳、根，木屑、树枝、树皮、边角木料，甘蔗渣等。

2．厂址选择

（1）应符合当地农林生物质直接燃烧和气化发电类项目发展规划，充分考虑当地生物质资源分布情况和合理运输半径。

（2）厂址用地应符合当地城市发展规划和环境保护规划，符合国家土地政策；城市建成区、环境质量不能达到要求且无有效削减措施的或者可能造成敏感区环境保护目标不能达到相应标准要求的区域，不得新建农林生物质直接燃烧和气化发电项目。

3．技术和装备

（1）生物质焚烧锅炉应以农林生物质为燃料，不得违规掺烧煤、矸石或其他矿物燃料。

（2）采用国外成熟技术和装备，要同步引进配套的环保技术和污染控制设施。在满足我国排放标准前提下，其污染物排放限值应达到引进设备配套污染控制设施的设计运行值要求。

秸秆直燃发电项目应避免重复建设，尽量选择高参数机组，原则上项目建设规模应不小于 12 MW。

4．大气污染物排放标准

（1）烟气污染物排放标准

单台出力 65 t/h 以上采用甘蔗渣、锯末、树皮等生物质燃料的发电锅炉，参照《火电厂大气污染物排放标准》（GB 13223—2003）规定的资源综合利用火力发电锅炉的污染物控制要求执行。

单台出力 65 t/h 及以下采用甘蔗渣、锯末、树皮等生物质燃料的发电锅炉，参照《锅炉大气污染物排放标准》（GB 13271—2001）中燃煤锅炉大气污染物最高允许排放浓度执行。

有地方排放标准且严于国家标准的，执行地方排放标准。

引进国外燃烧设备的项目，在满足我国排放标准前提下，其污染物排放限值应达到引进设备配套污染控制设施的设计运行值要求。

（2）无组织排放控制标准

根据生物质发电项目所在区域的环境空气功能区划，其产生的恶臭污染物（氨、硫化氢、甲硫醇、臭气）浓度的厂界排放限值，分别按照《恶臭污染物排放标准》（GB 14555—93）表 1 相应级别的指标执行，如环境空气二类区，生物质发电项目的恶臭污染物执行《恶臭污染物排放标准》（GB 14555—93）二级标准限值。

掺烧常规燃料（如煤炭），其煤堆场煤尘无组织排放控制标准，其单位法定周界无组织排放监控浓度值执行《大气污染物综合排放标准》（GB 16297—1996）。

非甲烷总烃厂界无组织排放监控浓度执行《大气污染物综合排放标准》（GB 16297—1996）。

5．污染物控制

采取的烟气治理措施，能确保烟尘等污染物达到国家排放标准；采用有利于减少 NO_x 产生的低氮燃烧技术，并预留脱氮装置空间；配备贮灰渣装置或设施，配套灰渣综合利用设施，做到灰渣全部综合利用。

6．恶臭防护距离

按照其恶臭污染物（氨、硫化氢、甲硫醇、臭气等）无组织排放源强确定合理的防护距离。

7．原料的来源、收集、运输和贮存

落实稳定的农林生物质来源，配套合理的秸秆收集、运输、贮存、调度和管理体系；原料场须采取可行的二次污染防治措施。

8．用水

农林生物质直接燃烧和气化发电项目用水是否符合国家用水政策。鼓励用城市污水处理厂中水，北方缺水地区限制取用地表水、严禁使用地下水。

9．环境风险

设置环境风险影响评价专章，根据项目特点及环境特点，制定环境风险防范措施及防范应急预案，杜绝环境污染事故的发生。

三、垃圾填埋气发电及沼气发电类项目

1．厂址选择

用地符合当地城市发展规划和环境保护规划，符合国家土地政策。垃圾填埋气发电厂址应与垃圾填埋场统筹规划。

2．技术和装备

鼓励采用具有自主知识产权的成熟技术和设备。采用国外先进成熟技术和装备的，应同步引进配套的环保技术和污染控制设施，在满足我国排放标准前提下，其污染物排放限值应达到引进设备配套污染控制措施的设计运行值要求。

3．大气污染物排放标准

（1）烟气污染物排放标准

单台出力 65 t/h 以上的发电锅炉，参照《火电厂大气污染物排放标准》（GB 13223—2003）规定的燃气轮机组的污染物控制要求执行。

单台出力 65 t/h 及以下的发电锅炉，参照《锅炉大气污染物排放标准》（GB 13271—2001）中燃气锅炉大气污染物最高允许排放浓度执行。

有地方排放标准且严于国家标准的，执行地方排放标准。

引进国外燃烧设备的项目，在满足我国排放标准前提下，其污染物排放限值应达到引进设备配套污染控制设施的设计运行值要求。

（2）无组织排放控制标准

根据生物质发电项目所在区域的环境空气功能区划，其产生的恶臭污染物（氨、硫化氢、甲硫醇、臭气）浓度的厂界排放限值，分别按照《恶臭污染物排放标准》（GB 14555 —93）表 1 相应级别的指标执行，如环境空气二类区，生物质发电项目的恶臭污染物执行《恶臭污染物排放标准》（GB 14555—93）二级标准限值。

非甲烷总烃厂界无组织排放监控浓度执行《大气污染物综合排放标准》（GB 16297—1996）。

4．污染物控制

采取的垃圾填埋气和沼气预处理及烟气治理措施，要确保烟尘等污染物达到国家排放标准；燃烧系统应采用有利于减少 NO_x 产生的低氮燃烧技术，并预留脱氮装置空间。

5．恶臭防护距离

按照其恶臭污染物（氨、硫化氢、甲硫醇、臭气等）无组织排放源强确定合理的防护距离。

6．环境风险

应设置环境风险影响及对策章节，并根据项目特点及环境特点，制定环境风险防范措施及防范应急预案，杜绝环境污染事故的发生。

7．用水

此类项目用水须符合国家用水政策。鼓励用城市污水处理厂中水，北方缺水地区限制取用地表水、严禁使用地下水。

关于做好城市轨道交通项目环境影响评价工作的通知

（环办〔2014〕117 号）

各省、自治区、直辖市环境保护厅（局），新疆生产建设兵团环境保护局，辽河保护区管理局：

为指导地方做好城市轨道交通建设项目环境影响评价工作，促进城市轨道交通建设与环境保护协调发展，现将有关事项通知如下：

一、强化城市轨道交通规划环评对项目环评的约束指导

城市轨道交通项目必须纳入城市轨道交通近期建设规划或线位规划，规划环评应由环境保护部召集审查，规划环评审查结论和意见作为相关项目环评受理审批的依据，规划及规划环评确定的原则和要求必须在项目环评中得到体现和落实。凡涉及线路长度、车站数量、线路基本走向、敷设方式、建设时序等重大变化调整，按规定需修编或调整规划的，应重新依法开展规划环评，并按上述程序完成审查。

二、充分发挥环评优化项目选址选线方案的作用

城市轨道交通项目选址选线应当符合城市总体规划，应当与规划环评审查结论和意见一致，尽量选择沿城市既有交通干线或规划交通干线敷设，与已有敏感建筑物之间设置足够的防护距离。线路穿越城市建成区和人口集中居住区域时，应当采用地下线敷设方式；穿越城市建成区以外非环境敏感区，可采用高架线或地面线的敷设方式。

三、强化噪声污染防治措施

对已有的居民区、学校、医院等声环境敏感目标实施有效保护，重点路段还要考虑未来规划建议的噪声敏感建筑与线路的位置关系是否合理。采取综合措施降低噪声污染，包括噪声源强控制、传播途径阻隔及受声点防护等，涉及环保拆迁和建筑物使用功能置换措施时必须落实相应责任主体、资金来源和进度安排。对预测超标的敏感路段优先采取声屏障措施，以高架、地面形式穿越规划建成区以外路段应预留安装声屏障条件。

四、严格控制环境振动及其他影响

尽量通过控制地下线与振动敏感点的距离、加大隧道埋深、提高运营维护水平等，降低振动源强，并根据减振量需要采取浮置板道床、减振扣件等轨道减振措施。

合理布局风亭和冷却塔，风亭排风口的设置尽量远离敏感点，一般不应小于 15 米。主变电站应远离居民区等敏感目标，对电视信号受干扰的居民进行合理补偿。

五、做好施工期环境保护

在居民区等环境敏感区施工时，应做好基坑支护及基坑围护止水，控制地下线周边地下水位降落及地面沉降等次生环境影响。工程以地下线形式穿越大型居民集中区、文教区和文物保护单位等振动敏感建筑时，应尽量采用盾构法、悬臂掘进机法等非爆破施工法。工程以高架线桥梁形式跨越地表饮用水水源地或其他环境敏感水体时，应优化桥梁设计，不设水中墩或少设水中墩，减少施工期的水环境污染。

六、做好政府信息公开和公众参与工作

按照《关于印发〈建设项目环境影响评价政府信息公开指南（试行）〉的通知》（环办〔2013〕103号）的有关要求，主动公开城市轨道交通项目受理情况、拟作出的审批意见和审批情况，保障公众对环境保护的参与权、知情权和监督权。每年应定期向环境保护部报告城市轨道交通项目环评审批情况。环评文件应符合《环境影响评价公众参与暂行办法》（环发〔2006〕28号）和《关于切实加强风险防范 严格环境影响评价管理的通知》（环发〔2012〕98号）的要求，确保公众参与的程序合法性、形式有效性、对象代表性、结果真实性。

环境保护部办公厅

2014年12月31日

关于进一步加强涉及自然保护区开发建设活动监督管理的通知

（环发〔2015〕57号）

各省、自治区、直辖市环境保护、发展改革、财政、国土、住房城乡建设、水利、农业（渔业）、林业、海洋厅（委、局），新疆生产建设兵团环境保护局、发展改革委、财务局、国土资源局、建设局、水利局、农业局、林业局，中国科学院华南植物园：

在党中央、国务院的坚强领导下，我国自然保护区工作取得了显著成效。但是，近年来一些企业和单位无视国家法律法规，一些地方重发展、轻保护，为了追求眼前和局部的经济增长，在自然保护区内进行盲目开发、过度开发、无序开发，使自然保护区受到的威胁和影响不断加大，有的甚至遭到破坏。习近平总书记等中央领导同志近期针对自然保护区违法开发建设活动多次作出重要批示，要求务必高度重视，以坚决态度予以整治，以实际行动遏止此类破坏生态文明的问题蔓延扩散。张高丽副总理在2014年中国生物多样性保护国家委员会会议上明确要求，要强化监管，依法做好自然保护区管理工作，抓紧组织开展一次全国范围的专项检查。为进一步加强对涉及自然保护区开发建设活动的监督管理，严肃查处各种违法违规行为，现将有关事项通知如下：

一、切实提高对自然保护区工作重要性的认识

自然保护区是保护生态环境和自然资源的有效措施，是维护生态安全、建设美丽中国的有力手段，是走向生态文明新时代、实现中华民族永续发展的重要保障。各地区、各部门要认真学习、深刻领会、坚决贯彻落实中央领导同志的重要批示精神和党的十八大以及十八届三中、四中全会精神，进一步提高对自然保护区重要性的认识，正确处理好发展与保护的关系，决不能先破坏后治理，以牺牲环境、浪费资源为代价换取一时的经济增长。要加强对自然保护区工作的组织领导，严格执法，强化监管，认真解决自然保护区的困难和问题，切实把自然保护区建设好、管理好、保护好。

二、严格执行有关法律法规

自然保护区属于禁止开发区域，严禁在自然保护区内开展不符合功能定位的开发建设活动。地方各有关部门要严格执行《自然保护区条例》等相关法律法规，禁止在自然保护区核心区、缓冲区开展任何开发建设活动，建设任何生产经营设施；在实验区不得建设污染环境、破坏自然资源或自然景观的生产设施。

三、抓紧组织开展自然保护区开发建设活动专项检查

地方各有关部门近期要对本行政区自然保护区内存在的开发建设活动进行一次全面检查。检查重点为自然保护区内开展的采矿、探矿、房地产、水（风）电开发、开垦、挖沙采石，以及核心区、缓冲区内的旅游开发建设等其他破坏资源和环境的活动。要落实责任，建立自然保护区管理机构对违法违规活动自查自纠、自然保护区主管部门监督的工作机制。要将检查结果向社会公布，充分发挥社会舆论的监督作用，鼓励社会公众举报、揭发涉及自然保护区违法违规建设活动。

四、坚决整治各种违法开发建设活动

地方各有关部门要依据相关法规，对检查发现的违法开发建设活动进行专项整治。禁止在自然保护区内进行开矿、开垦、挖沙、采石等法律明令禁止的活动，对在核心区和缓冲区内违法开展的水（风）电开发、房地产、旅游开发等活动，要立即予以关停或关闭，限期拆除，并实施生态恢复。对于实验区内未批先建、批建不符的项目，要责令停止建设或使用，并恢复原状。对违法排放污染物和影响生态环境的项目，要责令限期整改；整改后仍不达标的，要坚决依法关停或关闭。对自然保护区内已设置的商业探矿权、采矿权和取水权，要限期退出；对自然保护区设立之前已存在的合法探矿权、采矿权和取水权，以及自然保护区设立之后各项手续完备且已征得保护区主管部门同意设立的探矿权、采矿权和取水权，要分类提出差别化的补偿和退出方案，在保障探矿权、采矿权和取水权人合法权益的前提下，依法退出自然保护区核心区和缓冲区。在保障原有居民生存权的条件下，保护区内原有居民的自用房建设应符合土地管理相关法律规定和自然保护区分区管理相关规定，新建、改建房应沿用当地传统居民风格，不应对自然景观造成破坏。对不符合自然保护区相关管理规定但在设立前已合法存在的其他历史遗留问题，要制定方案，分步推动解决。对于开发活动造成重大生态破坏的，要暂停审批项目所在区域内建设项目环境影响评价文件，并依法追究相关单位和人员的责任。各地环保、国土、水利、农业、林业、海洋等相关部门和中科院华南植物园要将本地和本系统检查及整改等相关情况汇总后在 2015 年 6 月 30 日之前分别向环境保护部、国土资源部、水利部、农业部、林业局、海洋局和中科院等综合管理和主管部门报告。2015 年下半年，国务院有关部门将联合组织开展专项督查。

五、加强对涉及自然保护区建设项目的监督管理

地方各有关部门依据各自职责，切实加强涉及自然保护区建设项目的准入审查。建设项目选址（线）应尽可能避让自然保护区，确因重大基础设施建设和自然条件等因素限制无法避让的，要严格执行环境影响评价等制度，涉及国家级自然保护区的，建设前须征得省级以上自然保护区主管部门同意，并接受监督。对经批准同意在自然保护区内开展的建设项目，要加强对项目施工期和运营期的监督管理，确保各项生态保护措施落实到位。保护区管理机构要对项目建设进行全过程跟踪，开展生态监测，发现问题应当及时处理和报告。

六、严格自然保护区范围和功能区调整

地方各有关部门要认真执行《国家级自然保护区调整管理规定》，从严控制自然保护区调整。对自然保护区造成生态破坏的不合理调整，应当予以撤销。擅自调整的，要责令限期整改，恢复原状，并依法追究相关单位和人员的责任。各地要抓紧制定和完善本省（区、市）地方级自然保护区的调整管理规定，不得随意改变自然保护区的性质、范围和功能区划，环境保护部将会同其他自然保护区主管部门完善地方级自然保护区调整备案制度，开展事后监督。

七、完善自然保护区管理制度和政策措施

地方各有关部门应当加强自然保护区制度建设，研究建立考核和责任追究制度，实行任期目标管理。国家级自然保护区由其所在地的省级人民政府有关自然保护区行政主管部门或者国务院有关自然保护区行政主管部门管理。认真落实《国务院办公厅关于做好自然保护区管理有关工作的通知》（国办发〔2010〕63 号）要求，保障自然保护区建设管理经费，完善自然保护区生态补偿政策。对自然保护区内土地、海域和水域等不动产实施统一登记，加强管理，落实用途管制。禁止社会资本进入自然保护区探矿，保护区内探明的矿产只能作为国家战略储备资源。要加强地方级自然保护区的基础调查、规划和日常管理工

作，依法确认自然保护区的范围和功能区划，予以公告并勘界立标，加强日常监管，鼓励公众参与，共同做好保护工作。

环境保护部
发展改革委
财政部
国土资源部
住房城乡建设部
水利部
农业部
林业局
中科院
海洋局
2015年5月6日

关于印发《铬盐行业环境准入条件（试行）》的通知

（环办〔2013〕27号）

各省、自治区、直辖市环境保护厅（局），新疆生产建设兵团环境保护局，辽河保护区管理局：

为落实《国家环境保护“十二五”规划》和《重金属污染防治“十二五”规划》的相关要求，规范铬盐行业环境影响评价工作，我部组织制定了《铬盐行业环境准入条件（试行）》。现印送你们，作为铬盐行业开展环境影响评价工作的依据。

附件：铬盐行业环境准入条件（试行）

环境保护部办公厅

2013年3月19日

附件

铬盐行业环境准入条件

（试行）

为进一步遏制铬盐行业环境事件频发，防止低水平重复建设，规范铬盐行业健康发展，减少环境污染，降低环境风险，按照“环境优先、统筹规划、合理布局、技术进步”的可持续发展原则，特制定本环境准入条件。

一、适用范围

本准入条件适用于新建、改建和扩建铬盐生产建设项目。铬盐是指以铬矿、碳素铬铁等含铬原料生产的铬酸盐、重铬酸盐、铬酸酐等产品，以及利用铬酸盐、重铬酸盐、铬酸酐等生产的铬化合物和金属铬等产品。

二、总则

（一）符合相关产业政策、行业发展规划及环境保护法律、政策、规章要求。

（二）满足区域环境承载力和环境风险防范要求。

（三）鼓励铬盐生产上下游一体化、集约化，技术先进、工艺清洁化、设备大型化、自动化，污染治理规范化，抑制盲目无序发展。

（四）坚持“谁污染谁治理”原则，现有铬盐企业应按期完成含铬废渣治理和有钙焙烧装置等落后设备的淘汰。

三、产业规划及布局

（一）符合国家和地方重金属污染防治规划，符合铬盐行业发展规划及其相关产业政策要求。

（二）严格布局环境准入，控制铬盐生产厂点总数，全国范围内原则上不再新增生产企业布点。

（三）科学选址，新建、改建、扩建铬盐建设项目应布置于依法合规设立、环保设施齐全的产业园区。

（四）自然保护区、风景名胜区、饮用水水源保护区、饮用水源涵养区和其他需要特别保护的区域内，城市规划区边界外 2 公里以内，主要河流两岸、居民聚集区和其他严防污染的食品、药品、卫生产品、精密制造产品等企业周边 1 公里以内，国家及地方所规定的环保、安全防护距离内，禁止新建铬盐生产装置。

（五）处于第（四）项规定区域内的现有企业，应根据相关要求，通过“搬迁、转产”等方式逐步退出。

四、规模与工艺技术

（一）鼓励铬盐清洁生产新工艺的开发和应用，禁止新建、改建、扩建有钙焙烧装置。

（二）焙烧法起始规模不小于 5 万吨/年（其中单线设计生产能力不得小于 2.5 万吨/年），非焙烧法不小于 2 万吨/年。

（三）含铬废渣、铝泥、芒硝、硫酸氢钠、污水处理污泥等含铬危险废物，应进行资源化综合利用。鼓励与钢铁企业联合实现含铬废渣的资源化利用，严格限制含铬废渣堆存。

五、清洁生产

新建、改建、扩建铬盐生产建设项目应达到《铬盐行业清洁生产评价指标体系（试行）》中的“清洁生产先进企业”水平，应满足以下清洁生产指标。

（一）吨红矾钠综合能耗小于 1.5 吨标准煤，工艺新鲜水消耗小于 4 立方米，铬矿消耗小于 1.15 吨（以含 $Cr_2O_3$50%标准矿计），铬总收率不低于 90%。

（二）含铬废渣产生量不超过 0.8 吨/吨红矾钠，铬渣中氧化钙含量不超过 3%（以干渣计），水溶性六价铬含量不超过 0.1%，酸溶性六价铬无检出。

（三）含铬废水综合利用率达到 100%，含铬危险废物综合利用率达到 100%。

六、污染防治

铬盐生产企业应具备治理污染的能力，对生产造成的环境影响承担责任，并应履行消除污染的义务。

（一）含铬危险废物应立足综合利用，不得长期堆存。含铬危险废物和工艺中转渣暂存场选址和污染控制措施应符合《危险废物贮存污染控制标准》（GB 18597—2001）要求。

（二）生产装置区、污水收集与处理设施、库房、罐区等区域须采取严格防渗措施，输送含铬物料的工艺管道应地面可视化，地面以下输送含污染物介质的废水管道设置防渗良好、便于检修和监控的管沟，并合理设置地下水监控井。

（三）工艺废水、循环水排污水、地面冲洗水、生活污水及初期雨水分类收集、分质处理、循环回用，含铬废水应全部综合利用，不得外排，废水排放口应设置与市级以上环境保护行政主管部门联网的在线监控装置。

（四）含铬酸雾、氯气、氯化氢、硫酸雾等污染物的废气配套碱吸收或电除雾等治理措施，含尘废气采用袋式、静电等高效除尘措施，无组织废气采取负压控制、设置集气装置等措施，所排废气达标排放。

（五）铬盐生产企业应建设符合管理要求的环境风险防范与应急体系，定期开展突发环境事件应急预案演练；按规范设置应急事故池和事故废水处理设施；定期检查地下水污染防治措施的有效性，防止发生地下水污染事故。

七、环境管理

（一）各级环境保护行政主管部门应将铬盐生产企业纳入本地区重点污染源，建立动态的环境监管档案，加强日常监管，对含铬危险废物的产生、暂存、转移、利用、处置全过程进行规范管理。

（二）依法清理查处违法建设的铬盐项目，对现有铬盐生产企业环境影响评价文件未取得有审批权的环境保护行政主管部门审批、未按期完成环境保护竣工验收的项目，应依法办理相关手续。

（三）现有铬盐企业未完成含铬废渣治理或造成的污染未清除前，各级环境保护行政主管部门原则上不再受理审批其新建、改建、扩建项目的环境影响评价文件。

（四）督促现有铬盐企业应依《产业结构调整指导目录（2011 年本)》要求按期淘汰有钙焙烧装置，对未按期完成淘汰任务的企业所在区域，暂停其除节能减排、保障民生项目外的建设项目环境影响评价文件审批，并取消该地区环境保护模范城市、国家生态示范市（区、县）等环境保护荣誉称号。

（五）新建、改建和扩建铬盐项目，应建立地下水、地表水、大气、土壤等环境质量监测制度，开展跟踪监测，接受监督。

（六）铬盐生产企业应依照《环境影响评价公众参与暂行办法)》相关规定向社会公开企业环境信息，接受公众监督。

（七）铬盐生产企业每 5 年开展环境影响后评价，并报原环境影响评价文件审批部门备案。

八、附则

（一）本准入条件中涉及的国家和行业标准若进行了修订，则按修订后的新标准执行。

（二）本准入条件自发布之日起实施，由环境保护部负责解释，并根据行业发展要求进行修订。

关于印发《现代煤化工建设项目环境准入条件（试行）》的通知

（环办〔2015〕111号）

各省、自治区、直辖市环境保护厅（局），新疆生产建设兵团环境保护局：

为规范现代煤化工建设项目环境管理，指导煤化工行业优化选址布局，促进行业污染防治水平提升，我部组织制定了《现代煤化工建设项目环境准入条件（试行）》。现印送给你们，作为现代煤化工建设项目开展环境影响评价工作的依据。

附件：现代煤化工建设项目环境准入条件（试行）

环境保护部办公厅

2015年12月22日

附件

现代煤化工建设项目环境准入条件

（试行）

适度发展现代煤化工对实现煤炭高效清洁利用具有重要意义。为规范现代煤化工建设项目环境管理，协调经济发展与环境保护的关系，促进煤化工行业技术进步，依照国家环保法律法规和规范要求，按照“环境优先、合理布局、环保示范、源头控制、风险可控”的原则，特制定本环境准入条件。

一、适用范围

本准入条件适用于新建、改建和扩建现代煤化工生产建设项目。现代煤化工是指以煤为原料，采用新型、先进的化学加工技术，使煤转化为气体、液体或中间产品的过程，主要包括以煤气化、液化为龙头生产合成天然气、合成油、化工产品等的能源化工产业。煤炭中低温热解项目可参照执行。

二、规划布局

现代煤化工项目应布局在优化开发区和重点开发区，优先选择在水资源相对丰富、环境容量较好的地区布局，并符合环境保护规划。已无环境容量的地区发展现代煤化工项目，必须先期开展经济结构调整、煤炭消费等量或减量替代等措施腾出环境容量，并采用先进工艺技术和污染控制技术最大限度减少污染物的排放。京津冀、长三角、珠三角和缺水地区严格控制新建现代煤化工项目。

三、项目选址

（一）现代煤化工项目应在产业园区布设，并符合园区规划及规划环评要求。项目应与居民区或城市规划的居住用地保持一定缓冲距离。

（二）自然保护区、风景名胜区、饮用水水源保护区及主要补给区、江河源头区、重要水源涵养区、生态脆弱区域、泉域出露区以及全国主体功能区划中划定的禁止开发区和限制开发区、全国生态功能区划中的重要生态功能区内，禁止新建、扩建现代煤化工项目。

（三）合理布局现代煤化工建设项目生产装置、危险化学品仓储设施和污水处理设施。岩溶强发育、存在较多落水洞或岩溶漏斗的区域，禁止布局项目重点污染防治区。

四、污染防治和环境影响

（一）严格限制将加工工艺、污染防治技术或综合利用技术尚不成熟的高含铝、砷、氟、油及其他稀有元素的煤种作为原料煤和燃料煤。

（二）现代煤化工项目的工艺技术、建设规模应符合国家产业政策要求，鼓励采用能源转换率高、污染物排放强度低的工艺技术，并确保原料煤质相对稳定。在行业示范阶段，应在煤炭分质高效利用、资源能源耦合利用、污染控制技术（如废水处理技术、废水处置方案、结晶盐利用与处置方案等）等方面承担环保示范任务，并提出示范技术达不到预期效果的应对措施。

（三）强化节水措施，减少新鲜水用量，具备条件的地区，优先使用矿井疏干水、再生水，禁止取用地下水作为生产用水。沿海地区应利用海水作为循环冷却用水，缺水地区应优先选用空冷、闭式循环等节水技术。取用地表水不得挤占生态用水、生活用水和农业用水。

（四）根据清污分流、污污分治、深度处理、分质回用的原则设计废水处理处置方案，选用经工业化应用或中试成熟、经济可行的技术。在具备纳污水体的区域建设现代煤化工项目，废水（包括含盐废水）排放应满足相关污染物排放标准要求，并确保地表水体满足下游用水功能要求；在缺乏纳污水体的区域建设现代煤化工项目，应对高含盐废水采取有效处置措施，不得污染地下水、大气、土壤等。

（五）项目应依托园区集中供热供汽设施，确需建设自备热电站的，应符合国家及地方的相关控制要求。设备动静密封点、有机液体储存和装卸、污水收集暂存和处理系统、备煤、储煤等环节应采取措施有效控制挥发性有机物（VOCs）、恶臭物质及有毒有害污染物的逸散与排放。非正常排放的废气应送专有设备或火炬等设施处理，严禁直接排放。在煤化工行业污染物排放标准出台前，加热炉烟气、酸性气回收装置尾气以及 VOCs 等应根据项目生产产品的种类暂按《石油炼制工业污染物排放标准》（GB 31570）或《石油化学工业污染物排放标准》（GB 31571）相关要求进行控制。按照国家及地方规定设置防护距离，建设煤气化装置的，还应满足《煤制气业卫生防护距离》（GB/T 17222）要求。防护距离范围内的土地不得规划居住、教育、医疗等功能；现状有居住区、学校、医院等敏感保护目标的，必须确保在项目投产前完成搬迁。

（六）按照“减量化、资源化、无害化”原则对固体废物优先进行处理处置。危险废物立足于项目或园区就近安全处置。项目配套建设的危险废物贮存场所和一般工业固体废物贮存、处置场所应符合《危险废物贮存污染控制标准》（GB 18597）、《一般工业固体废物贮存、处置场污染控制标准》（GB 18599）及其他地方标准要求。废水处理产生的无法资源化利用的盐泥暂按危险废物进行管理；作为副产品外售的应满足适用的产品质量标准要求，并确保作为产品使用时不产生环境问题。

（七）落实地下水污染防治工作。根据地下水水文地质情况，按照《石油化工工程防渗技术规范》（GB/T 50934）要求合理确定污染防治分区，厂区开展分区防渗，并制定有效的地下水监控和应急措施。蒸发塘、晾晒池、氧化塘、暂存池选址及地下水防渗、监控措施还应参照《危险废物填埋污染控制标准》（GB 18598），防止污染地下水。

（八）强化环境风险防范措施。应根据相关标准设置事故水池，对事故废水进行有效收集和妥善处理，禁止直接外排。构建与当地政府和相关部门以及周边企业、园区相衔接的区域环境风险联防联控机制。

（九）加强环境监测。现代煤化工企业和涉及现代煤化工项目的园区应建立覆盖常规污染物、特征污染物的环境监测体系，并与当地环境保护部门联网。按照《企业事业单位环境信息公开办法》相关规定向社会公开环境信息。

五、附则

（一）对不符合本准入条件的新建、改建、扩建的现代煤化工项目，各级环境保护管理部门不得审批项目环境影响评价文件。

（二）本准入条件与地方相关标准、规范性文件不一致时，应从严执行。

（三）本准入条件自发布之日起实施，由环境保护部负责解释，并根据行业发展要求适时修订。

关于印发《生活垃圾焚烧发电建设项目环境准入条件（试行）》的通知

（环办环评〔2018〕20 号）

各省、自治区、直辖市环境保护厅（局），新疆生产建设兵团环境保护局：

为规范我国生活垃圾焚烧发电建设项目环境管理，引导生活垃圾焚烧发电行业健康有序发展，我部组织制定了《生活垃圾焚烧发电建设项目环境准入条件（试行）》，现印发你们，作为开展生活垃圾焚烧发电建设项目环境影响评价工作的依据。

环境保护部办公厅

2018 年 3 月 4 日

附件

生活垃圾焚烧发电建设项目环境准入条件

（试行）

第一条 为规范我国生活垃圾焚烧发电建设项目环境管理，引导生活垃圾焚烧发电行业健康有序发展，依据有关法律法规、部门规章和技术规范要求，制定本环境准入条件。

第二条 本环境准入条件适用于新建、改建和扩建生活垃圾焚烧发电项目。生活垃圾焚烧项目参照执行。

第三条 项目建设应当符合国家和地方的主体功能区规划、城乡总体规划、土地利用规划、环境保护规划、生态功能区划、环境功能区划等，符合生活垃圾焚烧发电有关规划及规划环境影响评价要求。

第四条 禁止在自然保护区、风景名胜区、饮用水水源保护区和永久基本农田等国家及地方法律法规、标准、政策明确禁止污染类项目选址的区域内建设生活垃圾焚烧发电项目。项目建设应当满足所在地大气污染防治、水资源保护、自然生态保护等要求。

鼓励利用现有生活垃圾处理设施用地改建或扩建生活垃圾焚烧发电设施，新建项目鼓励采用生活垃圾处理产业园区选址建设模式，预留项目改建或者扩建用地，并兼顾区域供热。

第五条 生活垃圾焚烧发电项目应当选择技术先进、成熟可靠、对当地生活垃圾特性适应性强的焚烧炉，在确定的垃圾特性范围内，保证额定处理能力。严禁选用不能达到污染物排放标准的焚烧炉。

焚烧炉主要技术性能指标应满足炉膛内焚烧温度≥850℃，炉膛内烟气停留时间≥2 秒，焚烧炉渣热灼减率≤5%。应采用“3T+E”控制法使生活垃圾在焚烧炉内充分燃烧，即保证焚烧炉出口烟气的足够温度（Temperature）、烟气在燃烧室内停留足够的时间（Time）、燃烧过程中适当的湍流（Turbulence）和过量的空气（Excess-Air）。

第六条　项目用水应当符合国家用水政策并降低新鲜水用量，最大限度减少使用地表水和地下水。具备条件的地区，应利用城市污水处理厂的中水。

按照“清污分流、雨污分流”原则，提出厂区排水系统设计要求，明确污水分类收集和处理方案。按照“一水多用”原则强化水资源的串级使用要求，提高水循环利用率。

第七条　生活垃圾运输车辆应采取密闭措施，避免在运输过程中发生垃圾遗撒、气味泄漏和污水滴漏。

第八条　采取高效废气污染控制措施。烟气净化工艺流程的选择应符合《生活垃圾焚烧处理工程技术规范》（CJJ 90）等相关要求，充分考虑生活垃圾特性和焚烧污染物产生量的变化及其物理、化学性质的影响，采用成熟先进的工艺路线，并注意组合工艺间的相互匹配。重点关注活性炭喷射量/烟气体积、袋式除尘器过滤风速等重要指标。鼓励配套建设二噁英及重金属烟气深度净化装置。

焚烧处理后的烟气应采用独立的排气筒排放，多台焚烧炉的排气筒可采用多筒集束式排放，外排烟气和排气筒高度应当满足《生活垃圾焚烧污染控制标准》（GB 18485）和地方相关标准要求。

严格恶臭气体的无组织排放治理，生活垃圾装卸、贮存设施、渗滤液收集和处理设施等应当采取密闭负压措施，并保证其在运行期和停炉期均处于负压状态。正常运行时设施内气体应当通过焚烧炉高温处理，停炉等状态下应当收集并经除臭处理满足《恶臭污染物排放标准》（GB 14554）要求后排放。

第九条　生活垃圾渗滤液和车辆清洗废水应当收集并在生活垃圾焚烧厂内处理或者送至生活垃圾填埋场渗滤液处理设施处理，立足于厂内回用或者满足 GB 18485 标准提出的具体限定条件和要求后排放。若通过污水管网或者采用密闭输送方式送至采用二级处理方式的城市污水处理厂处理，应当满足 GB 18485 标准的限定条件。设置足够容积的垃圾渗滤液事故收集池，对事故垃圾渗滤液进行有效收集，采取措施妥善处理，严禁直接外排。不得在水环境敏感区等禁设排污口的区域设置废水排放口。

采取分区防渗，明确具体防渗措施及相关防渗技术要求，垃圾贮坑、渗滤液处理装置等区域应当列为重点防渗区。

第十条　选择低噪声设备并采取隔声降噪措施，优化厂区平面布置，确保厂界噪声达标。

第十一条　安全处置和利用固体废物，防止产生二次污染。焚烧炉渣和除尘设备收集的焚烧飞灰应当分别收集、贮存、运输和处理处置。焚烧飞灰为危险废物，应当严格按照国家危险废物相关管理规定进行运输和无害化安全处置，焚烧飞灰经处理符合《生活垃圾填埋场污染控制标准》（GB 16889）中 6.3 条要求后，可豁免进入生活垃圾填埋场填埋；经处理满足《水泥窑协同处置固体废物污染控制标准》（GB 30485）要求后，可豁免进入水泥窑协同处置。废脱硝催化剂等其他危险废物须按照相关要求妥善处置。产生的污泥或浓缩液应当在厂内妥善处置。鼓励配套建设垃圾焚烧残渣、飞灰处理处置设施。

第十二条　识别项目的环境风险因素，重点针对生活垃圾焚烧厂内各设施可能产生的有毒有害物质泄漏、大气污染物（含恶臭物质）的产生与扩散以及可能的事故风险等，制定环境应急预案，提出风险防范措施，制定定期开展应急预案演练计划。

评估分析环境社会风险隐患关键环节，制定有效的环境社会风险防范与化解应对措施。

第十三条　根据项目所在地区的环境功能区类别，综合评价其对周围环境、居住人群的身体健康、日常生活和生产活动的影响等，确定生活垃圾焚烧厂与常住居民居住场所、农用地、地表水体以及其他敏感对象之间合理的位置关系，厂界外设置不小于 300 米的环境防护距离。防护距离范围内不应规划建设居民区、学校、医院、行政办公和科研等敏感目标，并采取园林绿化等缓解环境影响的措施。

第十四条　有环境容量的地区，项目建成运行后，环境质量应当仍满足相应环境功能区要求。环境质量不达标的区域，应当强化项目的污染防治措施，提出可行有效的区域污染物减排方案，明确削减计划、实施时间，确保项目建成投产前落实削减方案，促进区域环境质量改善。

第十五条　按照国家或地方污染物排放（控制）标准、环境监测技术规范以及《国家重点监控企业自行监测及信息公开办法（试行）》等有关要求，制定企业自行监测方案及监测计划。每台生活垃圾焚烧炉必须单独设置烟气净化系统、安装烟气在线监测装置，按照《污染源自动监控管理办法》等规定执行，并提出定期比对监测和校准的要求。建立覆盖常规污染物、特征污染物的环境监测体系，实现烟气中一氧化碳、颗粒物、二氧化硫、氮氧化物、氯化氢和焚烧运行工况指标中炉内一氧化碳浓度、燃烧温度、含氧量在线监测，并与环境保护部门联网。垃圾库负压纳入分散控制系统（DCS）监控，鼓励开展在线监测。

对活性炭、脱酸剂、脱硝剂喷入量、焚烧飞灰固化/稳定化螯合剂等烟气净化用消耗性物资、材料应当实施计量并计入台账。

落实环境空气、土壤、地下水等环境质量监测内容，并关注土壤中二噁英及重金属累积环境影响。

第十六条 改、扩建项目实施的同时，应当针对现有工程存在的环保问题，制定"以新带老"整改方案，明确具体整改措施、资金、计划等。

第十七条 按照相关规定要求，针对项目建设的不同阶段，制定完整、细致的环境信息公开和公众参与方案，明确参与方式、时间节点等具体要求。提出通过在厂区周边显著位置设置电子显示屏等方式公开企业在线监测环境信息和烟气停留时间、烟气出口温度等信息，通过企业网站等途径公开企业自行监测环境信息的信息公开要求。建立与周边公众良好互动和定期沟通的机制与平台，畅通日常交流渠道。

第十八条 建立完备的环境管理制度和有效的环境管理体系，明确环境管理岗位职责要求和责任人，制订岗位培训计划等。

第十九条 鼓励制订构建"邻利型"服务设施计划，面向周边地区设立共享区域，因地制宜配套绿化或者休闲设施等，拓展惠民利民措施，努力让垃圾焚烧设施与居民、社区形成利益共同体。

第二十条 本环境准入条件自发布之日起施行。

关于印发环评管理中部分行业建设项目重大变动清单的通知

（环办〔2015〕52号）

各省、自治区、直辖市环境保护厅（局），新疆生产建设兵团环境保护局，解放军环境保护局：

根据《环境影响评价法》和《建设项目环境保护管理条例》有关规定，建设项目的性质、规模、地点、生产工艺和环境保护措施五个因素中的一项或一项以上发生重大变动，且可能导致环境影响显著变化（特别是不利环境影响加重）的，界定为重大变动。属于重大变动的应当重新报批环境影响评价文件，不属于重大变动的纳入竣工环境保护验收管理。

根据上述原则，结合不同行业的环境影响特点，我部制定了水电等部分行业建设项目重大变动清单（试行）。各地在试行过程中如发现新问题、新情况，请以书面形式反馈意见和建议，我部将根据情况进一步补充、调整、完善。各省级环保部门可结合本地区实际，制定本行政区特殊行业重大变动清单，报我部备案。

其他与本通知不一致的相关文件或文件相关内容即行废止。

附件：水电等九个行业建设项目重大变动清单（试行）

环境保护部办公厅
2015年6月4日

附件

水电建设项目重大变动清单（试行）

性质：

1．开发任务中新增供水、灌溉、航运等功能。

规模：

2．单台机组装机容量不变，增加机组数量；或单台机组装机容量加大20%及以上（单独立项扩机项目除外）。

3．水库特征水位如正常蓄水位、死水位、汛限水位等发生变化；水库调节性能发生变化。

地点：

4．坝址重新选址，或坝轴线调整导致新增重大生态保护目标。

生产工艺：

5．枢纽坝型变化；堤坝式、引水式、混合式等开发方式变化。

6．施工方案发生变化直接涉及自然保护区、风景名胜区、集中饮用水水源保护区等环境敏感区。

环境保护措施：

7．枢纽布置取消生态流量下泄保障设施、过鱼措施、分层取水水温减缓措施等主要环保措施。

水利建设项目（枢纽类和引调水工程）重大变动清单（试行）

性质：

1．主要开发任务发生变化。

2．引调水供水水源、供水对象、供水结构等发生较大变化。

规模：

3．供水量、引调水量增加20%及以上。

4．引调水线路长度增加30%及以上。

5．水库特征水位如正常蓄水位、死水位、汛限水位等发生变化；水库调节性能发生变化。

地点：

6．坝址重新选址，或坝轴线调整导致新增重大生态保护目标。

7．引调水线路重新选线。

生产工艺：

8．枢纽坝型变化；输水方式由封闭式变为明渠导致环境风险增加。

9．施工方案发生变化直接涉及自然保护区、风景名胜区、集中饮用水水源保护区等环境敏感区。

环境保护措施：

10．枢纽布置取消生态流量下泄保障设施、过鱼措施、分层取水水温减缓措施等主要环保措施。

火电建设项目重大变动清单（试行）

性质：

1．由热电联产机组、矸石综合利用机组变为普通发电机组，或由普通发电机组变为矸石综合利用机组。

2．热电联产机组供热替代量减少10%及以上。

规模：

3．单机装机规模变化后超越同等级规模。

4．锅炉容量变化后超越同等级规模。

地点：

5．电厂（含配套灰场）重新选址；在原厂址（含配套灰场）或附近调整（包括总平面布置发生变化）导致不利环境影响加重。

生产工艺：

6．锅炉类型变化后污染物排放量增加。

7．冷却方式变化。

8．排烟形式变化（包括排烟方式变化、排烟冷却塔直径变大等）或排烟高度降低。

环境保护措施：

9．烟气处理措施变化导致废气排放浓度（排放量）增加或环境风险增大。

10．降噪措施发生变化，导致厂界噪声排放增加（声环境评价范围内无环境敏感点的项目除外）。

煤炭建设项目重大变动清单（试行）

规模：

1．设计生产能力增加30%及以上。

2．井（矿）田采煤面积增加10%及以上。

3．增加开采煤层。

地点：

4．新增主（副）井工业场地、风井场地等各类场地（包括排矸场、外排土场），或各类场地位置变化。

5．首采区发生变化。

生产工艺：

6．开采方式变化：如井工变露天、露天变井工、单一井工或露天变井工露天联合开采等。

7．采煤方法变化：如由采用充填开采、分层开采、条带开采等保护性开采方法变为采用非保护性开采方法。

环境保护措施：

8．生态保护、污染防治或综合利用等措施弱化或降低；特殊敏感目标（自然保护区、饮用水水源保护区等）保护措施变化。

油气管道建设项目重大变动清单（试行）

规模：

1．线路或伴行道路增加长度达到原线路总长度的30%及以上。

2．输油或输气管道设计输量或设计管径增大。

地点：

3．管道穿越新的环境敏感区；环境敏感区内新增除里程桩、转角桩、阴极保护测试桩和警示牌外的永久占地；在现有环境敏感区内路由发生变动；管道敷设方式或穿跨越环境敏感目标施工方案发生变化。

4．具有油品储存功能的站场或压气站的建设地点或数量发生变化。

生产工艺：

5．输送物料的种类由输送其他种类介质变为输送原油或成品油；输送物料的物理化学性质发生变化。

环境保护措施：

6．主要环境保护措施或环境风险防范措施弱化或降低。

铁路建设项目重大变动清单（试行）

性质：

1．客货共线改客运专线或货运专线；客运专线或货运专线改客货共线。

规模：

2．正线数目增加（如单线改双线）。

3．车站数量增加30%及以上；新增具有煤炭（或其他散货）集疏运功能的车站；城市建成区内新增车站。

4．正线或单双线长度增加累计达到原线路长度的30%及以上。

5．路基改桥梁或桥梁改路基长度累计达到线路长度的30%及以上。

地点：

6．线路横向位移超出200米的长度累计达到原线路长度的30%及以上。

7．工程线路、车站等发生变化，导致评价范围内出现新的自然保护区、风景名胜区、饮用水水源保护区等生态敏感区，或导致出现新的城市规划区和建成区。

8．城市建成区内客运站、货运站和客货运站等车站选址发生变化。

9．项目变动导致新增声环境敏感点数量累计达到原敏感点数量的30%及以上。

生产工艺：

10．有砟轨道改无砟轨道或无砟轨道改有砟轨道，涉及环境敏感点数量累计达到全线环境敏感点数量的30%及以上。

11．最高运行速度增加50公里/小时及以上；列车对数增加30对及以上；最大牵引质量增加1 000吨及以上；货运铁路车辆轴重增加5吨及以上。

12．城市建成区内客运站、货运站和客货运站等车站类型发生变化。

13．项目在自然保护区、风景名胜区、饮用水水源保护区等生态敏感区内的线位走向和长度，车站等主要工程内容，或施工方案等发生变化；经过噪声敏感建筑物集中区域的路段，其线路敷设方式由地下线改地上线。

环境保护措施：

14．取消具有野生动物迁徙通道功能和水源涵养功能的桥梁，噪声污染防治措施等主要环境保护措施弱化或降低。

高速公路建设项目重大变动清单（试行）

规模：

1．车道数或设计车速增加。

2．线路长度增加30%及以上。

地点：

3．线路横向位移超出200米的长度累计达到原线路长度的30%及以上。

4．工程线路、服务区等附属设施或特大桥、特长隧道等发生变化，导致评价范围内出现新的自然保护区、风景名胜区、饮用水水源保护区等生态敏感区，或导致出现新的城市规划区和建成区。

5．项目变动导致新增声环境敏感点数量累计达到原敏感点数量的30%及以上。

生产工艺：

6．项目在自然保护区、风景名胜区、饮用水水源保护区等生态敏感区内的线位走向和长度、服务区等主要工程内容，以及施工方案等发生变化。

环境保护措施：

7．取消具有野生动物迁徙通道功能和水源涵养功能的桥梁，噪声污染防治措施等主要环境保护措施弱化或降低。

港口建设项目重大变动清单（试行）

性质：

1．码头性质发生变动，如干散货、液体散货、集装箱、多用途、件杂货、通用码头等各类码头之间的转化。

规模：

2．码头工程泊位数量增加、等级提高、新增罐区（堆场）等工程内容。

3．码头设计通过能力增加30%及以上。

4．工程占地和用海总面积（含陆域面积、水域面积、疏浚面积）增加30%及以上。

5．危险品储罐数量增加30%及以上。

地点：

6．工程组成中码头岸线、航道、防波堤位置调整使得评价范围内出现新的自然保护区、风景名胜区、饮用水水源保护区等环境敏感区和要求更高的环境功能区。

7．集装箱危险品堆场位置发生变化导致环境风险增加。

生产工艺：

8．干散货码头装卸方式、堆场堆存方式发生变化，导致大气污染源强增大。

9．集装箱码头增加危险品箱装卸作业、洗箱作业或堆场。

10．集装箱危险品装卸、堆场、液化码头新增危险品货类（国际危险品分类：9类），或新增同一货类中毒性、腐蚀性、爆炸性更大的货种。

环境保护措施：

11．矿石码头堆场防尘、液化码头油气回收、集装箱码头压载水灭活等主要环境保护措施或环境风险防范措施弱化或降低。

石油炼制与石油化工建设项目重大变动清单（试行）

规模：

1．一次炼油加工能力、乙烯裂解加工能力增大30%及以上；储罐总数量或总容积增大30%及以上。

2．新增以下重点生产装置或其规模增大50%及以上，包括：石油炼制工业的催化连续重整、催化裂化、延迟焦化、溶剂脱沥青、对二甲苯（PX）等，石油化工工业的丙烯腈、精对苯二甲酸（PTA）、环氧丙烷（PO）、氯乙烯（VCM）等。

3．新增重点生产装置外的其他装置或其规模增大50%及以上，并导致新增污染因子或污染物排放量增加。

地点：

4．项目重新选址，或在原厂址附近调整（包括总平面布置或生产装置发生变化）导致不利环境影响显著加重或防护距离边界发生变化并新增了需搬迁的敏感点。

5．厂外油品、化学品、污水管线路由调整，穿越新的环境敏感区；防护距离边界发生变化并新增了需搬迁的敏感点；在现有环境敏感区内路由发生变动且环境影响或环境风险增大。

生产工艺：

6．原料方案、产品方案等工程方案发生变化。

7．生产装置工艺调整或原辅材料、燃料调整，导致新增污染因子或污染物排放量增加。

环境保护措施：

8．污染防治措施的工艺、规模、处置去向、排放形式等调整，导致新增污染因子或污染物排放量、范围或强度增加；地下水污染防治分区调整，降低地下水污染防渗等级；其他可能导致环境影响或环境风险增大的环保措施变动。

关于印发制浆造纸等十四个行业建设项目重大变动清单的通知

（环办环评〔2018〕6号）

各省、自治区、直辖市环境保护厅（局），新疆生产建设兵团环境保护局：

为进一步规范环境影响评价管理，根据《中华人民共和国环境影响评价法》和《建设项目环境保护管理条例》的有关规定，按照《关于印发环评管理中部分行业建设项目重大变动清单的通知》（环办〔2015〕52号）要求，结合不同行业的环境影响特点，我部制定了制浆造纸等14个行业建设项目重大变动清单（试行），现印发给你们，请遵照执行。其中，钢铁、水泥、电解铝、平板玻璃等产能严重过剩行业的建设项目还应按照《国务院关于化解产能严重过剩矛盾的指导意见》（国发〔2013〕41号）要求，落实产能等量或减量置换，各级环保部门不得审批其新增产能的项目。

各地在实施过程中如有问题或意见建议，可以书面形式反馈我部，我部将适时对清单进行补充、调整、完善。

附件：1．制浆造纸建设项目重大变动清单（试行）

2．制药建设项目重大变动清单（试行）

3．农药建设项目重大变动清单（试行）

4．化肥（氮肥）建设项目重大变动清单（试行）

5．纺织印染建设项目重大变动清单（试行）

6．制革建设项目重大变动清单（试行）

7．制糖建设项目重大变动清单（试行）

8．电镀建设项目重大变动清单（试行）

9．钢铁建设项目重大变动清单（试行）

10．炼焦化学建设项目重大变动清单（试行）

11．平板玻璃建设项目重大变动清单（试行）

12．水泥建设项目重大变动清单（试行）

13．铜铅锌冶炼建设项目重大变动清单（试行）

14．铝冶炼建设项目重大变动清单（试行）

环境保护部办公厅

2018年1月29日

附件 1

制浆造纸建设项目重大变动清单（试行）

适用于制浆、造纸、浆纸联合（含林浆纸一体化）以及纸制品建设项目环境影响评价管理。

规模：

1．木浆或非木浆生产能力增加 20%及以上；废纸制浆或造纸生产能力增加 30%及以上。

建设地点：

2．项目（含配套固体废物渣场）重新选址；在原厂址附近调整（包括总平面布置变化）导致防护距离内新增敏感点。

生产工艺：

3．制浆、造纸原料或工艺变化，或新增漂白、脱墨、制浆废液处理、化学品制备工序，导致新增污染物或污染物排放量增加。

环境保护措施：

4．废水、废气处理工艺变化，导致新增污染物或污染物排放量增加（废气无组织排放改为有组织排放除外）。

5．锅炉、碱回收炉、石灰窑或焚烧炉废气排气筒高度降低 10%及以上。

6．新增废水排放口；废水排放去向由间接排放改为直接排放；直接排放口位置变化导致不利环境影响加重。

7．危险废物处置方式由外委改为自行处置或处置方式变化导致不利环境影响加重。

附件 2

制药建设项目重大变动清单（试行）

适用于发酵类制药、化学合成类制药、提取类制药、中药类制药、生物工程类制药、混装制剂制药建设项目环境影响评价管理，兽用药品及医药中间体制造建设项目可参照执行。

规模：

1．中成药、中药饮片加工生产能力增加 50%及以上；化学合成类、提取类药品、生物工程类药品生产能力增加 30%及以上；生物发酵制药工艺发酵罐规格增大或数量增加，导致污染物排放量增加。

建设地点：

2．项目重新选址；在原厂址附近调整（包括总平面布置变化）导致防护距离内新增敏感点。

生产工艺：

3．生物发酵制药的发酵、提取、精制工艺变化，或化学合成类制药的化学反应（缩合、裂解、成盐等）、精制、分离、干燥工艺变化，或提取类制药的提取、分离、纯化工艺变化，或中药类制药的净制、炮炙、提取、精制工艺变化，或生物工程类制药的工程菌扩大化、分离、纯化工艺变化，或混装制剂制药粉碎、过滤、配制工艺变化，导致新增污染物或污染物排放量增加。

4．新增主要产品品种，或主要原辅材料变化导致新增污染物或污染物排放量增加。

环境保护措施：

5．废水、废气处理工艺变化，导致新增污染物或污染物排放量增加（废气无组织排放改为有组织排放除外）。

6．排气筒高度降低 10%及以上。

7．新增废水排放口；废水排放去向由间接排放改为直接排放；直接排放口位置变化导致不利环境影响加重。

8．风险防范措施变化导致环境风险增大。

9．危险废物处置方式由外委改为自行处置或处置方式变化导致不利环境影响加重。

附件 3

农药建设项目重大变动清单（试行）

适用于农药制造建设项目环境影响评价管理。

规模：

1．化学合成农药新增主要生产设施或生产能力增加 30%及以上。

2．生物发酵工艺发酵罐规格增大或数量增加，导致污染物排放量增加。

建设地点：

3．项目重新选址；在原厂址附近调整（包括总平面布置变化）导致防护距离内新增敏感点。

生产工艺：

4．新增主要产品品种，主要生产工艺（备料、反应、发酵、精制/溶剂回收、分离、干燥、制剂加工等工序）变化，或主要原辅材料变化，导致新增污染物或污染物排放量增加。

环境保护措施：

5．废气、废水处理工艺变化，导致新增污染物或污染物排放量增加（废气无组织排放改为有组织排放除外）。

6．排气筒高度降低 10%及以上。

7．新增废水排放口；废水排放去向由间接排放改为直接排放；直接排放口位置变化导致不利环境影响加重。

8．风险防范措施变化导致环境风险增大。

9．危险废物处置方式由外委改为自行处置或处置方式变化导致不利环境影响加重。

附件 4

化肥（氮肥）建设项目重大变动清单（试行）

适用于氮肥制造建设项目环境影响评价管理。

规模：

1．合成氨或尿素、硝酸铵等主要氮肥产品生产能力增加 30%及以上。

建设地点：

2．项目（含配套固体废物渣场）重新选址；在原厂址附近调整（包括总平面布置变化）导致防护距离内新增敏感点。

生产工艺：

3．气化、净化等主要生产单元的工艺变化，新增主要产品品种或原辅材料、燃料变化，导致新增污染物或污染物排放量增加。

环境保护措施：

4．废水、废气处理工艺变化，导致新增污染物或污染物排放量增加（废气无组织排放改为有组织排放除外）。

5．烟囱或排气筒高度降低 10%及以上。

6．新增废水排放口；废水排放去向由间接排放改为直接排放；直接排放口位置变化导致不利环境影响加重。

7．风险防范措施变化导致环境风险增大。

8．危险废物处置方式由外委改为自行处置或处置方式变化导致不利环境影响加重。

附件 5

纺织印染建设项目重大变动清单（试行）

适用于纺织品制造和服装制造建设项目环境影响评价管理。

规模：

1．纺织品制造洗毛、染整、脱胶或缫丝规模增加 30%及以上，其他原料加工（编织物及其制品制造除外）规模增加 50%及以上；服装制造湿法印花、染色或水洗规模增加 30%及以上，其他原料加工规模增加 50%及以上（100 万件/年以下的除外）。

建设地点：

2．项目重新选址；在原厂址附近调整（包括总平面布置变化）导致防护距离内新增敏感点。

生产工艺：

3．纺织品制造新增洗毛、染整、脱胶、缫丝工序，服装制造新增湿法印花、染色、水洗工序，或上述工序工艺、原辅材料变化，导致新增污染物或污染物排放量增加。

环境保护措施：

4．废水、废气处理工艺变化，导致新增污染物或污染物排放量增加（废气无组织排放改为有组织排放除外）。

5．排气筒高度降低 10%及以上。

6．新增废水排放口；废水排放去向由间接排放改为直接排放；直接排放口位置变化导致不利环境影响加重。

7．危险废物处置方式由外委改为自行处置或处置方式变化导致不利环境影响加重。

附件 6

制革建设项目重大变动清单（试行）

适用于制革建设项目环境影响评价管理。

规模：

1．制革生产能力增加 30%及以上。

建设地点：

2．项目重新选址；在原厂址附近调整（包括总平面布置变化）导致防护距离内新增敏感点。

生产工艺：

3．生皮至蓝湿革、蓝湿革至成品革（坯革）、坯革至成品革生产工艺或原辅材料变化，导致新增污染物或污染物排放量增加。

环境保护措施：

4．废水、废气处理工艺变化，导致新增污染物或污染物排放量增加（废气无组织排放改为有组织排放除外）。

5．排气筒高度降低 10%及以上。

6．新增废水排放口；废水排放去向由间接排放改为直接排放；直接排放口位置变化导致不利环境影响加重。

7．危险废物处置方式由外委改为自行处置或处置方式变化导致不利环境影响加重。

附件 7

制糖建设项目重大变动清单（试行）

适用于制糖工业建设项目环境影响评价管理。

规模：

1．甘蔗、甜菜日加工能力，或原糖、成品糖生产能力增加 30%及以上。

建设地点：

2．项目重新选址；在原厂址附近调整（包括总平面布置变化）导致防护距离内新增敏感点。

生产工艺：

3．以原糖或成品糖为原料精炼加工各种精幼砂糖工艺改为以农作物甘蔗、甜菜制作原糖工艺。

4．产品方案调整或清净工艺变化，导致新增污染物或污染物排放量增加。

环境保护措施：

5．废水、废气处理工艺变化，导致新增污染物或污染物排放量增加（废气无组织排放改为有组织排放除外）。

6．排气筒高度降低 10%及以上。

7．新增废水排放口；废水排放去向由间接排放改为直接排放；直接排放口位置变化导致不利环境影响加重。

附件 8

电镀建设项目重大变动清单（试行）

适用于专业电镀建设项目环境影响评价管理，含专业电镀工序的建设项目参照执行。

规模：

1．主镀槽规格增大或数量增加导致电镀生产能力增大 30%及以上。

建设地点：

2．项目重新选址；在原厂址附近调整（包括总平面布置变化）导致防护距离内新增敏感点。

生产工艺：

3．镀种类型变化，导致新增污染物或污染物排放量增加。

4．主要生产工艺变化；主要原辅材料变化导致新增污染物或污染物排放量增加。

环境保护措施：

5．废水、废气处理工艺变化，导致新增污染物或污染物排放量增加（废气无组织排放改为有组织排放除外）。

6．排气筒高度降低 10%及以上。

7．新增废水排放口；废水排放去向由间接排放改为直接排放；直接排放口位置变化导致不利环境影响加重。

附件 9

钢铁建设项目重大变动清单（试行）

适用于包含烧结/球团、炼铁、炼钢、热轧、冷轧（含酸洗和涂镀）工序的钢铁建设项目环境影响评价管理。

规模：

1．烧结、炼铁、炼钢工序生产能力增加 10%及以上；球团、轧钢工序生产能力增加 30%及以上。

建设地点：

2．项目重新选址；在原厂址附近调整（包括总平面布置变化）导致防护距离内新增敏感点。

生产工艺：

3．生产工艺流程、参数变化或主要原辅材料、燃料变化，导致新增污染物或污染物排放量增加。

4．厂内大宗物料转运、装卸或贮存方式变化，导致大气污染物无组织排放量增加。

环境保护措施：

5．废水、废气处理工艺变化，导致新增污染物或污染物排放量增加（废气无组织排放改为有组织排放除外）。

6．烧结机头废气、烧结机尾废气、球团焙烧废气、高炉矿槽废气、高炉出铁场废气、转炉二次烟气、电炉烟气排气筒高度降低 10%及以上。

7．新增废水排放口；废水排放去向由间接排放改为直接排放；直接排放口位置变化导致不利环境影响加重。

8．其他可能导致环境影响或环境风险增大的环保措施变化。

附件 10

炼焦化学建设项目重大变动清单（试行）

适用于炼焦化学工业建设项目环境影响评价管理。

规模：

1．焦炭（含兰炭）生产能力增加 10%及以上。

2．常规机焦炉及热回收焦炉炭化室高度、宽度增大或孔数增加；半焦（兰炭）炭化炉数量增加或单炉生产能力增加 10%及以上。

建设地点：

3．项目重新选址；在原厂址附近调整（包括总平面布置变化）导致防护距离内新增敏感点。

生产工艺：

4．装煤方式、煤气净化工艺或厂内综合利用方式、熄焦工艺、化学产品生产工艺变化，导致新增污染物或污染物排放量增加。

5．主要原料、燃料变化，导致新增污染物或污染物排放量增加。

6．厂内大宗物料转运、装卸或贮存方式变化，导致大气污染物无组织排放量增加。

环境保护措施：

7．废气、废水处理工艺变化，导致新增污染物或污染物排放量增加（废气无组织排放改为有组织排放除外）。

8．焦炉烟囱（含焦炉烟气尾部脱硫、脱硝设施排放口），装煤、推焦地面站排放口，干法熄焦地面站排放口高度降低10%及以上。

9．新增废水排放口；废水排放去向由间接排放改为直接排放；直接排放口位置变化导致不利环境影响加重。

附件11

平板玻璃建设项目重大变动清单（试行）

适用于平板玻璃以及电子工业玻璃太阳能电池玻璃建设项目环境影响评价管理。

规模：

1．玻璃熔窑生产能力增加30%及以上。

建设地点：

2．项目重新选址；在原厂址附近调整（包括总平面布置变化）导致防护距离内新增敏感点。

生产工艺：

3．新增在线镀膜工序。

4．纯氧助燃改为空气助燃导致污染物排放量增加。

5．原辅材料、燃料调整导致新增污染物或污染物排放量增加。

环境保护措施：

6．废水、熔窑废气处理工艺变化，导致新增污染物或污染物排放量增加（废气无组织排放改为有组织排放除外）。

7．熔窑废气排气筒高度降低10%及以上。

8．新增废水排放口；废水排放去向由间接排放改为直接排放；直接排放口位置变化导致不利环境影响加重。

附件12

水泥建设项目重大变动清单（试行）

适用于水泥制造（含配套矿山、协同处置）和独立粉磨站建设项目环境影响评价管理。

规模：

1．水泥熟料生产能力增加10%及以上；配套矿山开采能力或水泥粉磨生产能力增加30%及以上。

2.水泥窑协同处置危险废物能力增加20%及以上；水泥窑协同处置非危险废物能力增大30%及以上。

建设地点：

3．项目重新选址；在原厂址附近调整（包括总平面布置变化）或配套矿山、废石场选址变化，导致防护距离内新增敏感点。

生产工艺：

4．增加协同处置处理工序（单元），或增加旁路放风系统并设置单独排气筒。

5．水泥窑协同处置固体废物类别变化，导致新增污染物或污染物排放量增加。

6．原料、燃料变化导致新增污染物或污染物排放量增加。

7．厂内大宗物料转运、装卸或贮存方式变化，导致大气污染物无组织排放量增加。

环境保护措施：

8．窑尾、窑头废气治理设施及工艺变化，或增加独立热源进行烘干，导致新增污染物或污染物排放量增加（废气无组织排放改为有组织排放除外）。

9．窑尾、窑头废气排气筒高度降低10%及以上。

10．协同处置固体废物暂存产生的渗滤液处理工艺由入窑高温段焚烧改为其他处理方式，导致新增污染物或污染物排放量增加。

附件13

铜铅锌冶炼建设项目重大变动清单（试行）

适用于铜、铅、锌冶炼（含再生）建设项目环境影响评价管理。

规模：

1．冶炼生产能力增加20%及以上。

建设地点：

2．项目（含配套固体废物渣场）重新选址；在原厂址附近调整（包括总平面布置变化）导致防护距离内新增敏感点。

生产工艺：

3．冶炼工艺或制酸工艺变化，冶炼炉窑炉型、数量、规格变化或主要原辅材料（含二次资源、再生资源）、燃料变化，导致新增污染物或污染物排放量增加。

环境保护措施：

4．废气、废水处理工艺变化，导致新增污染物或污染物排放量增加（废气无组织排放改为有组织排放除外）。

5．冶炼炉窑烟气、制酸尾气或环境集烟烟气排气筒高度降低10%及以上。

6．新增废水排放口；废水排放去向由间接排放改为直接排放；直接排放口位置变化导致不利环境影响加重。

7．危险废物处置方式由外委改为自行处置或处置方式变化导致不利环境影响加重。

附件14

铝冶炼建设项目重大变动清单（试行）

适用于以铝土矿为原料生产氧化铝、以氧化铝为原料生产电解铝，以及配套铝用炭素的铝冶炼建设项目环境影响评价管理。

规模：

1．氧化铝生产能力增加30%及以上；石油焦煅烧、阳（阴）极焙烧、铝电解工序生产能力增加10%及以上。

建设地点：

2．项目（含配套赤泥堆场、电解槽大修渣场）重新选址；在原厂址附近调整（包括总平面布置变化）导致防护距离内新增敏感点。

生产工艺：

3．氧化铝生产、石油焦煅烧工艺变化，或原辅材料、燃料变化，导致新增污染物或污染物排放量增加。

4．厂内大宗物料转运、装卸或贮存方式变化，导致大气污染物无组织排放量增加。

环境保护措施：

5．废水、废气处理工艺变化，导致新增污染物或污染物排放量增加（废气无组织排放改为有组织排放除外）。

6．熟料烧成、氢氧化铝焙烧、石油焦煅烧、阳（阴）极焙烧、沥青融化、生阳极制造或铝电解烟气排气筒高度降低10%及以上。

7．新增废水排放口；废水排放去向由间接排放改为直接排放；直接排放口位置变化导致不利环境影响加重。

8．赤泥堆存方式由干法改为湿法或半干法，由半干法改为湿法；危险废物处置方式由外委改为自行处置或处置方式变化导致不利环境影响加重。

关于规范火电等七个行业建设项目环境影响评价文件审批的通知

（环办〔2015〕112号）

各省、自治区、直辖市环境保护厅（局），新疆生产建设兵团环境保护局：

为进一步规范建设项目环境影响评价文件审批，统一管理尺度，我部组织编制了火电、水电、钢铁、铜铅锌冶炼、石化、制浆造纸、高速公路等七个行业建设项目环境影响评价文件审批原则（试行）。现印发给你们，请参照执行。国家环境保护政策和环境管理要求如有调整，建设项目环境影响评价文件审批按新的规定执行。

地方各级环保部门应切实加强建设项目环境影响评价管理，严格落实国家相关环境保护政策、规划及规划环评的要求，优化项目选址选线，提出有效的环境保护措施和风险防范措施，强化总量控制、区域削减、以新带老等污染减排要求，有效预防环境污染和生态破坏，促进区域环境质量改善，推动绿色发展。

附件：1．火电建设项目环境影响评价文件审批原则（试行）

2．水电建设项目环境影响评价文件审批原则（试行）

3．钢铁建设项目环境影响评价文件审批原则（试行）

4．铜铅锌冶炼建设项目环境影响评价文件审批原则（试行）

5．石化建设项目环境影响评价文件审批原则（试行）

6．制浆造纸建设项目环境影响评价文件审批原则（试行）

7．高速公路建设项目环境影响评价文件审批原则（试行）

环境保护部办公厅

2015年12月18日

附件1

火电建设项目环境影响评价文件审批原则（试行）

第一条　本原则适用于各种容量的燃煤（含煤矸石）、燃油、燃气、燃油页岩、燃石油焦的火电（含热电）建设项目环境影响评价文件的审批，以生物质、生活垃圾、危险废物为主要燃料的发电项目除外。

第二条　项目建设符合环境保护相关法律法规和政策，符合能源和火电发展规划，符合产业结构调整、落后产能淘汰的相关要求。

热电联产项目符合热电联产规划和供热专项规划，落实热负荷和热网建设，同步替代关停供热范围内的燃煤、燃油小锅炉。低热值煤发电项目纳入省（区、市）的低热值煤发电专项规划，低热值燃料来源可靠，燃料配比和热值符合相关要求。

京津冀、长三角、珠三角和山东省等区域内的新建、改建、扩建燃煤发电项目，实行了煤炭等量或者减量替代。

第三条 项目选址符合国家和地方的主体功能区规划、环境保护规划、城市总体规划、环境功能区划及其他相关规划要求，不占用自然保护区、风景名胜区、饮用水水源保护区和永久基本农田等法律法规明令禁止建设的区域。

不予批准城市建成区、地级及以上城市规划区除热电联产以外的燃煤发电项目和大气污染防治重点控制区除“上大压小”和热电联产以外的燃煤发电项目。不予批准京津冀、长三角和珠三角等区域除热电联产外的燃煤发电项目及配套自备燃煤电站项目，现有多台燃煤机组装机容量合计达到30万千瓦以上的，可按照煤炭等量替代的原则建设大容量燃煤机组。

第四条 低热值煤发电项目和国家大型煤电基地内的火电项目符合规划环评及审查意见的要求。其他应依法开展规划环评的规划包含的火电项目，应落实规划环评确定的原则和要求。

第五条 采用资源利用率高、污染物产生量小的清洁生产技术、工艺和设备，单位发电量的煤耗、水耗和污染物排放量等指标达到清洁生产先进水平。

第六条 污染物排放总量满足国家和地方的总量控制指标要求，有明确的总量来源及具体的平衡方案。主要大气污染物排放总量指标原则上从本行业、本集团削减量获得，热电联产机组供热部分总量指标可从其他行业获取。

京津冀、长三角、珠三角等大气污染防治重点控制区和某项主要污染物上一年度年平均浓度超标的地区，不得作为主要污染物排放总量指标跨行政区调剂的调入方接受其他区域的主要大气污染物排放总量指标。不予批准超过大气污染物排放总量控制指标或未完成大气环境质量改善目标地区的火电项目。

第七条 同步建设先进高效的脱硫、脱硝和除尘设施，不得设置烟气旁路烟道，各项污染物排放浓度满足《火电厂大气污染物排放标准》（GB 13223）和其他相关排放标准。大气污染防治重点控制区的燃煤发电项目，满足特别排放限值要求。所在地区有地方污染物排放标准的，按其规定执行。符合国家超低排放的有关规定。

煤场和灰场采取有效的抑尘措施，厂界无组织排放符合相关标准限值要求。在环境敏感区或区域颗粒物超标地区设置封闭煤场。灰场设置合理的大气环境防护距离，环境防护距离范围内不应有居民区、学校、医院等环境敏感目标。

第八条 降低新鲜水用量。具备条件的地区，利用城市污水处理厂的中水、煤矿疏干水、海水淡化水。工业用水禁止取用地下水，取用地表水不得挤占生态用水、生活用水和农业用水。

根据“清污分流、雨污分流”原则提出厂区排水系统设计要求，明确污水分类收集和处理方案，按照“一水多用”的原则强化水资源的串级使用要求，提高水循环利用率，最大限度减少废水外排量。脱硫废水单独处理后回用。禁设排污口的区域落实高浓度循环冷却水综合利用途径或采取有效的脱盐措施。

未在水环境敏感区、禁设排污口的区域设置废水排放口，未向不能满足环境功能区要求的受纳水体排放增加受纳水体超标污染物的废水。

厂区及灰场等区域按照环境保护目标的敏感程度、水文地质条件采取分区防渗措施，提出了有效的地下水监控方案。

第九条 选择低噪声设备并采取隔声降噪措施，优化厂区平面布置，确保厂界噪声达标。位于人口集中区的项目应强化噪声污染防治措施，进一步降低噪声影响。

第十条 灰渣、脱硫石膏等优先综合利用，暂不具备综合利用条件的运往灰场分区贮存，灰场选址、建设和运行满足《一般工业固体废物贮存、处置场污染控制标准》（GB 18599）要求。热电联产项目灰渣应全部综合利用，仅设置事故备用灰场（库），储量不宜超过半年。脱硝废催化剂按危险废物管理要求提出相关的处理处置措施。

第十一条 提出合理有效的环境风险防范措施和环境风险应急预案的编制要求，纳入区域环境风险应急联动机制。以液氨为脱硝还原剂的，加强液氨储运和使用环节的环境风险管控。城市热电和位于人口集中区的项目，宜选用尿素作为脱硝还原剂。事故池容积设计符合国家标准和规范要求。

第十二条 改、扩建项目对现有工程存在的环保问题和环境风险进行全面梳理并明确“以新带老”整改方案。现有工程按计划完成小机组关停。

第十三条 有环境容量的地区，项目建成运行后，环境质量仍满足相应环境功能区要求。环境质量不达标的区域，强化项目的污染防治措施，并提出有效的区域污染物减排方案，改善环境质量。大气污染防治重点控制区和大气环境质量超标的城市，落实区域内现役源2倍削减替代，一般控制区现役源1.5倍削减替代。

第十四条 提出项目实施后的环境监测计划和环境管理要求。按规范设置污染物排放口和固体废物堆放场，设置污染物排放连续自动监测系统并与环保部门联网，烟囱预留永久性监测口和监测平台。

重金属污染综合防治规划范围内的项目，开展土壤、地下水特征污染物背景监测。

第十五条 按相关规定开展信息公开和公众参与。

第十六条 环境影响评价文件编制规范，符合资质管理规定和环评技术标准要求。

附件2

水电建设项目环境影响评价文件审批原则（试行）

第一条 本原则适用于常规水电建设项目环境影响评价文件的审批，水利枢纽、航电枢纽、抽水蓄能电站等项目可以参照执行。

第二条 项目符合环境保护相关法律法规和政策，满足流域综合规划、水能资源开发规划等相关流域和行业规划及规划环评要求，梯级布局、开发任务、开发方式及时序、调节性能和工程规模等主要参数总体符合规划。

第三条 工程布局、施工布置和水库淹没原则上不占用自然保护区、风景名胜区、永久基本农田等法律法规明令禁止占用区域和已明确作为栖息地保护的河流和区域，与饮用水水源保护区保护要求相协调，且不对上述敏感区的生态系统结构、功能和主要保护对象产生重大不利影响。

第四条 项目改变坝址下游水文情势且造成不利生态环境影响的，应提出生态流量泄放等生态调度措施，明确生态流量过程、泄放设施及在线监测设施和管理措施等内容。项目对水质造成不利影响的，应针对污染源治理、库底环境清理、库区水质保护、污水处理等提出对策措施。兼顾城乡供水任务的，应提出设置饮用水水源保护区、隔离防护等措施。存在下泄低温水、气体过饱和并带来不利生态环境影响的，应提出分层取水、优化泄洪工程形式或调度方式、管理等措施。

项目在采取上述措施后，相关河段水质应符合水环境功能区和水功能区要求，下泄水应满足坝址下游河道水生生态、水环境、景观、湿地等生态环境用水及下游生产、生活取水要求，不得造成脱水河段和对农灌、水生生物等造成重大不利影响。

第五条 项目对鱼类等水生生物洄游、重要三场等生境、物种及资源量等造成不利影响的，应提出栖息地保护、水生生物通道、鱼类增殖放流等措施。其中，栖息地保护措施包括干（支）流生境保留、生态恢复（或重建）等，采用生境保留的应明确河段范围及保护措施。水生生物通道措施包括鱼道、升鱼机、集运鱼系统等，应明确过鱼对象、运行要求等内容，并落实设计。鱼类增殖放流措施应明确建设单位是责任主体，并包括鱼类增殖站地点、增殖放流对象、放流规模、放流地点等内容。

项目在采取上述措施后，水生生物的生境、物种、资源量的损失以及阻隔影响等能够得到缓解和控制，不会造成原有珍稀濒危保护或重要经济水生生物在相关河段消失，不会对相关河段水生生态系统造成毁灭性不利影响。

第六条 项目对珍稀濒危等保护植物造成影响的，应采取工程防护、异地移栽等措施。项目对珍稀濒危等野生保护动物造成影响的，应提出救助、构建动物廊道或类似生境等措施。项目涉及风景名胜区等环境敏感区并对景观产生影响的，应提出优化工程设计、景观塑造等措施。项目建设带来地下水位变化导致次生生态环境影响的，应提出针对性措施。

项目在采取上述措施后，陆生动植物的生境、物种、资源量的损失以及阻隔影响、次生生态环境影响等能够得到缓解和控制，与风景名胜区等景观协调，不会造成原有珍稀濒危保护动植物在相关区域消失，不会对陆生生态系统造成毁灭性不利影响。

第七条 项目施工组织方案具有环境合理性，对弃土（渣）场等应提出防治水土流失和施工迹地生态恢复等措施。对施工期各类废（污）水、废气、噪声、固体废物等提出了防治或处置措施，符合环境保护相关标准和要求。

项目在采取上述措施后，施工过程环境影响得到缓解和控制，不对周围生态环境和敏感目标产生重大不利影响。

第八条 项目移民安置涉及的农业土地开垦、安置区、迁建企业、复建工程等安置建设方式和选址具有环境合理性，对环境造成不利影响的，应提出生态保护、污水处理与垃圾处置等措施。针对城（集）镇迁建及配套环保设施、重大交通复建工程、重要水利工程、污染型企业迁建等重大移民安置工程，应提出单独开展环境影响评价要求。

项目在采取上述措施后，移民安置环境影响得到缓解和控制。

第九条 项目存在外来物种入侵或扩散、相关河段水体可能受到污染或产生富营养化等环境风险的，应提出针对性风险防范措施和环境应急预案编制要求。

第十条 项目为改、扩建的，应全面梳理现有工程存在的环境问题，提出全面有效的整改方案。

第十一条 按相关导则及规定要求，制定生态、水环境等监测计划，并提出根据监测评估结果开展环境影响后评价或优化环境保护措施的要求。根据项目环境保护管理需要和相关规定，应提出必要的环境保护设计、施工期环境监理、运行期环境管理、开展相关科学研究等要求和相关保障措施。

第十二条 对环境保护措施进行了深入论证，明确措施实施的责任主体、投资、进度和预期效果等，确保科学有效、安全可行、绿色协调。

第十三条 按相关规定开展信息公开和公众参与。

第十四条 环境影响评价文件编制规范，符合资质管理规定和环评技术标准要求。

附件 3

钢铁建设项目环境影响评价文件审批原则（试行）

第一条 本原则适用于烧结/球团、炼焦、钢铁冶炼及压延加工等钢铁建设项目环境影响评价文件的审批。

第二条 项目建设符合国家和地方环境保护的相关法律法规，符合落后产能淘汰的相关要求。实行铁、钢产能等量或减量置换，其中辽宁、河北、上海、天津、江苏、山东等省（市）实行省内铁、钢产能等量或减量置换。不予批准未按期完成淘汰任务地区的项目。

第三条 项目符合国家和地方的主体功能区规划、环境保护规划、城市总体规划、环境功能区划及其他相关规划要求，符合区域规划环评和产业规划环评要求。

不予批准选址在自然保护区、风景名胜区、饮用水水源保护区和永久基本农田内的项目，不予批准选址在城市建成区、地级及以上城市市辖区内的新建、扩建项目。

第四条 采用资源利用率高、污染物产生量小的清洁生产技术、工艺和设备，单位产品的物耗、能耗、水耗、资源综合利用和污染物排放量等指标达到清洁生产先进水平，京津冀、长三角、珠三角等区域的项目单位产品能耗达到国际先进水平。

统筹区域企业之间、钢铁企业内部资源综合利用，实施循环经济。新建焦炉同步配套建设干熄焦装置。

第五条　污染物排放总量满足国家和地方的相关控制指标要求，有明确的总量来源和具体的平衡方案。

不予批准超过污染物排放总量控制指标或未完成环境质量改善目标地区新增污染物排放的项目。

第六条　对有组织、无组织废气进行收集、控制与治理。料场、料堆采取防风抑尘措施，城市钢厂及位于沿海、大气污染防治重点控制区的项目采用密闭料场或筒仓，大宗物料采取封闭式皮带运输。烧结（球团）焙烧烟气全部收集并同步建设先进高效的脱硫、除尘和必要的脱硝设施。烧结、电炉工序采取必要的二噁英控制措施。高炉、焦炉和转炉煤气净化回收利用，其他废气及电炉冶炼烟气进行收集并采取高效除尘措施。焦炉烟气必要时配设硫化物和氮氧化物治理设施，轧钢加热炉和热处理炉采用低氮燃烧技术，冷轧酸雾、油雾和有机废气采取净化措施。

第七条　具备条件的地区，利用城市污水处理厂的中水、海水淡化水。取用地表水不得挤占生态用水、生活用水和农业用水。严格控制取用地下水。

按照“清污分流、分质处理、梯级利用”原则，设立完善的废水收集、处理、回用系统。焦化酚氰废水、含油废水、乳化液废水、酸碱废水和含铬废水单独收集处理，酚氰废水不得外排。配套建设净环、浊环废水处理系统和全厂废水处理站。

按照环境保护目标的敏感程度、水文地质条件采取分区防渗措施，提出有效的地下水监控方案。

第八条　遵照“资源化、减量化、无害化”原则，对固体废物进行处理处置，采取有效措施提高综合利用率。危险废物的贮存和处理处置符合相关管理要求，焦油渣、沥青渣、生化污泥和处理后的焦化脱硫废液采用回配炼焦煤等措施综合利用，回用过程不落地。烧结（球团）脱硫渣、高炉渣和预处理后的钢渣立足综合利用，做到妥善处置。

第九条　选用低噪声工艺和设备，采取隔声、消声、减振和优化总平面布置等措施有效控制噪声污染。

第十条　提出合理的环境风险应急预案编制要求和有效的环境风险防范及应急措施，纳入区域环境风险应急联动机制。重点关注煤气、酸、碱、苯等风险物质储运和使用环节的环境风险管控。焦化装置配套建设事故储槽（池）。

第十一条　废气、废水排放满足《炼焦化学工业污染物排放标准》（GB 16171）、《钢铁烧结、球团工业大气污染物排放标准》（GB 28662）、《炼铁工业大气污染物排放标准》（GB 28663）、《炼钢工业大气污染物排放标准》（GB 28664）、《轧钢工业大气污染物排放标准》（GB 28665）和《钢铁工业水污染物排放标准》（GB 13456）要求。厂界噪声满足《工业企业厂界环境噪声排放标准》（GB 12348）要求。固体废物贮存、处置设施、场所满足《一般工业固体废物贮存、处置场污染控制标准》（GB 18599）、《危险废物贮存污染控制标准》（GB 18597）及其修改单要求。大气污染防治重点控制区的项目，满足特别排放限值要求。地方另有严格要求的按其规定执行。

第十二条　改、扩建项目全面梳理现有工程的环保问题，提出“以新带老”整改方案。

第十三条　关注苯并芘、二噁英、细颗粒物及其主要前体物的环境影响，关注特征污染物的累积环境影响，结合环境质量要求设定环境防护距离，提出环境防护距离内禁止布局新居民点的规划控制要求。环境防护距离内已有居民集中区、学校、医院等环境敏感目标的，提出可行的处置方案。

有环境容量的地区，项目建设运行后，环境质量仍满足相应功能区要求。环境质量不达标区域，强化项目污染防治措施，并提出有效的区域污染物减排方案，改善环境质量。大气污染防治重点控制区和大气环境质量超标的城市，落实区域内现役源 2 倍削减替代，一般控制区 1.5 倍削减替代。

第十四条 按照国家和地方相关规定，提出项目实施后的环境监测计划和环境管理要求。提出污染物排放自动监控并与环保主管部门联网的要求。按照环境监测管理规定和技术规范要求设计永久采样口、采样测试平台和排污口标志。

第十五条 按相关规定开展信息公开和公众参与。

第十六条 环境影响评价文件编制规范，符合资质管理规定和环评技术标准要求。

附件 4

铜铅锌冶炼建设项目环境影响评价文件审批原则（试行）

第一条 本原则适用于以铜精矿、铅精矿、锌精矿或铅锌混合精矿为主要原料的铜、铅、锌冶炼建设项目环境影响评价文件的审批。

第二条 项目符合国家和地方的环境保护法律法规和环境政策，符合与环境保护有关的产能置换和落后产能淘汰等要求。

第三条 项目符合国家和地方的主体功能区规划、环境保护规划、产业发展规划、城市总体规划、土地利用规划、环境功能区划及其他相关规划要求。新建项目应位于产业园区内，并符合园区规划及规划环评要求。

不予批准选址在自然保护区、风景名胜区、饮用水水源保护区、永久基本农田、城市建成区、地级及以上城市市辖区和居民集中区的项目。

第四条 采用资源回收率高、污染物产生量小的清洁生产技术、工艺和设备，单位产品的综合能耗和污染物排放量等指标达到清洁生产国内先进水平，新建、扩建铅锌冶炼项目达到国际先进水平。

入炉原料符合《重金属精矿产品中有害元素的限量规范》（GB 20424）要求。无汞回收装置的铅锌冶炼项目不得使用汞含量高于 0.01%的原料。

第五条 主要污染物和重金属等特征污染物排放总量满足国家和地方相关控制要求，有明确的总量来源和具体的平衡方案。

不予批准超过污染排放总量控制指标或未完成环境质量改善目标、重金属污染综合防治规划年度减排任务地区新增污染物排放的项目。

第六条 对有组织、无组织废气进行收集、控制与治理。粉状物料的贮存、输送采取密闭措施，备料、渣选矿等工序采取抑尘、除尘措施，原料干燥烟气采取相应的脱硫、除重金属等措施。火法冶炼烟尘采取高效除尘措施，烟气含氟、氯时采取必要的净化措施；高浓度二氧化硫烟气制酸回收硫资源，制酸尾气配套必要的脱硫设施；冶炼生产区逸散烟尘经环境集烟后送脱硫和除尘系统处理。电解、浸出、伴生有价金属回收等工序的酸性气体进行净化处理。

冶炼炉窑开、停炉和制酸系统故障时排放的烟气进行收集、处理，烟气处理系统与生产设施设置同步运行联锁装置。根据需要配套相应的氮氧化物控制或治理措施。

第七条 按照“清污分流、分质处理、梯级利用”原则，设立完善的废水收集、处理、回用系统。对制酸烟气净化废液、设备或场地冲洗水、生产区初期雨水进行收集与处理，处理后的废水全部回用；炉渣冷却、水碎及工艺浇铸等环节的直接冷却水实现循环使用；间接循环冷却系统排污水优先回用于其他生产工序。规范建设初期雨水收集池和事故池，确保含重金属废水不外排。结合水文地质等条件，采取分区防渗等措施有效防范地下水污染。

第八条 按照“减量化、资源化、无害化”的原则，对固体废物进行处理处置。铅滤饼、砷滤饼、白烟尘、高铅渣、废水处理污泥、废酸、废触媒等危险废物的贮存与处置场所符合国家有关规定。冶炼烟尘、炉渣和废耐火材料回收或综合利用。含酸、碱泥渣未鉴别时应严于第Ⅱ类一般工业固体废物贮存、处置。新建、改造铅锌冶炼项目配套建设有价金属综合利用系统。

第九条 选用低噪声工艺和设备，采取隔声、消声、减振和优化总平面布置等措施有效控制噪声污染。

第十条 废气和废水排放达到《铜、镍、钴工业污染物排放标准》(GB 25467)、《铅、锌工业污染物排放标准》(GB 25466)及其修改单要求，铜冶炼项目单位阳极铜产品的熔炼、吹炼、火法精炼(阳极炉)、环境集烟以及与火法冶炼有关的备料干燥烟气等排放达到基准排气量的有关要求；大气污染防治重点控制区内的项目，满足特别排放限值要求。固体废物贮存、处置设施、场所满足《一般工业固体废物贮存、处置场污染控制标准》(GB 18599)、《危险废物贮存污染控制标准》(GB 18597) 及其修改单要求。厂界噪声达到《工业企业厂界环境噪声排放标准》(GB 12348) 要求。地方另有严格要求的按其规定执行。

第十一条 提出合理的环境风险应急预案编制要求和有效的环境风险防范及应急措施，纳入区域环境风险应急联动机制。位于七大重点流域干流沿岸的项目，强化环境风险防范措施，合理布局生产装置及危险化学品仓储等设施。

第十二条 改、扩建项目全面梳理现有工程的环保问题，提出“以新带老”整改方案。

第十三条 在原料全分析的基础上进行物料和重金属平衡，关注有组织和无组织污染源中的重金属、细颗粒物及其主要前体物的环境影响，结合环境质量要求设定环境防护距离。提出环境防护距离内禁止种植食用部位易富集重金属农作物和禁止布局新居民点的规划控制要求。环境防护距离内已有居民集中区、学校、医院等环境敏感目标的，应提出可行的处置方案。

有环境容量的地区，项目建设运行后，环境质量仍满足相应功能区要求。环境质量不达标区域，强化项目污染防治措施，并提出有效的区域污染物减排方案，改善环境质量。

不予批准选址在重金属污染综合防治重点区增加重金属污染物排放或选址在重要生态功能区和因重金属污染导致环境质量不能稳定达标区域的项目。

第十四条 提出项目实施后的环境管理要求和环境监测计划，明确施工期环境监理安排和运营期环境影响后评价要求。按照环境监测管理规定和技术规范要求设计永久采样口、采样测试平台和排污口标志，冶炼烟气治理设施排气筒及污（废）水排放口安装自动连续监测装置并与环保部门联网，合理布置地下水监测井。

新建项目开展环境空气、地表水、地下水、土壤等的重金属背景值监测，涉及人口集中居住区的开展人群健康调查。提出在厂界内分区布设降尘缸监测烟（粉）尘无组织排放的要求。

第十五条 按相关规定开展信息公开和公众参与。

第十六条 环境影响评价文件编制规范，符合资质管理规定和环评技术标准要求。

附件 5

石化建设项目环境影响评价文件审批原则（试行）

第一条 本原则适用于以原油、重油等为原料生产汽油馏分、柴油馏分、燃料油、石油蜡、石油沥青、润滑油和石油化工原料等的石油炼制工业项目，以及以石油馏分、天然气为原料生产有机化学品、合成树脂原料、合成纤维原料、合成橡胶原料等的石油化学工业项目环境影响评价文件的审批。

第二条 项目符合环境保护相关法律法规和政策，符合产业结构调整、落后产能淘汰的相关要求。

第三条 项目原则上应布局在优化开发区和重点开发区，符合主体功能区规划、环境保护规划、石化产业发展规划、城市总体规划、土地利用规划、环境功能区划及其他相关规划要求。

新建、扩建项目应位于产业园区，并符合园区规划及规划环境影响评价要求。七大重点流域干流沿岸严格控制石化项目环境风险，合理布局生产装置及危险化学品仓储设施。

不予批准位于自然保护区、风景名胜区、饮用水水源保护区、永久基本农田等环境敏感区的项目和城市建成区的新建、扩建项目。

第四条 开展了厂址比选，原则上应避开饮用水水源保护区上游、城市上风向，与居民集中区、医院、学校具有一定的缓冲距离。

第五条 采用先进适用的技术、工艺和装备，单位产品物耗、能耗、水耗和污染物产生情况等清洁生产指标满足国内清洁生产先进水平。

根据区域大气环境质量现状、国家油品质量升级要求和油品质量标准，优化工艺路线及产品方案，提升汽油、柴油油品质量。

第六条 污染物排放总量满足国家和地方相关要求，总量指标有明确的来源及具体平衡方案。特征污染物排放量满足相应的控制指标要求。

第七条 加热炉等采用清洁燃料，采取必要的氮氧化物控制措施；催化裂化装置和动力站锅炉等采取必要的脱硫、脱硝和除尘措施；工艺废气采取有效治理措施，减少污染物排放。通过优化设备、储罐选型，装卸、废水处理、污泥处置、采样等环节密闭化，减少污染物无组织排放；储存、装卸、废水处理等环节采取高效的有机废气回收与治理措施；明确设备泄漏检测与修复（LDAR）制度。动力站锅炉烟气满足《锅炉大气污染物排放标准》（GB 13271）或《火电厂大气污染物排放标准》（GB 13223）要求，其他废气排放源污染物满足《石油炼制工业污染物排放标准》（GB 31570）和《石油化学工业污染物排放标准》（GB 31571）要求，恶臭污染物满足《恶臭污染物排放标准》（GB 14554）要求。国家和地方另有严格要求的按规定执行。位于京津冀、长三角、珠三角等区域的新建项目，不得配套建设自备燃煤电站。

合理设置环境防护距离，环境防护距离内已有居民区、学校、医院等环境敏感目标的，应提出可行的处置方案。

第八条 强化节水措施，减少新鲜水用量，具备条件的地区，利用城市污水处理厂的中水、海水淡化水。取用地表水不得挤占生态用水、生活用水和农业用水。严格控制取用地下水。

废水采取分类收集、分质处理措施。提高污水回用率，含油废水经处理后最大限度回用；含盐废水进行适当深度处理，排放的污染物满足《石油炼制工业污染物排放标准》（GB 31570）和《石油化学工业污染物排放标准》（GB 31571）要求；生产废水、清净下水排放口设置在线监测系统。废水依托公共污水处理系统处理的，在厂内进行预处理，常规污染物和特征污染物排放均满足相应间接排放标准和公共污水处理系统纳管要求。国家和地方另有严格要求的按其规定执行。

第九条 根据地下水水文情况，按照《石油化工工程防渗技术规范》（GB/T 50934）等相关要求，采取分区防渗措施，制定有效的地下水监控和应急方案。

第十条 按照“减量化、资源化、无害化”的原则，对固体废物妥善处置。一般固体废物应通过项目自身或园区内企业进行综合利用，无法综合利用的就近安全处置。大型炼化一体化等产生危险废物量较大的石化项目应立足于自身或依托园区危险废物集中设施处置。固体废物贮存和处置系统应满足相关污染控制技术规范和标准要求。

第十一条 优化厂区平面布置，优先选用低噪声设备，高噪声设备采取有效的减振、隔声等降噪措施，厂界噪声满足《工业企业厂界环境噪声排放标准》（GB 12348）要求。

第十二条 重大环境风险源合理布局，提出合理有效的环境风险防范和应急措施。事故废水进行有效收集和妥善处理，不直接进入外环境。提出环境风险应急预案编制要求，制定有效的环境风险管理制度，合理配置环境风险防控及应对处置能力，与当地政府和相关部门以及周边企业、园区相衔接，建立区域环境风险联控机制。

第十三条 改、扩建项目全面梳理现有工程的环保问题，提出整改措施。

第十四条 环境质量现状满足环境功能区要求的区域，项目实施后环境质量仍满足功能区要求；环境质量现状不能满足环境功能区要求的区域，通过强化项目污染防治措施、并提出有效的区域削减措施，改善区域环境质量。

第十五条 明确施工期环境监测计划和环境管理要求。

制定完善的覆盖大气、地表水、地下水、土壤、噪声、生态等各环境要素、包含常规污染物和特征污染物的环境监测计划；按照环境监测管理规定和技术规范的要求，设计采样口和监测平台。按照国家规定，要求企业安装污染物排放自动监控设备并与环保部门联网。项目所在园区建立覆盖各环境要素和各类污染物的监测体系。

第十六条 按相关规定开展信息公开和公众参与。

第十七条 环评文件编制规范，符合资质管理规定和环评技术标准要求。

附件 6

制浆造纸建设项目环境影响评价文件审批原则（试行）

第一条 本原则适用于以植物（木材、其他植物）或废纸等为原料生产纸浆和以纸浆为原料生产纸张、纸板等产品的制浆造纸建设项目及其配套的原料林基地工程环境影响评价文件的审批。

第二条 项目符合国家环境保护相关法律法规和政策要求，符合造纸行业相关产业结构调整、落后产能淘汰要求。

第三条 项目选址符合主体功能区规划、环境保护规划、造纸发展规划、城市总体规划、土地利用规划、环境功能区划及其他相关规划要求，涉海项目符合近岸海域环境功能区划及海洋功能区划要求。原料林基地工程选址符合林业发展规划、生态功能区划、土地利用规划及其他相关规划要求。

新建、扩建项目应位于产业园区，并符合园区规划及规划环境影响评价要求；原则上避开居民集中区、医院、学校等环境敏感区。不予批准位于自然保护区、风景名胜区、饮用水水源保护区、永久基本农田等环境敏感区的项目和严重缺水地区、城市建成区内的新建、扩建项目。原料林基地工程选址避开水土流失重点防治区、生态公益林、饮用水水源保护区等环境敏感区域，严重缺水地区禁止建设灌溉型林基地工程。

第四条 采用先进适用的技术、工艺和装备，清洁生产水平达到国内同行业清洁生产先进水平。

第五条 污染物排放总量满足国家和地方相关要求，有明确的总量来源及具体的平衡方案。特征污染物排放量满足相应的控制指标要求。

第六条 自备热电站锅炉、碱回收炉、石灰窑炉、硫酸制备装置采取合理的脱硫、脱硝和除尘措施，漂白、二氧化氯制备等环节采取有效的废气治理措施；优化蒸煮、洗涤、蒸发、碱回收等的设备选型，具有恶臭、VOCs 等无组织气体排放的环节（如污水处理和污泥处置等）密闭收集废气并采取先进技术妥善处理，减少恶臭和 VOCs 等无组织废气排放。热电站锅炉满足《火电厂大气污染物排放标准》（GB 13223）要求，65 蒸吨/小时以上碱回收炉参照《火电厂大气污染物排放标准》（GB 13223）要求，65 蒸吨/小时及以下碱回收炉参照《锅炉大气污染物排放标准》（GB 13271）中生物质成型燃料锅炉的排放控制要求执行，其他常规和特征污染物排放满足《大气污染物综合排放标准》（GB 16297）、《工业炉窑大气污染物排放标准》（GB 9078）、《恶臭污染物排放标准》（GB 14554）等要求。国家和地方另有严格要求的按其规定执行。京津冀、长三角、珠三角等区域新建项目不得配套建设自备燃煤电站。

合理设置环境防护距离，环境防护距离内已有居民区、学校、医院等环境敏感目标的，应提出可行的处置方案。

第七条 强化节水措施，减少新鲜水用量。取用地表水不得挤占生态用水、生活用水、农业用水等。

废水分类收集、分质处理、优先回用。制浆工艺采取低污染制浆技术，碱法制浆设置碱回收系统，铵法制浆设置木质素提取系统。漂白工艺不得采用元素氯漂白工艺。废水依托园区公共污水处理系统处理的，在厂内进行预处理，常规污染物和特征污染物排放均满足相关标准和纳管要求。外排废水满足《制浆造纸工业水污染物排放标准》（GB 3544）要求。

采取分区防渗等措施，有效防范对地下水环境的不利影响。

第八条 按照“减量化、资源化、无害化”的原则，对固体废物进行处理处置。固体废物贮存和处置满足相关污染控制技术规范和标准要求。

第九条 优化平面布置，优先选用低噪声设备，对高噪声设备采取降噪措施，厂界噪声满足《工业企业厂界环境噪声排放标准》（GB 12348）要求。

第十条 厂区内重大危险源布局合理，提出有效的环境风险防范和应急措施。事故废水有效收集和妥善处理，不直接进入外环境。针对项目可能产生的环境风险制定有效的风险防范和应急措施，建立项目及区域环境风险防范与应急管理体系，提出运行期环境风险应急预案编制要求。

第十一条 改、扩建项目全面梳理现有工程存在的环保问题，提出整改措施。

第十二条 选择树种适宜，采取有效措施，种植、采伐、施肥方式科学，清林整地、造林、抚育、采伐、更新等过程符合生态环境保护及工业人工林生态环境管理相关要求，项目对环境的不利影响可得到控制和减缓，能够维护生物多样性和生态系统稳定、安全。对滥砍滥伐、水土流失、病虫害、面源污染等引发的环境风险提出合理有效的环境风险防范和应急措施，项目对生态的不利影响可得到控制和减缓。

第十三条 环境质量现状满足环境功能区要求的区域，项目实施后环境质量仍满足功能区要求；环境质量现状不能满足环境功能区要求的区域，进一步强化项目污染防治措施，并提出有效的区域削减措施，改善区域环境质量。

第十四条 明确项目实施后的环境管理要求和环境监测计划。制定完善的环境质量、常规和特征污染物排放、生态等的监测计划。按照国家规定，提出污染物排放自动监控要求并与环保部门联网。

第十五条 按相关规定开展信息公开和公众参与。

第十六条 环评文件编制规范，符合资质管理规定和环评技术标准要求。

附件 7

高速公路建设项目环境影响评价文件审批原则（试行）

第一条 本原则适用于高速公路建设项目环境影响评价文件的审批。

第二条 项目符合环境保护相关法律法规和政策要求，符合相关公路网规划、规划环评及审查意见要求。

第三条 项目选址选线及施工布置不得占用自然保护区、风景名胜区、饮用水水源保护区、永久基本农田等依法划定禁止开发建设的环境敏感区。

第四条 项目经过声环境敏感目标路段，优化线位，分情况采取降噪措施，有效控制噪声影响。

施工期应合理安排施工时段，选用低噪声施工机械以及隔声降噪措施，避免噪声扰民。

结合实际情况采用合理工程形式，采取低噪声路面技术、设置减速禁鸣标志等措施降低噪声源强。对预测超标的声环境敏感目标采取设置声屏障、安装隔声窗、搬迁或功能置换等措施。

声环境质量达标的，项目实施后声环境质量原则上仍须达标；声环境质量不达标的，须强化噪声防治措施，确保项目实施后声环境质量不恶化。

项目经过规划的居民住宅、教育科研、医疗卫生等噪声敏感建筑物用地路段，预留声屏障等噪声治理措施实施条件。结合噪声预测结果，对后续规划控制提出建议。

第五条 项目经过耕地、林地集中路段，结合工程技术经济条件采取增大桥隧比、降低路基、收缩边坡等措施。合理控制取弃土场数量。对取弃土场、临时施工场地、施工便道等采取防治水土流失和生态恢复措施，有效减缓生态影响。

涉及自然保护区、风景名胜区、重要湿地等生态敏感区的，应优化线位、工程形式和施工方案，结合生态敏感区的类型、保护对象及保护要求，采取有针对性的保护措施，减缓不利环境影响。

对重点保护及珍稀濒危野生动物重要生境、迁徙行为造成影响的，采取优化工程形式和施工方案、合理安排工期、设置野生动物通道、运营期灯光及噪声控制以及栖息地恢复、生态补偿等措施；对古树名木、重点保护及珍稀濒危植物造成影响的，采取避让、工程防护、异地移栽等措施，减缓对受影响动植物的不利影响。

第六条　项目涉及饮用水水源保护区或Ⅰ类、Ⅱ类敏感水体时，优化工程设计和施工方案，施工期和运营期废水、废渣不得排入上述敏感水体。沿线产生的污水经处理满足标准后回用或排放。

隧道工程涉及生态敏感区、居民取水井、泉或暗河的，采取优化施工工艺、开展地下水环境监控、制定应急预案等措施，减缓对地表植被和居民饮水造成的不利影响。

第七条　隧道进出口或通风竖井以及排风塔临近居民区或环境敏感区的，应采用优化布局或采取大气污染治理措施，减缓环境影响。

沿线供暖设备排放大气污染物的，应采取污染防治措施，确保各项污染物达标排放。沿线产生的固体废物分类妥善处置。

第八条　对于存在环境污染风险路段，在确保安全和技术可行的前提下，采取加装防撞护栏、设置桥（路）面径流收集系统和收集池等环境风险防范措施。提出环境风险防范应急预案的编制要求，建立与当地政府相关部门和受影响单位的应急联动机制。

第九条　改、扩建项目应全面梳理现有工程存在的环保问题，提出整改措施。

第十条　按导则及相关规定要求制定生态、噪声、水环境等的监测计划，根据监测结果完善环境保护措施。明确施工期环境监理、运营期环境管理的要求。

第十一条　对环境保护措施进行深入论证，确保其科学有效、切实可行，合理估算环保投资，明确了措施实施的责任主体、实施时间、实施效果。

第十二条　按相关规定开展信息公开和公众参与。

第十三条　环评文件编制规范，符合资质管理规定和环评技术标准要求。

关于印发水泥制造等七个行业建设项目环境影响评价文件审批原则的通知

（环办环评〔2016〕114 号）

各省、自治区、直辖市环境保护厅（局），新疆生产建设兵团环境保护局：

为进一步规范建设项目环境影响评价文件审批，统一管理尺度，我部组织编制了水泥制造、煤炭采选、汽车整车制造、铁路、制药、水利（引调水工程）、航道等七个行业建设项目环境影响评价文件审批原则（试行）。现印发给你们，请参照执行。国家环境保护政策和环境管理要求如有调整，建设项目环境影响评价文件审批按新的规定执行。

附件：1．水泥制造建设项目环境影响评价文件审批原则（试行）

2．煤炭采选建设项目环境影响评价文件审批原则（试行）

3．汽车整车制造建设项目环境影响评价文件审批原则（试行）

4．铁路建设项目环境影响评价文件审批原则（试行）

5．制药建设项目环境影响评价文件审批原则（试行）

6．水利建设项目（引调水工程）环境影响评价文件审批原则（试行）

7．航道建设项目环境影响评价文件审批原则（试行）

环境保护部办公厅

2016 年 12 月 24 日

附件 1

水泥制造建设项目环境影响评价文件审批原则（试行）

第一条 本原则适用于水泥制造（包括水泥熟料制造以及配套石灰岩矿山开采）建设项目环境影响评价文件的审批。对不增加水泥熟料产能的节能减排、环保升级改造建设项目可参照执行，相关要求可适当简化。

第二条 项目符合环境保护相关法律法规和政策要求，符合落后产能淘汰、产能等量或减量置换以及煤炭减量替代等相关要求，不予批准未按期完成淘汰任务地区的项目。不予批准新建 2 000 吨/日以下熟料新型干法水泥生产线和 60 万吨/年以下水泥粉磨站。

新建、扩建水泥熟料制造建设项目应配套设计开采年限不低于 30 年的石灰岩资源，利用工业废渣等替代石灰岩资源项目应说明替代资源的可行性、可靠性。

第三条 项目符合国家和地方的主体功能区规划、环境保护规划、产业发展规划、城市总体规划、土地利用规划、环境功能区划、生态保护红线、生物多样性保护优先区域规划等的相关要求，符合相关区域或产业规划环评要求。水泥熟料建设项目配套的石灰岩矿应符合区域矿产资源开发利用规划。

不予批准选址在自然保护区、风景名胜区、饮用水水源保护区、永久基本农田等法律法规禁止建设区域的项目，不予批准选址在城市建成区、地级及以上城市市辖区内的新建、扩建项目（规划工业区除外）。新建、扩建项目不得位于城镇和集中居民区全年最大频率风向的上风侧。

水泥窑协同处置固体废物项目规划选址及设施、运行技术要求还应符合《水泥窑协同处置固体废物污染控制标准》（GB 30485）、《水泥窑协同处置工业废物设计规范》（GB 50634）、《水泥窑协同处置固体废物环境保护技术规范》（HJ 662）等要求。

第四条　新建、扩建水泥熟料建设项目应采用清洁生产技术、工艺和设备，单位产品水泥（熟料）综合能耗、物耗、水耗、资源综合利用和污染物产生量等指标应符合清洁生产领先企业要求。水泥熟料生产建设项目应配置余热回收利用装置。

第五条　主要污染物排放总量满足国家和地方相关要求。暂停审批未完成环境质量改善目标地区新增重点污染物排放的项目。

第六条　对有组织、无组织废气进行控制与治理。产尘物料贮存、输送采取封闭措施；矿石破碎、原料烘干、原料均化、生料粉磨、煤粉制备、水泥粉磨、包装等工序及原料库、燃料库、熟料库、水泥库等各产尘环节配套建设除尘设施；水泥窑及窑尾余热利用系统（窑尾）、冷却机（窑头）同步建设先进高效的除尘设施；水泥窑采用低氮氧化物燃烧、分解炉分级燃烧、烟气脱硝装置等一种或多种组合技术降氮。对二氧化硫排放超标的，应采取污染防治措施。

水泥窑协同处置固体废物项目的固体废物贮存、预处理等设施产生的废气以及旁路放风废气应进行有效控制与治理，符合《水泥窑协同处置固体废物污染控制标准》（GB 30485）、《水泥窑协同处置固体废物环境保护技术规范》（HJ 662）要求。

第七条　按照“清污分流、雨污分流、分类收集、分质处理”原则，设立完善的废水收集、处理、回用系统，提高水循环利用率，减少废水外排量。

水泥窑协同处置固体废物项目产生的渗滤液、车辆清洗废水以及其他废水等应进行收集处理，外排废水应达标排放。根据环境保护目标敏感程度、水文地质条件等，采取分区防渗等措施有效防范地下水污染。

第八条　按照“减量化、资源化、无害化”原则，对窑灰、灰渣、收集的粉尘、滤袋、废旧耐火砖、废石等固体废物立足综合利用，采取有效措施提高综合利用率。一般工业固体废物和危险废物贮存和处理处置应符合相关污染控制技术规范、标准及环境管理要求。

水泥窑协同处置固体废物项目窑灰排放等还应满足《水泥窑协同处置固体废物污染控制标准》（GB 30485）、《水泥窑协同处置固体废物环境保护技术规范》（HJ 662）要求。

第九条　生料磨、煤磨、水泥磨、破碎机、风机、空压机等应优先选用低噪声设备，优化厂区平面布置，采取隔声、消声、减振等措施有效控制噪声影响。矿山开采应优先采用低噪声、低振动的爆破技术。

第十条　废气排放符合《水泥工业大气污染物排放标准》（GB 4915）、《水泥窑协同处置固体废物污染控制标准》（GB 30485）、《恶臭污染物排放标准》（GB 14554）等要求。废水排放符合《污水综合排放标准》（GB 8978）要求。厂界噪声符合《工业企业厂界环境噪声排放标准》（GB 12348）要求。固体废物贮存、处置的设施、场所满足《一般工业固体废物贮存、处置场污染控制标准》（GB 18599）和《危险废物贮存污染控制标准》（GB 18597）及其修改单要求。

大气污染防治重点区域的项目，满足污染物特别排放限值要求。所在地区有地方污染物排放标准的，按其规定从严执行。

第十一条　结合当地生态功能区划要求，按照“边开采、边恢复”的原则，分施工期、运行期和闭矿期制定石灰岩矿山、废石场等生态环境保护方案，明确生态恢复目标，提出合理可行的生态保护、恢复、补偿与重建措施，控制和减缓对生态环境的影响。

第十二条 提出了有效的环境风险防范措施及突发环境事件应急预案编制要求，纳入区域突发环境事件应急联动机制。水泥窑协同处置危险废物项目应对危险废物暂存、预处理等风险源进行识别、评价并提出有效的风险防范措施。

第十三条 改、扩建项目应全面梳理现有工程存在的环保问题并明确限期整改要求，相关依托工程需进一步优化的，应提出“以新带老”方案。

第十四条 关注细颗粒物及其主要前体物、氟化物、汞的环境影响，水泥窑协同处置固体废物项目还应关注正常排放和非正常排放下的氯化氢、氟化氢、重金属、二噁英等的环境影响。实行错峰生产的地区，在环境影响分析预测中应予以考虑。新建、扩建项目选址布局应满足环境防护距离要求，并提出环境防护距离内禁止布局新建环境敏感目标等规划控制要求；改建项目应进一步采取措施，降低环境影响。

第十五条 提出了项目实施后的环境管理要求，制定施工期和运行期废气、废水、噪声、生态以及周边环境质量的自行监测计划，明确网点布设、监测因子、监测频次和信息公开等要求。按照环境监测管理规定和技术规范要求设置永久采样口、采样测试平台，按规范设置污染物排放口、固体废物贮存（处置）场，安装污染物排放自动监测系统并与环保部门联网。

水泥窑协同处置固体废物项目的污染源监测要求还应符合《水泥窑协同处置固体废物污染控制标准》（GB 30485）要求，并开展环境空气、地表水、地下水、土壤中重金属、二噁英等的背景值监测及后续跟踪监测。

第十六条 按相关规定开展了信息公开和公众参与。

第十七条 环境影响评价文件编制规范，符合资质管理规定和环评技术标准要求。

附件 2

煤炭采选建设项目环境影响评价文件审批原则（试行）

第一条 本原则适用于煤炭采选工程建设项目环境影响评价文件的审批。

第二条 项目符合环境保护相关法律法规和政策要求，符合煤炭行业化解过剩产能相关要求，新建煤矿应同步建设配套的煤炭洗选设施。特殊和稀缺煤开发利用应符合《特殊和稀缺煤类开发利用管理暂行规定》要求。

第三条 项目符合所在煤炭矿区总体规划、规划环评及其审查意见的相关要求，符合项目所在区域生态保护红线要求。

井（矿）田开采范围、各类占地范围不得涉及自然保护区、风景名胜区、饮用水水源保护区等法律法规明令禁止采矿和占用的区域。

第四条 新建、改扩建项目应满足《清洁生产标准 煤炭采选业》（HJ 446）要求。主要污染物排放总量满足国家和地方相关要求。

第五条 对井工开采项目的沉陷区及临时排矸场、露天开采项目的采掘场及排土场，应明确生态恢复目标，提出施工期、运行期、闭矿期合理可行的生态保护与恢复措施。对受煤炭开采影响的居民住宅、地面重要基础设施等环境保护目标，应提出相应的保护措施。

第六条 煤炭开采可能对自然保护区、风景名胜区、饮用水水源保护区的重要环境敏感目标造成不利影响的，应提出禁止开采、限制开采、充填开采等保护措施；涉及其他敏感区域保护目标的，应明确提出设置禁采区、限采区、限高开采、充填开采、条带开采等措施。

煤炭开采对具有供水意义的含水层、集中式与分散式供水水源的地下水资源可能造成影响的，应提出保水采煤等措施并制定长期供水替代方案；对地下水水质可能造成污染影响的应提出防渗等污染防治措施。

第七条 项目应配套建设矿井（坑）水、生活污水、生产废水处理设施，处理后的废水应立足综合利用，生活污水、生产废水等原则上不得外排。选煤厂煤泥水应实现闭路循环，工业场地初期雨水应收集处理。无法全部综合利用的废水，应满足相关排放标准要求后排放。

第八条 煤矸石等固体废物应优先综合利用，明确煤矸石综合利用途径和处置方式，满足《煤矸石综合利用管理办法》相关要求。暂不具备综合利用条件的，排至临时矸石堆放场（库）储存，储存规模不超过 3 年储矸量，且必须有后续综合利用方案。临时矸石堆放场（库）选址、建设和运行应满足《一般工业固体废物贮存、处置场污染控制标准》（GB 18599）要求。

第九条 煤矿地面储、装、运及生产系统各产尘环节应采取有效抑尘措施。涉及环境敏感区或区域颗粒物超标地区的项目，应封闭储煤，厂界无组织排放满足相关标准要求。优先采用依托热源、水源热泵、气源热泵、清洁能源等供热形式，确需建设燃煤锅炉的，应符合《大气污染防治行动计划》等相关要求，采取高效烟气脱硫、脱硝和除尘措施，并安装烟气在线监测系统，污染物排放应满足相关排放标准要求。

高浓度瓦斯禁止排放，应配套建设瓦斯利用设施或提出瓦斯综合利用方案；积极开展低浓度瓦斯综合利用工作，鼓励风排瓦斯综合利用。瓦斯排放应满足《煤层气（煤矿瓦斯）排放标准（暂行)》要求。

第十条 选择低噪声设备、优化场地布局并采取隔声、消声、减振等措施有效控制噪声影响，厂界噪声应满足《工业企业厂界环境噪声排放标准》（GB 12348）要求。

第十一条 改、扩建（兼并重组）项目应全面梳理现有工程存在的环保问题，提出“以新带老”整改方案。

第十二条 制定了生态、地下水、地表水等环境要素的跟踪监测计划，明确监测网点的布设、监测因子、监测频次和信息公开等要求，提出了采煤沉陷区长期地表岩移观测要求，提出了有效的环境风险防范措施及突发环境事件应急预案编制要求，纳入区域突发环境事件应急联动机制。

第十三条 涉及放射性污染影响的煤炭采选项目，参照《矿产资源开发利用辐射环境监督管理名录》（第一批）中石煤行业相关要求，原煤、产品煤、矸石或其他残留物铀（钍）系单个核素含量超过 1 贝可/克（1Bq/g）的项目，应开展辐射环境污染评价。开采高砷、高铝煤矿等项目，提出了产品煤去向及环境管理要求。

第十四条 按相关规定开展了信息公开和公众参与。

第十五条 环境影响评价文件编制规范，符合资质管理规定和环评技术标准要求。

附件 3

汽车整车制造建设项目环境影响评价文件审批原则（试行）

第一条 本原则适用于汽车整车制造及电动汽车除电池生产之外的建设项目环境影响评价文件的审批。具有完整涂装工艺（含前处理、喷漆、烘干等）的改装汽车、车身零部件建设项目可参照执行。

第二条 项目符合环境保护相关法律法规和政策要求。原则上不再审批传统燃油汽车生产新设企业的项目。

第三条 项目符合国家和地方的主体功能区规划、环境保护规划、产业发展规划、城市总体规划、土地利用规划、环境功能区划、生态保护红线、生物多样性保护优先区域规划等的相关要求。新建项目原则上应位于产业园区内，并符合园区规划及规划环评要求。

不予批准选址在自然保护区、风景名胜区、饮用水水源保护区、永久基本农田等法律法规明令禁止建设区域的项目。

第四条 采用资源回收率高、污染物产生量小的清洁生产技术、工艺和设备，原材料指标及单位产品的物耗、能耗、水耗、资源综合利用和污染物产生量等指标达到国内清洁生产先进水平。

大气污染防治重点区域内新建、扩建汽车项目，水性涂料等低挥发性有机物含量涂料占总涂料使用量比例不低于 80%；改建项目水性、高固分、粉末、紫外光固化涂料等低挥发性有机物含量涂料的使用比例达到 50%以上。项目生产过程中使用涂料的有害物质含量应符合《汽车涂料中有害物质限量》（GB 24409）和《环境标志产品技术要求 水性涂料》（HJ 2537）等要求。

第五条 主要污染物排放总量满足国家和地方相关要求。暂停审批未完成环境质量改善目标地区新增重点污染物排放的项目。

第六条 对废气进行收集、控制与处理，减少无组织排放。有机溶剂等液态化学品的储存、运输采取密闭措施。焊接车间弧焊设备采用焊接烟尘收集净化装置。涂装车间采用集中自动输调漆系统并密闭作业，喷漆室、流平室及烘干室采取封闭措施控制无组织排放；喷漆室配备高效漆雾净化装置，流平室、烘干室以及使用溶剂型涂料的喷漆室、调漆间等应配备高效有机废气净化装置。总装车间补漆室配套有机废气净化设施，整车检测下线工位设汽车尾气收集装置。

发动机缸体、缸盖等铸件毛坯生产车间，熔化、制芯、造型、砂处理和清理等工部产生烟（粉）尘的设备或工位均应配套烟（粉）尘收集净化措施，制芯工部制芯设备、选型工部浇注工位、铝件压铸设备均应配套有机废气净化措施，发动机缸体、缸盖等零部件机械加工车间产生油雾的设备采取油雾收集净化措施，喷漆工位配套有机废气净化装置，发动机试验车间（工位）配套尾气净化设施。

燃油供应系统配备油气回收装置。各燃烧类处理设施采用天然气等清洁能源作为燃料。

第七条 按照"清污分流、雨污分流、分类收集、分质处理"原则，设立完善的废水分类收集、处理和回用系统，提高水循环利用率，最大限度减少废水外排量。涂装车间含重金属废水（液）应单独收集处理，第一类污染物排放浓度在车间或车间处理设施排放口达标；涂装车间脱脂等表面处理废液、电泳槽清洗废液、喷漆废水和机械加工车间废切削液、废清洗液应进行预处理。根据环境保护目标敏感程度、水文地质条件等，采取分区防渗等措施有效防范地下水污染。

第八条 按照"减量化、资源化、无害化"原则，对固体废物进行处理处置。磷化渣、废漆渣、废溶剂、生产废水（液）物化处理产生的污泥及废油等危险废物的收集、贮存及运输应执行《危险废物收集、贮存、运输技术规范》。机械加工车间应配套废切屑沥干设施。冲压废料、废动力电池等一般工业固体废物应回收或综合利用。

第九条 选用低噪声工艺和设备，优化厂区总平面布置，对冲压车间、发动机试验间、空压站等高噪声污染源采取减振、隔声降噪措施有效控制噪声、振动影响。必要时试车跑道应采取隔声降噪措施。

第十条 废气排放符合《大气污染物综合排放标准》（GB 16297）和《恶臭污染物排放标准》（GB 14554）要求；废水排放符合《污水综合排放标准》（GB 8978）和《污水排入城镇下水道水质标准》（GB/T 31962）要求；厂界噪声符合《工业企业厂界环境噪声排放标准》（GB 12348）要求；固体废物贮存、处置的设施、场所满足《一般工业固体废物贮存、处置场污染控制标准》（GB 18599）和《危险废物贮存污染控制标准》（GB 18597）及其修改单要求。地方另有严格要求的按其规定执行。

第十一条 提出了有效的环境风险防范措施及突发环境事件应急预案编制要求，纳入区域突发环境事件应急联动机制。关注油库、化学品库泄漏的环境风险。

第十二条 改、扩建项目应全面梳理现有工程存在的环保问题并明确限期整改要求，相关依托工程需进一步优化的，应提出"以新带老"方案。

第十三条 关注苯系物、挥发性有机物的环境影响。新建、扩建项目选址布局应满足环境防护距离要求，并提出环境防护距离内禁止布局新建环境敏感目标等规划控制要求；改建项目应进一步采取措施，降低环境影响。

第十四条 提出了项目实施后的环境管理要求，制定施工期和运行期废气、废水、噪声以及周边环境质量的自行监测计划，明确网点布设、监测因子、监测频次和信息公开要求。按照环境监测管理规定和技术规范要求设置永久采样口、采样测试平台和排污口标志，提出污染物排放自动监测并与环保部门联网的要求。

第十五条　按相关规定开展了信息公开和公众参与。

第十六条　环境影响评价文件编制规范，符合资质管理规定和环评技术标准要求。

附件 4

铁路建设项目环境影响评价文件审批原则（试行）

第一条　本原则适用于标准轨距的Ⅱ级及以上新建、改建铁路建设项目环境影响评价文件的审批。其他类型铁路建设项目可参照执行。

第二条　项目符合环境保护相关法律法规和政策要求，符合国家和地方铁路发展规划、铁路网规划、相关规划环评及其审查意见要求。

第三条　坚持“保护优先”原则，选址选线符合国家和地方的环境保护规划、环境功能区划、生态保护红线、生物多样性保护优先区域规划等的相关要求，与沿线城镇总体规划等相协调。

项目选址选线及施工布置不得占用自然保护区、风景名胜区、饮用水水源保护区、永久基本农田等法律法规禁止开发建设的区域。项目经过环境敏感区路段应优化选线选址，采取有效措施，降低不利环境影响。

第四条　坚持预防为主原则，优先考虑对噪声源、振动源和传播途径采取工程技术措施，有效降低噪声和振动对环境的不利影响。

应结合项目沿线受影响情况采取优化线位和工程形式、设置声屏障、搬迁或功能置换等措施，有效防治噪声污染。建筑隔声措施可作为辅助手段保障敏感目标满足室内声环境质量要求。

运营期铁路边界噪声排放限值需满足标准要求。现状声环境质量达标的，项目实施后沿线声环境敏感目标仍满足声环境质量标准要求。现状声环境质量不达标的，须强化噪声防治措施，项目实施后敏感目标满足声环境质量标准要求或不恶化。运营期铁路沿线振动环境敏感目标满足相应环境振动标准要求。

项目经过城乡规划的医院、学校、科研单位、住宅等噪声和振动敏感建筑物用地路段，应明确噪声和振动防护距离要求，对后续城市规划控制和建设布局提出调整优化建议，同时预留声屏障等隔声降噪措施和振动污染防治措施的实施条件。

施工期应合理安排施工时段，优选低噪声施工机械和施工工艺，临近敏感目标施工时，采取合理的隔声降噪与减振措施，避免噪声和振动污染扰民。

第五条　项目涉及自然保护区、世界文化和自然遗产地等特殊和重要生态敏感区的，应专题论证对敏感区的环境影响。结合涉及保护目标的类型、保护对象及保护要求，从优化设计线位、工程形式和施工方案等方面采取有针对性的保护措施，减轻不利生态影响。

重视对野生动、植物的保护。对重点保护及珍稀濒危野生动物重要生境、迁徙行为造成不利影响的，应优先采取避让措施，采取优化设计和施工方案、合理安排工期、设置野生动物通道、运营期灯光和噪声控制以及栖息地恢复和补偿等保护措施；对古树名木、重点保护及珍稀濒危植物造成影响的，应采取避让、工程防护、异地移栽等保护措施。

项目经过耕地、天然林地集中路段，结合工程技术条件采取增加桥隧比、降低路基高度、优化临时用地选址等措施，减少占地和植被破坏。对施工临时用地采取防止水土流失和生态恢复措施。

对于实际环境影响程度和范围较大，且主要环境影响在项目建成运行一定时期后逐步显现的项目，以及穿越重要生态环境敏感区的项目，按照相关规定提出了开展后评价工作的要求。

第六条 项目涉及饮用水水源保护区或Ⅰ类、Ⅱ类敏感水体时，在满足水污染防治相关法律法规要求前提下，应优化工程设计和施工方案，废水、污水尽量回收利用，废渣妥善处置，不得向上述敏感水体排污。落实《水污染防治行动计划》等国家和地方水环境管理及污染防治相关要求。

隧道工程涉及生态敏感目标、居民饮用水取水井、泉和暗河的，采取优化设计和施工工艺、控制辅助坑道设置数量和位置、开展地下水环境监控、制定应急预案等措施，减轻对地表植被、居民饮用水水质的不利影响。桥梁工程涉及水环境敏感目标的，应优化设计和施工工艺，合理设置桥面径流收集系统和事故应急池，统筹安排施工工期，控制桩基施工及桥面径流污染。

第七条 根据项目特点提出针对性的施工期大气污染防范措施。沿线供暖设备的建设应满足《大气污染防治行动计划》等国家和地方大气环境管理及污染防治相关要求，排放大气污染物的，应采取污染防治措施，确保各项污染物达标排放。

运煤铁路沿线涉及有煤炭集运站或煤堆场的，应强化防风抑尘等大气污染防治措施，煤炭装卸及煤堆场应尽量封闭设置，并结合环境防护距离的要求提出场址周围规划控制建议。对装运煤炭的列车，转运、卸载、储存等易产尘环节应有抑尘等措施，减轻运营过程中的扬尘影响。隧道进出口临近居民区或其他环境空气敏感区，应优化布局或采取大气污染治理措施，减轻不利环境影响。

第八条 牵引变电所、基站合理选址，确保周围环境敏感目标满足有关电磁环境标准要求。采取有效措施并加强监测，妥善解决列车运行电磁干扰影响沿线无线电视用户接收信号的问题。

第九条 按照“减量化、资源化、无害化”的原则，对固体废物进行分类收集和处理处置。涉及危险废物的，按照相关规定提出了贮存、运输和处理处置要求。

第十条 对可能存在环境风险的项目，应强化风险污染路段和站场的环境风险防范措施，提出了突发环境事件应急预案编制要求，建立与当地人民政府相关部门和受影响单位的应急联动机制。

第十一条 改、扩建项目应全面梳理现有工程存在的环保问题，提出“以新带老”整改方案。

第十二条 按环境影响评价技术导则及相关规定制定了环境监测计划，明确监测的网点布设、监测因子、监测频次和信息公开等有关要求。提出了项目施工期和运营期的环境管理要求。

第十三条 对环境保护措施技术、经济、环境可行性等进行深入论证，合理估算环保投资并纳入投资概算，明确措施实施的责任主体、实施时间、实施效果等，确保其科学有效、安全可行、绿色协调。

第十四条 按相关规定开展了信息公开和公众参与。

第十五条 环境影响评价文件编制规范，符合资质管理规定和环评技术标准要求。

附件 5

制药建设项目环境影响评价文件审批原则（试行）

第一条 本原则适用于化学药品（包括医药中间体）、生物生化制品、有提取工艺的中成药制造、中药饮片加工、医药制剂建设项目环境影响评价文件的审批。

第二条 项目符合环境保护相关法律法规和政策要求，符合医药行业产业结构调整、落后产能淘汰等相关要求。

第三条 项目符合国家和地方的主体功能区规划、环境保护规划、产业发展规划、环境功能区划、生态保护红线、生物多样性保护优先区域规划等的相关要求。

新建、扩建、搬迁的化学原料药和生物生化制品建设项目应位于产业园区，并符合园区产业定位、园区规划、规划环评及审查意见要求。

不予批准选址在自然保护区、风景名胜区、饮用水水源保护区等法律法规禁止建设区域的项目。

第四条 采用先进适用的技术、工艺和装备，单位产品物耗、能耗、水耗和污染物产生情况等清洁生产指标满足国内清洁生产先进水平。

第五条 主要污染物排放总量满足国家和地方相关要求。暂停审批未完成环境质量改善目标地区新增重点污染物排放的项目。

第六条 强化节水措施，减少新鲜水用量。严格控制取用地下水。取用地表水不得挤占生态用水、生活用水和农业用水。

按照“清污分流、雨污分流、分类收集、分质处理”原则，设立完善的废水收集、处理系统。第一类污染物排放浓度在车间或车间处理设施排放口达标；实验室废水、动物房废水等含有药物活性成分的废水，应单独收集并进行灭菌、灭活预处理；毒性大、难降解及高含盐等废水应单独收集、处理后，再与其他废水一并进入污水处理系统处理。

依托公共污水处理系统的项目，在厂内进行预处理，常规污染物和特征污染物排放应满足相应排放标准和公共污水处理系统纳管要求。直排外环境的废水须满足国家和地方相关排放标准要求。

第七条 优化生产设备选型，密闭输送物料，采取有效措施收集并处理车间产生的无组织废气。发酵和消毒尾气、干燥废气、反应釜（罐）排气等有组织废气经处理后，污染物排放须满足相应国家和地方排放标准要求。对于挥发性有机物（VOCs）排放量较大的项目，应根据国家VOCs治理技术及管理要求，采取有效措施减少VOCs排放。动物房应封闭，设置集中通风、除臭设施。产生恶臭的生产车间应设置除臭设施，恶臭污染物满足《恶臭污染物排放标准》（GB 14554）要求。

第八条 按照“减量化、资源化、无害化”的原则，对固体废物进行处理处置。固体废物贮存、处置设施、场所须满足《一般工业固体废物贮存、处置场污染控制标准》（GB 18599）、《危险废物贮存污染控制标准》（GB 18597）及其修改单和《危险废物焚烧污染控制标准》（GB 18484）的有关要求。

含有药物活性成分的污泥，须进行灭活预处理。中药渣按一般工业固体废物处置。对未明确是否具有危险特性的动植物提取残渣、制药污水处理产生的污泥等，应进行危险废物鉴别，在鉴别结论出来之前暂按危险废物管理。

第九条 有效防范对土壤和地下水环境的不利影响。根据环境保护目标的敏感程度、水文地质条件采取分区防渗措施，制定有效的地下水监控和应急方案。在厂区与下游饮用水水源地之间设置观测井，并定期实施监测、及时预警，保障饮用水水源地安全。

第十条 优化厂区平面布置，优先选用低噪声设备，高噪声设备采取隔声、消声、减振等降噪措施，厂界噪声满足《工业企业厂界环境噪声排放标准》（GB 12348）要求。

第十一条 重大环境风险源合理布局，提出了合理有效的环境风险防范措施。车间、罐区、库房等区域因地制宜地设置容积合理的事故池，确保事故废水有效收集和妥善处理。提出了突发环境事件应急预案编制要求，制定有效的环境风险管理制度，合理配置环境风险防控及应对处置能力，与当地人民政府和相关部门以及周边企业、园区相衔接，建立区域突发环境事件应急联动机制。

第十二条 对生物生化制品类企业，废水、废气及固体废物的处置应考虑生物安全性因素。

存在生物安全性风险的抗生素制药废水，应进行预处理以破坏抗生素分子结构。通过高效过滤器控制颗粒物排放，减少生物气溶胶可能带来的风险。涉及生物安全性风险的固体废物应按照危险废物进行无害化处置。

第十三条 改、扩建项目应全面梳理现有工程存在的环保问题并明确限期整改要求，相关依托工程需进一步优化的，应提出“以新带老”方案。对搬迁项目的原厂址土壤和地下水进行污染识别，提出开展污染调查、风险评估及环境修复建议。

第十四条 关注特征污染物的累积环境影响。环境质量现状满足环境功能区要求的区域，项目实施后环境质量仍满足功能区要求。环境质量现状不能满足环境功能区要求的区域，进一步强化项目污染防治措施，提出有效的区域污染物削减措施，改善区域环境质量。合理设置环境防护距离，环境防护距离内不得设置居民区、学校、医院等环境敏感目标。

第十五条 提出了项目实施后的环境管理要求，制定施工期和运营期污染物排放状况及其对周边环境质量的自行监测计划，明确网点布设、监测因子、监测频次和信息公开等要求。按照环境监测管理规定和技术规范要求设置永久采样口、采样测试平台，按规范设置污染物排放口、固体废物贮存（处置）场，安装污染物排放连续自动监控设备并与环保部门联网。

第十六条 按相关规定开展了信息公开和公众参与。

第十七条 环境影响评价文件编制规范，符合资质管理规定和环评技术标准要求。

附件 6

水利建设项目（引调水工程）环境影响评价文件审批原则（试行）

第一条 本原则适用于引调水工程环境影响评价文件的审批，其他供水工程及灌溉工程等可参照执行。引调水工程一般由取水枢纽、输水建筑物、控制建筑物、交叉建筑物、调蓄水库以及末端配套工程等组成，空间上一般分为调出区、输水线路区和受水区。

第二条 项目符合资源与环境保护相关法律法规和政策，与主体功能区规划、生态功能区划等相协调，开发任务、供水范围及对象、调水规模、选址选线等工程主要内容总体满足流域综合规划、水资源综合规划、水资源开发利用（含供水）规划、工程规划、流域水污染防治规划、流域生态保护规划等相关规划、规划环评及审查意见要求。

项目符合“先节水后调水、先治污后通水、先环保后用水”原则，与水资源开发利用及区域用水总量控制、用水效率控制、水（环境）功能区限制纳污控制等相协调。充分考虑调出区经济社会发展和生态环境用水需求，调水量不得超出调出区水资源利用上限，受水区水资源配置与区域水资源水环境承载能力相适应。

第三条 工程选址选线、施工布置和水库淹没原则上不得占用自然保护区、风景名胜区、生态保护红线等敏感区内法律法规禁止占用的区域和已明确作为栖息地保护区域，并与饮用水水源保护区的有关保护要求相协调。

第四条 项目调水和水库调蓄造成调出区取水枢纽下游水量减少和水文情势改变且带来不利影响的，在统筹考虑满足下游河道水生生态、水环境、景观、湿地等生态环境用水及生产、生活用水需求的基础上，提出了调水总量和过程控制、输水线路或末端调蓄能力保障、生态流量泄放、生态（联合）调度等措施，明确了生态流量泄放和在线监测设施以及管理措施等内容。针对水库下泄或调出低温水、泄洪造成的气体过饱和等导致的不利生态环境影响，提出了分层取水、优化泄洪形式或调度方式、管理等措施。根据水质管理目标要求，提出了水源区污染源治理、库底环境清理、污水处理等水质保障措施；兼顾城乡生活供水任务的，还提出了划定饮用水水源保护区、设置隔离防护带等措施。

第五条 根据输水线路水环境保护需求，提出了划定饮用水水源保护区、源头治理、截污导流、河道清淤或建设隔离带等措施，保障输水水质达标。输水河湖具有航运、旅游等其他功能且可能对水质安全带来不利影响的，提出了不得影响输水水质的港口码头选址建设要求、制定限制或禁止运输的货物种类目录、船舶污染防治等水污染防范措施。

第六条 受水区水污染治理以改善水环境质量为目标，遵循“增水不增污”或“增水减污”原则，并有经相关地方人民政府认可的水污染防治相关规划作为支撑。

第七条 项目建设可能造成水库和输水沿线周边地下水位变化，引起土壤潜育化、沼泽化、盐碱化、沙化或植被退化演替等次生生态影响的，提出了封堵、导排、防护等针对性措施。

第八条 项目对鱼类等水生生物的生境、物种多样性及资源量等造成不利影响的，提出了优化工程设计及调度、栖息地保护、水生生物通道恢复、增殖放流、拦鱼等措施。栖息地保护措施包括干（支）

流生境保留、生境修复（或重建）等，采用生境保留的应明确河段范围及保护措施。水生生物通道恢复措施包括鱼道、升鱼机、集运鱼系统等，在必要的水工模型试验基础上，明确了过鱼对象、主要参数、运行要求等，且满足可研阶段设计深度要求。鱼类增殖放流措施应明确增殖站地点、增殖放流对象、放流规模、放流地点等。

第九条 项目对珍稀濒危和重点保护野生动、植物及其生境造成影响的，提出了优化工程布置和调度运行方案、合理安排工期、应急救护、建设或保留动物通道、移栽、就地保护或再造类似生境等避让、减缓和补偿措施。项目涉及风景名胜区等环境敏感区并对景观产生影响的，提出了工程方案优化、景观塑造等措施。

第十条 项目施工组织方案具有环境合理性，对料场、弃土（渣）场等施工场地提出了水土流失防治和施工迹地生态恢复等措施。根据环境保护相关标准和要求，对施工期各类废（污）水、废气、噪声、固体废物等提出防治或处置措施。

第十一条 项目移民安置涉及的农业土地开垦、移民安置区建设、企业迁建、专业项目改复建工程等，其建设方式和选址具有环境合理性，对环境造成不利影响的，提出了生态保护、污水处理与垃圾处置等措施。针对城（集）镇迁建及配套的重大环保基础设施建设、重要交通和水利工程改复建、污染型企业迁建等重大移民安置专项工程，依法提出了单独开展环境影响评价要求。

第十二条 项目存在水污染、富营养化或外来物种入侵等环境风险的，提出了针对性风险防范措施和环境应急预案编制、与地方人民政府及其相关部门和受影响单位建立应急联动机制的要求。

第十三条 改、扩建项目应在全面梳理与项目有关的现有工程环境问题基础上，提出了"以新带老"措施。

第十四条 按相关导则及规定要求，制定了水环境、生态、土壤、大气、噪声等环境监测计划，明确了监测网点、因子、频次等有关要求，提出了根据监测评估结果开展环境影响后评价或优化环境保护措施的要求。根据需要和相关规定，提出了环境保护设计、环境监理、开展科学研究等环境管理要求和相关保障措施。

第十五条 对环境保护措施进行了深入论证，具有明确的责任主体、投资、时间节点和预期效果等，确保科学有效、安全可行、绿色协调。

第十六条 按相关规定开展了信息公开和公众参与。

第十七条 环境影响评价文件编制规范，符合资质管理规定和环评技术标准要求。

附件 7

航道建设项目环境影响评价文件审批原则（试行）

第一条 本原则适用于江河（含人工运河）、湖泊、沿海港区航道疏浚、整治等建设项目环境影响评价文件的审批，不包括航运（电）枢纽及通航建筑物。

第二条 项目符合环境保护相关法律法规和政策要求，与流域生态保护规划、航道规划或港口总体规划等相关规划、规划环评及审查意见要求相协调。

第三条 工程布局、施工布置原则上不占用自然保护区、风景名胜区、生态保护红线等敏感区内法律法规明令禁止占用区域，与饮用水水源保护区要求相协调。开放水域现有航道与相关保护区域重叠的，在统筹考虑工程实施与环境保护关系的基础上，严格按照生态环境保护要求，依法科学论证。

第四条 项目疏浚、抛石、沉排、吹填、切滩、抛泥等涉水作业对水质造成不利影响的，提出了优化工程施工方案、工艺或时序及各施工环节悬浮物控制措施。内河航道整治、沿海港区航道导堤等工程构筑物改变水文情势、冲淤条件，影响取水功能或造成水体交换、水污染物扩散能力降低且明显影响区域水质的，提出了工程优化调整措施。疏浚物优先用于陆域吹填或综合利用，属危险废物的，提出安全有效处置方案。施工船舶污水交有资质单位处置，不得直接排入水体。

第五条 按照“避让、减缓、补偿”原则提出了生态保护措施。项目实施丁坝、顺坝、锁坝、切滩、炸礁等工程，对鱼类等水生生物的重要洄游通道及“三场”等生境、物种多样性及资源量等造成不利影响的，提出了优化工程设计和施工方案、施工爆破噪声控制、施工期监测、驱赶、救助及科学研究等水生生物保护措施。造成生境破坏和水生生物资源损失的，提出了明确的生境修复或再造、生态护坡（滩）、增殖放流等生态保护和恢复措施。对于涉及水生哺乳动物、中华鲟等水生保护动物重要栖息水域的，提出了加强船舶航行控制、减小航速等措施。

第六条 项目施工布置具有环境合理性，对施工场地提出了防治水土流失和施工迹地生态恢复等措施。对施工期各类废（污）水、废气、噪声、固体废物等，提出了符合环境保护相关标准和要求的防治或处置措施。

第七条 项目存在船舶溢油等环境风险的，提出了针对性风险防范措施和环境应急预案编制、与地方人民政府相关部门和受影响单位建立应急联动机制的要求。

第八条 改、扩建项目应在全面梳理与项目有关的现有工程环境问题基础上，提出“以新带老”措施。

第九条 制定了施工期和运营期水生生态、水环境等环境监测计划，明确了监测网点、因子、频次等有关要求，重点监测珍稀保护鱼类、水生哺乳动物和水质等。提出了根据监测评估结果开展环境影响后评价或优化环境保护措施的要求。根据需要和相关规定，提出了环境保护设计、开展相关科学研究等环境管理要求和相关保障措施。

第十条 对环境保护措施进行了深入论证，有明确的责任主体、投资、时间节点和预期效果等，确保科学有效、安全可行、绿色协调。

第十一条 按相关规定开展了信息公开和公众参与。

第十二条 环境影响评价文件编制规范，符合资质管理规定和环评技术标准要求。

关于印发机场、港口、水利（河湖整治与防洪除涝工程）三个行业建设项目环境影响评价文件审批原则的通知

（环办环评〔2018〕2号）

各省、自治区、直辖市环境保护厅（局），新疆生产建设兵团环境保护局：

为进一步规范建设项目环境影响评价文件审批，统一管理尺度，我部组织编制了机场、港口、水利（河湖整治与防洪除涝工程）三个行业建设项目环境影响评价文件审批原则（试行）。现印发给你们，请参照执行。国家环境保护政策和环境管理要求如有调整，建设项目环境影响评价文件审批按新的规定执行。

附件：1．机场建设项目环境影响评价文件审批原则（试行）

2．港口建设项目环境影响评价文件审批原则（试行）

3．水利建设项目（河湖整治与防洪除涝工程）环境影响评价文件审批原则（试行）

环境保护部办公厅

2018年1月4日

附件1

机场建设项目环境影响评价文件审批原则（试行）

第一条 本原则适用于民用机场和军民合用机场建设项目环境影响评价文件的审批。其他类型机场建设项目可参照执行。

第二条 项目符合环境保护相关法律法规和政策要求，与主体功能区规划、环境功能区划、生态环境保护规划、民航布局及发展规划等相协调，满足相关规划环评要求。

第三条 新（迁）建项目从声环境、生态、水环境、土壤环境等环境要素方面开展了多场址方案环境比选，提出了必要的调整、优化要求。项目选址、施工布置不占用自然保护区、风景名胜区、世界文化和自然遗产地、饮用水水源保护区以及其他生态保护红线等环境敏感区中法律法规禁止占用的区域。

第四条 对声环境敏感目标产生不利影响的，在技术、经济、安全可行的条件下，优先采取源头控制措施。对超标的声环境敏感目标，提出了调整跑道布置和方位角、跑道起降比例等工程优化方案，提出了环保拆迁、建筑隔声、周边相关规划控制及调整等措施。

在采取上述措施后，对声环境的不利影响能够得到缓解和控制，机场周边声环境敏感目标满足相关标准要求。

第五条 对重点保护及珍稀濒危野生动物重要栖息地、保护鸟类迁徙造成不利影响的，提出了调整跑道布置和方位角、优化飞行程序和跑道及起降比例等工程优化方案，提出了运营期灯光和噪声控制、生态修复等措施；对古树名木、重点保护及珍稀濒危野生植物造成不利影响的，采取了避让、工程防护、

移栽等措施。

在采取上述措施后，对重点保护及珍稀濒危野生动植物及其重要生境的不利影响能够得到缓解和控制。

第六条 针对生活污水、油库区初期雨水、机修废水等污（废）水，提出了收集、处置措施和应满足的相应标准要求，明确了回用、综合利用或排放的具体方式。针对油库及油品输送设施、污水处理设施等，提出了分区防渗、泄漏监测等防止土壤和地下水污染的措施，并提出了土壤和地下水环境监控要求。

在采取上述措施后，对水环境和土壤环境的不利影响能够得到缓解和控制，各项污染物达标排放。

第七条 针对油库及油品输送设施，提出了按照有关规定设置必要的油气回收措施。有场区供暖设施的，提出了大气污染防治措施和要求。针对年旅客吞吐量（近期或远期）超千万人次机场，结合飞机尾气影响预测，提出了必要的对策建议。

在采取上述措施后，对环境空气的不利影响能够得到缓解和控制，各项污染物达标排放。

第八条 按照“减量化、资源化、无害化”的原则，提出了固体废物分类收集、贮存、运输、处理处置的相应措施。其中，危险废物的收集、贮存、运输和处置符合国家相关规定。变电站、空管系统、导航系统等工程的电磁环境影响符合相关标准要求。

第九条 项目施工组织方案具有环境合理性，对取、弃土（渣）场、施工场地等提出了防治水土流失和生态修复等措施。对施工期各类废（污）水、噪声、废气、固体废物等提出了防治或处置措施，符合环境保护相关标准和要求。其中，针对涉及净空区处理和高填深挖的项目，结合施工方案设计、地貌条件和区域生态类型，提出了合理平衡土石方尽量减少弃渣、植被恢复等措施。

在采取上述措施后，施工过程环境影响得到缓解和控制，不对周围生态环境和敏感目标产生重大不利影响。

第十条 针对油库及油品输送设施等可能引发的环境风险，提出了调整平面布局、优化设计、设置应急事故池等风险防范措施，以及储备应急物资、编制环境应急预案、与当地人民政府及相关部门、有关单位建立应急联动机制等要求。

第十一条 改、扩建项目全面梳理了既有相关工程存在的环保问题，提出了“以新带老”措施。

第十二条 按相关导则及规定要求制定了声环境、生态、水环境、大气环境等监测计划，明确了监测网点、因子、频次等有关要求，提出了开展环境影响后评价、根据监测评估结果优化环境保护措施的要求。根据需要和相关规定，提出了环境保护设计、开展相关科学研究、环境管理等要求。

针对年旅客吞吐量（近期或远期）超千万人次机场，提出了设置机场环境空气质量自动监测系统，以及在机场和主要声环境敏感区设置噪声实时监测系统的要求。

第十三条 对环境保护措施进行了深入论证，建设单位主体责任、投资估算、时间节点、预期效果明确，确保科学有效、安全可行、绿色协调。

第十四条 按相关规定开展了信息公开和公众参与。

第十五条 环境影响评价文件编制规范，符合相关管理规定和环评技术标准要求。

附件 2

港口建设项目环境影响评价文件审批原则（试行）

第一条 本原则适用于沿海、内河港口建设项目环境影响评价文件的审批。

第二条 项目符合环境保护相关法律法规和政策要求，与主体功能区规划、近岸海域环境功能区划、水环境功能区划、生态功能区划、海洋功能区划、生态环境保护规划、港口总体规划、流域规划等相协调，满足相关规划环评要求。

第三条 项目选址、施工布置不占用自然保护区、风景名胜区、世界文化和自然遗产地、饮用水水源保护区以及其他生态保护红线等环境敏感区中法律法规禁止占用的区域。通过优化项目主要污染源和风险源的平面布置，与居民集中区等环境敏感区的距离科学合理。

第四条 项目对鱼类等水生生物的洄游通道及“三场”等重要生境、物种多样性及资源量产生不利影响的，提出了工程设计和施工方案优化、施工噪声及振动控制、施工期监控驱赶救助、迁地保护、增殖放流、人工鱼礁及其他生态修复措施。对湿地生态系统结构和功能、河湖生态缓冲带造成不利影响的，提出了优化工程设计、生态修复等措施。对陆域生态造成不利影响的，提出了避让环境敏感区、生态修复等对策。

在采取上述措施后，对水生生物的不利影响能够得到缓解和控制，不会造成原有珍稀濒危保护或重要经济水生生物在相关河段、湖泊或海域消失，不会对区域生态系统造成重大不利影响。

第五条 项目布置及水工构筑物改变水文情势，造成水体交换、水污染物扩散能力降低且影响水质的，提出了工程优化调整措施。针对冲洗污水、初期雨污水、含尘废水、含油污水、洗箱（罐）废水、生活污水等，提出了收集、处置措施。

在采取上述措施后，废（污）水能够得到妥善处置，排放、回用或综合利用均符合相关标准，排污口设置符合相关要求。

第六条 煤炭、矿石等干散货码头项目，综合考虑建设性质、运营方式、货种等特点，针对物料装卸、输送和堆场储存提出了必要可行的封闭工艺优化方案，以及防风抑尘网、喷淋湿式抑尘等措施。油气、化工等液体散货码头项目，提出了必要可行的挥发性气体控制、油气回收处理等措施。散装粮食、木材及其制品等采用熏蒸工艺的，提出了采用符合国家相关规定的工艺、药剂的要求以及控制气体挥发强度的措施。根据国家相关规划或政策规定，提出了配备岸电设施要求。

在采取上述措施后，粉尘、挥发性气体等排放符合相关标准，不会对周边环境敏感目标造成重大不利影响。

第七条 对声环境敏感目标产生不利影响的，提出了优化平面布置、选用低噪声设备、隔声减振等措施。按照国家相关规定，提出了一般固体废物、危险废物的收集、贮存、运输及处置要求。

在采取上述措施后，噪声排放、固体废物处置等符合相关标准，不会对周边居民集中区等环境敏感目标造成重大不利影响。

第八条 根据相关规划和政策要求，提出了船舶污水、船舶垃圾、船舶压载水及沉积物等接收处置措施。

第九条 项目施工组织方案具有环境合理性，对取、弃土（渣）场、施工场地（道路）等提出了水土流失防治和生态修复等措施。根据环境保护相关标准和要求，对施工期各类废（污）水、废气、噪声、固体废物等提出防治或处置措施。其中，涉水施工对水质造成不利影响的，提出了施工方案优化及悬浮物控制等措施；针对施工产生的疏浚物，提出了符合相关规定的处置或综合利用方案。

第十条 针对码头、港区航道等存在的溢油或危险化学品泄漏等环境风险，提出了工程防控、应急资源配备、事故池、事故污水处置等风险防范措施，以及环境应急预案编制、与地方人民政府及相关部门、有关单位建立应急联动机制等要求。

第十一条 改、扩建项目在全面梳理了与项目有关的现有工程环境问题基础上，提出了“以新带老”措施。

第十二条 按相关导则及规定要求，制定了水生生态、水环境、大气环境、噪声等环境监测计划，明确了监测网点、因子、频次等有关要求，提出了开展环境影响后评价、根据监测评估结果优化环境保护措施的要求。根据需要和相关规定，提出了环境保护设计、开展相关科学研究、环境管理等要求。

第十三条 对环境保护措施进行了深入论证，建设单位主体责任、投资估算、时间节点、预期效果明确，确保科学有效、安全可行、绿色协调。

第十四条 按相关规定开展了信息公开和公众参与。

第十五条 环境影响评价文件编制规范，符合相关管理规定和环评技术标准要求。

附件 3

水利建设项目（河湖整治与防洪除涝工程）环境影响评价文件审批原则（试行）

第一条 本原则适用于河湖整治与防洪除涝工程环境影响评价文件的审批，工程建设内容包括疏浚、堤防建设、闸坝闸站建设、岸线治理、水系连通、蓄（滞）洪区建设、排涝治理等（引调水、防洪水库等水利枢纽工程除外）。其他类似工程可参照执行。

第二条 项目符合环境保护相关法律法规和政策要求，与主体功能区规划、生态功能区划、水环境功能区划、水功能区划、生态环境保护规划、流域综合规划、防洪规划等相协调，满足相关规划环评要求。工程涉及岸线调整（治导线变化）、裁弯取直、围垦水面和占用河湖滩地等建设内容的，充分论证了方案环境可行性，最大程度保持了河湖自然形态，最大限度维护了河湖健康、生态系统功能和生物多样性。

第三条 工程选址选线、施工布置原则上不占用自然保护区、风景名胜区、世界文化和自然遗产地以及其他生态保护红线等环境敏感区中法律法规禁止占用的区域，并与饮用水水源保护区的保护要求相协调。法律法规、政策另有规定的从其规定。

第四条 项目实施改变水动力条件或水文过程且对水质产生不利影响的，提出了工程优化调整、科学调度、实施区域流域水污染防治等措施。对地下水环境产生不利影响或次生环境影响的，提出了优化工程设计、导排、防护等针对性的防治措施。

在采取上述措施后，对水环境的不利影响能够得到缓解和控制，居民用水安全能够得到保障，相关区域不会出现显著的土壤潜育化、沼泽化、盐碱化等次生环境问题。

第五条 项目对鱼类等水生生物的洄游通道及“三场”等重要生境、物种多样性及资源量等产生不利影响的，提出了下泄生态流量、恢复鱼类洄游通道、采用生态友好型护岸（坡、底）、生态修复、增殖放流等措施。

在采取上述措施后，对水生生物的不利影响能够得到缓解和控制，不会造成原有珍稀濒危保护、区域特有或重要经济水生生物在相关河段消失，不会对相关河段水生生态系统造成重大不利影响。

第六条 项目对湿地生态系统结构和功能、河湖生态缓冲带造成不利影响的，提出了优化工程设计及调度运行方案、生态修复等措施。对珍稀濒危保护植物造成不利影响的，提出了避让、原位防护、移栽等措施。对陆生珍稀濒危保护动物及其生境造成不利影响的，提出了避让、救护、迁徙廊道构建、生境再造等措施。对景观产生不利影响的，提出了避让、优化设计、景观塑造等措施。

在采取上述措施后，对湿地以及陆生动植物的不利影响能够得到缓解和控制，与区域景观相协调，不会造成原有珍稀濒危保护动植物在相关区域消失，不会对陆生生态系统造成重大不利影响。

第七条 项目施工组织方案具有环境合理性，对料场、弃土（渣）场等施工场地提出了水土流失防治和生态修复等措施。根据环境保护相关标准和要求，对施工期各类废（污）水、扬尘、废气、噪声、固体废物等提出了防治或处置措施。其中，涉水施工涉及饮用水水源保护区或取水口并可能对水质造成不利影响的，提出了避让、施工方案优化、污染物控制等措施；涉水施工对鱼类等水生生物及其重要生境造成不利影响的，提出了避让、施工方案优化、控制施工噪声等措施；针对清淤、疏浚等产生的淤泥，提出了符合相关规定的处置或综合利用方案。

在采取上述措施后，施工期的不利环境影响能够得到缓解和控制，不会对周围环境和敏感保护目标造成重大不利影响。

第八条　项目移民安置的选址和建设方式具有环境合理性，提出了生态保护、污水处理、固体废物处置等措施。

针对蓄滞洪区的环境污染、新增占地涉及污染场地等，提出了环境管理对策建议。

第九条　项目存在河湖水质污染、富营养化或外来物种入侵等环境风险的，提出了针对性的风险防范措施以及环境应急预案编制、建立必要的应急联动机制等要求。

第十条　改、扩建项目在全面梳理了与项目有关的现有工程环境问题基础上，提出了与项目相适应的“以新带老”措施。

第十一条　按相关导则及规定要求，制定了水环境、生态等环境监测计划，明确了监测网点、因子、频次等有关要求，提出了开展环境影响后评价及根据监测评估结果优化环境保护措施的要求。根据需要和相关规定，提出了环境保护设计、开展相关科学研究、环境管理等要求。

第十二条　对环境保护措施进行了深入论证，建设单位主体责任、投资估算、时间节点、预期效果明确，确保科学有效、安全可行、绿色协调。

第十三条　按相关规定开展了信息公开和公众参与。

第十四条　环境影响评价文件编制规范，符合相关管理规定和环评技术标准要求。

关于《钢铁建设项目环境影响评价文件审批原则（试行）》适用等有关问题的复函

（环办环评函〔2016〕254号）

河北省环境保护厅：

你厅《关于〈钢铁建设项目环境影响评价文件审批原则（试行）〉适用等有关问题的请示》（冀环评〔2016〕1号）收悉。经研究，函复如下：

《水污染防治法》第五十六条规定，国家建立饮用水水源保护区制度。饮用水水源保护区分为一级保护区和二级保护区；必要时，可以在饮用水水源保护区外围划定一定的区域作为准保护区。根据上述法律规定，饮用水水源保护区不包括饮用水水源准保护区。

《水污染防治法》第六十条规定，禁止在饮用水水源准保护区内新建、扩建对水体污染严重的建设项目。钢铁联合企业（不含炼焦）是否属于“对水体污染严重的项目”应根据建设项目环境影响评价结论及相关技术要求综合判定。

特此函复。

环境保护部办公厅

2016年2月5日

关于水泥粉磨站项目卫生防护距离有关问题的复函

（环办函〔2013〕161号）

河北省环境保护厅：

你厅《关于水泥粉磨站项目核实卫生防护距离有关问题的请示》（冀环评〔2012〕263号）收悉。经研究，函复如下：

一、《制定地方大气污染物排放标准的技术方法》（GB/T 3840—91）为推荐性标准，适用于指导地方制定大气污染物排放标准，其他环境保护工作使用该标准或其中内容时，需对其适用性进行分析。

二、对新建水泥粉磨站项目，可根据《环境影响评价技术导则　大气环境》（HJ 2.2—2008）计算确定大气环境防护距离。如你厅分析确认GB/T 3840—91具有适用性，则可按其规定计算卫生防护距离，将上述结果叠加绘出包络线来确定项目的环境防护距离。

三、对已批复、尚未验收的水泥粉磨站项目，竣工环境保护验收仍应执行环评及批复文件确定的标准和防护距离。

环境保护部办公厅

2013年2月7日

关于建设项目重大变动环境影响评价文件审批权限的复函

（环办函〔2015〕1242号）

安徽省环境保护厅：

你厅《关于部分建设项目环评变更审批权限的请示》（皖环〔2015〕58号）收悉。经研究，函复如下：

建设项目的环境影响评价文件经批准后，建设项目的性质、规模、地点、采用的生产工艺或者防治污染、防止生态破坏的措施发生重大变动的，建设单位应当按现行分级审批规定，向有审批权的环境保护部门报批项目重大变动环境影响评价文件。

特此函复。

环境保护部办公厅

2015年7月30日

关于清淤工程是否纳入建设项目环境影响评价管理问题的复函

（环办环评函〔2017〕1378 号）

广东省环境保护厅：

你厅《关于清淤工程是否纳入建设项目环境影响评价管理问题的请示》（粤环报〔2017〕98 号）收悉。经研究，现函复如下：

来函中的清淤工程主要涉及非通航河道的城乡黑臭水体，清淤工程所产生的底泥如处理不当会对环境造成二次污染，因此，应纳入建设项目环境影响评价管理范畴，按照《建设项目环境影响评价分类管理名录》（环境保护部令第 44 号）水利类中的河湖整治项目类别管理。

特此函复。

环境保护部办公厅

2017 年 8 月 31 日

关于餐具消毒服务项目环境影响评价类别问题的复函

（环办环评函〔2017〕1586号）

福建省环境保护厅：

你厅《关于餐具消毒服务项目纳入项目环评审批管理有关问题的请示》（闽环发〔2017〕7号）收悉。经研究，现函复如下：

根据《建设项目环境影响评价分类管理名录》（环境保护部令第44号，以下简称《名录》）和《关于租赁住宅楼从事餐饮业执行环境影响评价制度和“三同时”制度有关意见的复函》（环办政法〔2017〕25号），公民个人租赁住宅楼开办个体餐馆的，不纳入环境影响评价管理。其他餐饮类建设项目的环境影响评价类别按照《名录》第115类“餐饮、娱乐、洗浴场所”执行。

《名录》中未对餐具消毒服务项目的环境影响评价类别作出规定。此类项目应区别具体情况进行管理。属于一般社区服务的，不纳入环境影响评价管理；属于开发建设活动的，按照《名录》第六条的规定，由省级环境保护主管部门根据建设项目污染因子、生态影响因子特征及其所处环境的敏感性质和敏感程度提出建议，报我部认定。

特此函复。

环境保护部办公厅

2017年10月18日

四、建设项目环境保护事中事后监管

建设项目环境影响后评价管理办法（试行）

（环境保护部令　第37号）

《建设项目环境影响后评价管理办法（试行）》已于2015年4月2日由环境保护部部务会议审议通过，现予公布，自2016年1月1日起施行。

附件：建设项目环境影响后评价管理办法（试行）

部　长　陈吉宁

2015年12月10日

附件

建设项目环境影响后评价管理办法（试行）

第一条　为规范建设项目环境影响后评价工作，根据《中华人民共和国环境影响评价法》，制定本办法。

第二条　本办法所称环境影响后评价，是指编制环境影响报告书的建设项目在通过环境保护设施竣工验收且稳定运行一定时期后，对其实际产生的环境影响以及污染防治、生态保护和风险防范措施的有效性进行跟踪监测和验证评价，并提出补救方案或者改进措施，提高环境影响评价有效性的方法与制度。

第三条　下列建设项目运行过程中产生不符合经审批的环境影响报告书情形的，应当开展环境影响后评价：

（一）水利、水电、采掘、港口、铁路行业中实际环境影响程度和范围较大，且主要环境影响在项目建成运行一定时期后逐步显现的建设项目，以及其他行业中穿越重要生态环境敏感区的建设项目；

（二）冶金、石化和化工行业中有重大环境风险，建设地点敏感，且持续排放重金属或者持久性有机污染物的建设项目；

（三）审批环境影响报告书的环境保护主管部门认为应当开展环境影响后评价的其他建设项目。

第四条　环境影响后评价应当遵循科学、客观、公正的原则，全面反映建设项目的实际环境影响，客观评估各项环境保护措施的实施效果。

第五条　建设项目环境影响后评价的管理，由审批该建设项目环境影响报告书的环境保护主管部门负责。

环境保护部组织制定环境影响后评价技术规范，指导跨行政区域、跨流域和重大敏感项目的环境影响后评价工作。

第六条　建设单位或者生产经营单位负责组织开展环境影响后评价工作，编制环境影响后评价文件，并对环境影响后评价结论负责。

建设单位或者生产经营单位可以委托环境影响评价机构、工程设计单位、大专院校和相关评估机构等编制环境影响后评价文件。编制建设项目环境影响报告书的环境影响评价机构，原则上不得承担该建设项目环境影响后评价文件的编制工作。

建设单位或者生产经营单位应当将环境影响后评价文件报原审批环境影响报告书的环境保护主管部

门备案，并接受环境保护主管部门的监督检查。

第七条　建设项目环境影响后评价文件应当包括以下内容：

（一）建设项目过程回顾。包括环境影响评价、环境保护措施落实、环境保护设施竣工验收、环境监测情况，以及公众意见收集调查情况等；

（二）建设项目工程评价。包括项目地点、规模、生产工艺或者运行调度方式，环境污染或者生态影响的来源、影响方式、程度和范围等；

（三）区域环境变化评价。包括建设项目周围区域环境敏感目标变化、污染源或者其他影响源变化、环境质量现状和变化趋势分析等；

（四）环境保护措施有效性评估。包括环境影响报告书规定的污染防治、生态保护和风险防范措施是否适用、有效，能否达到国家或者地方相关法律、法规、标准的要求等；

（五）环境影响预测验证。包括主要环境要素的预测影响与实际影响差异，原环境影响报告书内容和结论有无重大漏项或者明显错误，持久性、累积性和不确定性环境影响的表现等；

（六）环境保护补救方案和改进措施；

（七）环境影响后评价结论。

第八条　建设项目环境影响后评价应当在建设项目正式投入生产或者运营后三至五年内开展。原审批环境影响报告书的环境保护主管部门也可以根据建设项目的环境影响和环境要素变化特征，确定开展环境影响后评价的时限。

第九条　建设单位或者生产经营单位可以对单个建设项目进行环境影响后评价，也可以对在同一行政区域、流域内存在叠加、累积环境影响的多个建设项目开展环境影响后评价。

第十条　建设单位或者生产经营单位完成环境影响后评价后，应当依法公开环境影响评价文件，接受社会监督。

第十一条　对未按规定要求开展环境影响后评价，或者不落实补救方案、改进措施的建设单位或者生产经营单位，审批该建设项目环境影响报告书的环境保护主管部门应当责令其限期改正，并向社会公开。

第十二条　环境保护主管部门可以依据环境影响后评价文件，对建设项目环境保护提出改进要求，并将其作为后续建设项目环境影响评价管理的依据。

第十三条　建设项目环境影响报告书经批准后，其性质、规模、地点、工艺或者环境保护措施发生重大变动的，依照《中华人民共和国环境影响评价法》第二十四条的规定执行，不适用本办法。

第十四条　本办法由环境保护部负责解释。

第十五条　本办法自 2016 年 1 月 1 日起施行。

关于发布《建设项目竣工环境保护验收暂行办法》的公告

（国环规环评〔2017〕4号）

为贯彻落实新修改的《建设项目环境保护管理条例》，规范建设项目竣工后建设单位自主开展环境保护验收的程序和标准，我部制定了《建设项目竣工环境保护验收暂行办法》（以下简称《暂行办法》，见附件），现予公布。

建设项目需要配套建设水、噪声或者固体废物污染防治设施的，新修改的《中华人民共和国水污染防治法》生效实施前或者《中华人民共和国固体废物污染环境防治法》《中华人民共和国环境噪声污染防治法》修改完成前，应依法由环境保护部门对建设项目水、噪声或者固体废物污染防治设施进行验收。

《暂行办法》中涉及的《建设项目竣工环境保护验收技术指南 污染影响类》，环境保护部将另行发布。“全国建设项目竣工环境保护验收信息平台”将于2017年12月1日上线试运行，网址为http://47.94.79.251。可以登陆环境保护部网站查询建设项目竣工环境保护验收相关技术规范（kjs.mep.gov.cn/hjbhbz/bzwb/other）。

本公告自发布之日起施行。

特此公告。

附件：建设项目竣工环境保护验收暂行办法

环境保护部

2017年11月20日

附件：

建设项目竣工环境保护验收暂行办法

第一章 总 则

第一条 为规范建设项目环境保护设施竣工验收的程序和标准，强化建设单位环境保护主体责任，根据《建设项目环境保护管理条例》，制定本办法。

第二条 本办法适用于编制环境影响报告书（表）并根据环保法律法规的规定由建设单位实施环境保护设施竣工验收的建设项目以及相关监督管理。

第三条 建设项目竣工环境保护验收的主要依据包括：

（一）建设项目环境保护相关法律、法规、规章、标准和规范性文件；

（二）建设项目竣工环境保护验收技术规范；

（三）建设项目环境影响报告书（表）及审批部门审批决定。

第四条 建设单位是建设项目竣工环境保护验收的责任主体，应当按照本办法规定的程序和标准，组织对配套建设的环境保护设施进行验收，编制验收报告，公开相关信息，接受社会监督，确保建设项目需要配套建设的环境保护设施与主体工程同时投产或者使用，并对验收内容、结论和所公开信息的真实性、准确性和完整性负责，不得在验收过程中弄虚作假。

环境保护设施是指防治环境污染和生态破坏以及开展环境监测所需的装置、设备和工程设施等。

验收报告分为验收监测（调查）报告、验收意见和其他需要说明的事项等三项内容。

第二章　验收的程序和内容

第五条　建设项目竣工后，建设单位应当如实查验、监测、记载建设项目环境保护设施的建设和调试情况，编制验收监测（调查）报告。

以排放污染物为主的建设项目，参照《建设项目竣工环境保护验收技术指南　污染影响类》编制验收监测报告；主要对生态造成影响的建设项目，按照《建设项目竣工环境保护验收技术规范　生态影响类》编制验收调查报告；火力发电、石油炼制、水利水电、核与辐射等已发布行业验收技术规范的建设项目，按照该行业验收技术规范编制验收监测报告或者验收调查报告。

建设单位不具备编制验收监测（调查）报告能力的，可以委托有能力的技术机构编制。建设单位对受委托的技术机构编制的验收监测（调查）报告结论负责。建设单位与受委托的技术机构之间的权利义务关系，以及受委托的技术机构应当承担的责任，可以通过合同形式约定。

第六条　需要对建设项目配套建设的环境保护设施进行调试的，建设单位应当确保调试期间污染物排放符合国家和地方有关污染物排放标准和排污许可等相关管理规定。

环境保护设施未与主体工程同时建成的，或者应当取得排污许可证但未取得的，建设单位不得对该建设项目环境保护设施进行调试。

调试期间，建设单位应当对环境保护设施运行情况和建设项目对环境的影响进行监测。验收监测应当在确保主体工程调试工况稳定、环境保护设施运行正常的情况下进行，并如实记录监测时的实际工况。国家和地方有关污染物排放标准或者行业验收技术规范对工况和生产负荷另有规定的，按其规定执行。建设单位开展验收监测活动，可根据自身条件和能力，利用自有人员、场所和设备自行监测；也可以委托其他有能力的监测机构开展监测。

第七条　验收监测（调查）报告编制完成后，建设单位应当根据验收监测（调查）报告结论，逐一检查是否存在本办法第八条所列验收不合格的情形，提出验收意见。存在问题的，建设单位应当进行整改，整改完成后方可提出验收意见。

验收意见包括工程建设基本情况、工程变动情况、环境保护设施落实情况、环境保护设施调试效果、工程建设对环境的影响、验收结论和后续要求等内容，验收结论应当明确该建设项目环境保护设施是否验收合格。

建设项目配套建设的环境保护设施经验收合格后，其主体工程方可投入生产或者使用；未经验收或者验收不合格的，不得投入生产或者使用。

第八条　建设项目环境保护设施存在下列情形之一的，建设单位不得提出验收合格的意见：

（一）未按环境影响报告书（表）及其审批部门审批决定要求建成环境保护设施，或者环境保护设施不能与主体工程同时投产或者使用的；

（二）污染物排放不符合国家和地方相关标准、环境影响报告书（表）及其审批部门审批决定或者重点污染物排放总量控制指标要求的；

（三）环境影响报告书（表）经批准后，该建设项目的性质、规模、地点、采用的生产工艺或者防治污染、防止生态破坏的措施发生重大变动，建设单位未重新报批环境影响报告书（表）或者环境影响报告书（表）未经批准的；

（四）建设过程中造成重大环境污染未治理完成，或者造成重大生态破坏未恢复的；

（五）纳入排污许可管理的建设项目，无证排污或者不按证排污的；

（六）分期建设、分期投入生产或者使用依法应当分期验收的建设项目，其分期建设、分期投入生产或者使用的环境保护设施防治环境污染和生态破坏的能力不能满足其相应主体工程需要的；

（七）建设单位因该建设项目违反国家和地方环境保护法律法规受到处罚，被责令改正，尚未改正完成的；

（八）验收报告的基础资料数据明显不实，内容存在重大缺项、遗漏，或者验收结论不明确、不合理的；

（九）其他环境保护法律法规规章等规定不得通过环境保护验收的。

第九条 为提高验收的有效性，在提出验收意见的过程中，建设单位可以组织成立验收工作组，采取现场检查、资料查阅、召开验收会议等方式，协助开展验收工作。验收工作组可以由设计单位、施工单位、环境影响报告书（表）编制机构、验收监测（调查）报告编制机构等单位代表以及专业技术专家等组成，代表范围和人数自定。

第十条 建设单位在“其他需要说明的事项”中应当如实记载环境保护设施设计、施工和验收过程简况、环境影响报告书（表）及其审批部门审批决定中提出的除环境保护设施外的其他环境保护对策措施的实施情况，以及整改工作情况等。

相关地方政府或者政府部门承诺负责实施与项目建设配套的防护距离内居民搬迁、功能置换、栖息地保护等环境保护对策措施的，建设单位应当积极配合地方政府或部门在所承诺的时限内完成，并在“其他需要说明的事项”中如实记载前述环境保护对策措施的实施情况。

第十一条 除按照国家需要保密的情形外，建设单位应当通过其网站或其他便于公众知晓的方式，向社会公开下列信息：

（一）建设项目配套建设的环境保护设施竣工后，公开竣工日期；

（二）对建设项目配套建设的环境保护设施进行调试前，公开调试的起止日期；

（三）验收报告编制完成后5个工作日内，公开验收报告，公示的期限不得少于20个工作日。

建设单位公开上述信息的同时，应当向所在地县级以上环境保护主管部门报送相关信息，并接受监督检查。

第十二条 除需要取得排污许可证的水和大气污染防治设施外，其他环境保护设施的验收期限一般不超过 3 个月；需要对该类环境保护设施进行调试或者整改的，验收期限可以适当延期，但最长不超过12个月。

验收期限是指自建设项目环境保护设施竣工之日起至建设单位向社会公开验收报告之日止的时间。

第十三条 验收报告公示期满后 5 个工作日内，建设单位应当登录全国建设项目竣工环境保护验收信息平台，填报建设项目基本信息、环境保护设施验收情况等相关信息，环境保护主管部门对上述信息予以公开。

建设单位应当将验收报告以及其他档案资料存档备查。

第十四条 纳入排污许可管理的建设项目，排污单位应当在项目产生实际污染物排放之前，按照国家排污许可有关管理规定要求，申请排污许可证，不得无证排污或不按证排污。建设项目验收报告中与污染物排放相关的主要内容应当纳入该项目验收完成当年排污许可证执行年报。

第三章 监督检查

第十五条 各级环境保护主管部门应当按照《建设项目环境保护事中事后监督管理办法（试行）》等规定，通过“双随机一公开”抽查制度，强化建设项目环境保护事中事后监督管理。要充分依托建设项目竣工环境保护验收信息平台，采取随机抽取检查对象和随机选派执法检查人员的方式，同时结合重点建设项目定点检查，对建设项目环境保护设施“三同时”落实情况、竣工验收等情况进行监督性检查，监督结果向社会公开。

第十六条　需要配套建设的环境保护设施未建成、未经验收或者经验收不合格，建设项目已投入生产或者使用的，或者在验收中弄虚作假的，或者建设单位未依法向社会公开验收报告的，县级以上环境保护主管部门应当依照《建设项目环境保护管理条例》的规定予以处罚，并将建设项目有关环境违法信息及时记入诚信档案，及时向社会公开违法者名单。

第十七条　相关地方政府或者政府部门承诺负责实施的环境保护对策措施未按时完成的，环境保护主管部门可以依照法律法规和有关规定采取约谈、综合督查等方式督促相关政府或者政府部门抓紧实施。

第四章　附　则

第十八条　本办法自发布之日起施行。

第十九条　本办法由环境保护部负责解释。

关于印发建设项目竣工环境保护验收现场检查及审查要点的通知

（环办〔2015〕113号）

各省、自治区、直辖市环境保护厅（局），新疆生产建设兵团环境保护局：

为进一步规范建设项目竣工环境保护验收管理，指导地方环保部门做好相关工作，根据不同行业的环境影响特点，我部组织制定了水电等9个行业建设项目竣工环境保护验收现场检查及审查要点，现印发给你们，请遵照执行。

附件：水电等9个行业建设项目竣工环境保护验收现场检查及审查要点

环境保护部办公厅

2015年12月30日

附件

水电建设项目验收现场检查及审查要点

一、工程建设情况

核查工程开发任务、地点、内容、规模、布置形式、开发方式、坝型结构、特征水位及库容等与环评文件及批复的一致性。

二、环境保护措施落实情况

（一）“三通一平”阶段环境保护验收

1．陆生生态

工程施工建设扰动地表植被的恢复情况，施工涉及的珍稀、濒危和特有植物、古大树移栽情况。

2．水生生态

鱼类增殖放流站建设、鱼类栖息地保护等措施落实情况。

3．水环境

混凝土拌和废水、砂石料加工系统废水、含油废水、生活污水等处理设施的建设和运行情况。

4．声环境、环境空气

对环境敏感点提出的噪声、环境空气防护措施落实情况，爆破振动的防护措施落实情况。

（二）初期蓄水阶段环境保护验收

1．水环境

库底清理涉及的污染企业搬迁、危险废物处置等落实情况。初期蓄水的临时泄放设施、生态流量永久泄放设施和下泄生态流量的自动测报、自动传输、储存系统的建设情况。涉及低温水的水库，应关注分层取水设施的建设情况。涉及地下水的水库，应关注对地下水水位、水质和水量的影响及所采取的保护措施落实情况。涉及气体过饱和影响的水库，应关注减缓气体过饱和影响的措施落实情况。蓄水过程、水库调度运行方式对下游敏感保护目标用水的保障情况。

2．水生生态

鱼类增殖放流站建设及其管理和运行情况、过鱼设施的建设情况，栖息地、人工鱼巢等保护措施的落实情况。

3．陆生生态

珍稀、濒危和有保护价值的陆生动物的迁徙通道或人工替代生境等保护和管护措施落实情况。珍稀、濒危和特有植物、古大树的防护、移栽情况。

（三）工程竣工环境保护验收

1．水环境

生态流量永久泄放措施和下泄生态流量的自动测报、自动传输、储存系统的运行情况。分层取水措施及生活污水处理措施等其他措施运行情况。业主营地生活污水处理设施建设及运行情况。

2．水生生态

鱼类增殖放流站增殖放流的效果及中远期增殖放流鱼类研究进展，过鱼设施过鱼效果、栖息地、人工鱼巢等水生保护措施实施情况及效果。

3．陆生生态

工程施工和移民安置中的取土弃渣、设施建设扰动地表植被的恢复情况。珍稀、濒危陆生动物和有保护价值的陆生动物的迁徙通道或建立人工替代生境等保护和管护措施实施效果。珍稀、濒危和特有植物、古大树的防护、移栽、引种繁育栽培、种子库保存、建设珍稀植物园及其管理等措施落实情况。

4．移民安置

移民安置区水环境保护、垃圾处理等措施落实及运行情况。

5．环境风险防范

环境风险防范设施、环境应急装备、物资配置情况，突发环境事件应急预案编制、备案和演练情况。

煤炭建设项目验收现场检查及审查要点

一、工程建设情况

核查工程实际建设的规模、井（矿）田范围、洗选加工、井（矿）田开拓、开采煤层、采煤方法、开采方式、采区划分、开采接续计划及各类场地选址，主体工程、辅助工程、储运工程、公用工程等主要技术指标、主要工程数量、环境保护目标等与环评文件及批复的一致性。

二、环境保护措施落实情况

（一）生态环境

井工矿关注地表岩移观测系统建立与观测实施情况，矸石堆场等植被恢复情况，沉陷区的生态恢复计划及资金的预留方案，如有初步沉陷则关注已采取的恢复情况。禁采区、限采区、保护煤柱留设等措施落实情况，涉及敏感村庄、水库、河流、公路、输电线路、通信设施等地面基础设施的防护措施落实情况，环保搬迁、安置情况。

露天矿关注“边开采、边恢复”措施的落实情况，内外、排土场、采掘场等分期分区生态恢复方案及生态恢复情况，表土单独堆存及生态恢复措施，环保搬迁、安置情况。

（二）水环境

矿井水（或疏干水、矿坑涌水）、生活污水处理设施运行及排放情况，选煤厂产生的煤泥水循环利用设施落实情况、导水构造查明与保护情况、保水采煤措施（分层开采、限高开采、充填开采等）落实情况、地下水跟踪监测计划制定与落实情况、各类污（废）水综合利用情况。涉及重要地下水敏感点（如水源保护区、湿地、重点泉域等）的保护措施落实情况。涉及周边居民用水水源的影响情况，采取的饮用水或灌溉水的补偿设施建设情况。需进行防渗的排矸场淋溶液防渗措施的落实情况。

（三）环境空气

矸石堆场的工程防护设施和防尘设施，露天储煤场防风抑尘网等防尘设施，工业场地无组织排放防治措施，原煤、产品煤全封闭储存措施、高浓度瓦斯利用与处置情况。工业场地内运输为封闭栈桥输送的，应关注转载点除尘设施，工业场地外部运输为火车装载或汽车运输的，应关注抑尘措施的落实情况。选矿破碎、筛分等环节除尘措施，锅炉脱硫除尘设备。高瓦斯矿井关注矿井抽排瓦斯气综合利用设施。

（四）固体废物

井工矿掘进矸石、洗选矸石、煤泥、锅炉灰渣、生活垃圾、矿井水处理站污泥、生活污水处理站污泥、露天矿剥离物等固体废物处理情况，煤矸石防自燃措施。固体废物综合利用情况。

（五）声环境

选矿破碎、筛分等环节降噪措施。工业场地、风井场地等各工业厂界噪声防护措施。运输道路、铁路专用线两侧的降噪措施。声环境敏感点噪声防护措施。

（六）环境风险防范

环境风险防范设施、环境应急装备、物资配置情况，突发环境事件应急预案编制、备案和演练情况。

石油天然气管道建设项目验收现场检查及审查要点

一、工程建设情况

（一）核查管道项目的建设性质、建设内容、建设规模（输油/气量）、建设位置等。

（二）核查管道及管道配套设施建设情况。

管道检查重点包括管道路由、长度、管径、材质等。

管道附属设施检查重点包括管道站场、阀室、阀井、放空设施、站场油气储运设施、水工防护设施、监控设施、管道专用穿跨越设施（涵洞、隧道等）、防腐设施，以及施工道路和其他附属工程。

（三）管道敷设及穿越建设方案。重点检查大中型河流（水库）、自然保护区、风景名胜区、水源保护区、文物保护地等环境敏感区（点）敷设方式和穿越方案。

（四）输送介质及运行参数。主要关注输送介质组成、性质，以及管道输送压力、输送数量、运行时间等。

（五）环境敏感目标变化情况。核查工程实施后环境敏感目标变化情况。

二、环境保护措施落实情况

（一）生态保护

1. 施工扰动。检查施工作业带宽度，隧道、定向钻等穿越施工场地，以及其他临时占地面积控制措施情况，检查场站、弃渣场、阀室等永久征地情况。

2. 生态恢复。核查管道敷设施工方式、土壤保护措施、生态保护要求落实情况；施工结束后土地平整和植被恢复情况。

3．特殊环境敏感区的生态保护与补偿。管道沿线涉及的自然保护区、水源保护区、风景名胜区等特殊环境敏感区的生态保护、恢复和补偿措施落实情况。

（二）水环境

重要河流等水体穿越的施工管理情况。场站生产、生活等各类废水的治理措施落实情况，废水排放方式及污染物浓度情况。场站油品储罐、污水池防渗措施的建设情况。

（三）固体废物

施工期隧道弃渣、定向钻废弃泥浆、管道敷设弃土弃渣、生活垃圾等固体废物处置情况。清管废渣、清罐废渣等固体废物的储存、处置情况。

（四）大气环境、噪声

检查场站加热炉等废气污染源治理措施及其排放情况；检查油气储运设施等无组织排放源治理措施落实情况，以及场界非甲烷总烃等无组织排放监控浓度监测情况。加压泵、输油泵等场站工艺设备的降噪措施落实情况，场界噪声排放情况。

（五）环境风险防范

检查管道及管道附属设施环境风险防范措施落实情况。主要关注重要河流等环境敏感区穿越方案，以及管道防腐、截断阀室、自控系统、管道材质、事故水池等措施落实情况。

检查环境风险应急管理措施落实情况。主要关注抢维修机构设置，应急物资（设备）配备，环境应急预案编制、备案、演练、联动等。

检查施工及运行期是否曾发生环境风险事故，核查事故类型、事故影响范围、影响程度，应急措施及效果等。

铁路建设项目验收现场检查及审查要点

一、工程建设情况

核查工程实际建设的线路类型、工程线位、主要技术指标、主要工程数量、环境保护目标等与环评文件及批复的一致性。

二、环境保护措施落实情况

（一）生态环境

主要关注路基边坡、路堑防护的植物防护措施，线路两侧、站场内部及周边采取的绿化措施及效果。取（弃）土场、制梁场、施工营地等临时占地的生态恢复措施落实情况。核实工程线路与自然保护区、风景名胜区、重点保护野生动植物及其栖息地、野生动物通道、基本农田等敏感目标的相对位置、穿越方式、生态环境保护措施落实情况。核查项目环评文件及批复文件提出的生态监测、监控要求落实情况。

（二）声环境

铁路中心线两侧声环境敏感点分布情况，敏感点建设时序、执行声环境功能区标准情况。施工期高噪声设备隔声、减振等降噪措施的落实情况。沿线声环境敏感点拆迁、搬迁、功能置换措施的落实情况；声屏障措施落实情况，重点关注声屏障类型、安装位置、长度及高度等；声环境敏感点隔声窗安装落实情况。

（三）环境振动

沿线振动防治拆迁、搬迁，功能置换措施落实情况；减振整体道床、浮置板道床、无缝长钢轨、弹性扣件等减振措施的落实情况。

（四）水环境

车站、机务段等污水处理设施建设、运行和排放情况。涉及饮用水水源保护区的，重点核查工程与其相对位置、穿越方式、工程防护和水环境保护措施。隧道穿越水文地质复杂的地区，关注地下水环境保护措施的落实情况。

（五）电磁环境、环境空气

核查沿线有代表性的居民点收看电视的方式及受影响情况，是否会受到列车运营的影响。车站锅炉设置和废气处理设施建设和运行情况。

（六）环境风险防范

环境风险防范设施、环境应急装备、物资配置情况，突发环境事件应急预案编制、备案和演练情况。检查环境影响评价文件及批复要求提出的跨越水源地、敏感水体处的风险防范措施的落实情况。

公路建设项目验收现场检查及审查要点

一、工程建设情况

核查工程建设性质、内容、线位、主要技术指标、控制点与环评文件及批复的一致性。

重点关注工程新增服务设施周边的环境敏感目标情况、配套污染防治设施建设情况等；线位调整原因导致的工程与敏感目标的相对位置变化情况。

二、环境保护措施落实情况

（一）生态环境

工程施工营地、站场、施工便道、取弃土（渣）场等临时占地和互通立交、边坡、桥下永久占地、服务区、收费站、管理处等永久占地的生态恢复措施落实情况。核实工程线路与自然保护区、风景名胜区、重点保护野生动植物及其栖息地、野生动物通道、基本农田等敏感目标的相对位置、穿越方式、生态环境保护措施落实情况。

（二）声环境

公路中心线两侧声环境敏感点分布情况，敏感点建设时序、执行声环境功能区标准情况。施工期高噪声设备隔声、减振等降噪措施的落实情况。沿线声环境敏感点拆迁、搬迁、功能置换措施的落实情况；声屏障措施落实情况，重点关注声屏障类型、安装位置、长度及高度等；声环境敏感点隔声窗安装落实情况。

（三）水环境

服务设施污水处理设施建设、运行和排放情况。涉及饮用水水源保护区的，重点核查工程与其建设时序、相对位置、穿越方式、工程防护和水环境保护措施。

（四）大气环境、固体废物

服务设施锅炉设置和废气处理设施建设和运行情况。服务设施产生的一般固体废物和危险废物处理处置情况。

（五）环境风险防范

环境风险防范设施、环境应急装备、物资配置情况，突发环境事件应急预案编制、备案和演练情况。涉及饮用水水源保护区、地表水Ⅰ、Ⅱ类敏感水体、自然保护区、风景名胜区等特殊敏感目标的，重点核查防撞护栏、桥面径流收集系统和应急物资储备等环境风险防范设施和措施的落实情况。涉及饮用水水源保护区调整（含新增）的，核查相应环境风险防范设施和措施的完善或增补情况。

港口建设项目验收现场检查及审查要点

一、工程建设情况

核查港口性质、泊位数量、泊位等级、年吞吐能力，运输货种（特别是化工和危险品），堆场堆存方式及堆场面积，储罐数量及储罐容量，总平面布置及环境保护目标等与环评文件及批复的一致性。

二、环境保护措施落实情况

（一）生态环境

核查港口建设施工时间、施工方式、生态影响，环境敏感目标的变化及其影响，疏浚、回填等处理方式，生态补偿措施、生态恢复措施及效果。

（二）水环境

核查污水收集方式、污水处理能力、处理达标情况及回用水的有效性；依托的公用设施处理能力；排污口的规范化建设情况。

（三）环境空气

核查粉尘、废气处理设施的建设及其处理效果，环境敏感目标、港界受影响程度，大气环境质量达标情况，环境功能区达标情况。

（四）声环境

核查港口作业机械、运输车辆等噪声源，噪声影响范围，降噪措施落实情况，港界及声环境敏感目标达标情况。

（五）固体废物

核查固体废物（生活垃圾、生产垃圾、危险废物）的主要来源及产生量，收集、贮运及处置是否达到管理要求，综合利用能力。固体废物委托处理的，核查被委托方的资质和委托合同的有效性。重点核查涉及危险废物的处置方式、接收处置协议、接收处置单位的有效资质、接收处置转运单。

（六）环境风险防范

核查环境风险防范、应急设施配备情况。围油栏等溢油应急设备与器材满足码头防范溢油应急规定要求；石油化工码头平台装卸区防范溢油等事故的措施，码头罐区事故水池的容量及设置情况；危险品集装箱堆场事故水池的容量及设置情况。

核查环境风险事故应急预案制订及其备案情况，与上级部门、地方其他主管部门之间的应急联动，环境风险事故应急处置程序，应急预案的联动性等。

炼油乙烯建设项目验收现场检查及审查要点

一、工程建设情况

核查工程建设性质、地点、内容、规模、总平面布置与环评文件及批复的一致性。

石油炼制工程重点关注常减压蒸馏、催化裂化、延迟焦化、催化重整等装置。乙烯工程重点关注乙烯裂解、环氧乙烷/乙二醇、丙烯腈等装置。公用及辅助工程重点关注储运工程、酸性水汽提和硫磺回收装置、污水处理场、碱渣处理设施、危险废物处置设施等。

二、环境保护措施落实情况

（一）废气

催化裂化、催化重整、延迟焦化、硫磺回收烟气治理设施以及污水处理场密闭措施及恶臭处理设施、油气回收设施、环氧乙烷/乙二醇等装置尾气处理设施及 VOCs 无组织排放治理措施的建设情况和运行情况。查看废气在线监测数据，核查投运以来废气治理设施运行情况。

（二）废水

含油污水、含盐废水、初期雨水等的清污分流、污污分流、雨污分流系统设置情况；碱渣、含氰废水处理、污水处理和回用设施建设情况和运行情况。查看废水在线监测数据，核查投运以来废水处理设施运行情况。

（三）固体废物

“三泥”、废催化剂等危险废物暂存场所，危险废物处理、处置设施（如焚烧设施、填埋场等），固体废物产生、贮存、处置/利用台账，危险废物转移联单制度执行情况，受委托处置项目危险废物的经营单位相关资质。

（四）地下水

依据工程设计、监理和环境监理等文件核查污染防治区防渗措施落实情况，地下水监测（控）井及地下水监测方案落实情况。

（五）噪声

厂区高噪声源的隔声、消声、减振等降噪措施的落实情况。

（六）环境风险防范

酸性水汽提装置区、硫磺回收装置区、芳烃联合装置区、烷基化装置区、丙烯腈装置区和物料罐区等有毒有害气体环境风险监测预警体系和火炬系统。

水环境风险三级防控系统，包括装置区围堰、罐区防火堤、事故应急池、雨污水截流切换装置等设施，事故水储存、输送系统设置和运行管理情况。

环境风险防范应急设备、物资配置情况，突发环境事件应急预案编制、演练、备案情况。

钢铁建设项目验收现场检查及审查要点

一、工程建设情况

核实工程性质、地点、内容、规模、总平面布置与环评及批复的一致性，关注主要原/辅/燃料、生产设施规模、数量和生产工艺、主要公用及辅助工程、环境保护目标等与环评文件及批复的一致性。

二、环境保护措施落实情况

（一）废气

核查主要废气治理设施落实情况，主要关注烧结机头烟气除尘、脱硫、脱硝和脱二噁英设施、机尾除尘设施、球团焙烧烟气除尘、脱硫设施，焦炉烟气脱硫、脱硝设施、装煤/推焦除尘设施、干熄焦除尘地面站或熄焦塔、焦炉煤气脱硫设施，炼铁高炉出铁场烟气处理设施、高炉煤气净化设施，炼钢电炉密闭和冶炼除尘设施、转炉煤气净化设施、转炉二次、三次烟气除尘设施，压延加工酸（油）和碱雾捕集设施、有机溶剂废气净化设施、轧机除尘设施。

原料堆场、煤场、转运、破碎和筛分系统等废气处理设施建设情况、无组织废气排放控制措施落实情况。

查看烧结机机头、球团焙烧、焦炉烟囱等处废气在线监测数据。

（二）废水

“清污分流、雨污分流、分质处理、一水多用”落实情况，酚氰废水、烧结湿法脱硫废水、高炉煤气和转炉煤气洗涤水、连铸含油废水、轧钢酸碱废水、含油和废乳化液废水、重金属废水和全厂废水处理设施的建设、运行情况，查看废水在线监测数据。

（三）固体废物

烧结（球团）脱硫渣、高炉渣、钢渣等一般固体废物贮存场所建设、防渗情况，焦油渣、酚氰废水污泥、废油等危险废物贮存场所建设、防渗情况，地下水监控井设置情况，固体废物综合利用、管理台账和危险废物转移联单制度执行情况。

（四）噪声

厂区高噪声源的隔声、消声、减振等降噪措施的落实情况。

（五）环境风险防范

环境风险防范设施、环境应急装备、物资配置情况，突发环境事件应急预案编制、备案和演练情况。焦化化产贮罐、液氨储罐、煤气柜的环境风险防范设施及事故应急池等建设情况，环境应急物质储备情况。

火电建设项目验收现场检查及审查要点

一、工程建设情况

核查工程建设性质、地点、内容、规模、总平面布置与环评文件及批复的一致性。

二、环境保护措施落实情况

（一）废气

锅炉烟气脱硫、脱硝、除尘设施的工艺、规模，查看废气在线监测设备实时和历史数据、手工记录历史数据，核实投运以来废气治理设施运行情况。

煤场、输煤转运系统、石灰石贮存、破碎、石膏库、灰库等废气处理设施建设情况、无组织废气排放控制措施落实情况。

（二）废水

厂区排水系统和脱硫废水、含煤废水、工业废水、含油废水、生活污水等废水处理设施的建设和日常运行情况。

（三）噪声

厂区高噪声源的隔声、消声、减振等降噪措施的落实情况。

（四）固体废物

灰场建设、防渗情况，地下水监测井设置情况，灰渣和脱硫石膏综合利用情况。脱硝废催化剂等危险废物处置情况。

（五）环境风险防范

环境风险防范设施、环境应急装备、物资配置情况，突发环境事件应急预案编制、备案和演练情况。液氨罐区、油罐区的环境风险防范设施及事故应急池等建设情况。灰场灰坝的防洪泄洪等措施落实情况。

关于印发《建设项目环境保护事中事后监督管理办法（试行）》的通知

（环发〔2015〕163 号）

各省、自治区、直辖市环境保护厅（局），新疆生产建设兵团环境保护局：

2015 年以来，我部按照国务院的统一部署，进一步转变政府职能，落实国务院简政放权、放管结合重大决策部署，加快环境保护工作由注重事前审批向加强事中事后监督管理的转变。

为明确各级环境保护部门建设项目环境保护事中事后监督管理的责任，规范工作流程，完善监管手段，提高事中事后监管的效率和执行力，切实管好建设项目建设和生产、运行过程中的环境保护工作，不断提高建设项目环境监管能力和水平，强化建设单位履行环境保护的主体责任，增强地方政府改善环境质量的责任意识，我部组织制定了《建设项目环境保护事中事后监督管理办法（试行）》。现印发给你们，请遵照执行。

附件：建设项目环境保护事中事后监督管理办法（试行）

环境保护部

2015 年 12 月 10 日

附件

建设项目环境保护事中事后监督管理办法（试行）

第一条 为推进环境保护行政审批制度改革，做好建设项目环境保护事前审批与事中事后监督管理的有效衔接，规范建设项目环境保护事中事后监督管理，提高各级环境保护部门的监督管理能力，充分发挥环境影响评价制度的管理效能，根据《环境保护法》、《环境影响评价法》、《建设项目环境保护管理条例》和《国务院办公厅关于加强环境监管执法的通知》等法律法规和规章及规范性文件，制定本办法。

第二条 建设项目环境保护事中监督管理是指环境保护部门对本行政区域内的建设项目自办理环境影响评价手续后到正式投入生产或使用期间，落实经批准的环境影响评价文件及批复要求的监督管理。

建设项目环境保护事后监督管理是指环境保护部门对本行政区域内的建设项目正式投入生产或使用后，遵守环境保护法律法规情况，以及按照相关要求开展环境影响后评价情况的监督管理。

第三条 事中监督管理的主要依据是经批准的环境影响评价文件及批复文件、环境保护有关法律法规的要求和技术标准规范。

事后监督管理的主要依据是依法取得的排污许可证、经批准的环境影响评价文件及批复文件、环境影响后评价提出的改进措施、环境保护有关法律法规的要求和技术标准规范。

第四条 环境保护部和省级环境保护部门负责对下级环境保护部门的事中事后监督管理工作进行监督和指导。对环境保护部和省级环境保护部门审批的跨流域、跨区域等重大建设项目可直接进行监督检查。

市、县级环境保护部门按照属地管理的原则负责本行政区域内所有建设项目的事中事后监督管理。实行省以下环境保护机构监测监察执法垂直管理试点的地区，按照试点方案调整后的职责实施监督管理。

环境保护部地区核与辐射安全监督站和省级环境保护部门负责环境保护部审批的核设施、核技术利用和铀矿冶建设项目的事中事后监督管理。

第五条 建设单位是落实建设项目环境保护责任的主体。建设单位在建设项目开工前和发生重大变动前，必须依法取得环境影响评价审批文件。建设项目实施过程中应严格落实经批准的环境影响评价文件及其批复文件提出的各项环境保护要求，确保环境保护设施正常运行。

实施排污许可管理的建设项目，应当依法申领排污许可证，严格按照排污许可证规定的污染物排放种类、浓度、总量等排污。

实行辐射安全许可管理的建设项目，应当依法申领辐射安全许可证，严格按照辐射安全许可证规定的源项、种类、活度、操作量等开展工作。

第六条 事中监督管理的内容主要是，经批准的环境影响评价文件及批复中提出的环境保护措施落实情况和公开情况；施工期环境监理和环境监测开展情况；竣工环境保护验收和排污许可证的实施情况；环境保护法律法规的遵守情况和环境保护部门做出的行政处罚决定落实情况。

事后监督管理的内容主要是，生产经营单位遵守环境保护法律、法规的情况进行监督管理；产生长期性、累积性和不确定性环境影响的水利、水电、采掘、港口、铁路、冶金、石化、化工以及核设施、核技术利用和铀矿冶等编制环境影响报告书的建设项目，生产经营单位开展环境影响后评价及落实相应改进措施的情况。

第七条 各级环境保护部门采用随机抽取检查对象和随机选派执法检查人员的“双随机”抽查、挂牌督办、约谈建设项目所在地人民政府、对建设项目所在地进行区域限批或上收环境影响评价文件审批权限等综合手段，开展建设项目环境保护事中事后监督管理工作。

各级环境保护部门依托投资项目在线审批监督管理平台和全国企业信用信息公示系统，公开环境保护监督管理信息和处罚信息，建立建设单位以及环境影响评价机构诚信档案、违规违法惩戒和黑名单制度。

第八条 市、县级环境保护部门将建设项目环境保护事中事后监督管理工作列入年度工作计划，并组织实施，严格依法查处和纠正建设项目违法违规行为，定期向上一级环境保护部门报告年度工作情况。

环境保护部和省级环境保护部门与市、县级环境保护部门上下联动，加强对所审批建设项目的监督检查，督促市、县级环境保护部门切实履行对本行政区域内建设项目的监督管理职责。

环境保护部地区核与辐射安全监督站和省级环境保护部门将环境保护部审批的核设施、核技术利用和铀矿冶建设项目的事中事后监督管理工作列入年度工作计划，并组织实施。

第九条 环境保护部和省级环境保护部门根据中央办公厅、国务院办公厅印发的《环境保护督察方案（试行）》的要求，组织开展对地方党委、政府环境保护督察。地方各级党委加强对环境保护工作的领导，地方政府切实履行改善环境质量的责任，研究制定加强建设项目环境保护事中事后监督管理的制度和措施，督促政府有关部门加强对建设单位落实环境保护主体责任的监督检查，依法查处环境违法行为，并主动接受上级环境保护部门督察。严禁地方党政领导干部违法干预环境执法。

第十条 建设单位应当主动向社会公开建设项目环境影响评价文件、污染防治设施建设运行情况、污染物排放情况、突发环境事件应急预案及应对情况等环境信息。

各级环境保护部门应当公开建设项目的监督管理信息和环境违法处罚信息，加强与有关部门的信息交流共享，实现建设项目环境保护监督管理信息互联互通。

信息公开应当采取新闻发布会以及报刊、广播、网站、电视等方式，便于公众、专家、新闻媒体、社会组织获取。

第十一条 各级环境保护部门应当积极鼓励和正确引导社会公众参与建设项目事中事后监督管理，充分发挥专家的专业特长。公众、新闻媒体等可以通过“12369”环保举报热线和“12369”环保微信举报平台反映情况，环境保护部门对反映的问题和环境违法行为，及时作出安排，组织查处，并依法反馈和公开处理结果。

第十二条 建设项目审批和事中监督管理过程中发现环境影响评价文件存在重要环境保护目标遗漏、主要环境保护措施缺失、环境影响评价结论错误、因环境影响评价文件所提污染防治和生态保护措施不合理而造成重大环境污染事故或存在重大环境风险隐患的，对环境影响评价机构和相关人员，除依照《环境影响评价法》的规定降低资质等级或者吊销资质证书，并处罚款外，还应当依法追究连带责任。

第十三条 建设单位未依法提交建设项目环境影响评价文件、环境影响评价文件未经批准，或者建设项目的性质、规模、地点、采用的生产工艺或者环境保护措施发生重大变化，未重新报批建设项目环境影响评价文件，擅自开工建设的，由环境保护部门依法责令停止建设，处以罚款，并可以责令恢复原状；拒不执行的，依法移送公安机关，对其直接负责的主管人员和其他直接责任人员，处行政拘留。

第十四条 建设项目需要配套建设的环境保护设施未按环境影响评价文件及批复要求建设，主体工程正式投入生产或者使用的，由环境保护部门依法责令停止生产或者使用，处以罚款。

第十五条 建设单位在项目建设过程中，未落实经批准的环境影响评价文件及批复文件要求，造成生态破坏的，依照有关法律法规追究责任。

第十六条 建设单位不公开或者不如实公开建设项目环境信息的，由环境保护部门责令公开，处以罚款，并予以公告。

第十七条 下级环境保护部门有不符合审批条件批准建设项目环境影响评价文件情形的，上级环境保护部门应当责令原审批部门重新审批。

下级环境保护部门未按照环境影响评价文件审批权限作出审批决定的，上级环境保护部门应当责令原审批部门撤销审批决定，建设单位重新报有审批权的环境保护部门审批。

第十八条 对多次发生违规审批建设项目环境影响评价文件且情节严重的地区，除由有关机关依法给予处分外，省级以上环境保护部门可以上收该地区环境保护部门的环境影响评价文件审批权限。

环境保护部门违法违规作出行政许可的，对直接负责的主管人员和其他直接责任人员给予记过、记大过或者降级处分，造成严重后果的，给予撤职或者开除处分，部门主要负责人应当引咎辞职。

第十九条 对利用职务影响限制、干扰、阻碍建设项目环境保护执法和监督管理的党政领导干部，环境保护部门应当依据《党政领导干部生态环境损害责任追究办法（试行）》，对相关党政领导干部应负责任和处理提出建议，按照干部管理权限将有关材料及时移送纪检监察机关和组织（人事）部门，由纪检监察机关和组织（人事）部门追究其生态环境损害责任。

第二十条 对于在建设项目事中事后监督管理工作中滥用职权、玩忽职守、徇私舞弊的，应当依照《公务员法》《行政机关公务员处分条例》等对环境保护部门有关人员给予行政处分或者辞退处理。涉嫌犯罪的，移交司法机关处理。

建设单位或环境影响评价机构隐瞒事实、弄虚作假而产生违法违规行为或者被责令改正拒不执行的，环境保护部门及其工作人员按照规定程序履行职责的，予以免责。

第二十一条 各级环境保护部门应当加强环境监督管理能力建设，强化培训，提高环境监督管理队伍政治素质、业务能力和执法水平，健全依法履职、尽职免责的保障机制。

第二十二条 本办法自印发之日起施行。

关于强化建设项目环境影响评价事中事后监管的实施意见

（环环评〔2018〕11 号）

各省、自治区、直辖市环境保护厅（局），新疆生产建设兵团环境保护局：

根据党中央、国务院简政放权、转变政府职能改革的有关要求，各级环保部门持续推进环境影响评价（以下简称环评）制度改革，在简化、下放、取消环评相关行政许可事项的同时，强化环评事中事后监管，各项工作取得积极进展。但是，一些地方观念转变不到位，仍然存在“重审批、轻监管”“重事前、轻事中事后”现象；一些地方编造数据、弄虚作假的环评文件时常出现；一些地方环评事中事后监管机制不落地，环评“刚性”约束不强。为切实保障环评制度效力，现就强化建设项目环评事中事后监管，提出本实施意见。

一、总体要求

（一）构建综合监管体系。各级环保部门要按照简政放权、转变政府职能的总体要求，以问题为导向，以提升环评效力为目标，坚持明确责任、协同监管、公开透明、诚信约束的原则，完善项目环评审批、技术评估、建设单位落实环境保护责任以及环评单位从业等各环节的事中事后监管工作机制，加快构建政府监管、企业自律、公众参与的综合监管体系，确保环评源头预防环境污染和生态破坏作用有效发挥。

（二）完善监管内容。加强事中监管，对环保部门要重点检查其环评审批行为和审批程序合法性、审批结果合规性；对技术评估机构要重点检查其技术评估能力、独立对环评文件进行技术评估并依法依规提出评估意见情况，是否存在乱收费行为；对环评单位要重点监督其是否依法依规开展作业，确保环评文件的数据资料真实、分析方法正确、结论科学可信；对建设单位要重点监督其依法依规履行环评程序、开展公众参与情况。加强事后监管，对环保部门要重点检查其对建设项目环境保护“三同时”监督检查情况；对环评单位要重点开展环评文件质量抽查复核；对建设单位要重点监督落实环评文件及批复要求，在项目设计、施工、验收、投入生产或使用中落实环境保护“三同时”及各项环境管理规定情况。

（三）明确监管责任。按照“谁审批、谁负责”的原则，各级环评审批部门在日常管理中负责对环评“放管服”事项和技术评估机构、环评单位从业情况进行检查。按照“属地管理”原则，各级环境监察执法、核与辐射安全监管部门在日常管理中加强建设单位环境保护“三同时”要求落实情况的检查。环境保护部和省级环保部门要充分运用环境保护督察等工作机制，对地方政府和有关部门落实环评制度情况开展监督。

二、做好监管保障

（四）依法开展环评制度改革。鼓励地方在强化环评源头预防作用的原则下，“于法有据”地出台环评“放管服”有关改革措施。上级环保部门对下级环保部门环评改革措施的依法合规性进行督导，对可能出现的偏差及时要求纠正，保证改革沿着正确的方向前行。下放环评审批权限，应综合评估承接部门的承接能力、承接条件，审慎下放石化化工、有色、钢铁、造纸等环境影响大、环境风险高项目的环评审批权，并对承接部门的审批程序、审批结果进行监督，确保放得下、接得住、管得好。

（五）架构并严守“三线一单”。设区的市级及以上环保部门要根据生态保护红线、环境质量底线、资源利用上线和环境准入负面清单（简称“三线一单”）环境管控要求，从空间布局约束、污染物排放管控、环境风险防控、资源开发效率等方面提出优布局、调结构、控规模、保功能等调控策略及导向性的环境治理要求，制定区域、行业环境准入限制或禁止条件。各级环保部门在环评审批中，应按照《关于以改善环境质量为核心加强环境影响评价管理的通知》（环环评〔2016〕150 号）要求，建立“三挂钩”机制（项目环评审批与规划环评、现有项目环境管理、区域环境质量联动机制），强化“三线一单”硬约束，项目环评审批不得突破变通、降低标准。

（六）实施清单式管理。落实分类管理，建设项目环评文件的编制应符合《建设项目环境影响评价分类管理名录》要求，不得擅自更改和降低环评文件类别。严格分级审批，各级环保部门开展环评审批应符合《环境保护部审批环境影响评价文件的建设项目目录》和各省依法制定的环评文件分级审批规定；下放调整审批权限应履行法定程序，对下放的环评审批事项，上级环保部门不得随意上收；环评文件委托审批应依法开展，委托审批的环保部门对委托审批后果承担法律责任。环境保护部分行业制定建设项目环评文件审批原则和重大变动界定清单。鼓励省级环保部门依法依规制定本行政区内其他行业的环评文件审批原则。地方各级环保部门应严格执行建设项目环评文件审批和重大变动界定要求，统一建设项目环评管理尺度。

（七）做好与排污许可制度的衔接。各级环保部门要将排污许可证作为落实固定污染源环评文件审批要求的重要保障，严格建设项目环境影响报告书（表）的审查，结合排污许可证申请与核发技术规范和污染防治可行技术指南，核定建设项目的产排污环节、污染物种类及污染防治设施和措施等基本信息；依据国家或地方污染物排放标准、环境质量标准和总量控制要求，按照污染源源强核算技术指南、环评要素导则等，严格核定排放口数量、位置以及每个排放口的污染物种类、允许排放浓度和允许排放量、排放方式、排放去向、自行监测计划等与污染物排放相关的主要内容。建设项目发生实际排污行为之前应获得排污许可证，建设项目无证排污或不按证排污的，根据环境保护设施验收条件有关规定，建设单位不得出具环境保护设施验收合格意见。

三、创新监管方式

（八）运用大数据进行监管。环境保护部建设全国统一的环评申报系统、环境保护验收系统，并与环境影响登记表备案系统、排污许可管理系统、环境执法系统进行整合，统一纳入“智慧环评”综合监管平台。强化环评相关数据采集和关联集成，制定环评监管预警指标体系，增强面向监管的数据可用性，建立源头异常发现、过程问题识别、违法惩戒推送的智能模型，实现监管信息智能推送、监管业务智能触发。各级环保部门要运用大数据、互联网+等信息技术手段，实施智能、精准、高效的环评事中事后监管。

（九）开展双随机抽查。环境保护部负责组织协调全国环评事中事后监管抽查工作，地方各级环保部门负责本行政区的随机抽查工作。抽查重点事项为环境影响报告书（表）编制及审批情况、环境影响登记表备案及承诺落实情况、环境保护“三同时”落实情况、环境保护验收情况及相关主体责任落实情况等。各级环保部门以环评申报系统、环境保护验收系统等数据库为依托，随机抽取产生抽查对象。每年抽查石油加工、化工、有色金属冶炼、水泥、造纸、平板玻璃、钢铁等重点行业建设项目数量的比例应当不低于 10%。对有严重违法违规记录、环境风险高的项目应提高抽查比例、实施靶向监管。对抽查发现的违法违规行为，要依法惩处问责。抽查情况和查处结果要及时向社会公开。

（十）发挥环境影响后评价监管作用。依法应当开展环境影响后评价的建设项目，应及时开展工作，对其实际产生的环境影响以及污染防治、生态保护和风险防范措施的有效性进行跟踪监测和验证评价，并提出补救方案或者改进措施。纳入排污许可管理的建设项目排污许可证执行报告、台账记录和自行监测等情况应作为环境影响后评价的重要依据。

四、强化技术机构管理

（十一）加强环评文件质量管理。环境保护部制定环评文件技术复核管理办法，上级环保部门可以对下级环保部门审批的建设项目环境影响报告书（表）开展技术复核。完善技术复核手段，采取人工复核和智能校核相结合方式，开展环评文件法规、空间、技术一致性校核。对技术复核判定有重大技术质量问题的，要向审批部门进行通报，对影响审批结论的，应要求采取整改措施。环评文件技术复核及处理结果向社会公开。

（十二）发挥技术评估作用。各级环保部门可通过政府采购方式委托技术评估机构开展环境影响报告书（表）的技术评估。技术评估机构要改进技术评估方式方法，完善技术手段，为环评审批严把技术关，重点审查建设项目的环境可行性、环境影响分析预测评估的可靠性、环境保护措施的有效性、环境影响评价结论的科学性等，并对其提出的技术评估意见负责。

（十三）规范环评技术服务。建设单位可以委托或者采取公开招标等方式选择具有相应能力的环评单位，对其建设项目进行环境影响评价、编制建设项目环境影响报告书（表）。环评单位应不断提高服务能力和水平，确保编制的环境影响报告书（表）的真实性和科学性。环境保护部制定环评技术服务行业管理办法，规范环评技术服务从业行为，依靠全国环评单位和人员的诚信管理体系推动环评单位和人员恪守行业规范和职业道德。制定建设项目环评单位技术能力推荐性指南，提出编制重大建设项目环境影响报告书的环评单位专业能力推荐性指标。

五、加大惩戒问责力度

（十四）严格环评审批责任追究。严肃查处不严格执行环评文件分级审批和分类管理有关规定，越权审批、拆分审批、变相审批等违法违规行为。在建设项目不符合环境保护法律法规和相关法定规划、所在区域环境质量未达标且建设项目拟采取的措施不能满足区域环境质量改善目标、采取的措施无法确保污染物达标排放或未采取必要措施预防和控制生态破坏、改扩建和技术改造项目未针对原有环境污染和生态破坏提出有效防治措施，或者环评文件基础资料明显不实、内容存在重大缺陷、遗漏，评价结论不明确、不合理等情况下批复环评文件的，要依法进行责任追究。对符合《建设项目环境影响评价区域限批管理办法（试行）》所列情形的，暂停审批有关区域的建设项目环评文件。

（十五）严格环评违法行为查处。依法查处建设项目环评文件未经审批擅自开工建设、不依法备案环境影响登记表等违法行为。依法查处建设单位在建设项目初步设计中未落实防治污染和生态破坏的措施、建设过程中未同时组织实施环境保护措施、环境保护设施未经验收或者验收不合格即投入生产或使用、未公开环境保护设施验收报告、未依法开展环境影响后评价等违法行为。对建设项目环评违法问题突出的地区，要约谈地方政府及相关部门负责人。

（十六）严格环评从业监管。各级环保部门应建立环评单位和人员的诚信档案，记录建设项目环境影响报告书（表）编制质量差、扰乱环评市场秩序等不良信用情况和行政处罚情况，并向社会公开。环境保护部定期对累积失信次数多的单位和人员名单进行集中通报。严肃查处环评单位及人员不负责任、弄虚作假致使建设项目环境影响报告书（表）失实或存在严重质量问题等行为；造成环境污染或生态破坏等严重后果的，还应追究连带责任；构成犯罪的，依法追究刑事责任。各级环保部门及其所属事业单位和人员不得从事建设项目环境影响报告书（表）编制，一经发现应严肃追究违规者及所在部门负责人责任。

（十七）实施失信惩戒。根据国务院《关于建立完善守信联合激励和失信联合惩戒制度加快推进社会诚信建设的指导意见》（国发〔2016〕33 号）和国家发展改革委、环境保护部等 31 部门《关于对环境保护领域失信生产经营单位及其有关人员开展联合惩戒的合作备忘录》（发改财金〔2016〕1580 号）要求，各级环保部门应当及时将对建设单位、环评单位、技术评估机构及其有关人员作出的行政处罚、行政强制等信息纳入全国或者本地区的信用信息共享平台，落实跨部门联合惩戒机制，推动各部门依法依规对严重失信的有关单位及法定代表人、相关责任人员采取限制或禁止市场准入、行政许可或融资行为，停止执行其享受的环保、财政、税收方面优惠政策等惩戒措施。

六、形成社会共治

（十八）落实环评信息公开机制方案。各级环保部门应健全建设项目环评信息公开机制和内部监督机制，依法依规公开建设项目环评信息，推进环评“阳光审批”。强化对建设单位的监督约束，落实建设项目环评信息的全过程、全覆盖公开，确保公众能够方便获取建设项目环评信息。畅通公众参与和社会监督渠道，保障可能受建设项目环境影响公众的环境权益。

（十九）发挥公众参与环评的监督作用。建设单位在建设项目环境影响报告书报送审批前，应采取适当形式，遵循依法、有序、公开、便利的原则，公开征求公众意见并对公众参与的真实性和结果负责。各级环保部门应监督建设单位依法规范开展公众参与，保证公众环境保护知情权、参与权和监督权。推进形成多方参与、社会共治的环境治理体系。

七、强化组织实施

（二十）提高思想认识。加强环评事中事后监管，对解决当前面临的突出问题，充分发挥环评源头预防效能具有重要意义。各级环保部门务必充分认识强化环评事中事后监管的必要性和重要性，正确处理履行监管职责与服务发展的关系，注重检查与指导、惩处与教育、监管与服务相结合，确保监管不缺位、不错位、不越位。

（二十一）加强组织领导。各级环保部门要结合本地实际认真研究制定属地监管工作方案，明确职责划分，细化工作内容，强化责任考核，建立健全工作推进机制，着力强化工作执行力度。研究建立符合环评事中事后监管特点的环境执法管理制度和有利于监管执法的激励制度，强化监管执法，加强跟踪检查，切实把环评事中事后监管落到实处。

（二十二）做好宣传引导。各级环保部门要加强环评相关法律法规及政策宣传力度，通过多种形式特别是新媒体鼓励全社会参与环评事中事后监管，形成理解、关心、支持事中事后监管的社会氛围。积极宣传环评事中事后监管的主要措施、成效，引导相关责任方提高环境保护责任意识，坚守环境保护底线，健全完善环评事中事后监管工作长效机制。

环境保护部

2018 年 1 月 25 日

关于印发《建设项目环境影响评价区域限批管理办法（试行）》的通知

（环发〔2015〕169 号）

机关各部门，环境保护部各环境保护督查中心：

为督促地方政府履行环境保护责任，集中解决突出环境问题，推动区域环境质量的改善，规范区域限批管理，根据《环境保护法》《水污染防治法》《大气污染防治法》《规划环境影响评价条例》等法律法规要求，我部制定了《建设项目环境影响评价区域限批管理办法（试行）》。现印发给你们，请遵照执行。

附件：建设项目环境影响评价区域限批管理办法（试行）

环境保护部

2015 年 12 月 18 日

附件

建设项目环境影响评价区域限批管理办法（试行）

第一条 为督促地方人民政府履行环境保护责任，集中解决突出环境问题，推动区域环境质量改善，根据《环境保护法》《水污染防治法》《大气污染防治法》《规划环境影响评价条例》等法律法规，以及《关于加快推进生态文明建设的意见》《关于落实科学发展观加强环境保护的决定》《水污染防治行动计划》《大气污染防治行动计划》等文件有关区域限批的规定，制定本办法。

第二条 本办法适用于环境保护部实施的建设项目环境影响评价文件区域限批。

省级环境保护部门实施建设项目环境影响评价文件区域限批，参照本办法执行。

第三条 有下列情形之一的地区，环境保护部暂停审批有关建设项目环境影响评价文件：

（一）对在规定期限内未完成国家确定的水环境质量改善目标、大气环境质量改善目标、土壤环境质量考核目标的地区，暂停审批新增排放重点污染物的建设项目环境影响评价文件。

（二）对未完成上一年度国家确定的重点水污染物、大气污染物排放总量控制指标的地区，或者未完成国家确定的重点重金属污染物排放量控制目标的地区，暂停审批新增排放重点污染物的建设项目环境影响评价文件。

（三）对生态破坏严重或者尚未完成生态恢复任务的地区，暂停审批对生态有较大影响的建设项目环境影响评价文件。

（四）对违反主体功能区定位、突破资源环境生态保护红线、超过资源消耗和环境容量承载能力的地区，暂停审批对生态有较大影响的建设项目环境影响评价文件。

（五）对未依法开展环境影响评价即组织实施开发建设规划的地区，暂停审批对生态有较大影响的建设项目环境影响评价文件。

（六）其他法律法规和国务院规定要求实施区域限批的情形。

第四条 环境保护部主管环境影响评价的机构（以下简称环评管理机构）负责区域限批的归口管理和组织实施，汇总限批建议，办理报审手续，起草限批决定文书，组织实施区域限批决定，并监督指导地方环境保护部门落实区域限批管理要求。

环境保护部主管污染防治、生态保护等工作的管理机构（以下简称相关管理机构）负责认定限批情形，提出限批建议，以及限批期间的整改督查和现场核查。

第五条 区域限批按照下列程序组织实施：

（一）认定限批情形；

（二）下达限批决定；

（三）整改督查和现场核查；

（四）解除限批。

第六条 相关管理机构通过日常管理、监督检查、专项检查、突发环境事件调查处理及举报等途径，发现存在本办法第三条规定的限批情形的，应当进行调查取证，认定相关事实，并提出限批区域、限批内容、限批期限、整改要求等建议。限批建议及限批情形认定报告应当转环评管理机构。

第七条 限批建议应当视具体情况确定三个月至十二个月的限批期限。

第八条 环评管理机构收到限批建议后，汇总形成限批意见，报请部常务会审议通过后，起草限批决定文书，并按程序下达被限批地区。

限批决定应当包括以下内容：

（一）限批区域；

（二）限批情形；

（三）限批内容；

（四）限批期限；

（五）整改要求；

（六）监督检查要求。

第九条 环评管理机构自限批决定下达之日起即暂停审批被限批地区的相关建设项目环境影响评价文件。

地方各级环境保护部门应当同步暂停审批被限批地区的相关建设项目环境影响评价文件。

提出限批建议的相关管理机构负责限批期间的监督检查。

第十条 实施区域限批期间，被限批地区的地方人民政府应当制订整改方案，明确整改进度，全面落实整改要求，并向作出限批决定的环境保护部门报送整改结果报告。

因本办法第三条第一、三、四项情形被限批的地区，地方人民政府应当在完成整改后，组织对被限批地区的区域环境质量改善情况进行评估，形成书面报告，并纳入前款规定的整改结果报告，报送作出限批决定的环境保护部门。

第十一条 限批期限届满后一个月内，提出限批建议的相关管理机构应当会同环境保护区域督查中心组织现场核查，提出现场核查报告。

对全面落实整改要求的地区，相关管理机构应当提出解除限批建议；对未落实整改要求的地区，相关管理机构应当提出延长限批建议。

解除限批建议、延长限批建议和现场核查报告应当转环评管理机构。

第十二条 环评管理机构收到解除限批建议后，汇总形成解除限批意见，报请部常务会审议通过后，起草解除限批决定文书，并按程序下达被限批地区。

解除限批决定包括以下内容：

（一）整改落实情况；

（二）现场核查结果；

（三）解除限批意见；

（四）后续监管要求。

第十三条　环评管理机构收到延长限批建议后，汇总形成延长限批意见，报请部常务会审议通过后，起草延长限批决定文书，并按程序下达被限批地区。延长限批期限最长不超过六个月。

延长限批决定包括以下内容：

（一）整改存在的问题；

（二）现场核查结果；

（三）延长限批内容；

（四）延长限批期限；

（五）整改要求。

第十四条　环境保护部作出的限批、解除限批、延长限批等决定应当同时抄送被限批地区相关环境保护部门。

第十五条　省级环境保护部门作出的限批、解除限批、延长限批等决定，应当同时抄报环境保护部。

环境保护部对省级环境保护部门实施限批的地区，应当同步暂停审批相关建设项目环境影响评价文件。

第十六条　限批、解除限批、延长限批等决定应当通过政府网站、报纸等媒体平台向社会公开，接受社会监督。

第十七条　对未执行同步限批要求的地方环境保护部门审批的建设项目环境影响评价文件，上级环境保护部门应当责令其撤销该审批决定；拒不撤销的，上级环境保护部门可以直接撤销，并对作出该审批决定的直接负责的主管人员和其他直接责任人员，移交纪检监察机关和组织（人事）部门，由纪检监察机关和组织（人事）部门依法依规追究相关责任。

第十八条　实施区域限批期间，被限批地区未依法开展环境影响评价的建设项目擅自开工建设的，由负有环境保护监督管理职责的部门依法责令建设单位停止建设，处以罚款，并责令恢复原状。

第十九条　对干预限批决定实施、包庇纵容环境违法行为、履职不力、监管不严的地方人民政府、地方环境保护部门的相关责任人员，环境保护部将相关材料移交纪检监察机关和组织（人事）部门，由纪检监察机关和组织（人事）部门依法依规追究相关责任。

第二十条　本办法由环境保护部负责解释。

第二十一条　本办法自 2016 年 1 月 1 日起施行。

关于做好环境影响评价制度与排污许可制衔接相关工作的通知

（环办环评〔2017〕84号）

各省、自治区、直辖市环境保护厅（局），新疆生产建设兵团环境保护局：

为贯彻落实《国务院办公厅关于印发控制污染物排放许可制实施方案的通知》（国办发〔2016〕81号）和《环境保护部关于印发〈“十三五”环境影响评价改革实施方案〉的通知》（环环评〔2016〕95号），推进环境质量改善，现就做好建设项目环境影响评价制度与排污许可制有机衔接相关工作通知如下：

一、环境影响评价制度是建设项目的环境准入门槛，是申请排污许可证的前提和重要依据。排污许可制是企事业单位生产运营期排污的法律依据，是确保环境影响评价提出的污染防治设施和措施落实落地的重要保障。各级环保部门要切实做好两项制度的衔接，在环境影响评价管理中，不断完善管理内容，推动环境影响评价更加科学，严格污染物排放要求；在排污许可管理中，严格按照环境影响报告书（表）以及审批文件要求核发排污许可证，维护环境影响评价的有效性。

二、做好《建设项目环境影响评价分类管理名录》和《固定污染源排污许可分类管理名录》的衔接，按照建设项目对环境的影响程度、污染物产生量和排放量，实行统一分类管理。纳入排污许可管理的建设项目，可能造成重大环境影响、应当编制环境影响报告书的，原则上实行排污许可重点管理；可能造成轻度环境影响、应当编制环境影响报告表的，原则上实行排污许可简化管理。

三、环境影响评价审批部门要做好建设项目环境影响报告书（表）的审查，结合排污许可证申请与核发技术规范，核定建设项目的产排污环节、污染物种类及污染防治设施和措施等基本信息；依据国家或地方污染物排放标准、环境质量标准和总量控制要求等管理规定，按照污染源源强核算技术指南、环境影响评价要素导则等技术文件，严格核定排放口数量、位置以及每个排放口的污染物种类、允许排放浓度和允许排放量、排放方式、排放去向、自行监测计划等与污染物排放相关的主要内容。

四、分期建设的项目，环境影响报告书（表）以及审批文件应当列明分期建设内容，明确分期实施后排放口数量、位置以及每个排放口的污染物种类、允许排放浓度和允许排放量、排放方式、排放去向、自行监测计划等与污染物排放相关的主要内容，建设单位应据此分期申请排污许可证。分期实施的允许排放量之和不得高于建设项目的总允许排放量。

五、改扩建项目的环境影响评价，应当将排污许可证执行情况作为现有工程回顾评价的主要依据。现有工程应按照相关法律、法规、规章关于排污许可实施范围和步骤的规定，按时申请并获取排污许可证，并在申请改扩建项目环境影响报告书（表）时，依法提交相关排污许可证执行报告。

六、建设项目发生实际排污行为之前，排污单位应当按照国家环境保护相关法律法规以及排污许可证申请与核发技术规范要求申请排污许可证，不得无证排污或不按证排污。环境影响报告书（表）2015年1月1日（含）后获得批准的建设项目，其环境影响报告书（表）以及审批文件中与污染物排放相关的主要内容应当纳入排污许可证。建设项目无证排污或不按证排污的，建设单位不得出具该项目验收合格的意见，验收报告中与污染物排放相关的主要内容应当纳入该项目验收完成当年排污许可证执行年报。排污许可证执行报告、台账记录以及自行监测执行情况等应作为开展建设项目环境影响后评价的重要依据。

七、国家将分行业制定建设项目重大变动清单。建设项目的环境影响报告书（表）经批准后，建设项目的性质、规模、地点、采用的生产工艺或者防治污染、防止生态破坏的措施发生重大变动的，建设单位应当依法重新报批环境影响评价文件，并在申请排污许可时提交重新报批的环评批复（文号）。发生变动但不属于重大变动情形的建设项目，环境影响报告书（表）2015 年 1 月 1 日（含）后获得批准的，排污许可证核发部门按照污染物排放标准、总量控制要求、环境影响报告书（表）以及审批文件从严核发，其他建设项目由排污许可证核发部门按照排污许可证申请与核发技术规范要求核发。

八、建设项目涉及"上大压小""区域（总量）替代"等措施的，环境影响评价审批部门应当审查总量指标来源，依法依规应当取得排污许可证的被替代或关停企业，须明确其排污许可证编码及污染物替代量。排污许可证核发部门应按照环境影响报告书（表）审批文件要求，变更或注销被替代或关停企业的排污许可证。应当取得排污许可证但未取得的企业，不予计算其污染物替代量。

九、环境保护部负责统一建设建设项目环评审批信息申报系统，并与全国排污许可证管理信息平台充分衔接。建设单位在报批建设项目环境影响报告书（表）时，应当登陆建设项目环评审批信息申报系统，在线填报相关信息并对信息的真实性、准确性和完整性负责。

十、本通知自印发之日起执行。做好环境影响评价制度与排污许可制衔接是落实固定污染源类建设项目全过程管理的重要保障，各级环境保护主管部门要严格贯彻执行，切实做好相关工作。执行中遇到的困难和问题，请及时向我部反映。

环境保护部办公厅
2017 年 11 月 14 日

关于加强机场建设项目环境保护监督管理的通知

（环函〔2011〕362号）

各省、自治区、直辖市环境保护厅（局），新疆生产建设兵团环境保护局：

近年来，尤其是“十一五”期间，全国机场建设取得积极进展，为完善国家综合交通体系，促进经济社会发展发挥了重要作用。但是，部分机场建设项目存在未严格执行环境影响评价和竣工环境保护验收制度的违法行为，由机场噪声扰民引发的环境信访事件也日益增加，已引起了社会的高度关注。为了强化机场建设项目的环境监管，确保各项环境保护措施和设施得到有效落实，保障人民群众的环境权益，现就加强机场建设项目环境保护监督管理有关要求通知如下：

一、严格环境影响评价审批。各级环境保护部门应认真落实《环境影响评价法》的相关规定，严格建设项目环境影响评价审批程序，新、改、扩建机场建设项目必须依法报批环境影响评价文件。机场建设项目选址应与城市规划相协调，建设单位应主动与规划部门沟通，配合做好机场周边土地、建筑使用功能的规划和调整，严格控制在噪声超标范围内的居住用地。环境影响评价中要将噪声环境影响及减缓措施作为重点，对达不到声环境功能区标准要求的敏感点应采取搬迁、功能置换或其他降噪措施，并对各项措施的可行性和有效性进行充分的分析、论证，最大限度地降低噪声影响。在环境影响评价审批阶段，探索建立和实施建设项目相关方“三同时”执行单和执行责任状制度，确保各项环境保护措施得到有效落实。环境影响评价文件经批准后，项目建设发生重大变更的，建设单位应当及时向原审批部门重新报批环境影响评价文件。环境影响评价文件未经批准不得开工建设。

二、强化全过程环境监管。各级环境保护部门要加强机场建设项目环境保护的监督管理工作。机场建设项目应严格执行环境保护“三同时”制度，落实环境影响评价及批复的各项要求。新、改、扩建机场应开展建设项目环境监理，并定期向省级环境保护部门报送环境监理报告。机场建设项目建成后应按规定申请试运行，对未按照环境影响评价及批复要求完成环境敏感点搬迁或功能置换，未按要求落实环境保护措施和设施建设的机场建设项目，不得同意投入试运行。试运行期间，建设单位应及时申请建设项目竣工环境保护验收，未通过验收不得正式投入使用；确不具备验收条件的，建设单位应及时申请延期验收，经批准后方可继续进行试运行。

三、加大环境违法行为查处力度。各级环境保护部门要加大对机场建设项目的巡查力度，加强监督管理。对发现的未经环境影响评价审批擅自建设、环境影响评价文件经批准后擅自变更、未落实环境影响评价及批复要求或未经竣工环境保护验收擅自投入使用等环境违法行为，要及时予以纠正，并依法进行查处。

四、开展机场建设项目排查。各级环境保护部门应高度重视，立即组织人员，在今年上半年已开展的机场建设项目环境影响评价和“三同时”验收执行情况核查工作基础上，进一步对在建和已建的机场建设项目进行检查，对存在环境违法情况的机场建设项目进行排查，对存在环境纠纷的，要督促相关政府和建设单位及时采取措施化解矛盾。各省级环境保护部门应于2012年3月底前将辖区内机场建设项目执行环境影响评价和竣工环境保护验收制度有关情况汇总上报我部，我部将适时进行重点抽查。对环境违法行为情节恶劣、拒不整改的，要实施“区域限批”措施。

联系人：环境保护部环境影响评价司　杨涛

联系电话：（010）66556490（兼传真）

2011年12月19日

关于做好燃煤发电机组脱硫、脱硝、除尘设施先期验收有关工作的通知

（环办〔2014〕50号）

各省、自治区、直辖市环境保护厅（局），中国环境监测总站，中国华能集团公司、中国大唐集团公司、中国华电集团公司、中国国电集团公司、中国电力投资集团公司、国家开发投资公司、神华集团有限责任公司，各电力企业：

为配合《国家发展改革委、环境保护部关于印发〈燃煤发电机组环保电价及环保设施运行监管办法〉的通知》（发改价格〔2014〕536号）的实施，做好燃煤发电机组脱硫、脱硝、除尘设施的先期验收工作，现就有关事项通知如下：

一、各电力企业对我部审批环境影响评价文件的新建、改建、扩建燃煤发电机组项目配套的脱硫、脱硝、除尘设施建设情况进行集中梳理，具备先期验收条件的，应在发电机组168小时满负荷运行测试后，委托有资质的监测机构开展验收监测。为简化手续，提高效率，电力企业可以采取分批打捆的形式向我部申请验收，并附具验收监测报告。

由地方环境保护部门审批环境影响评价文件的现有燃煤发电机组脱硫、脱硝、除尘设施增建、改造项目，电力企业直接向负责审批的地方环境保护部门申请验收，具体程序参照本通知要求进行。

二、接受电力企业委托，承担验收监测的机构应为地市级（含）以上环境监测站或已取得计量认证资质的环境科学研究院（所）。监测机构应当具备完善的质量管理和质量控制体系，按照技术规范开展验收监测工作，对烟气系统所有测点的污染物自动监测系统进行校核检测，确保各测点数据连续一致；全面测试各测点断面的烟气流速和污染物浓度，确定该断面上最具代表性的监测点位，确保监测数据科学准确；测试设计污染物浓度最高情况下脱硫、脱硝、除尘设施的最大处理能力及效果，确保治污设施质量稳定可靠。监测机构自接受委托之日起20日内完成现场监测，出具监测报告，并对监测结论负责。承担验收监测的人员应当持有《建设项目竣工环境保护验收监测人员培训合格证书》。电力企业收到监测报告后应及时向我部提出先期验收申请。

中国环境监测总站根据需要对先期验收监测工作提供技术指导。

三、各省、自治区、直辖市环境保护厅（局）接到我部委托函及监测报告后15日内，完成辖区内电力企业脱硫、脱硝、除尘设施的现场检查，重点核查治污设施安装的分布式控制系统（DCS）的关键控制参数是否引入并记录，出具现场检查意见。我部将在收到地方环境保护部门现场检查意见后15日内完成相关审查程序，对符合条件的分批办理批复文件。我部同时将批复文件抄送省级环保部门，由省级环保部门将批复文件函告省级价格主管部门。

四、各电力企业应在通过先期验收后6个月内办理整体竣工环保验收手续。申请整体验收时必须严格对照环境影响评价文件及其批复要求，确保所有配套环境保护措施包括“以新带老”、“上大压小”、区域削减替代、环保搬迁承诺等得到落实。对未按要求落实环境保护措施或未在规定期限内申请整体竣工环保验收的，我部将暂停电力企业其他相关项目环境影响评价文件审批。

整体竣工环保验收按照《建设项目竣工环境保护验收管理办法》（原国家环境保护总局令第13号）和《环境保护部建设项目“三同时”监督检查和竣工环保验收管理规程（试行）》（环发〔2009〕150号）

规定进行，先期验收中已经完成的现场监测不再重复开展。

环境保护部办公厅

2014 年 5 月 30 日

关于电解铝建设项目竣工环境保护验收有关问题的复函

（环办环评函〔2017〕891号）

甘肃省环境保护厅：

你厅《关于电解铝验收有关问题的请示》（甘环发〔2017〕64号）收悉。经研究，函复如下：

建设项目竣工环境保护验收的依据是经批准的环境影响评价文件及批复文件所规定的环境保护设施和其他相关措施，适用当时的标准、规范和准入要求等。在环境影响评价批复之后发布或修订的标准、规范和准入要求等对已经批准的建设项目执行新规定有明确时限要求的，按新规定执行。

工业和信息化部2013年发布的《铝行业规范条件》提出"应根据环境影响评价结论确定厂址位置及其与周围人群和敏感区域的距离"，因此，电解铝项目竣工环境保护验收中涉及防护距离的，仍按照该项目环境影响评价文件及批复文件确定的要求执行。

特此函复。

环境保护部办公厅

2017年6月8日

关于加强“未批先建”建设项目环境影响评价管理工作的通知

（环办环评〔2018〕18号）

各省、自治区、直辖市环境保护厅（局），新疆生产建设兵团环境保护局：

为加强“未批先建”建设项目环境影响评价管理工作，根据《关于建设项目“未批先建”违法行为法律适用问题的意见》（环政法函〔2018〕31号），现就有关事项通知如下：

一、“未批先建”违法行为是指，建设单位未依法报批建设项目环境影响报告书（表），或者未按照环境影响评价法第二十四条的规定重新报批或者重新审核环境影响报告书（表），擅自开工建设的违法行为，以及建设项目环境影响报告书（表）未经批准或者未经原审批部门重新审核同意，建设单位擅自开工建设的违法行为。

除火电、水电和电网项目外，建设项目开工建设是指，建设项目的永久性工程正式破土开槽开始施工，在此以前的准备工作，如地质勘探、平整场地、拆除旧有建筑物、临时建筑、施工用临时道路、通水、通电等不属于开工建设。

火电项目开工建设是指，主厂房基础垫层浇筑第一方混凝土。电网项目中变电工程和线路工程开工建设是指，主体工程基础开挖和线路基础开挖。水电项目筹建及准备期相关工程按照《关于进一步加强水电建设环境保护工作的通知》（环办〔2012〕4号）执行。

二、各级环境保护部门要按照“属地管理”原则，对“未批先建”建设项目进行拉网式排查并依法予以处罚。

（一）建设项目于2015年1月1日新《中华人民共和国环境保护法》（以下简称《环境保护法》）施行后开工建设，或者2015年1月1日之前已经开工建设且之后仍然进行建设的，应当适用新《环境保护法》第六十一条规定进行处罚。

（二）建设项目于2016年9月1日新《中华人民共和国环境影响评价法》（以下简称《环境影响评价法》）施行后开工建设，或者2016年9月1日之前已经开工建设且之后仍然进行建设的，应当适用新《环境影响评价法》第三十一条的规定进行处罚。

（三）建设单位同时存在违反环境保护设施“三同时”和竣工环保验收制度等违法行为的，应当依法分别予以处罚。

（四）“未批先建”违法行为自建设行为终了之日起二年内未被发现的，依法不予行政处罚。

三、环保部门应当按照本通知第一条、第二条规定对“未批先建”等违法行为作出处罚，建设单位主动报批环境影响报告书（表）的，有审批权的环保部门应当受理，并根据技术评估和审查结论分别作出相应处理：

（一）对符合环境影响评价审批要求的，依法作出批准决定，并出具审批文件。

（二）对存在《建设项目环境保护管理条例》第十一条所列情形之一的，环保部门依法不予批准该项目环境影响报告书（表），并可以依法责令恢复原状。

四、各级环保部门要按照《关于以改善环境质量为核心加强环境影响评价管理的通知》（环环评〔2016〕150号）要求，在建设项目环境影响报告书（表）审批工作中严格落实项目环评审批与规划环评、现有项目环境管理、区域环境质量联动机制，更好地发挥环评制度从源头防范环境污染和生态破坏的作用，加快改善环境质量，推动高质量发展。

五、各级环保部门要督促“未批先建”建设项目依法履行环境影响评价手续。依法需申请排污许可证的“未批先建”建设项目，应当依照国家有关环保法律法规和《排污许可管理办法（试行）》的规定，在规定时限内完成环评报批手续。通过依法查处“未批先建”违法行为，依法受理和审查“未批先建”建设项目环评手续，将所有建设项目依法纳入环境管理，为实现排污许可证“核发一个行业，清理一个行业，规范一个行业”提供保障。

各地在执行中如遇到问题，请及时向我部反馈。

联系方式：环境保护部环境影响评价司，（010）66556419

环境保护部办公厅

2018 年 2 月 24 日

关于建设项目“未批先建”违法行为法律适用问题的意见

（环政法函〔2018〕31号）

各省、自治区、直辖市环境保护厅（局），新疆生产建设兵团环境保护局，计划单列市、省会城市环境保护局：

新环境保护法和新环境影响评价法施行以来，关于建设单位未依法报批建设项目环境影响报告书、报告表，或者未依照环境影响评价法第二十四条的规定重新报批或者报请重新审核环境影响报告书、报告表，擅自开工建设（以下简称“未批先建”）违法行为的行政处罚，在法律适用、追溯期限以及后续办理环境影响评价手续等方面，实践中存在不同争议。经研究，现就有关法律法规的适用问题提出以下意见。

一、关于“未批先建”违法行为行政处罚的法律适用

（一）相关法律规定

2002年公布的原环境影响评价法（自2003年9月1日起施行）第三十一条第一款、第二款分别规定：

“建设单位未依法报批建设项目环境影响评价文件，或者未依照本法第二十四条的规定重新报批或者报请重新审核环境影响评价文件，擅自开工建设的，由有权审批该项目环境影响评价文件的环境保护行政主管部门责令停止建设，限期补办手续；逾期不补办手续的，可以处五万元以上二十万元以下的罚款，对建设单位直接负责的主管人员和其他直接责任人员，依法给予行政处分。

“建设项目环境影响评价文件未经批准或者未经原审批部门重新审核同意，建设单位擅自开工建设的，由有权审批该项目环境影响评价文件的环境保护行政主管部门责令停止建设，可以处五万元以上二十万元以下的罚款，对建设单位直接负责的主管人员和其他直接责任人员，依法给予行政处分。”

2014年修订的新环境保护法（自2015年1月1日起施行）第六十一条规定：“建设单位未依法提交建设项目环境影响评价文件或者环境影响评价文件未经批准，擅自开工建设的，由负有环境保护监督管理职责的部门责令停止建设，处以罚款，并可以责令恢复原状。”

2016年修正的新环境影响评价法（自2016年9月1日起施行）第三十一条规定：“建设单位未依法报批建设项目环境影响报告书、报告表，或者未依照本法第二十四条的规定重新报批或者报请重新审核环境影响报告书、报告表，擅自开工建设的，由县级以上环境保护行政主管部门责令停止建设，根据违法情节和危害后果，处建设项目总投资额百分之一以上百分之五以下的罚款，并可以责令恢复原状；对建设单位直接负责的主管人员和其他直接责任人员，依法给予行政处分。”

通过以上法律修订，新环境保护法和新环境影响评价法取消了“限期补办手续”的要求。

（二）法律适用

关于“未批先建”违法行为的行政处罚，我部2016年1月8日作出的《关于〈环境保护法〉（2014修订）第六十一条适用有关问题的复函》（环政法函〔2016〕6号）已对“新法实施前已经擅自开工建设的项目的法律适用”作出相关解释，现针对实践中遇到的问题，进一步提出补充意见如下：

1. 建设项目于2015年1月1日后开工建设，或者2015年1月1日之前已经开工建设且之后仍然进行建设的，立案查处的环保部门应当适用新环境保护法第六十一条的规定进行处罚，不再依据修正前的

环境影响评价法作出“限期补办手续”的行政命令。

2．建设项目于2016年9月1日后开工建设，或者2016年9月1日之前已经开工建设且之后仍然进行建设的，立案查处的环保部门应当适用新环境影响评价法第三十一条的规定进行处罚，不再依据修正前的环境影响评价法作出“限期补办手续”的行政命令。

二、关于“未批先建”违法行为的行政处罚追溯期限

（一）相关法律规定

行政处罚法第二十九条规定：“违法行为在二年内未被发现的，不再给予行政处罚。法律另有规定的除外。前款规定的期限，从违法行为发生之日起计算；违法行为有连续或者继续状态的，从行为终了之日起计算。”

（二）追溯期限的起算时间

根据上述法律规定，“未批先建”违法行为的行政处罚追溯期限应当自建设行为终了之日起计算。因此，“未批先建”违法行为自建设行为终了之日起二年内未被发现的，环保部门应当遵守行政处罚法第二十九条的规定，不予行政处罚。

（三）违反环保设施“三同时”验收制度的行政处罚

1．建设单位同时构成“未批先建”和违反环保设施“三同时”验收制度两个违法行为的，应当分别依法作出相应处罚

对建设项目“未批先建”并已建成投入生产或者使用，同时违反环保设施“三同时”验收制度的违法行为应当如何处罚，全国人大常委会法制工作委员会2007年3月21日作出的《关于建设项目环境管理有关法律适用问题的答复意见》（法工委复〔2007〕2号）规定：“关于建设单位未依法报批建设项目环境影响评价文件却已建成建设项目，同时该建设项目需要配套建设的环境保护设施未建成、未经验收或者经验收不合格，主体工程正式投入生产或者使用的，应当分别依照《环境影响评价法》第三十一条、《建设项目环境保护管理条例》第二十八条的规定作出相应处罚。”

据此，建设单位同时构成“未批先建”和违反环保设施“三同时”验收制度两个违法行为的，应当分别依法作出相应处罚。

2．对违反环保设施“三同时”验收制度的处罚，不受“未批先建”行政处罚追溯期限的影响

建设项目违反环保设施“三同时”验收制度投入生产或者使用期间，由于违反环保设施“三同时”验收制度的违法行为一直处于连续或者继续状态，因此，即使“未批先建”违法行为已超过二年行政处罚追溯期限，环保部门仍可以对违反环保设施“三同时”验收制度的违法行为依法作出处罚，不受“未批先建”违法行为行政处罚追溯期限的影响。

（四）其他违法行为的行政处罚

建设项目“未批先建”并投入生产或者使用后，有关单位或者个人具有超过污染物排放标准排污，通过暗管、渗井、渗坑、灌注或者篡改、伪造监测数据，或者不正常运行污染防治设施等逃避监管的方式排污等情形之一，分别构成独立违法行为的，环保部门应当对相关违法行为依法予以处罚。

三、关于建设单位可否主动补交环境影响报告书、报告表报送审批

（一）新环境保护法和新环境影响评价法并未禁止建设单位主动补交环境影响报告书、报告表报送审批

对“未批先建”违法行为，2014年修订的新环境保护法第六十一条增加了处罚条款，该条款与原环境影响评价法（2002年）第三十一条相比，未规定“责令限期补办手续”的内容；2016年修正的新环境影响评价法第三十一条，也删除了原环境影响评价法“限期补办手续”的规定。不再将“限期补办手续”作为行政处罚的前置条件，但并未禁止建设单位主动补交环境影响报告书、报告表报送审批。

（二）建设单位主动补交环境影响报告书、报告表并报送环保部门审查的，有权审批的环保部门应当受理

因“未批先建”违法行为受到环保部门依据新环境保护法和新环境影响评价法作出的处罚，或者“未批先建”违法行为自建设行为终了之日起二年内未被发现而未予行政处罚的，建设单位主动补交环境影响报告书、报告表并报送环保部门审查的，有权审批的环保部门应当受理，并根据不同情形分别作出相应处理：

1．对符合环境影响评价审批要求的，依法作出批准决定。

2．对不符合环境影响评价审批要求的，依法不予批准，并可以依法责令恢复原状。

建设单位同时存在违反“三同时”验收制度、超过污染物排放标准排污等违法行为的，应当依法予以处罚。

我部之前印发的相关解释与本意见不一致的，以本意见为准。原国家环境保护总局《关于如何认定建设单位违法行为连续性问题的复函》（环发〔1999〕23 号）和《关于〈环境影响评价法〉第三十一条法律适用问题的复函》（环函〔2004〕470 号）同时废止。

环境保护部

2018 年 2 月 22 日

五、建设项目环境影响评价资质管理

建设项目环境影响评价资质管理办法

（环境保护部令　第36号）

《建设项目环境影响评价资质管理办法》已于2015年4月2日由环境保护部部务会议修订通过，现予公布，自2015年11月1日起施行。原国家环境保护总局发布的《建设项目环境影响评价资质管理办法》（国家环境保护总局令第26号）同时废止。

部　长　陈吉宁

2015年9月28日

附件

建设项目环境影响评价资质管理办法

第一章　总　则

第一条　为加强建设项目环境影响评价管理，提高环境影响评价工作质量，维护环境影响评价行业秩序，根据《中华人民共和国环境保护法》、《中华人民共和国环境影响评价法》和《中华人民共和国行政许可法》等有关法律法规，制定本办法。

第二条　为建设项目环境影响评价提供技术服务的机构，应当按照本办法的规定，向环境保护部申请建设项目环境影响评价资质（以下简称资质），经审查合格，取得《建设项目环境影响评价资质证书》（以下简称资质证书）后，方可在资质证书规定的资质等级和评价范围内接受建设单位委托，编制建设项目环境影响报告书或者环境影响报告表（以下简称环境影响报告书（表））。

环境影响报告书（表）应当由具有相应资质的机构（以下简称环评机构）编制。

第三条　资质等级分为甲级和乙级。评价范围包括环境影响报告书的十一个类别和环境影响报告表的二个类别（具体类别见附件），其中环境影响报告书类别分设甲、乙两个等级。

资质等级为甲级的环评机构（以下简称甲级机构），其评价范围应当至少包含一个环境影响报告书甲级类别；资质等级为乙级的环评机构（以下简称乙级机构），其评价范围只包含环境影响报告书乙级类别和环境影响报告表类别。

应当由具有相应环境影响报告书甲级类别评价范围的环评机构主持编制环境影响报告书的建设项目目录，由环境保护部另行制定。

第四条　资质证书在全国范围内通用，有效期为四年，由环境保护部统一印制、颁发。

资质证书包括正本和副本，记载环评机构的名称、资质等级、评价范围、证书编号、有效期，以及环评机构的住所、法定代表人等信息。

第五条　国家鼓励环评机构专业化、规模化发展，积极开展环境影响评价技术研究，提升技术优势，增强技术实力，形成一批区域性和专业性技术中心。

第六条　国家支持成立环境影响评价行业组织，加强行业自律，维护行业秩序，组织开展环评机构及其环境影响评价工程师和相关专业技术人员的水平评价，建立健全行业内奖惩机制。

第二章　环评机构的资质条件

第七条　环评机构应当为依法经登记的企业法人或者核工业、航空和航天行业的事业单位法人。

下列机构不得申请资质：

（一）由负责审批或者核准环境影响报告书（表）的主管部门设立的事业单位出资的企业法人；

（二）由负责审批或者核准环境影响报告书（表）的主管部门作为业务主管单位或者挂靠单位的社会组织出资的企业法人；

（三）受负责审批或者核准环境影响报告书（表）的主管部门委托，开展环境影响报告书（表）技术评估的企业法人；

（四）前三项中的企业法人出资的企业法人。

第八条　环评机构应当有固定的工作场所，具备环境影响评价工作质量保证体系，建立并实施环境影响评价业务承接、质量控制、档案管理、资质证书管理等制度。

第九条　甲级机构除具备本办法第七条、第八条规定的条件外，还应当具备下列条件：

（一）近四年连续具备资质且主持编制过至少八项主管部门审批或者核准的环境影响报告书。

（二）至少配备十五名环境影响评价工程师。

（三）评价范围中的每个环境影响报告书甲级类别至少配备六名相应专业类别的环境影响评价工程师，其中至少三人主持编制过主管部门近四年内审批或者核准的相应类别环境影响报告书各二项。核工业环境影响报告书甲级类别配备的相应类别环境影响评价工程师中还应当至少三人为注册核安全工程师。

（四）评价范围中的环境影响报告书乙级类别以及核与辐射项目环境影响报告表类别配备的环境影响评价工程师条件应当符合本办法第十条第（二）项的规定。

（五）近四年内至少完成过一项环境保护相关科研课题，或者至少编制过一项国家或者地方环境保护标准。

第十条　乙级机构除具备本办法第七条、第八条规定的条件外，还应当具备下列条件：

（一）至少配备九名环境影响评价工程师。

（二）评价范围中的每个环境影响报告书乙级类别至少配备四名相应专业类别的环境影响评价工程师，其中至少二人主持编制过主管部门近四年内审批或者核准的环境影响报告书（表）各四项。核工业环境影响报告书乙级类别配备的相应类别环境影响评价工程师中还应当至少一人为注册核安全工程师。核与辐射项目环境影响报告表类别应当至少配备一名相应专业类别的环境影响评价工程师。

第十一条　乙级机构在资质证书有效期内应当主持编制至少八项主管部门审批或者核准的环境影响报告书（表）。

第三章　资质的申请与审查

第十二条　环境保护部负责受理资质申请。资质申请包括首次申请、变更、延续以及评价范围调整、资质等级晋级。

环评机构近一年内违反本办法相关规定被责令限期整改或者受到行政处罚的，不得申请评价范围调整和资质等级晋级。

第十三条　申请资质的机构应当如实提交相关申请材料，并对申请材料的真实性和准确性负责。申请材料的具体要求由环境保护部另行制定。

第十四条　环评机构有下列情形之一的，应当在变更登记或者变更发生之日起六十个工作日内申请变更资质证书中的相关内容：

（一）工商行政管理部门或者事业单位登记管理部门登记的机构名称、住所或者法定代表人变更的；

（二）因改制、分立或者合并等原因，编制环境影响报告书（表）的机构名称变更的。

第十五条 资质证书有效期届满，环评机构需要继续从事环境影响报告书（表）编制工作的，应当在有效期届满九十个工作日前申请资质延续。

第十六条 申请资质的机构应当通过环境保护部政府网站提交资质申请，并将书面申请材料一式三份报送环境保护部。

环境保护部对申请材料齐全、符合规定形式的资质申请，予以受理，并出具书面受理回执；对申请材料不齐全或者不符合规定形式的，在五个工作日内一次性告知申请资质的机构需要补正的内容；对不予受理的，书面说明理由。

环境保护部对已受理的资质申请信息在其政府网站予以公示。

第十七条 环境保护部组织对申请资质的机构提交的申请材料进行审查，并根据情况开展核查。

环境保护部自受理申请之日起二十个工作日内，依照本办法规定和申请资质的机构实际达到的资质条件作出是否准予资质的决定。必要时，环境保护部可以组织专家进行评审或者征求国务院有关部门和省级环境保护主管部门的意见，专家评审时间不计算在二十个工作日内。

环境保护部应当对是否准予资质的决定和申请机构资质条件等情况在其政府网站进行公示。公示期间无异议的，向准予资质的申请机构颁发资质证书；向不予批准资质的申请机构书面说明理由。

第十八条 因改制、分立或者合并等原因申请变更环评机构名称的，环境保护部应当根据改制、分立或者合并后机构实际达到的资质条件，重新核定其资质等级和评价范围。

甲级机构申请资质延续，符合本办法第七条、第八条规定和下列条件，但资质证书有效期内主持编制主管部门审批或者核准的环境影响报告书（表）少于八项的，按乙级资质延续，并按该机构实际达到的资质条件重新核定其评价范围：

（一）近四年连续具备资质。

（二）至少配备十五名环境影响评价工程师。评价范围中至少一个原有环境影响报告书甲级类别配备六名以上相应专业类别的环境影响评价工程师。

（三）近四年内至少完成过一项环境保护相关科研课题，或者至少编制过一项国家或者地方环境保护标准。

第十九条 申请资质的机构隐瞒有关情况或者提供虚假材料的，环境保护部不予受理资质申请或者不予批准资质。该机构在一年内不得再次申请资质。

申请资质的机构以欺骗、贿赂等不正当手段取得资质的，由环境保护部撤销其资质。该机构在三年内不得再次申请资质。

前两款中涉及隐瞒环境影响评价工程师真实情况的，相关环境影响评价工程师三年内不得作为资质申请时配备的环境影响评价工程师、环境影响报告书（表）的编制主持人或者主要编制人员。

第二十条 环评机构有下列情形之一的，环境保护部应当办理资质注销手续：

（一）资质有效期届满未申请延续或者未准予延续的；

（二）法人资格终止的；

（三）因不再从事环境影响报告书（表）编制工作，申请资质注销的；

（四）资质被撤回、撤销或者资质证书被吊销的。

第二十一条 环境保护部在其政府网站设置资质管理专栏，公开资质审查程序、审查内容、受理情况、审查结果等信息，并及时公布环评机构及其环境影响评价工程师基本信息。

第四章　环评机构的管理

第二十二条　环评机构应当坚持公正、科学、诚信的原则，遵守职业道德，执行国家法律、法规及有关管理要求，确保环境影响报告书（表）内容真实、客观、全面和规范。

环评机构应当积极履行社会责任和普遍服务的义务，不得无正当理由拒绝承担公益性建设项目环境影响评价工作。

第二十三条　环境影响报告书（表）应当由一个环评机构主持编制，并由该机构中相应专业类别的环境影响评价工程师作为编制主持人。环境影响报告书各章节和环境影响报告表的主要内容应当由主持编制机构中的环境影响评价工程师作为主要编制人员。

核工业类别环境影响报告书的编制主持人还应当为注册核安全工程师，各章节的主要编制人员还应当为核工业类别环境影响评价工程师。

主持编制机构对环境影响报告书（表）编制质量和环境影响评价结论负责，环境影响报告书（表）编制主持人和主要编制人员承担相应责任。

第二十四条　环评机构接受委托编制环境影响报告书（表），应当与建设单位签订书面委托合同。委托合同不得由环评机构的内设机构、分支机构代签。

禁止涂改、出租、出借资质证书。

第二十五条　环境影响报告书（表）应当附主持编制的环评机构资质证书正本缩印件。缩印件页上应当注明建设项目名称等内容，并加盖主持编制机构印章和法定代表人名章。

环境影响报告书（表）中应当附编制人员名单表，列出编制主持人和主要编制人员的姓名及其环境影响评价工程师职业资格证书编号、专业类别和登记编号以及注册核安全工程师执业资格证书编号和注册证编号。编制主持人和主要编制人员应当在名单表中签字。

资质证书缩印件页和环境影响报告书（表）编制人员名单表格式由环境保护部另行制定。

第二十六条　环评机构应当建立其主持编制的环境影响报告书（表）完整档案。档案中应当包括环境影响报告书（表）及其编制委托合同、审批或者核准批复文件和相关的环境质量现状监测报告原件、公众参与材料等。

第二十七条　环评机构出资人、环境影响评价工程师等基本情况发生变化的，应当在发生变化后六十个工作日内向环境保护部备案。

第二十八条　环评机构在领取新的资质证书时，应当将原资质证书交回环境保护部。

环评机构遗失资质证书的，应当书面申请补发，并在公共媒体上刊登遗失声明。

第二十九条　环评机构中的环境影响评价工程师和参与环境影响报告书（表）编制的其他相关专业技术人员应当定期参加环境影响评价相关业务培训，更新和补充业务知识。

第五章　环评机构的监督检查

第三十条　环境保护主管部门应当加强对环评机构的监督检查。监督检查时可以查阅或者要求环评机构报送有关情况和材料，环评机构应当如实提供。

监督检查包括抽查、年度检查以及在环境影响报告书（表）受理和审批过程中对环评机构的审查。

第三十一条　环境保护部组织对环评机构的抽查。省级环境保护主管部门组织对住所在本行政区域内的环评机构的年度检查。

环境保护主管部门组织的抽查和年度检查，应当对环评机构的资质条件和环境影响评价工作情况进行全面检查。

第三十二条　环境保护主管部门在环境影响报告书（表）受理和审批过程中，应当对环境影响报告书（表）编制质量、主持编制机构的资质以及编制人员等情况进行审查。

对主持编制机构不具备相应资质等级和评价范围以及不符合本办法第二十三条和第二十五条有关规定的环境影响报告书（表），环境保护主管部门不予受理环境影响报告书（表）审批申请；对环境影响报告书（表）有本办法第三十六条或者第四十五条规定情形的，环境保护主管部门不予批准。

第三十三条 环评机构有下列情形之一的，由实施监督检查的环境保护主管部门对该机构给予通报批评：

（一）未与建设单位签订书面委托合同接受建设项目环境影响报告书（表）编制委托的，或者由环评机构的内设机构、分支机构代签书面委托合同的；

（二）主持编制的环境影响报告书（表）不符合本办法第二十五条规定格式的；

（三）未建立主持编制的环境影响报告书（表）完整档案的。

第三十四条 环评机构有下列情形之一的，由环境保护部责令改正；拒不改正的，责令其限期整改一至三个月：

（一）逾期未按本办法第十四条规定申请资质变更的；

（二）逾期未按本办法第二十七条规定报请备案环评机构出资人和环境影响评价工程师变化情况的。

第三十五条 环评机构主持编制的环境影响报告书（表）有下列情形之一的，由实施监督检查的环境保护主管部门责令该机构以及编制主持人和主要编制人员限期整改三至六个月：

（一）环境影响报告书（表）未由相应的环境影响评价工程师作为编制主持人的；

（二）环境影响报告书的各章节和环境影响报告表的主要内容未由相应的环境影响评价工程师作为主要编制人员的。

第三十六条 环评机构主持编制的环境影响报告书（表）有下列情形之一的，由实施监督检查的环境保护主管部门责令该机构以及编制主持人和主要编制人员限期整改六至十二个月：

（一）建设项目工程分析或者引用的现状监测数据错误的；

（二）主要环境保护目标或者主要评价因子遗漏的；

（三）环境影响评价工作等级或者环境标准适用错误的；

（四）环境影响预测与评价方法错误的；

（五）主要环境保护措施缺失的。

有前款规定情形，致使建设项目选址、选线不当或者环境影响评价结论错误的，依照本办法第四十五条的规定予以处罚。

第三十七条 环评机构因违反本办法规定被责令限期整改的，限期整改期间，作出限期整改决定的环境保护主管部门及其以下各级环境保护主管部门不再受理该机构编制的环境影响报告书（表）审批申请。

环境影响评价工程师被责令限期整改的，限期整改期间，作出限期整改决定的环境保护主管部门及其以下各级环境保护主管部门不再受理其作为编制主持人和主要编制人员编制的环境影响报告书（表）审批申请。

第三十八条 环评机构不符合相应资质条件的，由环境保护部根据其实际达到的资质条件，重新核定资质等级和评价范围或者撤销资质。

环评机构经重新核定的资质等级降低或者评价范围缩减的，在重新核定前，按原资质等级和缩减的评价范围接受委托编制的环境影响报告书（表）需要继续完成的，应当报经环境保护部审核同意。

第三十九条 环境保护主管部门应当建立环评机构及其环境影响评价工程师诚信档案。

县级以上地方环境保护主管部门应当建立住所在本行政区域、编制本级环境保护主管部门审批的环境影响报告书（表）的环评机构及其环境影响评价工程师的诚信档案，记录本部门对环评机构及其环境影响评价工程师采取的通报批评、限期整改和行政处罚等情况，并向社会公开。通报批评、限期整改和行政处罚等情况应当及时抄报环境保护部。

环境保护部应当将环境保护主管部门对环评机构及其环境影响评价工程师采取的行政处理和行政处罚等情况，记入全国环评机构和环境影响评价工程师诚信档案，并向社会公开。

第四十条　环境保护部在国家环境影响评价基础数据库中建立环评机构工作质量监督管理数据信息系统，采集环境影响报告书（表）内容、编制机构、编制人员、编制时间、审批情况等信息，实现对环评机构及其环境影响评价工程师工作质量的动态监控。

第四十一条　县级以上地方环境保护主管部门不得设置条件限制环评机构承接本行政区域内建设项目的环境影响报告书（表）编制工作。

第四十二条　县级以上地方环境保护主管部门在监督检查中发现环评机构有本办法第三十四条、第三十八条、第四十四条第二款、第四十五条规定情形的，应当及时向环境保护部报告并提出处理建议。

第四十三条　任何单位和个人有权向环境保护主管部门举报环评机构及其环境影响评价工程师违反本办法规定的行为。接受举报的环境保护主管部门应当及时调查，并依法作出处理决定。

第六章　法律责任

第四十四条　环评机构拒绝接受监督检查或者在接受监督检查时弄虚作假的，由实施监督检查的环境保护主管部门处三万元以下的罚款，并责令限期整改六至十二个月。

环评机构涂改、出租、出借资质证书或者超越资质等级、评价范围接受委托和主持编制环境影响报告书（表）的，由环境保护部处三万元以下的罚款，并责令限期整改一至三年。

第四十五条　环评机构不负责任或者弄虚作假，致使主持编制的环境影响报告书（表）失实的，依照《中华人民共和国环境影响评价法》的规定，由环境保护部降低其资质等级或者吊销其资质证书，并处所收费用一倍以上三倍以下的罚款，同时责令编制主持人和主要编制人员限期整改一至三年。

第四十六条　环境保护主管部门工作人员在环评机构资质管理工作中徇私舞弊、滥用职权、玩忽职守的，依法给予处分；构成犯罪的，依法追究刑事责任。

第七章　附　则

第四十七条　环评机构资质被吊销、撤销或者注销的，环境保护主管部门可继续完成已受理的该机构主持编制的环境影响报告书（表）审批工作。

第四十八条　本办法所称负责审批或者核准环境影响报告书（表）的主管部门包括环境保护主管部门和海洋主管部门；所称主管部门审批或者核准的环境影响报告书（表），是指经环境保护主管部门审批或者经海洋主管部门核准完成的环境影响报告书（表），不包括因有本办法第三十六条和第四十五条所列情形不予批准或者核准的环境影响报告书（表）。

第四十九条　本办法所称环境影响评价工程师，是指已申报所从业的环评机构和专业类别，在申报的环评机构中全日制专职工作且具有相应职业资格的专业技术人员。环境影响评价工程师从业情况申报的相关管理规定由环境保护部另行制定。

本办法所称注册核安全工程师，是指在注册的环评机构中全日制专职工作且具有相应执业资格的专业技术人员。

第五十条　本办法由环境保护部负责解释。

第五十一条　本办法自 2015 年 11 月 1 日起施行。原国家环境保护总局发布的《建设项目环境影响评价资质管理办法》（国家环境保护总局令第 26 号）同时废止。

附

建设项目环境影响评价资质中的评价范围类别划分

评价范围类别		资质条件中和作为编制主持人的环境影响评价工程师相应的专业类别
环境影响报告书类别	轻工纺织化纤	轻工纺织化纤
	化工石化医药	化工石化医药
	冶金机电	冶金机电
	建材火电	建材火电
	农林水利	农林水利
	采掘	采掘
	交通运输	交通运输
	社会服务	社会服务
	海洋工程	海洋工程
	输变电及广电通信	输变电及广电通信
	核工业	核工业
环境影响报告表类别	一般项目	任一类别
	核与辐射项目	输变电及广电通信或者核工业

关于发布《建设项目环境影响评价资质管理办法》配套文件的公告

（环境保护部公告　2015年第67号）

《建设项目环境影响评价资质管理办法》（环境保护部令第36号）已于2015年9月28日发布，2015年11月1日起施行。根据该办法的相关规定，现将《现有建设项目环境影响评价机构资质过渡的有关规定》等6个配套文件予以公告，与该办法一并施行。

附件：1．现有建设项目环境影响评价机构资质过渡的有关规定

2．建设项目环境影响报告书（表）适用的评价范围类别规定

3．应当由具备环境影响报告书甲级类别评价范围的机构编制环境影响报告书的建设项目目录

4．建设项目环境影响评价资质申请材料规定

5．建设项目环境影响报告书（表）中资质证书缩印件页和编制人员名单表页格式规定

6．环境影响评价工程师从业情况管理规定

环境保护部

2015年10月29日

附件1

现有建设项目环境影响评价机构资质过渡的有关规定

第一条　《建设项目环境影响评价资质管理办法》施行前已取得资质的机构（以下简称现有环评机构），可在原资质证书有效期内按照规定的资质等级和评价范围编制环境影响报告书（表）。

现有环评机构具备环境影响报告书甲级类别的，可以主持编制本公告附件3中的建设项目环境影响报告书。

原资质证书中的社会区域环境影响报告书类别视同为社会服务环境影响报告书类别，特殊项目环境影响报告表类别视同为核与辐射项目环境影响报告表类别。

第二条　原资质证书有效期截止日期在2015年11月1日至2016年12月31日期间的现有环评机构，申请资质延续时的机构法人类型和环境影响评价工程师数量条件可暂按原国家环保总局发布的《建设项目环境影响评价资质管理办法》执行。

我部在资质延续审查时，不审查按前款规定申请资质延续机构及其环境影响评价工程师主持编制的环境影响报告书（表）数量条件，颁发的资质证书有效期统一截止至2016年12月31日。

第三条　现有环评机构在原资质证书有效期内以及按第二条规定延续资质的机构在2016年12月31日前，有下列情形之一的，机构法人类型和环境影响评价工程师数量条件暂按原国家环保总局发布的《建设项目环境影响评价资质管理办法》执行：

（一）因工商行政管理机关或者事业单位登记管理部门登记的机构名称变更，申请资质证书中的机构名称变更的；

（二）因不符合原国家环保总局发布的《建设项目环境影响评价资质管理办法》中的资质条件，需重新核定资质的。

第四条 现有环保系统环评机构脱钩工作的原配套政策和时限要求不变，脱钩时新机构的环境影响评价工程师数量条件暂按原国家环保总局发布的《建设项目环境影响评价资质管理办法》执行。

现有环评机构中的其他事业单位，在2016年12月31日前，通过体制改革形成符合《建设项目环境影响评价资质管理办法》中规定的企业法人类型的环评机构，申请资质证书中的机构名称变更时，可参照全国环保系统环评机构脱钩工作的有关配套政策执行。

第五条 不具备相应环境影响报告书甲级类别的现有环评机构，在2015年11月1日前，按照原资质证书规定的评价范围接受委托，编制的本公告附件3中由地方环境保护主管部门负责审批的建设项目环境影响报告书需要继续完成的，应当在2015年12月15日前报经审批该环境影响报告书的环境保护主管部门审核同意。

第六条 自《建设项目环境影响评价资质管理办法》施行之日起，《关于进一步加强环境影响评价机构管理的意见》（环办〔2014〕24号）中关于申请机构环境影响评价工程师数量条件的有关规定，以及《关于推进事业单位环境影响评价体制改革工作的通知》（环办〔2013〕109号）中关于改革进度安排和原事业单位环境影响评价工程师从业等有关规定，同时废止。

附件2

建设项目环境影响报告书（表）适用的评价范围类别规定

各类建设项目环境影响报告书（表）适用的评价范围类别按照附表执行。

含多项建设内容的建设项目应当按照项目主体工程内容确定环境影响报告书（表）适用的评价范围类别。

附表 建设项目环境影响报告书（表）适用的评价范围类别

适用的评价范围类别		建设项目内容
环境影响报告书类别	轻工纺织化纤	—粮食及饲料加工，植物油加工，生物质纤维素乙醇生产，制糖、糖制品加工，乳制品加工，调味品、发酵制品制造，酒精饮料及酒类制造，果菜汁类及其他软饮料制造，屠宰，水产品加工； —卷烟，纸浆、溶解浆、纤维浆等制造，造纸（含废纸造纸）； —人造板制造； —轮胎制造、再生橡胶制造、橡胶加工、橡胶制品翻新，塑料制品制造（不含电镀工艺的）； —废塑料、废轮胎、废油再生利用； —化学纤维制造，纺织品制造，服装制造，皮革、毛皮、羽毛（绒）制品。
	化工石化医药	—基本化学原料制造，化学肥料制造，农药制造，涂料、染料、颜料、油墨及其类似产品制造，合成材料制造，专用化学品制造，炸药、火工及焰火产品制造，饲料添加剂、食品添加剂及水处理剂等制造，日用化学品制造； —原油加工、天然气加工、油母页岩提炼原油、煤制油、生物制油及其他石油制品，焦化、电石，煤炭液化、气化，煤气生产； —化学药品制造，生物、生化制品制造，中成药制造、中药饮片加工，含医药、化工类等专业中试内容的研发基地； —油库、气库； —P3、P4生物安全实验室。

适用的评价范围类别		建设项目内容
环境影响报告书类别	冶金机电	—炼铁（含球团、烧结），炼钢，铁合金制造，锰、铬冶炼，黑色金属压延加工，有色金属冶炼（含再生有色金属冶炼），有色金属合金制造； —通用、专用设备制造及维修，铁路运输设备制造及修理，汽车、摩托车制造，自行车制造，船舶及相关装置制造，航空航天器制造，交通器材及其他交通运输设备制造，电气机械及器材制造，仪器仪表及文化、办公用机械制造； —金属铸件，金属制品加工制造，金属制品表面处理及热处理加工，有电镀或喷漆工艺的锯材、木片加工、家具制造，有电镀工艺的塑料制品和工艺品加工制造； —显示器件制造，印刷电路板制造，半导体材料、电子陶瓷、有机薄膜、荧光粉、贵金属粉等电子专用材料制造； —废电子电器产品、废电池、废汽车、废电机、废五金、废船等再生利用。
	建材火电	—水泥制造，水泥粉磨站，玻璃制造，玻璃纤维制造，陶瓷制品，耐火材料及其制品，石墨、碳素制品； —火力发电（包括热电），生物质发电，利用矸石、油页岩、石油焦等发电，燃煤、燃油锅炉； —生活垃圾焚烧处置，危险废物（含医疗废物）焚烧处置。
环境影响报告表类别	农林水利	—农业垦殖，经济林基地项目，畜禽养殖场、养殖小区，农业转基因、物种引进项目，转基因实验室； —水库，灌区工程，引水工程，防洪治涝工程，河湖整治工程，水力发电，航电枢纽工程； —风力发电。
	采掘	—黑色金属采选（含单独尾矿库），有色金属采选（含单独尾矿库），石油开采，天然气、页岩气开采（含净化），煤层气开采，煤炭开采，土砂石开采，化学矿采选，采盐，石棉及其他非金属矿采选； —地下水开采工程。
	交通运输	—公路，新建、改建铁路及铁路枢纽，轨道交通，城市道路、桥梁、隧道，码头，航道工程、水运辅助工程； —机场； —石油、天然气、成品油管线，化学品输送管线，仓储（不含油库、气库）。
	社会服务	—生活污水集中处理，工业废水集中处理，一般工业固体废物（含污泥）集中处置，污染场地治理修复工程； —不以焚烧为主要处置方式的生活垃圾（含餐厨废弃物）集中处置和危险废物（含医疗废物）集中处置及综合利用； —医院，专科防治院（所、站），疾病预防控制中心，高尔夫球场，公园（含动物园、植物园、主题公园），旅游开发，影视基地建设，殡仪馆。
	海洋工程	—围填海、海上堤坝工程，人工岛、海上和海底物资储藏设施、跨海桥梁、海底隧道工程，海底管道、海底电（光）缆工程，海洋矿产资源勘探开发工程，海上潮汐电站、波浪电站、温差电站等海洋能源开发利用工程。
	输变电及广电通信	—送（输）变电工程； —广播电台、差转台，电视塔台，卫星地球上行站，多台雷达探测系统。
	核工业	—核动力厂、反应堆； —铀矿开采、冶炼，核燃料生产、加工、贮存、后处理，放射性废物贮存、处理或处置； —上述项目的退役； —核技术利用和退役。
	一般项目	—除核与辐射项目以外的建设项目。
	核与辐射项目	—核动力厂、反应堆； —铀矿开采、冶炼，核燃料生产、加工、贮存、后处理，放射性废物贮存、处理或处置； —上述项目的退役； —铀矿地质勘探、退役治理； —核技术利用和退役； —送（输）变电工程； —广播电台、差转台，电视塔台，卫星地球上行站，单台雷达探测系统，无线通信。

注：本表“环境影响报告书类别”和“环境影响报告表类别”栏对应的建设项目，分别是指按照《建设项目环境影响评价分类管理名录》应当编制环境影响报告书和环境影响报告表的项目。

附件 3

应当由具备环境影响报告书甲级类别评价范围的机构编制环境影响报告书的建设项目目录

序号	对应的环境影响报告书类别	建设项目目录
1	轻工纺织化纤	纸浆制造项目
		轮胎制造项目
2	化工石化医药	炼油项目；乙烯项目
		焦化项目；铬盐生产项目；氰化物生产项目；精对苯二甲酸（PTA）、对二甲苯（PX）项目；二苯基甲烷二异氰酸酯（MDI）、甲苯二异氰酸酯（TDI）项目；煤制天然气、油、甲醇、烯烃、乙二醇、二甲醚及芳烃项目
		地下气库和地下油库项目
		农药原药生产项目
3	冶金机电	炼铁（含球团、烧结）项目，炼钢项目
		电解铝、氧化铝项目；铜、铅、锌冶炼项目；稀土冶炼分离项目
		平板显示器件制造项目；多晶硅制造项目；年加工面积 48 万平方米及以上印制电路板制造项目；12 英寸及以上集成电路芯片制造项目
		10 万吨级及以上造船设施（船台、船坞）项目
4	建材火电	燃煤火力发电项目
		燃煤热力发电项目（背压机组项目除外）
		生活垃圾焚烧发电项目
		年处置 1 万吨及以上的危险废物焚烧项目
5	农林水利	在跨界和跨省（区、市）河流上建设的水电站项目和总装机容量 25 万千瓦及以上的水电站项目
		在跨界和跨省（区、市）河流上建设的水库项目
5	农林水利	高等级航道的千吨级及以上航电枢纽项目
		涉及跨界河流、跨省（区、市）的水资源配置调整的项目
6	采掘	年生产能力 500 万吨及以上规模的铁矿开发项目
		总投资 5 亿元及以上的有色矿山开发项目
		稀土矿山开发项目
		日采选黄金矿石 500 吨及以上项目
		新增年生产能力 120 万吨及以上煤炭开发项目
		年产 20 亿立方米及以上天然气新气田开发项目
		年产 100 万吨及以上新油田开发项目
7	交通运输	跨省（区、市）的铁路项目和国家铁路网中的干线项目
		国家高速公路网项目
		新建港区和新建年吞吐能力 200 万吨及以上的煤炭、矿石、油气专用泊位项目；集装箱专用码头项目
		新建运输机场项目；扩建军民合用机场项目
		轨道交通项目
		跨境、跨省（区、市）干线输油管网项目（不含油田集输管网）
		跨境、跨省（区、市）或年输气能力 5 亿立方米及以上的输气管网项目（不含油气田集输管网）
8	社会服务	总占地面积 2 000 亩及以上或总投资 50 亿元及以上的主题公园
		总库容 1 200 万立方米及以上的生活垃圾卫生填埋项目

序号	对应的环境影响报告书类别	建设项目目录
9	海洋工程	50公顷及以上的填海工程
		100公顷及以上的围海工程
		海洋矿产资源勘探开发项目
10	输变电及广电通信	750千伏及以上交流项目和±500千伏及以上直流项目
11	核工业	核动力厂、反应堆，铀矿开采、冶炼，核燃料生产、加工、贮存、后处理，放射性废物贮存、处理或处置，以及上述项目的退役
		生产放射性同位素（生产放射性药物除外）、甲级非密封放射性物质工作场所和Ⅰ类射线装置项目

注：本目录中项目未注明新建、扩建或技术改造的，包括新建、扩建和技术改造。

附件4

建设项目环境影响评价资质申请材料规定

第一条　首次申请资质的机构应当提交下列材料：

（一）申请报告。

（二）资质申请诚信承诺书（附1）。

（三）资质申请表（附2）。

（四）法人资格证明。

（五）法定代表人简历和身份证件复印件。

（六）工作场所证明。

（七）环境影响评价工程师职业资格证书复印件。其中，注册核安全工程师还应当提供相关执业资格证书和注册证复印件。

（八）环境影响评价工程师劳动关系证明。

（九）环境影响评价工程师相关业绩证明。

（十）环境影响评价工作质量保证体系相关制度文件。

（十一）环境影响评价工程师从业情况申报材料。

第二条　申请资质延续的机构应当提交下列材料：

（一）第一条第（一）至（十）项所列材料。

（二）申请机构相关业绩证明。

（三）现有资质证书正本复印件。

申请甲级资质延续的机构还应当提交科研技术成果证明。

第三条　申请评价范围调整的机构应当提交下列材料：

（一）第一条第（一）至（四）项、第（八）项和第（九）项所列材料。

（二）现有资质证书正本复印件。

第四条　申请资质等级晋级的机构应当提交下列材料：

（一）第一条第（一）至（十）项所列材料。

（二）申请机构相关业绩证明。

（三）科研技术成果证明。

（四）现有资质证书正本复印件。

第五条　因工商行政管理机关或者事业单位登记管理部门登记的机构名称、法定代表人或者住所发生变化，申请资质证书中的相关内容变更的，变更后机构应当提交下列材料：

（一）第一条第（一）至（四）项所列材料。

（二）工商行政管理机关变更核准通知书或者事业单位相关主管部门批准文件。

（三）原环评机构资质证书正本复印件。

申请法定代表人变更的，还应当提交变更后的法定代表人简历和身份证复印件。

第六条 因改制、分立或者合并等原因，申请资质证书中的机构名称变更的，改制、分立或者合并后机构应当提交下列材料：

（一）第一条所列材料。

（二）原环评机构改制、分立或者合并文件。

（三）原环评机构环境影响评价工程师安置情况说明，以及原环评机构中脱离事业编制、进入变更后机构全日制专职工作的环境影响评价工程师办理脱离事业编制的相关手续材料。

（四）原环评机构资质证书正本复印件。

原环评机构整体改制或者整体并入变更后机构的，还应当提交原环评机构法人资格终止证明。

第七条 因改制、分立或者合并等原因，申请甲级资质证书中的机构名称变更的，除提交第六条所列材料外，还应当提交改制、分立或者合并后机构的相关业绩证明和科研技术成果证明。

符合下列情形之一的，原环评机构相关业绩和科研技术成果可作为改制、分立或者合并后机构的工作业绩和科研技术成果：

（一）原环评机构与其全资子公司之间、原环评机构与其法人出资人之间或者同一出资人的全资子公司之间发生环境影响评价业务转移的。

（二）原环评机构整体改制或者整体并入变更后机构，原环评机构法人资格终止的。

（三）事业单位环评机构将环境影响评价业务转移至其出资设立的企业法人的。

第八条 环保系统环评机构因脱钩申请资质证书中的机构名称变更的，脱钩后机构应当提交下列材料：

（一）第一条第（一）至（八）项、第（十）项和第（十一）项所列材料。

（二）原环评机构脱钩方案以及相关事业单位、社会组织和环境保护主管部门同意脱钩方案文件。

（三）原环评机构环境影响评价工程师安置情况说明，以及原环评机构中脱离事业编制、进入脱钩后机构全日制专职工作的环境影响评价工程师办理脱离事业编制的相关手续材料。

（四）原环评机构相关环境保护主管部门出具的脱钩后机构环境影响评价工程师和出资人中，无本部门、所属事业单位和社会组织及其出资企业人员的证明。

（五）原环评机构事业单位法人证书正本复印件，或者企业法人营业执照正本和企业章程复印件。

（六）原环评机构资质证书正本复印件。

原环评机构整体改制或者整体并入变更后机构的，还应当提交原环评机构法人资格终止证明。

第九条 本规定所称法人资格证明是指下列材料之一：

（一）企业法人营业执照正本和企业章程复印件，以及工商登记情况查询记录。出资人中含法人的，还应当提交法人出资人的相关情况说明。其中，出资人中含事业单位和社会组织的，分别提交事业单位法人证书和社会团体法人登记证书正本复印件；出资人中含企业法人的，提交企业法人营业执照正本和企业章程复印件。

（二）核工业、航空、航天行业事业单位法人证书正本复印件。

第十条 本规定所称劳动关系证明是指下列材料之一：

（一）事业单位人事部门或者有人事管理权的上级人事部门于近 3 个月内出具的事业单位编制人员在申请机构的在编证明。

（二）社会保险管理机构于近 3 个月内出具的相关人员在申请机构参加养老和医疗等社会保险的清单凭证。

（三）离退休人员的离退休证明和申请机构出具的劳动合同或者聘用证明。

（四）事业单位专业技术人员办理离岗创业的相关手续材料（含离岗创业起止时间）和申请机构出具的劳动合同或者聘用证明。

第十一条 本规定所称业绩证明是指已经环境保护主管部门审批或者海洋主管部门核准的环境影响报告书（表）存档件封面页、资质证书缩印件页、编制人员名单表页和审批或者核准文件复印件等材料。

第十二条 本规定所称科研技术成果证明是指下列材料之一：

（一）科研课题承接证明、已完成的科研课题研究报告封面页和目录页复印件，以及验收（鉴定）文件复印件。

（二）国家或者地方环境保护标准承接证明、已发布的标准封面页和目录页复印件。

第十三条 本规定所称环境影响评价工程师安置情况说明是指包括原环评机构全部环境影响评价工程师姓名、登记编号、原劳动关系及编制情况和分流去向等情况的清单材料。

第十四条 申请机构提交的申请报告应当包括申请机构基本情况、申请内容和具备的相应条件等内容。

环境影响评价工程师从业情况申报材料按照本公告附件 6 执行。

申请机构提交的书面申请材料，除申请报告和环境影响评价工程师从业情况申报材料外，应当合并装订。

附 1

资质申请诚信承诺书

本机构郑重承诺：本次提交的各项申请材料真实有效；申请材料中填报的环境影响评价工程师均为本机构全日制专职工作人员，无行政机关和其他企、事业单位在本机构兼职或者未供职的“挂靠”人员；近 1 年内未因违反建设项目环境影响评价资质管理相关规定被责令限期整改或者受到行政处罚（此项承诺仅适用于申请评价范围调整和资质等级晋级的机构）。

本机构已知晓上述承诺相应的法律责任：在资质审查阶段被发现有提供虚假材料或者隐瞒情况等行为的，环境保护部将依照《中华人民共和国行政许可法》第七十八条和《建设项目环境影响评价资质管理办法》第十九条的规定，不予批准资质，申请机构一年内不得再次申请资质；在取得资质后被发现有提供虚假材料或者隐瞒情况等行为的，环境保护部将依照《中华人民共和国行政许可法》第六十九条、第七十九条和《建设项目环境影响评价资质管理办法》第十九条的规定，撤销资质，申请机构三年内不得再次申请资质。

本人郑重承诺：本人为申请机构全日制专职工作人员，非行政机关和其他企、事业单位在申请机构兼职或者未供职的“挂靠”人员，并已知晓上述承诺相应的法律责任：被发现隐瞒真实情况的，将依照《建设项目环境影响评价资质管理办法》第十九条的规定，三年内不得作为资质申请时配备的环境影响评价工程师、环境影响报告书（表）的编制主持人或者主要编制人员。

本次申请事项和内容：

序号	环境影响评价工程师姓名	职业资格证书编号或者登记编号	承诺人签字
1			
2			
3			
4			
5			
6			

序号	环境影响评价工程师姓名	职业资格证书编号或者登记编号	承诺人签字
7			
8			
9			
…			

承诺机构：（签章）　　　　法定代表人：（签字）　　　　　　　　年　　月　　日

附 2

建设项目环境影响评价资质申请表

申请机构____________________（签章）

法定代表人____________________（签字）

填报时间________年______月______日

环境保护部印制

填 表 说 明

本表用计算机打印填写。

[1]机构名称：需填写申请机构全称。

[2]法人类型：申请机构为企业法人的，按照企业法人营业执照中的相应内容填写；申请机构为核工业、航空、航天行业事业单位法人的，填写事业单位法人证书中的经费来源或者分类。

[3]住所：按照企业法人营业执照或者事业单位法人证书中的相应内容填写。

[4]出资人或者举办单位：申请机构为企业法人的，按照企业章程中的出资人依次填写。其中，出资人中含企业法人的，还需填写企业章程中的出资人；出资人中含事业单位的，还需填写事业单位法人证书中的举办单位；出资人中含社会组织的，还需填写社团法人登记证书中的主管部门或者挂靠单位。申请机构为核工业、航空、航天行业事业单位法人的，填写事业单位法人证书中的举办单位。

[5]所属地区：填写申请机构住所所属的省（区、市）及地级市（区、州、盟、地区）。

[6]现有资质情况、资质变化情况：填写自机构成立以来的相关情况。首次申请资质的机构不需填写。

[7]申请事项：按申请事项的不同，在相应框内勾选和填写相关内容。

[8]职（执）业资格证书编号：填写环境影响评价工程师职业资格证书编号。同时为注册核安全工程师的环境影响评价工程师，需一并填写注册核安全工程师执业资格证书编号。

[9]登记（注册证）编号：填写环境影响评价工程师登记编号。同时为注册核安全工程师的环境影响评价工程师，需一并填写注册核安全工程师注册证编号。首次申请资质机构和改制、分立或者合并后机构的环境影响评价工程师，填写“首次申报”“重新申报”或者“变更申报”，其中“重新申报”和“变

更申报”的，同时填写原登记编号，并注明相关情况。

[10]专业类别：填写环境影响评价工程师登记编号中对应的专业类别。首次申请资质机构和改制、分立或者合并后机构中的环境影响评价工程师，“首次申报”的，填写拟申报的专业类别；“重新申报”和“变更申报”的，填写原专业类别，并注明相关情况。

[11]机构业绩：填写申请机构近 4 年主持编制的经主管部门审批或者核准的环境影响报告书（表）情况。仅申请资质等级晋级的机构和申请资质延续的机构以及因改制、分立或者合并等原因申请资质证书中机构名称变更的甲级环评机构填写。

[12]环境影响评价工程师业绩：填写环境影响评价工程师近 4 年作为编制主持人编制的经主管部门审批或者核准的环境影响报告书（表）情况。因工商行政管理机关或者事业单位登记管理部门登记的机构名称、住所、法定代表人变更，申请资质证书中的相应内容变更的机构，不需填写。

[13]科研技术成果：仅申请资质等级晋级的机构和申请资质延续以及因改制、分立或者合并等原因申请资质证书中机构名称变更的甲级环评机构填写。

一、基本情况

<table>
<tr><td>机构名称[1]</td><td colspan="4"></td></tr>
<tr><td>成立时间</td><td colspan="2"></td><td>法定代表人</td><td></td></tr>
<tr><td>法人类型[2]</td><td colspan="4">企业法人：
事业单位法人：</td></tr>
<tr><td>住　所[3]</td><td colspan="4"></td></tr>
<tr><td>出资人或者举办单位[4]</td><td colspan="4">顺序列出申请机构出资人或者举办单位：
申请机构出资人中含法人的，顺序列出所含法人的出资人、举办单位或者主管（挂靠）单位：</td></tr>
<tr><td>所属地区[5]</td><td colspan="4">省（区、市）　　市（区、地区、州、盟）</td></tr>
<tr><td>工作场所地址</td><td colspan="4"></td></tr>
<tr><td>环境影响评价工程师情况</td><td colspan="4">共______名，其中注册核安全工程师______名。</td></tr>
<tr><td rowspan="3">现有资质情况[6]</td><td>编　号</td><td colspan="3">国环评证　字第　号</td></tr>
<tr><td>颁发时间</td><td></td><td>有效期截止日期</td><td></td></tr>
<tr><td>评价范围</td><td colspan="3"></td></tr>
<tr><td>通信地址</td><td colspan="4"></td></tr>
<tr><td>邮政编码</td><td colspan="4"></td></tr>
<tr><td>联 系 人</td><td colspan="2"></td><td>电子邮箱</td><td></td></tr>
<tr><td>联系电话</td><td colspan="2"></td><td>传　真</td><td></td></tr>
</table>

二、申请内容

申请事项[7]							
首次申请 □		延续 □		评价范围调整 □		资质等级晋级 □	
变更		机构名称变更 □		住所变更 □		法定代表人变更 □	
首次申请	评价范围						
	环境影响报告书类别	轻工纺织化纤	乙□	环境影响报告书类别	社会服务	乙□	
		化工石化医药	乙□		海洋工程	乙□	
		冶金机电	乙□		输变电及广电通信	乙□	
		建材火电	乙□		核工业	乙□	
		农林水利	乙□	环境影响报告表类别	一般项目	□	
		采掘	乙□		核与辐射项目	□	
		交通运输	乙□				
延续	资质等级	甲□	乙□				
	评价范围						
	环境影响报告书类别	轻工纺织化纤	甲□ 乙□	环境影响报告书类别	社会服务	甲□ 乙□	
		化工石化医药	甲□ 乙□		海洋工程	甲□ 乙□	
		冶金机电	甲□ 乙□		输变电及广电通信	甲□ 乙□	
		建材火电	甲□ 乙□		核工业	甲□ 乙□	
		农林水利	甲□ 乙□	环境影响报告表类别	一般项目	□	
		采掘	甲□ 乙□		核与辐射项目	□	
		交通运输	甲□ 乙□				
评价范围调整	评价范围						
	环境影响报告书类别	轻工纺织化纤	甲□ 乙□	环境影响报告书类别	社会服务	甲□ 乙□	
		化工石化医药	甲□ 乙□		海洋工程	甲□ 乙□	
		冶金机电	甲□ 乙□		输变电及广电通信	甲□ 乙□	
		建材火电	甲□ 乙□		核工业	甲□ 乙□	
		农林水利	甲□ 乙□	环境影响报告表类别	一般项目	□	
		采掘	甲□ 乙□		核与辐射项目	□	
		交通运输	甲□ 乙□				
资质等级晋级	评价范围						
	环境影响报告书类别	轻工纺织化纤	甲□ 乙□	环境影响报告书类别	社会服务	甲□ 乙□	
		化工石化医药	甲□ 乙□		海洋工程	甲□ 乙□	
		冶金机电	甲□ 乙□		输变电及广电通信	甲□ 乙□	
		建材火电	甲□ 乙□		核工业	甲□ 乙□	
		农林水利	甲□ 乙□	环境影响报告表类别	一般项目	□	
		采掘	甲□ 乙□		核与辐射项目	□	
		交通运输	甲□ 乙□				
变更	变更前情况			变更后情况			

三、管理概况

内设机构情况（含分支机构情况等）
环境影响评价工作质量保证体系相关制度清单
资质变化情况[6]
环境影响评价技术人员参加相关业务培训情况

四、环境影响评价工程师情况

序 号	姓 名	身份证件号	职（执）业资格证书编号[8]	职（执）业资格证书颁发时间	登记（注册证）编号[9]及有效期	专业类别[10]

五、机构业绩[11]

序号	主持编制的环境影响报告书（表）名称	建设项目地点	审批（核准）部门	审批（核准）时间及文号	编制主持人

六、环境影响评价工程师业绩[12]

序号	姓名	职（执）业资格证书编号[8]	登记（注册证）编号[9]	专业类别[10]	主持编制的环境影响报告书（表）名称	审批（核准）部门	审批（核准）时间及文号

七、科研技术成果[13]

序号	成果名称	成果类型（课题、标准）	完成时间	作用（主持、参加或者独立完成）	本机构主要参加人员

附件 5

建设项目环境影响报告书（表）中资质证书缩印件页和编制人员名单表页格式规定

第一条　资质证书缩印件页和编制人员名单表页应当附具在环境影响报告书（表）正文之前。

第二条　资质证书缩印件页格式按照附 1 执行。

第三条　编制人员名单表页格式按照附 2 执行。

第四条　编制人员名单表的编制内容中，应当填写环境影响报告书的相应章节名称，或者环境影响报告表的工程分析、主要污染物产生及排放情况、环境影响分析、环境保护措施、结论与建议及专项评价等相应内容。

第五条　环境影响报告书（表）报批件和存档件中附具的资质证书缩印件页和编制人员名单表页应当为签章和签名原件。

附 1

资质证书缩印件页格式

建设项目环境影响评价资质证书 （按正本原样边长三分之一缩印的彩色缩印件）

项目名称：××××××

文件类型：（注明环境影响报告书或者环境影响报告表）

适用的评价范围：

法定代表人：×××　　　　　　　　　　（签章）

主持编制机构：×××××　　　　　　　　（签章）

附 2

编制人员名单表格式

(项目名称）环境影响报告书（表）编制人员名单表

<table>
<tr><td colspan="2" rowspan="2">编制
主持人</td><td>姓名</td><td>职（执）业资格证书编号</td><td>登记（注册证）编号</td><td>专业类别</td><td>本人签名</td></tr>
<tr><td></td><td></td><td></td><td></td><td></td></tr>
<tr><td rowspan="10">主要编制人员情况</td><td>序号</td><td>姓名</td><td>职（执）业资格证书编号</td><td>登记（注册证）编号</td><td>编制内容</td><td>本人签名</td></tr>
<tr><td>1</td><td></td><td></td><td></td><td></td><td></td></tr>
<tr><td>2</td><td></td><td></td><td></td><td></td><td></td></tr>
<tr><td>3</td><td></td><td></td><td></td><td></td><td></td></tr>
<tr><td>4</td><td></td><td></td><td></td><td></td><td></td></tr>
<tr><td>5</td><td></td><td></td><td></td><td></td><td></td></tr>
<tr><td>6</td><td></td><td></td><td></td><td></td><td></td></tr>
<tr><td>7</td><td></td><td></td><td></td><td></td><td></td></tr>
<tr><td>8</td><td></td><td></td><td></td><td></td><td></td></tr>
<tr><td>…</td><td></td><td></td><td></td><td></td><td></td></tr>
</table>

附件 6

环境影响评价工程师从业情况管理规定

第一条 为保证环境影响评价工作质量，提高环境影响评价行业专业化水平，掌握环境影响评价工程师基本从业情况，根据《建设项目环境影响评价资质管理办法》，制定本规定。

第二条 本规定所称环境影响评价工程师是指取得《中华人民共和国环境影响评价工程师职业资格证书》（以下简称职业资格证书）且在一个环评机构或者申请资质机构中全日制专职工作的专业技术人员。

第三条 环境影响评价工程师的专业类别分为 11 类（附 1)。环境影响评价工程师可根据自身专业能力和特长，选择确定其中一个类别作为本人的专业类别。

第四条 环境影响评价工程师应当申报从业情况，主要包括本人全日制专职工作的机构（以下简称从业机构）名称和专业类别。

环境影响评价工程师从业机构和专业类别发生变更的，应当及时申报相应变更情况。

第五条 环境保护部建立环境影响评价工程师从业情况信息管理系统（以下简称信息管理系统），记录环评机构中的环境影响评价工程师申报信息，为其核发登记编号，并及时向社会公开。登记编号包括环境影响评价工程师从业的环评机构和专业类别等信息，按统一格式编排（附 2)。

第六条 环境影响评价工程师首次申报从业情况时，应当提交以下材料：

（一）环境影响评价工程师从业情况申报表（附 3)；

（二）身份证件和职业资格证书复印件；

（三）从业机构出具的符合本公告附件 4 要求的劳动关系证明。

取得职业资格证书 3 年后首次申报从业情况的，还应当提交近 3 年接受继续教育的证明。

第七条 环境影响评价工程师申报满三年后仍需在环评机构全日制专职工作的，应当于有效期届满 30 个工作日前再次申报从业情况。申报时，应当提交本规定第六条第（一)、（三）项所列材料和 3 年内接受继续教育的证明。

第八条　环境影响评价工程师专业类别申报累计满三年可进行变更。专业类别变更申报时，应当提交本规定第六条第（一）项所列材料。

第九条　环境影响评价工程师从业的环评机构发生变更的，应当自变更之日起30个工作日内申报相关变更情况。申报时，应当提交本规定第六条第（一）、（三）项所列材料和原从业机构出具的解除劳动关系证明。

第十条　环境影响评价工程师调离环评机构的，应当自调离之日起30个工作日内申报注销。申报时，应当提交本规定第六条第（一）项所列材料和原从业机构出具的解除劳动关系证明。

第十一条　环境影响评价工程师发生下列情形的，其从业机构应当自发生之日起30个工作日内为其申报注销：

（一）不具备完全民事行为能力；

（二）受到刑事处罚。

申报时，应当提交本规定第六条第（一）项所列材料和环境影响评价工程师不具备完全民事行为能力或者受到刑事处罚的证明。

第十二条　环境影响评价工程师申报注销后可重新申报，重新申报时除提交本规定第六条第（一）、（三）项所列材料外，还应当提交首次申报或者最近一次再次申报至本次申报期间接受继续教育的证明。距首次申报或者最近一次再次申报超过3年重新申报的，仅需提交近3年接受继续教育的证明。

第十三条　首次申请资质的机构和因改制、分立或者合并等原因申请资质证书中的机构名称变更的机构，应当在提交申请材料的同时，分别提交申请机构和改制、分立或者合并后机构的环境影响评价工程师从业情况申报材料。

第十四条　环境影响评价工程师或者其从业机构应当通过环境保护部政府网站提交申报材料，并将书面材料报送环境保护部。

第十五条　环境影响评价工程师从业机构资质发生变更的，无须申报相关变更情况。环境保护部直接更新信息管理系统中的相关信息，重新核发登记编号或者重新记录从业机构名称，并向社会公开。

第十六条　环境影响评价工程师有下列情形之一的，环境保护部不予核发登记编号，已核发登记编号的，予以注销，并向社会公开：

（一）不具备完全民事行为能力的；

（二）在刑事处罚期间的；

（三）在申报过程中有弄虚作假行为的；

（四）在两个或者两个以上从业机构申报的；

（五）从业的环评机构变更后逾期未申报变更的；

（六）调离环评机构的；

（七）有效期满未再次申报的；

（八）接受继续教育情况不符合相关规定的；

（九）因有《建设项目环境影响评价资质管理办法》第十九条第三款情形或者本规定第十七条第二款情形，在相应处罚期限内的；

（十）从业机构资质注销的。

第十七条　未经申报或者有本规定第十六条情形的环境影响评价工程师，不计入从业机构的环境影响评价工程师数量，不得作为环境影响报告书（表）的编制主持人或者主要编制人员。

有本规定第十六条第（三）项情形、隐瞒真实从业机构的环境影响评价工程师，三年内不得作为任何机构资质申请时配备的环境影响评价工程师、环境影响报告书（表）的编制主持人或者主要编制人员。

第十八条　环评机构及其环境影响评价工程师应当及时查询相关数据库信息，在主持编制的环境影响报告书（表）编制人员名单表中填写有效的登记编号。

第十九条 环境影响评价工程师接受继续教育的时间年均不少于16学时，不满一年按一年计，同一申报有效期内的继续教育学时可累计。下列形式和学时计算方法作为环境影响评价工程师接受继续教育学时累计的依据：

（一）在有国内统一刊号（CN）的期刊或者在有国际统一书号（ISSN）的国外期刊上，作为第一作者发表环境影响评价相关论文1篇，相当于接受继续教育16学时；

（二）在有统一书号（ISBN）的环境影响评价相关专业著作中，本人独立撰写章节在5万字以上的，相当于接受继续教育48学时；

（三）作为课题组组长或者主要成员参加已完成的环境保护科研课题研究或者已发布的国家、地方环境保护标准制修订的，相当于接受继续教育48学时；

（四）参加环境影响评价工程师职业资格考试命题或者审题工作的，相当于接受继续教育48学时；

（五）参加环境影响评价专业性学术会议、学术讲座活动并作专题发言的，相当于接受继续教育4学时；

（六）参加环境影响评价专业性培训、研修或者进修的，接受继续教育学时按实际培训、研修或者进修时间计算；

（七）承担第（六）项中培训、研修或者进修授课任务的，接受继续教育学时按实际授课学时的两倍计算。

第二十条 已按照《环境影响评价工程师职业资格登记管理暂行办法》（环发〔2005〕24号）及相关规定登记且在有效期内的环境影响评价工程师，无须申报从业情况，其登记证编号视同为登记编号。社会区域登记类别视同为社会服务专业类别。登记类别为一般项目环境影响报告表的，可主持编制除核与辐射项目外其他建设项目环境影响报告表；登记类别为特殊项目环境影响报告表的，可主持编制各类建设项目环境影响报告表。

前款中的环境影响评价工程师从业机构和专业类别变更，或者有本规定第十一条情形的，以及登记有效期届满仍需在环评机构全日制专职工作的，按照本规定执行。

第二十一条 本规定施行之日起，《环境影响评价工程师职业资格登记管理暂行办法》（环发〔2005〕24号）、《环境影响评价工程师继续教育暂行规定》（环发〔2007〕97号）、原国家环保总局公告2005年第52号以及环境保护部公告2008年第43号、2009年第20号和2010年第47号等文件，同时废止。

附1

环境影响评价工程师专业类别划分

序 号	专 业 类 别
1	轻工纺织化纤
2	化工石化医药
3	冶金机电
4	建材火电
5	农林水利
6	采掘
7	交通运输
8	社会服务
9	海洋工程
10	输变电及广电通信
11	核工业

附 2

环境影响评价工程师登记编号格式

一、编排方法

环境影响评价工程师登记编号为 10 位，具体编排方法如下：

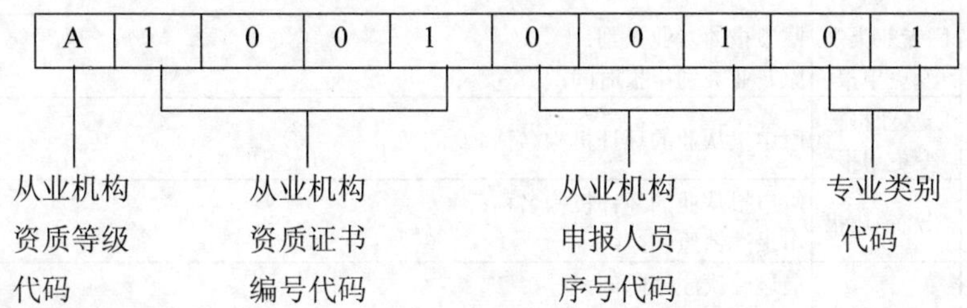

二、代码编排说明

（一）从业机构资质等级代码分为 A 和 B 两类，分别对应甲级和乙级资质。

（二）各专业类别对应的代码见下表：

编 号	专 业 类 别	代 码
1	轻工纺织化纤	01
2	化工石化医药	02
3	冶金机电	03
4	建材火电	04
5	农林水利	05
6	采掘	06
7	交通运输	07
8	社会服务	08
9	海洋工程	09
10	输变电及广电通信	10
11	核工业	11

附 3

环境影响评价工程师从业情况申报表

<table>
<tr><td>姓名</td><td></td><td>性别</td><td></td><td>职称</td><td></td><td rowspan="5">照 片</td></tr>
<tr><td>身份证件类型</td><td></td><td>证件号码</td><td colspan="3"></td></tr>
<tr><td>通信地址</td><td colspan="3"></td><td>邮编</td><td></td></tr>
<tr><td>联系方式</td><td colspan="3">电话：</td><td colspan="2">电子邮件：</td></tr>
<tr><td colspan="2">取得环境影响评价工程师职业资格证书时间及编号</td><td colspan="4">取得时间：
证书编号：</td></tr>
<tr><td>最高学历</td><td></td><td>所学专业</td><td></td><td>毕业院校</td><td colspan="2"></td></tr>
<tr><td>取得的其他职（执）业资格情况[1]</td><td colspan="6"></td></tr>
<tr><td>主要工作经历</td><td colspan="6"></td></tr>
<tr><td colspan="2">本次申报的从业机构名称及其资质证书编号[2]</td><td colspan="5">从业机构名称：
资质证书编号：</td></tr>
</table>

<table>
<tr><td colspan="2">本次申报的专业类别[2]</td><td></td></tr>
<tr><td rowspan="6">申报事项及相关情况说明[3]</td><td>□首次申报</td><td>申报时距取得职业资格证书时间是否超过三年
□未超过
□超过，接受继续教育情况（含形式和学时）：</td></tr>
<tr><td>□有效期满再次申报</td><td>原申报有效期：
有效期内接受继续教育情况（含形式、学时和时间）：</td></tr>
<tr><td>□专业类别变更申报</td><td>原申报的专业类别：
原专业类别申报时间：</td></tr>
<tr><td>□从业机构变更申报</td><td>原申报从业的环评机构名称：</td></tr>
<tr><td>□注销申报</td><td>原申报从业的环评机构名称：
申报注销原因：</td></tr>
<tr><td>□注销后重新申报</td><td>最近一次注销时间：
注销前申报的从业机构名称：
注销前申报的专业类别：
接受继续教育情况（含形式、学时和时间）：</td></tr>
<tr><td>申报人员意见[4]</td><td colspan="2">本人签名：　　　　年　　月　　日</td></tr>
<tr><td>从业机构意见[5]</td><td colspan="2">（机构签章）
负责人签名：　　　　年　　月　　日</td></tr>
</table>

填表说明：

[1]取得的其他职（执）业资格情况：此栏填写申报人取得的其他职（执）业资格情况，包括职（执）业资格证书名称、取得时间、是否注册或者登记，以及注册或者登记单位等情况。

[2]本次申报的从业机构、本次申报的专业类别：申报注销人员不需填写此栏。

[3]申报事项及相关情况说明：在申报的相应事项中勾选，同时申报两个及以上事项的，应当一并勾选。

[4] 申报人员意见：此栏由申报人本人填写所申报内容是否属实以及否有本规定第十六条第（三）、（四）、（九）项中所列情形等情况后签字。按照本规定第十一条，由从业机构申报注销的，不需填写此栏。

[5]从业机构意见：申报注销的，由申报人原从业机构在此栏中填写注销原因等情况后签章；申报其他事项的，由申报人现从业机构在此栏中填写该申报人是否在本机构全日制专职工作以及是否有本规定第十六条第（三）、（四）、（九）项中所列情形等情况后签章。

关于印发《环境影响评价机构资质管理廉政规定》的通知

（环办函〔2015〕370号）

各省、自治区、直辖市环境保护厅（局），新疆生产建设兵团环境保护局，副省级城市环境保护局，环境保护部环境工程评估中心：

为整改落实中央巡视组反馈意见，有效防止环境影响评价机构资质审查中出现“花钱办证”、“收钱办证”行为，进一步加强环境影响评价机构资质管理廉政建设，根据有关廉政制度规定，我部制定了《环境影响评价机构资质管理廉政规定》。现印发给你们，请遵照执行。

附件：环境影响评价机构资质管理廉政规定

环境保护部办公厅

2015年3月16日

附件

环境影响评价机构资质管理廉政规定

第一条　为进一步加强环境影响评价机构资质管理廉政建设，根据有关廉政制度规定，制定本规定。

第二条　本规定适用于环境影响评价机构资质审查、技术审核及日常管理行为。

第三条　负责环境影响评价机构资质审查和日常管理工作的环境保护行政主管部门及其工作人员，承担环境影响评价机构资质技术审核工作的单位及其工作人员，应当坚持廉洁、独立、客观、公正的原则，依法依规依纪开展工作，并自觉接受监督。

第四条　在环境影响评价机构资质审查、技术审核和日常管理工作中，应当遵守下列规定：

（一）严格按照规定的资质申请条件、审查（技术审核）程序、时限开展相关工作，不得违反规定在资质审查、技术审核工作中弄虚作假、玩忽职守、徇私舞弊；

（二）严格执行集体决策工作制度，所有决策事项均应当按程序经过集体研究决定；

（三）环境影响评价机构资质申请条件、审查程序和时限，资质受理、审查和批准信息，全国环境影响评价机构和技术人员基本信息，均应当全部向社会公开；

（四）技术审核单位及其有关负责人应当对环境影响评价资质的技术审核结论负责，相关工作人员不得泄露申请人的商业秘密以及技术审核工作内情；

（五）环境保护行政主管部门、资质技术审核单位的工作人员在实施现场审核或监督检查时，至少要有两名以上人员参加；

（六）不得进行其他妨碍环境影响评价机构资质审查、技术审核和日常管理工作廉洁、独立、客观、公正的活动。

第五条 负责环境影响评价机构资质审查、技术审核和日常管理的工作人员，严格禁止有下列行为：

（一）索取、收受或者以借为名占用环境影响评价资质申请人、管理对象或请托人的财物；

（二）收受环境影响评价资质申请人、管理对象或请托人提供的干股，或由环境影响评价资质申请人、管理对象或请托人出资，“合作”开办公司或者进行其他“合作”投资；

（三）在环境影响评价资质申请人、管理对象的单位中兼职、投资入股或者从事其他营利性活动；

（四）接受环境影响评价资质申请人、管理对象或请托人的宴请、旅游、健身、娱乐等活动安排；

（五）默许、纵容或授意配偶、子女及其配偶以及其他特定关系人，接受环境影响评价资质申请人、管理对象或请托人的有关财物或其他不当利益；

（六）进行其他妨碍环境影响评价资质审查和技术审核工作廉洁、独立、客观、公正开展的活动。

第六条 各级环境保护行政主管部门应当对在本行政区内从事技术服务的环境影响评价机构的日常工作开展监督检查，并将检查结果向社会公布。

环境保护行政主管部门的环境影响评价机构资质审查工作应当自觉接受纪检监察机构的监督检查。

任何单位和个人发现环境影响评价资质审查工作中存在问题的，可以向环境保护行政主管部门或者纪检监察部门举报和投诉。

第七条 环境保护行政主管部门、技术审核单位的工作人员违反本规定的，按照《环境影响评价法》《建设项目环境保护管理条例》和有关环境保护违法违纪行为处分办法以及其他有关法律法规规章的规定严肃查处，并追究主要负责人、相关领导和人员的责任；构成犯罪的，移送司法机关依法追究刑事责任。

第八条 技术审核单位违反本规定的，由环境保护行政主管部门责令改正，并根据情节轻重，给予警告、通报批评、宣布审核意见无效。

第九条 本规定自发布之日起施行。

关于明确环境影响评价甲级机构编制报告书“炼油项目”适用范围问题的复函

（环办函〔2016〕740号）

山东海美依项目咨询有限公司：

你公司《关于明确环境影响评价甲级机构编制报告书“炼油项目”适用范围的请示》（海美依〔2016〕1号）收悉。经研究，现函复如下：

渣油加氢、催化裂化、延迟焦化、加氢裂化、连续重整、汽柴油加氢、芳烃抽提、氧化沥青等均属炼油项目不同工段。根据环境保护部公告（2015年第67号）中《应当由具备环境影响报告书甲级类别评价范围的机构编制环境影响报告书的建设项目目录》，涉及以上工艺的炼油项目环境影响报告书均需由具有化工石化医药甲级类别评价范围的环评机构编制。

特此函复。

环境保护部办公厅

2016年4月25日

关于印发《环境影响评价工程师职业资格制度暂行规定》、《环境影响评价工程师职业资格考试实施办法》和《环境影响评价工程师职业资格考核认定办法》的通知

（国人部发〔2004〕13号）

各省、自治区、直辖市人事厅（局）、环保局，国务院各部委、各直属机构人事部门，总政干部部、总后基建营房部，中央管理的有关企业：

为维护国家环境安全和公众利益，加强环境影响评价管理，提高环境影响评价专业技术人员素质，确保环境影响评价质量，人事部、国家环境保护总局在环境影响评价行业建立环境影响评价工程师职业资格制度。现将《环境影响评价工程师职业资格制度暂行规定》、《环境影响评价工程师职业资格考试实施办法》和《环境影响评价工程师职业资格考核认定办法》印发给你们，请遵照执行。

附件：

1．环境保护相关专业新旧专业对应表

2．环境影响评价工程师职业资格考核认定工作领导小组成员名单

3．环境影响评价工程师职业资格考核认定申报表

2004年2月16日

环境影响评价工程师职业资格制度暂行规定

第一章　总　则

第一条　为加强对环境影响评价专业技术人员的管理，规范环境影响评价行为，提高环境影响评价专业技术人员素质和业务水平，维护国家环境安全和公众利益，依据《中华人民共和国环境影响评价法》、《建设项目环境保护管理条例》及国家职业资格证书制度的有关规定，制定本规定。

第二条　本规定适用于从事规划和建设项目环境影响评价、技术评估和环境保护验收等工作的专业技术人员。

第三条　本规定所称环境影响评价工程师，是指取得《中华人民共和国环境影响评价工程师职业资格证书》，并经登记后，从事环境影响评价工作的专业技术人员。

英文名称：Environmental Impact Assessment Engineer

第四条　国家对从事环境影响评价工作的专业技术人员实行职业资格制度，纳入全国专业技术人员职业资格证书制度统一管理。

第五条　凡从事环境影响评价、技术评估和环境保护验收的单位，应配备环境影响评价工程师。

第六条　人事部和国家环境保护总局（以下简称环保总局）共同负责环境影响评价工程师职业资格

制度的实施工作。

第二章　考　试

第七条　环境影响评价工程师职业资格实行全国统一大纲、统一命题、统一组织的考试制度。原则上每年举行 1 次。

第八条　环保总局组织成立“环境影响评价工程师职业资格考试专家委员会”。环境影响评价工程师职业资格考试专家委员会负责拟定考试科目、编写考试大纲、组织命题，研究建立考试题库等工作。环保总局组织专家对考试科目、考试大纲、考试试题进行初审，统筹规划培训工作。

培训工作按照培训与考试分开、自愿参加的原则进行。

第九条　人事部组织专家审定考试科目、考试大纲和试题。会同环保总局对考试进行监督、检查、指导和确定考试合格标准。

第十条　凡遵守国家法律、法规，恪守职业道德，并具备以下条件之一者，可申请参加环境影响评价工程师职业资格考试：

（一）取得环境保护相关专业（见附件 1，下同）大专学历，从事环境影响评价工作满 7 年；或取得其他专业大专学历，从事环境影响评价工作满 8 年。

（二）取得环境保护相关专业学士学位，从事环境影响评价工作满 5 年；或取得其他专业学士学位，从事环境影响评价工作满 6 年。

（三）取得环境保护相关专业硕士学位，从事环境影响评价工作满 2 年；或取得其他专业硕士学位，从事环境影响评价工作满 3 年。

（四）取得环境保护相关专业博士学位，从事环境影响评价工作满 1 年；或取得其他专业博士学位，从事环境影响评价工作满 2 年。

第十一条　环境影响评价工程师职业资格考试合格，颁发人事部统一印制，人事部和环保总局用印的《中华人民共和国环境影响评价工程师职业资格证书》。

第三章　登　记

第十二条　环境影响评价工程师职业资格实行定期登记制度。登记有效期为 3 年，有效期满前，应按有关规定办理再次登记。

第十三条　环保总局或其委托机构为环境影响评价工程师职业资格登记管理机构。人事部对环境影响评价工程师职业资格的登记和从事环境影响评价业务情况进行检查、监督。

第十四条　办理登记的人员应具备下列条件：

（一）取得《中华人民共和国环境影响评价工程师职业资格证书》；

（二）职业行为良好，无犯罪记录；

（三）身体健康，能坚持在本专业岗位工作；

（四）所在单位考核合格。

再次登记者，还应提供相应专业类别的继续教育或参加业务培训的证明。

第十五条　环境影响评价工程师职业资格登记管理机构应定期向社会公布经登记人员的情况。

第四章　职　责

第十六条　环境影响评价工程师在进行环境影响评价业务活动时，必须遵守国家法律、法规和行业管理的各项规定，坚持科学、客观、公正的原则，恪守职业道德。

第十七条　环境影响评价工程师可主持进行下列工作：

（一）环境影响评价；

（二）环境影响后评价；

（三）环境影响技术评估；

（四）环境保护验收。

第十八条 环境影响评价工程师应在具有环境影响评价资质的单位中，以该单位的名义接受环境影响评价委托业务。

第十九条 环境影响评价工程师在接受环境影响评价委托业务时，应为委托人保守商务秘密。

第二十条 环境影响评价工程师对其主持完成的环境影响评价相关工作的技术文件承担相应责任。

第二十一条 环境影响评价工程师应当不断更新知识，并按规定参加继续教育。

第五章 附 则

第二十二条 通过全国统一考试，取得环境影响评价工程师职业资格证书的人员，用人单位可根据工作需要聘任工程师职务。

第二十三条 在全国实施环境影响评价工程师职业资格考试之前，对长期从事环境影响评价工作，具有较高理论水平和丰富实践经验，并受聘担任工程类高级专业技术人员职务的人员，可通过考核认定取得环境影响评价工程师职业资格证书。

第二十四条 环境影响评价的技术文件种类、登记管理办法及相关规定由环保总局另行制定。

第二十五条 获准在中华人民共和国境内就业的外籍人员及港、澳、台地区的专业人员，符合国家有关规定和本规定要求的，也可按照规定的程序申请参加考试、登记。

第二十六条 本规定自2004年4月1日起施行。

环境影响评价工程师职业资格考试实施办法

第一条　环境影响评价工程师职业资格考试在人事部、国家环境保护总局（以下简称“环保总局”）的领导下进行。两部门共同成立环境影响评价工程师职业资格考试办公室（以下简称考试办公室，设在环保总局），负责考试相关政策的研究及管理工作。

第二条　环境影响评价工程师职业资格考试时间定于每年的第2季度。

第三条　环境影响评价工程师考试设《环境影响评价相关法律法规》、《环境影响评价技术导则与标准》、《环境影响评价技术方法》和《环境影响评价案例分析》4个科目。

考试分4个半天进行，各科目的考试时间均为3小时，采用闭卷笔答方式。

第四条　符合《暂行规定》的报名条件者，均可报名参加环境影响评价工程师职业资格考试。

第五条　截止2003年12月31日前，长期在环境影响评价岗位上工作，并符合下列条件之一的，可免试《环境影响评价技术导则与标准》和《环境影响评价技术方法》2个科目，只参加《环境影响评价相关法律法规》和《环境影响评价案例分析》2个科目的考试。

（一）受聘担任工程类高级专业技术职务满3年，累计从事环境影响评价相关业务工作满15年。

（二）受聘担任工程类高级专业技术职务，并取得环保总局核发的“环境影响评价上岗培训合格证书”。

第六条　考试成绩实行两年为一个周期的滚动管理办法。参加全部4个科目考试的人员必须在连续的两个考试年度内通过全部科目；免试部分科目的人员必须在一个考试年度内通过应试科目考试。

第七条　参加考试须由本人提出申请，携带所在单位出具的有关证明材料到考试办公室确定的考试管理机构报名。考试管理机构按规定程序和报名条件审查合格后，向申请人核发准考证。应考人员凭准考证及有关证明在指定的时间、地点参加考试。

第八条　环保总局根据情况确定考点设置的区域和数量。考点原则上设在省会城市和直辖市的大、中专院校或高考定点学校。

考点设置所在地的省、自治区、直辖市人事部门负责对考试考务的实施工作进行指导、检查和监督。

第九条　环境影响评价工程师职业资格考试大纲由环保总局负责组织编写、出版和发行。任何单位和个人不得盗用环保总局的名义编写、出版各种考试用书和复习资料。

第十条　坚持考试与培训分开、应考人员自愿参加培训的原则，凡参与考试工作的人员，不得参加考试和与考试有关的培训工作。

第十一条　环保总局统筹规划培训工作，承担环境影响评价工程师职业资格考试培训工作的机构，应具备场地、师资等条件。

第十二条　环境影响评价工程师职业资格考试、培训及有关项目的收费标准，须经价格主管部门批准，并向社会公布，接受群众监督。

第十三条　考务管理工作要严格执行考试工作的有关规章和制度，遵守保密制度，严防泄密，切实做好试卷命制、印刷、发送和保管过程中的保密工作。

第十四条　加强对考试工作的组织管理，认真执行考试回避制度，严肃考试工作纪律和考场纪律。对弄虚作假等违反考试有关规定者，按规定严肃处理，并追究当事人和有关领导的责任。

环境影响评价工程师职业资格考核认定办法

一、考核认定申报条件

长期从事环境影响评价、技术评估和环境保护验收等相关业务工作，业绩突出，遵守中华人民共和国宪法和各项法律、法规，恪守职业道德，身体健康，评聘为工程类高级专业技术职务，并符合下列条件（一）或条件（二）的在职在编人员。

（一）中国科学院院士或中国工程院院士。

（二）年龄在 70 周岁（含）以下，并同时具备下列 1、2、3 项条件中的各一项条件：

1．学历和业务工作年限：

（1）1989 年 12 月 31 日前，取得环境保护相关专业博士学位，累计从事环境影响评价相关业务工作满 9 年；

（2）1986 年 12 月 31 日前，取得环境保护相关专业硕士学位，累计从事环境影响评价相关业务工作满 12 年；

（3）1983 年 12 月 31 日前，取得环境保护相关专业大学本科学历或学位，累计从事环境影响评价相关业务工作满 15 年；

（4）1981 年 12 月 31 日前，取得环境保护相关专业大学专科学历，累计从事环境影响评价相关业务工作满 20 年。

2．技术业绩：

（1）担任项目负责人，主持编制由国家环境保护总局（以下简称“环保总局”）审批通过的建设项目环境影响报告书和环境保护验收报告 15 项及以上。

（2）担任项目负责人，主持编制由环保总局审批通过的建设项目环境影响报告书技术评估报告 15 项及以上。

（3）获得环境影响评价相关专业省（部）级科技进步（科技成果）一等奖项的主要技术负责人（前 5 名）。

（4）获得 2 项以上环境影响评价相关专业省（部）级科技进步（科技成果）二等奖项的主要技术负责人（前 3 名）。

（5）获得 3 项以上环境影响评价相关专业省（部）级科技进步（科技成果）三等奖项的主要技术负责人（前 3 名）。

3．学术水平：

（1）在有国内统一刊号（CN）的期刊或在有国际统一书号（ISSN）的国外期刊上，作为第一作者发表过环境影响评价相关论文 3 篇及以上（每篇不少于 2000 字）。

（2）在正式出版社出版过有统一书号（ISBN）的环境影响评价相关专业著作，本人独立撰写的章节在 5 万字以上。

（3）受聘担任环境影响评价工程师职业资格考试专家委员会成员并参加编写考试大纲或试题设计的专家。

二、考核认定组织

人事部、环保总局共同成立“环境影响评价工程师职业资格考核认定工作领导小组”（以下简称领导小组，名单见附件 2），负责全国环境影响评价工程师职业资格的考核认定工作。领导小组下设办公室（设在环保总局）。

三、考核认定程序

（一）符合上述考核认定申报条件的环境影响评价专业技术人员，可向所在单位提出申请，经单位审核同意后，由所在单位向省、自治区、直辖市环保部门推荐。

国务院有关部门所属单位和中央管理企业的专业技术人员，由本部门、本企业统一向环保总局推荐。

（二）各省、自治区、直辖市环保部门和国务院有关部门、中央管理企业的环境保护部门，负责对本辖区、本部门的申报人员资格进行审核，经同级人事主管部门复核后，提出推荐名单送领导小组办公室。

（三）领导小组办公室组织有关专家对推荐人员的材料进行初审，提出拟认定人员的名单，报领导小组审核。

（四）领导小组召开会议，对经初审合格人员的材料进行审核。对审核合格的人员，经公示无异议后，报人事部、环保总局批准，并向社会公布。

四、申报材料

（一）填写完整的《环境影响评价工程师职业资格考核认定申报表》一式两份（见附件 3）。

（二）中国科学院院士或中国工程院院士证书复印件。其他人员提供以下证明材料的复印件：学历或学位证书、高级专业技术职务聘书、获奖证书、环境影响评价相关报告书（报告）、环境影响评价相关论文或出版专著内容说明和首页。

（三）所在单位出具的职业道德证明和获奖单位出具的获奖项目主要技术负责人证明。

（四）各省、自治区、直辖市环保部门和国务院有关部门、中央管理企业的人事部门推荐意见函。

五、申报时间及要求

（一）各地、各有关部门和中央管理企业的环保业务部门、人事部门须对推荐人员材料进行认真审核、复核，并在《环境影响评价工程师职业资格考核认定申报表》相应栏目中加盖印章后，于 2004 年 7 月 31 日前，送领导小组办公室。

（二）凡因环境影响评价、技术评估或环境保护验收文件的质量问题，受到环保总局处罚的单位，其负有直接责任的专业技术人员不得申报。

（三）国家对考核认定人员数额实行总量控制。各地、各有关部门及中央管理企业应推荐具备申报条件且在第一线从事环境影响评价相关工作的专业技术人员。实施考试后不再进行认定工作。

（四）各地、各有关部门和中央管理企业在审核、复核申报人员材料时，须审核各类证书的原件和技术业绩材料；向领导小组报送的各类证书复印件应由所在单位人事部门负责人签署意见并加盖单位印章。

（五）通过特许或考核认定的方式取得其他专业职业（执业）资格证书和在公务员岗位工作的人员，一律不得申报。

（六）军队系统专业技术人员的申报、审核、推荐工作，由总政干部部和总后基建营房部按照有关规定、条件、程序和要求进行。

（七）各地、各有关部门、军队和中央管理企业要切实加强领导，坚持标准，严格要求，认真按程序做好申报、审核和复核等各环节工作。凡不认真把关或弄虚作假的，一经发现，停止该地区或部门的申报权、个人的申报资格及两年内的考试资格。

附件 1：

环境保护相关专业新旧专业对应表

新专业名称	旧专业名称
环境工程	环境工程
	环境监测
环境科学	环境学
	环境规划与管理
生态学	生态学
化学	化学
应用化学	应用化学

新专业名称	旧专业名称
生物科学	生物学
	生物化学
	生物科学与技术
资源环境与城乡规划管理	资源环境规划与管理
	经济地理学与城乡区域规划
大气科学	气象学
	大气物理学与大气环境
	大气科学
给水排水工程	给水排水工程
水文与水资源工程	水文与水资源利用
化学工程与工艺	化学工程
	化学工程与工艺
生物工程	生物化工
	生物化学工程
农业建筑环境与能源工程	农业建筑与环境工程
	农村能源开发与利用
森林资源保护与游憩	野生植物资源开发与利用
野生动物与自然保护管理	野生动物保护与利用
	自然保护区资源管理
水土保持与荒漠化防治	水土保持
农业资源与环境	农业环境保护
土地资源管理	土地规划与利用
其他环保总局认可的环境保护相关专业	

注：本表中“新专业名称”指中华人民共和国教育部高等教育司 1998 年颁布的《普通高等学校本科专业目录》中规定的专业名称；“旧专业名称”指 1998 年《普通高等学校本科专业目录》颁布前各院校采用的专业名称。

附件 2：

环境影响评价工程师职业资格考核认定工作领导小组成员名单

组　长：王心芳（环保总局副局长）
副组长：刘宝英（人事部专业技术人员管理司司长）
　　　　李建新（环保总局行政体制与人事司司长）
　　　　祝兴祥（环保总局环境影响评价管理司司长）
成　员：范　勇（人事部专业技术人员管理司副司长）
　　　　张　联（环保总局行政体制与人事司副司长）
　　　　吴　波（环保总局环境影响评价管理司副司长）
　　　　刘鸿亮（中国环境科学研究院、中国工程院院士）
　　　　罗国桢（环保总局科学技术顾问委员会、研究员）
　　　　孟　伟（中国环境科学研究院、研究员）
　　　　胡二邦（中国辐射防护研究院、研究员）
　　　　吴忠勇（中国环境监测总站、研究员）
　　　　井文涌（清华大学、教授）
　　　　朱　坦（南开大学、教授）
　　　　李海生（环保总局环境工程评估中心、高级工程师）
　　　　周爱国（中国石油天然气集团公司、教授）

贾玉英（国家电力公司规划院、高级工程师）

霍　焕（北京市环境保护科学研究院、高级工程师）

陈乐修（北京化工研究院、高级工程师）

办公室主任：吴　波（兼）

副　主　任：胡文忠（人事部专业技术人员管理司处长）

朱焕滇（环保总局行政体制与人事司助理巡视员）

梁　鹏（环保总局环境影响评价管理司调研员）

联系电话：环保总局环境影响评价管理司

67112193　67116400（传真）

环保总局行政体制与人事司

66113136　67139455（传真）

人事部专业技术人员管理司

84214781　84211552（传真）

附件3：

环境影响评价工程师职业资格考核认定申报表

省、自治区、

直　辖　市

或部门名称：

单位名称：

申报人姓名：

申报时间：__________年_______月______日

中华人民共和国人事部
国家环境保护总局　制

填　表　说　明

1. 本申报表一律用钢笔或签字笔由申报人逐项如实填写（如用计算机打印，申报表封面应由申报人签名），字迹工整清晰。由于字迹潦草、难以认清所产生的后果，责任自负。

2. 本表“基本情况”“从事环境影响评价相关工作经历”“环境影响评价相关专业技术工作业绩及成果”和“学习培训经历”的内容由本人填写，其他内容由相应部门填写。填写内容应经人事部门审核认可。

3. “最高学历”栏中毕（肄、结）业时间，应在所选择的项目上打“√”，并应填写符合考核认定条件的专业学历。

4．“累计从事环境影响评价工作年限”从开始编写环境影响报告书、环境保护验收报告、环境影响报告书技术评估报告或从事环境影响评价相关工作起计算。

5．如需要填写的内容较多，可另加附页。

基 本 情 况

<table>
<tr><td>姓名</td><td colspan="2"></td><td>性别</td><td></td><td>出生年月</td><td colspan="2"></td><td rowspan="5">照
片</td></tr>
<tr><td>籍贯</td><td colspan="2"></td><td>民族</td><td></td><td>身份证号</td><td colspan="2"></td></tr>
<tr><td rowspan="3">聘用单位</td><td>单位名称</td><td colspan="6"></td></tr>
<tr><td>通信地址</td><td colspan="6"></td></tr>
<tr><td>联系电话</td><td colspan="4"></td><td>邮编</td><td></td></tr>
<tr><td rowspan="3">最高学历</td><td>毕业院校</td><td colspan="7"></td></tr>
<tr><td colspan="3">毕（肄、结）业时间</td><td colspan="3">所学专业</td><td>学历</td><td>学位</td></tr>
<tr><td colspan="3">年　　月</td><td colspan="3"></td><td></td><td></td></tr>
<tr><td colspan="2">初任高级专业技术职务名称及时间</td><td colspan="3"></td><td colspan="2">批准单位</td><td colspan="2"></td></tr>
<tr><td colspan="2">现任高级专业技术职务名称及时间</td><td colspan="3"></td><td colspan="2">聘任单位</td><td colspan="2"></td></tr>
<tr><td colspan="2">参加工作时间</td><td colspan="3"></td><td colspan="2">累计从事环境影响评价工作时间</td><td colspan="2"></td></tr>
<tr><td colspan="2">通过何种方式，取得何种职业（执业）资格及取得时间</td><td colspan="7"></td></tr>
<tr><td colspan="2">参加何种学术团体，任何职务，有何社会兼职</td><td colspan="7"></td></tr>
<tr><td colspan="2">是否有过违反职业道德行为</td><td colspan="7"></td></tr>
</table>

从事环境影响评价相关工作经历

起止时间	单　位	从事何种专业技术工作	专业技术职务
年　月 至　年　月			
年　月 至　年　月			
年　月 至　年　月			
年　月 至　年　月			
年　月 至　年　月			
年　月 至　年　月			
年　月 至　年　月			

起止时间	单　　位	从事何种专业技术工作	专业技术职务
年　月 至　年　月			
年　月 至　年　月			
年　月 至　年　月			
年　月 至　年　月			
年　月 至　年　月			
年　月 至　年　月			

环境影响评价相关专业技术工作业绩及成果

起止时间	环境影响评价相关专业技术工作（项目、课题、论文、专著、成果等）	工作内容、本人起何作用（主持、参加、独立、名次等）	完成情况及效果、获何奖励

学习培训经历

（包括参加环境影响评价相关业务学习、培训、国内外进修等）

起止时间	学习或培训的主要内容	学习地点及主办单位	取得何种证书及证明人
年　月 至　年　月			
年　月 至　年　月			
年　月 至　年　月			
年　月 至　年　月			
年　月 至　年　月			
年　月 至　年　月			
年　月 至　年　月			
年　月 至　年　月			
年　月 至　年　月			

六、区域和行业环境影响评价管理

企业投资项目核准和备案管理办法

（国家发展和改革委员会令 第 2 号）

《企业投资项目核准和备案管理办法》已经国家发展和改革委员会主任办公会讨论通过，现予以发布，自 2017 年 4 月 8 日起施行。

主 任 何立峰

2017 年 3 月 8 日

企业投资项目核准和备案管理办法

第一章 总 则

第一条 为落实企业投资自主权，规范政府对企业投资项目的核准和备案行为，实现便利、高效服务和有效管理，依法保护企业合法权益，依据《行政许可法》《企业投资项目核准和备案管理条例》等有关法律法规，制定本办法。

第二条 本办法所称企业投资项目（以下简称项目），是指企业在中国境内投资建设的固定资产投资项目，包括企业使用自己筹措资金的项目，以及使用自己筹措的资金并申请使用政府投资补助或贷款贴息等的项目。

项目申请使用政府投资补助、贷款贴息的，应在履行核准或备案手续后，提出资金申请报告。

第三条 县级以上人民政府投资主管部门对投资项目履行综合管理职责。

县级以上人民政府其他部门依照法律、法规规定，按照本级政府规定职责分工，对投资项目履行相应管理职责。

第四条 根据项目不同情况，分别实行核准管理或备案管理。

对关系国家安全、涉及全国重大生产力布局、战略性资源开发和重大公共利益等项目，实行核准管理。其他项目实行备案管理。

第五条 实行核准管理的具体项目范围以及核准机关、核准权限，由国务院颁布的《政府核准的投资项目目录》（以下简称《核准目录》）确定。法律、行政法规和国务院对项目核准的范围、权限有专门规定的，从其规定。

《核准目录》由国务院投资主管部门会同有关部门研究提出，报国务院批准后实施，并根据情况适时调整。未经国务院批准，各部门、各地区不得擅自调整《核准目录》确定的核准范围和权限。

第六条 除国务院另有规定外，实行备案管理的项目按照属地原则备案。各省级政府负责制定本行政区域内的项目备案管理办法，明确备案机关及其权限。

第七条 依据本办法第五条第一款规定具有项目核准权限的行政机关统称项目核准机关。《核准目录》所称国务院投资主管部门是指国家发展和改革委员会；《核准目录》规定由省级政府、地方政府核准的项目，其具体项目核准机关由省级政府确定。

项目核准机关对项目进行的核准是行政许可事项，实施行政许可所需经费应当由本级财政予以保障。

依据国务院专门规定和省级政府规定具有项目备案权限的行政机关统称项目备案机关。

第八条 项目的市场前景、经济效益、资金来源和产品技术方案等，应当依法由企业自主决策、自担风险，项目核准、备案机关及其他行政机关不得非法干预企业的投资自主权。

第九条 项目核准、备案机关及其工作人员应当依法对项目进行核准或者备案，不得擅自增减审查条件，不得超出办理时限。

第十条 项目核准、备案机关应当遵循便民、高效原则，提高办事效率，提供优质服务。项目核准、备案机关应当制定并公开服务指南，列明项目核准的申报材料及所需附件、受理方式、审查条件、办理流程、办理时限等；列明项目备案所需信息内容、办理流程等，提高工作透明度，为企业提供指导和服务。

第十一条 县级以上地方人民政府有关部门应当依照相关法律法规和本级政府有关规定，建立健全对项目核准、备案机关的监督制度，加强对项目核准、备案行为的监督检查。

各级政府及其有关部门应当依照相关法律法规及规定对企业从事固定资产投资活动实施监督管理。

任何单位和个人都有权对项目核准、备案、建设实施过程中的违法违规行为向有关部门检举。有关部门应当及时核实、处理。

第十二条 除涉及国家秘密的项目外，项目核准、备案通过全国投资项目在线审批监管平台（以下简称在线平台）实行网上受理、办理、监管和服务，实现核准、备案过程和结果的可查询、可监督。

第十三条 项目核准、备案机关以及其他有关部门统一使用在线平台生成的项目代码办理相关手续。

项目通过在线平台申报时，生成作为该项目整个建设周期身份标识的唯一项目代码。项目的审批信息、监管（处罚）信息，以及工程实施过程中的重要信息，统一汇集至项目代码，并与社会信用体系对接，作为后续监管的基础条件。

第十四条 项目核准、备案机关及有关部门应当通过在线平台公开与项目有关的发展规划、产业政策和准入标准，公开项目核准、备案等事项的办理条件、办理流程、办理时限等。项目核准、备案机关应根据《政府信息公开条例》有关规定将核准、备案结果予以公开，不得违法违规公开重大工程的关键信息。

第十五条 企业投资建设固定资产投资项目，应当遵守国家法律法规，符合国民经济和社会发展总体规划、专项规划、区域规划、产业政策、市场准入标准、资源开发、能耗与环境管理等要求，依法履行项目核准或者备案及其他相关手续，并依法办理城乡规划、土地（海域）使用、环境保护、能源资源利用、安全生产等相关手续，如实提供相关材料，报告相关信息。

第十六条 对项目核准、备案机关实施的项目核准、备案行为，相关利害关系人有权依法申请行政复议或者提起行政诉讼。

第二章 项目核准的申请文件

第十七条 企业办理项目核准手续，应当按照国家有关要求编制项目申请报告，取得第二十二条规定依法应当附具的有关文件后，按照本办法第二十三条规定报送。

第十八条 组织编制和报送项目申请报告的项目单位，应当对项目申请报告以及依法应当附具文件的真实性、合法性和完整性负责。

第十九条 项目申请报告应当主要包括以下内容：

（一）项目单位情况；

（二）拟建项目情况，包括项目名称、建设地点、建设规模、建设内容等；

（三）项目资源利用情况分析以及对生态环境的影响分析；

（四）项目对经济和社会的影响分析。

第二十条　项目申请报告通用文本由国务院投资主管部门会同有关部门制定，主要行业的项目申请报告示范文本由相应的项目核准机关参照项目申请报告通用文本制定，明确编制内容、深度要求等。

第二十一条　项目申请报告可以由项目单位自行编写，也可以由项目单位自主委托具有相关经验和能力的工程咨询单位编写。任何单位和个人不得强制项目单位委托中介服务机构编制项目申请报告。

项目单位或者其委托的工程咨询单位应当按照项目申请报告通用文本和行业示范文本的要求编写项目申请报告。

工程咨询单位接受委托编制有关文件，应当做到依法、独立、客观、公正，对其编制的文件负责。

第二十二条　项目单位在报送项目申请报告时，应当根据国家法律法规的规定附具以下文件：

（一）城乡规划行政主管部门出具的选址意见书（仅指以划拨方式提供国有土地使用权的项目）；

（二）国土资源（海洋）行政主管部门出具的用地（用海）预审意见（国土资源主管部门明确可以不进行用地预审的情形除外）；

（三）法律、行政法规规定需要办理的其他相关手续。

第三章　项目核准的基本程序

第二十三条　地方企业投资建设应当分别由国务院投资主管部门、国务院行业管理部门核准的项目，可以分别通过项目所在地省级政府投资主管部门、行业管理部门向国务院投资主管部门、国务院行业管理部门转送项目申请报告。属于国务院投资主管部门核准权限的项目，项目所在地省级政府规定由省级政府行业管理部门转送的，可以由省级政府投资主管部门与其联合报送。

国务院有关部门所属单位、计划单列企业集团、中央管理企业投资建设应当由国务院有关部门核准的项目，直接向相应的项目核准机关报送项目申请报告，并附行业管理部门的意见。

企业投资建设应当由国务院核准的项目，按照本条第一、二款规定向国务院投资主管部门报送项目申请报告，由国务院投资主管部门审核后报国务院核准。新建运输机场项目由相关省级政府直接向国务院、中央军委报送项目申请报告。

第二十四条　企业投资建设应当由地方政府核准的项目，应当按照地方政府的有关规定，向相应的项目核准机关报送项目申请报告。

第二十五条　项目申报材料齐全、符合法定形式的，项目核准机关应当予以受理。

申报材料不齐全或者不符合法定形式的，项目核准机关应当在收到项目申报材料之日起 5 个工作日内一次告知项目单位补充相关文件，或对相关内容进行调整。逾期不告知的，自收到项目申报材料之日起即为受理。

项目核准机关受理或者不予受理申报材料，都应当出具加盖本机关专用印章并注明日期的书面凭证。对于受理的申报材料，书面凭证应注明项目代码，项目单位可以根据项目代码在线查询、监督核准过程和结果。

第二十六条　项目核准机关在正式受理项目申请报告后，需要评估的，应在 4 个工作日内按照有关规定委托具有相应资质的工程咨询机构进行评估。项目核准机关在委托评估时，应当根据项目具体情况，提出评估重点，明确评估时限。

工程咨询机构与编制项目申请报告的工程咨询机构为同一单位、存在控股、管理关系或者负责人为同一人的，该工程咨询机构不得承担该项目的评估工作。工程咨询机构与项目单位存在控股、管理关系或者负责人为同一人的，该工程咨询机构不得承担该项目单位的项目评估工作。

除项目情况复杂的，评估时限不得超过 30 个工作日。接受委托的工程咨询机构应当在项目核准机关规定的时间内提出评估报告，并对评估结论承担责任。项目情况复杂的，履行批准程序后，可以延长评估时限，但延长的期限不得超过 60 个工作日。

项目核准机关应当将项目评估报告与核准文件一并存档备查。

评估费用由委托评估的项目核准机关承担，评估机构及其工作人员不得收取项目单位的任何费用。

第二十七条 项目涉及有关行业管理部门或者项目所在地地方政府职责的，项目核准机关应当商请有关行业管理部门或地方人民政府在 7 个工作日内出具书面审查意见。有关行业管理部门或地方人民政府逾期没有反馈书面审查意见的，视为同意。

第二十八条 项目建设可能对公众利益构成重大影响的，项目核准机关在作出核准决定前，应当采取适当方式征求公众意见。

相关部门对直接涉及群众切身利益的用地（用海）、环境影响、移民安置、社会稳定风险等事项已经进行实质性审查并出具了相关审批文件的，项目核准机关可不再就相关内容重复征求公众意见。

对于特别重大的项目，可以实行专家评议制度。除项目情况特别复杂外，专家评议时限原则上不得超过 30 个工作日。

第二十九条 项目核准机关可以根据评估意见、部门意见和公众意见等，要求项目单位对相关内容进行调整，或者对有关情况和文件做进一步澄清、补充。

第三十条 项目违反相关法律法规，或者不符合发展规划、产业政策和市场准入标准要求的，项目核准机关可以不经过委托评估、征求意见等程序，直接作出不予核准的决定。

第三十一条 项目核准机关应当在正式受理申报材料后20个工作日内作出是否予以核准的决定，或向上级项目核准机关提出审核意见。项目情况复杂或者需要征求有关单位意见的，经本行政机关主要负责人批准，可以延长核准时限，但延长的时限不得超过 40 个工作日，并应当将延长期限的理由告知项目单位。

项目核准机关需要委托评估或进行专家评议的，所需时间不计算在前款规定的期限内。项目核准机关应当将咨询评估或专家评议所需时间书面告知项目单位。

第三十二条 项目符合核准条件的，项目核准机关应当对项目予以核准并向项目单位出具项目核准文件。项目不符合核准条件的，项目核准机关应当出具不予核准的书面通知，并说明不予核准的理由。

属于国务院核准权限的项目，由国务院投资主管部门根据国务院的决定向项目单位出具项目核准文件或者不予核准的书面通知。

项目核准机关出具项目核准文件或者不予核准的书面通知应当抄送同级行业管理、城乡规划、国土资源、水行政管理、环境保护、节能审查等相关部门和下级机关。

第三十三条 项目核准文件和不予核准书面通知的格式文本，由国务院投资主管部门制定。

第三十四条 项目核准机关应制定内部工作规则，不断优化工作流程，提高核准工作效率。

第四章 项目核准的审查及效力

第三十五条 项目核准机关应当从以下方面对项目进行审查：

（一）是否危害经济安全、社会安全、生态安全等国家安全；

（二）是否符合相关发展建设规划、产业政策和技术标准；

（三）是否合理开发并有效利用资源；

（四）是否对重大公共利益产生不利影响。

项目核准机关应当制定审查工作细则，明确审查具体内容、审查标准、审查要点、注意事项及不当行为需要承担的后果等。

第三十六条 除本办法第二十二条要求提供的项目申请报告附送文件之外，项目单位还应在开工前依法办理其他相关手续。

第三十七条 取得项目核准文件的项目，有下列情形之一的，项目单位应当及时以书面形式向原项目核准机关提出变更申请。原项目核准机关应当自受理申请之日起 20 个工作日内作出是否同意变更的书面决定：

（一）建设地点发生变更的；

（二）投资规模、建设规模、建设内容发生较大变化的；

（三）项目变更可能对经济、社会、环境等产生重大不利影响的；

（四）需要对项目核准文件所规定的内容进行调整的其他重大情形。

第三十八条　项目自核准机关出具项目核准文件或同意项目变更决定 2 年内未开工建设，需要延期开工建设的，项目单位应当在 2 年期限届满的 30 个工作日前，向项目核准机关申请延期开工建设。项目核准机关应当自受理申请之日起 20 个工作日内，作出是否同意延期开工建设的决定，并出具相应文件。开工建设只能延期一次，期限最长不得超过 1 年。国家对项目延期开工建设另有规定的，依照其规定。在 2 年期限内未开工建设也未按照规定向项目核准机关申请延期的，项目核准文件或同意项目变更决定自动失效。

第五章　项目备案

第三十九条　实行备案管理的项目，项目单位应当在开工建设前通过在线平台将相关信息告知项目备案机关，依法履行投资项目信息告知义务，并遵循诚信和规范原则。

第四十条　项目备案机关应当制定项目备案基本信息格式文本，具体包括以下内容：

（一）项目单位基本情况；

（二）项目名称、建设地点、建设规模、建设内容；

（三）项目总投资额；

（四）项目符合产业政策声明。项目单位应当对备案项目信息的真实性、合法性和完整性负责。

第四十一条　项目备案机关收到本办法第四十条规定的全部信息即为备案。项目备案信息不完整的，备案机关应当及时以适当方式提醒和指导项目单位补正。

项目备案机关发现项目属产业政策禁止投资建设或者依法应实行核准管理，以及不属于固定资产投资项目、依法应实施审批管理、不属于本备案机关权限等情形的，应当通过在线平台及时告知企业予以纠正或者依法申请办理相关手续。

第四十二条　项目备案相关信息通过在线平台在相关部门之间实现互通共享。

项目单位需要备案证明的，可以通过在线平台自行打印或者要求备案机关出具。

第四十三条　项目备案后，项目法人发生变化，项目建设地点、规模、内容发生重大变更，或者放弃项目建设的，项目单位应当通过在线平台及时告知项目备案机关，并修改相关信息。

第四十四条　实行备案管理的项目，项目单位在开工建设前还应当根据相关法律法规规定办理其他相关手续。

第六章　监督管理

第四十五条　上级项目核准、备案机关应当加强对下级项目核准、备案机关的指导和监督，及时纠正项目管理中存在的违法违规行为。

第四十六条　项目核准和备案机关、行业管理、城乡规划（建设）、国家安全、国土（海洋）资源、环境保护、节能审查、金融监管、安全生产监管、审计等部门，应当按照谁审批谁监管、谁主管谁监管的原则，采取在线监测、现场核查等方式，依法加强对项目的事中事后监管。

项目核准、备案机关应当根据法律法规和发展规划、产业政策、总量控制目标、技术政策、准入标准及相关环保要求等，对项目进行监管。

城乡规划、国土（海洋）资源、环境保护、节能审查、安全监管、建设、行业管理等部门，应当履行法律法规赋予的监管职责，在各自职责范围内对项目进行监管。

金融监管部门应当加强指导和监督，引导金融机构按照商业原则，依法独立审贷。

审计部门应当依法加强对国有企业投资项目、申请使用政府投资资金的项目以及其他公共工程项目的审计监督。

第四十七条 各级地方政府有关部门应按照相关法律法规及职责分工，加强对本行政区域内项目的监督检查，发现违法违规行为的，应当依法予以处理，并通过在线平台登记相关违法违规信息。

第四十八条 对不符合法定条件的项目予以核准，或者超越法定职权予以核准的，应依法予以撤销。

第四十九条 各级项目核准、备案机关的项目核准或备案信息，以及国土（海洋）资源、城乡规划、水行政管理、环境保护、节能审查、安全监管、建设、工商等部门的相关手续办理信息、审批结果信息、监管（处罚）信息，应当通过在线平台实现互通共享。

第五十条 项目单位应当通过在线平台如实报送项目开工建设、建设进度、竣工的基本信息。

项目开工前，项目单位应当登录在线平台报备项目开工基本信息。项目开工后，项目单位应当按年度在线报备项目建设动态进度基本信息。项目竣工验收后，项目单位应当在线报备项目竣工基本信息。

第五十一条 项目单位有下列行为之一的，相关信息列入项目异常信用记录，并纳入全国信用信息共享平台：

（一）应申请办理项目核准但未依法取得核准文件的；

（二）提供虚假项目核准或备案信息，或者未依法将项目信息告知备案机关，或者已备案项目信息变更未告知备案机关的；

（三）违反法律法规擅自开工建设的；

（四）不按照批准内容组织实施的；

（五）项目单位未按本办法第五十条规定报送项目开工建设、建设进度、竣工等基本信息，或者报送虚假信息的；

（六）其他违法违规行为。

第七章 法律责任

第五十二条 项目核准、备案机关有下列情形之一的，由其上级行政机关责令改正，对负有责任的领导人员和直接责任人员由有关单位和部门依纪依法给予处分：

（一）超越法定职权予以核准或备案的；

（二）对不符合法定条件的项目予以核准的；

（三）对符合法定条件的项目不予核准的；

（四）擅自增减核准审查条件的，或者以备案名义变相审批、核准的；

（五）不在法定期限内作出核准决定的；

（六）不依法履行监管职责或者监督不力，造成严重后果的。

第五十三条 项目核准、备案机关及其工作人员，以及其他相关部门及其工作人员，在项目核准、备案以及相关审批手续办理过程中玩忽职守、滥用职权、徇私舞弊、索贿受贿的，对负有责任的领导人员和直接责任人员依法给予处分；构成犯罪的，依法追究刑事责任。

第五十四条 项目核准、备案机关，以及国土（海洋）资源、城乡规划、水行政管理、环境保护、节能审查、安全监管、建设等部门违反相关法律法规规定，未依法履行监管职责的，对直接负责的主管人员和其他直接责任人员，依法给予处分；构成犯罪的，依法追究刑事责任。

项目所在地的地方政府有关部门不履行企业投资监管职责的，对直接负责的主管人员和其他直接责任人员，依法给予处分。

第五十五条 企业以分拆项目、隐瞒有关情况或者提供虚假申报材料等不正当手段申请核准、备案的，项目核准机关不予受理或者不予核准、备案，并给予警告。

第五十六条 实行核准管理的项目，企业未依法办理核准手续开工建设或者未按照核准的建设地点、建设规模、建设内容等进行建设的，由核准机关责令停止建设或者责令停产，对企业处项目总投资额1‰以上5‰以下的罚款；对直接负责的主管人员和其他直接责任人员处2万元以上5万元以下的罚款，属于国家工作人员的，依法给予处分。项目应视情况予以拆除或者补办相关手续。

以欺骗、贿赂等不正当手段取得项目核准文件，尚未开工建设的，由核准机关撤销核准文件，处项目总投资额1‰以上5‰以下的罚款；已经开工建设的，依照前款规定予以处罚；构成犯罪的，依法追究刑事责任。

第五十七条　实行备案管理的项目，企业未依法将项目信息或者已备案项目信息变更情况告知备案机关，或者向备案机关提供虚假信息的，由备案机关责令限期改正；逾期不改正的，处2万元以上5万元以下的罚款。

第五十八条　企业投资建设产业政策禁止投资建设项目的，由县级以上人民政府投资主管部门责令停止建设或者责令停产并恢复原状，对企业处项目总投资额5‰以上10‰以下的罚款；对直接负责的主管人员和其他直接责任人员处5万元以上10万元以下的罚款，属于国家工作人员的，依法给予处分。法律、行政法规另有规定的，依照其规定。

第五十九条　项目单位在项目建设过程中不遵守国土（海洋）资源、城乡规划、环境保护、节能、安全监管、建设等方面法律法规和有关审批文件要求的，相关部门应依法予以处理。

第六十条　承担项目申请报告编写、评估任务的工程咨询评估机构及其人员、参与专家评议的专家，在编制项目申请报告、受项目核准机关委托开展评估或者参与专家评议过程中，违反从业规定，造成重大损失和恶劣影响的，依法降低或撤销工程咨询单位资格，取消主要责任人员的相关职业资格。

第八章　附　则

第六十一条　本办法所称省级政府包括各省、自治区、直辖市及计划单列市人民政府和新疆生产建设兵团。

第六十二条　外商投资项目和境外投资项目的核准和备案管理办法另行制定。

第六十三条　省级政府和国务院行业管理部门，可以按照《企业投资项目核准和备案管理条例》和本办法的规定，制订具体实施办法。

第六十四条　事业单位、社会团体等非企业组织在中国境内利用自有资金、不申请政府投资建设的固定资产投资项目，按照企业投资项目进行管理。

个人投资建设项目参照本办法的相关规定执行。

第六十五条　本办法由国家发展和改革委员会负责解释。

第六十六条　本办法自2017年4月8日起施行。《政府核准投资项目管理办法》（国家发展改革委令第11号）同时废止。

产业结构调整指导目录（2011年本）（修正）

（2011年3月27日国家发展改革委第9号令公布 根据2013年2月16日国家发展改革委第21号令公布的《国家发展改革委关于修改〈产业结构调整指导目录（2011年本）〉有关条款的决定》修正）

第一类 鼓励类

一、农林业

1. 中低产田综合治理与稳产高产基本农田建设
2. 农产品基地建设
3. 蔬菜、瓜果、花卉设施栽培（含无土栽培）先进技术开发与应用
4. 优质、高产、高效标准化栽培技术开发与应用
5. 畜禽标准化规模养殖技术开发与应用
6. 重大病虫害及动物疫病防治
7. 农作物、家畜、家禽及水生动植物、野生动植物遗传工程及基因库建设
8. 动植物（含野生）优良品种选育、繁育、保种和开发；生物育种；种子生产、加工、贮藏及鉴定
9. 种（苗）脱毒技术开发与应用
10. 旱作节水农业、保护性耕作、生态农业建设、耕地质量建设及新开耕地快速培肥技术开发与应用
11. 生态种（养）技术开发与应用
12. 农用薄膜无污染降解技术及农田土壤重金属降解技术开发与应用
13. 绿色无公害饲料及添加剂开发
14. 内陆流域性大湖资源增殖保护工程
15. 远洋渔业、渔政渔港工程
16. 牛羊胚胎（体内）及精液工厂化生产
17. 农业生物技术开发与应用
18. 耕地保养管理与土、肥、水速测技术开发与应用
19. 农、林作物和渔业种质资源保护地、保护区建设；动植物种质资源收集、保存、鉴定、开发与应用
20. 农作物秸秆还田与综合利用（青贮饲料，秸秆氨化养牛、还田，秸秆沼气及热解、气化，培育食用菌，固化成型燃料，秸秆人造板，秸秆纤维素燃料乙醇、非粮饲料资源开发利用等）
21. 农村可再生资源综合利用开发工程（沼气工程、“三沼”综合利用、沼气灌装提纯等）
22. 平垸行洪退田还湖恢复工程
23. 食（药）用菌菌种培育
24. 草原、森林灾害综合治理工程
25. 利用非耕地的退耕（牧）还林（草）及天然草原植被恢复工程
26. 动物疫病新型诊断试剂、疫苗及低毒低残留兽药（含兽用生物制品）新工艺、新技术开发与

应用

27．优质高产牧草人工种植与加工

28．天然橡胶及杜仲种植生产

29．无公害农产品及其产地环境的有害元素监测技术开发与应用

30．有机废弃物无害化处理及有机肥料产业化技术开发与应用

31．农牧渔产品无公害、绿色生产技术开发与应用

32．农林牧渔产品储运、保鲜、加工与综合利用

33．天然林等自然资源保护工程

34．碳汇林建设、植树种草工程及林木种苗工程

35．水土流失综合治理技术开发与应用

36．生态系统恢复与重建工程

37．海洋、森林、野生动植物、湿地、荒漠、草原等自然保护区建设及生态示范工程

38．防护林工程

39．石漠化防治及防沙治沙工程

40．固沙、保水、改土新材料生产

41．抗盐与耐旱植物培植

42．速生丰产林工程、工业原料林工程、珍贵树种培育及名特优新经济林建设

43．竹藤基地建设、竹藤精深加工产品及竹副产品开发

44．森林抚育、低产林改造工程

45．野生经济林树种保护、改良及开发利用

46．珍稀濒危野生动植物保护工程

47．林业基因资源保护工程

48．次小薪材、沙生灌木及三剩物深加工与产品开发

49．野生动植物培植、驯养繁育基地及疫源疫病监测预警体系建设

50．道地中药材及优质、丰产、濒危或紧缺动植物药材的种植（养殖）

51．香料、野生花卉等林下资源人工培育与开发

52．木基复合材料及结构用人造板技术开发

53．木质复合材料、竹质工程材料生产及综合利用

54．松脂林建设、林产化学品深加工

55．人工增雨防雹等人工影响天气技术开发与应用

56．数字（信息）农业技术开发与应用

57．农业环境与治理保护技术开发与应用

58．海水养殖及产品深加工，海洋渔业资源增殖与保护

59．生态清洁型小流域建设及面源污染防治

60．农田主要机耕道（桥）建设

61．油茶、油棕等木本粮油基地建设

62．生物质能源林定向培育与产业化

63．粮油干燥节能设备、农户绿色储粮生物技术、驱鼠技术、农户新型储粮仓（彩钢板组合仓、钢骨架矩形仓、钢网式干燥仓、热浸镀锌钢板仓等）推广应用

64．农作物、林木害虫密度自动监测技术开发与应用

65．森林、草原火灾自动监测报警技术开发与应用

66．气象卫星工程（卫星研制、生产及配套软件系统、地面接收处理设备等）和气象信息服务

二、水利

1．江河堤防建设及河道、水库治理工程

2．跨流域调水工程

3．城乡供水水源工程

4．农村饮水安全工程

5．蓄滞洪区建设

6．海堤建设

7．江河湖库清淤疏浚工程

8．病险水库、水闸除险加固工程

9．堤坝隐患监测与修复技术开发与应用

10．城市积涝预警和防洪工程

11．出海口门整治工程

12．综合利用水利枢纽工程

13．牧区水利工程

14．淤地坝工程

15．水利工程用土工合成材料及新型材料开发制造

16．灌区改造及配套设施建设

17．防洪抗旱应急设施建设

18．高效输配水、节水灌溉技术推广应用

19．水情水质自动监测及防洪调度自动化系统开发

20．水文应急测报、旱情监测基础设施建设

21．灌溉排水泵站更新改造工程

22．水利血吸虫病防治工程（采用护坡、吹填、隔离沟、涵闸改造、设置沉螺池、抬洲降滩等防螺灭螺工程措施和疫情监测、防治宣教等措施）

23．农田水利设施建设工程（灌排渠道、涵闸、泵站建设等）

24．防汛抗旱新技术新产品开发与应用

25．山洪地质灾害防治工程（山洪地质灾害防治区监测预报预警体系建设及山洪沟、泥石流沟和滑坡治理等）

26．水生态系统及地下水保护与修复工程

27．水源地保护工程（水源地保护区划分、隔离防护、水土保持、水资源保护、水生态环境修复及有关技术开发推广）

28．水土流失监测预报自动化系统（水土流失数据采集存储、智能传输、数据分析处理、科学预测预报、数据库管理一体化）开发与应用

29．洪水风险图编制技术及应用（大江大河中下游及重点防洪区、防洪保护区等特定地区洪涝灾害信息专题地图）

30．水资源管理信息系统建设（以水源、取水、输水、供水、用水、耗水和排水等水资源开发利用主要环节的监测及大江大河行政边界控制断面、地下水超采区监测为基础，以国家电子政务外网和国家防汛指挥系统骨干网为依托，以水资源业务应用系统为核心的综合管理信息系统）

31．水文站网基础设施建设及其仪器设备开发与应用

三、煤炭

1．煤田地质及地球物理勘探
2．120 万吨/年及以上高产高效煤矿（含矿井、露天）、高效选煤厂建设
3．矿井灾害（瓦斯、煤尘、矿井水、火、围岩、地温、冲击地压等）防治
4．型煤及水煤浆技术开发与应用
5．煤炭共伴生资源加工与综合利用
6．煤层气勘探、开发、利用和煤矿瓦斯抽采、利用
7．煤矸石、煤泥、洗中煤等低热值燃料综合利用
8．管道输煤
9．煤炭高效洗选脱硫技术开发与应用
10．选煤工程技术开发与应用
11．地面沉陷区治理、矿井水资源保护与利用
12．煤电一体化建设
13．提高资源回收率的采煤方法、工艺开发与应用
14．矿井采空区矸石回填技术开发与应用
15．井下救援技术及特种装备开发与应用
16．煤矿生产过程综合监控技术、装备开发与应用
17．大型煤炭储运中心、煤炭交易市场建设
18．矿井进出人员自动监控记录系统开发与应用
19．新型矿工避险自救器材开发与应用
20．建筑物下、铁路等基础设施下、水体下采用煤矸石等物质充填采煤技术开发与应用

四、电力

1．水力发电
2．单机 60 万千瓦及以上超临界、超超临界机组电站建设
3．采用背压（抽背）型热电联产、热电冷多联产、30 万千瓦及以上热电联产机组
4．缺水地区单机 60 万千瓦及以上大型空冷机组电站建设
5．重要用电负荷中心且天然气充足地区天然气调峰发电项目
6．30 万千瓦及以上循环流化床、增压流化床、整体煤气化联合循环发电等洁净煤发电
7．单机 30 万千瓦及以上采用流化床锅炉并利用煤矸石、中煤、煤泥等发电
8．500 千伏及以上交、直流输变电
9．在役发电机组脱硫、脱硝改造
10．电网改造与建设
11．继电保护技术、电网运行安全监控信息技术开发与应用
12．大型电站及大电网变电站集约化设计和自动化技术开发与应用
13．跨区电网互联工程技术开发与应用
14．输变电节能、环保技术推广应用
15．降低输、变、配电损耗技术开发与应用
16．分布式供电及并网技术推广应用
17．燃煤发电机组脱硫、脱硝及复合污染物治理
18．火力发电脱硝催化剂开发生产

19．水力发电中低温水恢复措施工程、过鱼措施工程技术开发与应用

20．大容量电能储存技术开发与应用

21．电动汽车充电设施

22．乏风瓦斯发电技术及开发利用

23．垃圾焚烧发电成套设备

24．分布式电源

五、新能源

1．太阳能热发电集热系统、太阳能光伏发电系统集成技术开发应用、逆变控制系统开发制造

2．风电与光伏发电互补系统技术开发与应用

3．太阳能建筑一体化组件设计与制造

4．高效太阳能热水器及热水工程，太阳能中高温利用技术开发与设备制造

5．生物质纤维素乙醇、生物柴油等非粮生物质燃料生产技术开发与应用

6．生物质直燃、气化发电技术开发与设备制造

7．农林生物质资源收集、运输、储存技术开发与设备制造；农林生物质成型燃料加工设备、锅炉和炉具制造

8．以畜禽养殖场废弃物、城市填埋垃圾、工业有机废水等为原料的大型沼气生产成套设备

9．沼气发电机组、沼气净化设备、沼气管道供气、装罐成套设备制造

10．海洋能、地热能利用技术开发与设备制造

11．海上风电机组技术开发与设备制造

12．海上风电场建设与设备制造

六、核能

1．铀矿地质勘查和铀矿采冶、铀精制、铀转化

2．先进核反应堆建造与技术开发

3．核电站建设

4．高性能核燃料元件制造

5．乏燃料后处理

6．同位素、加速器及辐照应用技术开发

7．先进的铀同位素分离技术开发与设备制造

8．辐射防护技术开发与监测设备制造

9．核设施实体保护仪器仪表开发

10．核设施退役及放射性废物治理

11．核电站延寿及退役技术和设备

12．核电站应急抢险技术和设备

七、石油、天然气

1．常规石油、天然气勘探与开采

2．页岩气、油页岩、油砂、天然气水合物等非常规资源勘探开发

3．原油、天然气、液化天然气、成品油的储运和管道输送设施及网络建设

4．油气伴生资源综合利用

5．油气田提高采收率技术、安全生产保障技术、生态环境恢复与污染防治工程技术开发利用

6．放空天然气回收利用与装置制造

7．天然气分布式能源技术开发与应用

8．石油储运设施挥发油气回收技术开发与应用

9．液化天然气技术开发与应用

八、钢铁

1．黑色金属矿山接替资源勘探及关键勘探技术开发

2．煤调湿、风选调湿、捣固炼焦、配型煤炼焦、干法熄焦、导热油换热、焦化废水深度处理回用、煤焦油精深加工、苯加氢精制、煤沥青制针状焦、焦油加氢处理、焦炉煤气高附加值利用等先进技术的研发与应用

3．非高炉炼铁技术

4．先进压水堆核电管、百万千瓦火电锅炉管、耐蚀耐压耐温油井管、耐腐蚀航空管、高耐腐蚀化工管生产

5．高性能、高质量及升级换代钢材产品技术开发与应用。包括600兆帕级及以上高强度汽车板、油气输送高性能管线钢、高强度船舶用宽厚板、海洋工程用钢、420兆帕级及以上建筑和桥梁等结构用中厚板、高速重载铁路用钢、低铁损高磁感硅钢、耐腐蚀耐磨损钢材、节约合金资源不锈钢（现代铁素体不锈钢、双相不锈钢、含氮不锈钢）、高性能基础件（高性能齿轮、12.9级及以上螺栓、高强度弹簧、长寿命轴承等）用特殊钢棒线材、高品质特钢锻轧材（工模具钢、不锈钢、机械用钢等）等

6．在线热处理、在线性能控制、在线强制冷却的新一代热机械控制加工（TMCP）工艺技术应用

7．直径600毫米及以上超高功率电极、高炉用微孔和超微孔碳砖、特种石墨（高强、高密、高纯、高模量）、石墨（质）化阴极、内串石墨化炉开发与生产

8．焦炉、高炉、热风炉用长寿节能环保耐火材料生产工艺；精炼钢用低碳、无碳耐火材料和高效连铸用功能环保性耐火材料生产工艺

9．生产过程在线质量检测技术应用

10．利用钢铁生产设备处理社会废弃物

11．烧结烟气脱硫、脱硝、脱二噁英等多功能干法脱除，以及副产物资源化、再利用化技术

12．难选贫矿、（共）伴生矿综合利用先进工艺技术

13．冶金固体废弃物（含冶金矿山废石、尾矿，钢铁厂产生的各类尘、泥、渣、铁皮等）综合利用先进工艺技术

14．利用低品位锰矿冶炼铁合金的新工艺技术，以及高效利用红土镍矿炼精制镍铁的回转窑－矿热炉（RKEF）工艺技术

15．冶金废液（含废水、废酸、废油等）循环利用工艺技术与设备

16．新一代钢铁可循环流程（在做好钢铁产业内部循环的基础上，发展钢铁与电力、化工、装备制造等相关产业间的横向、纵向物流和能流的循环流程）工艺技术开发与应用

17．高炉、转炉煤气干法除尘

九、有色金属

1．有色金属现有矿山接替资源勘探开发，紧缺资源的深部及难采矿床开采

2．高效、低耗、低污染、新型冶炼技术开发

3．高效、节能、低污染、规模化再生资源回收与综合利用。

（1）废杂有色金属回收（2）有价元素的综合利用（3）赤泥及其他冶炼废渣综合利用（4）高铝粉煤灰提取氧化铝

4. 信息、新能源有色金属新材料生产。(1)信息：直径 200 mm 以上的硅单晶及抛光片、直径 125 mm 以上直拉或直径 50 mm 以上水平生长化合物半导体材料、铝铜硅钨钼等大规格高纯靶材、超大规模集成电路铜镍硅和铜铬锆引线框架材料、电子焊料等。(2) 新能源：核级海绵锆及锆材、高容量长寿命二次电池电极材料

5. 交通运输、高端制造及其他领域有色金属新材料生产。(1)交通运输：抗压强度不低于 500 MPa、导电率不低于 80%IACS 的铜合金精密带材和超长线材制品等高强高导铜合金、交通运输工具主承力结构用的新型高强、高韧、耐蚀铝合金材料及大尺寸制品（航空用铝合金抗压强度不低于 650 MPa，高速列车用铝合金抗压强度不低于 500 MPa）。(2) 高端制造及其他领域：高性能纳米硬质合金刀具和大晶粒硬质合金盾构刀具及深加工产品、稀土及贵金属催化剂材料、低模量钛合金材及记忆合金等生物医用材料、耐蚀热交换器用铜合金及钛合金材料、高性能稀土磁性材料和储氢材料及高端应用

十、黄金

1. 黄金深部（1 000 米以下）探矿与开采

2. 从尾矿及废石中回收黄金

十一、石化化工

1. 含硫含酸重质、劣质原油炼制技术，高标准油品生产技术开发与应用

2. 硫、钾、硼、锂等短缺化工矿产资源勘探开发及综合利用，中低品位磷矿采选与利用，磷矿伴生资源综合利用

3. 零极距、氧阴极等离子膜烧碱电解槽节能技术、废盐酸制氯气等综合利用技术、铬盐清洁生产新工艺的开发和应用，气动流化塔生产高锰酸钾，全热能回收热法磷酸生产，大型脱氟磷酸钙生产装置

4. 20 万吨/年及以上合成气制乙二醇、10 万吨/年及以上离子交换法双酚 A、15 万吨/年及以上直接氧化法环氧丙烷、20 万吨/年及以上共氧化法环氧丙烷、5 万吨/年及以上丁二烯法己二腈生产装置，万吨级脂肪族异氰酸酯生产技术开发与应用

5. 优质钾肥及各种专用肥、缓控释肥的生产，氮肥企业节能减排和原料结构调整，磷石膏综合利用技术开发与应用，10 万吨/年及以上湿法磷酸净化生产装置

6. 高效、安全、环境友好的农药新品种、新剂型（水基化剂型等）、专用中间体、助剂（水基化助剂等）的开发与生产，甲叉法乙草胺、水相法毒死蜱工艺、草甘膦回收氯甲烷工艺、定向合成法手性和立体结构农药生产、乙基氯化物合成技术等清洁生产工艺的开发和应用，生物农药新产品、新技术的开发与生产

7. 水性木器、工业、船舶涂料，高固体分、无溶剂、辐射固化、功能性外墙外保温涂料等环境友好、资源节约型涂料生产；单线产能 3 万吨/年及以上、并以二氧化钛含量不小于 90%的富钛料（人造金红石、天然金红石、高钛渣）为原料的氯化法钛白粉生产

8. 高固着率、高色牢度、高提升性、高匀染性、高重现性、低沾污性以及低盐、低温、小浴比染色用和湿短蒸轧染用的活性染料，高超细旦聚酯纤维染色性、高洗涤牢度、高染着率、高光牢度和低沾污性（尼龙、氨纶）、小浴比染色用的分散染料，用于聚酰胺纤维、羊毛和皮革染色的不含金属的弱酸性染料，高耐晒牢度、高耐气候牢度有机颜料的开发与生产

9. 染料及染料中间体清洁生产、本质安全的新技术（包括催化、三氧化硫磺化、连续硝化、绝热硝化、定向氯化、组合增效、溶剂反应、循环利用等技术，以及取代光气等剧毒原料的适用技术，膜过滤和原浆干燥技术）的开发与应用

10. 乙烯-乙烯醇树脂（EVOH）、聚偏氯乙烯等高性能阻隔树脂，聚异丁烯（PI）、聚乙烯辛烯（POE）等特种聚烯烃开发与生产

11．6 万吨/年及以上非光气法聚碳酸酯生产装置，液晶聚合物（LCP）等工程塑料生产以及共混改性、合金化技术开发和应用，吸水性树脂、导电性树脂和可降解聚合物的开发与生产，尼龙 11、尼龙 1414、尼龙 46、长碳链尼龙、耐高温尼龙等新型聚酰胺开发与生产

12．3 万吨/年及以上丁基橡胶、乙丙橡胶、异戊橡胶，溶聚丁苯橡胶、稀土系顺丁橡胶、丙烯酸酯橡胶及低多芳含量填充油丁苯橡胶等生产装置，合成橡胶化学改性技术开发与应用

13．聚丙烯热塑性弹性体（PTPE）、热塑性聚酯弹性体（TPEE）、苯乙烯-异戊二烯-苯乙烯热塑性嵌段共聚物（SIS）、热塑性聚氨酯弹性体等热塑性弹性体材料开发与生产

14．改性型、水基型胶粘剂和新型热熔胶，环保型吸水剂、水处理剂，分子筛固汞、无汞等新型高效、环保催化剂和助剂，安全型食品添加剂、饲料添加剂，纳米材料，功能性膜材料，超净高纯试剂、光刻胶、电子气、高性能液晶材料等新型精细化学品的开发与生产

15．苯基氯硅烷、乙烯基氯硅烷等新型有机硅单体，苯基硅油、氨基硅油、聚醚改性型硅油等，苯基硅橡胶、苯撑硅橡胶等高性能橡胶及杂化材料，甲基苯基硅树脂等高性能树脂，三乙氧基硅烷等系列高效偶联剂

16．全氟烯醚等特种含氟单体，聚全氟乙丙烯、聚偏氟乙烯、聚三氟氯乙烯、乙烯-四氟乙烯共聚物等高品质氟树脂，氟醚橡胶、氟硅橡胶、四丙氟橡胶、高含氟量 246 氟橡胶等高性能氟橡胶，含氟润滑油脂，消耗臭氧潜能值（ODP）为零、全球变暖潜能值（GWP）低的消耗臭氧层物质（ODS）替代品，全氟辛基磺酰化合物（PFOS）和全氟辛酸（PFOA）及其盐类替代品和替代技术的开发和应用，含氟精细化学品和高品质含氟无机盐

17．高性能子午线轮胎（包括无内胎载重子午胎，低断面和扁平化（低于 55 系列）、大轮辋高性能轿车子午胎（15 吋以上），航空轮胎及农用子午胎）及配套专用材料、设备生产，新型天然橡胶开发与应用

18．生物高分子材料、填料、试剂、芯片、干扰素、传感器、纤维素酶、碱性蛋白酶、诊断用酶等酶制剂、纤维素生化产品开发与生产

19．四氯化碳、四氯化硅、一甲基氯硅烷、三甲级氯硅烷等副产物综合利用，二氧化碳的捕获与应用

十二、建材

1．利用现有 2 000 吨/日及以上新型干法水泥窑炉处置工业废弃物、城市污泥和生活垃圾，纯低温余热发电；粉磨系统等节能改造

2．电子工业用超薄（1.3 mm 以下）、太阳能产业用超白（折合 5 mm 厚度可见光透射率＞90%）、在线镀膜玻璃和低辐射等特殊浮法玻璃生产线；现有浮法生产线采用纯氧燃烧技术、低温余热发电技术；玻璃熔窑用高档耐火材料；玻璃深加工工艺装备技术开发与应用

3．新型墙体和屋面材料、绝热隔音材料、建筑防水和密封等材料的开发与生产

4．150 万平方米/年及以上、厚度小于 6 毫米的陶瓷板生产线和工艺装备技术开发与应用

5．一次冲洗用水量 6 升及以下的坐便器、蹲便器、节水型小便器及节水控制设备开发与生产

6．5 万吨/年及以上无碱玻璃纤维池窑拉丝技术和高性能玻璃纤维及制品技术开发与生产

7．使用合成矿物纤维、芳纶纤维等作为增强材料的无石棉摩擦、密封材料新工艺、新产品开发与生产

8．信息、新能源、国防、航天航空等领域用高品质人工晶体材料、制品和器件生产装备技术开发；高纯石英原料、石英玻璃材料及其制品制造技术开发与生产；航天航空等领域所需的特种玻璃制造技术开发与生产

9．高新技术领域需求的高纯、超细、改性等精细加工的高岭土、石墨、硅藻土等非金属矿深加工材

料生产及其技术装备开发与制造

10. 30万平方米/年以上超薄复合石材生产；机械化石材矿山开采；矿石碎料和板材边角料综合利用生产及工艺装备开发

11. 废矿石、尾矿和建筑废弃物的综合利用

12. 农用田间建设材料技术开发与生产

13. 利用工业副产石膏生产新型墙体材料及技术装备开发与制造

14. 应急安置房屋开发与生产

十三、医药

1. 拥有自主知识产权的新药开发和生产，天然药物开发和生产，新型计划生育药物（包括第三代孕激素的避孕药）开发和生产，满足我国重大、多发性疾病防治需求的通用名药物首次开发和生产，药物新剂型、新辅料的开发和生产，药物生产过程中的膜分离、超临界萃取、新型结晶、手性合成、酶促合成、生物转化、自控等技术开发与应用，原料药生产节能降耗减排技术、新型药物制剂技术开发与应用

2. 现代生物技术药物、重大传染病防治疫苗和药物、新型诊断试剂的开发和生产，大规模细胞培养和纯化技术、大规模药用多肽和核酸合成、发酵、纯化技术开发和应用，采用现代生物技术改造传统生产工艺

3. 新型药用包装材料及其技术开发和生产（一级耐水药用玻璃，可降解材料，具有避光、高阻隔性、高透过性的功能性材料，新型给药方式的包装；药包材无苯油墨印刷工艺等）

4. 濒危稀缺药用动植物人工繁育技术及代用品开发和生产，先进农业技术在中药材规范化种植、养殖中的应用，中药有效成分的提取、纯化、质量控制新技术开发和应用，中药现代剂型的工艺技术、生产过程控制技术和装备的开发与应用，中药饮片创新技术开发和应用，中成药二次开发和生产

5. 民族药物开发和生产

6. 新型医用诊断医疗仪器设备、微创外科和介入治疗装备及器械、医疗急救及移动式医疗装备、康复工程技术装置、家用医疗器械、新型计划生育器具（第三代宫内节育器）、新型医用材料、人工器官及关键元器件的开发和生产，数字化医学影像产品及医疗信息技术的开发与应用

7. 实验动物标准化养殖及动物实验服务

8. 基本药物质量和生产技术水平提升及降低成本

十四、机械

1. 三轴以上联动的高速、精密数控机床及配套数控系统、伺服电机及驱动装置、功能部件、刀具、量具、量仪及高档磨具磨料

2. 大型发电机组、大型石油化工装置、大型冶金成套设备等重大技术装备用分散型控制系统（DCS），现场总线控制系统（FCS），新能源发电控制系统

3. 输入输出点数 512 个以上的可编程控制系统（PLC）

4. 数字化、智能化、网络化工业自动检测仪表与传感器，原位在线成分分析仪器，具有无线通信功能的低功耗智能传感器，电磁兼容检测设备，智能电网用智能电表（具有发送和接收信号、自诊断、数据处理功能），光纤传感器

5. 用于辐射、有毒、可燃、易爆、重金属、二噁英等检测分析的仪器仪表，水质、烟气、空气检测仪器，药品检验用质量数大于 1 000 原子质量单位（amu）的质谱仪，色质联用仪以及相关的自动取样系统和样品处理系统

6. 科学研究用测量精度达到微米以上的多维几何尺寸测量仪器，自动化、智能化、多功能材料力学性能测试仪器，工业 CT、三维超声波探伤仪等无损检测设备，用于纳米观察测量的分辨率高于 3.0 纳米

的电子显微镜

7．城市智能视觉监控、视频分析、视频辅助刑事侦察技术设备

8．矿井灾害（瓦斯、煤尘、矿井水、火、围岩等）监测仪器仪表和系统

9．综合气象观测仪器装备（地面、高空、海洋气象观测仪器装备及耗材，专业气象观测、大气成分观测仪器装备及耗材，气象雷达等）、移动应急气象观测系统、移动应急气象指挥系统、气象计量检定设备、气象维修维护设备、气象观测仪器装备运行监控系统

10．水文数据采集仪器及设备、水文仪器计量检定设备

11．地震、地质灾害观测仪器仪表

12．海洋观测、探测、监测技术系统及仪器设备

13．数字多功能一体化办公设备（复印、打印、传真、扫描）、数字照相机、数字电影放映机等现代文化办公设备

14．时速200公里以上动车组轴承，轴重大于30吨重载铁路货车轴承，使用寿命200万公里以上的新型城市轨道交通轴承，使用寿命25万公里以上汽车轮毂轴承单元，耐高温（400℃以上）汽车涡轮、机械增压器轴承，P4、P2级数控机床轴承，2兆瓦（MW）及以上风电机组用各类精密轴承，使用寿命大于5 000小时盾构机等大型施工机械轴承，P5级、P4级高速精密冶金轧机轴承，飞机及发动机轴承，医疗CT机轴承，以及上述轴承零件

15．单机容量80万千瓦及以上混流式水力发电设备（水轮机、发电机及调速器、励磁等附属设备），单机容量35万千瓦及以上抽水蓄能、5万千瓦及以上贯流式和10万千瓦及以上冲击式水力发电设备及其关键配套辅机

16．60万千瓦及以上超临界、超超临界火电机组用发电机保护断路器、泵、阀等关键配套辅机、部件

17．60万千瓦及以上超临界参数循环流化床锅炉

18．燃气轮机高温部件及控制系统

19．60万千瓦及以上发电设备用转子（锻造、焊接）、转轮、叶片、泵、阀、主轴护套等关键铸锻件

20．耐高低温、耐腐蚀、耐磨损精密铸锻件

21．500千伏（kV）及以上超高压、特高压交直流输电设备及关键部件：变压器（出线装置、套管、调压开关），开关设备（灭弧装置、液压操作机构、大型盆式绝缘子），高强度支柱绝缘子和空心绝缘子，悬式复合绝缘子，绝缘成型件，特高压避雷器、直流避雷器，电控、光控晶闸管，换流阀（平波电抗器、水冷设备），控制和保护设备，直流场成套设备等

22．高压真空元件及开关设备，智能化中压开关元件及成套设备，使用环保型中压气体的绝缘开关柜，智能型（可通信）低压电器，非晶合金、卷铁芯等节能配电变压器

23．二代改进型、三代核电设备及关键部件；2.5兆瓦以上风电设备整机及2.0兆瓦以上风电设备控制系统、变流器等关键零部件；各类晶体硅和薄膜太阳能光伏电池生产设备；海洋能（潮汐、海浪、洋流）发电设备

24．直接利用高炉铁液生产铸铁件的短流程熔化工艺与装备；黏土砂静压造型主机；外热送风水冷长炉龄大吨位（15吨/小时以上）冲天炉；大型压铸机（合模力3500吨以上）；差压铸造机；自动浇注机；铸造专用机器人的制造与应用

25．树脂砂、铸造黏土砂等干（热）法再生回用技术应用

26．高速精密压力机（180～2 500千牛，2 000～750次/分钟）、黑色金属液压挤压机（150毫米/秒以上）、轻合金液压挤压机（10毫米/秒以下）、高速精密剪切机（2 000千牛以上，70～80次/分，断面斜度1.5°以下）、内高压成形机（10 000千牛以上）、大型折弯机（60 000千牛以上）、数字化钣金加工中心（柔性制造中心/柔性制造系统）、高速强力旋压机（径向旋压力/每轮：1 000千牛，轴向旋压力/每轮：800千

牛，主轴转矩：240 千牛·米，主轴最高转速：95 转/分钟）、数控多工位冲压机、大公称压力冷/温锻压力机（有效公称力行程 25 毫米以上，公称力 10 000 千牛以上）、4 工位以上自动温/热锻造压力机（公称力 16 000 千牛以上）

27．乙烯裂解三机，40 万吨级（聚丙烯等）挤压造粒机组，50 万吨级合成气、氨、氧压缩机等关键设备

28．大型风力发电密封件（使用寿命 7 年以上，工作温度-45～100℃）；核电站主泵机械密封（适用压力≥17 兆帕，工作温度 26.7～73.9℃）；盾构机主轴承密封（使用寿命 5 000 小时）；轿车动力总成系统以及传动系统旋转密封；石油钻井、测井设备密封（适用压力≥105 兆帕）；液压支架密封件；高 PV 值旋转动密封件；超大直径（≥2 米）机械密封；航天用密封件（工作温度-54～275℃，线速度≥150 米/秒）；高压液压元件密封件（适用压力≥31.5 兆帕）；高精密液压铸件（流道尺寸精度≤0.25 毫米，疲劳性能测试≥200 万次）

29．高性能无石棉密封材料（耐热温度 500℃，抗拉强度≥20 兆帕）；高性能碳石墨密封材料（耐热温度 350℃，抗压强度≥270 兆帕）；高性能无压烧结碳化硅材料［弯曲强度≥200 兆帕，热导率≥130 瓦/米·开尔文（W/m·K）］

30．智能焊接设备，激光焊接和切割、电子束焊接等高能束流焊割设备，搅拌摩擦、复合热源等焊接设备，数字化、大容量逆变焊接电源

31．大型（下底板半周长度冲压模＞2 500 毫米，下底板半周长度型腔模＞1 400 毫米）、精密（冲压模精度≤0.02 毫米，型腔模精度≤0.05 毫米）模具

32．大型（装炉量 1 吨以上）多功能可控气氛热处理设备、程控化学热处理设备、程控多功能真空热处理设备及装炉量 500 公斤以上真空热处理设备、全纤维炉衬热处理加热炉

33．高强度（12.9 级以上）、异形及钛合金紧固件，航空、航天、发动机等用弹簧，微型精密传动联结件（离合器），大型轧机联结轴；新型粉末冶金零件：高密度（≥7.0 克/立方厘米）、高精度、形状复杂结构件；高速列车、飞机摩擦装置；含油轴承；动车组用齿轮变速箱，船用可变桨齿轮传动系统、2.0 兆瓦以上风电用变速箱、冶金矿山机械用变速箱；汽车动力总成、工程机械、大型农机用链条

34．海水淡化设备

35．机器人及工业机器人成套系统

36．500 万吨/年及以上矿井、薄煤层综合采掘设备，1 000 万吨级/年及以上大型露天矿关键装备

37．直径 1 200 毫米及以上的天然气输气管线配套压缩机、燃气轮机、阀门等关键设备；单线 260 万吨/年及以上天然气液化配套的压缩机及驱动机械、低温设备等；大型输油管线配套的 3 000 立方米/小时及以上的输油泵等关键设备

38．单张纸多色胶印机（幅宽≥750 毫米，印刷速度：单面多色≥16 000 张/小时，双面多色≥13 000 张/小时）；商业卷筒纸胶印机（幅宽≥787 毫米，印刷速度≥7 米/秒，套印精度≤0.1 毫米）；报纸卷筒纸胶印机（印刷速度：单纸路单幅机≥75 000 张/小时，双纸路双幅机≥150 000 张/小时，套印精度≤0.1 毫米）；多色宽幅柔性版印刷机（印刷宽度≥1300 毫米，印刷速度≥350 米/分）；机组式柔性版印刷机（印刷速度≥150 米/分）；环保多色卷筒料凹版印刷机（印刷速度≥300 米/分，套印精度≤0.1 毫米）；喷墨数字印刷机（出版用：印刷速度≥150 米/分，分辨率≥600 dpi；包装用：印刷速度≥30 米/分，分辨率≥1 000 dpi；可变数据用：印刷速度≥100 米/分，分辨率≥300 dpi）；CTP 直接制版机（成像速度≥15 张/小时，版材幅宽≥750 毫米，重复精度 0.025 毫米，分辨率 3 000 dpi）；无轴数控平压平烫印机（烫印速度≥10 000 张/小时，加工精度 0.05 毫米）

39．100 马力以上、配备有动力换挡变速箱或全同步器换挡变速箱、总线控制系统、安全驾驶室、动力输出轴有 2 个以上转速、液压输出点不少于 3 组的两轮或四轮驱动的轮式拖拉机、履带式拖拉机

40．100 马力以上拖拉机配套农机具：保护性耕作所需要的深松机、联合整地机和整地播种联合作业

机等，常规农业作业所需要的单体幅宽≥40厘米的铧式犁、圆盘耙、谷物条播机、中耕作物精密播种机、中耕机、免耕播种机、大型喷雾（喷粉）机等

41. 100马力以上拖拉机关键零部件：动力换挡变速箱，轮式拖拉机用带差速锁的前驱动桥，离合器，液压泵、液压油缸、各种阀及液压输出阀等封闭式液压系统，闭心变量、负载传感的电控液压提升器，电控系统，轮辋及辐板，液压转向机构等

42. 农作物移栽机械：乘坐式盘土机动高速水稻插秧机（每分钟插次350次以上，每穴3～5株，适应行距20～30厘米，株距可调，适应株距12～22厘米）；盘土式机动水稻摆秧机（乘坐式或手扶式，适应行距为20～30厘米，株距可调，适应株距为12～22厘米）等

43. 配套动力50马力以上的棉田中耕型拖拉机、果园用高地隙拖拉机（最低离地高度40厘米以上）

44. 牧草收获机械：自走式牧草收割机、指盘式牧草搂草机、牧草捡拾压捆机等

45. 农业收获机械：自走式谷物联合收割机（喂入量6千克/秒以上）；自走式半喂入水稻联合收割机（4行以上，配套发动机44千瓦以上）；自走式玉米联合收割机（3～6行，摘穗型，带有剥皮装置，以及茎秆粉碎还田装置或茎秆切碎收集装置）；自走式大麦、草苜蓿、玉米、高粱等青贮饲料收获机（配套动力147千瓦以上，茎干切碎长度10～60毫米，带有去石去铁安全装置）；棉花采摘机（3行以上，自走式或拖拉机背负式，摘花装置为机械式或气力式，适应棉株高度35～160厘米，装有籽棉集装箱和自动卸棉装置）；马铃薯收获机（自走式或拖拉机牵引式，2行以上，行距可调，带有去土装置和收集装置，最大挖掘深度35厘米）；甘蔗收获机（自走式或拖拉机背负式，配套功率58千瓦以上，宿根破碎率≤18%，损失率≤7%）；残膜回收与茎秆粉碎联合作业机

46. 节水灌溉设备：各种大中型喷灌机、各种类型微滴灌设备等；抗洪排涝设备（排水量1 500立方米/小时以上，扬程5～20米，功率1 500千瓦以上，效率60%以上，可移动）

47. 沼气发生设备：沼气发酵及储气一体化（储气容积300～2 000立方米系列产品）、沼液抽渣设备（抽吸量1立方米/分钟以上）等

48. 大型施工机械：30吨以上液压挖掘机、6米及以上全断面掘进机、320马力及以上履带推土机、6吨及以上装载机、600吨及以上架桥设备（含架桥机、运梁车、提梁机）、400吨及以上履带起重机、100吨及以上全地面起重机、钻孔100毫米以上凿岩台车、400千瓦及以上砼冷热再生设备、1米宽及以上铣刨机；关键零部件：动力换挡变速箱、湿式驱动桥、回转支承、液力变矩器、为电动叉车配套的电机、电控、压力25兆帕以上液压马达、泵、控制阀

49. 自动化物流系统装备、信息系统

50. 非道路移动机械用高可靠性、低排放、低能耗的内燃机：寿命指标（重型8 000～12 000小时，中型5 000～7 000小时，轻型3 000～4 000小时）、排放指标（符合欧ⅢA、欧ⅢB排放指标要求）；影响非道路移动机械用内燃机动力性、经济性、环保性的燃油系统、增压系统、排气后处理系统（均包括电子控制系统）

51. 制冷空调设备及关键零部件：热泵、复合热源（空气源与太阳能）热泵热水机、二级能效及以上制冷空调压缩机、微通道和降膜换热技术与设备、电子膨胀阀和两相流喷射器；使用环保制冷剂（ODP为0、GWP值较低）的制冷空调压缩机

52. 12 000米及以上深井钻机、极地钻机、高位移性深井沙漠钻机、沼泽难进入区域用钻机、海洋钻机、车装钻机、特种钻井工艺用钻机等钻机成套设备

53. 危险废物（含医疗废物）集中处理设备

54. 大型高效二板注塑机（合模力1 000吨以上）、全电动塑料注射成型机（注射量1 000克以下）、节能型塑料橡胶注射成型机（能耗0.4千瓦时/千克以下）、高速节能塑料挤出机组（生产能力：30～3 000公斤/小时，能耗0.35千瓦时/千克以下）、微孔发泡塑料注射成型机（合模力：60～1 000吨，注射量：30～5 000克，能耗0.4千瓦时/千克以下）、大型双螺杆挤出造粒机组（生产能力：30～60万吨/年）、大型对

位芳纶反应挤出机组（生产能力 1.4 万吨/年以上）、碳纤维预浸胶机组（生产能力 60 万米/年以上；幅宽 1.2 米以上）

55．涂装用纳米过滤和反向渗透纯水装备

56．安全饮水设备：组合式一体化净水器（处理量 100～2 500 吨/小时）

57．大气污染治理装备：300 兆瓦以上燃煤电站烟气 SCR 脱硝技术装备（脱氮效率 90%以上，催化剂使用寿命 16 000 小时以上）；钢铁烧结烟气循环流化床干法脱硫除尘成套装备（钙硫比：1.2～1.3）；1 000 兆瓦超超临界机组配套电除尘技术装备；电袋复合除尘技术装备（烟尘排放浓度＜30 毫克/立方米）；1 000 兆瓦超超临界以上机组脱硫氧化多级离心鼓风机（风量≥450 立方米/分钟、升压≥14 000 毫米水柱）；等离子体废气净化机（废气去除率＞95%）

58．污水防治技术设备：20 万吨/日城市污水处理成套装备（除磷脱氮）；污泥干燥焚烧技术装备（减渣量 90%以上）；浸没式膜生物反应器（COD 去除率 90%以上）；陶瓷真空过滤机（真空度：0.09～0.098 兆帕，孔隙：0.2～20 微米）；中小城镇一体化污水处理成套技术装备；超生耦合法和生物膜法处理高浓度有机废水技术装备

59．固体废物防治技术设备：生活垃圾清洁焚烧技术装备（助燃煤量 20%以下）；厨余垃圾集中无害化处理技术装备（利用率 95%以上）；垃圾填埋渗滤液和臭气处理技术装备（处理量 50 吨/天以上）；生活垃圾自动化分选技术装备（分选率 80%以上）；建筑垃圾处理和再利用工艺技术装备（处理量 100 吨/小时以上）；工业危险废弃物处置处理技术装备（处理率 90%以上）；油田钻井废弃物处理处置技术与成套装备（减容 50%以上，处理率 70%以上）；医疗废物清洁焚烧、高温蒸煮无害化处理技术装备（处理量 150 千克/小时以上，燃烧效率 70%以上）

60．土壤修复技术装备

十五、城市轨道交通装备

1．城市轨道交通减震、降噪技术应用

2．自动售检票系统（AFC），车门、站台屏蔽门、车钩系统

3．城市轨道交通火灾报警和自动灭火系统

4．数字轨道电路及以无线通信为基础的信号系统[含自动列车监控系统（ATS）、列车自动保护装置（ATP）、自动列车运行装置（ATO）]

5．直流高速开关、真空断路器（GIS）供电系统成套设备关键部件

6．轨道车辆交流牵引传动系统、制动系统及核心元器件（含 IGCT、IGBT 元器件）

7．城轨列车网络控制系统及运行控制系统

8．车体、转向架、齿轮箱及车内装饰材料轻量化应用

9．城轨列车再生制动吸收装置

十六、汽车

1．汽车关键零部件：汽油机增压器、电涡流缓速器、轮胎气压监测系统（TPMS）、随动前照灯系统、LED 前照灯、数字化仪表、电控系统执行机构用电磁阀、低地板大型客车专用车桥、空气悬架、吸能式转向系统、大中型客车变频空调、高强度钢车轮、载重车后盘式制动器

2．双离合器变速器（DCT）、电控机械变速器（AMT）

3．轻量化材料应用：高强度钢、铝镁合金、复合塑料、粉末冶金、高强度复合纤维等；先进成形技术应用：激光拼焊板的扩大应用、内高压成形、超高强度钢板热成形、柔性滚压成形等；环保材料应用：水性涂料、无铅焊料等

4．高效柴油发动机（3 L 以下升功率≥50 kW/L，3 L 以上升功率≥40 kW/L）；后处理系统（包括颗

粒捕捉器、氧化型催化器、还原型催化器）；电控直列式喷油泵、电控高压共轨喷射系统、电控高压单体泵以及喷油器、喷油嘴

5．高效汽油发动机（自然吸气汽油机升功率≥60 kW/L，涡轮增压汽油机升功率≥70 kW/L）

6．新能源汽车关键零部件：能量型动力电池组（能量密度≥110 Wh/kg，循环寿命≥2 000 次），电池正极材料（比容量≥150 mAh/g，循环寿命 2000 次不低于初始放电容量的 80%），电池隔膜（厚度 15～40 μm，孔隙率 40%～60%）；电池管理系统，电机管理系统，电动汽车电控集成；电动汽车驱动电机（峰值功率密度≥2.5 kW/kg，高效区：65%工作区效率≥80%），车用 DC/DC（输入电压 100～400 V），大功率电子器件（IGBT，电压等级≥600 V，电流≥300 A）；插电式混合动力机电耦合驱动系统

7．车载充电机、非车载充电设备

8．电动空调、电制动、电动转向；怠速起停系统

9．汽车电子控制系统：发动机控制系统（ECU）、变速箱控制系统（TCU）、制动防抱死系统（ABS）、牵引力控制（ASR）、电子稳定控制（ESP）、网络总线控制、车载故障诊断仪（OBD）、电控智能悬架、电子驻车系统、自动避撞系统、电子油门等

10．汽车产品开发、试验、检测设备及设施建设

十七、船舶

1．散货船、油船、集装箱船适应绿色、环保、安全要求的优化升级，以及满足国际造船新规范、新标准的船型开发建造

2．10 万立方米以上液化天然气船、1.5 万立方米以上液化石油气船、万箱以上集装箱船、5 000 车位及以上汽车运输船、豪华客滚船、IMOⅡ型以上化学品船、豪华邮轮等高技术、高附加值船舶

3．大型远洋捕捞加工渔船、1 万立方米以上耙吸式挖泥船、火车渡轮、科学考察船、破冰船、海洋调查船、海洋监管船等特种船舶及其专用设备

4．小水线面双体船、水翼船、地效应船、气垫船、穿浪船等高性能船舶

5．120 米及以上水深自升式钻井平台、1 500 米及以上深钻井船、1 500 米及以上水深半潜式钻井平台等主流海洋移动钻井平台（船舶）；15 万吨及以上浮式生产储卸装置（FPSO）、1 500 米水深半潜式生产平台、立柱式生产平台（SPAR）、张力腿平台（TLP）、LNG-FPSO、边际油田型浮式生产储油装置等浮式生产系统；万马力水级深水三用工作船、1 500 米水深大型起重铺管船、1 500 米水深工程勘察船、高性能物探船、5 万吨及以上半潜运输船、海上风车安装船等海洋工程作业船和辅助船

6．动力定位系统、FPSO 单点系泊系统、大型海洋平台电站集成系统、主动力及传动系统、钻井平台升降系统、采油系统等通用和专用海洋工程配套设备

7．豪华游艇开发制造及配套产业

8．智能环保型船用中低速柴油机及其关键零部件、大型甲板机械、船用锅炉、油水分离机、海水淡化装置、压载水处理系统、船舶使用岸电技术及设备、液化天然气船用双燃料发动机、吊舱推进器、大型高效喷水推进装置、大功率中高压发电机、船舶通信导航及自动化系统等关键船用配套设备

9．水下潜器、机器人及探测观测设备

10．精度管理控制、数字化造船、单元组装、预舾装和模块化、先进涂装、高效焊接技术应用

11．高技术高附加值船舶、海洋工程装备的修理与改装

十八、航空航天

1．干线、支线、通用飞机及零部件开发制造

2．航空发动机开发制造

3．机载设备、任务设备、空管设备和地面保障设备系统开发制造

4．直升机总体、旋翼系统、传动系统开发制造

5．航空航天用新型材料开发生产

6．航空航天用燃气轮机制造

7．卫星、运载火箭及零部件制造

8．航空、航天技术应用及系统软硬件产品、终端产品开发生产

9．航空器地面模拟训练系统开发制造

10．航空器地面维修、维护、检测设备开发制造

11．卫星地面和应用系统建设及设备制造

12．航空器专用应急救援装备开发与应用

13．航空器、设备及零件维修

14．先进卫星载荷研制及生产

十九、轻工

1．单条化学木浆 30 万吨/年及以上、化学机械木浆 10 万吨/年及以上、化学竹浆 10 万吨/年及以上的林纸一体化生产线及相应配套的纸及纸板生产线（新闻纸、铜版纸除外）建设；采用清洁生产工艺、以非木纤维为原料、单条 10 万吨/年及以上的纸浆生产线建设

2．先进制浆、造纸设备开发与制造

3．无元素氯（ECF）和全无氯（TCF）化学纸浆漂白工艺开发及应用

4．非金属制品精密模具设计、制造

5．生物可降解塑料及其系列产品开发、生产与应用

6．农用塑料节水器材和长寿命（三年及以上）功能性农用薄膜的开发、生产

7．新型塑料建材（高气密性节能塑料窗、大口径排水排污管道、抗冲击改性聚氯乙烯管、地源热泵系统用聚乙烯管、非开挖用塑料管材、复合塑料管材、塑料检查井）；防渗土工膜；塑木复合材料和分子量≥200 万的超高分子量聚乙烯管材及板材生产

8．动态塑化和塑料拉伸流变塑化的技术应用及装备制造；应用电磁感应加热和伺服驱动系统的塑料加工装备

9．应用于工业、医学、电子、航空航天等领域的特种陶瓷生产及技术、装备开发；陶瓷清洁生产及综合利用技术开发

10．高效节能缝制机械（采用嵌入式数字控制、无油或微油润滑等先进技术）及关键零部件开发制造

11．用于制笔、钟表等行业的多工位组合机床研发与制造

12．高新、数字印刷技术及高清晰度制版系统开发与应用

13．少数民族特需用品制造

14．真空镀铝、喷镀氧化硅、聚乙烯醇（PVA）涂布型薄膜、功能性聚酯（PET）薄膜、定向聚苯乙烯（OPS）薄膜及纸塑基多层共挤或复合等新型包装材料

15．二色及二色以上金属板印刷、配套光固化（UV）、薄板覆膜和高速食品饮料罐加工及配套设备制造

16．锂二硫化铁、锂亚硫酰氯等新型锂原电池；锂离子电池、氢镍电池、新型结构（卷绕式、管式等）密封铅蓄电池等动力电池；储能用锂离子电池和新型大容量密封铅蓄电池；超级电池和超级电容器

17．锂离子电池用磷酸铁锂等正极材料、中间相炭微球和钛酸锂等负极材料、单层与三层复合锂离子电池隔膜、氟代碳酸乙烯酯（FEC）等电解质与添加剂；废旧铅酸蓄电池资源化无害化回收，年回收能力 5 万吨以上再生铅工艺装备系统制造

18. 先进的各类太阳能光伏电池及高纯晶体硅材料（单晶硅光伏电池的转化效率大于 17%，多晶硅电池的转化效率大于 16%，硅基薄膜电池转化效率大于 7%，碲化镉电池的转化效率大于 9%，铜铟镓硒电池转化效率大于 12%）

19. 锂离子电池自动化生产成套装备制造；碱性锌锰电池 600 只/分钟以上自动化生产成套装备制造

20. 制革及毛皮加工清洁生产、皮革后整饰新技术开发及关键设备制造、皮革废弃物综合利用；皮革铬鞣废液的循环利用，三价铬污泥综合利用；无灰膨胀（助）剂、无氨脱灰（助）剂、无盐浸酸（助）剂、高吸收铬鞣（助）剂、天然植物鞣剂、水性涂饰（助）剂等高档皮革用功能性化工产品开发、生产与应用

21. 高效节能电光源（高、低气压放电灯和固态照明产品）技术开发、产品生产及固汞生产工艺应用；废旧灯管回收再利用

22. 高效节能家电开发与生产

23. 多效、节能、节水、环保型表面活性剂和浓缩型合成洗涤剂的开发与生产

24. 采用新型制冷剂替代氢氯氟烃-22（HCFC-22 或 R22）的空调器开发、制造，采用新型发泡剂替代氢氯氟烃-141b（HCFC-141b）的家用电器生产，采用新型发泡剂替代氢氯氟烃-141b（HCFC-141b）的硬质聚氨酯泡沫的生产与应用

25. 节能环保型玻璃窑炉（含全电熔、电助熔、全氧燃烧技术）的设计、应用；废（碎）玻璃回收再利用

26. 轻量化玻璃瓶罐（轻量化度 L≤1.0 的一次性使用小口径玻璃瓶）工艺技术和关键装备的开发与生产

27. 水性油墨、紫外光固化油墨、植物油油墨等节能环保型油墨生产

28. 天然食品添加剂、天然香料新技术开发与生产

29. 先进的食品生产设备研发与制造；食品质量与安全监测（检测）仪器、设备的研发与生产

30. 热带果汁、浆果果汁、谷物饮料、本草饮料、茶浓缩液、茶粉、植物蛋白饮料等高附加价值植物饮料的开发生产与加工原料基地建设；果渣、茶渣等的综合开发与利用

31. 营养健康型大米、小麦粉（食品专用米、发芽糙米、留胚米、食品专用粉、全麦粉及营养强化产品等）及制品的开发生产；传统主食工业化生产；杂粮加工专用设备开发与生产

32. 粮油加工副产物（稻壳、米糠、麸皮、胚芽、饼粕等）综合利用关键技术开发应用

33. 菜籽油生产线：采用膨化、负压蒸发、热能自平衡利用、低消耗蒸汽真空系统等技术，油菜籽主产区日处理油菜籽 400 吨及以上、吨料溶剂消耗 1.5 公斤以下（其中西部地区日处理油菜籽 200 吨及以上、吨料溶剂消耗 2 公斤）以下；花生油生产线：花生主产区日处理花生 200 吨及以上，吨料溶剂消耗 2 公斤以下；棉籽油生产线：棉籽产区日处理棉籽 300 吨及以上，吨料溶剂消耗 2 公斤以下；米糠油生产线：采用分散快速膨化，集中制油、精炼技术；玉米胚芽油生产线；油茶籽、核桃等木本油料和胡麻、芝麻、葵花籽等小品种油料加工生产线

34. 发酵法工艺生产小品种氨基酸（赖氨酸、谷氨酸除外），新型酶制剂（糖化酶、淀粉酶除外）、多元醇、功能性发酵制品（功能性糖类、真菌多糖、功能性红曲、发酵法抗氧化和复合功能配料、活性肽、微生态制剂）等生产

35. 薯类变性淀粉

36. 畜禽骨、血及内脏等副产物综合利用与无害化处理

37. 采用生物发酵技术生产优质低温肉制品

38. 搪瓷静电粉和预磨粉等高科技新型搪瓷瓷釉、静电搪瓷关键装备、0.3 毫米及以下的薄钢板平板搪瓷的开发与生产

39. 冷凝式燃气热水器、使用聚能燃烧技术的燃气灶具等高效节能环保型燃气具的开发与制造

二十、纺织

1. 差别化、功能性聚酯（PET）的连续共聚改性[阳离子染料可染聚酯（CDP、ECDP）、碱溶性聚酯（COPET）、高收缩聚酯（HSPET）、阻燃聚酯、低熔点聚酯等]；熔体直纺在线添加等连续化工艺生产差别化、功能性纤维（抗静电、抗紫外、有色纤维等）；智能化、超仿真等差别化、功能性聚酯（PET）及纤维生产（东部地区限于技术改造）腈纶、锦纶、氨纶、粘胶纤维等其他化学纤维品种的差别化、功能性改性纤维生产

2. 聚对苯二甲酸丙二醇酯（PTT）、聚萘二甲酸乙二醇酯（PEN）、聚对苯二甲酸丁二醇酯（PBT）、聚丁二酸丁二酯（PBS）、聚对苯二甲酸环己烷二甲醇酯（PCT）等新型聚酯和纤维的开发、生产与应用

3. 采用绿色、环保工艺与装备生产新溶剂法纤维素纤维（Lyocell）、细菌纤维素纤维、以竹、麻等新型可再生资源为原料的再生纤维素纤维、聚乳酸纤维（PLA）、海藻纤维、甲壳素纤维、聚羟基脂肪酸酯纤维（PHA）、动植物蛋白纤维等生物质纤维

4. 有机和无机高性能纤维及制品的开发与生产（碳纤维（CF）（拉伸强度≥4 200 MPa，弹性模量≥240 GPa）、芳纶（AF）、芳砜纶（PSA）、高强高模聚乙烯（超高分子量聚乙烯）纤维（UHMWPE）（纺丝生产装置单线能力≥300 吨/年）、聚苯硫醚纤维（PPS）、聚酰亚胺纤维（PI）、聚四氟乙烯纤维（PTFE）、聚苯并双噁唑纤维（PBO）、聚芳噁二唑纤维（POD）、玄武岩纤维（BF）、碳化硅纤维（SiCF）、高强型玻璃纤维（HT-AR）等）

5. 符合生态、资源综合利用与环保要求的特种动物纤维、麻纤维、竹原纤维、桑柞茧丝、彩色棉花、彩色桑茧丝类天然纤维的加工技术与产品

6. 采用紧密纺、低扭矩纺、赛络纺、嵌入式纺纱等高速、新型纺纱技术生产多品种纤维混纺纱线及采用自动络筒、细络联、集体落纱等自动化设备生产高品质纱线（东部地区限于技术改造，新建和扩建除外）

7. 采用高速机电一体化无梭织机、细针距大园机等先进工艺和装备生产高支、高密、提花等高档机织、针织纺织品

8. 采用酶处理、高效短流程前处理、冷轧堆前处理及染色、短流程湿蒸轧染、气流染色、小浴比染色、涂料印染、数码喷墨印花、泡沫整理等染整清洁生产技术和防水防油防污、阻燃、抗静电及多功能复合等功能性整理技术生产高档纺织面料

9. 采用编织、非织造布复合、多层在线复合、长效多功能整理等高新技术，生产满足国民经济各领域需求的产业用纺织品

10. 新型高技术纺织机械、关键专用基础件和计量、检测、试验仪器的开发与制造

11.高档地毯、抽纱、刺绣产品生产

12. 服装企业计算机集成制造及数字化、信息化、自动化技术和装备的应用

13. 纺织行业生物脱胶、无聚乙烯醇（PVA）浆料上浆、少水无水节能印染加工、“三废”高效治理与资源回收再利用技术的推广与应用

14. 废旧纺织品回收再利用技术与产品生产，聚酯回收材料生产涤纶工业丝、差别化和功能性涤纶长丝等高附加价值产品

二十一、建筑

1. 建筑隔震减震结构体系及产品研发与推广

2. 智能建筑产品与设备的生产制造与集成技术研究

3. 集中供热系统计量与调控技术、产品的研发与推广

4. 高强、高性能结构材料与体系的应用

5．太阳能热利用及光伏发电应用一体化建筑

6．先进适用的建筑成套技术、产品和住宅部品研发与推广

7．钢结构住宅集成体系及技术研发与推广

8．预制装配式整体卫生间和厨房标准化、模数化技术开发与推广

9．工厂化全装修技术推广

10．移动式应急生活供水系统开发与应用

二十二、城市基础设施

1．城市基础空间信息数据生产及关键技术开发

2．依托基础地理信息资源的城市立体管理信息系统

3．城市公共交通建设

4．城市道路及智能交通体系建设

5．城市交通管制系统技术开发及设备制造

6．城市及市域轨道交通新线建设

7．城镇安全饮水工程

8．城镇地下管道共同沟建设

9．城镇供排水管网工程、供水水源及净水厂工程

10．城市燃气工程

11．城镇集中供热建设和改造工程

12．城市雨水收集利用工程

13．城镇园林绿化及生态小区建设

14．城市立体停车场建设

15．城市建设管理信息化技术应用

16．城市生态系统关键技术应用

17．城市节水技术开发与应用

18．城市照明智能化、绿色照明产品及系统技术开发与应用

19．再生水利用技术与工程

20．城市下水管线非开挖施工技术开发与应用

21．城市供水、排水、燃气塑料管道应用工程

22．城市应急与后备水源建设工程

23．沿海城镇海水供水管网及海水净水厂工程

24．城市积涝预警技术开发与应用

二十三、铁路

1．铁路新线建设

2．既有铁路改扩建

3．客运专线、高速铁路系统技术开发与建设

4．铁路行车及客运、货运安全保障系统技术与装备，铁路列车运行控制与车辆控制系统开发建设

5．铁路运输信息系统开发与建设

6．7 200 千瓦及以上交流传动电力机车、6 000 马力及以上交流传动内燃机车、时速 200 公里以上动车组、海拔 3 000 米以上高原机车、大型专用货车、机车车辆特种救援设备

7．干线轨道车辆交流牵引传动系统、制动系统及核心元器件（含 IGCT、IGBT 元器件）

8. 时速 200 公里及以上铁路接触网、道岔、扣配件、牵引供电设备
9. 电气化铁路牵引供电功率因数补偿技术应用
10. 大型养路机械、铁路工程建设机械装备、线桥隧检测设备
11. 行车调度指挥自动化技术开发
12. 混凝土结构物修补和提高耐久性技术、材料开发
13. 铁路旅客列车集便器及污物地面接收、处理工程
14. 铁路 GSM-R 通信信号系统
15. 铁路宽带通信系统开发与建设
16. 数字铁路与智能运输开发与建设
17. 时速在 300 公里及以上高速铁路或客运专线减震降噪技术应用
18. 城际轨道交通建设

二十四、公路及道路运输（含城市客运）

1. 西部开发公路干线、国家高速公路网项目建设
2. 国省干线改造升级
3. 汽车客货运站、城市公交站
4. 高速公路不停车收费系统相关技术开发与应用
5. 公路智能运输、快速客货运输、公路甩挂运输系统开发与建设
6. 公路管理服务、应急保障系统开发与建设
7. 公路工程新材料开发与生产
8. 公路集装箱和厢式运输
9. 特大跨径桥梁修筑和养护维修技术应用
10. 长大隧道修筑和维护技术应用
11. 农村客货运输网络开发与建设
12. 农村公路建设
13. 城际快速系统开发与建设
14. 出租汽车服务调度信息系统开发与建设
15. 高速公路车辆应急疏散通道建设
16. 低噪音路面技术开发
17. 高速公路快速修筑与维护技术和材料开发与应用
18. 城市公交
19. 运营车辆安全监控记录系统开发与应用

二十五、水运

1. 深水泊位（沿海万吨级、内河千吨级及以上）建设
2. 沿海深水航道和内河高等级航道及通航建筑物建设
3. 沿海陆岛交通运输码头建设
4. 大型港口装卸自动化工程
5. 海运电子数据交换系统应用
6. 水上交通安全监管和救助系统建设
7. 内河船型标准化
8. 老港区技术改造工程

9．港口危险化学品、油品应急设施建设及设备制造

10．内河自卸式集装箱船运输系统

11．水上高速客运

12．港口龙门吊油改电节油改造工程

13．水上滚装多式联运

14．水运行业信息系统建设

15．国际邮轮运输及邮轮母港建设

二十六、航空运输

1．机场建设

2．公共航空运输

3．通用航空

4．空中交通管制和通信导航系统建设

5．航空计算机管理及其网络系统开发与建设

6．航空油料设施建设

7．海上空中监督巡逻和搜救设施建设

8．小型航空器应急起降场地建设

二十七、综合交通运输

1．综合交通枢纽建设与改造

2．综合交通枢纽便捷换乘及行李捷运系统建设

3．综合交通枢纽运营管理信息系统建设与应用

4．综合交通枢纽诱导系统建设

5．综合交通枢纽一体化服务设施建设

6．综合交通枢纽防灾救灾及应急疏散系统

7．综合交通枢纽便捷货运换装系统建设

8．集装箱多式联运系统建设

二十八、信息产业

1．2.5 GB/s 及以上光同步传输系统建设

2．155 MB/s 及以上数字微波同步传输设备制造及系统建设

3．卫星通信系统、地球站设备制造及建设

4．网管监控、时钟同步、计费等通信支撑网建设

5．数据通信网设备制造及建设

6．物联网（传感网）、智能网等新业务网设备制造与建设

7．宽带网络设备制造与建设

8．数字蜂窝移动通信网建设

9．IP 业务网络建设

10．下一代互联网网络设备、芯片、系统以及相关测试设备的研发和生产

11．卫星数字电视广播系统建设

12．增值电信业务平台建设

13．32 波及以上光纤波分复用传输系统设备制造

14．10 GB/s 及以上数字同步系列光纤通信系统设备制造

15．支撑通信网的路由器、交换机、基站等设备

16．同温层通信系统设备制造

17．数字移动通信、接入网系统、数字集群通信系统及路由器、网关等网络设备制造

18．大中型电子计算机、百万亿次高性能计算机、便携式微型计算机、每秒一万亿次及以上高档服务器、大型模拟仿真系统、大型工业控制机及控制器制造

19．集成电路设计，线宽 0.8 微米以下集成电路制造，及球栅阵列封装（BGA）、插针网格阵列封装（PGA）、芯片规模封装（CSP）、多芯片封装（MCM）等先进封装与测试

20．集成电路装备制造

21．新型电子元器件（片式元器件、频率元器件、混合集成电路、电力电子器件、光电子器件、敏感元器件及传感器、新型机电元件、高密度印刷电路板和柔性电路板等）制造

22．半导体、光电子器件、新型电子元器件等电子产品用材料

23．软件开发生产（含民族语言信息化标准研究与推广应用）

24．计算机辅助设计（CAD）、辅助测试（CAT）、辅助制造（CAM）、辅助工程（CAE）系统开发生产

25．半导体照明设备，光伏太阳能设备，片式元器件设备，新型动力电池设备，表面贴装设备（含钢网印刷机、自动贴片机、无铅回流焊、光电自动检查仪）等

26．打印机（含高速条码打印机）和海量存储器等计算机外部设备

27．薄膜场效应晶体管 LCD（TFT-LCD）、等离子显示屏（PDP）、有机发光二极管（OLED）、激光显示、3D 显示等新型平板显示器件及关键部件

28．新型（非色散）单模光纤及光纤预制棒制造

29．高密度数字激光视盘播放机盘片制造

30．只读光盘和可记录光盘复制生产

31．音视频编解码设备、音视频广播发射设备、数字电视演播室设备、数字电视系统设备、数字电视广播单频网设备、数字电视接收设备、数字摄录机、数字录放机、数字电视产品

32．信息安全产品、网络监察专用设备开发制造

33．数字多功能电话机制造

34．多普勒雷达技术及设备制造

35．医疗电子、金融电子、航空航天仪器仪表电子、传感器电子等产品制造

36．无线局域网技术开发、设备制造

37．电子商务和电子政务系统开发与应用服务

38．卫星导航系统技术开发与设备制造

39．应急广播电视系统建设

40．量子通信设备

41．TFT-LCD、PDP、OLED、激光显示、3D 显示等新型平板显示器件生产专用设备

42．半导体照明衬底、外延、芯片、封装及材料等

43．数字音乐、手机媒体、动漫游戏等数字内容产品的开发系统

44．防伪技术开发与运用

二十九、现代物流业

1．粮食、棉花、食用油、食糖、化肥、石油等重要商品现代化物流设施建设

2．农产品物流配送（含冷链）设施建设，食品物流质量安全控制技术服务

3．药品物流配送（含冷链）技术应用和设施建设，药品物流质量安全控制技术服务

4．出版物等文化产品供应链管理技术服务

5．实现港口与铁路、铁路与公路、民用航空与地面交通等多式联运物流节点设施建设与经营

6．第三方物流服务设施建设

7．仓储和转运设施设备、运输工具、物流器具的标准化改造

8．自动识别和标识技术、电子数据交换技术、可视化技术、货物跟踪和快速分拣技术、移动物流信息服务技术、全球定位系统、地理信息系统、道路交通信息通信系统、智能交通系统、物流信息系统安全技术及立体仓库技术的研发与应用

9．应急物流设施建设

10．物流公共信息平台建设

11．海港空港、产业聚集区、商贸集散地的物流中心建设

三十、金融服务业

1．信用担保服务体系建设

2．农村金融服务体系建设

3．债券发行、交易服务体系建设

4．农业保险、责任保险、信用保险

5．金融产品研发和应用

6．知识产权、收益权等无形资产贷款质押业务开发

7．信用卡及网络服务

8．人民币跨境结算、清算体系建设

9．信贷、保险、证券统计数据信息系统建设

10．金融监管技术开发与应用

11．创业投资

三十一、科技服务业

1．工业设计、气象、生物、新材料、新能源、节能、环保、测绘、海洋等专业科技服务，商品质量认证和质量检测服务、科技普及

2．在线数据与交易处理、IT设施管理和数据中心服务，移动互联网服务，因特网会议电视及图像等电信增值服务

3．行业（企业）管理和信息化解决方案开发、基于网络的软件服务平台、软件开发和测试服务、信息系统集成、咨询、运营维护和数据挖掘等服务业务

4．数字音乐、手机媒体、网络出版等数字内容服务，地理、国际贸易等领域信息资源开发服务

5．数字化技术、高拟真技术、高速计算技术等新兴文化科技支撑技术建设及服务

6．分析、试验、测试以及相关技术咨询与研发服务，智能产品整体方案、人机工程设计、系统仿真等设计服务

7．数据恢复和灾备服务，信息安全防护、网络安全应急支援服务，云计算安全服务、信息安全风险评估与咨询服务，信息装备和软件安全评测服务，密码技术产品测试服务，信息系统等级保护安全方案设计服务

8．科技信息交流、文献信息检索、技术咨询、技术孵化、科技成果评估和科技鉴证等服务

9．知识产权代理、转让、登记、鉴定、检索、评估、认证、咨询和相关投融资服务

10．国家级工程（技术）研究中心、国家工程实验室、国家认定的企业技术中心、重点实验室、高

新技术创业服务中心、新产品开发设计中心、科研中试基地、实验基地建设

11．信息技术外包、业务流程外包、知识流程外包等技术先进型服务

三十二、商务服务业

1．租赁服务

2．经济、管理、信息、会计、税务、鉴证（含审计服务）、法律、节能、环保等咨询与服务

3．工程咨询服务（包括规划编制与咨询、投资机会研究、可行性研究、评估咨询、工程勘查设计、招标代理、工程和设备监理、工程项目管理等）

4．资信调查与评级等信用服务体系建设

5．资产评估、校准、检测、检验等服务

6．产权交易服务平台

7．广告创意、广告策划、广告设计、广告制作

8．就业和创业指导、网络招聘、培训、人员派遣、高级人才访聘、人员测评、人力资源管理咨询、人力资源服务外包等人力资源服务业

9．人力资源市场及配套服务设施建设

10．农村劳动力转移就业服务平台建设

11．会展服务（不含会展场馆建设）

三十三、商贸服务业

1．现代化的农产品、生产资料市场流通设施建设

2．种子、种苗、种畜禽和鱼苗（种）、化肥、农药、农机具、农膜等农资连锁经营

3．面向农村的日用品、药品、出版物等生活用品连锁经营

4．农产品拍卖服务

5．商贸企业的统一配送和分销网络建设

6．利用信息技术改造提升传统商品交易市场

7．旧货市场建设

8．现代化二手车交易服务体系建设

三十四、旅游业

1．休闲、登山、滑雪、潜水、探险等各类户外活动用品开发与营销服务

2．乡村旅游、生态旅游、森林旅游、工业旅游、体育旅游、红色旅游、民族风情游及其他旅游资源综合开发服务

3．旅游基础设施建设及旅游信息服务

4．旅游商品、旅游纪念品开发及营销

三十五、邮政业

1．邮政储蓄网络建设

2．邮政综合业务网建设

3．邮件处理自动化工程

4．邮政普遍服务基础设施台账、快递企业备案许可、邮（快）件时限监测、消费者申诉、满意度调查与公示、邮编及行业资费查询等公共服务和市场监管功能等邮政业公共服务信息平台建设

5．城乡快递营业网点、门店等快递服务网点建设

6. 城市、区域内和区域间的快件分拣中心、转运中心、集散中心、处理枢纽等快递处理设施建设
7. 快件跟踪查询、自动分拣、运递调度、快递客服呼叫中心等快递信息系统开发与应用
8. 快件分拣处理、数据采集、集装容器等快递技术、装备开发与应用
9. 邮件、快件运输与交通运输网络融合技术开发

三十六、教育、文化、卫生、体育服务业

1. 学前教育
2. 特殊教育
3. 职业教育
4. 远程教育
5. 文化艺术、新闻出版、广播影视、大众文化、科普设施建设
6. 文物保护及设施建设
7. 文化创意设计服务
8. 文化信息资源共享工程
9. 广播影视制作、发行、交易、播映、出版、衍生品开发
10. 动漫创作、制作、传播、出版、衍生产品开发
11. 移动多媒体广播电视、广播影视数字化、数字电影服务监管技术及应用
12. 网络视听节目技术服务、开发
13. 广播电视村村通工程、农村电影放映工程
14. 社区书屋、农家书屋、阅报栏等基本新闻出版服务设施建设
15. 新闻出版内容监管技术、版权保护技术、出版物的生产技术、出版物发行技术开发与应用
16. 电子纸、阅读器等新闻出版新载体的技术开发、应用和产业化
17. 语言文字技术开发与应用
18. 基层公共文化设施建设
19. 非物质文化遗产保护与开发
20. 民族和民间艺术、传统工艺美术保护与发展
21. 国家历史文化名城（镇、村）和文化街区保护
22. 演艺业
23. 民族文化艺术精品的国际营销与推广
24. 预防保健、卫生应急、卫生监督服务设施建设
25. 计划生育、优生优育、生殖健康咨询与服务
26. 全科医疗服务
27. 远程医疗服务
28. 卫生咨询、健康管理、医疗知识等医疗信息服务
29. 医疗卫生服务设施建设
30. 传染病、儿童、精神卫生专科医院和护理院（站）设施建设与服务
31. 心理咨询服务
32. 残疾人社会化、专业化康复服务和托养服务
33. 体育竞赛表演、体育场馆设施建设及运营、大众体育健身休闲服务
34. 体育经纪、培训、信息咨询服务
35. 中华老字号的保护与发展

三十七、其他服务业

1. 保障性住房建设与管理
2. 物业服务
3. 老年人、未成年人活动场所
4. 城乡社区基础服务设施及综合服务网点建设
5. 儿童福利、优抚收养性社会福利机构及相关配套服务设施建设
6. 救助管理站及相关配套设施建设
7. 公共殡葬服务设施建设
8. 开发区、产业集聚区配套公共服务平台建设与服务
9. 家政服务
10. 养老服务
11. 社区照料服务
12. 病患陪护服务
13. 再生资源回收利用网络体系建设
14. 婚庆服务业
15. 基层就业和社会保障服务设施建设
16. 农民工留守家属服务设施建设
17. 社会保障一卡通工程
18. 工伤康复中心建设

三十八、环境保护与资源节约综合利用

1. 矿山生态环境恢复工程
2. 海洋环境保护及科学开发
3. 微咸水、苦咸水、劣质水、海水的开发利用及海水淡化工程
4. 消耗臭氧层物质替代品开发与利用
5. 区域性废旧汽车、废旧电器电子产品、废旧船舶、废钢铁、废旧木材等资源循环利用基地建设
6. 流出物辐射环境监测技术工程
7. 环境监测体系工程
8. 危险废弃物（放射性废物、核设施退役工程、医疗废物、含重金属废弃物）安全处置技术设备开发制造及处置中心建设
9. 流动污染源（机车、船舶、汽车等）监测与防治技术
10. 城市交通噪声与振动控制技术应用
11. 电网、信息系统电磁辐射控制技术开发与应用
12. 削减和控制二噁英排放的技术开发与应用
13. 持久性有机污染物类产品的替代品开发与应用
14. 废弃持久性有机污染物类产品处置技术开发与应用
15. “三废”综合利用及治理工程
16. “三废”处理用生物菌种和添加剂开发与生产
17. 含汞废物的汞回收处理技术、含汞产品的替代品开发与应用
18. 重复用水技术应用
19. 高效、低能耗污水处理与再生技术开发

20．城镇垃圾及其他固体废弃物减量化、资源化、无害化处理和综合利用工程

21．废物填埋防渗技术与材料

22．新型水处理药剂开发与生产

23．节能、节水、节材环保及资源综合利用等技术开发、应用及设备制造

24．高效、节能采矿、选矿技术（药剂）

25．鼓励推广共生、伴生矿产资源中有价元素的分离及综合利用技术

26．低品位、复杂、难处理矿开发及综合利用

27．尾矿、废渣等资源综合利用

28．再生资源回收利用产业化

29．废旧电器电子产品、废印刷电路板、废旧电池、废旧船舶、废旧农机、废塑料、废橡胶、废弃油脂等再生资源循环利用技术与设备开发

30．废旧汽车、工程机械、矿山机械、机床产品、农业机械、船舶等废旧机电产品及零部件再利用、再制造，墨盒、有机光导鼓的再制造（再填充）

31．综合利用技术设备：4 000马力以上废钢破碎生产线；废塑料复合材料回收处理成套装备（回收率 95%以上）；轻烃类石化副产物综合利用技术装备；生物质能技术装备（发电、制油、沼气）；硫回收装备（低温克劳斯法）

32．含持久性有机污染物土壤修复技术的研发与应用

33．削减和控制重金属排放的技术开发与应用

34．工业难降解有机废水处理技术

35．有毒、有机废气、恶臭处理技术

36．高效、节能、环保采选矿技术

37．为用户提供节能诊断、设计、融资、改造、运行管理等服务

38．餐厨废弃物资源化利用技术开发及设施建设

39．碳捕获、存储及利用技术装备

40．冰蓄冷技术及其成套设备制造

三十九、公共安全与应急产品

1．地震、海啸、地质灾害监测预警技术开发与应用

2．生物灾害、动物疫情监测预警技术开发与应用

3．堤坝、尾矿库安全自动监测报警技术开发与应用

4．煤炭、矿山等安全生产监测报警技术开发与应用

5．公共交通工具事故预警技术开发与应用

6．水、土壤、空气污染物快速监测技术与产品

7．食品药品安全快速检测仪器

8．新发传染病检测试剂和仪器

9．公共场所体温异常人员快速筛查设备

10．城市公共安全监测预警平台技术

11．毒品等违禁品、核生化恐怖源探测技术与产品

12．易燃、易爆、强腐蚀性、放射性等危险物品快速检测技术与产品

13．应急救援人员防护用品开发与应用

14．社会群体个人防护用品开发与应用

15．雷电灾害新型防护技术开发与应用

16．矿井等特殊作业场所应急避险设施

17．突发事件现场信息探测与快速获取技术及产品

18．生命探测仪器

19．大型公共建筑、高层建筑、石油化工设施、森林、山岳、水域和地下设施消防灭火救援技术与产品

20．起重、挖掘、钻凿等应急救援特种工程机械

21．通信指挥、电力恢复、后勤保障等应急救援特种车辆

22．侦检、破拆、救生、照明、排烟、堵漏、输转、洗消、提升、投送等高效救援产品

23．应急物资投放伞具和托盘器材

24．因灾损毁交通设施应急抢通装备及器材开发与应用

25．公共交通设施除冰雪机械及环保型除雪剂开发与应用

26．港口漂浮物应急打捞清理装备制造

27．港口危险化学品、油品应急设施建设及设备制造

28．船舶海上溢油应急处置装备

29．突发环境灾难应急环保技术装备：热墙式沥青路面地热再生设备（再生深度：0～60 毫米）；无辐射高速公路雾雪屏蔽器；有毒有害液体快速吸纳处理技术装备；移动式医疗垃圾快速处理装置；移动式小型垃圾清洁处理装备；人畜粪便无害化快速处理装置；禽类病原体无害化快速处理装置；危险废物特性鉴别专用仪器

30．应急发电设备

31．应急照明器材及灯具

32．生命支持、治疗、监护一体化急救与后送平台

33．机动医疗救护系统

34．防控突发公共卫生和生物事件疫苗和药品

35．饮用水快速净化装置

36．应急通信技术与产品

37．应急决策指挥平台技术开发与应用

38．反恐技术与装备

39．交通、社区等应急救援社会化服务

40．应急物流设施及服务

41．应急咨询、培训、租赁和保险服务

42．应急物资储备基础设施建设

43．应急救援基地、公众应急体验基础设施建设

44．登高平台消防车、举高喷射消防车、机场消防车、森林消防车、城市轨道交通专用消防车

45．具有灭火、侦查、排烟、救助等功能的消防机器人

46．公称直径≥150 mm 的消防水带、人工合成橡胶衬里消防水带

47．水性钢结构防火涂料、预制组合式钢结构防火构件

48．不燃外保温材料、阻燃制品

49．用于哈龙替代的合成类气体灭火剂、泡沫灭火剂氟表面活性剂替代物、建筑外保温材料高效灭火剂、无磷类阻燃剂、塑胶及合成类纺织品高效灭火剂、金属火灾专用灭火剂

50．洁净气体灭火系统、探火管灭火装置、风力发电装置专用灭火系统

51．使用节能环保新型光源的消防应急照明和疏散指示产品

四十、民爆产品

1．炸药现场混装作业方式和低感度散装炸药

2．电子延期雷管

3．刚性药头雷管

4．高穿深石油射孔弹

5．具有高分辨率的震源药柱

6．复合型导爆管

7．适用于不同使用需要的系列导爆索

8．高性能安全型工业炸药

9．连续化、自动化工业炸药雷管生产线、自动化装药、包装技术与设备

10．先进的人工影响天气用燃爆器材

第二类　限制类

一、农林业

1．天然草场超载放牧

2．单线 5 万立方米/年以下的普通刨花板、高中密度纤维板生产装置

3．单线 3 万立方米/年以下的木质刨花板生产装置

4．1 000 吨/年以下的松香生产项目

5．兽用粉剂/散剂/预混剂生产线项目（持有新兽药证书的品种和自动化密闭式高效率混合生产工艺除外）

6．转瓶培养生产方式的兽用细胞苗生产线项目（持有新兽药证书的品种和采用新技术的除外）

7．松脂初加工项目

8．以优质林木为原料的一次性木制品与木制包装的生产和使用以及木竹加工综合利用率偏低的木竹加工项目

9．1 万立方米/年以下的胶合板和细木工板生产线

10．珍稀植物的根雕制造业

11．以野外资源为原料的珍贵濒危野生动植物加工

12．湖泊、水库投饵网箱养殖

13．不利于生态环境保护的开荒性农业开发项目

14．缺水地区、国家生态脆弱区纸浆原料林基地建设

15．粮食转化乙醇、食用植物油料转化生物燃料项目

16．在林地上从事工业和房地产开发的项目

二、煤炭

1．单井井型低于以下规模的煤矿项目：山西、内蒙古、陕西 120 万吨/年；重庆、四川、贵州、云南 15 万吨/年；福建、江西、湖北、湖南、广西 9 万吨/年；其他地区 30 万吨/年

2．采用非机械化开采工艺的煤矿项目

3．设计的煤炭资源回收率达不到国家规定要求的煤矿项目

4．未按国家规定程序报批矿区总体规划的煤矿项目

5．井下回采工作面超过 2 个的新建煤矿项目

三、电力

1．小电网外，单机容量30万千瓦及以下的常规燃煤火电机组

2．小电网外，发电煤耗高于300克标准煤/千瓦时的湿冷发电机组，发电煤耗高于305克标准煤/千瓦时的空冷发电机组

3．无下泄生态流量的引水式水力发电

四、石化化工

1．新建1 000万吨/年以下常减压、150万吨/年以下催化裂化、100万吨/年以下连续重整（含芳烃抽提）、150万吨/年以下加氢裂化生产装置

2．新建80万吨/年以下石脑油裂解制乙烯、13万吨/年以下丙烯腈、100万吨/年以下精对苯二甲酸、20万吨/年以下乙二醇、20万吨/年以下苯乙烯（干气制乙苯工艺除外）、10万吨/年以下己内酰胺、乙烯法醋酸、30万吨/年以下羰基合成法醋酸、天然气制甲醇、100万吨/年以下煤制甲醇生产装置（综合利用除外），丙酮氰醇法丙烯酸、粮食法丙酮/丁醇、氯醇法环氧丙烷和皂化法环氧氯丙烷生产装置，300吨/年以下皂素（含水解物，综合利用除外）生产装置

3．新建7万吨/年以下聚丙烯（连续法及间歇法）、20万吨/年以下聚乙烯、乙炔法聚氯乙烯、起始规模小于30万吨/年的乙烯氧氯化法聚氯乙烯、10万吨/年以下聚苯乙烯、20万吨/年以下丙烯腈/丁二烯/苯乙烯共聚物（ABS，本体连续法除外）、3万吨/年以下普通合成胶乳—羧基丁苯胶（含丁苯胶乳）生产装置，新建、改扩建溶剂型氯丁橡胶类、丁苯热塑性橡胶类、聚氨酯类和聚丙烯酸酯类等通用型胶粘剂生产装置

4．新建纯碱、烧碱、30万吨/年以下硫磺制酸、20万吨/年以下硫铁矿制酸、常压法及综合法硝酸、电石（以大型先进工艺设备进行等量替换的除外）、单线产能5万吨/年以下氢氧化钾生产装置

5．新建三聚磷酸钠、六偏磷酸钠、三氯化磷、五硫化二磷、饲料磷酸氢钙、氯酸钠、少钙焙烧工艺重铬酸钠、电解二氧化锰、普通级碳酸钙、无水硫酸钠（盐业联产及副产除外）、碳酸钡、硫酸钡、氢氧化钡、氯化钡、硝酸钡、碳酸锶、白炭黑（气相法除外）、氯化胆碱生产装置

6．新建黄磷，起始规模小于3万吨/年、单线产能小于1万吨/年氰化钠（折100%），单线产能5千吨/年以下碳酸锂、氢氧化锂，单线产能2万吨/年以下无水氟化铝或中低分子比冰晶石生产装置

7．新建以石油（高硫石油焦除外）、天然气为原料的氮肥，采用固定层间歇气化技术合成氨，磷铵生产装置，铜洗法氨合成原料气净化工艺

8．新建高毒、高残留以及对环境影响大的农药原药（包括氧乐果、水胺硫磷、甲基异柳磷、甲拌磷、特丁磷、杀扑磷、溴甲烷、灭多威、涕灭威、克百威、敌鼠钠、敌鼠酮、杀鼠灵、杀鼠醚、溴敌隆、溴鼠灵、肉毒素、杀虫双、灭线磷、硫丹、磷化铝、三氯杀螨醇，有机氯类、有机锡类杀虫剂，福美类杀菌剂，复硝酚钠（钾）等）生产装置

9．新建草甘膦、毒死蜱（水相法工艺除外）、三唑磷、百草枯、百菌清、阿维菌素、吡虫啉、乙草胺（甲叉法工艺除外）生产装置

10．新建硫酸法钛白粉、铅铬黄、1万吨/年以下氧化铁系颜料、溶剂型涂料（不包括鼓励类的涂料品种和生产工艺）、含异氰脲酸三缩水甘油酯（TGIC）的粉末涂料生产装置

11．新建染料、染料中间体、有机颜料、印染助剂生产装置（不包括鼓励类的染料产品和生产工艺）

12．新建氟化氢（HF）（电子级及湿法磷酸配套除外），新建初始规模小于20万吨/年、单套规模小于10万吨/年的甲基氯硅烷单体生产装置，10万吨/年以下（有机硅配套除外）和10万吨/年及以上、没有副产四氯化碳配套处置设施的甲烷氯化物生产装置，全氟辛基磺酰化合物（PFOS）和全氟辛酸（PFOA），六氟化硫（SF6）（高纯级除外）生产装置

13．新建斜交轮胎和力车胎（手推车胎）、锦纶帘线、3 万吨/年以下钢丝帘线、常规法再生胶（动态连续脱硫工艺除外）、橡胶塑解剂五氯硫酚、橡胶促进剂二硫化四甲基秋兰姆（TMTD）生产装置

五、信息产业

1．激光视盘机生产线（VCD 系列整机产品）

2．模拟 CRT 黑白及彩色电视机项目

六、钢铁

1．未同步配套建设干熄焦、装煤、推焦除尘装置的炼焦项目

2．180 平方米以下烧结机（铁合金烧结机除外）

3．有效容积 400 立方米以上 1 200 立方米以下炼铁高炉；1 200 立方米及以上但未同步配套煤粉喷吹装置、除尘装置、余压发电装置，能源消耗大于 430 公斤标煤/吨、新水耗量大于 2.4 立方米/吨等达不到标准的炼铁高炉

4．公称容量 30 吨以上 100 吨以下炼钢转炉；公称容量 100 吨及以上但未同步配套煤气回收、除尘装置，新水耗量大于 3 立方米/吨等达不到标准的炼钢转炉

5．公称容量 30 吨以上 100 吨（合金钢 50 吨）以下电炉；公称容量 100 吨（合金钢 50 吨）及以上但未同步配套烟尘回收装置，能源消耗大于 98 公斤标煤/吨、新水耗量大于 3.2 立方米/吨等达不到标准的电炉

6．1 450 毫米以下热轧带钢（不含特殊钢）项目

7．30 万吨/年及以下热镀锌板卷项目

8．20 万吨/年及以下彩色涂层板卷项目

9．含铬质耐火材料

10．普通功率和高功率石墨电极压型设备、焙烧设备和生产线

11．直径 600 毫米以下或 2 万吨/年以下的超高功率石墨电极生产线

12．8 万吨/年以下预焙阳极（炭块）、2 万吨/年以下普通阴极炭块、4 万吨/年以下炭电极生产线

13．单机 120 万吨/年以下的球团设备（铁合金球团除外）

14．顶装焦炉炭化室高度＜6.0 米、捣固焦炉炭化室高度＜5.5 米，100 万吨/年以下焦化项目，热回收焦炉的项目，单炉 7.5 万吨/年以下、每组 30 万吨/年以下、总年产 60 万吨以下的半焦（兰炭）项目

15．3 000 千伏安及以上，未采用热装热兑工艺的中低碳锰铁、电炉金属锰和中低微碳铬铁精炼电炉

16．300 立方米以下锰铁高炉；300 立方米及以上，但焦比高于 1 320 千克/吨的锰铁高炉；规模小于 10 万吨/年的高炉锰铁企业

17．1.25 万千伏安以下的硅钙合金和硅钙钡铝合金矿热电炉；1.25 万千伏安及以上，但硅钙合金电耗高于 11 000 千瓦时/吨的矿热电炉

18．1.65 万千伏安以下硅铝合金矿热电炉；1.65 万千伏安及以上，但硅铝合金电耗高于 9 000 千瓦时/吨的矿热电炉

19．2×2.5 万千伏安以下普通铁合金矿热电炉（中西部具有独立运行的小水电及矿产资源优势的国家确定的重点贫困地区，矿热电炉容量＜2×1.25 万千伏安）；2×2.5 万千伏安及以上，但变压器未选用有载电动多级调压的三相或三个单相节能型设备，未实现工艺操作机械化和控制自动化，硅铁电耗高于 8 500 千瓦时/吨，工业硅电耗高于 12 000 千瓦时/吨，电炉锰铁电耗高于 2 600 千瓦时/吨，硅锰合金电耗高于 4 200 千瓦时/吨，高碳铬铁电耗高于 3 200 千瓦时/吨，硅铬合金电耗高于 4 800 千瓦时/吨的普通铁合金矿热电炉

20．间断浸出、间断送液的电解金属锰浸出工艺；10 000 吨/年以下电解金属锰单条生产线（一台变

压器），电解金属锰生产总规模为 30 000 吨/年以下的企业

七、有色金属

1．新建、扩建钨、钼、锡、锑开采、冶炼项目，稀土开采、选矿、冶炼、分离项目以及氧化锑、铅锡焊料生产项目

2．单系列 10 万吨/年规模以下粗铜冶炼项目

3．电解铝项目（淘汰落后生产能力置换项目及优化产业布局项目除外）

4．铅冶炼项目（单系列 5 万吨/年规模及以上，不新增产能的技改和环保改造项目除外）

5．单系列 10 万吨/年规模以下锌冶炼项目（直接浸出除外）

6．镁冶炼项目（综合利用项目除外）

7．10 万吨/年以下的独立铝用炭素项目

8．新建单系列生产能力 5 万吨/年及以下、改扩建单系列生产能力 2 万吨/年及以下、以及资源利用、能源消耗、环境保护等指标达不到行业准入条件要求的再生铅项目

八、黄金

1．日处理金精矿 100 吨以下，原料自供能力不足 50%的独立氰化项目

2．日处理矿石 200 吨以下，无配套采矿系统的独立黄金选矿厂项目

3．日处理金精矿 100 吨以下的火法冶炼项目

4．年处理矿石 10 万吨以下的独立堆浸场项目（东北、华北、西北）、年处理矿石 20 万吨以下的独立堆浸场项目（华东、中南、西南）

5．日处理岩金矿石 100 吨以下的采选项目

6．年处理砂金矿砂 30 万立方米以下的砂金开采项目

7．在林区、基本农田、河道中开采砂金项目

九、建材

1．2 000 吨/日以下熟料新型干法水泥生产线，60 万吨/年以下水泥粉磨站

2．普通浮法玻璃生产线

3．150 万平方米/年及以下的建筑陶瓷生产线

4．60 万件/年以下的隧道窑卫生陶瓷生产线

5．3 000 万平方米/年以下的纸面石膏板生产线

6．中碱玻璃球生产线、铂金坩埚球法拉丝玻璃纤维生产线

7．黏土空心砖生产线（陕西、青海、甘肃、新疆、西藏、宁夏除外）

8．15 万平方米/年以下的石膏（空心）砌块生产线、单班 2.5 万立方米/年以下的混凝土小型空心砌块以及单班 15 万平方米/年以下的混凝土铺地砖固定式生产线、5 万立方米/年以下的人造轻集料（陶粒）生产线

9．10 万立方米/年以下的加气混凝土生产线

10．3 000 万标砖/年以下的煤矸石、页岩烧结实心砖生产线

11．10 000 吨/年以下岩（矿）棉制品生产线和 8 000 吨/年以下玻璃棉制品生产线

12．100 万米/年及以下预应力高强混凝土离心桩生产线

13．预应力钢筒混凝土管（简称 PCCP 管）生产线：PCCP-L 型：年设计生产能力≤50 千米，PCCP-E 型：年设计生产能力≤30 千米

十、医药

1．新建、扩建古龙酸和维生素C原粉（包括药用、食品用和饲料用、化妆品用）生产装置，新建药品、食品、饲料、化妆品等用途的维生素B1、维生素B2、维生素B12（综合利用除外）、维生素E原料生产装置

2．新建青霉素工业盐、6-氨基青霉烷酸（6-APA）、化学法生产7-氨基头孢烷酸（7-ACA）、7-氨基-3-去乙酰氧基头孢烷酸（7-ADCA）、青霉素V、氨苄青霉素、羟氨苄青霉素、头孢菌素c发酵、土霉素、四环素、氯霉素、安乃近、扑热息痛、林可霉素、庆大霉素、双氢链霉素、丁胺卡那霉素、麦迪霉素、柱晶白霉素、环丙氟哌酸、氟哌酸、氟嗪酸、利福平、咖啡因、柯柯豆碱生产装置

3．新建紫杉醇（配套红豆杉种植除外）、植物提取法黄连素（配套黄连种植除外）生产装置

4．新建、改扩建药用丁基橡胶塞、二步法生产输液用塑料瓶生产装置

5．新开办无新药证书的药品生产企业

6．新建及改扩建原料含有尚未规模化种植或养殖的濒危动植物药材的产品生产装置

7．新建、改扩建充汞式玻璃体温计、血压计生产装置、银汞齐齿科材料、新建2亿支/年以下一次性注射器、输血器、输液器生产装置

十一、机械

1．2臂及以下凿岩台车制造项目

2．装岩机（立爪装岩机除外）制造项目

3．3立方米及以下小矿车制造项目

4．直径2.5米及以下绞车制造项目

5．直径3.5米及以下矿井提升机制造项目

6．40平方米及以下筛分机制造项目

7．直径700毫米及以下旋流器制造项目

8．800千瓦及以下采煤机制造项目

9．斗容3.5立方米及以下矿用挖掘机制造项目

10．矿用搅拌、浓缩、过滤设备（加压式除外）制造项目

11．低速汽车（三轮汽车、低速货车）（自2015年起执行与轻型卡车同等的节能与排放标准）

12．单缸柴油机制造项目

13．配套单缸柴油机的皮带传动小四轮拖拉机，配套单缸柴油机的手扶拖拉机，滑动齿轮换挡、排放达不到要求的50马力以下轮式拖拉机

14．30万千瓦及以下常规燃煤火力发电设备制造项目（综合利用、热电联产机组除外）

15．6千伏及以上（陆上用）干法交联电力电缆制造项目

16．非数控金属切削机床制造项目

17．6 300千牛及以下普通机械压力机制造项目

18．非数控剪板机、折弯机、弯管机制造项目

19．普通高速钢钻头、铣刀、锯片、丝锥、板牙项目

20．棕刚玉、绿碳化硅、黑碳化硅等烧结块及磨料制造项目

21．直径450毫米以下的各种结合剂砂轮（钢轨打磨砂轮除外）

22．直径400毫米及以下人造金刚石切割锯片制造项目

23．P0级、直径60毫米以下普通微小型轴承制造项目

24．220千伏及以下电力变压器（非晶合金、卷铁芯等节能配电变压器除外）

25．220 千伏及以下高、中、低压开关柜制造项目（使用环保型中压气体的绝缘开关柜以及用于爆炸性环境的防爆型开关柜除外）

26．酸性碳钢焊条制造项目

27．民用普通电度表制造项目

28．8.8 级以下普通低档标准紧固件制造项目

29．驱动电动机功率 560 千瓦及以下、额定排气压力 1.25 兆帕及以下，一般用固定的往复活塞空气压缩机制造项目

30．普通运输集装干箱项目

31．56 英寸及以下单级中开泵制造项目

32．通用类 10 兆帕及以下中低压碳钢阀门制造项目

33．5 吨/小时及以下短炉龄冲天炉

34．有色合金六氯乙烷精炼、镁合金 SF6 保护

35．冲天炉熔化采用冶金焦

36．无再生的水玻璃砂造型制芯工艺

37．盐浴氮碳、硫氮碳共渗炉及盐

38．电子管高频感应加热设备

39．亚硝盐缓蚀、防腐剂

40．铸/锻造用燃油加热炉

41．锻造用燃煤加热炉

42．手动燃气锻造炉

43．蒸汽锤

44．弧焊变压器

45．含铅和含镉钎料

46．新建全断面掘进机整机组装项目

47．新建万吨级以上自由锻造液压机项目

48．新建普通铸锻件项目

49．动圈式和抽头式手工焊条弧焊机

50．Y 系列（IP44）三相异步电动机（机座号 80～355）及其派生系列，Y2 系列（IP54）三相异步电动机（机座号 63～355）

51．背负式手动压缩式喷雾器

52．背负式机动喷雾喷粉机

53．手动插秧机

54．青铜制品的茶叶加工机械

55．双盘摩擦压力机

56．含铅粉末冶金件

57．出口船舶分段建造项目

十二、轻工

1．聚氯乙烯普通人造革生产线

2．年加工生皮能力 20 万标张牛皮以下的生产线，年加工蓝湿皮能力 10 万标张牛皮以下的生产线

3．超薄型（厚度低于 0.015 毫米）塑料袋生产

4．新建以含氢氯氟烃（HCFCs）为发泡剂的聚氨酯泡沫塑料生产线、连续挤出聚苯乙烯泡沫塑料

（XPS）生产线

5. 聚氯乙烯（PVC）食品保鲜包装膜

6. 普通照明白炽灯、高压汞灯

7. 最高转速低于 4 000 针/分的平缝机（不含厚料平缝机）和最高转速低于 5 000 针/分的包缝机

8. 电子计价秤（准确度低于最大称量的 1/3 000，称量≤15 千克）、电子皮带秤（准确度低于最大称量的 5/1 000）、电子吊秤（准确度低于最大称量的 1/1 000，称量≤50 吨）、弹簧度盘秤（准确度低于最大称量的 1/400，称量≤8 千克）

9. 电子汽车衡（准确度低于最大称量的 1/3 000，称量≤300 吨）、电子静态轨道衡（准确度低于最大称量的 1/3 000，称量≤150 吨）、电子动态轨道衡（准确度低于最大称量的 1/500，称量≤150 吨）

10. 玻璃保温瓶胆生产线

11. 3 万吨/年及以下的玻璃瓶罐生产线

12. 以人工操作方式制备玻璃配合料及秤量

13. 未达到日用玻璃行业清洁生产评价指标体系规定指标的玻璃窑炉

14. 生产能力小于 18 000 瓶/时的啤酒灌装生产线

15. 羰基合成法及齐格勒法生产的脂肪醇产品

16. 热法生产三聚磷酸钠生产线

17. 单层喷枪洗衣粉生产工艺及装备、1.6 吨/小时以下规模磺化装置

18. 糊式锌锰电池、镉镍电池

19. 牙膏生产线

20. 100 万吨/年以下北方海盐项目；新建南方海盐盐场项目；60 万吨/年以下矿（井）盐项目

21. 单色金属板胶印机

22. 新建单条化学木浆 30 万吨/年以下、化学机械木浆 10 万吨/年以下、化学竹浆 10 万吨/年以下的生产线；新闻纸、铜版纸生产线

23. 元素氯漂白制浆工艺

24. 原糖加工项目及日处理甘蔗 5 000 吨（云南地区 3 000 吨）、日处理甜菜 3 000 吨以下的新建项目

25. 白酒生产线

26. 酒精生产线

27. 5 万吨/年及以下且采用等电离交工艺的味精生产线

28. 糖精等化学合成甜味剂生产线

29. 浓缩苹果汁生产线

30. 大豆压榨及浸出项目（黑龙江、吉林、内蒙古大豆主产区除外）；东、中部地区单线日处理油菜籽、棉籽 200 吨及以下，花生 100 吨及以下的油料加工项目；西部地区单线日处理油菜籽、棉籽、花生等油料 100 吨及以下的加工项目

31. 年加工玉米 30 万吨以下、绝干收率在 98%以下玉米淀粉湿法生产线

32. 年屠宰生猪 15 万头及以下、肉牛 1 万头及以下、肉羊 15 万只及以下、活禽 1 000 万只及以下的屠宰建设项目（少数民族地区除外）

33. 3 000 吨/年及以下的西式肉制品加工项目

34. 2 000 吨/年及以下的酵母加工项目

35. 冷冻海水鱼糜生产线

十三、纺织

1. 单线产能小于 20 万吨/年的常规聚酯（PET）连续聚合生产装置

2．常规聚酯的对苯二甲酸二甲酯（DMT）法生产工艺

3．半连续纺粘胶长丝生产线

4．间歇式氨纶聚合生产装置

5．常规化纤长丝用锭轴长 1 200 毫米及以下的半自动卷绕设备

6．黏胶板框式过滤机

7．单线产能≤1 000 吨/年、幅宽≤2 米的常规丙纶纺粘法非织造布生产线

8．25 公斤/小时以下梳棉机

9．200 钳次/分钟以下的棉精梳机

10．5 万转/分钟以下自排杂气流纺设备

11．FA502、FA503 细纱机

12．入纬率小于 600 米/分钟的剑杆织机，入纬率小于 700 米/分钟的喷气织机，入纬率小于 900 米/分钟的喷水织机

13．采用聚乙烯醇浆料（PVA）上浆工艺及产品（涤棉产品，纯棉的高支高密产品除外）

14．吨原毛洗毛用水超过 20 吨的洗毛工艺与设备

15．双宫丝和柞蚕丝的立式缫丝工艺与设备

16．绞纱染色工艺

17．亚氯酸钠漂白设备

十四、烟草

1．卷烟加工项目

十五、消防

1．火灾报警控制器（包括联动型、独立型、区域型、集中型、集中区域兼容型）、消防联动控制器、点型感烟/温火灾探测器（独立式除外）、点型红外/紫外火焰探测器（独立式除外）、手动火灾报警按钮

2．干粉灭火器、二氧化碳灭火器

3．碳酸氢钠干粉灭火剂（BC）、磷酸铵盐干粉灭火剂（ABC）

4．防火阀门（包括防火阀、排烟阀、排烟防火阀）、木质防火门、采用酸洗磷化生产工艺的钢质和钢木质防火门、新建初始规模小于 6 万平方米/年的防火卷帘项目

5．天然橡胶有衬里消防水带、无衬里消防水带、消防软管卷盘、消防湿水带、PVC 衬里消防水带

6．室内消火栓、室外消火栓、消防水泵接合器的翻砂生产、加工、装配工艺

7．水罐消防车、泡沫消防车、供水消防车、供液消防车、泵浦类消防车

8．防火封堵材料、溶剂型钢结构防火涂料、饰面型防火涂料、电缆防火涂料

十六、民爆产品

1．非人机隔离的非连续化、自动化雷管装配生产线

2．非连续化、自动化炸药生产线

3．高污染的起爆药生产线

4．高能耗、高污染、低性能工业粉状炸药生产线

十七、其他

1．用地红线宽度（包括绿化带）超过下列标准的城市主干道路项目：小城市和重点镇 40 米，中等城市 55 米，大城市 70 米（200 万人口以上特大城市主干道路确需超过 70 米的，城市总体规划中应有专

项说明）

2．用地面积超过下列标准的城市游憩集会广场项目：小城市和重点镇1公顷，中等城市2公顷，大城市3公顷，200万人口以上特大城市5公顷

3．别墅类房地产开发项目

4．高尔夫球场项目

5．赛马场项目

6．4档及以下机械式车用自动变速箱（AT）

7．排放标准国三及以下的机动车用发动机

第三类　淘汰类

注：条目后括号内年份为淘汰期限，淘汰期限为2011年是指应于2011年底前淘汰，其余类推；有淘汰计划的条目，根据计划进行淘汰；未标淘汰期限或淘汰计划的条目为国家产业政策已明令淘汰或立即淘汰。

一、落后生产工艺装备

（一）农林业

1．湿法纤维板生产工艺

2．滴水法松香生产工艺

3．农村传统老式炉灶炕

4．以木材、伐根为主要原料的活性炭生产以及氯化锌法活性炭生产工艺

5．超过生态承载力的旅游活动和药材等林产品采集

6．严重缺水地区建设灌溉型造纸原料林基地

7．种植前溴甲烷土壤熏蒸工艺

（二）煤炭

1．国有煤矿矿区范围（国有煤矿采矿登记确认的范围）内的各类小煤矿

2．单井井型低于3万吨/年规模的矿井

3．既无降硫措施，又无达标排放用户的高硫煤炭（含硫高于3%）生产矿井

4．不能就地使用的高灰煤炭（灰分高于40%）生产矿井

5．6AM、фM-2.5、PA-3型煤用浮选机

6．PB2、PB3、PB4型矿用隔爆高压开关

7．PG-27型真空过滤机

8．X-1型箱式压滤机

9．ZYZ、ZY3型液压支架

10．木支架

11．不能实现洗煤废水闭路循环的选煤工艺、不能实现粉尘达标排放的干法选煤设备

（三）电力

1．大电网覆盖范围内，单机容量在10万千瓦以下的常规燃煤火电机组

2．单机容量5万千瓦及以下的常规小火电机组

3．以发电为主的燃油锅炉及发电机组

4．大电网覆盖范围内，设计寿命期满的单机容量20万千瓦以下的常规燃煤火电机组

（四）石化化工

1．200万吨/年及以下常减压装置（2013年，青海格尔木、新疆泽普装置除外），废旧橡胶和塑料土

法炼油工艺，焦油间歇法生产沥青

2. 10万吨/年以下的硫铁矿制酸和硫磺制酸（边远地区除外），平炉氧化法高锰酸钾，隔膜法烧碱（2015年）生产装置，平炉法和大锅蒸发法硫化碱生产工艺，芒硝法硅酸钠（泡花碱）生产工艺

3. 单台产能5 000吨/年以下和不符合准入条件的黄磷生产装置，有钙焙烧铬化合物生产装置（2013年），单线产能3 000吨/年以下普通级硫酸钡、氢氧化钡、氯化钡、硝酸钡生产装置，产能1万吨/年以下氯酸钠生产装置，单台炉容量小于12 500千伏安的电石炉及开放式电石炉，高汞催化剂（氯化汞含量6.5%以上）和使用高汞催化剂的乙炔法聚氯乙烯生产装置（2015年），氨钠法及氰熔体氰化钠生产工艺

4. 单线产能1万吨/年以下三聚磷酸钠、0.5万吨/年以下六偏磷酸钠、0.5万吨/年以下三氯化磷、3万吨/年以下饲料磷酸氢钙、5 000吨/年以下工艺技术落后和污染严重的氢氟酸、5 000吨/年以下湿法氟化铝及敞开式结晶氟盐生产装置

5. 单线产能0.3万吨/年以下氰化钠（100%氰化钠）、1万吨/年以下氢氧化钾、1.5万吨/年以下普通级白炭黑、2万吨/年以下普通级碳酸钙、10万吨/年以下普通级无水硫酸钠（盐业联产及副产除外）、0.3万吨/年以下碳酸锂和氢氧化锂、2万吨/年以下普通级碳酸钡、1.5万吨/年以下普通级碳酸锶生产装置

6. 半水煤气氨水液相脱硫、天然气常压间歇转化工艺制合成氨、一氧化碳常压变化及全中温变换（高温变换）工艺、没有配套硫磺回收装置的湿法脱硫工艺，没有配套建设吹风气余热回收、造气炉渣综合利用装置的固定层间歇式煤气化装置

7. 钠法百草枯生产工艺，敌百虫碱法敌敌畏生产工艺，小包装（1公斤及以下）农药产品手工包（灌）装工艺及设备，雷蒙机法生产农药粉剂，以六氯苯为原料生产五氯酚（钠）装置

8. 用火直接加热的涂料用树脂、四氯化碳溶剂法制取氯化橡胶生产工艺，100吨/年以下皂素（含水解物）生产装置，盐酸酸解法皂素生产工艺及污染物排放不能达标的皂素生产装置，铁粉还原法工艺（4,4-二氨基二苯乙烯-二磺酸[DSD 酸]、2-氨基-4-甲基-5-氯苯磺酸[CLT 酸]、1-氨基-8-萘酚-3,6-二磺酸[H 酸]三种产品暂缓执行）

9. 50万条/年及以下的斜交轮胎和以天然棉帘子布为骨架的轮胎、1.5万吨/年及以下的干法造粒炭黑（特种炭黑和半补强炭黑除外）、3亿只/年以下的天然胶乳安全套，橡胶硫化促进剂*N*-氧联二（1,2-亚乙基）-2-苯并噻唑次磺酰胺（NOBS）和橡胶防老剂D生产装置

10. 氯氟烃（CFCs）、含氢氯氟烃（HCFCs）、用于清洗的1,1,1-三氯乙烷（甲基氯仿）、主产四氯化碳（CTC）、以四氯化碳（CTC）为加工助剂的所有产品、以PFOA为加工助剂的含氟聚合物、含滴滴涕的涂料、采用滴滴涕为原料非封闭生产三氯杀螨醇生产装置（根据国家履行国际公约总体计划要求进行淘汰）

（五）钢铁

1. 土法炼焦（含改良焦炉）；单炉产能5万吨/年以下或无煤气、焦油回收利用和污水处理达不到准入条件的半焦（兰炭）生产装置

2. 炭化室高度小于4.3米焦炉（3.8米及以上捣固焦炉除外）（西部地区3.8米捣固焦炉可延期至2011年）；无化产回收的单一炼焦生产设施

3. 土烧结矿

4. 热烧结矿

5. 90平方米以下烧结机（2013年）、8平方米以下球团竖炉；铁合金生产用24平方米以下带式锰矿、铬矿烧结机

6. 400立方米及以下炼铁高炉（铸造铁企业除外，但需提供企业工商局注册证明、三年销售凭证和项目核准手续等），200立方米及以下铁合金、铸铁管生产用高炉

7. 用于地条钢、普碳钢、不锈钢冶炼的工频和中频感应炉

8. 30吨及以下转炉（不含铁合金转炉）

9. 30吨及以下电炉（不含机械铸造电炉）

10．化铁炼钢

11．复二重线材轧机

12．横列式线材轧机

13．横列式棒材及型材轧机

14．叠轧薄板轧机

15．普钢初轧机及开坯用中型轧机

16．热轧窄带钢轧机

17．三辊劳特式中板轧机

18．直径 76 毫米以下热轧无缝管机组

19．三辊式型线材轧机（不含特殊钢生产）

20．环保不达标的冶金炉窑

21．手工操作的土沥青焦油浸渍装置，矿石原料与固体原料混烧、自然通风、手工操作的土竖窑，以煤直接为燃料、烟尘净化不能达标的倒焰窑

22．6 300 千伏安以下铁合金矿热电炉，3 000 千伏安以下铁合金半封闭直流电炉、铁合金精炼电炉（钨铁、钒铁等特殊品种的电炉除外）

23．蒸汽加热混捏、倒焰式焙烧炉、艾奇逊交流石墨化炉、10 000 千伏安及以下三相桥式整流艾奇逊直流石墨化炉及其并联机组

24．单机产能 1 万吨及以下的冷轧带肋钢筋生产装备（2012 年，高延性冷轧带肋钢筋生产装备除外）

25．生产预应力钢丝的单罐拉丝机生产装备

26．预应力钢材生产消除应力处理的铅淬火工艺

27．2.5 万吨/年及以下的单套粗（轻）苯精制装置（酸洗蒸馏法苯加工工艺及装置）

28．5 万吨/年及以下的单套煤焦油加工装置（2012 年）

29．100 立方米及以下铁合金锰铁高炉

30．煅烧石灰土窑

31．每炉单产 5 吨以下的钛铁熔炼炉、用反射炉焙烧钼精矿的钼铁生产线及用反射炉还原、煅烧红矾钠、铬酐生产金属铬的生产线

32．燃煤倒焰窑耐火材料及原料制品生产线

33．单条生产线规模小于 20 万吨的铸铁管项目

34．环形烧结机

35．一段式固定煤气发生炉项目（不含粉煤气化炉）

36．电解金属锰用 5 000 千伏安及以下的整流变压器、150 立方米以下的化合槽（2011 年），化合槽有效容积 150 立方米以下的生产设备

37．单炉产能 7.5 万吨/年以下的半焦（兰炭）生产装置（2012 年）

38．未达到焦化行业准入条件要求的热回收焦炉（2012 年）

39．6 300 千伏安铁合金矿热电炉（2012 年）（国家贫困县、利用独立运行的小水电，2014 年）

40．还原二氧化锰用反射炉（包括硫酸锰厂用反射炉、矿粉厂用反射炉等）

41．电解金属锰一次压滤用除高压隔膜压滤机以外的板框、箱式压滤机

42．电解金属锰用 5 000 千伏安以上、6 000 千伏安及以下的整流变压器；150 立方米以上、170 立方米及以下的倾倒槽（2014 年）

43．有效容积 18 立方米及以下轻烧反射窑

44．有效容积 30 立方米及以下重烧镁砂竖窑

（六）有色金属

1．采用马弗炉、马槽炉、横罐、小竖罐等进行焙烧、简易冷凝设施进行收尘等落后方式炼锌或生产氧化锌工艺装备

2．采用铁锅和土灶、蒸馏罐、坩埚炉及简易冷凝收尘设施等落后方式炼汞

3．采用土坑炉或坩埚炉焙烧、简易冷凝设施收尘等落后方式炼制氧化砷或金属砷工艺装备

4．铝自焙电解槽及 100 kA 及以下预焙槽（2011 年）

5．鼓风炉、电炉、反射炉炼铜工艺及设备（2011 年）

6．烟气制酸干法净化和热浓酸洗涤技术

7．采用地坑炉、坩埚炉、赫氏炉等落后方式炼锑

8．采用烧结锅、烧结盘、简易高炉等落后方式炼铅工艺及设备

9．利用坩埚炉熔炼再生铝合金、再生铅的工艺及设备

10．铝用湿法氟化盐项目

11．1 万吨/年以下的再生铝、再生铅项目

12．再生有色金属生产中采用直接燃煤的反射炉项目

13．铜线杆（黑杆）生产工艺

14．未配套制酸及尾气吸收系统的烧结机炼铅工艺

15．烧结-鼓风炉炼铅工艺

16．无烟气治理措施的再生铜焚烧工艺及设备

17．50 吨以下传统固定式反射炉再生铜生产工艺及设备

18．4 吨以下反射炉再生铝生产工艺及设备

19．离子型稀土矿堆浸和池浸工艺

20．独居石单一矿种开发项目

21．稀土氯化物电解制备金属工艺项目

22．氨皂化稀土萃取分离工艺项目

23．湿法生产电解用氟化稀土生产工艺

24．矿石处理量 50 万吨/年以下的轻稀土矿山开发项目；1 500 吨（REO）/年以下的离子型稀土矿山开发项目（2013 年）

25．2 000 吨（REO）/年以下的稀土分离项目

26．1 500 吨/年以下、电解槽电流小于 5 000 A、电流效率低于 85%的轻稀土金属冶炼项目

（七）黄金

1．混汞提金工艺

2．小氰化池浸工艺、土法冶炼工艺

3．无环保措施提取线路板中金、银、钯等贵重金属

4．日处理能力 50 吨以下采选项目

（八）建材

1．窑径 3 米及以上水泥机立窑（2012 年）、干法中空窑（生产高铝水泥、硫铝酸盐水泥等特种水泥除外）、立波尔窑、湿法窑

2．直径 3 米以下水泥粉磨设备

3．无覆膜塑编水泥包装袋生产线

4．平拉工艺平板玻璃生产线（含格法）

5．100 万平方米/年以下的建筑陶瓷砖、20 万件/年以下低档卫生陶瓷生产线

6．建筑卫生陶瓷土窑、倒焰窑、多孔窑、煤烧明焰隧道窑、隔焰隧道窑、匣钵装卫生陶瓷隧道窑

7．建筑陶瓷砖成型用的摩擦压砖机

8．陶土坩埚玻璃纤维拉丝生产工艺与装备

9．1 000 万平方米/年以下的纸面石膏板生产线

10．500 万平方米/年以下的改性沥青类防水卷材生产线；500 万平方米/年以下沥青复合胎柔性防水卷材生产线；100 万卷/年以下沥青纸胎油毡生产线

11．石灰土立窑

12．砖瓦 24 门以下轮窑以及立窑、无顶轮窑、马蹄窑等土窑（2011 年）

13．普通挤砖机

14．SJ1580-3000 双轴、单轴制砖搅拌机

15．SQP400500-700500 双辊破碎机

16．1000 型普通切条机

17．100 吨以下盘转式压砖机

18．手工制作墙板生产线

19．简易移动式砼砌块成型机、附着式振动成型台

20．单班 1 万立方米/年以下的混凝土砌块固定式成型机、单班 10 万平方米/年以下的混凝土铺地砖固定式成型机

21．人工浇筑、非机械成型的石膏（空心）砌块生产工艺

22．真空加压法和气炼一步法石英玻璃生产工艺装备

23．6×600 吨六面顶小型压机生产人造金刚石

24．手工切割加气混凝土生产线、非蒸压养护加气混凝土生产线

25．非烧结、非蒸压粉煤灰砖生产线

26．装饰石材矿山硐室爆破开采技术、吊索式大理石土拉锯

（九）医药

1．手工胶囊填充工艺

2．软木塞烫蜡包装药品工艺

3．不符合 GMP 要求的安瓿拉丝灌封机

4．塔式重蒸馏水器

5．无净化设施的热风干燥箱

6．劳动保护、三废治理不能达到国家标准的原料药生产装置

7．铁粉还原法对乙酰氨基酚（扑热息痛）、咖啡因装置

8．使用氯氟烃（CFCs）作为气雾剂、推进剂、抛射剂或分散剂的医药用品生产工艺（根据国家履行国际公约总体计划要求进行淘汰）

（十）机械

1．热处理铅浴炉

2．热处理氯化钡盐浴炉（高温氯化钡盐浴炉暂缓淘汰）

3．TQ60、TQ80 塔式起重机

4．QT16、QT20、QT25 井架简易塔式起重机

5．KJ1600/1220 单筒提升绞机

6．3 000 千伏安以下普通棕刚玉冶炼炉

7．4 000 千伏安以下固定式棕刚玉冶炼炉

8．3 000 千伏安以下碳化硅冶炼炉

9．强制驱动式简易电梯

10．以氯氟烃（CFCs）作为膨胀剂的烟丝膨胀设备生产线

11．砂型铸造黏土烘干砂型及型芯

12．焦炭炉熔化有色金属

13．砂型铸造油砂制芯

14．重质砖炉衬台车炉

15．中频发电机感应加热电源

16．燃煤火焰反射加热炉

17．铸/锻件酸洗工艺

18．用重质耐火砖作为炉衬的热处理加热炉

19．位式交流接触器温度控制柜

20．插入电极式盐浴炉

21．动圈式和抽头式硅整流弧焊机

22．磁放大器式弧焊机

23．无法安装安全保护装置的冲床

24．黏土砂干型/芯铸造工艺

25．无磁轭（≥0.25 吨）铝壳中频感应电炉（2015 年）

26．无芯工频感应电炉

（十一）船舶

1．废旧船舶滩涂拆解工艺

2．船长大于 80 米的船舶整体建造工艺

（十二）轻工

1．单套 10 万吨/年以下的真空制盐装置、20 万吨/年以下的湖盐和 30 万吨/年以下的北方海盐生产设施

2．利用矿盐卤水、油气田水且采用平锅、滩晒制盐的生产工艺与装置

3．2 万吨/年及以下的南方海盐生产装置

4．超薄型（厚度低于 0.025 毫米）塑料购物袋生产

5．年加工生皮能力 5 万标张牛皮、年加工蓝湿皮能力 3 万标张牛皮以下的制革生产线

6．300 吨/年以下的油墨生产总装置（利用高新技术、无污染的除外）

7．含苯类溶剂型油墨生产

8．石灰法地池制浆设备（宣纸除外）

9．5.1 万吨/年以下的化学木浆生产线

10．单条 3.4 万吨/年以下的非木浆生产线

11．单条 1 万吨/年及以下、以废纸为原料的制浆生产线

12．幅宽在 1.76 米及以下并且车速为 120 米/分以下的文化纸生产线

13．幅宽在 2 米及以下并且车速为 80 米/分以下的白板纸、箱板纸及瓦楞纸生产线

14．以氯氟烃（CFCs）为制冷剂和发泡剂的冰箱、冰柜、汽车空调器、工业商业用冷藏、制冷设备生产线

15．以氯氟烃（CFCs）为发泡剂的聚氨酯、聚乙烯、聚苯乙烯泡沫塑料生产

16．四氯化碳（CTC）为清洗剂的生产工艺

17．以三氟三氯乙烷（CFC-113）和甲基氯仿（TCA）为清洗剂和溶剂的生产工艺

18．脂肪酸法制叔胺工艺，发烟硫酸磺化工艺，搅拌釜式乙氧基化工艺

19．自行车盐浴焊接炉

20．印铁制罐行业中的锡焊工艺

21．燃煤和燃发生炉煤气的坩埚玻璃窑，直火式、无热风循环的玻璃退火炉

22．机械定时行列式制瓶机

23．生产能力 12 000 瓶/时以下的玻璃瓶啤酒灌装生产线

24．生产能力 150 瓶/分钟以下（瓶容在 250 毫升及以下）的碳酸饮料生产线

25．日处理原料乳能力（两班）20 吨以下浓缩、喷雾干燥等设施；200 千克/小时以下的手动及半自动液体乳灌装设备

26．3 万吨/年以下酒精生产线（废糖蜜制酒精除外）

27．3 万吨/年以下味精生产装置

28．2 万吨/年及以下柠檬酸生产装置

29．年处理 10 万吨以下、总干物收率 97%以下的湿法玉米淀粉生产线

30．桥式劈半锯、敞式生猪烫毛机等生猪屠宰设备

31．猪、牛、羊、禽手工屠宰工艺

32．小麦粉增白剂（过氧化苯甲酰、过氧化钙）的添加工艺

（十三）纺织

1．“1”字头成卷、梳棉、清花、并条、粗纱、细纱设备，1332 系列络筒机，1511 型有梭织机，“1”字头整经、浆纱机等全部“1”字头的纺纱织造设备

2．A512、A513 系列细纱机

3．B581、B582 型精纺细纱机，BC581、BC582 型粗纺细纱机，B591 绒线细纱机，B601、B601A 型毛捻线机，BC272、BC272B 型粗梳毛纺梳毛机，B751 型绒线成球机，B701A 型绒线摇绞机，B250、B311、B311C、B311C（CZ）、B311C（DJ）型精梳机，H112、H112A 型毛分条整经机、H212 型毛织机等毛纺织设备

4．1990 年以前生产、未经技术改造的各类国产毛纺细纱机

5．辊长 1 000 毫米以下的皮辊轧花机，锯片片数在 80 以下的锯齿轧花机，压力吨位在 400 吨以下的皮棉打包机（不含 160 吨、200 吨短绒棉花打包机）

6．ZD647、ZD721 型自动缫丝机，D101A 型自动缫丝机，ZD681 型立缫机，DJ561 型绢精纺机，K251、K251A 型丝织机等丝绸加工设备

7．Z114 型小提花机

8．GE186 型提花毛圈机

9．Z261 型人造毛皮机

10．未经改造的 74 型染整设备

11．蒸汽加热敞开无密闭的印染平洗槽

12．R531 型酸性粘胶纺丝机

13．2 万吨/年及以下粘胶常规短纤维生产线

14．湿法氨纶生产工艺

15．二甲基甲酰胺（DMF）溶剂法氨纶及腈纶生产工艺

16．硝酸法腈纶常规纤维生产工艺及装置

17．常规聚酯（PET）间歇法聚合生产工艺及设备

18．常规涤纶长丝锭轴长 900 毫米及以下的半自动卷绕设备

19．使用年限超过 15 年的国产和使用年限超过 20 年的进口印染前处理设备、拉幅和定形设备、圆网和平网印花机、连续染色机

20．使用年限超过 15 年的浴比大于 1∶10 的棉及化纤间歇式染色设备

21．使用直流电机驱动的印染生产线

22．印染用铸铁结构的蒸箱和水洗设备，铸铁墙板无底蒸化机，汽蒸预热区短的 L 型退煮漂履带汽

蒸箱

23．螺杆挤出机直径小于或等于 90 mm，2 000 吨/年以下的涤纶再生纺短纤维生产装置

（十四）印刷

1．全部铅排、铅印工艺

2．全部铅印机及相关辅机

3．照像制版机

4．ZD201、ZD301 型系列单字铸字机

5．TH1 型自动铸条机、ZT102 型系列铸条机

6．ZDK101 型字模雕刻机

7．KMD101 型字模刻刀磨床

8．AZP502 型半自动汉文手选铸排机、ZSY101 型半自动汉文铸排机、TZP101 型外文条字铸排机、ZZP101 型汉文自动铸排机

9．QY401、2QY404 型系列电动铅印打样机，QYSH401、2QY401、DY401 型手动式铅印打样机

10．YX01、YX02、YX03 型系列压纸型机，HX01、HX02、HX03、HX04 型系列烘纸型机

11．PZB401 型平铅版铸版机，YZB02、YZB03、YZB04、YZB05、YZB06、YZB07 型系列铅版铸版机

12．JB01 型平铅版浇版机

13．RQ02、RQ03、RQ04 型系列铅泵熔铅炉

14．BB01 型刨版机，YGB 02、YGB 03、YGB 04、YGB 05 型圆铅版刮版机，YTB01 型圆铅版镗版机，YJB02 型圆铅版锯版机，YXB04、YXB05、YXB302 型系列圆铅版修版机

15．P401、P402 型系列四开平压印刷机，P801、P802、P803、P804 型系列八开平压印刷机

16．PE802 型双合页印刷机

17．TE102、TE105、TE108 型系列全张自动二回转平台印刷机

18．TY201 型对开单色一回转平台印刷机，TY401 型四开单色一回转平台印刷机

19．TY4201 型四开一回转双色印刷机

20．TT201、TZ201、DT201 型对开手动续纸停回转平台印刷机

21．TT202 型对开自动停回转平台印刷机，TT402、TT403、TT405、DT402 型四开自动停回转平台印刷机，TZ202 型对开半自动停回转平台印刷机，TZ401、TZS401、DT401 型四开半自动停回转平台印刷机

22．TR801 型系列立式平台印刷机

23．LP1101、LP1103 型系列平板纸全张单面轮转印刷机，LP1201 型平板纸全张双面轮转印刷机，LP4201 型平板纸四开双色轮转印刷机

24．LSB201（880×1 230 毫米）及 LS201、LS204（787×1 092 毫米）型系列卷筒纸书刊转轮印刷机

25．LB203、LB205、LB403 型卷筒纸报版轮转印刷机，LB2405、LB4405 型卷筒纸双层二组报版轮转印刷机，LBS201 型卷筒纸书、报二用轮转印刷机

26．K.M.T 型自动铸字排版机，PH-5 型汉字排字机

27．球震打样制版机（DIAPRESS 清刷机）

28．1985 年前生产的手动照排机、国产制版照相机

29．离心涂布机

30．J1101 系列全张单色胶印机（印刷速度每小时 5 000 张及以下）

31．J2101、PZ1920 系列对开单色胶印机（印刷速度每小时 4 000 张及以下），PZ1615 系列四开单色胶印机（印刷速度每小时 4 000 张及以下），YPS1920 系列双面单色胶印机（印刷速度每小时 4 000 张及以下）

32．W1101 型全张自动凹版印刷机、AJ401 型卷筒纸单面四色凹版印刷机

33．DJ01 型平装胶订联动机，PRD-01、PRD-02 型平装胶订联动机，DBT-01 型平装有线订、包、烫

联动机

34．溶剂型即涂覆膜机、承印物无法降解和回收的各类覆膜机

35．QZ101、QZ201、QZ301、QZ401 型切纸机

36．MD103A 型磨刀机

（十五）民爆产品

1．密闭式包装型乳化炸药基质冷却机

2．密闭式包装型乳化炸药低温敏化机

3．小直径手工单头炸药装药机

4．轴承包覆在药剂中的混药、输送等炸药设备

5．起爆药干燥工序采用蒸汽烘房干燥的工艺

6．延期元件（体）制造工序采用手工装药的工艺

7．雷管装填、装配工序及工序间的传输无可靠防殉爆措施的工艺

8．导爆管制造工序加药装置无可靠防爆设施的生产线

9．危险作业场所未实现远程视频监视的工业炸药和工业雷管生产线

10．危险作业场所未实现远程视频监视的导爆索生产线

11．采用传统轮碾方式的炸药制药工艺

12．起爆药生产废水达不到《兵器工业水污染排放标准火工药剂》（GB 14470.2）要求排放的生产工艺

13．乳化器出药温度大于 130℃的乳化工艺

14．小直径含水炸药装药效率低于 1 200 kg/h、小直径粉状炸药装药效率低于 800 kg/h 的装药机

15．有固定操作人员的场所，噪声超过 85 分贝以上的炸药设备

16．全电阻极差大于 1.5 Ω的电雷管（钢芯脚线长度 2 m）生产技术（2013 年）

17．装箱产品下线未实现生产数据在线采集、及时传输的生产线（2013 年）

18．全电阻极差大于 1.0 Ω的电雷管（钢芯脚线长度 2 m）生产工艺（2015 年）

19．工序间无可靠防传爆措施的导爆索生产线（2013 年）

20．制索工序无药量在线检测、自动联锁保护装置的导爆索生产线（2013 年）

21．最大不发火电流小于 0.25 A 的普通型电雷管生产工艺（2015 年）

22．雷管装填工序未实现人机隔离的生产工艺（2015 年）

23．雷管卡口、检查工序间需人工传送产品的生产工艺（2015 年）

（十六）消防

1．火灾探测器手工插焊电子元器件生产工艺

（十七）其他

1．含有毒有害氰化物电镀工艺［氰化金钾电镀金及氰化亚金钾镀金（2014 年）；银、铜基合金及予镀铜打底工艺（暂缓淘汰）］

2．含氰沉锌工艺

3．实体坝连岛技术

4．超过生态承载力的旅游活动和药材等林产品采集

5．不符合国家现行城市生活垃圾、医疗废物和工业废物焚烧相关污染控制标准、工程技术标准以及设备标准的小型焚烧炉

二、落后产品

（一）石化化工

1．改性淀粉、改性纤维、多彩内墙（树脂以硝化纤维素为主，溶剂以二甲苯为主的 O/W 型涂料）、

氯乙烯-偏氯乙烯共聚乳液外墙、焦油型聚氨酯防水、水性聚氯乙烯焦油防水、聚乙烯醇及其缩醛类内外墙（106、107涂料等）、聚醋酸乙烯乳液类（含乙烯/醋酸乙烯酯共聚物乳液）外墙涂料

2．有害物质含量超标准的内墙、溶剂型木器、玩具、汽车、外墙涂料，含双对氯苯基三氯乙烷、三丁基锡、全氟辛酸及其盐类、全氟辛烷磺酸、红丹等有害物质的涂料

3．在还原条件下会裂解产生24种有害芳香胺的偶氮染料（非纺织品用的领域暂缓）、九种致癌性染料（用于与人体不直接接触的领域暂缓）

4．含苯类、苯酚、苯甲醛和二（三）氯甲烷的脱漆剂，立德粉，聚氯乙烯建筑防水接缝材料（焦油型），107胶，瘦肉精，多氯联苯（变压器油）

5．高毒农药产品：六六六、二溴乙烷、丁酰肼、敌枯双、除草醚、杀虫脒、毒鼠强、氟乙酰胺、氟乙酸钠、二溴氯丙烷、治螟磷（苏化203）、磷胺、甘氟、毒鼠硅、甲胺磷、对硫磷、甲基对硫磷、久效磷、硫环磷（乙基硫环磷）、福美胂、福美甲胂及所有砷制剂、汞制剂、铅制剂、10%草甘膦水剂，甲基硫环磷、磷化钙、磷化锌、苯线磷、地虫硫磷、磷化镁、硫线磷、蝇毒磷、治螟磷、特丁硫磷（2011年）

6．根据国家履行国际公约总体计划要求进行淘汰农药产品：氯丹、七氯、溴甲烷、滴滴涕、六氯苯、灭蚁灵、林丹、毒杀芬、艾氏剂、狄氏剂、异狄氏剂

7．软边结构自行车胎，以棉帘线为骨架材料的普通输送带和以尼龙帘线为骨架材料的普通V带，轮胎、自行车胎、摩托车胎手工刻花硫化模具

（二）铁路

1．G60型、G17型罐车

2．P62型棚车

3．K13型矿石车

4．U60型水泥车

5．N16型、N17型平车

6．L17型粮食车

7．C62A型、C62B型敞车

8．轨道平车（载重40吨及以下）

（三）钢铁

1．热轧硅钢片

2．普通松弛级别的钢丝、钢绞线

3．热轧钢筋：牌号HRB335、HPB235

（四）有色金属

1．铜线杆（黑杆）

（五）建材

1．使用非耐碱玻纤或非低碱水泥生产的玻纤增强水泥（GRC）空心条板

2．陶土坩埚拉丝玻璃纤维和制品及其增强塑料（玻璃钢）制品

3．25A空腹钢窗

4．S-2型混凝土轨枕

5．一次冲洗用水量9升以上的便器

6．角闪石石棉（即蓝石棉）

7．非机械生产中空玻璃，双层双框各类门窗及单腔结构型的塑料门窗

8．采用二次加热复合成型工艺生产的聚乙烯丙纶类复合防水卷材、聚乙烯丙纶复合防水卷材（聚乙烯芯材厚度在0.5 mm以下）；棉涤玻纤（高碱）网格复合胎基材料、聚氯乙烯防水卷材（S型）

9．石棉绒质离合器面片、合成火车闸瓦，石棉软木湿式离合器面片

（六）医药

1．铅锡软膏管、单层聚烯烃软膏管（肛肠、腔道给药除外）

2．安瓿灌装注射用无菌粉末

3．药用天然胶塞

4．非易折安瓿

5．输液用聚氯乙烯（PVC）软袋（不包括腹膜透析液、冲洗液用）

（七）机械

1．T100、T100A 推土机

2．ZP-II、ZP-III 干式喷浆机

3．WP-3 挖掘机

4．0.35 立方米以下的气动抓岩机

5．矿用钢丝绳冲击式钻机

6．БY-40 石油钻机

7．直径 1.98 米水煤气发生炉

8．CER 膜盒系列

9．热电偶（分度号 LL-2、LB-3、EU-2、EA-2、CK）

10．热电阻（分度号 BA、BA2、G）

11．DDZ-I 型电动单元组合仪表

12．GGP-01A 型皮带秤

13．BLR-31 型称重传感器

14．WFT-081 辐射感温器

15．WDH-1E、WDH-2E 光电温度计，PY5 型数字温度计

16．BC 系列单波纹管差压计，LCH-511、YCH-211、LCH-311、YCH-311、LCH-211、YCH-511 型环称式差压计

17．EWC-01A 型长图电子电位差计

18．XQWA 型条形自动平衡指示仪

19．ZL3 型 X-Y 记录仪

20．DBU-521，DBU-521C 型液位变送器

21．YB 系列（机座号 63～355 mm，额定电压 660 V 及以下）、YBF 系列（机座号 63～160 mm，额定电压 380 V、660 V 或 380/660 V）、YBK 系列（机座号 100～355 mm，额定电压 380/660 V、660/1 140 V）隔爆型三相异步电动机

22．DZ10 系列塑壳断路器、DW10 系列框架断路器

23．CJ8 系列交流接触器

24．QC10、QC12、QC8 系列起动器

25．JR0、JR9、JR14、JR15、JR16-A、B、C、D 系列热继电器

26．以焦炭为燃料的有色金属熔炼炉

27．GGW 系列中频无心感应熔炼炉

28．B 型、BA 型单级单吸悬臂式离心泵系列

29．F 型单级单吸耐腐蚀泵系列

30．JD 型长轴深井泵

31．KDON-3200/3200 型蓄冷器全低压流程空分设备、KDON-1500/1500 型蓄冷器（管式）全低压流程空分设备、KDON-1500/1500 型管板式全低压流程空分设备、KDON-6000/6600 型蓄冷器流程空分设备

32．3W-0.9/7（环状阀）空气压缩机

33．C620、CA630 普通车床

34．C616、C618、C630、C640、C650 普通车床（2015 年）

35．X920 键槽铣床

36．B665、B665A、B665-1 牛头刨床

37．D6165、D6185 电火花成型机床

38．D5540 电脉冲机床

39．J53-400、J53-630、J53-1000 双盘摩擦压力机

40．Q11-1.6×1600 剪板机

41．Q51 汽车起重机

42．TD62 型固定带式输送机

43．3 吨直流架线式井下矿用电机车

44．A571 单梁起重机

45．快速断路器：DS3-10、DS3-30、DS3-50（1 000 A、3 000 A、5 000 A）、DS10-10、DS10-20、DS10-30（1 000 A、2 000 A、3 000 A）

46．SX 系列箱式电阻炉

47．单相电度表：DD1、DD5、DD5-2、DD5-6、DD9、DD10、DD12、DD14、DD15、DD17、DD20、DD28

48．SL7-30/10～SL7-1600/10、S7-30/10～S7-1600/10 配电变压器

49．刀开关：HD6、HD3-100、HD3-200、HD3-400、HD3-600、HD3-1000、HD3-1500

50．GC 型低压锅炉给水泵，DG270-140、DG500-140、DG375-185 锅炉给水泵

51．热动力式疏水阀：S15H-16、S19-16、S19-16C、S49H-16、S49-16C、S19H-40、S49H-40、S19H-64、S49H-64

52．固定炉排燃煤锅炉（双层固定炉排锅炉除外）

53．1-10/8、1-10/7 型动力用往复式空气压缩机

54．8-18 系列、9-27 系列高压离心通风机

55．X52、X62W320×150 升降台铣床

56．J31-250 机械压力机

57．TD60、TD62、TD72 型固定带式输送机

58．以未安装燃油量限制器（简称限油器）的单缸柴油机为动力装置的农用运输车（指生产与销售）

59．E135 二冲程中速柴油机（包括 2、4、6 缸三种机型），TY1100 型单缸立式水冷直喷式柴油机，165 单缸卧式蒸发水冷、预燃室柴油机，4146 柴油机

60．TY1100 型单缸立式水冷直喷式柴油机

61．165 单缸卧式蒸发水冷、预燃室柴油机

62．含汞开关和继电器

63．燃油助力车

64．低于国二排放的车用发动机

65．机动车制动用含石棉材料的摩擦片

（八）船舶

1．采用整体造船法建造的钢制运输船舶

2．不符合规范的改装船舶和已到报废期限的船舶

3．单壳油船

4．挂桨机船及其发动机

（九）轻工

1．汞电池（氧化汞原电池及电池组、锌汞电池）

2．开口式普通铅酸电池

3．含汞高于 0.000 1%的圆柱型碱锰电池

4．含汞高于 0.000 5%的扣式碱锰电池（2015 年）

5．含镉高于 0.002%的铅酸蓄电池（2013 年）

6．直排式燃气热水器

7．螺旋升降式（铸铁）水嘴

8．用于凹版印刷的苯胺油墨

9．进水口低于溢流口水面、上导向直落式便器水箱配件

10．铸铁截止阀

11．添加白砒、三氧化二锑、含铅、含氟、铬矿渣等辅助原料玻璃配合料

12．半自动（卧式）工业用洗衣机

13．开启式四氯乙烯干洗机和普通封闭式四氯乙烯干洗机，分体式石油干洗机和普通封闭式石油干洗机

（十）消防

1．二氟一氯一溴甲烷灭火剂（简称 1211 灭火剂）

2．三氟一溴甲烷灭火剂（简称 1301 灭火剂）（原料及必要用途除外）

3．简易式 1211 灭火器

4．手提式 1211 灭火器

5．推车式 1211 灭火器

6．手提式化学泡沫灭火器

7．手提式酸碱灭火器

8．简易式 1301 灭火器（必要用途除外）

9．手提式 1301 灭火器（必要用途除外）

10．推车式 1301 灭火器（必要用途除外）

11．管网式 1211 灭火系统

12．悬挂式 1211 灭火系统容

13．柜式 1211 灭火系统

14．管网式 1301 灭火系统（必要用途除外）

15．悬挂式 1301 灭火系统（必要用途除外）

16．柜式 1301 灭火系统（必要用途除外）

（十一）民爆产品

1．火雷管

2．导火索

3．铵梯炸药

4．纸壳雷管（2011 年）

（十二）其他

1．59、69、72、TF-3 型防毒面具

关于加强西部地区环境影响评价工作的通知

（环发〔2011〕150号）

重庆、四川、贵州、云南、西藏、陕西、甘肃、宁夏、青海、新疆、内蒙古、广西等省（区、市）环境保护厅（局），新疆生产建设兵团环境保护局：

为全面贯彻落实党中央、国务院提出的深入实施西部大开发战略，切实做好西部地区的环境影响评价工作，保护和改善西部地区的生态环境，促进西部地区经济社会又好又快发展，提出以下意见。

一、充分认识做好西部地区环境影响评价工作的重要意义

（一）深入实施西部大开发战略，是党中央、国务院做出的重大决策。未来十年，西部地区将加快基础设施建设，加速形成现代产业体系，西部大开发战略在区域发展战略中居优先地位。同时，西部地区也是我国重要的生态屏障，生态环境脆弱，环境保护基础设施和能力建设滞后，开发与保护矛盾突出，在新的发展时期，环境影响评价工作面临着良好的发展机遇，也面临着新的挑战。进一步做好西部地区的环境影响评价工作，是顺利实施西部大开发第二个十年战略和实现西部地区经济社会与环境可持续发展的重要保障。

（二）各级环境保护部门要进一步解放思想，加强领导，强化组织管理，增强服务意识，提高环境影响评价审批质量和管理水平，切实把西部地区环境影响评价各项工作和要求落到实处。始终把服务经济发展、保障生态环境安全、维护群众环境权益作为环境影响评价工作的出发点和落脚点。支持改善民生、资源节约、环境友好的项目建设，建设生态文明，构建和谐社会。

（三）做好西部地区的环境影响评价工作，要坚持“以人为本，协调发展；预防为主，防控结合；解放思想，差别管理”的原则，更加注重战略环境评价和规划环境影响评价参与综合决策的作用，着力推动区域经济结构和国土空间开发结构优化；更加注重实施符合区域发展阶段、资源环境禀赋特征和行业特点的环境准入政策，着力支持资源优势尽快向经济优势转化；更加注重建设项目的全过程监管，着力提升环境保护“三同时”的制度效力；更加注重环境影响评价技术和管理人员培训，着力强化环境影响评价机构和队伍建设。

二、突出西部地区环境影响评价工作的重点

（四）发挥战略和规划环境影响评价的源头防控作用。优先开展天山北坡、兰州-西宁、黔中、滇中等地区重点产业发展战略环境评价，重点做好西部地区能源基地、资源深加工基地、装备制造业基地和战略性新兴产业基地等开发建设规划的环境影响评价。抓好金沙江上游、澜沧江流域、黄河上游等重点流域开发规划的环境影响评价。强化能源和矿产资源开发及其他高污染、高耗能、高环境风险行业发展规划的环境影响评价。推动将生物多样性和生物安全纳入战略与规划环境影响评价工作。

（五）发挥建设项目环境影响评价优化产业发展的作用。落实差别化产业政策支持下的环境准入要求，支持改善民生的建设项目和有条件在西部地区加工转化的能源、资源开发利用项目。

——煤炭、石油天然气和有色金属等优势矿产资源开发应坚持“在保护中开发，在开发中保护，边开发边恢复”的原则，强化生态恢复措施，严格尾矿库环境风险管理，落实矿山环境治理恢复保证金制度。开采高含硫煤炭资源须明确煤炭资源利用中的脱硫、固硫或硫磺回收措施。

——水电开发应坚持“生态优先，统筹考虑，适度开发，确保底线”的原则，强化水电项目施工期环境管理和运营期生态调度。受理审批水电建设项目的环境影响评价文件应有流域水电开发规划环境影响评价审查意见支持。对开发历史较早，未开展水电开发规划环境影响评价的流域，受理审批水电建设项目的环境影响评价文件应有流域水电开发环境影响回顾性评价研究成果支持。

——火电开发应坚持“上大压小，适量替代”的原则，鼓励冷热电多联产、坑口电厂和与风能、太阳能等清洁能源配套的调峰燃煤电厂建设，支持使用城市中水和空气冷却机组。

——煤化工行业应坚持“优化布局，以水定产，适度发展”的原则，支持煤炭资源富集、水资源供应有保障地区的煤化工试点项目。

——有色、冶金、建材行业应坚持“资源节约，环境友好”的原则，支持资源综合利用建设项目和电力、资源供应有保障地区为满足当地市场需求的建设项目。

三、对部分建设项目环境影响评价审批予以倾斜

（六）委托部分审批权限。《环境保护部直接审批环境影响评价文件的建设项目目录（2009年本）》中，除核与辐射、绝密工程等特殊性质外编制环境影响报告表、登记表的建设项目；国家规划矿区的规划环境影响评价经我部审查后，矿区内年产500万吨以下规模的煤炭开发项目；城市轨道交通建设规划环境影响评价经我部审查后，规划内的城市快速轨道交通项目；社会事业类和新建汽车整车建设项目的环境影响评价文件，委托西部地区省级环境保护部门审批。

（七）下放部分审批权限。《环境保护部委托省级环境保护部门审批环境影响评价文件的建设项目目录（2009年本）》中涉及跨省（区、市）的建设项目（不含电网工程），其环境影响评价文件由建设项目涉及的省级环境保护部门协商一致后联合审批。

（八）统筹污染物排放总量控制指标。对确有环境容量的重点发展区域，在完成本省（区、市）总量控制目标的前提下，可适当调剂主要污染物排放总量控制指标。对资源富集地区的资源就地转化项目、西电东送等服务于全国的基础能源建设项目和清洁能源基地建设项目，在满足环境功能区要求和总量控制目标的前提下，可通过排污交易给予支持。

四、强化建设项目竣工环境保护验收管理

（九）加强环境保护“三同时”监督检查。各级环境保护部门应强化“三同时”管理队伍和能力建设，切实加强辖区内建设项目环境保护“三同时”的监督管理，监督建设项目在设计和施工过程中严格落实环境保护措施和投资，确保与主体工程配套的环境保护设施和措施得到有效落实。

（十）强化建设项目环境监理。鼓励和支持西部地区根据管理需求开展建设项目环境监理，培育环境监理队伍，推荐环境监理工作开展较好的省份作为环境监理试点省。对涉及国家级自然保护区、国家级风景名胜区、国家重点生态功能区、世界遗产地、饮用水水源保护区等环境敏感区域的矿产资源开发、水利水电、公路、铁路、石油采运等工程，以及污染较重或环境风险较高的石化化工、钢铁、有色等建设项目，应强化环境监理工作。

（十一）严把试生产和环境保护验收关。将“三同时”监督检查报告和环境监理报告作为批准试生产和环境保护验收的重要依据。应对需进行试生产建设项目的环境保护设施和措施进行现场检查，未按要求建成环境保护设施和落实措施的，不得同意试生产。对分期建设、分期投入生产或使用的建设项目，应分期、分阶段开展环境保护验收。水电、水利枢纽等项目应在初期蓄水之前，完成蓄水阶段环境保护验收。矿产资源开发项目应在开采前申请阶段环境保护验收。根据行业特点确定分期或分阶段验收项目的环境监测或调查重点，确保环境保护设施与主体工程同步建成运行。

五、完善支持西部地区环境影响评价工作的政策措施

（十二）提高审批效率。积极推动和提早介入规划环境影响评价工作，及时审查规划环境影响评价文件。把水利、交通和城乡基础设施等建设项目环境影响评价审批放在优先位置，加速推进民生工程和基础设施建设。对符合相关规划环境影响评价审查要求、有条件在西部地区加工转化的能源、资源开发利用项目的环境影响评价文件，及时受理，加快评估，合理简化审批程序，切实提高环境影响评价审批效率。

（十三）扶持环境影响评价机构发展。优先批准西部地区满足资质条件要求的环境影响评价机构。对没有环境影响评价机构的地区（州、盟），适当降低申请环境影响评价资质的机构在环境影响评价工程师数量等方面的准入条件。集中开展西部地区建设项目环境影响评价岗位证书人员培训和环境影响评价工程师继续教育等专题培训，提高环境影响评价专业技术人员水平。

（十四）做好委托审批的监督管理。各省级环境保护部门应做好委托建设项目环境影响评价文件的审批和竣工环境保护验收工作，相关审批文件应抄报我部。凡在环境影响评价审批和建设项目环境管理中违法、违规，造成重大环境污染、生态破坏或者严重损害群众健康的环境问题，将责令其予以纠正，并视情况对委托审批权限予以收回。

二〇一一年十二月二十九日

关于印发《关于促进成渝经济区重点产业与环境保护协调发展的指导意见》的通知

（环函〔2011〕180号）

重庆市、四川省环境保护厅（局）：

为了贯彻落实科学发展观，促进区域经济社会与环境协调发展，充分发挥战略环评成果对成渝经济区环境管理的指导作用，促进区域重点产业与环境资源协调可持续发展，从源头预防环境污染和生态破坏，我部在2009年组织编制《成渝经济区重点产业发展战略环境评价》的基础上，组织专家根据战略环评成果制定了《关于促进成渝经济区重点产业与环境保护协调发展的指导意见》。现印送你们，作为指导区域重点产业环境管理的参考和依据。

附件：关于促进成渝经济区重点产业与环境保护协调发展的指导意见

二〇一一年七月一日

附件：

关于促进成渝经济区重点产业与环境保护协调发展的指导意见

为深入贯彻落实科学发展观，引导成渝经济区走新型工业化道路，优化空间开发格局，科学调整经济结构，促进区域经济社会和资源环境协调可持续发展，提出以下意见：

一、充分认识区域重点产业发展与生态环境保护的重要性

（一）在国家区域经济和生态安全格局中占有重要地位。成渝经济区资源丰富、人口稠密、中心城市综合竞争力强劲，是国家深入实施西部大开发战略的重要板块，在西部大开发中占有举足轻重的地位。同时，成渝经济区处于三峡水库上游，是长江上游生态屏障的重要组成部分；盆周丘陵山地生物多样性极其丰富，是我国具有全球保护意义的生物多样性关键地区之一；区域生态环境质量好坏和演变趋势在相当大程度上影响长江上游生态安全屏障和区域生态安全。正确统筹处理好这一地区经济快速增长与环境保护和生态安全，对促进我国西部经济增长方式的根本转变具有突出的示范作用。

（二）布局性和结构性矛盾突出。成渝经济区处于工业化中期阶段，已初步成为国家重要的装备制造业基地、水电能源基地、天然气化工基地、国防科技工业基地、高新技术产业基地和西部最富饶的农牧业区。第二产业主要布局在“双核两带”，即重庆、成都两大都市区，成德绵城市经济带和沿长江城市经济带。工业行业门类齐全，但化工、矿山、冶金、建材等传统产业亟待升级换代，资源环境绩效总体低于全国平均水平。区域经济发展不平衡，严重制约区域综合竞争力整体水平的提高。

成渝经济区部分地区的粗放式发展导致水环境超载，带来生态安全隐患；化工产业的同质化竞争和化工园区无序布局使得水环境安全隐患和饮水健康风险相互交织；长江上游干支流水电、航电开发对水

生生物原有生境造成破坏，部分流域水电无序过度开发对生物多样性和生态安全造成严重影响；矿产资源开发利用重点区域与生态服务功能重要区域高度重叠，以小、中型矿山为主体的矿产资源开采严重损害区域生态安全格局；以高硫煤为主体支撑不断增长的能源需求，导致部分区域 SO_2、NO_x 环境空气质量难以稳定达标，酸雨污染未得到根本遏制。如不及时引导、优化和调控，长江上游生态屏障和三峡库区水环境安全将受到重大影响，将威胁区域的全面协调可持续发展。

二、促进区域重点产业与环境保护协调发展的总体要求

（三）指导思想。全面落实科学发展观，大力建设生态文明，推进环境保护历史性转变，努力探索环保新道路，以资源节约型、环境友好型经济发展为主导，加快传统产业升级换代、调整产业结构、优化产业布局，有效缓解重点产业发展对资源环境承载的压力，预防中长期环境风险，推动经济增长方式的根本转变，将成渝经济区建设成为环境保护优化经济发展的示范区域。

（四）基本原则。按照“保底线，优布局，调结构，控规模，严标准”的总体思路，确保生态功能不退化、水土资源不超载、污染物排放总量不突破、环境准入不降低。预防或减缓对长江上游生态屏障功能、长江上游和三峡水库水环境累积性影响和环境风险，扭转酸雨污染。坚持总量控制与质量控制相结合，确保生态保护红线不突破；坚持环境准入与淘汰落后相结合，加快产业转型；坚持产业发展与生态空间管制相结合，促进生产力合理布局；坚持结构优化与产业升级相结合，加快构建现代产业体系；坚持规模增长与资源环境承载相结合，统筹配置区域环境资源。

（五）主要目标。加快推进重点产业整体升级、布局优化和效率提升，发展环境友好型、资源节约型工业体系，将成渝经济区建设成为我国先进装备制造业、现代服务业、高新技术产业和农副产品加工基地，国家经济发展重要增长极。全面加强水环境管理，有效控制重金属和持久性有机污染发展势头，减轻农业面源污染，维护长江上游干流和三峡库区水环境安全。巩固和发展生态建设成果，维护“一圈四江九节点”生态安全格局，提升区域生态系统服务功能。优化能源消费结构，扭转酸雨污染发展的趋势，促进成渝经济区成为西部地区经济发展与环境保护协调发展示范区。

三、推进构建符合区域生态安全格局要求的现代产业体系

（六）大力发展战略性新兴产业，壮大优势装备制造业。优先发展装备制造业、高新技术产业、农副产品加工业等区域优势产业，大力推动新能源、新材料、生物工程、节能环保等新兴产业发展。依托重庆“两江新区”和成德绵城市群的产业基础优势，重点围绕发电和输变电设备、轨道交通设备、风电设备、汽车制造、摩托车制造、环保成套设备、数控机床、国防装备等领域，切实提升综合集成水平，逐步建设具有国际竞争能力的先进装备制造业基地。立足自主创新，引导产业集聚，培育一批具有核心竞争力的高新技术产业集群，形成以电子信息、新医药、新材料为主体的高技术产业发展格局。

（七）加快推进化工、造纸、纺织、冶金、建材等传统产业升级换代，力争 2015 年达到全国同行业同期水平。优先安排化工下游产品生产技术升级换代，支持天然气化工、盐化工、磷化工等高水平适度发展；加大造纸行业技术改造，实现生产技术装备大型化，加速淘汰落后产能，推动以竹代木、以竹代棉；控制冶金行业高耗能初级加工规模的无序扩张，引导产业链的延伸发展。

（八）优化能源结构，推进洁净煤利用。大力提高水电、天然气、可再生能源在一次性能源中的比重；扶持和推进煤炭气化等洁净煤技术的运用，支持超临界、超超临界发电机组运用；积极推进“煤改气”工程；加快成德绵城市经济带和沿长江城市经济带现有燃煤电厂机组的脱硫改造；燃煤火电机组配套建设脱硫脱硝设施，加强汞污染防治。

（九）着力推动区域生态经济建设。完善以转移支付为主的生态补偿机制，扶持三峡库区及其影响区、地震灾区和革命老区生态经济基础设施建设和产业发展。大力推动三峡库区农业走廊建设，加快发展绿色食品加工业、现代中药及生物医药加工业、丝麻纺织加工业等特色产业；继续推进地震灾区受损耕地、

基本农田和农业基础设施的恢复和建设，扶持发展中药材原料基地、特色农副产品种植和加工业、生态旅游业，加强自然保护区恢复和天然林保护；大力推动川东北革命老区的农业基础设施建设，扶持发展有机食品、绿色食品和中药材原料种植基地，建设以林为主、林农牧多种经营的生态产业模式。

（十）优化重点产业布局。重庆主城区宜发展高新技术产业、汽车、摩托车产业、装备制造业；成德绵城市经济带宜发展装备制造业、高新技术产业、现代服务业、现代中医药、军工等重点产业；统筹规划建设3～5个产业转移示范园区，有序引导成德绵城市经济带和重庆主城区的产业结构调整和优化布局；支持沱江、岷江中上游化工、造纸产业结构调整，优化产业布局；严格限制在三峡库区、沱江上游、岷江上游及中游的成都段布局石化等高风险、高污染产业。

（十一）优化重点工业园区发展。按照“环境风险可控、发挥资源优势、建设循环经济”的原则，优化长江城市经济带重点工业园区的发展；有选择地发展天然气化工、盐化工、石化中下游产业，适度发展煤气化工产业；新兴天然气化工基地应选择附加值高、有利于带动落后地区经济发展和产业链延伸的产品发展。

（十二）限制重污染、高风险产业的发展规模。在环境空气质量超标或酸雨严重且本地贡献比较大的地区，严格限制燃煤火电、冶金等高耗能高污染产业规模的盲目扩张。在环境质量和酸雨污染未得到持续改善之前，除热电联产外，原则上不允许新建燃煤电厂电源点；以优化布局为目标的新建燃煤电厂，必须在本地区实现“上大压小”和“增产减污”；改扩建燃煤电厂项目应做到本地区内“增产减污”。加快淘汰小火电，优先安排现有电源点的技术改造，提高环境绩效。在关闭淘汰不符合国家产业政策、环境绩效低下、环境污染严重的小电厂的前提下，2015年火电行业装机总规模应控制在3 060万千瓦以内，其中新增火电控制在1 880万千瓦以内，火电行业SO_2排放量应控制在49.1万吨以内。石化产业以延伸、完善中下游产品产业链为重点，炼油和乙烯规模应符合国家有关规划。

（十三）矿产资源开发实施生态保护优先。加快淘汰和关闭浪费资源、污染严重的矿山开采企业；新建矿山应以资源整合、小矿整治为前提，采取严格措施维护其水源涵养、生物多样性等生态服务功能；加强盆南岩溶地区、平行岭谷区和三峡库区腹地矿山生态修复。

（十四）科学规划、有序开发水电。在做好生态保护的前提下，进一步统筹水电、航电梯级开发。从有效保护长江上游珍稀特有鱼类、提高航运能力和发展清洁能源的角度，结合国家有关规划的编制，进一步协调水电、航电梯级开发与环境保护的关系。

四、实施区域生态环境战略性保护，提升资源环境支撑能力

（十五）维护生态安全格局，加强生态建设。维护盆周山地及长江、嘉陵江、岷江和沱江“一圈四江九节点”生态安全格局，确保成渝经济区水源涵养、水土保持、生物多样性保护等生态服务功能不削弱；确保四川境内已有的58个不同级别、总面积1.1万平方千米的各类自然保护区，重庆区域内41个不同级别、总面积为2 839平方千米的各类自然保护区总面积不减少；确保到2020年，四川省森林覆盖率不低于37%，重庆市不低于45%；加强龙门山、三峡库区、秦巴山地、武陵山、大娄山等区域的生物核心栖息地保护、水源涵养和水土保持；加强长江上游珍稀特有鱼类和土著种群生境的保护，确保自然保护区范围不缩小、功能不降低。

（十六）强化资源高效节约利用，加强生态保护。生态脆弱区、河流源区和三峡库区的矿产资源开发应做到生态保护优先、合理有序；盆周丘陵地带实行生态屏障建设和生态抚育与系统恢复，长江、岷江、沱江、嘉陵江河岸带实行限制开发，维护河岸带自然形态；强化水土保持，严格控制人为水土流失；水电、水资源开发应确保河流生态基流流量不低于多年平均径流量的10%；大力推进节水建设，提高区域水资源利用效率。

（十七）大力削减污染物排放总量，提高资源环境效率。实施基于环境质量改善的污染物排放总量控制目标、“以新带老”推动技术改造、升级换代和循环经济建设；“十二五”期间，化工、轻工、农副产

品加工、冶金、建材等传统产业的资源环境绩效达到全国同期水平；强化火电机组脱硫脱硝设施建设和运行管理，加大小火电机组削减现有燃煤火电二氧化硫排放量40万吨以上；加强成都、重庆市区挥发性有机污染物排放控制；强化长江上游干流和主要支流营养盐、重金属、有毒有害化学物质、持久性有机物等污染物控制。

（十八）严格技术水平门槛，有效控制特征污染。着力提高"两高一资"产业技术工艺水平，大、中型新建、改扩建项目清洁生产应达到国际先进水平；严格按照国家现行产业政策，淘汰小化工、小冶金、小造纸、小水泥等落后产能；新建、改扩建燃煤火电厂必须实施脱硫脱硝。

五、统筹区域环境管理，强化战略性环境保护措施

（十九）制订相关环境经济政策，引导产业升级和淘汰落后产能。在高风险、高污染的重化工企业中推行绿色保险制度，研究制订对投保企业和保险公司分别给予保费补贴和营业税优惠的激励措施。引导产业朝多元化发展，扶持旅游业、农副产品加工业、现代服务业以及新能源、新材料、生物工程等高新技术产业，限制小冶金、小水泥、小化工、小造纸等高污染高耗能产业扩张；对于不能满足所在区域环境管理要求的企业，限制其上市融资和扩大再生产。按规定对环境保护、节能节水项目所得给予税收优惠，对高污染高耗能产业和资源环境效率低下的企业要提高相关环境收费标准。制订符合本地社会、经济、生态协调发展的生态补偿机制，根据国家的相关政策在资源开发的收益中确定一定比例，用于区域生态恢复、跨地区生态环境综合治理与生态补偿。

（二十）加强环境保护能力建设。"十二五"期间，环保投入占GDP总量比例的年增长速度不低于15%；重点建设区域酸雨联防联控能力建设工程、长江上游和三峡库区环境风险预警和联防联控应急工程、工业园区暴雨径流污染控制与处置示范工程、非点源控制示范工程；优先装备先进的水环境自动监测设备、数据网络和大型实时监控平台，加强环境监测标准化建设，全面提高大气、土壤环境、农村面源污染监测能力；加强自然保护区规范化和基础能力建设。

（二十一）大力推进环保基础设施和应急能力建设。2015年城市污水处理率应不低于85%，生活垃圾无害化处理率力争不低于80%，工业固体废物综合利用率不低于72%，完成长江上游和三峡库区化工园区环境风险预警和应急设施和能力建设，加强化工园区突发环境事件预防、快速响应处置能力。

（二十二）对重金属和持久性有机污染物采取严格的控制措施。"十二五"期间，推动工业园区包括工业废水处理、暴雨径流控制与管理、环境风险防范的一体化水污染控制管理体系建设，优先在沿长江城市经济带、成德绵城市经济带选择工业园区进行试点，全面提升工业园区的废水管理水平；有色冶金、化工、电子等工业园区必须建立企业级和园区级重金属、持久性有毒有机物的控制和管理机制；开展工业园区地面径流污染物处置与管理体系示范工程，全面评估化工园区的风险防范与事故后处置体系有效性。

（二十三）实施非点源污染控制工程，加强环境综合治理。在巩固退耕还林成果、继续推进长江中上游水土保持的同时，大力支持生态农业建设、非点源控制工程建设；在盆中丘陵区和成都平原区，加快推进以非点源控制为重点的农村环境综合治理工程，加大现代化养殖业的比重，积极推进畜禽标准化、规模化养殖，有效控制畜禽养殖污染；加大财政支持力度，推进三峡库区影响范围内水土保持、非点源控制工程建设。

（二十四）切实发挥规划环评作用。建立规划环评与项目环评的联动机制，将规划环评作为项目环评准入的依据；对规划中包含由上级环保部门负责审批的重大项目的，其规划环评应征求上级环保部门的意见。对可能造成跨行政区域不良环境影响的重大开发规划和建设项目，要建立区域环境影响评价联合审查审批制度和信息通报制度。全面推进重点区域、产业园区、重化工基地，以及"两高一资"重点行业的规划环评，省级以上产业集聚区规划应与规划环评同时展开，未通过规划环评的产业园区禁止开工建设。强化和落实规划环评中跟踪监测与后续评价要求。

（二十五）统筹协调区域环境管理。打破行政界限，统一协调和管理区域大气环境、流域水环境，构建“统一规划、统一监测、统一监管、统一评估、统一协调”的区域联防联控工作机制，提升区域污染防治整体水平。建立健全跨区域跨部门联防联控机制，发挥各部门在污染防治中的管理、监测等方面的协调和配合职能。设立国家公益项目专项，开展长江上游和三峡库区环境风险预警和联防联控应急体系研究，建设预警和应急响应工程；研究平原地区和丘陵山区工业园区暴雨径流污染控制与处置方案，开展示范工程建设；研究区域间大气致酸污染物输送的相互影响和酸雨污染控制机制，配套能力建设。

关于印发《关于促进北部湾经济区沿海重点产业与环境保护协调发展的指导意见》的通知

（环函〔2011〕181号）

广东省、广西壮族自治区环境保护厅，海南省国土环境资源厅：

为了贯彻落实科学发展观，促进区域经济社会与环境协调发展，充分发挥战略环评成果对北部湾经济区沿海环境管理的指导作用，促进区域重点产业与环境资源协调可持续发展，从源头预防环境污染和生态破坏，我部在2009年组织编制《北部湾经济区沿海重点产业发展战略环境评价》的基础上，组织专家根据战略环评成果制定了《关于促进北部湾经济区沿海重点产业与环境保护协调发展的指导意见》。现印送你们，作为指导区域重点产业环境管理的参考和依据。

附件：关于促进北部湾经济区沿海重点产业与环境保护协调发展的指导意见

二〇一一年七月一日

附件：

关于促进北部湾经济区沿海重点产业与环境保护协调发展的指导意见

为深入贯彻落实科学发展观，引导北部湾经济区沿海走新型工业化道路，优化空间开发格局，科学调整经济结构，促进区域经济社会和资源环境协调可持续发展，提出以下意见：

一、充分认识区域重点产业发展与生态环境保护的重要性

（一）在国家区域经济和生态安全格局中占有重要地位。北部湾经济区沿海是我国重要国际区域经济合作区，它不仅是国家新一轮战略性产业布局的重要承载区域，而且是国家重要的沿海生态安全保障区域。北部湾区域拥有"最后的洁海""最具生物多样性的湾区""最重要的热带海岛生态系统""最重要的黄金渔场"，在我国南部沿海生态安全格局中占有十分重要的地位。正确处理好这一地区经济与环境协调可持续发展，有利于促进该区域走资源节约型、环境友好型发展道路。

（二）重点产业发展与生态环境保护的矛盾日益突出。北部湾经济区沿海工业化进程快速推进，石化、冶金、能源、造纸等重化工产业发展趋势十分明显，空间布局与生态安全格局、重化工业结构性规模扩张与资源环境承载力之间的矛盾将日益突出。部分河段和局部海域有机类污染严重，近岸生物体内污染累积效应开始显现；区域生态环境退化趋势明显，沿海生态敏感区面积减少，保护区破碎化程度加剧，部分海域生态系统处于亚健康状态，海洋生物资源衰退严重，生态灾害初显；陆地生态系统服务功能减弱，生物多样性明显下降，人工桉树林种植规模逐年增大，人均可利用土地资源量低。北部和东西部的局部地区酸雨问题比较突出，灰霾污染初显端倪。如不及时引导、优化和调控，将难以保持良好的生态

环境质量，将影响区域的全面协调可持续发展。

二、促进区域重点产业与环境保护协调发展的总体要求

（三）指导思想。全面落实科学发展观，大力建设生态文明，推进环境保护历史性转变，引导区域经济结构升级，优化产业空间布局，实施资源环境战略性保护，促进区域经济发展方式的加快转变，率先走出一条“低投入、高产出，低消耗、少排放，能循环、可持续”的发展道路，成为环境友好、效益显著的可持续现代生态型经济示范区域。

（四）基本原则。按照“保底线，优布局，调结构，控规模，严标准”的总体思路，确保生态功能不退化、水土资源不超载、污染物排放总量不突破、环境准入不降低。坚持污染物总量控制与质量控制相结合，确保生态环境质量不降低；坚持优化产业空间布局与生态空间管制相结合，保证区域生态功能不下降；坚持环境准入与产业升级相结合，加快构建现代产业体系；坚持规模增长与资源环境承载相结合，统筹配置区域环境资源。

（五）主要目标。按照“两翼（东翼——茂名、湛江，西翼——防城港、钦州、北海）择优重点，北部（南宁）提升优化，南部（海南西部和北部）集约发展，中部保护控制”的优化发展调控目标，促进重点产业与生态环境协调发展，推动重点产业合理布局，形成分工合理、资源高效、环境友好的重点产业发展新格局。在确保经济快速稳定发展的前提下，缓解区域资源环境压力，扭转生态环境退化趋势，保持优良的生态环境质量。

三、推进构建符合区域生态安全格局要求的现代产业体系

（六）促进重点产业优化布局。东翼以博贺新港区-东海岛为重点，积极推进石化和湛江装备制造，发展东海岛钢铁、茂名火电。西翼以防城港企沙工业区、钦州湾开发区为重点，企沙工业区着力发展冶金和能源，钦州港开发区积极发展石化、适度发展生物能源和林浆纸一体化，铁山港工业区积极发展林浆纸一体化、新材料和电子产业。北部发展高新技术产业，提升和优化铝型材、建材和轻工。南部集约发展洋浦开发区石油化工、林浆纸一体化和东方工业区天然气化工、能源，昌江着力发展新型建材、清洁能源，海口集中发展现代制造业和高新技术产业。

（七）统筹布局大型石化基地。集约建设湛茂、钦州、洋浦等具有国际先进水平的大型炼化一体化项目及其延伸产业链基地，错位分工，适度发展。淘汰 100 万吨及以下低效低质落后的炼油装置；优先发展石化中下游产品，提升高附加值、高技术、低污染的精细化工产品比重。北海立足于对现有石化企业升级改造，适当发展石化中下游产品，防止以沥青、重油加工等名义新建炼油项目。区域内原则上不适宜新布局煤化工产业。

（八）推进钢铁产业的集中布局和集约发展。在符合国家“等量置换”“减量置换”“不新增钢铁产能”产业政策的前提下，适时建设湛江和防城港两个千万吨级钢铁项目，主要重点发展精品钢、碳钢板材类等高端产品，严格控制区域生铁、粗钢等产能扩张。

（九）适度发展林浆纸一体化产业。推动蔗渣与蔗渣浆循环利用，促进造纸集约化、规模化发展。加大对区域小造纸与落后工艺的全面淘汰，分阶段提高行业规模、技术与污染治理准入门槛，重点加快淘汰北部、东部和西部规模以下造纸产能，控制北部和东部新增木浆造纸产能。

（十）积极发展清洁能源、可再生能源。拓宽能源利用途径，优化和合理控制火电比重，积极发展气电、风电和生物质能源等清洁和可再生能源，安全发展核电。控制火电规模，火电产业集中布局在茂名博贺新港区、湛江徐闻和雷州、防城企沙、钦州湾、北海铁山港、南宁六景、海南东方和澄迈。

（十一）大力发展先进制造业。加快推进装备制造业规模化发展，重点扶持高技术、高附加值的大型装备和机械设备等行业，大力提高高端装备制造业比重。大力发展海口新能源汽车、低碳旅游装备制造业，积极推进湛江、防城港、临高修造船业，着力发展湛江海洋工程设备制造业。

（十二）大力发展战略性新兴产业、现代服务业和特色产业。积极发展新能源、信息技术、生物制药、新材料、新能源汽车、节能环保等战略性新兴产业，以及港口物流业、现代商贸及信息服务业等现代服务业，提升高新技术产业及现代服务业的比重；大力发展海南国际旅游岛特色旅游产业；重点发展海水养殖、海洋生物制药、海洋食品等海洋特色产业；加大对纺织服装、制糖、造纸（含蔗渣制浆）、农海产品加工、铝加工、建材等技术升级和改造，打造区域优势主导产品。

四、实施区域生态环境战略性保护，提升资源环境支撑能力

（十三）保持重要生态用地面积不减少，确保区域生态功能不退化。增加陆地自然保护区面积，坚持保护级别不降低。确保天然林面积不减少，生态公益林面积扩大 10%，水源保护区面积不减少。控制该地区浆纸林基地单一物种速丰林面积在 0.56 万平方公里以内。保证水产种质资源保护区面积不减少，保护级别不降低。红树林保护区面积扩大 6%。重点保护大明山、十万大山、防城金花茶、海南尖峰岭等自然保护区和森林公园及其周边的天然林，保护湛江徐闻、雷州、廉江和北海合浦、涠洲岛和钦州茅尾海、三娘湾和防城北仑河口、珍珠湾和海南临高、儋州等地的红树林、珊瑚礁、海草床等海洋生态系统，以及白碟贝、儒艮、文昌鱼等珍稀海洋生物。

（十四）合理开发水资源和岸线资源，确保水土资源不超载。确保河流多年平均径流量 10%的生态基流底线，保证主要河道内生态基流量和河道外生态用水量。提高土地集约利用效率，避免盲目扩张占用土地，重点控制北海市土地资源承载力不超载。严格控制港口工业岸线开发。保持生态与自然保护岸线长度不低于岸线总长度的 49%，港口工业利用岸线占总岸线比例小于 12%，严格控制北海银滩至湛江雷州半岛西侧、涠洲岛、硇洲岛、东海岛南侧、茅尾海、北仑河口、珍珠湾、临高沿岸、儋州沿岸等的港口工业岸线开发与利用。

（十五）大力推进污染减排，确保污染物排放总量不突破。海陆生态环境质量继续保持全国前列，扭转生态环境退化的趋势。2020 年，区域环境空气质量总体优于功能区划要求，主要污染物年均浓度占标率小于 75%，城市环境空气质量（API）优良率大于 90%，酸雨发生频率低于 30%。近岸海域环境功能区水质达标率不小于 85%，海洋表层沉积物质量达标率不小于 90%；地表水环境功能区水质达标率大于 90%，集中式饮用水水源地水质达标率大于 99%。加强总氮、总磷的控制，化学需氧量、氨氮、二氧化硫和氮氧化物排放总量应控制在国家和地方确定的控制目标以内。

（十六）提高资源环境效率，严格环境准入。逐步实施更严格的污染物排放标准和清洁生产标准，2020 年，区域整体资源环境效率达到国内先进水平。工业化学需氧量、二氧化硫排放强度在现状基础上分别降低 27%、28%以上，单位 GDP 能耗降低 18%以上。“双超双有”企业（即污染物排放超过国家和地方规定的排放标准或者超过经有关地方人民政府核定的污染物排放总量控制指标，以及使用有毒、有害原料进行生产或者在生产中排放有毒、有害物质的企业）、重金属污染企业强制实施清洁生产。提高造纸、生物燃料、炼油、钢铁、火电等行业规模、技术与污染治理准入门槛。

五、加快产业优化升级，强化战略性环境保护措施

（十七）制订相关环境经济政策，引导重点产业升级和淘汰落后产能。在石化等高风险、高污染行业优先推行绿色保险制度，研究制订对投保企业和保险公司分别给予保费补贴和营业税优惠等激励措施。引导产业朝多元化方向发展，扶持旅游、电子信息、现代服务业以及新能源、新材料等高新技术产业，淘汰小造纸、小水泥、小炼油、小火电等高污染高耗能项目；对于存在环境违法行为、不符合国家和地方产业政策的企业，提高其贷款利率，限制、停贷或回收已发放贷款。进一步推动企业上市环保核查工作，严格审查其环境治理能力及效果，对于不能满足所在区域环境管理要求的企业，限制其上市融资与扩大再生产。制订符合本地区社会经济和生态保护实际的生态补偿机制，加强区域生态恢复、跨地区与跨流域生态环境综合治理。对投资核电、风电等清洁能源以及环保基础设施建设、防护林建设、湿地保

护、自然岸线保护等防治污染和生态环境保护项目的企业给予税收减免，对小造纸、小水泥、粗钢等高污染高耗能产业和资源环境效率低下的企业提高相关环境税费标准。

（十八）优先保证环保投入。按照各级财政预算安排的环保资金增长幅度高于同期财政收入增长幅度的原则，逐步提高政府环保投入。2020 年区域环保投入占 GDP 比重不低于 2.6%。支持和引导多元化、多渠道的环保投入。通过国家直接投资、财政补贴、生态补偿和转移支付等方式支持环保基础设施、生态环境建设等重大项目建设。

（十九）大力推进环境基础设施建设。重点抓好“强化工业污水治理”“加快建设城镇污水处理”“建设十大深海排放污水处置”“邕江、小东江环境综合整治”“加强养殖废水废弃物治理”等五大水污染控制工程。2015 年，城市污水处理率不低于 85%，生活垃圾无害化率不低于 80%，工业固体废物综合利用率不低于 72%。重点提高区域脱硫脱硝能力和效率，改扩建电厂及新建电厂必须同步建设脱硫脱硝配套设施；淘汰高能耗、重污染的工业锅炉、窑炉，积极发展低能耗、轻污染或无污染的工业锅炉、窑炉；加强环境监测能力标准化建设，加大颗粒物、挥发性有机物监测和污染防治力度。

（二十）切实发挥规划环评作用。建立规划环评与项目环评的联动机制，将规划环评作为项目环评准入的依据；对规划中包含由上级环保部门负责审批的重大项目的，其规划环评应征求上级环保部门的意见。对可能造成跨行政区域不良环境影响的重大开发规划和建设项目，要建立区域环境影响评价联合审查审批制度和信息通报制度。全面推进重点区域、临港工业区、重化工基地，以及“两高一资”重点行业的规划环评。重点产业集聚区规划环评应与规划同时开展，未通过规划环评的产业园区建设项目文件不予审批。强化规划环评中跟踪监测与后续评价要求。

（二十一）统筹协调区域环境管理。建立健全跨区域跨部门联防联控机制，统筹和协调有关部门在污染防治管理、监测等方面的职能，统一协调和管理区域大气环境、流域水环境，统筹陆海、兼顾河海，构建“统一规划、统一监测、统一监管、统一评估、统一协调”的区域联防联控工作机制，提升区域污染防治整体水平。建立多部门联动的综合预警和应急机制，制定突发性污染事故紧急预案处理措施，建设环境污染事故应急队伍，确保区域生态环境安全。

关于印发《关于促进黄河中上游能源化工区重点产业与环境保护协调发展的指导意见》的通知

（环函〔2011〕182 号）

山西省、内蒙古自治区、陕西省、宁夏回族自治区环境保护厅：

为了贯彻落实科学发展观，促进区域经济社会与环境协调发展，充分发挥战略环评成果对黄河中上游能源化工区环境管理的指导作用，促进区域重点产业与环境资源协调可持续发展，从源头预防环境污染和生态破坏，我部在 2009 年组织编制《黄河中上游能源化工区重点产业发展战略环境评价》的基础上，组织专家根据战略环评成果制定了《关于促进黄河中上游能源化工区重点产业与环境保护协调发展的指导意见》。现印送你们，作为指导区域重点产业环境管理的参考和依据。

附件：关于促进黄河中上游能源化工区重点产业与环境保护协调发展的指导意见

二〇一一年七月一日

附件：

关于促进黄河中上游能源化工区重点产业与环境保护协调发展的指导意见

为深入贯彻落实科学发展观，推动黄河中上游能源化工区经济发展方式的战略性转变，加快经济结构调整，优化空间开发格局，科学有序资源开发，促进区域经济社会和资源环境协调可持续发展，提出以下意见：

一、充分认识区域重点产业发展与生态环境保护的重要性

（一）在区域经济和生态安全格局中占有重要地位。黄河中上游能源化工区是我国重要的能源供给基地、煤化工产业基地，是我国西北地区经济社会发展的重要引擎。同时，该区地处我国典型的生态脆弱区，是我国防风固沙、水土保持关键区域和华北地区生态防线；该区位于黄河上中游河段，对黄河流域中下游地区生态安全至关重要。正确处理好区域经济与环境协调发展，对促进我国资源能源富集地区经济发展方式的根本转变具有突出的示范作用。

（二）结构性与布局性矛盾突出。黄河中上游能源化工区产业结构不尽合理，煤炭采掘、煤电、煤化工、冶金等重化工产业规模持续增长，工业园区沿黄布局态势明显，重化工产业的结构性规模扩张与资源环境承载能力之间、空间布局与区域生态安全格局之间的矛盾也日益突出。水资源不合理利用引发一系列生态环境问题，部分非季节性河流断流，局部地区形成大面积地下水降落漏斗，引发次生地质环境问题；工业化高速发展加剧流域水质恶化，2001—2007 年 55%的黄河支流监测断面连续 7 年为劣Ⅴ类水

质，支流水质持续严重超标；以燃煤为主的常规大气污染依然严重，SO_2超标现象普遍，个别地市以焦化为主的工业园区周边出现苯并[*a*]芘等特征污染物超标现象。多年的煤炭资源高强度、大规模粗放型开发加剧局部地区土地退化，人居环境功能受到威胁。如不及时引导、优化和调控，区域环境污染加重、生态环境质量总体下降的问题将难以解决，将严重威胁区域的全面协调可持续发展。

二、促进区域重点产业与环境保护协调发展的总体要求

（三）指导思想。全面落实科学发展观，大力建设生态文明，推进环境保护历史性转变，努力探索环保新道路，加快调整区域经济结构，优化国土空间开发格局，实施资源环境战略性保护，推动区域经济发展方式的战略性转变，实现环境保护优化经济发展。

（四）基本原则。按照“保底线，优布局，调结构，控规模，严标准”的总体思路，确保生态功能不退化、水土资源不超载、污染物排放总量不突破、环境准入不降低。坚持总量控制与质量控制相结合，确保生态环境红线不突破；坚持环境准入与淘汰落后相结合，加快产业转型；坚持产业发展与生态空间管制相结合，促进生产力合理布局；坚持结构优化与产业升级相结合，构建现代能源重化工产业体系；坚持规模增长与资源环境承载相结合，统筹配置区域环境资源。

（五）主要目标。按照“以水定产、技术升级、优化布局、多元化发展”的思路，推动产业结构升级和发展转型，强化重点产业发展的规模控制与空间管治，形成分工合理、资源高效、环境友好的产业发展新格局。在经济社会快速稳定发展的同时，维护好本地区作为华北地区重要生态防线的功能、黄河流域的生态安全廊道功能和人居环境保障功能，逐步降低区域资源环境压力，从根本上扭转水资源过度开发、土地持续退化的态势，逐步实现区域生态环境由局部改善向整体提升的战略性转变。

三、加快构建符合区域生态安全格局要求的现代产业体系

（六）优化重点产业布局。河套内新兴产业区（即鄂尔多斯、榆林、宁东地区）重点发展煤炭开采、煤电、煤化工等产业，以新型能源重化产业区作为发展方向；汾河流域产业区（即吕梁、临汾、运城，辐射忻州）优化发展煤炭开采、煤电、煤化工及冶金等产业，支持建设“国家资源型经济转型综合改革配套实验区”，突破生态环境综合承载力困境；渭河流域产业区（关中－天水经济区）（即宝鸡、咸阳、渭南、铜川，辐射延安）依托现有工业基础，重点发展煤炭开采、现代煤化工等产业；包头及周边地区（即包头，辐射巴彦淖尔）建设特色冶金基地，合理布局钢铁、铝业、装备制造、电力、煤化工和稀土等产业；黄河上游产业区（即银川、石嘴山、中卫、吴忠）围绕“黄河上游城市带”建设，着力优化产业结构，发展配套产业和服务业，提升现有工业技术水平。

（七）有序开发煤炭资源，调整优化煤炭产业结构。对煤炭资源进行统一规划、统一布局、统一管理，淘汰落后产能，加快中小煤矿整合和改造，提高煤炭生产集约化程度和技术装备水平，促进煤炭资源的合理有序开发。充分论证鄂尔多斯和榆林东部煤炭资源开发的开采时序、开采规模，优化开采方式，实现科学开发；推进汾河流域产业区煤炭行业整合，提高煤炭产业集中度，逐步淘汰 30 万吨以下小规模矿井，单井平均规模逐步达到 120 万吨。

（八）控制煤电发展规模，提升煤电产业技术水平。全面淘汰 10 万千瓦以下煤电机组，其中河套内新兴产业区应逐步淘汰 20 万千瓦以下煤电机组，提高区域煤电产业整体技术水平，推广清洁高效煤电技术。限制大气环境承载力较低地区的煤电产业发展规模，提高水电、风电和可再生能源等清洁能源的装机和发电比重，优化电源结构。

（九）以水定产适度发展煤化工，推进传统煤化工升级改造。以区域水资源承载力为依据，科学规划煤化工产业发展，适度发展新型煤化工。进一步加大区域传统煤化工产业升级改造力度；提升汾河流域产业区焦化、合成氨行业技术水平；升级改造渭河流域产业区合成氨、电石行业；推进包头及周边地区焦化企业重组，淘汰小规模落后产能；对区域电石、焦化产能实施总量控制，提高产业集中度

和技术水平。

（十）集约发展冶金行业，提高行业清洁生产水平。加快推进冶金产业向产业园区聚集，强化集约节约用地，提高工业用地综合利用效率。深入调整冶金行业产业结构，淘汰落后产能，提升技术装备水平和污染治理水平，加强氟化物控制，冶金行业力争达到国内清洁生产先进水平。打造“特色冶金基地”，全面提升企业清洁生产水平，推进冶金循环经济园区建设，实现资源综合利用、循环利用。

（十一）鼓励产业多元化发展，完善产业体系。发挥渭河流域产业区人才、技术和区位优势，优化对外开放格局，承接东部产业转移，以装备制造和高新技术产业为重点，丰富区域产业结构。鼓励黄河上游产业区发展低耗水产业，优化产业结构，打造人才和服务基地，大力发展新能源、高新技术等新型产业，探索石嘴山等资源型城市产业转型和多元化发展道路。

四、实施区域生态环境战略性保护，提升资源环境支撑能力

（十二）改善区域生态功能。加强生态建设力度，促进区域生态功能改善。确保受保护湿地面积、自然保护区面积不减少，剧烈沙漠化和剧烈土壤侵蚀区等禁止开发区面积不低于现状。优先保护陕西、山西沿黄湿地，重点加强红碱淖湿地自然保护区、鄂尔多斯遗鸥国家级自然保护区、山西黄河湿地自然保护区、乌梁素海湿地水禽自然保护区、毛乌素沙地柏自然保护区、贺兰山国家级自然保护区、沙坡头国家级自然保护区和白芨滩国家级自然保护区等生态敏感区的生物多样性保护。

（十三）合理开发水资源。以确保区域生态用水为前提，优先利用非常规水源，合理开采地下水，控制地表水取用，调配区域水资源，保障水资源消耗总量不突破红线，维护区域生态安全。汾河、渭河、无定河等产流面积较大的河流，总体生态水量应达到天然径流量的30%～40%，满足河流生态环境用水；地下水超采区退减超采地下水水量，缓解地下水降落漏斗等次生地质问题。

（十四）保证环境质量达标。确保黄河干支流重要环境功能区丰水期水质稳定达标，黄河支流水质达标率明显提高。城市环境空气质量好于二级标准天数达到国家相关要求，主要大气污染物排放满足区域环境容量要求。加强传统煤化工工业园、冶金工业园区周边苯并[*a*]芘、氟化物等特征大气污染物控制。

（十五）严格环境准入要求。2015 年城市污水处理率应不低于 85%，生活垃圾无害化处理率力争不低于 80%，工业固体废物综合利用率不低于 72%。逐步提高产业资源环境效率准入门槛，确保 2020 年重点行业清洁生产水平达到国内先进水平，水资源利用效率指标达到国际先进水平，新型煤化工项目废水循环利用率达 95%以上，新增煤炭项目矿井水利用率应达到 90%以上。在地下水超采地区，新建、改扩建项目不得使用地下水作为工业水源；断流河流所在流域范围、地下水降落漏斗范围内不得新增工业企业用水规模。严格控制新建、改扩建项目资源利用率和污染物排放强度；新增电力项目须配套脱硫设施、脱硝设施，脱硫效率达 90%以上，脱硝效率达 70%，应采用空冷机组，灰渣综合利用率达 100%；新增煤化工项目必须入工业园区，公用工程配套的热电站应全部配套脱硫设施，脱硫率达到 90%以上，工艺装置应配套先进脱硫设施。

五、加快产业优化升级，强化战略性环境保护措施

（十六）实施分区环境管理。自然保护区、集中式饮用水水源地保护区、泉域保护区水量和水质重点保护区，剧烈沙漠化和剧烈土壤侵蚀区等禁止开发区，禁止新布局工业企业，现有工业企业必须逐步迁出；自然环境本底脆弱，水资源、水环境及大气环境严重透支的重点治理区，必须限制新增污染企业、加大企业污染排放管理力度；现状环境质量较好，但自然环境本底脆弱的重点监控区，加强环境预警，引导产业优化布局，避免生态环境破坏。

（十七）保障流域生态需水，优化区域水资源配置。保障区域生态需水，引导重点产业规模适度发展；建立生态需水底线评估制度，作为区域水资源配置的重要依据；评估重点河段和重点湖泊最低生态用水量，以此作为核定区域水资源配置、编制流域水资源综合利用规划的重要依据。通过实行总量控制，保

障生态需水，缓解和恢复水环境生态功能。对于用水超指标的区域，暂停审批该区域新增高耗水项目。

（十八）构建企业升级改造促进机制。限制高污染高耗能行业发展，加快落后产能退出，对重污染企业可采取规划先行、有序退出，合理补偿、激励退出，防止转移、扶持转型，妥善安置、维护稳定的对策。推行绿色信贷，通过贴息等信贷手段扶持区域内新能源、新材料等高新技术产业，鼓励区域发展煤源产业以外的高附加值清洁型产业，限制焦炭、电石、合成氨等行业落后产能发展，控制渭河流域造纸行业发展规模。在高风险、高污染的化工企业中推行绿色保险制度，研究制订对投保企业和保险公司分别给予保费补贴和营业税优惠的激励措施。推动上市公司环保核查工作，促进企业严格自律，严格审查募集资金扩大发展的高污染企业，对不能满足区域环境管理要求的企业，必须限制扩大再生产。

（十九）完善生态补偿机制。在汾河流域、渭河流域和乌梁素海探索流域生态补偿试点，研究设立黄河中上游流域生态环境治理和修复专项资金。建立区域矿产资源开发生态补偿制度，改善区域生态环境质量，实现煤炭资源持续开采和区域生态系统的相对稳定。

（二十）切实发挥规划环评作用。建立规划环评与项目环评的联动机制，将规划环评作为项目环评准入的依据；对规划中包含由上级环保部门负责审批的重大项目的，其规划环评应征求上级环保部门的意见。对可能造成跨行政区域不良环境影响的重大开发规划和建设项目，要建立区域环境影响评价联合审查审批制度和信息通报制度。全面推进重点区域、煤化工和涉重金属污染等重点行业、重化工基地的规划环评。重点产业集聚区规划环评应与规划同时开展，未通过规划环评的产业园区建设项目文件不予审批。强化规划环评中跟踪监测与后续评价要求。

（二十一）统筹协调区域环境管理。建立健全跨区域跨部门联防联控机制，统筹和协调有关部门在污染防治管理、监测等方面的职能，统一协调和管理区域大气环境、流域水环境，构建“统一规划、统一监测、统一监管、统一评估、统一协调”的区域联防联控工作机制，提升区域污染防治整体水平。建立多部门联动的综合预警和应急机制，制定突发性污染事故紧急预案处理措施，建设环境污染事故应急队伍，确保区域生态环境安全。

关于印发《关于促进海峡西岸经济区重点产业与环境保护协调发展的指导意见》的通知

（环函〔2011〕183 号）

浙江省、福建省、广东省环境保护厅：

为了贯彻落实科学发展观，促进区域经济社会与环境协调发展，充分发挥战略环评成果对海峡西岸经济区环境管理的指导作用，促进区域重点产业与环境资源协调可持续发展，从源头预防环境污染和生态破坏，我部在 2009 年组织编制《海峡西岸经济区重点产业发展战略环境评价》的基础上，组织专家根据战略环评成果制定了《关于促进海峡西岸经济区重点产业与环境保护协调发展的指导意见》。现印送你们，作为指导区域重点产业环境管理的参考和依据。

附件：关于促进海峡西岸经济区重点产业与环境保护协调发展的指导意见

二〇一一年七月一日

附件：

关于促进海峡西岸经济区重点产业与环境保护协调发展的指导意见

为深入贯彻落实科学发展观，引导海峡西岸经济区走新型工业化道路，优化空间开发格局，科学调整经济结构，促进区域经济社会和资源环境协调可持续发展，提出以下意见：

一、充分认识区域重点产业与生态环境保护协调发展的重要性

（一）在国家区域经济和生态安全格局中占有重要地位。海峡西岸经济区是我国沿海经济带的重要组成部分，是海峡两岸合作交流的前沿，是国家重点开发区域和新的经济“增长极”。同时，海峡西岸经济区生物多样性资源富集，生态环境敏感区众多，对保障国家生态安全具有十分重要的作用。正确处理好该地区经济与环境的协调可持续发展，有利于促进该区域走资源节约型、环境友好型发展道路。

（二）重点产业发展与生态环境保护矛盾初步显现。近年来，海峡西岸经济区重化工产业快速发展，石化、冶金及能源等重化产业布局与生态安全格局、规模快速扩张与资源环境承载能力之间矛盾初步显现。海峡西岸经济区生态环境质量总体良好，但酸雨污染严重，沿海部分城市出现了灰霾天气，局部海湾、河口等近岸海域生态系统已遭到一定破坏，海洋生物资源不断减少，赤潮灾害影响增大。如不及时引导、优化和调控，将难以保持良好的生态环境质量，将影响区域的全面协调可持续发展。

二、促进区域重点产业与环境保护协调发展的总体要求

（三）指导思想。全面落实科学发展观，大力建设生态文明，推进环境保护历史性转变，努力探索环

保新道路，引导区域经济结构升级，优化产业空间布局，实施资源环境战略性保护，构建资源保障永续利用、生态环境良性循环和生态安全稳定可靠的保障体系，将海峡西岸经济区建设成为环境保护优化经济发展的示范区域。

（四）基本原则。按照“保底线，优布局，调结构，控规模，严标准”的总体思路。坚持产业发展和生态敏感区保护相结合，促进生产力合理布局；坚持产业结构升级和生态工业园区建设相结合，加快产业结构优化调整；坚持规模增长与资源环境承载能力相结合，统筹区域产业发展规模；坚持严格环境准入与淘汰落后产能相结合，提高资源环境利用效率；坚持环境保护优化经济发展，确保海峡西岸经济区生态环境位居全国前列。

（五）主要目标。按照“沿海地区重点开发，内陆山区适度开发，推动集聚发展、优化发展，加快建设成为我国东部沿海地区先进制造业重要基地”的总体思路，积极发挥环境保护的宏观调控作用，提升区域资源环境对重点产业发展的支撑能力，在科学布局、优化结构、提高效益、降低消耗、保护环境的基础上，推动区域经济又好又快和全面协调可持续发展。

三、推进建设符合区域生态安全格局要求的现代产业体系

（六）促进闽江口等四大产业基地建设。引导重点产业向闽江口、湄洲湾、厦门湾、潮汕揭产业基地集聚发展。闽江口产业基地大力发展装备制造、电子信息产业和高新技术产业，强化服务功能和国际化进程，成为带动海峡西岸经济区发展的重要核心。湄洲湾产业基地大力发展石化、装备制造、林浆纸等临港型产业，建设现代化的石化产业基地。厦门湾产业基地进一步发挥电子信息和装备制造业的规模优势，调整化工产业布局，引导化工企业向湄洲湾石化基地和古雷石化基地集聚。潮汕揭沿海产业基地重点布局大型石化基地，同步发展装备制造、电子信息和能源产业。

（七）优化调整瓯江口等六大产业基地空间布局和产业结构。瓯江口产业基地在环境综合整治的基础上，立足于温州市传统产业结构调整与升级换代，大力发展装备制造、新能源、新材料、电子信息和现代服务等产业。合理布局化工园区，逐步推进化工企业向园区集中，大小门岛宜发展污染相对较轻的石化中下游产业。环三都澳区域引导装备制造、化工、冶金、物流等临港产业集聚发展，进一步科学论证环三都澳区域大型钢铁基地和炼化一体化基地的空间布局方案，选择大气扩散条件好、远离城镇发展区、海域生态环境敏感度不高、排水条件较理想的沿海地区布局；湾内重点围绕电机电器和船舶修造两大产业大力发展装备制造业，适度发展污染较轻、环境风险较小的临港工业。罗源湾产业基地重点发展装备制造产业，适量发展冶金、能源产业和污染相对较轻的石化中下游产业。兴化湾产业基地重点发展电子信息、装备制造和能源产业，适度发展污染相对较轻的石化产业，加快推进环保基础设施建设和企业污染治理，统筹解决江阴工业区内企业与居民交错分布问题。泉州湾产业基地在立足于整合提升现有纺织鞋服等传统优势产业的基础上，重点发展电子信息和装备制造产业，严格控制陆域废水排放。古雷石化基地重点发展石化和装备制造产业，近期优先发展石化中下游产业。

（八）推进福建内陆山区产业集聚发展。福建内陆山区钢铁、建材等行业以调整结构、技术升级为主，逐步引导产业向条件较好的地区集中发展。大力做好资源环境和生态保育，鼓励发展无污染、轻污染的绿色农业、林产加工、食品加工、生物技术产业和旅游产业等。

（九）加快发展高端制造业。以承接台湾高端产业转移为导向，大力加强装备制造和电子信息产业等高端制造业的基础配套设施建设，进一步壮大具有比较优势的产品集成行业规模，做强初具雏形的软件产业，积极培育研发能力，适度发展前端基础制造业。积极承接传统装备制造业转移，加大高档数控机床、轻工机械、输变电设备等中高端装备制造业产品的引入力度，扩大中高端产品比例，增强区域装备制造业整体实力。

（十）整合提升传统轻纺工业。立足区域纺织、服装、制鞋、食品等轻纺工业的基础优势，按照“特色发展、技术升级、布局整合”的调控原则，打造区域传统轻纺工业新优势。加大对传统产业技术改造

力度，增加产品技术含量，形成区域优势主导产品。引导企业逐步向专业化园区集中，促进产业规模化发展。

（十一）优化能源电力结构。以节能、减排、低碳为发展方向，进一步优化能源结构。安全发展核电，合理开发水电和风电，鼓励开发太阳能和生物质能源，优化煤电布局，逐步减少火电在能源电力结构中的比例，增加清洁能源特别是新型能源发电的比重。

（十二）培育战略性新兴产业和海洋特色产业。加快发展新能源、生物医药、节能环保、新材料、新一代信息技术产业、高端装备制造业等战略性新兴产业。加强海洋资源保护和开发利用，重点发展现代海洋渔业、海洋生物医药、海洋保健食品、海水综合利用、海洋服务业等海洋特色产业。

（十三）推进平潭综合实验区先行先试。平潭综合实验区重点发展电子信息、高端机械设备、海洋生物科技、新材料、低碳技术及清洁能源等高新技术产业，以及商贸加工业、海洋产业、旅游业、现代服务业等。

四、实施区域生态环境战略性保护，提升资源环境支撑能力

（十四）重要生态功能区面积不减少。维持自然保护区、重要湿地等重要生态敏感区面积不减少，天然湿地保护率不低于 90%。重点保护浙闽赣交界山地、东南沿海红树林生物多样性保护重要区，以及西部大山带、中部大山带和沿海地带的重要生态敏感区。重点保护乐清湾海域生态系统、三沙—罗源湾水产资源、闽江口渔业资源和湿地、泉州湾河口湿地和水产资源、厦门湾海洋珍稀物种、东山湾典型海洋生态系统和粤东海域南澳候鸟自然保护区。

（十五）水土资源不超载。引导内陆地区产业集中发展，强化沿海地带重点产业集约发展。确保 2020 年河道内最小生态用水量 166 亿立方米，稳定地表水和河口湿地功能。确保 2020 年最小入海径流量 142 亿立方米。保障近岸海域生态功能的稳定。严格控制围填海，规避敏感岸线，加大海岸带生态保护力度，切实保护红树林、湿地保护区等重要敏感生态系统。重点保护自然保护区内岸线及河口敏感岸线。确保自然岸线比例不低于 70%，海洋保护区面积不少于领海外部界线以内海域面积的 8%。鼓励重化工业朝湾口布置，减少湾内围垦需求。

（十六）污染物排放总量不突破。严格控制主要污染物排放总量，确保重要生态功能区和重点区域环境质量达标。大力推进农业面源污染防治，严格控制点源污染排放，区域主要污染物排放总量不得超过总量控制目标。加强陆源污染物入海控制，沿海地区城镇污水处理厂实施脱氮除磷，严格控制滩涂水产养殖。加强非常规污染物、有毒有害和持久性污染物的防治，预防大型石化、冶金基地排放的特征污染物对周边环境的影响。沿海地区重点产业基地污水应采用深水排放方式，排放口形成的污水混合区不得影响鱼类洄游通道和邻近海域环境功能。

（十七）环境准入标准不降低。从严控制“两高一资”产业，提高行业准入门槛。逐步建立新建项目能效评估制度，提高资源环境效率。力争到 2020 年海峡西岸经济区整体资源环境效率达到国内先进水平。制定产业集聚区节约用地标准，限制占地大、产出低的项目，引进项目的资源环境效率应达到引进国（或地区）的先进水平。湄洲湾、潮汕揭发展临港重化产业应加大环保基础设施建设，加强海洋污染防治力度，建立突发性污染控制和应急处理机制，闽江口、瓯江口产业基地应加强陆源废水污染物的治理，提高废水排放标准。

五、加快产业优化升级，强化战略性环境保护措施

（十八）优先落实国家有关产业政策。整合提升纺织服装、制鞋、食品等优势传统产业，大力推动制造业结构升级；加快淘汰小化工、小钢铁、小造纸、小水泥等污染严重且不符合当地资源环境禀赋的落后产能，通过经济手段引导其升级改造或逐渐退出；鼓励“上大压小”，支持超临界、超超临界火电机组建设。推进产业结构优化升级，促进信息化与工业化融合。

（十九）制订相关环境经济政策。在石化等高风险、高污染行业优先推行绿色保险制度，研究制订对投保企业和保险公司分别给予保费补贴和营业税优惠等激励措施。通过调整信贷结构引导产业朝多元化方向发展，扶持旅游、电子信息、现代服务业以及新能源、新材料等高新技术产业，限制粗钢、小水泥、小化工、小造纸等高污染高耗能产业扩张，对于存在环境违法行为、不符合国家和地方产业政策的企业，提高其贷款利率，限制、停贷或回收已发放贷款。进一步推动企业上市环保核查工作，严格审查其环境治理能力及效果，对于不能满足所在区域环境管理要求的企业，限制其上市融资与扩大再生产。制订符合本地经济社会和生态保护实际的生态补偿机制，根据国家的相关政策在能源和其他资源开发的收益中确定一定比例，用于区域生态恢复、跨地区生态环境综合治理与生态补偿。对投资核电、风电等清洁能源以及环保基础设施建设、防护林建设、湿地保护、自然岸线保护等防治污染和生态环境保护项目的企业给予税收减免，对粗钢、小水泥、小化工、小造纸等高污染高耗能产业和资源环境效率低下的企业提高相关环境税费标准。

（二十）优先保证环保投入。按照各级财政预算安排的环保资金增长幅度高于同期财政收入增长幅度的原则，确定政府环保投入额度。支持和引导多元化、多渠道的环保投入。通过国家直接投资、财政补贴、生态补偿和转移支付等多种方式支持环保基础设施、生态环境保护等重大项目的建设。

（二十一）大力推进环境基础设施建设。2015 年城市污水处理率应不低于 85%，生活垃圾无害化处理率力争不低于 80%，工业固体废物综合利用率不低于 72%。优先建设城镇生活垃圾集中处置场以及温州、揭阳、汕头的城镇污水处理厂和污水收集管网。利用财政资金优先建设一批生态环境保护工程，加快推进区域生态恢复和环境质量全面达标，优先建设闽江、九龙江、鳌江、榕江和练江环境综合整治工程，全面提升区域生态环境质量。

（二十二）切实发挥规划环评作用。建立规划环评与项目环评的联动机制，将规划环评作为项目环评准入的依据；对规划中包含由上级环保部门负责审批的重大项目的，其规划环评应征求上级环保部门的意见。对可能造成跨行政区域不良环境影响的重大开发规划和建设项目，要建立区域环境影响评价联合审查审批制度和信息通报制度。全面推进十大重点产业发展基地、临港工业区，以及“两高一资”重点行业的规划环境影响评价。省级以上产业集聚区规划环评应与规划同时展开，未通过规划环评的产业园区禁止开工建设。强化和落实规划环评中跟踪监测与后续评价要求。

（二十三）统筹协调区域环境管理。建立健全跨区域跨部门联防联控机制，统筹和协调有关部门在污染防治的管理、监测等方面的职能，统一协调和管理区域大气环境、流域水环境，统筹陆海、兼顾河海，构建“统一规划、统一监测、统一监管、统一评估、统一协调”的区域联防联控工作机制，提升区域污染防治整体水平。建立多部门联动的综合预警和应急机制，制定突发性污染事故紧急预案处理措施，建设环境污染事故应急队伍，确保区域生态环境质量安全。健全区域性生态环境监测体系，建立海峡西岸经济区联合监测和数字化环境信息通报体系和区域生态环境基础数据库，为累积性污染的研究和防治提供支撑。

关于印发《关于促进环渤海沿海地区重点产业与环境保护协调发展的指导意见》的通知

（环函〔2011〕184 号）

天津市、河北省、辽宁省、山东省环境保护厅（局）：

为了贯彻落实科学发展观，促进区域经济社会与环境协调发展，充分发挥战略环评成果对环渤海沿海地区环境管理的指导作用，促进区域重点产业与环境资源协调可持续发展，从源头预防环境污染和生态破坏，我部在 2009 年组织编制《环渤海沿海地区重点产业发展战略环境评价》的基础上，组织专家根据战略环评成果制定了《关于促进环渤海沿海地区重点产业与环境保护协调发展的指导意见》。现印送你们，作为指导区域重点产业环境管理的参考和依据。

附件：关于促进环渤海沿海地区重点产业与环境保护协调发展的指导意见

二〇一一年六月三十日

附件：

关于促进环渤海沿海地区重点产业与环境保护协调发展的指导意见

为深入贯彻落实科学发展观，推动环渤海沿海地区经济发展方式的战略性转变，加快调整经济结构，优化空间开发格局，促进区域经济社会和资源环境协调可持续发展，提出以下意见：

一、充分认识区域重点产业发展与生态环境保护的重要性

（一）在国家区域经济和生态安全格局中占有重要地位。环渤海沿海地区是国家新一轮基础性、战略性产业布局的重要承载区域，是环渤海地区社会经济发展的重要引擎。同时，渤海是我国重要的渔业摇篮，沿海地区连接辽河、海河与黄河三大流域和黄海，是海陆之间的重要缓冲地带和东北亚鸟类迁徙的重要通道，在我国北方生态安全格局中占有重要地位。正确处理好该区域经济与环境的协调发展，对于促进我国经济发展方式的根本性转变具有突出的示范作用。

（二）布局性与结构性矛盾突出。环渤海沿海地区产业结构不尽合理，炼油、石化、冶金、能源、化工等重化工产业规模持续增长，产业空间布局与区域生态安全格局、重化工业结构性规模扩张与资源环境承载能力之间的矛盾也日益突出。自然滩涂湿地锐减，海岸带生态缓冲能力持续降低，河口产卵场严重退化，生物多样性降低，近岸生物体内污染累积效应开始显现，生态灾害和海上溢油事故风险显著增加，生态风险由局部向全局演变趋势加剧。水资源紧缺且逐年衰减，用水紧张态势加剧；海河、辽河、滦河、山东半岛诸河等流域，以及渤海湾、辽东湾、莱州湾等近岸海域水质污染尚未根本扭转；传统煤烟型大气污染依然严重，城市和工业集聚区新型复合污染开始显现，主要城市能见度呈下降趋势。如不

及时引导、优化和调控，将难以遏制环境污染加重、生态环境质量总体下降的趋势，将严重威胁区域的全面协调可持续发展。

二、促进区域重点产业与环境保护协调发展的总体要求

（三）指导思想。全面落实科学发展观，大力建设生态文明，推进环境保护历史性转变，努力探索环保新道路，加快调整区域经济结构，优化国土空间开发格局，实施资源环境战略性保护，推动区域经济发展方式的根本性转变，将环渤海沿海地区建设成为环境保护优化经济发展的示范区域。

（四）基本原则。按照“保底线，优布局，调结构，控规模，严标准”的总体思路，确保生态功能不退化、水土资源不超载、污染物排放总量不突破、环境准入标准不降低。坚持总量减排与质量控制相结合，扭转生态环境质量恶化趋势；坚持产业发展与生态空间管制相结合，促进产业合理布局；坚持结构优化与产业升级相结合，加快构建现代产业体系；坚持规模增长与资源环境承载相结合，统筹区域环境资源配置；坚持严格环境准入与淘汰落后产能相结合，加快产业发展转型。

（五）主要目标。按照“结构提升、空间集约、发展转型”的总体要求，强化重点产业发展的规模调控与空间优化，形成分工合理、资源高效、环境友好的产业发展新格局，逐步降低区域资源环境压力，从根本上扭转生态环境质量恶化的趋势，逐步实现区域生态环境由局部改善向整体提升的战略性转变。

三、推进环境保护优化经济发展，加快构建现代产业体系

（六）优化重点产业布局。辽宁沿海经济带以大连为龙头积极推进大连至盘锦一线炼油、石化、装备制造等重点产业统筹发展，加快提升重点产业集聚效应。按照天津滨海新区和河北沿海统筹布局的思路，发挥滨海新区大型装备制造业、现代制造业、电子信息产业等辐射和带动作用，形成优势互补、错位发展格局，着力提高区域综合竞争力。围绕黄河三角洲高效生态经济区和山东半岛蓝色经济区建设，发挥山东沿海四市装备制造、石化、轻纺等产业基础优势，加快新型工业化进程，积极发展生态农业，率先实现产业生态化转型。

（七）大力发展高端装备制造业。加快推进装备制造业规模化发展，大力提高现代制造业比重，提升滨海新区、大连、烟台、潍坊等地区装备制造业规模和技术水平，建设具有国际影响力的先进制造业基地。重点发展滨海新区航空航天、汽车及配套加工，大连船舶、能源装备、高端精密机床，烟台海洋工程、唐山高速动车、东营石油开采等装备制造业，推进营口、曹妃甸、沧州等特色装备制造业发展。

（八）统筹大型石化项目布局。集中建设2～3个具有国际先进水平和生产能力的大型“炼化一体化”基地。以大连为龙头整合辽宁沿海经济带的石化产业，集中建设大型炼化基地。积极整合滨海新区、唐山、沧州的原油加工能力，集约新建一个大型“炼化一体化”基地，错位分工，适度发展。以东营为基础，统筹滨州至烟台一线石化产业布局。严格控制在黄河三角洲湿地、双台河口湿地、大辽河口湿地和双岛湾等生态敏感区域布局石化、化工等高污染、高风险项目。支持石化产业向下游产业链延伸，鼓励发展高附加值的绿色化工产品，提高石化产业竞争力。淘汰100万吨及以下低效低质落后炼油装置，积极引导200万吨以下炼油装置关停并转，合理控制控制区域炼油总产能规模。

（九）推进钢铁产业布局优化和集约发展。建设具有国际先进水平的唐山钢铁产业基地，大力推进曹妃甸国家级循环经济示范区建设。结合淘汰落后产能、企业重组和城市钢厂搬迁，加快河北沿海三市产业带钢铁产业集约化，加大技术改造力度，优化资源配置，促进钢铁产业全面升级与生态化转型。除精品钢材等高端产品外，滨海新区不宜扩大钢铁产能。按照集中布局原则，合理发展营口冶金产业。严格控制生铁、粗钢产能无序扩张。提高淘汰落后炼铁、炼钢产能标准，加快淘汰落后产能，分批淘汰400立方米及以下高炉、30吨及以下转炉、电炉。

（十）进一步淘汰落后造纸产能。重点加快淘汰滨海新区、唐山规模以下造纸产能，控制辽宁沿海经济带、山东沿海四市新增造纸产能。优化造纸原料结构和产品结构，大力发展循环经济，新建造纸项目

应淘汰相应规模的落后产能，严格控制高污染的草浆、苇浆造纸项目。继续推动造纸企业的集约化、规模化发展，强化污染综合治理，加大淘汰小造纸和落后工艺力度，推广有利于环保的造纸新工艺、新技术，分阶段提高行业的规模、技术与污染治理准入门槛。

（十一）优化能源结构。积极提高清洁能源、可再生能源在一次能源中的比重，改善能源结构；按国家有关规划，合理布局风能、太阳能、核能、生物质能等新型能源开发利用。新建、改扩建燃煤电厂必须同步建设脱硫脱硝配套装置，加强汞污染防治。天津滨海、河北沿海三市控制除热电联产项目外的大型火电项目规模，原则上不再新增燃煤火电电源点。

（十二）大力发展战略性新兴产业和现代服务业。积极发展新能源、新能源汽车、节能环保、新材料、生物产业、新兴信息产业、高端装备制造业等战略性新兴产业，以及港口物流业、现代商贸、金融保险、生态旅游、软件及信息服务业、服务外包、文化创意产业等现代服务业，提升高新技术产业及现代服务业的比重。大力发展秦皇岛生态旅游业、滨州轻纺工业、沧州至烟台一线海洋化工等地方特色产业。

四、实施区域生态环境战略性保护，提升资源环境支撑能力

（十三）保持重要生态用地面积不减少，确保区域生态功能不退化。优先保护大连东北部、盘锦南部、锦州西部、葫芦岛，唐山南部、秦皇岛、沧州，滨海新区南部，滨州和潍坊北部、东营及烟台等区域海岸带重要滩涂和湿地；重点加强辽河三角洲湿地、黄河三角洲湿地的生物多样性保护；提升天津北大港湿地保护区、河北南大港湿地保护区、河北唐海湿地和鸟类保护区、山东牙山自然保护区、山东福山银湖湿地自然保护区的保护水平；建立复州湾-长兴岛、海河三角洲湿地自然保护区，逐步修复湿地生态功能，遏制近岸、海岸带地区生态退化趋势。

（十四）合理开发水资源和岸线资源，确保水土资源不超载。努力保证区域河道内 105 亿立方米最小生态用水量，2015 年渤海入海淡水总量不低于 375 亿立方米，2020 年不低于 400 亿立方米，维护渤海近岸河口鱼类产卵场生境。确保渤海大陆自然岸线长度不低于 1 880 公里，占海岸线总长比例不低于 66.8%，受保护自然岸线长度不低于 830 公里。重点保护砂质岸线以及自然保护区内岸线，限制对滩涂、苇地等天然湿地的大规模开发，适度控制废弃盐田等生态敏感度高的未利用地转化。重点加强大连渤海一侧、盘锦辽河入海口、葫芦岛南部至秦皇岛一带、滨海新区滨海湿地保护区、滨州北部古贝壳堤、东营黄河入海口以及烟台部分砂质自然岸线保护力度。控制大连长兴岛临港工业区、盘锦辽滨沿海经济区、锦州西海工业区、秦皇岛、唐山湾“四点一带”、天津滨海新区、沧州渤海新区、烟台等地区的岸线开发强度，保证预留出一定比例的自然岸线。

（十五）大力推进污染减排，确保污染物排放总量不突破。力争地表水重要环境功能区水质和近岸海域主要功能区水质达标率明显提高，城市空气质量满足环境功能区要求。在达到国家 “十一五”污染物总量减排目标的基础上，2020 年主要污染物排放量较现状有较大幅度降低。加强非常规污染物、有毒有害和持久性污染物的防治，实施重点重金属排放总量控制。重点控制辽河流域砷、汞、多氯联苯等特征污染物排放，控制海河流域、黄河流域砷、锌、铅等重金属排放。新兴石化产业集聚区、油田开采区、污灌区等区域内，重点控制砷、镉、铅、铜、汞等重金属污染。大力推进农业面源污染防治，削减农业面源污染排放总量。

（十六）大幅提高资源环境效率，严格环境准入要求。逐步提高重点产业资源环境效率准入门槛，确保 2020 年区域资源环境效率达到或接近国际先进水平。工业化学需氧量、二氧化硫排放强度在现状基础上分别降低 60%、70%以上，单位 GDP 能耗降低 50%以上。严格控制新建、改扩建项目污染物排放强度，大中型项目的资源环境效率不低于同期国际先进水平。严格限制高水耗项目，在地面沉降和海水入侵区禁止建设以地下水为主要水源的工业项目。新建电力、化工、冶金项目应按国家规定采取脱硫脱硝措施。新建、改扩建钢铁项目应首先淘汰相应规模的落后产能，不鼓励发展钢铁产业的地区原则上不再审批新的钢铁项目。区域内原则上不宜新增煤化工产能。

五、统筹区域环境管理，强化战略性环境保护措施

（十七）制订相关环境经济政策，引导产业升级和淘汰落后产能。在石化等高风险、高污染行业优先推行绿色保险制度，研究出台对投保企业和保险公司分别给予保费补贴和营业税优惠等激励措施。通过调整信贷结构引导产业多元化发展，扶持旅游、电子信息、现代服务业以及新能源、新材料等高新技术产业，限制电石、焦化、粗钢、小造纸等高污染高耗能产业扩张。进一步推动企业上市环保核查工作，严格审查其环境治理能力及效果，对于不能满足所在区域环境管理要求的企业，限制其上市融资与扩大再生产。完善促进区域社会、经济、环境协调发展的生态补偿机制，加强区域生态恢复、跨地区与跨流域生态环境综合治理。按规定对环境保护、节能节水项目所得给予税收优惠，对电石、焦化、粗钢、小造纸等高污染高耗能产业和资源环境效率低下的企业要提高相关环境收费标准。

（十八）优先保证环保投入。逐步提高政府的环保投入，力争财政预算中环保资金增长幅度高于同期财政支出增长幅度。到 2015 年，环保投入总量力争翻一番，目前环保投入占 GDP 比重低于全国平均水平的地区达到 1.5%以上。到 2020 年，环保投入力争达到 GDP 的 2%以上。支持和引导多元化、多渠道的环保投入。通过国家直接投资、财政补贴、生态补偿和转移支付等方式支持环保基础设施、生态环境保护、自然岸线恢复等重大项目的建设。

（十九）大力推进环境基础建设。2015 年城市污水处理率应不低于 85%，生活垃圾无害化处理率力争不低于 80%，工业固体废物综合利用率不低于 72%。利用财政资金优先建设一批生态环境保护工程，加快推进区域生态恢复和环境质量全面达标。加强环境监测能力标准化建设，建立渤海近岸海域和陆域生态长期观测站，建设环渤海沿海地区生态环境基础数据库。

（二十）切实发挥规划环评作用。建立规划环评与项目环评的联动机制，将规划环评作为项目环评准入的依据；对规划中包含由上级环保部门负责审批的重大项目的，其规划环评应征求上级环保部门的意见。对可能造成跨行政区域不良环境影响的重大开发规划和建设项目，要建立区域环境影响评价联合审查审批制度和信息通报制度。全面推进重点区域、临港工业区、重化工基地以及“两高一资”重点行业的规划环境影响评价。重点产业集聚区规划环评应与规划同时开展，未通过规划环评的产业园区建设项目文件不予审批。

（二十一）统筹协调区域环境管理。建立健全跨区域跨部门联防联控机制，统筹和协调有关部门在污染防治的管理、监测等方面的职能，统一协调和管理区域大气环境、流域水环境，统筹陆海、兼顾河海，构建“统一规划、统一监测、统一监管、统一评估、统一协调”的区域联防联控工作机制，提升区域污染防治整体水平。建立多部门联动的综合预警和应急机制，制定突发性污染事故紧急预案处理措施，建设环境污染事故应急队伍，确保区域生态环境安全。

关于促进云贵地区重点区域和产业与环境保护协调发展的指导意见

（环发〔2013〕82 号）

贵州省、云南省环境保护厅：

为推动云贵地区加强生态文明建设，实施生态环境战略性保护，引导生产力布局优化，推进产业结构战略性调整，实现发展方式的根本性转变，促进区域经济社会环境全面协调可持续发展，在西部大开发重点区域和行业发展战略环境评价成果的基础上，提出以下意见：

一、充分认识重点区域和产业发展与生态环境保护的战略性

（一）在国家区域经济和生态安全格局中占有重要地位。云贵地区在我国区域发展总体战略中具有突出地位，是面向西南开放的重要桥头堡、能源安全的重要支撑区、矿产和生物资源的战略储备区，发展潜力巨大。同时，该地区在国家生态安全格局中地位重要，是世界生物多样性保护的热点区域、我国重要的水源涵养区和生态安全屏障，事关国家中长期生态安全。正确处理好云贵地区重点区域和产业与生态环境的协调发展，是按照生态文明理念探索后发地区科学发展新思路的重要举措，对于促进国家区域经济协调发展具有深远的战略意义和重要的示范意义。

（二）协调经济发展与环境保护的任务艰巨。云贵地区资源型产业快速扩张、生态空间胁迫加剧的倾向明显，资源开发与生态保护、产业重化与环境承载之间的冲突逐渐显现。天然林减少、草地退化、生物多样性水平降低，生态服务功能整体呈退化趋势，水土流失和石漠化问题严峻。土地刚性约束突出，可利用坝区面积十分有限。水资源逐步衰减且时空分布更为不均，重点区域和重点产业用水压力增大；结构性水质污染较为突出，金沙江、乌江、红河、沅水、南盘江等水系局部污染较重。局部地区煤烟型大气污染仍较严重，区域性酸雨污染问题依然突出，主要城市出现复合型二次污染。重金属污染面广，重特大污染事件呈高发态势。如不及时引导、优化和调控，将难以遏制生态环境质量总体下降的趋势，严重威胁区域的全面协调可持续发展。

二、促进重点区域和产业与环境保护协调发展的总体要求

（三）指导思想。全面贯彻落实党的十八大精神，牢固树立生态文明理念，坚持在保护中发展、在发展中保护，统筹区域资源开发和人居环境改善，实施生态环境战略性保护，引导生产力优化布局，推动产业结构战略性调整，构建以环境保护优化经济社会发展的长效机制，确保生态环境质量持续好转，努力将云贵地区建设成为生态文明优先示范区。

（四）基本原则。按照“保底线、优空间、调结构、提效率”的总体思路，坚持“推进生态环境重点区域保护，维持区域生态功能，控制资源利用总量，兼顾目标总量与容量总量控制，大力提高资源环境效率”原则，确保水土资源不超载、环境准入标准不降低、生态功能和环境质量持续改善。

（五）总体思路。按照“农业提效、服务业提速、工业提升”的思路构建协调发展、相对均衡的现代产业体系；按照“滇中统筹、黔中带动，滇东北、黔北提升，滇西北、三州地区跨越，沿边经济带拓展，毕水兴地区优化”的思路构建区域经济发展格局。在确保不突破资源消耗上限和生态环境底线的基础上，

不断扩展和优化生态空间、资源空间、容量空间、效率空间，推进生态环境重点区域保护，实现云贵地区经济社会与生态环境保护的协调发展。

三、推进构建符合生态安全格局要求的现代产业体系

（六）优化区域发展格局。以滇中经济区和黔中经济区为核心构建特色鲜明、布局合理、优势互补、分工有序、协调发展的区域经济发展格局。严格按照主体功能定位的有关要求，推进滇中城市经济圈一体化建设，促进以化工、有色冶炼加工、生物资源产业为重点的区域性资源深加工基地科学规划、集约集聚发展，加快装备制造、新材料等战略性新兴产业发展，建设承接产业转移基地和出口加工基地、高原特色农业绿色经济带，以及全国重要的旅游、文化、能源和商贸物流基地。推进滇中产业新区以汽车和装备制造、电子信息、生物、新材料、现代服务业等为主的中高端产业体系建设。推进贵阳-安顺在保护好重要生态空间的前提下加快经济一体化发展，建设贵阳-遵义、贵阳-安顺工业走廊和贵阳-都匀、凯里绿色经济产业带，做到生态廊道建设与特色产业走廊同重并举。将黔中经济区建设形成装备工业和高新技术产业聚集区、原材料及资源深加工产业聚集区、名优烟酒基地和医药产业基地。坚持生态、低碳、集约原则，有序推进新型城镇化，构建协调高效的城市空间组织结构，合理定位、科学分工主要城市职能，大力发展紧凑型城市、特色小城镇。分别研究制定滇中经济区、黔中经济区区域统筹与协调机制、项目联动审批机制、环境评估与综合评估机制。

（七）促进重点产业集中布局、有序发展。支持贵州有关地区结合国家“西电东输”电源点建设，统筹水资源和生态环境承载能力，分步建设六枝、织金、安顺三期、清江、黔北“上大压小”等大型坑口电厂和路口电厂，形成国家重要的煤电外输基地。推动有色冶金行业建设生态环保型基地，以提高能源资源利用效率、加强特征污染物排放控制：建设滇中地区全国钒钛资源综合利用产业基地，形成滇中铜、铝、钛冶炼及深加工、稀贵金属深加工基地，滇南锡、铝、铅锌深加工基地以及滇东北铅锌综合利用基地；推动建设贵阳铝深加工、遵义铝钛深加工基地。支持建设贵州清镇-黔西-织金-黔北煤电铝示范基地；提高钢铁产业集中度，加快技术升级改造，提高产品附加值，支持昆明、楚雄、六盘水、贵阳建设以服务西南地区为主的钢铁工业基地。促进煤、磷化工产业的绿色循环发展，引导煤化工产业向昭通、曲靖、红河和毕节、六盘水等地集中，建设规模化、高水平的新型煤化工基地；整合提升昆明、玉溪磷化工基地，推动贵州织金-息烽-开阳-翁安-福泉磷化工产业带的集聚布局和资源循环利用。昆明、遵义、黔南州在大气环境质量未得到持续改善之前，除热电项目外不再新建或扩建燃煤机组。滇池流域内除产业集聚区外原则上不再布局新的工业项目，原有工业企业要逐步搬迁。划定贵州赤水河上游煤炭禁采区，控制开采区内要压缩煤炭开采规模，控制煤炭洗选项目，禁止新建化工项目。

（八）深化能源产业结构调整。积极发展风能、太阳能、生物质能、地热、浅层地温能等新能源开发利用。稳步推进大型煤炭基地建设，煤炭、煤电的布局和规模必须符合有关环境保护规划、能源发展规划、土地利用总体规划和矿产资源规划等的要求。控制贵州六盘水、遵义煤炭产能过快增长。关停 20 万千瓦以下小火电机组，开展云贵水火互济，减少煤炭资源消耗和碳排放。新增火力发电项目煤耗力争控制在 272 克标准煤/千瓦时以下。2020 年贵州火电装机容量控制在 3 200 万千瓦时以内。

（九）改造提升传统产业。以淘汰落后产能、控制初级产品产能扩张为前提，加快铅、锌、铜、镍、电解铝等有色冶金产业优化转型，推进曲靖、红河、铜仁、贵阳、遵义、黔东南、黔西南等地相关产业的升级换代，降低污染物排放强度。优化钢铁行业产品结构，淘汰落后产能，发展高端精品钢材，严格控制焦炭、粗钢等产能扩张；推动贵钢新特材料循环经济基地建设，支持水城钢铁升级改造，加快推进昆钢搬迁改造和贵阳城市钢厂搬迁。促进石化化工产业集约高效发展，优化昆明、曲靖、昭通、红河、临沧等地化工产能布局，避免出现区域产业同质化和新的过剩产能。保持云贵地区水泥总产能不增加，新建企业以淘汰已有落后产能为前提，实现等量置换。淘汰昆明、曲靖、临沧、玉溪、遵义规模以下造纸企业，加大楚雄、保山小造纸和落后工艺的淘汰力度。不扩大橡胶、烟草等种植面积。适度发展浆纸

林种植规模，禁止在25度以上陡坡地开垦种植，在大面积浆纸林中保留生态通道。

（十）大力发展装备制造业和战略性新兴产业。加快云南内燃机、电力装备、大型数控机床、大型铁路养护机械、轨道交通装备等装备制造业规模化发展，建设昆明、曲靖、大理、玉溪特色装备制造基地，培育发展新能源汽车产业、通用航空产业等。加快贵州-安顺民用航空产业基地建设，提升贵阳、遵义、六盘水能矿产业装备制造业水平，发展贵阳、遵义、安顺专用汽车工业基地。大力培育和发展云南生物医药、生物育种、生物技术服务、光电子、新材料、新能源，贵州新材料、电子及新一代信息技术、生物技术、新能源汽车等战略性新兴产业。支持昆明光电子产业基地、生物医药产业基地，贵阳新材料产业基地建设。

（十一）积极发展特色农林产业和现代服务业。在加强农村环境综合整治、强化农业生产环境监管的基础上，大力发展精细化花卉、果蔬、林木等经济作物栽培技术和种苗培育工程，加快农林产品深加工，提高科技贡献率，促进区域农业生产结构战略性调整。推动建设一批特色农副产品生产基地及境外农产品生产基地。加快推进特色旅游资源开发及旅游产业国际化进程。提升昆明区域性金融中心和贵阳全国生态文明示范城市地位。推进物流网络与平台建设，积极发展现代物流企业。完善现代商贸服务网络，适度推进昆明、贵阳区域性商业中心建设。

四、实施区域战略性生态环境保护

（十二）推进生态环境重点区域保护，确保生态系统功能健康稳定。实施天然林资源保护、长江珠江防护林体系建设、小流域综合治理、草山草坡治理等生态建设工程。增加对水源地和湿地的造林和抚育任务。开展坡耕地水土流失综合治理，对生态位置重要的陡坡耕地继续实施退耕还林还草。加强以滇西北、滇西南、滇东北川滇生态功能区为重点的生物多样性保护，加强西南喀斯特地区土壤保持重要区、川滇干热河谷土壤保持重要区、珠江源水源涵养重要区等区域的生态功能保护。到2020年，云贵地区江河上游水土流失面积明显减少，石漠化得到有效控制，森林覆盖率达到50%以上，天然林资源明显增加，生态功能不断增强。

（十三）控制资源利用总量，确保水土资源开发适度。落实最严格的水资源管理制度，确保全社会用水总量在国务院下达的用水总量控制目标以内，农业用水量不增加。合理安排金沙江、怒江、澜沧江等干流水电开发规模和时序，严格控制二级及以下支流小水电开发，将生态环境成本纳入水电开发建设与运营成本中，切实保护好珍稀鱼类“三场一通道”等重要生境，保障河流生态基流用水。定期进行流域生态补偿健康评估，开展流域生态健康行动计划试点编制和实施。推进国土空间的精细化管理，严格限制土地开发利用的总量，加大产业用地调整力度，确保产业向园区集中发展。制定产业节约集约用地标准，提高供地门槛，限制“占地大、产出低”的项目进入，稳步提高产业集聚水平。科学论证、妥善处理“工业上山、城镇上山”、“开发低丘缓坡”与生态保育的关系，坚持开发服从保护，谨慎推进丽江、昭通、保山、大理、迪庆、怒江，以及贵阳、毕节、遵义、六盘水等地土地开发活动，对重要生态用地实施强制性保护，严格限制不符合土地利用总体规划和生态环境功能定位的开发建设活动，加强山地、坡地生态修复和生态补偿。停止对钢铁、水泥、电解铝、平板玻璃、船舶等产能严重过剩行业项目的土地供应。

（十四）以确保环境质量持续改善为目标，制定污染排放总量控制与管理的差别化政策。优化省内主要污染物总量控制指标分配方案，昆明、曲靖、玉溪、楚雄、红河、文山、大理、毕节等市州应在“十二五”总量控制的基础上进一步严格控制COD和氨氮排放量。优先开展滇池、金沙江、南盘江、牛栏江、异龙湖、洱海、抚仙湖、乌江、赤水河、三岔河、清水江等流域水污染防治工作。加快污水处理厂和配套管网建设，稳步提高城镇污水收集和集中处理率，2020年县级及以上城市污水集中处理率平均达到85%以上，水环境容量紧张地区的污水处理厂出水水质应达到一级A要求。扩大城市高污染燃料禁燃区范围，逐步由城市建成区扩展到近郊。昆明、曲靖、玉溪、昭通、普洱、楚雄、大理、怒江、贵阳、安顺、黔西南等地废水排放重金属污染物应在《重金属污染综合防治“十二五”规划》要求的基础上进一步削减；控制红河、文山、大理、铜仁、黔西南、黔南等地废气排放重金属污染，严格落实“等量置换”或“减量置换”原则，重点防控区采用1.5～2.0倍减量置换原则控制，确保重点重金属污染物排放量比2007年减少 15%。推进矿产资源开采区和污灌区重金属污染控制，适时开展重点污染矿区土壤修复，遏制重特大重金属污染事件频发的势头。

（十五）大力提高资源环境效率，确保环境管理严格高效。加快煤炭、化工、钢铁、电力、造纸、水泥、食品加工等行业技术改造和落后产能淘汰，严格上述行业新、改、扩建项目的环境准入标准，确保单位产品的能耗、物耗、水耗及污染物排放达到行业清洁生产一级水平或国际先进水平。确保主要资源环境利用绩效指标与全国平均水平的差距逐步缩小，2020年特色优势产业主要资源环境绩效指标应超过全国平均水平或达到东部地区水平。2020年云贵地区水资源、能源利用效率比2010年提高40%～45%。

五、建立健全区域生态环境保护长效机制

（十六）创新体制机制，引导发展方式转型。树立尊重自然、顺应自然、保护自然的生态文明理念，将增强区域生态服务功能、改善生态环境质量放在更加突出的战略地位。将“美丽云南”“生态贵州”纳入国家生态文明建设总体框架和重点示范区域。科学评估生态服务功能价值，定期发布生态资产评估报告，将生态资产的保值增值列入政府考核目标。制定以环境质量持续改善为目标的环境总量控制、考核和监测体系。实施以生态功能保育和改善为目标的生态环境保护战略规划，对重要生态功能区、自然保护区、生态环境敏感区和脆弱区等，划定并严守生态红线，禁止与保护无关的开发活动。根据区域、流域的资源环境承载能力，制定实施重点经济区、产业集聚区空间和行业的环境准入政策，严格环境准入。实行差别化的环境管理政策，通过排污权交易等方式探索建立主要污染物排放总量指标转移机制，探索实施基于环境质量持续改善的污染物总量控制制度。

（十七）以环境经济政策引导资源高效利用和产业升级。建立落后产能退出机制，积极争取中央财政通过以奖代补、以奖促治淘汰落后产能。清理纠正对高污染、高耗能行业的电价、地价及税费等方面的优惠政策，控制资源型初级产品大规模出口，提高相应企业的信贷风险等级。健全矿产资源有偿使用制度，建立反映市场供求关系和资源稀缺程度以及环境损害成本的生产要素和资源价格形成机制。建立工程建设项目资源与生态补偿机制，实行矿山环境治理恢复保证金制度。建立集约利用土地指标体系和价格评估体系，制定生态用地占用补偿分级制度。完善水价定价体系建设，制定合理的超额用水水价和附加的污水处理费价格，实行污染企业取水限额制度；跨流域调水的水资源价格中应包含取水区及调水工程沿线开展生态补偿所需费用。探索水权交易制度，开展水权交易试点。研究生态补偿机制解决历史遗留的尾矿尾渣污染问题。完善生态补偿、生态修复、生态开发性保护相结合的新机制。研究开展九大高原湖泊、重要湿地、红枫湖、百花湖、阿哈水库、赤水河，以及大江大河源头的生态补偿。

（十八）以强化环评管理促进区域发展与重大项目布局统筹。研究制定滇中经济区、黔中经济区区域统筹与协调机制、项目联动审批机制、环境评估机制，统筹安排冶金、钢铁、化工等项目，分别制定滇中、黔中大气污染防治、环境保护与生态建设规划。加快推进金沙江、乌江、红河、沅水、南盘江等重点流域水系污染防治规划编制。全面推进重点区域和流域、重点城市、重点产业集聚区以及“两高一资”行业规划环境影响评价。干流开发水利水电工程应以流域规划环评为前置条件。省级以上产业集聚区规划环评必须与规划编制同步开展，强化和落实规划环评中跟踪监测与后续评价措施。将国控四项主要污染物，以及重金属、烟粉尘和挥发性有机物排放量或排放限值指标作为环评审批的前置条件。

（十九）确保环境保护投入，加强环境基础设施建设。建立环境保护财政投入资金增长机制，完善多主体、多渠道、多元化环境保护投融资机制。增加政府环保投资占财政收入比重，确保政府环保投入增长幅度高于同期财政收入增幅，到2020年云贵两省政府环保投入达到GDP的2%以上。建立健全政府性环境保护投入的绩效考核机制，优先支持生物多样性保护、自然保护区管理、天然林保护、重点流域治

理、石漠化治理、重金属和危险废物污染防治等工作。促进污水处理产业化发展，加快县市和乡镇污水处理设施建设。在少数民族聚集、农村居住相对分散地区，推广试点新开发的污水分散处理技术，加强对农村非点源控制。新建能源、重化工项目、烧结类建材行业必须同步配套脱硫、脱硝设备，已有项目应逐步改建。

（二十）加强环境基础信息能力建设，建立环境风险预警和应急体系。积极开展对生态系统、乡土物种和濒危物种等生物资源的调查和研究，加强物种资源库、生态监测网络体系建设。全面实施九大高原湖泊流域内城市径流、农业面源综合治理工作。加强电力、钢铁、有色、化工、建材等行业特征大气污染物排放监测。将重金属纳入环境常规监测体系，进一步加大酸沉降、汞扩散等区域性大气环境问题的研究及控制力度。建立地震、暴雨、干旱、泥石流等突发性自然风险以及水污染、大气污染等突发性污染事故的综合应急响应系统。建立战略性应急备用水源和极端干旱期的水资源配置方案。

（二十一）抓好工作落实。贵州省、云南省环境保护厅要及时向本省人民政府汇报战略环评成果和本指导意见提出的有关要求，做好与相关部门的沟通协调，加强社会宣传工作，结合实际制定本省落实战略环评成果和本指导意见的具体方案并报送我部。我部将适时组织开展相关督导工作。

环境保护部

2013 年 7 月 31 日

关于促进甘青新三省（区）重点区域和产业与环境保护协调发展的指导意见

（环发〔2013〕83 号）

甘肃省、青海省、新疆维吾尔自治区环境保护厅，新疆生产建设兵团环境保护局：

为推动甘、青、新三省（区）加强生态文明建设，实施生态环境战略性保护，引导生产力布局优化，推进产业结构战略性调整，实现发展方式的根本性转变，促进区域经济社会环境全面协调可持续发展，在西部大开发重点区域和行业发展战略环境评价成果的基础上，提出以下意见：

一、充分认识重点区域和产业发展与生态环境保护的战略性

（一）在国家区域经济和生态安全格局中占有重要地位。甘、青、新三省（区）战略地位重要，是向中亚和欧洲大陆开放的重要门户，是全国重要的能源资源生产基地和进口能源资源的重要战略通道，保障全国能源和资源安全的重要储备地区，全国农业与粮食安全的重要保障地区，促进边疆稳定和各民族繁荣发展的重点区域，是 2020 年全面建成小康社会的关键区域。未来十年，随着西部大开发战略的深入实施，区域经济发展潜力将得到充分释放，经济实力将进一步提升，在国家区域发展战略格局中的地位将不断提高。同时，甘、青、新三省（区）生态环境保护战略地位十分重要，是维系西北乃至全国生态安全的重要保障区域。总体上自然环境恶劣、水资源短缺，生态脆弱；区域生态环境演变，尤其是水源涵养、防风固沙、水土保持、生物多样性保护等直接关系到全国生态安全。

（二）协调经济发展与环境保护的任务艰巨。西部大开发战略实施十年来，甘、青、新三省（区）经济实力稳步提升，人民生活水平持续提高，生态建设与保护取得长足进步。必须看到，甘、青、新三省（区）工业化、城镇化滞后，总体发展水平低，经济总量小，人均收入与全国平均水平差距加大，抵御经济风险和波动能力较差；城乡、区域发展不平衡，传统发展方式尚未根本性改变，生态环境问题十分突出，生态环境治理与恢复极其困难。未来发展面临资源环境约束增强、区域竞争更加激烈、社会建设和生态保护任务繁重、缩小与全国发展差距愿望强烈的严峻挑战。为实现 2020 年全面建成小康社会的目标，必须着力推动绿色发展、循环发展、低碳发展，协调好工业化、城镇化、农牧业现代化发展与资源环境保护之间的矛盾，集约高效利用资源，优化国土空间开发布局，调整产业结构，建立健全保障生活空间、生态环境安全和促进生产空间集约的长效机制，扭转生态环境恶化趋势，促进生态环境脆弱地区经济社会发展与生态文明建设协调融合。

二、促进重点区域和产业与环境保护协调发展的总体要求

（三）指导思想。坚持在保护中发展、在发展中保护，按照转变经济发展方式、优化空间布局、增强民生基础、保障人群健康的总体思路，促进资源节约，创新绿色发展、循环发展和低碳发展等新的发展模式，统筹保障区域发展的资源环境和维护良好人居环境，引导生产力优化布局，推动产业结构战略性调整，实施战略性生态环境保护工程，建立以环境保护优化经济社会发展的长效机制。

（四）基本原则。坚持以发展循环经济调结构，以水资源承载能力控规模，以生态安全和生态环境容量优布局，引导资源型产业合理布局、有序发展。充分发挥特色资源优势，积极支持投入产出效率高、

技术水平高、能耗污染物排放低的产业发展；以资源节约利用和技术升级为引领，促进东部产业向甘、青、新三省（区）有序转移与健康发展。优先水安全和生态安全建设投入，确保生态不退化、环境质量持续改善。严格实施环境功能区划，在重要生态功能区，生态敏感区和脆弱区，划定并严守生态红线，保障国家和区域生态安全，提高生态服务功能。

（五）总体思路。积极推进实施循环经济试点、示范战略，加快循环经济发展；加快节水型农业建设，加速现代农牧业和特色农业发展，实现区域农业用水总量下降、农产品产量增加、农产品附加值增加。以信息化带动工业现代化，大力扶持信息化和高新技术产业发展，稳步推进能源开发的多样化发展，大力推进传统特色资源加工型产业技术升级和优化布局，有序发展石化、煤化工、盐化工、有色冶金产业，积极引导产业链延伸发展，积极培育新能源、新材料、生物产业等新兴产业基地，促进区域中心城市核心竞争力和辐射带动作用大幅提升，成长为国家协调区域发展的战略支撑点和西部经济新高地。

三、推进构建与区域生态安全格局相协调的现代产业体系

（六）促进天山北坡经济带、兰-西-格经济区建设西部经济新高地。坚持绿色发展、循环发展和低碳发展的理念，有序开发石油天然气、煤炭、有色金属、盐湖资源，以及特色农畜产品等传统特色优势资源，着力培育天山北坡经济带和兰-西-格经济区的产业发展。促进天山北坡经济带建设成为我国向西开放的陆路交通枢纽和重要门户、全国重要的综合性能源资源生产及供应基地、现代化农牧业示范基地、西北地区重要国际商贸中心和物流中心，以及对外合作加工基地；促进兰-西-格经济区建设成为全国重要的产业基地（包括新能源、盐化工、石化、有色金属和农畜产品加工产业等）、区域性新材料和生物医药产业基地、向西开放的重要战略平台，着力推进国家级兰州新区建设，打造区域重要的经济增长极。

（七）促进产业集聚布局、有序发展。积极推进独山子、鄯善国家级石油储备基地和乌鲁木齐、克拉玛依国家级成品油储备基地建设；推动以兰州、乌鲁木齐、独山子-克拉玛依为主体的石化产业集群和格尔木区域性石油天然气化工基地科学规划、集约集聚发展，大力推动石化产业结构调整和技术升级。推动准东、吐哈、伊犁等地在生态环境可承载的前提下建设现代化大型煤炭基地，有序推进准东、伊犁、陇东能源综合利用示范区建设。鼓励有关地区在严格环境监管的基础上建设生态环保型的资源开发利用基地：支持金昌、酒泉、嘉峪关金属综合加工利用基地建设，推进电-冶-加一体化发展；积极推进青海格尔木“光伏城”、甘肃河西走廊新能源基地建设；引导河湟谷地、准东等地电解铝产业合理布局，有序发展；稳步推进青海盐湖大型钾肥基地建设，鼓励盐湖锂、镁、硼深加工基地建设；加快建设石河子纺织工业城，以及呼图壁、奎屯等纺织产业区；高起点、高标准建设东部产业转移示范区，积极鼓励甘肃省兰州新区、青海省海东地区建设“承接产业转移示范区”。

（八）大力发展建设循环经济产业体系。依托特色资源、能源优势和现代先进生产技术装备，着力培育一批资源开发、加工、转化一体化的循环型工业园区和生态型工业园区。支持甘肃省建设国家循环经济省级示范区，加快形成循环型工业、农业、服务业产业体系。加快推进石河子循环经济试点市、柴达木循环经济试验区、西宁经济技术开发区、金昌和白银为重点的循环经济示范区、张掖和武威为重点的河西绿色经济区等地区的循环经济产业体系建设，积极推动伊犁、准东建设以煤炭资源综合利用为主体的循环型产业体系。积极扶持东部产业转移示范园区建设，引导以生态工业园区、循环经济工业园区产业发展为主体，以资源节约、技术升级为基础，承接东部产业转移。

（九）加快推进传统特色工业现代化进程。全面推进石油化工、冶金、盐湖化工、煤化工等传统特色产业的技术升级，严格落实行业和环保准入条件，淘汰落后产能。加快推进电-冶-加一体化发展，建设以循环经济产业链为特色的有色金属新材料基地，引导有色冶金（铅、锌、铜、镍、电解铝）产业有序发展，严格限制初级产品产能的盲目扩张，严格落实重金属污染物“等量置换”或“减量置换”原则，重点防控区采用1.5～2.0倍置换原则控制，确保“十二五”时期末重点重金属污染物排放量比2007年减少15%。大力推动钢铁产业加快技术改造和产品结构调整，严格限制低水平重复建设；加快铁合金企业资源

整合和产业重组，优化布局。推动传统煤化工[煤焦化、煤电石、煤制（合成氨）化肥]技术升级改造、延伸产业链。大力推进非金属材料制造业及水泥行业结构升级和产业链延伸，加快淘汰落后水泥产能。加快特色纺织产业的规模化、精细化、品牌化，培育产业集群和产业基地。

（十）协调工业化与城市化合理空间布局。协调工业园区与城市发展布局，着力解决和预防布局型大气污染和人群健康风险等突出环境问题。乌鲁木齐-昌吉城市边缘和近郊地带，要抑制传统煤化工、氯碱化工、电解铝产业盲目布局，乌鲁木齐主城区和周边工业园区不应布局煤化工，不再扩大石化、钢铁产能。独山子-奎屯-乌苏地区的石化产业基地发展必须优先保护城市饮用水源地安全和人群健康环境，严格限制光气等高风险项目。全面推进国家级兰州新区建设和产业优化布局，严格限制兰州主城区重化产业上游产品发展。积极推进以西宁为中心的城市群发展和产业优化布局，严格限制冶金产业，不应布局煤化工。积极推进建设金昌有色金属新材料循环经济基地、酒泉和嘉峪关清洁能源-冶金新材料循环经济基地。积极推动金昌、白银解决历史遗留有色金属产业与城市发展的布局性矛盾。加大县级市和乡镇基础设施建设投入，提高城镇化质量，未来五到十年城市基础设施建设重点应转向中、小城市和乡村市政基础设施，信息化服务、旅游基础设施建设，以及职业教育和技能培训基地建设。

（十一）促进能源资源综合加工产业优化布局。实施以水资源、环境承载能力定煤炭转化规模，以煤炭转化规模、生态恢复与保护能力定煤炭生产规模机制。加快现有煤矿资源整合和矿区生态修复，严格限制天山山地和祁连山水源涵养保护区及地下水源功能区的煤炭资源开发。推动天山北坡经济带在保护生态服务功能的前提下稳步建设现代煤化工产业集群，加强传统煤化工整合提升，严格限制煤焦化发展；促进伊犁发展煤制气为主导的现代煤化工，严格限制布局工艺技术不成熟的现代煤化工和传统煤焦化，适度发展煤电；促进准东严格以水定煤化工产业链规模、以产业链延伸定项目，建设煤炭综合开发利用循环经济基地；在地表水资源超载、地下水水位持续下降地区，严格限制布局发展煤化工。吐哈煤田以“疆煤东运”为主，在水资源条件允许情况下，适度发展煤电及电力外送，不应布局煤化工。火电装机规模应与区域大气环境承载力、电力需求和电力通道建设相匹配。在实施“上大压小”、淘汰落后火电装机、提高现有燃煤火电脱硫脱硝效率的前提下，支持优化布局大型高效环保机组。加快实施区域集中供热、热电联产，按照国家规定，尽快实现燃煤火电、热电全部脱硫脱硝。

（十二）加强农业节水，加速现代农牧业和特色农业发展。大力发展设施农业、现代节水灌溉技术，加快推进艾比湖流域、石羊河流域、黑河流域、湟水流域、柴达木盆地高效节水灌溉设施建设，扶持伊犁河流域建设规范化高标准粮田，配套高效节水灌溉设施；2015 年天山北麓实现农业灌溉用水总量“零增长”，河西走廊基本实现“负增长”。积极推动建设一批高效节水型现代农牧业示范区和种植、养殖、制种基地，培育一批特色农副产品、畜产品精深加工产业和品牌。积极引导农牧产品加工业按园区模式布局、精深加工发展；加快建设规范化优质中药材药源和生产加工基地。积极扶持特色农牧业服务体系基础设施建设，构建信息服务、科技支撑、产业园区和农产品及加工品外销平台。

（十三）加强旅游基础设施建设，发展多元化特色旅游服务体系。依托丰富旅游资源，积极发展文化、生态、休闲、度假旅游，加强旅游基础设施建设，重点培育一批跨区域精品旅游线路，形成一批国内著名和国际知名旅游目的地。

（十四）促进新疆生产建设兵团率先实现农业现代化，稳步推进城镇化、工业化同步协调发展。新疆生产建设兵团的产业发展要突出依托资源优势和技术优势，大力推进传统特色资源加工型产业技术升级，着力处理好城镇化和工业化发展过程中的空间布局性矛盾，以资源环境承载能力为约束，以建设循环经济产业体系为核心，积极引导特色资源加工产业的发展，积极培育新能源、新材料、生物产业等新兴产业发展。

四、推进区域生态环境战略性保护

（十五）加快建设区域生态安全屏障。进一步加大生态保护建设的政策、资金、项目和生态补偿转移支付的支持力度，全力推进三江源国家级生态保护综合试验区建设，加快天山北坡经济带、兰-西-格经济区生态安全屏障建设。积极推进天山北坡河谷森林植被保护与恢复，林草交错带畜牧业发展模式调整，加强受损水源涵养区生态修复。大力推进艾比湖流域预防性综合治理工程、玛纳斯河流域下游生态保护与恢复、祁连山水源涵养区生态建设与保护、河西三大流域（疏勒河、黑河、石羊河流域）生态综合治理、敦煌生态环境和文化遗产保护区建设、黄河流域上游地区（大通河、湟水河、渭河、泾河等流域）水源涵养和水土保持、柴达木盆地生态保护与综合治理等生态保护与建设工程。加强矿山生态治理和污染控制，着力解决历史遗留矿山生态修复、污染治理和环境隐患。

（十六）加快水环境综合整治，恢复河-湖水环境健康。加快艾比湖流域、玛纳斯河流域、石羊河流域水环境综合整治，以及湟水河、渭河、泾河等支流水污染治理，加强伊犁河流域的水环境保护，定期进行流域生态健康评估，开展流域生态健康行动计划试点编制和实施，严格控制水环境重金属和持久性有机污染物污染。加强以保护城乡饮用水源为核心的地下水污染防治，集中式饮用水源地水质达标率 90%以上。

（十七）加快城市大气污染综合治理，保障人群健康和环境安全。加快推进区域中心城市和资源型城市的产业结构和能源消费结构调整、优化产业布局，着力解决乌鲁木齐、兰州、金昌、白银等城市大气污染严重问题，预防西宁、格尔木、德令哈、兰州新区等城市和城市群的大气环境质量下降问题。大力实施重点城市热电联产、煤改气、集中供热、热网改造、电厂脱硫脱硝、机动车尾气、扬尘污染治理工程，加快推进火电、钢铁、有色、化工等行业二氧化硫、氮氧化物、颗粒物以及特征污染物治理。

（十八）积极推进农村环境综合整治。积极推进以加强农村水源地保护、改善乡村人居环境为重点的农村环境综合整治。实施农村清洁工程，加快农村垃圾集中收集处理，因地制宜开展农村污水治理；大力推动合理使用农药、化肥、农膜，有效控制规模化养殖场污染，积极推进土壤环境保护和综合治理工作。

五、建立健全生态环境保护长效机制

（十九）建立内陆河流域河流健康的环境管理体系。加强天山山地、祁连山山地生态系统水源涵养功能保护和建设，提高自然保护区监督管理水平，严格控制山区垦殖、林木采伐和林草交错带游牧，以及河流出山口以上流域的矿山开发和工业生产活动。大力推行节约用水和污水资源化、污水再生利用，全面推行城市污水、工业废水“零入河”。

（二十）建立生态保护绩效评估与调控机制。积极探索煤炭资源产业环境类型区管理模式，建设煤炭开发、利用全流程环境监管试点、示范工程；构建玛纳斯湖、艾比湖、石羊河、黑河、疏勒河流域生态环境动态评估和调控机制。

（二十一）大力推进环保基础设施和能力建设。全社会环保投入占 GDP 总量比例的不低于 3%；政府部门在环保基础设施建设投入年增速不低于 20%。加快城市和工业园区等节能、节水和环保基础设施建设，加强自然保护区规范化建设，加大流域水环境和农村牧区环境综合整治的投入。2020 年省（区）辖城市污水处理率达到 85%以上，污水再生利用达到 50%以上，实现再生水与其他水源联合调控、统一使用；生活垃圾无害化处理率达到 95%以上，建设完善的危险废物安全处置设施，危险废物安全处置率 100%，历史堆存和遗留的危险废物全部得到安全处置。工业园区、工业集中区等必须建设集中供热、废水处理及再生利用工程，配套固体废物回收、处置设施。

（二十二）全面实行资源环境绩效考核。“十二五”期间，全社会主要资源环境利用绩效指标与全国水平的差距不扩大并逐步缩小；其中，煤炭采掘、煤电、煤化工、石油化工、有色冶金、农副产品加工不低于当年全国平均水平；2020 年全社会主要资源环境利用绩效指标力争优于 2015 年全国平均水平，主导产业单位产品的能耗、物耗、水耗及污染物排放达到国内先进水平。新、改、扩建工业项目达到清洁生产二级水平或国内先进水平以上，其中，化工、冶金项目清洁生产达到国际先进水平。

（二十三）建立战略-规划-建设项目环评的联动机制。建立区域发展战略环评、规划环评与建设项目环评的联动机制，将战略环评、规划环评作为重大建设项目环评审批准入的依据；规划和规划环评应与国家和区域生态环境保护战略、区域发展战略环评相融合，重大建设项目环评审批应以规划和规划环评为前置；对可能造成跨行政区域不良环境影响的重大开发规划，要建立区域环境影响评价联合审查审批制度和信息通报制度。全面推进省（区）、市经济社会发展和重点区域发展战略环评，深化产业园区、产业基地，以及“两高一资”重点行业规划环评，强化和落实规划环评中跟踪监测与后续评价要求。

（二十四）抓好工作落实。各有关省级环保部门要及时向本省（区）人民政府（新疆生产建设兵团）汇报战略环评成果和本指导意见提出的有关要求，做好与相关部门的沟通协调，加强社会宣传工作，结合实际制定本省（区、新疆生产建设兵团）落实战略环评成果和本指导意见的具体方案并报送我部。我部将适时组织开展相关督导工作。

环境保护部

2013 年 7 月 31 日

关于促进长江中下游城市群与环境保护协调发展的指导意见

（环发〔2015〕130号）

安徽省、江西省、湖北省、湖南省环境保护厅：

为深入贯彻党的十八大精神，大力推动生态文明建设，引导长江中下游城市群调整产业结构与布局、推动工业转型升级，推进新型工业化、城镇化、信息化、农业现代化和绿色化协同发展，确保粮食生产安全、流域生态安全、人居环境安全（以下简称“三大安全”），促进区域经济社会与资源环境全面协调可持续发展，在中部地区发展战略环境评价的基础上，提出以下指导意见：

一、高度重视保障区域“三大安全”的战略性

（一）在国家区域经济和生态安全格局中占有重要地位。长江中下游城市群是国家城镇化与工业化的重点开发区域，地处“中部崛起”和“长江经济带”两大国家战略指向区，是我国重要的粮食生产基地、原材料基地、现代装备制造及高技术产业基地和综合交通运输枢纽地区，也是打造新经济升级版的产业转移承接示范区。长江中下游城市群位于我国地势第三级阶梯的核心区域，水土资源丰富、气候条件优良，在我国生态安全格局中具有重要地位，是长江流域重要的洪水调蓄、水源涵养及水土保持区，也是全球生物多样性维持重要区和重点人居保障功能区，其生态环境的演化直接影响着长江中下游流域及近岸海域的生态环境安全。

（二）“三大安全”的总体态势不容乐观。长江中下游城市群经济社会发展与生态环境保护之间矛盾突出，基础原材料产业、落后产能比重较大，产业结构升级缓慢，粗放型发展方式造成水土资源竞争加剧、生态环境质量改善难度增大。今后这一区域生态环境压力持续加重的风险依然存在，城市和工业扩张与耕地保护矛盾加剧，局部地区土壤重金属累积风险和农业面源污染加重；生活生产用水持续增长、粗放式用水方式亟待扭转，部分地区水环境质量、水生生态状况进一步恶化，生物多样性丧失风险加大；重点城市大气复合污染趋于加重，部分城市饮用水水源安全隐患将长期存在。总体来看，保障区域“三大安全”面临着长期的潜在风险。

（三）协调经济发展与环境保护的任务艰巨。长江中下游城市群经济社会较快发展、城镇化和工业化持续推进，污染源多样化、污染影响持久化、污染范围扩大化趋势明显，区域经济社会发展与生态环境保护面临重要挑战。为确保区域“三大安全”，必须处理好产业空间布局与区域生态安全格局、重化工业结构性规模扩张与资源环境承载能力之间的矛盾，引导资源节约、环境友好的新型城镇化模式，优化产业布局、推进产业绿色化改造，实施生态环境战略性保护及相应的对策机制，促进区域经济社会与生态环境协调可持续发展。

二、促进重点区域和产业与环境保护协调发展的总体要求

（四）指导思想。全面贯彻落实十八大“五位一体”总布局和生态文明建设的重大部署，建立系统完整的生态文明建设制度体系和环境管理机制，切实转变经济发展方式，协调城市群发展，改善人居环境，优化生产空间、生活空间和生态空间，构建统筹城乡建设、产业发展与环境保护的模式，确保“三大安

全”，实现长江中下游城市群的绿色崛起。

（五）基本原则。以区域环境质量改善为核心，坚持生态功能不退化，水土资源不超载，污染物排放总量不突破，环境准入不降低，逐步提高“三大安全”水平。坚持污染物排放总量控制与环境质量控制相结合，确保环境底线和生态保护红线不突破；坚持产业发展与资源环境承载相结合，促进生产力合理布局；坚持环境准入与淘汰落后相结合，加快产业绿色化改造；坚持规模增长与空间管制相结合，促进新型城镇化发展；坚持资源有偿使用与生态补偿相结合，推进资源集约化可持续利用。

（六）总体思路。按照“保红线、严标准、调结构、优布局、提效率、控风险”的总体思路，推动城市群循环绿色低碳发展，促进城市有序分工与合作；升级产业结构、优化产业布局，推进产业绿色化改造；严保耕地数量与质量，重点控制农业面源污染，建设高标准生态农业；加强流域水系统综合管理，修复河湖湿地生态，维持生物多样性；以复合型大气污染防治、城乡饮用水水源地保护为核心，逐步改善人居环境质量。加快构建以环境保护优化经济社会发展的长效机制，实现长江中下游城市群经济社会与生态环境保护的协调发展。

三、推动构建保障“三大安全”的新型发展模式

（七）构建区域协调发展格局。依据资源禀赋、产业基础和资源环境承载能力，构建城市功能完善、产业布局合理、各具特色的城市经济发展空间格局。推动武汉城市圈一体化发展，全面提升武汉中心城市功能，在科学承接武汉产业绿色化转移的基础上，积极推进鄂州-黄冈-黄石产业分工合作、同城化发展，培育仙桃-潜江-天门、孝感-应城-安陆、咸宁-赤壁-嘉鱼三个城镇密集发展区，根据城市特色和承载能力合理规划城市人口增长。提高长株潭城市群核心竞争力，在优化区域产业分工布局的基础上，推动长沙与株洲、湘潭一体化发展，提高东部开放型经济走廊发展水平，增强长沙产业集聚能力；加快洞庭湖生态经济区建设，以生态经济为驱动提升区域发展整体质量。皖江城市带积极参与泛长三角区域发展分工，坚持环境准入标准，科学承接上海和江浙产业转移；加快合肥经济圈发展，以巢湖水质持续改善为前提加快建设环巢湖生态文明先行示范区。鄱阳湖生态经济区积极培育和发展生态产业，提升南昌要素集聚、科技创新、文化引领和综合交通功能，打造长江以南新的增长极；以长江岸线保护和可持续开发利用为基础深入推进九江沿江开放开发，促进南昌-九江经济带协调发展。

（八）保持合理城镇化增速，完善城镇体系。有序推进城镇化进程，合理调控农村人口向城市转移规模，到2020年长江中下游城市群城镇化水平提高到60%左右。积极对接长江经济带规划建设，提升区域性中心城市功能和辐射发展能力，将武汉建设成为长江中下游地区重要的中心城市，长沙、合肥和南昌建成区域性核心城市。以资源环境承载能力和城市基础设施服务能力为约束条件，构建健康有序稳定的城镇人口规模体系；加强武汉、长沙、合肥、南昌城市人口规模控制，到2030年常住人口总数增长幅度控制在 35%以内。适度加快荆州、咸宁、安庆、池州、岳阳、宣城等地城镇化进程，促进城镇化、工业化同步发展，构建大中小城市和小城镇协调发展的城市集群。

（九）控制建设用地规模，规范产城融合健康发展。城市建设用地规模增长速度不超过城镇人口增长速度，按照紧凑高效原则，合理确定城市新区的人均建设用地定额。规划城市建设用地布局，促进各类建设用地集约化发展，减少建设用地扩张对耕地的侵占和对自然生态空间的蚕食。提升城镇空间利用效率，实施建设用地面积总量控制，划定城市开发边界、永久基本农田和生态保护红线，严格控制城市建设用地规模，在城市之间预留生态缓冲地带，作为城市之间的生态屏障和通风走廊。促进产业园区与城区基础设施共享，以低污染、低环境风险产业与城市融合协调发展作为未来城市空间拓展、战略型新兴产业布局的前提条件，降低空间失序隐患；严格限制在重化工等高污染、高风险产业为主体的产业集聚区推行产城融合发展，强化重化工等高污染、高风险产业集聚区周边地区的空间管制，严格按照国家相关要求设立生态隔离带。进一步明确沿江、沿湖以及荆州、皖中等地区规划面积较大开发区的功能定位，合理规划、优化布局，提高工业用地的资源利用产出效率。

（十）大力发展装备制造业和战略性新兴产业。加快发展以武汉为中心、以鄂州-黄冈-黄石和荆州配套的装备制造业，重点建设武汉综合性国家高技术产业和光电子、生物产业、信息产业三个专业性国家高技术产业基地，武汉、黄石重点建设新材料产业集聚区和电子信息产业基地。长株潭城市群发展以工程机械、汽车及电动汽车、航空航天产业、轨道交通为重点的装备制造业，建设长株潭电子信息、生物、新材料、新能源等战略性新兴产业基地。重点提升合肥先进制造业、高新技术产业、光伏产业和现代服务业，加快发展芜湖大型铸锻件、新能源汽车、机器人、商用飞机为主导的新型装备制造业，建设合肥、芜湖生物医药产业基地，合肥、芜湖、滁州家电与零部件制造基地，以及池州家用机床、数控机床与汽车零部件制造基地，在滁州、宣城培育发展新材料、机械制造产业。推进南昌建设先进制造业基地，推动九江现代化港口旅游城市、区域性物流枢纽和长江沿岸重要工业基地建设，加快鹰潭铜冶炼产业绿色化发展，打造景德镇世界瓷都。

（十一）淘汰落后产能，提升传统产业。以淘汰落后产能、控制初级产品产能扩张为前提，严格执行国家产业政策和落后产能关停计划，运用高新技术和先进适用技术改造提升传统产业，促进电力、钢铁、石化、水泥、有色等行业结构调整和技术升级。武汉、黄石、铜陵等空气质量不达标、跨区域输送显著的地区应谨慎布局新的火电项目，只有在符合总量减排、质量改善的前提下才可适度发展“等量置换”“退城进园”火电项目。淘汰运行满20年、单机容量10万千瓦级以下的常规火电机组，服役期已满、单机容量20万千瓦以下，以及供电标准煤耗高出全国平均水平的各类燃煤机组。新建燃煤发电项目（含已纳入国家火电建设规划且具备变更机组选型条件的项目）原则上采用60万千瓦及以上超超临界机组，湿冷、空冷机组供电煤耗分别不高于285克/千瓦时、302克/千瓦时。提高钢铁行业淘汰落后产能标准，加快落后产能淘汰，重点提升武汉、黄石、鄂州、九江、马鞍山五个大型钢铁工业基地竞争力，控制其他城市钢铁工业规模扩张，逐步淘汰整合100万吨以下小钢厂。严格控制有色金属产能扩张，通过布局调整引导有色金属分行业集聚，电解铜布局向鹰潭、上饶、黄石、铜陵集中，铅锌冶炼能力向九江、上饶、池州、株洲集中。石化行业淘汰100万吨及以下低效低质落后炼油装置，积极引导100～200万吨炼油装置关停并转，防止以沥青、重油加工等名义新建炼油项目，除武汉、岳阳、九江、安庆石化产业基地外，其他城市不再新布局炼化一体化项目。沿江石化产业发展要统筹上下游城市并考虑跨区域影响，新建石化项目严禁在城市规划区范围内布局，逐步解决安庆石化企业与城市生活区混杂布局遗留问题。

（十二）优化能源结构。以发展低碳城市为目标，努力调整和优化能源结构，逐步降低煤炭消费占比，提高清洁能源比例；推动“西电东送”扩容改造，争取实现“西电中送”，逐步提高本地水电比例。力争2030年煤炭占比下降到50%以下，清洁能源比例提高到15%以上，单位GDP碳排放强度比2012年下降50%。“十三五”期间在火电行业试点碳排放总量控制。积极促进合肥市等地光伏发电的推广应用。在做好生态环境保护前提下有序开发支流水电，统筹考虑干流与支流、江河与湖泊连通性，切实加强水电开发过程中水生生态和生物多样性保护。积极发展黄冈市、九江市九岭山、吉山、南昌市蒋公岭、岳阳市环洞庭湖区、芜湖市无为县等地风能发电。着力解决平原农田地区生物质收集、运输问题，积极发展合肥、宣城、滁州、六安、九江、南昌、上饶、荆州、岳阳等地生物质燃料发电项目，在城市工业区内积极推进生物质成型燃料集中供热工程。

（十三）调整农业结构，大力发展生态农业。在保障粮食主产区耕地面积不减少的前提下，加快发展特色经济作物，促进农业结构调整，扶持无公害、绿色、有机农产品生产，鼓励采用现代生物技术和环境友好的生产方式，稳步提高土壤有机质含量，逐步改善土壤质量，确保粮食生产安全。积极推进“种养平衡，以水定鱼”的产业发展思路，江汉平原、江淮平原、沿江地区控制养殖规模，严格控制江河、湖泊、水库等水域的养殖容量和养殖密度。开展清洁种植和清洁养殖，依法关闭或搬迁禁养区内的畜禽养殖场（小区），加强规模化畜禽养殖场（小区）污染减排，逐步实施畜禽养殖标准化。加快农业面源污染综合防治，调整优化用肥结构，科学控制化肥和农药等农业投入品施用量，推进农作物秸秆和畜禽养殖废弃物还田，促进有机肥增施和畜禽养殖废弃物综合利用，力争2020年有机肥施用比例提高到20%，测土配方施肥技术推广覆盖率达到90%以上，化肥利用率提高到40%，农业面源污染排放比2012年减少10%以上。加快推动农村清洁工程和以县（市、区）为单元的农村环境综合整治，进一步提高沼气综合利用设施普及率。

四、推进区域“三大安全”战略性保护

（十四）严格执行生态空间管制，确保生态系统功能健康稳定。在重要生态功能区、生态环境敏感区和脆弱区等区域划定生态保护红线，实行严格保护，确保生态保护区面积不减少、区域生态功能不降低，重要生态功能单元保护面积达到 30%，各级各类自然保护区面积稳中有增。禁止开发区、饮用水水源一级保护区、重要生态功能区、生态敏感区、长江重要水产种质资源保护区核心区禁止开发建设活动。依托“山-江-湖”构筑区域生态网络屏障，逐步提升森林生态服务功能，扭转湿地生态系统恶化趋势，积极开展红线区生态修复。重点建设大别山生态区、黄山-怀玉山生态区、鄱阳湖生态区、洞庭湖生态区、桐柏山-淮河生态区、幕阜山生态区、安徽沿江湿地生态区、江汉平原沿江湿地生态区、汉江中下游生态区和巢湖流域生态区。加强生态洞庭建设，全面修复湿地生态系统功能，重点开展野生动植物保护及自然保护区建设。加强梁子湖自然保护区、鄱阳湖自然保护区、龙感湖国家级自然保护区、洪湖湿地自然保护区、湖北石首麋鹿自然保护区、南矶山湿地自然保护区、铜陵淡水豚类保护区、宣城扬子鳄保护区、安庆沿江湿地保护区、九宫山自然保护区、大别山自然保护区、东洞庭湖自然保护区和炎陵桃源洞自然保护区等国家和省级自然保护区建设和管理，不得随意改变自然保护区的性质、范围和功能区划。建设沿江、沿河、环湖水资源保护带、生态隔离带，增强水源涵养和水土保持功能。加强城乡绿化、长江防护林、森林公园等生态建设。

（十五）合理开发水资源和岸线资源，确保水土资源不超载。促进流域河湖连通性基本稳定，确保长江干流和主要支流生态基流及洞庭湖、鄱阳湖年入湖水量。加强水资源利用红线管理，严格控制区域用水总量过快增加。株洲、长沙、合肥、武汉和滁州等地区工业用水率先实现新鲜水零增长，岳阳、咸宁等地优先确保低消耗、低排放和高效益的产业发展取用水，禁止建设高耗水、高污染、低效益的项目。加强自然岸线保护，新建项目不得占用生态岸线，确保长江干流、重要支流生态岸线长度不减少。实施岸线分级管控措施，禁止在长江干流自然保护区、风景名胜区、四大家鱼产卵场等一级管控岸线布局工业类和污染类项目，禁止沿江湿地侵占和岸线开发，优化岸线利用，实施现有工业企业退出机制。不适于港口开发以及渔业资源集中分布的二级管控岸线要限制产业准入门类和发展规模，禁止高污染、高风险产业项目布局，对已建企业开展强制性清洁生产审核，建立“三高”企业退出机制；合理控制水产捕捞规模，发展集约化高优生态渔业，引导现代渔业和生态旅游业发展。在生态敏感性较低、适于港口开发的优化开发岸线合理规划产业门类和发展规模。

（十六）强化差别化排放标准，确保污染物总量控制。“十三五”期间在洞庭湖、鄱阳湖、巢湖开展基于环境质量的总氮、总磷区域排放总量控制试点研究；在粮食主产区试点农业面源污染物排放总量控制制度。优化沿江取水、排水口布局，增加氮、磷营养盐作为长江干流水污染的主要控制性指标，确保长江干流水质不降级，流域水功能区达标率达到 80%以上。城镇污水处理率达到 95%以上，提高农村生活污水处理水平。鄂州、孝感、黄冈、天门、南昌、景德镇、上饶、合肥、池州、宣城等城市适时提高城市污水处理厂处理标准，合肥、鄂州等城市应达到《城镇污水处理厂污染物排放标准》一级 A 排放标准。工业园区应配套完善集中式污水处理工程，大力推进城镇和工业污水收集系统建设。完善城市危险废物集中处理设施。潜江、天门、景德镇、滁州等地适时制定和执行火电、钢铁、纺织、化工等产业的地方环境准入标准。重点削减合肥、马鞍山、武汉、咸宁、黄石、长沙、南昌等城市大气污染物排放量，推进合肥及其周围城市、池州-安庆、武汉城市圈、长株潭城市群、南昌-九江等区域大气污染联防联控，力争到2020年大气主要污染物浓度比2012年下降15%，优良天数逐步增加，区域性复合大气污染事件发生概率显著减小。新建火电、钢铁、石化、水泥、有色、化工等重化企业以及燃煤锅炉项目建议执行

大气污染物特别排放限值，环境质量不达标城市的现有企业原则上应在“十三五”时期执行特别排放限值。加强对挥发性有机物的监测和治理，炼油、石化、煤炭加工、表面涂装、包装印刷、农药加工等行业，要遵循源头和过程控制与末端治理相结合的综合防治原则，严格控制生产、运输、使用过程中挥发性有机物排放。

（十七）全面提升资源环境效率，确保重点行业清洁发展。确保主要资源环境绩效指标与全国平均水平的差距逐步缩小，常规污染物、重金属、持久性有机污染物等排放强度明显降低，力争2030年区域能源利用效率较2012年提升50%，单位GDP水资源消耗量降低70%左右。严格执行钢铁、建材、火电、纺织、化工企业环境准入制度，进一步制定或完善重点行业清洁生产标准，已建项目加快生产工艺升级改造，清洁生产达到国内先进水平。根据区域主体功能定位及资源环境禀赋，各地应制定并动态实施禁止类、限制类产业准入门槛。

五、建立健全区域环境保护长效机制

（十八）健全生态环境保护现代化治理体系。促进环境保护社会共治，切实转变政府职能，创新环境管理方式。继续推进环保行政审批制度改革，提高审批效率和效力，完善环评审批下放的监督监管等配套措施。切实提高规划环评的有效性，确保规划环评措施落地，严格规划环评审查、跟踪评价和责任追究机制。完善环境保护公众参与的工作机制，健全环境信息公开和公众评议制度。对钢铁、水泥、冶金、有色等行业采取负面清单管理制度，将重点淘汰类、高耗能、高耗水、重污染行业列入负面清单，探索环保负面清单管理模式。加速推行绿色信贷，将企业环保信息纳入银行信贷征信系统，对不符合环保要求的企业、项目贷款严格实行环保“一票否决”制；积极探索绿色债券、市场化碳排放机制等环保金融政策，全面推广排污权有偿使用和交易制度，发挥市场机制在污染减排中的作用。建立环境保护财政投入资金增长机制，完善多主体、多渠道、多元化环境保护投融资机制。积极增加政府环保投资占财政收入比重，确保政府环保投入增长幅度高于同期财政收入增幅。

（十九）严格资源有偿使用制度。坚持使用资源付费原则，建立健全长江水资源有偿使用制度，逐步建立反映资源稀缺程度、环境损害成本的水资源定价机制。建立水资源征收标准动态调整机制，实行污染企业取水限额制度，对超定额取用水的单位和个人，积极探索累进加价征收水资源费；对不同水源、不同行业，积极探索差别征收标准。在长江水量统一分配的基础上，开展水权交易试点。

（二十）健全生态补偿制度。完善森林生态效益补偿机制，对现有重点公益林实施分类差别化补偿，积极探索森林生态效益市场化机制，推进建立地方生态补偿基金，加大上游公益林区补偿力度。继续落实退耕还林、退田还湖、平垸行洪以及长江禁渔期等政策，遵循“以失定补”原则，制定合理的补偿标准给予补偿。加大对重点生态功能区的转移支付力度，完善对洞庭湖、鄱阳湖、大别山区、黄山-怀玉山区、幕阜山-罗霄山区、江汉平原等重点生态功能区和农产品主产区的补偿政策和机制，在水资源调出区域和大别山区开展区域性生态补偿试点工作。加强湿地生态效益补偿制度研究，中央和省级财政应对国际重要湿地、国家重要湿地自然保护区、国家湿地公园和位于重点生态功能区内的地区给予一定生态补偿。建立健全水生生物资源有偿使用制度，完善相应的资源与生态补偿机制。

（二十一）实行严格的生态环境损害赔偿制度。明确生态环境损害赔偿范围，包括生态环境修复费用、生态环境服务功能的阶段性损失和永久性损害。明确地方各级人民政府为生态环境损害赔偿的索赔权人，生态环境损害者为赔偿责任人。畅通生态环境损害赔偿解决渠道，建立磋商机制、完善诉讼规则。建立独立公正的生态环境损害评估制度，引入生态环境修复第三方治理，完善损害赔偿资金社会化分担机制，落实技术和资金保障。

（二十二）完善环境绩效考核制度。建立健全政府性环境保护投入的绩效考核机制，优先支持生物多样性保护、自然保护区管理、天然林保护、湿地保护、重点流域治理、重金属和危险废物污染防治等工作。建立环境绩效考核激励约束制度体系，以政府考核、公众评价和社会评价为监督考核主体，将资源利用效率、环境质量、生态效益等纳入地方政府领导干部考核体系，提升环境类考核指标权重，把环境绩效考核作为干部任用、奖惩的重要依据。探索编制自然资源资产负债表，建立生态环境损害责任终身追究制。生态保护红线区按照“性质不改变、面积不减少、功能不下降”的原则，制定生态保护红线区的考核评估办法，保证生态保护红线发挥实效，为生态补偿等激励制度提供重要依据。开展长江、洞庭湖、鄱阳湖、大别山、汉江中下游、黄山-怀玉山区、幕阜山-罗霄山区生态资产评估并纳入地方考核，取消对农产品主产区和重点生态功能区的生产总值考核。

（二十三）加强能力建设。推进长江“黄金水道”危险化学品安全保障体系建设，开展安全风险与应急能力评估，加强污染控制和防范力度，制定突发性水污染事故应急预案。建立区域环境保护联席会议制度，推进流域上下游、区域大气污染联防联控，加强城市群规划衔接，统筹生态空间安排、生态廊道和环保基础设施建设，建立联合监测、应急联动、联合执法等合作机制。加强环境信息共享，建立区域、省、市三级重污染天气应急预警联动机制，及时发布重污染天气预报、预警信息。提升环境管理的法制化水平，依法依规进行环境管理与督查，按照新修订的《环境保护法》要求强化对违法行为的惩戒力度。严格环评管理与资源生态红线、污染物排放总量控制和生态补偿挂钩，在重点行业推进环境监理。加大对环保部门的投入，加强各级环保部门能力建设。

环境保护部

2015 年 11 月 6 日

关于促进中原经济区产业与环境保护协调发展的指导意见

（环发〔2015〕136号）

河南省、河北省、山西省、安徽省、山东省环境保护厅：

为深入贯彻落实党的十八大精神，大力推动生态文明建设，引导中原经济区绿色循环低碳高效发展，促进区域新型工业化、城镇化、信息化、农业现代化、绿色化协同发展，确保粮食生产安全、流域生态安全、人居环境安全（以下简称“三大安全”），在中部地区发展战略环境评价的基础上，提出以下指导意见：

一、高度重视保障区域“三大安全”的战略性

（一）在国家区域经济和生态安全格局中占有重要地位。中原经济区地处我国腹地，以中原城市群为支撑，涵盖河南全省，延及周边地区，是中华民族和华夏文明的重要发源地，我国城市化战略格局中路桥通道和京广通道的交汇区。该地区人口稠密，文化底蕴深厚，粮食生产优势突出，城镇化和工业化极具发展潜力，是中部崛起战略的重点发展地区，《全国主体功能区规划》的重点开发区域，国家重要的粮食生产和农业基地，推进新型工业化和城镇化的重点区域，服务全国发展大局和支撑未来经济发展的重要增长极，实现全面建成小康社会战略目标的关键地区之一。区域平原广布，雨热同期，水土资源相对匮乏，环境相对脆弱，生态环境状况与演化趋势对我国中东部地区生态安全具有重要影响。

（二）“三大安全”的总体态势不容乐观。当前，中原经济区发展与环境保护的深层次矛盾依然十分突出，经济增长方式较粗放，流域性水污染和区域性大气污染严重，局部地区土壤污染逐渐突出。未来一定时期内，资源环境问题依然是制约经济社会可持续发展的关键因素之一，生态环境将依然处于高压状态。农业生态保护与工业化、城镇化矛盾突出，土壤重金属累积污染风险将进一步加剧，粮食生产安全面临稳定耕地数量和保障耕地质量的双重压力；水资源短缺、地下水超采、河流水生生态受损为特征的水危机将长期存在，流域生态恢复的难度持续加大；区域传统煤烟型污染与细颗粒物污染突出，复合型大气污染问题日益凸显，环境污染诱发的人群健康风险不容忽视，区域“三大安全”受到严重的现实影响和潜在威胁。

（三）协调经济发展与环境保护的任务艰巨。当前和今后一个时期，中原经济区处于全面建成小康社会、全面建设生态文明、加快“绿色崛起”的关键时期，区域资源环境约束加剧，复合型环境污染突出，生态环境风险持续累积，经济社会发展面临着前所未有的机遇与挑战。为确保“三大安全”，必须着力转变经济增长方式，处理好发展规模与资源环境承载能力的矛盾，调整产业结构，集约高效利用资源、能源，优化国土空间开发格局，建立健全保障生活空间、生态环境安全和促进生产空间集约的长效机制，扭转生态环境恶化趋势。保障区域“三大安全”，对于实现全面建成小康社会具有极其重要的战略意义。

二、促进重点区域和产业与环境保护协调发展的总体要求

（四）指导思想。以全面建成小康社会、建设美丽中原为目标，以绿色循环低碳高效发展为主线，强化生态文明建设，实施生态环境战略性保护，协同推进新型工业化、城镇化、信息化、农业现代化和绿色化，逐步实现“天蓝地绿水净”，建设绿色中原、生态中原。

（五）基本原则。坚持以不牺牲农业和粮食、不牺牲环境和生态为前提，在保护中发展，发展中保护。

坚持绿色循环低碳发展调结构，坚持农业生态安全和人居环境安全优布局，坚持资源环境承载能力定规模，坚持城市环境综合整治与区域生态修复相同步，构建区域经济社会与环境保护协调发展的长效机制，保障区域环境质量持续改善。

（六）总体思路。按照“保红线、严标准、调结构、优布局、提效率、控风险”的基本思路，促进经济发展方式转变，规范国土空间开发秩序，巩固粮食主产区的基础地位；推进以绿色循环低碳产业为主导的转型发展和能源生产消费方式的转变；促进城镇化向节约集约、生态宜居转变，着力解决影响和损害人群健康的突出环境问题，实现中原经济区经济社会与环境保护的协调发展。

三、推动构建保障“三大安全”的新型发展模式

（七）构建高产高效生态安全的现代农业格局。新型农业现代化要耕地数量保障和质量提升并重。全面落实最严格的耕地保护制度，划定永久基本农田保护红线，实现基本布局稳定，2020 年耕地保有量不减少，耕地质量不下降，土壤污染等级不上升。严格保护和科学开发利用富硒耕地，对重金属污染土地分情况采取修复治理、调整种植结构或调整土地用途，保障粮食生产安全。实施中低产田改造，建设一批百亩方、千亩方和万亩方高标准粮田，建设区域化、规模化、集中连片的国家商品粮生产基地，支持黄淮海平原、南阳盆地、豫北豫西山前平原优质小麦、玉米、大豆、水稻产业带建设，2020 年高标准粮田达到良种覆盖、测土配方施肥和病虫害防治三个 100%。实施化肥农药施用环境风险管理并在南阳盆地开展试点示范工程建设，建立土壤重金属和农药污染风险评估机制和源头控制机制、耕地质量管理与工业污染控制联动机制，率先在海河流域的邯郸、邢台、安阳、新乡、焦作等地市开展示范，全方位管控耕地土壤累积污染风险。

（八）大力促进生态农业和节水农业发展。推进农业标准化和安全农产品生产，加快无公害、绿色、有机农产品生产基地和生态循环型现代农业产业化集群建设。加快现代畜牧业发展，推进标准化规模养殖场（区）建设，打造豫东（商丘、周口）、豫西（三门峡、洛阳）、豫西南（南阳、驻马店）现代肉牛产业基地，加快发展沿黄（洛阳、开封、新乡、焦作、济源、濮阳）、豫东、豫西南等现代乳品产业化集群，推动皖北（淮北、宿州）生猪标准化规模养殖基地建设，采用先进技术设备收集、处置畜禽养殖废弃物，实现畜禽养殖废弃物的无害化综合利用。着力推进粮食主产区农业废弃物的综合利用和能源转化，发展畜禽粪便的沼气利用、秸秆的“肥料化、饲料化、原料化、能源化和基料化”利用及林业剩余物的材料化利用，2020 年规模化畜禽养殖场废弃物综合利用率达 75%以上，秸秆综合利用率达到 90%，粮食主产区清洁能源比重持续提高，加快推进河南省和安徽省淮北、亳州、宿州等地农业废弃物绿色高效循环利用示范区建设。加强大中型灌区续建配套和节水改造工程建设，增加节水高效经济作物种植面积，适当减少用水量较大的农作物种植面积，在海河流域的邯郸、邢台、新乡、濮阳、聊城等地市建设标准化、规范化的高效节水综合示范区。

（九）推进质量优先的新型城镇化发展。推进节约集约、生态宜居城市建设，强化资源能源节约高效利用和环境综合整治，促进城镇集约、智能、绿色、低碳发展，优化城市功能布局。统筹工业化、城镇化与生态景观建设的合理空间布局，着力推动低污染、低环境风险产业与城市融合协调发展。城市建成区内现有钢铁、有色金属、造纸、印染、原料药制造、化工等污染较重的企业应实施环保搬迁或退城进园。强化资源型城市功能转型和布局调整，加快淮北、焦作、濮阳、灵宝等资源衰退型城市和邯郸、邢台、三门峡、平顶山、鹤壁、淮南、亳州、晋城、长治、运城等资源成熟型城市功能转型，优化永城、禹州、颍上等资源成长型城市功能与产业布局。全面推进节水型城市建设，倡导低影响开发理念，推进海绵城市建设，基本实现“优水优用、梯级利用、循环利用”的用水模式，许昌、济源、安阳、濮阳、鹤壁、焦作、邯郸、邢台、聊城、运城、亳州等地市率先建成节水型城市。以耕地红线和生态保护红线为约束，合理划定城市发展边界，调控城镇用地规模，严格控制商丘、周口、南阳、驻马店、信阳、阜阳、菏泽、聊城、邯郸等粮食生产核心区的城市建设用地总量，实施城乡建设用地增减挂钩。全面加强

县城和中心城镇供水、供电、供气、污水处理、垃圾处置等市政基础设施和教育、文化、医疗等公共服务建设，促进农民就近城镇化。

（十）推进绿色循环低碳的新型工业化发展。实施质量优先、科学发展的策略。强化产业结构调整，以信息化带动工业化，大力发展高成长性产业、培育战略性新兴产业，壮大新兴的绿色、低碳、环保产业，优化传统支柱产业，构建绿色产业体系。加大钢铁、冶金、化工、建材等传统支柱产业的绿色改造、升级以及淘汰力度，降低能源消耗强度和碳排放强度，积极发展新能源、新能源汽车、资源综合利用以及节能建材等低碳产业。加大工业节水力度，严格限制高耗水型产业发展，加强高耗水型产业的节水化改造，加快淘汰落后设备，推广应用先进节水设备，全面建设节水型工业体系，2020 年单位工业增加值原材料消耗、能耗、水耗、主要污染物排放强度达到国内先进水平；钢铁、有色、化工、建材等行业均应采用先进的现代化工艺技术，加快完成升级换代，力争达到清洁生产一级水平。积极推进工业园区化发展，大力促进工业园区、产业集聚区的循环、生态化改造。以国家级、省级产业园区为主要载体，培育发展一批循环经济重点园区和生态工业园区，优先推动有色、煤炭、非金属矿、农业和再生资源利用的循环经济产业园区发展，积极推进装备制造、有色、化工、钢铁等产业集聚区向产业链高端延伸，上下游产业一体化发展。推动洛阳、濮阳、南阳、鹤壁等地市建设静脉产业园，促进废旧金属、废塑料、电子废弃物等“城市矿产”资源化利用。

（十一）大力发展高成长性制造业和战略性新兴产业。加快推进郑州、鹤壁、漯河、信阳、蚌埠、长治、晋城等电子信息产业集群建设；支持打造中原电气谷、洛阳动力谷和冀南冶金石化装备集群基地，推动郑州、新乡、焦作、安阳、南阳、濮阳、邯郸、淮北建设各具特色的新型装备制造业基地；支持郑州建设百万辆汽车基地，推进开封、洛阳、新乡、焦作、许昌、南阳、鹤壁、长治、运城、晋城、亳州等汽车及零部件产业集聚发展；支持环保和绿色新型家居产业集群建设，推动安阳、邯郸等地市陶瓷产业、洛阳等地市特种玻璃、信阳保温材料等新型建材产业发展。积极建设新一代信息技术产业基地，推动郑州、鹤壁、漯河、南阳等地市电子信息制造业和郑州、洛阳、淮南等信息服务业产业集群发展；支持郑州国家生物产业基地和南阳、新乡、周口、焦作、驻马店、运城、长治等生物产业基地建设；加快郑州、新乡、聊城等新能源汽车产业集群建设；推进洛阳、平顶山、蚌埠、聊城等节能环保产业集群建设，推动邢台、邯郸等地市尾矿资源综合利用产业发展；加快洛阳、蚌埠、邯郸等新材料研发和新材料产业建设。加快推进郑州航空港经济综合实验区建设，提升郑州机场货运中转和集输能力，支持郑州航空港实验区建设成为以航空经济为引领的现代产业基地、国家全面深化改革开放的先行区。积极支持洛阳、邯郸、聊城、安阳、南阳、蚌埠、阜阳、商丘、长治、亳州、宿州等重要节点城市物流中心建设。

（十二）优化传统支柱产业发展。以高新技术和信息化带动传统产业的升级改造，促进产业链延伸，抑制高耗能、高排放行业增长。加快钢铁、有色金属、电解铝、石油化工、盐化工等产业产品结构调整、节能减排和效率提升，着力推进铝加工产业向下游铝制品深加工发展。加快邯郸、邢台、安阳、济源、平顶山等地钢铁产品结构升级，向优特钢产业基地发展，全面解决小钢铁等重污染企业“围城”问题；并以淘汰、压减粗钢产能为前提，实现大气污染物排放总量减量替代。大力推动济源铅锌、洛阳钼钨、三门峡黄金产业绿色化发展，推进洛阳炼油扩能改造、濮阳石化基地建设。优化现代煤化工产业布局，以水定产业链规模；地下水严重超采、地下水位持续下降的地区以及南水北调工程受水地区，不再布局高耗水煤化工产业；煤焦化、电石、煤制化肥等传统煤化工必须以技术升级改造、延伸产业链为基础，全面达到清洁生产二级水平以上；2020 年前郑州、开封、洛阳、平顶山、新乡、焦作、漯河、许昌、济源等城市群地区逐步淘汰焦化、电石等大气污染严重的传统煤化工产业。

（十三）优化能源原材料基地发展。坚持生态保护优先，严格限制在重要水源涵养功能区和地下水源功能区进行煤炭等矿产资源开采，农业型限制开发区内的煤炭等矿产资源开采要优先保护耕地土壤质量和基本农田。稳定河南、两淮、鲁西大型煤炭基地产量，保护性开发晋东大型煤炭基地无烟煤资源，严格控制鹤壁、焦作、义马、郑州、平顶山、永夏矿区煤炭产能扩张。严格控制中原城市群（郑州、开封、洛阳、平顶山、新乡、焦作、漯河、许昌、济源）燃煤火电的布局发展，不再新增燃煤电源点，“以大代小”和“以热定电”的改扩建项目实行大气污染物排放总量减量替代；两淮基地、鲁西基地煤电建设实行定向供需、适度发展；长治、晋城的“煤、电、气、化”综合能源产业基地转向煤炭综合加工、清洁利用为主。对钢铁、水泥、电解铝、平板玻璃等过剩产能行业实行产能减量置换。矿产资源开发要实行“先还旧账，不欠新账”，全面推进矿山生态功能修复和生态补偿，制定现有矿山生态恢复治理率达到100%的时间表，新建矿山生态恢复治理率和土地复垦率达到100%。

四、推进区域“三大安全”战略性保护

（十四）实施粮食主产区耕地质量的全方位监管。建立地球化学监测网络和预警体系，开展土壤污染的调查与监测。在粮食主产区全面实施化肥、农药施用环境风险管理和土壤重金属污染源头控制。全面强化测土配方施肥、农药施用强度限值，逐步开展蔬菜基地、基本农田土壤质量监测与重金属污染潜在生态风险评估，建立完善化肥、农药、有机肥、有机-无机复混肥、灌溉水质的监测与监管，建立耕地土壤质量管理与工业污染源控制联动机制。加大财政投入，推进农业生态环境监控体系建设，2020 年农药施用强度监控显著加强，灌溉水质达标，可降解农膜使用率大幅提高，加快推进传统农膜的回收加工，尽可能降低农膜污染；耕地土壤污染检测监控覆盖率力争超过 50%，蔬菜基地、污水（再生水）灌区耕地土壤重金属污染实现有效监控；市场流通的化肥、有机复合肥、有机肥、农药、农膜质量实现有效监控。海河流域、淮河流域对工业废水中国家重点控制的重金属实行“零排放”。对有色金属采冶企业、重化工业园区等周边 5 公里范围耕地土壤重金属污染状态和潜在风险等级进行动态评估并制定防控对策。

（十五）建立高耗水高污染产业限制与退出机制。将节水型农业、节水型产业和节水型城市建设作为优先发展方向，着力提升用水效率，优化用水结构，设定产业用水准入门槛，建立高耗水高污染产业退出机制。在水资源严重超载或地下水严重超采、主要河流严重污染的地区以及国家水质改善型水污染控制单元，严格限制制浆造纸、印染、制革、农药、电镀等产业的发展，加快氮肥、农副食品加工、原料药制造等产业的水污染控制技术升级改造。邢台、邯郸、安阳、鹤壁、聊城、漯河、商丘、平顶山、淮南等地市，加快节水建设和耗水工艺设备淘汰，严格限制或禁止引入高耗水低端制造业项目，2030 年前淘汰高耗水低端制造业。

（十六）强化节能减排和大气污染协同控制。建立基于大气环境质量持续改善的区域能源消费总量和污染物排放总量的控制机制，推行区域大气环境质量分级分类管理。实行区域能源消费总量控制，大力推进火电、钢铁、有色、化工、建材等传统支柱产业的节能减排和清洁生产审核，全面推进产业聚集区和工业园区的能源梯级利用。大力推进生物质能、太阳能等清洁能源的利用和煤炭的洁净化利用，逐步降低煤炭在能源消费结构中的占比。建立与京津冀地区大气污染防控协同和区域联动的机制，建设中原经济区大气环境信息共享和预报预警平台并与京津冀平台共享。在中原城市群核心区域（郑州、开封、洛阳、平顶山、新乡、焦作、漯河、许昌、济源）、北部城市密集区（邯郸、安阳、邢台、鹤壁、聊城、菏泽、濮阳）等地划定禁止煤炭散烧区，大力推进煤改气、热电联产、集中供热、热网改造、黄标车淘汰、机动车尾气治理、城市扬尘治理，进一步强化北部城市密集区火电、钢铁、有色、化工、建材、焦化等行业二氧化硫、氮氧化物、颗粒物、特征污染物治理，加快推进中原城市群石油化工、有机化工、表面涂装、包装印刷、医药化工、塑料制品等行业的挥发性、半挥发性有机物排放的综合治理。

五、推动环境保护管理和政策转型

（十七）实施资源环境生态红线管理机制。强化自然保护区与重点生态功能区保护与管理，加强重要生态功能区生态保护和修复，依托山体、河流、干渠等自然生态空间，积极推进太行山地生态区、伏牛山地生态区、桐柏山大别山地生态区、平原生态涵养区、沿黄生态涵养带、南水北调中线生态走廊和沿淮生态

走廊建设，构筑区域“四区三带”生态安全格局，确保水源涵养与水土保持功能不削弱，自然保护区、自然湿地和公益林面积不减少，沙化盐渍化土地面积不增加，生物多样性丧失速度得到基本控制，生态系统稳定性明显增强，遏制海河流域水生生态退化趋势，逐步恢复淮河流域河流自净功能。实施水资源管理三条红线（水资源开发利用控制红线、用水效率控制红线、水功能区限制纳污红线）约束，确保所有集中式饮用水水源地达到饮用水水源保护区保护要求，丹江口水库、东平湖以及承担城市供水任务的大中水库水质符合饮用水水质要求；流域水环境质量持续好转，力争消除劣Ⅴ类水体，基本消除城市黑臭水体；海河流域断流河流数量逐步减少，淮河流域河流生态用水保障率不下降；黄淮海平原区地下水开采量“零增长”，南水北调受水城市地下水开采量“负增长”，地下水降落漏斗区不扩大。实施区域和产业资源环境绩效评估，实行能源消费总量和能源消费强度双调控、污染物排放总量和排放强度双调控。以清洁生产二级水平为底线承接东部地区产业转移，严格控制生产工艺、技术装备水平低下的重污染产业转入。

（十八）探索建立适宜的生态补偿与损害赔偿机制。在海河、淮河流域开展水源涵养功能区（山西、河南、河北）生态补偿和跨界河流水质超标生态损害赔偿试点，探索太行山水源涵养功能区与水资源受益区的生态补偿机制、海河跨界河流（漳河、卫河、马颊河、共产主义渠等）和淮河跨界河流（颍河、涡河、淮洪新河等）水污染的生态损害赔偿机制。将粮食主产区纳入重点生态功能区，探索建立粮食主产区农业生态保护补偿机制，在现有惠农扶农政策基础上，按耕地质量提升状况实行专项补贴。

（十九）建立环境管理倒逼行业（企业）退出机制。以流域水环境质量达标和持续改善为目标，强化水污染控制单元的排污总量控制，建立水资源、水环境承载能力监测评价体系与预警机制。大力推进先进生产工艺和废水处理工艺，力争做到含重金属工业废水不外排。海河流域和淮河流域实行重点水污染行业（化工、造纸、印染、食品加工、皮革等）的流域水污染物特别排放限值，加快重点水污染行业的升级改造；海河流域、淮河流域和黄河流域制定严格限制高耗水行业使用地下水的政策；山区、山前地带具有城市供水功能的水库全面退出网箱水产养殖业。中原城市群和北部城市密集区实施与京津冀地区同等力度的大气污染防治政策，对中原经济区内的火电、钢铁、有色、水泥、建材等行业实行行业大气污染物特别排放限值，在中原城市群、北部城市密集区等地区实行区域大气污染物特别排放限值，严格控制工业废气重金属排放。以清洁生产一级水平为标杆，加快传统产业的技术改造、升级换代，淘汰高能耗、高污染落后产能，提高存量产业的资源环境效率。

（二十）全面提升水污染控制水平。积极推进城镇污水处理厂配套管网建设，提高城镇污水收集能力，2020 年基本实现城镇污水处理系统“厂网配套”，实现地市级城市建成区污水全收集、全处理。实施城镇生活污水与工业园区废水分别处理，加快工业园区污染集中处理设施建设，2020 年前各类工业园区集中污水处理设施实现稳定达标运行。河流常年断流或季节性断流的地区，在城市污水处理、工业废水处理提级的基础上，加快中水回用设施建设，建立完善以中水、雨水为动态水源的河流补水体系，因地制宜建设湿地生态处理系统，构建“工业废水预处理—集中污水处理—湿地处理—受纳水体或用户”污水管理体系。在国家级和省级工业园区，探索推行基于最佳实用水污染控制技术的排污许可。加强乡镇饮用水水源地保护，建设乡镇生活污水处理和生活垃圾无害化处理设施，2020 年乡镇生活污水处理率达到 70%以上，生活垃圾无害化处理率达到 90%。积极推动畜禽养殖业的规模化发展，大力推广清洁环保的养殖技术，强化畜禽养殖业废弃物的肥料化和沼气化综合利用。划定农田面源优先控制区，以截留暴雨径流携带的氮磷元素为核心，建立因地制宜的农田暴雨径流控制与利用模式。

环境保护部

2015 年 11 月 6 日

关于加强煤炭矿区总体规划和煤矿建设项目环境影响评价工作的通知

（环办〔2006〕129号）

各省、自治区、直辖市环境保护局（厅），新疆生产建设兵团环境保护局：

为认真贯彻落实《国务院关于落实科学发展观加强环境保护的决定》（国发〔2005〕39号）和《国务院关于促进煤炭工业健康发展的若干意见》（国发〔2005〕18号）的有关要求，合理开发煤炭资源，保护和改善矿区生态环境，现就进一步加强煤炭矿区总体规划和煤矿建设项目环境影响评价工作有关事项通知如下：

一、强化煤炭矿区总体规划环境影响评价

（一）各产煤省（自治区、直辖市）有关部门应根据国家大型煤炭基地建设规划，按照“统一规划、合理布局、有序开发、综合利用、保护环境”的原则，组织编制或修编矿区总体规划。在编制或修编过程中，要充分考虑本地区煤炭资源禀赋、环境容量、生态状况和经济发展需要，合理确定矿区建设规模、生产能力和开发顺序，增强规划的科学性和指导性。

矿区总体规划要依法进行环境影响评价，对规划实施后可能造成的环境影响作出分析、预测和评估，提出预防或减缓不利影响的对策措施。经批准的矿区总体规划环境影响评价文件是煤炭开发建设活动的基本依据。

（二）规划编制机关在报批矿区总体规划时，应将规划环境影响评价文件一并附送规划审批部门，同级环保行政主管部门负责召集有关部门代表和专家组成审查小组，对矿区总体规划环境影响评价文件进行审查。规划环境影响评价文件结论和审查意见是批准矿区总体规划的重要依据。

（三）经批准的矿区总体规划的范围、井田划分、建设规模等主要内容发生重大调整的，应当重新进行环境影响评价。

（四）规划编制机关对涉及公众环境权益的矿区总体规划，应当在报批前举行论证会或听证会，也可以采取其他形式，征求有关单位、专家和公众的意见。

二、规范煤矿建设项目环评审批，严格准入条件

（一）煤矿建设项目必须依照《环境影响评价法》和《建设项目环境保护管理条例》的规定进行环境影响评价。环境影响评价文件未经批准，建设单位不得开工建设。

（二）煤矿建设项目应当符合经批准的矿区总体规划及规划环评要求，未进行环境影响评价的矿区总体规划所包含的煤矿建设项目，环保部门不予受理和审批其环境影响评价文件。

（三）煤矿建设项目环境影响评价文件实行分级审批。国家规划矿区内年产150万吨及以上的煤矿建设项目，其环境影响评价文件由国家环保总局审批；国家规划矿区内年产150万吨以下和国家规划矿区外的煤矿建设项目，其环境影响评价文件由地方环境保护部门审批。

（四）在国家级自然保护区、国家重点风景名胜区、饮用水水源保护区及其他依法划定需特别保护的环境敏感区内，禁止建设煤矿项目。依法需要征得有关机关同意的，建设单位应当事先征得该机关同意。

（五）新建煤矿项目必须与周边煤矿资源的整合、改造相结合。关闭违法违规建设、布局不合理、生态破坏和环境污染严重的小煤矿，采取有效措施保护矿区生态环境，防止和减缓地表沉陷、水土流失和植被破坏。土地复垦率、植被恢复系数等须达到国家和地方规定的指标要求。

改扩建项目要按照“以新带老”原则，对历史形成的采煤沉陷区和废弃物进行治理。未完成生态恢复治理任务的煤矿项目，环保部门不予受理和审批其环境影响评价文件。

（六）在水资源短缺地区，严格限制取用地表水和地下水，防止矿井疏干造成地下水位下降、地表水干枯、地面植被破坏或严重退化。矿井水复用率应达到 70%以上，晋、陕、蒙、宁等严重干旱缺水地区应达到 90%以上，煤矿、洗煤厂和资源综合利用电厂等生产用水应优先使用矿井水。集中建设配套的煤炭洗选厂，洗煤水全部闭路循环。

（七）煤矸石综合利用率应达到70%以上。在平原地区严禁设立永久性煤矸石堆场，有条件的矿区应实施矸石井下充填，减少矸石占用土地、减轻地表沉陷和环境污染。高瓦斯矿井应对煤层气进行综合利用。

（八）建设单位在报批煤矿项目环境影响报告书前，应采取便于公众知悉的方式，公开有关环境影响评价的信息，收集公众反馈意见。

三、强化监督管理，落实各项生态保护措施

各级环保部门要加强对煤矿项目设计、建设和运行等各个阶段的环境保护监督管理，严格执行“三同时”制度。要求设计单位在项目设计时，应当依据经批准的环境影响评价文件，认真落实各项生态保护措施，将环境保护投资纳入投资概算。建设单位应当按照环境影响评价审批文件的要求，制定并实施施工期环境监理计划，定期向所在地环境保护部门报告。施工单位应当严格按照合同中的环境保护条款，做好生态保护措施的实施工作。

要按照“谁开发谁保护，谁污染谁治理，谁损坏谁恢复”的原则，积极推进有利于生态保护的经济政策，扭转矿区生态恢复治理工作滞后的局面，促进煤炭资源开发与生态环境保护协调发展。

二〇〇六年十一月六日

关于加强公路规划和建设环境影响评价工作的通知

（环发〔2007〕184号）

各省、自治区、直辖市环境保护局（厅），发展和改革委员会，交通厅（局、委）：

近年来，我国公路交通快速发展，公路交通基础设施建设在推动国民经济社会发展、促进地区间交流等方面发挥了重要作用。为建设资源节约、环境友好型公路交通行业，各级环保、发展改革、交通主管部门出台了一系列政策措施，不断强化管理，总体上实现了公路建设与环境保护协调发展。但是，公路建设特别是高速公路建设不可避免地占用土地，扰动环境，部分公路建设还涉及自然保护区、风景名胜区、饮用水源保护区等环境敏感区，公路交通噪声污染问题也日渐突出。

为贯彻以人为本、全面协调可持续的科学发展观，落实《国民经济和社会发展第十一个五年规划纲要》和《国务院关于落实科学发展观加强环境保护的决定》，进一步规范公路规划和建设环境影响评价工作，现就有关事项通知如下：

一、依法做好公路规划环境影响评价工作

（一）各省级交通主管部门根据本地区经济社会发展需要，在组织编制公路规划时，应结合生态功能区划、土地利用总体规划及其他相关规划，按照“统筹规划、合理布局、保护生态、有序发展”的原则，从优化交通资源配置，完善网络结构等方面出发，科学合理地确定公路建设布局、规模和技术标准，并按规定程序审批。

（二）根据《环境影响评价法》和国务院批准的规划环境影响评价范围的有关规定，在组织编制或修编国、省道公路网规划时，应当编制环境影响报告书，对规划实施后可能造成的环境影响进行分析、预测和评估，提出预防或减缓不利环境影响的对策措施。按照上述要求，未进行环境影响评价的公路网规划，规划审批机关不予审批，未进行环境影响评价的公路网规划所包含的建设项目，交通主管部门不予预审，环保主管部门不予审批其环境影响评价文件。

（三）在公路网规划编制或修编过程中，要做好与相关规划的衔接与协调，增强规划的科学性和可操作性，必要时，应在报批规划前征求有关单位、专家和公众的意见。经批准的公路网规划在建设布局上发生重大调整变更，需要重新编制和报批规划时，应当重新进行环境影响评价。按规定进行了环境影响评价，且规划已经批准后，其他相关规划应与公路网规划相协调。

二、严格公路建设项目准入条件，加强环境影响评价

（一）公路建设项目应当符合经批准的公路网规划，严格按照建设程序规范各项前期工作。建设单位必须依照《环境影响评价法》、《建设项目环境保护管理条例》和《国务院关于投资体制改革的决定》规定的程序，在批准可行性研究报告或核准项目前，编制完成公路项目环境影响评价文件，经交通行业主管部门预审后，报有审批权的环保行政主管部门审批。环境影响评价文件未经环保主管部门审批，发展改革部门不予批准可行性研究报告或核准项目，建设单位不得开工建设。

（二）环境影响评价文件经批准后，公路项目的主要控制点发生重大变化、路线的长度调整30%以上、服务区数量和选址调整，需要重新报批可行性研究报告，以及防止生态环境破坏的措施发生重大变动，可能造成环境影响向不利方面变化的，建设单位必须在开工建设前依法重新报批环境影响评价文件。

（三）新建公路项目，应当避免穿越自然保护区核心区和缓冲区、风景名胜区核心景区、饮用水水源

一级保护区等依法划定的需要特殊保护的环境敏感区。因工程条件和自然因素限制，确需穿越自然保护区实验区、风景名胜区核心景区以外范围、饮用水水源二级保护区或准保护区的，建设单位应当事先征得有关机关同意。

（四）公路工程建设应当尽量少占耕地、林地和草地，及时进行生态恢复或补偿。经批准占用基本农田的，在环境影响评价文件中，应当有基本农田环境保护方案。

要严格控制路基、桥涵、隧道、立交等永久占地数量，有条件的地方可以采用上跨式服务区。尽量减少施工道路、场地等临时占地，合理设置取弃土场和砂石料场，因地制宜做好土地恢复和景观绿化设计。平原微丘区高速公路建设应尽可能顺应地形地貌，采用低路基形式。山区高速公路建设要合理运用路线平纵指标，增加桥梁、隧道比例，做好路基土石方平衡，防止因大填大挖加剧水土流失。

（五）可能对国家或者地方重点保护野生动物和野生植物的生存环境产生不利影响的公路项目，应当采取生物技术和工程技术措施，保护野生动物和野生植物的生境条件。可能阻断野生动物迁徙通道的，应当根据动物迁徙规律、生态习性设置通道或通行桥，避免造成生境岛屿化。可能影响野生植物和古树名木的，应优先采取工程避让措施，必要时进行异地保护。

（六）噪声环境影响预测应严格按照国家和行业有关技术规范导则进行，并结合公路工程可行性研究阶段线位不确定性的特点，提出相应的防治噪声污染措施。初步设计阶段，应当依据经批准的环境影响评价文件，落实防治噪声污染的措施及投资概算。经过噪声敏感建筑物集中的路段，应通过优化路线设计方案、使用低噪路面结构等进行源头控制，采取搬迁、建筑物功能置换、设置声屏障、安装隔声窗、加强交通管控等措施进行防治，减轻公路交通噪声污染影响，确保达到国家规定的环境噪声标准。严格控制公路两侧噪声敏感建筑物的规划和建设，防止产生新的噪声超标问题。

（七）公路建设应特别重视对饮用水水源地的保护，路线设计时，应尽量绕避饮用水水源保护区。为防范危险化学品运输带来的环境风险，对跨越饮用水水源二级保护区、准保护区和二类以上水体的桥梁，在确保安全和技术可行的前提下，应在桥梁上设置桥面径流水收集系统，并在桥梁两侧设置沉淀池，对发生污染事故后的桥面径流进行处理，确保饮用水安全。

（八）除国家规定需要保密的情形外，编制环境影响报告书的公路项目，建设单位应当在报批环境影响报告书前，采取便于公众知悉的方式，公开有关建设项目环境影响评价的信息，收集公众反馈意见，并对意见采纳情况进行说明。环保主管部门在受理环境影响报告书后，应当向社会公告受理的有关信息，必要时，可以通过听证会、论证会、座谈会等形式听取公众意见。

三、强化监督管理，切实落实各项生态环境保护措施

公路建设应在项目设计、施工和运行管理等各个阶段，高度重视生态环境保护和污染防治工作，严格执行建设项目环境保护“三同时”制度，规范工程建设管理的各项工作，确保符合有关环保要求。

设计单位在项目设计时，应当依据环境影响评价文件，落实各项生态环境保护措施，将环保投资纳入工程概算。建设单位应当按照环境影响评价文件的要求，制定施工期工程环境监理实施方案，并提交交通、环保主管部门，在施工招标文件、合同中明确施工单位和监理单位的环境保护责任，将工程环境监理纳入工程监理，定期向环保、交通主管部门提交工程环境监理报告。施工单位要严格按照合同中的环保要求，落实各项环保措施。

各级交通和环保主管部门应加强公路建设、运行过程中的环保监督管理，必要时开展环境影响后评价工作。

国家环境保护总局

国家发展和改革委员会

交通部

二〇〇七年十二月一日

关于加强城市建设项目环境影响评价监督管理工作的通知

（环办〔2008〕70 号）

各省、自治区、直辖市环境保护局（厅），新疆生产建设兵团环境保护局：

近年来，随着城镇化进程的加快，城市基础设施建设和第三产业项目迅猛发展，这些建设项目成为城市环境保护主管部门环境影响评价管理的重点和难点，部分项目已成为社会关注的焦点和市民投诉的热点。为了深入贯彻党的十七大精神，落实科学发展观，认真执行环境影响评价和“三同时”制度，加强城市建设项目环境影响评价管理工作，切实从源头防止环境污染和投诉纠纷，解决好人民群众最关心、最直接、最现实的环境权益问题，促进和谐社会建设。现就有关问题通知如下：

一、充分认识城市建设项目环评管理工作面临的新形势

随着城市人口增长、产业布局调整和规模扩大，环境容量受限，环境敏感程度增强。据对 11 个城市的调研统计，市、区（县）两级环境保护行政主管部门审批的城市建设项目占到当年审批总量的 60%以上，有的高达 90%。随着政治、经济、社会、文化的进步和城市居民生活水平的提高，居民既希望政府加快水、电、交通等基础设施建设的步伐，也期待着改善居住条件和享受方便的餐饮、娱乐、医疗等服务，但由于项目的环境影响，多数居民不希望这些项目建在自己家附近，造成矛盾心理。目前，围绕城市建设项目的投诉、信访已占环保投诉、信访总数的 60%～80%。有的还引发了群体性事件，备受社会关注。

近年来，地方各级人民政府及其环境保护行政主管部门，围绕贯彻落实科学发展观，构建社会主义和谐社会的总要求，依据《环境影响评价法》《建设项目环境保护管理条例》，结合当地实际，在健全法规制度、完善工作机制、依法科学审批、加强过程监管、推进公众参与等方面做了大量工作，城市建设项目环评管理工作呈现不断加强和逐步规范的良好势头。但也存在法规不配套、规划管理不严格、公众参与不规范、监管不力等问题。因此，各级环保部门一定要充分认清城市建设项目环评管理面临的新形势，坚持依法科学审批，加强全过程监管，努力从源头上防止环境污染和投诉纠纷。

二、严格执行环境影响评价和“三同时”制度

（一）扎实推进规划的环境影响评价。地方各级环境保护行政主管部门要主动向政府提出推进规划环境影响评价的建议，在规划的编制和控制中充分考虑环境因素，着力解决建设项目的合理布局问题，努力从决策源头防止建设项目与环境功能交叉错位。当前，应重点推动直辖市及设区的市级城市总体规划、设区的市级以上城镇体系规划，以及城市垃圾处理、道路交通、房地产开发、输变电工程等专项规划的环境影响评价，着力解决城市建设项目的合理布局问题。对未列入规划的建设项目，各级环境保护行政主管部门原则上不受理其单个建设项目的环境影响评价文件。

（二）严格审批环境敏感城市建设项目。地方各级环境保护行政主管部门在受理和审批城市建设项目环评文件中，必须严格按照建设项目环境影响评价分类管理名录和建设项目环境影响评价文件分级审批规定执行。对选址敏感、影响面大、群众反应强烈的项目要严格把关、慎重审批。

1. 严禁审批不符合法律法规规定，位于饮用水源保护区及自然保护区、风景名胜的核心区等环境敏

感地区内的建设项目。

2．严格审批城市道路交通项目。对位于城市建成区的城市道路交通项目、涉及搬迁量大的其他交通类项目，在环评文件和批复中必须明确噪声防护距离和落实噪声污染防治措施。

3．严格审批各类房地产开发项目。对旧城区改造、新城区建设、大型房地产开发项目，必须科学论证项目的环境影响和选址的合理性，注意周边环境问题对拟建项目的影响，在环评文件和批复中，明确要求房地产开发商在预售房时必须公示有关环评及环保验收信息；在工业开发区、工业企业影响范围内及可能危害群众健康的区域内不得审批新、扩建居民住宅项目。

4．严格审批餐饮、娱乐业项目。应在环评文件和批复中，明确有餐饮门面功能的房地产项目必须修建专用公共烟道，划定噪声防护距离和落实污染防治措施。对项目的选址、烟道设置、排放口与敏感目标的间距等提出明确要求。

（三）加强对城市建设项目的全过程监管。对选址敏感的城市建设项目必须实行全过程管理，做到建设之前有审批、建设过程中有检查、建成运行后有监督，切实防止和减少环境矛盾纠纷的发生。

1．加强建设期环境监管。发现施工噪声、扬尘扰民等问题时，应及时提出整改要求，防止诱发矛盾纠纷。同时，要加强项目前期的现场监管，杜绝未经环评审批擅自开工建设问题发生。

2．严密组织试生产核查。将当地政府和建设单位在环评文件审批时承诺的拆迁安置、解决饮用水、建造隔声屏等污染防治和环境保护措施等工作纳入核查重点，对未全部落实和兑现的，各级环保部门一律不得批复同意其投入试生产。对未经批准擅自投入运行或生产的企业，必须依法进行查处。

3．严把竣工环保验收关。将当地政府和建设单位在环评文件审批时承诺的与主体工程同步实施的污染防治设施、拆迁安置等工作纳入建设项目竣工环保验收内容，进行全面检查核实，凡未落实到位的，一律不予通过验收，并按有关规定进行严肃处理。房地产验收批复中，应明确要求开发商在预售房时，必须将经环保部门确认的环境状况评价结果进行公示。

三、完善适应城市建设项目环评管理的监管机制

（一）完善公众参与工作。对布局在环境敏感区域内的建设项目（国家规定需要保密的项目除外）必须进行公示。通过上门走访、听取居委会意见和召开听证会、座谈会、协调会等多种形式，开展公众参与，充分听取公众意见，减少后续矛盾。各地应当对变电站、垃圾压缩站、公交站场、医院等涉及公众利益且编制报告表的项目的公众参与工作进行细化，特别是通过细化和修订公众参与调查表，使得公众参与调查能够客观反映公众反对项目建设的原因，使环评管理有据可依。

（二）完善环境信息公开机制。各级环境保护行政主管部门应协同当地规划管理部门，依法将城市建设规划及其规划环评中能够公开的内容进行公开，建立城市建设规划公众参与平台，严格规划管理，防止规划频繁调整变更形成选址不当，造成既成事实，带来具体项目与环境功能要求相冲突，引发环境纠纷和投诉。对现已投入运行的垃圾焚烧发电、变电站进行全面调查和监测，收集相关实测数据，形成监测报告和分析报告。同时，适时将报告向公众发布，在主要媒体开展科学知识普及和正面报道，用事实消除群众的担忧和疑虑。

（三）加强与有关部门的协调与配合。密切联系规划、建设、国土等部门，积极推进电网规划、轨道交通规划等专项规划环评。加强与有关部门的联系，及时掌握当地城市垃圾处理、道路交通、输变电工程等重大市政基础设施的建设情况和年度建设计划，针对立项、规划和验收等环节的不同特点，细化有关环保的协办审批要求，特别要明确对项目周边的环境敏感目标实施有效控制的要求，提前介入，防患于未然。对扰民等污染问题，要及时提出整改要求，限期解决。

二〇〇八年九月十八日

关于有序开发小水电切实保护生态环境的通知

（环发〔2006〕93 号）

各省、自治区、直辖市、新疆生产建设兵团环保局（厅）、发展改革委：

小水电是清洁的可再生能源。近年来，各地积极发展小水电，对解决广大农村及偏远地区的用电需求，缓解电力供需矛盾，优化能源结构，改善农村生产生活条件，促进当地经济社会发展发挥了重要作用。但是，在小水电快速发展的同时，不少地区也出现了规划和管理滞后、滥占资源、抢夺项目、无序开发、破坏生态等问题。一些项目未履行建设程序及环境影响评价审批手续即擅自开工建设，施工期间未落实环境保护措施，造成水土流失和生态破坏；一些项目在设计和运行中未充分考虑和保障生态用水，造成下游地区河段减水、脱水甚至河床干涸，对上下游水生生态、河道景观及经济生活造成了不利影响。

为深入贯彻落实《国务院关于落实科学发展观加强环境保护的决定》和《国民经济和社会发展十一五规划纲要》，加强小水电资源的合理开发利用和保护，防止不合理开发活动造成生态破坏，切实保护和改善生态环境，现通知如下：

一、做好小水电资源开发利用规划，依法实行规划环境影响评价

各省级发展改革部门要会同有关部门，根据本地区小水电资源禀赋、环境容量、生态状况和经济发展需要，结合生态功能区划，按照“统筹兼顾、科学论证、合理布局、有序开发、保护生态”的原则，组织编制小水电资源开发利用规划，确定重点开发、限制开发和禁止开发的区域，并按规定程序审批。要进一步强化规划对小水电建设的指导作用，增强规划的约束力和权威性。在规划编制过程中，要充分发扬民主，做好与相关规划的衔接与协调、公众参与和专家论证等工作，增强规划的科学性和可操作性。对环境承载能力较强的地区，可对小水电资源进行重点开发；对部分生态脆弱地区和重要生态功能区，要根据功能定位，对小水电资源实行限制开发；对国家级自然保护区、国家重点风景名胜区及其他具有特殊保护价值的地区，原则上禁止开发小水电资源。

编制或修改小水电资源开发利用规划，必须依法进行环境影响评价，对规划实施后可能造成的环境影响进行分析、预测和评估，提出预防或减缓不良环境影响的对策和措施。未进行环境影响评价的开发规划，规划审批机关不予审批。未列入规划的小水电建设项目，以及未开展环境影响评价的规划中的小水电建设项目，环保部门不予审批项目环境影响评价文件，发展改革部门不予审批或核准。

二、严格小水电项目建设程序和准入条件，加强环境影响评价管理

小水电开发建设项目必须严格按照建设程序报批、核准，规范各项前期工作和审查审批程序。要按照《环境影响评价法》和《建设项目环境保护管理条例》的有关规定，进行环境影响评价。处于环境敏感区和单机装机容量在 50 000～1 000 千瓦的小水电项目，应当编制环境影响报告书；处于非环境敏感区和单机装机容量小于 1 000 千瓦的小水电项目，可以编制环境影响报告表。建设单位在报送可行性研究报告或项目申请报告前，应当完成项目环境影响评价文件报批手续。未取得省级环保部门环境影响评价审批文件的项目，发展改革部门不予核准或审批，建设单位不得开工建设。

小水电项目建设要与当地水资源条件相适应，根据当地生产、生活、生态及景观需水要求，统筹确定合理的生态流量，落实相关工程和管理措施，优化水电站的运行管理，实行有利于生态保护的调度和

运行模式，避免电站运行造成下游河段脱水，最大限度地减轻对水环境和水生生态的不利影响。

三、强化后续监管，落实各项生态保护措施

小水电建设要全面推行建设项目法人责任制、招标承包制、建设监理制和竣工验收制。在项目设计、工程建设和运行管理等各个阶段，要高度重视生态保护工作，严格执行建设项目环境保护“三同时”制度，规范工程建设管理各项活动，确保工程质量和安全运行。设计单位在项目设计时，应当依据环境影响评价审批文件，落实各项环境保护措施，并将环保投资纳入工程概算。建设单位应当按照环境影响评价审批文件的要求制定施工期环境监理计划，在施工招标文件、合同中明确施工单位和工程监理单位的环境保护责任，定期向所在地环保部门及项目主管部门提交工程环境监理报告。施工单位应当严格按照合同中的环保要求，落实生态保护措施。

四、扩大公众参与，强化社会监督

对涉及公众环境权益的小水电开发规划和建设项目，规划编制机构和建设单位应当在报批开发规划和建设项目环境影响报告书前，采取便于公众知悉的方式，公开有关开发规划和建设项目环境影响评价的信息，收集公众反馈意见，并对意见采纳情况进行说明。环保部门受理环境影响报告书后，应当向社会公告受理的有关信息，必要时，可以通过听证会、论证会、座谈会等形式听取公众意见。

各地要强化对小水电资源的管理，尽快完善小水电资源开发管理的相关法规，实行小水电资源开发权的有序、有偿使用和市场化，建立公平高效的小水电资源市场开发机制。要按照“谁开发谁保护，谁破坏谁恢复，谁受益谁补偿”的原则，探索建立生态补偿机制，积极开展试点。各地要加强在建和拟建小水电项目监督管理，对违规项目，应严肃查处，杜绝无序开发、浪费资源和破坏生态的现象，引导小水电健康发展。

2006年6月18日

关于加强水电建设环境保护工作的通知

（环发〔2005〕13号）

各省、自治区、直辖市、新疆生产建设兵团环境保护局（厅）、发展改革委：

水能是我国重要的能源资源。建国以来，特别是改革开放以来，在国家优先发展水电方针的指引下，我国水电建设取得了很大的成绩，在有效解决电力供应问题的同时，有力地促进了经济和社会的发展。但在近年来水电工程的大规模的建设中发现存在一些问题，一些项目未落实环境保护措施，就开始大规模的施工活动，造成不同程度的水土流失；一些电站由于设计和运行管理方面的原因，造成了下游局部河段的脱水、干涸或水流波动过大等变化，对上下游水生生态及经济生活造成了不利影响。为了适应投资体制改革的需要，进一步加强水电建设的环境保护工作，促进水电建设的健康发展，现通知如下：

一、高度重视水电开发规划的环境影响评价工作

要按照《环境影响评价法》的有关规定，认真做好河流水电开发规划的环境影响评价工作，对规划实施后可能造成的环境影响进行认真分析、预测和评价，提出预防或者减轻不良影响的对策和措施，并以此指导河流开发规划方案的选定和实施。未进行环境影响评价工作的河流水电开发规划，审批机关不得予以审批。

二、加强水电建设项目的环境保护工作

水电建设要按照《环境影响评价法》《建设项目环境保护条例》的有关规定，严格执行环境影响评价制度，认真做好水电建设的环境影响评价和环境保护设计，特别要落实好低温水、鱼类保护、陆生珍稀动植物保护、施工期水土保持和移民安置等环境保护措施，最大限度地减小水电对生态环境的不利影响。

考虑到水电工程位置偏远，“三通一平”等工程施工前期准备工作时间长、任务重，为了缩短水电工程建设工期，促进水电效益尽早发挥，在工程环境影响报告书批准之前，可先编制“三通一平”等工程的环境影响报告书（表），经当地环境保护行政主管部门批准后，开展必要的“三通一平”等工程施工前期准备工作，但不得进行大坝、厂房等主体工程的施工。

三、优化水电站的运行管理，减轻对水环境和水生生态的影响

要根据用电、用水和生态环境等方面的要求，研究制定电站优化运行方式，最大限度地减轻对水环境的影响。对于引水式等水电开发方式，应避免电站运行造成局部河段脱水，落实泄水建筑物建设和运行，确保下泄一定的生态流量。要根据当地生产、生活、生态以及景观需水的要求，统筹考虑经济、社会和环境效益确定生态流量。对于下游有航运要求的大江大河，水电站运行要满足航运流量的要求；运行期间要确保鱼类等水生生物保护设施正常运行。

各省、自治区、直辖市、新疆生产建设兵团环境保护局（厅）、发展改革委、各有关部门和单位，要认真做好水电开发规划、建设、运行和管理工作，确保水电建设环境保护工作落实到位，确保工程经济效益、社会效益的有效发挥，促进水电建设的健康发展以及经济、社会和环境的可持续发展。

2005年1月20日

关于进一步加强水电建设环境保护工作的通知

（环办〔2012〕4号）

各省、自治区、直辖市环境保护厅（局），新疆生产建设兵团环境保护局，辽河保护区管理局：

《国民经济和社会发展第十二个五年规划纲要》提出，要“在做好生态保护和移民安置的前提下积极发展水电”，突出强调了做好生态保护工作对于水电可持续发展的极端重要性，是我国今后一段时期做好水电开发生态环境保护工作的重要指导性文件。为切实做好水电开发的生态环境保护工作，实现水电开发与生态环境保护全面、协调、可持续发展，就进一步加强水电建设环境保护工作通知如下：

一、全面落实水电开发的生态环境保护要求

积极发展水电要在“生态优先、统筹考虑、适度开发、确保底线”的原则指导下，全面落实水电开发的生态环境保护要求。

坚持生态优先，就是要在决策过程中牢固树立生态优化开发的理念，在制定开发规划时同步开展规划环境影响评价，在执行过程中切实落实生态保护措施。

坚持统筹考虑，就是要统筹考虑经济效益和生态效益、局部利益和整体利益、当前利益和长远利益，统筹考虑干支流、上下游的水电开发与生态保护问题，统筹考虑单个电站的环境影响和流域水电开发的累积影响。

坚持适度开发，就是要把握好流域水电开发的强度、尺度和速度，要为重要保护物种保留充足和必要的栖息环境。

坚持确保底线，就是要坚持法律政策的底线，禁止开发法律法规明确保护的区域；坚持公众环境权益的底线，确保公众的知情权、参与权、获益权；坚持流域生态系统健康的底线，维护河流生态系统功能的基本完整和稳定。

二、做好流域水电开发的规划环境影响评价工作

要结合全国主体功能区规划和生态功能区划，合理确定水电规划的梯级布局。对环境承载能力较强的地区，可进行重点开发；对条件复杂、环境敏感的河流或河段，要考虑现阶段减缓不利环境影响的技术和能力，慎重开发；对部分生态脆弱地区和重要生态功能区，要根据功能定位，实行限制开发；在自然保护区、风景名胜区及其他具有特殊保护价值的地区，原则上禁止开发水电资源。

流域水电开发规划必须依法开展规划的环境影响评价，并作为流域水电开发规划决策的依据；已经批准的水电开发规划在修订或开发规模、布局、方式、时序等方面进行重大调整的，应当重新进行环境影响评价。对已实施的有重大环境影响的水电规划，应组织开展环境影响跟踪评价；对水电开发历史较早，未开展水电开发规划环境影响评价的流域，应及时组织开展流域水电开发的环境影响回顾性评价研究。

要发挥规划环境影响评价对流域水电开发的指导作用，强化规划环境影响评价与项目环境影响评价的联动。受理、审批水电项目“三通一平”工程和水电建设项目环境影响评价文件必须有发展改革部门同意水电建设项目开展前期工作的意见、流域水电开发规划环境影响评价的审查意见或流域水电开发环境影响回顾性评价研究成果支持。

三、完善水电建设项目的环境影响评价管理

要规范水电项目“三通一平”工程环境影响评价工作。水电项目筹建及准备期相关工程应作为一个整体项目纳入“三通一平”工程开展环境影响评价。水生生态保护的相关措施应列为水电项目筹建及准备期工作内容；围堰工程（包括分期围堰）和河床内导流工程作为主体工程内容，不纳入“三通一平”工程范围。在水电建设项目环境影响评价中要有“三通一平”工程环境影响回顾性评价内容。

水电建设项目环境影响评价要重点论证和落实生态流量、水温恢复、鱼类保护、陆生珍稀动植物保护等措施，明确流域生态保护对策措施的设计、建设、运行以及生态调度工作要求。要重视并做好移民安置的环境保护措施，落实项目业主和地方政府的相关责任。要维护群众环境权益，完善信息公开和公众参与机制。要加强小水电资源开发环境影响评价工作，防止不合理开发活动造成生态破坏，切实保护和改善生态环境。

四、加强水电项目建设的全过程监管

要严格执行环境保护“三同时”制度，强化环境保护“三同时”的监督检查，督促水电建设项目在设计和施工过程中严格落实环境保护措施和投资。要监督项目业主同步开展环境保护总体设计、招标设计、技术施工设计并进行专项审查，加强对环境保护设计成果的管理；督促项目业主制定环境监理计划，开展“三通一平”工程和主体工程环境监理。要将环境监理报告作为批准试运行和环境保护验收的重要依据。

严把试运行和环境保护验收关。要开展“三通一平”工程环境保护验收，水库下闸蓄水前应完成蓄水阶段环境保护验收，工程竣工后必须按规定程序申请竣工环境保护验收。对主要环境保护措施未落实的水电项目，禁止投入试运行；在各项环境保护措施得到有效落实并通过验收后，项目方能正式投入运行。对环境影响较大的水电建设项目运行 3 至 5 年应组织开展环境影响后评价。

五、深入开展水电开发环境管理的制度建设和基础研究

要完善水电开发环境影响评价工作长效机制，加快制定水电开发环境管理的政策法规和技术标准体系，研究和建立“绿色水电”指标体系和认证制度。推进流域性的水电开发生态环境保护机构和环境管理制度建设，组织有关单位开展流域生态基础调查和长期跟踪监测，逐步构建流域生态监测体系和流域生态环境数据库。

要开展流域水电开发环境保护关键技术研究，积极开展“干流和支流开发与保护”生态补偿试点。进一步开展高寒地区生态影响和恢复措施、珍稀特有鱼类人工驯养繁殖、导鱼过鱼设施、河流与水库生境修复等研究。建立健全流域水电开发环境保护统筹机制，优化梯级电站生态调度。

各级环境保护部门要高度重视并切实解决制约水电健康发展的突出环境问题，加强水电开发的环境影响评价管理，强化水电项目建设的全过程监管，加大环境违法行为的查处力度，确保水电建设环境保护的各项要求落实到位，促进水电开发的健康可持续发展。

二〇一二年一月六日

关于进一步加强水生生物资源保护严格环境影响评价管理的通知

（环发〔2013〕86号）

各省、自治区、直辖市、新疆生产建设兵团及计划单列市环境保护厅（局）、渔业主管厅（局），辽河保护区管理局：

水生生物资源在我国生态安全格局中具有重要战略地位，保护水生生物资源及其生境是环境保护工作的重点任务，也是环境影响评价的重要内容。近年来大规模区域、流域、重点行业的开发和高强度港口、码头、航道等工程建设，加剧了对重要、濒危水生生物及其生境的威胁，水生生物资源及其生境保护压力凸显、形势日益严峻。为进一步加强水生生物资源及其生境保护，严格环境影响评价管理，现就有关事项通知如下：

一、编制区域、流域、海域的建设、开发利用规划等综合性规划，以及工业、农业、畜牧业、林业、能源、水利、交通、城市建设、旅游、自然资源开发等专项规划，应依法开展环境影响评价。其中，对水生生物产卵场、索饵场、越冬场以及洄游通道可能造成不良影响的开发建设规划，在环境影响评价中应进一步强化以下内容：

（一）将重要水生物种资源及其关键栖息场所列为敏感目标，开展重要水生物种资源及其关键栖息场所等调查监测，科学客观地评价规划实施可能带来的长期影响，并按照避让、减缓、恢复的顺序提出切实可行的建议和对策措施。

（二）规划涉及港口、码头、桥梁、航道整治疏浚等涉水工程以及围填海等海岸工程的，应综合评估规划实施可能造成的底栖生物、鱼卵、仔稚鱼等水生生物资源的损失和长期影响。

（三）规划涉及水利、水电、航电等筑坝工程的，应调查洄游性水生生物情况，调查影响区域内漂流性鱼卵的生产和生长习性、调查影响区域内水生生物产卵场等关键栖息场所分布状况，全面评估规划实施对洄游性水生生物和生物种群结构的影响。

二、各级环境保护部门在召集港口、码头、桥梁、航道、水电、航电、水利等开发建设规划环境影响报告书审查时，涉及可能对水生生物资源及其生境造成不良影响的，应严格执行以下要求：

（一）将渔业部门以及水生生态、水生生物资源、渔业资源（重点是鱼类）保护等方面的专家纳入审查小组。

（二）审查小组应将水生生物影响评价内容和有关结论作为审查重点之一，对可能造成重大不良环境影响的规划方案，应在书面审查意见中给出明确结论。

（三）审查小组成员应当客观、公正、独立地对环境影响报告书提出书面审查意见，规划审批机关、规划编制机关、审查小组的召集部门不得干预。

三、涉及水生生物自然保护区或水产种质资源保护区的建设项目，应严格执行下列要求：

（一）水利工程、航道、闸坝、港口建设及矿产资源勘探和开采等建设项目涉及水生生物自然保护区或种质资源保护区的，或者在保护区外从事有关工程建设活动可能损害保护区功能的，应当按照国家有关规定进行专题评价或论证，并将有关报告作为建设项目环境影响报告书的重要内容。

（二）国家级水生生物自然保护区影响专题评价应当按照农业部《建设项目对水生生物国家级自然保

护区影响专题评价管理规范》（农渔发〔2009〕4 号）执行。地方级水生生物自然保护区影响专题评价可参照上述管理规范执行。

（三）水产种质资源保护区影响专题论证的重点是种质资源保护区主要物种资源和功能分区等情况，建设项目对保护区功能影响及建设项目优化布局方案，拟采取的避让、减缓、补救和生态补偿措施等。

（四）涉及水生生物自然保护区的建设项目环境影响报告书在报送环境保护部门审批前，应征求渔业部门意见。涉及水产种质资源保护区的建设项目，应按照《渔业法》和《水产种质资源保护区管理暂行办法》（农业部令 2011 年第 1 号）等相关规定执行。

四、已经开展环境影响评价的规划中包含的具体建设项目，其环境影响评价内容可根据规划环境影响评价的分析论证情况适当调整，具体简化和重点评价等内容应在审查意见中予以明确。规划环境影响评价结论和审查小组意见应作为规划中包含的具体建设项目环境影响报告书审批的重要依据。

五、环境保护部门应积极会同渔业部门做好水生生物资源环境影响评价的基础性研究，联合推动水生生物资源和环境影响评价的数据资料共享，建立健全相关数据库。渔业部门应进一步加强水生生物资源调查的基础性数据资料收集、水生生物保护应用技术研究、生态修复效果评估和研究等工作。两部门应共同开展水生生物资源环境影响评价方法研究，为加强环境影响评价中的水生生物资源保护提供可靠的技术支持和指导。

六、各级环境保护部门和渔业部门应进一步加强沟通配合，加强对规划和项目环境影响评价的技术指导，严格规划环境影响报告书的审查和建设项目环境影响评价审批管理。环境保护部门和渔业部门应依据职责，督促落实有关建设项目的水生生物资源保护与补偿措施，推动环境影响评价与水生生物资源保护相互促进，不断提高工作质量、效率和水平。

各级环境保护部门和渔业部门应按照本通知要求，进一步加强水生生物资源及其生境保护，严格环境影响评价管理，全面促进经济社会与生态环境保护协调可持续发展。

环境保护部

农业部

2013 年 8 月 5 日

关于深化落实水电开发生态环境保护措施的通知

（环发〔2014〕65号）

各省、自治区、直辖市、新疆生产建设兵团环境保护厅（局）、发展改革委、能源局（办），辽河保护区管理局，解放军环境保护局：

为贯彻落实党的十八大及十八届三中全会提出的坚持节约优先、保护优先、自然恢复为主的方针，建立河流水电开发与环境保护统筹协调机制，深化落实水电开发生态环境保护措施，切实做好水电开发环境保护工作，现就有关要求通知如下：

一、河流水电规划应统筹水电开发与生态环境保护

河流水电规划及环境影响评价应按照“全面规划、综合利用、保护环境、讲求效益、统筹兼顾”的规划原则，以及“生态优先、统筹考虑、适度开发、确保底线”的环境保护要求，协调水电建设与生态环境保护关系，统筹流域环境保护工作。

（一）科学分析确定流域生态环境敏感保护对象。应对流域有关区域生态环境进行全面调查、科学评价，充分研究相关生态环境敏感问题，科学分析保护的必要性、可行性和合理性，确定生态环境敏感保护对象。

（二）合理确定重要敏感生态环境保护范围。应高度重视流域重要生态环境敏感保护对象的保护，避让自然保护区、珍稀物种集中分布地等生态敏感区域，减小流域生物多样性和重要生态功能的损失。优化水电开发和生态保护空间格局，在做好生态保护和移民安置的前提下积极发展水电，水电规划环境影响评价应设立物种栖息地保护专章，统筹干支流、上下游水电开发与重要物种栖息地保护，合理拟定栖息地保护范围。

（三）统筹规划主要生态环境保护措施。应结合流域生态保护要求、河流开发规划、梯级开发时序、开发主体以及生态环境敏感保护对象情况，统筹梯级电站生态调度、过鱼设施、鱼类增殖放流和栖息地保护等工程补偿措施的布局和功能定位。应根据规划河段生态用水需求，初拟相关电站生态流量泄放要求；结合梯级电站特点和鱼类保护需要，初拟过鱼方式；统筹考虑梯级电站的增殖放流，增殖放流应与栖息地保护结合，保障增殖放流效果。依据河流水域生境特点，总体明确各河段放流对象。对涉及生态环境敏感保护对象的梯级，应根据规划开发时序研究提出保护措施。

（四）强化水电规划及规划环评的指导约束作用。水电规划和规划环境影响评价是河流水电开发的依据，各级发展改革委（能源局）在审批流域水电规划时应充分采纳环境保护部门审查的规划环评意见。项目建设时，应与流域规划环境保护措施相协调，已明确作为栖息地保护的河流、区域不得再进行水电开发；建设项目落实环境保护措施应依据规划环评报告及审查意见，确保实现规划的环境保护总体目标。

二、水电项目建设应严格落实生态环境保护措施

应统筹安排各阶段环境保护措施的设计、建设和运行，保证各项环境保护措施设计符合规范要求，及时建设落实并发挥作用，确保安全。

对环评已批复、项目已核准（审批）的水电工程，经回顾性研究或环境影响后评价确定须补设或优化生态流量泄放、水温恢复、过鱼等重要环境保护措施的，应按水电工程设计有关变更管理的要求，履

行相关程序后实施。设计变更工作应开展专题研究，必要时进行模型试验，以保障工程安全和稳定运行。

（一）合理确定生态流量，认真落实生态流量泄放措施。应根据电站坝址下游河道水生生态、水环境、景观等生态用水需求，结合水力学、水文学等方法，按生态流量设计技术规范及有关导则规定，编制生态流量泄放方案。方案中应明确电站最小下泄生态流量和下泄生态流量过程。此外，还需确定蓄水期及运行期生态流量泄放设施及保障措施。在国家和地方重点保护、珍稀濒危或开发区域河段特有水生生物栖息地的鱼类产卵季节，经论证确有需要，应进一步加大下泄生态流量；当天然来流量小于规定下泄最小生态流量时，电站下泄生态流量按坝址处天然实际来流量进行下放。电网调度中应参照电站最小下泄生态流量进行生态调度。生态流量泄放应优先考虑专用泄放设施，与主体工程同步开展设计、施工和运行，确保设施安全可靠、运行灵活。

（二）充分论证水库下泄低温水影响，落实下泄低温水减缓措施。对具有多年调节、年调节的水库和水温分层现象明显的季调节性能水库，若坝下河段存在对水温变化敏感的重要生态保护目标时，工程应采取分层取水减缓措施；对具有季调节性能以下的水库，应根据水库水温垂向分布和下游水温变化敏感目标，充分论证下泄水温变化对敏感目标的影响，如存在重大影响，应采取分层取水减缓措施。

（三）科学确定水生生态敏感保护对象，严格落实栖息地保护措施。水电工程应结合栖息地生境本底、替代生境相似度和种群相似度，编制栖息地保护方案，明确栖息地保护目标、具体范围及采取的工程措施，并在水电开发同时落实栖息地保护措施，保护受影响物种的替代生境。项目环评审批前，应配合地方政府相关部门制订栖息地保护规划方案，并请相关地方政府出具承诺性文件。

（四）充分论证过鱼方式，认真落实过鱼措施。水电工程应结合保护鱼类的重要性、受影响程度和过鱼效果等，综合分析论证采取过鱼措施的必要性和过鱼方式。水电工程采取过鱼措施应深入研究有关鱼类生态习性和种群分布，综合考虑地形地质、水文、泥沙、气候以及水工建筑物型式等因素，与栖息地、增殖放流站等鱼类保护措施进行统筹协调，按过鱼设计技术规范要求，经过技术经济、过鱼效果等综合比较后确定过鱼设施型式。现阶段对水头较低的水电建设项目，原则上应重点研究采取仿自然通道措施；对水头中等的水电建设项目，原则上应重点研究采取鱼道或鱼道与仿自然通道组合方式；对水头较高的水电建设项目，应结合场地条件和枢纽布置特性，研究采取鱼道、升鱼机、集运鱼系统或不同组合方式的过鱼措施。应深入开展过鱼设施的技术方案研究，做好鱼道水工模型试验和鱼类生物学试验，落实过鱼设施建设，保证过鱼设施按设计方案正常运行。加强电站运行期过鱼效果观测，优化过鱼设施的运行管理。

（五）论证鱼类增殖放流目标和规模，落实鱼类增殖放流措施。应根据规划环评初拟确定的增殖放流方案，结合电站开发时序和建设管理体制，依据放流水域生境适宜性和现有栖息空间的环境容量，明确各增殖站选址、放流目标、规模和规格，做好鱼类增殖放流措施设计、建设和运行工作。放流对象和规模应根据逐年放流跟踪监测结果进行调整。为便于管理和明确责任，鱼类增殖放流站选址原则上应在业主管理用地范围内。要根据场地布置条件，合理进行增殖站布局和工艺选择，保证鱼类增殖放流站在工程蓄水前建成并完成运行能力建设。

（六）科学确定陆生生态敏感保护对象，落实陆生生态保护措施。对受项目建设影响的珍稀特有植物或古树名木，通过异地移栽、苗木繁育、种质资源保存等方式进行保护。在生长条件满足情况下，业主管理用地应优先作为重要移栽场地之一。对受阻隔或栖息地淹没影响的珍稀动物，通过修建动物廊道、构建类似生境等方式予以保护。要加强施工期环境管理，优化施工用地范围和施工布局，合理选择渣、料场和其他施工场地，重视表土剥离、堆存和合理利用。要明确提出施工用地范围景观规划和建设要求，大坝、公路、厂房等永久建筑物的设计和建设要与周围景观相协调，施工迹地恢复应根据不同立地条件，提出相应恢复措施和景观建设要求。

三、切实做好移民安置环境保护工作

（一）加强移民安置环境保护建设。应根据当地自然资源、生态环境和社会环境特点，结合城镇化规划和要求，分析移民安置方式环境适宜性。对农村移民集中安置点、城（集）镇、工矿企业以及专项设施的迁建和复建，应按要求开展环境影响评价工作并报有审批权的环境保护行政主管部门审批，开展移民安置环境保护措施设计并报行业技术审查单位审查，落实设施建设。对涉及重大移民安置的环保工程，应开展与主体工程同等深度的方案比选，并开展相关专题研究工作。移民安置环保工作应作为电站竣工环境保护验收的重要内容。

（二）注重电站库底清理环保工作。在水库初期蓄水前，应提出库底清理方案，并按照有关要求做好库底清理环保工作。对工业固体废物、危险废物、废放射源以及固体废物清理后原址被污染的土壤等按有关规定采取处理措施，在专项设计基础上进行无害化处置，防止二次污染。库底清理工作须作为电站下闸蓄水阶段环保检查的重要内容。

四、建立健全生态环境保护措施实施保障机制

（一）建立水电开发与环境保护协调机制。加强部门沟通，协商研究有关水电工程建设和环境保护问题，研究建立环境保护行政主管部门、能源主管部门之间的水电开发与环境保护工作协调机制，在可研阶段对重大事项进行会商。对于特别重要的河流，研究成立流域水电开发环境保护协调领导机构，建立并完善相应的环境保护管理制度，协商水电开发环境保护政策性问题，协调水电规划及项目开发与环境保护的重大问题，商议解决梯级调度与生态调度等重要问题。

（二）建立流域水电开发环境保护管理机制。流域水电开发企业原则上应成立统一的流域环境保护管理机构。对多企业进行水电开发的流域，应由主要水电开发企业牵头，联合其他企业成立流域环境保护管理机构，制定行之有效的环境保护管理制度和办法，组织落实并协调流域环境保护措施和相关规划设计及专题研究任务。

（三）建立河流生态环境保护资金保障机制。水电开发应坚持开发与保护并重，落实“谁开发、谁保护，谁破坏、谁治理”的原则。应强化工程补偿，坚持动植物栖息地保护、生态修复、水温恢复、过鱼设施、鱼类增殖放流、水土保护等工程性补偿措施到位。水电开发主体单位应落实环保设施建设资金、保障需要，并纳入工程概算；应确保运行期间的环保投入，保障工程环保设施的长期有效运行，促进库区生态建设。探索建立流域水电环境保护可持续管理制度，促进水电开发环境保护实施效果。

（四）建立工程技术保障机制。水电工程环境保护措施是工程建设的重要组成部分，各类环境保护措施应遵照相应的技术标准开展设计，确保工程安全和环保措施运行稳定。应逐步完善水电工程环境保护设计规范和技术标准体系，及时修订相关标准。对于与主体工程相关的环境保护措施建筑物应与主体工程同步开展试验研究和设计，考虑工程安全、环保要求、技术经济等多方面因素，综合分析比较确定环境保护措施方案。

积极开展水电工程环境保护关键技术研究。从流域、项目两个层面开展模拟生态水文过程调度、生态流量保障、水温恢复、过鱼设施、珍稀特有鱼类人工驯养繁殖、河流与水库生境修复、栖息地建设等关键技术研究，为水电工程环境保护工作的深入开展提供技术支撑。

五、加强水电开发生态环境保护措施落实的监督管理

（一）加强环境保护措施落实的监督。加强环境保护措施“三同时”监督管理工作，建立动态跟踪管理系统，建设单位应定期向环评审批部门报告工程重要进度节点及环境保护措施落实情况，环评审批部门不定期进行检查或巡视。依据规划环评及项目环评要求，严格按照建设项目管理程序分预可研、可研、招投标和技术施工阶段开展重要环境保护措施设计工作，报行业技术审查单位审查并抄送环评文件审批

部门。建设单位应在环境保护措施建设前确定环境监理单位，环境监理单位应将环境保护设施的建设进度、质量和运行情况作为监理工作重点，及时上报建设单位，并与地方环境保护行政主管部门形成联动。环境保护行政主管部门应采用定期检查和不定期巡视等方式对水电建设过程中主要生态环境保护措施的“三同时”落实情况进行检查，发现问题及时要求整改落实，并报上一级主管部门，对情节严重的依法惩处。

（二）加强环境保护措施验收管理。水电建设项目建设过程中应及时开展项目环境保护工作阶段性检查和验收工作，工程总体验收前应及时开展竣工环境保护验收工作，并把环境保护措施的落实情况作为检查和验收重点。其中栖息地保护、生态流量泄放、水温恢复、过鱼设施、鱼类增殖放流等主要环境保护措施的落实情况应作为竣工环境保护验收的重要内容，确保环境保护措施按要求建成并投入运行。环境保护措施落实不到位的应及时进行整改，蓄水后会严重影响环境保护措施实施的工程，必须在整改落实后才能进行蓄水。水电建设项目的主要环境保护工程，应纳入能源主管部门组织的水电工程安全鉴定和验收范围，确保主要环境保护工程的设计、施工及运行安全满足工程要求。

（三）加强环境保护措施运行监督管理。项目开发主体应确保各项环境保护措施的正常运行，并达到项目审批要求的功能和效果。应做好生态环境监测工作，按照环评要求构建生态环境监测体系，长期跟踪观测库区和坝下水温、水文情势变化以及鱼类关键栖息地的生境条件变化，动态开展鱼类增殖放流、过鱼导鱼、生态修复等措施实施效果监测。建立项目环境保护设施运行监测成果报告制度，项目开发主体应每半年编制电站环境保护设施运行简报，总结分析各项设施的运行及效果情况，提出存在的问题和改善运行效果的措施计划。简报应报送环境保护行政主管部门和能源主管部门。环境保护行政主管部门应加强对环境保护设施运行的监督抽查，及时提出整改意见。

（四）适时开展水电开发环境影响回顾性评价和后评价。对水电规划较早，未开展规划环评的主要河流，河流开发主体应编制水电开发环境影响回顾性评价，环境保护行政主管部门会同能源主管部门审查并联合印发审查意见；省级环境保护行政主管部门组织环境影响回顾性评价审查的审查意见应报环境保护部备案。河流水电开发环境影响回顾性评价应将已建电站主要环境影响复核和环境保护措施效果分析作为重要研究内容。水电建设项目运行满 5 年，应按要求开展环境影响后评价工作，重点关注工程运行对环境敏感目标的影响，及时调整补充相应环保措施。

环境保护部

国家能源局

2014 年 5 月 10 日

关于加强水利工程建设生态环境保护工作的通知

（水规计〔2017〕315号）

各省、自治区、直辖市水利（水务）厅（局）、环境保护厅（局），各计划单列市水利（水务）局、环境保护局，新疆生产建设兵团水利局、环境保护局，水利部各流域机构，辽河保护区管理局，解放军环境保护局：

为深入贯彻落实党中央、国务院关于推进生态文明建设的总体部署和要求，加强水利工程建设与环境保护统筹协调，做好水利工程建设生态环境保护工作，现就有关要求通知如下：

一、高度重视水利工程建设生态环境保护

（一）牢固树立绿色发展理念。绿水青山就是金山银山。保护生态环境就是保护生产力，改善生态环境就是发展生产力。各地方各部门要深入贯彻党的十八大及十八届三中、四中、五中、六中全会精神和《中共中央国务院关于加快推进生态文明建设的意见》《生态文明体制改革总体方案》的决策部署，落实创新、协调、绿色、开放、共享的发展理念，树立尊重自然、顺应自然、保护自然的生态理念，并贯穿到水利工程前期论证、建设、运行的全过程管理中，加大生态环境保护工作力度，切实增强责任感、使命感和紧迫感，筑牢国家水安全屏障。

（二）始终坚持保护优先原则。坚持生态优先，根据“确有必要、生态安全、可以持续”的原则，科学确定开发定位、布局、规模、开发方式；坚持入水和谐，尊重自然规律和经济社会发展规律，充分考虑区域水资源水环境承载能力，以水定需、量水而行、因水制宜；坚持集约高效，转变资源管理方式和资源利用方式，减少资源消耗与生态损耗，打造节水、节地、节能、节材的水利工程；坚持严格监管，层层落实责任，健全项目建设运行机制，把生态保护优先原则落实到水利建设与运行管护的各个环节，严格考核问责，形成齐抓共管、常态长效的良好局面。

（三）依法依规严守底线。在水利工程建设的布局、规模和方案研究中，切实增强底线意识。严格遵守《水法》《环境保护法》《环境影响评价法》《水土保持法》等法律法规有关规定，严守生态保护红线，依法、依规、依程序实施水利建设项目，对生态代价难以承受的项目，坚决不能上马。

二、扎实做好重大水利工程前期论证

（四）深化工程布局论证。水利工程选址（选线）应避让法律法规禁止开发的生态保护红线。红线之外确有必要占用环境敏感区的，应依法依规履行程序，科学论证工程建设的必要性，合理确定工程建设的布局、规模和方案，尽量减少占用环境敏感区面积和对珍稀、保护动植物等敏感保护对象栖息生境产生扰动。

（五）深化水资源论证。水利工程开发利用水资源应符合有效保护、合理开发、高效利用原则，符合水资源配置管理要求。按照节水优先、严格消耗总量和强度双控要求，合理确定项目取水规模；根据区域水资源承载能力，按照优化配置、有效保护原则，合理选择水源开发布局、方式和取水位置。要从水资源条件、水功能区管理、水域纳污能力、水生态保护和第三者影响等方面，分析论证项目取水和退水影响，提出减缓和消除不利影响的补偿措施和建议。

（六）深化生态流量论证。对引调水、枢纽等改变河流水文情势的项目，应统筹考虑满足下游河道

生态环境用水及生产、生活用水的需求，深化下游水文情势和生态调查评价，科学确定主要控制断面生态流量保障目标和过程要求，维护河湖健康。将生态流量泄放严格纳入项目方案，强化水资源优化配置、调蓄布局和调度管理，科学确定用水次序和调度原则。对有下泄生态流量要求的项目，应制定相关工程措施、调度管理措施和监控措施。

（七）深化水环境安全论证。引调水、枢纽等工程应系统调查水源区、输水线路和受水区水资源开发利用和水环境现状，按照“先节水后调水，先治污后通水，先环保后用水”原则，科学论证工程水环境目标的可达性。对水源区和输水线路，提出严格的供水水环境安全保障措施。其中，利用已有河湖调蓄或输水的，应统筹考虑航运、旅游等的环境保护要求。对受水区，遵循“增水不增污”或“增水减污”原则，提出切实可行的受水区水污染防治措施。对水温结构分层型水库，应加强低温水影响保护目标需求分析、模型研究和类比水库调查等工作，深化分层取水设施方案比选。

（八）深化河湖治理论证。对河湖治理项目，要本着维护和恢复河湖自然连通性的原则，有效利用疏浚、岸线整治、滨河滨湖植被修复、排污口整治等工程手段，促进河湖休养生息。加强退耕还湖还湿综合整治。严禁违法围垦湖泊、挤占河道、蚕食水域、滥采河砂。处理好防洪除涝与生态保护的关系，尽量维持自然岸线，积极采用透水性的生态型岸坡防护材料和结构。处理好水沙调控与河流生境保护的关系，重视河流自然演变规律研究。

（九）深化动植物保护论证。深入分析项目建设生态环境影响，制定切实有效的陆生动植物和水生生物保护方案，落实栖息地保护措施、过鱼、增殖放流和陆生动植物保护措施。明确栖息地保护范围和要求，深入分析论证过鱼方式，合理确定增殖站选址、放流目标。珍稀保护植物移栽方案要尽量与工程管理区绿化结合，做好抚育管理。对受影响的珍稀动物，通过修建动物廊道、构建类似生境等方式予以保护。

（十）深化水土保持论证。细致研究水利工程建设的施工方案，结合地形条件和综合利用要求，减少填、挖土方，做好土石方挖填平衡。优化料场、弃渣场选址，减少耕地占用，加强渣场防护设计，落实防护措施。施工期做好地表土分层剥离、保存和利用，施工结束后及时复垦或恢复植被。水土流失严重、生态脆弱的地区，严控扰动范围，严格保护植被。积极实施水土流失地区综合治理工程，推进生态清洁小流域建设。

（十一）深化移民安置论证。建设水利工程要尽可能减少建设用地和移民搬迁数量，改进用地方式，集约利用土地资源，尽可能避免或减少占用基本农田、林地、宗教寺庙、文物古迹等，合理规划移民安置。充分考虑安置区资源环境承载能力，重点论证农村移民集中安置点、城（集）镇、工矿企业以及专项设施的迁建和复建环境合理性，强化环境管理和环境保护措施，防止环境污染和生态破坏。

三、切实加强工程环境影响评价工作

（十二）加强规划约束。强化规划及规划环评对项目的约束作用，加强用水总量控制、用水效率控制和水功能区纳污限制，严格项目环境准入。在组织编制有关水利规划时，应依法开展规划环境影响评价工作，强化“生态保护红线、环境质量底线、资源利用上线”约束，全面评估规划实施的环境影响，强化水利规划及规划环评对建设项目的指导和约束作用，确保规划的环境保护总体目标得到有效落实。

（十三）推进环评早期介入。遵循早期介入原则，与项目可行性研究阶段相关专业协调同步开展环境影响评价，为项目必要性、布局、规模和方案论证提供必要的支撑。对水质、陆生生态、水生生态等调查周期较长的环境要素，应提早布置环境监测和现场调查计划，既满足相关技术标准要求，也满足主体工程前期工作时限要求。

（十四）加强重大影响专题研究。一些重大工程的环境影响涉及的专业知识交叉性强、评价难度大，要充分发挥专业单位的技术力量和各方面专家作用，加强重大环境影响的专题研究。对引调水、枢纽、水源等项目，应开展水文情势、大坝阻隔、水质和水温等专题研究工作，确保水资源水环境可承载、生态可接受。对涉及环境敏感区的项目，应深入评价工程建设对敏感区的影响范围和程度，确保敏感区结构不破坏、功能不降低、资源不退化。

（十五）保证评价质量和深度。项目主管部门和项目法人要切实组织做好环境影响评价工作，提高评价成果质量，满足相关标准和导则的要求，达到可行性研究或初步设计等阶段环境保护论证与措施设计深度要求。对重大环境保护措施，可行性研究阶段应做好方案比选，初步设计阶段应开展专项设计。

四、全面落实环境保护措施

（十六）确保措施落实。可行性研究和初步设计应认真落实环评批复各项生态保护措施，保障经费足额纳入工程概估算。项目法人应严格执行环境保护设施与主体工程同时设计、同时施工、同时投产使用的“三同时”制度，将批复的各项环境保护措施纳入施工承包合同，落实资金，保障建设进度。制定施工期环境监测和环境管理方案，监督施工单位切实落实各项环境保护设施和措施。工程建成后按规定实施竣工环境保护验收。

（十七）严格环保问责。各级水行政主管部门和环境保护主管部门要加强水利工程建设生态环境保护的监督管理，对有违法行为的项目，依法处置并追究相关人员和单位责任。要落实项目法人和有关地方政府的生态环境保护主体责任，对因环境措施落实不到位、环境管理不规范、引起公众普遍不满和社会反响强烈的项目，必要时纳入环保督察。

（十八）强化长效监督。工程运行管理单位应做好各项生态环境保护设施的维护和运行管理，保障环境保护设施正常运行。严格执行生态水量调度方案，保证下泄生态流量，并对分层取水、过鱼、增殖放流、珍稀保护植物保护、生物多样性保护等措施的落实情况和实施效果开展监测评估，定期编制环境保护设施运行情况监测和评价报告，及时向主管部门报告。

（十九）全面落实河长制。各地方要按照《关于全面推行河长制的意见》要求，在全国江河湖泊全面推行河长制，构建责任明确、协调有序、监管严格、保护有力的河湖管理保护机制，为维护河湖健康生命、实现河湖功能永续利用提供制度保障。

水利部

环境保护部

2017 年 9 月 29 日

关于促进我国煤电有序发展的通知

（发改能源〔2016〕565号）

各省、自治区、直辖市、新疆生产建设兵团发展改革委（能源局），国家能源局各派出机构，国家电网公司、南方电网公司，华能、大唐、华电、国电、国电投集团，神华集团、中煤集团、国投公司、华润集团，中国国际工程咨询公司、电力规划设计总院：

近年来，受经济进入新常态和结构调整等因素影响，我国用电量增速趋缓，电力供需总体宽松。煤电行业面临利用小时数逐年下降、规划建设规模较电力需求偏大等问题。为贯彻落实国务院工作部署，引导地方及发电企业有序推进煤电项目规划建设，促进煤电行业健康发展，结合各地“十三五”电力供需形势，现将有关事项通知如下：

一、建立风险预警机制

（一）建立煤电规划建设风险预警机制。为指导各地和发电企业有序规划建设煤电项目，综合考虑未来3年煤电项目经济性、电力装机冗余程度、环保及政策约束等因素，国家将建立煤电风险预警指标体系，定期对外发布分省煤电规划建设风险预警提示。引导国土、环保、水利等部门以及银行业等金融机构在为煤电项目办理核准及开工建设所需支持性文件、发放贷款时，根据风险预警提示采取有针对性的政策措施。

（二）结合风险预警适时调整相关措施。国家发展改革委、国家能源局会同相关单位密切跟踪电力供需变化趋势，结合煤电风险预警提示及时调整相关措施。各省（区、市）相关部门要对本地区用电需求增长情况加强监测分析，发生重大偏离时，请及时报告国家发展改革委和国家能源局。

二、严控煤电总量规模

（三）强化规划引领约束作用。加强全国电力规划的指导性，保证国家规划和省级规划有序衔接、协调统一。根据国家“十三五”电力发展规划将明确的各省（区、市）规划期内燃煤电站（含抽凝热电机组和燃煤自备电站）总量控制目标，各省（区、市）电力发展相关规划优化布局本地区规划期内的燃煤电站项目。各省（区、市）要按照《政府核准的投资项目目录（2014年）》及相关规定要求，核准煤电项目。

（四）严控各地煤电新增规模

1. 对于经电力电量平衡测算存在电力盈余的省份以及大气污染防治重点区域，原则上不再安排新增煤电规划建设规模。

2. 对于经电力电量平衡测算确有电力缺口的省份，应优先发展本地非化石能源发电项目，充分发挥跨省区电力互济、电量短时互补作用，并采取加强电力需求侧管理等措施，减少对新增煤电规划建设规模的需求。

（五）按需推进煤电基地建设。基地煤电项目的规划建设要利用基地现有煤炭产能，并充分考虑环境、水资源承受能力以及受端省份的用电需求。合理安排现有煤电基地规划建设时序，分期规划建设基地配套煤电项目，避免因接受外来煤电造成受端省份电力冗余。结合电力供需形势，在“十三五”电力发展规划中适时启动新增煤电基地的规划建设。

（六）加大淘汰落后产能力度。各省（区、市）要按照国家相关规定，进一步提高标准、加大力度，逐步淘汰服役年限长，不符合能效、环保、安全、质量等要求的火电机组，优先淘汰30万千瓦以下运行满20年的纯凝机组和运行满25年的抽凝热电机组。

三、有序推进煤电建设

电力冗余省份要对现有纳入规划及核准（在建）煤电项目（不含革命老区和集中连片贫困地区煤电项目）采取“取消一批、缓核一批、缓建一批”等措施，适当放缓煤电项目建设速度。鼓励各省（区、市）在严格按程序推进煤电项目核准、建设的基础上，结合实际情况和煤电风险预警提示，施行其他有利于煤电有序发展的政策措施。

（七）取消一批不具备核准条件煤电项目

1．取消2012年及以前纳入规划的未核准煤电项目，相应规模滚入当地未来电力电量平衡，待2018年后结合电力供需情况再逐步安排。

2．鼓励各省（区、市）发展改革委（能源局）结合本地区电力负荷发展以及项目单位意愿，取消其他不具备核准（建设）条件的煤电项目。

（八）缓核一批电力盈余省份煤电项目。对经电力电量平衡测算，扣除纳入规划煤电项目后仍存在电力盈余的省份，相应省级发展改革委（能源局）要指导发电企业理性推进煤电项目前期工作。黑龙江、山东、山西、内蒙古、江苏、安徽、福建、湖北、河南、宁夏、甘肃、广东、云南等13省（区）2017年前（含2017年，下同）应暂缓核准除民生热电外的自用煤电项目（不含国家确定的示范项目）。

（九）缓建一批电力盈余省份煤电项目。对经电力电量平衡测算，扣除已核准未开工建设煤电项目后仍存在电力盈余的省份，相应省级发展改革委（能源局）要指导发电企业结合电力供需合理安排已核准煤电项目的施工建设时序。黑龙江、辽宁、山东、山西、内蒙古、陕西、宁夏、甘肃、湖北、河南、江苏、广东、广西、贵州、云南等15省（区），除民生热电项目外的自用煤电项目，尚未开工建设的，2017年前应暂缓开工建设；正在建设的，适当调整建设工期，把握好投产节奏。

（十）严格按程序核准建设煤电项目

1．各省（区、市）发展改革委（能源局）要严格按照规定履行核准程序，对于前置条件不具备的煤电项目，不得核准。按相关规定，热电联产项目核准前，其热电联产规划应已纳入相应省（区、市）电力发展规划。“上大压小”项目核准前，要落实关停计划。

2．各省（区、市）已核准的煤电项目，未取齐开工必需的支持性文件前，严禁开工建设。

四、加大监督管理处理力度

（十一）强化事中事后纵横协调监管。国家发展改革委、国家能源局加强对全国煤电相关规划执行情况的事中、事后监管。各省（区、市）发展改革委（能源局）要会同国家能源局派出机构进一步加强对本地区煤电项目建设的事中、事后监管，充分依托投资项目在线审批监管平台，实现纵横协调监管，全程跟踪、及时预警、严肃问责。

（十二）加强专项监督检查。国家能源局派出机构要按照《关于做好电力项目核准权限下放后规划建设有关工作的通知》（发改能源〔2015〕2236号）要求，结合各地实际，加大专项监督检查力度，督促存在问题的单位限期整改，并结合工作情况形成监管报告，及时向社会公布。

1．组织开展煤电项目规划建设情况监管。重点检查各地煤电总量控制目标、产业政策和煤电项目布局原则等执行情况，煤电项目核准程序履行情况，核准在建煤电项目是否按规定取齐开工必需的支持性文件等情况，促进有关电力规划、政策落实到位。

2．组织开展煤电超低排放和节能改造情况监管。联合有关部门加大对煤电机组超低排放改造和节能升级改造任务落实情况、淘汰火电落后产能以及采暖供热机组“以热定电”等相关情况的监管力度，促进国家专项行动目标顺利实现。

（十三）严厉查处违规建设。对未按核准要求建设、未核先建及未达开工条件建设等违规建设行为，相应省级发展改革委（能源局）要责令其立即停止建设，会同有关部门依法依规予以处理，并将违规情况向社会通报；同时，相关情况要及时报告国家发展改革委、国家能源局。对于违规建设的煤电项目，国家能源局及其派出机构不予办理业务许可证并通报全国；电网企业不予并网；银行及金融机构要依据法律、法规和国家有关规定停止对其发放贷款。

本通知自印发之日起执行。

国家发展改革委
国家能源局
2016年3月17日

关于印发《热电联产管理办法》的通知

（发改能源〔2016〕617号）

各省、自治区、直辖市及计划单列市、新疆生产建设兵团发展改革委（经信委、工信委、工信厅）、能源局、国家能源局各派出机构、财政厅、住建厅、环保厅，国家电网公司、南方电网公司，华能、大唐、华电、国电、国电投集团公司，神华集团、国投公司、华润集团，中国国际工程咨询公司、电力规划设计总院：

为推进大气污染防治，提高能源利用效率，促进热电产业健康发展，解决我国北方地区冬季供暖期空气污染严重、热电联产发展滞后、区域性用电用热矛盾突出等问题，特制定《热电联产管理办法》，现印发你们，请按照执行。

特此通知。

附件：《热电联产管理办法》

国家发展改革委
国家能源局
财政部
住房城乡建设部
环境保护部
2016年3月22日

附件

热电联产管理办法

第一章　总　则

第一条　为推进大气污染防治，提高能源利用效率，促进热电产业健康发展，依据国家相关法律法规和产业政策，制定本办法。

第二条　本办法适用于全国范围内热电联产项目（含企业自备热电联产项目）的规划建设及相关监督管理。

第三条　热电联产发展应遵循“统一规划、以热定电、立足存量、结构优化、提高能效、环保优先”的原则，力争实现北方大中型以上城市热电联产集中供热率达到60%以上，20万人口以上县城热电联产全覆盖，形成规划科学、布局合理、利用高效、供热安全的热电联产产业健康发展格局。

第二章　规划建设

第四条　热电联产规划是热电联产项目规划建设的必要条件。热电联产规划应依据本地区城市供热规划、环境治理规划和电力规划编制，与当地气候、资源、环境等外部条件相适应，以满足热力需求为首要任务，同步推进燃煤锅炉和落后小热电机组的替代关停。

热电联产规划应纳入本省（区、市）五年电力发展规划并开展规划环评工作，规划期限原则上与电力发展规划相一致。

第五条 地市级或县级能源主管部门应在省级能源主管部门的指导下，依据当地城市总体规划、供热规划、热力电力需求、资源禀赋、环境约束等条件，编制本地区“城市热电联产规划”或“工业园区热电联产规划”，并在规划中明确配套热网的建设方案。热电联产规划应委托有资质的咨询机构编制。

根据需要，省级能源主管部门可委托有资质的第三方咨询机构对热电联产规划进行评估。

第六条 严格调查核实现状热负荷，科学合理预测近期和远期规划热负荷。现状热负荷为热电联产规划编制年的上一年的热负荷。

对于采暖型热电联产项目，现状热负荷应根据政府统计资料，按供热分区、建筑类别、建筑年代进行调查核实；近期和远期热负荷应综合考虑城区常住人口、建筑建设年代、人均建筑面积、集中供热普及率、综合采暖热指标等因素进行合理预测。人均建筑面积年均增长率一般按不超过5%考虑。

对于工业热电联产项目，现状热负荷应根据现有工业项目的负荷率、用热量和参数、同时率等进行调查核实，近期热负荷应依据现有、在建和经审批的工业项目的热力需求确定，远期工业热负荷应综合考虑工业园区的规模、特性和发展等因素进行预测。

第七条 根据地区气候条件，合理确定供热方式，具体地区划分方式按照《民用建筑热工设计规范》（GB 50176）等国家有关规定执行。

严寒、寒冷地区（包括秦岭、淮河以北，新疆、青海）优先规划建设以采暖为主的热电联产项目，替代分散燃煤锅炉和落后小热电机组。夏热冬冷地区（包括长江以南的部分地区）鼓励因地制宜采用分布式能源等多种方式满足采暖供热需求。夏热冬暖与温和地区除满足工业园区热力需求外，暂不考虑规划建设热电联产项目。

第八条 规划建设热电联产应以集中供热为前提，对于不具备集中供热条件的地区，暂不考虑规划建设热电联产项目。以工业热负荷为主的工业园区，应尽可能集中规划建设用热工业项目，通过规划建设公用热电联产项目实现集中供热。京津冀、长三角、珠三角等区域，规划工业热电联产项目优先采用燃气机组，燃煤热电项目必须采用背压机组，并严格实施煤炭等量或减量替代政策；对于现有工业抽凝热电机组，可通过上大压小方式，按照等容量、减煤量替代原则，规划改建超临界及以上参数抽凝热电联产机组。新建工业项目禁止配套建设自备燃煤热电联产项目。

在已有（热）电厂的供热范围内，且已有（热）电厂可满足或改造后可满足工业项目热力需求，原则上不再重复规划建设热电联产项目（含企业自备电厂）。除经充分评估论证后确有必要外，限制规划建设仅为单一企业服务的自备热电联产项目。

第九条 合理确定热电联产机组供热范围。鼓励热电联产机组在技术经济合理的前提下，扩大供热范围。

以热水为供热介质的热电联产机组，供热半径一般按20公里考虑，供热范围内原则上不再另行规划建设抽凝热电联产机组。以蒸汽为供热介质的热电联产机组，供热半径一般按10公里考虑，供热范围内原则上不再另行规划建设其他热源点。

第十条 优先对城市或工业园区周边具备改造条件且运行未满15年的在役纯凝发电机组实施采暖供热改造。系统调峰困难地区，严格限制现役纯凝机组供热改造，确需供热改造满足采暖需求的，须同步安装蓄热装置，确保系统调峰安全。

鼓励对热电联产机组实施技术改造，充分回收利用电厂余热，进一步提高供热能力，满足新增热负荷需求。

供热改造要因厂制宜采用打孔抽气、低真空供热、循环水余热利用等成熟适用技术，鼓励具备条件的机组改造为背压热电联产机组。

第十一条 鼓励因地制宜利用余热、余压、生物质能、地热能、太阳能、燃气等多种形式的清洁能源和可再生能源供热方式。鼓励风电、太阳能消纳困难地区探索采用电采暖、储热等技术实施供热。推广应用工业余热供热、热泵供热等先进供热技术。

第十二条 推进小热电机组科学整合，鼓励有条件的地区通过替代建设高效清洁供热热源等方式，逐步淘汰单机容量小、能耗高、污染重的燃煤小热电机组。

第十三条 为提高系统调峰能力，保障系统安全，热电联产机组应按照国家有关规定要求安装蓄热装置。

第十四条 新建抽凝燃煤热电联产项目与替代关停燃煤锅炉和小热电机组挂钩。新建抽凝燃煤热电联产项目配套关停的燃煤锅炉容量原则上不低于新建机组最大抽汽供热能力的 50%。替代关停的小热电机组锅炉容量按其额定蒸发量计算。与新建热电联产项目配套关停的燃煤锅炉和小热电机组，应在项目建成投产且稳定运行第 2 个采暖季前实施拆除。

对于配套关停的燃煤锅炉容量未达到要求的新建热电联产项目，不得纳入电力建设规划；对于配套关停的燃煤锅炉容量较多并能够妥善安排关停企业职工的新建热电联产项目，优先纳入电力建设规划。

第十五条 各级政府应按照国务院固定资产投资项目核准有关规定，在国家依据总量控制制定的建设规划内核准抽凝燃煤热电联产项目。

第十六条 严格限制规划建设燃用石油焦、泥煤、油页岩等劣质燃料的热电联产项目。

第三章 机组选型

第十七条 对于城区常住人口 50 万以下的城市，采暖型热电联产项目原则上采用单机 5 万千瓦及以下背压热电联产机组。

按综合采暖热指标为 50 瓦/平方米考虑，2 台 5 万千瓦背压热电联产机组与调峰锅炉联合承担供热面积 900 万平方米，2 台 2.5 万千瓦背压热电联产机组与调峰锅炉联合承担供热面积 500 万平方米，2 台 1.2 万千瓦背压热电联产机组与调峰锅炉联合承担供热面积 300 万平方米。

第十八条 对于城区常住人口 50 万及以上的城市，采暖型热电联产项目优先采用 5 万千瓦及以上背压热电联产机组。

规划新建 2 台 30 万千瓦级抽凝热电联产机组的，须满足以下条件：

（一）机组预期投产年，所在省（区、市）存在 50 万千瓦及以上电力负荷缺口。

（二）2 台机组与调峰锅炉联合承担的供热面积达到 1 800 万平方米。

（三）采暖期热电比应不低于 80%。

（四）项目参与电力电量平衡，并纳入国家电力建设规划。

第十九条 工业热电联产项目优先采用高压及以上参数背压热电联产机组。

第二十条 规划建设燃气-蒸汽联合循环热电联产项目（以下简称“联合循环项目”）应以热电联产规划为依据，坚持以热定电，统筹考虑电网调峰要求、其他热源点的关停和规划建设等情况。采暖型联合循环项目供热期热电比不低于 60%，供工业用汽型联合循环项目全年热电比不低于 40%。机组选型遵循以下原则：

（一）采暖型联合循环项目优先采用“凝抽背”式汽轮发电机组，工业联合循环项目可按“一抽一背”配置汽轮发电机组或采用背压式汽轮发电机组。

（二）大型联合循环项目优先选用 E 级或 F 级及以上等级燃气轮机组。

（三）选用 E 级燃气轮机组的，单套联合循环机组承担的热负荷应不低于 100 吨/小时。

鼓励规划建设天然气分布式能源项目，采用热电冷三联供技术实现能源梯级利用，能源综合利用效率不低于 70%。

第二十一条　对于小电网范围内或处于电网末端的城市，结合热力电力需求和电网消纳能力，经充分评估论证后可适度规划建设中小型抽凝热电联产机组。

第二十二条　在役热电厂扩建热电联产机组时，原则上采用背压热电联产机组。

第四章　网源协调

第二十三条　热电联产项目配套热网应与热电联产项目同步规划、同步建设、同步投产。对于存在安全隐患的老旧热网，应及时根据《国务院关于加强城市基础设施建设的意见》（国发〔2013〕36号）有关要求进行改造。鼓励热网企业参与投资建设背压热电机组，鼓励热电联产项目投资主体参与热网的建设和经营。

第二十四条　积极推进热电联产机组与供热锅炉协调规划、联合运行。调峰锅炉供热能力可按供热区最大热负荷的25%～40%考虑。热电联产机组承担基本热负荷，调峰锅炉承担尖峰热负荷，在热电联产机组能够满足供热需求时调峰锅炉原则上不得投入运行。

支持热电联产项目投资主体配套建设或兼并、重组、收购大型供热锅炉作为调峰锅炉。

第二十五条　地方政府应积极探索供热管理体制改革，着力整合当地供热资源，支持配套热网工程建设和老旧管网改造工程，加快推进供热区域热网互联互通，尽早实现各类热源联网运行，优先利用热电联产机组供热，充分发挥热电联产机组供热能力。

第五章　环境保护

第二十六条　热电联产项目规划建设应与燃煤锅炉治理同步推进，各地区因地制宜实施燃煤锅炉和落后的热电机组替代关停。

加快替代关停以下燃煤锅炉和小热电机组：单台容量10蒸吨/小时（7兆瓦）及以下的燃煤锅炉，大中城市20蒸吨/小时（14兆瓦）及以下燃煤锅炉；除确需保留的以外，其他单台容量10蒸吨/小时（7兆瓦）以上的燃煤锅炉；污染物排放不符合国家最新环保标准且不实施环保改造的燃煤锅炉；单机容量10万千瓦以下的燃煤抽凝小热电机组。

第二十七条　对于热电联产集中供热管网覆盖区域内的燃煤锅炉（调峰锅炉除外），原则上应予以关停或者拆除，应关停而未关停的，要达到燃气锅炉污染物排放限值，安装污染物在线监测。

对于热电联产集中供热管网暂时不能覆盖、确有用热刚性需求的区域内具备改造条件的燃煤锅炉，要通过实施技术改造全面提升污染治理水平，确保污染物稳定达标排放。鼓励加快实施煤改气、煤改电、煤改生物质、煤改新能源等清洁化改造。燃煤锅炉应安装大气污染物排放在线监测装置。

第二十八条　严格热电联产机组环保准入门槛，新建燃煤热电联产机组原则上达到超低排放水平。严格按照《建设项目主要污染物排放总量指标审核及管理暂行办法》（环发〔2014〕197号）实施污染物排放总量指标替代。支持同步开展大气污染物联合协同脱除，减少三氧化硫、汞、砷等污染物排放。

热电联产项目要根据环评批复及相关污染物排放标准规范制定企业自行监测方案，开展环境监测并公开相关监测信息。

第二十九条　现役燃煤热电联产机组要安装高效脱硫、脱硝和除尘设施，未达标排放的要加快实施环保设施升级改造，确保满足最低技术出力以上全负荷、全时段稳定达标排放要求。按照国家节能减排有关要求，实施超低排放改造。

第三十条　大气污染防治重点区域新建燃煤热电联产项目，要严格实施煤炭减量替代。

第六章　政策措施

第三十一条　鼓励各地建设背压热电联产机组和各种全部利用汽轮机乏汽热量的热电联产方式满足用热需求。背压燃煤热电联产机组建设容量不受国家燃煤电站总量控制目标限制。电网企业要优先为背压热电联产机组提供电网接入服务，确保机组与送出工程同步投产。

第三十二条 省级价格主管部门可综合考虑本省煤炭消费总量控制目标、主要污染物排放总量控制目标和环境质量控制目标、终端用户承受能力、民生用热需求等因素，自主制定鼓励民生采暖型背压燃煤热电联产机组发展的电价政策。

有条件的地区可试行两部制上网电价。容量电价以各类采暖型背压燃煤热电联产机组平均投资成本为基础，主要用于补偿非供热期停发造成的损失。电量电价执行本地区标杆电价。

第三十三条 热电联产机组的热力出厂价格，由政府价格主管部门在考虑其发电收益的基础上，按照合理补偿成本、合理确定收益的原则，依据供热成本及合理利润率或净资产收益率统一核定，鼓励各地根据本地实际情况探索建立市场化煤热联动机制。在考虑终端用户承受能力和当地民用用热需求前提下，热价要充分考虑企业环保成本，鼓励制定环保热价政策措施，并出台配套监管办法。深化推进供热计量收费改革。

第三十四条 推动热力市场改革，对于工业供热，鼓励供热企业与用户直接交易，供热价格由企业与用户协商确定。“直管到户”的供热企业要负责二次热网的维修维护，费用纳入企业运营成本。

第三十五条 支持相关业主以多种投融资模式参与建设背压热电联产机组。鼓励采暖型背压热电联产企业按照电力体制改革精神，成立售电售热一体化运营公司，优先向本区域内的用户售电和售热，售电业务按合理负担成本的原则向电网企业支付过网费。

第三十六条 热电联产机组所发电量按“以热定电”原则由电网企业优先收购。开展电力市场的地区，背压热电联产机组暂不参与市场竞争，所发电量全额优先上网并按政府定价结算。抽凝热电联产机组参与市场竞争，按“以热定电”原则确定的上网电量优先上网并按市场价格进行结算。

第三十七条 市场化调峰机制建立前，抽凝热电联产机组（含自备电厂机组）应提高调峰能力，积极参与电网调峰等辅助服务考核与补偿。鼓励热电机组配置蓄热、储能等设施实施深度调峰，并给予调峰补偿。鼓励有条件的地区对配置蓄热、储能等调峰设施的热电机组给予投资补贴。

第三十八条 各级地方政府要继续按照“公平无歧视”原则加大供热支持力度，相同条件下各类热源应享有同等的支持和保障政策。

第三十九条 鼓励热电联产企业兼并、收购、重组供热范围内的热力企业。鼓励拥有供热锅炉、热力管网的热力企业采用股份制方式建设背压热电联产机组，相应关停小型供热锅炉。

第四十条 采暖型背压热电联产项目配套建设的调峰锅炉，或项目投资主体兼并、重组、收购的调峰锅炉，其生产运行所需电量可与本企业上网电量进行抵扣。

第七章 监督管理

第四十一条 省级能源主管部门要切实履行行业管理职能，会同经济运行、环保、住建、国家能源局派出机构等部门对本地区热电联产机组的前期、建设、运营、退出等环节实施闭环管理，确保热电联产机组各项条件满足有关要求。

每年一季度，省级能源主管部门、经济运行部门要将本地区上年度热电联产项目投产、在建、规划情况报告国家发改委、国家能源局，并抄报环境保护部、住房城乡建设部。

第四十二条 省级能源主管部门、经济运行部门要会同环保、住建、国家能源局派出机构等有关部门，健全完善热电联产项目检查核验制度，定期对热电联产项目检查核验，重点检查煤炭等量替代、关停燃煤锅炉和小热电机组等落实情况。

对新建热电联产项目按要求应配套关停燃煤锅炉、小热电机组但未落实的，或未按照煤炭替代等有关要求建设热电联产项目的，暂缓审批项目所在地区燃煤项目，并追究有关人员责任。

符合国家有关规定和项目核准要求的，可享受国家和地方制定的优惠政策。不符合要求的，责令其限期整改，并通知有关部门取消其已享受的优惠政策。

第四十三条　省级价格主管部门要对本地区热电联产机组电价、热价执行情况进行定期核查，确保电价支持政策落实到位。对于采用供热计量收费的建筑，要严查供热计量收费的收费滞后和欠费问题，确保供热计量收费有序推广。

第四十四条　省级质检、住建、工信、环保等部门结合自身职能负责本地区燃煤锅炉的运行管理及淘汰等相关工作，督促地方政府对不符合产业政策的燃煤锅炉实施改造或关停。

第四十五条　地方环保部门要严格辖区新建热电联产项目环评审批，强化热电联产机组和供热锅炉的大气污染物排放监管，对排放不达标、不符合总量控制要求的燃煤设施督促整改。

第四十六条　电网公司、电力调度机构应督促热电联产企业安装热力负荷实时在线监测装置并与电力调度机构联网，按“以热定电”原则对热电联产机组实施优先调度。

第四十七条　各地经济运行部门、国家能源局派出机构要会同有关部门，对热电联产机组接入电网、优先调度、以热定电，以及符合规划建设要求的情况实行监管，发现问题及时反馈主管部门进行处理，并向有关方面进行通报，重大问题及时报国家发展改革委、国家能源局。